许多欧洲人把中国人看作野蛮人的另一个原因，大概是中国人竟敢把他们的天文学家——在有高度教养的西方人眼中最没有用的小人——放在部长和国务卿一级的职位上。这该是多么可怕的野蛮人啊！

——弗兰茨·屈纳特（Franz Kühnert）

（维也纳，1888 年）

Joseph Needham

SCIENCE AND CIVILISATION IN CHINA

Volume 3

MATHEMATICS

AND THE SCIENCES OF THE HEAVENS

AND THE EARTH

Cambridge University Press, 1959

李 约 瑟

中国科学技术史

第三卷 数学、天学和地学

李约瑟 著

王 铃 协助

科学出版社

上海古籍出版社

北 京

图字：01-2001-0316 号

内 容 简 介

著名英籍科学史家李约瑟花费近 50 年心血撰著的多卷本《中国科学技术史》，通过丰富的史料、深入的分析和大量的东西方比较研究，全面、系统地论述了中国古代科学技术的辉煌成就及其对世界文明的伟大贡献，内容涉及哲学、历史、科学思想、数、理、化、天、地、生、农、医及工程技术等诸多领域。本书是这部巨著的第三卷，内容包括中国古代数学、天文学、气象学、地理学和制图学、地质学（及相关学科）、地震学及矿物学的基本方面、主要成就和特征，它们的传播和影响，以及与西方相应学科发展的比较等。

本书可供科学技术史和相关专业的研究人员、爱好者，以及对中国古代史和东西方文化比较研究感兴趣的读者阅读参考。

图书在版编目（CIP）数据

李约瑟中国科学技术史. 第三卷，数学、天学和地学／（英）李约瑟（Joseph Needham）著；梅荣照等译. —北京：科学出版社，2018.6

书名原文：Joseph Needham Science and Civilisation in China Volume 3 Mathematics and the Sciences of the Heavens and the Earth

ISBN 978-7-03-056980-6

Ⅰ.①李… Ⅱ.①李…②梅… Ⅲ.①自然科学史-中国②数学史-中国③天文学史-中国④地质学史-中国 Ⅳ.①N092

中国版本图书馆 CIP 数据核字（2018）第 051682 号

责任编辑：邹　聪　程　凤／责任校对：何艳萍
责任印制：赵　博／封面设计：无极书装
编辑部电话：010-64035853
E-mail：houjunlin@ mail. sciencep. com

科学出版社
上海古籍出版社 出版
北京东黄城根北街 16 号
邮政编码：100717
http://www.sciencep.com
三河市春园印刷有限公司印刷
科学出版社发行　各地新华书店经销
*
2018 年 6 月第 一 版　　开本：787×1092　1/16
2024 年 3 月第六次印刷　　印张：61　插页：2
字数：1 200 000
定价：398.00 元
（如有印装质量问题，我社负责调换）

中國科學技術史

李約瑟 著

冀朝鼎

李约瑟《中国科学技术史》翻译出版委员会

第三卷　数学、天学和地学

谨以本卷献给

中国科学院副院长
气象研究所前所长
浙江大学前校长
（杭州、遵义、湄潭时期）

竺可桢

渊博的中国人民的科学史家
本书写作计划的忠实鼓励者

和

中国地质部部长
中国科学院副院长
地质研究所前所长
（南京、桂林、良丰时期）

李四光

我们时代的"土宿真君"

凡　　例

1. 本书悉按原著迻译，一般不加译注。第一卷卷首有本书翻译出版委员会主任卢嘉锡博士所作中译本序言、李约瑟博士为新中译本所作序言和鲁桂珍博士的一篇短文。

2. 本书各页边白处的数字系原著页码，页码以下为该页译文。正文中在援引（或参见）本书其他地方的内容时，使用的都是原著页码。由于中文版的篇幅与原文不一致，中文版中图表的安排不可能与原书一一对应，因此，在少数地方出现图表的边码与正文的边码颠倒的现象，请读者查阅时注意。

3. 为准确反映作者本意，原著中的中国古籍引文，除简短词语外，一律按作者引用原貌译成语体文，另附古籍原文，以备参阅。所附古籍原文，一般选自通行本，如中华书局出版的校点本二十四史、影印本《十三经注疏》等。原著标明的古籍卷次与通行本不同之处，如出于算法不同，本书一般不加改动；如系讹误，则直接予以更正。作者所使用的中文古籍版本情况，依原著附于本书第四卷第三分册。

4. 外国人名，一般依原著取舍按通行译法译出，并在第一次出现时括注原文或拉丁字母对音。日本、朝鲜和越南等国人名，复原为汉字原文；个别取译音者，则在文中注明。有汉名的西方人，一般取其汉名。

5. 外国的地名、民族名称、机构名称，外文书刊名称，名词术语等专名，一般按标准译法或通行译法译出，必要时括注原文。根据内容或行文需要，有些专名采用惯称和音译两种译法，如"Tokharestan"译作"吐火罗"或"托克哈里斯坦"，"Bactria"译作"大夏"或"巴克特里亚"。

6. 原著各卷册所附参考文献分 A（一般为公元 1800 年以前的中文书籍），B（一般为公元 1800 年以后的中文和日文书籍和论文），C（西文书籍和论文）三部分。对于参考文献 A 和 B，本书分别按书名和作者姓名的汉语拼音字母顺序重排，其中收录的文献均附有原著列出的英文译名，以供参考。参考文献 C 则按原著排印。文献作者姓名后面圆括号内的数字，是该作者论著的序号，在参考文献 B 中为斜体阿拉伯数码，在参考文献 C 中为正体阿拉伯数码。

7. 本书索引系据原著索引译出，按汉语拼音字母顺序重排。条目所列数字为原著页码。如该条目见于脚注，则以页码加 ＊ 号表示。

8. 在本书个别部分中（如某些中国人姓名、中文文献的英文译名和缩略语表等），有些汉字的拉丁拼音，属于原著采用的汉语拼音系统。关于其具体拼写方法，请参阅本书第一卷第二章和附于第五卷第一分册的拉丁拼音对照表。

9. p. 或 pp. 之后的数字，表示原著或外文文献页码；如再加有 ff. ，则表示指原著或外文文献中可供参考部分的起始页码。

目　录

凡例 ……………………………………………………………………… (i)

插图目录 ………………………………………………………………… (xi)

列表目录 ………………………………………………………………… (xxiii)

缩略语表 ………………………………………………………………… (xxv)

志谢 ……………………………………………………………………… (xxvii)

作者的话 ………………………………………………………………… (xxix)

第十九章　数学 ……………………………………………………… (1)

　　(a) 引言 …………………………………………………………… (1)

　　(b) 记数法、位值制和零 ………………………………………… (4)

　　(c) 中国数学文献的几个主要里程碑 …………………………… (16)

　　　　(1) 从远古到三国时期（公元 3 世纪） ………………… (17)

　　　　(2) 从三国时期到宋初（10 世纪） ……………………… (30)

　　　　(3) 宋、元、明时期 ……………………………………… (35)

　　(d) 算术和组合分析 ……………………………………………… (47)

　　　　(1) 初等数论 ………………………………………………… (47)

　　　　(2) 幻方 ……………………………………………………… (49)

　　(e) 自然数的计算 ………………………………………………… (55)

　　　　(1) 四则运算 ………………………………………………… (55)

　　　　(2) 根 ………………………………………………………… (58)

　　(f) 计算工具 ……………………………………………………… (61)

　　　　(1) 算筹 ……………………………………………………… (63)

　　　　(2) 标有刻度的算筹 ……………………………………… (64)

　　　　(3) 珠算盘 …………………………………………………… (67)

　　(g) 非自然数 ……………………………………………………… (73)

　　　　(1) 分数 ……………………………………………………… (73)

　　　　(2) 小数、度量衡和大数记法 …………………………… (74)

（3）不尽根 ……………………………………………………… （81）

（4）负数 …………………………………………………………… （82）

（h）几何学 …………………………………………………………… （82）

（1）墨家的定义 …………………………………………………… （82）

（2）勾股定理 ……………………………………………………… （87）

（3）平面面积和立体图形的处理 ……………………………… （89）

（4）π（圆周率）值的计算 ……………………………………… （91）

（5）圆锥曲线 ……………………………………………………… （94）

（6）杨辉和《几何原本》的传入 ……………………………… （95）

（7）坐标几何学 ………………………………………………… （97）

（8）三角学 ……………………………………………………… （99）

（9）难题和智力玩具 …………………………………………… （101）

（i）代数学 …………………………………………………………… （102）

（1）联立一次方程 ……………………………………………… （105）

（2）矩阵和行列式 ……………………………………………… （107）

（3）试位法 ……………………………………………………… （107）

（4）不定分析和不定方程 ……………………………………… （109）

（5）二次方程和有限差分法 …………………………………… （112）

（6）三次方程和高次方程 ……………………………………… （115）

（7）数字高次方程 ……………………………………………… （115）

（8）天元术 ……………………………………………………… （117）

（9）二项式定理和"帕斯卡三角形" …………………………… （122）

（10）级数 ………………………………………………………… （125）

（11）排列和组合 ………………………………………………… （127）

（12）微积分 ……………………………………………………… （129）

（j）影响与传播 ……………………………………………………… （132）

（k）中国和西方的数学和科学 …………………………………… （137）

天　学

第二十章　天文学 …………………………………………………… （157）

（a）引言 ……………………………………………………………… （157）

（b）名词术语的解释 ……………………………………………………（163）

（c）文献概述 …………………………………………………………（166）

　　（1）中国天文学史 …………………………………………………（166）

　　　　（i）西文文献 ………………………………………………（166）

　　　　（ii）中文和日文文献 ………………………………………（169）

　　（2）主要的中国文献 ………………………………………………（170）

　　　　（i）中国天文学的"官方"特征 ……………………………（170）

　　　　（ii）古历 ……………………………………………………（178）

　　　　（iii）周代至梁代（公元6世纪）的天文学著作 …………（179）

　　　　（iv）梁代至宋初（10世纪）的天文学著作 ………………（183）

　　　　（v）宋、元和明的天文学著作 ……………………………（187）

（d）古代和中古时期的宇宙概念 …………………………………（190）

　　（1）盖天说 …………………………………………………………（191）

　　（2）浑天说 …………………………………………………………（196）

　　（3）宣夜说 …………………………………………………………（199）

　　（4）其他学说 ………………………………………………………（204）

　　（5）一般概念 ………………………………………………………（207）

（e）中国天文学的天极和赤道特征 ………………………………（208）

　　（1）拱极星和赤道上的标准点 ……………………………………（211）

　　（2）二十八宿体系的发展 …………………………………………（220）

　　（3）二十八宿的起源 ………………………………………………（231）

　　（4）天极和极星 ……………………………………………………（238）

（f）恒星的命名、编表和制图 ……………………………………（242）

　　（1）星表和恒星的坐标 ……………………………………………（242）

　　（2）恒星的命名 ……………………………………………………（251）

　　（3）星图 ……………………………………………………………（255）

　　（4）星辰的神话和民间传说 ………………………………………（264）

（g）天文仪器的发展 ………………………………………………（266）

　　（1）表和圭 …………………………………………………………（266）

　　（2）巨型石造仪器 …………………………………………………（277）

　　（3）日晷（太阳时指示器） ………………………………………（290）

　　　　(i) 便携式二分罗盘日晷 ……………………………… (301)

　　(4) 刻漏（水钟）…………………………………………… (307)

　　　　(i) 漏壶的类型；从水钟到机械钟 ………………… (309)

　　　　(ii) 历史上的刻漏 …………………………………… (312)

　　　　(iii) 火钟和时差 ……………………………………… (325)

　　(5) 望筒和璇玑玉衡 ……………………………………… (328)

　　(6) 浑仪和其他主要仪器 ………………………………… (336)

　　　　(i) 浑仪的发展概况 ………………………………… (339)

　　　　(ii) 汉代和汉以前的浑仪 …………………………… (352)

　　　　(iii) 时钟驱动装置的发明 ………………………… (357)

　　　　(iv) 赤道装置的发明 ……………………………… (365)

　　(7) 浑象 …………………………………………………… (385)

(h) 历法天文学和行星天文学 ……………………………… (395)

　(1) 日、月和行星的运动 …………………………………… (397)

　(2) 六十干支周期 …………………………………………… (400)

　(3) 行星的公转 ……………………………………………… (402)

　(4) 十二岁次 ………………………………………………… (406)

　(5) 谐调周期 ………………………………………………… (409)

(i) 天象记录 …………………………………………………… (412)

　(1) 交食 ……………………………………………………… (412)

　　　(i) 交食理论 ………………………………………… (413)

　　　(ii) 记录的范围、可靠性和精确度 ………………… (420)

　　　(iii) 交食的预报 …………………………………… (423)

　　　(iv) 地球反照和日冕 ……………………………… (425)

　(2) 新星、超新星和变星 ………………………………… (426)

　(3) 彗星、流星和陨星 …………………………………… (432)

　(4) 太阳的现象；太阳黑子（日斑）……………………… (438)

(j) 耶稣会士时期 …………………………………………… (440)

　(1) 中国与水晶球说的崩溃 ……………………………… (441)

　(2) 不圆满的交流 ………………………………………… (446)

　(3) 是"西学"，还是"新学"? ………………………… (452)

（4）中国天文学与近代科学的合流 ……………………………（456）

（k）结语 ……………………………………………………………（465）

第二十一章　气象学 ……………………………………………………（469）

（a）引言 ……………………………………………………………（469）

（b）一般气候 ………………………………………………………（469）

（c）温度 ……………………………………………………………（471）

（d）降水 ……………………………………………………………（473）

（e）虹、幻日和幻象 ………………………………………………（481）

（f）风和大气 ………………………………………………………（485）

（g）雷电 ……………………………………………………………（487）

（h）北极光 …………………………………………………………（490）

（i）潮汐 ……………………………………………………………（491）

地　学

第二十二章　地理学和制图学 ………………………………………（507）

（a）引言 ……………………………………………………………（507）

（b）地理学的典籍和著作 …………………………………………（510）

（1）古代著作和正史 …………………………………………（510）

（2）人类地理学 ………………………………………………（518）

（3）对南部地区和外国的描述 ………………………………（520）

（4）水文地理学著作和描述海岸的著作 ……………………（523）

（5）地方志 ……………………………………………………（526）

（6）地理方面的类书 …………………………………………（530）

（c）中国的探险家 …………………………………………………（531）

（d）东方和西方的定量制图学 ……………………………………（534）

（1）小引 ………………………………………………………（534）

（2）科学的制图学；中断了的欧洲制图学传统 ……………（535）

（3）欧洲的宗教宇宙学 ………………………………………（537）

（4）航海家的作用 ……………………………………………（544）

（5）科学的制图学；从未中断过的中国网格法制图传统 …（550）

（i）秦汉时期——制图学的肇始 …………………………（550）

（ii）汉晋时期——制图学的建立 ················· （553）

（iii）唐宋时期——制图学的发展 ················· （559）

（iv）元明时期——制图学的高峰 ················· （571）

（6）中国的航海图 ················· （578）

（7）阿拉伯人的作用 ················· （583）

（8）东亚制图学中的宗教宇宙学 ················· （589）

（e）中国的测量方法 ················· （594）

（f）浮雕地图和其他特种地图 ················· （605）

（g）文艺复兴时期的制图学传入中国 ················· （610）

（h）东西方制图学的对比回顾 ················· （614）

（i）矩形网格回到欧洲 ················· （617）

第二十三章 地质学（及相关学科） ················· （619）

（a）引言：地质学和矿物学 ················· （619）

（b）普通地质学 ················· （620）

（1）绘画中的表现 ················· （620）

（2）山的成因；隆起、侵蚀和沉积作用 ················· （626）

（3）山洞、地下水和流沙 ················· （633）

（4）石油、石脑油和火山 ················· （636）

（c）古生物学 ················· （639）

（1）植物化石 ················· （640）

（2）动物化石 ················· （643）

第二十四章 地震学 ················· （652）

（a）地震记载和地震理论 ················· （652）

（b）地震仪的鼻祖 ················· （654）

第二十五章 矿物学 ················· （663）

（a）引言 ················· （663）

（b）气的理论及金属在地下的生成 ················· （663）

（c）分类原则 ················· （668）

（d）矿物学文献及其范围 ················· （669）

（e）一般性矿物学知识 ················· （674）

（f）几种特殊矿物的说明 ················· （678）

（1）禹余粮 ·· （679）

（2）明矾 ·· （679）

（3）硇砂 ·· （680）

（4）石棉 ·· （682）

（5）硼砂 ·· （689）

（6）玉和研磨料 ·· （689）

（7）宝石（包括金刚石） ·································· （697）

（8）试金石 ··· （699）

（g）找矿 ·· （701）

（1）地质勘探 ··· （701）

（2）地植物学找矿和生物地球化学找矿 ················· （703）

附录 ·· （709）

关于以色列人和可萨王国 ···································· （709）

关于朝鲜 ·· （711）

参考文献 ·· （712）

缩略语表 ·· （713）

A 1800 年以前的中文和日文书籍 ·························· （723）

B 1800 年以后的中文和日文书籍与论文 ·················· （764）

C 西文书籍与论文 ·· （788）

索引 ·· （847）

译后记 ·· （933）

插 图 目 录

图 50　《周髀算经》中对勾股定理的证明 ·· （20）

图 51　折竹问题（采自杨辉的《详解九章算法》，1261 年）　··················· （25）

图 52　戴震《九章算术》图解之一，解释了刘徽求 π 近似值的穷竭法
　　　（公元 264 年） ·· （26）

图 53　实用几何学；宝塔高度的测量，据刘徽公元 3 世纪的《海岛算经》中
　　　的说明（图采自秦九韶的《数书九章》） ································· （28）

图 54　抄本《永乐大典》（1407 年）中的一卷（卷一六三四三）的首页 ········· （29）

图 55　遥测圆城的周长和直径（《数书九章》，1247 年） ···························· （39）

图 56　《数书九章》中堤坝建筑问题（1247 年） ······································· （39）

图 57　李冶《测圆海镜》（1248 年）书前说明直角三角形内切圆性质的插图
　　　（见 p. 129） ··· （40）

图 58　洛书图 ·· （51）

图 59　河图图 ·· （51）

图 60　杨辉《续古摘奇算法》（1275 年）中的一个幻方，根据李俨的考证 ······· （53）

图 61　程大位《算法统宗》（1593 年）中的两个幻方 ································· （53）

图 62　保其寿《碧奈山房集》中的一个立体幻方 ······································· （53）

图 63　约瑟夫问题，采自一种日文书籍——吉田光由的《尘劫记》（1634 年）
　　　··· （55）

图 64　格子乘法，采自《算法统宗》（1593 年）　··································· （57）

图 65　说明开平方方法的示意图，采自杨辉《详解九章算法纂类》（1261 年），
　　　该书录存于抄本《永乐大典》（1407 年）卷一六三四四 ··············· （59）

图 66　"师生问难"，图中可见到算盘［《算法统宗》（1593 年）的卷首插图］
　　　··· （62）

图 67　中国式的纳皮尔骨筹［根据 Chêng Chin-Tê（2）］ ·························· （65）

图 68　1660 年的中国式计算尺［照片采自 Michel（5）］（图版二一）　·········· （66）

图 69　中国算盘（原照）（图版二一） ··· （66）

图 70　早期印刷的一张珠算盘图片，采自《算法统宗》（1593 年）　············ （69）

图 71　周代十进度量衡制，公元前 6 世纪的青铜尺，一尺分成十寸，一寸分成
　　　十分［根据 Ferguson（3）］ ·· （76）

图 72　经验的立体几何学；图示为《九章算术》中的棱台 ························· （89）

图 73　一个容圆的问题，采自加悦傅一郎的《算法圆理括囊》（1851 年）　····· （94）

图 74　说明郭守敬（1276 年）的球面三角学的图··································· （101）

图 75　说明球面三角学问题的图，采自邢云路的《古今律历考》（1600 年）

卷七十 ·· （101）

图 76　九连环［韩博能（Brian Harland）先生在兰州购得的样品的素描图］
·· （102）

图 77　一部中国物理学著作中所用的流行于 16 世纪的长等号（采自叶跃元等的
《中西算学大成》） ·· （105）

图 78　朱世杰《四元玉鉴》（1303 年）丁取忠校本中的一页，表示天元术代数
记法的“矩阵” ·· （120）

图 79　天元术“矩阵”表示法的单轴，采自李冶 1248 年的《测圆海镜》 ······ （121）

图 80　1303 年载于朱世杰《四元玉鉴》卷首的“帕斯卡”三角形 （123）

图 81　中国现存最古的“帕斯卡”三角形图，采自抄本《永乐大典》（1407 年）
卷一六三四四 ·· （124）

图 82　堆积问题；从锥顶往下所看到的用小球堆成的棱锥（采自周述学 1558 年
的《神道大编历宗算会》） ···································· （131）

图 83　圆面积度量的薄矩形积分法，源自《改算记纲目》（1687 年）
转载自 D. E. Smith & Y. Mikami, *A History of Japanese Mathematics*（Open Court
Publishing Company, Chicago, 1914），承蒙惠允 ··········· （131）

图 84　内接于圆的矩形（采自萧道存的《修真太极混元图》，约 11 世纪） ······ （131）

图 85　天球各大圆的图解 ·· （163）

图 86　晚清时的一幅关于传说中的羲、和兄弟接受来自帝尧的朝廷任命，制定
历法和敬顺天体运行的画像 ···································· （171）

图 87　盖天说宇宙图式复原图
转载自 H. Chatley, 'The Heavenly Cover', *The Observatory*, vol. 61, no. 764
（Jan. 1938），承蒙准允 ··· （193）

图 88　说明拱极星与其他恒星的位置锁定的示意图［采自朱文鑫（5）］ ········ （212）

图 89　中国古代天球分区及其与地平面关系示意图
转载自 L. de Saussure, 'Le Système Astronomique des Chinois', *Archives des
Sciences Physiques et Naturelles*（Geneva, 1919），承蒙惠允 ············ （218）

图 90　载着一位天官的北斗七星；汉武梁祠画像石（约公元 147 年） ········ （219）

图 91　中国古代赤道分区（时角分段）示意图
转载自 L. de Saussure, 'Le Système Astronomique des Chinois', *Archives des
Sciences Physiques et Naturelles*（Geneva, 1919），承蒙惠允 ············ （221）

图 92　提到鸟星（长蛇座 α）的甲骨卜辞，约公元前 1300 年 ············ （222）

图 93　唐代铜镜（公元 600—900 年间），镜上有二十八宿（自外数第二圈）、
八卦（第三圈）、十二肖兽（第四圈）及四象（最内圈）的图案（图版
二二）··· （226）

图 94　二十八宿图 ··· （插页图）

图 95　龙和月的象征性图案；北京故宫九龙壁局部（纳夫拉特摄）（图版二三）
·· （230）

图 96　巴比伦平面天球图的一部分（约公元前 1200 年），采自 Budge（3）
　　　………………………………………………………………………………（234）

图 97　表明天球赤极移动路线的极投影及古代极星图 ……………………（239）

图 98　表示拱极星绕极转动的定时曝光照片 …………………………………（241）

图 99　敦煌星图写本，约公元 940 年（不列颠博物馆斯坦因收藏品第 3326 号）
　　　（图版二四）…………………………………………………………………（243）

图 100　敦煌星图写本，约公元 940 年（图版二五） ………………………（244）

图 101　三种主要天球坐标的图解 ……………………………………………（247）

图 102　汉代石刻。左边是织女星座（图版二六）……………………………（257）

图 103　道教旗上的星座，重庆南岸老君洞道观（原照）（图版二六）………（257）

图 104　《新仪象法要》（1092 年）的浑象星图；按"墨卡托式"投影法绘出的
　　　　十四宿 …………………………………………………………………（258）

图 105　《新仪象法要》（1092 年）的浑象星图；南极投影 …………………（258）

图 106　苏州天文图（1193 年）
　　　　　转载自 W. C. Rufus & Tien Hsing-Chih, *The Soochozu Astronomical Chart*（Univ. of
　　　　　　Michigan Press, Ann Arbor, 1945），承蒙惠允 …………………（260）

图 107　朝鲜 1395 年的平面天球图——《天象列次分野之图》（图版二七）
　　　　　转载自 W. C. Rufus & Celia Chao, 'A Korean Star-Map', *Isis*, vol. 35（1944），
　　　　　　pt 4, no. 102，承蒙惠允 …………………………………………（261）

图 108　航海者使用的铜盆状平面天球图（图版二八）
　　　　　转载自 E. B. Knobel, 'On a Chinese Planisphere', *Royal Astronomical Society
　　　　　Monthly Notices*, vol. 69（1909），承蒙惠允 …………………………（262）

图 109　晚近绘在丝织物上的平面天球图（图版二九）………………………（263）

图 110　晚清时的一幅上古传说时期羲叔（羲仲之弟）在夏至日用表杆和土圭
　　　　测量日影的画像 ……………………………………………………（267）

图 111　两名当代婆罗洲部落成员在夏至日用表杆和土圭测量日影长度（图版三〇）
　　　　　转载自 C. Hose & W. McDougall, *The Pagan Tribes of Borneo*（Macmillan, 1912），
　　　　　承蒙惠允 ………………………………………………………………（268）

图 112　解释黄赤交角与表影关系的示意图［根据 Hartner（8）］ …………（271）

图 113　古代和中古时期的黄赤交角测定值 …………………………………（272）

图 114　《图书集成》中的霍梅尔"游标"刻度 ………………………………（278）

图 115　阳城周公测景台，用于观测至日影长（图版三一）…………………（279）

图 116　阳城周公测景台；下为石圭，圭上有水平槽二条［照片采自董作宾
　　　　等（1）］（图版三二）………………………………………………（280）

图 117　阳城周公测景台；石圭俯视图［照片采自董作宾（1）］（图版三二）
　　　　………………………………………………………………………（280）

图 118　朝鲜庆州的瞻星台，建于公元 632—647 年间［绘图采自 Anon.（5）］
　　　　………………………………………………………………………（282）

图 119　表和铜圭，约建于 1440 年（图版三三）　·················· （285）

图 120　斋浦尔的贾伊·辛格天文台（约 1725 年）（图版三四）　·········· （287）

图 121　德里古天文台（约 1725 年）。中间是从北面看的大型二分日晷（至尊仪）
　　　　（冯克吕贝尔摄于 1930 年，此照片未经发表）（图版三五）　······· （288）

图 122　斋浦尔的贾伊·辛格天文台；两个轮状仪（*chakra yantra*），即赤道式可
　　　　动时角环，装在极轴上（图版三五）　··········· （288）

图 123　（a）17 世纪后期朝鲜的仰釜日晷［照片采自 du Bois Reymond（1）］
　　　　（b）带有罗盘的日本仰釜日晷（"日时计"），年代为 1810 年（牛津阿什
　　　　莫尔博物馆老馆照片）（图版三六）　·········· （289）

图 124　铜镜和盘上的 TLV 纹　········· （292）

图 125　武梁祠（约公元 147 年）中的一幅场景画像，表现方士正在作法
　　　　　转载自 W. P. Yetts, *The Cull Chinese Bronzes*（Courtauld Institute, London, 1939），
　　　　　承蒙惠允　············· （292）

图 126　新莽朝（公元 9—23 年）的 TLV 纹铜镜（图版三七）
　　　　　转引自 W. P. Yetts, *The Cull Chinese Bronzes*（Courtauld Institute, London, 1939），
　　　　　承蒙惠允　············· （293）

图 127　孝堂山祠（约公元 129 年）中的一幅场景画像，表现两人在桌旁玩游戏
　　　　（可能是"六博"），桌边有 TLV 纹盘［照片采自 White & Millman（1）］
　　　　（图版三八）　··········· （294）

图 128　图 129 所示的西汉日晷上的刻纹　········· （295）

图 129　西汉时期的平面日晷，用灰色石灰石制成，约 11 英寸见方［皇家安大
　　　　略博物馆藏品，照片采自 White & Millman（1）］（图版三九）　·· （296）

图 130　汉代铜镜背面花纹的一部分，表现两位带有羽翼的道教神仙在一个 TLV
　　　　纹盘上玩六博戏（图版三九）
　　　　　转载自 Yang Lien-Shêng, 'A Note on the so-called TLV-Mirrors and the Game
　　　　　Liu-Po', *Harvard Journal of Asiatic Studies*, vol. 9（1945），承蒙惠允 ······ （296）

图 131　一个道士在察看富有特色的中国日晷；晷盘按赤道面放置，晷上有一指
　　　　向天极的表（或针）（图版四〇）
　　　　　美联社照片　············ （298）

图 132　汉代日晷（图 129）使用方法复原［照片采自 White & Millman（1）］
　　　　（图版四一）　··········· （299）

图 133　晚近的中国便携式日晷（甲型）（图版四一）　·········· （299）

图 134　晚近的中国便携式日晷（乙型）（图版四二）　·········· （303）

图 135　甲型日晷背面的赤道式月晷（图版四二）　·········· （303）

图 136　与乙型中国日晷相当的欧洲类型的赤道日晷，《皇朝礼器图式》所载耶
　　　　稣会士天文仪器图　··········· （304）

图 137　晚近的中国丙型便携式日晷（图版四三）　·········· （306）

图 138　中国刻漏的类型　··········· （310）

图 139　西汉（公元前 201—前 75 年）受水型漏壶，制作者谭正

　　　　转载自 H. Maspero, 'Les Instruments astronomiques des Chinois au Temps des Han',

　　　　Mélanges Chinais et Bouddhiques（L'Institut Belge des Hautes Etudes Chinoises），

　　　　vol. 6（1939），承蒙惠允 ·· （314）

图 140　多级式受水型漏壶，据说是吕才（卒于公元 665 年）所作；采自 1478

　　　　年明版《事林广记》（前集卷二，第三页）（图版四四） ················ （319）

图 141　著名的广州多级式受水型漏壶，杜子盛、冼运行制作于元代延祐三年

　　　　（1316 年），一直用到 1900 年以后（图版四五） ·························· （320）

图 142　漫流式受水型漏壶，据说是燕肃所定（1030 年）；采自清版《六经图》

　　　　（1740 年）（图版四六） ·· （321）

图 143　复式受水型漏壶，北京故宫中的实例［照片采自董作宾等（*1*）］（图版

　　　　四六） ··· （321）

图 144　最早的刻漏印刷图，采自杨甲《六经图》宋刊本（约 1155 年）（图版

　　　　四七） ··· （322）

图 145　一种金属香篆钟，年代不详（图版四八） ····························· （327）

图 146　《营造法式》（1103 年）中的望筒和景表版 ··························· （330）

图 147　欧洲中世纪天文学家在使用窥管；出自 10 世纪的圣加尔抄本

　　　　转载自 R. Eisler, 'The Polar Sighting-Tube', *Archives Internationales d'Histoire*

　　　　des Sciences, no. 6（Jan. 1949），承蒙惠允 ······························ （330）

图 148　玉制古礼器——璧和琮

　　　　转载自 B. Laufer, *Jade*（P. & D. Ione Perkins, South Pasadena, 1946），承蒙

　　　　惠允 ·· （331）

图 149　璧与圭结合成一个整体

　　　　转载自 B. Laufer, *Jade*（P. & D. Ione Perkins, South Pasadena, 1946），承蒙

　　　　惠允 ·· （332）

图 150　"璇玑"（拱极星座样板）用法图解

　　　　转载自 H. Michel, 'Les Jades astronomiques Chinois', *Communications de*

　　　　l'Académie de Marine, vol. 4（Brussels, 1947—1949），承蒙惠允 ········· （333）

图 151　"璇玑"（拱极星座样板）；于埃收藏部藏品（图版四九）

　　　　转载自 H. Michel, 'Les Jades astronomiques Chinois', *Communications de*

　　　　l'Académie de Marine, vol. 4（Brussels, 1947—1949），承蒙惠允 ········· （335）

图 152　夜间辨时器——拱极星座样板的后代；彼得·阿皮亚努斯的图解

　　　　（1540 年）（图版四九）

　　　　转载自 F. A. B. Ward, *Time Measurement*（H. M. S. O. for Science Museum, 1937），

　　　　承蒙惠允 ·· （335）

图 153　欧洲 17 世纪后期的夜间辨时器——拱极星座样板的后代（图版四九）

　　　　转载自 F. A. B. Ward, *Time Measurement*（H. M. S. O. for Science Museum, 1937），

　　　　承蒙惠允 ·· （335）

图 154　托勒密浑仪（约公元 150 年），诺尔特［Nolte（1）］依照马尼蒂乌斯的意见复原 ·················· （337）

图 155　第谷的小型赤道浑仪（1598 年） ·················· （338）

图 156　郭守敬的赤道浑仪（约 1276 年）（图版五〇） ·················· （348）

图 157　希腊传统的黄道经纬仪，南怀仁 1673 年为北京观象台制造（图版五一） ·················· （349）

图 158　中国传统的赤道浑仪，戴进贤及其同事们 1744 年安置于北京观象台（图版五一） ·················· （349）

图 159　苏颂 1090 年的浑仪 ·················· （350）

图 160　苏颂的时钟驱动赤道浑仪的部件简图，采自《新仪象法要》（1090 年） ·················· （352）

图 161　卡斯蒂利亚国王阿方索十世的浑仪（约 1277 年），由诺尔特［Nolte（1）］复原 ·················· （353）

图 162　水运仪象台全貌。1090 年苏颂及其同事建于开封 ·················· （362）

图 163　郭守敬的赤道式浑仪（1276 年），皇甫仲和仿制（1437 年），照片是在北京古观象台院内自北向南拍摄的（汤姆森摄）（图版五二） ·················· （368）

图 164　郭守敬在 1270 年前后设计的简仪（图版五三） ·················· （369）

图 165　从南面看的郭守敬简仪（图版五三） ·················· （369）

图 166　郭守敬简仪的图解，从东南方向观看，以便与图 164 对照 ·················· （370）

图 167　赤基黄道仪，此仪一度为库萨的尼古拉所有（1444 年），现存于特里尔附近库斯地方他所创办的慈善医院的图书馆中（图版五四） ·················· （372）

图 168　（a）印度的赤基黄道仪，现存于斋浦尔的贾伊·辛格天文台［照片采自 Kaye（5）］

　　　　（b）彼得·阿皮亚努斯的赤基黄道仪（1540 年）（图版五五） ·················· （373）

图 169　第谷的大赤道式浑仪（1585 年） ·················· （378）

图 170　19 世纪的望远镜赤道装置（图版五六） ·················· （379）

图 171　现代的望远镜赤道装置——威尔逊山的 100 英寸反射望远镜（图版五六） ·················· （379）

图 172　赤基黄道仪的现代形式；航空用天文罗盘（图版五七） ·················· （380）

图 173　南怀仁 1674 年在北京观象台建造的黄道经纬仪［照片采自 Nawrath（1）］（图版五八） ·················· （383）

图 174　天球仪，穆罕默德·伊本·穆艾亚德·乌尔迪 1300 年左右（郭守敬在世时）制造于马拉盖天文台［德累斯顿博物馆藏，照片采自 Stevenson（1）］（图版五九） ·················· （387）

图 175　苏颂的浑象，有一半隐在柜中，由水力驱动的机械时钟使之运转；采自 1092 年的《新仪象法要》 ·················· （392）

图 176　南怀仁 1673 年为北京观象台制造的天体仪（采自《皇朝礼器图式》） ·················· （393）

图 177　18 世纪耶稣会士的仪器——浑天合七政仪；采自《皇朝礼器图式》
　　　　（1759 年）（图版六〇）·································· （394）

图 178　演示用浑仪，卡洛·普拉图斯于 1588 年制作（图版六〇）············· （394）

图 179　时钟机构驱动的演示用浑仪，18 世纪朝鲜制造，但含有中国和阿拉伯
　　　　仪器制作传统的种种特色（图版六〇）··················· （394）

图 180　晚清的月行九道图 ································· （398）

图 181　表示水星逆行的环状黄道图（采自《图书集成》，1726 年）········· （404）

图 182　最古的新星记录，约公元前 1300 年 ····················· （427）

图 183　金牛座蟹状星云，即 1054 年的超新星（只有中、日两国天文学家观测
　　　　到）的残存体（图版六一）
　　　　　　　转载自 G. Gamow, 'Supernovae', *Scientific American*, vol. 181, no. 12 (Dec.
　　　　　　　1949)，承蒙惠允 ·························· （429）

图 184　（a）朝鲜弘文馆（天文台）保存的记录手稿附图，表示 1664 年 10 月
　　　　28 日夜间在翼、轸两宿之间通过的彗星［照片采自 Rufus（2）]
　　　　（b）阿伦-罗兰 1956 h 彗星，1957 年 4 月 28 日午夜摄于英国剑桥，
　　　　黄赤光摄影（阿格和沃尔夫摄）（图版六二）················· （435）

图 185　阳玛诺《天问略》（1615 年）中一页的两面。这是第一次以中文介绍
　　　　使用伽利略望远镜所取得的新发现（图版六三）
　　　　　　　转载自 P. d'Elia, 'The Spread of Galileo's Discoveries in the Far East', *East
　　　　　　　and West* (Istituto Italiano per il Medio ed Estremo Oriente, Rome, 1950),
　　　　　　　vol. 1, no. 3，承蒙惠允 ······················ （449）

图 186　中国最早的望远镜图，采自汤若望《远镜说》（1626 年）（图版六四）
　　　　　　　转载自 P. d'Elia, 'The Spread of Galileo's Discoveries in the Far East', *East
　　　　　　　and West* (Istituto Italiano per il Medio ed Estremo Oriente, Rome, 1950),
　　　　　　　vol. 1, no. 3，承蒙惠允 ······················ （450）

图 187　木星的卫星图（采自《图书集成》········· ············ （451）

图 188　第谷学说的太阳系（采自《图书集成》）··················· （452）

图 189　穿着中国官员服装的南怀仁和他的纪限仪及天体仪（图版六五）
　　　　　　　转载自 A. de Burbure, 'Quelques Précédents expansionnistes belges dans l'Hémis-
　　　　　　　phère chinois', *Revue Coloniale Belge*, vol. 6 (1951)，承蒙惠允 ········ （455）

图 190　南怀仁 1674 年重新装置的北京观象台；这是梅尔希奥·哈夫纳为南怀
　　　　仁的《康熙朝的欧洲天文学》（1687 年）所作的雕版图，此图在中西
　　　　书籍中随处可见（例如《图书集成》）（图版六六）··············· （458）

图 191　北京观象台，1925 年左右自平台东北角摄影（图版六七）·············· （459）

图 192　北京观象台的纪限仪（造于 1673 年）（惠普尔博物馆收藏部照片）
　　　　（图版六八）······································ （460）

图 193　1673 年耶稣会士为北京观象台制备若干天文仪器；本图为《图书集成》
　　　　插图之一，表示当时研磨浑仪青铜圈的情况 ··············· （462）

图 194 检测浑仪青铜圈的精确度（采自《图书集成》）……………………………（462）

图 195 王锡阐《五星行度解》（1640 年）解释第谷太阳系学说的几何图形 ……（463）

图 196 南怀仁的气温计，约 1670 年（采自《图书集成》………………………（473）

图 197 南怀仁的鹿肠线湿度计，约 1670 年（采自《图书集成》）（图版六九）
　　　 ………………………………………………………………………………（478）

图 198 保存在朝鲜的一具 1770 年的中国雨量筒（图版六九）
　　　 转载自 Y. Wada, 'A Korean Rain Gauge of the +15th Century', *Quarterly Journal*
　　　 of the Royal Meteorological Society of London, vol. 37（1911），承蒙惠允……（478）

图 199 日晕系的各组成部分（圆柱方位投影） ………………………………（482）

图 200 明仁宗朱高炽《天元玉历祥异赋》（约 1425 年）抄本中说明幻日现象
　　　 的两页（图版七〇） …………………………………………………………（483）

图 201 杭州附近的钱塘江潮（贝尔摄）（图版七一）………………………………（493）

图 202 麟庆的钱塘观潮图（采自《鸿雪因缘图记》，1849 年）（图版七一）
　　　 ………………………………………………………………………………（493）

图 203 熊明遇（1648 年）所著《格致草》中的一页。页中附图，用以解释地
　　　 的球形 …………………………………………………………………………（509）

图 204 中国古代文化以帝都为中心向外扩展的传统观念 …………………………（512）

图 205 《山海经》（公元前 6 世纪—公元 1 世纪）中的怪人与索里努斯《奇妙事
　　　 物大全》（公元 3 世纪）中的怪人的比较 …………………………………（516）

图 206 晚清时的一幅外族使者到鸿胪寺进贡的画像；鸿胪寺的官员把进贡国的
　　　 情况和物产都记录下来 ………………………………………………………（519）

图 207 1430 年左右写成的《异域图志》中的两页，此书可能是明皇子朱权（宁
　　　 献王）所著，他是一位炼丹家、矿物学家和植物学家，几乎可以肯定他
　　　 曾受益于郑和远航所带回来的动物学和人类学知识 ………………………（522）

图 208 中国西部水系图，采自傅寅 1160 年前后所著的《禹贡说断》…………（524）

图 209 傅泽洪的《行水金鉴》（1725 年）中的一幅全景地图 …………………（525）

图 210 明末福建沿海全景图的一部分，东向，约北纬 27°；为艾黎先生的系列
　　　 照片之一（图版七二） ………………………………………………………（527）

图 211 威尼斯人鲁谢利在 1561 年复原的托勒密世界地图
　　　 转载自 Lloyd A. Brown, *The Story of Maps*（Little, Brown and Company, Boston,
　　　 1949），承蒙惠允 ……………………………………………………………（537）

图 212 卡佩拉（鼎盛于公元 470 年）的世界地图，出自 1150 年左右的《花卉
　　　 之书》的手抄本［采自 Kimble（1）］（图版七三） ………………………（539）

图 213 13 世纪中叶的"《诗篇》地图"，它是以耶路撒冷为中心的 T-O 地图
　　　 （图版七四） …………………………………………………………………（540）

图 214 一幅列瓦纳的贝亚图斯（卒于公元 798 年）式的世界地图，出自 1150
　　　 年的都录手抄本（图版七五）
　　　 转载自 Lloyd A. Brown, *The Story of Maps*（Little, Brown and Company, Boston,

1949），承蒙惠允 ………………………………………………… (541)

图 215　1500 年威尼斯出版的塞维利亚的伊西多尔（公元 570—636 年）所著《词源学》一书中的一幅纯粹图解式的世界地图
　　　转载自 Lloyd A. Brown, *The Story of Maps* (Little, Brown and Company, Boston, 1949)，承蒙惠允 …………………………………………… (542)

图 216　欧洲宗教宇宙学传统主要表现形式的说明简图 …………………… (543)

图 217　1110 年前后彼得·阿方萨斯所绘的气候图［采自 Beazley（1）］（图版七六）………………………………………………………… (545)

图 218　公元 540 年前后科斯马斯所著《基督世界地形》中的寰宇图（图版七七）……………………………………………………………… (546)

图 219　现存最古老的图解航海手册海图之一，即 1311 年韦斯孔特绘的航海图［采自 Beazley（1）］（图版七七）……………………… (546)

图 220　1339 年安杰利诺·杜尔切尔托图解航海手册上的西班牙（图版七八）
　　　转载自 G. de Reparaz-Ruiz, *España, La Tierra, El Hombre, El Arte* (Editorial Alberto Martin, Barcelona, 1937)，承蒙惠允 …………………… (548)

图 221　1250 年前后的阿索斯山手抄本中的一幅拜占庭网格图，图上绘的是锡兰［采自 Langlois（1）］（图版七九）…………………………… (549)

图 222　荆轲刺秦王（即后来的秦始皇）；事件发生在公元前 227 年，荆轲用藏于从木匣里取出的卷成筒状的绢制地图中的匕首行刺 …………… (551)

图 223　汉代式盘（占卜盘）的复原图，天和地的代表符号与罗盘的起源有关（图版八〇）……………………………………………………… (558)

图 224　绘制等高线图的早期尝试 ………………………………………… (563)

图 225　《华夷图》，中国中古时期制图学方面的两件最重要的杰作之一，刻石年代是 1137 年，但绘制年代大概是 1040 年［采自 Chavannes（10）］………………………………………………………………… (564)

图 226　《禹迹图》，在当时是世界上最杰出的制图学作品，刻石年代是 1137 年，但绘制年代大概在 1100 年以前［采自 Chavannes（10）］（图版八一）………………………………………………………………… (565)

图 227　世界上最古老的一幅印刷的中国西部图（《地理之图》），见于《六经图》（图版八二）………………………………………………… (567)

图 228　欧洲的第一幅印刷地图，可用来与图 227 进行对比；布兰迪斯为《初学者入门》（1475 年）所制作的木刻图 ……………………………… (568)

图 229　《地理图》，这是一幅带有《华夷图》传统（参见图 225）的地图，是黄裳在 1193 年前后绘制的，在 1247 年由王致远于苏州刻石［采自 Chavannes（8）］（图版八三）……………………………………… (569)

图 230　甘肃敦煌千佛洞中的经变壁画之一（图版八四）……………… (570)

图 231　《广舆图》中的两页，该图是在朱思本 1315 年左右所绘舆图的基础上，由罗洪先在 1555 年左右增订而成；中国总图的比例尺是每格相当于 400 里………………………………………………………………… (573)

图 232　1329 年问世的《元经世大典》中西北地区的简明网格地图

　　　　转载自 A. Herrmann（8），原载 Sven Hedin，*Southern Tibet*（Sven Hedin

　　　　Foundation，Stockholm），vol. 7，承蒙惠允 ……………………………（574）

图 233　《广舆图》的图例 ……………………………………………………………（575）

图 234　1402 年朝鲜绘制的世界地图，即李荟和权近绘的《混一疆理历代国都

　　　　之图》（图版八五）…………………………………………………………（576）

图 235　1402 年朝鲜绘制的世界地图上的中国北部（图版八六）………………（577）

图 236　《武备志》中的海图之一 ……………………………………………………（582）

图 237　一幅阿拉伯轮形地图，它是阿布·伊斯哈克·法里西·伊斯塔赫里和伊

　　　　本·豪加勒（公元 950—970 年）绘制的 ………………………………（584）

图 238　图西 1331 年绘制的世界地图（据亲笔手稿原图摹绘）…………………（585）

图 239　伊德里西（约 1150 年）为西西里的诺曼王罗杰二世绘制的世界地图

　　　　……………………………………………………………………………（插页图）

图 240　用"蒙古式画法"绘制的伊朗地图中的一幅，这也是一种没有地形，只

　　　　有网格和地名的地图。此图是哈姆达拉·伊本·阿布·巴克尔·穆斯陶

　　　　菲·加兹维尼在 1330 年左右为了给他的《历史精选》做解说而绘制的

　　　　［采自 K. Miller（4）；Kamal（1）］（图版八七）…………………（587）

图 241　按中国网格制图法绘制的巴勒斯坦地图，是马里诺·萨努托为了解说他

　　　　的《十字架忠诚信徒秘籍》（1306 年）一书而绘制的［采自 Kamal（1）］

　　　　（图版八八）………………………………………………………………（588）

图 242　东亚的宗教宇宙学；18 世纪朝鲜手稿中的一幅以昆仑山（与须弥山相当）

　　　　为中心的佛教传统的轮形地图，名为《四海总图》（图版八九）………（590）

图 243　葛洪《抱朴子》（约公元 300 年）中的一张道教符咒 …………………（593）

图 244　中国的测量方法；图中所示的是一个测量线卷（采自 1593 年的《算法

　　　　统宗》）………………………………………………………………………（595）

图 245　中国的测量方法；曾公亮《武经总要》（1044 年）中所绘的仪器 ……（596）

图 246　《图书集成》中所附三角测量法；这里所测量的是海岛上的岩石高度

　　　　……………………………………………………………………………………（597）

图 247　雅各布标尺的用法图解；采自菲内的《几何学与应用》（1556 年）……（599）

图 248　1247 年秦九韶的灌溉测量问题设计图（《数书九章》卷六）…………（604）

图 249　宋景昌在《数书九章札记》（1842 年）卷三中对前一问题的重新设计

　　　　……………………………………………………………………………………（604）

图 250　最早的浮雕地图可能起源于这两种器皿

　　　　转载自 B. Laufer，*Chinese Pottery of the Han Dynasty*（E. J. Brill，Leiden，1909），

　　　　承蒙惠允 ……………………………………………………………………（607）

图 251　利玛窦的世界地图（1584 年）的第一版，被章潢收录在其 1623 年的

　　　　《图书编》中（图版九〇）

转载自 *Fonti Ricciane*, ed. by Pasquale M. d'Elia, vol. 2（La Libreria dello Stato, Rome, 1949），承蒙惠允···（608）

图 252　利玛窦所绘世界地图《坤舆万国全图》（1602 年）的一角（十二分之一）（图版九一）

转载自 *Fonti Ricciane*, ed. by Pasquale M. d'Elia, vol. 2（La Libreria dello Stato, Rome, 1949），承蒙惠允···（609）

图 253　艾儒略《职方外纪》（1623 年）中所插的地图之一，艾儒略是继利玛窦之后在华耶稣会士制图学者之一 ·······································（612）

图 254　一块公元前 7 世纪的泥板上的巴比伦圆盘地图（采自 *Cuneiform Texts in the British Museum*, vol. 22, pl. XLVIII）·······················（617）

图 255　中国画中的地质学：（a）山东费县附近历山的河流回春现象（采自《图书集成·山川典》卷二十三）·······································（622）

图 256　中国画中的地质学：（b）山东南部峄山的水成巨砾沉积（采自《图书集成·山川典》卷二十六）···（622）

图 257　中国画中的地质学：（c）山东青岛海岸附近的崂山，图中可看到由海水侵蚀而成的台地，并带有波涛冲击成的拱洞（采自《图书集成·山川典》卷二十九）·······································（623）

图 258　中国画中的地质学：（d）河南北部广武山，图中可看到极其明显的河流回春现象（采自《图书集成·山川典》卷五十一）·········（623）

图 259　中国画中的地质学：（e）开封以南香山白居易墓附近的倾斜地层（采自《图书集成·山川典》卷六十四）·····················（624）

图 260　中国画中的地质学：（f）四川西部峨眉山二叠纪玄武岩悬崖（采自《图书集成·山川典》卷一七三）·····················（624）

图 261　中国画中的地质学：（g）典型的 U 形冰川谷（采自《图书集成·山川典》卷一七八）···（624）

图 262　中国画中的地质学：（h）广西桂林附近的石灰岩岩溶岩块及尖顶（采自《图书集成·山川典》卷一九三）·····················（624）

图 263　中国画中的地质学：（i）安徽桐城附近龙眠山中的一个背斜露头，此山位于长江汉口—南京段的正北；李公麟（约鼎盛于 1100 年）绘（图版九二）·······································（625）

图 264　中国画中的地质学：（j）浙江南部海岸（温州附近）雁荡山中侵蚀成的悬崖（《图书集成·山川典》卷一三二）·····················（632）

图 265　钟乳石（"孔公孽"、"殷孽"或"钟乳"）、石笋（"石床"）和晶状沉积物（"石花"）；采自李时珍《本草纲目》（1596 年）·········（632）

图 266　李时珍《本草纲目》（1596 年）中的动物化石图 ·········（644）

图 267　张衡公元 132 年所造世界上第一架地震仪的外形复原（李善邦复原）···（656）

图 268　王振铎为张衡地动仪所作的内部构造复原图［见王振铎（*1*）］·········（657）

图 269　今村明恒复原的张衡地动仪，采用倒立摆原理　·················（659）

图 270　王振铎（6）的另一个复原图，他接受了今村明恒所提出的倒立摆的原理
　···（659）

图 271　自流井盐场的传统蒸发设备（原照）（图版九三）　·············（670）

图 272　妇女和女孩在和田（新疆）喀拉喀什河和玉龙喀什河采集玉璞（子玉）；
图采自宋应星《天工开物》（1637 年）卷十八·······························（692）

图 273　制玉用的旋转工具［采自李石泉（1）］（图版九四）　············（694）

图 274　北京玉作工人在使用大型钢制研磨轮（"磨铊"，或"冲碡"）；采自
Hansford（1）（图版九五）　···（696）

图 275　北京玉器作坊在制备研磨料（图版九五）　························（696）

图 276　采宝石的矿工缒入竖井中［采自《天工开物》（1637 年）卷十八］······（698）

列 表 目 录

表22　古代与中古时期的中国记数符号 ………………………………………（6）

表23　商代甲骨文与周代金文中大于10的数字记法 ………………………（13）

表24　二十八宿 ……………………………………………………………（214）

表25　与表24第九栏有关的恒星 …………………………………………（217）

表26　各种古星表中恒星数目的统计 ……………………………………（245）

表27　各星表中恒星的可能观测年代（根据上田穰） ……………………（248）

表28　西方星座逐渐增加的情况（根据乌佐） ……………………………（251）

表29　中西星座间的关系 …………………………………………………（254）

表30　回归年和恒星年岁余数值的演化（根据马伯乐） …………………（276）

表31　15世纪以前中国主要浑仪的构造 …………………………………（340）

表32　朔望月长度值（根据马伯乐） ………………………………………（397）

表33　行星公转周期的估计数值 …………………………………………（405）

表34　十二岁次表 …………………………………………………………（407）

表35　二十四节气表 ………………………………………………………（408）

表36　中国古代天文学家的日食观测 ……………………………………（421）

表37　东西方天文学发展对照表 …………………………………………（466）

表38　严冬与太阳黑子频率的关系（根据竺可桢） ………………………（472）

表39　各个世纪中的旱涝之比 ……………………………………………（480）

表40　东西方在制图学发展上的对比 ……………………………………（615）

表41　东西方石谱所载石类及物质的范围 ………………………………（673）

缩 略 语 表

以下为正文和脚注中使用的缩略语。参考文献中使用的杂志及类似出版物的缩略语，见第 713 页起。

B	Bretschneider, E., *Botanicon Sinicum*（贝勒，《中国植物学》）
B & M	Brunet, P. & Mieli, A., *Histoire des Sciences*（*Antiquité*）（布吕内和米耶利，《科学史（古代）》）
CCSS	《九章算术》，公元 1 世纪成书
CSHK	严可均辑，《全上古三代秦汉三国六朝文》，1836 年
CTCS	李光地辑，《朱子全书》
G.	Giles, H. A., *Chinese Biographical Dictionary*（翟理斯，《古今姓氏族谱》）
HY	Harvard-Yenching（Institute and Publications）［哈佛燕京（学社和出版物）］
K	Karlgren, B., *Grammata Serica*（高本汉，《汉文典》）
KCCY	陈元龙，《格致镜原》，1735 年的类书
KCKW	王仁俊，《格致古微》，1896 年
MCPT	沈括，《梦溪笔谈》，1086 年
N	Nanjio, B., *A Catalogue of the Chinese Translations of the Buddhist Tripitaka*, with index by Ross (3)（南条文雄，《英译大明三藏圣教目录》）
NCNA	New China News Agency（新华通讯社）
P	Pelliot numbers of the Chhien-fo-tung cave temples（伯希和的千佛洞石窟编号）
PTKM	李时珍，《本草纲目》，1596 年
R	Read, Bernard E., *et al.* (1-7), 李时珍《本草纲目》某些卷的索引、译文和摘要。如查阅植物类，见 Read (1)；哺乳动物类，见 Read (2)；鸟类，见 Read (3)；爬行类，见 Read (4)；软体动物类，见 Read (5)；鱼类，见 Read (6)；昆虫类，见 Read (7)
RP	Read & Pak (1)，《本草纲目》中矿物类各卷的索引、译文和摘要
S	Schlegel, G., *Uranographie Chinoise*; number-references are to the list of asterisms（施古德，《星辰考原》；文献编号见星座表）
SCTS	《钦定书经图说》，1905 年
T	敦煌文物研究所的千佛洞石窟编号。在本卷中，我们尽可能地依照谢稚柳在其《敦煌艺术叙录》（上海，1955 年）中的编号，但也给出其他的编号。
TH	Wieger, L., *Textes Historiques*（戴遂良，《历史文献》）
TKKW	宋应星，《天工开物》，1637 年
TPYL	李昉纂，《太平御览》，公元 983 年
TSCC	《图书集成》。索引见 Giles, L. (2)
TT	Wieger, L. (6), *Tao Tsang*（catalogue of the works contained in the Taoist Patrology）（戴遂良，《道藏目录》）
TW	Takakusu, J. & Watanabe, K., *Tables du Taishō Issaikyō*（nouvelle édition（Japonaise）du Canon bouddhique chinoise）（高楠顺次郎和渡边海旭，《大正一切经目录》）
YHSF	马国翰辑，《玉函山房辑佚书》，1853 年

志　谢

承蒙热心审阅本书部分原稿的学者姓名录

这份名录仅适用于本卷，其中包括第一卷 pp. 15-16 所列与本卷有关的学者。

巴沙姆（A. L. Basham）教授（伦敦）	数学（记号）
巴赞（L. Bazin）教授（巴黎）	天文学（历法）
贝尔（A. Beer）博士（剑桥）	数学、天文学和地震学
贝尔纳（J. D. Bernal）教授（英国皇家学会会员；伦敦）	全部章节
布雷思韦特（Margaret Braithwaite）夫人（剑桥）	数学
布里顿（Robert Brittain）先生（纽约）	地理学
已故的查得利（Herbert Chatley）博士（巴斯）	天文学
克里斯蒂（A. Christie）博士（伦敦）	数学（记号）
科恩（R. Cohen）教授（康涅狄格州米德尔敦）	数学（结语）
戴（A. Day）少将（海军部水道测量家；伦敦）	地震学
杜赫斯特（D. W. Dewhirst）博士（剑桥）	天文学
已故的爱德华兹（W. N. Edwards）博士（伦敦）	地质学和古生物学
叶理夫（V. Elisséeff）教授（巴黎）	全部章节
费希尔（Ronald Fisher）爵士（剑桥）	数学
福华德（W. Fuchs）教授（慕尼黑）	地理学和制图学
霍尔（A. R. Hall）博士（剑桥）	天文学
霍尔（D. G. E. Hall）教授（伦敦）	数学（记号）
韩博能（Brian Harland）先生（剑桥）	地质学和矿物学
哈里森（K. P. Harrison）博士（剑桥）	天文学（赤道式装置）
哈特纳（W. Hartner）教授（美因河畔法兰克福）	天文学
徐利治博士（剑桥）	数学
耶赫尔（P. A. Jehl）先生（巴黎）	天文学（耶稣会士在华时期）
凯利（David H. Kelley）先生（新罕布什尔州贾弗里）	天文学
科斯洛（Arnold P. Koslow）博士（纽约）	数学
李度南（D. Leslie）先生（海法）	数学
鲁桂珍博士（剑桥）	全部章节

麦肯齐（Scott McKenzie）先生（华盛顿）	矿物学
马勒（K. Mahler）教授（英国皇家学会会员；曼彻斯特）	数学
曼利（Gordon Manley）教授（伦敦）	气象学、地理学和制图学
梅森（Stephen Mason）博士（伦敦）	天文学
默西埃（Raymond Mercier）先生（剑桥）	数学和天文学
米歇尔（Henri Michel）先生（布鲁塞尔）	天文学和气象学
米尔斯（J. V. Mills）先生（里士满）	地理学和制图学
中山茂先生（东京）	天文学
李大斐（Dorothy M. Needham）博士（英国皇家学会会员；剑桥）	全部章节
奥克利（K. P. Oakley）博士（伦敦）	地质学、古生物学和地震学
帕克-罗兹（F. Parker-Rhodes）博士（剑桥）	数学
帕廷顿（J. R. Partington）教授（剑桥）	矿物学
佩泰克（Luciano Petech）教授（罗马）	全部章节
普赖斯（Derek Price）博士（华盛顿）	天文学
兰金（R. A. Rankin）教授（格拉斯哥）	数学
拉维茨（Jerome Ravetz）博士（利兹）	数学
朗科恩（Keith Runcorn）教授（纽卡斯尔）	数学
斯洛利（R. W. Sloley）博士（阿默舍姆）	天文学（刻漏）
泰勒（E. G. R. Taylor）教授（伦敦）	地理学和制图学
崔瑞德（D. Twitchett）博士（剑桥）	地理学、地质学和矿物学
怀特（F. P. White）博士（剑桥）	数学
伍斯特（W. A. Wooster）博士	矿物学
吴世昌博士（牛津）	数学（记号）
尤什克维奇（A. P. Yushkevitch）教授（莫斯科）	数学

作 者 的 话

到了这一卷，我们就把所有"巷道"和"井口"、所有介绍性的说明和解释都抛
在后面，深入到了全书的"矿床"。这一卷的宗旨，在于阐明传统中国文化对于数学，
以及对于天学（天文学和气象学）和地学（地理学和地质学）的贡献。这里所搜集的
史实，乍看起来，似乎有点令人眼花缭乱，但我们必须记得，这些史实关系一个民族
的文化，而这个民族的人口占人类总人口的五分之一以上，他们三千年来定居在一片
至少和欧洲大小相等的土地上，并且他们的才能肯定不逊于其他民族。那些非常熟悉
本卷所简单介绍的历史的人，必将感到这里写得不是太多，而是太不够了。

但是，像以前一样，我们在这里所考虑的，是那些时间上或常受繁忙的实验室工
作所限而未能做深入研究的读者的需要。他们的好奇心应该有一些路标来指引。至少
有四个原因会使一个现代科学工作者接触到中国科学史。第一，可能有人对各种发现
和发明的节点，即对那些为人类知识大厦留下永久性标志的事迹感兴趣。因此，这里
要谈谈计算中位值制的发展［第十九章（b）］、二项式系数的三角形公式［第十九章
（i），9］、恒星位置的标绘［第二十章（f）］、望远镜的赤道装置和转仪钟的发明［第
二十章（g），6］、第一架地震仪的建造［第二十四章（b）］和生物地球化学找矿的起
源［第二十五章（g）］。第二，可能有人为一种更富有人种学意味的好奇心所驱使，渴
望了解科学如何能在同西欧相差如此悬殊的一种文明中成长起来。所以，这里就要谈
谈各种陌生的代数记号［第十九章（i），8］，与希腊-埃及的黄道坐标天文学完全不同
的、以二十八宿为标志的天极-赤道坐标系［第二十章（e）］，以及一种远远超过拉丁
西方的东方地理学传统［第二十二章（d），5］。第三，可能有人想探索文化接触和传
播的情况，以便在旧大陆各种文化之间列出一张互惠平衡表。在这方面，至少可以谈
谈数学问题和方法的传播［第十九章（j）］、二十八宿的传播［第二十章（e），3］、
天文仪器的传播［第二十章（g），6，iv］和制图技术的传播［第二十二章（h）]）。
我们还列出了几张比较表（表37和表40），供考虑这些问题时参考。第四，还有不少
人认识到，中国古代和中古时期的天象记录和地面现象记录（涵盖了我们缺乏其他资
料的几个世纪），在当前的科学研究中仍然有巨大的价值，例如在射电天文学或气象学
的研究中。关于这些问题，我们将在相关章节［第二十章（i），第二十一章（b）（d）
（h），等等］中涉及。

有一个题目可能是所有读者都感兴趣的，就是东西方文化中数学和科学的关系问
题。研究李时珍时代的中国，会有助于弄清楚近代科学如何在伽利略（Galileo）时代
的意大利产生吗？这一问题在本书第十九章（k）中加以讨论，在那里我们把中国原生
科学技术成就的最高形式确定为达·芬奇（da Vinci）式的而不是伽利略式的，并且还
要指出，中国在公元1600年以前和欧洲一样，曾经存在过掌握了伽利略的部分方法的
两派，即高明的匠师们和经院哲学家们。对东西方科学发展所处社会发展进程的更精

确的讨论，则留到本书的最后一卷。

人文学者的兴趣很可能同上述的几种相似但表现形式有所不同。然而，他们有一个特殊的不利条件，即不熟悉科学及其应用中常用的术语。各种专门知识的门类是如此之多，我们无法满足每一个人的要求，在我们认为应该加以解释的和不喻自明的名词之间，我们只能任由主观做出抉择。究竟哪些东西真正属于"常识"的范畴是很难决定的。因此，我们对于"蛋白质""曲轴""背斜层""游标尺"这样的名词就不多费力，而对球面天文学中某些基本术语的定义用了一些篇幅加以说明，并且还解释了诸如"潮候时差"（establishment of the port）、"戈尔德施密特富集原理"（Goldschmidt enrichment principle）之类的术语。当然，想深入研究这个课题的读者，手头必然要有一本科学词典，其篇幅必须和他们的人文科学知识的"纯度"成正比。

尽管如此，我们还是深切希望，人文学者和所有具有一般文化知识的人，都会对人类自然科学知识史中迄今尚未揭开的一页产生兴趣。这种研究是真正透视现代科学活动的唯一手段，是人性化技术教育的最有效的方法之一，也是整部人类文明史必不可少的一部分。以下几卷所摆的事实只不过是想表明，像在其他事物中一样，在科学史中也不能把欧洲同旧大陆其他部分割裂开来考虑。在距离不断缩小的时代，对那些自身之外的文化的科技成就和生活方式给以善意的欣赏，是我们的《亚大纳西信经》（*Quicunque Vult*）。

提到术语，就会引出一个颇为重要的问题。任何翻阅本书的人都会想到的第一个问题是：怎样才能从汉文中把主要术语辨认出来而且看懂呢？我们的博学的通信人之一，在一封谈到中国古代和中古时期钢铁工艺的信中问我们，有什么凭证说明在古籍中确实能辨认出生铁、熟铁和钢等名称呢？是不是我们忽视了古义，而过多地用现代知识去解释古字呢？答案是至关重要的。必须明白，在公元前14世纪的甲骨卜辞中发现的中国书写文字和今日所写、所说的语言之间，存在着一种从未间断过的传统。所以，用苏美尔语或古埃及语来进行类比是没有充分理由的，就连希伯来语也未必比得上汉语。许多比较简单的技术术语最先就是以甲骨文的形式出现的。再者，在字体定型和标准化之前所使用的古代象形文字，也时常透露出一种工艺上的特点。比方说，"舟"字的古体画出了中国使用已久的横材隔舱结构，而不带有船首柱、船尾柱或龙骨的迹象[1]。"弓"字的古体正好表现出那种用几种材料复合制成的弯弓[2]。所有这些（经适当修正）都适用于本卷所涉及的纯科学词汇，如与幻日和日晕现象有关的那一系列术语［第二十一章（e）］。

xliii

在中国语文方面，还存在着一种连续不断的词典编纂传统，这种传统至少可以追溯到公元前3世纪。无论是稷下学宫[3]［建于公元前318年，恰在亚里士多德（Aristotle）逝世之后］的学者们，或者是撰写《吕氏春秋》（公元前239年）的那批

---

[1] 参见本书第二十九章。

[2] 参见本书第二十章（e）。

[3] 参见本书第一卷，p. 95。《管子》一书似乎就出自他们之手。

学者，还是齐国《考工记》（公元前 260 年前后）① 的编纂者，都经常为他们所用的术语下定义，或把它们用在不致发生误解的上下文中。许慎公元 121 年的字典《说文解字》在今天仍然和当时一样有用。我们之所以能够知道复杂的汉代青铜弩机② 所有零件的名称，部分原因是刘熙在他公元 100 年的《释名》中十分清楚地描述了它们，并指出了它们的名称。事实上，我们确实不时发现一套套可以互相说明的术语。例如，1090 年苏颂及其同事在开封建造的水运仪象台的说明书（《新仪象法要》），就载有专门名词 140 个以上，它们用来与一幅名副其实的宋代工程蓝图相配③。

自然，除此以外，还有另一些令人气馁的困难。一种发现或发明也可能出现在各种各样的术语伪装之下。更糟的是，有时尽管事物已经改变，而名词却继续在使用。"铜"字在代表青铜之前是代表纯铜的④。"柂"字最初无疑是指操纵长桨，而它在中古时期又确实是指铰链舵⑤——那么，舵到底是在什么时候发明的呢？以本卷后面将要谈到的一种情况为例，"浑象"一名在汉代指的是中间附有大地模型的演示用浑仪，而在公元 5 世纪中叶它肯定是指一种实心的天球仪⑥——这种改变是在什么时候发生的呢？像这样的问题，只有核对了大量书籍以后才能解决。即使不能完全确定，也可以得到一个大致可靠的结论。过去对中国古籍中的术语所做的错误解释，一般都是由于学者们既没有愿望，也没有时间且不具备必要的自然科学知识来用这种方法把它们弄清楚。不过，当代的汉学家们正在迅速对这一情况进行补救。

在炼丹术和制药学那样的领域中，中国著作和西方一样，所用的异名极多，这无疑是出于同一个原因，即故意迷惑门外汉。但是，儒家的实事求是的编纂精神从来不让道家的神秘主义盛行，因此，我们才能找到一本（盎格鲁-撒克逊人的英格兰也难以拥有的）值得赞赏的矿物、药物异名词典《石药尔雅》，它是梅彪早在公元 818 年编成 xliv 的，现在仍有使用价值⑦。日本的医药学也跟得很紧，深根辅仁的《本草和名》（公元 918 年）同样流传至今，可作为这方面的指南。在这方面，用许多古籍进行比对同样是唯一的辨认方法。就我们所知，"火药"一词从来就是指用硫黄、硝石、木炭按不同比例配成的混合物（没有例外的情形），而在中古时期火药无疑就是这样配成的⑧。同样，"候风地动仪"指的就是地震仪，它从来不代表任何别的仪器⑨。在传统科学的时代结束之后，18 世纪和现代的化学家们对中国的药物和矿物进行过分析，并通过这种办法把这些专用名词的含义确定了下来，因此，我们现在还能够追溯它们的起源⑩。例如，"曾青"指的是孔雀石或碳酸铜，由于本草著作同词典编纂者的传统完全相似，所以，

---

① 《考工记》并入《周礼》，参见本书第一卷，p. 111。

② 参见本书第三十章（e）。

③ 参见本书第二十七章（j）。

④ 本书第三十六章将探讨这个问题。

⑤ 参见本书第二十九章（h）。

⑥ 参见下文，pp. 382 ff.。

⑦ 参见下文，p. 644。

⑧ 参见本书第三十章。

⑨ 参见下文，p. 627。

⑩ 参见本书第三十三章。

这个在汉代确定下来的名词便很难再接受其他较晚的解释了。如果"生铁"所指的不是铸铁，"熟铁"所指的不是锻铁，"钢"所指的不是钢（事实上今天中国仍然用这个名词），那么，古书的内容就没有任何意义了；反之，一切便完全讲得通①。

"这样来解释古书"，那位给我们写信的朋友接着又说，"是把它讲通了，但古书上的话在当时是按现代的见解那样讲的吗？"我们的回答是：中国古代和中古时期的非宗教性著述，如果没有被传抄者掺入太多错误的话，一般总是线索分明、合乎情理、容易读懂的。有一位著名的批评家埋怨说，我们的第二卷把中国古代哲学家的话讲得太通了。就哲学家而论，我们当然不敢保证绝对正确，但是，在谈到历算家、星象家、医师、矿工和铁匠这些实践家时，我们的解释则是毋庸置疑的。如果说有人弄不清墨家关于连弩②的说明，而秦汉时代的某些数学和天文学方法在今天难以理解的话，那是因为年深日久，文字窜乱，几乎无法复原。即使是这样，当人们明确了古代作者所谈论的话题，那么，总的轮廓就会变得清晰，而订正可能就不费力了。例如，《九章算术》的开方术就是如此③。如果在汉代以后还有什么障碍的话，那是因为时间的利齿啃食了那些竹简和纸卷，以致像裴秀（公元224—271年）——中国地理学中的托勒密（Ptolemy）——那样的人，我们也只知道一鳞半爪④。中国学者已经以珍惜的心情校刊了许多这样的古书，并在确定正确版本方面完成了一项艰巨的工作。此外，汉代以后的许多书籍都保存完好，当我们读到贾思勰的《齐民要术》（撰于公元450年前后）那样的农业专著时，我们不能不为他清晰的论述而感到惊讶⑤。

xlv　　有人说，所有译文都像炖煮过的草莓。虽然这里确实没能保留原有的新鲜，可是我们已经竭尽所能运用"深冻技术"，以期通过读者恰当想象力的温暖，尽可能多地让引文恢复生气。在我们所译的文句中夹杂着许多括弧，那不是因为原文过分含糊，而是因为在印欧语言中必须补充词形变化，增添简洁的汉语所不需要的冠词和其他词类，以便使译文通顺可读。英语和汉语在语法和句子构造上是不同的。这里，有时需要根据我们对许多同类和相关文献的理解，做出重大的判断。然而，中国的许多记载绝不是含糊不清，而是透彻精炼的杰作（突出的例子，可参见本书第二卷 p. 482 和本册 p. 432）。尽管关于古代汉语的暧昧难解，我们谈了很多，但令人惊奇的是，我们几乎想不起有哪几段文字，其中所要表达的科学命题的性质或所要讨论的工艺过程，确实是有无法消除的疑问的；对于类似的段落，我们总是把它们拿来进行比较。自然，中国古籍所提供的知识有时并不像人们所期望的那样充分，儒生们那种格言式的简短叙述，在讨论实际问题时是有缺点的。

　　虽说所有翻译家都可能不太忠实，可是对译文负责至少有一种好处，它会迫使你对原文的含义做出判断，尽管这些判断可能只是暂时的。一个历史学家用本国文字写作的时候，他可以援引古书作为他的议论的一般例证，并且实际上不必另加说明或对

---

① 参见本书第三十章（d）。
② 参见第三十章（h）。
③ 参见下文，p. 66。
④ 参见下文，p. 538。
⑤ 这部著作最近由我的老朋友石声汉教授重新编辑了。它的主要数据见第四十章和第四十一章。

其术语做任何解释。但当这样的一段文字需要译成另一种语言时，便不能这样办了。当张衡的话被译成英文（或亚里士多德的话被译成汉文）时，它的含义和所指可能就不再显而易见了；事实上，所有语言上的翻译都必然是内容的阐述。确实可以这样说，许多极有意义的古代科技著作，最初只是在经过一番改装后才为世人所知的。中国学者们最近也意识到了这一点，现在正开始把他们自己古代和中古时期的某些著作译成很好的现代汉语版本。

还有一件小事情不妨提一下。每一个想把中国古书译成其他语言的人，无不为其大量官衔的译法大伤脑筋。到目前为止，还没有哪个朝代的官名有公认的译法，尽管近来汉学家们的工作正在这方面取得进展。我们认为，历代官僚政治中的官名是有深刻的意义的，它们和这类人事制度中的任何一种一样，是有道理的。因此，我们宁愿把它们译成现代的官名（即使有些错误），以期把中国古代和中古时期的生活传达给西方读者，而不致有很多陌生、陈旧和古怪的内容。现在举一个相关的例子①。我们把"太史令"译作"Astronomer-Royal"（皇家天文学家），因为从很早的时候起，星象家就在中国官僚组织中占有很高的地位，并且自占以来便做出了许多有益的、科学的天文工作。这无疑是因为在雨量不定的情况下，一个巨大的农业国对于历法的需要至少和 xlvi 帝王要求宫廷占星家做政治性占卜同样重要。关于术语和翻译问题，我们就谈到这里。

虽然我们力图把本卷所涉及的各个方面的最新研究成果考虑在内，可是很遗憾，1956 年 12 月以后出现的著作一般都未能提到。

目前这个（尽可能）偿还欠债的机会绝不可失。我们对周围的专家们深为感激，在各种问题上，我们经常依靠他们的指导——在阿拉伯文方面是邓洛普（D. M. Dunlop）先生，在日文方面是本田实信教授，在梵文方面是沙克尔顿·贝利（Shackleton Bailey）博士，在希伯来文方面是鲁惟一（R. L. Loewe）先生，在波斯文方面是鲁本·利维（Reuben Levy）教授。对于他们无限的支援和从不衰退的热情，无论怎样估计都不会过高。此外，读过本卷各章手稿的人也都格外帮忙，为此，我们要特别向英国皇家学会会员马勒（K. Mahler）教授致谢，因为他不仅对数学一章提出许多疑问，并且对有疑义需要剖析的地方都做了专门的研究。对于天文学那一章，剑桥天文台的比尔（Arthur Beer）博士，即《天文学展望》（*Vistas in Astronomy*）的杰出编者，也同样热情地帮助过我们。每当他亲自送来新的资料或对难题的解答的时候，我们一听见他那熟悉的脚步声，就既感受到了帮助，又感受到了精神上的鼓舞。此外，普赖斯（Derek Price）博士在天文仪器史的许多问题上与我们密切合作，这是特别珍贵的。

这里还需要提一提其他受惠之处。本卷付印期间，英帝国勋章获得者班以安（Derek Bryan）先生为我们承担了印刷工作。科列特中国书店（Collet's Chinese Bookshop）的柯温（Charles Curwen）先生过去在山丹的培黎学校工作过，他在搜集中国科学史最新书刊并保证送到我们手中这件事上，给我们提供了可贵的帮助。对于莫伊尔（Muriel Moyle）小姐，我们和以前一样，深深感谢她为我们编制细致的索引。福

---

① 参见下文，pp. 190 ff. 。

斯特神父（Fr. Kenelm Foster, O. P.）亲切地帮助我们从欧洲经院哲学家的著作中寻找引文。还有不胜枚举的很多其他人，或者作为评论者，或者作为通信人，都以最大的善意促使我们注意到前两卷中有某些地方应该校正。较细致的修改须待第二版，现在我们暂在卷末附一勘误表。

我们应当向查尔斯·辛格（Charles Singer）博士和夫人，以及拉西曼（Ludwik Rajchman）博士和夫人表示另一种感激之情。本书编写过程中的无数想法，是在康沃尔郡（Cornwall）靠近圣奥斯特尔（St. Austell）的基尔马思（Kilmarth）住宅的一间俯瞰大海的长形书斋中，并在经常是那么好客的居停主人的鼓舞和关怀下成型的。对于一个来自太平洋之滨的江苏省沿海地区的中国人来说，这无异于在西王母的宫殿——远在天涯海角的知识之宫——受到接待。修改校样是令人厌倦的，但是，像住在萨尔特（Sarthe）舍尼（Chenu）附近的拉福斯博勒加尔（La Fosse Beauregard）那样迷人的环境之中并在朋友陪伴下进行修改，情况就大大不同了。

还有一位曾把本卷及以前各卷每一字（甚至每一插图的说明）都读过的人——英国皇家学会会员李大斐（Dorothy Needham）博士，没有她那亲切的鼓励和精神上的支持，我就根本不可能写出这一卷。对于剑桥大学出版社（Cambridge University Press）的委员和工作人员为圆满完成我们的计划而做出的一切贡献，我们应当再一次表示最恳切的谢意。他们是习惯于遵守绝不透露姓名的严格戒律的，但是我们长期得到彼得·伯比奇（Peter Burbidge）先生如此慷慨的友好帮助和合作，就没有什么清规戒律能阻止我们向他表示最热切的谢忱了。我再一次高兴地向我们本学院和本学系以英国皇家学会会员扬（F. G. Young）教授为代表的各位成员表示谢意，因为如果没有他们始终如一的支持和谅解，本书就完全不可能写成。

最后，但并非最不重要的，是财务方面的问题。除了在别处已经向博林根基金会（Bollingen foundation）表示谢意，在提供资助经费方面，我们衷心感谢大学中国委员会（Universities China Committee）、冈维尔和基兹学院（Gonville and Caius College）及保管霍尔特家族（Holt family）遗赠资金的大洋轮船公司的经理们。韦尔科姆基金会（Wellcome Trust）的慷慨资助扩充了这些资金，这使生物学和医学一卷范围内的研究工作得以顺利进行。

第十九章 数 学

（a）引 言

从这一章起，我们进入本书的后半部。由于数学和各种假说的数学化已经成为近代科学的支柱，我们在尝试评价中国人在许多具体科学学科和技术门类中的贡献时，首先从数学入手似乎是合乎情理的。我们当前的任务就是对中国人在数学方面的成就做出评价。迄今，科学史家的看法往往摇摆于两个极端之间——例如，由于反感 18 世纪传统的中国热（sinophilism）及毕奥（J. B. Biot）把中国数学与天文学著作的年代定得过早，塞迪约（Sédillot）[1] 在 1868 年断言（尽管没有任何已知的文献可以为他提供根据）：中国人当时在数学方面从未做过任何有价值的工作，他们所掌握的数学知识是从希腊传入的[2]。以后，像赫师慎（van Hée）这样的作者，在他们身上汉学的才能抵抗着传教士的偏见，也再次坚持认为中国人的主要数学著作都是外来影响所激发的。但是，这种观点一直是有人反对的。阅读过本章的任何人，都会清楚地看到这种观点离事实有多么远。

关于东亚数学史有着大量的文献，但遗憾的是（对于大多数西方人而言），其中绝大部分是用中文和日文写的。那些读不了这些原始资料的人，就只好求助于著名的西文数学史著述，如康托尔［Cantor（1）］、洛里亚［Loria（1）］、卡乔里［Cajori（2）］、史密斯［D. E. Smith（1）］、卡尔平斯基［Karpinski（2）］的著作。康托尔［Cantor（1）］的名著现在已经陈旧了（1880 年）；他不得不依靠更早的毕瓯（E. Biot）的译文，而他的另一个主要资料来源则是 1856 年的比尔纳茨基（Biernatzki）的一篇论文。可是，这篇论文只不过是伟烈亚力 1852 年的作品［Wylie（4）］的译文，而伟烈亚力的作品则是一篇今天读来仍可从中获益的精彩论述[3]。就中国数学史研究的情况而言，对中国数学最简洁的现代描述是卡乔里［Cajori（2）］的著作，而做最全面描述的则是史密斯的著作［Smith（1）］，后者分为两卷，第 1 卷按年代而第 2 卷按科目编排[4]。

---

[1] Sédillot（2），vol. 2，p. xiii；Sédillot（4）。

[2] 像劳斯·鲍尔［Rouse Ball（16）］这样的著名的数学史家，对塞迪约的著作只是逐字照抄（*au pied de la lettre*），因此对我们没有用处。

[3] 如果译文准确的话，康托尔本可以至少避免一处严重的错误（见下文 p. 121）。伟烈亚力［Wylie（13）］还编了一部中国数学词汇。

[4] 在列出的这些书中再增加阿奇博尔德［Achibald（1）］和范德瓦尔登［van der Waerden（3）］最近发表的数学史概要可能也不无好处，尽管他们并未提及中国人的贡献。如果手头没有别的资料，史密斯［D. E. Smith（2，3）］和华嘉［Vacca（3）］的短文也值得一读。洛里亚的两篇文章［Loria（2，3）］，则不过是对赫师慎论文的简要评述。

事实上所有这些学者中没有一个人具备足够的中文能力来直接阅读原文，以致他
们的著作都带有缺陷①。不过，这一评语却不太适用于史密斯②，他本人在中国和日本
住过一段时间，在那里搜集数学书籍，并占有与亚洲数学家，特别是三上义夫进行亲
密合作的优势。这种合作的成果在尤什凯维奇（A. P. Yushkevitch）最近用俄文发表的
杰出论文中也是显而易见的。

我们应当感谢这位日本学者，他的一部特别重要的著作——《中国和日本的数学发
展》（The Development of Mathematics in China and Japan；1913 年），于该学科的研究来
说是必不可少的。三上义夫是唯一既饱读中文和日文古籍，又能熟练运用西方语言比
较平易通顺地表达出自己意思的数学史家③。因此，无论对三上义夫的论断有怎样的批
评，事实上他在这一领域中占有十分独特的优越地位，唯一能与之媲美的只有老一辈
的伟烈亚力④。最足以与三上义夫的著作相提并论的是林鹤一的更少为人知的专论，这
篇论文是用英文写的，发表在荷兰的一家期刊上，但它仅限于讨论日本数学。

谈到三上义夫的其他著作，也就把我们带入了用中文和日文撰写的数学史的领域。
三上义夫最初用日文写的《中国算学之特色》很有价值⑤。他为日本大型丛书《东洋
思潮》撰写了数学部分（科学；数学)⑥。最近，薮内清（3）为我们提供了一篇有价
值的评论。

在中国的数学史家中，李俨和钱宝琮是特别突出的。钱宝琮的著作虽然比李俨少，
但同样是高质量的。和史密斯一样，李俨也认为在不同的著作中分别采取按年代和按
科目这两种体裁较为方便。他的《中国数学大纲》⑦ 采用编年体。更为完备的论述见于
他的《中国算学史》，该书的节略本即《中国算学小史》。他的四集本《中算史论丛》
则采用按科目，即选择若干专题来讨论的体裁；新的五集本也继续采用此种写法。

钱宝琮的主要著作是《中国算学史》，此外还有一部篇幅较短的《古算考源》。前
者基本上是编年史，写到明代中叶；后者分为专题，一直谈到宋代的代数学家，特别
是朱世杰为止。许莼舫（1-4）的著作也颇有趣味，此外，我们也经常会有机会引用严
敦杰的论文。

---

① 实际上，他们在汉学上是茫然无知的。他们会兴致勃勃地把《周髀算经》前推 1000 年，同时却对经精审
鉴定的宋代文献投以怀疑的目光。洛里亚［Loria（1）］的著作确实是错得几乎毫无用处。他患了一种不可救药的
疑心病，认为所有中国古代数学技巧必然都是抄袭西方的。他书中相关章节的标题"中国之谜"（l' Enigma
Cinese）颇合他的心意，但对我们却没有任何帮助。有关他的评论，见三上义夫（4）。

② 但是，就连史密斯也认为最古老的中国数学著作的年代早得不可思议。

③ 遗憾的是，像所有前面提到过的其他数学史家一样，三上义夫把中文名称的拉丁拼音搞得如演芭蕾舞剧
似的光怪陆离，根本认不出本来的面目了。我还必须指出，虽然数学意味着精确，可是我还从来没有在别的书中
遇到过这么多的印刷错误和文本错误。无论是对中文著作还是西文著作，都可以这么说。

④ 提到伟烈亚力的著作时，不应该忘记他在《中国文献纪略》（Notes on Chinese Literature，pp. 90 ff.）中所列
的大量书目资料。

⑤ 参见三上义夫（12）；藤原松三郎（1）。

⑥ 三上义夫在 1950 年逝世；他的传记和著作目录，见小仓金之助和大矢真一（1）以及 Yajima（1）。学术
自传，见三上义夫（3）。矢岛祐利［Yajima（1）］告诉我们，三上义夫的一部未曾发表的中国数学史手稿，共计
1 000 多页，仍被保存着。确保这部学术著作尽快问世的重大责任，落在日本学士院的身上。

⑦ 仅出版了上册，写到元代（14 世纪）。

关于中国数学史资料的丰富程度，我们可从最近出版的书目[①]中得到一个概念。有一份中国数学史论文目录[②]，列出了 1918—1928 年间 33 篇重要的专题研究。从李俨与严敦杰所编的目录可知，接下来的十年中的数目大致相同，但在 1938—1944 年间却增加到 60 篇，而据李俨（19, 5）最近发表的论文目录，在 1938—1949 年间有 104 篇。遗憾的是，这些论文大多发表在西欧根本见不到的期刊上，即使在中国，要不是像李俨那样费了大量的时间和精力进行搜集的话，也是不易获得的[③]。

虽然日本数学史有些超出了我们的范围，况且它直到 16 世纪末才算正式开始，但是应该提及，这方面有一部史密斯和三上义夫合作的有用的著作（英文）[④]。关于日文著作，可以提到远藤利贞较早的著作和细井淙最近所做的概要[⑤]。哈策尔（Harzer）的讲义（德文）也值得参考。

前面已经提到[⑥]，阮元在 1799 年出版了一部大型数学家传记集——《畴人传》。赫师慎［van Hée（10）］对《畴人传》的分析错误引出了三上义夫（4, 5）的评论，尽管三上义夫的评论值得研究，但是赫师慎的分析也并非全无价值[⑦]。"畴"（K 1090 1）字本义是测量人员[⑧]，后来引申为所有的计算人员（"畴人"），尤其是指大体测量人员，即天文学家。因此，这些传记的内容涉及历法学多于数学。

在本书第二卷中曾讨论过"算"字的会意词源[⑨]。在甲骨文或金文中从未发现过"算"字[⑩]，因此，它出现的年代不可能早于李斯的时代（公元前 3 世纪）。虽然后世"算"字的书体（见图）是古代（汉以前）珠算盘[⑪]的象形的猜想肯定不可信，但这个字很可能表示划有横线的筹算板[⑫]。算字有两种不常见的异体字（"筹""祘"），前者源自较古的写法，字的中央部分，许慎[⑬]认为表示玉，但它更可能表示一根符木或几枝算筹[⑭]。许慎把这个字与"摆弄某物"的"弄"字联系起来，并表示"算"字的意义已由竹字头（部首 118）表明，也就是，算筹

K 173

4

---

　　① 关于中国数学史研究者名录，参见李俨（14）；关于近 30 年的中国数学史进展情况，参见李俨（15）。严敦杰（4）叙述过上海地区的数学文献。

　　② 本书合作者之一（王铃）编于 1945 年 6 月。

　　③ 18 世纪最杰出的中国数学书目也许是梅文鼎的《历算书目》（见下文 p. 106）。现在亦可参见丁福保和周云青（2）的书目。

　　④ 这两位作者似乎认为，在这方面不再有进一步的工作可做，因为他们没有给出任何汉字（只在附图中偶尔出现）。三上义夫本人研究工作的概要，见三上义夫（21）。

　　⑤ 参见藤原松三郎（2）。李度南（Donald Leslie）先生已编出一份日文和西文的书籍和论文目录。

　　⑥ 本书第三章（c）（第一卷，p. 50）。

　　⑦ 关于赫师慎，也可见李俨（12）。

　　⑧ 类似于古埃及的拉绳者（harpedonaptae）［Gandz（3）］。见新王朝时期（New Kingdom）的壁画，载于 Klebs（3），p. 7，fig. 5。关于一些中国数学术语中留有的土地测量的痕迹，见 Wang Ling（2），vol. 1，pp. 132 ff.。参见下文 p. 95。

　　⑨ 本书第二卷，p. 230，表 11。其他相关的字也在表中有说明。

　　⑩ 至少到目前还一个都没有被辨认出来。

　　⑪ 见下文 p. 74 ff.。

　　⑫ 见下文 p. 62 ff.，或者可能表示田地。

　　⑬ 中国辞典编纂的始祖，他在完成《说文解字》后，于公元 121 年去世。

　　⑭ 见下文，pp. 70 ff.。

"六寸长，用于计算历法和数字"（"长六寸，所以计历数者"）①。第二种写法（"祘"，K 175）显然比较晚，它仅仅是"示"（部首 113；K 553）字的重复，"示"字的意思是"指出，表示，告知，揭露，像神的显示一样"（"示，神事也"）。这种用法肯定源自计算与命运预测之间的关联。

这种关联由来已久，在古代和中古时期的文献中，"算"和"数"这两个字的用法总是带着预卜未来的意味便是证明。例如，《西京杂记》② 在谈到东汉的学者皇甫嵩、真玄菟、曹元理是"算术"行家时，从上下文看，显然是说他们能够预卜他们自己及他人的寿命。因此，他们不属于数学史。然而，这并不意味着对中国古代占卜方法做进一步的研究，对于数学史研究毫无益处。11 世纪的沈括所说的"内算"，仍是一个尚未探讨的领域。我们亲眼所见算命瞎子用他们的指节迅速地推算顾客的生年。有些算命先生也用算盘。这些人的方法也许在过去曾包含某种关于排列组合的经验知识，尤其体现在中国历法体系中六十甲子的使用③。唐代僧人一行（公元 7 世纪末）在组合计算和命运预测这两方面均享有巨大声誉，看来并不是偶然的。这是有待进行历史研究的另一门原始科学（proto-science）。

5

（b）记数法、位值制和零

我们所需要的基本知识④概括在表 22 中。第一栏虽然注明是"近代体"，但实际上也是古代的和中古时期的；从秦、汉（公元前 3 世纪）以来，这些数字的书写就已经定型了⑤。在这些数字旁边附有拉丁拼音，这些拼音完全适用于第三栏所列出的所谓"会计体"（"大写数目字"）。这些在汉代（公元前 1 世纪）和汉代以后渐见流行的比较复杂的"会计体"⑥，被认为是比较优美的，且也较难窜改，不过在数学著作中自然很难见到。第二栏和第四栏所列的数字，是指各对应"标准体"和"会计体"在高本汉［Karlgren（1）］的词源词典中的字族序号⑦。第一栏中较小的几个数的字体无疑是象形文字，但从 4 以后的数字，似乎是来自原始的植物与动物名称的同音假借字⑧。其次，第五栏、第六栏、第七栏所列的是在甲骨文（公元前 14 世纪—前 11 世纪）和周

---

① 这种解释取自《前汉书》（卷二十一上，第二页）。因此，它有可能源自刘歆。
② 可能为公元 6 世纪。《西京杂记》卷四，第一页起。
③ 见下文 pp. 369 ff. 。
④ 葛乐泰［Glathe（1）］有一篇关于记数法的专题论文，但并无太多新意。
⑤ 零是重要的例外；关于零，我们将在下文（pp. 10 ff.）做简要讨论。
⑥ 正如 14 世纪的学者白珽（他对这个问题很感兴趣）所指出的，这些数字有一部分确实起源很早（《湛渊静语》卷一，第二页）。例如，大写的"壹"字在毛亨所著的《诗序》（公元前 3 世纪）中就已经出现，而大写的"贰"字可在《孟子》（公元前 4 世纪）中找到。
⑦ 在词源学方面，亦可适当地参见 Hopkins（14，35）。
⑧ 数字"四"可能出自犀牛，"六"可能出自蘑菇，"百"可能出自松果，"万"无疑出自蝎子，以象征昆虫神类之多（参见本书第一卷，p. 64）。后代"十"字的字形，写作一个人，再在一条腿上画一横，这就把最古的甲骨文体永远保留了下来（见下文表 23）。

代（公元前10—前3世纪）的青铜器及货币上的铭文中见到的数字①。我们所见到的这些数字，有一些是同第八、第九栏的"算筹"用字或数字密切相关的，被认为起源于（并且确实如此）真的算筹在平板上的排列②。在甲骨文中11～14之间的几个数字中（见表23），以及在战国时期的货币上小于10的数字中，这种倾向已十分明显③。后来的数字表示法全都遵循算筹记数法④。

据说⑤，最早出现算筹数字的数学著作是《五曹算经》。该书撰于公元5世纪（也可能是公元4世纪）⑥。我们见过的这部著作的几种版本，实际上都没有算筹数字，其中的计算只不过是用标准体写出来的。但这个问题无关紧要，因为既然数学著作的印刷始于11世纪，而且根据金文及货币的证据，算筹数字早在一千多年以前已经使用，那么，印不印算筹数字必定是取决于各个编印者自己⑦。此外，汉代的数学著作常用"置"和"列"等术语，这意味着在使用算筹。

《左传》中有一个记于公元前542年下的著名猜字画谜，常常被人⑧引用来表明算筹数字的历史可推至周代中期。这段文字⑨牵涉到一位老人年岁的确定，地支"亥"字被分解为一个"二"与三个"六"，表示这位老人的年岁是2666个旬日。这个解释表现出了一种对位值制（place-value）的理解。但考虑到《左传》的文本经过后人改编，以此作为早于战国某个时期的证据就不够妥当了，至于战国时期，那无论如何是有货币可以作证的。当然，如果"筹"字是一个古代排列算筹的图样，那么，这种数码（以及器具）的产生也许可以上溯至公元前第1千纪。甲骨文的某些数字，特别是5、6、7和10，显然与算筹的排列相似（见表22第五栏）。

秦汉时期，像Ⅲ和⊥这两种数字的功用已被固定下来，前者用于个位、百位，等等，后者用于十位、千位，等等。最晚在公元3世纪，这两种数字已分别称为"纵"

8

---

①　在根据郭沫若（3）、孙海波（1）及其他专家的研究来核对这些表格时，我们得到吴世昌博士的巨大帮助。关于甲骨文字学，可进一步见朱芳圃（1）的汇编。李俨［（2），第2页］所列的表中，两个例子中的"九"字都是错误的。

②　这里对算筹数字做如下规定：从6至9，各数的记法是在原来的一画上添加与之垂直的一画或数画。关于这些算筹数字，现存最早的铭文证据是公元前4世纪的［WangLing（2），vol. 1，pp. 83 ff.］。

③　参见拉克伯里的描述［de Lacouperie（2）；（4），pp. 19，122，302，311，321，329，368］；Wang Yü-Chhüan（1）；Schjöth（1）。

④　第十栏所列的字体，今天访问中国的人或许还能在餐馆的账单中见到。它们就是人们所说的"码子"或"暗码字"，在1593年的《算法统宗》以前，未曾以印刷形式出现过（参见下文 p. 51）。这种数字与从前的大商业城市江苏苏州有关。"万"字的奇特形式据说是始自唐代，然而在周代的刀币上就已经可以见到它了［《古泉汇》（亨集）卷二，第八页］。

⑤　例如，Smith（1），vol. 2，p. 40；像往常一样，他把这部书的年代定得过早。

⑥　参见下文 p. 34。

⑦　竖写法不适宜于它们，它们长期被看成是印出来不够"文雅"的东西。在《孙子算经》的敦煌写本［Bib. Nat.，no. 3349；参见李俨（20），第28页］中，可以看到这种数字，我们认为这份写本是唐代的。

⑧　例如Wylie（4），p. 169；参见《履斋示儿编》卷二十三，第一页。

⑨　《左传·襄公三十年》，译文见 Couvreur（1），vol. 2，p. 544。参见《前汉书》卷二十一下，第二十八页。《唐阙史》卷二，第二十五页。《苕溪诗话》卷九，第四页；《小学绀珠》卷一，第三十七页。

6

表 22 古代与中古时期的中国记数符号

	一	二	三	四	五 商代甲骨文体	六 青铜器与货币体
	标准近代体		会计体		（公元前 14—前 11 世纪）	（公元前 10—前 3 世纪）
1	一 i	395	弌或壹	395		
2	二 erh	564	弍或貳	564		
3	三 san	647	叁	647		
4	四 ssu	518	肆	509h		
5	五 wu	58	伍	58		
6	六 liu	1032	陆	1032f		
7	七 chhi	409	柒	一		
8	八 pa	281	捌	281		
9	九 chiu	992	玖	一		
10	十 shih	686	拾	一		
100	百 pai	781	佰	781		
1 000	千 chhien	365	仟	365	见表 23	见表 23
10 000	万 wan	267	万	267		
0	零 ling	一	零	一		

七	八	九	十
周代货币上发现的别体	算筹体	后期算筹体	商业体
（公元前 6—前 3 世纪）	（公元前 2—公元 4 世纪） 个位　十位	（13 世纪以后） 个位　十位	（16 世纪以后）

（数字符号略）

	用位置表示	用位置表示	
空位置用到公元 8 世纪		○	○

式数字和"横"式数字①。这一时期的《孙子算经》② 说:

> 在进行计算时,首先必须懂得(数字的)位置(和结构)("位")。个位是纵,十位是横,百位立着,而千位卧着;所以,千位和十位看起来是相同的,万位和百位也是一样……到了 6 这个数字,就不再堆砌(笔画)了,而数字 5 则不是一个(单画)组成的③。

〈凡算之法,先识其位。一纵十横,百立千僵,千十相望,万百相当……六不积,五不只。〉

9　这个记数法被固定④成下列形式:

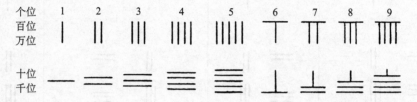

因此,数字 4716 就可表示成 ≡ ╥ 一 丅。这种方法可以使计算者在使用筹算板时,不用在竖行作记号就可以区分个、十、百、千等的位⑤。在宋代,数字记法倾向于把各位数码聚集成一个合体字⑥,如把 4716 写成 ≡╥丅。据说⑦,有时候像 丅 这样的数字,如果出现在百位的时候,就要写成 ╥,不过,这应该是很少见的⑧。

上文用的"位"字,基本上是指算筹在筹算板各行中的位置,换句话说,就是位值。"位"又叫作"等"⑨。在公元 8 世纪以前,在需要用零的位置上常常留下空位,就像李俨从《孙子算经》中找出的实例那样⑩。这在敦煌石窟的一些唐代写本上表现得很清楚。有一个卷子名叫"立成算经",载有九九表⑪,其中答数同时用文字和算筹数

---

① 这是"纵横"术语的另一种专门用法,它们曾被用于战国时期外交上的联盟(本书第一卷, p. 97)。

② 见下文 p. 33。

③ 《孙子算经》卷上,第二页,由作者译成英文。

④ 在这一定型的过程中,王莽可能起了某种作用。正如李俨 [(1),第 58 页;(3),第 19 页] 所指出的,在公元 1 世纪初,王莽为了表明他那短命的新朝和汉朝不同,方法之一是把货币上的数字 6 用竖画上面加横画的 丅,代替原来在下面加横画的 ⊥。这对拟订后来孙子所描述的那个成规可能有所帮助。关于王莽做法的一个例子,见 de Lacouperie (4), p. 302, no. 106。比王莽时期更早的例子,见 p. 160, no. 632, p. 162, no. 642; p. 283, no. 1376。然而,纵式的 6 似乎远在战国末期就已经偶尔使用了;见 de Lacouperie (4), p. 190, no. 779。

⑤ 有一个引人注目的事实:甚至在远至公元前 13 世纪的甲骨文数字中,1 与 10 的符号都是一条直线,前者为横,后者为纵(表 22 第五栏)。可以看出,这正好和孙子所记录的成规相反,但原则是相同的。

⑥ 无疑,这是为了便于印在书籍竖排的字行里。

⑦ Smith (1), vol. 2, p. 42。

⑧ 我们自己从未在任何著作中见过这种写法,但它似乎是一种货币体(表 22 第七栏)。它应当是从一种很古的写法合乎逻辑地演化出来的(见下文表 23)。

⑨ 《张邱建算经》卷上,第六页。

⑩ 李俨 (1),第 59 页。这个论点的证据隐含在所有早期关于计算的描述中,这些描述指导着如何把数码从某一位搬到另一位。这在开方程序中说得特别清楚 [参见 Wang & Needham (1)]。

⑪ 见下文 pp. 36, 107;参见 Biot (7)。

字表示。在这里，我们看到 405 表示为 ⦀ ⦀⦀。从汉代的筹算板到宋代代数学家的"矩阵"记号①，"位"一直是基本的东西②。

代表零的圆圈符号，在刊印本中最早见于秦九韶的《数书九章》③（1247 年），但是许多人相信④，它至少在前一个世纪就已经使用了。通常的观点是这个符号直接来自印度，而在印度，它最早出现在瓜廖尔（Gwalior）的年代为公元 870 年的菩提婆（Bhojadeva）碑文上⑤。但是，这种外来说缺乏确切的证据，而且这种形式很可能借自 12 世纪理学家们十分喜爱的哲学图形⑥。无论如何，宋代数学家已有了一套可以自如运用的十分成熟的记数法。例如，伟烈亚力曾在一个世纪前从秦九韶的著作中选出这样一个例子，即把减法

$$1\ 470\ 000 - 64\ 464 = 1\ 405\ 536$$

表示为

从已经汇集到一起的古代印度数字的表中⑦可以看出，自从阿育王（Asoka）的时代（公元前 3 世纪）起，与今天的"印度-阿拉伯数字"有密切关系的字体就开始稳定地发展了。值得注意的是，在所有这些记数方法中，前三个整数的写法都与中国的一样；古代的记数方法⑧中有些也用×表示 4（参见表 22 第九、第十两栏）⑨。但几乎在所有的方法中⑩，10 与 10 的倍数 20、30、40、100 等都用单独的符号表示（不包含

---

① 见下文 p. 129。

② 显然，按照位值把数码排列在竖行中这样的筹算板方法，早在周代末期以前必定已发展得很完备了，这在当时（如公元前 4 世纪），是很先进的方法。但是有时候这种领先的发展又不得不以日后的停滞为代价。也许，宋代代数学家受到棋盘表示法的支配，可以说，这种表示法是算术的延续，阻碍了符号的自由运用。关于这个道理，还可以找到更多的例子。汉代数学家在寻找解数字方程的一般方法方面的成就本身，也许正足以解释后代缺乏方程论的原因（参见下文 pp. 126，112，104）。位值虽然在算术上有巨大的价值，但却妨碍了代数的符号体系。在另一个领域中，我们也可以见到类似的情况：中国古代天文学先进的赤道特征，推迟了岁差的发现（参见下文 pp. 200，270）。

③ Brit. Mus. S/930。这个写本最先由向达博士注意到，后来由李俨出版（存在一些错误）。原件是抄在一部道教书籍部分书页的反面的。

④ Mikami（1），p. 73；（5）；van Hée（15）；严敦杰（6）。

⑤ Smith & Karpinski（1），p. 52；Datta & Singh（1），vol. 1，pp. 42，118；Renou & Filliozat（1），vol. 2，p. 703。也有人认为是 876 年。

⑥ 关于《太极图》，见本书第二卷，pp. 460 ff.。这个想法是王铃［Wang Ling（2），vol. 1，pp. 97 ff.］提出来的。

⑦ 国王贾伊伐弹那二世（Jaivardhana II）的蓝果丽（Ragholi）图案中的一个数字，把这个表推到了公元 8 世纪［Datta & Singh（1），vol. 1，pp. 40，82］。

⑧ Smith & Karpinski（1），p. 25；Smith（1），vol. 2，p. 67；Datta & Singh（1），vol. l，pp. 105 ff.；Renou & Filliozat（1），vol. 2，pp. 705 ff.。

⑨ 例如，公元前 1 世纪的用佉卢文［Kharoshthi（Indo-Aramaic）script］写的塞迦（Śaka）碑文。

⑩ 一些早期的学者，如克莱因韦希特［Kleinwachter（1）］，有从中国数字中推出印度-阿拉伯数字的企图，这种企图已早被放弃了。

“位值制的成分”)①，而只要这样的符号占优势，位值制算术就不能存在。

刚才已提到，在印度，有关零的最早的碑文证据是公元9世纪后期的②，但在中南半岛与东南亚其他国家发现的却比它早大约200年。这个事实可能具有很重要的意义。关于印度位值制古老程度的经籍和碑文证据，一直是互相矛盾的。前者把位值制和零
11 的概念③出现的年代定在公元500年之前，但这个说法由于印度史纪年含糊不清和文献年代难以考定，从来没有使人完全信服。凯［Kaye（1）］对记有年代的碑文做了严格的考证，未能把位值制的最早年代推到公元8世纪以前。但克代斯［Coedès（2）］曾指出，中南半岛的碑文应用位值制要早得多（柬埔寨在公元604年，占婆在公元609年，爪哇在公元732年）。他们使用了一种“符号文字”体系，即用人人熟悉的事物的名字与特定的数字值联系在一起④。例如，在柬埔寨巴戎寺（Phnoṃ Bàyàṅ）的公元604年的碑文中，塞迦纪元（Śaka era）526年表示为“（五）箭，（二）双马童（Aśvins）和（六）味（命名）之年”⑤。此后不久，便出现了第一批载有零的碑文［公元683年同时在柬埔寨和苏门答腊（Sumatra）；公元686年在邦加岛（Banka Island）］。塞迦纪元605年表示为，用的是一个圆点，608年表示为，用的是现代的零号⑥。印度数字，无零号，而且为代表10的倍数的各不相同的记号所累，因此与希腊和希伯来的字母记数法相比，毫无改进。但是乍看起来，这样一个具有根本的解放意义的革命性发现似乎不太可能发源于中南半岛。

① 例如，著名的纳纳山口（Nānā Ghāt）碑文中的天城体（Nāgarī）数字（约公元前150年），或从西萨特拉普王朝货币（Kshatrapa coins；公元200年）上发现的一系列完整的数字都是这样。这些数字都是婆罗米文（Brāhmī script）书写体。

② 见下文p.12。

③ W. E. Clark（1）；Datta & Singh（1），vol. 1，pp. 75 ff.。尽管位值与零的关系非常密切，但是在这里它们是两回事。如果没有零号，位值制仍然可以存在，而且也确实存在过，如在中国从周代后期以后便是这样。但是如果没有位值，作为记数法的一个部分的零号绝对不会存在，而且也不可能产生。似乎可以确定，在公元5世纪初，《宝利沙历数书》（*Pauliśa Siddhānta*）的作者知道并使用了位值，到了阿耶波多（Āryabhaṭa）和伐罗诃密希罗（Varāha-Mihira）的时代（约公元500年），则已是没有疑问的了。并且这是早先中国的十进位值，而不是早先巴比伦（Babylonia）的六十进位值。在比较古的印度文献中，仅采用“空虚”（*śūnya*）一词，正好同中国筹算板上的空位一致，这一点可能是十分有意义的。最早用于计算的零号，是出现在巴赫沙利手稿（Bakhshālī MS.）中的圆点（*bindu*），但此手稿的年代不可能早于10世纪［Renou & Filliozat（1），vol. 2，pp. 175，679；Cajori（2），pp. 85，89；（3），p. 77］。关于圆点的应用，更好的证据出自公元6世纪苏般度（Subandhu）的诗《仙赐传》（*Vasavadattā*）［Renou & Filliozat（1），p. 703］。这至今仍是最早的参考文献。这种圆点在克什米尔（Kashmir）的沙拉达文（Śāradā script）中一直还在使用。

④ 根据本书第十三章（第二卷，pp. 261，271）所讨论的“象征的相互联系”的规则。鉴于象征的相互联系在中国人的思想中占有主导地位，他们未曾采用过这样的体系确实令人相当惊奇。或许“五”字用的过多了。史密斯和卡尔平斯基［Smith & Karpinski（1），p. 38］曾讨论过几套使用过的字，并注意到比鲁尼（al-Bīrūnī）在他论印度的著作中所列出的它们的一个表格。另见 Datta & Singh（1），vol. 1，p. 54；Renou & Filliozat（1），vol. 2，pp. 182，708。

⑤ 在原文中，当用文字代替数字的时候，这些数字排列的次序通常是颠倒的。

⑥ 与此相应的准确年代取决于至今仍未确定的塞迦纪年开始的真实时间；见 Tarn（1），p. 352；van Lohuizen de Leeuw（1）；Thomas（1）。如果像上文对其他年代所做的假定那样，采用公元78年这个最普遍的估计作为塞迦纪元，那么，第一个零号出现的年代为公元686年；如果塞迦纪年始于公元128年，则零号产生于公元736年。后者比《开元占经》晚一些（见下文）。当然，两者也可能同出一源。

克代斯不相信东南亚的碑文表明符号文字系统可能起源于东亚（凯曾暗示过这是可能的），而更相信当东南亚印度化的移民第一次来到这里的时候，就已经有符号文字和古老的数字了，或者至少是在这些移民来后不久跟着就有这个系统了①。目前的进展不错，但是我们仍然可以自由地来考虑这样一种可能性（哪怕只是或然性）：书写的零号及它所可能有的比较可靠的计算法，确实起源于印度文化圈的东部，而在那儿它接触到了中华文化圈的南部②。那么，在这个交接地区它会受到什么样的表意文字的刺激呢？它会不会把中国筹算板上给零留着的空位换成一个空圆圈呢？关键在于，中国远在《孙子算经》（公元3世纪末）出现以前就已有了一个基本上是十进位的位值制③。因此，道家神秘主义④的"虚"，也就是印度哲学的"空"，促成了"空虚"（*śūnya*⑤；即零⑥）符号的发明。的确，在中华文化圈和印度文化圈交界处记有年代的碑文中发现最早在使用的零这件事，似乎很难说是一种巧合。

零号究竟以多快的速度向中国传播，一直未被人们充分地认识到⑦。《开元占经》中曾提到零号，这部书是瞿昙悉达在公元718—729年间编纂的一部大型的天文学和占星学概论。书中⑧谈到九执历⑨（718年）的部分有一节介绍印度的计算方法。作者在说完从一到九的数字每个都可以用草书一笔写成以后，接着说：

> 当9个数字中的一个或另一个数（用来表示）10（的一个倍数时）（字面意思是：到10），它就进入（个位数字）之前的那一列（"前位"）。每当某一列有空位（即为零）时，都要在那里放一个点（来表示）（"每空位处恒安一点"）⑩。

> 〈九数至十，进入前位。每空位处恒安一点。〉

---

① 这无疑是与笈多（Gupta）型或伐腊毗（Valabhī）型（公元4—7世纪）有联系的数字，这两种类型的数字都包含所有10的倍数的记号。关于印度与东南亚交流的主要发展情况，见 Grousset（1）；Wales（1）。

② 有意思的是，拉廷［Lattin（2）］总结了布勃诺夫（Bubnov）的研究，认为希腊的用算盘计算者（abacist）也用空位表示零，但是，我们没有看到令人信服的证据。

③ 写出位值名称的做法贯穿中国历史的始终。我们见到的略去位值名称的最早例子出现在14世纪的《丁巨算法》中（第十九页）。如果这不是出于偶然，那就可能是受到了阿拉伯的影响。当然，《开元占经》（公元718年）曾叙述过类似的印度表示数字的方法（卷一〇四），但它的影响很小，甚至完全没有影响。另外，在货币上略去位值名称却是一种很古的做法。例如，周代的刀币（《古泉汇》元集，卷七，第二页；亨集，卷八，第六页）。

④ 下文（p. 74）我将提到，有迹象表明在随后的很长时间中，道家的"虚"在中国人的心目中的确与抽象的数学运算有关。至于像"一"是否应该视为一个数字［参见 Smith（1），vol. 2, p. 26 ff.］这种哲学意味大于数学意味的问题，在中国与在西方一样会出现，而且所罗门［Solomon（1）］曾考虑过这个问题的各种各样的答案。参见莱布尼茨（Leibniz）关于世界只由一和零（根据二进制算术）构成的概念（本书第二卷，p. 340）。

⑤ 此后有，阿拉伯语"*al-ṣifr*"、拜占庭语"*tziphra*"、法语"*chiffre*"、英语"cipher"。"cypher"一词的意思是密码，它来自阿拉米语（Aramaic）的单词，"*sifr*"，意思是一本书。

⑥ 人们还记得，爱尔兰人解释铸造铁锅的方法："弄一个洞，再在它周围倒铁水。"

⑦ 这是指在西方。见钱宝琮（1），第95页；李俨（1），第96页；Mikami（1），p. 59；薮内清（1）；Yabuuchi（1）。

⑧ 《开元占经》卷一〇四，第一页。

⑨ 这是伐罗诃密希罗（约鼎盛于公元505年）的九曜（*Navagrāha*；九个行星）历的改编；参见钱宝琮（1），第94页；薮内清（1）；Yabuuchi（1）。

⑩ 由作者译成英文。

这就是我们在比它早不到半个世纪的柬埔寨碑文中所见到的那种点。

问题随之产生：中国人究竟何时在书写数字方面采用了十进制？在他们的书写语言中对十、百和千的倍数曾有过不含位值成分的符号吗？显然没有。就我们追溯所及，在商代甲骨文上，我们发现了像"547 日"① 这样的数字，写成"五百四旬七日"，亦即五百（加上）四个十（加上）七日②。这是公元前 13 世纪的事③。这个时期所使用的真实符号已收集在表 23 中④。位值成分的意义，在直接取自甲骨文的书写例子 162 和 656 中一目了然。我们前面提到的数字，"547 日"也表示为ⳍ≡Ƨ十日，其中的位值通过代表百的符号ⴲ和代表十日的分离符号Ƨ及代表单日的符号日表示出来⑤。从表 23 可以看到，在这样早的年代里，已经没有一个（大于 49 的）数字符号不是明确地显示出它们的十进位置。例如，和罗马字母 L 或希腊字母 ν′ 不同，50 的符号，是在 5 的上面顶着一个表示 10 的位值成分。这个成分是非常短的一竖，百位的成分是一个"松果"，而千位的成分是一个人。同时也要注意到，50 和 15 是如何通过图形内的位置关系清楚地互相区别的。任何数字都可以立即在棋盘式的筹算板中找到它的位，留下的空格就表示零。与罗马人累积 CCC 表示 300 不同，商代的中国人（早一千年）则写出与 3C 几乎等价的形式，即一种适于位值制计算的专用字。的确，这种专用字更好些，因为"C"本身绝不会作为一个数字。在 10 的倍数的符号当中，只有倍数较低的几个（20，30，40）遵循累积制，由若干竖线组成并用横线连在一起。这些符号的变体（"廿""卅""卌"）一直沿用至今，但它们完全不被用于数学著作，也不经常出现在一般文献中（诗歌与页码除外）⑥。一个引人注目的观点是，在那些用字母来组成数目字的地方（比如在印度、以色列、希腊和罗马），总有一种要用完所有字母的强烈诱惑，不会到 9 为止，而在使用表意文字的地方，情况就不同了⑦。

因此，总的说来，商代的记数法比古巴比伦和埃及同一时代的记数写法更先进、

----

① 这个数字的意义将在后面第二十章（p. 293）再论述。

② 见董作宾（1），下编，第 4 卷，第 4-5 页，年代见上编，第 1 卷，第 2 页起。

③ 更早的时候，"加上"是用"有"这个字明文表示的。

④ 我们再次诚挚感谢吴世昌博士，他根据郭沫若和其他人关于商代卜辞的专著，为我们提供了这个表。表 23 中同时列有摹写的金文字体。

⑤ 这是历法上的一种特殊用法。有启发意义的是，当用附加的符号表示几十或几个时，位值成分就可以从数字本身中略去。这里举出的例子尤其明显，因为 40 是直接由数字 4 表示，而不是用累积法表示。

⑥ 劳榦（1）举了它们在汉简军事记录中的使用的例子。可以看到，这些字始终是按单音字来发音的，对它们的分析表明，它们不是由重复的十（例如十十），而是由一个数字与一个十字合并而成的［Karlgren（16）］。例如，（按古音）ńźi（二）加 źiep（十）就成了 ńźiep（二十），后一个音 ńźiep 目前在广东话中仍然保存着。因此，这些字的字形尽管从图形上看是累积的，但它们如果不被想象为一个数字和一个位值成分的组合的话，显然可以设想为一个数字和一个公倍数的组合。此外，自古以来数字一的发音是 iĕt，上面各字的最末一个辅音 p 也许与十的位值成分有关。这样，二十（ńźiep）应该是由 ńźi 加上 p 组成的，而三十（sâp）则是由 sâm 加上 p 组成的。无论怎样，总是有一个数字合并在里面。

⑦ 这一点是德里克·普赖斯（Derek Price）博士首先向我们提出的。

表 23　商代甲骨文与周代金文中大于 10 的数字记法

	甲骨文体	货币体	金文体
11	〔符号〕 11月	〔符号〕 或 〔符号〕	
12	〔符号〕		〔符号〕
13	〔符号〕		〔符号〕
14	大概相似，但找不到例子		
15	〔符号〕		
20	〔符号〕	〔符号〕	〔符号〕
30	〔符号〕	〔符号〕	〔符号〕
40	〔符号〕	〔符号〕	〔符号〕
50	〔符号〕		〔符号〕
56	〔符号〕 （即五十又六；五十加六）		
60	〔符号〕		〔符号〕
88	〔符号〕		
90			〔符号〕
100	〔符号〕		〔符号〕
162	〔符号〕		
200	〔符号〕		
209	〔符号〕 （即二百又九，二百和九）		
300	〔符号〕		
500	〔符号〕		〔符号〕
600			〔符号〕
656	〔符号〕 （即六百五十六；六百，五十，六）这是以后三千年始终不变的形式		
1000	〔符号〕		
3000	〔符号〕		
4000	〔符号〕		
5000	〔符号〕		

注：1. 鉴于20、30、40的符号脱离位值法则，所以发现钱币上使用的遵循位值法则的别种字体是值得关注的。表23所列货币体数字采自前面已提到的周代的钱币（〔《古泉汇》（元集）卷八，第十七页；（亨集）卷八，第六页；卷九，第九页，第十页〕。关于这一点，很早以前顾炎武在论及一件青铜器的铭文时曾提到过（《日知录》卷二十一，第七十五页）。这种偏离常规的累积法之所以产生，是因为把一横加在一竖的上面以表示十位的位值成分的办法，可能极易与商代的数字七相混淆。因此，这个位值成分便和罗马的 X 号一样，成为一个数字了。

2. 当在六的上面用一短竖作为十进制数字的位值成分来构成60的符号时，古人觉得为了明确起见，有必要再加一短横。

15 更科学。这三种记数法相同的是：从 10 及从 10 的各次幂开始一轮新的记号循环。但是，人们已经注意到一个例外，中国人重复使用所有最初的 9 个数字外加位值成分，而位值成分本身并不是数字①。古巴比伦的记数法，和后来罗马人的一样，200 以下主要是添加法或累积法②；并且两者都使用了减去法，即 19 写作 20-1，40 写作 50-10。但也采用了相乘的方法，如用 10×100 表示 1000。只有在天文学家的六十进制记数法中③，才有较强的统一性，不过，像 3600 这样的数字仍然用专门的符号表示，并且减法的因素也没有排除掉。此外，小于 60 的数字仍然用"累积"的符号表示。古埃及人也遵循附带一些乘法惯例的累积法④。所以，似乎是商代的中国人最先仅用 9 个数字来表示任何想要表达的数字，不管数字有多大。他们造数时从来不用减法⑤。

由此可见，在西方后来所习见的"印度"数字的背后，还有位值制在中国存在了两千年。

关于印度-阿拉伯数字从印度经过伊斯兰国家传到欧洲的过程，当然有大量文献可查，但这方面的讨论不在我们当前的计划之内。关于这方面的知识，较早阶段的可参考塞维鲁斯·塞波克特（Severus Sebokht）在公元 7 世纪时所做的评论⑥。在史密斯和卡尔平斯基［Smith & Karpinski（1）］、卡乔里［Cajori（2）］的著作中这一传播也得到了关注⑦。至于它的广泛意义，最新的研究大概是克罗伯（Kroeber）的著作⑧，他还

16 提到了巴比伦人与玛雅人（Mayan）彼此独立的零的发明。但是，这两者是极为不同的。前者从公元前 300 年开始出现在塞琉西王朝的（Seleucid）巴比伦楔形文字泥板上⑨，诸如 ⌐⌐ 符号的很多种形式，后来还在希腊化时代和拜占庭的数学著作中继续使用⑩，有时它甚至以我们熟悉的空圆圈的形式出现⑪。但是，它仅仅表示表格中的空位，

---

① 例如，就 1000 来说，如果没有一横，单独一个人的象形符号（见表 23）是不算数字的。任何其他古代文明中似乎没有与此类似的情况。例如，希腊的 ⊓ （pente-deka）是 50 的符号，它由两个各有独立数值的符号相乘构成。另一方面，5000 的符号 ⊂ 中的小撇与中国的记数法是一致的，因为单独一个小撇并不表示 1000，然而，应用这个小撇只是由于希腊人已用完了他们的字母，并且这个规则并不是始终一致地用在 10 的所有次幂上，因此它并不是十分有用的。的确，商代以后，在中国书写习惯中，缀在"百"和"千"前面的个位数字经常被省掉，特别是如果"百"和"千"后面带着较小的数字时，它们就只代表 100 和 1000 了，这种表示法人们都是理解的。在数学著作中，几乎从不省略。

② Cajori（3），vol. 1，pp. 2 ff.；van der Waerden（1）。

③ Neugebauer（9），p. 15。

④ 见 Cajori（3）；Menninger（1）；van der Waerden（1）。

⑤ 也不用乘法——因为百的符号"松果"并不是一个数字。

⑥ 本书第一卷，p. 219。

⑦ 关于这个问题，拉廷［Lattin（2）］和博耶［Boyer（2）］曾有过争论，但不能令人信服。

⑧ Kroeber（1），p. 469。

⑨ 甚至有可能是从公元前 6 世纪或前 7 世纪开始的。见 Neugebauer（9），pp. 13，16，20，26 ff.；Cajori（3），p. 7。

⑩ 如果达塔和辛格［Datta & Singh（1），vol. 1，p. 76］关于宾伽罗（Pingala）的《阐陀论》（Chandaḥ-sūtra）——一部据说是公元前 200 年前后的论述音韵学的著作——的讨论是正确的话，那就有可能还包括印度著作在内。见 Renou & Filliozat（1），vol. 2，p. 104。

⑪ Neugebauer（9），pp. 11，14；Cajori（3），p. 28。有些论著［如 van der Waerden（3），p. 56］曾企图从这里找出印度零号的起源，但上文所提到的中南半岛的证据并不支持这类传播的观点。

并且从不用于计算①。另一方面，玛雅的零与位值相关联，是真正的零②，但它的位值不固定，既不是十进制，也不是六十进制③。

留下的唯一问题是中国"零"字的起源和历史。"零"字的古义是暴风雨末了的小雨滴，或者是暴风雨过后留在物体上的雨滴。这就是"零"在《诗经》中的意思。后来这个字被引申作为"零头"解④（尤其是当它与别的字连用的时候，例如"奇零"），这或者指非整数部分，或者指如"一百零五"中的五。由此再转而用这个字来表示诸如 105 数字中的零，这就可能容易理解了。但是这种用法似乎很迟才出现⑤。要精确地确定它出现的时间，还需做专门的研究。当然，尽管宋代代数学家已广泛地采用〇符号，并且很容易找到一些记录数字的实例，那些数字本来是需要用到零的，但是我们可以说，在明代以前的任何数学著作中，我们从来没有见到在有零含义的地方用零字来表示。明显地拿零字这样用的最早著作是 16 世纪末的《算法统宗》⑥（正好在耶稣会士来华以前），以后零就可以广泛地找到了，例如，像罗士琳的《算学比例汇通》（1818 年）这样的著作以及所有同时代的著作。由丁用文字表达数字在不用零字的时候也可以被清楚地理解，所以，要解释为什么到了明代才用到零字是有一些困难的。也许，从宋代最初广泛使用时起，零号就已读作"ling"，而所以使用"零"这个古字，不仅因为它早就具有"零头"的含义（即跟在"零"之后的多出来的一点点数字），并且也因为〇符号形如一颗球状的雨滴⑦。 17

中国古代文献中的数字，常常需要按照算筹记数法才能清晰理解。例如，在《西游记》（16 世纪著名小说，英译本名为：*Monkey*）中，唐代的一位皇帝魂游地狱，那里的判官们在查阅他们所掌管的生死簿时，通过在这个皇帝原先注定在位的年限上多增加了两画，便好心地让他的寿命增加了 20 年⑧。这是从 13 改成了 33，即把 一Ⅲ 改成了 ≡Ⅲ，这里的数字一定是算筹数字，因为窜改文字数字，通常要加三画⑨。又如，约公元 280 年，天文学家束皙写了一篇针对小官吏的十分生动的讽刺文章，其中可以见

---

① 拉克伯里［de Lacouperie（4），p. xl］注意到周代钱币上偶尔有"空圆圈"。例如，见《古泉汇》（亨集卷五，第七页和卷七，第八页）的刀币图案，上面似乎写有 50 这个数字。但这可能是"松果"的简化，如果是这样，它所代表的就是 500。如果这些符号是真正的零，那么，与当时巴比伦的联系就成为一个极有趣的问题了。

② Cajori（3），p. 43。在玛雅数字与中国数字之间，也有相似之处。

③ 在从 1 到 19 之后它作为二十进位的开始，但接着就数到 360，最后（第四位）到 7200 为止。

④ 零字的这种用法直到 14 世纪仍然存在（参见《丁巨算法》，第十八、十九页；《明译天文书》卷中，第三十三、四十二页）。

⑤ 以前曾用过其他一些文字表示零，这至少可追溯到唐代；见严敦杰（14），第 10 页。

⑥ 关于这部著作的介绍，见下文 p. 52。这部著作中有表示 1001 的"一千零零一"这样的字样，所以，"零"字代表零是十分清楚的。但这种用法没有系统地坚持下去，后来，当有若干个零连续出现的时候，"零"字往往不重复写出。

⑦ 这个见解是鲁桂珍博士提出的。

⑧ 《西游记》，第十一回。

⑨ 除非是用三十的缩写"卅"。韦利［Waley（17），p. 106］可能没有注意到这一点，所以就在他的译文中把它改成了三画，但是这个故事已由戴闻达［Duyvendak（20），p. 12］做了改正。

到十进位的运用。在他的《劝农赋》中，我们找到这样一段话①：

> 一个地区所设置的官吏有许多种，他们的职责各不相同，但是，如果我们把官府中低级职位研究一下，就会发现，再没有比劝农官更美的差事了。对于整个乡村和每个村民来说，他的权力是至高无上的。当绿色的旗帜②（飘扬时就要）限制流浪者和懒汉，当土地税是按亩数来征收时，税额的高低完全由他一人决定，土地的肥瘠也完全由他说了算。要得到他的恩惠，有赖于肥美肉脯（作礼品）；要得到他的支持，有赖于美酒。一旦农作物收获结束，要开始征税的时候，他就集合各乡村的社长并召唤各村落的族长，登记租田和姓名——于是，鸡和猪争先恐后地涌入他的家中，美酒也一坛坛地从四面八方到来。这样，"一"就能够变成"十"，而"五"也可以缩减为"二"③。我认为，这是因为热菜热肴搅乱了他的肚子，酒神堵塞了他的胃④。

> 〈惟百里之置吏，各区别而异曹，考治民之贱职，美莫当乎劝农。专一里之权，擅百家之势。及至青幡禁乎游惰，田赋度乎顷亩，与夺在己，良薄浃口。受饶在于肥脯，得力在于美酒。若场功毕，租输至，录社长，召闾师，条牒所领，注列名讳，则鸡豚争下，壶榼横至。遂乃定一以为十，拘五以为二。盖由热啖纡其腹，而杜康哇其胃。〉

不管束皙在算术上说得不够严密出于什么原因，但十分清楚的是：第一种情形简单地把"丨"变为"一"，第二种情形可能是把"Ⅹ"⑤中的交叉十字拿掉而留下"二"，或者更有可能是把ⅠⅠⅠⅠⅠ中间的三画去掉了。

18 （c）中国数学文献的几个主要里程碑

按照其他作者认为方便的方式，有必要首先纵览若干世纪以来中国人在数学方面最重要的著作。但是，如果在此提到的重要著作不及 20 部的话，读者也不要认为，中国的数学文献仅限于此。一代又一代的学者为他们所谓的"算经"作注释，并且每个世纪，都有新书增添到这个书目中去。1898 年编的《古今算学丛书》仅在第三集中重印的著作就有 73 种⑥。李俨所发表的他个人的藏书目录［李俨（6）］中所列出的大约就有 450 种。1936 年邓衍林和李俨出版了一册北京各图书馆所藏中国数学著作的联合目录⑦，目录中收入了 1000 多个书名，不过其中一部分是 17 世纪耶稣会士或者后来的

---

① 《全上古三代秦汉三国六朝文》（全晋文）卷八十七，第二页。
② 这是丰产巫术（fertility magic）。
③ 原文这句话的字面解释是："确定一（的位值）以使它变成十，并且钩掉（几画）而使五变为二。"
④ 译文见 Yang Lien-Shêng (5), p. 134.
⑤ 从按照《孙子算经》最后确定下来的记数法来看，二当然是指 20，而不是指 2，但束皙正好与推测的孙子本人的鼎盛期同时。如果束皙遵循的是一种正好相反的旧的不同写法，那么，我们前面已经说过的一和十就要颠倒过来。但是，这里所说的一般原则并不受到影响。
⑥ 刘铎编。他所编的 部重要的中国数学书目［刘铎（2）］也在同一年问世。
⑦ 《北平各图书馆所藏中国算学书联合目录》。

外国学者，如伟烈亚力、艾约瑟（Edkins）和狄考文（Mateer）等译成汉文的欧洲书籍[1]。但是，这些著作的大部分，或成书于欧洲影响之前，或基本上由中国清代数学家独立完成。即使我们假定这大批文献对后文艺复兴时期和近代的数学没有做出任何贡献，但是仍然要清醒地认识到，迄今所写出的数学史都几乎没有利用到如此大量的材料。还必须记住，在宋代（13 世纪）以前，早期数学著作大部分已无可挽回地散佚了——我们只是从历代正史艺文志（经籍志）所载书目和其他著作的参考文献中得知这些著作。下文我们将有机会谈到一些这类散佚了的著作。还必须指出，甚至在我们现有的古书当中，也有一些是已经散佚了若干世纪，后来才从一些珍本，或者专门为保护善本的皇室收藏中重印的。

数学经典著作的第一个刊本大概是《算经十书》。这是官方在公元 656 年编定的教科书，初刊于 1084 年，其大部分内容在 15 世纪被抄录入《永乐大典》中，随后便成为稀有的书籍。这部汇集由戴震重新辑出和校勘，并在 1794 年前的几年中编入《武英殿聚珍版丛书》刊行[2]。

（1）从远古到三国时期（公元 3 世纪）

19

尽管人们通常认为《周髀算经》是最古的数学经典著作，但是我们能得到的与之有关的最早的确切年代，却比能与《九章算术》关联的年代晚 200 年左右。关于后者，我们接着就要介绍。但是，正如下文所示（p. 257），我们有一些理由来保持这一传统顺序。《周髀算经》的书名译法虽然有几种选择，但我们采用的是："The Arithmetical Classic of the Gnomon and the Circular Paths of Heaven"（关于表与天的圆周路径的算术经典）。这部书书名的第一个字往往被认为指的是周代，这是书中对话的假定发生时代，但是由于这个字也可以解释为"圆周"，又由于书中含有许多关于在一年中不同时间的太阳赤纬的内容，并且附有说明太阳位置移动的七衡图[3]（七个同心的赤纬圈），我们可以接受宋代李籍在其《周髀算经音义》中的观点："周"字是指"诸天运行的圆道"[4]。"髀"[5] 字的原意是股骨，因此有人认为它指的是骨制的算筹，但原文本身明确地说，髀在文中是指"表"（圭表）。虽然这部书主要谈的是原始的天文计算，但它是从讨论直角三角形的性质开始的，以便按高度和距离的比例来进行地上的和天上的测量[6]。

---

[1] 索引不包括近代（即 1900 年以后）翻译的教科书。

[2] 见本书第二卷，pp. 513 ff.；Hummel（2），pp. 160，697。它是用活字印刷的。

[3] 参见下文 p. 257。

[4] 他说："算日月周天行度"。"道"与"路"有一个特殊的意义，在下文（p. 256）我们将会体会到。

[5] 根据李籍，"髀"的正确的发音应该是"pi"。

[6] 即"勾股测望"——用直角和直线，或"表"和影子进行观测与丈量。

　　《周髀算经》的年代问题是一个困难的问题。首先，虽然它看上去像是周代的作品，但在《前汉书·艺文志》中根本没有提到它；这意味着：或者是在公元 100 年前后，它被认为是很不重要的著作，不值得一提（这是不太可信的），或者是它当时并不存在，或者是它当时不用现在这个书名。最后的一种解释似乎较近情理，实际上，《艺文志》所提到的 18 种历法著作和 22 种天文著作早就全都散佚了，例如其中的《夏殷周鲁历》和《日月宿历》，这些著作很可能包含现今《周髀算经》中的一些资料。

　　由于书中提到了吕不韦（就我们所知，有关的引文与《吕氏春秋》原文有所不同，参见 p. 195），所以有人就主张，《周髀》一定晚于公元前 3 世纪。但是这段引文很可能是汉初的编者加入的。另一方面，这部书不可能晚于第一个为它作注释的赵君卿，赵君卿的生活年代虽然并不清楚，但人们普遍认为大约是在东汉末年（可能在公元 3 世纪）[①]。由于他引用了刘洪在公元 178—183 年间制定的《乾象历》，他在《周髀》上作注不可能早于公元 180 年。还有，蔡邕在他的一篇佚著《表志》中引用过《周髀》，该篇作于公元 133—192 年间[②]。毫无疑问，《周髀》在汉代所特有的盖天说与浑天说关于宇宙论的论争中占有一席之地[③]，因为赵君卿在他的序言中说过，张衡的《灵宪》[④] 是浑天说的主要著作，而《周髀》是盖天说的主要著作。值得注意的是，王充在《论衡·说日篇》[⑤] 中的一些论点与《周髀》中的非常相似。此外，有许多地方与同一时期（公元 85 年）的《四分历》类似[⑥]。钱宝琮（1）曾注意到，《周髀》与刘歆的《三统历》（制于公元前 26 年），以及《太初历》（公元前 104 年）之间在细节上均有相似之处。因此，总体上有一种认为《周髀》基本上是一部汉代著作的倾向。

　　关于这部著作最后成书的年代，可以毫无保留地接受上述结论，但是书中的大部分内容是十分古老的，尤其是比《九章算术》还要古老得多。所以，很难不认为它可以追溯到战国时期（公元前 4 世纪末）乃至更早的年代[⑦]。李俨赞同这个观点，能田忠亮［(1)，Nōda (1)］和刘朝阳（3）也是这样。但是，现在已没有人持有像宋代鲍澣之或明代王子朱载堉所描述的那种传统的估计，这种估计曾被毕瓯这样的欧洲汉学家

①　Wang Ling, (2), vol. 2, p. 161。三上义夫［Mikami (1)］在提到赵君卿时，一贯把赵写作张。

②　《全上古三代秦汉三国六朝文》（全后汉文）卷七十，第八、九页。参见下文 p. 210。

③　见下文 pp. 210 ff.。

④　这部著作残存下来的只有几页，可在马国翰的《玉函山房辑佚书》（卷七十六，第六十一页）中找到。

⑤　《论衡》第三十二篇。

⑥　能田忠亮（1），Nōda (1)。

⑦　下文（pp. 256 ff.）给出的天文学方面的证据相当有力地说明，《周髀》中最古老的部分可以上溯到孔子的时代（公元前 6 世纪末）或他的前几代。这部著作中关于天文学的内容含有许多与古巴比伦天文学十分相似的特征，正如我们从伊亚-安努-恩利勒（Ea-Anu-Enlil；公元前 14—前 10 世纪）和"犁星"组（Mul-Apin series；公元前 9　前 8 世纪）楔形文字泥板中所了解到的那样。我们还将看到，《周髀》被认为是代表着各宇宙论学派中最古老的一派。

所接受，并被载入数学史册①，一直流传到今天，即《周髀》留给了我们"一部公元前1100年前后的完美的数学记录"。

后来《周髀》的著名注释者有约公元565年前后的甄鸾和信都芳，李淳风（公元7世纪末），以及宋代的李籍等。《周髀》已有毕瓯［E. Biot（4）］的全译本②，以及华嘉［Vacca（4）］的节译本。

这部古代著作可简要介绍如下。第一部分（我们可把它称作 Ia）是周公同一个名叫商高的人③关于直角三角形性质的对话，在对话中提出了"勾股定理"（即毕达哥拉斯定理，Pythagorean theorem），但没有用欧几里得（Euclid）的方法加以证明④。这次对话的第二部分（Ib）谈到了表、圆和方的使用，以及高和远的测量。部分 IIa 在对话中引入了两个新的人物，陈子和荣方，他们继续谈论日影，时而估计在不同的纬度上日影的长度差，时而叙述用窥管测量太阳直径的方法⑤。部分 IIb 从不同底边的直角三角形图（称作"日高图"）开始。往后似乎有衍文，正如毕瓯所说的那样，陈子与荣方逐渐地消失，以"法曰"或"术曰"开始的段落越来越多。部分 IIc 又是从图形开始，特别是前面已提到过的那个七衡图（七个赤纬圈的图⑥，北极星居于中心）。正是这部分援引了吕不韦的话。几页以后就到了传统上下卷的分界点了，虽然我们仍可把后面分成 IIIa、IIIb⑦ 和 IIIc 等部分，但它在风格上和部分 IIc 并无不同。下卷包含了太阳周年运动的有关计算，提到利用水准器来取得测量日影所需要的水平面，并列出一年中各个节气的日影长度表。下卷还叙述了从日出日落的观察来确定子午线、恒星的中天、二十八宿⑧、十九年闰周，以及其他天文学问题⑨。

这里让我们感兴趣的主要问题是，《周髀算经》有哪些数学内容呢？除了下面即将提到的直角三角形，首先是分数的一些应用，分数的乘法、除法及公分母的求法。虽然开方的过程没有给出，但肯定是用到了。例如，有一段说，"勾股各自乘，并而开方除之"，即把标杆的高（"股"）与影子的长（"勾"）各乘上自己的数值，并将这两个

①　例如，史密斯［Smith（1）］的著作，而且我不能不遗憾地指出，三上义夫［Mikami（1）］的著作也是这样。在这一点上，1953年出版的最新的数学史也没有改进。参见 Becker & Hofmann（1），p. 132；Struik（2），p. 34。

②　这个译本并不总是很可靠的，那是在一个世纪以前译出的。

③　相传是商代的一位名士。

④　我们现在不能像毕瓯那样肯定地说它"比毕达哥拉斯（Pythagoras；鼎盛于公元前530年）早五或六个世纪"，但也没有很多理由把它推迟，而且它很可能是更早的。

⑤　参见 Maspero（4），p. 273。

⑥　说明见下文 p. 179 及 p. 256。

⑦　就是这里提到了一种有趣的窥管仪器——"璇玑"（见下文 p. 334）。这段话在部分 IIIb 的开首（卷下，第二页）。

⑧　见下文 pp. 233 ff.。

⑨　毕瓯［E. Blot（4），pp. 198，623］根据原文中的数据，假定极星为小熊座 α，计算出北极距应该是公元247年的数值，而且从别的证据看来，这个年代也是有道理的。然而，在他后来修正的注释中，为紧接着一段文字推算出一个约在公元前1100年的年代；这个计算是根据假定最靠近北极的恒星为小熊座 β，并用窥管观测（见下文 pp. 261 ff.）其位置得出。但是，这些计算所用的数据可能是不够可靠的。

平方相加（"并"）起来，然后取和的平方根（"开方除之"）①。这就是

$$c=\sqrt{(a^2+b^2)}$$

在别的地方，像5的平方根这样的算式是用最接近的整数加上"有奇"来表示的。书中还有算术级数的概念，因为据说各赤纬圈间相距19 833里，而二十四节气（见下文p. 405）日中影长的增减都是9寸9$\frac{1}{6}$分。

直角三角形的讨论出现在书的开头，即该书最古老的部分。由于其自然古朴，值得全文引用（见图50)②。

(1) 从前，周公问商高说："我听说，大夫（指商高）精通算数之术。我能否冒昧地问一下，古代伏羲是如何确定天球的度数的？没有阶梯让人登天，地也无法用尺子来测量。我想问问您，这些数字是从哪里来的?"

(2) 商高回答说："算数之术产生于圆形（'圆'）和方形（'方'）。圆形源自方形③，而方形则源自矩形（原字义为：丁字尺或矩尺；'矩'）。

(3) 矩形源自9×9=81（即乘法表或数的诸如此类的性质）（这一事实)④。

(4) 所以，设把一个矩形（沿对角线）分开，令宽（'勾'）等于3（单位），长（'股'）等于4（单位）。这样，（两个）角之间的对角线（'径'）就等于5（单位）。现在用这条对角线作为边长画一个正方形，再用几个同外面那个半矩形相同的半矩形把这个正方形围起来，来形成一个（方形的）盘。这样，（四个）外面的宽为3、长为4、对角线为5的半矩形，合在一起便构成（'得成'）两个（面积为24的）矩形；然后（从面积为49的方形盘减去它）余数（'长'）就是面积25。这种方法称为'累积矩形'（'积矩')⑤。

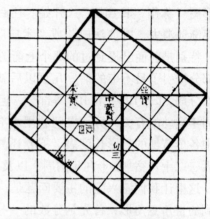

图50 《周髀算经》中对勾股定理的证明。

23

---

① 《周髀算经》卷上，第九页［Biot (4), p. 606］。

② 各段的编号是伟烈亚力［Wylie (4)］采用的。参见 Mikami (16)。

③ 作者大概想到圆的直径等于圆内接正方形的对角线，也可能是想到求 π 的穷竭法。

④ 赵君卿解释，在研究几何图形以前，必须先了解数的性质。应该注意，这与欧几里得的方法是根本不同的。在欧几里得的方法中，只要接受了基本公理与公设，实际的数值是可以不过问的。而在这里则特别地给出了一个算术正方形（arithmetical square）。

⑤ 注意同一个"积"字，在别的古代著作中作为积聚或聚集来解释（本书第二卷 p. 41 等）。在关于勾股定理（毕达可拉斯定理）的这个重要段落的译文中，我们采用了阿诺德·科斯洛（Arnold Koslow）先生的解释。我们相信，《周髀》中给出的数字仅仅是作为三边长度的典型例子，这三边的每一边都有特定的专用名称。

（5）大禹治天下所用的方法，就是从这些数字中得到的。"

应该记住，传说中的大禹是水利工程师和一切与治水、灌溉、防护有关的人员的守护神。东汉（当时《周髀》已具有现存的形式）的碑铭证据告诉我们，在武梁祠壁的画像石上（约公元140年），传说中的文化英雄伏羲和女娲手执矩尺和圆规（见本书第一卷 p. 164 中的图28）。这里提到大禹，无疑表明古代对测量和应用数学的需要。

（6）周公感叹说："算数之术真是了不起啊！我想请教直角三角形（原字义为：矩尺）的应用之道。"①

（7）商高答道："（放置地上的）平面直角三角形，用来设定（工程）直和方的绳子。仰卧的直角三角形，用来观测高度。倒置的直角三角形，用来测量深浅。平卧的直角三角形，用来测定距离。

（8）旋转直角三角形（规），可以画出一个圆形。把几个直角三角形合在一起，可以得到正方形（和长方形）。

（9）方形属于地，圆形属于天，所以天是圆的，地是方的②。方形的数是标准，从方形的数可以推出圆形（的大小）③。

（10）天像一个斗笠（"笠"）。天是蓝色和黑色的，地是黄色和红色的。按照天的数制成的圆盘用来表示天；朝上的，像外表面一样，是蓝色和黑色的，朝下的，像内表面一样，是红色和黄色的。这就把天和地的形象再现出来了④。

（11）了解地的人是聪明人，而了解天的人则是圣人。知识出自直线⑤，而直线则出自直角⑥。因此，直角和数结合起来，就是指导和统治万物的东西"。

（12）周公感慨道："这确实是太妙了！"⑦

〈昔者，周公问于商高曰："窃闻乎大夫善数也，请问古者包牺立周天历度。夫天不可阶而升，地不可得尺寸而度，请问数安从出？"

商高曰："数之法出于圆方，圆出于方，方出于矩。矩出于九九八十一。故折矩，以为勾广三，股修四，径隅五。既方其外，半其一矩，环而共盘。得成三四五，两矩共长二十有五，是谓积矩。故禹之所以治天下者，此数之所生也。"

周公曰："大哉言数。请问用矩之道？"

商高曰："平矩以正绳，偃矩以望高。覆矩以测深，卧矩以知远。环矩以为圆，合矩以为

---

① 毕瓯［Biot（4）］信从注释，把"矩"字译作圭表（gnomon）；这是强调与天文学的关系。根据原文的意思，这个字必须有多种译法。

② 这句话的背后有许多臆想，如3，为天之数且与 π 最接近，是阳数；4，为地之数，是阴数。

③ 参见上面第（2）段。

④ 虽然这里说的是"笠"（不论它是什么），但我不禁要怀疑它与式盘（diviner's board；"式"）有某种纠葛，式盘有两个盘，一个圆形的和一块正方形的；参见本书第二十六章（i）。

⑤ 影子。

⑥ 即圭表。

⑦ 由作者译成英文；借助于 Wylie（4），Biot（4），Mikami（1）。

方。方属地，圆属天，天圆地方。方数为典，以方为圆。笠以写天。天青黑，地黄赤。天数之为笠也，青黑为表，丹黄为里，以象天地之位。是故知地者智，知天者圣。智出于勾，勾出于矩。夫矩之于数，其裁制万物，唯所为耳。"

　　周公曰："善哉！"〉

对这段经典的文字没有必要做进一步的解释，但要强调一下一个似乎具有深刻意义的论点，这就是第（3）段陈述的几何学产生于求积法的观点。正如上文已经指出的，这似乎表明了自从远古以来中国人具有的算术–代数的头脑，明显地不关心那种与具体数字无关的、单从最初某些基本假设出发得以证明的定理和命题组成的抽象几何学。对于他们来说，数可以是未知的，也可以不是任何特定的数，但必须有数。在中国人的方法里，几何图形担当了把数值关系概括成代数形式的转换工具。

　　这里我们不想先提到下文代数学一节所要谈的内容，但令人惊异的是，第一个注释者赵君卿一下子就开始了勾股定理的代数学的论述，并牵涉到二次方程①。当然，这里用的不是与近代符号表示法相似的东西，他是用词句来表达的。其中那些最有意义的术语，我们将在下文（p.96）加以说明。

　　正如清代陈杰在《算法大成》（1843年）中指出的，《周髀》的伟大在于它著于占星术与占卜处于主导地位的时期，而讨论天地现象时丝毫不带迷信的成分。

　　现在，我们来谈谈《九章算经》（一般称为《九章算术》）②。令人不解的是，虽然《九章算术》的内容比《周髀算经》远为完善与进步，但是，我们能够推定的它的最早的确切年代却比后者为早。刘徽为《九章算术》作序时已接近公元260年，他提到一个当时可能是世代相传的说法，认为这部书最早是由西汉的张苍（鼎盛于公元前165年，卒于公元前142年）和耿寿昌（鼎盛于公元前75—前49年）编辑和注释的③。遗憾的是，在这两位学者的传记中都没有提到这部书。此外，《九章》与《周髀》一样，在公元100年前后完成的《前汉书·艺文志》中没有记载。但是，前面所说的理由在这里也同样适用：《九章》的内容可能包含在当时具有不同书名的某一著作中，致使我们现在辨认不出来。因此，正如张荫麟（3）所指出的，刘歆（公元前50—公元20年）的《七略》④ 中没有提到《九章》这一事实并没有多少说服力。这部书的全称最早出现在公元179年的两件青铜标准量器⑤的铭文中。

　　《周礼》的注释提供了更为可靠的依据。保氏是负责王子们的教育的官员，《保氏》

---

　　① 见李俨（1），第24页起；钱宝琮（1），第28页起；Wang Ling（2），vol.2，pp.133j ff.。

　　② 尤什克维奇教授告诉我们，《九章算术》俄文全译本已经由别列兹金娜（E.I.Berezkina）完成。我们中的一位（王铃）也正在从事这部书的英译工作。

　　③ 三上义夫所用的耿寿昌名字的拉丁拼音几乎无法辨认，但后来所有数学史家都袭用他的译名——"Ching Ch'ou-Ch'ang"。

　　④ 这无疑是《前汉书·艺文志》的基础。搜集后世书籍中的引文而成的《七略》辑本，收入马国翰的《玉函山房辑佚书》（卷六十四，第二十九页）和洪颐煊的《经典集林》。

　　⑤ 容庚（2），卷二（拓本），第十二、十三页，卷三（释义），第一页。在此我们要感谢何四维（A.F.P.Hulsewé）教授。

一节中说到①，在王子们必须学习的课业中有所谓"九数"。有些人②认为，"九数"可能是指乘法表，但第一个注《周礼》的郑众（鼎盛于公元 89 年，卒于公元 114 年），据他的伟大继承者郑玄（公元 127—200 年）的引用，曾列举了"九数"的名目，它们与我们现有的《九章》中的篇名几乎完全相同③。看来，在公元 1 世纪后半期，必定存在某种与《九章》今本非常相似的东西。它与张苍和汉初学者所熟悉的书有什么联系，那就很难说了。至于郑玄本人，他的传记告诉我们，他精通《九章》④，还说公元 180 年前后刘洪曾为《九章》作了注释。祖冲之（公元 5 世纪末）同样也作过注⑤，可是只有刘徽的注释现在仍有传本。

有一点是肯定的，就是《九章》反映了比《周髀》更为先进的数学知识状况。如果把《周髀》的年代往前推至战国时期，那么《九章》放在西汉是合乎情理的。如果认为《周髀》是西汉的，那么，《九章》一定是公元 1 世纪的。当然，这两部著作都不可能是突然出现的。也许最为稳妥的观点是把《周髀》看作以周代为核心添加了汉代的内容，而把《九章》看作秦和西汉的著作加上东汉的一些增补⑥。

《九章算术》，可能是所有中国数学著作中影响最大的一部，它包含九章，共有 246 个问题。内容可以略述如下。

（1）"方田"（土地测量）。这部分给出了矩形、梯形、三角形、圆 $\left(\dfrac{3}{4}d^2\ 和\ \dfrac{1}{12}c^2\right.$，即把 π 当作 3$\bigg)$⑦、弓形及环形面积的正确解法；给出了分数的加法、减法、乘法和除法的解法，以及分数的简化法。其中弓形的面积取作 $\dfrac{1}{2}(c+s)s$⑧。

（2）"粟米"（小米和大米）；百分法⑨和比例。这一章最后的九个问题宜于用不定 26 方程处理，但书中没有这样做，而是根据比例关系推理求得答案⑩。

---

① 《周礼》卷四，第八页（注疏本卷十三），译文见 Biot（1），vol. 1，pp. 298，299。

② 例如刘操南（1）。

③ 张荫麟（3）曾分析了其中的细微差别，在这里不必详述了。孙文青（1）对章名作过专门的研究。

④ 《后汉书》卷六十五，第十二页。

⑤ 见李俨（20），第 66 页。

⑥ 钱宝琮（1）和张荫麟（3）曾注意到，书中在叙述某些问题时所提到的官名是属于秦和汉初（公元前 3 世纪和前 2 世纪初）的，偶尔还提到公元前 203 年的税收制度。对这些著作年代比较充分的分析，见 Wang Ling（2），vol. 1，pp. 46 ff.。

⑦ 这里 d 是直径，c 是周长。

⑧ 这里 c 是弓形的弦，s 是矢高。这个公式后来在印度摩诃毗罗（Mahāvīra；约 850 年）的《计算纲要》（Gaṇitasārasaṃgraha）中出现。关于这一点见 Renou & Filliozat（1），vol. 2，p. 174。在希罗（Heron；公元 1 世纪）的著作（Opera，vol. 3，pp. 73 ff.；vol. 4，p. 357；vol. 5，p. 187）和可能是公元 2 世纪的希伯来人（Hebrew）的著作《测量论》（Mishnāh ha Middot）中，也出现了一个类似的、更为精密但较复杂的公式［Gandz（5）］。

⑨ 在《政事论》［Arthaśāstra；参见 Datta（1）］中也有这些数学问题，这部著作现在被认为完成于公元 3 世纪［Kalyanov（1）］。

⑩ 参见三上义夫（1），第 24 页；Wang Ling（2），vol. 1，pp. 187 ff.；关于这些方程，见下文 p. 119。

（3）"衰分"（按比例分配）讨论了协作问题和三率法（rule of three），其中包括比率问题，这些问题似乎是从前一章散落下来的；与此相反，前一章的后九个问题则似乎本应属于这一章。"衰分"包括不同质量货物的税收问题，还有算术级数和几何级数方面的其他问题。所有这些问题都是用比例法解决的①。

（4）"少广"（减少宽度）处理当图形面积及一边长度已知时求其他边长的问题。在这一章中有许多求平方根和立方根的问题。前一种过程自然地导致第九章的二次方程。

（5）"商功"（工程审议）讨论立体图形（棱柱、圆柱、棱锥、圆锥、圆台、四面体、楔形体，等等）体积的测量和计算②，所考虑的有墙、城墙、堤坝、沟渠和河流。三上义夫（1）认为，最初，体积可能是通过制作模型而经验性地加以确定的。

（6）"均输"（指公平征税）处理追逐问题（problems of pursuit）③ 与混合法计算问题（problems of alligation），尤其是与人民从本城运送谷物到京城交税所需的时间有关的问题。这里还有一些与按人口税赋负担分配比率有关的问题。

（7）"盈不足"或"盈胐"（过剩与不足）。这两个词是用于满月与新月的，表示"太多或太少"的状态。这一章专门说明中国人在代数学上的一个发明——"试位法"（见下文 p. 117），主要用于解 $ax = b$ 型的方程。

（8）"方程"（列表计算的方法）。在后来的使用中，"方程"变成了一切等式的称呼。这一状况的形成大概是因为汉代及其以后等式书写的方法，即把各个量排成一个矩形的纵列表。这一章同时涉及了联立一次方程，其中既用到正数又用到负数。这是在人类文明中最早出现负量的概念④。这一章的最后一个问题，包含四个方程和五个未知数，预示了不定方程的出现。

27 （9）"勾股"（直角），是用代数术语，对《周髀算经》中描述过的直角三角形的性质做的详细说明。这一章有 24 个问题，其中第二十题有一个方程：

$$x^2 + (20 + 14)x - 2 \times 20 \times 1775 = 0$$

虽然我们不能承认原文有史密斯和三上义夫所认为的那样古老，但这个例题仍然是很古老的。这一章有这样的一个问题：有一芦苇生长在一个 10 尺见方的池塘中央，高出水面 1 尺，把它拉到池边时恰与水面齐，求池塘的深度。还有一根折断的竹子

---

① 见 Wang Ling（2）。

② 库利奇（Coolidge）特别欣赏其中对斜截三棱柱的处理，其公式相当于 $\dfrac{(b_1 + b_2 + b_3)dl}{6}$，这里 b_1，b_2，b_3 是楔形体的三个宽度，d 是深度，l 是长度。这个公式通常被认为是勒让德（Legendre, Prop. 20, Bk. 6）导出的，不见于欧几里得的著作。

③ 这些问题在西方出现要晚得多 [Smith（1），vol. 2, p. 546]。公元 780 年前后，约克的阿尔琴（Alcuin of York）在他的难题集中给出了一些。

④ 负数应用到二次方程可能开始于祖冲之之时代（公元 5 世纪），而在刘益时代（11 世纪）则是肯定无疑的。参见下文 pp. 101, 41。

形成一个直角三角形的问题（图51）。这些问题也出现于后来的印度数学著作中①，并且传到了中世纪的欧洲。在这里已经谈到了相似直角三角形在高度和距离的测量上的重要性。

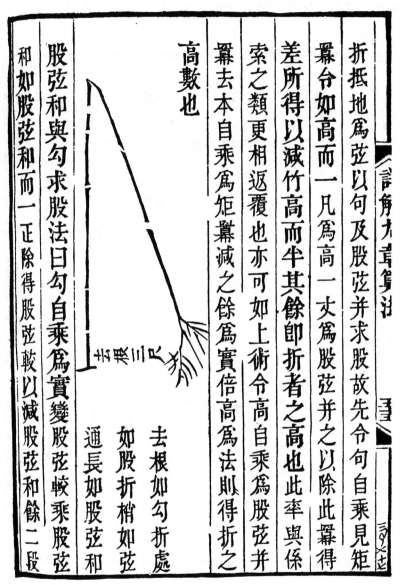

图51 折竹问题（采自杨辉的《详解九章算法》，1261年）。

《九章算术》早期注释本的所有插图在几个世纪前已散佚了，近代版本②的插图是

---

① 例如，公元9世纪的摩诃毗罗。参见 Smith & Mikaimi（1），p. 14。
② 例如，李潢（鼎盛于1790年）的《九章算术细草图说》。

清代学者加入的（见图 52）①。每一个问题通常以"今有"两字开始，解答用"答曰"两字，进一步的解释在"术曰"之下给出。所有这些都是算经的本文。接着是刘徽的小字注释（其中还提到了唐代李淳风的注）。近代编者，如李潢，用文字描述的问题的解法，则用"草曰"两字开头。如果有插图需要说明，他便加上"说曰"两字。

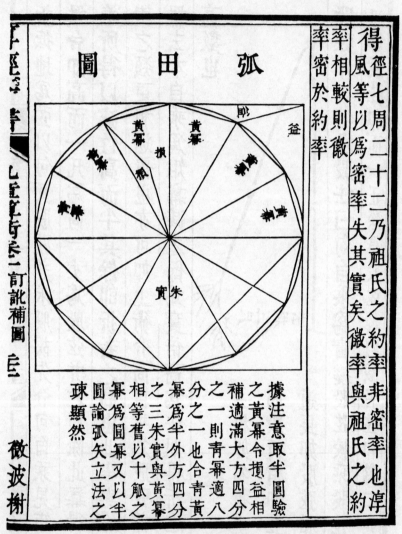

图 52　戴震《九章算术》图解之一，解释了刘徽求 π 近似值的穷竭法（公元 264 年）。

在以后整个中国历史中，人们代代相传地研究《九章》，各种各样的学者都参与其中。例如，如果我们读一下北魏数学家殷绍（约鼎盛于公元 430—460 年）的传记②，

① 戴震所补的图见丁殿本《九章算术》各卷的末尾，名为《九章算术订讹补图》。
② 《北史》卷八十九，第五页。

我们就会发现他的老师包括隐士成公兴、僧侣昙影和一个起了佛教法名的道士法穆。僧侣在中国数学传统中的出现，很可能反映了中国与印度在学术上的接触。

除上述介绍的著作外，肯定还有许多其他数学著作流行于汉代。不幸的是，这些著作后来都失传了。但我们知道其中某些著作的名称，如《律历算法》，不过作者的姓名已无从考查。此外，还有西汉（公元前 1 世纪）的两位数学家杜忠和许商所写的《算术》。了解这些著作与现今《九章算术》中出现的资料的关系，是很有意义的。《前汉书·艺文志》和《七略》的残篇中仍然有这些古老著作的痕迹。 28

汉代徐岳的《数术记遗》是一部相当重要的著作①，它的风格与上文所提到的那些著作完全不同。徐岳见于《晋书》②，与刘洪③、高堂隆④、韩翊⑤讨论过历法，因此可以肯定，他的鼎盛期在公元 190 年前后。甄鸾（鼎盛于公元 570 年）曾给这部书作过注。《数术记遗》是比本章前面提到的其他著作更接近于道教与占卜术的著作，而在甄鸾的注释中又有佛经的引文，这些事实使许多学者⑥把全部原文看成是后人的伪作，并认为大概出自注释者本人。然而，在徐岳的原文中根本没有提到佛教，除非人们坚持认为印度"劫"（kalpas）的概念传入以前，中国人不会对大数产生兴趣。事实上，在徐岳的著作中，有一部分就专门谈论这些大数，以及这些大数三种不同算术级数的表示法（见下文 p. 87）。另一部分，即对一个幻方的清晰描述，成为数论中这一发现的最古的文字记载之一⑦。书中至少描述了四种算盘⑧，因此，它是谈到算盘的最古老的书籍。在徐岳简要而有些隐晦的词句中提到的许多计算方法，似乎传自一个道士天目先生（可能是张陵），此外，书中涉及一些与五行、八卦有关的占卜方法，现在都不易理解。我们将在讨论磁罗盘的历史⑨时再提到这部书，不管它的问世年代是否真的追溯到公元 2 世纪末，它都具有重要意义。最后，书中还提到几项筹算制度。 29 30

刘徽的《九章》注释本，刚才已经提及，他的名字还同另一部重要著作《海岛算经》联系在一起，此书是公元 263 年三国时期在魏国出现的。它篇幅不到《九章算术》的一章，常附印在《九章》末尾，作者似乎确曾有意把它扩充进《九章算术》的最后一章。最后一章的另一个名称是"重差"，可以译为"Method of Double Differences"，即相似直角三角形的性质；因此，它与《海岛算经》的内容有着十分清楚的关系⑩。全 31

---

① 重要性更多的不是从数学史的观点来看，而是来自其他的原因。

② 《晋书》卷十七，第二、三页。

③ 鼎盛于公元 178—206 年。他显然是徐岳的老师。

④ 鼎盛于公元 213—235 年。我们将在第二十七章（c）中再次提到他。

⑤ 鼎盛于公元 223 年。

⑥ 伟烈亚力［Wylie（1），p. 92］也同意这种意见。

⑦ 见下文 p. 58。

⑧ 见下文 p. 77。

⑨ 见本书第二十六章（i）。

⑩ 唐代以前，《海岛算经》被称作《九章重差图》。

书的内容都是高度和距离的各种测量法，必要时，使用竖的测杆和与它垂直的横木当工具。这部书考虑了下列几种情况：①海上望见岛屿高度的测量；②山上树高的测量；③远处有城墙城市大小的测量；④涧谷深度的测量（需要用矩尺）；⑤山上望见平地上塔的高度的测量（图53）；⑥在地面望见远处河口宽度的测量；⑦透明水池深度的测量①；⑧山上望见河的宽度的测量；⑨山上望见城市大小的测量。不管在军事上还是民用上，这些测量的意义都是显而易见的。这部书的体裁和《九章算术》十分相似。它已有赫师慎［van Hée（7，8）］的法文译本。

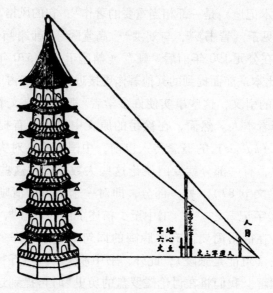

图53 实用几何学；宝塔高度的测量，据刘徽公元3
世纪的《海岛算经》中的说明（图采自秦九
韶的《数书九章》）。

伟烈亚力［Wylie（1）］曾把这部书描述成"实用三角学中的九个问题"，但这是有些误解的②，因为整部书虽然与相似三角形有关，但它从未考虑正弦、余弦之类的角的性质。

这部书自从唐代经李淳风加注以后，到宋末或元代，已成为罕见的书籍，没有任何当时的版本流传下来。幸而它被抄入了《永乐大典》（1403—1407年），并在18世纪由戴震从这部抄本中辑出复原。恰巧，包含《海岛算经》引文的这一卷《永乐大典》现藏于剑桥大学图书馆（Cambridge University Library），这里我们复制了该卷的首页（见图54）。

---

① 通过观察水底一块白石，但没有考虑折射。
② 许多历史学家附和了伟烈亚力的误解。例如，1953年，斯特勒伊克［Struik（2），p.35］就是这样，他还添上了一句话："不可能排除西方的影响。"

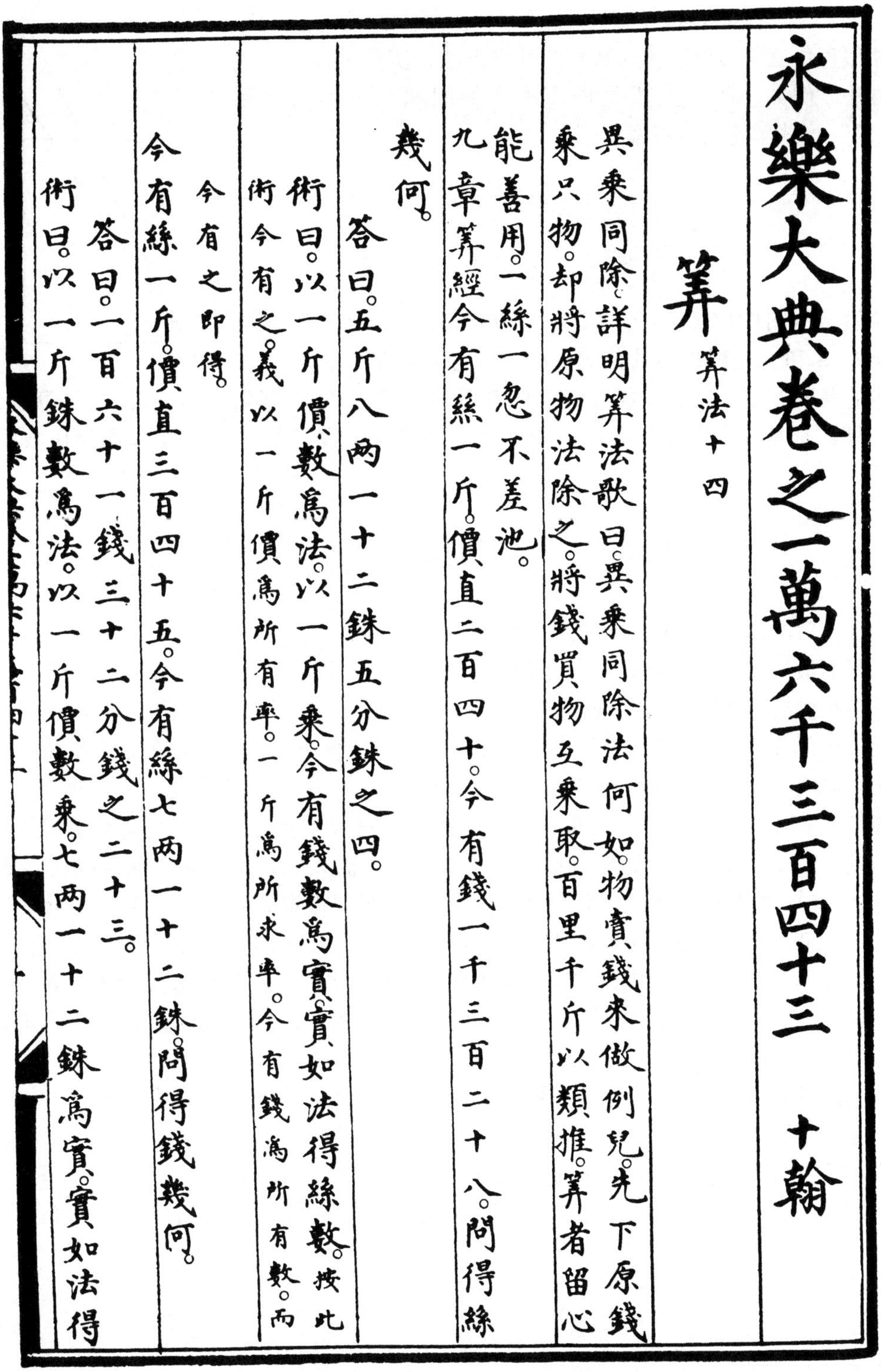

永樂大典卷之一萬六千三百四十三　十翰

筭　筭法十四

異乘同除。詳明筭法歌曰異乘同除法何如物實錢來做例兒。先下原錢乘只物。却將原物法除之。將錢買物互乘取。百里千斤以類推。筭者留心能善用。一絲一忽不差池。

九章筭經今有絲一斤。價直二百四十。今有錢一千三百二十八。問得絲幾何。

答曰五斤八兩一十二銖五分銖之四。

術曰。以一斤價數為法。以一斤乘今有錢數為實。實如法得絲數。按此術今有之義以一斤價為所有率。今有錢為所求率。今有絲為所有數。兩今有之即得

今有絲七兩一十二銖問得錢幾何。

術曰。以一斤乘今有錢數為法。以一斤價數乘七兩一十二銖為實。實如法得

答曰一百六十一錢三十二分錢之二十三。

今有絲一斤。價直三百四十五。今有絲七兩一十二銖問得錢幾何。

術曰以一斤銖數為法。以一斤價數乘七兩一十二銖為實實如法得

图54　抄本《永乐大典》（1407 年）中的一卷（卷一六三四三）的首页。此卷包含 14 世纪《详明算法》（可能是贾亨所作）的摘录，《九章算经》及后来的《海岛算经》的摘录。现藏于剑桥大学图书馆。

三上义夫［Mikami（1）］注意到，原著中所述的从给定的相似直角三角形出发求未知数的计算方法，实质上是一种代数方法。例如，从山上望见城市大小的问题（见图）是用"言辞"形式解答的，答案相当于：

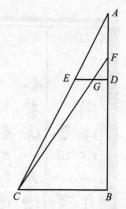

$$x = \frac{(d-b)c}{\dfrac{cd}{a}-b}, \quad y = \frac{\left(d-\dfrac{cd}{a}\right)b}{\dfrac{cd}{a}-b};$$

33 在这里，附图中的 $CB=x$, $BD=y$, $DE=a$, $DF=b$, $DG=c$, $DA=d$。A 和 F 是观察者的位置，E 和 D 是两根测杆，它们在人眼的高度上用一条绳子相连，C 和 B 是城墙的两端。不过，古代中国的计算者们，他们只是处理一些特殊的实用问题而已，当然从来没有想到有必要作这种代数学的概括。

（2）从三国时期到宋初（10 世纪）

在以后的几个世纪内，出现了六部有声望的著作，但近代学者不易定出它们的年代。其中最早的一部无疑是《孙子算经》。这部书与孙武（参见本书第三十章）——公元前 6 世纪的将军和军事著作的作者——毫无关系，它似乎是三国、晋或（刘）宋时期（公元 280—473 年）的著作。这部书中提到"佛书"，并提及长安与洛阳之间的距离，这些事实都使人无法把它的年代估计得太早①。另一部著作是《五曹算经》，它可能是晋末（公元 4 世纪）的著作。接着就是《夏侯阳算经》和《张邱建算经》。遗憾的是，这两部书的作者的年代都已无从查考，人们只能说他们是在甄鸾以前，从某种意义上说，甄鸾是结束这个时期的人，他的鼎盛期肯定是在北周时期（公元 560—580 年）。他曾注释过夏侯阳与张邱建的著作。此外，张邱建一定比夏侯阳晚一些，因为他曾提起过夏侯阳。书中的内在证据表明，《张邱建算经》写于公元 468—486 年②。《夏侯阳算经》提到公元 425 年发生的标准容器的改变。因此，可以肯定夏侯阳与张邱建是生活在北魏。

《孙子算经》是一部直接涉及乘除运算，面积和体积的测量，分数及开平方、立方的处理的著作，在涉及算筹数字的时候，我们已经提到了它的重要性。书的开头描述了当时所应用的度量衡，并附有简短的金属（金、银、铜、铅、铁）、玉和"石"的比重表。《孙子算经》除了讨论其他题目，还给出了关于不定分析（一次同余式组）

---

① 书中提及晋初税收方法的特征，年代比较早，但又提及度量衡的改革，年代则比较晚［参见 Wang Ling（2），vol. 2，p. 43］。

② 见 Wang Ling（2），vol. 2，p. 66。

计算问题的最早的例子①；这是此书超过《九章算术》的重大进步②，但是对问题的解 34
法并没有做更清楚的说明③。

《五曹算经》一书④，其名称表明它是供政府官员用的一部初等手册，是稍为有些
退步的；书的第一卷（《田曹》）主要是讨论面积的测量，所给出的许多只需用到乘法
和除法的公式，或者是粗糙的近似，或者是完全错误的。其他卷（例如《兵曹》
《集曹》《仓曹》《金曹》等）也都没有超出乘法和除法的范围。

就现存的夏侯阳著作而论，它并没有更多令人感兴趣的东西；它包含了百分法和
根的计算，以及一些平常的计算方法。它重犯了《五曹算经》中的一些错误。例如，
确定两个全等梯形和一个四边形所组成的图形的面积公式。但是，这部书似乎曾由唐
代的韩延（公元780—804年）全部重写过⑤，而原著可能会好些。赫师慎 ［van Hée
(11)］ 曾为《夏侯阳算经》写过一篇专题论文，他怀疑该书中使用的某些分数名称来
源于印度。例如，1/2 称为"中半"，1/3 称为"少半"，2/3 称为"太半"，1/4 称为 35
"弱半"，等等。但这种论证是不能令人信服的。事实上，这些术语是漏壶的刻度划分，
而且在天文测量上也出现相仿的表述（参见下文 p.268）。"太半"与"少半"见于

---

① 见下文 p.119。

② 我们是经过深思熟虑才称它为"最早的例子"的。人们已达成共识，论及这个题目的印度数学家的生
活年代都比孙子晚得多 ［例如，阿耶波多（Āryabhaṭa the elder；鼎盛于公元476—510年）、婆罗摩笈多
(Brahmagupta；鼎盛于公元598—628年）]。但是迪克森 ［Dickson (1), vol.2, p.58］ 认为，杰拉什的尼科马科斯
(Nicomachus of Gerasa；鼎盛于公元90年前后，大概比同时代的王充年轻一些）提出了与孙子相同的问题（第23
题）以及它的正确解答。在这一点上，迪克森搞错了。这个问题在尼科马科斯《算术入门》 ［Introduction to
Arithmetic (Eisagoge Arithmetike；εἰσαγωγὴ ἀριθμητική)] 的两部分中均未出现，而是出现在该书霍赫（Hoche）版
(pp.148 ff.) 所刊印的增补题第5题中，但是杜奇、罗宾斯和卡平斯基 ［d'Ooge, Robbins & Karpinski (1)］ 的英
译本并未译出。这个增补题仅仅在喀曾西斯古抄本（Codex Cizensis）及其复制本中发现，也就是说，在尼科马科
斯著作现存的约50种抄本中，只有两三种包括这些增补题。这个古抄本本身的年代是14世纪末或15世纪初。不
仅如此，这五个问题中有三个由某个叫作伊萨克（Issac）的人署名（或由作者归名于他），霍赫本人认为这个伊萨
克就是伊萨克修士（Issac the Monk），即伊萨克·阿伊罗斯（Isaac Argyros）。伊萨克是一位优秀的拜占庭数学家和
天文学家，大约鼎盛于14世纪中叶 ［约1318—1372年；Sarton (1), vol.3, p.1511；Fabricius (1), vol.ll, pp.126
ff.]。因此，似乎很清楚，这个不定分析问题源于中世纪末期，并不能上溯到尼科马科斯本人。至于伊萨克是如何
掌握这个问题的，则是另一回事，但由于婆罗摩笈多所给出的例子在数字上完全不同 ［Colebrooke (2), p.326］，
因此考虑经由大陆直接传播可能比较合理。不定方程的一个更确实的古代例子体现在著名的"群牛问题"（cattle
problem）中，这个问题被归名于阿基米德（Archimedes，公元前3世纪），但有存疑；见 Archibald (2)；Smith
(1), vol.2, pp.453, 584；Heath (5), pp.142 ff.。丢番图（Diophantus）的一部佚著可能讨论过这个佩尔方程
(Pell equation)。丢番图本人的确切年代也无法肯定，但是很可能是在公元3世纪下半叶，约与孙子同时。丢番图
提出过许多二次不定方程，他用了几乎同样多的各式方法去求解 ［参见 Heath (5), Gow (1), pp.114 ff.]。代数
学的这一分支后来在阿拉伯人中得到了充分的培育，例如，11世纪的阿布·贝克尔·凯拉吉（Abū Bakr al-Karajī)
就是其中之一 ［参见 Woepcke (3)]。如果伊萨克·阿伊罗斯没有给出首先由孙子叙述并解决的同一问题的话，那
么，人们可能认为他的知识全部来自阿拉伯人。

③ 在《孙子算经》最后几个问题当中，有一个关于算命的问题（预言胎儿的性别）是很有趣的。它可能是
某部无关著作中的内容而误入了本书，但是，那个时代，计算与算命确实难以分开。另一方面，有着三头六臂的
人或兽，很像是从印度神殿引用过来的。

④ 史密斯 ［Smith (1), vol.1, p.141］ 把《孙子算经》与《五曹算经》混淆，当作同一本书处理。贝克尔
和霍夫曼 ［Becker & Hofmann (1), p.134］ 最近就在1953年还犯了同样的错误。

⑤ 钱宝琮 ［(1), 第51页］ 早就提出过这种怀疑，后来李俨 ［(2), 第二版］ 也同意他的意见。

《九章算术》，而其他术语则见于《后汉书》。

我们只有把这些书和同时代的欧洲及世界其他地方的书一起比较才能把它们放在适当的位置上。例如，从史密斯［Smith（1）］等人的概述可以看出，由于希腊数学中的许多东西在欧洲已经被遗忘掉了，所以从公元 3 世纪到公元 8 世纪，只有印度才能与中国在数学知识上相媲美。

张邱建（约公元 500 年）的著作，篇幅比《夏侯阳算经》和《五曹算经》长得多。他在序中说，乘法和除法并不困难，但分数却引起许多麻烦；因此，他用相当多的篇幅处理分数的问题。张邱建给出了近代分数除法法则——交叉相乘——的一些实例（《九章算术》就已经给出）①。这个法则印度人（如公元 9 世纪的摩诃毗罗）也是知道的，但后来失传了，直到 1544 年才被施蒂费尔（Stifel）重新发现②。张邱建的著作还提到各种测量问题（使用和《海岛算经》相同的相似直角三角形法）、百分法、试位法、联立方程、三率法和不定分析。在这部书中，有一些与纺织有关的算术级数的新问题得到了正确解决。涉及几何级数的问题也附有正确答案，使用的是比例方法（和《九章算术》一样），而不是现在知道的一般公式。此外，还有开平方和开立方。

甄鸾（约公元 570 年）为早期的数学著作写了许多注释，并撰写了一部《五经算术》，但这部著作没有完整地留传下来③。有一个著名的不定分析问题和若干个古典的测量问题一起，出现在他给徐岳《数术记遗》所做的注释中。他曾为北周制定了一部历法。在前面论述道教的部分④，我们曾提起过他，他在皈依佛教后攻击过道教。

在这个时期的佚书当中，最重要的大概是祖冲之（公元 430—501 年）的《缀术》。这部著作具有崇高的声望，被认为远比任何其他数学著作需要进行更多的研究，但是很少有人能够读懂它。这大概与他对 π 值的极为精确的计算——这将在后面适当的地方（p. 99）讨论——以及天文历法理论中的有限差分法有关。钱宝琮⑤曾提出了一些令人印象相当深刻的论据，认为祖冲之曾详细说明了求分数近似值的方法并引入了两个新的方程：

$$x^2 - ax = k$$
$$x^3 - ax^2 - bx = k$$

我们对《缀术》这部书的了解，主要来自《隋书》⑥。在宋代，沈括也对它产生了兴趣，并在他的《梦溪笔谈》⑦中讨论过它。

---

① 《九章算术·方田》（第七页）。

② Smith（1），vol. 2，p. 226。

③ 这是一般的说法，在《算经十书》的各种版本中都包含一部题为《五经算术》的相当长篇幅的书。《北史》（卷八十九，第十三页）上信都芳（与甄鸾同时代，但略早一些）的传记中曾提到他抄录过一部《五经算事》。如果这是同一部书，那么，它的年代大概要早许多。

④ 本书第二卷 p. 150。

⑤ 钱宝琮（1），第 58 页。

⑥ 《隋书·律历志》（卷十八）。李俨［Li Nien（2）］和周清澍（1）都写过祖冲之的传略。

⑦ 《梦溪笔谈》卷八，第 6 段。

祖冲之的这部书对于《九章算术》以后已形成的中国数学文献相对静止的状态来说似乎是一个重大例外。公元 3—6 世纪，大多数著作重犯了《九章算术》中的错误，而对它的许多扎实可靠的成就则没有增添多少新的内容。有趣的是，与政府机关有关的《五曹算经》是所有著作中最差的一种。除此以外，每个作者都做出了一些特殊的贡献。对于《九章算术》中没有明确表达的基本计算方法，孙子做了详细阐述，并用一个问题开辟了一次同余式方程的新领域。夏侯阳比他的前人更为清楚地叙述了 10 的各次幂的性质，并在一个问题中抛弃了各小数位的特殊名称，从而十分接近于先进的小数概念。最后，张邱建第一个处理了真正的不定方程，并给出了两个算术级数的公式；此外，他还巧妙地为《九章算术》的二次方程找到了新的应用。

在唐代（公元 618—906 年），数学又开始有了进步。前面所提到的那些最重要的早期著作这时被汇集在一起，作为科举考试的指定教程。这一时期的算术书籍残本已在遗留下的敦煌写本书籍中发现[1]，并由李俨发表出来[2]；最长的一篇包含一个完整的乘法表及一系列乘积之和[3]。公元 7 世纪初，最重要的数学著作是王孝通的《缉古算经》。

汉代的《九章算术》为了解决其中的一个问题，已经使用过一个数字二次方程[4]。这个方法是通过表示方程的专门术语[5]而显露出来的。后来在张邱建著作中，这个方程是由代数形式来表示的，其中用（与一个求积公式有关的）文字代替特定的数字。因此可以肯定，二次方程及其解法自东汉以来就已为人们所熟知了。但是，三次方程最早见于《缉古算经》，这部书问世的年代肯定是在公元 625 年前后。这些方程通常产生于工程师、建筑师和测量人员的实际需要，例如，其中有这样一个问题：“直角三角形两边的乘积是 $706\frac{1}{50}$，其中斜边比另一边长 $30\frac{9}{60}$，求三边边长。”答案是从方程 $x^3 + \frac{S}{2}x^2 = \frac{P^2}{2S}$ 中得出的，这里 P 是两边的乘积，S 是多出的数。其他问题是关于谷仓容积的。王孝通没有讨论更高次的方程。

记得我们在历史概述[6]提到过，到了隋代，无疑有相当数量的印度知识通过佛教徒传入中国。冠以“婆罗门”字样的书籍涉及天文学、历法学和数学[7]。遗憾的是，所有这些著作后来都相继散佚，所以现在无法估量它们有何贡献。然而可以肯定，在公元 7

37

---

① 在巴黎的有：Bib. Nat. Pelliot, nos. 2490, 2667, 3349；在伦敦的有：Brit. Mus. Stein, nos. 19 930, 5779；O/N, nos. 42 518, 39 813, 39 760。

② 李俨（7）；（4），第一集，第 123 页起。

③ 书名是《立成算经》，参见上文 p. 9 和下文 p. 107。

④ 三上义夫［Mikami（1），p. 23］曾用近代记号正确地表示出这个公式，但他认为该问题中所含的文字二次方程，并未表示出《九章算术》作者的原意。

⑤ 即“开方除之”，意思是“开平方”，这句话暗示在进行计算时必须遵循标准的程序。书中还提到“取问题中的数为‘从法’”，这句话指明在标准程序中应选择什么步骤。见 Wang & Needham（1）。

⑥ 第六章（f）（本书第一卷，p. 128）。

⑦ 必须注意，《婆罗门算法》（见本书第一卷 p. 128）之类的书名不一定意味它与数学有关；它有可能是印度作者或印度知识的中国传播者讨论算命与占卜等问题的著作。见李俨（2），第 60 页，Sarton（1），vol. 1, p. 450。

世纪和公元 8 世纪中，印度学者曾在中国京城的太史监工作。王孝通可能熟悉这些最先到来的人中的几个人，如迦叶孝威，他在公元 650 年以后不久来华，从事历法改良，他之后的大多数印度继承者也是这样①。在这些继承者当中，最伟大的是瞿昙悉达，他曾任太史令，并于公元 729 年前后完成了《开元占经》，这是一部很重要的著作，我们经常在别的地方提到它②。看来这些印度人还带来了三角学的雏形，这一方法当时正在印度发展起来③。所有这些都再次表明，中古时期中国的数学与历法学之间有着密切的联系。

数学与天文学的这种结合，可以在唐代最著名的数学家僧一行的一生中清楚地看到。一行在《畴人传》中所占的篇幅不下于三卷，超过了任何时代的任何学者，这主要是由于他对历法学的贡献。在公元 721—727 年，他奉诏制定一部历法，虽然这个历法和不定分析没有多大关系，却以《大衍历》而闻名（参见下文 p. 120）。遗憾的是，留给我们的记录实在太少了，不然，一行数学发现的实质是能够获得充分理解的④。他的著作后来全都散佚了。

38　　公元 855 年郑处诲写的《明皇杂录》中，有一篇关于一行生活的记事。这里不妨引用其中的一段，为我们这严肃的篇章稍添些乐趣：

　　（被皇帝召见以前）一行曾在嵩山普寂门下学习。有一次，百里以内的和尚和沙门（*sramaṇas*）聚会。其中有一个名叫卢鸿的非常博学。人们请这位隐士写一篇文章来纪念这次盛会，卢鸿果然写了，并在文中使用了一些很难懂的生僻字。他宣称说，不管谁能读懂这篇文章，他都愿意收他做门生。一行微笑着走到前面，把文章看了一会儿，却又放下了。卢鸿对如此简慢的行为嗤之以鼻。但是，当一行准确无误地把文章背诵出来的时候，卢鸿完全信服了并对普寂说："这个学生不是你教得了的，你最好是让他去游学。"

　　一行由于一心想研究"大衍"（不定分析），便不远千里去寻访良师。于是，他来到国清寺的天文台，看到院子里有一棵古松，前面有泉水流过。他屏息静静地站在那里，因为他听到里面有一个和尚正在（用算筹）进行数学运算。这时，里面的老和尚说："今天必定有一个人来找我学习算法。现在他应该已经在门外了。为什么没有人把他带进来呢？"说完，他又继续进行工作。但是过了一会儿，他又说："门前的水已汇合向西流了——我的学生应该来了。"于是，一行便走了进去，跪在老和尚的面前。然后，老和尚便开始把各种计算方法和计算体系传授给一行，顷刻，门前的水改变了方向，向东流去⑤。

　　〈（一行）师事普寂于嵩山。师尝设食于寺，大会群僧及沙门，居数百里者皆如期而至，且聚千余人。时有卢鸿者，道高学富，隐于嵩山，因请鸿为文，赞叹其会。至日，鸿持其文至寺，

---

① 见《旧唐书》卷三十三，第十七页。

② 见上文 p. 12 和下文 p. 203。

③ 薮内清 (1)，第 154 页：Yabuuchi (1)，p. 588。见下文 pp. 148，202。《开元占经》中有一个正弦表。

④ 见下文 pp. 119，139，202。

⑤ 《明皇杂录·补遗》，第二页；由作者译成英文。

其师授之，致于几案上。钟梵既作，鸿请普寂曰："某为文数千言，况其字僻而言怪，盍于群僧中选其聪悟者，鸿当亲为传授。"乃令召一行。既至，伸纸微笑，止于一览，复致于几上。鸿轻其疏脱而窃怪之。俄而群僧会于堂，一行攘袂而进，抗音兴裁，一无遗忘。鸿惊愕久之，谓寂曰："非君所能导教也。当纵其游学。"一行因穷《大衍》。自此访求师资，不远千里。尝至天台国清寺，见一院，古松数十步，门有流水。一行立于门屏间，闻院中僧于庭布算，其声簌簌，既而谓其徒曰："今日当有弟子求吾算法，已合到门，岂无人导达耶？"即除一算，又谓曰："门前水合却西流，弟子当至。"一行承言而入，稽首请法，尽授其术焉。而门水旧东流，忽改为西流矣。〉

这个迷人的故事本身说明了当时数学家彼此交流的困难，也表明了科学上的发现和改进是多么容易和它们的作者一同被湮没①。

前面已经提过的李淳风也是这个时期的人，他大概是整个中国历史上最伟大的数学著作注释家了。他的工作已由李俨加以描述②。但是，作为数学上一个有独到创见的发现者来说，他几乎无法和王孝通相比。

（3）宋、元、明时期

在上述这些人与宋代、元代数学时期（13世纪、14世纪）的那些伟大人物之间，没有几个重要的数学家。其中最令人感兴趣的是沈括，关于他的多方面的才能，我们已在前面历史概述中提到过③。他在1086年完成的《梦溪笔谈》不是一部正式的数学论著，因为它包含了他那个时代几乎已知的各个科学领域的记录，但在其中能够发现许多具有代数与几何意义的内容。特别值得提起的是，沈括作为一个在重要工程与勘测工作中负有责任的高级官员，曾促进了平面几何学的发展。正如阮元和葛式〔Gauchet（7）〕所指出的，他确定圆弧长度的方法成为13世纪郭守敬发展球面三角学的基础④。

在《梦溪笔谈》卷十八（第4段）中，沈括说：

> 我有另一种实现分割圆周的方法。取圆（"圆田"）的直径（"经"）并将其等分为二，然后用这个（半径）作为直角三角形的斜边（"弦"）。取半径减去被割部分（矢）所得到的差作为三角形的第一边（"股"）。用斜边的平方减去第一边的平方，再把所得到的余数开平方（"开方"），就得出第二边（"勾"）。第二边的两倍就是弓形（"弧田"）的"弦"。取被割部分（"矢"）的平方⑤，把结果乘以

---

① 同书的另一个故事说明了一行与道士的融洽关系，有一个道士曾把扬雄的《太玄经》（参见本书第二卷，p. 350）借给他，并和他进行了讨论。

② 李俨（2），第40页起。参见上文 pp. 27, 31。

③ 本书第一卷，p. 135。他的名字在某些数学史论著中写成"Ch'ön Huo"以及其他形式，甚至专家也几乎不能辨认。

④ 见下文 p. 109。胡道静（1）最近出了一部《梦溪笔谈》的校释本，钱君晔（1）则写了一篇沈括的传略。

⑤ 在这方面，我们遇到了一些原文的困难，这里我们主要是依照三上义夫〔Mikami（1）〕，而不是葛式〔Gauchet（7）〕。括号中大多数术语都是沈括原来用的字，但"矢"字除外。参见胡道静（1），下册，第575页起。

二。再把所得到的结果除以直径，并加上弦，便得出弧长。

〈予别为"拆会"之术。置圆田，径半之以为弦。又以半径减去所割数，余者为股，各自乘，以股除弦，余者开方除为勾，倍之为割田之直径。以所割之数自乘，退一位倍之。又以圆径除所得，加入直径，为割田之弧。〉

这相当于下列表达式：

$$a = c + 2\,\frac{s^2}{d},$$

式中，a 是弧长；c 是弦长；s 是矢高；d 是直径。这个方法称为"弧矢割圆之法"。可以把这个公式和郭守敬的公式比较一下。郭守敬的公式是

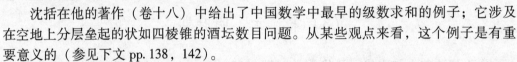

$$d^2\left(\frac{a}{2}\right)^2 - d^3 s - (d^2 - ad)s^2 + s^4 = 0,$$

这个公式要精密得多，但它晚了两个世纪[①]。

沈括在他的著作（卷十八）中给出了中国数学中最早的级数求和的例子；它涉及在空地上分层垒起的状如四棱锥的酒坛数目问题。从某些观点来看，这个例子是有重要意义的（参见下文 pp. 138，142）。

印刷术开始于公元 8 世纪，到了公元 9 世纪，它已经被用于经籍的传播了。尽管此时数学书籍似乎也有可能刊印[②]，但我们所知道的最早的版本是 1084 年的《海岛算经》及九部其他著作，而张邱建的著作是在下一年印刷的。这些印刷版本当时分发给所有国家典藏图书的机构。1115 年出现了一种重要的《九章算术》版本。我们会记得，这时正是宋代王安石及其变法运动的时期。饶有兴趣的是，王安石的继承者蔡京（1108 年）曾明确说过[③]，要鼓励科举考试中的算学研究。严敦杰（9）已查明了宋代数学家与当时纸币使用之间的关系。

下面将提到宋、元时代最伟大的人物，但切勿以为在 12 世纪到 14 世纪期间他们是孤立的。关于这个时期丰富的著作，李俨（1，2）已有所论述。这些著作中有一部分被列入了流传至今的宋代书目中，如尤袤的《遂初堂书目》[④]，其中数学部分所列的书名有 95 种。在这一时期的著作中，可以提出蔡元定的《大衍详说》。蔡元定是研究《易经》的学者，对卦的排列组合很感兴趣[⑤]。

不管这个事实是否重要，宋代科学的主要贡献确实是在其后期（即公元 1200 年以后）做出的。事实上，最出色的工作是由几个同时代人差不多在 13 世纪后半叶这一时期完成的。这些出色的工作始于 1247 年出版的秦九韶的《数书九章》。这部重要著作

---

① 见钱宝琮（1），第 149 页；van Hée（13）。沈括发展他的方法是由于他不满于《九章算术》所给出的粗糙的、实际上错误的弓形面积公式，这个公式是 $\frac{1}{2}(sc+s^2)$（参见下文 p. 98）。

② 参见 Carter（1），2nd ed.，p. 60。

③ 《宋史》卷二十，第八页和第九页；TH，p. 1608。可参见李俨（21），第 4 集，第 238 页起和第 260 页。

④ 收入《说郛》卷二十八。

⑤ 参见 Forke（9），p. 204。参见下文 p. 599。

中的九章与汉代"九章"的题材分类并无关系。虽然我们不知道秦九韶的生卒年代①，但对他我们有足够的了解②，可以断定他必然是一位令人相当好奇的人物；在青年时期，他曾当过军官③，在骑射和文学方面的成就都是出名的。在爱情方面，他的声誉同阿维森纳（Avicenna）不相上下。他曾任职两个州的太守。

　　1248 年，秦九韶的著作问世之后仅一年，出现了一部同样重要的著作——李冶的《测圆海镜》。接着 1259 年，又出现了李冶的《益古演段》。李冶④（1178—1265 年）是一个北方人，居住在金国；在他任一个州的知事时，这个地方陷入了蒙古人之手。他逃亡出来以后，便过着隐居生活，从事数学研究。1234 年，蒙古人推翻金朝以后，元朝政府向他求教，后来多次向他表示敬意，但他不再进入仕途。虽然秦九韶和李冶应用相同的符号，并且他们的著作在许多方面是相互补充的，但是他们毫无可能相识，因为前者在南宋，而后者则在金、元统治下的北方，在他们的一生中，这几个朝廷之间的战事几乎是从不间断的⑤。

　　秦九韶和李冶的代数著作不久就为另一个天才数学家杨辉的著作所补充，他的《详解九章算法纂类》于 1261 年问世。该书后来又由其他著作加以增广，合辑为《杨辉算法》，其中一部完成于 1275 年。关于杨辉的生活，除了他是南方人及生活在宋朝，我们实际上一无所知。杨辉没有提到秦九韶或李冶，但他提到了他的前辈刘益；遗憾的是，关于刘益，也没有给我们留下任何其他资料，但他肯定是一个代数学家。此外，杨辉没有用其他作者所喜欢用的"天元术"一词来称呼代数学。

　　最后出现的是这些人当中最伟大的朱世杰⑥，他的《算学启蒙》刊行于 1299 年，接着，著名的《四元玉鉴》于 1303 年刊行。朱世杰一生的境遇和他的生卒年代，我们都知之甚少，他似乎是一个四处云游的学者，靠教授数学维持生活。他在序言中暗示，他的学问是继承元好问的。元好问是金朝的官员（1230 年以前）和李冶的朋友，并且曾为刘汝锴的早期代数著作《如积释锁》作过注（此书在别处并不出名）。因此，可以把中国人的天元代数学推到 12 世纪，这正是伟大的理学家的时代。

　　正如萨顿（Sarton）所说的⑦，秦、李、杨、朱这四个人在半个世纪内相继出现，而他们之间的关系又如此疏远，实在令人惊奇。秦九韶完善了求解方程的一套术语；李冶完善了另外一套术语，不过，他们的总体体系是相同的。杨辉未引上述两家学说，却宗崇另两位数学家刘益与贾宪。关于刘益与贾宪，我们所知道的仅止于此。朱世杰对他的三个前辈都没有征引（虽然有内在证据表明他知道杨辉的工作），但显示出他与

41

---

　　① 在萨顿（Sarton）看来，秦九韶是"他的民族、他的时代以至一切时代的最伟大的数学家之一"。

　　② 根据周密《癸辛杂识续集》（卷二，第五页）中所记载的他的传记。

　　③ 在这一点上，他与笛卡儿相似，但我们不知道他是否像法国的哲学家一样，参加军队是为了获得研究数学的闲暇时间。

　　④ 有人怀疑"李冶"是"李治"的印刷错误，因为两者在写法上十分类似。但缪钺（1）指出，他最初的名字是李治，后来发现这个名字与唐朝一个皇帝的名字相同，因此中年改名李冶。

　　⑤ 参见本书第一卷，p. 134。关于战争对中国和日本数学史可能产生的影响，见三上义夫（18）。

　　⑥ 萨顿认为，他也许是所有中古时期数学家当中最伟大的。

　　⑦ Sarton（1），vol. 3，p. 138。

42　同样并不著名的元好问和刘汝锴之间的联系①。"这一切都表明，关于中古时期的中国学派，我们的知识仍然十分贫乏。我们只知道很少几部著作，甚至对它们也缺乏充分的研究。"② 人们感觉到，对于大量的中国数学文献，仍要大力加强富有启发性的发掘工作③。

另一个令人感兴趣的问题是宋与宋以前的数学家在社会地位上的差别。唐代的李淳风和王孝通像刘宋的祖冲之一样，都身居高官；而在宋代，最伟大的数学家（沈括除外）大多是云游的平民或小官吏。此外，宋代数学家的注意力较少放在历法计算方面，而较多放在普通人和技工都同样感兴趣的实际问题上。事实上，人们可能几乎都认为，在女真人的金朝和蒙古人的元朝帝国摆脱了官僚政治的约束，加上汉族学者当时在仕途中遭到种种障碍，都是促使这个时期中国数学达到高潮的主要解放因素。

秦九韶《数书九章》的第一部分与不定分析（一次同余式组）有关，他称这个方法为"大衍求一"术。这是在于求这样一个数，当这个数重复被 m_1，m_2，m_3，$\cdots$，m_n 除时，余数各为 r_1，r_2，r_3，$\cdots$，r_n。正是在这里，首次出现了著名的术语"天元一"，这就是说，在运算中最重要的一步开始以前，要先把单位符号（1）置于筹算板的左上角。之所以这样称呼可能是为了把它同最后余数中的单位符号（1）区别开来。秦九韶曾提到这个方法在历法计算中的应用。

该书后面的各部分中有复杂的面积和体积计算。高次方程（高达 10 次幂）的处理，以及各项符号的任意组合，首次出现在秦九韶的著作中，它们与遥测圆城的直径和周长（图 55）之类的问题有关。书中关于灌溉渠道的配置、石坝的建筑（图 56），

43　以及含有算术级数和联立一次方程的财务问题等，都是十分有趣的④。正如前面已提到的，零的应用在秦九韶的著作和以后的著作中已随处可见。正数与负数是用赤筹与黑筹来区别的⑤。在数字高次方程的解法中，秦九韶发展了古代的方法，这种方法与1819年霍纳（Horner）重新发现的方法实质上是相同的⑥。在探讨一般方程时，总是让方程的一端等于零的优点，欧洲人直到 17 世纪初才认识；这应归功于纳皮尔（Napier，1594 年）、比尔吉（Bürgi，1619 年）或哈里奥特（Harriot，1621 年）⑦。但是，秦九韶和他以后的所有宋、元代数学家都早已取得同样的成就，他们总是把常数项安排成负项。

---

① 根据朱世杰著作的一篇序言来判断，他们只是一个持续性的学派中的成员。这个学派包括蒋周，他早在1080 年就写过一部《益古集》，或许他和蒋舜元不是同一个人；包括撰《照胆》的李文一和撰《钤经》的石信道。我们还知道，李德载曾把"地元"引入天元代数学中，并写了一部《两仪群英集》；而《干坤括囊》的作者刘大鉴则引入了"人元"。所有这些著作都已散佚了。

② 萨顿还补充说，至今还没有一部可用的宋代代数学著作的评注本，也没有一部由汉学家和数学家详加注释的全译本。

③ 关于宋代代数学家的背景，包括零的出现，严敦杰（6）有一篇新近的重要论文。

④ 史密斯［Smith（1），vol. 1，p. 270］评论说，秦九韶"对应用代数学知识去解决实际问题不感兴趣，他宁愿把它看作一门纯科学"，这种说法是难以理解的。

⑤ 在秦九韶的著作及所有后来的数学著作中，多用拼合的方法来书写数字，这适合于汉字的直排。

⑥ Wang & Needham（1）；Smith（1），vol. 2，p. 471；见下文 p. 66。

⑦ Smith（1），vol. 2，p. 431。

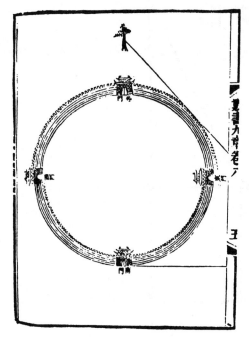

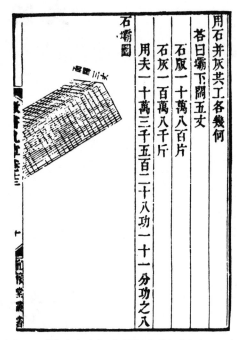

图 55　遥测圆城的周长和直径（《数书九　　图 56　《数书九章》中堤坝建筑问题（1247 年）。
　　　　章》，1247 年）。

很自然，要在秦九韶著作中找到理学思想的痕迹是不困难的，在他的书的第一卷中，就提到了"太阴""小阳"等与五行有关的东西，而天元术的一个主要特色，正如我们将要在下文（p. 129）看到的，就是用"太"字（代表"太极"）作为已知数的符号①。　　　　　　　　　　　　　　　　　　　　　　　　　　　　　　44

尚未有秦九韶的著作被译成西文。他的书在清代重被发现以后的几百年中有许多注释本，其中宋景昌的《数书九章札记》（1842 年）尤为著名。

李冶的《测圆海镜》有一部分阐述三角形的内切圆性质（图 57 就是他的书前面的插图），但主要涉及方程的解法。所用方法完全是代数学的②。他的《益古演段》虽然在记法上与《测圆海镜》略有不同，但也是属于代数学的。李冶采用了术语"天元术"（系数的阵列），　　　　　　　　　　　　　　　　　　　　　　　　　　　　45

并将其应用到数字方程的记法上，而不像秦九韶那样用在不定分析方面。李冶书写方程的方法通常是纵行数码与横行数码并用，未知数附一"元"字；常数项出现在一次项之下，并附一"太"字③；平方项和立方项，如果存在，出现在未知数之上。这样，下面的记法

①　参见本书第二卷，pp. 460 ff.。

②　参见下文 p. 129。

③　在实践中，他只用这两个符号之一来确定纵行中各行的意义。

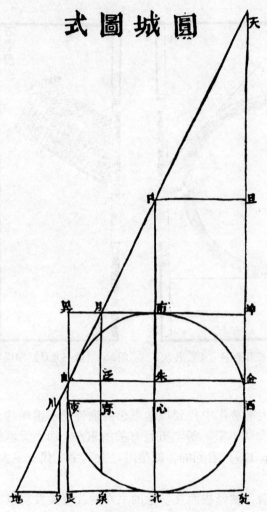

图57 李冶《测圆海镜》（1248 年）书前说明
直角三角形内切圆性质的插图。

就代表方程 $2x^3+15x^2+166x-4460=0$。可以看到，有一斜画穿过一个数的单个数字，这表示该数是负数。这种记法和从前的赤、黑筹记法相比，是一种改进，而且在秦九韶、李冶之后普遍采用。可是，后来的作者又恢复了秦九韶的习惯，把常数项放在最上面，其他项都在它之下，李冶本人在《益古演段》就是这样做的。不管如何，这种纵行体系无疑代表了算筹在筹算板上的实际排列。

　　李冶的《测圆海镜》没有西文译本①，但是《益古演段》中的 64 个代数问题曾由赫师慎［van Hée（4）］译出。在近来的中文资料中，有一篇刘冰弦（1）写的关于这部书的文章。

　　杨辉与这些人稍有不同，他对算术级数感兴趣。在其《算法》中，他给出了级数

$$1+(1+2)+(1+2+3)+\cdots+(1+2+3\cdots+n)$$

　　和

$$1^2+2^2+3^2+\cdots+n^2$$

的求和公式，但没有对这些级数进行解释或分析。他对混合法计算问题也感兴趣。他考虑过复比例问题（"重互换"），以及涉及五个未知数的联立一次方程问题。杨辉能够十分巧妙地处理小数，在他的著作中有一个宽 24 步 $3\frac{4}{10}$ 尺和长 36 步 $2\frac{8}{10}$ 尺长方形田的面积问题；在把这两个数相乘时，他把尺数表示成步的小数部分，得到 24.68×36.56＝902.300 8。这与我们使用小数点的方法是相同的。

　　这需要稍加解释。在宋代，杨辉把小数的前三位分别称为"分""厘""毫"，甚至在前面例子中②，当他处理长度的问题时，也用到这些小数名称。当时，他那个时代，除了这些字（至少是厘和毫）已不用作长度单位而用作重量单位③，杨辉在上述问题中，也没有使用本来预计会用到的单位名。实际的"尺"和实际的"寸"都没有出现在他的语言中，在他的 0.68 中的第一位小数虽然超过了半"步"，但他称它为"分"。而这个"分"字，如果正确地用作长度单位，是指十分之一寸。同样，另一个例子④把 6 "两"（16 "两"为 1 "斤"）表示为 3 "分" 7 "厘" 5 "毫"，即 0.375 "斤"。这一切都表明，杨辉已经有了非常成熟的小数位（decimal place）概念，并且为各位小数采用了专有名称。他的小数绝不限于刘徽时代在开平方根中出现的那种"微数无名者"。公元 3 世纪，刘徽寻求平方根的过程中碰到十进小数是很自然的，但由于他用十进分数来表示所有的结果，所以这些小数对他来说是"不自觉地"出现的。但在 13 世纪，杨辉则有意避免使用一般分数，而用十进小数来表示。虽然他没有像斯蒂文（Stevin）那样使用小数点符号，但在运算的时候，他的心目中肯定有一条想象的筹算板上的纵线。14 世纪，在以"匹"作为布帛的单位时，丁巨又一次使用"分""厘""毫"作为前三位小数⑤，这就表明了他们有严格的专门数学观念。丁巨在整数与第一位小数之间插入一个"余"字——该字起到了与小数点相同的作用。

　　在杨辉的著作中还第一次出现了 x 的一次项系数为负的二次方程，不过他曾说过，在他以前刘益已经考虑了这种方程。他的著作还没有被翻译成外文。

46

---

　　①　自比尔纳茨基开始，李冶的名字是以一个堂皇而错误的写法 "Le-Yay-Jin-King"（李冶仁卿）出现在数学史中，这是把他的名与字混合起来了。

　　②　参见 Mikami（1），p.86。应该注意，这些专用字在功用上与位值成分（见上文 p.13）是多么类似，但这是有意识地借用小的计量单位（见下文 p.85）来表示小于整数的数值。

　　③　主要是由于公元 992 年颁布的诏书。

　　④　参见钱宝琮（l），第 78 页。

　　⑤　《丁巨算法》，第十页。

到了朱世杰时代，中国的代数学达到了最高峰。在他的第一部著作《算学启蒙》中，已提出了代数加法和乘法的正负数规则，并且总的看来，它构成了代数学的总的导论。此外，还有一个（用文字表达的）适用于算盘的除法表①。《算学启蒙》没有包含前人著作中所没有的新内容，它却对日本数学的发展产生了很大的影响，然而这部书在中国失传了，直到1839年才发现了它的1660年的朝鲜重印本［严敦杰（1）］。

47　　在《四元玉鉴》中，朱世杰发表了他真正重要的发现。关于这部书，赫师慎［van Hée（12）］曾经写过一篇专题论文②，而且寇恩慈［Konantz（1）］有一篇英文的内容介绍，他曾与已故的陈在新合作将它全部译出，可惜至今尚未出版③。

祖颐在为朱世杰著作所作的序言中写道：

> 人们像云一样从四方集中到他的门下来向他学习……他借助几何图形来解释天、地、人、物（代数记法的术语）的关系。从他的图形可以看出，天对应于直角三角形的底边，地对应于高，人对应于斜边，物则对应于三角形内切圆的直径（"黄方"）。通过使这些表达式上升和下降，一边到一边地前进和后退，交替和连接，变换和乘除，取假为真，以虚代实，使用不同符号代表正负数，保留一些而消去其他，然后改变算筹的位置，由正面或一侧发动攻势，如四个例子中所示的那样——他终于成功地以一种深奥但自然的方式求出了方程和根……不用（物）而它却得到使用；不用数而却得出所求的数。他以前的数学家都未能获得这部精深的著作中所包含的奥妙的原理④。

> 〈……按天地人物立成四元，以元气居中，立天勾地股人弦物黄方，考图明之。上升下降，左右进退，互通变化，乘除往来，用假象真，以虚问实，错综正负，分成四式。必以寄之、剔之，余筹易位，横冲直撞，精而不杂，自然而然，消而和会，以成开方之式也……踵门而学者云集……不用而用以之通，非数而数以之成，由是而知有数皆从无数中来，高迈于前贤，能尽其妙矣。〉

这段引文的趣味在于它包含道家悖论，暗示出这些悖论赋予中国的代数学家以某种灵感。

这部著作的开头有一个图形，它与后来西方以帕斯卡（Pascal）三角形闻名的图形完全相同⑤（图80）。它是二项式定理中对任意整数值 n 展开 $(a+b)^n$ 时求系数的工具。在欧洲，这个图最早是在1527年彼得·阿皮亚努斯（Peter Apianus）的著作出版时出现的，但在1654年帕斯卡的《论算术三角形》（*Traité du Triangle Arithmétique*）中才得到最充分的研究。然而奇怪的是，朱世杰在他1303年的著作中称它为"古法七乘方图"，暗示出这个图至少在相当长的时间以前就已经为人们所熟知了。下文（p.134）

---

① 见下文 p.75。杨辉、丁巨及比朱世杰稍晚的贾亨［三上义夫书中作 Chia Hong，见 Mikami（1）］，也都曾列出这样的表。他们为当时算盘的经常性使用提供了有力的证据。见三上义夫（10）。

② 这篇论文对于非数学家来说是十分难读的，而且不借助三上义夫和史密斯的著作［Mikami（1）；Smith & Mikami（1）］的帮助，几乎不可理解。

③ 参见 Sarton（1），vol.3，p.703。根据汉考克（E. M. Hancock）小姐的私人通信，此译稿现已遗失。

④ 译文见 Konantz（1）；经作者补允修改。

⑤ Smith（1），vol.2，p.508。

在简述朱世杰所使用的新的代数方法时，我们将再回到这个题目上来[①]。朱世杰所说的"四元术"实质上是在所求的一个未知数外，再取几个辅助的未知数，然后从问题的条件所给出的已知关系出发，消去这些辅助的未知数。这就是上文所引祖颐的话的由来。朱世杰解少于五个变数的联立方程的方法，实际上与消元法和置换法完全相同。他的推理在若干方面与西尔维斯特（Sylvester）的析配消元法极为相似，只是没有使用行列式而已[②]。朱世杰的方法已为 19 世纪的许多中国数学家所阐明，其中最突出的有丁取忠[③]，他曾编辑了著名的古代数学著作集《白芙堂算学丛书》（1875 年）。

48

　　正如我们已经看到的，中国数学家在此以前已经把他们的方法用到了各种实际问题上；毫无疑问，解决税收、灌溉和筑城等事业中出现的问题的要求，曾经常常激励着他们的工作。还在唐代，一行就已用当时的高等数学知识来造历，而在元代，造历的需要则带动了著名数学家和天文学家郭守敬的工作。虽然郭守敬的原著没有保存下来，但是我们可以通过《元史》[④] 和《明史》[⑤] 篇幅较大的历法部分来研读他的方法。此外，根据一些目前已不存在的资料，邢云路（鼎盛于 1573—1620 年）在《古今律历考》[⑥] 中和梅文鼎（1633—1721 年）在《历算全书》[⑦] 中，得以阐明了郭守敬的工作。葛式［Gauchet（7）］仔细考虑了所有这些情况，他把郭守敬看作中国球面三角学的创立者，并认为他是从 11 世纪沈括的关键工作会圆术得到启示的。

　　郭守敬（1231—1316 年）最初（1262 年）在忽必烈汗手下从事水利工程工作[⑧]，大约 14 年后开始天文和历法的研究。他建造的一些仪器一直保存至今，这一点将在天文学部分（p. 369）叙述。这里我们只谈他的数学。他的球面三角学（如果可以这样称呼的话，因为就我们所知，它并没有用到正弦、余弦等）[⑨] 与赤道、黄道和月球轨道在天球上的交点所构成的球面图形有关，我们将在适当的地方更充分地考虑它。郭守敬应用了双二次方程，和用来对幂级数求和的所谓"招差法"[⑩]。"招差法"就是求由观测量 x 所表示的方程 $Ax+Bx^2+Cx^3$ 中常数 A，B，C 的方法，以便在另一个观测量 n 具有任何值的情况下，都能预测出 x 的值。这个方法与有限差分法相当。它的原理并不新，因为我们下文将看到，唐代的李淳风就已经使用术语"萍"（字义为"浮动"差）来表示凭经验观测到的变化的观测值，用"定"（字义为"固定"差）来表示我们现在

49

---

　　① 这些方法与其说就符号记法而论是新的，不如说是些基本的步骤，汉代和三国时期的数学家就已完全知道了。

　　② 行列式是日本人发展中国数学而得到的［Smith & Mikami（1），p. 124］，首先由伟大的关孝和在 1683 年加以阐明，10 年后，莱布尼茨才在一封他生前未发表的信中宣布了他的独立发现。范德蒙德（Vandermonde）在 1771 年给出了第一个相关的解释。"行列式"这个术语是高斯（Gauss）在 1801 年最先采用的。见下文 p. 117。

　　③ 与耶稣会士合作过；见 van Hée（5）。

　　④ 《元史》卷五十二至卷五十七。

　　⑤ 《明史》卷二十五、卷三十一及后续卷。

　　⑥ 《古今律历考》卷六十七起。

　　⑦ 《历算全书·堑堵测量》。

　　⑧ 见本书第二十八章（f）。

　　⑨ 除非这些东西隐藏在他沿用的"勾""股""矢"等古代术语之下。钱宝琮［（1），第 150 页］曾经指出，在郭守敬的方法中，这些术语分别与正弦、余弦和正割相当。

　　⑩ 参见下文 pp. 123 ff. 。

所说的任意常数。加上了一个术语"立"，则改善了近似值。整个方法被用于太阳视运动角速度的计算。某种程度上，它与笛卡儿以后的科学（post-Cartesian science）中使方程适合曲线的方法是相当的。

　　阿拉伯人对郭守敬及其同时代人的影响究竟是什么，以及有多深远，至今仍然是一个没有解决的问题。在元代，阿拉伯人（事实上，他们大多数必定是波斯人与中亚人）在中国科学技术中所扮演的角色同印度人在唐代的角色十分相似。《元史》（卷二〇三）告诉我们，穆斯林炮手阿老瓦丁和亦思马因①在 1271 年曾为蒙古人服务，前者约卒于 1235 年，后者卒于 1274 年。他们的确有可能传播过数学知识②。还有一个受过较高教育的叙利亚景教徒爱薛（'īsa Tarjaman；即译员伊萨）③，他从 1250 年起到1308 年去世止，一直是为蒙古可汗工作，在这期间他被擢升为翰林院学士和朝廷大臣。此外，波斯的天文学家札马鲁丁（Jamāl al-Dīn）④ 在 1267 年曾为忽必烈汗设计了一个新历法——《万年历》，这个历法后来失传了，无论如何，它比不上郭守敬的《授时历》（1281 年），明代的《大统历》（施行于 1364 年）只是《授时历》的一种修订本。不过，在元代末期，中国知识界中"阿拉伯的影响"是如此巨大的，以至于在明王朝建立的那一年（1368 年），还设立一个回回司天监和通常的司天监并立⑤，但是两年以后，它便成为钦天监中的一个科（回回科）了。这个科的主持者是一个穆斯林，名叫海达儿⑥，一直流传至今的一部著作《明译天文书》⑦（译自阿拉伯文？），就是他在1382 年呈献给皇帝的。然而，这部著作中没有数学的内容，只有方位天文学的丰富数据以及许多占星学的资料。但是，要根据穆斯林的方法得出行星历表，如贝琳在1482 年重新发表的《七政推步》⑧，一定需要进行大量的计算。当耶稣会士在 16 世纪末到达北京的时候，这些"阿拉伯"天文学家的后裔仍在他们的天文台工作。因此，毫无疑问有不少机会使得波斯和阿拉伯的数学影响［例如来自马拉盖（Marāghah）和撒马尔罕（samarqand）两天文台的］进入到中国的传统中。但是，在既具有完备的天文学史和数学史知识又直接掌握阿拉伯语文献和中文文献的学者对这个问题进行全面考察以前，有没有实际产生过重要的影响是无法知道的——现在我们只能做一些推

---

　　① 这两个人也许就是阿拉丁（'Alā' al-Dīn）和伊斯迈尔（'Ismā'īl）。

　　② 我们在第三十章讨论军事技术时，将再次碰到这两个人。

　　③ 爱薛既是一个娴熟的数学家和天文学家，也精通医学和药物学。他的传记说，他来自拂林，也就是拜占庭，但他肯定是叙利亚的阿拉伯人。

　　④ 见下文 p. 372。

　　⑤ 这个司天监的历史，实际上可上溯到 1271 年，那一年，札马鲁丁被任命为一个新的天文台的负责人。马坚（1）最近写了一部叙述回回历及其专家的有趣著作。

　　⑥ 别名"黑的儿"。

　　⑦ 科学史家，如萨顿，迄今都没有提到这部著作，它被辑入《涵芬楼秘笈》。这部书是翰林院学士李翀和吴伯宗与穆斯林阿答兀丁、马沙亦黑、马哈麻等其他人共同翻译的。诏令载于《明史》卷三十七，第一页。

　　⑧ 薮内清［Yabuuchi（1）］曾对这部著作做了专门研究。他的研究表明，其中的行星部分是以马拉盖天文台的伊利汗天文表（Ilkhanic Tables）为基础的。这部书还包含一个记有黄道带区域中及其周围的 277 颗星位置的有趣的星表；这个表一定是某一个穆斯林国家于 1365 年前后编制的。《明史》卷三十七至三十九的《回回历法》是《七政推步》的缩写本。

测①。困难之一就是在文化接触时期以后，中国数学出现了明显的衰退②，以至于 1400—1500 年间几乎没有一部值得注意的著作。

在转入 16 世纪以前，应该提一提在郭守敬去世后的那半个世纪内正在进行工作的几个数学家。这其中有丁巨，他的年代我们只能通过他在 1355 年出版的《丁巨算法》来进行猜测。这部书与大致同时的佚名作者的《透帘细草》一样，是一部很简单的算术问题集。1372 年出现了严恭的《通原算法》，它包含一些不定方程及其很不完备的解法。这些论著和一些其他著作③一起，恰巧都收录在藏于剑桥大学图书馆的《永乐大典》（1406 年）卷一六三四三至一六三四四中（图 54 和图 65 所示的是这部抄本中的两页）④。李俨曾论述过这些著作⑤。其中给出的用几何图形来说明开平方根方法的插图，出自杨辉 1261 年的《详解九章算法纂类》。

在明代初期的 150 年间，数学上几乎没有什么令人关注的东西，但到 1500 年以后，数学家又开始出现。军事工程师兼数学家唐顺之（1507—1560 年）由于从事圆弧测算工作而获得了盛名。他出版了五部著作，《弧矢论》可能是其中最重要的一部。与他同时代的数学家有云南巡抚顾应祥，他的《测圆海镜分类释术》（1550 年）根据系数的符号来区别不同次幂的方程，并对它们的解法给出了更为详细的解释。两年后，他的《弧矢算术》（1552 年）把当时处理弧与弓形的完善的公式系统化，例如： 51

$$\frac{c}{2}=\sqrt{\left[\left(\frac{d}{2}\right)^2-\left(\frac{d}{2}-s\right)^2\right]} \quad \text{或} \quad s=\frac{d}{2}-\sqrt{\left[\left(\frac{d}{2}\right)^2-\left(\frac{c}{2}\right)^2\right]},$$

$$a=\frac{2s^2}{d}+c,$$

$$d=s+\frac{\left(\frac{1}{2}c\right)^2}{s},$$

$$A=\frac{1}{2}(s+c)\ s,$$

$$s=\frac{d^2\left(\frac{1}{2}a\right)^2}{(d^3-d^2s')-(ad-s')s'},$$

这里，d＝直径，c＝弦，s＝矢，A＝弓形面积，a＝弧，s'＝矢的近似值。另一个和唐顺之同时代的人是周述学；他主要撰写历法计算方面的著作⑥，其中一部刊行于 1558 年。

---

① 参见李俨（18）；钱宝琮（7）。

② 与某些作者，如赫师慎，所创建的印象正相反。

③ 例如，贾亨的《算法全能集》及安止斋和何平子的《详明算法》[但这部书也可能是贾亨撰写的，因为残存的内容几乎完全相同；李俨（4），第 3 集，第 42 页]。参见 Sarton（1），p. 1536。还有一部佚名作者的《锦囊启蒙》。

④ 应该记得，这部昔时宏大的文献汇集只留下了很少的册数，散落在世界各地的图书馆内。参见本书第一卷，p. 145。

⑤ 李俨（4），第 2 集，第 83 页起。

⑥ 在已经引用过的钱宝琮和李俨的著作中都给出了它们的书名。这个时期及其他时期次要数学家的姓名和著作，也可在他们的书中查到。三上义夫（9）则讨论了清代数学家在弓形方面的工作。

但是，这些明代数学家没有一个通晓宋、元的代数学。宋、元的代数学完全被废弃不用了，直到耶稣会士及其他人从欧洲引入代数学以后很久才得以复苏，当时梅毂成等人从不熟悉的记号掩盖下认出了中古时期的中国代数学，并重新对它进行了研究。

在明代数学家当中，最令人感兴趣的一位是程大位，他的《算法统宗》① 出版于1593 年。这部书在历史上十分重要，虽然它问世很晚，但是它是第一部提供了中国算盘示图，并带有使用说明的著作②。我们将对这一重要计算用具的历史的已知情况做扼要概述。一个多世纪以前，《算法统宗》各卷的标题就由毕瓯［E. Biot（5）］译成西文，他［E. Biot（6）］报道了这样一个事实：这部书有一个帕斯卡三角形图，与朱世杰的图十分相似③。《算法统宗》虽然是一部非常实用的著作，主要注意测量和计算特殊形状的平面面积，以及合金成分等问题，但是也包含相当多的幻方的内容。在这部著作中，程大位给出了他那个时代的许多数学书的书名，但其中除了已经提到的顾应祥的著作，大部分后来都已散佚。三上义夫［Mikami（7）］和武田楠雄（1）对这个时期的文献作过专门研究；他们详细叙述了 16 世纪中 12 种不太重要的著作④。

随着 17 世纪初耶稣会士到达北京，本书所关注的那个可称为"本土数学"的时期即告结束。那些希望研究中国学者与耶稣会士数学家之间合作时期的人，关于这个题目可在三上义夫［Mikami（1）］的著作中找到写得相当细致的一章⑤。当我们想到利玛窦（Matteo Ricci）和他的同伴是获得其传记载入中国正史这一殊荣仅有的几个外国出生的人，便可以估量当时他们受到多么高的评价。欧几里得著作前六卷的中文翻译是由利玛窦和徐光启承担的，于 1607 年完成⑥。《同文算指》则由利玛窦口授⑦，李之藻笔述，于 1614 年刊印。在这些书之后还有一些较为高深的几何学与测量术著作。这个世纪后期（1669 年）出现了汤若望（Adam Schall von Bell）和其他耶稣会士在 1635年以前编纂的《新法算书》⑧。对数最先出现在穆尼阁（Nicholas Smogulęcki）的一篇关

---

① 这部书所占的篇幅不少于 13 卷（卷一一三至一二五），与《周髀》（卷一〇九至一一一）一起，被破例全文（in extenso）收入到《图书集成·历法典》数学部分。该部分其余则由混合的引文构成，其中包含宋代谢察微（参见下文 p. 79）的一个残篇。武田楠雄（2）曾对《算法统宗》进行过周密的研究。

② 虽然，如果不考虑示图的话，在更早些的柯尚迁的著作《数学通轨》（1578 年）中也有一些关于算盘的议论。

③ 《算法统宗》卷六，第二页。这个三角形被认为是出于吴氏，即吴信民。见 p. 79。

④ 关于罗洪先，亦可参见 Forke（9），p. 424。

⑤ 大多数人想象耶稣会士把"陈旧的"欧洲数学知识带入中国。然而，只有欧几里得《几何原本》（Euclid's Element）才是如此。我们将在下文（p. 114）强调指出，耶稣会士所传入的非几何学的数学发现和方法在欧洲是最新的。此外，中国人对这种新知识印象深刻，部分原因是他们自己的数学当时已陷入衰退之中。

⑥ 即《几何原本》。他们所用的版本是克拉维乌斯（Christopher Clavius；1537—1612 年）的欧几里得《几何原本》十五卷（Euclidis Elementorum libri XV），克拉维乌斯在书中以丁先生的名字出现，因而迷惑了后人。原书仍存于北京北堂图书馆，我曾有幸在那里见到它。参见 d'Elia（2），vol. 2，pp. 356 ff.；（6）；Trigault（Gallagher ed.）p. 476。

⑦ 译自克拉维乌斯的《实用算术概要》（Epitome Arithmeticae Practicae）。

⑧ 此书大部分收了《古今图书集成·历法典》卷五｜一至七｜二和卷八｜五至八｜八中。裴化行［Bernard-Maître（7）］曾周密地研究过这部著作，有关这方面的情况，可进一步见下文 pp. 447 ff.。

于日月食的论文《天步真原》中①，而他的学生薛凤祚在 1653 年制成了中国最早的对数表并附有对它们的论述②。18 世纪以后，在康熙年间，钦命编纂和出版的数学纲要有 1713 年的《律历渊源》［其中弗拉克（van Vlacq）1628 年的对数表以中国的格式重新排印］③ 和 1722 年的《数理精蕴》。从此以后，中国数学文献便丰富起来了，虽然仍有一些与世隔绝，但它是世界文献的一部分。

　　这时，中国人开始发现，他们自己也曾经有过代数学。由于本土科学的衰退及对耶稣会士随身带进来的"阿尔热巴拉"（algebra）的高度热情，这一事实被忽视了。而梅毂成（1681—1763 年），这位前面已提到过的梅文鼎的孙子，最先认识到，中国自己的数学在 17 世纪以前已有极大的发展，只是它使用了后人所不熟悉的符号系统。他把这个发现记在了他的《赤水遗珍》中④。文中使用了一些隐晦的词句，让人认为欧洲人承认他们的代数学来自东方⑤，虽然后来某些中国作者在这方面强烈的民族主义⑥一直饱受 19 世纪欧洲人的严厉批评，但事实是，不论将来的研究能否揭示出传播的真相，代数学本质上是印度和中国的，就如同几何学是希腊的一样。实际上，13 世纪和 14 世纪自阿拉伯向中国传播的证据有若干，而较早时候自中国向印度和欧洲传播的证据则更多⑦。因此，在做出任何最后的结论之前，必须进行大量严谨的历史研究工作。

　　至此，关于古代和中古时期中国数学的主线和文献中的里程碑的叙述已告一段落。接着，我们将分别探讨数学的各个分支，尽力阐述所用到的某些方法和术语，并更合理地评价中国人的成就和其他各国人民的成就。关于 18 世纪末与 19 世纪的中国数学的叙述，读者可参考本章开始时所提到的那些历史著作⑧。

（d）算术和组合分析

（1）初 等 数 论

　　在古代，"算术"（arithmetica）一词并不是指今天叫作"算术"的简单计算，而

---

　　① 他的传记见 Kosibowicz（1）。

　　② 赫师慎［van Hée（6）］曾意译过阮元的薛凤祚传。亦可见李俨（13）。参见下文 p. 454。

　　③ 费尔德豪斯［Feldhaus（23）］曾回顾过了巴贝奇［Charles Babbage（1）］在 1827 年通过比较宋君荣（Antoine Gaubil）1750 年赠给皇家学会的一个抄本中的错误，来确认它们的出处的过程。参见下文 p. 448。

　　④ 在 19 世纪，他有许多追随者，例如李善兰。

　　⑤ "代数学"的西文名 algebra 当然是来自阿拉伯语的。

　　⑥ 例如《格致古微》与《瀛海论》，参见本书第一卷 p. 48。

　　⑦ 然而，在史密斯［Smith（1），vol. 1, p. 269］的书中读到的文字还是令人吃惊：我们西方旅行家［柏朗嘉宾（de Plano Carpini）、罗伯鲁（William Rubruck），亚美尼亚的海屯国王（King Haython of Armenia）、马可·波罗（Marco Polo）等］的知识，"澄清了是否中国代数学有可能在 13 世纪传到意大利等诸如此类的问题。我们重申，如果中国代数学没有传到意大利，那倒是一件奇怪的事。"但是，这些方法和符号系统与欧洲的确太不相同了。如果天元术曾被传到了那里，难道它在西方不会留下一些痕迹吗？无论如何，请见下文 p. 128。

　　⑧ 不过为方便起见，很多此后的数学家的姓名会列于本书最后一卷的人名录中。

更多是涉及初等数论①。从关于数字神秘主义和象数学（参见本书第二卷 pp. 268 ff.）——这两者是希腊和中国最初所共有的——"毕达哥拉斯式的"氛围中，显露出已认识到了素数、合数、垛积数、亲和数及类似的数的存在。在欧几里得《几何原本》的若干卷②中已把这类知识系统化，并且公元前 3 世纪的"埃拉托色尼筛法"（sieve of Eratosthenes）——一种通过从自然数列中筛去合数发现素数的方法——是很著名的③。公元 2 世纪，与刘洪（参见 p. 29）同时代的希腊人杰拉什的尼科马科斯（Nicomachus of Gerasa）和士麦那的塞翁（Theon of Smyrna）增加许多新的命题到数论中；公元 3 世纪，与刘徽同时代的亚历山大里亚的丢番图（Diophantus of Alexandria）也这样做过④。

奇数与偶数的差别想必最先引起了人们的兴趣。在西方，奇数称为磬折形数（gnomonic numbers）⑤，因为磬折形构成了一个 $2n+1$ 型的数字，所以这个数字必定是奇数。这必然涉及排列成行的方块数的计算，这是中国在同一时代也采用的办法，只是目的不同。士麦那的塞翁也知道与此相应的事实，即包括 1 在内的前 n 个奇数之和是一个正方形。自然地，人们会将奇数、偶数同阴、阳两性联系起来，就像在毕达哥拉斯学派中一样，这种情况也在古代中国人的讨论中见到⑥。中国人也同样有广为流传的奇数吉利、偶数不祥的迷信⑦。

一个整数的整除部分被定义为能整除这个数的那些整数，其中包括 1，而不包括这个数本身。一个数被称为不足数、完全数或过剩数，则要看它是大于、等于或小于它的整除部分之和。这些定义为希腊人所知，公元 2 世纪末，他们已给出了前四个完全

①　迪克森［Dickson（1）］精心撰写的著作主要论述比较高级的数论。亦可见 P. G. H. Bachmann（1）。

②　即第 2、5、7、8、9、10 卷的某些部分。

③　Heiberg（1），p. 22；Sarton（1），vol. 1，p. 172；R. A. Fisher（1）。

④　数论的基本定理之一是费马（Fermat）定理（1640 年），即如果 p 是任意素数，并且 x 为不能被 p 整除的任意整数，那么 $x^{p-1}-1$ 可被 p 整除。迪克森［Dickson（1），vol. 1，pp. v，59］说，这一定理，对于 $x=2$ 的情形，中国人在古代就已经知道。我们一直无法确信能找到它的出处，但这一其他数学家［例如 Rouse Ball（2），p. 63；Smith（1），vol. 2，p. 29，有印刷错误］也照搬的说法的来源，是金斯（J. H. Jeans）在 1897 年（当时他还是一个大学生）的一个笔记中所作的一段奇怪的评述："威妥玛爵士（Sir Thomas Wade）的一篇论文认为在孔子时代就已有这个定理，并且［错误地］说，如果 p 不是素数，则此定理不成立"。

或许这产生于金斯对于偶数能为 2 整除而奇数则不能这一叙述发生的误解。如果西方早期的汉学家因为搞不清《九章算术》的真正年代，曾为它的某些东西所误导，那么，提到孔子是很容易理解的。《九章算术》（卷一，第三页）写道：

可半者半之——如果（分子和分母）都可为 2 整除，则分子分母都折半。

不可半者副置分母子之数，以少减多，更相减损——如果它们不能为 2 整除，则分别对分子和分母设定数字，（不断并）辗转地从大数中减去小数。

求其等也——并求出它们的相等值（即继续进行到最后的被减数等于最后的减数为止）。

有人认识到这里所叙述的是一个法则，但却没能认识到，事实上它是用辗转相除求最大公约数的。可能，威妥玛爵士或翟理斯（H. A. Giles）教授想到了 $\frac{x^{2-1}-1}{2}$，便把第一句话理解为以 2 作分母，继而谈论从大数减去小数。"更"字可能被解释成了"再"字，以适应第二项 -1。但是其余的，他们就无法翻译了。他们这样解释完全不是原文的原义（如果我们的意见是可以接受的话）。毫无疑问，汉代的数学家决不会想到任意数 x 就是 x^{2-1}。

⑤　Smith（1），vol. 2，p. 16。

⑥　参见下文 p. 57。钱宝琮［（1），第 80 页］给出了一个有趣的特殊情形。

⑦　例如见 Granet（5），p. 293。

数。虽然现在仍适用于寻找完全数的法则最先是由斐波那契（Fibonacci）在1202年宣布的，但是一直到1460年左右，人们才找到了第五个完全数。如果两个整数当中每一个数都等于另一个数的整除部分之和，如220和284，那么，这两个整数就称为亲和数。这在公元9世纪就引起了阿拉伯数学家的兴趣，但是直到八百年后，费马（Fermat；1636年）才发现了第二对。所有这一切对于中国数学家来说都是陌生的，在中国，注重的是具体的数字，而不是这样的数。对于垛积数，希腊人也很感兴趣。所谓垛积数，就是那些垛积成一些几何图形的单位数。例如，3、6和10是三角形数，4和9是正方形数，5和12是正五边形数，等等。这种数①，中国人同样是知道的。毕瓯［Biot（5）］在后来（16世纪）的著作《算法统宗》中找到过一些三角形数，但这种概念相当古老②。1247年，秦九韶曾用"束箭法"讨论过方阵和圆阵。这种方法的起源可追溯到《九章算术》中的级数表达方式——"锥行衰"。

（2）　幻　　方

中国人感兴趣的另一个方面是组合分析——幻图（magic figures）的构造，即在各种几何形状的表上排列数字，使得在对这些数进行简单的计算（例如加法）时，不论沿哪一条路线，得到的和或积都相同③。由于西方历史学家采纳了很不可靠的中国古典著作的年代推断，所以组合分析这一分支的断代一直比实际年代早得多，但是，即使我们对这些资料采取恰如其分的保守的看法，优先权似乎仍然会属于中国。因为完全可以说，"年代不可确定的中国传统"可追溯到历史上的神话传说时期，所以事实就很难确定，但其大致情况可概述如下④。

神话传说中有这样一个故事，为了帮助工程师身份的帝王大禹统治天下，从只有他才能治理的水中跃出了奇兽，献给他两张图。"河图"是黄河里出的龙马的礼物，而"洛书"是洛水中神龟的礼物。前者（"河图"）一般被描绘成青色或是用青色书写的，而后者（"洛书"）据传说是红色的。毫无疑问，这个故事是很古老的，不会晚于公元前5世纪，因为在《论语》⑤和《书经》⑥中均有记载⑦。公元前4世纪初的《墨子》⑧

56

---

① 在中国和希腊，它都引起了对级数的研究［Heath（5），p. 247：Gow（1），p. 103；Smith（1），vol. 2，p. 499］。

② 参见李俨（11）。

③ 见迪德尼［Dudeney（1）］及弗罗斯特和芬内尔［Frost & Fennell（1）］的优秀文章。在有关这一题目的书籍中，可以提到 Andrews（1）和 Violle（1）。参见 Rouse Ball（2），pp. 193 ff. 。

④ 李俨有一篇文章是专门考证幻方的历史的，见李俨（4），第3集，第59页；（21），第1集，第175页。

⑤ 《论语·子罕第九》第八章［Legge（2），p. 83］。孔子在抱怨时代的衰退时曾叹息道："河不出图"。有少数学者，如顾立雅［Creel（4），p. 218］，怀疑这一段话是后人添上的。

⑥ 《周书·顾命》［Legge（1），p. 239；Medhurst（1），p. 299；Karlgren（12），p. 71］记载，"图"被列于一位王死后遗留的王室珍宝之中。该篇被认为确实是孔子之前写成的少数几篇之一。理雅各［Legge（1），p. 138］关于《书经》没有提"河图"的注释是误导性的。

⑦ 孔安国的《书经》注释写于公元前100年前后，他说，每个图都有一至九的数字［参见 Medhurst（1），pp. 198, 199］。

⑧ 《墨子·非攻下第十九》［Mei（1），p. 113］。

和公元前 4 世纪末的《庄子》① 也各有一处征引。《庄子》最先把数与图联系起来，提到"洛书"的九个数②。公元前 2 世纪，这个图开始有所发展。《淮南子》③ 中的引证并没有进一步阐明这些图是什么，但是像我们已经看到的，在可能编纂于此时期前后的《易经·系辞传》（参见本书第二卷 p. 307）中有重要的两段。《系辞上传》第九章说"天一，地二，天三，地四，天五，地六，天七，地八，天九，地十"④；对于这一点，宋代注释者的传统说法⑤是：这两个图用作前十个基数排列的方法——后来在第十一章提到这两个图本身时，按通常的方式，把它们说成是作为圣人的榜样而出于黄河和洛水的⑥。

在《史记》中，司马迁记录了一个可能与河图、洛书有关的奇妙的故事⑦，这个故事说，秦始皇的一个方士卢生，把录图写的一部含有预言的书呈献给他⑧。这段记载，其年代在公元前 100 年前后，但记述的是公元前 230 年前后的事，所记很可能是古图成为汉代被纳入谶纬书的神怪占卜材料定型的一种核心这个过程开始时的情况。曾珠森⑨和陈槃⑩曾批判地考查过谶纬书中带有"河图""洛书"之名的几部著作。在 10 世纪成书的《太平御览》中，几乎所有可以找到的关于"河图"的大段引文，都出自这些著作。

至此，我们只能找到一些与数字有关的暗示。在进一步叙述以前，我们应该根据后来学者的一般解释⑪，看看"河图""洛书"的图形是什么样的。实际上，它们是一个简单的幻方和一个由 1—10 的数字所组成的十字阵。偶数或阴数用黑点表示，奇数或阳数则用白圈表示⑫。

例如，图 58 和图 59 所示的就是《易经》近代版本及其他地方通常见到的形式。洛书是一个简单的幻方，在这个幻方中，数字按对角线、横线或竖线相加，结果都等于 15，从这个图形可以发展成一个卐字形的图形⑬。河图则是这样排列的：抛开中间的 5 和 10，奇数和偶数各自相加都等于 20⑭。关于这些数字的简单排列，提供线索的最早著作似乎是公元 80 年前后成书且含有大量早期资料的《大戴礼记》。这部著作给出的

---

① 《庄子·天运第十四》[Legge (5), vol. 1, p. 346]。

② 原文只提到"洛"字，但后来注释者一直认为"洛"指的是"洛书"。

③ 《淮南子》中的《俶真训》[Morgan (1), p. 54] 和《人间训》。

④ R. Wilhelm (2), vol. 1, p. 234。

⑤ 例如，见 1177 年朱熹《周易本义》中的有关章节。

⑥ R. Wilhelm (2), vol. 1, p. 244。

⑦ 《史记》卷六，第二十一页 [Chavannes (1), vol. 2, p. 167]。

⑧ "录图"曾被看作是某个人的名字，后来认为是老子，但陈槃认为"录图"是与"河图"有关的书名。

⑨ Tsêng Chu-Sên (1), pp. 103 ff.。

⑩ 陈槃 (1-4)。

⑪ 大家都知道，12 世纪的朱熹曾把这两个图的名称对换过（《十驾斋养新录》卷一，第六至七页）。这里遵循这种用法。

⑫ 我采用陈文涛及李俨的叙述。最完整的讨论可见 Granet (5), pp. 176 ff.。宋君荣 [Gaubil (2)] 大概最早（1732 年）认识到它与欧洲的幻方相同。

⑬ 关于卐字形与中国的关系，见 Loewenstein (1)。

⑭ "河图"的真正意义在于：它把分配给四时、五行等的数字，按照它们本身的象征的相互联系而具体表现出来（参见本书第二卷，pp. 261 ff.）。

洛书数字的次序是"二，九，四；七，五，三；六，一，八"[①]，但它是在讲"九宫"或明堂九室时给出的。明堂是帝王按礼常去举行合乎时节的典礼的具有深奥意义的殿堂。关于明堂的古代传说与"洛书"的图形有错综复杂的关系，详细的（即使并不完全令人信服）解释可在葛兰言（Granet）的著作中找到[②]。

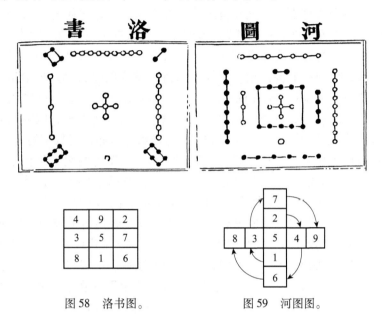

图 58　洛书图。　　　　　　图 59　河图图。

刚刚提到的谶纬书中，至少有一部几乎肯定是属于东汉时期（公元 1 或 2 世纪）的，其中有一段谈的显然是洛书的幻方[③]：

> 阳在运行中前进，由七变到九，象征着阳气的兴盛；阴在运行中后退，由八变到六，象征着阴气的衰退。所以，"太乙"用了这些数，让它们循环于九宫之间[④]。（不管它们是沿着）四个方位点（的方向），还是（依照）四个中间方位点（相加）[⑤]，所得到的和总是 15[⑥]。

> 〈阳动而进，变七之九，象其气之息也；阴动而退，变八之六，象其气之消也。故太一取其数以行九宫，四正四维，皆合于十五。〉

由此可见，这里的"九宫"是幻方的九个格子。另一种纬书则明确提到了"河图"的图形[⑦]。

---

① 《大戴礼记・明堂第六十七》。
② Granet（5），pp. 177 ff.；（1），pp. 116, 478。参见 Soothill（5）。
③ 《易纬乾凿度》卷下，第三页。《易纬河图数》注释中引用过，见《古微书》卷十六，第二页。
④ 像帝王那样。
⑤ 三纵、三横和二斜上三数的和。
⑥ 由作者译成英文，借助于卜德（Bodde）的译文，载于 Fêng Yu-Lan（1），vol. 2, p. 101。
⑦ 《易纬河图数》，见《古微书》卷十六，第一页。

　　自此以后，只是提一提"河图""洛书"的书（像公元 100 年前后的《前汉书》那样）① 仍继续出现，但也出现了表明幻方图存在的一些描述。如果徐岳的《数术记遗》确实是写于公元 190 年，那么，它关于"九宫"计算方法的叙述就是有意义的；它说这一算法像五行算法，它运算起来"好像在绕圆圈"（"九宫算，五行参数，犹如循环"），这很可能是指河图。公元 6 世纪的注释者甄鸾随即解释道："二和四是肩膀，六和八是脚，三在左而七在右；头戴九，鞋为一，而五在中央。"（"九宫者，即二四为肩，六八为足，左三右七，戴九履一，五居中央。"）这就明显地描绘出后来被认为是洛书的图形。在此前约一个多世纪，撰写《易传》的堪舆家关朗，也给出了河图一个相同的朴素的描述，他说："七在前，六在后，八在左，九在右。"② （"七前六后，八左九右。"）在公元 6 世纪，这类问题必定已普遍地为人们所了解，因为与甄鸾同时代的卢辩在注释《大戴礼记》时，就是以相同的方法解释这些神秘数字的③。

　　尽管人们对徐岳和关朗仍有怀疑，但幻方的真正发明者的生活年代远在陈抟认定河图、洛书是幻方图形之前，已是十分清楚的。陈抟是著名的道士，著称于唐宋之间（约公元 940 年）④。他的可信赖性是 18 世纪的胡渭最先提出的⑤。陈抟在他的《易龙图》中非常专注于这个题目。他的思想通过若干中间学者传给了宋初（10 世纪）的刘牧，并通过刘牧的《易数钩隐图》⑥ 流传下来。出自这些宋代以及后来的思辨者的大量引文被保存在《图书集成》中⑦。不用说，他们关注最多的或者是占卜（例如，邢凯撰于 1220 年前后的《坦斋通编》）⑧，或者是河图、洛书图形在象征的相互联系框架中的安排（参见本书第二卷，pp. 261 ff. ），例如与音乐联系起来，就像江永 1740 年前后的《律吕新论》中所做的。

　　在 13 世纪以前，幻方的发展显然不在数学思想的主流之中。中国人称幻方为"纵横图"，关于它的知识，最初是由杨辉在他的《续古摘奇算法》（1275 年）中作为一个数学问题来加以研究的。他所做的某些幻方十分复杂（图 60）。杨辉还提出了构造这种图形的一些简单规则。例如，如果把数字 1—16 安放在四行四列的方阵上，并且分别把内方与外方的对角数字对换，将获得一个幻方，其中各行、列、对角线之和都是 34。程大位在 1593 年的《算法统宗》中继承了杨辉的工作，他给出了十四个图（图 61）。方中通在他的《数度衍》（1661 年）中增添了几个；而张潮在他同时代人的《心斋杂俎》的"算法图补"中又添上了更多的图。这个时期及 18 世纪，日本数学家对组合分

---

　　① 《前汉书》卷二十七，第一页。

　　② 朱熹在他的《易学启蒙》（1186 年）中接受了这种说法并加以引用，但后来的学者曾怀疑过它的真实性，指出它应该是始于 11 世纪前半叶。关朗（或后来的作者阮逸）也记述过洛书。关朗的原著现已佚失，但《图书集成·经籍典》（卷五十一）有出自该书的引文。

　　③ 在唐代，人们对这些东西也很了解。例如，王希明的《太乙金镜式经》。关于这个问题，我愿意提出苏嘉庆关于洛书数字排列的另一种说法，它出现在《图书集成·经籍典》（卷五十一）中，但我们无法断定苏嘉庆的年代。

　　④ 我们已在第十六（d）有关"太极图"部分提到过他（本书第二卷，p. 247）

　　⑤ 在他的《易图明辨》（1706 年）中。

　　⑥ 刘牧把河图和洛书弄混了，但在朱熹把它们记入《易经》以前，蔡元定就已经改正了他的错误。

　　⑦ 《图书集成·经籍典》卷五十一至五十八。

　　⑧ 《坦斋通编》第七页。

析的这些方面也极感兴趣①。在中国，这种兴趣依然持续，而且像保其寿那样的天才爱好者，能够在19世纪后半叶出版《碧奈山房集》之类的包含立体幻方的著作（见图62）。

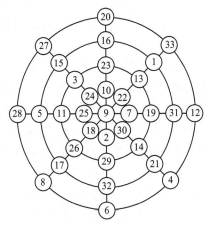

图60　杨辉《续古摘奇算法》
（1275年）中的一个幻方，
根据李俨的考证。

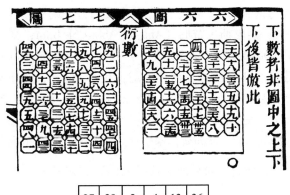

27	29	2	4	13	36
9	11	20	22	31	18
32	25	7	3	21	23
14	16	34	30	12	5
28	6	15	17	26	19
1	24	33	35	8	10

图61　程大位《算法统宗》（1593年）中的两个幻
方。右边那一个已由李俨改为阿拉伯数字示
于下图。

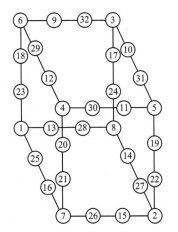

图62　保其寿《碧奈山房集》中
的一个立体幻方。

前面的叙述或许看上去是汉学的内容比数学多，但是，这是必不可少的，因　61
为在西方科学史家当中至今仍流传着这样一种说法②："幻方是黄帝发明的，众所周知，他在公元前27世纪统治着中国。"因此，除非是把中国的年代弄清楚，否则就不可能与欧洲幻方的历史进行比较。我们现在能够做这样的比较。在西方，关于幻

①　Smith & Mikami（1），pp. 57，69，116，177。
②　1953年时的观点，参见Struik（2），p. 34。

方的最早讨论见于前面已提到过的士麦那的塞翁的著作中，这些著作写于公元130年前后[1]。因此，它明显地晚于《大戴礼记》，而且如果我们接受河图和洛书确实是幻方这一中国传说的正确性，那么，它比幻方在中国第一次出现的年代要晚好几个世纪。尽管对此一直存在着相当大的疑虑，但是中国起源至少可以说早于希腊大概两个世纪。在这个时期肯定存在着传播的可能性，但似乎更有可能东西方的起源是独立的。

　　塞翁之后，阿拉伯人开始对幻方产生兴趣之前，幻方在西方几无进展；然后，正好与杨辉同时，有三部著作涉及幻方。阿拉伯作者的那些著作主要是幻术方面的——阿布–阿巴斯·布尼（Abū-l-'Abbas al-Būnī；卒于1225年）[2] 的《奇妙特性》（Kitāb al-Khawāṣṣ）和纳杰姆丁·卢布迪（Najm al-Dīn al-Lubūdī；1211—1267年）为献给曼苏尔（al-Manṣūr）而作的幻方论[3]。但是，真正与杨辉相当的人物是拜占庭的希腊人摩斯科普洛斯（Manuel Moschopoulos），他的时代可能比杨辉稍晚（鼎盛于1295—1316年），他应尼古拉斯·拉布达斯（Nicholas Rhabdas）的要求，写了一部有关"平方数"（tetragonon arithmon；τετραγώνων ἀριθμῶν）的著作，来描述怎样在方形内排列数字1～n^2，使每行、每列或对角线上的数字之和都等于 $\frac{1}{2}n(n^2+1)$ [4]。同杨辉的工作一样，这是纯数学，不是幻术[5]。有趣的是，在幻方构造图出现后，经过了许多个世纪，才在13世纪末几乎同时在中国和拜占庭帝国对幻方进行严格的科学处理[6]。后来，幻方在诸如内特斯海姆的阿格里帕（Agrippa of Nettesheim；16世纪）[7] 这些人物的神秘哲学中发挥了重要作用。

　　与幻方问题有点类似的是所谓约瑟夫问题（Josephus problem）[8]。把数目一定的一群人排成一个圆圈。这些人分属两类（土耳其穆斯林与基督教徒，用于献祭的牺牲者与其他人，继承人与被剥夺继承权的人，等等），问题在于要把这些人按照一定的方法排成圆圈，使得在顺序计数时，每一个给定周期数（譬如15）的人都属于同一类。人们已经想到了这个问题可以追溯到罗马军队抽杀十分之一的人的惯常做法，但在10世纪以前，欧洲很少提到它。它的来源模糊不清，有可能是藤原通宪在12世纪所处理的排列问题之一，并且可以肯定，它曾在后来的日本数学家中引起了极大的兴趣（参见图63）[9]。但我们尚不能指出某一中国数学著作中存在这种"继子立"问题的实例。

62

① Sarton（1），vol. 1，p. 272（tr. Dupuis）。
② Sarton（1），vol. 2，p. 596。
③ Sarton（1），vol. 2，p. 624。
④ Sarton（1），vol. 3，pp. 119，679。
⑤ 译文见 Tannery（2）。
⑥ 精确的洛书图形已在13世纪欧洲的抄本中发现［Smith（1），vol. 2，p. 597］。
⑦ Nowotny（1）；Calder（1）。
⑧ 参见 Ahrens（1）。
⑨ Smith（1），vol. 2，p. 541；Smith & Mikami（1），pp. 80 ff.；Papinot（1），p. 99。

图 63　约瑟夫问题，采自一种日文书籍——
吉田光由的《尘劫记》（1634 年）。

（e）　自然数的计算

算术计算中基本运算的数目，并不总是被认为只有四种（加、减、乘、除）。在历史上各个不同的时期①，还包含有其他一些运算，例如加倍-减半法和开方法等。但是，中国人似乎一直只认可近代的四种②。

（1）　四　则　运　算

关于加法（即"并"，分数的加法称为"合"；求出的和有时称为"都数"）③，没有多少可说的。公元 3 世纪以前的著作总是把各个数详细地写出，但是很明显，从战国时期开始，加法一定是用算筹数码在筹算板上按照某种位值制进行的，在这种位值制中我们应该在使用零号的地方留下空位。虽然中国的书法总是在纵行中从上写到下，但是数字似乎是从左到右横写的，加数的和单独放在下面。进位法肯定是很古老的，并且是在筹算板上运算的自然结果。

63

---

①　详见 Smith（1），vol. 2，pp. 32 ff.；Menninber（1）；Tropfke（1）。

②　从中古时期晚期到 18 世纪，人们常常想从河图和洛书中导出基本的运算；对于这些异想天开的分析的简洁评述，见 Chêng Chin-Tê（1）。

③　因为中国古代数学著作的术语与近代所用的大不相同，所以准备把它们放在这里叙述。这样，对愿意进一步研究这个问题的人可能有所帮助。

减法用算筹数码按同样的方法进行。从《九章算术》的时代到现在都称为"减"。相减的结果称为"余"或"差"，像加法的和一样，差也是单独放的，但却放在上面。

正如加法是代替原本可能较为费力的用数数来获得答案的办法一样，乘法是"加法的简化"，它把许多加数"叠在一起"。"乘"字的应用似乎正是出于这样的想法；这个字的一般意义是乘坐或骑在某种东西上，在此，若干个加数可以设想为马车夫控制下的一组马匹。乘数过去确实是放在"最上面的位置"（"上位"）的。这与除法相反，示意如下：

	乘法	除法
上位	乘数	商数
中位	积	被除数
下位	被乘数	除数

以上位乘下位（"以上命下"），对于十位栏上的每个数，其乘积向左移一栏（"言十即过"）。附图就是遵循这个方法进行的，它表示 81 乘 81 的乘法。首先把乘数与被乘数放在上位和下位，然后"上位的 8 呼下位的 8"（"上八呼下八"），得 64，把它写在表示 6400 的左边两列中，然后上位的 8 呼下位的 1，得 8，写在中间位置。这时上位的 8 被消去；接着，上位的 1 被下位的 8 所"呼"，下位的 8 被消去，最后"1 呼 1"得 1，放在个位栏中。把这些乘积加起来，便得到最后的积[1]。这个方法在欧洲是不常见的，但它类似于在 1478 年的特雷维索（Treviso）版算术书中见到的方法[2]。现在我们通用的近代方法，在中世纪的欧洲被称为棋盘法（scacchero），大概就是起源于这种计算。介于它们与古老的中国筹算板之间的各种形式，可在婆什迦罗（Bhāskara）[3] 及其他印度数学家的著作中发现。起源于印度或阿拉伯的格子乘法（gelosia）[4]，在 1593 年的《算法统宗》（见图 64）以前未见于中国的著作——它在《算法统宗》中被称为"因乘图"或"铺地锦"。

乘法表（"九九歌诀"）在中国自然是很古老的。与巴比伦人按竖列排数字的做法不同，古代中国著作中的乘法表是简单地用文字写出来的。李俨（8）和严敦杰（2）搜集了古代文献中的歌诀语句；其中最早的可能是包含在《管子》书中的一些片段，

---

① 参见拉格朗日（Lagrange）对"逆乘法"（inverted multiplication）的辩护。我们在这里选用这个特例，是因为它在《孙子算经》（卷上，第四页）中有详细的说明。
② Smith（1），vol. 2, p. 109.
③ 约 1150 年；参看 Taylor（1）tr. p. 10。在 10 世纪的巴赫沙利手稿中也有。见 Renou & Filliozat（1），vol. 2, p. 175。
④ Smith（1），vol. 2, p. 115。

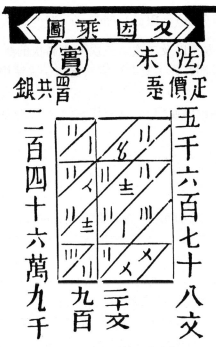

图 64　格子乘法，采自《算法统宗》（1593 年）。

年代大概在公元前 4 世纪以前[1]。严敦杰还描述了在额济纳旗沙土掩埋的城市居延发现的竹简[2]上的乘法表——它们属于公元前 100 年前后的汉代。直到宋代，这些乘法表的某些部分仍然继续出现在一些文献中。例如，永亨的《搜采异闻录》[3]。所谓毕达哥拉斯式的乘法表，即把数字排在两个坐标上（像伦敦的公共汽车价目表那样），似乎是以三角阵的形式[4]于公元 8 世纪前后在中国出现的[5]。　65

　　数的平方，汉代及汉代以后的数学家都自然地称它为"方"，宋代则称"乘方"，而现代则称为"自乘"。另外一个现代术语是"平方"，它在古代和现代都是相对于"立方"而言的。

　　除法和上面所描述的乘法相似，也用算筹数码在竖栏里进行。"除"字始终用于除法运算。除数称为"法"，被除数称为"实"。这个"法"当然与法律（尤其是实在法）所用的"法"字相同[6]。如果除法最初的产生与土地丈量有关，那么，除数自然就是用法律固定的量度单位，被除数就是田地的实际长度。孙子（公元 3 世纪）说过[7]，如果被除数（"实"）有余数（"余"），则必取除数（"法"）为"母"（即分

[1]　《管子》的《地员第五十八》和《轻重戊第八十四》。

[2]　在这些竹简上还写着许多与《九章算术》中的问题相似的算术问题。

[3]　《搜采异闻录》卷三，第四页。

[4]　Smith（1），vol. 2，pp. 125，127。

[5]　见李俨（7）编辑的敦煌写本。参见上文 pp. 9，36。

[6]　见本书前面的第十二章和第十八章（f）。

[7]　《孙子算经》卷中，第一页。

母），而余数为"子"（即分子）。因此，$6562 \div 9 = 729\frac{1}{9}$。术语"法"和"实"在一系列其他运算（包括开方，以及二次、三次和更高次的数字方程）中，逐渐获得了特殊的技术意义①。这表明，许多复杂的方法起源于除法中的数字处理。在夏侯阳的时代，除法运算所得到的结果被称为"商"。直到耶稣会士（来华）之后，"帆船法"（galley method）② 才在中国使用③。从宋代开始，（文字表述的）除法表连同珠算是很普遍的。

（2）根

古代开平方（"开方""开方除之"等）和开立方的方法，与现今的方法本质上是相同的。阿拉伯的数学家曾设想一个平方数是从根生长起来的，而拉丁语作家则认为根是几何正方形的一边。术语"根"（radix）出自阿拉伯人④，而术语"边"（latus）则出自罗马人。在古代中国，开方的方法也是来自几何上的考虑，汉代数学家精练了这些方法，从而为宋代的大代数学家解决数字方程及领先发现霍纳法（Horner's method）打下了坚实的基础⑤。霍纳法早已暗含在《九章算术》中，关于暗含的程度，王铃和李约瑟［Wang & Needham（1）］曾详细讨论过，他们解释了汉代筹算板上运算的各个步骤。对汉代数学家在计算《九章算术》求根问题时的筹算板上布置情况的复原，展示了宋代天元术⑥是如何从这一使用过程中自然地发展出来的。

66

求平方根方法的几何学基础大致可以肯定是刘徽用绘图表示出的。《九章算术》的近代版本附有戴震补入的一张图，该图表明，如果把一直线分成两部分，则以全线构成的正方形，等于所分成的两条线各自构成的正方形之和，再加上由这两条线所构成的矩形的两倍，即代数学上可表达为 $(a+b)^2 = a^2 + b^2 + 2ab$。这些量的命名如图 65 所示，"方"表示较大的正方形，"隅"表示较小的正方形，两个"廉"表示两个矩形。现存最古老的图是杨辉 1261 年的《详解九章算法纂类》中的图，该书以抄本的形式收录在《永乐大典》卷一六三四四中（图 65）。实际上，这些术语最初出现在《孙子算经》中，至于图形的面积，刘徽曾用不同的颜色表示。在列表计算时，位于最上面一行的"商"就是（所要求的）根，"实"就是用来求根的那个数（位于第二行），而"方法"、"廉法"、"隅法"和"下法"（位于下面的几行），是计算中暂时出现的因子。

---

① 见下文 pp. 66, 126。参见 Wang Ling（2），vol. 1, pp. 132 ff., 217 ff.。

② Smith（1），vol. 2, p. 136。

③ 李俨（2），第 227 页。

④ 关于近代中国数学术语"根"的起源，甘兹［Gandz（1）］与马氏［Ma, C. C.（1）］之间曾有过争论。马氏论证了"根"字是古字，这对解决问题没有任何帮助。这两位学者似乎都没有意识到，古代中国关于平方根和立方根的术语是相当不同的。"根"字的应用无法追溯到 14 世纪受到阿拉伯的影响以前，而且也有可能不早于耶稣会士来华之前。

⑤ 见下文 p. 126。

⑥ 见下文 p. 129。

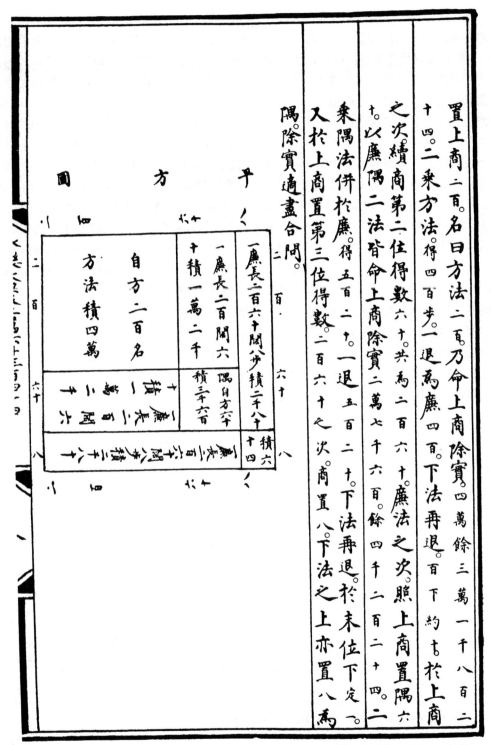

图65　说明开平方方法的示意图，采自杨辉《详解九章算法纂类》（1261年），该书录存
于抄本《永乐大典》（1407年）卷一六三四四（剑桥大学图书馆藏）。

汉代人所用的图与欧几里得（约公元前 300 年）所给出的图相似[1]。欧几里得用几何的方法论证上面的命题，不过，这个命题可能早已为人们所知[2]。但在这个早期阶段，a 和 b 可以是任意数，而且认为它们等同于不同位值的数字（例如 $a=10b$）的概念还不存在。但是在《九章算术》（大概在公元前 100 年前后）中，这种做法已经完全有意识地出现了，刘徽（鼎盛于公元 260 年）知道，这种办法可以无限推广。在欧洲，开方法最早似乎是出现在亚历山大里亚的塞翁（Theon of Alexandria）[3] 的著作中，时间大约在公元 390 年（即与夏侯阳的时代较近，而离刘徽的时代稍远），塞翁用六十进制的分数开平方，从而清楚地表明了将 a 和 b 置于确定的数值级数之中的概念。欧洲开平方和开立方的近代方法是在马克西穆斯·普拉努得斯（Maximus Planudes；约 1340 年）的时代和帕乔利（Pacioli）的时代之间提出的，普拉努得斯仍然应用塞翁时代的方法，而帕乔利则在 1494 年给出一个与《九章算术》相似的方法。在这个方法中，根的数字是按位值分隔，一位一位计算出来的[4]。我们不知道在此期间有什么刺激因素影响了欧洲，但可以肯定，在 1430 年前后，卡西（Ghiyāth al-Dīn Jamshīd ibn Masʿūd ibn Masʿmūd al-Kāshī）[5] 在他的《算术之钥》（*Miftāḥ al-Ḥisāb*）中说明了开方的方法[6]。他的开方法出现在霍纳法之前，正好与中国数学家贾宪（约 1100 年）等人所做出的方法相似[7]。帕乔利的开平方法是成功的。在开立方方面，甚至在 16 世纪，欧洲数学家的方法仍非常落后，一直到 17 世纪，才引入了利用积木块（即立体几何模型）的方法使之形象化[8]。《九章算术》原著文本强烈地暗示，汉代的数学家已应用了这样的模型或根据这些模型来思考[9]。

68

---

① *Elements*, bk. II, prop. iv。

② Smith（1），vol. 2，p. 145。

③ 不要和公元 2 世纪士麦那的塞翁相混淆，士麦那的塞翁是研究幻方的第一个欧洲人；参见 Sarton（1），vol. 1，pp. 272，367。见上文 pp. 54，61。

④ Smith（1），vol. 2，p. 146。

⑤ 他是兀鲁伯（Ulūgh Beg）1420 年在撒马尔罕建立的天文台的第一任台长。详情见下文 p. 89。

⑥ 该书已经卢凯［Luckey（1）］研究，并由罗森菲尔德和尤什克维奇［Rosenfeld & Yushkevitch（1）］译成俄文。

⑦ 见下文 p. 137。这种算法从中国传出的情形，尤什克维奇和罗森菲尔德作了想象［Yushkevitch（1）；Rosenfeld &Yushkevitch（1），p. 386］。在一段相当长的时期内，中国学者与伊斯兰学者之间的关系是很密切的。远在 1221 年，道士邱长春就记载过在撒马尔罕会见汉人天文学家李先生的情况，李先生当时是一处天文台的主管［《长春真人西游记》卷上，第十三页；Waley（10），p. 97］。1260 年前后，在马拉盖至少有一个中国天文学家傅孟吉（音译，Fu Mêng-Chi），而在 1267 年札马鲁丁率领他的天文学代表团到达了北京。在 14 世纪，一些穆斯林数学家住在北京，他们的著作（主要是天文学和占星学方面的）中有很多被译成了中文（见上文 p. 49）。后来，在 1420 年，沙哈鲁（Shāh Rukh；兀鲁伯的前任）从撒马尔罕向北京派出了一个重要的帖木儿使团，使团以纳卡什（Ghiyāth al-Dīn-i Naqqāsh）为书记，随从人员不少于 77 人（参见《明史》卷三三二，第二十三页）。有趣的是，由卡西制作的兀鲁伯星表有一卷专论中国的历法学［参见 Sédillot（3）］。

⑧ Smith（1），vol. 2，p. 148。

⑨ 从《九章算术》的注中可以看到，公元 3 世纪的刘徽和公元 7 世纪的李淳风都设想利用立体模型来对这些步骤做几何学的证明（卷四，第十四页和第十八页）；这种方法被称为"叠棊"。根据上述所有事实，克罗宁［Cronin（1），p. 197］的说法是难以置信的，他认为利玛窦转述的克拉维乌斯的著作"第一次用中文揭示了整数和分数的开平方法与开立方法"。

(f) 计 算 工 具

如果手指计算法可以说是计算工具的话，那么，它无疑是最早的一种。在这方面，中国古代著作中没有多少显而易见的资料，但是伊斯特莱克［Eastlake（1）］和卫聚贤（2）曾搜集了一些有关这个题目的资料①。正如理查森（L. J. Richardson）所指出的，虽然手指计算在希腊人和罗马人当中十分普遍，但在欧洲，在 710 年前后比德（Bede）的《论指算手势语言》（*De Loquela per Gestum Digitorum*）出现以前，从来没有关于这一题目的论著②。13 世纪与 14 世纪的波斯和阿拉伯有这类著作③。但是，专门论述这种内容的中国著作却没有发现过。

勒穆瓦纳（Lemoine）把手指计算分为三种类型：第一种是只用伸出的手指；第二种是令手指节搭配各种数字；而第三种，最复杂，在这种类型中，数字用手指屈伸不同组合构成的许多种姿态来表示。第一种应用在交易中，并且肯定与著名的"豁拳"或"猜拳"有关，这对于任何一个出席过中国酒宴的人来说都是十分熟悉的④。这与罗马人的"*micatio digitis*"（猜手指：阿拉伯语——*mukhāraja*；意大利语——*morra*；法语——*mourre*）似乎是相同的⑤。第二种方法⑥在中国曾广泛地使用，它与早期的历法计算有关，因为根据所采用的惯例，手上的指关节数可以表示 19、28 等数字。第三种方法，在亚洲大部分地区都已发现，似乎起源于巴比伦；勒穆瓦纳曾说明了比德著作中和许多波斯及阿拉伯作品中对此的描述之间的精细的对应关系。但是，中国的系统与它们不同，《算法统宗》⑦所给出一种晚期的形式，通过不同的手指来代表各位小数和 10 的各次幂⑧。

有一种用于记数而不是计算的简单方法是结绳法，以秘鲁人的结绳记事（*quipu*）最为著名，洛克（Locke）曾对其做过详细的描述⑨。在中国古代文献中有许多关于应用结绳记事的明确记述。常被引用的字句可能出自《易经》（其中这段文献的年代可能早至公元前 3 世纪）⑩："在最古的时代，借助于结绳的方法来管理人民。"（"上古结绳

69

---

① 卫聚贤的著作试图从所设想的古代手势中得到数目字的词源，对这种做法不必认真看待。

② Sarton（1），vol. 1，p. 510。古典的插图可能出自帕乔利的《算术、几何、比及比例全书》（*Summa de Arithmetica*，1494）。

③ Sarton（1），vol. 3，p. 1533；勒穆瓦纳曾作了杰出的研究。

④ 两个猜拳者同时伸出一个或多个手指，并在伸出时猜所伸出手指的总数，猜对者获胜。

⑤ 阿拉伯人在占卜时使用它，这与圆形的平面天球图有关［见本书第二十六章（i），那里将讨论这些东西同拜占庭星棋和中国古代式盘之间的关系］。

⑥ 参见 Bayley（1）。

⑦ 《算法统宗》卷十二，第九页。

⑧ 亦可见《图书集成·历法典》卷一二五，第十页。参见 Leupold（2）。

⑨ 有一些实例清晰地表明，在历法计算中有用到它的痕迹［Nordenskiöld（1）］。

⑩ 《易经·系辞》卷下，第二章［R. Wilhelm（2），vol. 2，p. 256］。参见下文 p. 95。

而治。"）在《庄子》及《道德经》著名的一篇中也有叙述①。李俨（8）指出了几处较晚的记载②。尤其有趣的是西蒙［Simon（1）］关于琉球群岛的土著应用结绳记事的描述③；在中国，苗族、彝族这样的少数民族中至今仍然有可能找到这种方法。这又是东亚文化与美洲印第安人文化之间的另一个奇异的相似之处。

历史上，除了通用的计算盘本身（图66），供中国数学家使用的主要计算工具还有三种：①简单算筹；②刻有数字的算筹，类似于纳皮尔的骨筹；③珠算盘。关于这些计算工具的历史起源，人们已有很多争论，但正如下文的叙述所指出的，我们并非一无所知。我们最好先把在中国发生的各种事件的最可能的过程确定下来，而把西方的平行进展这个难题放在后面。

图66 "师生问难"，图中可见到算盘［《算法统宗》
（1593年）的卷首插图］。

当然，中国数学史家已充分讨论过这些问题。李俨（9）有一篇关于珠算盘历史的
70 专题论文。在西文文献中最有价值的论著可能是拉克伯里［de Lacouperie（2）］和微席叶［Vissière，（1）］的论文；后者把梅文鼎1700年前后的《古算器考》中的部分内

---

① 《道德经》第八十章。

② 不过，没有任何证据可说明中国在有史以后还在应用结绳记事。

③ 参见三上义夫（14）。

容译成了西文①。关于算筹，最好的概要也是李俨写的②。

<h1 style="text-align:center">（1）算　筹</h1>

关于简单算筹（"算"、"筹"或"策"）的古老性，现有的铭文证据是战国时期（公元前 4 世纪和前 3 世纪）钱币上所出现的算筹数字。但是，也有同一时期的文本证据，其中最著名的也许是《道德经》③，老子在那里别有风趣地说："优秀的数学家是不使用算筹的"④（"善数不用筹策"）。然而，汉初之后，提到筹的地方就更多了⑤。在枚乘（卒于公元前 140 年）的一篇与楚辞相似的赋中就出现过关于算筹的叙述⑥。《前汉书》⑦ 说，算筹是直径十分之一寸、长六寸的细竹棍，271 根可合成一个便于握在手中的六角形的捆（"六觚"）⑧（"其算法用竹，径一分，长六寸，二百七十一枚而成六觚，为一握"）。"用它们来测量长度，可精确到百分之一或千分之一寸；测量体积和重量，则不会有一粒粟子之差。"⑨（"度长短者不失毫厘，量多少者不失圭撮，权轻重者不失黍絫。"）在《史记》⑩ 中，司马迁描述了汉高祖与王陵的对话，在对话中汉高祖提到他在各方面都不如他的三位大将及谋臣，但是，只有他一个人才知道如何使用他们；这些才能中有一项是"在指挥营帐中使用算筹计划战役"（"运筹策帷帐之中"）。这是公元前 202 年的事情。从《后汉书》的《马融传》⑪ 我们得知，汉初的另一位丞相陈平（卒于公元前 178 年）以运用算筹而著称。此外，还有一个关于秦始皇的大臣赵佗的传说，赵佗后来以一个独立国王的身份统治南方，在他带兵去南方之前，他已经制成几种不同的算筹⑫。这些算筹后来保存在晋安帝（公元 397—419 年）的博物馆中；它们每根都是一尺长，其中的白筹是骨制的，其他的黑筹是角制的。从《前汉书》⑬ 中我们还知道，在《盐铁论》中倡导盐铁国有化的著名官员桑弘羊（公元前 152—前 80 年）（参见本书第四十八章），以计算家而闻名，因为他善于心算而不用借

---

① 在梅文鼎写这部书的时候，有一些重要的中国数学著作尚未被重新发现，但微席叶对梅文鼎的论述做了必要的补充。梅文鼎的这部专著成为在 1723 年出版的《历算全书》的一部分。

② 李俨（4），第 3 集，第 29 页起。

③ 《道德经》第二十七篇。

④ 《太平御览》中的印刷错误，致使拉克伯里对这段文献的引述毫无意义。为了表明在这方面所存在的混乱，可以指出，拉克伯里的错误甚至还被一位中国数学家抄入了他用英文写的论文中 ［Chêng Chin-Tê（2）］。

⑤ 《淮南子·诠言训》（第五页和第十页）。

⑥ Edkins（10），p. 222。

⑦ 《前汉书·律历志上》，第二页。

⑧ 垛积数的一个早期的例子。

⑨ 《说文》（公元 121 年）重述了算筹的长度，它大约相当于我们现在的 4 英寸。

⑩ 《史记》卷八，第三十页 ［译文见 Chavnnnes（1），vol. 2，p. 353，但是，原文的意义并未表达出来］。

⑪ 《后汉书》卷九十上，第五页。

⑫ 这大约在公元前 215 年前后。该资料出自隋代以前的刘敬叔的著作《异苑》，被辑录于《太平御览》卷七五〇，第三页。它所提到的很可能是一种专门表示负数的算筹。

⑬ 《前汉书》卷二十四下，第十一页和第十三页；参见 Swann（1），pp. 272，285。参见《急就篇》（约公元前 40 年）卷四，第三十四页。

助算筹。

进一步补充资料显得啰唆，有些资料可以在李俨（4）的书中查到。我们只想再指出几点。王戎（公元235—306年），晋朝的大臣和水磨工程师的资助者，"他的手中拿着象牙算筹，常常通宵进行计算，仿佛无法停下来似的"（"每自执牙筹，昼夜算计，恒若不足"）①。因而有"牙筹计"之说。在公元9世纪，算筹是用铸铁做成的②。李靖的传记③提到，唐代的行政官吏和工程师在腰带上常系着一个"筹囊"（算筹袋）。"筹囊"的另一个名称是"筹袋"。据传说，秦始皇有一次把"筹袋"扔入东海，后来这个袋就化成了某种鱼④。11世纪，沈括在描述和他同时代的天文学家卫朴时说，"他能够将算筹移动得好像在飞一样，如此之快以致在获得结果前眼睛都不能跟上它们的移动"（"运筹如飞，人眼不能逐"）⑤。这种说法使人联想到使用珠算盘时所能达到的速度。到明代后期以后，就很少听说算筹了，毫无疑问，这是由于它们已为珠算盘所取代⑥。在上面的所有叙述中，都设想在进行计算时，是用算筹在筹算板上构成算筹数码来实现的。这种方法比笔算方便之处，是它比较容易除去那些不再需要的数。总之，在唐代，在筹算板上横放的数码称为"卧算"，纵立的称为"立算"。

算筹在文字学上已留下了它们的痕迹，因为大多数计算术语（"算""筭""筹""籌""策"）都是"竹"字头（no. 118），并且像"推算""持筹"等许多词都作为计算上的术语沿用下来了。

（2）标有刻度的算筹

带有数字标志的算筹可能是中国数学中新近的一项发展。这些算筹与纳皮尔的骨筹似乎实用上是相同的。纳皮尔1617年在他的《筹算学，或算筹计算两书》（*Rabdologiae, seu Numerationis per Virgulas Libri Duo*）中，曾描述了一种以格子乘法为基础排列算筹的系统（参见上文 p. 64），好像它的每一列是分开的，并且可以独立地滑动到其他列上。这种滑动算筹在整个17世纪中一直沿用下来［参见利伯恩（Leybourn）的《自读尺计算术；俗称的纳皮尔骨筹》（*The Art of Numbring by Speaking-Rods; Vulgarly termed Nepeir's Bones*；1667年）］，并且很快就传到中国和日本，它们在那里引起了人们很大的兴趣。在论述它们的著作当中，众所周知的是著名学者兼数学家戴震1744年所写的《策算》（参见本书第二卷 p. 513）。图67所示为这种算筹的东亚形式。中国所用的一套算筹还包括零筹、平方筹和立方筹；关于它们的使用方法，郑金德［Chêng Chin-Tê（2）］有详细的说明。这种算筹保持着与古代的简单算筹相同的名称，这有时会引起混淆。在19世纪，劳乃宣写了很多关于纳皮尔算筹和早期算筹

---

① 《世说新语》和《晋书》，被辑录于《太平御览》卷七五〇，第二页。
② 《格致镜原》卷四十九，第七页，引用五代（10世纪）陶毂的《清异录》。
③ 《新唐书》卷九十三，第四页。
④ 《酉阳杂俎》卷十七，第一页。
⑤ 《梦溪笔谈》卷十八，第11段。
⑥ 无论如何，珠算盘的应用在1299年的《算学启蒙》中已有叙述。

的著作。例如，1886 年的《古筹算考释》及其补编《古筹算考释续编》等。如果对数计算尺和加法器这两项发明不是如此迅速地紧随纳皮尔的器具产生的话，那么，这种算筹系统的用途可能会更大一些。对数计算尺的发明应归功于冈特（Edmund Gunter）1620 年的工作和奥特雷德（William Oughtred）1632 年的工作[1]；加法器则是西尔曼斯（Johann Ciermans）于 1640 年提出，两年后由帕斯卡完善的，它的非常重要的优点是使用齿轮机构自动地实现逢十进位，而不再需要由操作员来完成[2]。当然没过多久，计算尺[3]和简单的计算机也及时地传到中国。图 68［采自 Michel（5）］所示为一把 1660 年的中国式计算尺。

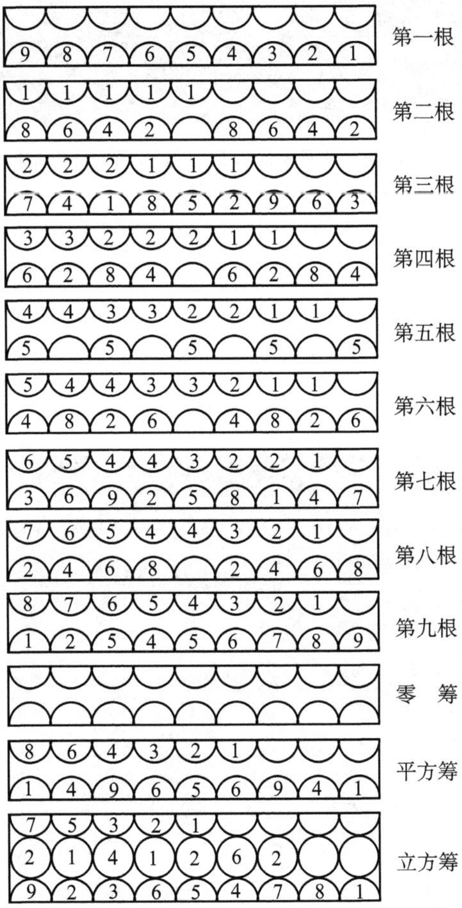

74

图 67　中国式的纳皮尔骨筹［根据 Chêng Chin-Tê（2）］。

---

① 　Smith（1），vol. 2，p. 205；Cajori（4）。

② 　Lilley（1）：Taton（1）：Baxendall（1）。

③ 　三上义夫［Mikami（1），pp. 13，14］所用的不恰当的字词可能有时已引起了误解。在说明汉代开方术时，他提到了把一根普通算筹放在筹算板的下面以表示 1，10 或 10 的幂的做法。这就是他所描述的"借一算"。不用说，这和向朋友借一把计算尺毫无关系。

图版 二一

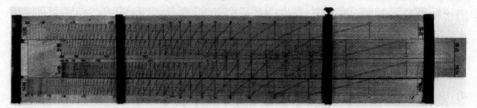

图 68 1660 年的中国式计算尺［照片采自 Michel（5）］。

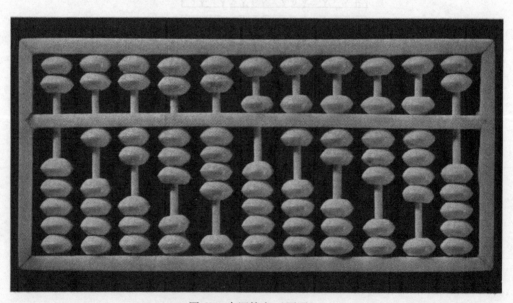

图 69 中国算盘（原照）。

人们偶尔也能找到一些类似于标有刻度的算筹这种不被人熟知的数学器械的资料，例如，《戒庵漫笔》[1] 写道：

> 苏州的马怀德（鼎盛于 1064 年前后）制作了一副"捧星板"[2]。这副板有 12 片，乌木制成，长度从 7 寸开始往下排列。它们按指宽标志刻度，从 1 指到 12 指，而且每指都有更细的分度。还有一片象牙，四角留空，长有 2 寸。上面刻有"半指"、"半角"及"一角"等字样。这些尺子相对反向放置，它们被称为"周髀算尺"[3]。

> 〈苏州马怀德牵星板一副十二片，乌木为之，自小渐大，大者长七寸余。标为一指、二指以至十二指，俱有细刻若分寸然。又有象牙一块，长二尺，四角皆缺，上有半指、半角、一角、三角等字。颠倒相向，盖周髀算尺也。〉

关于这些算尺的用法，我们找不到任何说明，它们似乎是为了几何上的用途而制造的。

（3）珠　算　盘

关于中国的珠算盘，已经有了大量的文献[4]，所以对珠算盘做一个简要的描述作为开始比较妥当[5]。珠算盘又称"算盘"。今天的算盘有一个长方形的木框，木框的长边由许多粗铜线相连接，这些铜线组成了一系列相互平行的杆（即"位"、"行"或"档"）。每一根杆上都穿着 7 颗略呈扁形的圆珠（"珠"），这些珠子可以拨近或拨离将算盘分成两个不相等部分的一条长长的横梁（"梁"或"脊梁"），在这条分隔梁的上方总有两颗珠，下方有五颗珠。每一个算盘通常有 12 根铜杆，但也可以多至 30 根。在同一根杆上，梁上方的一颗珠相当于梁下方的五颗珠，而且每一根杆的数值相差 10 倍，因此，任何一根杆上的一颗珠子都相当于其相邻右面那根杆上同一位置的十颗珠；每一根杆确切代表的位值可以随计算者的意图选定。算盘的用法可以从图 69 看到，图中所拨定的是 123 456.789 这个数字[6]。算盘横梁上方的两颗珠当中，只用一颗便可以进行加、减、乘这三种基本运算，但对于除法，任一根杆上如果能表示出大于 10 的数，运算时是比较方便的，因此横梁上方的两颗珠和下方的五颗珠都用上，得到的总数是 15。算盘的左边被认作"前"，右边被视为"后"；"进"意指按 10 的幂增加，"退"则相反。拨上一个数称为"上"，取消一个数则用动词"起"、"除"或"去"。

75

---

① 这可能是靳贵（约鼎盛于 1500 年）的《戒庵集》的一部分。（《戒庵漫笔》是明代李诩的作品。——译者）

② 第一个字"捧"很少见。"星"字可能是指把尺子钉在一起的钉子。

③ 由作者译成英文。

④ 从大量论文中，可选出以下有参考价值的：Goschkevitch (1)，Rodet (1)，Westphal (1)，van Name (1)，Knott (1)，Kuo Mai-Ying (1)，严敦杰 (3)，Leavens (1)，Rohrherb (1)，Yoshino (1)。

⑤ 不能用最近还在欧洲幼儿园中存留的那种缩小并退化的算盘来评价这种计算工具。在中国和日本，它的应用是有一套特殊的科学方法的，除了那些涉及高等数学的、较狭窄的领域外，它至今仍在使用。

⑥ 可以看到，只有那些拨到与横梁接触的珠子才参与计算。

对一个计算而言，左边的杆是"首"或"头"，最后或右边的杆是"尾"或"末"①。正在进行运算的那根杆称作"身"或"本位"。诺特［Knott（1）］、史密斯和三上义夫［Smith & Mikami（1）］都叙述过珠算盘的用法，包括开平方与开立方的各种运算。雷文思（Leavens）曾提到，甚至在现在，例如，在会计工作中，珠算盘也有其特别的优势。为了说明从小就受珠算盘训练并已掌握了这种用法的中国和日本计算者的惊人的速度，可以提一提这样一个事实：1946 年，有一个使用算盘的店员和一个使用电子计算机的美国军官在东京做过一次表演赛，结果，算盘的速度在乘法以外的各项运算中都获胜了，并且错误较少［Kojima（1）］。当然，它同所有的简单计算工具一样，计算的中间过程没有保留下来，因此难以核对。

76

77

现在我们来考查一下珠算盘的历史。在程大位的《算法统宗》（1593 年）②（见图 70）以前，没有任何关于近代形式的珠算盘的完整叙述，这一事实使许多人（包括梅文鼎）得出结论：中国直到 15 世纪末才知道它。但是，有关珠算盘的最早图说见于 1436 年的《新编对相四言》［Goodrich（5）］③。此外，没有人注意到李东阳 1513 年的《麓堂诗话》，这部书清楚地把珠算盘描述为根据珠算的歌诀和基本方法来操作的"珠之走盘"④。但这里遇到了《数术记遗》的难题，该书被归于东汉末（公元 190 年前后）的徐岳，而实际上可能是它的注释者甄鸾（约公元 570 年）所撰。不管怎样，《数术记遗》是提到"珠算"的最早著作。根据徐岳的说法，他的老师刘会稽曾访问过道教隐士天目先生。这位先生为他解释了十四种计算古法，其中有一种确实称为"珠算"。这一段话过去从未译成英文，现在此给出：

（正文）珠算（方法）掌控和贯穿（"控带"）四时，并像织物的经纬线一样固定三才（天、地、人）。

（注释）把一块板横向刻分成三个部分，上面和下面的部分用来悬挂可移动的珠子（"游珠"），中间的部分用于固定数位⑤（"定算位"）。每个数位（杆）有五颗珠子。上部的一颗珠子的颜色和下部四颗的颜色不同。上部那颗珠子相当于五个单位，下部四颗珠子当中每一颗相当于一个单位。因为四颗珠子被引着上下移动，所以称它"掌控和贯穿四季"；由于各珠在三个部分中移动，所以说"像织物的经纬线一样固定三才"⑥。

〈珠算：控带四时，经纬三才。（刻版为三分，其上下二分以停游珠，中间一分以定算位。

---

① 这些术语早在公元 3 世纪就已出现在吴国一个著名的数学家兼占卜家赵达（鼎盛于公元 225—245 年）的传记中（《三国志》卷六十三，第四页）。他有一个称作"头乘尾除"的计算方法，同时代的官员，例如公孙滕想找出这个方法，但却徒劳无功。然而，这些解释仍然是不确定的。我们将在本书第二十六章（i）再回到这个问题上来。

② 在该年代以后，有许多关于珠算盘的描述。17、18 世纪中专门论述珠算的著作的目录，可参见 Wieger（3），p. 264；Wylie（1），p. 103。

③ 这部书本身极有趣，它是世界上最古老的带插图的儿童初级读物，比夸美纽斯（Comenius）的《世界图解》（Orbis Sensualium Pictus，1658 年）早两个世纪。

④ 《麓堂诗话》第三页和第四页。

⑤ 即十、百、千等。这是一个很好的想法，近代算盘通常是不作记号的。

⑥ 由作者译成英文。

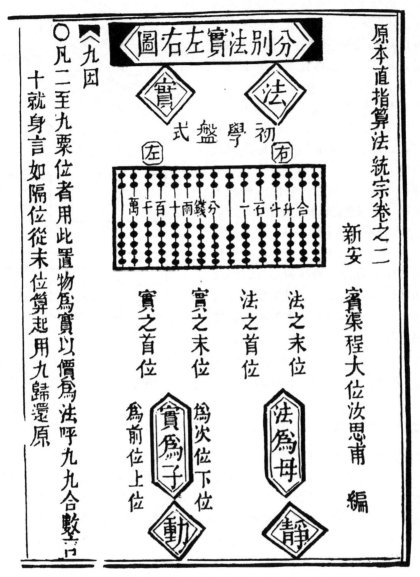

图 70 早期印刷的一张珠算盘图片，采自《算法统宗》（1593 年）。

位各五珠，上一珠与下四珠色别，其上别色之珠当五，其下四珠，珠各当一。至下四珠所领，故云控带四时。其珠游于三方之中，故云经纬三才也。）〉

必须承认，这是关于某种珠算盘的非常清楚的描述，显然，这种算盘每根杆上全部可利用的单位数是9。如果因为那个明显具有金属线意思的"带"字的话，那么，它可以被画成一个木槽和珠所构成的工具。

在另外三种算法的注释中也提到了"珠"。三上义夫（1）曾力图根据那些晦涩的描述来阐明"珠"所指的是些什么。在"太一"算法中，正文提及某物沿"九道"来来回回，其中"道"是指道或线（也许是槽？）。注释说，把竖的柱子分成九个水平的部分，每个竖的柱子有一个珠子（这种算法的名称就是由此而来）；因此，把这些珠上下移动，就可以定出需要保留的任何一个数。这个方法清楚地表明，在珠算盘系统中隐藏着坐标几何学的方法，以 10 的幂次标定 x 轴，而以小于 10 的各数标定 y 轴。如果人们能够相信，即使是在思想上，这些珠子沿着连续曲线移动，那么，笛卡儿的坐标图时代早就应该出现了！

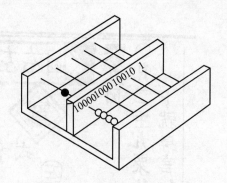

78　　另一种是"两仪"算法，它使用两种不同颜色的珠子（黄珠和青珠），黄珠与左边的 y 轴关联，青珠与右边的 y 轴关联，建立数的方法与"太一"算法相同。这种方法与近代的曲线图形表示法有惊人的相似之处，因为在近代的曲线图形表示中，不同类型的点与重合数轴（superimposed axis）上的不同标度相关联。第三种算法，使用三种不同颜色的

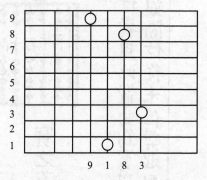

珠子，只有三个水平位置，用这种方法同样可以建立任何一个需要的数。这就是"三才"①算法。总之，这些方法，即使晚至公元 6 世纪，仍表明了对坐标关系一种有趣的认识②。

北齐冶金家綦母怀文（鼎盛于公元 550—570 年）的传记中或许提到了珠算盘③：

很多人说，有一次在晋阳学馆，一个蠕蠕（即匈奴）客人来访，一个外国佛教僧侣指着（綦母）怀文对他说："这个人有奇异的数学才能！"并指着庭院中的一棵枣树，请怀文用计算器具（"算子"）计算树上有多少枣子。试算之后，怀文不仅说出枣子的总数，并说出其中有多少已熟，多少未熟，多少半熟。当把枣子计数核对之后，发现只少一个，但这位数学家说："这是不会错的，请把树再摇一摇！"这样做了以后，果然又有一个枣实掉了下来④。

〈每云："昔在晋阳为监馆，馆中有一蠕蠕客，同馆胡沙门指语怀文云：'此人别有异算术。'乃指庭中一枣树云：'令其布算子，即知其实数。'乃试之，并辨若干纯赤，若干赤白相半。于是剥数之，唯少一子。算者曰：'必不少，但更撼之。'果落一实。"〉

---

① "三才"（Three Powers）不是指数学上的幂（powers），而是指天、地和人。

② 参见我们本书前面（第一卷，p. 34）关于韵表的说明。当然，阿波罗尼奥斯（Apollonius）圆锥（二次）曲线（公元前 3 世纪）的坐标概念，其中包含了连续变量，从根本上预示了解析几何学的出现。

③ 《北史》卷八十九，第二十页。

④ 由作者译成英文。印度也有一个类似的故事，见《摩诃婆罗多》（*Mahābhārata*）中关于那罗（Nala）和哩都波尔那（Rituparna）的传说［Ray tr.，vol. 3.（Vana Parva），ch. 72，p. 215］。綦母怀义在钢铁技术发展中所起的重要性，见本书第三十章（d）。

此处的"算子"虽然觉得很像珠算盘，但也可能是指算筹。

在《数术记遗》以后，有一段很长的时期没有人谈到珠算盘。但是，程大位在其1593 年的著作所附的算书目录中提到，1078—1162 年有四部著作，从书名判断，它们是与珠算盘有关的。这些著作是《盘珠集》、《走盘集》、《通微集》和《通机集》[①]。它们中没有一本流传下来，程大位本人是否曾见到这些著作也是可疑的。微席叶曾怀疑这些书与珠算盘的联系，但从这些书名得出它们与珠算盘有关的印象确实是比较深刻的。

梅文鼎的意见是：珠算盘的应用大概是在数学家吴信民（约鼎盛于 1450 年）的时代初次开始普及的[②]。他还认为，1384 年由元统领导和郭守敬的后裔郭伯玉协助完成的《大统历》的计算，就是用珠算盘做出的[③]。但是，正如李俨所指出[④]，梅文鼎忽视了这样一个事实，程大位曾引用过现已失传的谢察微著作的片段，其中清楚地提到了珠算盘，甚至使用"脊梁"一词表示分界的横木；谢察微可能与沈括是同时代人，鼎盛于 11 世纪的后 25 年。严敦杰（3）则增引了刘因在 1279 年写的一首诗，诗中提到了"算盘"这个术语。

现在有必要对算盘（abacus）在其他文明国家的比较史说上几句。这个词的拉丁词源还说不清楚，它可能来源于闪语的"尘土"（abq），这使我们想到算盘最早的前身可能是土盘或沙盘。下一步是在表面画上直线，能够在其上放置小石子（calculi）或算子，虽然希罗多德（Herodotus）说，埃及人一直习惯于用小石子计数[⑤]，但是存在一些证据说明这种工具是古印度最先使用的[⑥]。在大理石上画有平行线条的著名的萨拉米斯（Salamis）算盘，提供了具体的证据[⑦]；遗憾的是，这种算盘的年代无法确定。在拉丁文献中，有许多提到画有线条以及用小石子计算的算盘[⑧]，近代有些博物馆藏有在刻槽中有活动小球的金属盘样品；但是和萨拉米斯大理石一样，这些实物的年代也完全无法确定。情况可以这样总结：如果确定这些实物晚于公元 3 或 4 世纪（这是十分合理的），并且如果承认徐岳著作的年代是在公元 2 世纪末，那么，中国人使用算盘就比欧

---

① 所有这些书，据程大位说，在我们上文已经提及的杨辉 1275 年的幻方著作中就提到过，但在我们现有的版本中却找不到。在哈佛–燕京编的艺文志综合引得中，除了唐代的包含《十物志》的《通微子》（假如它是同一部书的话）以外，没有提到其中的任何一本。《宋史·艺文志》有一部佚名著的《通微妙诀》可能与此有关。见《算法统宗》卷十二，第十二页。

② 他的《九章比类算法》早已失传，但我们知道它曾提到珠算盘。

③ 钱大昕（《十驾斋养新录》卷十七，第三页）注意到 1366 年陶宗仪的《辍耕录》中有某些引证，从而把珠算盘的使用年代提前了几十年。

④ 参看李俨（2），第 1 版，第 171 页，第 2 版，第 162 页；（4），第 3 集，第 37 页；（21），第 4 集，第 21 页。引文出自《算法统宗》卷一。参见 Mikami（1），p. 61。

⑤ Smith（1），vol. 2，p. 160。

⑥ Kaye（e）。

⑦ Rangabé（1）；Kubitschek（1）。

⑧ Smith（1），vol. 2，p. 165。

80　洲人略早一些①。由于其中有许多不确定的因素，因此，无论如何也不能认为这个问题已经解决了②。

　　直到 11 世纪、12 世纪，算盘在欧洲才成为通用的工具③。有几部专著谈到用穿在线上的珠（super lineas et per projectiles）来进行计算。例如，1050 年跛子赫尔曼（Hermann the Lame）的著作就是这样，它和《盘珠集》这一类书相近。欧洲中世纪有一个经久不衰的传说，说算盘是从阿拉伯传入的，但这样的传播并没有得到证实，而且阿拉伯算盘（每根金属丝上有十个珠子，中间没有梁）本身的起源也存在着诸多疑问④。具有线条的板被称为算板，所用的小石子通常称为筹码⑤。由于算板具有国际象棋棋盘（chessboard）的外观，派生出"国库"（exchequer）一词，所以又有了现代的专用词——财政大臣（Chancellor of the Exchequer）。曾经有人认为，欧洲有一种形式的算盘，即（法国）银行财务主管（Banque des Argentiers）的算盘，是一种直接进口的中国算盘。不管是否存在其他来源或交流，这种说法很可能是真实的，因为 13 世纪有一些商业旅行家在亚洲，如马可·波罗（Marco Polo），他们自然会对一些事物产生兴趣。直到近代还继续使用算盘的俄国人，往往认为它起源于中国⑥。以其特定的中国式样，算盘在 17 世纪、18 世纪的欧洲引起了浓厚的兴趣，并由卫匡国（Martini；1658 年）、施皮策尔（Spizel；1660 年）、德拉卢贝尔（de la Loubère；1691 年）及《英国皇家学会哲学汇刊》（*Philosophical Transactions of the Royal Society*）的两位作者［斯梅瑟斯特（Gamaliel Smethurst）于 1749 年，罗伯特·胡克（Robert Hooke）则于 1686 年］进行了描述。

　　在结束这个题目时，我们还可以指出最后几点。"算"字来源于算盘图形（参见上文 p. 4）的说法似乎是不可靠的。拉克伯里认为，如果"算盘"确实属于西汉时期，那么，它应该是用一个单字而不是一个复合词来表示，这一论证至今仍有一定的分量。诺特认为，中国算盘来源于外国，因为在算盘上数字是从左至右而不是从右至左排列的。但是，当我们想到，不仅每一个汉字都是从左向右书写，而且连古代的筹算板也是按这种方式进行计算的时候，这种见解便完全站不住脚了。萨顿⑦认为，算盘是各自独立创造的，这可能是当前最好的结论。最终我们将不得不回过头来再谈这个悬而未决的结论。

---

　　① 珠算与用于宗教或幻术的念珠有什么关系吗？一般认为，念珠最初诞生于印度，在那里，佛教徒早在公元 1 世纪就已经用念诵瞥（*japa mala*；念珠）了，而伊斯兰教徒在公元 9 世纪、基督教徒在 11 世纪才有念珠；最早的中国文献中有一种与公元 8 世纪的一个太监有关。念珠的发展和传播似乎是与珠算盘的发展相平行的；难道念珠不可能促使算盘这种工具兴起吗？参见 Kirfel (1)。

　　② 显然，史密斯对这个问题的全部论述都已过时，需要重新考虑，他［D. E. Smith (1), vol. 2, p. 169］重复了拉克伯里［de Lacouperie (2)］的错误，这错误是由《太平御览》中的印刷错误引起的（见上文 p. 71）。贝克尔和霍夫曼［Becker & Hofmann (1), p. 133］的一部最新的数学史（1953 年）认为，中国珠算盘不早于 12 世纪，因此忽略了甄鸾，并且只字不提徐岳。在沂南刚刚发现了一个与徐岳同时代的汉墓（约公元 193 年），其浮雕中有一个图案很可能是代表算盘的。

　　③ Sarton (1), vol. 1, p. 756。但与甄鸾同时代的波爱修（Boethius）已知道并使用它了。

　　④ Gandz (2)。

　　⑤ Barnard (1)。

　　⑥ 可是，斯帕斯基［Spassky (1)］在最近对俄式算盘（*schioty*）的研究中并不这样认为。

　　⑦ Sarton (1), vol. 1, p. 757

（g）非 自 然 数

（1）分　　数

对分数的处理，在评价中国古代的主要数学著作时已谈过一些了（上文 pp. 18 ff.）。最初，世界各地都有通过建立许多比之前所用更小的度量衡单位来避免分数的倾向，但是这些单位之间的关系有些则比其他的更为得当；比方说，罗马人取 12 和 16 的倍数，巴比伦人取 60 的倍数，而在中国，正如我们将要见到的，往往选择 10 的幂次。令人满意地处理分数的最古老的尝试，似乎是公元前 1500 年前后的阿梅斯纸草书（Ahmes Papyrus）中所记载的，但当时的埃及人还不能用 1 以外的分子来表示分数。这种方法沿用了相当长的时期，一直保留到 17 世纪[①]。但这绝不是中国的特点[②]。

从我们能够对其加以考察的最早时代起[③]，中国数学就已习惯于处理分数（"分"）了[④]。《周髀算经》中已有涉及 $247\frac{933}{1460}$ 这样的数字的问题了，虽然它们是用文字而不是用符号表达出来的。在这部著作和汉代的其他著作里，b/a 的表示法是 a "分之" b。在《九章算术》中，分子和分母在运算前称作"子"和"母"[⑤]，而此后则称作"实"和"法"。加法（"合分"）、减法（"减分"）、乘法（"乘分"）和除法（"经分"），从汉初以来就都已为人们所熟悉。例如，用 $182\frac{5}{8}$ 除 119 000，首先是把两个数都用 8 乘，而且所有近代的运算法则的确都已经用到了。"约分"法是指通过找出最大公约数（"等数"）来把分数化成最简单的形式。这是用辗转相除法（"更相减损"）进行的。在分数加法中，每个分子分别乘以其他分数的分母（"母互乘子"），然后所有的分母各自互乘。这样，每个分数都"保持相等"（"齐"），而且有了一个公分母（"同"）；于是这些分数就彼此相"通"。这时，就可进行分子相加了。分数减法（"减分"）是通过分子与相间的分母相乘，从两个积中的大者减去小者，并用分母的积去除余数来运算的。最小的公分母称为"最下分母"。

---

①　Smith（1），vol. 2，p. 213。

②　在这方面，三上义夫［Mikami（1），p. 12］曾给人一个错误的印象。他从《九章算术》里原原本本地转录来的单分数完全是例外，它仅是用以求最小公分母的一个简化的练习。

③　这个时代可以上溯到与埃及第二十王朝相同的时期（约公元前 12 世纪），因为根据董作宾的殷历（"古四分历"）研究，殷商文化的人已经知道一年的长度为 $365\frac{1}{4}$ 日。公元前 2 世纪，《淮南子·天文训》（第八页）所给出的一月长度为 $29\frac{499}{949}$ 日。

④　主要见 Mikami（3）。

⑤　选择用"儿子"表示分子和用"母亲"表示分母是很有启发意义的。它表明古人所想到的是真分数，即下面的数字要更大（就像怀孕一样）。"性"（阴与阳）的差别使他们想到，乘一个数等于除另一个数。

分数画杠的用法似乎起源于阿拉伯，在中国直到 17 世纪才流行①。另一方面，汉代数学家运用最小公分母和最大公约数的技巧似乎明显领先，因为我们知道，欧洲直到 15、16 世纪才应用它们②。《九章算术》对中国数学的影响之一，可能是它对分数的精巧处理阻碍了小数的普及，虽然就像我们将会看到的那样，小数早就以各种不同的形式发展起来了。

苏美尔人（Sumerian）和巴比伦人的算术实质上是六十进制的③，而且毋庸置疑，希腊人和亚历山大里亚人以 60 为分母的分数和圆周的 360°划分都是从他们那里得来的。常常有人猜测，中国人的那种肯定是很古的甲子系统（以 60 天为周期；参见下文 pp. 396 ff.）也与这种六十进制有相同的来源，但这种猜测并没有事实根据。此外，中国古代圆周的度数是 $365\frac{1}{4}$，而不是 360。因此，六十进制分数在中国人的计算中从未起过任何作用。汉语从来没有一个单字是表示 $\frac{2}{3}$ 的，而这个分数在美索不达米亚却是如此重要④，从这一事实可以得出中国人并没有受到重大的巴比伦影响的结论。

（2）小数、度量衡和大数记法

当我们进而讨论中国十进制分数的发展史时，我们发觉自己被卷入到中国度量衡的发展史中去了，因为从非常早的时期开始，长度测量系统就按 10 的幂次进位了。关于中国度量衡制度的基本介绍有吴承洛的著作⑤，不过这本书在西方很少有人知道。除此以外，许多汉学家一直关注诸如不同朝代尺的长度变化等问题；读者可以参考王国维 [Wang Kuo-wei（2）]、宝丹 [Daudin（1）]、马衡 [Ma Hêng（1）]、马拉库耶夫 [Marakuev（1）] 及福开森 [Ferguson（3）] 的著作，通过这些著作可以了解到较古老的文献。一般认为，标准尺的长度从周代到清代的三千年间表现出连续增大的倾向⑥。但这不是我们的兴趣所在；我们必须做的是查明尺所分成的更小的单位，以及所辨认出的它的倍数。

也许，我们能够引用来表明对十进位值有所了解的最早的文字，要算是公元前 330 年前后《墨经》中的一个命题了。它是这样说的：

《经下》59/—/37/51⑦。"十进制记数法。"

《经》："一"比二少，但（却）比五多。这是在"建立位置"（"建位"）的

83

---

① 除非它最初确实是从中国筹算板的横线演变出来的。
② Smith（1），vol. 2，pp. 222，223。
③ Archibald（1）；Thureau-Dangin（1）。
④ 但有某些字，如"防"或"仞"字，可以代表三分之一和十分之一 [参见《周礼》卷十一（考工记上），第六页]。
⑤ 吴承洛（2），以吴大澂（1）和罗福颐（1）等人的重要研究为基础。亦可见杨览（4）。
⑥ 从 0.193 米增至 0.308 米。
⑦ 关于这些编号的说明，见本书第二卷，p. 172。

意义下给出的解释。

《经说》：在"五"当中有"一"（即有若干个"一"，因为五的算筹数码是ⅠⅠⅠⅠⅠ）。（但）在"一"当中也有"五"（因为在六的算筹数码Ｔ中，一横表示五）。（而在十位上所画的一横的意义是）"十"，（也就是说，等于）"二"（个五的符号）。（由作者译成英文）

〈经：一少于二、而多于五，说在建位。

　　经说：五有一焉，一有五焉，十，二焉。〉

从这里及从上文（pp. 9，13）提供的证据可以清楚地看到，虽然十进位值的概念①曾一度失传或不经常流行，但早在这种概念见于（如我们在上文 p. 8 所见）《孙子算经》以前一千五百年，中国人对位值已经有所了解②。

正如我们已经阐述的③，人们发现在商代甲骨和周代青铜器铭文中从 50 开始的数字就和近代一样，是用数字与表示其位值的文字结合起来表示的，例如，用"五百"表示 500。所用到的专门符号如下：

$$10^2 \quad 百$$
$$10^3 \quad 千$$
$$10^4 \quad 万$$

这些独立的符号不会妨碍计算，因为它们与其他早期文明，如埃及、希腊和印度所用来表示 18、19、30、40、500 等的符号根本不同④。因为它们本身并不是数字，它们只是表示特殊位值的术语。稍后我们还将回到大数的表示法。

在周代（公元前第 1 千纪至公元前 221 年），长度单位是变化的，而且不总是超前采用 10 的幂次。吴承洛⑤收集了关于这个问题的大概说明⑥，从这份材料可以清楚地看到，最初的计量单位是以人体的各部分为根据的，如手指、女人的手、男人的手、前臂、脚等⑦。我们所见到的如下：

$$8 寸 = 1 咫$$
$$10 寸 = 1 尺$$
$$8 尺 = 1 寻$$
$$2 寻 = 1 常$$
$$10 尺 = 1 丈$$
$$4、7 或 8 尺 = 1 仞$$

①　参见 Biot（7）；Edkins（6）；但他们纯粹出于对汉学史的兴趣。

②　后来，偶尔也有一些哲学家提到十进制记数法，例如，约 1200 年的宋代理学家蔡沈（参见本书第二卷 p. 273），尽管他热衷于"毕达哥拉斯式的"象数学和突变论 ［Forke（9），p. 279；Sarton（1），vol, 2，p. 625］。

③　参见郭沫若（3）；孙海波（1）。在这个问题上，李俨［（21），第 5 集，第 1 页］否定了他从前的说法 ［李俨（8）］，但仍应该与古文字学家的著作结合起来阅读。

④　参见 Smith（1），vol. 2，pp. 40 ff.。

⑤　吴承洛（2），第 89、90 页。

⑥　采自《说文》《淮南子》《孔子家语》《孔丛子》等著作。

⑦　参见本书第二卷 p. 229，表 11（no. 73），"度"字的会意词源说明。

$$5 \text{ 尺} = 1 \text{ 墨}$$
$$2 \text{ 墨} = 1 \text{ 丈}$$
$$2 \text{ 丈} = 1 \text{ 端}$$
$$2 \text{ 端} = 1 \text{ 两}$$
$$2 \text{ 两} = 1 \text{ 疋}$$

这张表包含几个独立的系统，但其中没有一个系统完全采用 10 的幂次[1]。秦始皇第一次统一中国时，选择数字 6（与黑色和五行中的水有关）作为他的标志[2]，并且实行他那著名的度量衡标准[3]。虽规定六尺为步[4]，但皇帝的法家顾问们却把墨家的十进制记数法用到尺以下的主要长度单位上去，此后这些长度单位便按 10 的幂次排列：

$$1 \text{ 尺} = 10 \text{ 寸}$$
$$1 \text{ 寸} = 10 \text{ 分}$$
$$1 \text{ 分} = 10 \text{ 厘}$$
$$1 \text{ 厘} = 10 \text{ 发}$$
$$1 \text{ 发} = 10 \text{ 毫}$$

按照贾谊在其《新书》（约公元前 170 年）中所做的记载[5]，它们构成了六种计量单位，与"先王"的制度是一致的，但是实际上还有等于 10 尺的"丈"和等于 10 丈的"引"。这种度量衡制度在整个汉代[6]，以及之后（名称稍有改变）都是通行的。刘歆在公元 5 年为一个标准容器（"嘉量斛"）所做的著名的铭文里，就用了具有十进位含义的词语，提到一个准确到 9 厘 5 毫的长度。有几把铜的或青铜的标准尺一直留存至今，其中有一把是公元 12 年的，另一把是公元 81 年的 ［Daudin (1)］。

85

　　在三国时期，这种趋势仍在继续。公元 300 年前后，孙子提到以新纺成的蚕丝直径作为"忽"的标准，并且说：

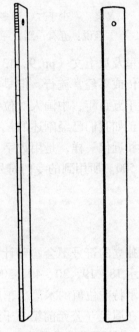

图 71　周代十进度量衡制，公元前 6 世纪的青铜尺，一尺分成十寸，一寸分成十分 ［根据 Ferguson (3)］。

---

　　① 我们不知道这种概念可以追溯到什么时候。福开森 ［Ferguson (3)］ 曾描写过他所珍藏的一把青铜尺，从外观看，它似是周代的（图 71）。这把尺分成十寸，一寸又分成十分；尺的全长是 0.231 米。同一个墓中还有一件随葬的钟，其上所刻的年份只能解作公元前 550 年或公元前 404 年，福开森倾向于采用前者。参见温伯格 ［Weinberger (1)］ 关于周代青铜尺的叙述。从莫亨朱达罗（Mohenjo-daro）也得到了一些十进度量衡制度的证据 ［Sarton (5)］。

　　② 《史记》卷六，第十二页；Chavannes (1), vol. 2, p. 130。

　　③ 《史记》卷六，第十三页；Chavannes (1), vol. 2, p. 135。

　　④ 《史记》卷六，第十二页。

　　⑤ 《新书》第四十八篇。

　　⑥ 《前汉书》卷二十一上，第九页起。参见 Swann (1), pp. 360 ff.；Dubs (2), vol. 1, pp. 276 ff.。

$$10 \text{ 忽} = 1 \text{ 秒}$$
$$10 \text{ 秒} = 1 \text{ 毫}$$
$$10 \text{ 毫} = 1 \text{ 厘}$$
$$10 \text{ 厘} = 1 \text{ 分}$$

这是为小长度设的单位制，其中除了"秒"在宋代为"丝"所代替，这种制度一直沿用到很晚的年代。也可以很清楚地看到，到了孙子的时代，容积和重量的计量单位在一定程度上也跟上来了，因为《孙子算经》载有

$$\text{容量单位：} 1 \text{ 合} = 10 \text{ 勺}$$
$$1 \text{ 勺} = 10 \text{ 撮}$$
$$1 \text{ 撮} = 10 \text{ 秒}$$
$$1 \text{ 秒} = 10 \text{ 圭}$$
$$1 \text{ 圭} = 6 \text{ 粟（这是一个例外）}$$
$$\text{重量单位：} 1 \text{ 铢} = 10 \text{ 絫}$$
$$1 \text{ 絫} = 10 \text{ 黍}$$

但这并不是普遍采用的单位制，在梁代和唐代，关于容量和重量有许多二进、四进、六进和十二进单位的记载。但是，在公元992年，重量单位的十进制由政府规定下来，依次是两—钱—分—厘—毫—丝—忽。不过，旧单位制晚至明代仍然延续。

用度量衡单位的名称来表示小数的方法始终贯穿于中国数学之中。刘徽在其公元3世纪的《九章算术注》中，把直径1.355尺表示为1尺3寸5分5厘。在开平方时，《九章算术》曾提到，在平方根不是整数（"不尽"）的情形下，余数就依原样留下（"以面命之"）[①]。但是，刘徽曾经关心过这些"微小的无名数"（"微数无名"），并说第一位应以10为分母，接着是以100为分母，这样继续下去，就得到前面所表示的小数的一组小数位[②]，这可以在数字中定出许多可用来记录的位，虽然在第五位（"忽"）之后就没有名称了。这些小数根值无疑是用算筹计算，并且结果是用小数表示的。

自此以后，所用的方法就没有什么改变了。公元5世纪初，夏侯阳提到他称作"步除"的一种除法时说，如果除数是10或10的幂，就不需要除了。他引用了[③]公元3世纪的《时务论》[④]，这部书记有"十乘加一等，百乘加二等"的规则，明显地用"等"字（"等"字在分数加法中有时解作最大公约数）表示幂次。相反的法则也列出

86

---

　① 王铃［Wang Ling（2），vol. 1, pp. 251 ff.；Wang Ling（3）］的著作主张这句话的正确解释应该是：继续求平方根到小数部分的数字，由这一运算得到一个简分数，如 $\dfrac{C}{2R+r}$，其中 C 是余数，R 是根的整数部分，r 是小数部分的首位数字。

　② 钱宝琮（1），第77页；李俨（1），第70页。

　③ 《夏侯阳算经》，第二页。

　④ 杨伟（鼎盛于公元237年）的《时务论》也许还有一些别的残文被辑录在马国翰的《玉函山房辑佚书》中（《玉函山房辑佚书》第七十四册，第三十二页）。

了。可见，在《九章算术》①中显得含蓄也好，在《时务论》和夏侯阳那里直截了当也罢，都表明对我们今天 10^{-1}、10^{-2} 的表述是熟知的。

正如李俨（10）所指出的《隋书》（公元 635 年）把小数 3.141 592 7 表示为 3 丈 1 尺 4 寸 1 分 5 厘 9 毫 2 秒 7 忽；而"微"字要用在更后一位。唐代的韩延（鼎盛于公元 780—804 年间）似乎是第一个间或弃用这些表达方式并像在现代十进制记数法中那样仅记数字的人②，他使用"端"或"文"这种量词来标志最末一位整数③。但是，采用统一的体系和术语并用之于一般运算，却是到 13 世纪才出现的事，正如我们在上文（p. 46）所见到的，那时候杨辉较多地使用了这些东西。秦九韶（1247 年）则使用下列术语。他把紧靠在小数点前的那一位（整数）称为"元数"；并说，它是一个"尾位"为零的数。至于真正的十进小数，他称其为"收数"；这个名称包括了其他数学家熟悉的像"分""厘"等的所有各位。十进小数的现代名称是小数，有趣的是，这名称竟可以追溯到宋代，因为朱世杰就曾用过这个术语。李冶、朱世杰及秦九韶都开方开到小数点后好几位。

87

在把这整个情况与世界上其他地方的发展进行比较以前，有必要了解一下中国人对大数表示法的兴趣。在周代著作（例如《诗经》）中，已经出现了若干个大数的专用名称，但后来的注释者对它们有不同的解释，可能这些名称最初并没有固定的意义（例如"巨万"）。关于这个问题，《数术记遗》（约公元 190 年）有一段很有趣的记述。徐岳说，这些大数有上、中、下三种解释方法，他的意思可以表示如下④：

	上	中	下
万	10^4	10^4	10^4
亿	10^8	10^8	10^5
兆	10^{16}	10^{12}	10^6
京	10^{32}	10^{16}	10^7
垓	—	10^{20}	10^8
秭	—	10^{24}	10^9
壤	—	10^{28}	—
沟	—	10^{32}	—

---

① 参见《九章算术》开方术中所用"中退一，下退二"这样的词句。

② 钱宝琮（1），第 78 页；但夏侯阳本人可能已这样做。

③ 在公元 660 年、665 年和 705 年的历法计算中，曹士蒍、李淳风和南宫说分别使用过一种十进制，其中用一个字表示两位小数，如把 365.244 8 表示作 365 余 24 奇 48。见《旧唐书》卷三十三，第十八页、第二十四页和第二十五页。

④ 这里已考虑到钱宝琮〔(1)，第 16 页〕所提出的校改。徐岳的表没有超出"京"："京"以上是根据喏特所编的传统名称表添补的。

涧	—	10^{36}	—
正	—	10^{40}	—
载	—	10^{44}	—

所有古代著作注释者的解释都表明，他们所根据的都无非是这些 10 的幂次命名法当中的这一种或那一种[1]。

　　印度人，尤其是佛教徒，对大数表示法的特殊兴趣是众所周知的，不过，这对数学的进步有何意义是值得怀疑的[2]。无论如何，刚才介绍的古代中国记数法不可能来源于印度，因为即使《数术记遗》是著于公元 6 世纪而不是公元 2 世纪，古典注释者（例如郑玄或毛亨）的年代也还是太早了，不可能受到佛教的影响。"上""中"两栏头两行的名称已在《九章算术》中找到[3]。公元 175 年的《风俗通义》则载有两个完整的"下"栏[4]，同《数术记遗》中最长的一样长。此外，正如月婆首那（Upaśūnya）在公元 541 年翻译的《大宝积经》（Mahāratnakūta Sūtra）[5] 中所揭示的，印度记数法有完全不同的进法和名称[6]。的确，在公元 4 世纪以后，所有印度数学家都提到过 10 的幂，例如，生于公元 476 年、因而大致与夏侯阳同时代的阿耶波多（Āryabhata）[7]、摩诃毗罗（Mahāvīra；约公元 830 年）[8]、婆什迦罗（1114—1178 年）[9]、那罗延（Nārāyana；鼎盛于 1356 年）[10]。但根据上文已经讨论的内容：①书写数字的方法可远溯至商代；②十进位的思想明确地出现在公元前 330 年前后的《墨经》中；③大约公元前 200 年，毛亨就已用 10 的幂次来解释大数；④十进位的度量衡制在公元前 170 年就已提出；⑤在汉代数学中有用筹算板进行运算的一整套系统，因此，萨顿关于十进制记数法是在公元 7、8 世纪由瞿昙悉达[11]或婆罗门著作从印度介绍到中国[12]的提法可能

88

---

① 据沈括（《梦溪笔谈》卷十八，第 7 段）说，"下"法是较古老的。华嘉［Vacca（2）］指出，指数每次加倍的"上"法与阿基米德在他的"沙粒计数"（arenarius）法中所采用的级数相似［Heiberg（1），p.26］，但这种一致似乎是偶然的。费希尔爵士（Sir Ronald Fisher）曾告诉我们，在近代科学的用法中，这三种系统之间仍存在混乱。最流行的美国用法和"下"法是一致的，爱丁顿（Eddington）所提倡的方法则与"中"法相同，而费希尔和叶山（Yates），以及其他统计学者却采用"上"法。美国人与欧洲人在"million"（百万）与"billion"（十亿）这两个词的用法上的混乱是众所周知的。近代中国采用"下"法系统；而"中"法在近代日本则更为普遍。

② 参见 Renou & Filliozat（1），vol.2，p.171。藏文有直到 10^{60} 为止的 10 的幂的专用字［Edgar（1）］。

③ 《九章算术》卷四，第十五题。参见《吕氏春秋·介立》（上册，第 113 页）。

④ 保存在《太平御览》卷七五〇，第三页及《广韵·五旨》中。《风俗通义》，中法汉学研究所校订本，"佚文"卷四，第 111 页。参见《吕氏春秋·有始》（上册，第 121 页）。

⑤ N 23（23）.

⑥ 参见 McGovern（2），pp.39 ff.。

⑦ Sarton（1），vol.1，p.409。

⑧ Sarton（1），vol.1，p.570。

⑨ Sarton（1），vol.2，p.212。

⑩ Sarton（1），vol.3，p.1535。关于所有这些人，可参看 Renou & Filliozat（1），vol.2。

⑪ 参见上文 p.37 和下文 p.203。

⑫ 本书第 6 章（f）；本书第一卷，p.128。

并不正确①。

的确，中国人实事求是的精神与印度人把数学与神秘主义结合起来的做法强烈抵触。在至今尚未受人注意的有趣的一段文字中，沈作喆写道（12 世纪前后）：

> 现在就连儿童也从刻印的《菩萨算法》学习数学了，它涉及无数沙粒（"无量沙"）的计数办法，因此能够知道沙粒的数目②。书中还讲到如何列举出十方世界之间的区别。但是，如果没有确切的数目和明确的原则，菩萨又怎么能够知道答案呢？凡是涉及数目和测量的问题，是绝不容许有含糊隐晦的地方的。不管数目和尺度是大是小，问题总是能够解决的，并且答案也是能够明确说出的。事物一超出形状和数目（"象数"）的范围，就无法加以研究了。超出形状和数目的数学怎么能够存在呢？③

> 〈又自在主童子修学书算数，印以《菩萨算法》，算无量沙聚，悉知颗粒多少。又能算知十方世界种种差别。然则非有本因定数，佛亦何自而知之？一涉于数，无有隐显多寡钜细，则皆得而知之矣。盖象数之外不可测也。夫孰有出于象数之外者乎？〉

另一方面，中国人的制图学也证明他们是熟悉十进位的概念的。正如我们将要在下文（p. 538）见到的，从公元 3 世纪裴秀的时代起，就已绘制带有矩形网格的地图，每格相当于 100 里。这个制图传统通过公元 8 世纪的贾耽流传下来，在 1137 年的精致石刻地图中达到了顶峰。而在欧洲，除了已经完全被埋没的埃拉托色尼和托勒密（Ptolemy）的定量地理学，直到 13 世纪初出现图解航海手册海图，人们才知道具有十进位坐标网格的地图④。

至于十进小数的处理，有一条关于 a 开 n 次方的古老法则，写成现代形式应为 $\dfrac{\sqrt[n]{a \cdot 10^{kn}}}{10^k}$。这种开方法和现代小数开方法相似，但这种技巧避开了难以处理的普通分数。史密斯把它的起源归于印度⑤，但王铃和李约瑟 [Wang Ling & Needham（1）] 已指出，在 $n=2$ 或 $n=3$ 的情形下，这种方法见于公元 1 世纪的《九章算术》。欧洲在 12 世纪才知道这种方法，并由此产生了那些盛行于 16 世纪的用准十进制记数法编制的平方根表。阿拉伯数学家无疑受到过印度人的启发，他们在 11 世纪使用了十进小数 [例如 1030 年前后的波斯人艾哈迈德·纳萨维（Ahmad al-Nasawī）]⑥，而犹太和拉丁学者则在 12 世纪 [例如 1150 年前后的亚伯拉罕·本·埃兹拉（Abraham ben Ezra）⑦；1140

---

① Sarton（1），vol. 1，pp. 321，444，450，513。最近的数学史著作之一 [Becker & Hofmann（1），1953 年] 仍然断言 "十进位制" 是公元 7 世纪印度最大的数学发现（p. 118）。

② 这与阿基米德的 "沙粒计数" 正好遥相呼应？

③《寓简》卷七，第十四页，由作者译成英文。

④ Sarton（1），vol. 2，p. 1049。见下文 p. 532。

⑤ Smith（1），vol. 2，p. 236。

⑥ Mieli（1），p. 109；Hitti（1），p. 379；Sarton（1），vol. 1，p. 719，（2）。意味深长的是，他把他的著作称为《印度算法释疑》（al-Muqnt' fīl-Hīsab al-Hīndī）。

⑦ Sarton（1），vol. 2，p. 187。

年前后的塞维利亚的约翰（John of Seville）①］。此外，大约在 1427 年，卡西②给出了 π 值至十进小数 16 位的表达式，其中 3 作为"整数"与其他数字隔开。小数点第一次出现在佩洛斯（Pellos，1492 年）的算术中，但是直到 1585 年斯蒂文的《十进算术》（*La Disme*）一书出版，它的用法才完全明确下来③。

　　总之，十进制记数法的使用在中国是极古老的，可以上溯至公元前 14 世纪。在早期文明中，中国人在这方面是独一无二的④。在把十进制用于度量衡这方面，他们尤其先进⑤。因为正如萨顿所说⑥，欧洲不得不等到法国大革命的时候才开始这样做。在把十进制应用于制图方面，中国人比阿拉伯人和欧洲人差不多要早一千年。不过，唯一足以使一切数学计算革命化的小小的符号，却有待于西方的文艺复兴。 90

<h1 style="text-align:center">（3）　不　尽　根</h1>

　　本节在结束前必须提一下不尽根。希腊的传统［如普罗克洛（Proclus）所说］是毕达哥拉斯学派发现了正方形的边和对角线的不可通约性，这也就是对 $\sqrt{2}$ 的无理性的

---

　　①　Sarton（1），vol. 2，p. 169。

　　②　在他的《圆周论》（*Risālat al-Mohītīje*）一书中。该著作，最近已由卢凯［Luckey（2）］做过研究，并由罗森菲尔德和尤什克维奇［Rosenfeld & Yushkeritch（1），pp. 364 ff.］译成了俄文。参见 Smith（1），vol. 2，pp. 240，310；Cajori（2），p. 108。他的另一些著作中也出现了十进小数，如见 Luckey（1）；Rosenfeld & Yushkevitch（1），p. 88。然而史密斯犯了一个显著的错误［Smith（1），vol. 1，p. 289］，他至少把卡西和同时期的另外两位数理天文学家混同起来，以为他们是一个人。其实，他们是兀鲁伯 1420 年在撒马尔罕所建立的天文台的三位任期相继的台长。第一个是我们所熟悉的卡西，他卒于 1436 年［Suter（1），p. 173，no. 429；Brockelmann（2），vol. 2，p. 211，suppl. vol. p. 295］，继任者是卡迪·扎德·鲁米［Ṣalāḥ al-Dīn Mūsa ibn Muḥammad ibn Maḥmūd Qāḍī Zāde al-Rūmī；"土耳其法官的儿子"，生于 1357 年，卒于 1436 年与 1446 年之间；Suter（1），p. 174，no. 430；Brockelmann（2），vol. 2，p. 212］。第三任台长是另一个土耳其人穆罕默德·古什希［'Alā' al-Dīn 'Alī ibn Muḥammad al-Qūshchī；Suter（1），p. 178，no. 438；Adnan Adivar（2），p. 33；Süheyl Ünver（3）；Sarton（1），vol. 3，pp. 1120 ff.］。著名的《兀鲁伯天文表》（*Zīj Ulūgh Beg*）最终是在古什希的领导下完成的，但在帖木儿帝国（Timurids）灭亡后，他成为奥斯曼土耳其（Osmanli Turks）的臣民，并于 1474 年死于刚被征服的伊斯坦布尔（Istanbul）。在有关这些数学家的文献中一直有许多混乱，但这些事实在雷舍尔［Rescher（1），pp. 7 ff.，102 ff.］所译塔什克普吕扎德（Tašköprüzade）的《红色的银莲花》（*Eš-Šaqā'iq en-No'mānijje*，vol. 1，p. 78）和塞迪约［Sédillot（3），pp. 5，225 ff.］所译的《兀鲁伯天文表》的序言中已得到了明确的详尽解释。亦可参见乌兹别克（Uzbek）学者卡里-尼亚佐夫［Kari-Niyazov（1）］关于兀鲁伯天文台及其工作人员的精彩综述。把这三个人放在同一脚注中介绍，这一事实本身至少表明，对具有不同文化传统的历史学家来说，掌握阿拉伯、波斯和土耳其学者的名字是如何困难。

　　③　Smith（1），vol. 2，p. 242；Cajori（3），p. 314；Sarton（2）。

　　④　因为他们在任何次幂的位置上都用相同的九个符号，所以各次幂是用位值成分来表示的。

　　⑤　当然可以提出理由证明，这种度量衡制的早熟对小数符号的发展起了阻碍作用。因为在某种程度上，它意味着每个小数位都有一个名称，很难去掉。这种方法模糊了整数和小数位之间的差别。不仅如此，直到杨辉时代（13 世纪）才有了一套统一标准的名称。这已不是第一次了，我们还将遇到早期的成就使后来的成就推迟的这种矛盾现象。我们将在下文（p. 270）看到，中国很早就在星图上采用赤道坐标，这虽然与近代的做法完全一致，但很可能推迟了岁差的发现。

　　⑥　Sarton（1），vol. 2，p. 5。世界上没有别的国家这样早就有度量的十进制。在这方面，罗马尤其落后。比较度量学的题目太大了，在此不能讨论，不过，希腊文化在这方面的概况可在佩尔尼策［Pernice（1）］的著作中看到，有一本 10 世纪的叙利亚文专题著作也已由索韦尔［Sauvaire（1）］翻译出来。

几何看法。希腊人关于无理数的概念是某个数不能表示为两个整数之比。这不是"无理"，而是"不可比"。中国数学家很早就用十进小数表示方根，如果他们确实意识到有单独存在的不尽根的话，那么他们似乎对这些不尽根既不感兴趣，也不感困惑①。

（4）负　　数

中国人同样毫不费力就得到了负数的概念。上文已经说过，大概早在西汉时期（公元前 2 世纪），他们就已用赤筹表示正系数，用黑筹表示负系数。另一种方法是用三角形截面的算筹表示正数，矩形截面的算筹表示负数②。宋代代数学家是熟悉这种正负标记法则的③，如 1299 年的《算学启蒙》就叙述过。当然，丢番图（公元 275 年）曾把具有负数解的方程说成是"荒唐的东西"，中国人同样也不考虑它们。在印度，婆罗摩笈多（约公元 630 年）最先提到负数。在欧洲，第一部圆满论述负数的著作是 1545 年卡尔达诺（Jerome Cardan）的《大术》（*Ars Magna*）。宋代的代数学家有两种负
91　数书写方法：一种是把它们写成或印成黑色，以有别于赤色的正数；另一种是在负数的最右一位数字上画一斜杠④，这种做法也许来源于刘徽注中所说的用斜放的算筹数码表示负数的古法。中国人对于负数的平方根问题似乎未曾注意过，虽然印度人（如摩诃毗罗和婆什迦罗）已觉察到这个问题，不过，复数和虚数的意义，在文艺复兴以前，更确切地说在 17 世纪末以前，在欧洲也未被人们理解。

（h）几　何　学

（1）墨家的定义

常常有人说，所有古代的几何学，除了希腊，本质上都是直观而不是论证性的，也就是说，它们只探讨与测量有关的事实，而不打算用演绎推理的方法去证明任何几何定理。毫无疑问，论证几何学是希腊数学的主要特征，到了欧几里得（约公元前 300 年）和阿波罗尼奥斯（Apollonius；鼎盛于公元前 200 年）达到其高峰；同样肯定的是，正如在本章许多地方可以看到的那样，中国数学的主流是朝着代数学的方向发展的。在中国从未发展过理论几何学⑤，即与数量无关而纯粹依靠公理和公设作为讨论的

---

① 正如马勒（K. Mahler）教授给我们指出的那样，希腊人也有求近似根的方法，但这些方法大概被认为不像严密的不可通约理论那样雅致。此外，有些自相矛盾的是，中国虽然从未发展出原子学说，但却总是把正方形看作是由许多更小的适当尺寸的正方形组成的，这些小正方形按照 10 的幂次越分越小，因此，平方根的近似值可以达到所要求的任意精确度。参见 Neugebauer（9），p. 142。

② 李俨（*1*），第 36 页。

③ 《九章算术》中已给出了法则的一部分。有关此问题，见 Wang Ling（2），vol. 2，p. 163。

④ 参见上文 p. 45。

⑤ 由此可看出 17 世纪耶稣会士翻译欧几里得原本时选择《几何原本》作为书名的意义。开头两小字可能是"Geo"的音译；无论如何，自周代以后，"几何"二字就一直固定不变地具有"多少？"的含义。

基础来进行证明的几何学。但是，正像生物体中一种生物可能在解剖学上显示出另一种生物的特征器官的退化或发育不全的痕迹，甚至像在哺乳动物的两性之间所显示的那样；我们还发现，希腊的数学并非没有代数学［以丢番图（约鼎盛于公元250—275年）为其顶峰］，中国的数学也不是没有理论几何学的某种萌芽。这些幼芽没有得到发展是中国文化的特征之一。包含这些幼芽的命题见于《墨经》[①]，但由于这样或那样的原因，这些命题似乎至今尚未为数学史家们所知[②]。这部古代著作不同程度地涉及了物理学的几乎所有分支，现在人们相信它是在公元前330年前后问世的。让我们来看看这部著作在讨论几何问题时的陈述。

《经上》61/-/24·54。几何点的"原子"定义

　　《经》：　"点"（"端"）的定义如下：线段可分成许多部分，那种没有剩余部分（即不能再分成更小部分）、（因而）成为（线段的）终端的部分就是点。

　　《经说》：点可以处在（线段的）终结或开端的地方，像孩子诞生时先露头一样。（就它的不可分性而言）没有什么东西是与它相似的。（由作者译成英文）

　　〈经：端，体之无序而最前者也。

　　　经说：端，是。无同也。〉

　　　　　　　这似乎与欧几里得的定义1和3（《几何原本》第一卷）完全相同，亦可以与柏拉图（Plato）的"线端"（ἀρχὴ γραμμῆς）相比较［Heath（1），p.155］。

《经下》60/270/39·52。同上

　　《经》：　凡不（能分）为两半的东西不能再分割，因而也是不能分的。理由见"点"（"端"）的定义。

　　《经说》：如果你不断地平分一个长度，那么，你可以一直分到（剩余部分）中间小得不能再对分为止；这时，这个剩余部分就是点。割掉（线段的）前部，又割掉它的后部，（最后）必然当中（留下一个不可分的）点。如果你是不断一半一半地进行分割，那么，你最后必定会达到一个"几乎无物"的阶段，因为"无物"是不能分成两半的，所以它就不能再分割下去了。（由作者译成英文）

　　〈经："非半"弗斮则不动。说在端。

　　　经说：非，斮半，进前取也。前则中无为半，犹端也，前后取，则端中也。斮必半。"无"与"非半"，不可斮也。〉

　　　　　　　可以拿这段意思清楚的引文与惠施之流的诡辩者的同类讨论（本书第二卷，p.191）做比较。看来，那些诡辩者是想［像芝诺（Zeno）那样］证明不可能存在物理学上的间断，而墨家在这里则把"不可分"的概念看

<hr />

① 《墨经》；参见本书第十一章（b）（第二卷，pp.171 ff.）。
② 后面所用的编号的说明，请见本书第二卷，p.172。

92

作是成立的。这是冯友兰的解释，我们与顾保鹄［Ku Pao-Ku（1），p.81］观点一致，接受冯友兰的解释，而不赞同胡适那种认为墨家站在名家一边的说法。司马彪（公元 3 世纪）在对《庄子·天下第三十三》有关段落的注释中说："如果可以继续分割，那么，总是存在着'二'；如果已经到了不可再分的地步，那么，就只剩下'一'了"（"若其可析，则常有两；若其不可析，其一常存"）。张湛（鼎盛于公元 320—400 年）在对《列子·仲尼第四》有关段落的注释中说："在一个真实大小的区域内，总有某物存在。在它的边缘，也总存在不可能再分为更小的单元"（"在于粗有之域，则常有有，在于物尽之际，则其一常在，其一常在而不可分"）。这些引文表明，后来的中国思想家持有一种"原子的"几何点的见解，虽然这种见解在中国人的思想中从未占主导地位。

按照卢里亚［Luria（1）］，这里同希腊原子论者可能掌握的无穷小的理论，有着一种非常有趣的相似之处。显然，那些与德谟克利特（Democritus）学派有关的数学家是持有"几何原子"的概念的，他们认为，线段、面积和体积就是由大量（但有限）的"几何原子"所构成的。但古代的西方却宁愿采用更为严格的穷竭法［有关讨论见 Struik（2），pp. 54 ff.］。

《经上》53/–/8·49。等长的直线

《经》： （两个东西有）相同的长度，意思是有两条直线终结在同一个地方。

《经说》：就像平直的门闩那样可以和门棱一般齐。（由作者译成英文）

〈经：同长，以舌〔正〕相尽也。

经说：同，楗与狂之同长也。〉

这相当于欧几里得的定义 4（《几何原本》第一卷）。

《经上》68/–/38·61。长度的比较

《经》： 比较（"仳"）的意思就是弄清楚（两条线）互相有时重合有时不重合的情况。

93　　《经说》：在两种方法中都要有一个固定点，以便能够进行比较。（由作者译成英文）

〈经：仳，有以相撄、有不相撄也。

经说：仳，两有端而后可。〉

这里所提到的两种方法大概是：①叠合或平行的测量；②把圆规的一脚放在两线由此出发的固定点上。

《经上》52/–/6·49。平行

《经》： 平的意思是用同样高度的（支撑物来托住）。

《经说》：这好比两个人（在肩膀上）抬着（一根横梁），他们就像兄弟一般长得同样高矮。（由作者译成英文）

〈经：平，同高也。

经说：平，谓台扱者也。若弟兄。〉

参见《几何原本》第一卷，定义 30 和 31，以及第二卷，定义 1。

《经上》40/-/82·38。空间

　　《经》：　空间（"宇"）包含所有不同的地点（"异所"）。（由作者译成英文）

　　《经说》：东、西、南、北，都包含在空间之中。

　　〈经：宇，弥异所也。

　　　经说：宇，冡东西南北。〉

　　　　　　　　　　　参见《几何原本》，公设 1 和 2。

《经上》41/-/84·39。有界空间

　　《经》：　在一个有界空间（"域"）的外面不能包含任何线（因为一片区域的
　　　　　　　边缘是一条线，而超出这条线就在这个区域之外了）。

　　《经说》：一个平面区域不可能把每一条线都包含进去，因为它有界限。但如
　　　　　　　果这个区域是无界的（"无穷"），那么就没有一条线不能被包含进
　　　　　　　去了。（由作者译成英文）

　　〈经：穷，或有前不容尺也。

　　　经说：穷，或不容尺，有穷也。莫不容尺，无穷也。〉

　　　　　　　　　　　参见《几何原本》第一卷，定义 13 和 14。

《经上》62/-/26·55 同上

　　《经》：　有（二维）空间（"间"）的意思是有某种东西包含在其中。

　　《经说》：这就像"门耳"，即门和框之间的那部分空间。（由作者译成英文）

　　〈经：有间，中也。

　　　经说：有，门耳。谓夹之者也。〉

《经上》63/-/28·56。同上

　　《经》：　平面空间（"间"）不达及它的边缘（"旁"）。

　　《经说》：平面空间是线所夹的空间。线在平面（"区"）的前面，但在点
　　　　　　　（"端"）的后面，不过不在它们两者"之间"。（由作者译成英文）

　　〈经：间，不及旁也。

　　　经说：间，谓夹者也。尺前于区而后于端，不夹于端与区内。〉

　　　　　　　　　　　线本身并不被看作空间的一部分，因此说空间是线所夹的。线被认为是由
　　　　　　　　　　　点积累起来的，而空间或面是由线积累起来的。线可以连接两点或两个平
　　　　　　　　　　　面，但不能连接一点与一个平面。亚里士多德（Aristotle）也有同样的说
　　　　　　　　　　　法［参见 Heath（1）］。见下文 pp. 142 ff.。

《经上》59/-/20·52。矩形

　　《经》：　矩形（"方"）的四边（"柱"）都是直的，四角都是直角。

　　《经说》：矩形的意思是利用矩尺使四条线都（彼此）正交。（由作者译成英文）

　　〈经：方，柱隅四讙也。

　　　经说：方，矩兒交也。〉

　　　　　　　　　　　参见《几何原本》第一卷，定义 30 和 31，以及第二卷，定义 1。

《经上》69/-/40·62。累积

　　《经》：　至于累积（"次"），其间既没有空间（即在没有厚度的各平面），又
　　　　　　不能互相接触（因而就无法累积）。

94　　《经说》：没有厚度（"无厚"）的东西（可作为这个原理的例证）。（由作者译
　　　　　　成英文）

　　〈经：次，无间而不相撄也。

　　经说：次，无厚而后可。〉

　　　　　　　　　这与《几何原本》第一卷定义7完全相同。可与惠施的悖论HS/2（本书
　　　　　　　　第二卷，p. 190）相比较；"没有厚度的东西是无法积累的，但却能覆盖
　　　　　　　　上千里的面积。"（"无厚不可积也。其大千里。"）平面是没有第三维的。

《经上》47/-/10及18?·51?。圆

　　《经》：　一个圆（"环"）可以以它的圆周的任何一点作为支点。

　　《经说》：（缺）。（由作者译成英文）

　　〈经：儇，积柢。

　　经说：儇，……〉

　　　　　　　　　参见《周礼·考工记》，其中（郑玄的注释）提到，为了使轮子在转动时
　　　　　　　　与地面接触最少，轮子必须是尽可能完美的圆形［Biot（1），vol. 2，
　　　　　　　　p. 465］。

《经上》58/-/18·51。圆心与圆周（直径）

　　《经》：　圆（"圆"）是这样的图形：所有通过中心（并且到达圆周上）的直
　　　　　　线都具有相同的长度。

　　《经说》：圆是用木匠的圆规画出的、终点与起点重合的线。（由作者译成英文）

　　〈经：圆，一中同长也。

　　经说：圆，规写交也。〉

　　　　　　　　　参见《几何原本》第一卷，定义17。

《经上》54/-/10·49。圆心与圆周（半径）

　　《经》：　（至于圆，有一个）中心，（从它到圆周上任何一点的距离都）具有
　　　　　　相同的长度。

　　《经说》：圆心（像）是心脏，（一个点）从它（运动到圆周的任何部分）都
　　　　　　要经过同样长的距离。（由作者译成英文）

　　〈经：中，同长也。

　　经说：中，心。自是往相若也。〉

　　　　　　　　　参见《几何原本》第一卷，定义15和16。

《经上》55/-/12·50。体积

　　《经》：　（每个体积都）有厚度（"厚"），赋予（物体）大小。

　　《经说》：没有厚度，就没有物体的大小。（由作者译成英文）

　　〈经：厚，有所大也。

　　经说：厚，惟无所大。〉

　　　　　　　　参见《几何原本》第十一卷，定义1。但是墨家所想到的可能是一些确定
　　　　　　　　的大小，而不是抽象的度量。

　　上述引文似乎已清楚地表明，墨家如果遵循这一路线继续思索下去，就有可能发展出欧几里得式的几何学体系。由于《墨经》只有非常零乱而残缺的版本留传下来，我们确实不能肯定他们从未超越这些命题或定义的范围。但是，即使他们曾经超出过这一范围，他们的演绎几何学也仍然是一个特殊学派的秘密，几乎或完全没有影响到中国数学的主流。无论如何，残存的这些《墨经》资料，以及中国古代及中古时期许多其他的几何学思想证据一起，排除了任何一种认为中国古代完全缺乏几何学思想的观点——尽管残存的《墨经》资料是一种关于事实的知识，而不是对事实进行逻辑推理的知识，并且代数学的倾向及其自身的逻辑推理形式在中国一直占有支配地位。然而，墨家显然在试图从实用知识向哲学思辨过渡，并且在某种程度上这或许加深了人们由年代上十分接近而得到的印象：中国人曾在完全不受西方影响的情况下进行工作。

　　可惜，我们所见到的墨家几何学没有包含直角三角形的性质，而这个问题在《周髀算经》中则十分突出（上文 p. 22）。《周髀算经》原文的这一部分几乎肯定是写于墨家学派出现以前的。没有人能够说明，对直角三角形在测量和求积中的价值的了解，在中国可以追溯到什么年代；可能在与泰勒斯（Thales）确定埃及金字塔高度的同一时期（约公元前600年）就已经掌握了，但是我们没有任何证据来证实这一点①。我们无法考察战国时期以前中国数学的许多情况。可是不应该忘记，规和矩在战国时期以前流传下来的传说中有着一定的地位。在战国、秦、汉时期，关于这两种工具，以及铅垂线（"绳"）有很多记载②。图28所示③是出自山东武梁祠的画像石（约公元129—147年），画像中表现了手持着矩的文化英雄伏羲和他的配偶女娲，在他们之间还有一个（拟人化了的）结绳（quipu）④。在安阳和卜骨一起发现的车轴及其他物件，年代在公元前13或前12世纪，是用非常复杂的几何图形装饰的，这些图形由五边形、七边形、八边形和九边形的各种组合形成。周代陶器和汉代砖块中也有许多显示出一些几何图形。在以后的年代中，中国设计师的匠心在宫殿、房舍和庙宇窗户糊纸的木格上，创作了异常丰富多彩的几何图案⑤。

(2) 勾 股 定 理

　　关于《周髀算经》中⑥勾股定理（即毕达哥拉斯定理；《几何原本》第一卷，定理

---

　　①　可参见下文天文学部分中（pp. 284 ff.）关于日晷的讨论。

　　②　李俨（8）曾把这些记载汇集起来。

　　③　本书第一卷，p. 164。

　　④　参见严敦杰（13）。用于计数与记录的结绳，其秘鲁名称（quipu）大家最为熟知。亦见上文 p. 69。

　　⑤　这类图案在戴谦和（Dye）的《中国窗格图案入门》（A Grammar of Chinese Lattice）中收集甚多。

　　⑥　要记住，勾代表底边，股代表高，径或弦代表斜边；最后一个字，读作"弦"，意指弓的弦或琵琶的弦索；（测量者）拉紧绳索的概念使人联想起另一个灌溉农业文明——古埃及——的"拉绳者"（harpedonaptae）[Gandz（3）]。参见上文 p. 3。

47）的讨论，上文（p. 22）已做了交代。三上义夫［Mikami（2）］和李俨[1]曾分析了这些内容，讨论了《周髀算经》的那些传统附图，这些附图大概始于公元3世纪赵君卿的注释。其中主要的图（称为"弦图"；见图50）表明，把以弦为边的正方形（即用"积矩法"作成的正方形），当作纸片那样反折过来，可以证明它包含另外三个全等三角形和一个以勾股差为边的正方形。刘徽把这个图形称为"给出弦与其他两边和、差关系的图（'勾股差、勾股并与弦互求之图'），人们借以能够从已知数求解未知数"。在刘徽和赵君卿的时代，这个图是有颜色的，中间的小正方形是黄色的，而周围的长方形是红色的。12世纪印度的婆什迦罗曾作出同样的图[2]。《周髀算经》的文中（用文字）给出了代数式：$h = 4\dfrac{ab}{2} + (a-b)^2 = a^2 + b^2$，其中 h 是弦，a 是股，b 是勾。这种证法与欧几里得的证法完全不同[3]。

但是，如果认为全部希腊几何学都是公理的和演绎的，那将是一个错误。我们刚刚看到，中国几何学也包含这种思想的萌芽，而且不仅仅限于《墨经》的那些命题。反之，也有一种希腊几何学［诺伊格鲍尔（Neugebauer）已引起大家注意这一点][4] 很接近于在中国占有主要地位的经验的和代数的类型；这就是与亚历山大里亚的希罗（Heron of Alexandria；公元1世纪）的名字联系在一起的两部著作《度量论》（Metrica）和《几何学》（Geometrica）的内容[5]。诺伊格鲍尔认为，这种"几何代数学"（geometrical algebra）起源于巴比伦。假如真的是这样，那么，这些巴比伦源头在更远的东方已经产生出了类似的思想体系，因为正如我们已经看到的，虽然《周髀算经》的注释不会早于公元3世纪，但《九章算术》则已是在公元前3世纪到前1世纪期间成书的。现在已经知道，勾股定理的某种代数学的公式化表述，已为与商代（公元前14世纪到前11世纪）同时期的古巴比伦数学家所熟知[6]。

随着时间的推移，中国人发展出了一套代数式，用于在给出边长或边差或其他条件下求解任何未知边或未知角。所有这类关于直角三角形的问题，已由李锐在18世纪末他的《李氏遗书》中归纳为25种类型的方程式。例如，第23种是：已知 $h+a$ 和 $h-a-b$，则

$$-b^2 + sb = -\left[\left(\frac{s+d}{2}\right)^2 - \left(\frac{s-d}{2}\right)^2\right],$$

---

① 李俨（4），第1集，第1页，（21），第1集，第44页；以及（1），第24页。
② 但直角三角形各边之间的关系，印度人应该早已知道了，因为在《阿跋斯檀婆绳法经》［Āpastamba Śulvasūtra；见 Datta（2）］中，已有某些典型的尺寸和一般的陈述。这部著作和其他几种《绳法经》（śulvasūtra）一样，是与吠陀经典有关的，并且涉及到火祭坛的建筑，因而牵涉到平面几何学和立体几何学。或许它的最可能的年代是在公元前5世纪到前2世纪之间。但是，在这份早期的资料中却没有与此相关的任何证据，而且看起来极有可能婆什迦罗的方法是出自《周髀算经》的［见 Wang Ling（2），vol. 2，p. 162]。关于诸《绳法经》，见 Renou & Filliozat（1），vol. 2，p. 172。
③ 库利奇在他的《几何学方法史》（History of Geometrical Methods）中说，这也许是最省力的证明。希思［Heath（1），p. 355］说，这与希腊的几何学思想方式有着"完全不同的色彩"。
④ Neugebauer（9），pp. 140, 152, 172。
⑤ 还有《几何原本》第二卷。
⑥ 证据见 Neugebauer（9），pp. 35 ff.。

这里，s 是已知的和（"合"），d 是已知的差（"较"）。其他问题与此类似。赫师慎 97
[van Hée（2）] 翻译了这段著述，他批评说，这表明中国人缺乏几何观念①。但佩初兹
[Petrucci（1）] 指出，中国人的方法尽管是纯代数的，可是丝毫并不因此而逊色，只
是这种处理问题的方法不为那些在欧洲人视为自然的欧几里得演绎框框里长大的人所
熟悉罢了。而且，中国人由于熟练处理这一过程中不可避免遇到的负量还应受到赞赏。
这实际上穷竭了直角三角形方面可能提出的一切问题。

在中国的整个历史中，对直角三角形的兴趣主要是在实用方面，即以测量为目的。
在宋代，沈括②把这种对看得见的几何图形进行测量的方法（"畎术"）③，同以天空的
几何形状（即必须想象的圆和曲线弧）为基础的历法计算（"缀术"）进行了对比。

（3）平面面积和立体图形的处理

到西汉末年，中国人已经建立了一些正确或近似正确的公式来确定各种平面图形
的面积和各种立体图形的体积，但都没有演绎的几何学论证。可能，他们曾利用过模
型，并把较复杂的图形经过实验化为较简单的图形。这些知识体现在《九章算术》中
（见图72）；李俨（1）已汇集了计算的公式。在这里仅把中国几何学家所熟悉的图形 98
列举出来，或许还有点趣味④。

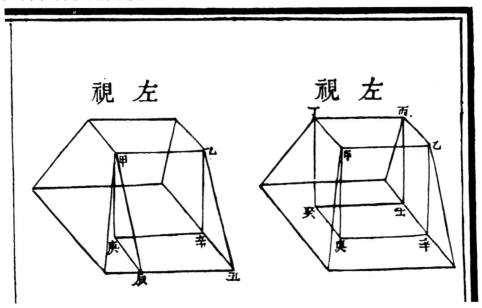

图72　经验的立体几何学；图示为《九章算术》中的棱台。

---

①　赫师慎正好把这个问题弄得比它所必要的更为困难，他认为这些方程式的编辑者就是"Li Chang Tche"
（"李尚之"）——读者应该知道（或发现），他所指的是李锐，尚之是他的号。

②　《梦溪笔谈》卷十八，第3段。

③　这个不常用的"畎"字，沈括认为它原来是木匠墨斗的图案。见本书第二卷 p. 126 和第二十七章（a）。

④　希望这对于那些想要致力于研究古代中国数学原著的人有所裨益。

这些图形如下：

面积（"积"）

正方形（"方""方田""平方""实"）。

长方形（"广田""直田""幂"；"幂"字本来是指遮盖食物用的方布）。

等腰三角形（"圭田"）。

梯形（"箕田"）。它的底边称为"踵"，上面的短边称为"舌"。所有这类图形的高都称为"正从"。

菱形（"邪田""斜田""萧田"）。

不规则四边形（不等边四边形）（"四不等田"）。

对顶梯形（"鼓田""腰鼓田""蛇田"）。

圆形（"圆""圆田"）。圆周称为"周"，直径称为"径"。除"半径"（半直径）外，没有专门的字来表示这个量；在西方也有半直径（half the diameter）的用法〔Smith（1），vol. 2，p. 278〕。

弓形（"弧田""弓田"）。"弧"是弓形的圆周部分，即弧线，"弦"是弓形的弦，"矢"是高。

环形（两圆之间的环形空隙）（"环田"）。

体积①

立方体（"立方"）。

具有两个正方形面的平行六面体（"方堡壔"）。

没有正方形面的平行六面体（"仓""方窖"）。

棱锥（"阳马"②"方锥"）。

正方棱台（"方亭""窖"）。

长方棱台（"窖""曲池""盘池""刍童""冥谷"）。

棱柱（"壍堵"；即截棱与底边同长且与侧面边成直角的楔形体）。

具有长方底及两斜边的楔形体（"刍甍"）。

具有梯形底及两斜边的楔形体（"羡除"）。

四面楔形体（"鳖臑"）。

99

第二类平截头楔形体（"城""垣""沟""壍""隄""渠""墙"）。这种图形对古代工程师来说可能是所有图形中最重要的。"城"、"垣"和"墙"这些名称使人想起城墙应该按这种形状来建造。"隄"指的是用于控制洪水的堤坝和岸堤。"沟"、"渠"和"壍"都是指人工开凿的运河和渠道，包括城壕在内。

圆柱体（"圆仓""圆堡壔""圆窖""圆囷"）。和上面一样，这里第二个名称使我们想起堡垒，而第一个和第四个则使我们想到谷仓。

圆锥体（"圆锥""委粟""聚粟"）。

---

① 奇怪的是，在古代数学著作中，与面积相对的体积似乎缺乏一个专门的字来表示。近代用的术语是体积。在答案和计算中，"立方"这个词是人们熟知的。当然，体积也有标准的度量单位，如《九章算术·粟米》中就用到了。

② 这个奇怪的术语似乎是从一束太阳光通过小方孔进入黑暗的建筑物后光束散开的形状得山的。后来它被用在建筑术中（参见《营造法式》卷五，第六页）。

平截头圆锥体（"圆亭""圆囷""圆篅"）。

球体（"立圆""丸"）。球截形场地被称为"丘田"、"邱田"、"丸田"和"宛田"。

刘徽，这位公元 3 世纪的《九章算术》注释者，是这种"经验"立体几何学最伟大的解释者之一。例如，他观察到，一个第一类楔形体（"壍堵"）可以分解为一个棱锥（"阳马"）和一个四面楔形体（"鳖臑"）；而一个第二类楔形体（"羡除"）可由一个棱柱（"壍堵"）和两个四面楔形体（"鳖臑"）组成。他说，长方棱台中间是一个长方体，每一边有一个棱柱（"壍堵"），每一角有一个棱锥（"阳马"）。通过这些简单的方法，他得以导出那些体积公式。

显然，在牵涉到圆的计算中要用到 π 的数值，只有在这种情形下，《九章算术》的公式是近似的。因此，现在我们必须转而讨论中国人求 π 值的问题。

（4）　π（圆周率）值的计算

历史学家们都十分专注于古代数学家为获得圆周和直径之比（即圆周率）的近似值所做的努力，这可能是因为其结果的日益精确似乎提供了一种对各个时代数学才能的量度。三上义夫［Mikami（1）］的书中有两章、李俨（1）的书中有好几节专门讨论这个问题，此外，还有许多论文谈到这个问题，其中值得一读的有茅以升（1）、三上义夫［Mikami（19）］及张永立（1）的论文[1]。

虽然有证据表明[2]，古埃及和古巴比伦已经获得诸如 3.1604 和 3.125 那样的值，但在各古代文明中最普通的做法是简单地把比值取作 3。我们在两部重要的汉代算书（《周髀算经》和《九章算术》）中可看到这一点，在《周礼·考工记》[3] 中也同样是这样。这个粗略的近似值沿用了几个世纪。追求更为精确的数值的最早标志出现于刘歆在公元 1 年到公元 5 年间为王莽制造的标准量器——嘉量斛，这是一件极富有考古学意义的物品，目前仍然保存在北京［Ferguson（3）］。这个量器实际上是在青铜圆柱体中挖出一个立方形的空腔。铭文[4]写道：

> 本标准嘉量斛（有）一个每边长一尺的正方形，其外表呈圆形。方形的每一个角离圆（"庣旁"）的距离是九厘五毫。圆（"幂"）的面积是一百六十二（平方）寸，深一尺，（整个）体积为一千六百二十（立方）寸。

〈律嘉量斛，方尺而圆其外，庣旁九厘五毫，幂百六十二寸，深尺，积千六百二十寸。〉

钱宝琮（1）由此看出，刘歆一定是用 3.154 作为 π 的值，但没有关于他如何得到这个结果的任何记载。

寻求更为精确的数字的第一次明确的努力，是张衡在公元 130 年前后所做出的[5]。

---

① 史密斯［D. E. Smith（4）］的专题论文我们还没有能读到。

② Gow（1），p. 127；Smith（1）vol. 2，p. 270；Neugebauer（9），pp. 46，53。

③ Biot（1），vol. 2，p. 469。

④ 见容庚（2），第 3 卷（释文），第 1 页。

⑤ 有价值的张衡传记，见孙文青（2，3，4）；李光璧和赖家度（1）。

根据《后汉书·张衡传》，他"网络天地而算之"①，他的 π 值可能记在他的佚著《算罔论》中。我们知道这个值，仅仅是由于《九章算术》的注里曾提到它②，这个值是 3.162 2（即 $\sqrt{10}$）。后来《开元占经》（公元 718 年）③ 谈到圆周率的时候，用一个稍大些的分数 $\frac{92}{29}$ 来表示④。公元 3 世纪，三国时期吴国的数学家兼天文学家王蕃重新算过这个值，得到 $\frac{142}{45}$ 或 3.155 5；这可能是在公元 255 年前后。但是，和他同时代而在北魏工作的刘徽，做得更为出色。刘徽的方法是作一个正多边形内接于圆，并根据每个半弓形所形成的直角三角形的性质来计算周长。他从最简单的正六边形开始，并从 192 边形的面积得到一个粗略的值 $\frac{157}{50}$ 或 3.14⑤。不过他还给出了⑥两个值，一个较小的值 3.14 $\frac{64}{625}$ 和一个较大的值 3.14 $\frac{169}{625}$，正确的数字在这两个值之间。其中较大的值（3.142 704）比公元前 250 年前后阿基米德用正 96 边形求得的著名分数 $\frac{22}{7}$（3.142 8）稍好一些⑦。在另一个地方⑧，刘徽仍在争取更精确的结果，他用他的方法继续演算到 3072 边形，并且获得了他的最佳值——一个相当于 3.141 59 的分数。他知道，如果有必要，他还可以继续算下去。这个数字好于托勒密（约公元 150 年）所采用的值⑨。

可见，在这个时期，中国人不仅赶上了希腊人，并且在公元 5 世纪祖冲之和他的儿子祖暅之⑩的计算中又向前飞跃了一大步，从而使他们领先了一千年。祖冲之（公元 430—501 年）⑪是当时（刘宋与南齐）最卓越的数学家、天文学家和工程师，他给出了两个 π 值⑫，一个是不精确的值（"约率"）⑬，与阿基米德的相同，而另一个是"精确的"值（"密率"）$\frac{355}{113}$ 或 3.141 592 920 3。后一个值在 16 世纪末［安东尼松

101

---

①　《后汉书》卷八十九，第二页。参见下文 p. 538。

②　《九章算术》卷四，第十七页。根据《九章算术注》，张衡实际上是用该书中的经验公式，来比较立方体，以及它的内切圆柱及内切球的体积，虽然他已意识到这些公式是粗糙的。他使用了某种方法，甚至可能是用秤称，得到了表达式 $\frac{V(\text{内切球})}{V(\text{立方体})} = \sqrt{\frac{25}{64}} = \frac{5}{8}$。可见，他一定认为 $\pi = \sqrt{\frac{16 \times 5}{8}} = \sqrt{10}$。

③　《开元占经》卷一，第二十五、二十六页。

④　这个分数只见于唐代的编纂作品中。

⑤　《九章算术》卷一，第十一页起、第十五页，注文。

⑥　《九章算术》卷一，第十二页起，注文。

⑦　Sarton (1), vol. 1, p. 169; B. & M., p. 407。常常有人猜想这是从西方传到东方的，但我们对此表示怀疑。希腊人所用的方法除去一个内接正多边形以外，还有一个外切正多边形。并且不包含面积计算。这些牵涉到分数逼近的知识，而这是当时的希腊所不具有的。阿基米德所证明的是：π 的真实数值必定在 $\frac{223}{71}$ 与 $\frac{22}{7}$ 之间。

⑧　《九章算术》卷一，第十四页起，注文。

⑨　即 3.141 666, Halma ed. VI, 7; Heath (6), vol. 1, p. 233; Smith (1), vol. 2, p. 308。

⑩　严敦杰（5）撰有他的传记。

⑪　周清澍（1）撰有他的传记。

⑫　《隋书》卷十六（《律历志》），第三页。见严敦杰（8）。

⑬　在他的时代，约率是通用的。如天文学家何承天（鼎盛丁公元 460 年）也用约率。其他数学家，如皮延宗（鼎盛于公元 445 年），也探讨过这个问题，但结果没有留传下来。

（Adriaan Anthoniszoon）的时代]之前一直举世无双。然而，祖冲之仍意识到他的数字还不够精确，他求出了更进一步的近似值①——一个"盈数"（超出数）3.141 159 27和一个"朒数"（不足数）3.141 592 6，真正的比值在这两者之间。1593 年韦达（Vieta，他肯定不知道他的前辈）所给出的数字正好处在这两个界限的正中②。

上述计算无疑包含在祖冲之的《缀术》中，但这部著作早已失传③。我们对他和他的儿子（他可能是该书的合作者或编辑者）的了解，主要来自长孙无忌等人于公元656年以前编撰的《隋书·律历志》，以及《南史》和《南齐书》的传记部分④。唐代李淳风曾提到祖冲之的圆周率并且赞扬了它⑤。1300 年前后，《革象新书》的怪僻的作者赵友钦⑥重新研究了这个问题，他把内接正多边形的边陆续增加到 16 384 边，证实祖冲之的数值是十分精密的。但自此以后，它便被遗忘了。正如富路德 ［Goodrich（4）］ 所指出的，在康熙年间，中国人完全依赖耶稣会士南怀仁（Verbiest）、汤若望等人的方法，直到后来这颗"赤水珍珠"被重新发现为止。在 18 世纪中期，√10 仍被王元启、钱塘等人用作圆周率的值。

再说一下世界各地类似的发展。与祖冲之和祖暅之同时代的阿耶波多满足于3.141 6⑦；一个世纪以后的婆罗摩笈多则采用 3.162⑧。在欧洲，11 世纪的一位与沈括属于同代人的列日的佛朗哥（Franco of Liège）⑨，得出了一个很可怜的数值 3.24。但在15 世纪中期，卡西把这个比值算到小数点后十六位⑩，大约 1600 年，安东尼松得到一个与祖冲之相同的结果⑪。最后在 17 世纪，范科伊伦（van Ceulen）把它算到了第 35位；而在 1853 年，尚克斯（William Shanks）把它算到了第 707 位⑫。1882 年，林德曼（Lindemann）第一个证明了 π 的超越性，从而表明只用圆规和直尺经过有限次作图是

102

① 《隋书》卷十六，第三页；参见钱宝琮（1），第 57，58 页。"密率"分数是一种连分数的渐近分数，因此是一项非凡的成就。

② 1833 年，纳里恩（Narrien）把郭守敬提升到了君王的地位，但对中国人在 π 值方面的工作做了极其错误的判断。他 ［Narrien（1），p. 350］ 写道："在这个古老的民族中，纯科学一直处于低下的地位。传教士们发现，在 13 世纪郭守敬（Cocheou Kong）所统治的 13 世纪之前，他们认为圆径与圆周之比正好是 1 比 3……直到他们受到欧洲人的指导，才似乎向前迈进了一步……"纳里恩是受到宋君荣 ［Gaubil（1），p. 115］ 的误导，而塞迪约［Sédillot（2），p. 642］ 和其他一些人则使这个荒唐的错误持久流传。而这些著作正好就是权威性人物休厄尔（Whewell）的原始资料。

③ 我们甚至不知道《缀术》这个书名的确切意义。11 世纪沈括（《梦溪笔谈》）曾暗示它与历法计算有某种关联（参见下文 p. 394）。在唐代，《缀术》仍用作科举考试的经典，虽然写得精妙，但被认为是最难读的数学著作（《新唐书》卷四十四，第二页）。参见 des Rotours（2）pp. 140，154。

④ 参见李俨（10）。

⑤ 《九章算术》卷一，第十五页，注文。

⑥ 三上义夫 ［Mikami（1）］ 一直把赵友钦误译拼为 "ChangYu-Chin"。

⑦ Sarton（1），vol. 1，p. 409；Karpinski（3）。

⑧ Sarton（1），vol. 1，p. 474。

⑨ Sarton（1），vol. 1，p. 757。

⑩ 这是我们已在上文 p. 89 见到的。

⑪ Smith（1），vol. 2，pp. 255，310。

⑫ 中国和日本的数学家也参与了 19 世纪这些级数的发展工作，详见 Mikami（1），Smith & Mikami（1）。现在已经知道，尚克斯的数字的后一百位是错误的。目前用电子计算机已能算到 10 000 位左右。

不可能化圆为方的。在中国人的贡献当中，公元 3 世纪刘徽和公元 5 世纪祖冲之的工作是很突出的。

（5）圆 锥 曲 线

中国的立体几何学，就其特征而言是非论证的，是从测量的实际需要发展出来的，并且从来没有超出这些实际需要太远。在中国，从未产生过可与帕加马城的阿波罗尼奥斯（Apollonius of Pergamon；鼎盛于公元前 220 年）及其论圆锥曲线的大作相媲美的人物和著作[1]。对椭圆、抛物线与双曲线的研究不得不等到 17 世纪[2]。不过，有一些关于曲线图形的几何问题，当时在东亚得到持续不断的研究，特别是那些关于相切圆的一些问题：有多少和多大的圆能内接于给定的图形，如半圆、扇形（环带扇形）及椭圆等（图 73）。史密斯[3]只举出了日本人的例子，但也声称，这是从中国人那里继承下来的；史密斯和三上义夫［Smith & Mikami（1）］曾用整整一章来叙述这些问题。这一问题与微积分的起源有一些关系（见下文 p. 141）。

103

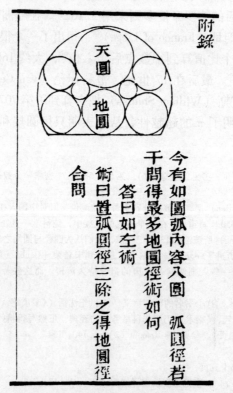

图 73　一个容圆的问题，采自加悦傅—郎的
《算法圆理括囊》（1851 年）。

---

①　参见诺伊格鲍尔［Neugebauer（3）］关于这一数学分支源自对日晷指针的观察的观点（下文 p. 307）。
②　李俨（16），（17），（21），第 3 集，第 519 页起。
③　Smith（1），vol. 2，p. 536。

希腊人对于多面体的兴趣在中国未曾出现过。希腊几何学三个著名问题中的两个——三等分角和倍立方体（提洛问题；Delian problem），中国人也未曾遇到过①。

（6）杨辉和《几何原本》的传入

我们并不能无条件地做出这样一种陈述（就像我们在前面 p. 94 已见到的）：中国几何学一直是纯经验的和非论证性的。勾股定理的中国证法就是一个证明。后来的汉代著作注释者（如刘徽和赵君卿等人）所经常使用的语言表明，他们用颜色来区别所要比较的各种面积和图形。例如，"用红色的块替换蓝色的块，将不会有盈余或不足"（"青出朱入，相补"）②。我们前面已经提到了刘徽公元263年论述用相似（直角或非直角）三角形进行测量的专门著作——《海岛算经》（上文 p. 30）。这种"重差法"在他之前的汉代肯定已经使用过，因为《周髀算经》在提到表时已有"观测远处物体"（"望远"）的说法；约公元1世纪末，张衡在他的《灵宪》中也讲到使用双重直角三角形（"重用勾股"）。在刘徽之后，有一系列著名的测量家，其中值得一提的有公元6世纪的信都芳、公元7世纪的李淳风、10世纪的夏翱和11世纪的韩公廉③。

但在13世纪，一些富有思想的人开始对测量科学所依据的、基本上是经验的方法感到十分不满。在1275年前后的《续古摘奇算法》和《算法通变本末》④ 这两部著作中，杨辉强烈地批评李淳风和刘益满足于利用方法而不去弄清它们的理论来源（"源"）或原理（"旨"）⑤。他说："古人逐个问题改变其方法的名称，以致如不给出明确的解释，就没有办法说出它们的理论来源或根据。"（"古人以题易名，若非释名，则无以知其源。"）⑥ 这是一种十分新颖的姿态。杨辉曾为下述命题进行了理论证明：任意设定的平行四边形，其对角线两边的平行四边形的补形彼此相等。这和《几何原本》第一卷的命题43一样，不过，像《几何原本》第二卷的定义2那样，杨辉只取了长方形和磬折形的实例。在附图中 *AB* 为勾，*BE* 为股，*AE* 为弦，*CD* 为余勾，*CI* 为余股。他证明了长方形 *BC*（"勾中容横"）和长方形 *CF*（"股中容直"）的面积相等（"二积皆同"）。然后把这种证法推广到测量上所用的两个相似直角三角形上去，这时，他不得不提到一个较大的和一个较小的"余勾"。

104

105

---

①　化圆为方（即第三个著名问题）在某种意义上是求 π 值问题的另一种提法。

②　《九章算术》卷九，第一页（注文）。

③　韩公廉作为时钟制造工程师，在历史上占有更重要的地位 [见本书第二十七章（h）]。

④　这两个书名的意义分别是"解释奇特（数字性质）的古代数学方法的续篇"和"相互变通数量的数学的来龙去脉"。

⑤　不论是否巧合，总之应该记得，它与公元前3世纪的名家用来代表"普遍性"术语是相同的。我不知道《公孙龙子》是否曾被杨辉借鉴。参见本书第二卷，p. 185。

⑥　李俨（4），第1集，第39、54页。

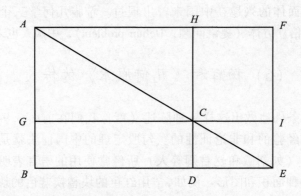

　　假如这种证明能够得到推广的话，中国人本可以发展出一种独立的演绎几何学。无论如何，在 13 世纪末的宋元战争期间，一些中国人的思想（如果我们可以通过杨辉来判断的话）已经为理解欧几里得的体系做好准备了。因此，非常有趣的是，由于上文已经提及的中国人和阿拉伯人的接触（p.49），当时可能已有人把《几何原本》译成了中文。严敦杰（7）和其他人①已注意到，《元秘书监志》中关于穆斯林著作的一章说过②，大致在杨辉那个时代，官方天文学家研究过某些有用的西方著作，其中包括"兀忽列的"的《四擘算法段数》十五部，该书 1273 年藏于皇家图书馆。由于作者名字的第二个字在当时大概读作"khu"，所以，"兀忽列的"可能是"Euclid"（欧几里得）的一种音译③。曾经有人认为，"四擘"这两个字或许是阿拉伯语术语"原本"④的音译。书的卷数似乎也有疑问⑤。严敦杰认为，这里的传播者是纳西尔丁·图西⑥（Naṣīr al-Dīn al-Ṭūsī；参见本书第一卷，p.217），他是在旭烈兀汗统治时期著名的波斯马拉盖天文台的奠基者。这个证据还不能完全表明上面所讨论的这"十五部"的书就

① 参见李俨（2），第 149 页；李俨（18）。

② 《元秘书监志》卷七。此书是元朝官方记录汇编，编成于 14 世纪中期。

③ 书名中的"段"字表示"命题"。

④ 但是，另外的一些可能性似乎更可信。对于以下的一些推测，我们要感谢邓洛普先生（Mr. D. M. Dunlop）。《几何原本》（Elements）一书，《书目》（Fihrist）中录为"Usūl al-Handasah"［Steinschneider（3），p.82］，而花拉子米（al-Khwārizmī; van Vloten ed., p.202）的书中则作"al-Ustuqusāt"，该词是希腊语"stoikheia"（元素）一词的典型变异体。但在阿拉伯语中，欧几里得几何学又以"Kitāb Uqlīdis fī al-Ḥisāb"（欧几里得算书）而闻名［Houtsma（1），vol.1, p.135］。这个书名的最后一个词可能就是"四擘"这个译名的来源。有人注意到，在汉语译本中，阿拉伯语所有格的词尾音节"-i"经常是保留下来的，就像我们将在下文（p.373）看到的那样，"ḥalaq-i"译作"哈剌吉"。另一种可能性是："四擘"源自把欧几里得《几何原本》的希腊语本译成阿拉伯语的一位译者的姓名，即塔比特·伊本·库拉（Thābit ibn-Qurrah；公元 826—901 年），塔比特·伊本·库拉有时被叫作海拉尼（al-Ḥarrānī），但有时又称作萨比（al-Ṣābī），即萨比教徒（the Sabian）。参见 Sarton（1），vol.1, p.599。

⑤ 正如德礼贤［d'Elia（4）］所指出，欧几里得《原本》的任何一种阿拉伯语译本是否超过十三卷是十分可疑的。只是在文艺复兴时才编辑了最后两卷［第十四卷是公元前 190 年许普西克勒斯（Hypsicles）的著作，第十五卷是公元 6 世纪伊西多尔（Isidore）的一个学生的著作］。见 Sarton（1），vol.1, p.154。

⑥ Mieli（1），pp.150 ff. 。

是《几何原本》的汉语译本，虽然看起来它们就是①。无论如何，这些书并没有产生显而易见的影响，在后来的若干世纪内，几何测量学家如16世纪的唐顺之和周述学，仍然十分自然地追随唐代及唐以前他们先辈的方法。

利玛窦和徐光启在1607年翻译《几何原本》前六卷的故事上文（p.52）已经讲过了。余下的九卷，由伟烈亚力和李善兰在1857年译成了中文，仍沿用17世纪的老书名《几何原本》。1865年，著名的官员曾国藩发行了全书完整的校订版，而慕稼谷［Moule（1）］和德礼贤［d'Elia（4）］则提供了曾国藩序和利玛窦、徐光启原序的颇有风趣的译文。陈寅恪（2）和赫师慎［van Hée（4）］曾介绍过满文译本。

（7）坐标几何学

本节必须以对解析几何学的简略论述来结束。解析几何学的发展包括三个主要阶段：①坐标系统的发明；②对几何学与代数学之间一一对应关系的认识；③$y=f(x)$之类函数的图示。前两个阶段发生在文艺复兴以前，而且也在中国发生过。

土地利用中所使用的坐标概念当然是很古老的。表示一个区域的埃及象形文字是一个方格，而中文则有"井"字，表示围绕一口井的田，后来仅表示井。喜帕恰斯（Hipparchus；约公元前140年），即使不是第一个，也是最早用经度（mekos；$\mu\tilde{\eta}\kappa o\varsigma$）和纬度（platos；$\pi\lambda\acute{\alpha}\tau o\varsigma$）标出天球上和地球上的点的人之一②。在他以前，埃拉托色尼（约公元前284年）曾在其地理学中规定了子午线和纬度线③。在托勒密时代以后，当定量制图学在西方完全失传时，它在中国却开始繁荣起来，时间大概从公元2世纪开始，基础是张衡和裴秀奠定的，这些我们将在本书第二十二章（d）节讨论地理学时看到，而且网格制图法在中国从未失传。

坐标的另一个表现方面是数学史家们很少注意到的，这就是表格系统的发展。我们已经谈到过（本书第二卷，p.279）在《前汉书》中见到的一些奇特的列表。公元120年前后，班固和他的妹妹班昭为这部享有盛名的著作提供了八个编年表④。在其中最值得注意的一个表里，他们把约2000个传说人物和历史人物的名字，按照他们自己划定的九个德行等级排列在矩形网格中。这个表至今仍保留在这部断代史的卷二十中。从某种意义上说，在这个表中，时间是一个轴，而德行是另一个轴。因为传说中的文化英雄都获得了很高的等级，所以，如果把表中的点连起来，就形成一条下降的曲线。

---

① 至少我们是这样看的。但是德礼贤［d'Elia（4）］提出，由于这个书名出现在195种"司天台实用回回书籍"的目录中，所以原文可能仍是阿拉伯语的，而只译出了书名。萨顿［Sarton（1），vol.3，p.1530］描述过这类著作的一个抄本，其他的抄本可能仍然存在。德礼贤认为，"无法用其他因素解释"演绎几何学知识在中国传播的迟缓，这无论如何不支持中译《原本》存在的可能性。我们认为，即使司天监作了一个译本，也由于它与两千年的中国数学传统背道而驰而未能引起广泛的兴趣。

② B. & M.，pp. 534，544。

③ B. & M.，p.477。

④ 见卜德［Bodde（5）］所作的有趣分析。事实上，史书中使用列表的模式在此前差不多200年时就由司马迁确立了。《史记》卷十三至二十二都是年表或月表，但这些表中只有一个轴是定量的——即时间轴；另一个轴由各诸侯国组成，各诸侯国中的事件必须按国别记载。

107　这种坐标系统远比"棋盘"——常常被称为最早的坐标系——古老得多①。

在前面另一处（本书第一卷 p. 33），我们曾谈及汉字"拼音"（反切）的语言学体系，它利用一种方法来标明各个字的声和韵，这种方法虽然起源于公元 3 世纪，但到公元 7 世纪初陆法言的《切韵》中才达到完善。我们还提到过，在公元 11 或 12 世纪，由于语言的变迁，这部字典已不再合用，因此在题为司马光撰的《切韵指掌图》② 中，汉字被重新排列在一套通常称为"韵表"（见本书第一卷 p. 35，图 1）的坐标表格化系统中。正如我们已指出过的那样，在后来若干世纪内，许多其他的编纂作品都仿效了这种系统。

当然，中国很早就像古巴比伦那样，制有数字的量值表③。我们已经看到④，书名中的"立成"一词指的就是这种表；"立成"就是"立即成功"，意思相等于"计算便览"。《九宫行棋立成》就是使用该词的一个早期的例子，其中的表由王琛编成，摘录了李业兴在公元 548 年所造历法中使用的天文资料⑤。类似的表在以后各断代史的历志中都经常出现。

珠算盘实质上是一种坐标系统，这是从发展珠算盘的一些早期尝试中特别清晰地显示出来的一个事实（上文 p. 77）。当然，这比起希腊人在处理各种形状的曲线时所使用的直角轴要落后得多。史密斯认为⑥，梅内克缪斯（Menaechmus；约公元前 350 年）可能已经利用了方程 $y^2 = px$ 所表示的抛物线的性质；而阿波罗尼奥斯（约公元前 250 年）则已完全意识到了坐标轴⑦。在中世纪的欧洲，有许多在笛卡儿之前的曲线图；这些图的说明已经出版⑧。到了 14 世纪，尼古拉·奥雷姆（Nicholas d'Oresme）⑨ 向前迈出了重要的一步。1370 年前后，他在《论形态的幅度》（*Tractatus de Latitudinibus Formarum*）和《论均匀与非均匀强度》（*Tractatus de Uniformitate et Difformitate intensionum*）这两部书中使用了"经度"（*longitudo*）和"纬度"（*latitudo*）两词，相当于笛卡儿的纵坐标和横坐标，并且用曲线把函数表示出来。

史密斯⑩把最早理解几何关系与代数关系同一性的功劳归于诸如公元 9 世纪伟大的花拉子米⑪这样的阿拉伯数学家，但是我们怀疑这样做是否正确。中国自从有了数学以来，就在用一般化的代数形式来表示几何命题，并且即使利用几何图形，如公元 3 世

108

---

① 关于棋盘，我们不必把本书论述物理学和磁学的第二十六章（i）中所要说的内容提前拿到这里来讲。现代形式的国际象棋似乎是一项公元 7 世纪时的印度发明，但它的某些根源与中国占卜用的式盘有关。

② 参见董同龢（1）。

③ 关于楔形文字的"表格文书"，见 Neugebauer（9），pp. 29 ff. 。

④ 见上文 p. 9 和 p. 36。

⑤ 《旧唐书》卷四十七，第七页；参见下文 p. 542。

⑥ Smith（1），vol. 2，p. 317。

⑦ Heath（2）。

⑧ Günther（1）；Funkhouser（1）；Lattin（1）。

⑨ Sarton（1），vol. 3，p. 1486。

⑩ Smith（1），vol. 2，p. 320。

⑪ 人们确实有理由发问：阿拉伯数学在这方面是否就不可能受到过中国的影响？从这种观点出发，研究一下化拉子米的原始著作是值得的。在公元 842 年—847 年间，化拉子米是哈里发派到可萨王国（Khazaria）去的使臣［见 Dunlop（1），p. 190］，而穿过可萨王国有几条中国通往西方的商路（见本册 p. 682）。

纪的《海岛算经》，处理方法也全然是代数的。在欧洲，这种认识则相对晚些；斐波那契（约 1220 年）是第一个认识到把代数学与几何学联系起来的重要性的杰出数学家。中国人所对付的困难，是他们没有一种可以与代数学相联系的得到了充分发展的曲线几何学。第一部代数几何学①教科书是马里诺·盖塔尔迪（Marino Ghetaldi）1630 年的著作。大约在这个时期，解析几何学的基本概念已在费马与笛卡儿（Descartes）的思想中发展起来了，笛卡儿的《几何学》（La Géométrie）出版于 1637 年，现代科学中通用的各种图示法都源自该书。莱布尼茨（Leibniz）提供了我们现在所说的"坐标"（coordinate）、"横坐标"（abscissa）和"纵坐标"（ordinate）的名称。这种方法是从方程到几何图形的推理；而中国人一直做的就是把几何图形转变为方程。

（8）三　角　学

近代三角函数的理论是在后文艺复兴时期发展起来的，因此，关于古代中国数学中的三角学②并没有很多可谈的。在所有古代文明中，直角三角形的性质早期是同用晷表进行的天文测量一起而得到研究的，因此从某种意义上说，《周髀算经》认识到了直角三角形各边之比的重要性。但是，最重要的步骤是希腊人采取的。有理由认为，萨摩斯的阿里斯塔克斯（Aristarchus of Samos；约公元前 260 年）曾应用了相当于角的正切的比率，而喜帕恰斯（约公元前 140 年）则完成了球面三角形的图解法［Braunmühl（1）］。然而，球面三角学的主要进展是亚历山大里亚的梅内劳斯（Menelaus of Alexandria）于公元 100 年前后在其《球面学》（Spherics）③ 中实现的；他最先完整地表述了著名的"六量律"（rule of six quantities），其中用到正弦。托勒密（约公元 150 年）则扩充了喜帕恰斯首创的弦表。

随后印度人将三角学带到了它的近代形式。在公元 400 年以后不久，正弦和正矢的概念第一次出现在《宝利沙历数书》（Pauliśa Siddhānta）④ 中。阿耶波多（约公元 510 年）第一个给正弦起了专有名字，并制订了一个对应每一度的正弦表。与阿耶波多同时代的伐罗诃密希罗（Varāha-Mihira）在《五大历数全书汇编》（Pañca Siddhāntikā；约公元 505 年）中，提出了既包括正弦又包括余弦的现代术语公式。印度人的工作为阿拉伯人所继承，并由他们传到了欧洲。例如，巴塔尼（Ibn Jābir ibn Sinān al-Battānī；公元 858—929 年）⑤ 就经常应用正弦，认识到它优于希腊人的弦，并提出了一些导出正切和余切的概念。阿布·瓦法（Abū'l-Wafā'al-Būzjānī；公元 940—998 年）⑥ 则引入了正割与余割。使平面三角学以一门独立学科的姿态出现的第一部著作是纳西尔丁·

109

①　这个术语在这里的意义当然与它现代的学术意义不同。
②　即三角面术。
③　译文见 Krause（1）。
④　Sarton（1），vol. 1，p. 387。
⑤　Sarton（1），vol. 1，p. 602；Mieli（1），p. 83。
⑥　Sarton（1），vol. 1，p. 666；Mieli（1），p. 108。

图西（1201—1274 年）的《论完全四边形》（*Kitāb al- Shakl al- Qaṭṭā'*）[①]。这部书出现在蒙古人统治下的波斯；在欧洲，直到 1533 年雷乔蒙塔努斯（Regiomontanus）的《论各种三角形》（*De Triangulis*）出版，才有著作可与之媲美。阿拉伯三角学传到欧洲的情况在许多数学史中都有叙述[②]。

与此同时，中国也已有了一些进步[③]；前面提到过的 11 世纪沈括关于弧矢方面的著作就是一例。由于直角三角形的各边已有专门的术语，中国人似乎并没有感到有必要为角函数起专门的名称。在平面三角学的实际应用中，正弦用"勾/弦"，正切用"勾/股"，正割用"弦/股"来表示就够了。前面已经提到的"重差法"就是三角函数的一种经验性的替代。

但是，到了纳西尔丁·图西的时代，正如郭守敬的著作所表明的那样，中国人正变得渴望改进他们的历法和天文计算。葛式［Gauchet（7）］已细致地研究过郭守敬的球面"三角学"[④]。最为遗憾的是，郭守敬自己的著作一本也没有流传下来[⑤]，但他的方法可以通过上文所提到的著作[⑥]而复原。图 74 所示是他所论述过的最重要的图。这是一个由赤道、黄道及两个子午圈（其中一个通过夏至点）组成的、以四边形为底的球面四棱锥。图中 AB 是赤道，CD 是黄道，CA 和 DB 是两个子午圈的弧；O 是天球的中心，D 是夏至点。CMNK 是郭守敬为进行计算而作的矩形。线段 AP 显然是 AB 弧的正弦，而线段 DR 是 DB 弧的正弦[⑦]，它们分别平行于 KN 和 MN。通过这种方法，他能够得到"度率"（与黄道度数相对应的赤道度数）、"积差"（与已知黄道弧相对应的弦长）和"差率"（弧相差 1°时所对应的弦差）[⑧]。这整个方法被描述为"考虑所有不管是斜的或是直的包含在圆内的直角三角形、弦和矢、正方形和长方形等问题"（"勾股弧矢方圆斜直所容"）。图 75 是郭守敬在他的计算中肯定用过的一种图形；该图采自邢云路的《古今律历考》（1600 年）。

郭守敬在中国朝廷里谅必认识一些波斯天文学家，但他们对他的影响（如果有的话）有多大，则是很难说的。李俨认为[⑨]郭守敬手边有一份不完整的正弦表，但葛式却怀疑这一点。不仅如此，葛式还追随阮元的主张，宣称沈括的著作已经为郭守敬提供了一切必要的东西，使他在天文测定和计算方面做得比中国过去所做过的都要精密得

① Sarton（1），vol. 2，p. 1003。*Mafātih al- 'Ulūm*，p. 207。

② 例如 Smith（1），vol. 2，pp. 609 ff. 。

③ 我们稍后将谈到这样一种可能性：一种早期形态的三角学曾在隋唐时期从印度传到了中国，但并没有生下根来（下文 pp. 148，202）。《开元占经》（卷一〇四）中有一个公元 718 年译成中文的正弦表［参见 Yabuuchi（1）］。

④ 我把这个词加上引号，是因为在其中不曾使用过角函数的各种名称。

⑤ 正如葛式所说，除非它们像宋代代数学家的著作所长期遭遇到的那样，仍然沉睡在某个已被遗忘的书库中。

⑥ 见上文 p. 48 关于主要数学著作的介绍。

⑦ 半径取为 1。

⑧ 这些数值的表，采自《元史》，收入《图书集成·历法典》卷三十五至三十七。

⑨ 李俨（4），第 3 集，第 381 页；（21），第 3 集，第 237 页。

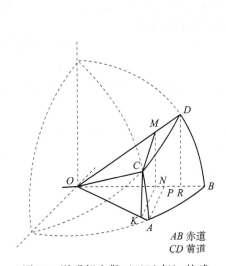

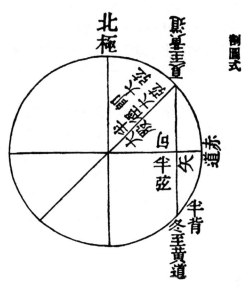

图 74　说明郭守敬（1276 年）的球　　　　图 75　说明球面三角学问题的图，采自邢云路
　　　　面三角学的图。　　　　　　　　　　　　的《古今律历考》（1600 年）卷七十。

AB 赤道
CD 黄道

多①。不过也有可能，郭守敬所用的三角函数表和方法不是以汉文的形式，而是以蒙古文的形式保存下来了。对于 1712 年左右在哈拉和林（Karakoron）流行的蒙古文抄本《论坐标》（*treatise on coordinates*），巴拉诺夫斯卡娅［Baranovskaia（1）］最近做了有趣的研究，至少提出了这种可能性。这个抄本载有完善的函数表及北纬 44° 的球面三角计算。

　　在郭守敬以后，有一段空白时期，这个时期一直持续到徐光启和利玛窦 1607 年写出第一部中文的近代三角学——《测量法义》。1631 年，徐光启增添了一部《测量异同》，在这部著作中，他指出在三角几何学的古代"勾股弦"方法中已经隐含着表示角函数（各边的比率）的新名称了②。

（9）　难题和智力玩具

　　由于没有更合适的地方，我们就在此简略地谈谈其他数学问题和智力玩具。很久以来，欧洲人一直倾向于把许多这类玩具叫作"中国玩具"，但其中究竟有多少元素真正来源于东亚，这根本就不清楚。也许，欧洲人倾向于把某个他们难以理解的文明的称号加在难以解释的事物之上。这个问题在数学史的旁支中已有专门的研究，这种研

---

　　①　这具体表现在 1281 年的《授时历》中。鉴于印度人和阿拉伯人对球面三角学的贡献要大得多，即使不提梅内劳斯，富路德［Goodrich（1）p. 177］说郭守敬"发现球面三角学"的话也是太过头了。三角学并不是中国人对世界的一项重要贡献。但葛式的观点已为钱宝琮（7）新近的研究所证实。

　　②　关于三角学传入中国以及它后来在那里的发展，参见李俨（4），第 3 集，第 323 页；（21），第 3 集，第 191 页。

究大概不是没有价值的；这方面可以取劳斯·鲍尔［Rouse Ball（2）］的著作为起点，通过蒙蒂克拉（Montucla）和奥扎南（Ozanam）的著作追溯上去。这类智力玩具中有不少都牵涉到若干个数学分支，并且与各种各样的具体事物有关。

例如，拓扑学上的"中国九连环"（Puzzle of the Chinese Rings）[1]（它可能是从算盘演变出来的），最初见于卡尔达诺的著作（1550 年）[2]，后来沃利斯（John Wallis，1685 年）[3]对它做了详细的数学说明。格罗（Gros）在 19 世纪应用二进制记数法[4]给它以最优美的数学解答。20 世纪初，这种玩具在中国通称为"连环圈"，但它的起源并不十分清楚[5]（见图 76）。另一种几何学的智力玩具是一套用来换位排列的木板（一块方形、一块菱形和五块大小不同的三角形）[6]，据说它是"东方最古老的娱乐用具之一"，中国人称为"七巧图"，欧洲人则称为"唐人图"（tangrams）。这与几何剖分、静态对策、自反嵌图（anallagmatic tessellation）等有关[7]，也与多少世纪以来中国建筑师用在窗格子上的丰富的几何图案有关[8]。另一个像连环圈一样与拓扑学有关而广泛流传的技艺是折纸术，杜甫有一首著名的诗曾提到过它[9]。

112

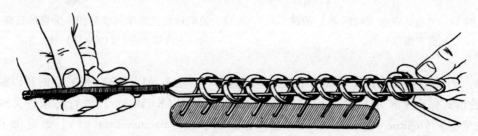

图 76　九连环［韩博能（Brian Harland）先生在兰州购得的样品的素描图］。

（i）代　数　学

正像我们上文已经说过的，如果不确定代数学这个术语的含义，就不可能对早期的代数学史进行讨论。如果我们所指的是解如 $ax^2+bx+c=0$ 这类用符号表示的方程的方

① 几个环按这样的方式挂在一个环柄上：最尽头那个环可以随意从环柄上取下或挂上，而其他的环只有当邻近的环处在某些位置时才能够被取下或挂上。Rouse Ball（2），p. 305；Ahrens（1）。

② *De Subtilitate*, bk. xv, 2（Sponius edn., 111, 587）。

③ *De Algebra Tractatus*（*Opera*, II, p. 472）。

④ 参见本书第十三章（g）（第二卷，p. 340）。

⑤ 参见本书第二卷，p. 191；名家的悖论。

⑥ Rouse Ball（2），p. 113。参见上文（p. 96）有关三国时期的注释者所用方法的叙述。

⑦ 剑桥大学图书馆藏有这方面的一些小册子，其中有些载有 19 世纪桑下客作的序，年代在 19 世纪早期。

⑧ 见戴谦和［Dye（1）］收集的图案。这些窗格图案曾引起数学家们的兴趣，例如，外尔［Hermann Weyl（1）], pp. 103 ff.］曾在其中找到了二维桁架中的所有 17 种可能本质不同的对称的例子。

⑨ 华嘉［Vacca（7）］是认识到这方面的科学意义的唯一西方数学家。因为它引出许多迷人的问题，如皮亚诺-施瓦兹曲面（Peano-Schwarz surfaces）、纽结理论及被视为理想领结二维形式的正多边形，所以近代拓扑学家很可能发现，对中国折纸术的起源和发展做一次考察是件有趣的事。

法，那么，代数学是 16 世纪才发展起来的。如果我们允许使用其他一些不太便利的符号，那么，代数学的发展至少可以追溯到公元 3 世纪；如果纯几何解法也算数，那么，它在公元前 3 世纪就已开始。如果我们把现在可用代数方法求解的问题统统归入代数学，那么，它在公元前第 2 千纪就为人们所了解①。从我们所能追溯的年代（大约公元前 2 世纪）起，代数学在中国数学中一直是占优势的，但它并不属于这些范畴中的任何一个②。实际上，它是一种"修辞的"③ 和位置的代数学，只是符号（按照一般的理解）使用得比较少也比较迟。换句话说，这种代数学使用大量抽象的单音专用字来表示一般化的量和运算④。如果说这些字还不能算是数学意义上的符号，那么，它们也远不只是通常意义上的文字了。在演算过程中，筹算板上的数字是按照它们所代表的量的类别（未知数、幂等）而占有一定的位置的。这样，一种永久性的数学模型归档系统就建立起来了⑤。但是，由于这种方程的类型总是受到具体问题的牵制，所以没有发展出任何一般的方程理论。然而，这种依据模型进行思考的倾向，终于从筹算板发展出一种位置记法，这种位置记法（在所使用的范围内）是如此完备，以至于我们使用的大多数基本符号变得多余。遗憾的是，虽然这种成就是如此辉煌，但是它却带来了一种不能由之进一步发展的境况。

正如中国人从很早开始就利用代数学来攻克几何问题那样，希腊人也使用纯几何学方法解决了许多比较困难的代数问题。欧几里得在解与方程 $x^2+ax=b^2$ 等价的问题时，实质上用的是把几何上的方形补足且忽略负根的办法⑥。但希腊代数学的发展较晚，而直到亚历山大里亚的丢番图的《算术》（*Arithmetica*） 问世以后，西方代数学才开始获得了某种符号和独立存在的地位。丢番图鼎盛于公元 250—275 年的四分之一个世纪里，与刘徽差不多处于同一个时代。有过这样一种说法⑦：丢番图具有萨尔马提亚人（Sarmatian） 的血统，而他的代数学是伊朗人和中国人影响的产物。但诺伊格鲍尔和其他学者⑧最近的调查研究已经证明，巴比伦的代数学比过去所了解到的更为先进，它包括三次和四次方程的问题。即使在那些楔形文字文书中的问题的基础，表面上看是属于几何学的地方，其本质也完全是代数学的，因为经常进行的一些运算并没有与之相应的任何可能的几何学解释⑨。由于巴比伦代数学非常古老，人们不禁感到困惑，这种

113

---

① 史密斯［Smith（1），vol.2，p.378］就是这样看的。除标准的数学史外，有价值的代数学史论著还有 Zeuthen（1）；Thureau-Dangin（2）。

② 参见 Wang Ling（2），vol.1，pp.286 ff.。

③ 这是内塞尔曼（Nesselmann，1842 年）给完全用文字写出的代数学所起的名称。

④ 有关的一个好的例子，见 Wang Ling & Needham（1），p.377。

⑤ 关于中国代数学与哲学的关系，参见本书第二卷，pp.292，336。

⑥ Euclid，bk II，prop.2。一个世纪以前，通常要给《几何原本》每一个命题附上代数公式的注释，如波茨（Potts）的版本。

⑦ 例如见 Mazaheri（2）。

⑧ 参考文献见 Archibald（1）。

⑨ 这与几何学占优势的埃及数学形成对照［Gandz（4）］。

巴比伦代数学是否会像种子那样散播开去，一方面为印度和中国的代数学①而另一方面为希腊式的发展奠定基础②？

在中世纪初期西方科学衰退期间，丢番图时期的代数学被遗忘了，而当伟大的阿拉伯科学运动兴起时，阿拉伯的代数学无疑受惠于印度，或许在较小的程度上也受惠于中国。阿拉伯代数学最著名的人物是花拉子米（鼎盛于公元 813—850 年）③，我们现在所用的 "algebra"（代数学）一词就是从他的著作《还原与对消的科学》（*Ḥisāb al-Jabr w' al-Muqābalah*）④ 中得来的。原书名中的两个字的意思是 "还原"⑤ 和 "对消"。例如，已知：

$$bx + 2q = x^2 + bx - q,$$

则经过 "还原"（*al-jahr*）得

$$bx + 2q + q = x^2 + bx,$$

再经过 "对消"（*al-muqābalah*）得

$$3q = x^2。$$

因此，前一过程含有负量移项的概念，而后一过程则有正量相消从而使方程各边简化的概念。在中国数学中，没有严格与这些过程相应的术语，因为他们进行代数运算完全不用等号 "＝"，并且各项排成表格化的行列⑥。但是，在方程两边消去 bx 可以说相当于《九章算术》所提到的 "同号项相减"（"同名相除"），同样，$-q$ 移项成为 $+q$ 相当于 "异号项相加"（"异名相益"）⑦。把各项相加进行简化，李冶称之为 "并入"，而将相减称为 "相消"。

人们常常忘记欧洲代数学的符号系统是发展得非常缓慢的⑧。"加"（plus）和 "减"（minus）这两个字起初是在 "试位法" 中使用的⑨，后者是在 13 世纪，而前者则到 15 世纪才开始使用。近代的符号 "＋" 和 "－" 最早出现于 1489 年的一本算术书中。乘号 "×" 直到 1600 年左右才发展起来，而除号 "÷" 则要晚至 17 世纪。伟大的法国数学家韦达（François Viète），活动于 16 世纪的最后三十年，是引入用字母代表数字方法的主要人物⑩。因此，直到明代，欧洲代数学才有了自己的符号体系。欧洲符号

114

---

① 我们已见到过一个与占星术有关的例子，在那里，巴比伦体系与中国体系之间似乎有某些可察觉的联系（本书第二卷，p. 353）。

② 我们也已看到了［本书第十四章（*a*）］巴比伦文化传入希腊化世界以后所产生的另一些结果。

③ Sarton（1），vol. 1，p. 563。除了这部最简洁可靠的参考书外，我们也很乐意提起迪蒙（Dumont）关于花拉子米的一篇简短但引人注意的文章。

④ 英译本有 Rosen（1），以及 Karpinski（1）［译自切斯特的罗伯特（Robert of Chester）的拉丁文本］。参见 Winter & Arafat（1）。

⑤ 因此出现了一件奇怪的事：在摩尔人统治时期的西班牙（Moorish Spain），动词 "*jabara*" 衍生出了西班牙语单词 "*algebrista*"，意思是 "接骨师"（bone-setter）。

⑥ 在 13 世纪以前，所有中国的 "方程" 都依例以 "＝ + n" 结尾，n 是常数项。后来在宋代，秦九韶倡导一种相当于 "＝ 0" 的做法，这时常数项成为 $-n$，与其余各项写在一起。

⑦ 《九章算术》卷八，第四页。这些用语实际上是指处理联立方程的办法。

⑧ 史密斯［Smith（1），vol. 2，pp. 395 ff.］对此有很好的说明。

⑨ 见卜文 p. 117。

⑩ Smith（1），vol. 1，p. 311。

发展的过程恰恰出现在中国古代代数学方法处
于低潮的时期；当耶稣会士把欧洲代数学介绍
过去时，他们带去的不是落后的由来已久的传
统内容，而至少在技术上是比较新的东西。在
所有符号当中，最重要的大概是使等式成为可
能的等号"＝"。在巴比伦和埃及曾用过各种
记号来表示相等，但最先得到公认的是丢番图
符号记法中的那些符号，"*esti*"（*ἐστί*；是）
和"*isos*"（*ἴσος*；等于），简写为"*is*"（*ἴσ*）
和"*iˢ*"（*ιˢ*）。在中世纪，在用来表示相等的
符号上有过很大的混乱，近代的"＝"直到雷
科德（Recorde）的《励智石》（*Whetstone of
Witte*，1557 年）问世才出现；雷科德曾清楚
地说，他选择了两条等长的平行线，因为没有
东西比它们更相等了。但这个等号直到 18 世
纪才被普遍采用。在雷科德的著作和这个时期
的其他著作中，"＝"符号两条线的长度在计
算书写当中常常被画得很长，这种做法在中国
一直保留到相当晚的年代（图 77 所示是一部
1889 年的物理学著作中的一页算草）。这个事
实反映出，由于未能创造出一种适于书写现代
形式方程的符号，它在多大程度上阻碍了中国
代数学后文艺复兴式（post- Renaissance type）
的发展。中国代数学也从来没有表示指数和幂
次的符号；不管是 x^2 还是 x^3，它们的量值完
全取决于它们在中国人所用的"矩阵"表上
所处的位置。我们现在的整数指数也很晚才出

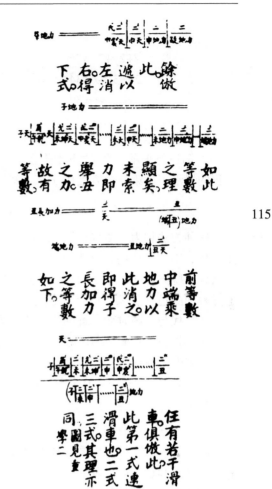

115

图 77　一部中国物理学著作中所用的流行于
16 世纪的长等号（采自叶跃元等的
《中西算学大成》）。

现，在笛卡儿（1637 年）以前，使用的是许多其他形式，例如以 *xxx* 表示 x^3。

（1）联立一次方程

在汉代的《九章算术》（约公元前 1 世纪）中，联立一次方程是非常明显的，而希
腊人，甚至连丢番图，在这方面都不如更早些的巴比伦人成功。中国人的方式，是把
算筹放在表上不同的方格中，以表示不同未知数的系数和常数项。《九章算术·方程》
中有许多求

$$ax+by=c,\ a'x+b'y=c'$$

这种类型方程解的问题。这是一个排列系数、交叉相乘以及相加或相减的问题。例如，
方程：

$$x+2y+3z=26$$
$$2x+3y+z=34$$
$$3x+2y+z=39$$

1	2	3	上禾秉数
2	3	2	中禾秉数
3	1	1	下禾秉数
26	34	39	

被排成如上所示的表，第一行表示 x 项（"上禾秉数"），第二行表示 y 项（"中禾秉数"），第三行表示 z 项（"下禾秉数"），第四行是常数项。一般的做法是：在上述两个方程的情形下，第一个方程用 a' 乘，第二个方程用 a 乘，相减后得

$$y=\frac{c\,a'-c'a}{b\,a'-b'a}$$

116　　这种方法称为"直除法"。它流行于许多后来的著作中①。刘徽在他的《九章算术注》中，对于某些问题已能避免用第一个未知数项的系数交叉相乘，而通过重新排列和组合这些方程的办法来消去 x。这当然牵涉到符号的变换，很可能是通过改变筹算板上算筹的颜色（从黑到赤或从赤到黑）来表示的②。

　　在汉代与三国时期，解联立一次方程的方法从未脱离具体的问题；一直到宋代的杨辉③，才对一般解法做出说明。他把相邻的方程称为"甲行""乙行"等等，把第一个未知数的系数称为"首位"，而把多于两个未知数的方程组称为"行繁者"。

　　《唐阙史》里有一个故事④表明，代数学的这个分支在公元855年前后曾被用来考试小官吏。

　　　　杨损（一位高级官员）⑤因选用和提拔行政官吏而闻名，他不受私人的影响也不凭个人的喜恶，而要听取对这些官吏功过的全面评价，并把能够得到的各种批评意见加以权衡。即使是对于地位卑贱的办事员和小官吏（"细胥贱卒"）⑥，他也同样应用这个原则。

　　　　有一次，有两个办事员，他们的职位相同，在政府里工作的时间也同样长。他们甚至得到了同样的赞扬，并且他们个人档案中的评语也完全相同。中级负责官吏对他们的提升问题感到十分为难，便去请示他的上司杨损。杨损把这个问题考虑了一番，然后说："一个低级办事员的最大优点之一是要计算得快。现在就让这两个候补人员都来听我出题。谁先得出正确的答案，谁就会得到提升。我的问题是：有人在树林中散步，无意中听到几个盗贼在讨论怎样妥善地分配他们偷来的布匹。他们说，如果每人分6匹，就会余下5匹；如果每人分7匹，则会短少8匹。试问：这里一共有几个盗贼？布匹的总数又是多少？"这个问题由另一个低级

---

①　例如，公元5世纪的《张邱建算经》和公元7世纪刘孝孙的《九章细草》。

②　在两个问题中，他首先消去常数项，然后用代换法消去未知数。

③　我们已经看到，他力求得到严谨的几何学证明。

④　这个故事甚至连眼光锐利的三上义夫和钱宝琮也似乎没有注意到。李俨[（1），第85页]提到杨损的问题，但我们一直到发现这一段并把它译出以后，才注意到这一点。

⑤　他的传记见于《新唐书》卷一七四；《旧唐书》卷一七六。

⑥　这种说法相当明显地表明，数学家在社会上的地位是很低的。参见下文 pp. 152 ff.

办事员传下去了。杨损让两个候补人员在大厅的石阶上用算筹进行计算。不久，其中就有一人确实得出了正确的答案。他被正式授予了这个较好的职位，对此决定，散去的官吏们都没有任何抱怨或批评①。

〈青州杨尚书损观风陕郊日，政令颇肃。郡人戎校缺，必采于舆论而升陟之。缕及细胥贱卒，率用斯道。以是莅政累载，无积薪叹燥请托之源。一日，使院有专兵籍者阙，局司颇重，选置惟难。有吏两人，众推合授。较其岁月职次，功绩违犯，无少差异者。从事掾不能决，请裁于长。长或臆断，谁曰无私。杨公偲首久之，曰："余得之矣。"乃谓曰："为吏之最，孰先于书算耶。姑听吾言：有夕道于丛林间者，聆群跖评窃贿之数。且曰：'人六匹则长五匹，人七匹则短八匹'，不知几人复几匹？"顾主砚小吏著于纸，令俯阶筹之。且曰："先达者胜。"少顷，一吏果以状先。遂授良阙。侪类则眙伏而退。〉

（2） 矩阵和行列式

中国人用筹算板中的算筹表示联立一次方程未知项系数的方法，自然地导致了简单的消元法的发现。算筹的排列正好就是数字在矩阵里的排列。因此，中国数学在早期已经发展了像行列式简化时各列各行相减的概念。但直到日本学者吸收之后，行列式概念才取得独立的形式。关孝和，这位17世纪日本最伟大的数学家，在1683年写了一部名为"解伏题之法"②的著作，在这部著作中，对行列式的概念和它的展开已经有了清楚的叙述③。由于他的工作无疑是在1683年以前做的，又由于欧洲第一次提出行列式的是1693年莱布尼茨的著作④，所以提出行列式的荣誉应该归于关孝和，他的思想更多的是受中国的而非西方的影响而产生的⑤。关于这个发现，正如史密斯所说，唯一令人惊奇的是它没有在更早年代，例如由宋代的代数学家们来阐明。

（3） 试　位　法

在古代，简单的一次方程比在有了一套良好的符号系统以后要麻烦得多。史密斯说⑥，世界竟曾经为一个形如 $ax+b=0$ 的方程所困惑过，这似乎是不可思议的。但是，古代数学家为解这种方程，确实曾求助于一种比较烦琐的方法，这种方法后来在欧洲称为"试位法"（Rule of False Position）。这种方法的主要形式是所谓"两次假设"。就上述方程而言，它可以解释如下：设 g_1 和 g_2 是 x 值的两个猜测数，而 f_1 和

117

---

① 《唐阙史》卷下，第二十四页，由作者译成英文。

② 意思是"用行列式解题的方法"。

③ Smith (1), vol. 2, p. 475; Smith & Mikami (1), p. 124; Hayashi (1)：加藤平左卫门 (1)。

④ Muir (1)；Lecat (1)。

⑤ 小堀宪博士（私人通讯）极为赞同这种看法。史密斯和三上义夫［Smith & Mikami (1), pp. 132 ff.］曾对西方影响的可能渠道作了一番有趣的研究，这些影响的渠道仍然未被证实而令人着急。

⑥ D. E. Smith (1), vol. 2, p. 437。

f_2是误差，即ag_1+b和ag_2+b的值。如果猜测数是正确的，那么，误差应该等于0。于是

$$ag_1+b=f_1 \qquad\qquad (1)$$

和

$$ag_2+b=f_2 \qquad\qquad (2)$$

因此：

$$a(g_1-g_2)=f_1-f_2 \qquad\qquad (3)$$

由（1）得

$$ag_1g_2+bg_2=f_1g_2$$

由（2）得

$$ag_1g_2+bg_1=f_2g_1$$

因此：

$$b(g_1-g_2)=f_1g_2-f_2g_1 \qquad\qquad (4)$$

用（3）除（4）得

$$-\frac{b}{a}=\frac{f_1g_2-f_2g_1}{f_1-f_2}$$

但，因为

$$-\frac{b}{a}=x$$

所以 x 便可求出了。

这个"试位法"无疑是由阿拉伯数学家传到欧洲的，它出现在花拉子米（约公元825年）、古斯塔·伊本、卢加（Quṣtāibn Lūqa al-Ba'albakī；卒于公元922年）[1] 以及几个后来作者的著作中。阿拉伯语称这种方法为"ḥisāb al-khatā' ain"，由此又产生了各种各样的叫法，例如"elchataym"（斐波那契，13世纪），"el cataym"（帕乔利，15世纪），"Regola Helcataym"［塔尔塔利亚（Tartaglia），16世纪］，"Regole del Cattaino"［帕尼亚尼（Pagnani），16世纪］等[2]。这种方法可能起源于中国，因为正如钱宝琮[3]所指出［张荫麟（3）也赞同这一看法］的那样，这种方法的确是中国的"盈不足"

---

① Sarton（1），vol.1，p.602；Hitti（1），p.315；他是黎巴嫩的一名信奉基督教的阿拉伯人。

② 这些名称令人想起了"Cathay"（Khitāi；即契丹或中国）一词，而且事实上确有阿拉伯语的事物名称恰是如此而来的某些例子（见本书第三十章论述火药的部分），这对于某些人一直是一种诱惑［参见钱宝琮（3）；张荫麟（3），第306页］。然而，这种类似性似乎只是表面的，因为"Khatā' ain"的意思只是"两次试位"（double false）［见《科学之钥》（Mafātih al-'Ulum，p.201）中的说明］。我们非常感谢邓洛普先生在此问题上提供的帮助。此外，因为花拉子米在公元9世纪就知道并使用了这个方法，所以假使这种传播存在，也不会像钱宝琮所认为的那样发生在西辽国（1124—1211年）那样晚的年代。我们稍后（下文 p.457）将看到，另一位中国的历史学家也把西辽（Qarā-Khitāi）看作是知识从东向西传播的媒介。尽管这似乎不适用于当前的问题，但值得加以注意。

③ 钱宝琮（3），（1），第36页。

术，它实际上是公元前 1 世纪的《九章算术》第七章的章名[1]。刘徽称它为"朓朒"术，这两个字都出自月球的运动，第一个字意指残月的末次出现，第二个字则指新月的初次出现。在说明有关问题的解法时[2]，常用"假令"[3] 二字表示第一个假设值 g_1（不论是盈或不足）的选定，而用"令之"二字表示第二个假设值 g_2（不论是盈或不足）的选定[4]。古埃及[5]和印度[6]似乎也已熟悉某种类似于试位法的方法。盈和不足的概念在哲学上是十分重要的[7]，它推动了所有的古代数学，也推动了希腊的生物学[8]。

119

（4）不定分析和不定方程

在概述中国数学文献时，我们已经几次提到了不定分析。假定有 n 个方程，它们含有多于 n 个的变数，那么，可以有无限多组解。当然，在有些情况下，问题的性质也许是只需要求那些解当中的正整数解。至少从公元 4 世纪开始，不定分析就一直是中国人的一大数学爱好，当时《孙子算经》给出了如下的算题[9]：

> 我们有一些东西，但我们并不知道究竟有多少。如果我们三个三个地数，就会剩下两个。如果五个五个地数，就会剩下三个。如果七个七个地数，就会剩下两个。问这些东西有多少？

〈今有物不知其数。三三数之剩二，五五数之剩三，七七数之剩二。问物几何？〉

孙子确定了"用数"70、21 和 15，为 5×7、3×7 和 3×5 的倍数，且当它们分别用 3、5 和 7 除时都有余数 1。和数 2×70+3×21+2×15＝233 就是一个答案，再从中减去 3×5×7 的尽可能多的倍数，就得到最小的答数 23[10]。这是孙子给出的唯一的解。写成现代形式时，这可表示为：

---

① 关于这一点人们一直觉得费解，因为三上义夫［Mikami（1），p. 161］只考查了这一章的前八个问题。他解释说，在所有这些问题中都包含问题中给定的一个盈余数和一个不足数，并且能用普通的联立一次方程来求解。史密斯［Smith（1），vol. 2，p. 433］只是照搬了他的这种说法罢了。但是，第九题到二十题都是以必须假定盈余数和不足数的方式（就像试位法中的猜测数那样）来设立的。

② 第七章主要处理一次方程的问题，但也有三个问题涉及二次方程或高次方程。对于这些问题，作者也用同样的方法处理，可能是没有觉察到它们的答案只能是近似的。

③ 这是一个惯用语，但是，由于单独一个"假"字确实有"虚假"（false）的意思，所以，外国人逐字翻译，本也可以容易地得出"假令"的含义。

④ 在《九章算术》的其他地方（卷三和卷五），这个方法常用于简化算术级数和几何级数的问题，以便使它们变成简单的比例。

⑤ Cajori（2），p. 13。见下文 p. 147。

⑥ Datta & Singh（1），vol. 2，p. 37。此即巴赫沙利手稿，现在估计它的年代不早于 10 世纪。《九章算术》卷七中的实际问题（特别是第十五、十六和十八题）与婆罗摩笈多（公元 628 年）著作中的实际问题［见 Colebrooke（1），p. 289］及摩诃毗罗（公元 9 世纪）著作中的实际问题［见 Datta & Singh（1），vol. 1，p. 205］有引人注意的相似之处。

⑦ 参见本书第十三、十六、十八章（本书第二卷，pp. 270，286，463，566）中有关理学学派的段落。

⑧ 参见 d'Arcy Thompson（1）。

⑨ 《孙子算经》卷下，第十页。

⑩ 参见 Dickson（1），vol. 2，p. 57。

$$N \equiv 2 \pmod 3 \quad o3 \pmod 5 \equiv 2 \pmod 7 。$$

不定分析引起了数学史家的高度重视;伟烈亚力[Wylie(4)]曾用几页的篇幅专门叙述它;现代最出色的论述是李俨[1]和钱宝琮[2]的著作。

不定分析后来被称为"大衍术",它源于《易经》[3] 中一句隐晦的陈述"大衍之数五十"[4]。在公元 8 世纪的头十年里,一行在他的《大衍历术》中想必应用过不定分析[5]。在我们现在所看到的原文中,并没有他的计算的详情[6],只有一个答案 96 961 740 年。这是他所寻求的从"上元"[7] 到开元十二年(公元 724 年)所经过的年数。他的问题用现代形式表示就是

$$1\ 110\ 343y \equiv 44\ 820 \pmod{60 \times 3040}, \equiv 49\ 107 \pmod{89\ 773}[8] 。$$

5 个世纪以后,秦九韶在他的《数书九章》中对这个问题做了完整的解释[9],这就是使伟烈亚力能够理解它的资料来源。在上文的孙子问题中,数字 3、5 和 7 称为"定母",它们的最小公倍数 105 称为"衍母",用 3、5、7 除 105 所得到的商 35、21、15 称为"衍数",通过分析而得到的数字 2、1、1 称为"乘率"。求出这些数是非常重要的过程。

秦九韶《数书九章》卷一第二题论述历法计算,而卷三的那些问题(特别是第三题)最接近于一行的方法,虽然所用的术语不同,但提供了我们可以借以了解一行方法的线索[10]。卷三第一题涉及推算任一年的"气"(从冬至点至上个甲子日之始的时间);第二题是有关推算"闰"(从十一月起算的相应时间)。卷三第四题和卷四第一题与恒星周年运动、周日运动及行星运动的不均匀性有关。卷一和卷二中的其他问题涉及公共工程,例如河堤、金库、谷仓、军队行动等[11]。接下去是讨论雨量和雪量的问

① 李俨(4),第 1 集,第 61 页;(21),第 1 集,第 122 页。

② 钱宝琮(2),第 45 页起。

③ 《系辞传》上,第九章。见本书第二卷,pp. 305 ff.。

④ 采用这个术语的理由是非常清楚的。在《易经》所描述的古典占卜术中[参见 R. Wilhelm (2),vol. 1,pp. 236,280;Baynes tr.,pp. 334,392],从 50 根蓍草中先拿走一根,然后把剩下的 49 根分成任意的两堆,象征阴和阳。因此,用辗转相除法寻求一数的余数的数学家们记得这一点是件很自然的事。在接下来的占卜中,依次把每堆蓍草四根四根地数,把剩下来的拿开,便得到其他"余数"。因此,在中国,不定分析即使并不是实际从某种古代蓍草占卜方法演变出来的,也是同这种方法有关联的。或许可以想象,在某个时候这些分蓍草的方法与算筹结合了起来。秦九韶(《数书九章》卷一,第一页)曾用数学的形式为《易经》的方法作了一个经典的注释。伟烈亚力[Wylie (4)]翻译了这个问题和它的说明;亦可参见赵然凝(1)。

⑤ 张敦仁(2)也这样认为,他是这方面造诣最深的学者之一。

⑥ 《旧唐书》卷三十四;《新唐书》卷二十八。

⑦ 即前一次冬至正好发生在十一月初一并为甲子日的夜半的时刻。参见 Chatley (16) 和下文 p. 408。

⑧ 这些数字中的第一个数("策实")表示回归年日数的假分数中的分子,第三个数("爻数")是通常的甲子周期,第六个数("揲法")表示朔望月日数的假分数中的分子,第四个数("通法")是这两个假分数的分母。第二个数表示公元 724 年的冬至与前一甲子日夜半之间日数的假分数中的分子;第五个数("归余之卦")是这个假分数与另一个表示公元 724 年冬至与十一月初一之间日数的假分数之和的分子。虽然上面列出的表达式在形式上是正确的,但一行似乎不会拿这些未经任何简化的大数来进行计算。后来秦九韶在解类似的问题中,通过一系列中间步骤把这些数字化小。但所用的不定分析方法是大抵相同的。

⑨ 《数书九章》卷一和卷二,有关论述见 Mikami (1),pp. 65 ff.。

⑩ 见王铃[Wang Ling (5)]的专门研究。

⑪ 赫师慎[van Hée (3)]给出了卷一第三题和卷二第三题的译文及其解释。

题，不在大衍术之列①。

伟烈亚力的解释在欧洲是通过比尔纳茨基的译本而流传的，但由于译本中一些不准确的说法，致使康托尔怀疑中国人的方法的正确性。然而，马蒂森〔Matthiessen（1）〕曾为这个方法进行过辩护，指出这个方法与高斯（Gauss）的公式是一致的。如果 $m=m_1 m_2 \cdots m_k$，这里 m_1，m_2，$\cdots$，m_k 是两两互素的，又如果：

$$a_i \equiv 0\left(\bmod \frac{m}{m_i}\right), \quad a_i \equiv 1(\bmod m_i) \quad (i=1,2,\cdots,k)$$

则 $x=a_1 r_1 + a_2 r_2 + \cdots + a_k r_k$ 是

$$x \equiv r_1(\bmod m_1) \quad (i=1,2,\cdots,k)$$

的一个解。秦九韶的著作还研究了模数 m_i 非互素的情形②。方法如下：选取两两互素的正整数 μ_1，μ_2，$\cdots$，μ_k，以使每一个 μ_i 能除尽对应的 m_i，且 μ_1，μ_2，$\cdots$，μ_k 的最小公倍数等于 m_1，m_2，$\cdots$，m_k 的最小公倍数。这样：

$$(\mu): \quad x \equiv r_1(\bmod \mu_1), \equiv r_2(\bmod \mu_2), \cdots, \equiv r_k(\bmod \mu_k)$$

的每一解 x 也满足：

$$(m_1): \quad x \equiv r_1(\bmod m_1), \equiv r_2(\bmod m_2), \cdots, \equiv r_k(\bmod m_k)$$

因此，把上面的方法应用到（μ）上去，就可以解出（m）系来。但是，只有在每一个差 $r_i - r_j$ 都能为对应的模数 m_i 和 m_j 的最大公约数除尽时，这种做法才是正确的。在中文原著中没有提到这种必要条件，但在秦九韶所举的例子中，这个条件是得到满足的。

秦九韶的第一个问题（其他问题也一样）使用了前面提到的术语，意思是

$$x \equiv 1 (\bmod 1), \equiv 1 (\bmod 2), \equiv 3 (\bmod 3), \equiv 4 (\bmod 4)$$

分别取 1，2，3，4 的两两互素的因数 1，1，3，4，则 1×1×3×4（即 12）是 1，2，3，4 的最小公倍数。于是，$k_1=1$，$k_2=1$，$k_3=1$，$k_4=3$，满足同余式 $\frac{12}{1}k_1 \equiv 1(\bmod 1)$，$\frac{12}{1}k_2 \equiv 1(\bmod 2)$，$\frac{12}{3}k_3 \equiv 1(\bmod 3)$，$\frac{12}{4}k_4 \equiv 1(\bmod 4)$。所以，最小正数解为

$$x \equiv 1\times1\times\frac{12}{1}+1\times1\times\frac{12}{1}+3\times1\times\frac{12}{3}+1\times3\times\frac{12}{4}-9\times12(\bmod 12)$$

在中国数学中，不定问题处理的最常见的类型是"百鸡问题"，这个问题最早出现在公元 475 年前后③。公元 6 世纪的甄鸾、公元 7 世纪的李淳风和 11 世纪的谢察微是这样叙述的："如果一只公鸡值钱 5，一只母鸡值钱 3，三只小鸡仅值钱 1；问一百钱买到一百只鸡中，公鸡，母鸡和小鸡各有多少只？"④（"今有鸡翁一，值钱五；鸡母一，

---

① 但是联系到当时雨量筒的使用，这些问题是很有意思的。见下文第二十一章（p. 471）。

② 马蒂森〔Matthiesen（2, 4, 5）〕的著作非常混乱，把秦九韶的第一个问题说成是一行提出的，并推测它与筑堤工人的数目而不是与《易经》占卜术有关。这些误解被迪克森〔Dickson（1），vol. 2, p. 57〕丝毫不差地照抄了。我们十分感谢马勒教授所做的评论和他的积极参与，他的评论使整个问题得到了澄清。

③ 《张邱建算经》卷下，第三十七页起。

④ 完全相同的问题也出现在埃及代数学家阿布·卡米勒（Abū Kāmil al-Miṣrī，约公元 900 年）的著作中。参见 Suter（2）；Mieli（1），p. 108。

值钱三；鸡雏三，值钱一。凡百钱买鸡百只。问鸡翁、母、雏各几何。"）赫师慎［van
Hée（3）］对讨论这类问题①的各段原文做了详细的叙述。张邱建是用（未完整表达
的）不定方程解他的问题的，但其他学者发现可用较简单的方法获得答案，并且也这
样做了。在清代［骆腾风（1）］以前，不定分析始终没有被应用于这个著名的问题。

　　不定分析后来被称为"大衍求一术"，"求一"指的是计算过程的最后一步②。但
是在宋元时期它还有一些其他名称——"鬼谷算"（大概是因为与传说的哲学家鬼谷子
有某些关系）、"隔墙算"或"剪管术"。有一些通俗的叫法则把它同军事扯在一起，
例如"秦王暗点兵"③。

　　中国"大衍术"类似于印度数学④中的"粉碎法"（kuṭṭaka 或 cuttaca），此法最早
见于阿耶波多（生于公元476年）的著作，得名于"粉碎"乘数 p，意思是：如果 n_1，
n_2，n_3 是给定的数，则 pn_1+n_2 应为 n_3 所整除。

　　奇怪的是，丢番图的代数学中只要涉及这个题目，几乎全部是不定二次方程，但
在中国却没有这方面的研究。在欧洲，早在公元9世纪不定问题就已为人们所熟悉，
以后又变成常见的智力测验题。由于这些问题通常与青年男女聚会时饮料费用的支付
有关⑤，因此它们的分析便以"闹饮者法则"（Regula Coecis）或"姑娘法则"（Regula
Virginum）或"酒徒法则"（Regula Potatorum）而为人熟知。与秦九韶同时代但年龄较
大的比萨的莱奥纳尔多（Leonardo Pisano）在他的《算盘书》（Liber Abaci；1202年）⑥
中讨论过余数问题。

　　不定分析的问题往往与混合比例或与合金中各种成分的混合这类问题联系在一起。
关于数学与化学互相接触的这个点，史密斯⑦做过有趣的讨论（因为在近代以前，这两
方面太少接触了）。与此有关的主要中国著作是1593年的《算法统宗》⑧，虽然其中的
问题相当简单。但是《九章算术》⑨在很久以前就讨论过油与漆的混合。

123

（5）二次方程和有限差分法

　　中国数学早就开始使用二次方程了。《九章算术》中就有一个问题是通过求相当于
$x^2+ax=b$ 的二次方程的正根来求解的⑩。有时，通过转化为一次方程和求平方根的方法

---

① 三上义夫［Mikami（1），p. 32］讨论了另一个例子。

② 《梦溪笔谈》卷十八，第9段。参见胡道静（1），第594页。

③ 或称"韩信点兵"（韩信为汉代的名将），《算法统宗》卷五，第二十一页起。

④ Datta & Singh（1），vol. 2，pp. 87 ff.；Dickson（1）vol. 2，pp. 41 ff.。马蒂森［Matthiessen（3）］认为两者很不相同，但他的论点未能令人信服。

⑤ Smith（1），vol. 2，p. 586。

⑥ Dickson（1），vol. 2，p. 59。

⑦ Smith（1），vol. 2，pp. 588 ff. 。

⑧ 《算法统宗》卷二，第三十六页［E. Biot（5），p. 205］。

⑨ 《九章算术》卷七，第九页。

⑩ 参见上文 p. 26。

来避免解二次方程①，这一方法早就为古巴比伦的数学家所使用②。高至三次的特殊数字高次方程在这部汉代著作中也已出现③。在公元 5 世纪的《张邱建算经》④ 中发现的另一个方程（像通常那样，是用文字写出的）是 $x^2+cx=c^2-36\dfrac{a}{b}$。到了宋代代数学家的时代，相当于 $x^2-ax=b$ 形式⑤的方程也出现了。赫师慎［van Hée（1）］曾就这些二次方程写过一篇专题论文，但他的解释大多以 18 世纪数学家李锐的主要有关著作《开方说》为根据。葛式［Gauchet（6）］也曾以罗士琳的工作为基础，对《九章算术》的方程做了类似的研究。

　　在与二次式有关的方法当中，最有趣的一个是求天体运动公式中的任意常数的方法。它与现在的所谓有限差分法是相同的。这种"招差法"可以追溯到什么时候，目前还不十分清楚，但李淳风在造《麟德历》（公元 665 年）时肯定已经应用过它⑥。钱宝琮⑦指出，宋代和清代人认为"招差法"事实上就是祖冲之（公元 5 世纪后期）首创的《缀术》，这是一种可由"缀"字字义"穿针引线"来支持，但算不上真凭实据的看法⑧。招差法似乎曾由刘焯在公元 604 年的《皇极历》中介绍过。这个方法依赖于今天仍在使用的方程⑨ $Ax+Bx^2=C$，并可以按照需要推广到二次以上的任意高次方程中去。牛顿对这种方法很感兴趣，并曾应用过它。

　　李淳风的目的是要描述（因而也许是要预测）太阳角运动的不规则性。如果他生在笛卡儿之后，而不是在笛卡儿之前一千年的话，他就会把这些不规则运动按坐标绘成图，画出与他的方程相一致的曲线。x 是一个观测量——在此即太阳位置的逐次观测数据之间的日数或更精密的时间间隔。C 也是一个观测量——在此即两次观测之间太阳移动的度数。因此，要点在于求两个任意常数 A 和 B。所用的方法是相当近代的，所有现代的自然科学充满了带有旨在适合经验曲线的任意常数的方程。推导过程如下。对于相继收集到的数据： 124

$$Ax+Bx^2=C$$
$$Ax_1+Bx_1{}^2=C_1$$
$$Ax_2+Bx_2{}^2=C_2$$
$$\cdots$$

---

　　① 例如《九章算术》卷九，第五页。王铃［Wang Ling（2），vol. 2，pp. 133 ff.］曾叙述了涉及选择不同未知数的办法。

　　② Neugebauer（9），p. 40。

　　③ 如果我们可以把一个给定的数的开立方解释为特殊情形的三次方程的话。

　　④ 《张邱建算经》卷下，第九页；参见卷中，第二十一页。

　　⑤ 参见 Mikami（1），pp. 87，109，etc.；Smith（1），vol. 2，p. 448。

　　⑥ 我是由韦利（Arthur Waley）博士的质疑（1949 年 7 月）转而注意到这个问题的，我还想感谢费希尔爵士在了解李淳风的这项工作方面所给予的帮助。现在我们已有了李俨［Li Nien（1）］关于中古时期中国数学内插公式的专门研究。

　　⑦ 钱宝琮（1），第 57、63、147 页。

　　⑧ 关于围绕这部失传著作的谜团，见上文 p. 35。

　　⑨ 萨顿［Sarton（1），vol. 1，p. 494］所给出的方程比三上义夫［Mikami（1），p. 104］给出的更正确。三上义夫对这个问题的整个叙述，理解起来格外困难，不像李俨［（1），第 179 页］的那样，不过后者自然是用中文写的。在解释上，两者也有某些差别。

有

$$A(x_2-x_1)+B(x_2^2-x_1^2)=C_2-C_1$$

$$A+B(x_2+x_1)=\frac{C_2-C_1}{x_2-x_1}$$

$$A+B(x_3+x_2)=\frac{C_3-C_2}{x_3-x_2}$$

相减以消去 A，得

$$B(x_3-x_1)=\frac{C_3-C_2}{x_3-x_2}-\frac{C_2-C_1}{x_2-x_1}$$

B 就是一个数值解。用类似的方法也能得到 A[①]。我们现在能够了解这个方法所用的术语的含义了。"平差"（或"萍差"）是在各次观测中所见到的经验观测的微差，而"定差"是任意常数。一般来说，观测次数越多，计算中所用的幂次越高，常数的确定就越精确，因而就可能做出较好的预测。

李淳风的方法既不包含在他对古代数学书籍所做的大量注释中，也不在被认为出于他之手的三四部具有占星性质的著作中，而是见于《隋书·律历志》[②]。在那里，李淳风讨论了刘焯先前的工作。《旧唐书》[③] 的编者以及《开元占经》的作者都"因为数字太大"而略去了他的方法[④]。

125 　　1281 年，郭守敬似乎由于在他的《授时历》计算中采用了高次方程而得到了较高的精确度。第三个任意常数被称为"立差"，这是很恰当的，因为"立"字是代表立体图形的第三维和开三次方根（"开立方"）。葛式［Gauchet（7）］提到，在《明史》中，郭守敬的历法工作被说成后来历法的基础[⑤]，《明史》的作者抱怨说（1739 年），招差法曾经一度不为人们所理解。事实上，既然 17 世纪的中国数学家在不熟悉 13 世纪的术语的情况下[⑥]，能够辨认出这些方法与耶稣会士所传授给他们的那些相类似，那么，对这种方法应该是相当清楚的。人们还可以说，正是由于中国数学在 15 世纪、16 世纪衰落了，17 世纪耶稣会士的贡献才显得如此新颖和进步。

招差法与朱世杰 1303 年的《四元玉鉴》中为了对某种级数求和而使用的方法有关。看来，中国人是明显领先的，因为欧洲直到 17 世纪、18 世纪才采用并充分掌握这种方法。尼科尔（François Nicole；1717 年）和布鲁克·泰勒（Brook Taylor；1716 年）的名字与这个方法特别紧密地联系在一起。

---

　　① 如果所用的方程多于两个，就会得到 A 和 B 的几个可能值。假设选定的是平均值，这就成了一个早期的平差计算（*Ausgleichungsrechnung*）问题。对中古时期中国天文学家所用的有限差分法进行充分研究是非常必要的。

　　② 例如《隋书》卷十八，第三页；《图书集成·历法典》（卷九，"汇考"九，第十页，以及卷十，"汇考"十）也部分转载了这个方法。

　　③ 《新唐书》也是这样做的。

　　④ 钱宝琮（2），第 47 页。

　　⑤ 《明史》卷三十三，第六页。

　　⑥ 关于这一点，葛式［Gauchet（7），p. 155］曾从《畴人传》卷二十中引用了一段很引人注目的叙述。参见 Mikami（1），p. 120。

（6）三次方程和高次方程

虽然郭守敬在 13 世纪末使用过三次方程，但是在六百多年前最先考虑它们的中国人是比李淳风更早的王孝通。不过，王孝通的工作大多只限于数字三次方程[1]，这种方程是我们下面将要讨论的另一个课题。在西方，在希腊和后来阿拉伯的数学家当中，三次方程与圆锥曲线的知识是紧密地联系着的[2]，因此，这些知识在中国没有得到发展是不足为奇的。真正的进步是直到 16 世纪卡尔达诺和塔尔塔利亚之间发生著名的论战的时期才取得的[3]。1658 年，许德（Hudde）应用了笛卡儿的符号，并使这个问题化为近代的形态。

如果限于数字方程，中国在宋代就已有办法处理四次到九次的方程。贾宪大约于 1200 年开始研究特殊形式的四次方程。至于非数字的四次方程，那么，在刚刚提到的 16 世纪的意大利代数学家之前，不管在什么地方，都没有人取得更多的成功。在欧洲，非数字的高次方程等到 19 世纪才有令人满意的论述。

（7）数字高次方程

就我们所知，数字高次方程求根的近似值的解法始于中国，它一直被认为是最具特色的中国数学的贡献。人们早就知道，在宋代代数学家的著作中，这种方法已有了很好的发展，但是，如果我们十分细致地去领会汉代《九章算术》的原文[4]，就有可能发现，这种方法的实质在这部可能是公元前 1 世纪的著作中就已存在了。三上义夫[5]最先发现，甚至连这种方法的最早的形式，也已经类似于 19 世纪初期的方法了。1802 年，一个意大利科学协会曾为改进数字高次方程的解法设立了一枚金质奖章。这枚奖章为鲁菲尼（Paolo Ruffini）所获得。1819 年，霍纳完全独立地发展了一个相同的方法，不过，他们[6]俩人都不知道，实际上在 13 世纪及更早的时期（指它的特殊情形）中国人就已熟悉它了。当然，鲁菲尼与霍纳对这个问题的论述是深奥复杂的，它包含初等代数，还包含高等分析。他们的方法曾经被广泛采用，并且至今还在普通的代数学教科书中出现。

在《九章算术》的问题当中，有一个是求立方根的[7]，它可以写作 $x^3 = 1\,860\,867$；另一个是包含平方项与一次项的[8]，可写为 $x^2 + 34x = 71\,000$。自然，这些方程当时不是

---

① 只包含正数项。参见上文 p. 37。
② Smith（1），vol. 2，p. 456。
③ Smith（1），vol. 2，p. 460。
④ Wang & Needham（1）。
⑤ Mikami（1），p. 25；（6），p. 180。
⑥ 卡乔里［Cajori（2），p. 271］描述了鲁菲尼和霍纳的发现。参见 de Morgan（1）。
⑦ 《九章算术》卷四，第十三页。
⑧ 《九章算术》卷九，第十一页。

这样写的，而是用算筹安放在筹算板上来表示的[①]。

1	8	6	0	8	6	7	实
							法
							中
						1	借算

在上表中，第一行应该放置所求根的解，第二行（"实"）是运算前的常数项，第三行（"法"，后来在运算中称为"定法"）是运算各个阶段所得到的数字，第四行（"中"）是给在中间阶段得到的另一数字准备的，第五行（"借算"）是运算前 x^3 的系数。运算过程开始时要把借算列中的 1 升为 10^6（令 $x = 100x_1$），因而，

$$1\ 000\ 000x_1^3 - 1\ 860\ 867 = 0。$$

此后，原文不很明确地使用了商议的"议"字，想必是指根的第一个数字 a（例如 1）的选择。然后把 a 放入最上一行适当的位置上。接着要进行一组运算，把筹算板上的数字变为相当于霍纳变换方程的形式：

$$1000x_2{}^3 + 30\ 000x_2^2 + 300\ 000x_2 - 860\ 867 = 0 。$$

其中，$x_2 = 10(x_1 - a)$。用这个变换方程再"议"一次，并把解的第二位数字放入。（略有变化地）重复同样的过程[②]，可以求得第三位数字。到此《九章算术》的方法便结束了。在这个特例中，答案是 123。但是，公元 3 世纪的刘徽指出，如果有必要，这个过程可以继续进行到（我们应该称之为的）小数[③]。《九章算术》的作者本身似乎就已把开平方根的过程进行到某一个小数位[④]。

在后来的数学著作中都能找到这种开方法[⑤]，不过术语有些改变，步骤也稍有变动，但总的来说并没有什么改进[⑥]。高于三次的数字方程最早出现在 1245 年前后秦九韶的著作中[⑦]。他非常清晰地论述了如下方程：

$$-x^4 + 763\ 200x^2 - 40\ 642\ 560\ 000 = 0[⑧]。$$

关于宋代代数学家（包括朱世杰在内）对数字高次方程的处理办法，李俨[⑨]和三上义夫

---

① 在详细叙述汉代人用筹算板进行计算时，总是带有推测的成分，但我们可以依照已知的宋代运算办法把它复原出来。在附图中所采用的是近代的数字，应该记住，用算筹表示时，零是用一个空位来代替的。

② 即把乘 3 的步骤改为一系列的加法。从这方面来看，这种方法尤其可说是霍纳法的前身。

③ 刘徽在他的《九章算术注》（卷四，第十四页）中，把根的小数部分称为"微数"。李淳风又加注说（第十五页）："如果开方不能用整数开尽的话，那么，我们能够像先前那样（逐渐）减小（位值）而继续开下去。"（"开之不尽者，折下如前。"）见上文 p. 85。

④ 见上文 p. 66。

⑤ 如《孙子算经》《夏侯阳算经》《张邱建算经》等，以及宋初刘益的"带从开方"法。

⑥ 因此，婆罗摩笈多（公元 7 世纪）采用《孙子算经》的方法而不采用《九章算术》的方法［Colebrooke (1)，p. 280］确是一件憾事。参见下文 p. 146。

⑦ 如果贾宪真的生活在 1100 年前后，那么，也许最早是出现在他的《黄帝九章细草》中。不过，他仅涉及 $x^4 = a$ 这一特殊情形。

⑧ 说明见 Mikami (1)，p. 74。

⑨ 李俨 (4)，第 3 集，第 127 页；(21)，第 1 集，第 246 页。

(11) 已有详尽的说明。像在李冶著作中所发现的那类已固定使用的术语，可以从下列的表中见到，该表是以典型方程

$$ax^6+bx^5+cx^4-dx^3+ex^2+fx+e=0$$

和

$$-ax^6-bx^5-cx^4-dx^3-ex^2-fx-e=0$$

为基础的。

$+ax^6$	隅、隅法、常法①	$-ax^6$	益隅、虚隅、虚法、虚常法
$+bx^5$	第四廉	$-bx^5$	第四益廉
$+cx^4$	第三廉	$-cx^4$	第三益廉
$+dx^3$	第二廉	$-dx^3$	第二益廉
$+ex^2$	第一廉	$-ex^2$	第一益廉
$+fx$	从、从方	$-fx$	益从、益方、虚从
$+e$	实、五乘方实	$-e$	实、五乘方实

早期希腊和印度的数学对数字高次方程的解法似乎很少或没有贡献②。欧洲关于这个问题最早的值得注意的工作，应归功于 13 世纪初的斐波那契。他在 1225 年给出了 $x^3+2x^2+10x=20$ 的一个解，解是用六十进制分数（度和分）表示的，非常接近于正确值。史密斯说③："没有人知道这个结果是怎样得出的。但是，当时这类数字方程在中国已经解决，并且当时已有可能与东方交往，这些事实便使得人们相信，斐波那契是在他的旅行中学到这种解法的……"④ 总之，人们不得不注意到，这个方程严格具有王孝通曾在中国唐代（公元 7 世纪）所解决的那些方程的特征，即最高项的系数是 1，并且所有各项都是正的（例如上面写出的方程）。欧洲后来的进展应归功于韦达（1600 年）和牛顿（1669 年）。考虑到中国数学在这方面遥遥领先，可以认为，这种用各行来表示幂的递增的筹算板特别适合于这一用途，当然，甚至到了宋代，还没有人尝试为这些方程提出一个普遍的理论。

（8）天　元　术

现在我们要讨论宋代代数学家用于表示数字方程的一般记号系统。这个系统具有"矩阵"的特征⑤。朱世杰对它所做的经典介绍牵涉到直角三角形内切圆的问题（图 57 就是一个这样的图形，它出自李冶的《测圆海镜》，人们总是可以在这部书的卷首找到

---

① 当然，这些项只取系数，因为幂是由项在表中的位置表示的。

② 上文（p. 89）提到过的古代印度求小数平方根的方法，似乎正好同中国体系最初的运算相反。

③ Smith（1），vol. 2, p. 472。

④ 后面，例如在有关钟表机械、纺织技术、炸药和冶铁术等的章节中，将举出许多中国在元代对欧洲有过明显影响的例子（本书第四卷和第六卷各册）。

⑤ 赫师慎 [van Hée（9, 12）] 和三上义夫 [Mikami（1），ch. 14] 曾作过详细的解释。当然，前面提到过的所有中国数学史家也都这样做过。

它）。这个问题的四个未知数如下：

斜边（弦）	人	相当于 z
高（股）	地	相当于 y
底（勾）	天	相当于 x
内切圆直径（"黄方"）	物①	相当于 u

这"四元"② 的"方形"或"矩阵"是像右图那样建立起来的。如果有常数项的话，将占据中心那一格，它被称为"太"（太极的缩写）③。"人"（z 和 z 的幂）写在"太"的右边；"地"（y 和 y 的幂）写在"太"的左边，"天"（x 和 x 的幂）写在"太"的下面，"物"（u 和 u 的幂）写在"太"的上面。从"太"沿任一直线方向向外延伸，第一个格放入一次项（例如 $10x$），共有四"元"。向外第二格是二次项（平方），第三格是三次项（立方），第四格是四次项（四次幂），以至无穷。从"太"沿对角线向外延伸至第一格放入乘项，如 xy 或 xz。但由于有四个未知数，这样的乘项可以有六种，所以在中格

130 "太"的旁边也必须插入一个小号数码。下面的左图说明 $x+y+z+u$ 的记法，中图是更为复杂的表达式

$$x^2+y^2+z^2+u^2+2xy+2xz+2xu+2yu+2yz+2zu$$

的写法。必须想到，由于要解的方程一般是联立的，所以需要同时应用几个筹算板。如此多的其他题目需要在这么小的篇幅里讨论，因而不可能对一个问题的计算做出详尽的说明；关于这些，读者可参考赫师慎［van Hée（12）］的著作及其他提到过的文献。不过，粗略地看一看在实际解四元方程的过程中一个筹算板上的局部，可能是有益的。下面的右图表示表达式：

$$2y^3-8y^2-xy^2+28y+6yx-x^2-2x$$

应该记住，负号是通过在给定格子里的算筹数码上加一条斜线来表示的。零总是表示它们占据的格子所对应的项没有出现在表达式中。

---

① 史密斯和三上义夫［Smith & Mikami（1），p. 51］注意到此处"物"与拉丁语"*res*"（物）及意大利语"*cosa*"（物）之间用于代表未知数的相似性，史密斯［Smith（1），vol. 2，pp. 392，393］又对此加以确认。代数学的古名"Cossic Art"（求解未知物之术）即源自后一个词。萨顿［Sarton（1），vol. 3，p. 701］则认为，它们不大可能有任何关联。但是，阿拉伯人也把未知数称为"*shai'*"，即事物［参见 Gow（1），p. 111］。进一步的研究无疑将会揭示这种用法来源于何处和它是怎样传播的。下文（p. 146）我们将见到一个更为明显的例子，说明中文与梵文关于三率法的专用名词的词义相同。

② 即四个方位；因此，朱世杰的书名用了"四元"，见上文 p. 41。"元"有时被译为"elements"（元素），这导致了与物质学说中的"五行"（Five Elements；见本书第二卷，pp. 243 ff.，253 ff.）的译法相混淆，因而是缺乏依据的。译为"monads"（单子）更糟。"元"的真正意义是在这种位置代数学中沿四个放射方向排列未知数各次幂的系数的原点。见本页右下角的图。

③ 由于我们已发现宋代理学家也使用这个术语（见本书第二卷 p. 460），因此，特别注意它的用法。数学家们大概是按现在的意思使用它，因为常数项是一个起点（$+a=ax^0$）或 x 的正负幂之间的分界点。

	1	
1	太	1
	1	

		1		
	2	0	2	
1	0	2 太 2	0	1
	2	0	2	
		1		

2	−8	28	太
0	−1	6	−2
0	0	0	−1

在宋代代数学家的著作中，正像其中留存至今的书所显示的那样，原文中从来没有这些图，除非由近代编辑者插入（图78中就有一些），但它们肯定是按原有的叙述画出的。然而，我们确实找到了只考虑一个未知数的较简单形式的天元术代数学计算。数字排列在印刷页竖写的行中，并且通常只写出一个"太"字或"元"字，因为只要有一列被确定，就能立即看出其他列表示什么。因此，方程

$$x^3 + 15x^2 + 66x - 360 = 0$$

可表示成后面（p.133）的小图。图79采自《测圆海镜》，它表明在原文中方程排列的方式。这种排列，可以说是从能够处理四个未知数的矩阵中分离出的一根单轴，但是，如果这根轴向下延续到"太"（常数项）以下，就有可能涉及负幂（x^{-2}, x^{-3} 等）[1]，这是李冶所使用的方法[2]。

正如我们在历代文献叙述中已经看到的那样（pp.41 ff.），有许多证据表明，在李冶和秦九韶的时代之前，代数学就已在蓬勃发展了。我们可以有把握地说，它在12世纪就已处在发展之中。最早的方法十分自然地包含从古代筹算板演变来的竖行排列（如右图所示）。刚才所描述的《测圆海镜》的记号体系，可能在《九章算术》的除法中有其合乎情理的鼻祖[3]。《益古演段》所使用的另一个体系，把常数项置于最顶上[4]，则可同样追溯到《九章算术》的开方法。李冶在《敬斋古今黈》中告诉我们[5]，他曾发现一部讨论这种方法的（佚名）数学著作（这似乎是他年轻时的事，想必是在公元1200年以前）；为了区别"上下层数"，这部著作用了十九个术语。这种方法大概只处理一个变量，中"层"的"人"字必定是常数项，常数项上面的第九层必定对应于 x^9[6]，而常数项下面的第九层（"鬼"）则对应于 x^{-9}。但是关于这部书，现在连书名也不知道[7]。

133

――――――――――

① x^{-1} 称为"元除太"，x^{-2} 称为"元再除太"，余者依此类推。

② 见李俨（1），第142页。

③ 见上文 p.65。

④ 见上文 p.45。

⑤ 《敬斋古今黈》卷三。

⑥ 这一层的名字"仙"暗示着，这种代数学思潮的起源（像汉代著作《数术记遗》的起源一样），不是与道家无关的。

⑦ 在李冶的同一著作中还提到，他的一个前辈彭泽背离了"在下面建立天元"（"置天元在下"）的古代做法；大概是在"太"之下，按照李冶的办法，x 的正幂的位置应该处在"太"之上。

131

图 78 朱世杰《四元玉鉴》（1303 年）丁取忠校本中的一页，表示天元术
代数记法的"矩阵"。右边第一行中间的图与上页（右图）所给的
例子相似，它表示 $xy^2-120y-2xy+2x^2+2x$。

股減邊股餘■■為高弦以倍之得■■為黃廣弦也

內卻減邊股得■■為黃股復以邊股乘之得■■於

上又以明弦自乘得二萬三千四百〇九為分母以乘

元乘之得■■為帶分半徑羃寄左　然後置黃廣弦以天

此為全徑又半之得■■為半徑自之得一■■呪為

同數與左相消得■■開三乘方得七十

二步即明勾也餘各依法入之合問

又法邊股內減二明弦復以邊股乘之復以明弦羃乘之

為三乘方寶廉從併與前同

測圓海鏡　卷三

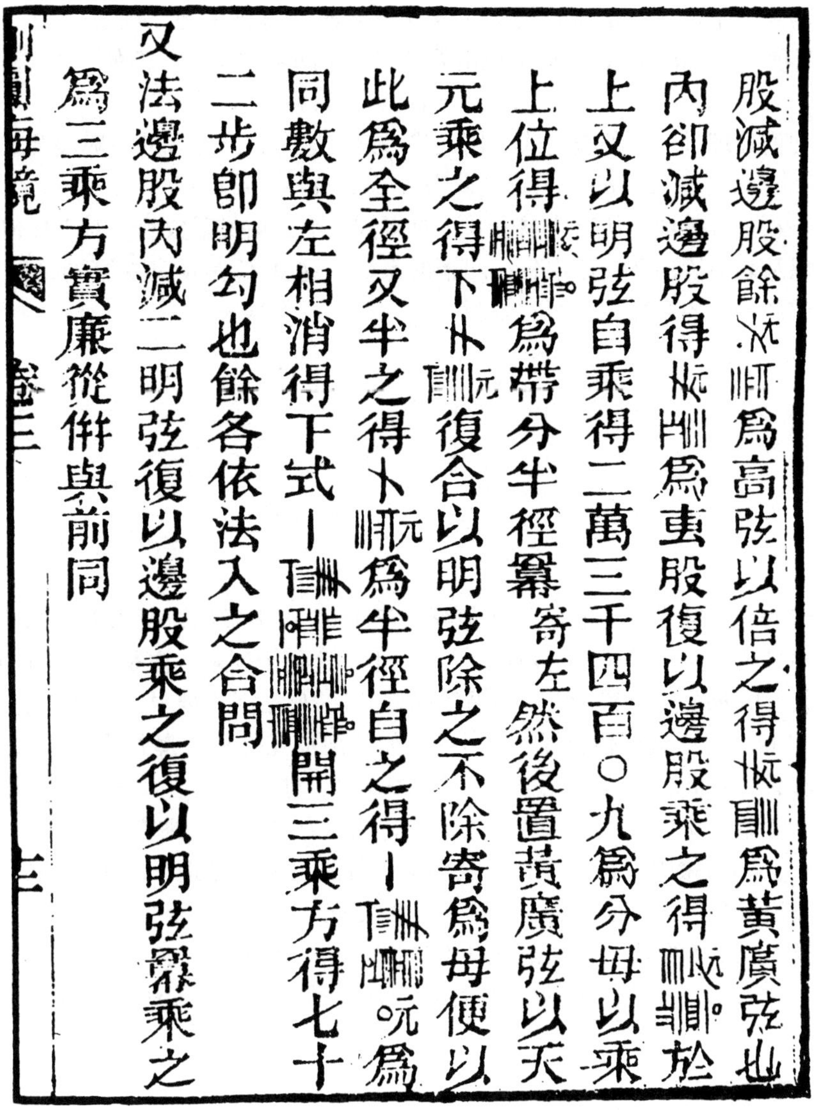

图79　天元术"矩阵"表示法的单轴，采自李冶1248年的《测圆海镜》。请注意算筹数码的拼合形式，零号、负号以及固定在一次项位置上的"元"字。例如，在右边第五行里可以看到一个代数式$-2x^2+654x$。

（9）二项式定理和"帕斯卡三角形"

显而易见，宋代代数学家在解数字高次方程时，需要用到二项式定理。对于任意整数 n，二项式 $(x+a)^n$ 的展开在于找出展开式中中间项的系数。例如，

$$(x+1)^3 = x^3 + 3x^2 + 3x + 1$$

就是他们处理过的一种表达式。用近代术语表达时，二项式的一般展开式是

$$(x+a)^n = x^n + {_n}C_1 x^{n-1} a + {_n}C_2 x^{n-2} a^2 + \cdots + {_n}C_n a^n,$$

最末一项是常数项。从这个展开式不难得到一个二项式系数表，对于任何给定的 n 值，都可以从表中读出在级数中各中间幂的系数，这里 ${_n}C_0$ 是最高次幂的系数，以下各项是依次递降各幂的系数，直至常数项：

n	${_n}C_0$	${_n}C_1$	${_n}C_2$	${_n}C_3$	$\cdots$
1	1	1			
2	1	2	1		
3	1	3	3	1	
$\cdots$					

由于帕斯卡的《论算术三角形》是在他死后于 1665 年出版的，所以欧洲从 17 世纪以来就把这种排列称为"帕斯卡三角形"。事实上，这种排列第一次是出现在阿皮亚努斯的《算术》（*Arithmetic*；1527 年）一书的扉页上[1]，比帕斯卡要早一个多世纪，并且在 16 世纪就已相当广泛地流传开了[2]。但是，如果阿皮亚努斯、奥特雷德、施蒂费尔和帕斯卡能够看到朱世杰的《四元玉鉴》（1303 年），他们肯定会大吃一惊。图 80 中复制了《四元玉鉴》中的二项式系数三角形，它被称为"古法七乘方图"。$(n-1)$ 乘积，相当于 x^n；$(n-1)$ 乘隅，相当于 a^n；三角形底行的"廉"分别标出相继各项[3]。

朱世杰说这个三角形是古代的，这一事实表明二项式定理至少在 12 世纪初期就已为人们所知[4]。仅有的另一个文献是 1100 年前后波斯的欧玛尔·海亚姆（'Umar al-Khayyāmī）[5] 所说的一段话，他说，他能够用他发现的一种不依赖于几何图形的法则，

---

[1] 史密斯［Smith（1），vol. 2，p. 509］加以复制，他称为"第一次印刷"，这同他上文有关朱世杰的话自相矛盾。

[2] 当然，这个问题早已为阿拉伯学者（例如约 1425 年的卡西）研究过；见 Rosenfeld & Yushkevitch（1），pp. 59 ff.，387 ff.。他在这方面的工作在一个多世纪以前已通过泰特勒［Tytler（1）］为西方所了解。

[3] 朱世杰以后，这个三角形又被几部后来的中国著作重刊过，例如在吴信民（约 1450 年）的著作和 1593 年的《算法统宗》。

[4] 当然，$n=2$ 的情形已为欧几里得（《几何原本》第二卷第 4 命题）所理解，而《九章算术》在开立方的方法中则包含了 $n=3$ 的情形。把这个方法推广到 3 次以上是特别重要的一步，因为它把代数学从三维空间几何学的桎梏下解放出来了［参见 Wang Ling（2），vol. 1，p. 246］。

[5] 他一般以"Omar Khayyam"的名字为人们所知［Sarton（1），vol. 1，p. 759］。

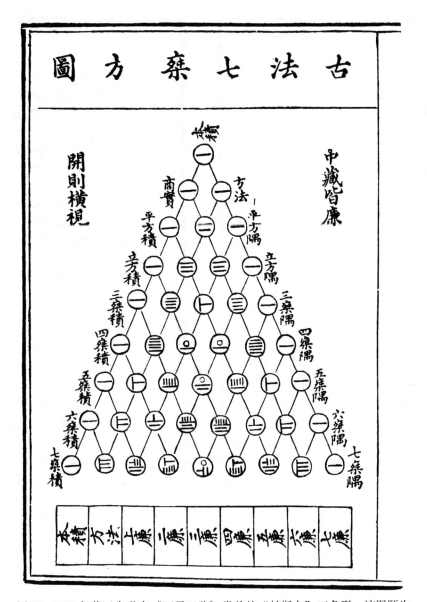

图80 1303 年载于朱世杰《四元玉鉴》卷首的"帕斯卡"三角形。该图题为
"古法七乘方图"，图中将直至八次幂的二项式各系数排列成表。

136

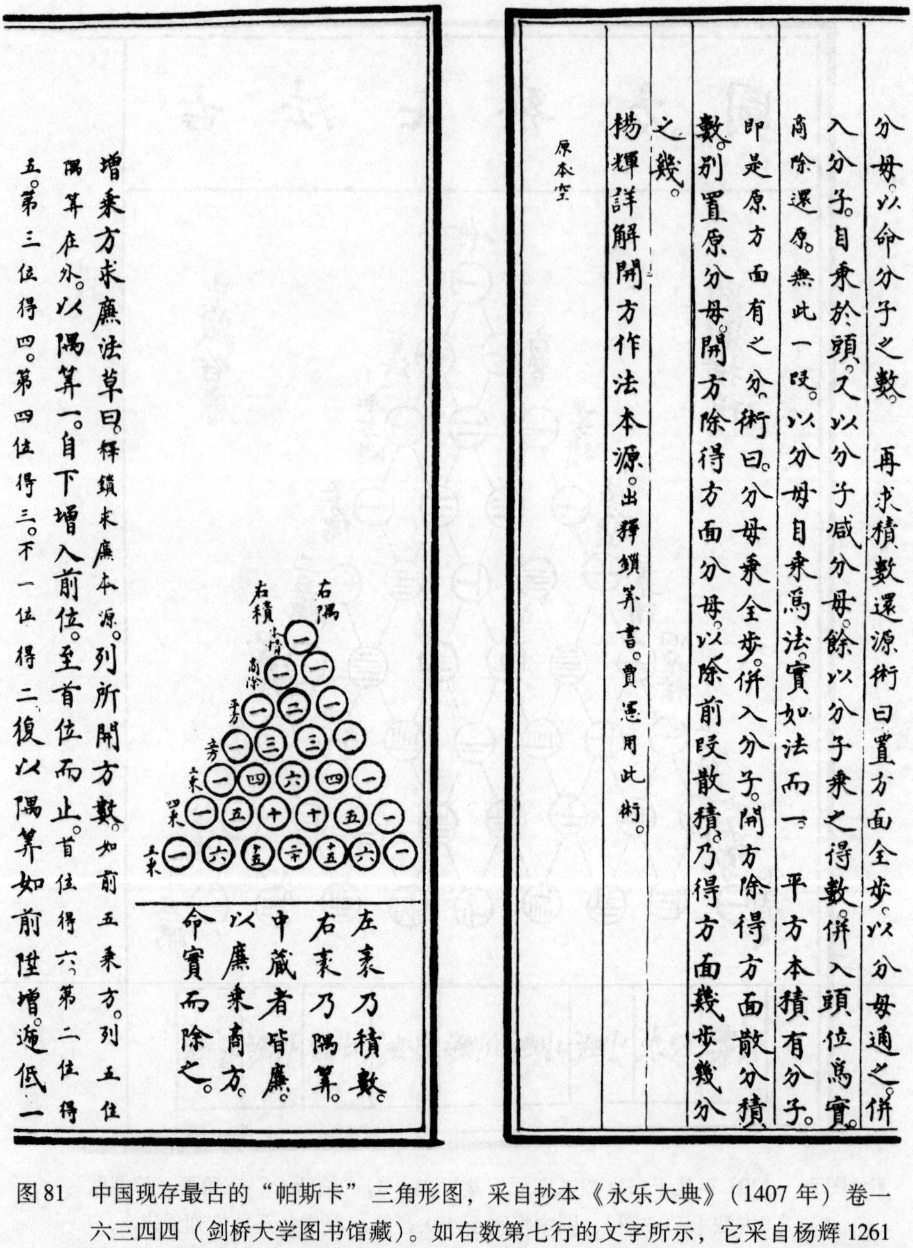
分母以命分子之數。再求積數還源術曰：置方面全步，以分母通之，併
入分子，自乘於頭。又以分子減分母，餘以分子乘之，得數，併入頭位為實。
商除還原。無此一段。以分母自乘為法，實如法而一。平方本積有分子。
即是原方面有之分。術曰：分母乘全步，併入分子，開方除得方面散分積
數。別置原分母，開方除得方面分母，以除前段散積，乃得方面幾步幾分
之幾。
楊輝詳解開方作法本源。出釋鎖算書。賈憲用此術。
原本空
增乘方求廉法草曰：釋鎖求廉本源。列所開方數，如前五乘方，列五位
隅算在外。以隅算一，自下增入前位，至首位而止。首位得六，第二位得
五，第三位得四，第四位得三，下一位得二。復以隅算如前陞增，遞低一
右積
右隅
商除
平方
立方
三乘
四乘
五乘
一
一 一
一 二 一
一 三 三 一
一 四 六 四 一
一 五 十 十 五 一
一 六 十五 二十 十五 六 一
左袤乃積數。
右袤乃隅算。
中藏者皆廉。
以廉乘商方。
命實而除之。

图 81 中国现存最古的“帕斯卡”三角形图，采自抄本《永乐大典》（1407 年）卷一六三四四（剑桥大学图书馆藏）。如右数第七行的文字所示，它采自杨辉 1261 年的《详解九章算法纂类》，而它又出自一部更早的著作《释锁算书》。原文附言称此三角形曾为贾宪（约鼎盛于 1100 年）使用过。

求出各个数的四次、五次、六次以至更高次的根，并说这个问题的解释记载在另一部
书中，但是，这部书并没有存留下来①。虽然中国现存最早的三角形图见于杨辉 1261 年
的《详解九章算法》，但我们（从该书）得知它之前就已存在了。贾宪在 1100 年前后就 137
曾解释过它。贾宪所用的方法称为"立成释锁"，它可能是在另一个数学家刘汝锴的《如
积释锁》一书（已失传）中最先叙述的。刘汝锴与贾宪似乎是同时代的人（见图 81）。

　　这里出现一个很有趣的问题。我们注意到，在图 80 中，算筹数字是横过来排列
的，因此可以推测三角形的底边原先是竖立在左边的。这样，未知数的幂就会放在筹
算板中各横列上，正如我们（从《九章算术》中）了解到的，这是古代（汉代）开平
方或开立方的惯例。这里我们又可看到，从古代的筹算板到宋代的代数学记法之间合
乎逻辑的连续性。这里的网格是古代横列的一种自然发展。因此，这种系数三角形起
源于中国，看来是颇有可能的。海亚姆的工作来自印度的传统，而这种传统本身似乎
在更早的时候就受到中国开方术的影响②。

（10）　级　　　数

　　刚才讨论过的题目很接近级数的一般问题。希腊的数学家曾研究过算术级数、几
何级数和调和级数，这些级数在印度和阿拉伯的著作中也可以找到。最早有关算术级
数的论述可能是阿梅斯纸草书中古埃及人的论述。中国数学从一开始就对级数表现出
兴趣③，此种迹象最早出现于《周髀算经》。《九章算术》卷三（"衰分"）有许多涉及
级数的问题，例如五官分鹿就是其中的一个。这是一个算术级数，我们可以把它写成

$$a+(a+d)+(a+2d)+(a+3d)+(a+4d)=5$$

这里，a 是最低等官员的所得，d 是相邻两等官员所得之差。书中只给出一个解，即 a
和 d 都等于 $\frac{1}{3}$。在汉代和三国时期，显然对纺织品的生产已有浓厚的兴趣，因为有几
个问题涉及女织工的产量。《九章算术》和《孙子算经》均载有这样一个算题："编织
技术娴熟的女子每天的产量是前一天的两倍。她在五天时间内共织布五尺，问第一天 138

---

　　① 这一段落的西文译文见 F. Woepcke（1），p. 13，转载于 Winter & Arafat（1），p. 34；Luckey（4），p, 218。
评论可参见 Smith（1），vol. 2，p. 508。海亚姆关于这个问题的描述是十分清楚的，他认为他的方法出自早期印度数
学家所叙述的二项之和的平方或立方的系数［例如婆罗摩笈多公元 628 年的叙述，见 Colebrooke（2），p, 279］。
类似的系数也出现在《孙子算经》（公元 3 或 4 世纪）（卷中，第七页）及《九章算术》（卷四，第九页起、第十
三页起）；见 Wang & Needham（1），pp. 350，356，390。

　　② 在海亚姆以前阿拉伯数学家可能已经熟悉某些二项式系数，例如，阿布·瓦法（公元 940—998 年）曾写
了一本书，书名就暗示出开三次、四次和七次方根的知识［F. Woepcke（2），p. 253，Luckey（4）］。阿布·贝克
尔·凯拉吉（鼎盛于 1019—1029 年）也知道三次和四次的二项式系数［Luckey（3，5），Levi Della Vida（1）］。海
亚姆像他同时代的贾宪一样，曾把资料加以系统化。辛格［Singh（2）］提出，印度也有极为古老的帕斯卡三角
形。虽然类似的数字排列样式（*Meru-prastāra*）曾出自 10 世纪的注释家诃罗瑜陀（Halāyudha）从宾伽罗的《阐陀
论》（*Chandah-sūtra*，VIII，23；约公元前 200 年）中引用的一段，但它只是与一些韵律的组合有关，而与二项式系
数毫无关系［参见 Luckey（4），p. 219］。

　　③ 李俨［（11）；（4），第 3 集，第 197 页起；（21），第 1 集，第 315 页起］对这个问题作过详细的讨论。赫
师慎［van Hée（16）］也有一篇短文。

及以后各天的产量是多少?"("今有女子善织,日自倍,五日织五尺,问日织几何?")
这里的级数是[①] $a+ar+ar^2+ar^3+ar^4=5$,且 $r=2$,答案是 $a=\dfrac{1}{10}+\dfrac{19}{310}$,即 $\dfrac{5}{31}$。这是一个几何级数[②]。

　　公元 5 世纪末,张邱建在他的《算经》中,已在某种程度上将解题方法程式化。他有一个关于织工的纺织速率逐日增加的问题[③],即 $a+(a+d)+(a+2d)+\cdots(n\ \text{项})=S$。根据原文(当然是用文字写出的) $d=\dfrac{(2S/n)-2a}{n-1}$。还有一个递减级数:"有一女子第一天织五尺,但是以后产量逐日递减,至最后一天仅织布一尺。如果她工作三十天,问共织布多少?"("今有女子不善织,日减功迟。初日织五尺,末日织一尺,今三十日织讫,问织几何?")给出的答案是 $S=\dfrac{n}{2}(a+z)$,此处 z 是末项。为了这些纺织问题,张邱建使用了如下的术语。级数的首项 a 称为"初日织数",末项 z 为"末日织数";项数 n 为"织讫日数",总和 S 为"织数",公差 d 为"日益"。这些公式是中国最早的算术级数公式。

　　应该记住,根据《前汉书》的记载,271 根算筹可以配成六边形的一束[④]。这不仅是一个垛积数的例子,也是一个算术级数的例子。在 13 世纪末朱世杰对级数做详尽分析时,这个例子对他大概是很有启发的[⑤]。朱世杰的《四元玉鉴》以相当先进的水平对高阶级数进行了讨论[⑥]。他论述了箭束构成各种截面的情况,例如"圆"或"方";还论述了球的堆积,例如三角形("茭草垛")、棱锥形("三角垛")、圆锥形("圆锥垛")等。假设

$$r^{|p|}=r(r+1)\cdots(r+p-1),$$

r 和 p 是正整数,朱世杰获得了相当于

$$\sum_{r=1}^{n}\frac{r^{|p|}}{1^{|p|}}=\frac{n^{|p+1|}}{1^{|p+1|}}$$

139　和

$$\sum_{r=1}^{n}\frac{r^{|p|}}{1^{|p|}}\frac{(n+1-r)^{|q|}}{1^{|q|}}=\sum_{r=1}^{n}\frac{r^{|p+q|}}{1^{|p+q|}}$$

的关系式和许多具有类似性质的其他关系式,但是,他没有给出任何理论证明。

　　此外,虽然元代和明代有一些数学家仍继续解决这一领域的问题,但直到耶稣会

---

　　① 李俨(4),第 3 集,第 215 页。

　　② 应该知道,《九章算术》的数学家们常常用试位法(参见上文 p.117)和三率法来解他们的级数问题,因此便把级数分成一些独立的比例。他们没有导出分别求 d, r 或 a 的新公式。因此,这些问题的出现并不证明汉代人对数学的这一分支曾有所贡献,尽管从三上义夫、李俨和其他数学史家的讨论中很容易获得这种印象。

　　③ 《张邱建算经》卷上,第十九页。

　　④ 上文 p.71。

　　⑤ 当然应该记得,正是沈括在 1078 年前后以他的隙积术(《梦溪笔谈》卷十八)开始了宋代对级数的讨论;在隙积术中,他考虑了球形棋子、祭坛台阶用砖及酒坛在一个相当于平截头楔形体的立体图形中有空隙地堆垛的情形。沈括的工作后来为秦九韶和杨辉所扩展。见下文 p.142。

　　⑥ 《四元玉鉴》卷中,第六页起,参见李俨(21),第 1 集,第 339 页起。

士来华之后，中国人才在级数处理上有所发展。

（11）排列和组合

由于中国数学记法具有一般矩阵的性质，所以人们会想到棋盘问题是从中国传到欧洲的。当然，由于印度创造了现代形式的国际象棋，也会有人认为是从印度传去的。一些棋盘问题牵涉到级数，另一些则牵涉到排列组合和概率。欧洲中世纪最著名的问题之一与一个棋盘中理论上可以放的谷粒的数目有关：在第一个方格里放一粒，第二个方格放两粒，第三个方格放四粒，照这样按几何级数一直放下去。总数等于 $2^{64}-1$。

另一个著名的问题是华嘉［Vacca（2）］曾经讨论过的，它与公元 8 世纪唐代僧一行的名字有关。沈括在《梦溪笔谈》中写道①：

> 讲故事的人说，一行曾经计算过可能的棋局的总数②，并且发现他能够详尽无遗地将它们全部计算出来。我再三思考了这件事，得出的结论是，这是十分容易的。不过，牵涉到的数字不能用通常使用的数字名称来表达。我仅简单地提一提需要用到的大数。用两行（"方二路"）和四个棋子（"子"），有 81 种不同的可能棋局。用三行和九个棋子，局数是 19 683。用四行和十六个棋子，局数是 43 046 721。用五行和二十五个棋子，局数是 847 288 609 443……到七行以上，我们就无法用现有的大数名称来表达了。当 361 个棋子全部用上时，总数达到（大约） $10~000^{52}$ 的数量级（"连书万字五十二"）。

> 〈小说：唐僧一行曾算棊局都数，凡若干局尽之。予尝思之，此固易耳。但数多，非世间名数可能言之。今略举大数。凡方二路，用四子，可变八十一局。方三路，用九子，可变一万九千六百八十三局。方四路，用十六子，可变四千三百四万六千七百二十一局。方五路，用二十五子，可变八千四百七十二亿八千八百六十万九千四百四十三局。方六路，用三十六子，可变十五兆九十四万六千三百五十二亿八千七百二百三万一千九百二十六局。方七路以上，数多无名可记。尽三百六十一路，大约连书万字五十二……〉

沈括接着解释一行的方法说，他们能够计算出在棋盘上出现的一切可能的变化的数目③。看来，"上驱""搭因""重因"好像就是应用于这些计算的名称④。

140

---

① 《梦溪笔谈》卷十八，第 7 段，由作者译成英文；参见钱宝琮（1），第 102 页；胡道静（1），下册，第 590 页。

② 大概是围棋。这种棋当然与西方熟悉的棋不同，并且至少可追溯到公元 3 世纪（《畴人传》卷一）。见 Culin（1），p. 868，在其中可以看到，近代的围棋盘有 19 路。沈括提到最古的棋盘有 17 路，共有 289 个交叉点，用 150 个白子和 150 个黑子。因此，"棋局"指的是各点为白子、黑子所占或无子。在游戏开始时，棋盘是空的。另见 Volpicelli（1）；H. A. Giles（6）。

③ 即 10^{208}。在沈括的进一步解释中，出现了表达式 3^{361}（相当于 10^{172}），这是正确的答案。也许他的第一个数字应该校正为 $10~000^{42}$。我们还在很早的《前汉书》（卷二十一上，第二页）的文字里发现表达式 3^{12}，这是颇有意义的。

④ 《梦溪笔谈》卷十八，第 9 段。温特（H. J. Winter）博士告诉我们，在同一世纪，比鲁尼也讨论过一些类似的问题。参见 Rouse Ball（2），pp. 161 ff.；关于阿拉伯人在这方面的兴趣，尤可见 Weidemann（10）。这大概是在公元 9 世纪末由雅库比（al-Ya'qūbī）开始的。参见胡道静（1），下册，第 594 页。

　　在任何关于中国对排列组合研究的讨论中，人们会立即想到本书第十三章（g）中已详细讨论过的《易经》和其中的八卦及六十四卦①。人们会认为，它会引起对其所有可能的排列进行某些数学的研究，并且如果这种研究的结果不是显而易见的话，那么也有理由认为，它们是被某些团体（大概是道教）当作秘传的教义保存下来了。对此，确实具有道教背景的公元190年的《数术记遗》（见上文 p. 29）是值得注意的。在这部书中提到几种显然与占卜有明显关系的计算方法，例如"八卦算"和"龟算"，这里的卦是用不同的方法在八个方位上排列的②，而"把头算"可能与掷骰子有关③。在上文（p. 77）讨论珠算盘的起源时，我们有机会描述了《数术记遗》中提到过的几种算法，其中，有时不同颜色的珠子，是放在记数的或有标度的坐标上的。如果仅仅是为了记数，那么，它们的价值就不太大了，因为数学家们在应用算筹方面已经十分熟练。因此，我们可以设想，真正和它们有关的是排列组合研究。例如，当我们在"太一算"中看到其上记有数字 9183 时，那么，我们似乎有理由认为，它的目的是帮助回答"9183 能做出多少个不同的数"这样一个问题。可以假定，第一、第三、第八和第九道的珠是可以交换的。同样，"三才算"可能特别用来回答一些这样的问题："如果九个字母当中三个是 a，三个是 b，三个是 c，那么，它们一共有多少种排列方法？"而"八卦算"，则要回答类似于"八个人围着一张圆桌坐，共有多少种不同坐法"这样的问题。

　　这里，必须提到 11 世纪邵雍所作的《易经》六十四卦的排列。关于邵雍的著作，我们已经谈到过［本书第十三章（g），见本书第二卷，p. 340］。莱布尼茨认为这种排列不是别的，而是把从 1 到 64 这些数字用二进制记数法写出（见本书第二卷，p. 340）。六十四卦也启发了一位日本封建领主藤原通宪，他在 1157 年前后写成了日本最早的数学著作之一《计子算》，虽然这部著作已经失传，但众所周知，其中包含有六十四卦组合的数学论述④。

　　我相信，如果由一位汉学家兼优秀数学家引导，对隐晦难解的中国中古时期占卜术著作的探索，会在这方面大有收获。秦九韶在 1247 年的《数书九章》的自序中说，数学学派至少有三十家，其中一些以"三式"类著作为基础，论述"太乙壬甲"（占卜和算命），但他们全都属于"内算"（秘传的数学）。在他们留下的大量著作中是否能够发现任何对排列组合理论有价值的早期贡献，这是一个值得进一步研究的问题。鉴于欧洲在本·埃兹拉（1140 年）⑤ 以前，印度在婆什迦罗（约 1150 年）以前，在这方面的发现极端贫乏，因此，这种研究是很有意义的。排列组合问题直到 15 世纪末的

------

　　① 不止一个评述者，例如三上义夫［Mikami (6)］，注意到了这样一个事实：《易经》的六十四卦是由长短画组成的，因此可以有理由认为它与算筹有某种关系。参见上文 p. 120。

　　② 因为这里的叙述提到某种"针"，所以这部书构成了一个重要证据，我们将在本书第二十六章（i）论述磁学的部分再回来讨论它。

　　③ 三上义夫 (1)，第 57 页；见 Culin (2)。"文王课"占卜法至今中国仍在使用，占卜时要抛起六个硬币，每个硬币的两面有不同的铭文（类似于正反面）。这些解释可以在占卜书中查到。我们后面将看到这种做法是如何与磁罗盘的历史相联系的。

　　④ Smith & Mikami (1)，p. 17。见上文 p. 61。

　　⑤ Sarton (1)，vol. 2，p. 187。

帕乔利时代才有了真正的进步，而关于它的第一部著作——伯努利（Bernoulli）的《猜度术》（*Ars Conjectandi*）——直到 1713 年才问世。

（12）微 积 分

史密斯①曾说过，通常所说的微积分，它的发展经历了四个主要阶段。第一阶段，通过穷竭法从可公度的量过渡到不可公度的量，早在公元前 5 世纪就已为希腊人安提丰（Antiphon）所发现了②，而中国人则是在大约公元 3 世纪才发现的。早期探求者在用多边形内接于圆求 π 的真值时，总是力图"穷竭"如此形成的剩余面积。第二阶段是无穷小的方法，这种方法在 17 世纪开普勒（Kepler）和卡瓦列里（Cavalieri）的著作中已开始受到重视，并为牛顿（Newton）和莱布尼茨所利用。第三阶段是牛顿的流数法，而第四个阶段是极限法，这也要归功于牛顿③。

在希腊人当中最接近积分法的是阿基米德（约公元前 225 年）求抛物弓形面积的工作。他通过在抛物线与其内接最大三角形之间的每一空间中，义内接一个与该空间同底同高的新三角形的方法来计算这个弓形面积。这个过程无限次重复下去，以致最后的三角形可以极为细小。他的方法实际上是一个无穷级数求和的最早的例子。人们很容易看出，这与原子说及几何点的"原子"定义（见上文 p. 91）有着密切的思想联系。公元前 3 世纪初，有位不知名的亚里士多德学派的哲学家写了一部《论不可分割的线》（*De Lineis Insecabilibus*）的书来反对这些思想。这些思想在停滞状态中持续了很久，所以，12 世纪初普罗旺斯（Provençal）的犹大·本·巴尔齐莱（Judahben Barzillai）写道："曾经有人说过，世界上除矩形外是没有形的，因为每一个三角形或矩形都是由小到无法察觉的矩形组成的。"我们因此猜想，由于原子说对中国人的思想是如此陌生，所以微积分的根不可能从中国生长④。但是，正如我们马上就要看到的，这种猜想并没有完全应验。不过我们在这里必须首先多说几句微积分在西方的发展史。

大约在 1609 年，开普勒对他假设行星在相等的运行时间内所必然扫过的以焦点为顶点的椭圆扇形面（the focal sectors of ellipses）极感兴趣，认为立体可能是由"好像"无穷小的锥体或无限薄的圆盘组成的，它们的总和就是所求的答案。这导致卡瓦列里去发展他的"不可分量"方法⑤。长度、面积和体积都可以通过对无限多个不可分量或无穷小量求和的方法获得，许多数学家——费马、罗贝瓦尔（Roberval）、沃利斯、巴罗（Barrow）等——都是沿着这条路线开始向前推进的。直到这个时候，处理方法一直是静态的；牛顿和莱布尼茨从根本上开辟了新的天地，他们考虑的不是许多细小的

142

---

① Smith（1），vol. 2，pp. 676 ff.。

② 我们仅从亚里士多德的叙述中得知［Heiberg（1），p. 5；Sarton（1），vol. 1，p. 93］。参见 van der Waerden（3），p. 131。

③ 关于这个问题，可参见布瓦耶［Boyer（1）］的优秀著作。亦可参见 Sergescu（1）；Struik（1）。

④ 当然，原子论在印度是容易被接受和流行的，因此，中古时期的印度数学家具有把零看作无穷小的倾向是不足为奇的［Sengupta（1）］。

⑤ *Geometria Indivisibilibus*，1635 年。

"微粒"，而是点的动态运动。这样，牛顿想到，一条曲线是由一个流点（flowing point）描画出来的，他把流点在无限短时间内所经过的无限短路程称为流量的瞬（the moment of the flowing quantity）[①]。

人们马上会说，中国人和日本人的思想在耶稣会士到来并引起全世界科学的合流之前，绝不会获得这种动态的概念。然而，值得注意的是，他们有一些关于无穷小、穷竭法和积分的概念的基础。在那位普罗旺斯的犹太教律法专家写下前面已引用过的那段话之前不到一个世纪，沈括在他的《梦溪笔谈》[②] 中提到了"造微之术"，由此看来，他肯定已有一些几乎等价于 600 年后卡瓦列里的不可分量求和的思想。在体积方面，沈括讲到了"隙积"，确切地说，就是用穷竭法去估计的剩余空间。在面积方面，他讲到了"割会之术"。关于前者，他讨论了在"累棋"、"层坛"或"酒罂"之间的"刻缺"和"虚隙"[③]。他肯定已经知道，单元愈小，穷竭任何给定的体积或面积就可能愈彻底。这也就是刘徽用增加内接多边形的边数求 π 的方法。因此，沈括也使用"再割"这个术语。一个有趣的巧合是，近代中国数学家在微积分中采用了名词"微分"和"积分"，他们可能并不知道，这些词已被 11 世纪的中国思想家用于大致相同的概念上。此外，我们也已经看到，从中国哲学的萌芽时代起，累点成线及累线成面的思想在墨家的定义（上文 p. 91）中就已出现，连续概念和无限分割概念也已被名家——惠施[④]（公元前 4 世纪初）的朋友们——清楚地表达出来了。当然，这些议论被几个世纪的尘埃掩盖，直到我们这个时代才又得到人们的重视。

关于在给定体积内将许多小单元累积起来的问题，继续吸引着中国数学家们的注意直至 16 世纪。例如，周述学在他 1558 年的《神道大编历宗算会》（现在是一本罕见的书）中，给出了棱锥内把球堆成十层的图示。图 82 是从锥顶往下看所见的棱锥。不过，在级数方面，周述学没有取得什么特殊的进展。

在 17 世纪，日本数学家写了大量与卡瓦列里的著作十分相似的作品。村松九大夫茂清（卒于 1683 年）把一个球割成若干平行的平面或等高的薄片，把每一薄片看成圆柱的截面，从而求得球体积的近似值。野泽定长（约 1664 年）用更薄的薄片把它推进了一步。泽口一之（约 1670 年）在他的著作《古今算法记》中给出一个图解（参见图 83），用以说明通过一种粗略的薄矩形积分法来进行近似的圆面积度量。这种处理方法可在若干同时代的著作中找到。

尽管曾有人推测这种穷竭法起源于中国，但到目前为止，还不可能在中国数学著作中指出这种方法的任何实例。不过，我们可以从题为"萧道存撰"的一部宋代的道家著作（可能是 11 世纪？）《修真太极混元图》[⑤] 中复制出一幅图。这幅图包含一套受到某些佛教影响的难解的图形。图 84 表示的是一个内含三个矩形（按十二的倍数增加

[①] 当然，在这里，我们不能谈及牛顿和莱布尼茨的追随者之间在微积分发明权问题上的著名争论；总的来说，牛顿似乎有一定的优先权，而莱布尼茨则充分地引入了今天所用的符号。

[②] 《梦溪笔谈》卷十八，第 4 段，参见胡道静（1），第 574 页起。

[③] 他的著作在上文（p. 138）有关级数的部分已经提到过。

[④] 《庄子·天下第三十三》；见本书第十一章（d）［第二卷，p. 191（辩者：31）］。

[⑤] TT 146。

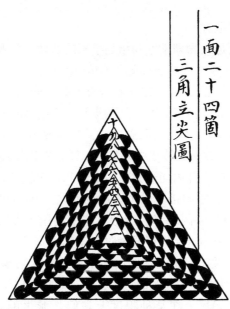

图82　堆积问题；从锥顶往下所看到的用小球堆成的棱锥
（采自周述学 1558 年的《神道大编历宗算会》）。

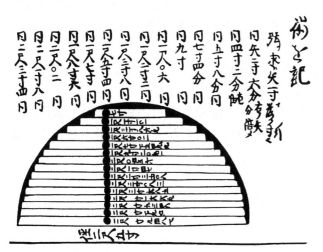

图83　圆面积度量的薄矩形积分法，采自持永丰次和大桥
宅清的《改算记纲目》（1687 年），源自泽口一之的
《古今算法记》（约 1670 年）。

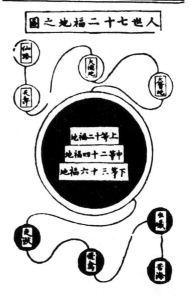

图84　内接于圆的矩形（采自萧道
存的《修真太极混元图》，
约 11 世纪）。

145　的三等福地）的圆。很有可能，在道教和理学的帮助下，我们正面对一个用内接矩形求圆面积的穷竭法的思想萌芽①。

　　沈括的问题实质上同近代物理学家和结晶学家的所谓"堆积"有关②。罗伯特·胡克可能是最先（1665 年）在其《显微图集》（*Micrographia*）中把堆积理论应用于结晶研究的人③。而在 11 世纪，沈括对于在以平面为界的空间内堆积球状物的问题，已作过类似的考虑。虽然我们看不清楚这种中间的渠道，但毫无疑问，从 17 世纪开始，堆积问题已成为日本数学家热心探讨的问题之一。史密斯和三上义夫［Smith & Mikami(1)］的概述充满了从日本数学家著述中采集的示图，它们描述了把一些较小的圆内切于大圆和环状扇形，把一些小球内切于大球和锥体④，等等。关孝和（1642—1708 年）解决了泽口一之的三个互切圆内接于一个大圆的问题（1670 年），建部贤弘（1664—1739 年）在一种圆弓形面积的阿基米德近似算法中利用了无穷级数⑤，从而在某种程度上重复了前代数学家欧洲的卡瓦列里所做过的工作。安岛直圆（1739—1798 年）解决了马尔法蒂（Malfatti）关于三个互切圆内切于三角形的问题。所有这些研究都是以"圆理"的名义出现的，其中有些问题的考虑，已经非常类似于在欧洲发展起来的微分和积分计算法了⑥。但是无疑，在某种程度上它们是派生的，因为耶稣会士杜德美（Pierre Jartoux）在 1701 年曾把许多无穷级数的公式带到中国，这促进了许多中国著作的出现。例如，满族数学家明安图撰写的《割圆密率捷法》，它是在作者死后于 1774年出版的。类似的一部著作是董祐诚的有价值的《割圆连比例图解》（1819 年）⑦。在17 世纪、18 世纪，日本人在某些方面受欧洲影响比中国人更少，而他们的成果确切的原创程度却构成了一个历史上交流研究的难题⑧。实质上，所有中国人和日本人自身的成果都停留在静态的水平上，而动态的处理方法则归功于牛顿和莱布尼茨。

146

（j）影响与传播

　　我们现在可以暂停一下，来归并已收集到的一点点有关中国数学与旧大陆其他重要文化区的数学之间似曾发生过接触的资料。首先，我们认为古代美索不达米亚文化

---

　　① 在这里能够看到，在密堆积思想与一滴水内有无限个世界这种典型的佛教偏见之间，可能存在着的精神上的联系［参见本书第十五章（e）（第二卷，pp. 419 ff.）］。

　　② 参见 Rouse Ball (2)，p. 148。

　　③ Andrade (1)。

　　④ 这个数学分支称为"容题"和"容术"。

　　⑤ 他的著作的名称是《不休缀术》，其中"缀术"二字和公元 5 世纪祖冲之的佚著（见上文 p. 35）的名称相同，看来他可能读过祖冲之的这部著作。

　　⑥ 见三上义夫 (6, 7, 8)，Mikami (18, 21)。

　　⑦ 李俨［(4)，第 2 集，第 129 页，(21)，第 3 集，第 254 页］曾写了一篇有关这些人及其同伴研究工作的长篇论文。

　　⑧ 详情可查阅三上义夫以及史密斯和三上义夫合写的著作，亦可查阅三上义夫［Mikami (17)］和哈泽［Harzer (1)］的论文。

（Mesopotamian culture）在中国的具体影响是有限的，其理由上文已经说过①。在中国，除了传统的甲子周期外，几乎看不到六十进制算术的痕迹，也没有表示分数 $\frac{2}{3}$ 的专门符号。此外，中国人对分数的处理与古埃及人的处理是根本不同的。

但是，当问到有哪些数学思想似乎是从中国向南方和西方传播过去的时候，我们却发现有一张相当可观的清单②。

（1）早在中国商代（公元前 14 世纪），只用九个数字与位值成分相结合的记数法就已经出现了。但在印度，则直到公元 6 世纪，才放弃了用来表示 10 的倍数的专门符号③；而印度在这方面却又比欧洲更先进，因为在欧洲，关于"印度数码"的最早记载出现在公元 976 年的一种西班牙文抄本中④，并且直到 11 世纪才知道用零。零的最原始的形式，即在筹算板上留下的空位，在中国可以追溯到战国时代（公元前 4 世纪）。关于零号的写法，我们稍后还要谈到。

（2）公元前 1 世纪，开平方和开立方在中国就已有了高度发展。公元 4 世纪孙子开平方的方法⑤和公元 5 世纪张邱建开立方的方法⑥，同公元 630 年前后婆罗摩笈多著作中给出的法则非常相似。中国从贾宪（11 世纪）开始所用的求高次方根的方法，似乎曾对卡西（15 世纪）产生了影响，而且后来不久就在欧洲发现了这些先进方法的痕迹。

（3）虽然一般认为三率法⑦是属于印度的，但它在汉代的《九章算术》中就已出现，早于任何一部梵文古籍。值得注意的是，在汉文和梵文这两种语言中，表示分子的术语——"实"和"phala"的意思是相同的，都是指"果实"⑧。同样，表示分母的"法"和"pramāṇa"也都是表示标准长度的度量单位⑨。

（4）所有中古时期印度数学家都使用的竖行表示分数的方法⑩，与汉代筹算板上所用的方法是相同的。

（5）负数，最早出现在公元前 1 世纪时的中国⑪，而在印度直到婆罗摩笈多的时代（约公元 630 年）才得到运用。

---

① 上文 p. 82。

② Kaye（3）；三上义夫［Mikami（1），三上义夫（15）］的著作已提到过下文所列的例子中的一些，虽然并非全部。

③ Datta & Singh（1），vol. 1，p. 40。

④ 例如，见 Smith（1），vol. 2，p. 75。

⑤ 《孙子算经》卷中，第八页起。

⑥ 《张邱建算经》卷下，第三十一页起。实际上，对这个方法的详细叙述见于隋代刘孝孙（公元 576—625 年）的注释，即使如此，它也是在婆罗摩笈多之前。但刘孝孙只是把张邱建原文中的一些不明确的东西解释清楚而已，因此，这个方法本身在张邱建的时代肯定已经为人们所了解了。

⑦ 例如 Smith（1），vol. 2，pp. 483，488。

⑧ 参见 Colebrooke（1），p. 283；Wang Ling（2），vol. 1，pp. 213 ff.。

⑨ 甚至此关系中的第三个大家知道的术语在这两种语言中也是相同的。因为梵文的"icchā"（即"希望"或"要求"）对应于汉文的"所求率"。

⑩ 参见 Colebrooke（1），p. 285。

⑪ 见上文 p. 90。

147

　　(6) 公元 3 世纪赵君卿的《周髀注》① 中所给出的勾股定理的"弦图"证明，在 12 世纪由婆什迦罗丝毫不差地重现。这种证明在任何别的地方均未出现。

　　(7) 在《九章算术》及其刘徽公元 3 世纪的注中出现的几何测量问题，后来又见于公元 9 世纪的摩诃毗罗的著作。例如，"折竹"问题② 及旅行者在直角三角形斜边上相遇的问题③。

　　(8)《九章算术》求弓形面积的方法④ 重又由摩诃毗罗给出，而那些求锥体⑤ 和截棱锥⑥ 体积的公式，则重新出现在许多印度著作中。中国人在弓形和锥体公式方面的错误，也恰好在印度的著述中重现。

　　(9) 一千多年来，中国数学家一直自觉地认识到代数关系与几何关系基本上是一致的，而在其他地方，这种一致性第一次由波斯数学家花拉子米（公元 9 世纪）做出了表述。虽然除了花拉子米曾出使可萨王国⑦以外，没有确凿的证据说明他受到中国人的影响，但从逻辑上和地理环境来看，认为有这种影响大概也不是不合理的。

　　(10) 在汉代《九章算术》中出现的试位法在 13 世纪以 "Regola Elchataym"（契丹术）为名出现在意大利，这个名称说明它是阿拉伯人传播过去的。阿拉伯人可能是从印度学到了这种方法，但中国很可能是它的发源地⑧。

　　(11) 不定分析首先是在《孙子算经》（公元 4 世纪）中开始的⑨，接着才出现在阿耶波多的著作（公元 5 世纪末），尤其是婆罗摩笈多的著作（公元 7 世纪）中。代数学这个分支的知识可能也是经由陆路通过阿拉伯人和印度人作为中介传给了 14 世纪拜占廷僧人伊萨克·阿伊罗斯。丢番图（公元 3 世纪末）所提出的问题和方法则与《孙子算经》的颇为不同。

　　(12) 一个几乎同样的涉及不定方程的问题（"百鸡问题"）首先出现在《张邱建算经》（约公元 500 年)⑩ 中，随后在摩诃毗罗（公元 9 世纪）和婆什迦罗（12 世纪）的著作中出现。

　　(13) 在唐代（公元 7 世纪），王孝通成功地求解了数字三次方程。在南宋（12 和 13 世纪），中国代数学家已经特别善于处理数字高次方程⑪。在欧洲，斐波那契（13 世纪）是第一个提出王孝通那类问题解法的人。有相当的理由认为，他可能受到了东亚来源的影响。

---

　　①　见上文 p. 22。
　　②　《九章算术》卷九，第七页。
　　③　《九章算术》卷九，第七页。
　　④　《九章算术》卷一，第十七页。
　　⑤　《九章算术》卷五，第八页。
　　⑥　《九章算术》卷五，第七页。
　　⑦　见上文 p. 107。
　　⑧　《九章算术》卷七，第二页起。严格地说，这种方法是"双设法"。古埃及人所用的方法有时也被给以相同的名称（试位法）[见 Cajori (2)，p. 13]，但两者显然是不同的。
　　⑨　《孙子算经》卷下，第十页起。
　　⑩　《张邱建算经》卷下，第三|七页。
　　⑪　见上文 p. 126。

(14) 中国在公元1100年之前就已经知道二项式系数的帕斯卡三角形[①]。大致在同一时期，在波斯，由于接触到印度的开方法，似乎也发明了帕斯卡三角形，而印度开方法本身主要应归功于时代较之更早的中国著作。在16世纪前不久，这种三角形传到欧洲，并于1527年首次公开发表。

因此，尽管中国早先几乎"与世隔绝"，并存在各种我们即将探讨的阻碍发展的社会因素，但是在公元前250—1250年间，看来有可能从中国传出的东西比传入的东西要多得多[②]。 148

只是到了较晚的年代，来自南方或西方的影响才开始值得注意，尽管如此，这些影响也很少在中国扎下根来[③]。我们可以指出如下几个事实：

(1) 在隋代和唐代，传入了一些印度的数学和天文学知识，那些书名带有"婆罗门"（Brahmin）字样的书籍就是明证[④]。印度天文学家瞿昙悉达在他的巨著《开元占经》（约公元729年）中曾叙述印度的历法计算。这些专家带来了一种早期形态的三角学，但总的来说，他们的影响似乎是微弱的（见 pp. 37，202）。

(2) 有理由认为，欧几里得几何学大约在1275年通过阿拉伯人初次传到了中国。但没有多少学者对此表示出兴趣，而且即使有过一个译本，不久也就失传了[⑤]。直到近代初期，即在17世纪，这部基础性的著作才开始对中国人的思想产生影响。

(3) 大约在同一时期（1270年），中国数学家（特别是郭守敬）似乎已开始应用三角学的方法。这最可能是受到札马鲁丁[⑥]等人带来的阿拉伯方面的影响，但也不能排除与印度发生直接接触的可能性。

(4) 在接下来的世纪中，丁巨最先开始不用位值专门名称记数。这种做法也可能是从阿拉伯传入的。

(5) 格子乘法[⑦]大约于1590年出现在中国人的数学著作中，这有可能是与葡萄牙人接触的结果。

但是，假使中国在近代开始以前完全保持它自己独特的数学风格，假使印度是这两种文化中更善于接受的那一个，有一项杰出的发明似乎就曾发生在这两大文明拓展的交界处，并且很快在这两种文明中传播开来。这就是用来表示"无"（虚空，*śūnya*），即零值的一种专门书写符号的出现。也许我们可以冒昧地把这个符号看作是抛落在汉代筹算板上空位周围的一个印度花环。

---

① 见上文 p. 133。

② 当然，谨慎是必要的，因为我们不知道在印度［在诸《绳法经》和伐罗诃密希罗之间］是否有一些后来失传的早期著作。

③ 在这里，我们只考虑数学本身。在下一章中，我们将举几个例子，说明天文学方面的印度著作曾在中国获得公认。

④ 参见本书第一卷，p. 128；以及上文 p. 137。

⑤ 见上文 p. 105。

⑥ 见上文 p. 49 和下文 p. 372。

⑦ 见上文 p. 64。

　　然而，这提出了数学秩序——数码的位值——基本表示法的起源和传播的问题。在这个问题上，中国的地位现已十分清楚，在商代（公元前第 2 千纪后期），记数法已比远古任何其他文明更先进和更科学。在各种单位中出现的九个数字，处于较高数位者是通过位值成分来表现的。这些位值成分本身并不是数字，但它们在最后仿佛把九个数字带到了计算用的筹算板上各栏中它们应处的位置上。这种筹算板的存在，隐含在我们所知道的全部秦汉数学之中。任何数位上缺少数字就用空位来表示，这是十分自然的。《墨经》及钱币上的铭文证实，这种记数法在公元前 4 世纪前后已经完成。

149

　　从上文的叙述来看，关于中国的位值法则出自古巴比伦天文学家（公元前第 2 千纪早期）最先使用的位值法则的说法，是很可疑的。在古代美索不达米亚流行过许多种记数法（相加的、相减的、相乘的），甚至在数学和天文的楔形文字泥板上，对于小于 60 的数，六十进位值的安排是和其他记数法结合使用的。而在中国，从商代到汉代及汉以后，位值都是十进位的，而不是六十进位的。除了一种不重要的情形之外，它并不同别的记数法结合使用。既然人们注意到在其他领域存在从古代美索不达米亚向中国传播技术和发明的强有力的证据[1]，我们也许可以把位值概念看作是刺激扩散的一个例子[2]，即是一种基本思想而不是这种思想具体执行成果的传播。

　　但是，当我们考虑到印度的发展时，就产生了一种信念，认为印度对位值法则的了解和应用比它在中国出现的年代晚得多。虽然到了阿耶波多（公元 499 年）及与他同龄的伐罗诃密希罗（《五大历数全书汇编》的作者）等人的时代，位值法则无疑已在使用，但在公元 5 世纪早期以前，即在《宝利沙历数书》的年代，在印度是肯定不可能找到它的痕迹的。值得注意的是，印度的位值法则是中国的十进位值的，而不是古巴比伦的六十进位值的。后来，公元 7 世纪末在中南半岛，公元 8 世纪和公元 9 世纪在印度本土所刻的碑文，都证实了当时已有用点和空圈表示的零号。这一切只不过证实了当时对数码位值已有了充分的了解。我们所考虑的这个时期（公元 300—900 年），大致就是我们坚持认为刚才所说到的许多数学知识从中国向外传播的时期，也是佛教在中华文化圈内大扩展的时期。难道那些云游的和尚不能用中国的数学去换取印度的形而上学吗？这一段文化接触的史诗般的故事很可能还有待于从《高僧传》中发掘出来。我们或许只知道它的一些片段，例如前面已经提过的一个事实[3]：公元 440 年前后，北魏僧人昙影可能是讲授《九章》数学的一位出色的教师。

　　古代西亚字母拼音原则的发现给全世界语言的书写带来了很大的方便。但用它来记录数字却大大地阻碍了算术运算。毫无疑问，诱惑在于使用所有可以利用的字母，而不只限于九个。奇怪的是，忠实于表意原则的不使用字母的文化，反而发展了现在人类普遍使用的十进位值制的最早形式，如果没有这种十进位值制，统一的现代世界

---

① 参见本书第二卷，p. 353；以及下文 p. 256。

② 参见本书第七章 (1)，(8)（第一卷，p. 244）。

③ 上文 p. 27。

就几乎不可能存在。中国的计算家和星象家为印度人发展只需要九个符号的计算方法开辟了道路，叙利亚主教塞波克特在公元 662 年说，这九个符号的优点是无法形容的。他还说[①]："假如那些因为自己说希腊语，就认为自己已达到科学顶点的人知道了这些事物，他们就会相信还有别人也知道重要的事物。"

150

（k）　中国和西方的数学和科学

　　虽然前面的篇幅已经很长，但我们还必须反映出这样一个事实：从许多方面来看，数学总是自成一门学科，它和整个自然科学具有同等的地位。从对中国数学的描述中得出的结论，将我们引向了可以称为本书计划中的焦点的问题。在中国古代和中古时期，数学与科学的关系究竟是怎样的？当数学与科学联结成一个质上全新的组合体，并注定使世界发生变化时，文艺复兴时期的欧洲究竟发生了什么？而且为什么没有在世界上任何别的地方发生呢？这些就是现在要提出的问题。

　　首先要做的是要具有正确的视角。根本没有几部文艺复兴之前的数学著作在成就上能与后来所取得的丰富而有影响的发展相比。因此，用现代数学的尺度去衡量中国古代数学的贡献是毫无意义的。我们必须把自己置身于那些不得不向前迈出最初几步的人的位置上，并努力了解这对于他们是何等的困难。从人类的体力劳动和脑力劳动来判断，人们很难说，《九章算术》的作者们或天元代数学的创始者们取得成就所付出的艰辛，不如 19 世纪开辟新的数学领域的那些学者。唯一能做的是在古代中国的数学与其他古代民族——鼎盛时期的古巴比伦人[②]和古埃及人[③]，以及印度人[④]和阿拉伯人[⑤]——的数学之间进行比较。本章的叙述表明，中国的数学也完全可以与旧大陆其他中世纪的民族在文艺复兴前的成就相比较。希腊数学[⑥]，即使只是因为其见于欧几里得著作的更为抽象和系统的特点，也无疑处于一个更高的水平；但是，正如我们已指出的，印度和中国的数学（它们也许是较直接地建立在巴比伦数学的基础上）的长处是

151

---

　　①　本书第一卷 p. 220 ［第七章（j）］已整段引用过。从这段话的年代来看，这位主教讲当时只有九个符号这个事实是令人感兴趣的。他想必曾与用过空位而不用零号的人接触过。

　　②　在这方面，通过诺伊格鲍尔［Neugebauer（9）；书目见 Archibald（1）］的工作已有了很大的进展。另见柴尔德［Childe（8）］的简明论文。

　　③　另外，近来最好的评论仍是阿奇博尔德［Archibald（1）］的评论，其中附有书目。我在这里加上道森［Dawson（1）］的简短论文。

　　④　上文提到过的达塔和辛格的著作，像几乎所有讨论印度数学的书籍一样，在年代上是不可靠的，这是由于缺乏一个确定的印度年代表。在这方面，印度数学史家［辛格、古尔贾（Gurjar）和其他人］常常同主要的欧洲权威有分歧；Kaye（3）；Clark（2）。但是，即使对于那些不想深入研究它的人，泰勒（Taylor）和科尔布鲁克（Colebrooke）所完成的婆什迦罗的《利罗婆底》（Līlāvatī）的译本（虽然现在已嫌陈旧），也是值得研究的。阿耶波多的著作已由克拉克［Clark（3）］译出。关于印度数学史的最有见地的记述，见 Thibaut（2），Renou & Filliozat（1）。

　　⑤　在这方面，主要的著作是祖特尔［Suter（1）］的著作，但大量材料则见于米耶利［Mieli（1）］的较为广博的著作。

　　⑥　网罗这一领域中大量书目的任何尝试会超出本书的范围，但目前有希思［Heath（3）］所做的出色的汇编可供参考。

在代数学方面，而这正是希腊数学的薄弱环节①。

"因为其更为抽象和系统的特点"——这句话本身正是这部机器的电钥。是的，系统的特点，无疑是可能存在的，但抽象的特点——完全是优点吗？科学史家们现在已开始怀疑：希腊科学和数学偏爱"抽象、演绎和纯理论，而忽视具体、经验和应用"，这是不是一种进步②？按照怀特海（Whitehead）的说法：

> 认为希腊人发现了数学的基础，而我们给它增加了高深的部分，这种看法是错误的。反之，则更接近实际情况；希腊人对数学的高深部分感兴趣，但从未发现它的基础……外尔斯特拉斯（Weierstrass）的极限理论和康托尔的点集理论，远比我们近代的算术、近代的正负数理论、近代的函数关系图示法或近代的代数变量概念更加接近于希腊人的思想模式。初等数学是近代思想最具特征的创造之一——它的特征是以直接的方式把理论与实践联系起来③。

关于中国古代和中古时期的数学，在多大程度上帮助奠定了更为困难的——因为最简单和最基本——应对现实世界的技能的基础，我们希望在前一章中已经叙述清楚了。在从实践进入到纯知识王国的飞跃中，中国数学并未参与④。

因此，在这里我们要对在本章开头（p. 1）提到的那些作者的怀疑和不确信给出一些答复。有些博学的评论者已经注意到了我们现在能更充分意识到的某些特殊的弱点。三上义夫（1）认为古代中国的数学思想最大的缺点是缺少严格证明的理念，并且（像一些近代中国学者，如已故的傅斯年⑤所做的那样）把这一点与形式逻辑在中国没有得到发展联系起来⑥，以及与相互联系的（有机的）思想占有支配地位联系起来⑦。卡乔里［Cajori（3）］在他的数学符号史中评价天元代数学时提到，无论是它的完美的对称性，还是它的极其严格的限制，都给人留下深刻的印象。宋代代数学在经过初期的突飞猛进以后，并没有迅速扩大成长起来。他把 13 世纪以后的停顿归咎于采用了一种缺乏弹性和具有束缚性的记法，此外，虽然中国数学在许多方面是如此先进（例如，很早就理解十进位值和用空位表示零），但是中国数学家从未自发地发明任何书写公式的符号方法，并在耶稣会士来华以前，数学陈述主要是用文字写出的。奇怪的是，在一个把代数学钻研得如此深入的民族中，方程的形式一直是不明显的，而且没有土生土长的等号（＝）。筹算板和珠算盘的普遍应用究竟在多大程度上作为一

152

---

① 算术方面也确实如此。参见 Becker & Hofmann（1），p. 119。

② 例如见费雷歇［Fréchet（1）］的有趣的讨论。

③ Whitehead（7），pp. 132 ff.。法林顿［Farrington（8）］的短论中对这一段话的注释是值得一读的。

④ 有趣的是，在逻辑学方面似乎曾出现过相反的过程。当希腊人和印度人很早并仔细地考虑形式逻辑的时候，中国人则一直倾向于发展辩证逻辑（正如我们在本书第二卷中多次见到的那样）。相应地，中国的有机论哲学与希腊和印度的机械原子论形成对照。在这些领域，"西方"是"初等的"，而中国是"高深的"。中国人对具体事物的特殊热情使他们对希腊几何学的抽象性，像对佛教徒的形而上学唯心论那样充满敌意。后二者都是脱离实践和经验，脱离具体和现实的。

⑤ 1944 年 8 月 13 日给作者的信。

⑥ 见本书第十一章关于名家的部分，以及本书后面的第四十九章。

⑦ 见本书第十三章关于象征的相互联系，以及相互联系的思维的论述。

个阻碍因素在起作用，这是一个值得讨论的问题；这些算具当然使得所有的计算不留痕迹，没有留下任何获得答案所经历的中间阶段的记录[①]。但是，似乎很难令人相信，如果有更多的近代数学方法发展出来，这种本质上是辅助计算的工具的东西就会没有了用处。

谈到社会因素时，很明显，在整个中国历史中，数学的重要性主要在于它与历法有关。在《畴人传》中很难找到一个数学家不受命参与或帮助他那个时代的改历工作。因为与古代宇宙论信念的经典有关，制定历法是受到谨慎守护的帝王特权，对于附属国而言，奉行该帝王制定的历法则意味着对其的忠诚。当叛乱或饥荒发生的时候，一般都认为历法出了差错，从而要求数学家重修历法[②]。有人认为，这种令人全心投入的事务不可避免地将数学家束缚于具体的数字，并阻碍他们去考虑抽象的概念；但不管怎样，中国人重视实践和经验的禀性倾向于那个方向。在历法领域中，数学是属于社会正统的和儒家的，但有理由认为它也与非正统的道家有关。公元2世纪的徐岳肯定受到过道家的影响；这点可以从11世纪那部曾使李冶受到启发的神秘著作中看出；此外，宋代萧道存的那张奇怪的图也说明这一点[③]。然而，人们一直没有弄清楚的是，在像大炼丹家葛洪与（很可能是他同时代的人）数学家孙子这样的人物之间，有没有发生过任何接触；无疑，这样的思想上的联系，在文艺复兴以前的任何地方都是不可能有的[④]。最后，一个很重要的因素必须从中国人对"自然法则"的态度中去探求。这个问题我们在上一卷的末尾（第十八章）已进行过详细的研究；在这里只需重复一下：不存在造物主的观念，因而也没有至尊立法者的观念[⑤]，有的是［道家曾在充满卢克莱修（Lucretius）般活力的高尚诗篇中所表达的］坚定的信仰——整个宇宙是一个有机的、自给自足的系统，这导致了一种无所不包的秩序概念，在这个秩序中没有留给自然法则的位置，因此也几乎没有使之得益于应用世俗数学的规律性。

153

在结束对两千年来土生土长的中国数学的讨论之前，我们可以简略地回顾一下各个时期的数学和它们的特色。数学成就显著的两个朝代是汉代和宋代。在公元前1世纪落下闳和刘歆的时代，《九章算术》是光辉的知识集成，它支配着中国计算家一千多年的实践。但是从它的社会根源来看，它与官僚政府体系有密切关系，并且专门致力于统治官员所必须解决（或教导别人去解决）的问题。土地测量和勘察、谷

[①] 参见 Mikami（20）。这可以部分地解释古书中当他们使用法则时普遍缺乏方法说明的原因，这种不足使洛里亚［Loria（1）］不公正地坚持怀疑，这些法则都是从某些传到中国的一知半解的希腊著作中抄袭的。

[②] 例如，汉高祖曾相信，秦王朝的灭亡是由于秦始皇的错误历法，所以他便命令张苍负责制定一部新历法（《畴人传》卷二，第一页）。

[③] 见上文 p. 144。

[④] 道士隐居在山林中的宫观里，具有明显的浪漫主义因素。他们虽然忙于炼丹，但也激发了诗人的灵感。数学家们则似乎是十分平凡而讲究实际的人，他们只不过是地方官的属员。他们的写作风格是非常缺乏文采的。和印度的数学知识不同，中国的数学知识很少是用诗写成的。无疑，中国的数学家也有他自己的美丽聪明的利罗婆底（Līlāvatī），但他并不把她写进书中去。

[⑤] 柯瓦雷［Koyré（1），p. 308］有一个很有说服力的说法可以扩展到这一问题上：牛顿的世界观是建立在有一个至高无上的创世主和守护神的信念上的。

仓容积、堤坝和运河修筑、税收、兑换率——这些似乎都是最重要的实际问题①。"为数学"而数学的情形是极少的。这并不意味着中国计算家对真理不感兴趣，而是对希腊人所追求的那种抽象的、系统化的学院式真理不感兴趣。在整个汉代，民众没有受过教育，他们没有机会接触到政府授权、抄录并分发到行政网络各节点的手抄著作。工匠们不管有多么了不起的才能，却总是有一座无形的墙把他们和有文学修养的学者分隔开来，他们只能活跃于这座墙的另一边。沈括（11 世纪）注意到了伟大的建筑家喻浩的《木经》②（这部著作大概是由喻浩口授由一个会写字的人记录下来的），只是因为沈括是一位与众不同的人物。但是，在若干世纪以前，另一些工匠在道教徒和佛教徒的具有深远意义的启发下，为打破这种局面而迈出了决定性的一步——他们发明了印刷术③。毫无疑问，印刷术有助于中国数学在宋代第二次繁荣，这时一批真正伟大的数学家——他们不是平民就是低级官员——突然开辟了一个比传统的官僚专注的事务更广阔得多的领域。这时，知识上的好奇心得到了大大的满足。但是，这个突发的高潮并没有持续下去。曾在祖冲之《缀术》④ 的所有最后的抄本上练习书法的儒生们，在明代民族主义的倒退中又重新得势⑤，而数学则再次被幽禁于地方衙门的密室。当耶稣会士登上这一舞台时，甚至没有人能够把中国过去数学上的光辉成就告诉他们。

154

　　那么，在欧洲文艺复兴时期究竟发生了什么，从而使数学化的自然科学得以兴起？这种情况又为什么不在中国出现呢？如果要找出近代科学在某一种文明中得以产生的原因是相当困难的话，那么，要找出它在另一种文明中没有产生的原因就更加困难了。但是，研究不产生的原因，却有助于阐明产生的原因。事实上，数学与科学的富有成果的结合的问题，只不过是近代科学究竟为什么在欧洲产生这整个问题的另一种提法而已。

　　普莱奇（Pledge）⑥ 把伽利略（Galileo）⑦（被认为是把自然科学数学化的核心人物）与达·芬奇（da Vinci）⑧ 进行对比时，看出了这个问题的要害，他说，尽管达·芬奇对自然界有那么深邃的洞察力，在实验上有着卓越的才华，但是由于他缺乏数学知识，所以未能有进一步的发展。现在达·芬奇已不像许多人先前想象的那样，是一个与世隔绝的天才；正如齐尔塞尔［Zilsel，(2)］、吉勒［Gille，(3)］和其他人所指出的，他是 15 和 16 世纪一系列从事实际工作的人当中最突出的一个，这些人包括像布

---

① 关于阿拉伯人的类似情况，见卡昂［Cahen (2)］关于 1035 年前后的《医学集成》（*Kitāb al-Ḥāwī*）等著作的论文。

② 见本书第二十八章 (d)。

③ 见本书第三十二章。

④ 见上文 p. 35。

⑤ 值得注意的是，八股文考试制度，附带着所有它产生的抑制作用，是在 1487 年首次推行的。

⑥ Pledge (1)，p. 15。

⑦ 1564—1642 年。

⑧ 1452—1519 年。

鲁内莱斯基（Brunelleschi）① 那样的艺术家-工程师和建筑师；像切利尼（Cellini）② 那样的画家-冶金学家；像塔尔塔利亚③那样的炮手；像帕雷（Ambroise Paré）④ 那样的外科医生；阿格里科拉（Agricola）⑤ 的著作中提到的矿工；1638 年伽利略的《关于两种新科学的对话和数学证明》（Discourse）中涉及的威尼斯（Venice）兵工厂的那些造船工程师；以比林古乔（Biringuccio）⑥ 为代表的火药厂主及其他化学技师；还有像罗伯特·诺曼⑦（Robert Norman）那样的仪器制造者，他 1581 年的《新奇的吸引力》（Newe Attractive）一书，大大地推动了吉尔伯特（William Gilbert）的磁学研究工作⑧。所有这些人都忙于从事自然现象的研究，其中很多人获得了实验上的数据，这些数据在某种程度上为施展数学公式化的魔力做好了准备。大致地说，在中国也有一批与他们相当的人物⑨（例如宋应星⑩（他可以被称为中国的阿格里科拉）、建筑师李诫⑪、药物学巨子李时珍⑫、园艺家陈淏子⑬、炮手焦玉⑭等。不管选的是哪一个领域，其中都产生了可相比拟的人物；例如在时钟制造方面（考虑到一个世纪的误差），就有德唐迪（de Dondi）⑮ 可与苏颂相比⑯。但是，与中国不同，在欧洲有一些不满足于只发展到这个阶段的有影响力的因素在起作用。有某种东西奋力向前超越这一阶段，得以把实用知识（即使只是定量表示的经验知识）与数学公式化表述结合起来。

　　无疑，上面所作的叙述中有部分与欧洲的社会变化有关，这种变化促成了绅士和有名望的技术人员的结合。正如加布里埃尔·哈维（Gabriel Harvey）在 1593 年写道的：

　　　　一个人要是记得数学机械师汉弗莱·科尔（Humphrey Cole）、造船师马修·贝克（Matthew Baker）、建筑师约翰·舒特（John Shute）、航海家罗伯特·诺曼、炮

155

---

① 1377—1446 年。

② 1500—1571 年。

③ 1500—1557 年。

④ 1510—1590 年。

⑤ 1490—1555 年。

⑥ 卒于 1538 年。

⑦ 鼎盛于 1590 年。

⑧ 见 Zilsel（3）。

⑨ 这是十分重要的一点，因为有些人说中国从未产生过伽利略、维萨里（Vesalius）或笛卡儿，这虽然说对了，但他们通常却忘记了中国曾产生过阿格里科拉、格斯纳（Gesner）和塔尔塔利亚式的人物。

⑩ 《天工开物》的作者，鼎盛于 1600—1650 年。传记见赖家度（1）和薮内清（11）。

⑪ 《营造法式》的作者，卒于 1110 年。

⑫ 《本草纲目》的作者，1518—1593 年。传记见燕羽（5）、李涛（1）、张慧剑（1）。

⑬ 《花镜》的作者，鼎盛于 1688 年。

⑭ 《火龙经》的作者，鼎盛于 1412 年。

⑮ 1318—1389 年。

⑯ 《新仪象法要》的作者，1020—1101 年。这部著作是在 1092 年完成的，其中对当时刚刚建成的大天文钟做了详细的描述。这一创举为我们提供了中古时期的中国把数学方法用到工程建造中的一个最杰出的例子 [见本书第二十七章（h）]。关于苏颂的主要工程负责人韩公廉，有记载说，他曾编写出一份关于这个天文钟的几何学的备忘录。虽然我们在这里发现了数学与技术之间的直接关系，但它仍是为官僚政治服务的，并且在数学与实验科学之间仍然缺乏实质上的联系。参见下文 pp. 363 ff. 。

手威廉·伯恩（William Bourne）、药剂师约翰·赫斯特（John Hester），或任何灵巧和敏锐的经验主义者，如果仍然蔑视熟练的工匠或任何聪明勤奋的实践者（尽管他们没有受过学校教育或不谙书本知识），那么，他就是一个妄自尊大的人①。

吉尔伯特 1600 年关于磁学的论著，是第一部由学院出身的学者完全根据亲手进行的实验室实验和观测写成并印刷成书的著作。但这部著作仍旧既不使用数学公式化表述，也不以自然法则的术语来讲解。和他同时代的弗朗西斯·培根（Francis Bacon），虽是人类历史上第一个充分了解到近代科学研究对于人类文明进步的根本重要性的作者，但他也不甚了解数学即将发挥的重大作用②。

然而，这里所指的并不是中世纪的数学。关于牛顿-笛卡儿科学的起源，正如柯瓦雷［Koyré（1）］在他那篇杰出论文中所说的，数学本身需要改变，必须使数学实体更接近于物理过程，服从于运动③，不是从它们的"存在"而是从它们的"变化"或"流动"来看问题。微积分学就是研究这种运动的最高成就。1550 年，欧洲的数学并不比阿拉伯人从印度人和中国人的发现中继承下来的数学更为先进。但在欧洲，紧接着却发生了一系列全新的惊人的事情——韦达（1580 年）和雷科德（1557 年）终于精心制订了一套令人满意的代数符号，斯蒂文（1585 年）充分评估了十进小数的功用，纳皮尔（1614 年）发明了对数，冈特（1620 年）发明了计算尺，笛卡儿（1637 年）建立了坐标和解析几何学，第一个加法计算机制成（帕斯卡，1642 年），牛顿（1665年）和莱布尼茨（1684 年）完成了微积分。直到现在还没有人充分了解这种发展的内在机理④。经常有人说，其实先前代数学和几何学一直独立发展，前者是在印度人和中国人中发展，而后者是在希腊人及其继承者中发展，现在这两者结合起来，代数学方法应用到了几何学领域，这是在精密科学的前进中所迈出的最重要的一步。但是，重要的是要注意，这里的几何学不仅仅是几何学本身，而是希腊的逻辑演绎几何学。中国人过去也一直用代数方法来考虑几何问题，但那不是一回事。

实验数学的方法以几乎完美的形式出现在伽利略的著作中，并使近代科学技术的各个部门都得到了发展，它的产生给科学史提出的问题是科学史研究中最重要和最复杂的问题之一。对于这个问题，虽然我们不能做出恰如其分的评述，但在这里做简略的分析还是合适的，因为关于数学和科学是怎样正好在文艺复兴时期结合在一起，而在中古时期早期的社会中，例如在中国社会中，它们曾一直分离得有多远⑤，我们只有

① 转引自 Taylor（3），p. 161。可特别参见 Taylor（7）。
② 关于这两位优秀人物的描述，均出自 Zilsel（2）。
③ 在伽利略时代，运动问题是如何成为中心问题的，这可从柯瓦雷［Koyré（2，3）］和奥尔斯克基［Olschki（2，3）］的透彻的论述中见到。
④ 关于这个问题的最好的叙述见 Zeuthen（2）。
⑤ 除了下文将要提到的经典研究，现在可得益于丁格尔［Dingle（1）］和利利［Lilley（4）］的简短而有价值的阐述。有一位中国思想家凌其垲［Lin Chi-Kai（1）］曾对这一领域进行过重新考察。凌其垲是阿贝尔·雷伊（Abel Rey）的学生，虽然在他的头脑中必然常常想到中国的类似情况和问题，但是（可惜的是），他固执地将它们排除在他的论文之外。最近大多数讨论科学方法的中文论文也是如此［参见汪敬熙（1）］。

通过这种分析才能得到一些了解。如果我们剖析一下伽利略的方法，我们就会发现它是由下列几个步骤（phases）组成的：

（a）从所讨论的现象中，选择出几个可在数量上表示的特性。

（b）对包含各观测量间的数学关系（或与其等价的东西）的假说作公式化表述。

（c）从这个假说演绎出某些能够实际验证的结果。

（d）观察，然后改变条件，再做进一步观察，即进行实验，尽可能用数值表现测量结果。

（e）接受或摒弃在（b）步骤中所作的假说。

（f）已接受的假说接着作为新假说的起点，并让新假说接受检验①。

"新哲学"或"实验哲学"的特征，是找出现象中的可测量的要素，并把数学方法应用于这些量的变化规律，这是早已得到了承认的②。这样，量的世界就取代了质的世界③。但是，提高到抽象则比这种情况还要更进一步，因为对运动的考虑已脱离了任何具体的运动物体④。于是，物体的运动不再与物体的其他特征或性质有关，也不能从其他特征或性质推导出来。此外，运动被认为在宇宙中是各处同一的。这的确是观点上的一个根本改变⑤，因为从某种意义上说，宇宙的"均匀化"（uniformisation）也就是它的消灭和死亡⑥。空间的几何化——用同质的、抽象的、有维度的欧几里得空间，去代替伽利略以前的物理学和天文学中具体的、分化的位置连续统（place - continuum）——是对过去形态学上的宇宙的清除⑦。事实上，世界不再被想象成一个有限的和有等级秩序的、在性质上和实体上分化的整体；而被看作是一个开放的、不确定的甚至是无限的宇宙，它只是通过简单的基本规律的同一性和普适性才结合在一起的。例如，一旦引力的概念被表述成公式，宇宙间就没有任何地方是引力定律的法令文书不起作用的。

显然，否认物体具有向某些位置运动的"固有倾向"，只不过是对物质客体的有机统一性进行全面破坏的一个方面。正如丁格尔所说，对于这样一个具有形状、重量、

157

---

① 到这时，随着信心的增加，已逐渐出现了科学"预言"的成分。

② 正如怀特海［Whitehead（1），p. 66］所说的。

③ Koyré（1），p. 296。无论在什么地方，人们都难以接受把时空坐标统一应用到宇宙的所有区域的做法。何文麟（鼎盛于1640—1670年）对耶稣会士的反对就是一个例证［《畴人传四编》（后续补遗），第79页］。

④ 因此，伽利略毫不犹豫地使用了"未观察到的"（unobserved）或"无法观察的"（unobservable）概念，例如，一个完全没有摩擦的平面或一个物体在无限的虚空空间中的运动。参见克龙比［Crombie（1），p. 305］的著作，以及穆迪［Moody（1）］和威纳［Wiener（2）］关于曾使伽利略受到启发的那些想法的讨论。

⑤ 关于这个问题，特别可见 Koyré（1，2，3，5）。

⑥ Koyré（1），p. 295。

⑦ 时间也变成了连续的、未分化的和同质的；这与东、西方中古时期思想中那种孤立的、分段的时间形成对比（参见本书第二卷，p. 288）。这一点也反映在历史学家当前有关中国历史编纂法的讨论中。正如斯普伦克尔［van der Sprenkel（1）］所说，中国的大多数作者（虽然不是全部）都是使用朝代、在位时期和统治时期的分段年表来进行工作；他们把各种特殊事件填入分离的时间单元中去。近代史的时间连续统确实是从近代科学的世界观导出的。

颜色和运动等致密属性的显而易见的统一体，似乎只有那些被几百年来的挫败所激励而又具有最高创造性的智者，才能迈出革命性的一步，拒绝这种统一体，并且主张一个木球和一个由未知物质构成的行星的共同之处，要比同一个球的运动和颜色的共同之处多得多。的确，伽利略的革命摧毁了中世纪欧洲人所具有的，在某种程度上与中国人一样的有机的世界观，而代之以一种实质上是机械的，并且完全适于描述原子的偶然集合的世界观。约翰·多恩（John Donne）[①] 曾表达了那些沉浸在传统世界观中的人们这时所体验到的惆然若失、不知所措的心情：

> 新哲学怀疑一切，
>
> 火元素已完全熄灭；
>
> 太阳消失，地球不见，人的智慧
>
> 绝不能指引他到何处将它寻觅。
>
> 人们直率地承认这世界气数已尽，
>
> 那时他们在行星上，在苍穹中，
>
> 找寻着万千新奇……
>
> 万物支离破碎，全无凝聚的踪迹；
>
> 一切都只是填补，一切都只是关系……

但是，命运却开了一个戏剧性的玩笑：到牛顿去世时（1727 年），莱布尼茨已经播下了一种新的有机世界观的种子，这种新的世界观注定最终要取代或改正机械的世界观[②]。或许这些种子中有一些来源于中国，但那是无法在这里回头探究的另一场争论[③]。

158　　　已形成的假说应该是数学化的假说［上文（b）步骤］，这一点是非常重要的。数学是当时可利用的、连贯的逻辑思维中最大而又最明确的主体。实验的逻辑不一定非要用数学表达式不可，这一点，在从哈维（William Harvey）和海尔蒙特（J. B. van Helmont）到贝尔纳（Claude Bernard）的生理学中，无疑已变得显而易见了，在化学中也是如此。但是，数学化已形成模式[④]。围绕着假说的数学化的起源问题，已经有过很多讨论，这个历史问题至今还远远没有得到解决。伯特［在一部著名的著作中，Burtt（1）］及柯瓦雷，曾以把宇宙看作一种数学设计的观点作为例子，强调毕达哥拉斯和柏拉图的影响通过菲西诺（Ficino）和诺瓦拉（Novara）这样一些人而得以持久存在。数学在天文学中也长期占有重要的地位，并且无疑，还有对像阿基米德这样一些希腊作家的重新发现所产生的某种促进作用。伽利略本人就肯定地说过[⑤]：

> 哲学是写在永远摆在我们眼前的这部大书中的——我这里指的是宇宙——但

---

①　《世界的解剖———周年》（'Anatomie of the World'，First Anniversary），ll. 205−214。

②　这是柯瓦雷恰如其分的评价，他说［Koyré（1），p. 310］，19 世纪的科学思想在场概念掩护下的进展，本质上是一种反牛顿思想的发展。

③　见本书第二卷中的第十三章（f）、第十六章（f）和第十八章（e）。

④　力学作为近代科学的起点占有特殊的地位，因为人们直接的身体经验主要是力学方面的，而且数学在力学量方面的应用相对简单。参见 Sambursky（1），p. 234。

⑤　*Opera*，vol. 4，p. 171。

是，我们如果不首先学会书写它的语言和掌握其中的符号，那么我们就不能了解它。这部书是用数学语言写的，其中的符号是三角形、圆和其他几何图形。没有这些数学语言和数学符号的帮助，人们就不可能了解它的只言片语，没有这些数学语言和数学符号，人们就会在黑暗的迷宫中徒劳地徘徊。

但是，斯特朗（E. W. Strong）曾令人信服地指出，在伽利略以前和在伽利略的时代，数学就越来越多地为我们上文提到过的那些实际操作人员和工匠们所应用了。他们当中的某些人，例如塔尔塔利亚和斯蒂文，就在当时最优秀的数学家之列。他们对枪炮、造船、水利工程和建筑技术等的兴趣，促使他们把定量方法和数学方法全面地应用于他们的问题。他们是从事测量和制定法则的人。伟大的文艺复兴时期的工匠们，会觉得上文（c）步骤中伽利略将某些特别简单的运动例子分离出来，以及（d）步骤中所作的数值测量是相当自然的。事实上，正如怀特海所说[1]，函数的概念当时已经产生了。人们必须看到，单一的特定条件有多少改变，产生的后果也就会相应地有多少变化。"数学为科学家们提供了对自然进行观察所需具备的富有想象的思维的背景。伽利略提出了一些公式，笛卡儿提出了一些公式，惠更斯（Huygens）提出了一些公式，牛顿提出了一些公式。"每一个人都开始画曲线来表示各种自然现象之间的关系，并寻求适合这些曲线的方程。

　　也许，最好是把伽利略的新方法描述为工艺实践与经院理论的结合[2]。虽然随着这种结合而来的是惊人的结果，但是必须认识到，这种结合无论在哪一方面都不是独一无二的。以前在较低的水平上，已经出现过有点类似的情况，并且每一次都带来某些新的东西。正如埃利亚德（Eliade）所指出的[3]，在工艺方面对化学的进步有重要意义的希腊化时代的炼金术，就是实用的化学技术同俄耳甫斯教（Orphic）和诺斯替教（Gnostic）哲学的结合。此外，我们现在熟知的一个更早的例子，即原始科学的道家学说是发源于萨满教巫师和崇尚"自然之道"的隐居哲学家的结合[4]。

　　那么，技术专家和工匠[5]直觉的实验，与构成伽利略方法实质的检验严密假说的有意识的实验验证究竟有什么不同？这个问题非常重要，因为中国和欧洲一样，也有很多高明的匠师（也许我们可以这样称呼）。用上文相同的方法来仔细分析时，我们可以得到下列几点。

　　（a）从所讨论的现象中，**选择**出几个特性。

　　（d）**观察**，然后改变条件，再作进一步观察——即进行实验，尽可能用数值表现测量结果。

　　（b）对原始类型的假说［例如，包括亚里士多德的四元素说、炼金术士的三

---

　　① Whitehead（1），p. 46.

　　② 贝尔纳就经常是这样做的。参见 Bernal（1），pp. 865 ff.，869。

　　③ Eliade（5），p. 149；同意此观点的有费斯蒂吉埃［Festugière（1）］、舍伍德·泰勒［Sherwood Taylor（2，3）］以及其他一些学者。

　　④ 参见本书第二卷，pp. 34 ff.。

　　⑤ 还可参见齐尔塞尔［Zilsel（2）］关于这个问题的出色的评论。

要素（Tria Prima）或阴阳五行说）做**公式化表述**。

　　（*f*）继续观察和实验，但不过分受那些同时出现的假说性考虑的影响。

虽然缺乏基本理论，使得工艺技术需要通过个人的接触和训练一代一代地往下传，但靠这种经验的方法有可能累积起大量的实用知识。考虑到时间和空间的不同，中国和欧洲所达到的熟练程度是没有多大差别的；没有任何西方人能够超过商、周两代的青铜器铸造者[①]，或比得上唐、宋时代的瓷器制造者[②]。吉尔伯特的有决定性意义的磁学研究所需的准备工作，完全是在旧大陆的另一端进行的。并且，谁也不能说这些技术操作是非定量的，因为瓷器制造者如果不掌握某种温度控制方法，就绝不能够再现这些技术操作在上釉、坯体和色彩等各方面的效果；如果堪舆家不注意他们的方位度数，也就不可能发现磁偏角[③]。

160　　伽利略方法的使用者和匠师所采用的一系列步骤当中的第一步，一直是默认的。但正如某些作者所强调的那样[④]，为了进行系统的研究而从事物的流变中把某些特定的现象分离出来，这种做法使得一切实验都具有高度人为的性质。因此，有件事实就令人感兴趣了：远在 17 世纪那批科学家出现以前，中国和西方中古时期的匠师（与希腊人不同）就已表明他们自己能做到这一点。确实，由于每个制造者和工匠只关心有限的一组技术，所以，出现这种情况是很自然的。此外，这些人还做了别的事，他们已经认识到反复实验对于证实结果的重要性。希腊天文学之所以如此成功，是因为在天体现象的周期性重现中，自然界提供了这种反复。而中古时期的工匠们（中国的和欧洲的都一样）则需要把那些地球上重现的事件（尽管一定程度上是有变化的）组织起来，这为近代物理学和地球科学各学科的发展铺平了道路。

　　但是，正如人们从达·芬奇在理论上相对落后这一点可以看到的那样，阻碍主要出现在"做出假说"这一领域。迪昂（Duhem）[⑤] 在叙述了达·芬奇有关气态物质的某些成就和发明之后指出，他关于空气和火、烟和蒸汽的概念渗透着中世纪的物理学，以致他所做的和所想的似乎完全难以理解。尽管他能画出湿度计、竹蜻蜓或离心泵的草图，但他也能够解释说，一块湿布的湿气具有向火移动的内在倾向，而湿气的较轻物质成分会随着这种纯元素上升而直上九霄，因为火有一种携带轻物体一起上升的准神灵的力量。没有必要对这一点进行更多的说明了，但这是很重要的一点，因为它帮助我们了解了，在没有适当的科学理论的情况下可能达到多大的技术成就。因此，它也有助于了解中国的情况，并且断定土生土长的中国科学技术所达到的境界必然是达·芬奇式的，而不是伽利略式的。但是，在欧洲真正发生的情况还是难以说清。

　　历史学家早就认识到，12 世纪中叶是欧洲思想史上的转折点。不管是不是因为同

---

①　参见本书第三十章（d）和第三十六章。

②　参见本书第三十五章。

③　参见本书第二十六章（i）。

④　Levy（1），pp. 118，700，etc.；较晚近的提法见 Sambursky（1），pp. 233 ff. 。

⑤　Duhem（1），p. 329。参见 Randall（2）；Hart（3）。正如齐尔塞尔 ［Zilsel（5）］所指出的，甚至在哥白尼（Copernicus）的著作中，也仍然存在许多中世纪的和泛灵论的观念。

伊斯兰世界发生新的接触而产生的刺激①，12世纪、13世纪出现了一场宏大的脱离人类中心论的象征主义而趋向对客观自然界产生真正兴趣的运动②。这场运动在思想和艺术的各个部门——从哥特式雕刻中日益增长的自然主义③到神学、祷告文和戏剧中出现的新现实主义——都有痕迹可寻。在追溯近代科学的根源时，不能忽视这场自然主义的运动。

在伽利略以前就已掌握伽利略方法的不仅仅是那些高明的匠师。早就有人主张④，在欧洲经院哲学的内部，有一种从事实验的倾向，这种倾向始于亚里士多德⑤，通过达·芬奇传到伽利略。亚里士多德把关于事实的知识同关于事实的原因的知识区别开来⑥，但如何利用实验来确定这些知识，他却从未给过任何明确的说明⑦。13世纪初，牛津（Oxford）的哲学家开始对深入了解自然现象的可能性感兴趣，因而更加注意假说的形成及其检验的方法。这些思想后来与帕多瓦（Padua）大学联系在一起⑧，在这所大学里，阿威罗伊学说（Averroism）处于强势地位，医学的预备课程是逻辑学而不是法律或神学。14—16世纪间，这个大学中的讨论导致形成了一种方法论⑨。这种方法论除了具有数学化的重要因素以外，还表现出了与伽利略的最终做法有某些相似之处。经仔细分析，这个理论［在帕多瓦被称为"*regressus*"（倒推）］⑩看起来包括如下几点：

（*a'*）从所讨论的复杂现象中，**选择**出似乎是它们所共有的特征［"分析"（*analysis*⑪）；"分解"（*resolutio*）］，全部列举出来被认为是不必要的，因为自然界的一致性和样本的代表性值得信赖。

（*b'*）通过对这些特征的主要内容进行推理，**归纳**出一个特定的原理（也是"分解"）。

（*c'*）从这个假说性原理**演绎**出各种详细的结果［思想中的"综合"（*synthesis*⑪）；"合成"（*compositio*）］。

---

① 至少，这正好与巴斯的阿德拉德（Adelard of Bath）等重要翻译家同属一个时代，阿德拉德的主要译作完成于1142年前后。

② 关于这一点，格茨［Goetz（1）］和林恩·怀特［Lynn White（2）］已做了富有启发性的解释。类似的说明还可见 Raven（1），pp. 40、58 ff.。

③ 雅拉贝尔［Jalabert（1）］关于教堂建筑中的柱头的权威著作可作为参考。

④ 尤其是迪昂［Duhem（1）］在他关于达·芬奇的前驱者的研究中所提出的主张。

⑤ 关于亚里士多德的科学方法，见 Mckeon（1）；W. D. Ross（1）；Peck（1，2）。

⑥ *Post. Analyt.* I, 13；78 a 22。

⑦ 在古代希腊，这个完备的实验方法究竟实行到何种程度，是个有过很多讨论的问题。毕达哥拉斯学派在声学上、阿基米德在杠杆上、兰萨库斯的斯特拉顿（Straton of Lampsacus）和希罗（Heron）在气体现象上所进行的系统观察的方法肯定已接近此方法，但可能并没有超过那些高明匠师的水平。参见 Heath（6，8）；Brunet & Mieli（1）；Farrington（4，15）；最近的一篇出色的评论见 Sambursky（1），pp. 222 ff.，237。

⑧ 应该记住，伽利略和哈维两人都曾在帕多瓦从事过研究和教学。伽利略曾用该校的专门术语，称他的（*d*）步骤中的实验为一种进一步的"分解"（*resolutio*）［Crombie（1），p. 307］。

⑨ 兰德尔［Randall（1）］对此曾做出详细的说明。

⑩ Crombie（1），p. 297。

⑪ 这些是最早的术语——希腊几何学家和盖伦（Galen）都曾使用过［参见 Crombie（1），p. 28］。

(*d'*) **观察**相同的或类似的现象，通过经验，在很个别的情况下则通过安排好的实验，达到"证实"（*verificatio*）或"证伪"（*falsificatio*）。

(*e'*) **接受或摒弃**（*b'*）步骤中所表述的假说性原理。

因此，高明的匠师的实践接近于伽利略方法的后一部分，即实验部分，而经院哲学家的理论上的推断则预示了前一部分，即推理部分。但是，他们对于与经验事实相符是假说的最终检验这一点了解到何种程度，似乎还不能确定，我们也不清楚他们是否始终理解对（*d'*）步骤中尚未被用作需经受检验的假说的来源的那些新现象，进行仔细检查的重要性。此外，他们很少能成功地提升他们的假说使之摆脱其原始的形态。在这种自然哲学中，林肯郡的格罗斯泰斯特（Robert Grosseteste of Lincoln；1168—1253 年）被推举为关键人物①，但其中的归纳和演绎两种方法都可追溯到盖伦②和希腊几何学家③，格罗斯泰斯特大概是通过阿拉伯人，比如百科全书编纂者肯迪（Abū Yūsuf Ya 'qūb ibn-Isḥāq al-Kindī；卒于公元873 年）④ 和医书注释家伊本·里德万（'Alī ibn Riḍwān；公元998—1061 年）⑤，而得到这些方法的。尽管格罗斯泰斯特可能曾认为，除了纯粹而丰富的经验之外，还应该利用一些有组织的实验来证实或否定所做出的假说，但仍不能断定他本人就是一个实验家。无论如何，他对于 13 世纪的那些实验科学工作者，包括物理学领域的英国人罗杰·培根（Roger Bacon；1214—1292 年）和布雷德沃丁（Thomas Bradwardine；1290—1349 年）、磁学领域的法国人佩雷格里努斯（Petrus Peregrinus；鼎盛于 1260—1270 年）、光学领域的波兰人维泰洛（the Pole Witelo；约 1230—1280 年），以及建立了出色的彩虹理论的德国人弗赖堡的特奥多里克（Theodoric of Freiburg；卒于1311 年）⑥，似乎都产生了影响。奇妙的是，就在这些人进行着研究工作的时代，中国也是一幅完全可与之相匹敌的科学运动的景象⑦。但是在欧洲，14 世纪初以后呈现出了显著的衰退现象，舌战再度占了上风，直到伽利略的时代为止。无论如何，就理论科学而论，事情确实是如此，因为在 14 世纪后期和 15 世纪出现了大批军事工程师，大部分是德国人，他们的实际成就预示了伽利略以前那个世纪的高明匠师的成就。这一新时期的开创者是《军事堡垒》（*Bellifortis*）的作者康拉德·屈埃泽

---

① 正如克龙比［Crombie (1)］有趣的著作中所指出的。

② Kühn ed.，vol. 1，p. 305；vol. 8，p. 60；vol. 14，p. 583。盖伦自己肯定也像希罗菲卢斯（Herophilus）和埃拉西斯特拉图斯（Erasistratus）那样，做过生理学实验。

③ Heath (1)，pp. 137 ff.；Zeuthen (3)，pp. 92 ff.。

④ Mieli (1)，p. 80；Hitti (1)，p. 370。

⑤ Mieli (1)，p. 121。

⑥ 在这方面，他被阿拉伯物理学家占了先［参见本书第二十一章 (e) 和第二十六章 (g)］，但占先的时间很短［见 Sarton (1)，vol. 2，p. 23；vol. 3，p. 141］。由于当时阿拉伯物理学家的著作并没有拉丁语的译本可用，所以，这种同时出现的情况可能源于二者使用了同一个资料来源，即伊本·海赛姆（Ibn al-Haitham）的著作。见 Winter (4)。

⑦ 参加这个运动的有杰出的数学家秦九韶（鼎盛于 1240—1260 年）和杨辉（鼎盛于 1260—1275 年）、天文学家郭守敬（1231—1316 年）、地理学家朱思本（约 1270—1337 年）、农业和技术的百科全书编纂者王祯（鼎盛于 1280—1315 年）、法医学——一门特殊的实验学科——的创建者宋慈（鼎盛于 1240—1250 年）。这个时期还出现了一些像马可·波罗（约 1280 年时在北京）那样的旅行者，但是，他们中不可能有人十分精通科学，因而他们所传播的只是些技艺或技艺片段。关于在中国宋代这个科学技术的"黄金时期"，见本书第二卷，pp. 493 ff.。

尔（Konrad Kyeser；1366—1405 年以后），新时期始于 1396 年，但早在此之前，就已有人指出了这种途径，尤其是达维杰瓦诺（Guido da Vigevano；1280—1345 年以后）[1]，他在弗赖堡的特奥多里克死后仅 20 年就完成了在机械和战争机械方面的著作。在屈埃泽尔以后也有许多其他的技术专家，他们的灵感肯定有一部分是来自大炮和火药等新技术的启发[2]，诸如乔瓦尼·达丰塔纳（Giovanni de'Fontana；鼎盛于 1410—1420 年）、胡斯战争（Hussite Wars）中的佚名工程师（鼎盛于 1420—1433 年）、梅明根的亚伯拉罕（Abraham of Memmingen；鼎盛于 1422 年）等[3]。因此在欧洲，从罗杰·培根到伽利略，实验家连续不断地出现，但是大致在 1310 年以后，经院哲学的贡献就停止了，而在此后三百年间，实用技术成为时代的主宰[4]。

有人会提出这样的问题：11 世纪和 12 世纪的理学家[5]关于如何获取自然知识的理论说明，就其内容来看，是不是不如 13 世纪欧洲经院哲学家的先进呢[6]？从许多观察中归纳出一个特定的原理［(b′) 步骤，"分解"的第二部分］，在理学家的思想中是通过寻求根本的或内在的"理"（pattern；模式）来表现的。有人曾对许衡（1209—1281 年）说：

> 如果我们完全理解（原字义：穷尽）世界上万物的"理"，不就是找到每一事物之所以成为这一事物的缘由了吗（"所以然之故"）？不也就找到了（与其他事物共存）所必须遵从的规则吗（"所以当然之则"）[7]？而这不正好就是所谓"理"吗？[8]

〈穷理至于天下之物，必有所以然之故，与其所当然之则，所谓理也？〉

许衡表示同意，并说，这非常清楚地说明了所使用的专门术语的意义。宇宙中一切事物的时空关系都是通过普遍存在的"理"来确定的。程伊川（1033—1108 年）说："无论'理'存在于何处，东就是东，西就是西。"[9]（"凡理之所在，东便是东，西便是西。"）理学家用来表示类似于归纳法的方法的名句——"知识的拓展在于对事物的研

---

① Sarton（1），vol. 3，p. 846。

② 当时火药已直接从中国传到欧洲了，见本书第三十章和第三十四章。

③ 这些人在本书第二十七、二十八章中还要经常提到。关于他们的工作和著作的概述，见 Sarton（1），vol. 3，pp. 1550 ff.。

④ 14 世纪后期和 15 世纪并不是中国科学或技术取得重大成就的时期，而 11 世纪在中国则比在欧洲要相对重要得多。但是，在 14、15 世纪也不难找出一些杰出的人物，例如明朝的亲王朱橚（鼎盛于 1382—1425 年），曾主办了一个植物园，并写了一部很有价值的关于可在紧急情况下食用的植物的书；天文学家皇甫仲和（鼎盛于 1437 年），造出了与郭守敬的仪器相似的新仪器；马欢（鼎盛于 1400—1430 年），云南的穆斯林通译，郑和舰队中的地理学家。

⑤ 见本书第二卷第十六章（d）和第十八章（e）。

⑥ 关于这个问题，葛瑞汉的研究［Graham（1），pp. 192 ff.］曾做过适当的介绍。

⑦ 关于把"则"这个词作为"适用于整体的各个部分的规则"的充分讨论，见本书第二卷，pp. 557 ff.，565 ff.。

⑧ 《宋元学案》卷九十，第二页、第三页（万有文库本，第 22 册，第 128 页），由作者译成英文。吴澄（1249—1333 年）在《性理精义》（卷九，第二十九页）也提出一个十分相似的定义。

⑨ 《河南程氏遗书》卷二十二上，第十四页。

究"（"致知在格物"）①——出自公元前 260 年前后的《大学》。对于他们来说，这意味着，对于事物本性和事物间关系的突然领悟，就好像突然看到理的各种成分"变得一目了然"。可以说，自然界的数字本身也都契合着宇宙算板上意味深长的阵列。

对大量现象中所表现出的特定自然之"理"的领悟〔(a') 步骤〕，是通过"联系"或"穿在一起"（"贯"），或"相互联系"（"贯通"）的方法达到的。这个方法描绘的形象是把有孔的铜钱贯串在一条线上。正如程氏兄弟中的一位所说的那样，"无论何时，当人们在听到一种说法或获知一件事时，他们的认识总是局限于这一说法或这件事上，理由很简单，因为他们不能将事物相互联系起来"②。（"凡人闻一言则滞于一言，一事则滞于一事，不能贯通。"）程氏兄弟的另一个公式是③

为了努力彻底理解（原字义：穷尽）各种"理"，我们没有必要试图对世界上数不胜数的所有现象的"理"进行彻底的研究。我们也不可能仅通过完全理解其中的单个"理"而达到这个目的。只是需要收集（"积累"）大量（的现象）。于是，（"理"）就会自然而然地变得可见了。

〈所务于穷理者，非道须尽穷了天下万物之理，又不道是穷得一理便到，只是要积累多后自然见去。〉

程氏兄弟关于专注于一件事物或一小组事物不是获得自然知识的途径的信念，从后代中国学者④未能重视科学方法这一点来看，是特别令人关注的。

有人问程伊川："需要研究所有事物，还是仅研究个别事物就能够知道无数的'理'呢？"（伊川回答说：）"确实不行，因为如果是那样的话，怎么会存在广泛的相互关系呢？就是颜子⑤也不曾试图只通过研究一件事物，就能够理解一切事物的'理'呀。需要做的就是日复一日、一件事接一件事地研究。这样，经过长期的经验积累之后，（那些事物）就会突然在相互联系的状态中显露出来（"贯通"）。"⑥

〈或问：格物须物物格之，还只格一物而万理皆知？曰：怎生便会该通？若只格一物便通众理，虽颜子亦不敢如此道。须是今日格一件，明日又格一件，积习既多，然后脱然自有贯通处。〉

内省绝不能代替对外在自然界的研究。

有人又问程伊川："在观察外部事物和对自身进行探讨时，是不是必须回头在自身之中寻找那些已经在事物中看到了的东西呢？"（他回答）："完全没有必要这样来处理问题。外部的世界和人们自身，具有一个共同的大"理"；只要明白了"彼"，"此"也就变得清楚了。这就是内外统一的"道"。学者应该努力去观察和

164

① 参见本书第一卷，p. 48。见 Legge（2），p. 222。
② 《河南程氏外书》卷三，第二页。
③ 《河南程氏遗书》卷二上，第二十二页；由作者译成英文，借助于 Graham（1）。
④ 当然，我们在这里所想到的是 16 世纪初期的王阳明唯心主义学派；见本书第二卷，p. 510。
⑤ 他是孔子的得意门生。
⑥ 《河南程氏遗书》卷十八，第五页。

理解整个自然界——在极大的方面要观察和理解天的高度和地的厚度，在极小的方面则要了解一个单个（微小）事物为什么会像它所表现出来的那样。

又有人问说："在拓展知识时，你看是不是应该首先在'四个开始'（'四端'）中寻找（世界的'理'）呢？"①（这位哲学家）回答："在我们自己的禀性和情感中去寻找它们，当然是最简单、最方便的了；但是，每片草（叶）和每棵树木都有它们自己的'理'，对它们也必须进行研究。"②

〈问：观物察已，还因见物反求诸身否？曰：不必如此说。物我一理，才明彼即晓此，"合内外之道"也。语其大，至天地之高厚；语其小，至一物之所以然，学者皆当理会。又问：致知先求之四端，如何？曰：求之性情，固是切于身，然一草一木皆有理，须是察。〉

"对鸟、兽、草、木的名称（和属性）的广泛认识，是获得对'理'的认识的方法之一。"③

〈"多识于鸟兽草木之名"，所以名理也。〉

如果这述不能算是文艺复兴时期的自然科学的话，那么，它们相去也不比中世纪欧洲经院哲学的思想距离后者更远。

此外，由原理来进行演绎的逆过程 [（c'）步骤，"合成"（compositio）]，似乎也有与之相应的术语，即"推理"（扩展模式–原理）或"推类"（扩大具有相同模式的事物或方法的门类）④。后一术语有时具有"同类相推"的意义。程明道（1032—1085 年）曾写道：

无数事物都有它的对立物；有阴和阳、善和恶的交替。当阳盛的时候，阴就衰；当善增的时候，恶就减。这种"理"（模式–原理）的传播是深远而广泛的⑤。

〈万物莫不有对，一阴一阳，一善一恶，阳长则阴消，善增则恶减。斯理也，推之其远乎。〉

他在别的地方又说：

在研究各种事物以便充分了解它们的"理"（模式）时，并不存在对世界上所有现象都要完全穷尽的问题。只要一种事物的"理"被完全理解，对于同一类的其他事物，也就可以做出推断了（"可以类推"）⑥。

165

---

① 这个典故出自《孟子·公孙丑章句上》第六章 [Legge（3），p. 79]："恻隐之心是仁爱的开始，羞耻和厌恶之心是正义的开始；谦逊和殷勤导致好的习俗，而'是'与'非'之间的决定则导致知识。"（"恻隐之心，仁之端也；羞恶之心，义之端也；辞让之心，礼之端也；是非之心，智之端也。"）参见《小学绀珠》卷三，第十六页。

② 《河南程氏遗书》卷十八，第八页、第九页。

③ 《河南程氏遗书》卷二十五，第六页；这两段由作者译成英文，借助于 Graham（1）。提到博物学的价值的话引自《论语·阳货第十七》第九章。《杨龟山集》卷三（第 41 节，第 66 页）中有相似的一段话。

④ 术语"推"可追溯到墨家（参见本书第二卷，pp. 183 ff.），但它的意义已完全改变了。它常常出现在与科学有关的文字中。例如公元 19 年，王莽命令他的皇家天文学家计算（"推"）在 36,000 年间有效的历法（"乃令太史推三万六千历纪"）[《前汉书》卷九十九下，第四页；参见 Dubs（2），vol. 3，p. 379]。又如，公元 260 年前后，王蕃在计算宇宙中的一些距离时，曾从别的数字"推"出某些数字（《晋书》卷十一，第六页）。

⑤ 《河南程氏遗书》卷十一，第五页。

⑥ 《河南程氏遗书》卷十五，第十一页；这两段由作者译成英文，借助于 Graham（1）。

〈格物穷理，非是要尽穷天下之物，但于一事上穷尽，其他可以类推。〉

在程伊川下面几句话中，两种方法［归纳，然后是演绎，（b'）、（c'）步骤］似乎都提到了：

从外部世界学习［模式］，并在内心领悟它们，这可以叫作"理解"（"明"）。在内心领悟它们，并把它们同（"兼"）外部世界联系起来，可以叫作"整合"（"诚"）[1]。可见，整合和理解是一回事[2]。

〈自其外者学之而得于内者，谓之明；自其内者得之而兼于外者，谓之诚。诚与明一也。〉

当谈到用实验来做证实或否定［（d'）步骤］的时候，理学家并不比经院哲学家高明。但是，接受经验检验的思想则总是隐隐约约地存在着，在被伦理学和社会学支配着的中国环境中，它采取的形式是用知识与实践进行对比。这个问题一直争论了几百年。"行易知难"[3]，这句名言在每个时代都在被肯定、推翻或修改[4]。17世纪的王船山说[5]："认知是实践的起点，实践是认知的完成。"（"知是行之始，行是知之成。"）事实上，认识论问题所获得的答案，是视当时的主流（就中国思想所允许的程度而论）是形而上学唯心主义或唯物主义而变化的。这方面的许多例子前面已经提到过。例如，王充（公元1世纪）对《墨经》的批判[6]；而在当代，中国哲学学派的解答则接受了马克思主义的批判[7]。总之，不管是理学家还是经院哲学家都没有明确地认识到，在对自然界的研究中，严密的假说必须经过检验，看它是否与更大范围的经验事实相符。重要的一点是，正像在中国，既有大量相当于诺曼和塔尔塔利亚的"高明匠师"的代表人物，又有相当于格罗斯泰斯特和帕多瓦大学学者的中古时期的思想家。

也许，把欧洲经院哲学家与理学家进行过于细致的比较不会有什么成果。无论如何，前者并不总是能预先得到我们的同情。但是，两种奇怪地对立着的说法可以表明，在这两个学派当中，哪一派真正具有更多的科学思想。阿奎那（Thomas Aquinas；1226—1274年）写道："对最高级的事物的一孔之见，胜于对低等和渺小的事物的大量知识"[8]。而程明道（1032—1085年）在论及佛教徒时则说："他们力求不通过'研究低等的事物'就去'领悟高级的事物'[9]，那么，他们对高级事物的领悟又怎能是正确

166

---

① 这个术语在本书第二卷（pp. 468 ff.）中已详细地讨论过了。

② 《河南程氏遗书》卷二十五，第二页；这一段话是建立在《中庸》第二十一章的基础上的。

③ 这是近代中国孙中山所提出的著名的说法，它曾被用作国立北平研究院的徽记题铭。与这句名言相对立的，是最早见于《书经》中的一篇伪作《说命》（公元4世纪）的"非知之艰，行之惟艰"［参见 Legge（1），p. 116；Medhurst（1），p. 173］。说这句话的是商代的一个半传说中的大臣傅说。

④ 在西文书刊中似乎还没有对此问题的完整的历史研究，但倪德卫［Nivison（1）］已做出了一个有意义的开端。

⑤ 参见 Fêng Yu-Lan（1），vol. 2，p. 604。

⑥ 参见本书第二卷，p. 170。

⑦ 例如，毛泽东的《实践论》及冯友兰［Fêng Yu-Lan（6）］对其所做的有意思的注释。

⑧ *Summa Theologiae*，Ia, i, 5 ad 1。参见 Aristotle，*De Partibus Animaltum*，I. 5。

⑨ 出自《论语·宪问第十四》第三十七章［Legge（2），pp. 152, 153］。

的呢？①"（"唯务上达而无下学，然则其上达处，岂有是也？"）

没有比历史的因果关系问题更困难的问题了。近代科学16世纪和17世纪在欧洲的产生，要么被看作是奇迹，要么应对其做出解释，哪怕只是暂时性的和尝试性的解释。近代科学的产生不是一种孤立的现象，它是与文艺复兴、宗教改革及由工业生产伴随着的商业资本主义的兴起同时（*pari passu*）出现的。很可能随之在欧洲才发生的一些并存的社会和经济变化造成了一种环境，使得自然科学在其中最终能够超过那些高明匠师——半数学的技术家——的水平②。把所有的质都归结为量，肯定一切现象背后的数学实在（mathematical reality），宣称整个宇宙中空间和时间都是统一的——所有这一切，不是可以和商人的价值标准类比吗？要是没有那些可以用数目、数量和尺度等来进行计算和交换的内容，就没有货物和商品，也就没有珠宝和金钱。

我们的数学家，留有很多这方面的痕迹。关于复式簿记技术的最早的书面说明，被收录于16世纪初流行的最好的数学教科书——帕乔利所著的《算术、几何、比及比例全书》（*Summa de Arithmetica*，1494年）。最先把复式簿记用到公共财政问题与行政管理上去的，则是工程师兼数学家斯蒂文的著作（1608年）。甚至连哥白尼（Copernicus）也对货币改革进行过论述〔见于他1552年的《铸币论》（*Monetae Cudendae Ratio*）〕。雷科德的《励智石》（*Whetstone of Witte*；1557年）中最先使用了等号，该书题献给"赴莫斯科公国（Moscovia）探险公司的董事们及其他人"，并希望"通过他们的旅行使商品不断增加"。斯蒂文的《十进算术》是用这样的话开始的："献给所有的天文学家，测量家，挂毡、酒桶和其他物品的测量者，献给所有的造币厂厂长和商人，祝你们好运！"③连那位伟大无私的传教士利玛窦的一个亲属，弗朗切斯科·里奇（Francesco Ricci）也于1659年在马切拉塔（Macerata）出版了一部会计学书籍。这类例子不胜枚举。可见，商业和工业当时是空前"盛行"的。

关于近代科学技术与产生它的社会经济环境之间的准确关系的问题，也许会构成欧洲科学史研究中的一场大辩论。我们以后还要讨论这个问题④。我相信，适当地研究一些平行发展的文明，例如中国农业-官僚政治文明，将有助于说明西方所发生的事件。例如，柯瓦雷⑤在批评关于后文艺复兴时期科学发展动因的社会经济说时，曾赞同卡西勒〔Cassirer（1）〕的意见，极力主张⑥当时存在着一种由希腊数学的重新发现激发起来，并明显受到柏拉图哲学和毕达哥拉斯哲学激励的纯理论倾向。这无疑是真实

167

---

① 《河南程氏遗书》卷十三，第一页。

② 关于这种观点的经典阐述，可以查阅博克瑙〔Borkenau（1）〕的书和默顿〔R. K. Merton（1）〕的论著，以及赫森〔Hessen（1）〕的著名论文，论文论述了牛顿时代学术风气中促使牛顿更愿意选择某些学术研究课题而不去做其他事情的诸多因素。也有人对此进行批评，著名的有格罗斯曼〔Grossmann（1）〕、克拉克〔G. N. Clark（1）〕，以及对一个重要课题——弹道学——进行了彻底研究的霍尔〔A. R. Hall（1）〕。

③ 这些例子采自Zilsel（2）。

④ 本书第四十八、四十九章关于影响中国和西方科学的社会因素的论述。

⑤ Koyré（1），p. 294；（4）。

⑥ 但是，他也十分清楚地看到〔Koyré（1），p. 310〕，机械论者关于原子的偶然集合的概念同资本主义的社会观念是怎样的一致，据认为，按照资本主义的社会观念，只要每一个人都一心一意为了自己去追名逐利，和谐便会占据优势。马利纳（Malynes）的著作《古代商法》（*LexMercatoria*）就表明了这种相似性在17世纪如何意识到的。

情况的一部分①。他还坚持说，那些社会经济说的支持者们没有充分考虑他所说的天文学中的自发进展。在这方面，比较一下中国的类似事件是有益的。中国人本来应该注意到船舶的力学问题、注意到他们广大的运河系统的流体静力学（像荷兰人那样）、注意到枪炮的弹道学（毕竟他们比欧洲人早四百年就有了火药②），以及注意到采矿的水泵。既然他们没有这样做，那么，难道不应该从这样一个事实——在帝王官僚机构统治的中国社会里，私人很少甚至完全没有从这些事物中得到利益——去寻找答案吗？那些与上文提到过的"半数学"阶段的作者们相似的人，在其书中所描述的他们的技艺和产业，实质上都是"传统的"，是在官僚机构的压迫或精心保护下经历许多世纪的缓慢发展的产物，而不是那些追逐眼前巨利的野心勃勃的商业冒险家的创造物③。就天文学而论，没有一个机构比中国的朝廷更需要它了，因为朝廷要按照古老的习惯公布历法，让它为天下人所接受④。因此，正如我们在下一章中将要看到的那样，中国的天文学是绝不可忽视的。如果说天文学的"自发进展"总是会导致自然科学的数学化，那么，就很难理解为什么在中国不出现或未曾出现过这种数学化了。要是对数学化的要求足够大的话，那么，在中国肯定不乏那种能够冲破旧的数学记法的束缚，并做出那些实际上只是在欧洲做出发现的人。但是，这显然不是近代科学产生的推动力，因此，土生土长的中国数学便被埋入坟墓，只是后来，梅毂成及其继承者对祖先遗产的重视和整理才成功地把它从坟墓中发掘出来。

　　换句话说，中国过去也没有出现来自自然科学方面的生机勃勃的需求。对自然界的兴趣不够，受控制的实验不够，对经验的归纳不够，交食预报和历法计算也不够——所有这些问题中国都有。显然，正是商业文化能够单独完成农业官僚政治文明所做不到的事——把从前彼此分离的数学和自然知识的各分支学科融合在一起。

168

　　①　另一部分可从中世纪唯名论的某些学派推出。这些学派否认关系的客观真实性，而把各个事物看成是彼此孤立的。这种观点与数学的和机械的世界观的关系，在孔兹［Conze（5）］所著的一本被无理忽视的书中曾阐述过。

　　②　火药已用于战争，但普遍存在一种错误的看法，认为它只用于焰火。

　　③　关于这一点，值得研究一下古代中国数学著作中所包含的各种不同类型的问题。关于实际面积和体积的测量法、级数求和、不定分析、混合法等，我们已谈了很多，但对于现存的资料，却未做过统计检查。

　　④　可惜，不管是中文还是西文的著作，都没有对中国的历法科学做过完整的研究。其中最好的可能是朱文鑫（1）的著作。用日文写成的则有薮内清的有价值的著作。

天　学

第二十章 天 文 学

（a）引 言

这一章，我们将开始讨论本书所涉及的各门自然科学中的第一个学科。对于中国人来说，天文学曾经是一门很重要的科学①，因为它是从与宇宙有关的"宗教"——那种把宇宙看作统一体甚至是"伦理上团结一致"的意识——中自然产生的。这种意识曾使宋代的哲学家们产生出他们那些伟大的有机论思想，关于这一点，本书在前面已经谈了不少②。农耕民族的君王颁布历法，而效忠于他的全体臣民加以奉行，这是从远古时期起就连续不断地贯穿于中国历史的主线。与此相应，天文学和历法一直是"正统"的、儒家的学问，它们和炼丹术这类东西不同，后者则是典型的道家"异端"③。人们说得好，"在希腊人中，天文学家是隐士、哲人和热爱真理的人［这是托勒密谈到喜帕恰斯时所说的话］，他和本地的祭司一般没有固定的关系；在中国则正好相反，他和至尊的天子有着密切的关系，是政府官员之一，并依照礼仪被留在宫廷高墙之内。"④

这并不是说，中国古代和中古时期的天文学家不是热爱真理的人；只不过对他们而言，用那种希腊人特有的高度理论化和几何化的形式来表现天文现象似乎是不必要的。除了很大部分大概已完全散佚的巴比伦人的天象记事以外，中国人的天象记事表明，中国人是阿拉伯人之前的世界中最持久、最精确的天文观测者。即使现在，正如

---

① 关于天文学在中国古代世界观中的地位，福兰格［Franke（6）］的论文可能是一篇最好的简述。

② 特别是在本书第十六章（d）和第十八章（f）中。

③ 虽然如此，道家在天文学方面也曾做过不少事，特别是在汉代及稍前的时期。司马迁的天文学知识得自其父司马谈，司马谈的老师是道家的唐都。落下闳也和道家有关。这些人与以淮南王为中心的道家集团大体上属于同一时代，但稍晚一些（参见下文 pp. 199，224，248，250）。

④ De Saussure（16e）。关于这一点，奥地利人屈纳特［Kühnert（2）］说得好："许多欧洲人把中国人看作野蛮人的另一个原因，大概是中国人竟敢把他们的天文学家——在有高度教养的西方人眼中最没有用的小人——放在部长和国务卿一级的职位上。这该是多么可怕的野蛮人啊！"（"wahrscheinlich sind die Chinesen auch deshalb in den Augen manches Europäers Barbaren，weil sie sich unterfangen，die Astronomen—ein höchst unnützes Völkchen nach der Ansicht dieser Erdenpilger im hoch culturellen Westen—im Range gleichzuhalten den Sectionschefs und ersten Ministerialsecretären—o grässliche Barbarei！"）

下文我们将谈到的①，对于一段很长的时间（约公元前5—公元10世纪），也几乎只有中国的记事可供利用，现代天文学家在许多场合 [例如对彗星，特别是哈雷（Halley）彗星重复出现的记载]② 都曾求助于中国的这些天象记事以获得有价值的结果。一个显著的例子是新星和超新星的出现，这对于现代宇宙论是很重要的，而中国关于这些星的记事覆盖了从喜帕恰斯到第谷（Tycho Brahe）的整个时期，在这个时期，世界其他地区对于天上有时会出现"新星"这一事实几乎一无所知③。对其他方面（例如太阳黑子）的现象，中国人也早已有规律地观测了许多世纪，欧洲人则不仅不知道，而且由于他们在宇宙论上的成见④，也不能承认有这种现象存在。这一切构成了对人类认识天象的历史的不小的贡献，而且这一贡献也并不因为早期若干世纪的观测常起因于相信预兆对于国家事务有重要作用这一事实而失去其价值⑤。占星术在欧洲毕竟也（以一种勉强的、个体的方式）延续到开普勒的时代，直到18世纪才完全被抛弃⑥。此外，如果我们可以接受这样一个总的论断，即中国天文学同中国所有其他科学一样，具有经验主义的根本特征，那么至少，对于天体力学之类的学科，就可以不急于得出结论，不仅如此，当16世纪末利玛窦到达中国并同中国学者讨论天文学时，这些中国学者的思想（利玛窦将其保存在他的谈话记录中）⑦，从各方面听起来，都比利玛窦自己的托勒密–亚里士多德式的世界观更为近代一些。

　　论述中国天文学的西文文献要比论述中国数学的西文文献丰富得多。遗憾的是，内容混乱，有争议，而且雷同。从一开始起，欧洲人对中国天文学的了解就是受利益影响的：耶稣会士们明白，他们可以通过帮助中国人了解欧洲文艺复兴时期的科学进步，以及借由他们的高明的历法计算和交食预报把自己引入官场，来得到这些利益。因此，他们一方面力图通过贬低中国本土的天文学知识的方法，打动中国人的心，劝诱他们皈依基督教；另一方面，他们在许多欧洲出版物上将此宣扬成他们在西方教派之争的框架中所进行的全面竞争中的一部分，以便加强他们自己在传教领域中的地位⑧。不仅如此，耶稣会士对中国天文学的了解，尽管在老老实实地着手，可是从一开始便由于根本的误解而被损害。误解主要来自后面将加以说明的一项事实，即中国天文学本质上是天极的和赤道坐标系统的，主要依靠对拱极星的观测，而希腊和欧洲中世纪的天文学，本质上则一直是黄道坐标系统的，主要依靠观测黄道星座及其同时圈星（paranatellon）⑨ 的偕日升和偕日落。耶稣会士自然对可能存在另一套完整的天文学

---

① 参见下文 pp. 409 ff. 。

② 参见下文 pp. 431 ff. 。

③ 在这一段时间内，西方大概只记录了九颗星，并且其中有些还是可疑的。见 Clerke（1）；Stratton（1）。

④ 他们认为天是完美无缺的。

⑤ 参见本书第十四章（a）（第二卷，pp. 351 ff. ），该节中讨论了中国占星术。一些最伟大的希腊天文学家，例如喜帕恰斯，在希腊化时代的占星术文献中占有很重要的地位 [参见 Neugebauer（9），p. 178]。

⑥ 当然，在西方"科学的"文明中，占星术甚至作为一种大众迷信而一直存在到今天。

⑦ 参见下文 pp. 438 ff. 。

⑧ "仅仅在一个野蛮未开化的国家传教，对于提高一个传教团的声望来说，不会像在一个受过文学、艺术熏陶的文明国家中传教那么巨大。" [Costard（1），1747年]。关于这些问题，皮诺 [Pinot（1，2）] 的著作是唯一的好资料。

⑨ 即在同一时圈中但偏离了黄道的星座。

体系的事毫无准备，这套体系在范围和效用上与希腊的没有什么不同，只不过在方法上有所不同，而且他们的错误辨识引起了一系列的误解，这种误解直到 19 世纪末才得到澄清。

我们绝不能低估耶稣会士的先驱们当时所面临的巨大困难。利玛窦、汤若望、南怀仁和晚一辈的宋君荣（Antoine Gaubil），他们在中国本土科学不知不觉地衰落的时期（明代和清代初期）居留在中国，这种衰落显然同把他们派到那里并使他们居留下去的势力并不相干。当时用得上的中国学者，即具有足够的学识能把中国传统天文学体系阐释清楚，并能从古书中找出重要章节并加以翻译的学者，可说是非常之少。正如我们在数学一章中所提到的，许多重要古籍已经全部散佚，直到 18 世纪末才重新发现。当时西方几乎没有汉学，好的字典也还没有编成，语言方面自然存在着几乎无法克服的困难。考虑到所有这些不利条件，一个像宋君荣那样的人竟会了解得那么多，确实是件了不起的事。不仅如此，耶稣会士的兴趣主要在年代学上，因为当时根本没有简便的方法可用来确定中外历史上所对应的年代①。严格地说，这并不是一个与自然科学有关的问题。

虽然毕奥［J. B. Biot（1–7）］在 19 世纪中叶、德索绪尔［de Saussure（1–34）］在 20 世纪初，对中国天文学体系的了解都曾达到了比较令人满意的水平，可是在汉学家、印度学家、阿拉伯学家之间却又出现了争论。这是因为人们发现，所谓"月道带"（lunar zodiac），即位于赤道或其近处的星座所构成的环带，是中国人、印度人和阿拉伯人的天文学体系所共有的。一些对这几种文化的原始文献很少了解或毫不了解的著作家们，采取各执己见的态度，经常做出武断的论述。我们稍后将指出，或许这套环带体系并不发源于这几个地方当中的任何一个，而是它们从巴比伦人那里得来的。

我们可以把西方人士对中国天文学的兴趣分为两类。一类与严格意义上的中国天文学史有关，即被看作是整个科学史的一部分。另一类是由涉及诸如二至点的变化、黄赤交角、岁差等长期趋势的计算时试图利用中国观测数据而引起的②。利用中国数据能不能成功，视数据出自何处而定；如果史籍的记载可靠，例如采用西汉以后的记载时，计算的结果便有价值；但是，如果倚重半传说时期的古书，例如年代很难确定的《书经》，或相传为周公公元前 1000 年左右的观测数据时，计算结果便不会有什么价值，而只能招致对中国的资料的怀疑③。那些汉学基础很不牢靠的著作家和历算家在这方面确实浪费过不少纸墨。

欧洲有关中国天文学的文献还一直因草率长期固守许多著作家的明显错误而被搅扰。德效骞［Dubs（20）］已经不辞辛苦地纠正了一项错误。玉尔（H. Yule）在他的

174

----

① 这里我要再次提到皮诺的著作。皮诺生动地描写了，由看上去可靠的公元前第 3 千纪中国一些历史事件的纪年在欧洲引起的混乱。18 世纪大部分的论证现在已无任何价值，因为欧洲人已经不再受那一度被看作正统的宗教年代学的束缚了，同时，中国的一些古老的纪年，被认为是属于传说时期而不属于有史时期，现在也不再为人们所接受了。

② 这就是在宋君荣把他的手稿从北京送到巴黎以后将近百年的时候，拉普拉斯（Laplace）发表这些手稿的动机。

③ 察赫（von Zach）等天文学家早在 1816 年就意识到了这种困难。

名著《东域纪程录丛》（*Cathay and the Way Thither*）中说①："大约同时（公元 164年），也许通过此次遣使②，中国的哲学家得以熟悉了自大秦③携来的一种天文学著作；我们被告之，他们研究了它，并和他们自己的天文学著作进行了比较。"这段陈述显然非常重要，因为如果中国人拥有约在公元 144 年成书的托勒密的《数学汇编》（*Syntaxis Mathematica*），即《天文学大成》（*Almagest*；该书后来所用的名称），那么，对中国天文学发展的评价就会产生重大影响④。玉尔给出的是他视为权威的小德金（C. L. J. de Guignes）在 1784 年一篇文章中的说法，而小德金则参考了宋君荣［Gaubil（2）］的著作，即宋君荣在苏西耶（Souciet）所辑三卷本之二中发表的中国天文学史⑤。宋君荣写道⑥，公元 164 年有一些人到达中国，他们自称是大秦王安敦所派遣的。他补充说，"这个国家的天文学与中国人的天文学有许多相似之处"，并在这句话下面加了注："说大秦的天文学与中国人的天文学有某种关联的，并不是《汉书》，（而是）《文献通考》⑦，此书的作者（马端临）是宋末人。不管怎样，有一点似乎可以肯定，这就是确实有人对这两种天文学体系进行了某种比较，而且如果对两者没有了解的话，那是无从比较的。"⑧尽管德效骞并未在马端临的书中找出宋君荣所引用的那段话，但几乎可以肯定，那段话事实上说的完全是另一回事⑨。小德金和玉尔的说法无论在西方还是中国的古代文献中都找不到根据，没有任何理由可以认为希腊天文学著作在公元 2世纪末曾影响了中国人。全部始末根由，就在于宋君荣误解了马端临的话。但是，东方学家的错误，通常总是被科学史家原样照抄的。本不该上当的高第（Cordier），在他的四卷历史著作中，也重复了玉尔的说法⑩；在德朗布尔（Delambre）的不朽之作《古

175（左侧页码）

---

①　Yule（2），vol. 1，p. 53。

②　玉尔混淆了公元 120 年和 166 年的两次遣使（见本书第一卷，p. 192）。

③　大秦即罗马帝国的叙利亚（Roman Syria）。

④　塞迪约［Sédillot（2），pp. 482，608 ff.，616］竭力强调这一点，他公开宣称的目的是竭力贬低中国天文学以支持阿拉伯人。同时，他要把东亚的每一种好事都说成是来自西方的愿望，使其把开封的犹太人社群提前了差不多一千年。在这一点上，也许他是被宋君荣［Gaubil（2），p. 26］误导了。

⑤　见下文 p. 183。

⑥　Gaubil（2），p. 118；参见 p. 26。

⑦　这部历史大百科全书刊行于 1319 年，的确在所说的那个时期之后很久。

⑧　宋君荣内心所指的可能是波斯天文学，而不是希腊-罗马天文学，因为他在接下去的一页上把"大秦"同地中海（Mediterraean）和里海（Caspian）之间的全部地区等同起来。可是他又认为"安敦"就是安东尼（Marcus Aurelius Antoninus）。

⑨　马端临在《文献通考》卷三三九（第 2659 页）"大秦"条下讲过遣使后，他说："虽然在那个国家里日、月、星辰和我们在中国看到的没有什么不同，以前的史学家却说过，向条支的西边走 100 里，人们就到了太阳落下去的地方——这真是离真理太远了。"（"于彼国观日、月、星辰，无异中国；而前史云，条支西行百里日入处，失之远矣。"）因此，他所比较的是星辰，而不是天文学。仓促阅读时，可能将"安敦"和"安息"（Parthia）混淆起来，因为前文刚刚提到去大秦途径安息。小德金读宋君荣的书，也许像宋君荣读马端临的书一样仓促。马端临的评论不是出自他所用的最主要的古书（《通典》卷一九三和《通志》卷一九六），而是采自早得多的《魏书》（卷一○二，第二十一页）和《北史》（卷九十七，第二十一页）；因此，这一定是来自公元 6 世纪中国、波斯和拜占庭旅行者之间的交流（参见本书第一卷，p. 186）。所用古籍的全文已由夏德［Hirth（1），pp. . 48，77 ff.］译成英文。我们感谢鲁桂珍博士对此进行了了解释。

⑩　Cordier（1），vol. 1，p. 281。

代天文学史》（*Histoire de l' Astronomie Ancienne*）① 中，在乌佐和兰开斯特［Houzeau & Lancaster（1）］ 的书中②，甚至在青纳（Zinner）的权威著作《天文学史》（*Geschichte d. Sternkunde*；1931 年）③ 中，我们都遇到同样的汉学上的奇谈。现在该是消除其影响的时候了。

作为这个故事的补充，我们再举出关于"Ku-Tan"的奇谈。宋君荣④在谈到表示月球轨道交点的术语"罗睺"（Rahu）和"计都"（Ketu）⑤ 时，说这两个词和其他术语都见于一篇来自西方的称为"Kieou-tche"的天文学论文中。他又说，这篇文章已由一位名叫"Ku-Tan"的天文学家译为汉文，并且这个人本身便是来自西方某国——可能是叙利亚的外国人⑥。事实真相可以从这些描述中辨认出来。这个天文学家就是瞿昙悉达，他所编的书即公元 718 年以后不久完成的《开元占经》。然而这部书非但不是一部译作，事实上，它是公元前 4 世纪以来中国天文学著作片段的最大集成，我们手头就有这部书⑦。其中唯一的一篇译文可能是印度的历书《九执历》（即"Kieou-tche"；*Navagrāha*）⑧，那是在不久之前传入中国的。瞿昙悉达⑨本人是一个印度佛教徒，是三个佛教天文学家和历法家家族之一中的最杰出的成员，这二个家族都来自印度，在唐代居留于中国首都。宋君荣把印度同某个西方的国家相混淆，这被 19 世纪某些学者利用，他们确信这部"翻译"的天文学著作来自西方⑩，而且它一定把托勒密的智慧⑪或阿拉伯人研究的第一批成果输入了中国。

重新梳理过去的争论并不是本节的目的⑫。关于中国天文学史的基本事实，虽说现

① 这部著作的第一卷中［Delambre（1），p. 370］，含蓄地提到中国的天文学是对希腊人的"拙劣的模仿"。我很难同意诺伊格鲍尔［Neugebauer（1），p. 130］对德朗布尔这本书所做的极高评价；他说此书原始资料无可匹敌，但这仅指希腊古籍而言——关于中国的事情，书中的资料则明显贫乏。

② Houzeau & Lancaster（1），vol. 1，p. 135. 亦可见 Narrien（1），p. 346。

③ Zinner（1），p. 199。我怀疑 1949 年贝特洛（R. Berthelot）所做的类似介绍基于同样的奇谈！

④ Gaubil（2），pp. 89，124 ff. 。

⑤ 参见下文 p. 228。

⑥ 有趣的是，宋君荣在一条脚注中说，他曾徒劳地寻找过此书的抄本。

⑦ 据书的序文说，此书在佚失许多年或若干世纪之后，16 世纪时才在某寺的古佛像中发现了它的抄本。

⑧ 在全书 120 卷中仅占一卷（即卷一〇四）。这种历法在中国从未被正式采用过，几乎没有影响。无论是在《唐书》的天文志还是历法志各卷中，都没有显著地提到过它。仅《新唐书》（卷二十八下，第十四页）有半页提到过它。一般认为，它与公元 6 世纪伐罗诃密希罗的《五大历数全书汇编》中的历法资料相似。此历法名称"九执"（"九个支撑者"或"九种力量"）的含义，是指日、月、五星、罗睺、计都。详见朱文鑫（1），第 153 页起。

⑨ 这个人名肯定是"Gautama Siddhārtha"的音译。参见下文 p. 203。

⑩ Sédillot（2），pp. 609，634。

⑪ 当然，在印度的资料中有托勒密的痕迹，但这和实际的《天文学大成》译本完全是两回事。差不多一个世纪以前，伟烈亚力［Wylie（15），p. 42］就在印度《九执历》的资料中敏锐地辨认出希腊语的单词。"立多"（分）即梵文的"*liptā*"，但源于希腊语的"λεπτή"。同样，梵文的"*horā*"（时）来自"ὥρα"，在一本中文书名中作"火罗"。这本书即《梵天火罗九曜》，传为一行所译，但事实上它并不是公元 874 年以前译成的［Chavannes & Pelliot（1），p. 160］。所有这些构成了一种具体的情况，即传入的是不重要的细枝末节，而基本科学概念则由于距离遥远和语言隔阂而被过滤掉了。此外，薮内清［Yabuuchi（1）］已经指出，《九执历》并不包含任何本轮理论；它是一部与历法计算直接有关的资料选编。

⑫ 参见 1775 年伏尔泰（Voltaire）和巴伊［Bailly（2）］之间的讨论，前者为印度和中国的成就辩护，后者则极力贬低。不过，巴伊的议论中有一点是猜想得对的，他认为印度和中国的科学至少有一部分来自一种比它们更古老的文明。

在还有许多问题没有解决，然而也不是那么难以理清，并非迄今还在争论之中。当然，关于中国历法在历史上的盛衰兴替，由于还没有用中西文字写成的专题权威著作，因此，确实还存在着一些困难的问题。不过，幸而在科学上这并不具有头等重要的意义。历法家们由于其关于岁差、行星周期等的不精确的知识而被迫采取的种种权宜手法，不值得旷费我们很多时间。中国天文学中确实引人入胜的有下面几个问题：古代和中古时期的宇宙论，星图的绘制及其所用的坐标，对天球大圆的认识，用拱极星作为看不到的赤道星座中天的指示星，日月食的研究，天文仪器的逐步发展（13 世纪曾达到远超过欧洲的水平），以及重要天象的完整的观测记录。

在进一步进行讨论之前，可以先在这里提出一个根本性的问题：中国天文学究竟古老到什么程度？正如马伯乐［Maspero（15）］等所指出的，由于对某段著名经文的诠释可能有错误，欧洲在这个问题上的意见是非常混乱的。马伯乐认为，中国天文学出现得很晚，是唯一的我们能对其发展过程进行完整考察的古代天文学体系。巴比伦的碑铭表明，巴比伦的天文学在公元前第 2 千纪末期已经达到了比较发达的阶段，而中国的天文学，按照马伯乐的看法，则要到公元前 6 世纪或前 5 世纪①才出现，其形式之原始——没有计算、测量和正规的观测——更是显而易见。最后，马伯乐认为中国天文学的发展完全没有受到巴比伦的影响，不过他肯定是把这一点过分夸大了。我们可以同意他关于中国天文学特别依赖于天文仪器发明方面的进步的说法，但是在另一方面，他又夸大地认为这是由于数学长期落后所致；如果说中国天文学是吃了中国数学所特有的非几何性质的亏，则是比较令人信服的。

刚才提到的那段著名经文见于《书经·尧典》，其年代不会早于公元前 8 世纪或前 7 世纪，我们将在适当的章节中对其进行讨论②。经文论述某些按与季节的联系而出现的恒星的中天问题。由于现在这些恒星已经不再具有这样的联系，所以在几乎所有的中国天文学研究者③看来，只要按照岁差规律计算出这些星相对于二分、二至点的位置，就可以定出这项古代资料的年代。所有这种计算所得出的年代都早于公元前第 3 千纪，例如公元前 24 世纪④。但是，困难在于原文没有提到准确的观测日期和时间，而在计算中一个小时的误差，便会造成若干世纪的差别。例如，桥本增吉（1，4）曾把观测时间定为下午七时，而不像德索绪尔那样定为下午六时，结果便会把年代推迟到公元前 8 世纪或更晚。这个问题还不能看作已经解决，因为有某些使人接受下午六时作为观测时间的理由（见下文 p. 246），此外，还没有人考虑到另外一种可能性，即把那些资料的年代定为公元前第 3 千纪可能其实也不错，只不过它们不是中国的观测而已。换句话说，这种恒星和季节之间的联系，可能是自古相传的天文知识的一部分，其渊源在巴比伦，而且，这种特殊联系可能当时确实是属于巴比伦人的。总之，这都不会影响一条总的结论，即书上把这些观测归于公元前 9 或前 10 世纪的周公或其他人

① 马伯乐撰写该文时，未能把公元前 14 和前 13 世纪殷墟卜辞所透露出的有关中国天文学的事实考虑在内。

② 下文 p. 188。

③ 例如，18 世纪的宋君荣［Gaubil（2）］，其后的毕奥［J. B. Biot（1）］、湛约翰［Chalmers（1）］和德索绪尔［de Saussure（3）］。

④ 例如，毕奥坚决认为应当是公元前 2357 年。

物，或归于公元前第 2 千纪或前第 3 千纪的黄帝①，都纯属无稽之谈②。关于那些时期的中国天文学，殷墟卜辞告诉我们一些什么，我们以后就会看到。

（b）　名词术语的解释

　　在继续讨论下去之前，有必要先对本章所用的球面天文学名词术语做一些解释，其中有一些实际上在前面已经用过了。当然，要研究天文学史，至少应具备天文学的基本知识，然而，在这本书里对自然科学各学科的所有名词术语都做出解释是不切实际的，因此，读者在这方面应求助于权威的词典和教科书；不过，考虑到读者对于天文学的名词术语可能不像对其他学科那样熟悉，我们在这里还是有必要简短地提一提。就天文学史而论，如果读者手头有一本球面天文学手册③，就会发现它带来的便利。

　　最早的恒星观测者一定觉得最容易的办法，就是将恒星设想成分布于中空的球形圆顶上的一些光点，而这个大圆的圆心就是观测者的眼睛。在这些光点与地球的真实距离有可用的数据之前几个世纪，人们就已发现，可以测量它们的方位，而这就是球面天文学的论题。图 85 提供了一张图解，我们可以用它来复习一下在谈论天体位置时所需用到的主要的弧和角。不待说，这里所说的极和赤道都是属于天球，而不是属于地球的。

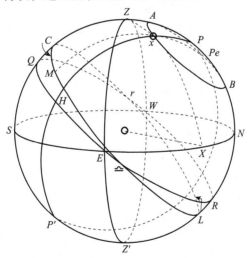

图 85　天球各大圆的图解（见正文）。为了制图更清晰，黄赤交角比其真值要小。

---

①　早期耶稣会士所接受的那些难以置信的断代，似乎无法从西方文献中根除掉，（例如）阿贝蒂〔Abetti（1），p. 24〕的权威著作就是一个例证。

②　当然，这和窜改或故意作假有很大不同。我们现在已着手本书讨论具体发明和发现各章中的第一章，因此，值得回顾一下早前提出的论点（本书第一卷，p. 43）。中国古代和传统的学术中对人文学科压倒性的重视，使得为了证明一种科学或技术的发明早于其真实年代，而去伪造或窜改古代或中古时期书籍的事十分不可能发生。直到最近，中国学者也从未用这种方法来取得荣誉。在社会上有地位的，既不是科学，也不是技术。这种情况，某种程度上在其他亚洲文明中也可以遇到，塞迪约〔Sédillot（2），p. 55〕一百年前在与阿布·瓦法（Abū'l-Wafā'）发现月球运动的第三种异常有关的情况中所看到的就是如此。

③　当然，各国都有自己的教科书。对英国读者来说，解释得比较清楚的是斯马特〔Smart（1）〕的教科书；写得简略的是巴洛和布赖恩〔Barlow & Bryan（1）〕的著作。

下面是一些基本定义。位于 O 点的观测者的地平面，是通过四个基点（"四方"）
的大圆 $NESW$。P 是（天球）的北极（"北辰"），P' 是（天球）的南极；连接南北极的
直线，即天球视周日运动的轴。赤道是与此轴垂直的大圆 $EQWR$；子午圈，即通过观测
者的天顶和南北两点的大圆 $ZSZ'N$，Z 是天顶，Z' 是天底。大圆 $ZEZ'W$ 称作卯酉圈。
这样，黄道的大圆便截赤道于二分点，即春分点 ♈ 和秋分点 ♎，所以，黄道用午 ♈ C ♎
L 表示。这自然就是太阳和各行星的平均轨道。C 是夏至点，L 是冬至点。

设有一已知恒星位于 x 点。该点显然可用两种坐标标定：①在从北极出发，经过 x
及其他两点（一在黄道上，一在赤道上）的大圆上；②在天球做视周日绕转时恒星 x
所描出的那个小圆上。在图 85 中，这个大圆是 $PxHP'$，H 是其与赤道相截之点；小圆
是 xAB，A 和 B 两点表示恒星 x 横截子午圈的中天。我们以后将看到，这些对于中国天
文学是特别重要的，而且从图中我们还可注意到，x 被选来代表距离北极（"拱极星"
之一）很近的一颗恒星，因此其上中天 A 和下中天 B 都是可见的。我们由此可以看出，
名词术语有某种灵活性。大圆 $PxHP'$ 的最恰当的名称是时圈，因为恒星的位置可用它的
时角 $QPx(=QH)$ 来确定，在恒星可见的夜间，有一系列均匀划分且最终与任何给定的
子午圈重合的时圈。显然，某个恒星的时圈会把该星在地平线上出没的时间固定下来
了。图 85 中的恒星 x，希腊人称之为那些黄、赤道附近共有同一时圈的恒星（或星座）
的"同时圈星"。时圈有时也称为恒星的子午圈。不过，有些著作家[1]称为赤纬圈，而
另一些人[2]又把赤纬圈一名用于小圆 xAB；这个小圆通常被称为赤纬平行圈。但是，因
为小圆 xAB 联结着所有同赤纬的星，所以称其为"赤纬圈"似乎更合逻辑，在本书的
讨论中我们就这样称呼它[3]。

还有一些定义没有谈到。恒星的高度（Xx），即以弧度、弧分、弧秒量度的恒星的
出地高度，是使用中世纪的星盘进行观测时所要得到的基本数据。这个量度的余弧就
是天顶距（Zx）。同样，恒星的赤纬（Hx）的余弧就是北极距（Px）。赤纬是现代方位
天文学中应用最广泛的两个坐标之一，另一个坐标就是赤经（♈QH）。这一点是很重要
的，因为这两个量度都以赤道为依据，因而与中国古代天文学体系相合。希腊化时代
和欧洲中世纪天文学中较重要的黄纬（Mx）和黄经（♈CM），现在倒几乎根本不用了。
这两个坐标都以黄道为依据，Mx 是通过黄极 Pe（而不是赤极）的大圆弧。最后一种要
提到的量是方位角 $SWNX$，它同 SZx 这个角相当。可以看出，地平高度和方位角是以地
平面为基准的数据，它们分别与以赤道为基础的赤纬、赤经和以黄道为基础的黄纬、黄
经相当。图中有一个重要的角，即 C ♎ Q。观测者本身所在的（地面）纬度，自然是由
ZQ 或 NP 给出的。由于黄赤交角等于 $23°27'$，只有在地球赤道南北这个度数范围以内的
地区，才能在一年中的某个时候看到太阳垂直悬在头顶上；这个范围的两条界限，在北
边的是（地球的）北回归线，在南边的是南回归线。另一方面，在地球南极圈、北极圈
内靠近两极的地方，在一年中的某个时期内，太阳就像拱极星一样悬在空中，不升不没。

179

180

---

① 例如，Barlow & Bryan (1)，p. 17。
② 例如，Moreau (1)，p. 16。
③ 这一段初写成时，似乎还没有人注意到这些定义上的矛盾，但现在米歇尔［Michel (8)］已经注意到了。

名词术语定义一览表

O	观测者的位置
$NESW$	地平圈
Z	天顶
Z'	天底
$ZSZ'N$	子午圈
P	天北极
P'	天南极
$EQWR$	天赤道
$ZEZ'W$	卯酉圈
$ZQ=NP$	观测者所在的地理纬度
$\gamma C \doteq L$	黄道（黄道带包括沿黄道的一系列星座）
Pe	黄极
γ 和 $\doteq$	二分点，即春分点和秋分点
C 和 L	二至点
x	某已知恒星的位置
$PxHP'$	通过已知恒星的大圆，即时圈
H	时圈和赤道的交点
M	黄道和通过 Pe 及恒星 x 的黄经大圆的交点
xAB	赤纬平行圈（赤纬圈）
A	恒星的上中天
B	恒星的下中天
QPx	$360°$减去时角（时角永远自子午圈向西量度）
Xx	恒星的高度
Zx	天顶距
Mx	黄纬
Hx	赤纬
Px	北极距
$SWNX$	方位角或地平经度（自 S 向西量度）
γCM	黄经（自 γ 向东，即按太阳周年运动方向，量度至 M）
γQH	赤经（自 γ 向东量度至已知恒星在 H 点的时圈）
$C \doteq Q$	黄赤交角

181

某一时刻的恒星时定义为春分点的时角。因此，对于任一恒星而言，恒星时即等于它的赤经与时角的总和。

　　古代希腊人和中国人的球面天文学，可以说至今还在现代方位天文学中应用着。这也就是为什么能够在写一本优秀的普通天文学手册时，像沃尔夫［R. Wolf（1）］所做的那样，把古人的球面几何学和观测两者放在一起，与文艺复兴以后靠古人所不知道的各种新科学（如光学、电学等）取得的各种新发现串连成一个故事的原因。这样的写法，在生物学上会有困难，而在医学上则简直是不可能的。但是，终日埋头于日心说建立前写成的种种文献之中的科学史家们，不能不好好回想一下，所谓"黄道"

其实只是太阳的视轨道，而各个恒星的赤纬圈其实只是这些恒星的周日视运动所描出的圆圈。

　　就本章的目的而言，必须假定读者已经熟悉现代宇宙论中的各项基本要点，例如，地球以每秒约 19 英里的速度沿着以太阳为一个焦点的椭圆形轨道旋转，而其速度在近日点时较在远日点时为快。我们的时间计量是以此为依据的①。因此，恒星年就是地球在轨道上公转一周的时间（365.256 4 太阳日）。从观测上来说，这个时间就是太阳完成视公转一周回到在各恒星之间任一选定的出发点上所需的时间。因此，它与回归年②不同，回归年是太阳接连两次通过春分点所需的时间。上面已经讲过，地球赤道平面与地球轨道成 $23\frac{1}{2}°$ 左右的角（$C \stackrel{\triangle}{=} Q$），这就是黄赤交角。这个倾斜角就是会有二分点和二至点的原因。当地球沿轨道公转并同时自转而形成所谓昼夜时，它的轴也在做周期为 26 000 年的缓慢的回转运动。因此，这条轴线就绕着一条通过地心并垂直于轨道面的直线，描出一个圆锥形。这种运动使二分点在黄道上做顺时针运动（即与地球沿轨道公转的方向相反），每年移动约 50 弧秒，这就是二分点的"岁差"。但是，这种微小的移动已足以使恒星年和回归年相差 20 分钟。

182　　　与年的定义相似的是日的定义。恒星日是春分点（♈）连续两次上中天之间的时间。真太阳日或视太阳日，是太阳连续两次上中天之间的时间。由于太阳在天空有一个向东的视运动，太阳日比恒星日长 4 分钟。因为太阳看上去每年相对于天球，朝与天球每日视自转相反的方向公转一周，所以一年中的恒星日数比真太阳日数多一天。因此，真太阳日（长度有变化）的日数，同中国人及其他古老民族很早便从他们的圭表测量中知道的一样，是 $365\frac{1}{4}$ 天。平太阳日是一个回归年中各个真太阳日的平均长度。任何一个时刻的平太阳时和真太阳时之差称为时差。

（c）文 献 概 述

（1）中国天文学史

（i）西 文 文 献

　　对于那些只想非常概略地知道一点中国天文学各种问题的最佳新见解的人来说，这里只需介绍他们从查得利［Chatley (9)］和马伯乐［Maspero (15)］的论文中去找所需的内容就够了。此外，或许还应当再加上德索绪尔一系列论文中的第一篇和最

---

① 参见博尔顿［Bolton (1)］的浅显的说明。
② 1 回归年等于 365.2422 平均太阳日。

末一篇［de Saussure（2，30）］，以及他的概括性文章［de Saussure（16，16a）］。但是，如果想进行更详细的了解，那么，可以从马伯乐［Maspero（3，4）］论述中国天文学到汉末为止发展情况的两部出色的著作中找到有关这一专题的若干实例。艾伯华［Eberhard（10，11）］的某些见解也是值得参考的[1]，关于他的内容详细的论文，我们在后面适当的地方将要加以引用。那些不想知道很多细枝末节的人，读读这些就可以了；但是，对那些愿意在这方面深入下去的人，我们还要多说几句。

前面已提到过，宋君荣是中国天文学史的总解释者和优秀奠基人。他生于1689年，自1723年起至1759年逝世止，一直是耶稣会派驻中国的传教士。他在巴黎天文台（Paris Observatory）时，曾在卡西尼（Cassini）和马拉尔迪（Maraldi）指导下受过相当多的天文学训练；离开法国后，他在获取近乎完美的中文知识，收集一切可能涉及天文学的书籍，同当时少数熟悉天文学和数学的中国学者进行讨论，并亲自从事观测等方面，确实可以说做出了巨大的和不屈不挠的努力。他十分精通中文以及其他亚洲语言，故常接受皇命在国事会谈时担任忠实严谨的译员。就像比他早一个世纪的邓玉函（Johann Schreck）一直从北京同开普勒通讯来往[2]样，他也同当时弗雷列（Fréret）[3]等许多欧洲的杰出学者，以及英国皇家学会[4]等科学团体保持着密切的联系。最近，荣振华［Dehergue（2）］曾为他的一生做了很好的介绍[5]。

183

宋君荣的早期著作，大部分已在苏西耶所编的三卷本中刊行，书名是"数学、天文学、地理学、年代学及物理学的观测——采自中国古籍或由耶稣会士新近在印度和中国所作"（*Observations Mathématigues, Astronomiques, Géographiques etc., tirées des anciens Livres Chinois ou faites nouvellement aux Indes et à la Chine par les Pères de la Compagnie de Jésus*）[6]，1729年编成的第一卷，包括许多各种各样的观测［Gaubil（1）］，不过，主要著作是载于第二卷（1732年）的《中国天文学简史》（*Histoire Abrégée de l'Astronomie Chinoise*）和载于同年出版的第三卷的《中国天文学论文集》（*Traité de l'Astronomie Chinoise*）［Gaubil（2，3）］。自此以后有长时间的沉寂，直到宋君荣逝世若干年后，另一部"历史"才在1783年的《耶稣会士中国书简集》（*Lettres Edifiantes et Curieuses*）中刊出；该书［Gaubil（4）］实际上始撰于1749年。同一年，宋君荣曾把他的《中国纪年方法》（*Traité de la Chronologie Chinoise*）［Gaubil（5）］寄回法国，但此书在1814年被拉普拉斯发现以前并未出版。有一份重要手稿［Gaubil（6）］迄今仍存巴黎天文台，1809—1811年间，拉普拉斯所刊行的仅仅是其中的一部分［Gaubil（7-9）］。宋君荣的全部著作，显得有些杂乱，不过俗话说得好，这是一个

---

① 关于古代（特别是巴比伦和希腊的）天文学史的最简明而又最新的全面评介，我想向读者推荐诺伊格鲍尔的著作［O. Neugebauer（1，9）］。

② 这大约在1637年［Gaubil（5），p. 285］。

③ 此人坚持他关于中国年代学的见解。参见 Cassini（1）。

④ 通讯秘书是克伦威尔·莫蒂默（Cromwell Mortimer）和托马斯·伯奇（Thomas Birch）。

⑤ 其中包括宋君荣著作［Gaubil（1-5）］的必不可少的索引。雷慕沙所写的传记［Rémusat（3）］，也可供参考。

⑥ 遗憾的是，苏西耶是一位很粗心的编辑，导致宋君荣的著作中充满了错误，这是宋君荣本人无法校正的。

必须懂得如何发掘才能利用的宝藏①。其中关于中国传说时期的资料，早已失去其价值；但有大量有史时期的有用资料，还没有得到很好的利用。即使是在今天，对于想彻底研究中国天文学的人来说，宋君荣的著作仍然是不可缺少的。

　　曾在广州做过领事的小德金于 1782 年刊印了一种中国平面天球图，并附有按拉丁字母排列的星表 [de Guignes (2)]，这个星图现在只有历史价值了。1819 年，里夫斯（Reeves）又制成一种类似的星名证认表，而伟烈亚力也在 1850 年左右根据钱维樾的星图（1839 年），制成另一种很完全的星表 [Wylie (6)]。此表仍然有用。里夫斯的星表成为施古德 [Schlegel (5)] 的《星辰考原》（*Uranographie Chinoise*）的蓝本，后者因其中附有画得很好的星图，至今仍然是恒星和星座方位天文学中最重要的参考著作②。不幸的是，由于误解和计算错误，施古德提出了一个十分荒唐的年表，把中国关于天的知识的开端定在公元前 16000 年左右；自然此观点很少有人支持，而只能把历史研究所能揭露出来的真相搞糊涂而已。与此同时，亚洲古代天文学曾引起了具有多方面兴趣的法国天文学家兼化学家毕奥的注意③。1840 年，他曾充分利用了伊德勒（Ideler）所著的一本关于中国年代学的书，在《学者报》（*Journal des Savants*）上对中国天文学做了全面概括的介绍 [J. B. Biot (4)]。他在这项工作上曾得到他儿子毕瓯的帮助。毕瓯是一位年轻的汉学家，他的早逝，对于雷慕沙（Abel Rémusat）、儒莲（Stanislas Julien）等东方学家所进行的中国科学史工作来说，是一次沉重的打击。毕奥 [Biot (2, 3, 6)] 后来对印度天文学进行了同样的研究，研究结果并入了一本迄今仍与宋君荣的著作同样重要的书 [Biot (1)]，即 1862 年出版的《印度天文学和中国天文学研究》（*Études sur l'Astronomie Indienne et sur l'Astronomie Chinoise*）。毕奥的论述远较前人系统化，他大概是第一个明确地认识到"二十八宿"的赤道特征以及中国人对拱极星中天非常重视的人。

　　到 19 世纪，东方学家中又出现了另外一些卓越的人物，后面将谈到，他们拓展了有关二十八宿的讨论，将二十八宿与印度和阿拉伯天文学对天空的类似划分联系起来。可以这么说，这些人在 1907 年被汇集在了德索绪尔的一本早期著作中——这是一次对他们很不赞同的汇集。德索绪尔④是一名海员和航海家，所以是一位比毕奥更有实际经验的天文学家，并且有相当丰富的汉学知识，虽说同宋君荣相比的确还差得多⑤。他的长系列的论文尽管只是一些临时性的研究报告，而不是已完成的著作，但至今仍然是不可或缺的；他出过许多差错，但后来又改正了它们，他的观点在工作进程中随时在改变。这里所说的卓越人物，第一个就是了不起的理雅各（Legge），其次是湛约翰（Chalmers），他曾为理雅各的《书经》译本写过一篇关于中国天文学的介绍；此外，

184

---

　　①　蒙蒂克拉著名的《数学史》（*History of Mathematics*）中关于中国的材料，纯粹是宋君荣著作的缩写本。

　　②　下文中凡是引用施古德书中所讨论的恒星和星座时，将使用它们原来的序号列出，如 S_{555}。其所在的页码则用通常的办法表示。

　　③　我们记得，正是毕奥这位老人在巴斯德（Louis Pasteur）将自己对酒石酸（tartaric acid）的两种异构物的发现告诉他时，鼓励了年轻的巴斯德。

　　④　根据德索绪尔 [de Saussure (1)] 撰写的传记。

　　⑤　德索绪尔究竟是有多人造诣的汉学家，的确很难说；奇怪的是，他竟把一批对他可能很有用的古书束之高阁。

还有骆三畏（Russell）——北京同文馆的教授，以及施古德和金策尔（Ginzel）。德索绪尔的著作［de Saussure（3）］指出，这些人没有一个懂得《书经》中所提到的恒星上中天时刻，所有人都没有认识到二十八宿的赤道特征[①]及把它们同拱极星联系起来的方法。他还推翻了惠特尼（Whitney）、塞迪约和屈纳特的论点，因为惠特尼［Whitney（1，2）］误解了毕奥的著作，塞迪约［Sédillot（2，5）］主张二十八宿出于印度或阿拉伯，屈纳特［Kühnert（1）］则倾向于施古德所提出的荒唐的年表。

在近期发表的关于中国天文学的优秀论文中[②]，或许应该提及竺可桢［Chu Kho-Chen（7）］、查得利［Chatley（8）］和米歇尔［Michel（1，2，4，7）］的论文。很久以前，伟烈亚力［Wylie（13）］曾试编过一种术语词汇表，这本书不应被忘掉。至于概论性的天文学史或科学史著作中所包含的中国天文学介绍，从 1817 年德朗布尔起到1931 年青纳止，几乎都不能使人满意[③]。在各种天文学通史中，格兰特（Grant）和冯·梅德勒（von Mädler）的书（主要是按专题编排）虽然陈旧一些，但还算是一本好书；贝里（Berry）的书（主要是按年代编排）也是如此[④]。

（ii）中文和日文文献

在东亚方面，中国现代关于天文学史的著作的书目，很自然地和 18、19 世纪的概论性的天文学文献混在一起，关于这一点，要稍后一点来谈（p. 454）。1790 年左右，杨超格的《历代论天》，应列为首批论述中国天文学史的著作之一。稍后，陈懋龄撰成《经书算学天文考》，该书是仿公元 6 世纪甄鸾《五经算术》之作（参见 p. 35）。

上文已经提到一些用西文出版的平面天球图、星图和标记中西星名的星座表。这项工作在耶稣会士来华以后、西文著作问世之前的一百年间当然就已经在中国开始并一直进行着。于是在 1723 年，梅文鼐（梅文鼎之弟）发表了他的《中西经星同异考》。到了 19 世纪中叶，有三种这样的著作差不多同时完成：一种是叶棠的《恒星赤道全图》，还有两种同题为"恒星赤道经纬度图"的星图，一为六严所作，另一为李兆洛（2）所作。这些图同钱维樾所作并成为伟烈亚力星表［Wylie（6）］蓝本的图相比，要更为完整，它们可能是施古德所依据的参考书的一部分[⑤]。

到了 20 世纪，有了雷学淇于 1900 年出版的《古经天象考》，不过我们现在常用的大部分是二三十年代的著作。在这期间，朱文鑫给我们提供了一种有用的中国历法史

---

① 这种错误似乎很难根绝；扬波尔斯基（Yampolsky）和魏因施托克（Weinstock）在 1950 年又犯了塞迪约［Sédillot（2），p. 477］在 1849 年犯过的错误。

② 傅彤［Fu（1）］的论文在许多方面会让人产生误解，应排除在外。施图尔［Stuhr（1）］及纳里恩［Narrien（1）］的著作写于毕奥之前，现在只具有纯粹的历史价值。福开森（T. Ferguson）的著作也可以提及。

③ 雷伊（Rey）的分析多用第二手资料写成，现在不能把他看作是值得信赖的向导。

④ 不应忽略散在乌佐［Houzeau（1）］，以及乌佐和兰开斯特［Houzeau & Lancaster（1）］大量书目提要中的资料。贡德尔［Gundel（1）］的评论中也蕴藏着丰富的资料。

⑤ 这些星图的名称颇有意义。在采用以赤道为基础的坐标系这一点上，梅、叶、六、李诸人与现代天文学的实际相一致，而异于耶稣会士所用的坐标体系。例如，1746 年戴进贤（Ignatius Kögler）曾发表他的《黄道总星图》，图中的恒星就根据黄道按黄经和黄纬画出的。

［朱文鑫（1）］、一种历代正史书所载日食记录的研究［朱文鑫（2）］、两种短而精的中国天文学史［朱文鑫（3，4）］和一种不可或缺的关于司马迁《史记·天官书》①的注释。陈遵妫（1，3）出版了一种最新的中西星名证认表。在中国天文学史概论方面，陈遵妫（2）、张钰哲（1）、竺可桢（5）都有简短而有价值的著作。

186　　　日文方面，也有大量关于中国天文学史的文献②。日本形成了两个学派，分别由新城新藏和饭岛忠夫领导，前者认为中国天文学基本上是独立发展而未受任何西方影响的，后者则极力想证明中国天文学是由希腊（或至少是巴比伦）派生出来的。对他们所有观点做最完整的概述的，大概是能田忠亮（3）的著作，但艾伯华［Eberhard（10）］（德文）的著作也可供参考，最近扬波尔斯基已经把这日本两个学派领袖的结论译出一些了。新城新藏（1，3）有两种著作已译成了汉文，并且有一篇关于他的观点的英文摘要很有用［Shinjō（1）］。刘朝阳（3）曾摘要介绍并批判了饭岛忠夫的观点。饭岛忠夫坚信中国的天文学思想有不少来源于西方，其根据主要是中国天文学中所出现的太阴周（默冬章；Metonic cycle）和卡利普斯周（Callipic cycle），以及他认为是沙罗周期（saros cycle）的周期。新城新藏认为不存在中国天文学不能独立发展的理由，并指出两者有许多值得注意的不同之处，例如干支纪日、干支纪年、每月不分为几星期而分为几旬、周天不分为 360 度而分为 $365\frac{1}{4}$ 度、星座名称完全不同，甚至构成各星座的星群差别也很大（见下文 pp. 271 ff.）。

　　　薮内清（2）和陈遵妫（5，6）的著作，直到本章写成后我们才获得。薮内清和能田忠亮关于《前汉书·律历志》的研究，我们也未能用上。丁福保和周云青（1）的引人注目的中国古代天文学著作的书目，也是直到本章完成时才出版的。

（2）主要的中国文献

（i）中国天文学的"官方"特征

　　　从一开始我们就已经用几句话指出了中国天文学的基本性质，即它具有官方特征，并且同朝廷和官僚政治有着密切的关系。这种情况从中国有史之初就已被确定下来；其出典就是传说中的帝尧对"天文官"羲、和的任命（图 86）。这个故事出于《书经》第一篇，该篇由较晚的训诂学者融合两种各自独立的文本而成。其中一种涉及这两位（确切地说是六位）天文学家；另一种是某种古历的摘录，这种古历，我们将在下文简单提及。前者同现在谈的问题有关；后者在上文已经提到过，它是历代年代学家据以

---

　　① 这部分当然在沙畹［Chavannes（1）］的译本中有译文可以利用。
　　② 特别见薮内清（8，1）及镰田重天（1）。在一篇报吾［Anon.（28）］中有一个简短的书目，但只附有四文书名。

187

图 86　晚清时的一幅关于传说中的羲、和兄弟接受来自帝尧的朝廷任命，制定历法和敬
顺天体运行的画像。采自《饮定书经图说·尧典》[Karlgren (12), p. 3]。

188　计算这部书的年代的文本资料，下文在适当的地方我们再去研究[①]。关于这两种文本的年代，只可进行粗略的估计，不过大体来说，记述"朝廷任命"羲、和的文字可能属于公元前 7 世纪或前 8 世纪，而记述"星辰和季节"的文字则可能属于公元前 5 世纪或前 6 世纪。虽然这里说的年代比传统的看法晚得多，但这篇合成的资料仍不失为一份古老而珍贵的文献。

下面是"朝廷任命"的部分：

（尧）命令羲氏、和氏（两家兄弟），虔诚地按照威严的天，来计算并描画出日、月、星和天上的标识（"辰"）[②]，因此而恭敬地传授供人民遵守的时节。

他特令羲氏的老二住在（称作）旸谷（的地方）嵎夷人之中，像对待宾客一样迎接升起的太阳，以便管理东方（春天）的劳作。

他还命令羲氏的老三去住在南交，以便管理南方的劳作，并恭敬地注意（夏）至。

他特令和氏的老二住在西方（称作）昧谷（的地方），恭敬地送别落日，以便管理西方（秋天）的收成。

他又命令和氏的老三去住在北方（称作）幽都（的地方），以便管理北方的工作[③]。

〈乃命羲、和，钦若昊天，历象日月星辰，敬授人时。分命羲仲，宅嵎夷，曰旸谷。寅宾出日，平秩东作。日中，星鸟，以殷仲春。厥民析，鸟兽孳尾。申命羲叔，宅南交。平秩南讹，敬致。日永，星火，以正仲夏。厥民因，鸟兽希革。分命和仲，宅西，曰昧谷。寅饯纳日，平秩西成。宵中，星虚，以殷仲秋。厥民夷，鸟兽毛毨。申命和叔，宅朔方，曰幽都。平在朔易。日短，星昴，以正仲冬。厥民隩，鸟兽氄毛。〉

可以说，这段话作为中国官方天文学的基本宪章已近 3000 年，但近世的研究已对它的神话根据有了全新的见解。马伯乐［Maspero（8）］的研究表明，除了在这个地方，"羲和"两字在汉以前的文献中，无论在何处都不是两个人或六个人的名字，事实上这是一位神话人物的双名，这个人物有时被说成太阳的母亲，有时被说成太阳之车的御者。后来不知为什么这个名字被分割开来，用到四位巫师的身上去，他们受神话中的帝王之命，奔向世界的"四极"，使太阳在冬、夏二至点停止前进，重返旧路，而在春、秋二分点继续行进，完成它的旅程[④]。这种传说当是由一种恐惧心理自然发展而产生的，在远古人们的头脑中很可能抱有这样的想法，即冬季会无限延长，变得越来越

---

① 参见 p. 177 和 p. 245。我们将要看到，这篇古史料已变成了一个谜，因为如果某种假定得以成立，则其中所载的观测结果很可能属于公元前第 3 千纪，但由此而论，这些观测便不是在中国进行的了；无论如何，包含这些资料的古历被编入《书经》，为时要比上述时期晚得多。

② 在《书经》那个时代"辰"指的是什么，并无说明；新城新藏（1）已提出证据，认为它后来指的是猎户座的三个主要的星、大熊座的七星、北极星和心宿二。

③ Legge（1），p. 32；Medhurst（1），p. 3；译文见 Maspero（8），p. 7，由作者译成英文，借助于 Karlgren（12）。

④ 高本汉［Karlgren（2），p. 262；（11），p. 49］对《书经》文本所进行的精细研究，肯定了马伯乐的总体解释。

冷，而夏季则可能热到致命的程度①。同时，神话中的那些巫师还负有阻止日食、月食
出现的责任。

　　《书经》中较晚的一篇（《胤征》，原作《允征》）讲的正是这类事情，据称记载 189
的是一次因为巫师未能阻止日食而由天子下令对他们进行的征伐②。故事的真相，大
概是针对那些被认为玩忽职守、处在世界四极的半神巫师所施行的某种古代诅咒
仪式③。

　　总之，上述故事中清楚地显示出了中国古代国家宗教所具有的天文学性质，更确
切地说是占星术性质。卫德明（H. Wilhelm）④ 说得好，天文学是古代政教合一的君王
所掌握的秘密知识。"灵台"（天文台）从一开始便是"明堂"（祭天地的庙宇，同时
也是天子举行礼仪的居所）中必不可少的一部分⑤。对于农业经济来说，作为历法校准
器的天文学知识是头等重要的。谁能把历法授予人民，他便有可能成为人民的领袖。
魏特夫（Wittfogel）⑥ 说，这一点对于在很大程度上依靠人工灌溉的农业经济来说，尤
为千真万确；冰雪的消融、河道沟渠的涨落⑦及多雨的季风季节的终始，都必须预先警
告。在上古和中古时期的中国，颁布历法是天子的一种特权，正如西方统治者有权发
行带肖像和题名的货币一样⑧。人民奉谁的正朔，便意味着承认谁的统治权。和希腊天
文学相比，中国天文学具有明显的官方的和政治的特征，对此我们可以找到十分具体
的社会原因，这是没有什么可怀疑的⑨。

　　当然，这一切从天文学在很可能是西汉时期（公元前2世纪左右）汇集成书
的《周礼》中所占的重要地位就可以看出。此书开篇便说，王被尊为王，就要辨
方正位（通过观测极星和太阳）⑩。关于王室的天文学家（"冯相氏"），我们读到如

---

　　① 对太阳路径的这种忧虑，在其他古老文化中也可以看到。贝特洛［Berthelot（1），pp. 55 ff.］等许多学者
曾把它同火的法力及拜火的种种表现联系起来。在某些文化中，此种忧虑表现为可怖的形式，例如阿兹特克人
（Aztecs）以为，要防止太阳停止前进或毁灭，必须使用大量的人作为牺牲［Soustelle（1），pp. 19 ff.］。公元6世
纪时，普罗科匹厄斯（Procopius）有一段关于斯堪的那维亚人（Scandinavian）的趣话。他说有这样一种说法：在
斯堪的那维亚，太阳在仲夏时有四十昼夜一直不落，在仲冬时有四十昼夜一直不出，因此人们派人登山瞭望，以
守候它的归来。他说："据我看来，这是因为他们经常害怕太阳有朝一日会抛弃他们而去。"［De Bello Gothico
（《哥特战纪》），II，15，6—15；参见 J. O. Thomson（1），p. 388］

　　② Legge（1），p. 81；Medhurst（1），p. 125。认为那次远征是因为巫师们未能预报日食的说法，曾被19世
纪的天文学史家引为笑柄，甚至阿贝蒂［Abetti（1），p. 24］在1954年仍然如此。但是，这一篇全部是公元4世
纪时的伪作［Maspero（8），p. 46］。

　　③ 按福瑟林厄姆［Fotheringham（3）］的说法，这一传说的背景显然是对拙劣的制历者的一种惩罚。

　　④ Wilhelm（1），p. 16。

　　⑤ 见苏慧廉［Soothill（5）］、马伯乐［Maspero（25）］关于此事的精细研究，以及葛兰言书中的种种议论。
关于明堂的重要中文著作，有惠士奇的《明堂大道录》（约1736年）。苏慧廉在明堂与罗马御殿（Roman Regia）
即教皇马克西穆斯（Pontifex Maximus）官邸之间做了有趣的对比；后者也同历法有关系。

　　⑥ Wittfogel（2），p. 98。

　　⑦ 例如，现在在重庆，长江每年水位的涨落约为100英尺。

　　⑧ 参见 Huard（1）；Soothill（5）。

　　⑨ 参见本书第四十八章关于社会及经济背景的论述。魏特夫曾就中、日两国天文学和数学的发展做了对比；
在17世纪以前，在日本的文化中这几门科学远远落后于中国；直到17世纪以后，日本才和西方一样在商业影响下
大步前进。

　　⑩ 《周礼》卷一，第一页［参看 Biot（1），vol. 1，p. 1］。

下的记载：

> 他掌管十二年（木星周期）、十二月、十二时辰、十日和二十八星（各宿的距
> 星）的位置。他辨认出它们并安排它们的次序，以便能做出天上状况的总图。他
> 观察冬、夏至的大阳和春、秋分的月亮，以便确定四季的顺序①。

> 〈冯相氏掌十有二岁、十有二月、十有二辰、十日、二十有八星之位。辨其叙事，以会天
> 位。冬夏致日，春秋致月，以辨四时之叙。〉

这个官职很重要，而且是世袭的。这个官名暗示着，居此职位的人夜间必须守候在天
文观测塔或平台（"天台"）② 上。

关于王室的占星家（"保章氏"），我们也读到如下的记载：

> 他掌管天上的众星，记录行星（"辰"）、日、月的运动和变化，以考察地上
> 世界的各种变动③，达到辨别（预测）吉凶的目的。他依照九州与某些特定天体的
> 关系，分划出它们的地盘。所有的封地分别与不同的星相关联，由这些星便可以
> 确定各国的繁荣或灾难。他依据（木星的）十二年（周期），预言世间的善恶。
> 他从五种云彩的颜色④，断定水涝或干旱、丰收或饥荒的来临。从十二种风中，他
> 得出天地是否和谐的结论，并记下由谐调或不谐调所造成的好坏现象。总之，他
> 掌管五类现象，以便提醒帝王来援助朝政，并考虑根据情况变更各种礼仪⑤。

> 〈保章氏掌天星，以志星辰日月之变动，以观天下之迁，辨其吉凶。以星土辨九州之地，
> 所封封域，皆有分星，以观妖祥。以十有二岁之相，观天下之妖祥。以五云之物，辨吉凶、
> 水旱降丰荒之祲象。以十有二风，察天地之和，命乖别之妖祥。凡此五物者，以诏救政，访
> 序事。〉

这个官职也重要，而且也是世袭的；官名明确与保管记录有关。这两种官员都有（或
应该有）相当多的下属职员⑥。

第三种官员——"眡祲"——负责以气象为主的观测任务，不过日食、月食现象
可能也包括在内（参见本书第二十一章）。最后，我们不应该忘掉掌管刻漏（水钟）
的官员——"挈壶氏"⑦。他和他的职员，可以放到后面（p. 319）论述计时问题时再
谈；这里只要指出《周礼》没有忘记他便够了。

这个官职体系（在《周礼》中被描述得有点理想化了），在整个中国历史进程

---

① 《周礼》卷六，第四十四页（注疏本卷二十六，第十五页）；译文见 Biot（1），vol. 2，p. 112，由作者译成
英文。

② 此名今日指天文台。

③ 这句话自然不是指天文学意义上的地动，而是指地上的一些可能与天象有关的事件。

④ 这肯定包括极光的观测；见下文 p. 482。

⑤ 《周礼》卷六，第四十五页（注疏本卷二十六，第十八页）；译文见 Biot（1），vol. 2，p. 113，由作者译成
英文。

⑥ Biot（1），vol. 1，pp. 413，414，译自《周礼》卷五，第八页（注疏本卷十七，第二十九页）。

⑦ 《周礼》卷七，第二十七页（注疏本卷三十，第二十八页）；Biot（1），vol. 2，pp. 146，201。该官名的意
思是掌管悬壶的官员。这个职位是世袭的。

中延续不断，而且就天文问题进行思考、计算和写作的大多数观测人员都是国家的职官①。两千多年以来，他们被组织到政府特设的机构天文局（历代名称有所不同②）中去工作。这个机构一直保持高度权威，即使这已不再由任职学者的科学才能来证明时也是如此，例如在耶稣会士管理的时期。司天文的官员的确享有一种"职员的特典"（benefit of clerks），因为直到 19 世纪，按清朝律例，钦天监的官员犯罪还是从轻处罚的③。他们长官的最古官名大概是"太史令"。虽然我们十分了解太史令负有占星的任务，但是我们觉得他的工作有不少确实属于天文学和历法方面，对于"Astronomer-Royal"（皇家天文学家）这一英文译名，他当之无愧④。

当然，历代的皇家天文台及其设备都处于太史令管理之下。更值得注意（而人们并不太知道）的是，某些时期在京城照例设有两个天文台，各备有刻漏、浑天仪及其他仪器。和沈括同时代的彭乘，曾告诉⑤我们有关北宋（11 世纪）的两个天文台的一些情况，其中一个是翰林院的天文院，设在皇宫内⑥；另一个是司天监，由太史令本人主持，设在皇宫之外。这两个天文台的记录，特别是有关异常现象的记录，应当每夜都互相对勘，共同奏呈，以防作伪和误报。这是中国中古时期儒家官僚所持怀疑的和实在的科学态度的一个突出例子。但是，据彭乘说，11 世纪中叶天文学工作的情形是很糟的。当他在 1070 年左右任太史令时，他发现这两个机构的观测人员只是在互相抄袭几年前的观测报告，看不到其中有任何新奇的东西。他们对天文台的设备也从未加以利用，只满足于进呈那种计算很不精确的天文历书。彭乘曾惩处了六位官员，但未能做到彻底革新。继他之后任太史令的沈括较为成功，他对前人忽视天文学的批评也不少。他写道⑦：

> 皇祐年间（1049—1053 年），礼部为考生安排了一次考试，要求作文论述用于获得有关天的知识的仪器。但举人们却只能胡乱写一些有关天球仪的内容。由于考官们对这个题目同样无知，所以他们以优等成绩让考生全部通过。

〈皇祐中，礼部试《玑衡正天文之器赋》，举人皆杂用浑象事，试官亦自不晓，第为高等。〉

---

①　我们在上文（p.185）已提到，天上的恒星通称为"天官"。下文（p.273）我们将看到，整个中国恒星命名系统是以人间帝王将相的称谓为依据的。亦可见本书第四十八章。

②　例如，唐代（公元 7 世纪和 8 世纪）有时称为"局"，即皇家图书馆的一部分；有时称为"监"，即独立的管理机构。名称一直在变更［参见《唐会要》卷四十四，第十六页起；《玉海》卷一二一，第三十三页起；des Rotours（1），vol.1，pp.208，210］。公元 758 年它最终成为独立的司天台。司天监是普通的叫法，但在 1370 年以后有时也称"钦天监"。现在很需要关于天文局及其组织发展史方面的专题文章。

③　Staunton（1），p.21。

④　太史令这个官名的确能很好反映出古代这一官职兼管史事记录和历法计算的双重任务［参见 Schafer（4）］。

⑤　见彭乘所著《墨客挥犀》卷七，第八页。这一段已全部译出，见 Needham, Wang & Price（1）。

⑥　唐代（公元 8 世纪初）的办法与此相似。集贤书院是具有双重性质的研究院；像翰林院一样，它具有草诏和校书的职责，但入院不由考试而由推荐［参见 des Rotours（1），vol.1，pp.17，19］。显然，集贤书院也可任用一些并非严格儒家出身的学者和专家，因为大天文学家僧一行的大部著作即完成于院中的天文台。此事见于韦述约公元 750 年撰写的《集贤注记》，《玉海》（卷四，第二十四页）中有详细引述［完整的译文见 Needham, Wang & Price（1）］。

⑦　《梦溪笔谈》卷七，第 11 段，由作者译成英文。参见胡道静（1），上册，第 295 页。

但沈括本人却是新的辉煌时期的标帜，这个辉煌时期以苏颂、韩公廉这样一些人物为代表。最后，我们还要说明一点：在许多世纪中，除京城所设的两个或两个以上的天文台之外，在边远地区也确实进行着天文观测，观测结果都送到天文局[1]。

关于国子监（参见本书第一卷，p. 127）内所设天文、数学两科的地位，也有许多事值得记述。《唐语林》[2] 告诉我们，除了隋代所设的明经等二科，唐代又增设了四科，其中包括算学一科——"明算"；不过没有人愿意去学，因为学这一科似乎不能在官僚政治中飞黄腾达。这部书又说[3]，当时有与此相应的教学部门——"算馆"，它同其他各馆一样，设有教授（"博士"）和讲师（"助教"）。

知道了这一背景，便不难了解本章为什么不能像数学一章那样，以"中国天文学文献的几个主要里程碑"为开篇。大部分残存的中国天文学文献，可以在历代官修史书中关于天文学、历法学及祥瑞灾异的各卷中找到，而这些卷的作者身份并未全部搞清楚。此外，有关天文学的古书多已散佚，如果说现在还有一些古籍可用的话，也不过是一些断简残编罢了。出现这种情况的原因想必是：数学书籍的应用过去相当普遍（例如，负责公共工程的官员、商人，以及军官等都要用），而天文学著作在中国这样的社会构架中被认为具有更强的专业性，只有与天文局有关的内部人员对它感兴趣。因此，这类书籍可能传抄得较少，有在宫中和朝廷藏书室中被束之高阁的趋势；而在那些地方，藏书不在这次，也会在下一次伴随改朝换代时的动乱一同发生的浩劫中荡然无存。印刷术发明之后，这种情况有稍许改变，但并未完全改观。

不仅如此，由于历法与政权关系密切，所以每一王朝的官僚机构似乎都以警惕的目光，注视着那些对星象进行独立研究的天文学家或著作家，因为他们可能暗中为密谋建立新朝的叛逆编制新历。新的王朝一建立，总要彻底修订历法并用新的名称颁布新的历法，甚至在同一皇帝连续在位期间，也可能发生这样的事。按照古老国家占星术的法则，能被作为凶兆来奏报的天象的政治意义就是灭亡[4]。因此每一世纪都能发现告诫天文官员注意保密的勒书就毫不足怪了。例如：

开成五年（公元 840 年）[5] 十二月，皇帝敕令皇家天文台的观测人员应对其工作保密。敕书写道："如果我们听到天文官员或其下属与朝廷别的部门的官员或各种各样的普通百姓之间有任何来往，这将被视为破坏了应严格遵守的安全规则。

---

① 我们接下去（如下文 pp. 274、293 和 420）可找到一批与此相关的证据。对于《前汉书》所记载的一些日食，德效骞 [Dubs (2)，vol. 3, pp. 544 ff.，546 ff.] 已证明了这一点。其中以公元前 145 年的一次最为明显，因为那一次日食只有山东半岛东端在日出时方能看到，这次日食被观察到并报到了京城 [Dubs (2)，vol. 1, p. 338]。

② 《唐语林》卷八，第十六页。

③ 《唐语林》卷五，第十七页。

④ 关于这一点，尤可参见毕汉思 [Bielenstein (1，2)] 的研究。《晋书》（卷十二，第十二页起；卷十三，第一页起；由何丙郁译成英文）中的资料，构成了一个名副其实的记载公元 250—450 年的天变异兆及其解释的宝库。

⑤ 当时曾出现许多特别令人不安的彗星，其中四个是在公元 837 年一年之中出现的 [哈雷（Halley）彗星是其中之一]。

因此，从今天起，天文官员绝不允许与其他官吏和普通百姓交往。命令御史台监察此事。"①

〈开成五年十二月，敕："司天台占候灾祥，理宜秘密。如闻近日监司官吏及所由等，多与朝官并杂色人交游，既乖慎守，须明制约。自今已后，监司官吏并不得更与朝官及诸色人等交通往来，委御史台察访。"〉

因此，作为一种社会学现象，新近对洛斯阿拉莫斯（Los Alamos）或哈韦尔（Harwell）的保密就没有什么稀奇了。但是，最好、最伟大的科学成就是否会在这样的条件下产生，则是另一问题了。就连伽利略或普里斯特利（Priestley）那样的科学家，也还同当时的政权发生过纠葛呢。

从很早开始，中国天文学便从国家支持中得到好处，但它因此陷入半秘密状态，在某种程度上却是不利的②。中国史学家有时也把这方面的体会写出来，如在《晋书》里我们读到③：

由此可知，天文仪器的使用，从古代就已经开始了，它们一代一代地留传下来，由皇家天文台的观测人员严加监护。因此，学者很少有机会接触天文仪器，这正是非正统的宇宙理论④有可能获得传播和盛行的原因。

〈此则仪象之设，其来远矣。绵代相传，史官禁密，学者不睹，故宣、盖沸腾。〉

话虽如此，但是推论得太远也会犯错。至少，有一些明显的迹象说明，在宋代，同官府有联系的读书人家研究天文学是大有可能的。例如，我们知道，苏颂早年家中便有浑天仪的小模型，因而他逐渐通晓了天文学原理，但是直到做了大官之后，他才能有奉皇帝之命来造一座实际大小的浑天仪的想法⑤。大约一百年之后，大哲学家朱熹家中也有一座浑天仪，他力图复原苏颂的水力驱动装置，但未能成功⑥。不过，这种传统也足以说明，为什么利玛窦于1600年赴京师途中，他的数学书籍竟会遭到没收。他写道："在中国，不得皇帝准许而研究数学，是要被处死刑的，不过现在这项法令已不再被遵守了……"他很走运，在他次年动身去北京之前，中国人由于疏忽而把那些书归还给了他⑦。

因此，总的说来，天文学不像数学那样，有许多保存完整、前后相承的著作。然而这并不意味着中国天文学文献不丰富。关于它的主要面貌，我们必须做些描述。

194

---

① 《旧唐书》卷三十六，第十五页，由作者译成英文。

② 这种对未经许可的人员研究数学、天文学的禁令，作为一项严重阻碍中国科学发展的因素，其产生影响的程度将在本书后面的章节（第四十九章）讨论。

③ 《晋书》卷十一，第五页，由作者译成英文，借助于 Ho Ping-Yü（1）。

④ 即宣夜说和盖天说。

⑤ 见朱弁的《曲洧旧闻》（约1140年）卷八，第十页［译文见 Needham, Wang & Price（1）］。

⑥ 见《宋史》卷四十八，第十九页［译文见 Needham, Wang & Price（1）］。

⑦ D'Elia（2），vol. 2，p. 122；Bernard-Maitre（1，5）；Trigault（Gallagher ed.），p. 370。这也可以说明多明我（Dominican）教会传教士加斯帕·达克鲁斯（Gaspar da Cruz）在1556年所得的印象。他写道："尽管有一些葡萄牙人曾经完全没有把握地报道说中国人确实研究自然哲学，但事实是在中国既没有人研究，也未设有高等学校，甚至连私立学校也没有，只有讲授王朝法律的皇家学校而已。事实上，曾发现有些人具有天体运行的知识，因而他们知晓日食和月食。此外，如果他们通过身边所找到的一些著作而知道了这些知识，他们就私下传授给某个人或某些人，但并没有这样的学校。"见 Boxer（1），p. 161。

(ii) 古　历

　　在流传至今的两种最古的历中包含许多天文学资料①。其中之一即通常所说的《夏小正》，另一种即《月令》。

　　《夏小正》与"夏朝"无关。它实质上是一种农历，不过其中有许多关于天气、恒星及动物生活习性方面的叙述，列于一年的十二个太阴月之下②。这部书有许多清代学者的注释③，不过在近人的注释中大概以洪震煊的《夏小正疏义》为最易懂。查得利［Chatley（10）］曾对《夏小正》的天文学内容进行过仔细的研究，他认为该历法的编成年代很可能是公元前 350 年左右，那正是人们开展大量天文学活动（下文马上就要谈到）的时期。不过，书中所记细节的简洁却表明，其年代可能早至公元前 7 世纪，尽管这是不太可能的。合理的估计年代也许是公元前 5 世纪。此书并入《大戴礼记》④，

195　是在公元 1 世纪。书中的天文学知识，和现在报纸上刊载的每月星图差不了多少，限于一些比较显眼的星座。

　　并入《小戴礼记》⑤（公元前 1 世纪）的《月令》，篇幅要长得多⑥，实际上就是《吕氏春秋》的前十二篇⑦。不过，在吕氏书中，《月令》的每一篇（即每一月）后都跟着四篇应当是与该月内发生的事有关的其他材料。《月令》各篇格式相同，首先说明一个月的天象特点，接着是相应的乐律、数、味及祭祀等⑧，每篇的主要内容是关于天子所应举行的仪式的描写。最后是各种活动的禁令，并且都用这样的话作为结束，即如果不奉行这一套特定的仪式，将发生什么样的灾祸云云。一般认为，《月令》是公元前 3 世纪的东西，而它的确也不可能再晚，因为《吕氏春秋》在公元前 240 年或前 239 年成书是可靠的；但是，没有理由认为，《月令》不会比这早得多。例如，能田忠亮［（2）；Noda（2）］曾根据《月令》所提供的星象进行了计算，认为《月令》大约成书于公元前 620 年，最早不会早于公元前 820 年，最迟不会迟于公元前 420 年。因此，它很可能又是公元前 5 世纪的。以后我们谈到二十八宿的中天观测时，还有机会重新谈到这两种古历。

　　这里，我们可以稍停一下来仔细看一看这部包含《月令》的著作。过去我们时常提到《吕氏春秋》⑨，今后也很难得有一章不提到它。关于这部当时的知识百科全书的编撰，《史记·吕不韦传》描述得出乎意料的详尽：

　　　　当时（公元前 3 世纪），魏国有信陵君，楚国有春申君，赵国有平原君，齐国

---

　① 从殷墟卜辞中所得到的关于历法方面的迹象，目前正在研究中，但尚未最后解决；参见下文 p. 391。
　② 译本有 Douglas（1）（现在已经没用了）；Chatley（10），部分译文；R. Wilhelm（6）；Soothill（5）。
　③ 如任兆麟的《夏小正注》，程鸿诏的《夏小正集说》，以及黄模的《夏小正分笺》。
　④ 《大戴礼记·夏小正第四十七》。
　⑤ 即今《礼记》；《礼记·月令第六》。
　⑥ 译文见 Legge（7），vol. 1，p. 249；Couvreur（3）。
　⑦ 译文见 R. Wilhelm（3）。向宗鲁（1）的著作是最新的《月令》研究之一。
　⑧ 参见本书第十三章（d）。
　⑨ 例如，本书第一卷，pp. 98，150，223；第二卷，pp. 36，55，72，131，563；以及上文 p. 19。

有孟尝君。他们都是些地位较低的绅士（"下士"），而且他们喜欢（身边）有访客（学者），靠这些人他们可以（在论争中）彼此争胜。吕不韦由于秦国虽然强大（而在学术方面）仍不如（这些国家）而感到羞耻，因而他召集学者们来，并给以慷慨的款待，直至他得到了三千个食客①。这时，封建诸侯（的随从）中间有许多善辩的学者，如荀卿的弟子们，他们写的书传遍了天下②。吕不韦于是让他所有的食客都记下他们所听到的事情，然后他把他们的讨论收集起来编成八篇"观察"（"览"）、六篇"讨论"（"论"）和十二篇"记录"（"纪"），（总共）有二十多万字③。他宣称有关天、地、（宇宙）万物的所有事情都被包含（在这部著作中）。他把这部书题名为"吕氏春秋"④，把它陈列在咸阳⑤市集的大门口，旁边悬挂黄金一千斤，并出告示说，各诸侯国来的游学学士和宾客，如果有人能为这部书增、删一字，便可得到这份财富⑥。

〈当是时，魏有信陵君，楚有春申君，赵有平原君，齐有孟尝君，皆下士喜宾客以相倾。吕不韦以秦之强，羞不如，亦招致士，厚遇之，至食客三千人。是时诸侯多辩士，如荀卿之徒，著书布天下。吕不韦乃使其客人人著所闻，集论以为八览、六论、十二纪，二十余万言。以为备天地万物古今之事，号曰《吕氏春秋》。布咸阳市门，悬千金其上，延诸侯游士宾客，有能增损一字者予千金。〉

《吕氏春秋》第一部分最后的说明文字⑦告诉我们，这部书完成于公元前239年。一个政治上强有力而文化上却相对贫乏的社会（甚至它自己也是这样看的），要尽最大努力吸引别处杰出的学者和最好的学术到它那里去，这种情况在历史上并不是最后一次；在蒙古人统治下的波斯，再晚一些，在北美大陆，都很容易找到这样的例子。

我们已知的古历并不止这两种。例如，有一种东汉的历——《四民月令》，据说是崔寔所作。假如其中有天文学资料的话，这些资料是还没有人做过研究的。

（iii）周代至梁代（公元6世纪）的天文学著作

《孟子》里有一段提到天文学的有趣的话。这是一段有明显的道家韵味的话，在这段话中孟轲批评了当时的学者曲解事实和违背自然。

凡论述（事物）性质的人，只不过是推论原因和结果（"故"）而已。现象的价值在于它们的自然性。我之所以厌恶这些所谓有学问的人，就在于他们下结论的方法。如果他们能够像大禹疏导水那样去做，他们的学问就没有什么令人厌恶

---

① 他已超过齐国的稷下学宫（见本书第一卷，p. 95）。
② 见本书第二卷，p. 19。
③ 据公元3世纪初第一个注释者高诱计算，是173 054字；可见，这一估计是差不多的。今日此书仍分为三部分，《月令》历编在各"纪"之首。
④ 当然，这是对《春秋》这一经典富有挑战性的模仿（见本书第一卷，p. 74），但实际上并无相似之处。
⑤ 秦国的都城。
⑥ 《史记》卷八十五，第五页，译文见 Bodde（15）p. 5。
⑦ 《吕氏春秋·序意》（上册，第118页）。

的了。大禹疏导水的方法就是不让自己去做麻烦事（即认识到水是向下流的，因而不试图使水向上流）。如果这些有学问的人能这样做，他们的学问就很高深了。试想天是如此之高，星是如此之远。我们如能考察它们的各种现象（"故"），那么，即使我们仍然坐在原地，也能追溯到 1000 年前的至日①。

〈孟子曰："天下之言性也，则故而已矣。故者，以利为本。所恶于智者，为其凿也。如智者若禹之行水也，则无恶于智矣。禹之行水也，行其所无事也。如智者亦行其所无事，则智亦大矣。天之高也，星辰之远也，苟求其故，千岁之日至，可坐而致也。"〉

197　孟轲想到的大概是一些和他同时代的人，因为当时正是中国历史上两位最伟大、最早的天文学家——齐国的甘德和魏国的石申——在世的时候。他们的活动年代应该是在公元前 370—前 270 年。正是他们，和另一位天文学家巫咸②编制了最早的星表；关于这些星表，我们将在下文（p. 263）再介绍③。他们的成就大可与喜帕恰斯相媲美，但时间则较后者（公元前 134 年）早两个世纪。

　　他们的著作或星表的原名是：石申的《天文》，甘德的《天文星占》，巫咸的星表则简单地以其姓氏为名。这些书似乎一直流传到梁代（公元 6 世纪），但此后便不复见于历代正史的《艺文志》或《经籍志》。在隋代（公元 6 世纪末），显然它们大部分被收入武密的《古今通占》中，但这本书也接着在元代前后散佚了。因此，他们研究成果中的有些部分是以下列四种形式传下来的：①一本叫作《星经》的书；②《晋书》
198　中的《天文志》④，撰于公元 7 世纪，差不多可以肯定是出于数学家李淳风之手；③一

---

　　①　《孟子·离娄章句下》第二十六章，译文见 Legge（3），p. 207，经修改。

　　②　这并不是作者的真名，真名已不可考；他的著作托名于一位传说中的商朝大臣巫咸。

　　③　这三位天文学家一般被认为是中国方位天文学的创始者，是最早在一种坐标系中以度数给出恒星位置的人（见下文 pp. 266 ff.）。但在《晋书·天文志》的绪论部分（卷十一，第一页），还有其他许多人名和他们并列。书中说："在诸侯的历史上，鲁国的梓慎，晋国的卜偃，郑国的裨灶，宋国的（史）子韦，齐国的甘德，楚国的唐昧，赵国的尹皋，魏国的石申——全都有高深的天文学知识，都讨论过（星）图及其证验。"（"其诸侯之史，则鲁有梓慎，晋有卜偃，郑有裨灶，宋有子韦，齐有甘德，楚有唐昧，赵有尹皋，魏有石申，夫皆掌著天人，各论图验。"）前面已提到巫咸是商代的名人，史佚是周初的占星家-天文学家。除此以外，最早的是卜偃，他曾预言晋献公正在围攻的城池将陷落（公元前 675—前 650 年）。接下来的那个世纪有梓慎，他曾服务于鲁襄公（公元前 570—前 540 年）。公元前 5 世纪初，大约就在孔子去世前后，有裨灶和史子韦，前者曾预言陈国将在公元前 478 年灭亡；后者曾于公元前 480 年对宋景公做了一个著名的答问 [《史记》卷三十八，第十五页；Chavannes（1），vol. 4，p. 245]。一份据说是他所撰著作的残篇，尚以《宋司星子韦书》为名存于世（《玉函山房辑佚书》卷七十七，第十二页）。唐昧的时代不详，但尹皋当是公元前 403 年赵国建立后的人，因此很可能和为晋国的另一继承国服务的石申同时。以上诸人都被称为占星家，并主要以这种身份传于后世，这一点并不能说明什么问题；但他们的姓名与石申、甘德、巫咸并列，则可能意味着中国方位天文学的出现早至公元前 4 世纪中叶。甘德与史子韦的关系，很可能和喜帕恰斯与提摩卡里斯（Timocharis）的关系相同。

　　《晋书》中的资料因《史记》[卷二十七，第三十八页；Chavannes（1），vol. 3，p. 402] 中一段类似的话而获得了很高的可靠性。不过，司马迁略去了梓慎和卜偃，增加了史佚的一位周代同行——苌弘，这个人的其他情况不详。

　　上述资料中有一部分是何内郁 [Ho Ping-Yu（1）] 收集的。

　　④　《晋书》卷十一，第七页起。

部称为《开元占经》①的历代天文学著作汇编②；④伯希和（Pelliot）在敦煌发现的一种公元621年的重要的占星术著作写本③。关于这四种资料的内容，马伯乐［Maspero（3）］曾做过一番分析。现在的《星经》并不是全本，只列有中宫（拱极区）和东、北两宫的恒星和星座④。一般认为它的文本内容比不上《晋书·天文志》。所有这些文献都载有以度数计量的数据，这究竟是原书所有，还是后世观测者所加，我们要在后面加以讨论。《开元占经》中有最完整的数据⑤。几乎不用怀疑，所有这些文本都源自公元310年前后陈卓所编辑的周代天文学家著作的集成本，但各自从中摘取的内容却不相同。把所有这些残存的材料系统地加以复原，可能会很有价值，但这一工作迄今尚未进行。现存《星经》的年代至少应当早到隋代，而且很可能上推到公元5世纪。奇怪的是，这部书已被收入《道藏》，称为《通占大象历星经》⑥，而马伯乐［Maspero（3）］竟未提及。敦煌写本中有关五星运行的部分，在其他各本中都未见到。

在晚周初步观测活动之后，汉代由于在宇宙论方面呈现繁荣景象，所以特别值得注意。关于这一点，我们将在下一节加以叙述。不过，在公元前4世纪时，北方的自然主义学派⑦和南方的著名诗人屈原就都已经提出了有关宇宙的问题了。屈原有一篇赋（写于公元前300年前后）采用了一连串关于宇宙问题的半反问的形式；这篇赋就是《天问》⑧。我们在本书第十八章中讨论自然法则观念的发展时，已经提到过这篇赋。有些人以为⑨，这篇韵文是打算用来附在一座庙堂中宇宙论题材的壁画上的（例如，公元2世纪的王逸曾经这样说过），但现在认为这种说法是靠不住的⑩。《天文》中所包含的关于宇宙结构的奇想，曾经是闻一多（2）的一篇有趣评注的主题。其中天有九层（"九重"）的思想，不禁令人联想到托勒密-亚里士多德的天球⑪。这种概念虽然在汉代偶尔有人提到⑫，但对后来的中国天文学思想却几乎毫无影响。

199

---

① 《开元占经》卷六十五至卷七十。

② 公元729年之前不久由印度人瞿昙悉达汇编；参见上文 p. 37。

③ 法国国家图书馆（Bibliothèque Nationale），第2512号。

④ 参见下文 p. 240。

⑤ 这些数据资料已由薮内清（6）做了仔细研究。

⑥ *TT* 248。

⑦ 参见本书第二卷第十三章（c）。

⑧ 译本：Conrady & Erkes（1）。传记见《史记》卷八十四。

⑨ 例如 Erkes（8）。

⑩ 见卫德明的著作［H. Wilhelm（7）］，他把那些问题看作是祭神仪式中用的隐语。

⑪ 大多数科学史家最初会认为，这种理论实际上是从希腊人的水晶球说衍生出来的。陈文涛［（1），第38页］的确曾绘图证明这一想法。但是年代并不相合，更何况在张骞时代之前任何交流都非常困难［参见本书第一卷第七章（e）、（g）］。比屈原早半世纪的欧多克索斯（Eudosus）只不过是勾画出了同心球体系的轮廓，而本轮说在公元前200年左右的阿波罗尼奥斯（Apollonius）以前尚未成熟［Neugebauer（9），pp. 147 ff.；B. & M.，pp. 426 ff.）。当然，可以想象，公元前5世纪毕达哥拉斯学派的模糊概念是这种理论的来源。艾约瑟［Edkins（10）］认为，可能存在反向的传播，但是，旅行的障碍一样很多，而且从希腊人喜欢圆及种种几何图形的特点来看，此说当极不可靠。

⑫ 例如《淮南子·天文训》（第十六页）。"九天"也见于屈原的其他诗篇，参见 Waley（23），p. 42；Yang & Yang（1），pp. 3, 28。

现在我们又要提到《周髀算经》了①，因为它叙述了一个主要的思想流派的理论②；正如我们看到的，人们认为这个理论是以周代的学说为核心，加上秦和西汉时代的补充而成的。另一思想流派以《淮南子·天文训》（约公元前 150 年）③ 的后一部分为代表。与淮南王刘安同时代的落下闳，传为中国天文仪器的创始人（尽管这是很不可能的）；他的《益部耆旧传》④ 现在只有些片段存于类书《太平御览》。

如果继续搜求宇宙理论的发展，人们在汉代盛行的纬书中还可望找到一些⑤。情况的确如此，因为宋均（卒于公元 76 年）注的两种纬书——《尚书纬考灵曜》和《易纬通卦验》——的大部分流传了下来，收入了明代的《古微书》。《尚书纬考灵曜》一书采纳了《周髀》的宇宙论；《易纬通卦验》则采纳了另一派的理论，这派理论的主要代表是大天文学家兼测地家张衡（公元 78—139 年）及其著作《灵宪》⑥。

我们应当再稍稍回过头来，提一下司马迁《史记》（公元前 90 年完成）中非常重要的论述天文学的一卷。这卷《天官书》⑦ 的写法很系统，作者（本人曾担任国家天文和占星方面的最高官职）首先是检阅中、东、南、西、北"五宫"的恒星和星座，然后对五星的运行（包括逆行）进行详细讨论；接着是二十八宿同地上各特定区域在占星术上的联系，对日月的异常及彗星、流星、云、气（包括极光）、地震和收获丰歉预兆等的解释。全篇以这位史学家的一些思考来结束。他指出统治者无时不在仔细地观察天空，他还列举了以石申殿后的一长列星象家的姓名，来回顾过去所取得的伟大进步。然后，他提到各个时期见于记载的交食次数、不寻常的流星雨，以及它们所预兆或随之发生的尘世间的对应事件。对于中国古代天文学来说，《天官书》是最重要的一种资料⑧。

第一部官修的断代史《前汉书》也有几卷涉及天文学⑨，作者大概是马续。当时（公元 100 年前后），西汉的历史资料已经和东汉较进步的天文学知识结合起来了。对于这批材料，包括计算合朔周期和预报交食方面的详细叙述在内，人们已经做了很多说明⑩，不过尚待研究的地方也还不少。这部重要的史料现在还没有完整的西文译本。

公元 1 世纪以前，黄道在中国天文学中几乎没有起什么作用，不过到公元 85 年贾逵改历前后，已制成了观测黄道的仪器，而且这种新知识，包括用度数表示的黄赤交角，出现在了公元 178 年刘洪和蔡邕所作的《律历志》中。关于黄赤交角，埃拉托色

---

① 参见上文 p. 21。

② 参见下文 p. 210。

③ 该篇有查得利［Chatley (1)］未发表的英译本。我有幸利用了这个译本。马伯乐［Maspero (3)］也翻译了该篇的一部分。在中文书籍中，钱塘的《淮南天文训补注》（1788 年）是讨论该篇的一种重要著作。

④ 后来有几种别的书同样用了这个引人注目的书名。

⑤ 见本书第二卷，pp. 380, 391。

⑥ 现在只有部分辑存于马国翰的《玉函山房辑佚书》（卷七十六）。我们已经在本书关于自然法则观念的一章提到过［参见本书第二卷，pp. 556 ff.］。同一章也提到张衡的另一著作《浑仪注》，但此书不完整。

⑦ 《史记》卷二十七。译文见 Chavannes (1), vol. 3, pt. 2, p. 339。

⑧ 关于《天官书》的真伪问题，实际上已通过刘朝阳 (3, 4) 的透彻研究得到了彻底解决。

⑨ 特别是卷二十六。

⑩ Eberhard & Henseling (1); Eberhard, Müller & Henseling (1); Eberhard & Müller (1)。

尼在公元前 3 世纪末已做过观测。三国时，在刘洪、蔡邕之后不久，陈卓把周代的几种恒星位置表汇编成一书，不过我们现在甚至连这部书的书名都不清楚。另一方面，和陈卓同时代而略早的王蕃的一篇重要著作《浑天象说》（公元 260 年写于吴国）却流传了下来；该篇已由艾伯华和米勒［Eberhard & Müller（2）］译为西文并加了注释。还有一位同时代的天文学家名叫姚信，他的《昕天论》还有一些片断存于类书；姚信曾提出了一种浑天说的变体（浑天说的主要倡导者是张衡）①，和他同时代的杨泉曾在《物理论》中介绍过这种学说。

到公元 4 世纪，虞喜（鼎盛于公元 307—338 年）发现了岁差，他的《安天论》② 201
还有一些片段流传至今。虞喜的族祖虞耸所著的《穹天论》③ 也传下来了。一百年后，出现了钱乐之和他的不知题名的星图，图现已失传；还有祖暅之和他的《天文录》，这本书有一部分被录存于《开元占经》。

（iv）梁代至宋初（10 世纪）的天文学著作

在公元 6 世纪末的隋代，出现了前面已提到的武密的纂辑之作，以及王希明（道号丹元子）的一首颇为有趣的题为《步天歌》的天文诗④。王希明或许可以被称为中国的亚拉图（Aratus）⑤ 或马尼利乌斯（Manilius）⑥，尽管他比他们要晚得多。在之后的若干世纪中，《步天歌》一直很有名，并且在 18 世纪（1726 年）编纂类书《图书集成》时，其《乾象典》的卷四十四至卷五十四在所描述的天空各个天区部分，附有该区恒星及其坐标的列表，而各部分之首都冠以《步天歌》的相应一节，卷五十四之末则继之以耶稣会士或其助手们所作的《西步天歌》。数学家李淳风的父亲李播和王希明属同一时代的人，他是个道士，在隋末唐初时曾作《天文大象赋》，对天上各大星座进行了很好的描写。

在公元 7 世纪的唐代，《晋书》《隋书》都在编写中（公元 630 年前后）。这两种史书的《天文志》，特别是《晋书》的《天文志》，是一座知识宝库⑦，似乎大部分都出于李淳风和长孙无忌之手。到公元 8 世纪，出现了前面已经提到的《开元占经》，后世应该感谢该书的编纂者保存了那么多从古代天文学著作中采集的资料，不过他本人 202

---

① 参见下文 p. 216。

② 这里可能涉及像岁差那样的运动。参见下文 pp. 270，356。

③ 这本书的书名很有意义。总的说来，中国天文学家并没有把宇宙想象为水晶球或其他固体球的倾向。

④ 译文见 Soothill（5）。

⑤ 此人和荀卿属同一时代，生于公元前 315 年，卒于公元前 245 年；曾作描写恒星和星座的希腊文诗歌《物象》（Phaenomena）。参见 Mair（1）；Börer（1）。

⑥ 此人和刘歆属同一时代，鼎盛于公元 20 年左右；曾作拉丁文占星诗《天文》（Astronomicon）。20 世纪时英国诗人豪斯曼（A. E. Housman）曾毕生研究他的著作。

⑦ 关于《晋书·天文志》的资料来源，我们了解一些，但我们应该了解得更多一些。例如，公元 200 年当刘表任荆州牧时，曾命他的一个官员刘叡撰写一部占星天文学概要——《荆州占》。此书特别注意行星以外的现象，如彗星、新星、流星、太阳黑子、晕、幻日等，原书久已失传，但公元 7 世纪时的天文学家的确曾使用过它的材料。

所感兴趣的倒可能只是在占星术方面。这个时期也正是一行①及居留在中国的印度天文学家活动的时期。

隋唐时代的印度天文历法家的著作虽然大部分已经失传，但我们还要在这里谈一谈他们的事迹。现在就从见于《隋书·经籍志》但早已失传的《婆罗门天文经》②等书谈起。这些书在公元 600 年前后已在各地流传。其后的两个世纪中，史书上也曾出现在中国京城居留的一些印度天文学家的名字。公元 759 年，不空（阿目佉跋折罗；Amoghavajra）将佛教占星著作《宿曜经》③译为汉文，五年后，他的中国弟子杨景风（也是天文学家）给它加了注释。他写道：

> 凡是想知道五星位置的人，都可以采用印度的历法，来推知什么 "宿"（是某一个行星即将通过的）。现今印度历专家有三家：迦叶氏（Kāśyapa）、瞿昙氏（Gautama）和拘摩罗（kumāra），他们都在天文部门任职。但现在大都使用瞿昙大师的历法和他的 "大术"④ 来为朝廷工作⑤。

〈凡欲知五星所在分者，据天竺历术，推知何宿具知也。今有迦叶氏、瞿昙氏、拘摩罗等三家天竺历，并掌在太史阁。然今之用，多用瞿昙氏历，与大术相参供奉耳。〉

他们确实曾入太史阁。公元 665 年，迦叶孝威曾协助李淳风编修《麟德历》，后来他的族人（迦叶志忠在公元 708 年前后及迦叶济在 80 年后）似曾参与军中的占星活动。瞿昙家族中的第一人是公元 697—698 年提出两种历法的瞿昙罗⑥，但其中最伟大者是瞿昙悉达（本书别处也经常提到）⑦，他曾编纂《开元占经》（公元 729 年），书中使用了零这个符号，还有其他一些革新⑧。这个家族在历法问题上曾反对中国僧人一行的观点。在一行去世后的公元 728 年，张说和陈玄景（奉诏）编辑了他的《大衍历术》。但

---

① 关于这位不平凡的僧人的贡献，应进行专题研究。竺可桢（5）的著作稍有论及。一行个人的著作，留下来的很少，但《大藏经》中有他的《宿曜仪轨》和《北斗七星念诵仪轨》。他（公元 682—727 年）是佛教密宗僧人，是中国历史上最伟大的天文学家和数学家之一。他颇受印度（因而也间接受希腊）天文学的影响，曾用黄道坐标进行观测，并与梁令瓒一起制成一架附有按黄道安装的窥管的浑仪。他和梁令瓒也是世界第一具机械钟擒纵机构的发明者。这项发明曾用在公元 725 年为唐玄宗制成的带有报时机构的水运浑天仪上。我们上文（pp. 119, 139）已提到一行对数学的一些贡献。他以推算交食及制《大衍历》（公元 728 年）而著名。

② 参见本书第六章（f）（第一卷，p. 128）。

③ 见下文 pp. 204，258。

④ 这里的瞿昙氏大概不是指瞿昙譔就是指瞿昙晏。他的 "大术" 能是什么呢？有人认为［参见薮内清（1）］婆罗门书籍及印度天文学家家族对当时中国数学的主要贡献是一种早期形态的三角学。确实，《开元占经》（卷一〇四）中确有正弦表，这个表，薮内清［Yabuuchi (1)］曾加以复制。正如我们所看到的（上文 p. 108），角函数（正弦、余弦等）的命名和制表始于印度公元 420 年左右的《宝利沙历数书》，而阿耶波多和伐罗诃密希罗（约公元 500 年）进一步的发展就为佛教旅行家把这种新奇的方法传入中国铺平了道路。然而并没有迹象表明，这种传入的方法产生了任何永久性的影响（参见上文 pp. 37，109，148）。

⑤ TW 1299（Taishō, p. 391.3），N 1356；由作者译成英文。

⑥ 《唐会要》卷四十二。

⑦ 上文 pp. 12，37，148。

⑧ 例如把圆周分为 360 度，而分、秒采取 60 进位制等。

在公元733年陈玄景和瞿昙譔一起声称①，一行的《大衍历》不过是抄袭瞿昙悉达所译的《九执历》②，而且还加进了一些错误。他们虽然得到有才干的中国天文学家南宫说的支持，但他们未能动摇《大衍历》的优势地位③，公元729年此历正式颁行，一直用到757年。到了公元8世纪60年代，这个家族的代表人物是瞿昙晏。另一方面，拘摩罗家族则和一行有交往，因为拘摩罗家族中有一个人曾给《大衍历》（公元728年）贡献了一种推算日食的方法，并编了一部占星手册④。

　　人们可能要问：这些印度天文历法专家是否像许多其他印度佛教徒一样是僧人呢？他们不大可能是独身者，因为他们家族的踪迹可追溯近两百年，人们或许应该简单地把他们描述为世俗的技术人员，毫无疑问，他们与中国女子结了婚。值得注意的是，他们的活动似乎对中国天文学的发展没有多大影响。依赤道划分的二十八宿依然如故，圆周仍然分为365 $\frac{1}{4}$ 度，印度的三角术未见采用，零号又沉睡了4个世纪，至于希腊的黄道带，则当然仍旧被埋藏在古怪的音译中。从那以后，各印度家族是否有永久性的贡献被中国人接受下来？如果有的话，是些什么贡献？关于这些问题，都需要做进一步研究。像商人苏莱曼（Sulaimān al-Tājir）这样的同时代人记录⑤下的印象是，印度的天文学远比中国先进，但这很可能是他同迦叶济之流谈话的结果。印度除发展三角术这一点很重要之外，其他没有什么可作为这种印象的客观根据。不过，有一点应该肯定的是：我们今天能看到中国上古和中古时期天文学文献片段的最大的汇集，还应当感谢一个印度人——瞿昙悉达。

　　为了更完整地了解当时的背景，人们一定要记住还有其他许多因素也在起作用。204我们早先已提到⑥，波斯天文学家也曾来到中国，如公元719年有一位大慕阇从支汗那⑦（Jaghānyān）来⑧。在这一世纪的汉文佛经中可找到波斯的占星术语⑨，而在《宿曜经》（公元764年）中并有粟特语五星名称的音译⑩。有一批天文古书⑪是从粟特语和波斯语译过来的。摩尼教指称星期日的字在福建和日本当地最终用的都是"密"字。大约一百年前，德贞（Dudgeon）已正确地辨认出，该字是"Mithras"（光明之神）一

---

　　① 萨顿［Sarton（1），vol. 1，p. 475］曾被三上义夫［Mikami（1），p. 58］的差错误导，把瞿昙譔的年代提早了一百年以上。

　　② 译于公元718年。见上文 p. 175。译文不是直译的，且所有计算均按长安的纬度重算过。

　　③ 《新唐书》卷二十七上，第一页。后来在桓执圭等人监视下，在灵台进行了实测，结果证明一行的《大衍历》比李淳风和瞿昙悉达的准确。这个故事，宋君荣［Gaubil（12），p. 89］在很久以前就已经说过。

　　④ 我们感谢蒲立本（E. Pulleyblank）教授和我们交流了关于这些人物的一些研究。参见薮内清（1），第40页起。

　　⑤ Renaudot ed.（1）p. 46；Sauvaget（2）p. 26。

　　⑥ 本书第七章（h）（见第一卷，p. 205）。

　　⑦ 即吐火罗国（Tokharestan），也就是以前的大夏。

　　⑧ 《册府元龟》卷九七一，第三页。大慕阇是一称号，见 Chavannes & Pelliot（1），p. 153；Grousset（1），vol. 1，p. 352。

　　⑨ Huber（2）；Eberhard（12）；Chavannes & Pelliot（1）。

　　⑩ 见下文 p. 258，以及 Wylie（15）。

　　⑪ 例如，古怪的《都利聿斯经》，石田（1）曾研究过这本书。它是公元800年左右由璩公译成汉文的。

词的第一个音节。但摩尼教徒并不是唯一与此有关的西来的外国人，因为我们至少还知道有一个景教徒，即著名的景教碑碑文（公元 781 年）的作者景净①，他曾译过一种天文占星书籍《四门经》（大概译自粟特语）。

这些活动使公元 8、9 两个世纪的天文占星文献更加丰富起来。一些书和一些章节片段被收入了《大藏经》。例如，《七曜星辰别行法》②，该书中列有二十八宿表并给出各宿的星数③。吴伯善的《七曜历》即是一种具有这类名称的历，约在公元 755 年被正式采用，不过其行用时间只有几年。至今一直有人觉得，以"七曜"为名的书在某种程度上是受波斯和粟特的影响④。因为这个名称使人联想起七曜日，中国虽然不曾采用七曜日，但它确实曾从伊朗文化区传入中国⑤。这种影响是重要的，我们必须折回来考虑一下这个影响。

沙畹（Chavannes）和伯希和⑥并不知道在公元 6 世纪初以前曾用过"七曜历"一名。但是，公元 437 年在今甘肃的匈奴王国北凉被刘宋消灭之前，北凉王曾把他的太史令赵𢾺⑦所撰的一些书籍献给宋帝，其中便有一种《七曜历数算经》⑧。这位星象家是个多产的学者，其身居西北地区这一事实的意义是不言而喻的⑨。公元 500 年以后，以"七曜"为书名变得更流行。例如⑩，我们发现梁代有一位名叫庾曼倩（鼎盛于公元 520—570 年）的官员，曾注《七曜历术》⑪ 和一些算经⑫。《隋书·经籍志》⑬ 记载了不下 22 种书名中带有"七曜"的书⑭。这其中有一种是公元 660 年前后曹士蔿所作。

①　景净原名亚当（Adam）。他想必是个真正包容的人，因为他也译过一篇佛经［见 Chavannes & Pelliot（1），p. 134］。

②　TW 1309。

③　汉文《大藏经》中的其他著作，此后将不时提及。另见 Eberhard（12）。

④　对于这一问题，叶德禄（1）已做过初步研究。

⑤　见 F. W. K. Müller（3）；Chavannes & Pelliot（1），p. 174。

⑥　Chavannes & Pelliot（1），p. 170。

⑦　事见《宋书》卷九十八，第十九页。参见李俨（20），第 63 页。《内经·天元纪大论篇第六十六》（第四页）也有关于"七曜"的记载，不过这肯定是唐人或唐以前的人所加的。唐代注释家王冰曾说过："现在外国人使用它们是为了预言善恶。"（"今外蕃具以此历为举动吉凶之信也。"）

⑧　这部书和赵𢾺的其他天文、历算书籍均列入了《隋书》（卷三十四，第十七页及第十九页）。

⑨　实际上《后汉书》（公元 210 年以前）已载有两种讲"七曜"的书：一种是著名数学家刘洪所作，一种是并不出名的刘陶所作。"七曜"一词见于刘洪记交食的文章［《全上古三代秦汉三国六朝文》（全后汉文）卷六十六，第八页］及公元 274 年刘智的《论天》［《全上古三代秦汉三国六朝文》（全晋文）卷三十九，第五页］。还有一种名称相似的历，即徐广的《既往七曜历》，徐广的外甥何承天在公元 425 年上书献《元嘉历》时提到过。

⑩　《梁书》卷五十一，第二十七页。

⑪　该书以几乎全同的名称被收列于《隋书》（卷三十四，第十八页）。

⑫　庾曼倩出于天文占星世家。他的父亲庾诜（卒于公元 532 年）信道教，也信佛教，又是著名数学家，曾著《帝历》二十卷（《梁书》卷五十一，第二十五页及第二十七页）。其子庾季才（鼎盛于公元 560—600 年）是隋代最杰出的天文学家之一（《梁书》卷五十一，第二十七页）。这个家族和道教有关，这一点可由与庾诜同时的庾承先（《梁书》卷五十一，第二十八页）及曾事北周并有占星棋（astrological chess）方面著述的庾信看出来。到唐代，这个家族最后出了一位太史令——庾俭（鼎盛于公元 610—630 年）。

⑬　《隋书》卷三十四，第十八页起。

⑭　其中有两种是数学家甄鸾（鼎盛于公元 535—577 年）所作。甄鸾是从道教皈依佛教的人，我们已多次提到他（上文 pp. 29, 33, 76）。在这些书当中，有一种是以陈、隋之间（公元 557—604 年）的朝代名称分别命名的。

曹士蔿是一位天文学家，他的姓在昭武九姓之中（这一点可能值得注意）。像这样的书，历代艺文志或经籍志中至少有 40 种。

这些事实说明什么呢？它们只不过说明了巴比伦的数学和天文学，特别是它的日、月、行星的历表计算法传到中国而得到进一步发展的一种途径。我们在上文（p.123）曾谈到内插法，这种方法似乎始于公元 6 世纪末的刘焯。下文（p.394）我们将谈到塞琉西王朝的巴比伦天文学家为此目的而使用的代数方法[1]。这些方法是从公元前 300 年开始，在亚历山大大帝（Alexander the Great）时期及其之后发展起来的。公元 100 年"迦勒底"（Chaldea）在帕提亚人（安息人，Parthian）手中，公元 226 年合并于萨珊波斯（Sassanian Persia）；因此科学知识向东北传入中亚，并无阻碍[2]。后来，突厥人与波斯人结成联盟，并于公元 560 年左右从嚈哒匈奴（Ephthalite Huns）[3] 手中夺取撒马尔罕。这样便开辟了通向东方的商路，从而使粟特人在四五百年之中成为中亚地区（Turkestan）和中国边界地区最富有的商人[4]；到这一世纪末，粟特[5]的确已成为中国的属国。因此，我们有望发现我们正好想要的东西，虽然人们可以看到历表计算法早在公元 3 世纪就已出现，但是在公元 6 世纪中叶以后的中国，具有显著进步的历表计算法得到了巨大发展。

唐代还有一部著作，这就是诗人柳宗元的一篇文学作品。屈原（约公元前 300 年）曾在《天问》中提出关于天的种种问题，公元 800 年左右，柳宗元就这些问题给出了解答，这篇文章的题目就叫作《天对》[6]。

（v）宋、元和明的天文学著作

从我们所了解的宋代自然科学非常兴盛的情况（参见本书第二卷，pp.493 ff.）来看，应当可以预料天文学在当时也会很兴盛，而且这一点也应当在天文学文献的快速增加上反映出来。人们认为会有一些能和当时（10—13 世纪）的生物科学著作媲美的专题著作。的确，这个时期似乎出现了大批文献，但遗憾的是没有什么流传下来。宋朝第二代皇帝（公元 976—997 年）曾设立了天文学图书馆（"天文阁"），藏书总数达 2561 卷[7]。因此，看一看 12 世纪传下来的一些书目的话，可能是颇有趣味的。

郑樵的《通志略》曾根据 1150 年前后皇家图书馆的藏书，列出了一个庞大的书目。我们在这个书目中发现，天文学及与此有关的书不下 369 种。这些书的分类及一些书名似乎值得一看。

天象（六十七部），包括：

---

① 参见 Neugebauer（9），特别可参见 Neugebauer（10）。
② 公元 3 世纪的萨珊波斯是严谨的天文学活动的舞台；参见 Taqizadeh（1）；Neugebauer（12）。
③ 参见 Hudson（1），pp.79，123。
④ 参见 Cordier（1），vol.1，pp，392 ff.；Pulleyblank（3，4）。
⑤ 即古代的康居；参见本书第一卷，p.175。
⑥ 这篇作品收录于《图书集成·乾象典》卷十一。见上文 p.198。
⑦ 《归田录》（1067 年）卷十四，第一页。

《灵宪图》——可能是公元 2 世纪初期张衡所著《灵宪》的图说，但不能肯定。总之，我们现在很希望能看到这些图

《浑天图记》

《安天论》，虞喜撰——无疑是完整的（公元 4 世纪）

《昕天论》，姚信撰（公元 3 世纪）

《二十八宿二百八十三官图》

《论二十八宿度数》

《太象玄机歌》，闾丘崇撰

207　《太象玄文》，李淳风撰（公元 7 世纪）

陈卓《星述》——上文已提及，可能是他在公元 4 世纪用周代材料编成

《浑仪法要》——韩显符在公元 995 年或其后不久所献，但在 1010 年时可能有增补①

《司天监须知》

竺国天文（六部）——包括书名冠以"婆罗门"字样的著作数种（参阅第一卷第 274 页），另外还有一行的著作一种

天文总占（四十三部）——包括《开元占经》在内

五星占（十五部）

日月占（十八部）

杂星占（十部）——包括彗字、流星等

历数（一百五十七部）

七曜历（三十部）

刻漏（十五部）——其中的一些书名将在后面关于刻漏的一节中述及

把郑樵所列出的书目同《遂初堂书目》比较，可能是很有益处的；后者是私人藏书目录，编者尤袤（1127—1194 年）与郑樵同一时代。这个书目中与天文学相关的那个门类共有书 95 种，但也不都是严格的天文学著作。有趣的是，这两个书目虽然年代很相近，但同时在两个书目中出现的书名却很少——这是当时文献数量庞大的一种证明。书名中有：

《四历剥蚀考》——可能是一种专题论文样的著作

《纪元历经》——此历在 1105 年实际行用

《高丽日历》

《土圭法》——参见下文 p. 286

《银河局秘诀》

《仰视篡微》

有时皇帝会亲自给天文学著作写一篇序。例如，1006 年司天少监王熙元所作《灵台秘

---

① 参见《宋史》卷四十八，第四页起；卷二〇六，第九页；以及《玉海》卷四，第三十页起和第三十二页起。

要》便得到了这样的荣誉①。总之，可以说宋代天文学文献的数量相当可观，遗憾的是　208
保存下来的只有少数。

　　然而我们总算十分幸运，现在还有一种最重要的宋代天文学著作，即苏颂从 1088
年开始到 1094 年写成的《新仪象法要》。此书卷上描述一座复杂而完善的浑仪，不仅
附有仪器全图，还画出了每一重要部件。卷中描述一座天球仪（浑象），附有许多星
图，在此图中，中宫（拱极区）和南极区画成平面天球图，而接近黄、赤道的区域则
采用与墨卡托（Mercator）柱面投影非常相似的画法②。卷下描述在给浑仪提供时钟驱
动的同时，使浑象和若干报时机轮持续运转的机械装置。这种装置的动力由装有一种
特别的擒纵机构的水轮提供。书中还配有许多零部件图③。苏颂是沈括的朋友，沈括的
《梦溪笔谈》（1086 年）我们已经多次提到，其中有相当多与天文学研究有关的材料迫
切需要译成西文。

　　宋代有几种描述星座的书现在还存于世，薮内清（10）已对它们进行了仔细的研
究。《灵台秘苑》原是庾季才在北周时期（约公元 580 年）所作。《管窥辑要》中也有
宋代的资料。王应麟所撰的《六经天文编》是一部内容丰富的天文历法著作，但它似
乎尚未被现代学者注意到。

　　元代当然是中国天文学家和穆斯林（波斯和阿拉伯）天文学家密切合作的时期。关
于这种合作，我们已经谈到一些（上文 p. 49），后面（pp. 372，380）还要再谈到它。

　　自此以后，直到耶稣会传教士入华，文献似乎不如以前那样多。但是，甚至在传
教士们入华之后，介于占星术和天文学之间的大部头资料汇编，如黄鼎的《天文大成
管窥辑要》之类的书，仍然在继续出版。这是以《开元占经》及其以前诸书为开端，
经由辽代耶律纯的《星命总括》和元代赵友钦原著、明代王袆订正④的《革象新书》，
而形成的一种传统的尾声。正如已经指出的那样，非常不幸的是，元代大天文学家郭　209
守敬的著作竟一本也没有流传下来。然而人们可能会注意到，1319 年，即郭守敬逝世
三年之后，出现了马端临的《文献通考》，这部书除很多其他内容外，还收集了彗星、
新星、流星等出现情况的详细记录表；这些表在很大程度上形成了后面将提到的现代
西文同类记录表的基础。

　　在明代，天文学似乎也加入到了科学的普遍衰落之中。除了刚刚提到的王袆（鼎
盛于 1445 年）的著作，还有稍晚些的王可大的著作，如他的《象纬新篇》⑤。耶稣会士
入华后，天文学被重新唤醒，刊行的书突然大增，不过，关于这些书最好留到后面
（pp. 454）再谈。

　　1726 年编成的《图书集成》，特别是其前三典⑥，有大量的天文学资料。尽管许多

①　《宋史》卷四六一，第三页。
②　墨卡托（Mercator），1512—1594 年；墨卡托柱面投影法出现于 1569 年。参见 Struik（1）。
③　关于浑仪的详细情况将在下文（pp. 351 ff.）介绍；但关于计时器，则要等到本书第四卷适当的地方再行
介绍。
④　王袆在书名上加了"重修"字样。
⑤　收录于《图书集成·乾象典》卷九。
⑥　即《乾象典》《历法典》《庶征典》。

是耶稣会士的东西，但其中所搜集的引自古代著作家（包括佚书）关于宇宙论（《乾象典》卷四至十四、卷二十八、卷三十一）和恒星（《乾象典》卷五十五至六十三）的大量论述，值得我们注意。《历法典》卷七十九有中国历史上所有历法的总表，卷八十至八十二是关于这些历法的历史文献选录，卷八十三至八十四是完整的中国天文仪器史。第三部分（《庶征典》）是很重要的，因为其中有极完整的日食、太阳黑子（卷十八至二十四）、月食（卷二十五、卷二十六）、新星、彗星、流星，以及恒星和行星颜色等天象（卷二十七至五十九）的记录表。

由此可见，中国天文学文献虽然远较数学文献混杂、分散和不完整，但可能数量更多，即使把所有已散佚的除外也仍然是如此。可以和它相比的，只有动植物本草学方面的文献；多于它的则只有医学著述。从前面的概述所揭示的宽广的场面来看，人们不难看出，自宋君荣到德索绪尔，西方学者所做的一切工作，都不过是仅仅接触到这一学科的边缘而已[①]。尽管在许多专门的问题上，已有人在进行一些出色的研究[②]，但是，把许多完全未触及的史料考虑进去，从而对中国天文学全部领域加以通盘考察，这将会是一项具有挑战性的工作。本书因为受到总的写作计划的限制，所做的只是一种查明情况的考察而已。

210
（d）古代和中古时期的宇宙概念

我们已经看到，战国末期和两汉时期是在宇宙论和天文学方面进行热烈思考的时期[③]。公元180年前后，蔡邕（他本人是个熟练的天文学家）在上皇帝书中提到当时已形成的各个主要学派：

> 论天的那些人形成了三派。第一派称为周髀派，第二派是宣夜派，第三派是浑天派。宣夜派的传承业已中断，现在这一派已没有大师了。至于周髀学说，虽然它的方法与计算仍然保留下来，然而在检验它对天体的结构的解释时，已证明它在许多方面有错误和论据不足。因此，官方（天文学家）不采用它。只有浑天学说比较接近真理[④]。

> 〈言天体者有三家：一曰周髀，二曰宣夜，三曰浑天。宣夜之学绝，无师法。周髀术数具存，验天状多所违失，故史官不用。唯浑天者，近得其情。〉

---

① 最离奇的是，一百多年前，像休厄尔（Whewell）那样不识一个汉字的欧洲著名学者，竟会写出这样一段话："我们在中国历史上，从未发现一项与天文学有关的观测或事实，他们的天文学从未脱离极其粗糙而不完善的情况。"（*History of the Inductive Sciences*，vol. 1，p. 166）不过，甚至到1954年，也还有一位杰出的现代天文学家告诉我们："中国人有一种说法流传很广，即甚至在很早的时候，中国已有先进的天文科学。但是，能向我们证明他们确实先进的文献却很少。"［Abetti（1），p. 24］

② 例如，艾伯华关于汉代和三国时期天文学著作的研究，董作宾关于商代历法的研究，米歇尔关于周代天文仪器的研究。

③ 关于这一论题的最好的讨论之一，见于能田忠亮（4）。

④ 《太平御览》卷二，第四页，由作者译成英文，借助于 Maspero（3）。亦见《晋书》卷十一，第　页。书名大概是《天文志》。参见《全上古三代秦汉三国六朝文》（全后汉文）卷七十，第八页；以及上文 p. 20。

公元 5 世纪末，祖暅之在《天文录》中也谈到这件事①，不过他指称周髀学派用的是它的另一个名称——"盖天"。

"周髀"一名，和数学一章中②介绍过的最古老的数理天文学著作的书名相同，可能取意于"表和天的圆周路径"③。这本书把天描写成一个覆在地上的半球，被认为是盖天学派最重要的著作。"宣夜"一名，公元 4 世纪时虞喜解释为"光明与黑暗"。但现代学者④则觉得是指"无所不在的夜"。至于"浑天"，则无疑语指"天球"⑤。

(1) 盖 天 说

从盖天说谈起似乎比较方便，因为从内在的证据来看，必须认为它是三种学说中最古的一说⑥。此说把天想象为半球形的盖子，把地想象为覆碗，天地之间相距80 000 里；这样便形成两个同心的圆盖。北斗星居天之中，"整个有人居住的世界" 211 (oikoumene) 在地之中。雨水落地，向下流到四个边缘，形成边缘海洋⑦。地的边缘处，天高 20 000 里，因此较地最高处为低⑧。天是圆的，而地则是方的⑨。天穹载着日、月，像磨盘一样由右向左旋转不停，日月虽然自有其由左向右的运动，但和它们所附着的巨轮相比则缓慢得多。然而，那些天体的出没只不过是人们的错觉，事实上它们绝不会从地的基础之下通过。公元 265 年前后，虞耸⑩（岁差发现者虞喜的先人，大概是族祖）在《穹天论》⑪ 中写道：

> 天很高，形呈穹窿，很像一个鸡蛋里的膜。它的边缘连接四海（边缘海洋）的表面。天浮在元气的上面。它像一个倒扣的碗浮在水上而不会下沉，因为其中充满了空气。太阳绕着极而运转，没入西方而复从东方升起，但它既不是从地下浮现出来，也不会没入地下。天有极，就像盖子有圆顶子一样。北部的天低于地三十度。（天）极（的轴）向北倾斜，从正东—西线（来看），也成三十度角。现在人们居住在天极的东西向直线的南面十余万里的地方。所以地的中心（即"整个有人居住的世界"）不是直接在（天）极的下面。（这个中心）正好在天地的正东—西线（和卯酉圈）上。太阳沿黄道（的轨道）绕（天）极运行。（冬至时）

---

① 这段文字辑录于马国翰《玉函山房辑佚书》卷七十七（第六页），附于《穹天论》之后。

② 上文 p. 19。

③ 这是"周髀"的原义，其另一证据见于公元 4 世纪虞喜的《安天论》。

④ 佛尔克［Forke (6), p. 23］和普伊尼［Puini (1)］曾收集过本节所涉及的材料。

⑤ 应该注意，"浑天"的"浑"，即"浑沌"的"浑"。关于"浑沌"，在本书有关道家的一章中已谈了很多（参见本书第二卷，pp. 107，114）。

⑥ 虽然马伯乐［Maspero (3), p. 348］对此仍有怀疑。一般认为《吕氏春秋·有始》（公元前 3 世纪）曾提到过这个学说［见钱宝琮 (1)，第 16 页］。

⑦ 这是一种确实与邹衍的学说有关的概念（参见本书第二卷，p. 236）。参见 Fêng Yu-Lan (1), p. 160；J. O. Thomson (1), p. 43。

⑧ 《周髀算经》卷下，第一页。

⑨ 指地的基础。

⑩ 马伯乐［Maspero (3), p. 389］误认虞喜为此书作者。这是他少有的错误。

⑪ 辑录于《玉函山房辑佚书》卷七十七，第五页，辑自《晋书》（卷十一，第二页）及别处。

天极的位置在黄道之北一百一十五度，而黄道的另一端在极之南六十七度①。这些数据是从二至点的位置测出的②。

　　〈天形穹窿如鸡子幕，其际周接四海之表，浮于元气之上。譬如覆奁以抑水而不没者，气充其中故也。日绕辰极，没西而还东，不出入地中。天之有极，犹盖之有斗也。天北下于地三十度，极之倾在地卯酉之北亦三十度。人在卯酉之南十余万里，故斗极之下，不为地中，当对天地卯酉之位耳。日行黄道绕极。极北去黄道百一十五度，南去黄道六十七度，二至之所舍，以为长短也。〉

按《周髀算经》③的说法，太阳只能照亮直径为 167 000 里的地区；这一地区之外的人会认为太阳还没有升起，而这一地区之内的人则正处于白昼。由此看来，这实际上是把太阳看作拱极星，像探照灯一样不断地照亮地面上的这一部分或那一部分④。但是，当它沿七个平行赤纬圈（"衡周"）之间这个或那个轨道（"间"）运行时，它和北极的距离便随季节而有改变，冬至点最靠外圈，夏至点最靠内圈——《周髀算经》有这一学说的说明，并画出了那些同心圆的简图⑤。

关于盖天说的宇宙图式，查得利［Chatley（11）］已根据《周髀算经》提供的数据和计算进行了细致的研究⑥。图 87 是查得利所作的图解。正如查得利所说，这种图式中恰好有足够的物理真实，使其能为只有勾股定理可供使用的古代几何学家所接受。由于巴比伦曾存在类似的双重穹窿世界说⑦，这就使人更加觉得这一学说古老。双重穹窿世界说很可能是巴比伦文化的特点之一，它既西传至希腊，又东传至中国，然后在东西两大文明中分别发展成为各自的天球学说。不过，颇具中国特色的是坚持主张天圆地方的概念，它也许是一方面从天球的圆圈另一方面从地面的四方位点十分自然地产生出来的一种想法⑧。

中国传说本身也声称盖天说是非常古老的，我们从下面这段《晋书》中的文字可

---

　　① 此即测量极之下通过北方地平线的圆弧所得。此处的极当然是天球北极，而不是黄道极，数字只是近似的，因为 115 加 67 并不等于 $365\frac{1}{4}$ 之半即 $182\frac{5}{8}$ 古度。据现存的文献我们可以断定，这些整数字是公元 85 年贾逵最先给出的（见下文 p. 287）。

　　② 由作者译成英文，借助于 Ho Ping-Yü（1）。

　　③ 《周髀算经》卷下，第一页。

　　④ 王充［《论衡·说日篇》；译文见 Forke（4），vol. 1, p. 262；转载于《晋书》卷十一，第三页］争辩说，日没只是视觉上看来如此，正如在平地上人拿着火炬离开观察者，火炬的光逐渐隐没一样。《晋书》接着提到葛洪对这一说法的驳斥。

　　⑤ 《周髀算经》卷上，第十七页。本书第十九章数学部分（上文 p. 21）已提及这一学说。亦可见下文 p. 256。查得利等认为：在盖天家看来，太阳本身在沿赤经和赤纬运动时，常常发生突然跳动；盖天家不顾或否认有黄道存在。这是否就是盖天家的想法，似乎很难证实，但公元前 500 年以前的某些古巴比伦天文学家的想法大概与此相似。

　　⑥ 三上义夫（13）关于同一论题的文章，可惜我们未能用到。

　　⑦ Bonché-Leclerq（1），p. 40；Jastrow（2），P. Jensen（1），等等。此外，以色列古代也有此说［Schiaparelli（1），pp. 170, 184］。

　　⑧ 但此说时常受到批评，参见下文 p. 220。《大戴礼记》（约公元 80 年）中有这样一句话："如果天真是圆的，而地真是方的，那么它的四个角不可能正好被遮蔽。"（"如诚天圆而地方，则是四角之不揜也。"）［《大戴礼记·曾子天圆第五十八》；参见 R. Wilhelm（6），p. 128］

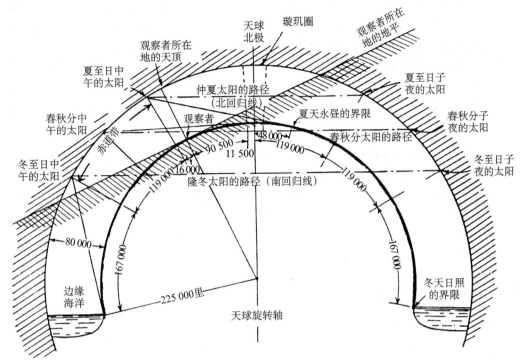

图87 盖天说宇宙图式复原图（根据查得利的图）。

以看出这一点：

它（盖天说）起源于庖牺氏[1]为周天和历法设立度数。说到（这个学说的）流传情况，周公从殷人和商人那里得到它，周朝人把它记下来，因此被称为"周髀"，因为"髀"为直角三角形的垂直边，并且也是（用来测定日影长度的）竖立的表。

它（盖天说）认为天好像是一个斗笠似的盖子，包围着覆盆似的地。天和地的中心都隆起，而外部低下。在北（天）极下面是天、地的中心。那里的地最高，四面都向下倾斜。三光[2]时隐时现，形成昼夜。天的中心比太阳在冬至日所在的"外衡"（赤纬圈）高六万里[3]，北（天）极下的地也比在"外衡"（赤纬圈）下的外区高六万里。天的"外衡"（赤纬圈）比极下的地高两万里。天与地在轮廓上互相配合（像二个同心圆顶）。太阳离地的恒定垂直距离为八万里。

太阳附着在天上。它在冬季和夏季之间以均匀的运动改变位置。太阳的运动（穿过）"七衡"（赤纬圈）和"六间"（赤纬圈之间的轨道）[4]。各衡的直径和周

---

① 即伏羲，是传说中被神化了的文化英雄。

② 即日、月、星。

③ 此处所列举的数字与《周髀算经》相差很远；这里的同心圆顶比《周髀算经》中的扁平得多。

④ 这是另一个颇为古老的特征。

长的里数，可以用相似直角三角形方法，并观测（日晷的表）影（长），由数学计算出来①。极的距离和运行的量度，不论远近，都可由圭表和它所形成的直角三角形计算出来。因此，这个方法称为"周髀"法。

周髀学派还断言天是圆的，像张开的伞，而地则是方的，像一个棋盘。天侧斜着像推磨那样向左旋转。太阳和月亮则都向右转动，然而与此同时，它们又随着天向左转动。因此，虽然它们实际是向东运动，可是它们因受到天的旋转的牵制，看起来像没入西方②。

〈其本庖牺氏立周天历度，其所传则周公受于殷商，周人志之，故曰"周髀"。髀，股也；股者，表也。其言天似盖笠，地法覆槃，天地各中高外下。北极之下为天地之中，其地最高，而滂沲四隤，三光隐映，以为昼夜。天中高于外衡冬至日之所在六万里。北极下地高于外衡下地亦六万里，外衡高于北极下地二万里。天地隆高相从，日去地恒八万里。日丽天而平转，分冬夏之间日所行道为七衡六间。每衡周径里数，各依算术，用勾股重差推晷影极游，以为远近之数，皆得于表股者也。故曰"周髀"。

又周髀家云："天圆如张盖，地方如棋局。天旁转如推磨而左行，日月右行，随天左转，故日月实东行，而天牵之以西没。"〉

214　最早的天文观测必定已经包括极轴倾斜度在内。因此，我们在中国神话中找到一个提到它的神话并非意料之外。我们在《淮南子》（约公元前 120 年）中看到以下的话：

古时，共工③与颛顼④相争为帝王。

共工怒而猛击不周山，

天柱断折，与地的连接裂绝，

天向西北倾斜（"天倾西北"）；

日、月、星辰因此都移了位，

地的东南则塌陷变空⑤。

〈昔者共工与颛顼争为帝，怒而触不周之山。天柱折，地维绝。天倾西北，故日月星辰移焉；地不满东南……〉

公元 5 世纪祖暅之的著作告诉我们，盖天学派关于极轴有几种想象：

有一种说法是：天像车上的篷盖（"车盖"）一样，在八极之间运转。另一种说法是：天像圆锥形的斗笠（"笠"），中央高，而边缘则向下倾斜。第三种说法是：天像倾斜的车上的篷盖（"欹车盖"）⑥，南边（即天顶和赤道）高，北边（即天极）低⑦。

---

① 见马伯乐［Maspero（3），p. 345］给出的表。
② 《晋书》卷十一，第一页。由作者译成英文，借助于 Ho Ping-Yü（1）。
③ 共工是传说中的一位反叛者，见本书第二卷 p. 117。
④ 颛顼是传说中的帝王。
⑤ 《淮南子·天文训》（第一页），译文见 Chatley（1）。亦见《列子·汤问第五》［Wieger（7），p. 131］。
⑥ 这是汉代马车的伞状顶盖，把车辕放在地上时它会倾斜成一定角度。
⑦ 《玉函山房辑佚书》卷七十七，第六页，由作者译成英文。

〈一云天如车盖，游乎八极之中。一云天形如笠，中央高而四边下。亦云天如欹车盖，南高北下。〉

这些说法似乎没有多大差别，不过，无论如何，有一点是可以肯定的，这就是不能认为天是沿着天穹与边缘海洋相接的边际（即环绕地平线）而运动①。这里的盖、笠和欹车盖，必须假定为绕极轴旋转。我认为真实的技术模型可能是碾子，只是碾轮不沿圆周滚动而只在适当的位置旋转②。

关于日、月相对于恒星的反方向的视运动，王充在《论衡》（公元 83 年）中有一种有趣的比喻：

[他说] 太阳和月亮都附着在天上，在四季中随着天而运转。它们的运动可以被比喻成蚂蚁在滚动的磨石上爬行。太阳和月亮自身的运动很慢，而天的运动却很快。天带着太阳和月亮一起运转，所以，太阳和月亮虽然实际上在向东运动，看起来却向西运转③。

〈（日月）系于天，随天四时转行也。其喻若蚁行于砲上。日月行迟，天行疾。天持日月转，故日月实东行而反西旋也。〉

大约在此前一百年，维特鲁威（Vitruvius）④ 恰好也做了同样的比喻，不过这里不可能有什么思想传播的问题。很早以前，墨子似乎也曾提到这个比喻⑤。王充在另一处又把比喻天的磨石变成陶工的转轮（"陶钧之运"）⑥，罗马占星家尼癸狄乌斯·菲古卢斯（Nigidius Figulus；卒于公元前 44 年)⑦ 的著作中也有这种说法，此人的姓氏显然即从这比喻中得来。 215

关于盖天说中极轴轴承的性质问题，想必曾引起过不少困难。从姚信《昕天论》（约公元 250 年）残存的部分来看，事情显然是如此。他阐述了一种"两地"理论（"两地之说"），下面的地支持轴承，天轴在轴承上旋转；他用一种大宇宙-小宇宙的类比来说明天轴倾斜的原因，即人的颈只能向前向下运动，而不能向后运动。他的图式的最令人惊奇之处，是天穹不仅在极轴上旋转，而且还沿着轴上下滑动，北极到地的距离夏季便比冬季远得多。

冬至时，天极（在极轴上）是低的，天在其转动中靠近南方运行，所以太阳离人远，而北斗（大熊星座）离人近。这时北天的"气"到来了，因而（天气）

---

① 马伯乐［Maspero（3），p. 339］似乎认为如此。

② 见本书第二十七章（c）有关机械工程的部分。或许这个关联可以作为这种农具年代古老的一个间接证据。参见 Chatley（2），p. 126。

③ 《论衡·说日篇》，译文见 Forke（4），vol. 1，pp. 266，267。葛洪在《抱朴子》中重复了这些话（见《太平御览》卷七六二，第八页；卷九四七，第五页）。

④ Vitruvius，IX，i，15。也可见其他书籍［v. Ueberweg-Heinze（1），vol. 1，p. 180］。

⑤ 《墨子·非命上第三十五》，第一页；参见 Mei Yi-Pao（1），p. 182，但我们并不觉得梅贻宝的译文准确可靠。

⑥ 《论衡·说日篇》；Forke（4），vol. 1，p. 266。"大钧"一词在汉代是常用的［Couvreur（2）］。参见《玉函山房辑佚书》（卷六十八，第四十页）中辑录的虞喜《志林新书》。

⑦ Sarton（1），vol. 1，207；Bouché-Leclerecq（1），p. 256。

变得冰冷。夏至时，天极（在极轴上）升高，天在其转动中靠近北方运行，所以北斗离人远，而太阳离人近。这时南天的"气"到来了，因而（天气）变得充满水汽而热，当天极（在极轴上）升高时，太阳运行的路线低（于我们在地上的位置），所以夜短而昼长。当天极（在极轴上）降低时，太阳运行的路线有一段深深地低（于我们），所以昼短而夜长。因此，天在冬天近于浑天说，夏天近于盖天说①。

〈又冬至极低，而天运近南，故日去人远，而斗去人近，北天气至，故冰寒也。夏至极起，而天运近北，故斗去人远，而日去人近，南天气至，故蒸热也。极之立时，日所行地中浅，故夜短。天去地高，故昼长也。极之低时，日所行地中深，故夜长。天去地下浅，故昼短也。然则天寒依于浑，夏俯于盖也。〉

毫无疑问，姚信同时代的人会要求他解释，为什么赤道以南可见的星夏季并不多于冬季②。最后那句有些含糊的话表明，他可能是想把两个主要学派的说法调和起来。不过，天极升高和降低的理论在公元 1 世纪应当已很流行，因为王充提到了它③。

216　　如果一些翻译注释者们是对的，那么，柏拉图的《蒂迈欧篇》(*Timaeus*)④ 中也详细阐述了一种很相似的理论。按照这种理论，大地是在极轴上以一点为中心，不断上下滑动的。不过，这段文字是以晦涩难解而出名的。

（2）浑　天　说

浑天说相当于希腊以地球为中心的球面运动的概念。这种概念最初是在希腊前苏格拉底各派学说中慢慢发展起来，后来则特别与尼多斯的欧多克索斯（Eudoxus of Cnidus；公元前 409—前 356 年）联系在一起。在中国，这种概念至迟在公元前 4 世纪石申编制星表时便已出现，而史籍记载中最早的浑天说代表人物则是落下闳（约鼎盛于公元前 140—前 104 年）。一般认为，扬雄在他的《法言》⑤（约公元 5 年）中说的是：落下闳开创了它，鲜于妄人（鼎盛于公元前 78 年）测量了它，耿寿昌⑥（鼎盛于公元前 75—前 49 年）表述了它。关于这个学说，我们现在还有出自公元 1 世纪大天文学家张衡手笔的最古老而完整的记载。张衡在《灵宪》中写道：

从前，圣王们希望追踪（"步"）天上的道路（"天路"），并确定崇高的轨迹（"灵规"）（天体的轨迹），查明事物的起源，首先设立了一个天球仪（"浑体"），

---

① 由作者译成英文。[此段引文出自《玉函山房辑佚书》卷七十六，第七十页。——译者]

② 参见《晋书》（卷十一，第三页）的评语："虞喜、虞耸和姚信都喜爱奇怪的思想，愿意接受奇异的学说。他们对天的描述不是以正确的计算为基础的。"（"自虞喜、虞耸、姚信，皆好奇徇异之说，非极数谈天者也。"）

③ 《论衡·说日篇》[译文见 Forke (4)，vol. 1，p. 259]。更奇怪的是，天穹上下运动、天地相接处有裂缝时开时合这一概念，是关于宇宙的一种流传颇广的民间传说，不限于亚洲北部，而是在墨西哥（Mexico）以北的印第安人中及在菲律宾群岛（the Philippines）上都有发现。参见 Erkes (17)；Hatt (1)。有时人们还想象有候鸟出入其间。可以想象，姚信的推测可能即来源于这种概念。

④ Plato, *Timaeus*, 40 B；并见 Heath (4)，p. xli.

⑤ 《法言》（约公元 5 年）卷七（重黎篇），第二页。

⑥ 这段话很有可能与浑仪的发明有关，见下文 p. 354.

用来校正他们的仪器和确立度数（"正仪立度"），结果便确定了皇极①。一切天体都以能够被研究的可靠方式绕天轴转动。设立天球仪并经过观测后，发现天有正常的规律性（"常"）。圣人们并没有预先想定的理论，只是用表现出来的现象作为他们思考的基础。因此，为了解释这些，我写了《灵宪》一书［随后有一段关于宇宙进化的话，此处从略］。

天上有各种现象，地上有各种形体。天有九个方位（"位"），地有九个区域（"域"）②。天有三辰（大概是日、月、星），地有三形（或许是土、水、气）。各种现象和形体都是可以观察和测量的。千万种不同事物之间都相互联系，并彼此影响和互相侵扰。它们遵循着自然发生的原理彼此互相产生（"自然相生"）③。圣人是人类的精华，他们探索大自然中各种联系的纽带（"纪纲"）④，确定天体的坐标（"经纬"）和八极⑤。（把球体维系在一起）的"键"（"维"）的直径为二百零三万二千三百里，南北向短一千里，东西向则长一千里。地至天的距离为八极之间距离的一半，地的深度也是如此。这些测量结果是用有刻度的浑仪取得的（"通而度之则是浑已"）。用两个直角三角形的方法来进行计算⑥。日晷的影子指向天，（并说明了）天球和地球的意义（"浑地之义"）。日晷位置在南北方向相差一千里，日影的长度相差一寸。这些东西都可以计算出来，但（天球）以外的东西，就没有人知道了，这就叫作"宇宙"。宇宙没有终点（"无极"）也没有边界（"无穷"）。天空中，两种标志（"仪"；日与月）沿着黄道线环绕着北极的极星（"枢星"）摇晃运行（"傫道中"）。南方的极看不见，所以圣人没有为它命名。［以下有一段关于大宇宙和小宇宙的话，此处从略。］

因此，天是按照正常的原理运动的（"天以顺动"），永远不会失去它的中心；四季寒暑有秩序地彼此交替，滋润万物……⑦

〈昔在先王，将步天路，用定灵轨，寻绪本元。先准之于浑体，是为正仪立度，而皇极有逌建也，枢运有逌稽也。乃建乃稽，斯经天常。圣人无心，因兹以生心。故《灵宪》作兴……在天成象，在地成形。天有九位，地有九域；天有三辰，地有三形；有象可效，有形可度。性情万殊，旁通感薄，自然相生，莫之能纪。于是人之精者作圣，实始纪纲而经纬之。八极之维，径二亿三万二千三百里。南北则短减千里，东西则广增千里。自地至天，半于八极，则地之深亦如之。通而度之，则是浑已。将覆其数，用重钩股。悬天之景，浑地之义，皆移千里而差一寸得之。过此而往者，未之或知也。未之或知者，宇宙之谓也。宇之表无极，宙之端无穷。天有两仪，以傫道中。其可觌，枢星是也，谓之北极。在南者不著，故圣人弗之名焉……天以顺

---

① 后面我们将看到，星座的命名是以皇帝及其官僚体制为模式的，因此，北极自然相当于皇帝。

② 此语可能出自邹衍（参见本书第二卷，p. 236）。天的"九位"大概就是《淮南子·天文训》所载二十八宿的"九野"。

③ 这里有道家的影响（参见本书第二卷，pp. 50，255）。

④ 关于这个名词，特别见本书第二卷，pp. 554 ff.。

⑤ 这可能是星宫（star-palaces）的六条分界线加上两极，也可能是四个回归点加上两个永远可见和不可见的拱极圈，再加上两极。

⑥ 参见上文（p. 31）数学一章中的有关内容。

⑦ 《玉函山房辑佚书》卷七十六；《全上古三代秦汉三国六朝文》（全后汉文）卷五十五，由作者译成英文。我们的译文以前者为根据，但后者稍稍完整一些。

动，不失其中，则四序顺至，寒暑不减，致生有节，故品物用生……〉

张衡在《浑仪注》中说得更清楚：

> 天像一个鸡蛋，它圆得像弩弓的弹九；地像蛋黄，独处在中央。天大地小，天的下部有水。天靠气支撑着，地则浮于水上。
>
> 天的大圆分为 $365\frac{1}{4}$ 度；其中有一半，即 $182\frac{5}{8}$ 度，在地的上面，另一半在地的下面。这就是在任一时刻只能看到二十八宿（赤道星群）的一半的原因。天的两端是南、北极，北极在天的中心，高于地整 36 度。因此，在以北极为中心、直径为 72 度的圆周内，所有恒星永远可以看到。围绕南极的同样大的圆周内的恒星，是我们永远看不见的。南北两极相距 182 度半稍多一点。天的转动如同车轴的旋转一样①。

> 〈浑天如鸡子，天体圆如弹丸，地如鸡子中黄，孤居于内。天大而地小。天表里有水，天之包地，犹壳之裹黄。天地各乘气而立，载水而浮。周天三百六十五度四分度之一；又中分之，则一百八十二度八分度之五覆地上，一百八十二度八分度之五绕地下。故二十八宿半见半隐。其两端谓之南北极。北极，乃天之中也，在正北出地上三十六度。然则北极上规经七十二度，常见不隐。南极，天之中也，在南入地三十六度。南极下规七十二度，常伏不见。两极相去一百八十二度半强。天转如车毂之运也。〉

我们有多种理由认为张衡的这些话是非常宝贵的。他的与自然法则概念起源有关的自然哲学是很有意义的，我们在本书第二卷中已经讨论过这一点。他认为天球的这种形象化远在他以前就已经有了，他还清楚地表明，球形大地（包括对蹠）的概念是如何从天球概念中自然地产生出来的。最初的天文仪器，即浑环和浑仪，也可能是这样产生的。此外，张衡既然认识到空间可能是无限的，那么可以说，他就能够通过太阳和恒星的直接关系的机理而看到遥远的未知世界。

后世关于浑天说的阐释很多，如杨泉的《物理论》和王蕃的《浑天象说》②，这两种著作都出于公元 3 世纪。王蕃同样也用鸟卵的同心球做比喻③，其他著作家（如略晚一些的葛洪）也是如此④。关于这一点，佛尔克［Forke（6）］曾认为是古代流传很广的宇宙之卵的神话⑤。这种神话虽说可能是上古从半球形天穹的印象产生的，但用在这

---

① 译文见 Maspero（3），p. 335；由作者译成英文。马国翰所辑的《浑仪》残篇（《玉函山房辑佚书》卷七十六）中无此节文字，只有关于浑仪本身的叙述。《太平御览》（卷二，第八页）只有前几句。《晋书》（卷十一，第三页）所引略多，最完整的是《开元占经》（卷一，第四页）。鸡蛋黄的比喻常见于较晚的书，如《隋书》（卷十九，第六页）。

② 此书全文已散佚，但《晋书》《隋书》等书中所存的片段章节已被重新编辑，见《全上古三代秦汉三国六朝文》（全三国文）卷七十二，第一页起。佛尔克［Forke（6），p. 20］对《宋书》（卷二十三，第一页）中的记述有误解，从而加上了一个错误的标题。但是《浑天象注》这个题目是可供选择的。艾伯华和米勒［Eberhard & Müller（2）］的译文不全；参见 Maspero（4），p. 331。见 Needham, Wang & Price（1）；以及上文 p. 200 和下文 p. 386。

③ 见于《晋书》卷十一，第五页。

④ 《晋书》卷十一，第三页和第七页。

⑤ 参见 Needham（2），p. 9。

里不太恰当，因为汉代或较晚的中国著作家只是随便用鸡蛋作为比喻罢了。关于天体均匀的视圆周运动，《计倪子》① 和《文子》等书曾多次提到，这些书大概比张衡或落下闳还要早得多。前一书（年代可能属于为公元前 3 世纪或前 4 世纪）说，太阳的路径是一个有限无始（"未始有极"）而永恒旋转（"周迥"）、从不停息的回转圈（"循环"），太阳在天上每日移动一度②。后一书③说，天是永远不停地转动（"轮转无穷"）的。还有些可作为浑天概念的早期证据的文字，见于屈原《九歌·东君》（公元前 4 世纪末）的最末一句，说太阳在天黑时复返东方④。公元 1 世纪末时，王充虽然对盖天说大发议论⑤，但他发现自己更不能接受浑天说，因为他感到浑天说必然意味太阳这个火势熊熊的阳精将不得不从水下穿过。葛洪为支持浑天说，则极力证明这并非不可能，因为龙是属阳的，却能生活在水中⑥。但不久以后，这"地中之水"的古老概念便被人们丢开了。扬雄（公元前 53—公元 18 年）和桓谭（公元前 40—公元 30 年）之间还有着另一场辩论，有几部书⑦里保存着关于这场辩论的生动记载。这两位学者坐在皇宫内白虎殿西廊下晒太阳等待奏事。不久太阳下沉，他们的后背不再会被太阳晒暖，于是桓谭便对他的朋友把浑天说讲解一番。到了汉末，浑天学派的见解似乎已得到普遍承认。郑玄（公元 127—200 年）和陆绩（公元 3 世纪）都赞成这一学说。

219

（3）宣　夜　说

历史上第一个和宣夜说联系在一起的人，是时期相对较晚的郄萌，他活跃于东汉时期，虽然他的生卒年和其他情况都不详，但有可能与张衡同时而年纪略小。一百多年之后，葛洪写道：

> 宣夜学派的著作全都散佚了，但有一位图书管理员郄萌还记得，在他之前的宣夜学派的大师们曾传授过这一学说。他们说天是空的，没有任何物质（"无质"）。我们仰望天时，可以看出它无限高远，没有边界（"无极"）。（人）眼（在某种程度上）是色盲的（"瞀"），晴是近视的；这就是为什么天显出深蓝色。这就像从远处侧望黄山时，黄山都显出青色那样；也像我们注视千仞深谷时，深谷看来一片暗黑那样。但是，（山的）青色并不是真色，（谷的）暗黑也并不是其本色⑧。

---

① 《计倪子》卷中，第三页。关于这本书，尤其可见本书第二卷 p. 554。这本书又名《计然》。

② 应该注意到，这种分度方法出现极早，这也导致中国的圆周划分采用 $365\frac{1}{4}$ 度，而不是 360°。

③ 《文子》卷下，第十四页。

④ 译文见 Pfizmaier (83)；Waley (23)，p. 45；杨宪益等［Yang & Yang (1)，p. 29］在翻译时把这一点漏掉了。承蒙我的朋友陈士骧教授指出了这条文献。

⑤ 《论衡·说日篇》［译文见 Forke (4)，vol. 1，pp. 258 ff.，261］，又见于《晋书》卷十一，第三页。

⑥ 《晋书》卷十一，第三页［译文见 Ho Ping-Yü (1)］；参见 Forke (6)，pp. 18，22。

⑦ 《太平御览》卷二，第七页；《全上古三代秦汉三国六朝文》（全后汉文）卷十五，第二页；《晋书》卷十一，第四页。

⑧ 参见公元前 4 世纪的《庄子·逍遥游第一》中关于天色青的推测；本书第十章（e）（第二卷，p. 81）中引用过。

日、月及相伴的众星（自由地）飘浮在虚空中（"浮空中"），运动或者静止。它们都是由气积聚而成的（"皆积气"）①。因此，七个发光的天体（"七曜"）② 时现时隐，时进时退，似乎各有一套不同的规律；它们的进退并不相同。因为它们不是固定（在任何基础上）或系在一起的，所以它们的运动才能变化多端。在各种天体当中，极星总是固定不动的，北斗七星从来不像其他星一样没入西方地平线下。七曜皆向东退行，太阳每天行1度，月亮行13度。它们的速度各依自己的特性而定，这表明，它们都不附着在任何物体上，因为如果它们系于天体，就不能如此了③。

〈宣夜之书亡，而郄萌记先传宣夜说云："天无质，仰而瞻之，高远无极，眼瞀精极，苍苍然也。誓旁望远道黄山而皆青，俯察千仞之谷而黝黑，夫青冥色黑，非有体也。日月星象浮生空中，行止皆须气焉。故七曜或住或游，逆顺伏见无常，进退不同，由无所根系，故各异也。故辰极常居其所，北斗不与众星西没焉。七曜皆东行，日日行一度，月行十三度。迟疾任性，若缀附天体，不得尔也。"〉

220　这些宇宙论观点的开明进步，同希腊的任何说法相比，的确都毫不逊色。这种对其中稀疏地飘浮着天体的无限空间的想象，要比束缚欧洲思想一千多年的僵硬的亚里士多德-托勒密同心水晶球概念先进得多（这一点值得加以强调）。虽然汉学家们倾向于认为宣夜学派没有产生过影响，然而它渗透于中国人的思想之中，所起的作用实在比表面上看来要大一些④。在刚引用的张衡的话中，他所说到的在巨大的天球范围之外还存在着无限的空间，便是宣夜说的一种反响。中国天文学由于太偏重观测而时常受到非难，但是，缺少理论是缺少演绎几何学不可避免的结果。人们也可以说，希腊人太注重几何学了，因为"轮上加轮，球上套球"这种外观上的数学美，最后终于成为一种紧箍咒，给第谷（Tycho）、哥白尼或伽利略这样的人物带来了不必要的困难。后面（p.439）将谈到，宣夜说的思想并未完全消失，直到利玛窦时仍然存在。伟烈亚力⑤曾说过："当地学者认为，在宣夜说和欧洲人（耶稣会士入华以后）传来的体系之间，存在着密切的相似性。"他们的看法是没有太大错误的。

中国的岁差发现者虞喜是倾向于宣夜说的，他在撰于公元366年的《安天论》⑥ 中说：

---

① 参见《列子·天瑞第一》，本书第二卷（p.41）中引用过。《晋书》的原文是："无论它们是静止还是运动，都必须有气。"（"其行其止，皆须气焉。"）

② 即日、月和五大行星。

③ 由作者译成英文，借助于 Forke（6），p.23；Maspero（3），p.341；Ho Ping-Yü（1）。这段文字见于《太平御览》卷二，第二页，以及《晋书》卷十一，第二页。前者所载以"抱朴子曰"开始，但我们未能在《抱朴子》的现存部分中找到这段记载，显然马伯乐也未能找到。后一书引了蔡邕的话，说所有的书均已散佚（《晋书》卷十一，第一页）。

④ 重要的是，上一段引自葛洪的话提到使用度数计量的数据，但宇宙大小及距离里数则毫未言及。古书中充满了基于错误计算的这类尺度的数字；这类数字的最好的史料来源之一，是《晋书》（卷十一，第六页）中记载的王蕃的综合叙述（公元3世纪）。马伯乐［Maspero（3），p.347］已正确地指出，其中大部分可追溯到盖天说的世界图式，而不是浑天说的图式。这样，似乎还在很早的时候，人们就已认识到不可能列出这样的数字，因而天文学家们就退而以宣夜说的空虚无质（与道家经常讨论的无限空间近义）为背景，同时采用浑天说的天球度数。

⑤ Wylie（1），p.86。

⑥ 辑录于《玉函山房辑佚书》卷七十七，第二页；亦见于《晋书》卷十一，第二页。

我以为：天是无限的高，地（下的空间）是不可测的深。无疑，上面天的形状是处于永久安定的状态，而下面的地体也是保持静止不动的。一个包裹着另一个；如果有一个是方的，那么另一个也是方的；一个是圆的，另一个也必定是圆的；对于方形和圆形来讲它们不可能有不同①。七曜是分散的，各按自己的轨道运转，就像大海及江河的高低潮水，万种生物有时出现又有时隐匿一样②。

〈喜以为：天高穷于无穷，地深测于不测。天确乎在上，有常安之形；地魄焉在下，有居静之体。当相覆冒，方则俱方，圆则俱圆；无方圆不同之义也。其光曜布列，各自运行，犹江海之有潮汐，万品之有行藏也。〉

接着，虞喜攻击关于太阳的行程和止息地点的神话③，并极力强调礼仪上关于天圆地方的说法是一种譬喻性的解释④。

宣夜说的理论显然具有一种道家的韵味，这可以说明与此学说有关的最古的著作何以会隐而不见。人们意识到，这一学说与老子的所谓"虚无"及列子的所谓"积气"是有关系的。值得注意的是，我们对它的了解大部分得之于葛洪⑤和李淳风。

不过，佛教也促成了这种学说。在较早的时候［参见本书第十五章（e）］，人们曾注意到佛教的无限时空、大千世界的概念⑥。晋代以后，土生土长的宣夜说肯定从印度经典中得到过许多支持。我们可以从13世纪邓牧的《伯牙琴》中引用一段稍晚些时的陈述：

天和地虽然都很大，但在整个虚空中，它们只不过像一小粒米……如果说整个虚空是一棵树，那么，天地就只是树上的一个果实而已。虚空如果是一个国家，天地就只不过是这个国家里的一个人了。一棵树上有很多果实，一个国家里有许多人。以为除了我们所能看到的天地再没有别的天，没有别的地，这是多么不合道理啊⑦！

〈且天地大也，其在虚空中不过一粟耳……虚空，木也；天地犹果也。虚空，国也；天地犹人也。一木所生，必非一果；一国所生，必非一人。谓天地之外无复天地焉，岂通论耶？〉

对于抱这种见解的人来说，河外星系的发现似乎完全证实了他们的信念。最后，朱熹给这些观点提供了伟大的哲学论据，他说⑧，"天是没有形体并且空虚的"（"天无体"）。

221

---

① 这是对盖天学派的一种批评。

② 这就是说，恒星并不附着在盖天说的半球或浑天说的天球上。由作者译成英文。

③ 关于太阳止息地点的许多神话，葛兰言的著作中有讨论，《淮南子·天文训》（第十页）中有概述［译文见 Chatley（1）］。

④ 虞喜曾几次提到，有一个名叫陈季胄的身份不明者曾在郗萌之前传授宣夜说，此人似与《周髀算经》有关，《周髀算经》中的对话人陈子大概就是他。

⑤ 《晋书》在引用了我们刚刚给出的虞喜《安天论》的那一段话以后，接着说："葛洪听到这个话后嘲笑道：'假如恒星和星座不是附着在天（穹）上的话，那么天就完全没有用了。人们便可以说它完全不存在。假如人们承认它不移动，那么为什么还要说它存在呢？'由此可见，葛洪懂得如何进行辩论。"（"葛洪闻而讥之曰：'苟辰宿不丽于天，天为无用，便可言无，何必复云有之而不动乎？'由此而谈，稚川可谓知言之选也。"）（卷十一，第二页；由作者译成英文）。《隋书》（卷十九，第五页）重复记载了这段故事。

⑥ 在耶稣会士时代的早期，这样一些信念曾反过来影响到欧洲，本书第十六章（f）（第二卷，p.449）已提到过这一点。我们将在后文（pp.440 ff.）对此做更多的说明。

⑦ 《伯牙琴》第二十一页，由作者译成英文。

⑧ 《朱子语类》卷一，第七页。《内经素问·五运行大论篇第六十七》（第十一页起）中的话似乎是宣夜说的一种最早的陈述；这些陈述很可能属于公元前2世纪。

要证实宣夜说的世界图式和浑天说的天球运动一起构成了中国天文学思想的基础这样一个重要结论，我们必须看一看中国后来的宇宙论发展史。盖天说直到公元 6 世纪时还存在，甚至在公元 525 年左右，梁武帝还在长春殿上召集过一次会议，正式采用这一学说[①]。在公元 5、6 两世纪，崔灵恩（约公元 520 年）和信都芳等都曾为调和盖天、浑天两说，花费了不少力气；他们所强调的是，只看到半个天球是看到了真理，但所看到的只是真理的一半[②]。不过，自此以后，历代正史却认为只有浑天说是正确的了。到晚近时期，明代有人用很原始的方法演示过浑天概念；例如，黄润玉在他的《海涵万象录》中描述了他在年轻的时候是如何注水于猪尿泡，并在水上浮一泥丸，从而制成一个宇宙模型的[③]。

222

但是，另外一种曾流行若干世纪的概念，即"刚风"或"刚气"的概念，使中国人想到恒星和行星可以不需要任何东西的支持（他们当时无法知道天体的外层空间不存在大气)[④]。"刚气"这一概念一般认为出自道家，我们在有关理学的那一章[⑤]中已经提到过。我想提出，"刚气"大概可追溯到冶金术中使用风箱之初，当时的匠师们已注意到强大气流的阻力。当虞耸在公元 3 世纪说盖天说的半球形天穹的边缘浮在"元气"上时[⑥]，可能已经想到了"刚气"。在 11、12 世纪，邵雍和朱熹时常提到天上的"刚风"，认为它支持着日、月、星辰并在它们的运行中承担着它们。我们在前面已经知道[⑦]，朱熹提出气有九层，各层的运行速度不同，因而刚度也不同，这正相当于古代著作家屈原等所想象的"九重"天[⑧]。比朱熹年长些的马永卿在其《懒真子》（约 1115 年）中表达了基本观点：

　　　　我的朋友郑正在谈到天的时候说："以前很多人对这个问题谈得很多，现在依然如此，但他们都没有任何根据。只有一件事是肯定的，就如列子所说的，我们整天都在天当中起居作息。关于这个说法，张湛注释说，地面以上的一切都是天。"长久以来，我不相信这个说法，然而有一次我被派遣去金州任政府考试官，必须攀登一些极高的隘口；它们看来不过一二十里高，可是我已感到像是在天上，向下俯瞰低远的大地。我想起葛洪说过的话："在地以上的若干里，仙人们乘着劲风（'刚气'）而行。"在这之上，在遥远的上面，飘浮着日、月和众星。天不是别的，而只不过是一股积聚的气[⑨]，它不像有形体的物质那样必须有界限。走得越

---

①　《隋书》卷十九，第五页。
②　《梁书》卷四十八，第二十一页；《北齐书》卷四十九，第三页。唐代关于宣夜说的议论（公元 676 年）见杨炯《浑天赋》。
③　见《图书集成·乾象典》卷七，第十二页；参见 Forke (6)，p. 105。
④　参见下文 p. 440 所引布鲁诺（Giordano Bruno）的话。我们在讲到航空史前史时［本书第二十七章（j)]，还要提到这一思想。
⑤　本书第二卷 pp. 455，483。毫无疑问，在中古时期这一概念因佛教徒从印度带来同类想法而加强；印度的同样想法见《苏利耶历数书》（*Sūrya Siddhānta*)，II，1-5 ［Burgess (1)，p. 53]。
⑥　见上文 p. 211。
⑦　见本书第二卷，p. 483。
⑧　见上文 p. 198。
⑨　让我们想起了古代道家的聚散概念。

高也就离得越远。我不相信从地到天有任何确定的距离。①

　　〈楚老之言曰："古今言天者多矣，皆无所考据，独一说简易可信。《列子》之言曰：'终日在天中行止。'张湛注曰：'自地以上，皆天也。'此言可信。"仆初未信其言。俄被差为金州考试官，行金、房道中，过外朝、鸡鸣、马息、女娲诸岭，高至十里或二十里。然则自下望之，岂不在天中行乎？后又观《抱朴子》，言自地以上四十里，则乘刚气而行。盖自此以上，愈高愈清，则为神灵之所居，三光之所县。盖天，积气耳。非若形质而有拘碍，但愈高则愈远耳。若曰自地至天凡若干里，仆不信也。〉

　　宋代理学家当中，张载特别注意宇宙论学说。② 他说到天——"太虚无体"（太虚不具有实体）——时，他是在追随宣夜说的传统。他说，地，由纯阴所成，凝聚于宇宙的中央；天，由在外围向左旋转的浮动的阳气所成③；星辰被奔驰前进的"浮阳"带动着旋转不息④。然后，为了说明恒星、日、月和五星反方向的周年运动，他借用了一个有趣的黏滞阻力的概念：他认为，天体距地很近，因而地气阻碍它们向前运动。"地气为某种内力所驱，（也）不断向左旋转"⑤，但旋转较慢（由于地静止不动），结果，太阳系各天体的运动便相对地（虽然不是绝对地）和恒星的运动方向相反⑥。这是 11 世纪关于超距作用原理的非常明确有力的叙述，我们不能忽视它的意义。此外，天体运行速度减慢的程度，取决于它们本身的组成：月和地同属阴，因而受影响最大；日属阳，受影响最小；五星所受到的影响则居中等程度⑦。

　　直到中国传统科学在耶稣会士到达后和近代科学合流的时代，这种思想还保存着它的活力。明代的情况，可举 14 世纪陈霆《两山墨谈》⑧ 中一段有趣的话为例，在这段话里，仍然称宇宙之风为"劲风"和"罡气"，"罡"是指北斗七星中的四颗星。

　　总之，欧洲希腊化时代和中世纪的正统学说都把天体想象为固定在以地球为中心的一套有形质的同心球上⑨，而中国天文学却没有受这种正统学说的束缚。这种有形质的同心球实质上只不过是把球面几何学不恰当地具体化了，而看似有些矛盾的是，中国人的见解虽然常被指责为过分唯物和具体，然而比较起来，他们倒是一直不受这些

---

① 《懒真子》卷一，第十二页，由作者译成英文。

② 《正蒙》（约 1076 年），特别是其中第二、第三、第五篇；见《宋四子抄释》（《张子抄释·正蒙·参两第四》）及《张子全书》卷二。

③ 这里的左，当然是就人往北极星上的天空看时的方位而言的。

④ 卜德在翻译冯友兰的《中国哲学史》[Fêng Yu-Lan (1), vol. 2, p. 485] 时，把张载所谓"系"于天译成"附属"（attached）于天，但这是不恰当的，因为毫无疑问，张载认为天是由激烈转动的"气"构成的，而不是像欧洲所谓水晶球那样的固体物质，可以把物体固定在上面。

⑤ "地气乘机左旋于中。"

⑥ "处于靠近中央的天体随着天的左向运动，但是由于有一些迟缓，所以它们（看上去）就向右运动了。"（"天左旋，处其中者顺之，少迟则反右矣。"）这就解释了日、月和行星向西的周年运动。

⑦ 五星各由五行之一组成，因而它们属于一种特殊的阴阳混合物。

⑧ 《两山墨谈》卷十八，第十页。

⑨ 在这方面，我们应该记得，在本书关于道家思想那一章中的若干地方，我们都感受到了道家对宇宙无限的强调（见本书第二卷，pp. 38, 66, 81）。他们可与前苏格拉底各学派相比，但要点在于中国后来并未经过亚里士多德-托勒密-托马斯（Thomas）的水晶球说时期。

球的束缚。他们虽然没有演绎几何学，但他们也没有水晶球①。

224　　　如果天体是靠刚风运动的，那么，地也许是同样在运动吧？中国古代有不少人认为地是在运动的，尽管最初所设想的运动并不是一种转动，而只是一种摆动。这便是那奇怪的"四游"说。《墨经》②中已经可以看到它的一些迹象了，因此它的渊源应当很早③。在《尚书纬考灵曜》（公元前1世纪）中有这样一段话：

> 地有四种位移。冬至时，地高而朝北，并向西移动三万里。夏至时，地低而朝南，并向东移动三万里。春分和秋分时，它位于中间（不高不低）。地总是不断地运动着，永不停止，但人并不知觉；这如同人坐在一条关着窗户的大船中，船在行使着，但其中的人全然没有感觉到一样④。

> 〈地有四游。冬至，地上行北而西三万里；夏至，地下行南而东亦三万里。春秋二分，其中矣。地恒动不止，而人不知，譬如人在大舟中闭牖而坐，舟行而人不觉也。〉

在某种程度上，这是把上文引述的姚信关于天沿着极轴升高和降低的理论反过来了。如果继续加以探索，那么，正如公元2世纪郑玄在注释时发现的那样，这种理论的内容是相当复杂的⑤。不过在我们看来，有趣之处主要在于：地居中央而不动的极端人类中心论，在欧洲曾那样束缚人们的思想，而在中国的思想中却不曾留下痕迹。地动说也不能说完全是古代的或短寿的理论；宋代学者张载⑥、朱熹、储泳⑦等都曾提到它；明代的王可大和章潢在这方面也曾做过辩驳。张载及其他理学家把地的周期性升降同地中阴阳两力的盛衰结合起来，以解释季节性的寒暑变化。另外，他们还把它同潮汐现象联系起来。

（4）其 他 学 说

马伯乐〔Maspero（3）〕所声称的一种既不同于盖天、浑天两说，又不同于宣夜说的所谓第四种理论残余的东西，可以在《淮南子·天文训》（约公元前120年）中找到。马伯乐本人已将它译成法文，另外还有查得利〔Chatlev（1）〕的译本。这段相当长的文字全部与表⑧和表影有关，很晦涩，现在还没有令人满意的解释。不过这段文字所说的，似乎应当是这样一种理论，即太阳在中天时和地的距离较日出或日没时远五倍，理论中至少涉及一种椭圆形的外罩或外壳。

无论如何，有一点是十分清楚的，这就是在公元前2世纪时，中国人正忙于把相

---

① 也没有宗教法庭来强迫他们相信水晶球说。

② 见本书第十一章（d）（第二卷，pp. 193 ff.）。

③ 这部似有疑问的书如果确实是墨子的著作，则尸佼的《尸子》（约公元前330年）中的一段文字（《太平御览》卷三十七，第三页）应当算是和它有关的最早资料。

④ 辑录于《古微书》卷一，第三页，由作者译成英文，借助于 Maspero（3），p. 336；《博物志》卷一（第四页）中引用过。同样的思想，甚至同样的譬喻，重现于库萨的尼古拉（Nicholas of Cusa）的书中〔De Docta Ignorantia，II, 12；参见 Koyré（5），pp. 15, 17〕。

⑤ 全部讨论见 Maspero（3），p. 337。

⑥ 见张载的《正蒙·参两第四》，收录于《宋四子抄释》；Fêng Yu-Lan（1），vol. 2，p. 486。

⑦ 见储泳的《祛疑说纂》卷一，第二十二页。

　⑧ 其中有四至六次提到表。

似直角三角形的知识用到测天方面去。原文有一部分是这样的：

> 为了求出天（即太阳）的高度，我们要在南北向直线上相隔正好一千里的两
> 处，各树立一根一丈长的日晷表杆，并在同一天测量它们的影长。如果北方的表
> 杆投下二尺长的影子，则南方的表杆就会投下一尺九寸长的影子。每向南移动一
> 千里，影长就减少一寸。到南方两万里处则完全没有表影，因而这个地方一定是
> 直接处在太阳之下。因此，从二尺的影长和一丈的表杆（出发），（我们求出南方
> 的）影长减少一尺，我们获得（表杆）高度相差五尺。因此，用五乘向南移动的
> 里数，我们就得出十万里，这就是天（即太阳）的高度①。

> 〈欲知天之高，树表高一丈，正南北相去千里，同日度其阴。北表二尺，南表尺九寸，是南
> 千里阴短寸。南二万里则无景，是直日下也。阴二尺而得高一丈者，南一而高五也，则置从此
> 南至日下里数，因而五之，为十万里，则天高也。〉

当然，这是把泰勒斯曾用来测量地上目标距离的原理②，用在测定天上目标的距离上
了③。不把地面曲率估计在内，是一定要失败的。阿里斯塔克斯用他那恰逢月上下弦的
巧妙方法④，也没有得到更好的结果。不过，在刘安周围那一批人研究这个问题半世纪之
前，埃拉托色尼为了算出假想的地球的周长，已经把这个方法倒过来，用他设在亚历山
大里亚和赛伊尼（Syene）两地的日晷完成了一次很合理的估算⑤。汉代的一些纬书（公
元前 1 世纪）⑥ 载有关于宇宙大小的计算，王蕃的专题著作（公元 260 年）写得更加详
细⑦。他们主要涉及天的"周长"或"直径"，以及相当于弧长 1 度的距离的测量。

中国人和希腊人大概是同时进行这种观测的，这一事实本身便很有意义。不过，
我们还要讲一个古代流传下来的故事，它之所以有趣是因为它说明中国有一种希腊所
没有的社会因素，即儒家对科学问题令人吃惊的不感兴趣。下面是《列子》中的一段
话，年代大概在公元前 4—前 1 世纪：

> 孔子在东方旅行时，遇见两个小孩正在争辩，他就问他们原因。一个小孩说：
> "我认为初升的太阳离我们较近，中午的太阳较远。"⑧ 另一个说："相反，我认为
> 旭日和落日离我们远，而中午的太阳最近。"⑨ 头一个小孩答辩说："初升的太阳大

226

---

① 译文见 Chatley（1）。

② Singer（2），p. 10；Brunet & Mieli（1），p. 188。

③ 关于对天体距离认知的历史，可见 Schiaparelli（1），vol. 1，p. 329；Eichelberger（1）。

④ Singer（2），p. 59。

⑤ Singer（2），p. 72。

⑥ 《洛书纬甄曜度》，辑录于《古微书》卷三十六，第一页；《春秋纬考异邮》，辑录于《古微书》卷十，第
五页；《尚书纬考灵曜》，辑录于《古微书》卷一，第二页。

⑦ 《浑天象说》，见《全上古三代秦汉三国六朝文》（全三国文）卷七十二，第一页；《晋书》卷十一（第六
页起）中曾引用。所有数字中没有一种与查得利［Chatley（11）］所讨论的《周髀算经》盖天说的数字相同。何
丙郁［Ho Ping-Yü（1）］已将辩论中所提到的数字全部重新算过，发现它们都有错误；这大概是由于抄写人对古
代天文学家所重视的数字不感兴趣，抄写时漫不经心。

⑧ 他显然是淮南子学派的追随者。

⑨ 这是一种与盖天说一致的见解。

如车盖，日中的太阳却不如盘子大。大的太阳一定离我们较近，而小的太阳一定离我们较远。"但是第二个小孩说："早晨的太阳是凉的，中午的太阳却变得灼热，太阳越热，当然是离我们越来越近了。"孔子不能解决他们的问题。于是，这两个小孩都嘲笑他说："为什么人们把你想象成一个很有学问的人呢？"①

〈孔子东游，见两小儿辩斗。问其故，一儿曰："我以日始出时去人近，而日中时远也。"一儿以日初出远，而日中时近也。一儿曰："日初出大如车盖，及日中则如盘盂；此不为远者小而近者大乎？"一儿曰："日初出沧沧凉凉，及其日中如探汤；此不为近者热而远者凉乎？"孔子不能决也。两小儿笑曰："孰为汝多知乎！"〉

这是以近乎道家的神童项橐为中心的一套民间传奇故事中的一个。项橐经常和别的儿童一道在争辩或难题中击败孔丘②。他有时简直像是老子的化身。但是，尽管道家和自然主义者可以嘲笑儒家，儒家却愈来愈成为社会统治集团，并且对自然哲学的漠视也随着他们的统治而愈来愈甚。

对这些问题的真实讨论的记录，还保存在桓谭的《新论》（约公元20年）中。桓谭记述了比他早一个世纪的关子阳是如何为前一小孩的见解（日出时近，日中时远）辩护的③。关子阳可能就是淮南子学派的人。而葛洪则利用日没时看来较大的事实，同王充的持火炬夜行的比喻相对抗④。从现代科学的观点看来，这一问题并不像表面上那样简单⑤。细致的思考表明，当日、月在地平线上出现时，观测者和目标的距离较目标位于天顶时多出相当于地球半径的一段；因此，目标的角直径略小一些。此外，由于仅仅在垂直直径上缩短，地球大气的折射作用便使日、月看起来变扁平了［Colton (1)］。日、月在接近地平线时视大小显得增大，是一种主观上的感觉，关于这个问题，登贝尔和乌伊贝［Dember & Uibe (1)］曾做过研究。在人眼看来，无云的天空不像半球，却像个球形的帽子；而天顶则似乎比地平线更接近观察者。这种天的视形状可以根据物理学的基本原理来解释。登贝尔和乌伊贝已经证明，假如人眼把日或月看作和天的视表面距离相同，那么，它们的视大小和从视天穹的几何形状所推出的理论大小颇相符合。虽然在人眼中所成的角度相同，但地平线上的"天幕"却似乎较远，所呈的像也相应较大⑥。值得注意的是，汉代已认识到这一现象的地学性质，因为张衡在《灵宪》中已把它解释成一种光学效应了。晋代的束皙（公元3世纪末或4世纪）也极力主张太阳大小永远不变，如果说它看来像有变化，只是由于"我们的感官受骗"

227

----

① 《列子·汤问第五》第十四页，由作者译成英文，借助于 Wieger (7), p. 139; Maspero (3), p. 354; R. Wilhelm (4), p. 55. 较晚的书也常引用这段话，如《博物志》卷八，第二页；《金楼子》卷四，第十页。

② 见苏远鸣［Soymié (1)］的有趣论文。

③ 《全上古三代秦汉三国六朝文》（全后汉文）卷十五，第四页；《隋书》卷十九，第十页，辑录于《图书集成·乾象典》卷一，第十三页。也可参见《论衡·说日篇》［译文见 Forke (4), vol. 1, p. 263］。关子阳和王充都以为太阳由火精或阳精构成。桓谭另一次拥护浑天说、反对盖天说的辩论，见《晋书》卷十一，第三页、第四页。

④ 《晋书》卷十一，第四页。

⑤ 参见 Pernter & Exner (1), pp. 5 ff.。

⑥ 应当感谢贝尔（Beer）博士和杜赫斯特（Dewhirst）先生澄清了这一看似简单的问题，这一段是根据他们的意见写成的。参见 O. Thomas (1), p. 238.

（"人目之惑"）而已；为了说明这一点，他举了几个很好的例子①。然而，另外一些人则倾向于另外一种解释，即把它归于地球大气的作用。公元 400 年前后，姜岌曾解释过地球大气对太阳形状的影响，不过他更关注的是太阳的颜色而不是太阳的大小（见下文 p. 479）。

（5）一　般　概　念

现在谈一谈关于主要天体的一般概念，作为本节的结束。日属阳（雄），属火；月属阴（雌），属水——这是中国科学的老生常谈②。地也属阴③。查得利 ［Chatley（5）］已经注意到这样一个事实，即自古称日为"太阳"，称恒星为"小阳"，而月（"太阴"）则与行星（"小阴"）相匹配。这样，在自行发光和反射发光的天体之间便有了十分恰当的区别。但这也许只是一种巧合。我们不了解古代或中古时期有哪一种文献，曾清楚地说到恒星就是遥远的太阳。

在希腊人中，第一个明确说到月光完全来自反射的人，显然是埃利亚的巴门尼德（Parmenides of Elea；鼎盛于公元前 475 年前后，与孔子同时而略晚），到了亚里士多德的时代（公元前 4 世纪），这已被认为是当然的事了。中国文献中最早的叙述大概是《周髀》中的话："太阳给了月亮外表，所以月光明亮闪耀"（"日兆月，月光乃出，故成明月"）④。这一叙述不会晚于西汉，如果没有公元前 6 世纪那样早，便很可能是公元前 4 世纪的⑤。公元前 1 世纪后半叶的京房写道：

> 月和行星都属阴；它们有形而无光。它们的光是在太阳照射它们时才有的。先前的大师认为太阳圆如弩弓的弹丸，并且想象月亮具有镜子的性质。但是，他们中间也有些人认为，月亮也像一个球。月亮受到太阳照射的那部分看起来是亮的，太阳照射不到的那部分则是暗的⑥。

> 〈月与星辰，阴者也；有形无光，日照之乃有光。先师以为日似弹丸，月似镜体。或以为月亦似弹丸，日照处则明，不照处则暗。〉

公元 6 世纪时，有一些错误的理论随《立世阿毗昙论》（*Lokasthiti Abhidharma śāstra*）⑦ 228
的译文一道传入中国，但这对人们普遍接受正确的看法并无影响。此后，仍然不断有人发表正确的见解，如 11 世纪有邵雍⑧和沈括⑨，12 世纪有朱熹⑩，14 世纪末有李

---

① 他的议论载于《隋书》（卷十九，第十一页），所举例子在同一段文字中。参见 Forke（6），p. 85。

② 参见本书第二十六章（g）中有关阳燧和方诸的叙述（本书第四卷）。另见 Forke（6），pp. 79, 83。

③ 其他文明的神话中也有类似的说法，见 Eliade（2）。

④ 《周髀算经》卷下，第一页。译文见 E. Biot（4），p. 620。

⑤ 另一同样古老的说法也许是计然的《计倪子》中所谓"月属于水精，像凹面镜一样反射"（"月，水精，内影"）（《太平御览》卷四，第九页）。

⑥ 由作者译成英文，借助于 Forke（6），p. 90；公元 300 年左右郭璞在注《尔雅》时也曾引用。

⑦ 译文见 Forke（6），p. 92。

⑧ 胡渭《易图明辨》（卷三，第五页）中曾引用。

⑨ 《梦溪笔谈》卷七，第 14 段。见胡道静（1），上册，第 309 页。下文 p. 415 有全段译文。

⑩ 《参同契考异》第七页；《朱子语类》卷一，第九页。

翈①。像所有其他古代文明一样，中国自古便有关于月亮上的幻想生物的神话②，但是到了宋代，甚至连诗人也能分享怀疑论的传统，抨击那些幼稚的想法③。

另外还有一种同佛教一道传入中国的错误的印度理论④，即关于两个想象出来的看不见的行星——罗睺和计都的理论，这是把月球轨道（白道）升降交点"人格化"了的两颗"星"，它们无疑是为了解释月食而设想出来的⑤。这两颗"暗星"被计入行星之中。17世纪时，贝尼耶·弗朗索瓦（François Bernier）⑥ 曾介绍过这种概念⑦。但是，正如我们将要看到的那样⑧，中国人自己自古就已想象有一个运动方向恰与木星相反的"太岁"星。希腊也有相似的想象，这就是毕达哥拉斯的奇怪的"对地"（counter-earth）学说，它显然出自塔兰托的菲洛劳斯（Philolaus of Tarentum；公元前5世纪末），这一学说如果不是为了把行星的数目凑成一个完美的数目10，就是为了解释月食而设想出来的⑨。或许，这两者都源于一种更古老的巴比伦学说。

229

（e）中国天文学的天极和赤道特征

现在已经证实，中国古代（和中古时期）的天文学虽然在逻辑性和实用性方面绝不逊于埃及、希腊及较晚的欧洲天文学，然而它却是以大不相同的思想体系为基础的⑩。尽管宋君荣 [Gaubil（2，3，4）] 和毕奥 [J. B. Biot（4）] 都承认这一点，但第一批耶稣会士对此并不了解。关于这一问题，德索绪尔 [de Saussure（3）] 有下列的说明：希腊天文学使用黄道坐标，用角度计量，是真实的和周年的；中国天文学则使用赤道坐标，用时间计量，是平均的和周日的⑪。这些话需要稍做解释。

德索绪尔在这个问题上，后来也没有比他最初的著作 [de Saussure（2）] 说得更清楚。古代天文学家面临着一项巨大困难，这就是确定季节的恒星（太阳）过于明亮，以致其他恒星黯然失色，无法观察，因而它在众星之间的位置，不像月亮那样容易确定。要同时进行太阳和其他恒星的观测是不可能的⑫，剩下的可行方法只有偕日法和冲

---

① 《日闻录》第六页。他是穆斯林天文学家的合作者之一，参见上文 p. 49。

② 月中有兔捣药的传说，参见本书第四十五章；这是道家喜爱的主题。也可参见 Hentze（1）。

③ 例如苏东坡在其《鉴空阁诗》中所表现的，永亨（与苏东坡同时）在其《搜采异闻录》（卷三，第八页）中引用了这首诗；参见《猗觉寮杂记》卷上，第十一页。

④ 见 Soper（1）。

⑤ 见下文 pp. 416，420。一行与瞿昙氏至少在这一点上是意见一致的。

⑥ 见 François Bernier（1），vol. 2，p. 114。

⑦ 也可见 E. Burgess（1），pp. 56，149；Berry（1），p. 48。关于印度和伊斯兰世界中罗睺和计都的一篇最好的说明，见 Hartner（6）。

⑧ 下文 p. 402。这种想法与现在天文学家所面临的一个问题奇怪地相似，即在天空某些位置发现有很强的射电源，但看不到天体 [Lovell（1）]。我们不久将会回到这一话题上来（下文 p. 428）。

⑨ Berry（1），p. 25；Freeman（1），p. 227。

⑩ 我们将会看到，它同巴比伦和印度有点关系。

⑪ 并且，希腊的天文学是几何学性质的，而中国的天文学则是算术和代数学性质的。

⑫ 实际上如此。但在天文学史上始终存在着一个疑问：有人认为在深井底下进行观测时，可在整个白昼看到天顶的星。这种说法是否有根据仍属可疑；我们将在后文（p. 333）再谈到这一点。

日法两种。偕日法是古埃及人①和希腊人所采用的方法，它包括观察恒星偕日升和偕日落，即观测黄道附近的恒星在日出前或日落后瞬间的升落。恒星的偕日升或偕日落指示着当时是一年中的哪个日子，相差不会超过几天。所有古代科学观测中最著名的实例之一，就是对天狼星（Sirius）② 偕日升的观测，天狼星偕日升警告古埃及人，尼罗河（the Nile）即将泛滥。太阳在恒星间的周年视路径有一种作用，使得在某一给定时分偕日落的恒星随着季节而改变。每年一定时期内，傍晚在南天出现的星座，逐渐向西移，因而其可见时间不断缩短，三个月后，它们距离地平线已经如此之近，几乎刚一出现便没入地平线之下。然后，它们在黎明之前再从东方升起，再次只出现片刻，这种循环就重新开始。进行这种观测并不需要天极、子午线或赤道等的知识，也不需要任何计时制度；但是，它很自然地会使人认识黄道（黄道带）各星座，以及距黄道远近不等而和黄道星座同时出没的各个恒星（即它们的同时圈星）。因此，过去人们的注意力总是集中在地平线和黄道上。

　　冲日法与此相反，是古代中国人所采用的方法。古代中国人的注意力不是集中在偕日升、偕日落或地平线上，而是集中在永远不升不没的极星和拱极星上。他们的天文学理论因此是和子午线（通过极星和观测者的天顶的天球大圆）的概念密切结合起来的，他们系统地测定了这些拱极星的上中天和下中天③。希腊人当然也熟悉拱极星，正如荷马（Homer）著名的诗篇所描绘的：

> 　　不倦的太阳，圆圆的月亮，
> 　　还有布满那广阔苍穹顶的繁星，
> 　　猎户座、昴星团，
> 　　以及阿特拉斯（Atlas）那七个女儿所捉住的密集发光的毕星团；
> 　　绰号战车的大熊座，围着天轴之树在打转，
> 　　永远睁着一只眼睛，盯着那猎户和所有天上的灯盏，
> 　　他那金色的额角，从不俯向那宽广的海洋④。

希腊有一个故事，大意是特洛伊（Troy）被围时，哨兵按照大熊座尾巴的纵横位置换岗。反之，有迹象表明，中国古人已注意到一些星的偕日升和偕日落⑤。例如，屈原在其公元前4世纪的《天问》中说："当角宿一（室女座α）刚好在黎明前升起时，那巨

230

---

　　① Neugebauer（1）；Chatley（13）。

　　② "天狼星"是中国的星名。天狼星所属的大犬座，是中西命名含意相同的少数几个星座之一（见下文 p. 272）。

　　③ 中国天文学体系有它的优越性。由于地平线上的雾和其他大气现象，偕日升和偕日落的准确时间难以确定无误［de Saussure（15）］。

　　④ *Iliad*，XVIII，488，译文见 Chapman（1）。参见 *Odyssey*，V，273。又维吉尔的《田园诗》（Virgil，*Georgics*，I，246）中有"大熊怕洗海水浴"（Arctos Oceani metuentes aequore tingi）；Ovid，*Metamorphosis*，XIII，725。索利的亚拉图（Aratus of Soli，约公元前280年）说过"始终避开蓝色海洋的熊"的话（第48行），又说希腊人航行靠大熊座（Ursa major；Helice），腓尼基人航行靠小熊座（Ursa minor；Cynosura）（第37行）。

　　⑤ 特别是日落后出现的心宿二（大火）；见 Chatley（10），pp. 528，529；Chu Kho-Chen（1），p. 7，特别见 Chu Kho-Chen（8）；Liu Chao-Yang（1）。

曜（太阳）自己躲在哪里呢?"（"角宿未旦, 曜灵安藏?"）① 不过, 中国所着重的地方和希腊的大不相同。

由此可见, 北极星是中国天文学的基本根据。这一点和小宇宙-大宇宙思想的背景有关。天上的北极星相当于地上的帝王, 庞大的官僚政治的农业国家体系, 自然并不由自主地围绕着帝王旋转。关于这一点, 有高度权威的儒家著作记载道:

> 孔子说: "以美德来行使统治权的人可与北极星相比, 他总是保持着原有的位置, 而众星围绕着它旋转。"②

> 〈子曰: "为政以德, 譬如北辰, 居其所, 而众星拱之。"〉

我们在莎士比亚（Shakespeare）描写恺撒（Caesar）的语句中, 也可找到一些熟悉的类似说法:

> 可是我正如北极星的永恒,
> 由于那坚贞不移的品格,
> 高挂苍穹, 举世无双。
> 空中点缀着无数星芒,
> 个个都是一团火焰, 都在闪亮,
> 但只有它巍然不动, 如此坚强;
> 世上的人是那样众多,
> 可是我晓得其中只有一个,
> 坚持原地, 绝不动荡,
> 我, 便是那颗永远不动的明星③……

231

很容易理解, 子午圈是从圭表推衍出来的, 而圭表用作测量日影长度, 大概是一切天文仪器中最古老的。观测者在中午时面向南方测量日影; 在夜间面向北方测定拱极星上下中天通过子午圈的时间。《周礼·考工记》中用了很多文字叙说这件事。在讲到某种工匠时它说道:

> 他们白天收集太阳影长的观测结果, 夜间则观测恒星上中天, 因而能够调整好朝夕的时间④。

> 〈昼参诸日中之景, 夜考之极星, 以正朝夕。〉

从前文可知, 在一年的不同时节, 在一个给定的时刻, 将有不同的恒星中天。中国现存的最古天文资料《书经·尧典》所讲到的那些观测, 无疑就是这种。不过在提出这一论点之前, 还需要做进一步的解释。

---

① 参见 Edkins (10)。
② 《论语·为政第二》第一章。
③ *Julius Caesar*, act. III, sc. I。
④ 《周礼》卷十二, 第十五页（注疏本卷四十三, 第二十一页）, 由作者译成英文, 借助于 Biot (1), vol. 2, p. 555。参见下文 p. 571。

时圈从天极向周围展开①，正和地面上天子的势力向四方伸展一样。中国人在公元前第 1 千纪的时候，建立了一种按时圈与赤道相截的点来划分的完善的赤道分区体系，即"二十八宿"。人们应当把这些"宿"看作是天球的区划（状如橘子瓣）；这种区划以时圈为界，以提供"距星"②（即位于时圈上的星，可根据此星计算一宿的度数）③的星座为名。许多欧洲学者曾以为，一种纯粹赤道性质的天文学体系，不经历一个黄道（黄道带）的阶段而独立发展，是难以置信的，然而，它却毋庸置疑地发生了④。二十八宿的界限一经划定——对此，星宿和距星的赤纬，无论距离赤道远近，都完全无关紧要——中国人都能够知道它们的准确位置，甚至当它们在地平线以下看不到的时候，只要观测和它们锁定在一起的拱极星的上中天，也可以知道它们的位置。这就是求太阳在恒星间的位置的方法，因为望月在恒星间的位置与太阳的看不见的位置相反⑤。这便是上文所讨论的浑天说的精华所在；一旦弄清楚天球的周日运动之后，那么由拱极星的上中天和下中天就可以定出天球赤道上每一点的位置⑥。因此，太阳在恒星间的位置可以确定，太阳和恒星的坐标关系也可以建立起来⑦。

（1）拱极星和赤道上的标准点

拱极星的上中天的确被用来指示看不到的宿的方位，这在《史记·天官书》的一段话中阐释得最为清楚。司马迁说：

> 杓附着（"携"）在龙角（第一宿）上。衡正对着中间的南斗（第八宿）。魁则枕在参（第二十一宿）的头上。
>
> 黄昏的指示者（"昏建者"；黄昏时上中天的星）是杓星。午夜的指示者（午夜上中天的星）是衡星。黎明的指示者（黎明时上中天的星）是魁星……⑧

---

① 正如公元 1086 年沈括所说的"像伞的支架"（"度如伞橑"）（《梦溪笔谈》卷七，第 13 段）。

② 或称"参考星"（reference star）。在《晋书》卷十三（第二页）中可以见到使用这一术语的两个实例。

③ 星座虽给宿提供了名称，但是实际上一个星座所有的星并不一定都在该宿的范围之内。在某些情况下（如第八宿——斗，第十五宿——奎，第十九宿——毕，第二十五宿——星），星座中有许多星延伸到前一宿中。这种情况在图 94 中清晰可见。

④ 这首先发生于巴比伦［参见 Neugebauer（9）］。黄道的框框在西方天文学思想中是根深蒂固的，当第一次讨论大约属于公元前 1200 年的巴比伦平面天球图时，博赞基特和塞斯［Bosanquet & Sayce（1）］已设想上面绘有黄道。见下文 p. 256。对于塞迪约［Sédillot（2），p. 592］来说，黄道在中国天文学体系中扮演次要角色这一点是令人震惊的。

⑤ 参见 Gaubil（2），p. 45。对此，德索绪尔［de Saussure（20）］说得很好。"如果你问文人，"他写道，"望月何时升起，他们一般是这样回答：'我又不是天文学家，怎么会知道？'但是，如果你问一个偷猎者或私贩，或问任何纯朴的乡民，那么，就像在遥远的古代一样，他们的职业使得他们去观察自然界和天空，他们便会这样回答：'日没即出。'所以，望月是在太阳相反的方向，在太阳西落时从东方地平线上升起，这一点，是不需要请哥白尼和牛顿证明的。"许多古代民族在朔望举行祭祀，事实上是与此有关的。另见桥本增吉（2）。

⑥ de Saussure（30）。

⑦ 一个有趣的实例见于《晋书》（卷十三，第一页和第二十三页），其中两次提到表示凶兆的白昼见星，一次是金星，另一次是一颗大流星。书中说，"以日晷上的刻度来推断"（"以晷度推之"），知道它在各宿和各恒星间的位置，便知道国家的哪一部分受到这种预兆的影响。关于中国记载中的金星昼见，见 Dubs（2），vol. 3，pp. 349 ff.。

⑧ 《史记》卷二十七，第二页，由作者译成英文，借助于 Chavannes（1），vol. 3，p. 341。德索绪尔［de Saussure（1），p. 566］也注意到了这段话。三句对应于何地的占星术的话已略去。

〈杓携龙角，衡殷南斗，魁枕参首。用昏建者，杓……夜半建者，衡……平旦建者，魁……〉

这些话，只要知道大熊座中的星的专用名称，便不难理解了。它们的专用名称如下：

（甲）"魁"（斗）：

北斗一（大熊座 α）　　　天枢

北斗二（大熊座 β）　　　天璇

北斗三（大熊座 γ）　　　天玑

北斗四（大熊座 δ）　　　天权

233　（乙）"杓"（柄）：

北斗五（大熊座 ε）　　　玉衡

北斗六（大熊座 ζ）　　　开阳

北斗七（大熊座 η）　　　摇光

所以这段话的意思是：角的位置可由斗柄最后二星的位置定出。实际上，从小熊座 α（"天皇大帝"或"天极"）经开阳的直线和从小熊座 β（"天帝星"）经摇光的直线，将相交于角（角宿一，即室女座 α）。同样，从玉衡引出一条直线与连天极、天权的线平行，则这条直线将指出南斗（人马座 ø）的所在。而斗魁"顶"和"底"（即天权、天枢，天玑、天璇）的延长线将与参（猎户座）相遇。参见采自朱文鑫（5）的图88。

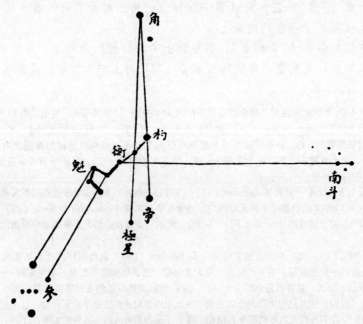

图88　说明拱极星与其他恒星的位置锁定的示意图。

在继续深入讨论之前，可先顺便对二十八宿体系进行一全面考察。关于二十八宿的各项细节，已列入表24。对第五栏和第八栏（甲）进行比较就可以看出，中国和西

表 24　说　明

第一栏官。中宫（或拱极宫）自然不包括在内，因为提供宿名的星座尽管可离开赤道 35° 之多，但均在赤道一侧或另一侧。

第二栏二十八宿号次，据《淮南子·天文训》。

第三栏宿名。

第四栏施古德 [Schlegel（5），p. 805] 星名的编号。他对星宿的描述因有许多较完整的资料而值得参考。

第五栏可能的宿名古义 [包括一些有关古代汉字字形的参考文献，见 Karlgren（1）]。

第六栏提供宿名的各个星座的星数 [根据 Chu Kho-Chen（1）]。详细证认见 Schlegel（5）；Wylie（6）。其他载有二十八宿全部宿星的星表，可参见 Hartner（2）；Kingsmill（1）；陈遵妫（3）。

第七栏（甲）《淮南子·天文训》（约公元前 120 年）（第十五页）以中国古度 $\left(365\frac{1}{4}\right)$ 表示的二十八宿距度。参见马伯乐的著作 [Maspero（3），p. 282]，他提供了另外三种古代的数据，差别不大。唐代僧一行的测量数据（约公元 700 年），采自 Gaubil（3），p. 108。元代的测量数据，见《元史》卷五十四，第八页；卷五十六，第九页。

（乙）《淮南子·天文训》所截距度变换成现代的度数（360° 制），采自 Nōda（2），p. 19；能田忠亮（3），第 64 页。

（丙）对于公元前 450 年的赤道真实距度，采自 Nōda（2）；能田忠亮（3）。

第八栏（甲）二十八宿距星（即各宿起始时圈上的星）的考证结果 [Chu Kho-Chen（1）]。本表的数据与毕奥 [J. B. Biot（4）] 所用的略有出入。

（乙）距星星等 [Delporte（1）]

（丙）公元 1900 年的距星赤经 [Chu Kho-Chen（1）]。

（丁）公元 1900 年的距星赤纬 [Chu Kho-Chen（1）]。

第九栏有关的拱极现象。根据 J. B. Biot（4），p. 246。本表列有某些拱极星（大部分在大熊座、小熊座和天龙座）的上中天和下中天，与地平线下各宿不可见的中天现象。应该注意，这是毕奥按地理纬度北纬 34 度到 40 度之间的地区对公元前 2357 年的坐标系进行计算而得到的。同样的表如时间不同（例如公元前 4 世纪），则应作修正，但一般原则不变。这些拱极星群的汉字名称，见后面的表 25。应注意，毕奥的证认有时和现在所采用的 [如陈遵妫（3）] 不同，但一般与施古德 [Schlegel（5）] 的表相符。

表24 二十八宿

一、宫	二、号次	三、宿名	四、施古德的编号(S)	五、宿名古文	六、星数	七、距度 (甲)古度	七、距度 (乙)相当今度	七、距度 (丙)计算值	八、距星 (甲)证认结果	八、距星 (乙)星等	八、距星 (丙)1990年赤经 时 分 秒	八、距星 (丁)1990年赤纬	九、拱极星的相应现象
东宫	1	角	165	角	2	12度	11.83°	11.70°	室女座 α	1.2	13 19 55	-10° 38' 22"	天皇大帝①（小熊座 α，S 451），庶子（天龙座 i，S 611）上中天
	2	亢	133	颈	4	9度	8.87°	8.81°	室女座 κ	4.3	14 07 34	-09° 48' 30"	南门②（半人马座 α 和 β，S 244）上中天
	3	氐	423	根	4	15度	14.78°	14.46°	天秤座 α²	2.9	14 45 21	-15° 37' 35"	无
	4	房	5	房	4	5度	4.93°	5.25°	天蝎座 π	3.0	15 52 48	-25° 49' 35"	右枢（天龙座 α，S 736）上中天
	5	心	318	心	3	5度	4.93°	4.14°	天蝎座 σ	3.1	16 15 07	-25° 21' 10"	无
	6	尾	714	尾	9	18度	17.74°	18.95°	天蝎座 μ¹	3.1	16 45 06	-37° 52' 33"	无
	7	箕	151	箕	4	11¼度	11.0°	10.22°	人马座 γ	3.1	17 59 23	-30° 25' 31"	天龙座 κ 下中天，北斗（大熊座，S 280）斗柄（熊尾）垂直向上
北宫	8	南斗	416	南斗	6	26度	25.8°	26.54°	人马座 φ	3.3	18 39 25	-27° 05' 37"	左枢（天龙座 τ，S 678）上中天
	9	牛牵牛③	252	牛牵牛	6	8度	7.89°	7.90°	摩羯座 β	3.3	20 15 24	-15° 05' 50"	天枢（大熊座 α，S 568）、天璇（大熊座 β，S 543）下中天，织女（天琴座 α，S 396）、渐台（天琴座 β，S 660）上中天
	10	女须女④	254	女婺女	4	12度	11.83°	11.82°	宝瓶座 ε	3.6	20 42 16	-09° 51' 43"	无
	11	虚	101	空虚	2	10度	9.86°	9.56°	宝瓶座 β	3.1	21 26 18	-06° 00' 40"	天玑（大熊座 γ，S 465）、天权（大熊座 δ，S 488）下中天
	12	危	711	层顶	3	17度	16.76°	16.64°	宝瓶座 α	3.2	22 00 39	-00° 48' 21"	玉衡（大熊座 δ 至 ε，S 747），天乙⑤（天龙座 42 及 184，S 364）下中天

续表

一、宫	二、号次	三、宿名	四、施古德的编号(S)	五、宿名古义	六、星数	七、距度			八、距星				九、拱极星的相应现象
						（甲）古度	（乙）相当今度	（丙）计算值	（甲）证认结果	（乙）星等	（丙）1990年赤经 时 分 秒	（丁）1990年赤纬	
北宫	13	室 营室	32	室 野营	2	16度	15.77°	16.52°	飞马座 α	2.6	22 59 47	+14° 40' 02"	玉衡（大熊座 ε，S 747），天乙（天龙座 42 及 184，S 364）下中天
	14	壁 东壁	287	壁 东壁	2	9度	8.87°	8.44°	飞马座 γ	2.9	00 08 05	+14° 37' 39"	天帝星（小熊座 β，S 575）上中天，开阳（大熊座 ζ，S 130）下中天
西宫	15	奎	197	胯	16	16度	15.77°	15.66°	仙女座 η	4.2	00 42 02	+23° 43' 23"	庶子（小熊座 α 3233，S 42）上中天
	16	娄	206	镣铐	3	12度	11.83°	10.83°	白羊座 β	2.7	01 49 07	+20° 19' 09"	摇光（大熊座 η，S 725），天乙（天龙座 i，S 611）下中天
	17	胃	710	胃	3	14度	13.8°	15.2°	白羊座 41⑥	3.7	02 44 06	+26° 50' 54"	无
	18	昴	232	昴星团图形，K1114h	7	11度	10.84°⑦	10.44°	金牛座 η⑦	3.0	03 41 32	+23° 47' 45"	右枢（天龙座 α，S 736）下中天
	19	毕	297	网（毕星团）	8	16度	15.77°	17.86°	金牛座 ε	3.6	04 22 47	+18° 57' 31"	无
	20	觜 觜觿	686	龟	3	2度	1.97°	1.47°	猎户座 λ⑧	3.4	05 29 38	-09° 52' 02"	天龙座 κ 上中天
	21	参	647	三星图形，K647	10	9度	8.87°	6.93°	猎户座 ζ	1.9	05 35 43	-01° 59' 44"	北斗（大熊座 α，S 280）斗柄垂直向下
南宫	22	井 东井	668	井 东井	8	33度	32.53°	32.60°	双子座 μ	3.2	06 16 55	+22° 33' 54"	天璇（大熊座 β，S 543）上中天，天璇（大熊座 α，S 568）星为其末端
	23	鬼 舆鬼	198	鬼 鬼车	4	4度	3.94°	4.46°	巨蟹座 θ	5.8	08 25 54	+18° 25' 57"	同上

续表

一、宫	二、号次	三、宿名	四、施古德的编号（S）	五、宿名古文	六、星数	七、距度			八、星					九、拱极星的相应现象
						（甲）古度	（乙）相当今度	（丙）计算值	（甲）证认结果	（乙）星等	（丙）距 1990年赤经 时	分	秒	（丁）1990年赤纬	
南宫	24	柳	217	柳	8	15 度	14.78°	15.16°	长蛇座 δ	4.2	08	32	22	+06° 03′ 09″	大熊座 β 中天、同前老人①（船舻座 α, S 205）上中天
	25	星七星	320	星 七星	7	7 度	6.9°	6.86°	长蛇座 α	2.1	09	22	40	-08° 13′ 30″	天玑（大熊座 γ, S 465）、天权（大熊座 δ, S 488）上中天
	26	张	378	张开的网	6	18 度	17.74°	17.13°	长蛇座 μ⑩	3.9	10	21	15	-16° 19′ 33″	无
	27	翼	741	翼	22	18 度	17.74°	17.81°	巨爵座 α	4.2	10	54	54	-17° 45′ 59″	太子（小熊座 γ, S 361）下中天、天乙（天龙座 42 及 184, S 364）、玉衡（大熊座 ε, S 747）中天
	28	轸	399	战车踏板	4	17 度	16.76°	16.64°	乌鸦座 γ	2.4	12	10	40	-16° 59′ 12″	天帝星（小熊座 β, S 575）下中天、开阳（大熊座 ζ, S 130）上中天

① 陈遵妫（3）将小熊座 α 当作钩陈座第一星（见下文 p. 261）。
② 这是南半球的星，并非拱极星。
③ 严格地说，牵牛本是天鹰座 α。
④ 不可与织女相混（见下文表 25）。
⑤ 关于天极附近相当于太一的一个或几个小星，考证有疑问；参见 de Saussure（13）；Maspero（3），p. 323。
⑥ 陈遵妫（3）将此星当作白羊座 35。
⑦ 陈遵妫（3）将此星当作金牛座 17。
⑧ 陈遵妫（3）将此星当作猎户座 ϕ_1。
⑨ 有些作者假定，在公元前第 3 千纪时，此星在中国刚刚可在地平线上看到 [J. B. Biot（4），p. 250]，但是否因其上中天与柳的位置有关而被注意到，则无任何确证。
它像嘴门一样，自然是南半球的星，而目也不是拱极星。
⑩ 陈遵妫（3）将此星当作长蛇座 λ；竺可桢 [Chu Kho-Chen（8）] 则认为它是长蛇座 υ_1。

表 25　与表 24 第九栏有关的恒星

中国名称	星名释义	陈遵妫（β）的证认
渐台	漏壶底座	天琴座 10β
织女	织女	天琴座 3α
开阳	热或阳的传播者	大熊座 16
老人	老人	南船座 α
南门	南门	半人马座 α² 及 ε
北斗	北斗	大熊座
庶子	（皇帝的）庶子	小熊座 5
太一	大一	——
太子	太子	小熊座 13γ²
天权	天上的天平	大熊座 69δ
天玑	天上的浑环（见下文 p. 334）	大熊座 64γ
天璇	天上的玉圭（见下文 p. 286）	大熊座 48β
天皇大帝	天皇大帝	仙王座 32H
天乙	天上第一星	天龙座 10i
天枢	天的枢轴	大熊座 50α
天帝星	天帝星	小熊座 7β
左枢	左侧的枢轴	天龙座 12τ
摇光	闪烁的光	大熊座 21η
玉衡	天上的窥管（见下文 p. 336）	大熊座 77ε
右枢	右侧的枢轴	天龙座 11α

方相应星座的古名实际上没有类似之处①。如第八栏（丁）所示，有些距星距离赤道很 **238** 远，如尾远至赤道以南 37°，昴远至赤道以北 23°。能田忠亮 ［Nōda (2)，能田忠亮 (3)］的计算 ［第七栏（甲）、（乙）、（丙）］表明，公元前 2 世纪二十八宿距度的测量精度有很大的差异。有的宿（如牛）的观测非常准确，而其他的宿（例如参和毕）的观测则差 1°以上；因为观测者仅限于借助浑环和照准仪进行肉眼测量，所以，这种误差不足为奇。从第八栏（乙）立即可以看出很重要的一点，这就是距星的选择多半不会考虑星等。二等星，包括角宿一（室女座 α）在内，只有两颗；五等星至少有四 **239** 颗，还有一颗（鬼宿，巨蟹座 θ）低到六等。这表明古代天文学家所感兴趣的是天空的几何学分区，如果亮星对他们的目的没有用处，便会放弃不用。毕奥 ［J. B. Biot (4)］第一个认识到，二十八宿距星是由于它们的赤经与经常可见的拱极星相同（或近于相同）而被选定的②。在这一点上，可以说二十八宿体系已明确地预示了今日用以划定星座区域的精密分区方法 ［Delporte (1)］。

　　二十八宿为什么正好是二十八个？这个问题并不像表面看来那么简单。"宿"字的最古的写法像蒲席搭成的小棚③。因此，这些天空划分出的区段，就像地上沿途散布的

---

① 参见下文 pp. 271 ff. 。

② 1080 年左右，司天监主管官员询问沈括二十八宿的距度不均匀的原因（《梦溪笔谈》卷七，第 13 段）。他答复说，是为了使它们都具有整度数。由此看来，这个体系的起源已被忘掉。

③ K 1029；Hopkins (11)。

茶棚一样，应当被看作是日、月、五星的临时休息站，尤其是夜间最大的发光体——月亮——的休息站①。因此，二十八宿这条线是量度月球运动的一根刻度尺，而它的数目二十八则可能是古代月球的基本周期的平均时间长度。② 因为月球完成它从望到望或从朔到朔的月相周（朔望月）需时 29.53 日③，而回到恒星间的同一位置（恒星月）则只需 27.33 日④。这两个周期总是无法调和的，但 28 是个非常方便使用的平均数⑤。

240　　　在表 24 中，二十八宿按四宫分为四组，每组七宿。四宫与四季相对应的象征性名称，将在下文给出（p. 242）⑥。在这里，冲日法（principle of opposability）产生了一个奇怪的结果，即春宫与秋宫"对调"了。⑦太阳在秋季到达心宿（第五宿，即天蝎座），而心宿却划入了春宫；太阳在春季到达参宿（第二十一宿，即猎户座），而参宿却划入了秋宫。这是因为所寻求的关系是冲而不是合（就像偕日升、偕日落的情况）。春季的望月出现在"春"季的宿，秋季的望月出现在"秋"季的宿。当地平面上的四方（它们按相互联系的思维⑧与四季相联系）扩展到天球赤道上的时候，就必然会引起这样的困难（图 89）⑨。

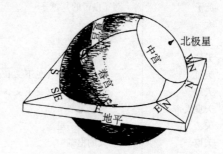

图 89　中国古代天球分区及其与地平面关系示意图［根据 de Saussure（16b）］。图中 S—南；E—东；N—北；W—西。

---

① 参见桥本增吉（2）。

② 不过还有一些其他说法。例如，梅农［Menon（1）］就指出，印度占星术的习惯是将一个方形（而非圆形）划分为十二宫，如果把每边的空格数"加倍"，四角上的空格每个被划分两次，由此得二十八宫，而不是二十四宫。但楔形文字泥板中未见这种图形，而希腊占星术的十二宫（dodecatopos）则相对较晚。

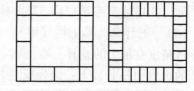

③ 关于中国古代和中古时期月相周常数更加精确的近似值的发展情况，将在下文（p. 392）讨论。

④ 历月的 30 天和 31 天与回归年长度有关，是为调和太阴、太阳周期所做的一种尝试。参见 O. Thomas（1），p. 310。

⑤ 莫兰［Moran（1）］曾企图表明最早的字母表中的字母是从二十八宿符号演变而来的，并用这一点来说明大多数字母表由 25–30 个字母组成的原因［Diringer（1）］。一套完整的音标字母需要 46 个。这一命题很新鲜，说法也很诱人，但缺点在于例外太多。中国古时常用小圈和连线画成二十八宿简图（参见 p. 276），但是，这恐怕不能像他所想的那样，竟影响到古代闪语字母（Semitic letters）的形状，因为除所有地理方面要考虑的因素外，这种图形是战国或两汉时期，而不是殷商时期的（参见图 93），因此年代上晚得太多了。如果在最古的字母表的背后有任何一套月站（宿）符号的话，那么它只能是代表安努环（road of Anu）上各星座的符号（见下文 p. 256）。

⑥ 与四宫相配的象征性动物图案在中国艺术品中是常见的。鲁弗斯［Rufus（2）］的论文对公元 500 年左右的几幅典型的朝鲜古墓壁画做了阐释。但是，能证明这些图画是非常古老的考古学证据不多。颜慈［Yetts（6）］断定它们不是汉代以前的东西，但后来又修正了这一观点［Yetts（7）］；根据现在对商代思想的了解（见下文 p. 242），进一步的研究似乎能够将诸如颜慈所介绍的汉以前的琉璃饰板所代表的含义解释明白。参见陈遵妫（5），第 97、98 页；Cohn（1）。

⑦ 德索绪尔［de Saussure（7），p. 259；（6），pp. 151，160；（1），pp. 121，157，282 以及多处］在讲到十二生肖及五行时，曾多次细致地讨论过这个问题。

⑧ 参见下文 p. 257。

⑨ 参见本书第二卷，pp. 261 ff.，279 ff.。

图90 载着一位天官的北斗七星；汉武梁祠画像石（约公元147年），采自《金石索·石索三》。在原来的画像石上，手持弧星的神灵在斗柄末星之外，与画在一条直线的斗柄诸星成一线。因此，这个弧星应为招摇（即牧夫座γ，参见下文 p.250）。（在本图上，这颗孤星不是招摇，而是开阳的伴星，名叫"辅"。——译者

增设一个第五宫（中宫，即拱极宫），是中国宇宙论的最大特色，并对所有与其他文化（如伊朗的）相互影响的问题有重要意义①；增设第五宫使天上的分区，与我们在有关"相互联系的思维"部分所讨论过的所有其他分为五类的情形相一致②。从极星与帝王之间明显的类比以及拱极星在中国天文学体系中所受到的特殊敬仰来看，把拱极星看作是（天上）帝王官僚机构中主要成员的邸宅或官署是很自然的。图90采自东汉武梁祠石刻，它就表示这样一所坐落在大熊座的邸宅。

242

（2）二十八宿体系的发展

这里产生的第一个问题是：二十八宿究竟古老到什么程度？两个世纪的争论，由于安阳商代（约公元前1500年起）占卜甲骨的发现，现已宣告结束。人们从这些甲骨的卜辞中收集到大批天文历法资料，特别是郭沫若（3）、刘朝阳（1，2）所做的收集整理，以及董作宾在《殷历谱》中所做的高度系统化的收集工作。把这些资料全部研究过之后，我们将会拥有比任何前辈学者更加可靠的事实根据。宋君荣、毕奥，在一定程度上还有德索绪尔，他们过于相信那些我们现在认为是传说的资料，并且使用了现已不被接受的早期断定的年代；但是他们的对手，如韦伯（Weber）和惠特尼等，则确信（想象中的）秦代的"焚书大浩劫"，坚持认为公元前3世纪以前的中国天文学已无法了解。直到1932年，马伯乐〔Maspero（15）〕还在强调，他认为中国天文学起源最晚，暗示公元前7世纪以前不会有什么可靠的东西。但是，现在我们已能够确定，二十八宿体系是从商代中期开始逐渐发展起来的，因为它的核心部分在公元前14世纪已经出现了。

就在商王武丁（公元前1339—前1281年）的时代，在他在位期间的卜骨上（其实，前后诸王的卜骨上也一样）提到了恒星③。当时最重要的星是"鸟星"和"火星"，据考证，鸟星（或星座）就是朱雀，也就是居南宫（朱雀）中央的第二十五宿——星（长蛇座α）④；而火星（或星座）被考证为心宿二（即天蝎座α），以及居东宫中央的第四、第五两宿——房和心⑤。竺可桢根据这些星名做了看上去是合理的推断：此时沿赤道把天划分为四个主要的宫（东宫苍龙、南宫朱雀、西宫白虎和北宫玄武⑥）的方法已经逐渐发展起来了⑦。这种安排在图91中清晰可见。除上述两星名之外，

---

① 也许这就是使米歇尔〔Michel（17）〕认为中国人搞混了平经度量、时角和黄经的缘故。事实上，正如我们下文（p.266）将要看到的，自从中国开始有方位天文学以来，就一贯使用赤道坐标，而黄经和黄纬在中国则从未盛行。参见下文 pp.279，398。

② 见本书第十三章（d）（中国科学的基本观念）（第二卷，pp.262，264）。

③ 董作宾（1），下编，第3卷，第7页起。

④ Chu Kho-Chen（1），p.12。

⑤ Chu Kho-Chen（1）。

⑥ 西方常把"玄武"译为"Sombre Warrior"（阴沉的武士），参见 Yetts（5），p.145。

⑦ 参见《淮南子·天文训》（第三页）。见陈遵妫（5），第97、98页附图。

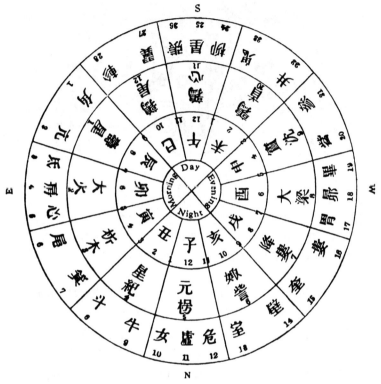

图91　中国古代赤道分区（时角分段）示意图。①外圈，二十八宿：1角，2亢，3氐，4房，5心，6尾，7箕，8斗，9牛，10女，11虚，12危，13室，14壁，15奎，16娄，17胃，18昴，19毕，20觜，21参，22井，23鬼，24柳，25星，26张，27翼，28轸。②中圈，十二次，参见 p.403 上的表34。东宫（苍龙）：1寿星，2大火，3析木。北官（玄武）：4星纪，5玄枵，6娵訾。西宫（白虎）：7降娄，8大梁，9实沈。南宫（朱雀）：10鹑首，11鹑心，12鹑尾。③内圈，十二支（表示一日十二时的顺序，自午时起）：午，未，申，酉，戌，亥，子；子，丑，寅，卯，辰，巳，午。本图采自周世樟《五经类编》（1673 年），施古德［Schlegel（5），p.39］、德索绪尔［de Saussure（16a）］等均复制了此图。

卜辞中还提到一颗重要的星，大概叫作"鶨"①，这颗星尚待考证；另有一星，叫作
"大星"。这些星大概就使用作四方基点的宿齐全了②。图 92 是记载鸟星的甲骨之一。

244

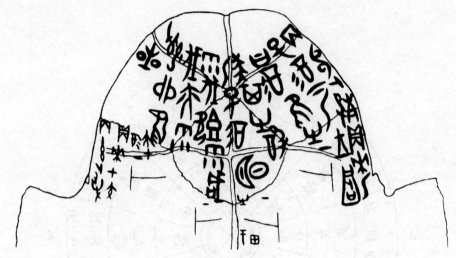

图 92　提到鸟星（长蛇座 α）的甲骨卜辞。象形的"鸟"字见左端倒数第二行末
　　　尾，仅"星"字随其后。采自董作宾（1），下编，第 3 卷，第 1 页。此卜
　　　辞的年代属于商王武丁时期，即公元前 1339—前 1281 年。

二十八宿的核心可以进一步看作是由《诗经》上所提到的星组成的。《诗经》的
民歌虽然收集得很晚，但从本论题来看，大致可定为公元前 8 世纪或前 9 世纪的作品。
其中有一首③说到七月火的中天（"七月流火"）；另一首④提到"定"（飞马座的一种
古称；第十三、十四宿）的中天（"定之方中"）；还有一首⑤提到了"昴"（昴星团；
第十八宿），用的是它的古名"罶"或"畱"；以及"参"（猎户座；第二十一宿），用
的名称是"三星"：

> 每当母羊长了个公羊头，
> 每当参星（猎户座）在昴宿（昴星团），
> 今人全力来寻食，
> 才有机会吃个饱⑥。

----

① 但《说文》以心（第五宿）为商星，这可能是意味深长的，参见朱文鑫（4），第 125 页。关于二分点上
的参宿和心宿（见下文 p. 249），《左传·昭公元年》［Couvreur（1），vol. 3，p. 31］还载有一种传说，其中出现了
"商"字。

② 最值得注意的事实是卜辞经常提到交食（董作宾认为其中有些他已考证清楚；参见下文 p. 410）、流星
（参见下文 p. 433）和"新大星"［这种星被解释成新星或超新星；参见下文 p. 424］；Chou Kuang-Ti（1）。

③ 《诗经·豳风·七月》［Legge（1），XV，1；Waley（1），p. 164；Karlgren（14），p. 97］。

④ 《诗经·鄘风·定之方中》［Legge（1），IV，6；Waley（1），p. 281；Karlgren（14），p. 33］。

⑤ 《诗经·都人士之什·苕之华》［Legge（1），VIII，9 和 Karlgren（14），p. 184，这两处译文有误；Waley
（1），p. 324，释义正确］。

⑥ 译文见 Waley（1）。

〈牂羊坟首，三星在罶。人可以食，鲜可以饱。〉

另外还提到毕（毕星团，在金牛座；第十九宿）、箕（人马座；第七宿）、牵牛（现为 **245** 天鹰座α，但被认为是第九宿的古距星），以及不属于二十八宿而属于拱极星的织女。所以，二十八宿中至少有八宿可以在《诗经》中找到。

我们在叙述羲、和兄弟的天文学传说时，已经提到过《书经》中的《尧典》①。《尧典》中"朝廷任命"部分和"星辰四季"部分的文字穿插混杂，现在我们要研究的是后者。这项古代资料应当和另外两项同类的资料——《夏小正》和《月令》——结合起来进行研究，关于后两书的文献学上的细节，前面已经进行了说明。《书经》这一篇的年代，根据语言学方面的理由，应定在公元前8至前5世纪之间②。原文如下：

> 中等长度的白昼和鸟星（的上中天）（用来）校准仲春……最长的白昼和火星（的上中天）（用来）确定仲夏……中等长度的夜和虚星（的上中天）（用来）校准仲秋……最长的夜③和昴星（的上中天）（用来）确定仲冬…… 年有三百六十六天④。四季是利用闰月来调整的⑤。

> 〈日中星鸟，以殷仲春……日永星火，以正仲夏……宵中星虚，以殷仲秋……宵永星昴，以正仲冬……朞三百有六旬有六日，以闰月定四时成岁。〉

这里很清楚，第二十五、第五、第十一、第十八等四宿分别在它们所在各宫的中央。乍看起来，这里所配的季节似乎是错了。从图94可以看出，在公元前第2千纪初叶，星（鸟）和虚是二至点所在的宿，房、心（火）和昴是二分点所在的宿。但这自然是指太阳在这些节气所在的位置，而此时那些星是看不到的。中国古代天文学家的基本观测结论之一是，周日旋转的四分之一相当于周年运动中每三个月所行的一个象限⑥。 **246** 因此，冬至日午后6时上中天的宿（即昴宿），可以被确认为是下一个春分日正午太阳所在的宿，依此类推，一年年循环不息。这种处理方法完全合于中国古代天文学的特点，它通过从可见天体的位置来推断不可见天体的位置，进而解决恒星与太阳的相对位置的问题，整个过程全部严格在天极-赤道坐标网络中进行。

---

① 《书经·尧典》；这是"非伪托"的"今文"中的一篇［参见本书第二卷，p. 248］。

② 有少数人的观点［顾颉刚（8）；Creel（4），p. 202］认为，应把这一篇的年代推迟到孔孟之间，甚至推迟到汉代。但这样会使天文学方面的任何一种解释都更加困难。此外，他们似乎没有注意到，数字366的表述方式——"三百有六旬有六日"（三百六十六天）——非常古老。在不同位的数字中间嵌入连接词，是公元前14世纪卜辞中的典型数字写法［如董作宾（1）所示］。不仅如此，董作宾还发现，较晚的卜辞已略去数字中的连接词了。参见上文 p. 13。或许这一段文字应该被看作年代很早的周代遗文，无论它的上下文怎样似乎都可做此解释。

③ 有的版本作"最短的白昼"。

④ 这并不是一种很奇特的说法，因为据我们现在所知，商人在公元前13世纪就已知道恒星年的长度约为365.25太阳日［董作宾（1）］。但也许正如董作宾（8）所说，对于"朞"（即一年的长度）来说，366这个数字不过表示已超过365日。

⑤ 译文见 de Saussure（1，3，4，16a），由作者译成英文，借助于 Chavannes（1），vol. 1，pp. 44 ff.。参见 Legge（1），p. 33；Medhurst（1），p. 3；但后面的两种译文是错的。

⑥ 在这个问题上，最明确的讨论见 de Saussure（1），pp. 16 ff.，（3），pp. 316 ff.，（4），p. 141。

这段文字表面上是非常精确的,它长期以来吸引着学者们不可抗拒地利用岁差来定出它的年代。由此,比约①指出,在公元前 2400 年前后,上述四宿大概是在二分点和二至点(0°,90°,180°,270°)上。这一结论的确没有大错②。马伯乐[Maspero (15)]对所包含的各项假定(其中主要是关于观测上中天的时刻)曾经提出批评,而桥本增吉(1,4)却把观测时间定为午后 7 时,从而把年代推迟到公元前 8 世纪或再晚些,他们两人对宋君荣所维护的悠久传统③大概未曾予以充分重视;宋君荣认为,传统的观测上中天的时间是午后 6 时,如果受到天光的妨碍,即用漏壶予以核对。但到了一个世纪前,普拉特(Pratt)指出,任何年代的确定都是非常困难的。查得利[Chatley (10a)]的工作是最晚近的讨论之一,他在承认毕奥和德索绪尔的意见有说服力的同时,却又增加了一些不肯定的因素。按广义的说法,鸟可以包括七宿以上(即东宫的全部),火可以包括三宿。而另一方面,虚和昴这两个都是赤道距离较小的单个的宿,彼此很不一致,前者所指向的年代是约公元前 350 年,后者是约公元前 1400 年。这个问题距离解决还很遥远,也许甲骨卜辞能对此有所帮助。根据我们现在对中国古代历史的全部了解④,做最宽的估计,我们前面所提到的《尧典》中的资料未必能早于公元前 1500 年;从这一点来看,也许桥本增吉的结论⑤最值得注意。但是,还有这样一种可能,即《尧典》的记载确实是很古老的天文观测传统的残存,不过它根本不是中国的,而是巴比伦的。无论如何,对于我们目前的讨论来说,这段文字的最重要的意义并不在于用它来定出确切的年代,而是在于它明确地告诉我们,中国古代已曾系统地利用四仲中星来确定四季,以及确定二分日和二至日太阳在恒星间的位置。

由于岁差的缘故,二分点、二至点在恒星间的位置以至四季在恒星间的界限,每隔 71.6 年移动 1° 或每隔 2200 年移动大约 31°⑥。因此,如德索绪尔[de Saussure (30)]所说,人们必须在下列两种做法之间选择:或者是改变四宫的界限(即按照欧洲人的办法,使黄道十二宫与回归年相联系而不与恒星年相联系)⑦;或者是把它们固定下来,在这种情况下四仲中星将不再与季节相对应。公元前 1 世纪时,司马迁仍然保留《尧典》的四仲中星(第二十五、第四、第十一、第十八宿),但它们已不与热带季节相对应了。四仲中星的移动,是不能无限期地忽略的,太初(邓平和落下闳)改历时,冬至点不在虚(第十一宿)而在斗、牛(第八、第九宿)之间⑧。这是公元

247

---

① J. B. Blot (1), pp. 363 ff.。

② 例如,见刘朝阳(10);竺可桢(3),能田忠亮(2,6),Nōda (2),de Saussure (1,3,4)。

③ Gaubil (3), p. 8.德索绪尔[de Saussure (1), p. 35, (3), p. 335, (4), p. 139]也强调这一点。

④ 参见本书第一卷,pp. 83 ff.。

⑤ 现在竺可桢(3,8)也支持他的说法。

⑥ 这是现代的度。

⑦ Eisler (1), p. 112。

⑧ 《后汉书》卷十二,第三页。实际上是在斗宿 $21\frac{1}{4}$°。

前 104 年的事。公元 85 年李梵、编䜣制定《四分历》时，已离开斗 $9\frac{3}{4}$ 度①。蔡邕和刘洪的《乾象历术》（公元 206 年）② 大大修改了传统的体系，把四仲中星全部后退一宿（将古代的四仲中星换为第二十四、第三、第十、第十七宿，即柳、氐、女、胃）。这项材料保存在后世的书籍中③，儒莲引起了毕奥对它的注意④。经过计算，毕奥发现修改后的中星安排应该符合公元前 1100 年的情况。毕奥和德索绪尔⑤都认为，这代表了周公时代的一种传统，但是，更可能是一个东汉时期的调整尝试。这种种的讨论，是最终使得虞喜在公元 4 世纪完全认识了岁差的所有讨论的一部分。

至于《夏小正》，则提到了六宿（第四、第五、第六、第十八、第二十一、第二十四宿），其中柳、尾两宿是第一次出现。人们发现⑥，这部书所提供的天文学资料与公元前 4 世纪中叶石申、甘德的时代是一致的⑦。《月令》的记载要完整得多，二十八宿中只缺少五宿⑧，因此年代可能大致相同。不过，因为能田忠亮 ［(2, 4)；Nōda (2)］已根据《月令》实际给出的资料进行了细致的推算，证明其观测年代只能在公元前 620 ±200 年，所以，虽然《夏小正》记载较少，但这很可能不是因为它的年代较早，而是因为叙述简略。由于《月令》有关于整个二十八宿体系的描述，很值得我们引证；我们选一个月作为例子就够了：

> 在秋季的第三个月（即第三个月的月初），太阳处在房宿。虚星在黄昏时上中天。柳星在黎明时上中天⑨。

> 〈季秋之月，日在房。昏虚中，旦柳中。〉

我们在这里清楚地看到，太阳所在的不可见的宿是如何推算出来的⑩。

如上文所述，这两种历书已收入秦汉时代（公元前 3 世纪至前 1 世纪）的《礼记》 248 和《吕氏春秋》，如果将这两部书的其他记载考虑在内，那么，整个二十八宿体系就完全出现了⑪。在《淮南子》⑫《尔雅》⑬ 等其他西汉著作中，二十八宿也是完整的。似

---

① 《后汉书》卷十二，第四页。这里的"度"是中国古度。

② 参见 Gaubil (2)，p. 26。

③ 《皇清经解》卷二八九，第三十四页；《五礼通考》卷一八二，第三十三页。

④ Biot (4)，pp. 147，150。

⑤ De Saussure (3)，pp. 348，352。

⑥ 能田忠亮 (7, 4)，Hartner (1)，Chatley (10)。

⑦ 参见 Knobel (2)。

⑧ 缺的是心、箕、昴、鬼、张（第五、第七、第十八、第二十三、第二十六宿）。不过，也多出了某些别的星群，特别是弧星（大犬座和船舻座中的一个星群，赤经与井宿相同）和建星（人马座中的一个星群，非常接近南斗）。

⑨ 译文见 Nōda (2)。

⑩ 应该注意，这些历法与希腊的"天文计算表"（parapegmata）是有区别的 ［Diels (1)，p. 5］，后者只列出偕日升、偕日落。和罗马历法相似之处，见 Soothill (5)，p. 64。

⑪ 沙畹 ［Chavannes (7)，p. 104］曾介绍过一面唐代铜镜，镜上有完整的二十八宿图，并附一些照片。图 93 就是其中一幅照片的复制品。

⑫ 在《淮南子·天文训》（第二页）中，二十八宿被分为"九野"及寻常的五宫。

⑬ 《尔雅》卷九，第一页起。

图版　二二

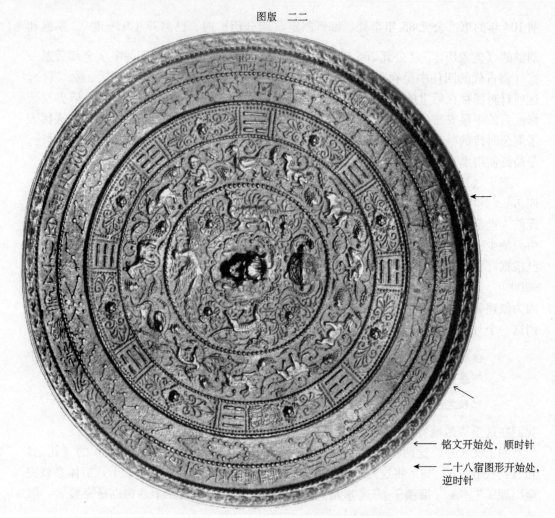

铭文开始处，顺时针

二十八宿图形开始处，
逆时针

图 93　唐代铜镜（公元 600—900 年间），镜上有二十八宿（自外数第二圈）、八卦（第三圈）、十二肖兽（第四圈）及四象（最内圈）的图案。美国自然史博物馆（Amercian Museum of Natural History）藏品，此镜已被多次用作插图 ［例如，《金石索·金索六》）；《西清古鉴》卷四十，第四十五页；复制图及讨论，见 Chavannes（7），pp. 104 ff. ］。外圈从右侧一朵小花（下午三点钟处）开始，刻有一首诗：

> （此镜）有长庚（金星）的德行，有白虎（西宫）的精华①。
> 阴阳的相互资助（在镜中呈现），山河的神秘灵性（在镜中完备）。
> 应遵守天的法则，应尊敬地的宁静，
> 八卦在镜上陈列展现，五行在镜上顺序配置，
> 让百灵无一能在镜下遮掩它们的面庞，让万物无一能在镜下隐藏它们的映象，

谁拥有这面镜子并把它珍藏，谁就将遇到好运并得以显贵 ［由作者译成英文，借助于 Chavannes（7）］〈长庚之英，白虎之精。阴阳相资，山川效灵。宪天之则，法地之宁。分列八卦，顺考五行。百灵无以逃其状，万物不能遁其形。得而宝之，福禄来成〉。

----

① 行星长庚和西宫白虎两者在象征的相互联系的系统中都主金。

乎可以肯定，在公元前 4 世纪中叶石申和甘德进行观测的时候，二十八宿体系似乎就已经完整了①。上田穰曾画出《星经》及同类书籍所提供的极距，证明世传的数据中有六宿的距星相当于公元前 350 年的观测。其他各宿应该是在公元 200 年左右经过修正的，修正人可能便是蔡邕，因为那几宿的极距和他的时代是相合的②。由此可见，从公元前 14 世纪到公元前 5 或 4 世纪二十八宿体系的连续发展情况是可能查清的，在这段时期之后，它就再也没有发生进一步的变动。

完整一周的时角分区示于图 94，其中各宿的距星用小圆圈表示，其他各星用黑点表示③。

各宿距星的一般分布情况，加上它们相差悬殊的赤纬，乍看起来似乎很奇怪。然而不少观测者④认为，这些距星大概并不是沿着今天的赤道分布，而是分布在它们被选定时的赤道上。现在它们所形成的路线，在昴、参（第十八、第二十一宿）之间穿过黄道，在南赤纬 20°左右到达张、翼两宿（第二十六、第二十七宿），然后在氐、心（第二、第五宿）之间再度穿过黄道，在北赤纬 20°左右通过室、奎（第十三、第十五宿），成为另一条曲线。如果把每 716 年由岁差导致的移动 10°考虑在内，我们画出公元前 1600 年天球赤道的大概位置（图 94 中的虚线），就可以看到，会有更多个宿落在这条线上。这个年代恰好在商代以前。由此看来，昴和房⑤很接近二分点⑥，星和虚很接近二至点⑦，这是具有重大意义的。我们已经发现，中国最古的天文记录，即在公元前 1300 年左右的卜辞中，恰好提到了星和房。商人既然已知道四仲中星中的两个，因而可以断定，他们必然也知道另外两个。《书经》中提到了所有四个中星⑧。重要的是，这四个中星分别落在赤道圈的四个分至点上，而此赤道圈和大多数宿的距星也相合。

竺可桢〔Chu Kho-Chen（1）〕为了定出与各宿距星最相合的赤道圈的年代，曾进行过一番计算，结果如下：

249

---

① 新城新藏（3）曾研究过的周代青铜器上的天文学铭文为此提供了有力证据；铭文中出现了宿的名称。

② 关于二十八宿完整体系完成的时代，德索绪尔〔de Saussure（14）〕曾列举出另外一或两个例证。《国语》中有一节记公元前 554 年的事，提到四宫中的二十八宿；但如果认定此书是先秦著作，那是不妥当的。《史记》也引用《书经》的一段话，讲到"七正"和二十八"舍"（一个不常见的术语），但在今天我们看到的《书经》里，已没有这段话了〔Chavannes（1），vol. 3，p. 300〕。

③ 参见德索绪尔〔de Saussure（6），p. 131〕书中的图解；de Saussure（1），p. 101。

④ de Saussure（3a），Chu Kho-Chen（1）。

⑤ 在耶雷米亚斯〔Jeremias（1）〕所绘制的公元前 3200 年的巴比伦平面天球图上，可以清晰地看到昴星团和天蝎座 α 的这种相冲。在以某个火神之星标志一年之始的其他文明古国。例如，以阿耆尼（Agni）标志一年之始的印度，以休泰库特利（Xiuhtecutli）标志一年之始的阿兹特克人的墨西哥（Aztec Mexico），都有令人惊奇的相似情况。

⑥ 赤道与黄道在此处相交。

⑦ 在这里赤道和黄道相距最远。

⑧ 由于岁差在中国发现较晚，此书如属伪造，当晚于公元 4 世纪，这从汉学知识上看来是极不可能的。雷伊〔Rey（1），vol. 1，p. 350〕有此怀疑，可不予理会。

年　代	部分或全部在南北赤纬 10°间带形区域中的宿数
1900 年	11
0	14
公元前 4300—前 2300 年	18—20
公元前 6600 年	15
公元前 8800 年	6

所以在二十八宿体系建立年代的问题上，他被引回到公元前第 3 千纪。但是，要承认这一点，是有很大困难的，因为所有考古学和文献方面的证据，都说明年代不可能那样早。

前面已经指出，一颗星被选为距星是和它的赤纬无关的，这个事实使问题更加复杂化。有若干宿（例如：第二十一宿，参；第六宿，尾；第七宿，箕；第八宿，斗）看来和赤道圈的任何一个可能位置都不相合。选择距星时，主要是看它能否和一颗拱极星"拴"在一起，而这些例外的星大部分是可以做到这一点的。因此，其他各宿看上去和殷商时期的赤道圈符合得很好，其实这可能只是一种错觉；选定这些宿的年代可能晚得多，而且可能是出于其他的目的。

昴和房这一对二分点到了另一时期，应该被参（第二十一宿；猎户座）和心（第五宿；天蝎座）这一对二分点取代[1]。这就产生了古书中常见的"辰"（K 455）这一重要名词的含义问题[2]。"辰"字在后来的使用中，具有了种种不同的含义；除作为十二支的第五支以外，它又逐渐成为用来表示十二时辰，天体具有吉或凶性质的聚合，吉星或凶星，以及任何确定的时间或瞬间的诸多术语中的一个。人们有时说到"三辰"，有时又说到"十二辰"。然而金璋［Hopkins（18）］认为，此字最古的字形表示的是蝎尾或龙尾，应视之为天蝎座的局部图。这也是《春秋》古注之一《公羊传》中所解释的意思[3]。该书[4]将"大辰"解释为大火（心宿二，居心宿中央）、伐（猎户座的戟，即参）和北辰（北极星）[5]。我们记得，位于天蝎座的心宿，事实上就是东宫苍龙的心。我们在这里再次发现，这些文献，甚至一个字的字形，都和公元前 2000 年以前的天象有关。如果说这些证据都是岁差发现之后的伪造，那是完全无法使人相信的。因此，"辰"的古义可能是"天上的标记点"。

岁差的变动，不可避免地对整个二十八宿体系产生重大的影响。由于天球赤道的移位，某些曾经是拱极星的星后来不再是了。我们已经看到，北斗斗柄的位置（指上、

---

① 如图 94 所示，这一对的位置在赤经上与前一对相近。
② 参见朱文鑫（4），第 122 页；de Saussure（1），p. 106。
③ 对应的记述见《左传·昭公十七年》［Couvreur（1），vol. 3，p. 280］。
④ 《春秋公羊传·昭公十七年》（卷二十三，第五页）；时逢公元前 524 年一颗彗星出现。《公羊传》的年代，按照一般的说法，如果不是在公元前 5 世纪，至少也是在汉以前。参见 Wu Khang（1），p. 6；Schlegel（5），p. 146；de Saussure（6），p. 138，（19）。
⑤ 这个总数是三辰；新城新藏［(1)，第 13 页］指出，十二辰是由猎户座的三颗星加上大蝎座 α（大火）、北极星，再加上大熊座的七颗星组成的。

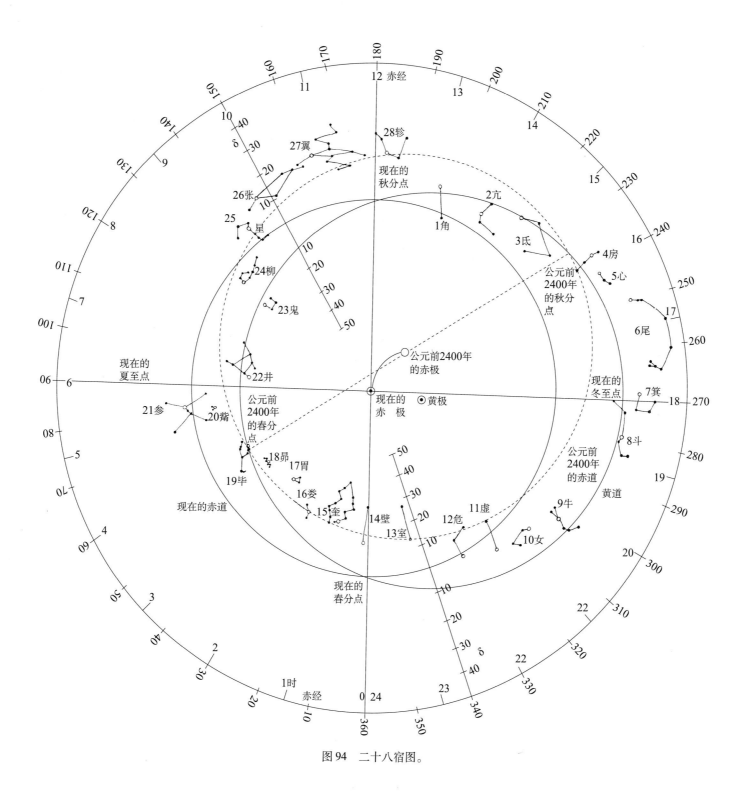

图94 二十八宿图。

指下、指东或指西）作为季节的指标①。现在《星经》中仍然载有一种古老的传说，即北斗原来不是七星而是九星，不过其中两颗后来已经看不见了②。事实上，如果把斗柄延长下去，便碰到牧夫座的某些星，这些星过去很可能被认为属于北斗。《淮南子》（约公元前120年）中有整整一篇③在叙述每个月的社交仪式，按照招摇所指的方位逐一列举。例如，招摇指寅（由北向东60°）是孟春之月，招摇指卯（正东）是仲春之月，等等④。招摇大概就是牧夫座γ⑤，它已经在公元前1500年前后离开恒显区，由此看来，这篇文献似乎记载了一种很古老的传说。这是人们在接受中国天文学起源很晚的说法时应当慎重考虑的另一个证据。

何况，随着时间的推移，岁差会引起恒星赤经的变动，变动的大小随各恒星与两分点和分至圈的相对位置而有所不同。相邻各宿中赤经差小而赤纬差大的距星，其先后次序是迟早会改变的。二十八宿与拱极星之间位置的锁定也会受到影响。因此我们认为，明亮的牵牛（天鹰座α）是在《诗经》时代与汉代之间的某一时期，被微弱的女（宝瓶座ε）取代了；同样，明亮的织女（天琴座α）也给微弱的牛（摩羯座β）让了位⑥。而可能曾经属于斗柄延长部分的大角（牧夫座α），则被角（室女座α）取而代之⑦。在13世纪元朝统治时期，出现了大家熟知的宿倒置的情况，当时参宿的距星（猎户座δ）超过了前一宿即觜宿的距星（猎户座λ）⑧。公元1280年左右郭守敬的观测表明，觜宿即将不复存在⑨。这个问题在明代得到了解决，办法是把参宿的距星猎户座δ改为猎户座ζ，使觜宿作为一个很狭窄的宿存在下去⑩。

大角在牧夫座中的位置需要进一步加以说明。它的东西两侧各有一个包括三颗星的小星群，称为"左摄提"和"右摄提"⑪。由于太岁纪年（见下文 p. 404）的第一年

251

---

①　《夏小正》、《月令》和《史记》，特别是《淮南子·天文训》（第十页）。也见于《鹖冠子》（卷五，第十六页），该书据称是公元前4世纪的著作，但其大部分完成于东汉［见 Forke（13），p. 528］。参见 Chu Kho-Chen（8）。

②　Chu Kho-Chen（1），p. 14。

③　《淮南子·时则训》。

④　书中系统地列出了每月昏旦中天的宿名。

⑤　Chu Kho-Chen（1），陈遵妫（3）。这颗星的赤纬为38°43′。不过，施古德认为它是更偏北的牧夫座β，上田穰则认为是牧夫座λ。但论据的实质未受影响。卜爱玲［Bulling（5）］在汉代石刻上认出了此星（见图90）。

⑥　竺可桢［Chu Kho-Chen（1）］认为织女一和河鼓二也在公元前3600年左右发生了倒置情况，巴比伦人似乎已经注意到这一点。

⑦　应该注意，二十八宿的次序通常自角开始。这可能是因为殷商时期每年第一个望月在此宿出现［de Saussure（15）］，或由于斗柄指向此处［Shinjō（1）］。

⑧　De saussure（6），p. 172；（1），p. 142。

⑨　Gaubil（3），p. 107。印度"纳沙特拉"（nakshatra，见下文 p. 253；月站）之一的"阿毗私度"（Abhijit）就是这样被取消的；de Saussure（15）；Renou & Filliozat（1），vol. 2，p. 721。

⑩　从图94中可以明显地看出，既有觜宿，又有参宿，这无论如何是一种异常情况。德索绪尔认为，参宿（和心宿）之所以混入二十八宿，是由于它们极为古老和显赫，并且在天文学体系形成之始就分据在二分点上。不过，参宿和分点符合得并不好，它又和觜挤在一起，且在当时的赤道南面很远。这或许可以说明，中国的二十八宿是由一种以上的古代体系融合而成的。见 de Saussure（28）；（1），p. 547；（14），p. 271。

⑪　公元前1世纪的文献说："它们一边提携着大角，一边又提携着北斗，由此把它们和下面的连接起来。"（"提斗携角以接于下也。"）（《春秋纬元命苞》，见《古微书》卷七，第五页）这部有意义的汉代占星天文著作，应得到比过去更多的研究。

图版 二三

图95 龙和月的象征性图案；北京故宫九龙壁局部［纳夫拉特（Nawrath）摄］。

称为"摄提格"，湛约翰等人[1]便把它当作梵文"*Bṛhaspati-cakra*"（木星周期）的音译，但德索绪尔［de Saussure（11）］却比较谨慎，把它译作"摄提的规则"（la règle des Cho-t'i）。大角和角宿［春（东）宫苍龙的大小二角］一定在春季出现，而大角由于赤纬相当偏北，成为斗柄的一部分，所以，虽然严格地讲它并不是拱极星，但它的可见期却很长。所以，按德索绪尔的说法[2]，"摄提的规则"就是中国人注意偕日升的少数实例之一。但是，当黄道从大角附近移开时，岁差作用便破坏了这一现象在季节上的意义，因此司马迁说："摄提不再能起指示星的作用了"（"摄提无纪"）[3]。

　　在这方面，已有人指出，"胧"字的意思是月出，它应该源于这样一个事实，即在汉代的一年开始之时，月亮是从青龙的两角之间升起的[4]。胧字由"月"和"龙"这两个部首组成。因而就有了美术方面最常用的题材"龙戏珠"，珠即月（图 95）[5]。

　　另一种关于以观测拱极星或近拱极星来定四季的方法的说明，见于斯坦因（Stein）敦煌藏品中公元 800 年左右的天文学写本[6]。这个写本讲到天狱星位置的观测。可惜，"天狱"可以指下列四颗星或星群中的任意一个：御夫座 β（S 616）、昴星团（S 615）、白羊座中的娄宿（S 614）和牧夫座的摄提（S 617），但是最可能的是最后一个。

（3）二十八宿的起源

　　织女一、河鼓二及其他作为距星的亮星在比较紧要的地方被较暗的星取代了的情况，在其他文明（如印度）中并没有出现过。现在我们要谈到一个曾经引起许多争论的问题，即印度的"纳沙特拉"（*nakshatra*）和阿拉伯的"迈纳济勒"（*al-manāzil*），意思是"月站"，同中国二十八宿的关系。科尔布鲁克（Colebrooke）在 1807 年首先引

　　252

---

　　[1]　包括竺可桢［Chu Kho-Chen（1）］。他认为这个名词出自"*Kṛttikā*"，并认为其过渡形式是广东方言"*chip-thai-kak*"（摄提格）。

　　[2]　De Saussure（1），p. 388。

　　[3]　《史记》卷二十六，第二页；译文见 Chavannes（1），vol. 3，pp. 325，345；参见朱文鑫（5），第 22 页。

　　[4]　Chatley（5）；de Saussure（1），pp. 168，589。

　　[5]　应该注意到，这里的青龙是一宫（天的一个完整象限）的标记。这一宫的范围大致相当于西方的天龙座，但恐怕只是巧合而已。无论如何，中国的"天空之龙"，在起源上是和以其首尾代表月的交点以及在日食时"吃掉太阳"的龙毫不相干的。无疑，我们所用的术语"交点月"（draconitic months；天龙月）即来源于此，交点月表示月球相继通过两交点所需的时间［Berry（1），p. 48］。在这方面值得注意的是，这个周期为 27. 2122 日，公元 5 世纪祖冲之就已求出此值，精确到小数四位［参见 Li Nien（2）］。但是，这些交点并不固定，它们每 18. 6 年左右沿黄道转一周。"龙戏珠"最初所象征的不会是交点；即使后来变成这样，也只能是受到了从印度传入的想象怪物——罗睺和计都——的影响（见上文 p. 228）。后来那颗珠不是"月之珠"（"玥"）而是"日之珠"了，的确有时画成红色，还加上火焰。由此看来，这种象征手法的多重性自然是可以想象的；可见 de Visser（2），pp. 103 ff. 。

　　[6]　不列颠博物馆（British Museum）中的斯坦因藏品，第 2729 号。

起了西方学者对"纳沙特拉"的注意，有多种"纳沙特拉"表可用①，而毕奥［Blot
(6)］则对 11 世纪比鲁尼（al- Bīrūnī）收集的全部资料进行了分析。阿拉伯的多种
"迈纳济勒"表见于希金斯（Higggins）等人的著作。这些表确实完成于古兰经之前②，
希伯来人称之为"马扎洛特"（mazzaloth）③，它们甚至融入到了科普特语（Coptic）中
［Chatley (12)］。"月站"的伊朗译名也已经查出④。亚洲以外最早的有关资料是在公
元 4 世纪的一种希腊纸草书上⑤，魏因施托克已对其做了分析。

　　三种主要体系（中国的、印度的和阿拉伯的）同出一源，这一点几乎无可置疑⑥，
但是，哪一个是最古老的这一问题仍然存在。"迈纳济勒"不是竞争的对手，但其他两
套则使印度学家和汉学家不时表现出包办代替的沙文主义⑦。中国二十八宿的距星有九
个与相应的印度的联络星（yogatārā）相同，还有十一个虽然不同，也都在同一星座之
内；只有八个不仅不同，也不在同一星座之中，其中两个就是织女一和河鼓二（可能
是早期的距星）。在中国和印度，新年都从相当于室女座 α 的宿算起，并且都是以昴星
团作为四仲中星之一⑧。

　　目前所提出的二十八宿起源于中国的大部分论据，竺可桢［Chu Kho-Chen (1)］
已扼要地进行了介绍。除中国以外，还没有别的文明古国能从四仲中星的古老记载中，
一步步地把这种体系的发展追溯出来（像上文已经做过的那样）？毕奥［Biot (4)］所
发现的"耦合"（coupling）排列，在"纳沙特拉"中表现并不明显，而在赤道上宽度
各不相同的二十八宿，则确实是一个个遥遥相对⑨。在印度天文学中，并不存在宿与拱
极星之间位置锁定的情况，而这却是中国天文学的精髓⑩。特别有趣的是这样一个事
实："纳沙特拉"的分布远比二十八宿来得分散，而且在公元前第 3 千纪时，它们的分

---

　　① 例如，见于 E. Burgess (1)；J. Burgess (1)；Brennand (1)；Chu Kho-Chen (1)；Whitney (1) 等。布伦
南德（Brennand）犯了一个常见的错误，他把它们看作是黄道带或黄道圈。关于蒙古语的资料，也可见
Baranovskaia；关于泰国的资料，见 Bailly (1)；关于柬埔寨的资料，见 Faraut (1)。

　　② 参见 Pellat (2, 3)。

　　③ 参见 2 Kings, xxiii, 5。但此古本的译文正确与否，仍不能确定。参见 Schiaparelli (1)，p. 215。

　　④ Anquetil-Duperron (2)，vol. 2，p. 349。见公元 1178 年编成的一种波斯百科全书——《创世纪》
（Būndahišn）。但亨宁［Henning (1)］把"纳沙特拉"从印度传入波斯的年代定为公元 500 年左右。

　　⑤ 不列颠博物馆藏纸草书，第 121 号。

　　⑥ 当然，除非认为每一个使用原始阴历的文明古国都不可避免地需要一套月站体系，从而各自独立创造了
这些体系。这种说法就天文学的角度来看可能是合理的，但从历史学和人种学着眼则很难成立。

　　⑦ 马克斯·米勒（Max Müller）和韦伯是与毕奥、施古德和屈纳特互相对立的。陈遵妫［(5)，第 89 页］仍
主张纯粹的中国起源说。

　　⑧ 参看 Chu Kho-Chen (8)。

　　⑨ 毕奥注意到，有些宿（如井和斗）必须很宽，因为较狭窄区域没有能和它们锁定在一起的拱极星。另外，
德索绪尔［de Sauussure (1)，pp. 537, 538, 550；(14)］认为，首先应该看到"耦合"作用，"锁定"是次要
的。

　　⑩ 大部分科学史家，如达塔［Datta (3),］、凯［Kaye (4)，p. 77］、布伦南德［Brennand, p. 38］，都一致
认为，恒星方位天文学并非古印度人所长，他们对日、月、五星的运动较有兴趣。他们没有任何与石申等的星表
相当的著作传下来。

布距离赤道更远①。印度的历法学按印度气候条件把一年分为三季或六季，并不分为四季②，但"纳沙特拉"却同中国的二十八宿一样分为四宫。

　　无论如何，就文献记载而论，印度人掌握的证据并不多。菲利奥扎［Filliozat（7，8）］的说法是有一定道理的，他说二十八宿在印度和中国基本上是同时出现的③。据我们所知，实际情况如下：在《梨俱吠陀》（Ṛg Veda）的赞美诗（约公元前14世纪，与商代甲骨卜辞同时）中，"纳沙特拉"一词似乎与任何一颗恒星都有关［Keith（4）］，而后来作为"月站"的"纳沙特拉"，却只有两个④见于一部分诗篇⑤，这一部分诗篇（大家公认）是若干世纪后添加进去的⑥。不过在《阿闼婆吠陀》⑦（Atharvaveda）和《黑夜柔吠陀》⑧（Black Yajurveda）的三种校勘本中，则全部都已出现。尽管有些人把这一点当作全部"纳沙特拉"形成于公元前1000年左右的证据，但是另一些人⑨则以为公元前800年是较妥当的年代上限。如果和中国方面的证据对比，我们就会发现，中国至迟在公元前14世纪已经知道四仲中星，并且有八宿见于《诗经》（公元前8或前9世纪）。由于《月令》记载着二十八宿中的二十三宿，而且此书可能撰成于公元前850年那样早的时代，所以，中印两国最古的文献证据在年代上是不相上下的。现在我们没有必要就两国较晚的记载做进一步的探索，但值得注意的是，直到诸《历数书》（Siddhāntas）的时代（约公元5世纪），距星和联络星还不可比较。因此可以推测，这两种体系是在古代分别发展起来的，不过到了较晚的时期，中印两国文化接触大为增加，才产生了某种程度的联系⑩。

　　但是，这三种体系肯定没有共同来源吗？大约50年以前，奥尔登贝格［Oldenberg（2）］在一篇重要论文中提出，巴比伦有一种原始型"月道带"（lunar zodiac）为亚洲各民族所普遍接受，中国和印度的体系都是从这种"月道带"发展起来的⑪。记得在前面的章节⑫中我们已经注意到了，贝措尔德［Bezold（1）］用楔形文字文书与司马迁所记载的古代传说进行比较时所发现的两者在五星占验理念上若干引人联想的相似之处⑬。

　　最重要的试图证明楔形文字文书中所记载的就是"月站"的文章出自霍梅尔

---

　　① De Saussure（14）；（1），p. 533。德索绪尔有时猜想［例如 De Saussure（1），p. 541］，"纳沙特拉"可能代表一种比二十八宿更古老、更原始的体系，而不是一种退化的或相似的体系。

　　② 见 Sengupta（2，3）。

　　③ 实际上，他有时认为二十八宿在印度出现得比在中国早，但在目前看来，这是说得太过分了。

　　④ 它们的名称与较晚的标准名不同。

　　⑤ Ṛg Veda，X，85，13；Geldner（1），vol. 3，p. 269。

　　⑥ Keith（4），p. 140；（5），vol. 1，pp. 4，25，79。

　　⑦ Atharvaveda，XIX，7；Whitney & Lanman，vol. 2，p. 906（二十八"纳沙特拉"）。

　　⑧ The Taittirīya Saṃhitā，IV，4，10；Keith（6），p. 349（二十七"纳沙特拉"）。Maitrāyaṇi Saṃhitā，II，13，20（二十八"纳沙特拉"）。Kāthaka Saṃhitā，XXXIX. 13（二十七"纳沙特拉"）。

　　⑨ Keith（4，5）。关于吠陀年代的最新观点，见 Renou & Filliozat（1），vol. 1，pp. 270 ff.，310。

　　⑩ 这种见解是菲利奥扎博士在私人通信中向我谈到的（1951年9月1日）。

　　⑪ 这一点使德索绪尔［de Saussure（14），p. 252；（1），p. 528］的见解有所改变。

　　⑫ 本书第十四章（a），见第二卷，pp. 353 ff. 。

　　⑬ 艾约瑟［Edkins（8）］、博尔［Boll（3）］及基思［Keith（4）］都支持二十八宿来自巴比伦的假说，韦伯［Weber（1）］及惠特尼［Whitney（1，2）］倾向于此。竺可桢［Chu Kho-Chen（8）］现在也有这种看法。

（F. Hommel），他相信巴比伦人有 24 个"月站"，并以为有可能定出其中的 16 颗距星。这 24 个"月站"与中国二十八宿相合的仅有三个，而与印度"纳沙特拉"一致的则有 10 个。因此，其间的关系并不很明显①。但是，要从这样古老的材料中查出距星是否相同，也实在未免期望过高。我们还有一些完全不同的根据来认为，有可能从巴比伦的天文学中找到所有"月站"体系的共同来源。亚述学家早已知晓在尼尼微（Nineveh）的亚述巴尼拔王（King Assurbanipal；即 Ashur- bāni- apli，公元前 668—前 626 年）藏书室中所保存的一批楔形文字泥板，不过这批泥板的年代按内容来说当属于公元前第 2 千纪晚期②。这些泥板上绘有由三个同心圆构成的星图③，三个同心圆都被 12 条半径截成 12 段。在由此得到的 36 个区域的每一个上面，都标有星座名称和一些数字，其确切意义还无法解释④。图 96 所示是这些泥板之一⑤。这些图，通过近年来在复原和解释方面的一些尝试，已经清楚得多了⑥。我们把它们看作表示拱极星及其相应的赤道"月站"的原始平面天球图，难道不可以吗？

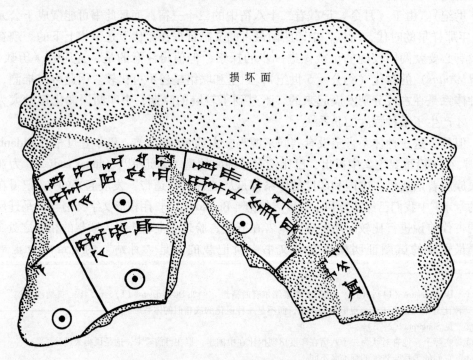

损坏面

图 96　巴比伦平面天球图的一部分（约公元前 1200 年），采自 Budge（3）。

---

① 这正是蒂鲍特［Thibaut（1）］所急于指出的。

② 参见 Neugehauer（1）；Boll（5），p. 55。

③ 这种星图常被十分错误地称为"星盘"。

④ 这些数字按照算术级数增减，它们一定是和一种简单的十二月历有关。

⑤ Budge（3）ed. *Cuneiform Texts from Babylonian Tablets*，1912，vol. 33，plates 11，12，and p. 6。博赞基特和塞斯（Bosanquet & Sayce）有进一步的介绍。

⑥ 特别见 van der Waerden（2）；Weidner（1），p. 62，76；A. Schott。复制图见 Eisler（1），pp. 83，84。

最近所做的研究似乎支持这一看法。带有
"平面天球图"的泥板属于现在称之为"恩努马
（或伊亚）、安努、恩利勒"① 组［"Enurna（or
Ea）Anu Enlil" series］的一类。这类资料包含
占星术的天象预兆大约 7000 条，编成时间相当
于商代，即大约公元前 1400—前 1000 年②。这
些平面天球图有"三道"（three roads）③，每道
标有 12 颗星，依其偕日升的时间每月一星。中
间的道④是赤道带，其上的星被称为安努的星

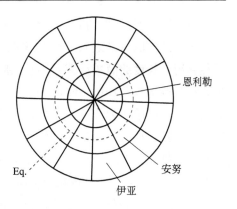

（Stars of Anu）；外道的星是赤道以南的星群［伊亚的星（Stars of Ea）］，而内道是北天
和北极区星群［恩利勒的星（Stars of Enlil）］所经之路。在这个时期以后，平面天球
图不复可见，不过在"犁星"组（"Mul-Apin" series；约公元前 700 年)⑤ 的泥板上，
它们的位置被经过修正和大量改进的星表取代。所以，应该总是可以在同一时间看
到 18 个星神（star-gods）。这些古代记载从未提到黄道带或沿黄道分布的星座。与黄
道概念有关的最早的文献证据，见于公元前 420 年之后⑥。另外，公元前 2 世纪和前
3 世纪塞琉西王朝的巴比伦楔形文字文书却非常突出黄道带，并且完全使用黄道坐
标。最后，古巴比伦的三十六星群、埃及的旬星（decans）及其中给黄道星座让位
的 12 颗星，已混淆不清了。所以人们完全可以这样推测，东亚的赤道"月站"是在
公元前第 1 千纪中期之前，也许在比这还要早得多的年代，起源于古巴比伦天文
学的。

在这一方面有一个颇有意义（但迄今未被注意）的事实，这就是《周髀算经》⑦
有一张图很像巴比伦的平面天球图。图中同心的六道（"间"）⑧ 环绕北极，它们又由
七个区域（"衡"）截开，恰似把古老的"三道"每道各加一倍。这张图被称为"七衡

---

① 这三者是埃兰（Elam）、阿卡德（Akkad）和亚摩利（Amurru）的神。

② 贝措尔德［Bezold（1）］从这些泥板中节选出了部分，用以和较晚的中国国家占星术做比较。魏德纳
［Weidner（2）］有详细介绍。

③ 范德瓦尔登［van der Waerden（2）］已证明，迟至公元 362 年，尤里安皇帝（Emperor Julian）在《太阳
祷文》（Oratio ad Solem）中还提到"三道"。但以后便成为"迦勒底"的神秘教条，不复是希腊的"假说"了。

④ 宽约 30°。

⑤ 如此称呼，是因为三组星名中有一组从犁（Apin）"星"（mul）开始。所谓犁"星"，是由仙女座 r 和三
角座诸星组成的星座。中国人也称此星群为"天大将军"（S 550），因为它在肃杀的秋季偕日落。总而言之，欧洲
的星座名［见 van der Waerden（2）］似较中国更近于巴比伦。最好的介绍见 Bezold，Kopff & Boll（1）；Weidner
（3）。

⑥ 见 Rehm（1）。关于全部情节，也可见 Neugebauer（9），pp. 14，94 ff.，133。

⑦ 《周髀算经》卷上，第十七页。

⑧ 此名很恰当，因为"间"字原作"閒"，原来的象形文字是月和门组成的（K 191），意思是中间的空间。
此字当由光线自门外射入引申而来。后来写作"間"，即把月换成了日。

257 图", 注释者说原图为青色, 附有黄色的黄道①。图旁的文字对太阳在一年内不同时间通过这些区域的运动进行了详细说明, 并增加了一些以"里"为单位的关于各"间"直径和周天长度的简单计算②。这不禁令人想起了古巴比伦 (约公元前 1400 年) 的希尔普雷希特泥板 (Hilprecht tablet)③。说明文字以 (除二至点外的计算) 日影长度表和有关月行的问题作为结束, 这个日影长度表又使我们想起了古巴比伦泥板。④ 我们会相应地回想起, 《周髀》所描述的乃是一种最古老的古代宇宙学说。⑤ 还有一个值得注意的细节, 是北京天坛祈年殿至今还保存着三层的圆台, 似乎有意象征伊亚-安努-恩利勒的"三道"。主祭的皇帝在台上所占的位置自然是中央的极的位置。假如中国的赤道天文学, 至少有部分确实是从古巴比伦赤道天文学发展起来的话, 那么, 这种线索正是我们所希望找到的。

古波斯无疑是向中印两国传播巴比伦思想的中继站之一。于贝 [Huber (2)] 曾在中国佛经中查到一些波斯占星术名词。但月站在伊朗究竟古老到什么程度, 重要到什么程度, 仍然是不确定的。德索绪尔 [de Saussure (19)] 告诉我们, 他在介绍中国的二十八宿体系时, 来自伊朗学家的反应多于来自亚述学家的反应。他断言⑥, 古波斯 (至少从公元初的几个世纪开始) 也同样把天空划分成四个赤道宫和一个中央宫, 并有同样数目的赤道分区和四仲中星。德索绪尔 [de Saussure (20, 21)] 已能够从波斯的这种体系推出阿拉伯的"迈纳济勒"体系, 并说明希伯来象征手法的某些方面⑦。

前面已经提到, 存在多种科普特语的"月站"名称表。使人感觉奇怪的是, 有关那些名称表的传闻甚至也为中世纪的欧洲人所知。据施泰因施奈德 [Steinschneider (1, 2)] 报道, 有许多尚未经过充分研究的晚期拉丁文手稿, 内容涉及"月站"⑧。不过, 这种 (大概是经由阿拉伯文的) 传播, 对西方根深蒂固的黄道先入之见并未产生影响。反之, 我们知道⑨, 有关印度"纳沙特拉"的记述, 至少是它的名称表, 自隋以

---

① 这个图很可能对铜镜背面的花纹有一些影响。《金石索》所录的一面唐镜图案示于图 93 [参见 Chavannnes (7)]。参见黄道平面天球图, 希腊-埃及的图见 Boll (1), pl. VI, 复制图见 Eisler (1), pl. IX; 日本的图见 Boll, Bezold & Gundel (1b), fig. 34, 复制图见 Eisler (1), pl. IX。

② 参见马伯乐 [Maspero (3), p. 345] 的著作, 他把这些东西列成了表。

③ 参见 Neugebauer (9), p. 94。

④ 参见 Weidner (3)。

⑤ 参见上文 p. 210。这部书中较古老的部分的年代因此可能在孔子的时代 (公元前 6 世纪) 前后。哈特纳 (W. Hartner) 博士同意这种见解。

⑥ De Saussure (17, 19, 20, 21, 24); Chatley (12)。但菲利奥扎 [Filliozat (7)] 不同意这种观点。

⑦ 例如, 《以西结书》(Ezechiel)、《撒加利亚书》(Zekariah) 和《启示录》(Revelation) (天启四马) 中的颜色象征, 显然可能是同中国及伊朗相互联系的思维中与五宫、四方相配的那些颜色有关系的。

⑧ 例如 Capitulum cognitionis mansionis (sic) lunae, Paris (Bib. Nat.), 9335, f. 140, 141。

⑨ Eberhard (12), p. 211; Yampolsky (1)。

后（也许早至公元 3 世纪）就已经以佛经的形式译成了汉文①。我们还知道②，希腊黄 258
道十二宫的符号自公元 6 世纪起进入中国佛教经籍，有时意译成相应的汉词③，有时以
不可理解的梵文音译形式出现④，儒家的天文学家一定是把它们当作又一种佛教咒语而
抹杀了。

因此，一千年以后，当耶稣会士到达中国时，他们完全误解了中国的二十八宿体
系的性质⑤。中国人很早便有年岁和赤道的十二分法⑥，这种划分法以二十八宿和五宫
为基础，含包十二个不等的部分⑦。耶稣会士把这些不等的部分误认为是被歪曲了的或
退化了的希腊黄道十二宫，加之，碰巧有对他们有利的环境之助⑧，因而引起一次不必 259
要的改历，沉重地打击了古代的二十八宿体系⑨。

---

　　① 其中有一些是值得注意的。最早的显然是竺律炎和支谦在公元 220 年前后所译的《摩登伽经》（*śārdūlakarnā
vadāna Sutra*；TW 1300）。新城新藏怀疑它不是一种纯粹的印度著作，因为其中有一些观测肯定是在北纬 43°进行
的。艾伯华甚至找到种种理由，把全部经文定为晚至公元 8 世纪的作品。公元 300 年前后，同一著作又由竺法护译
为《舍头谏太子二十八宿经》（TW 1301），但此书现存本也可能是唐代的。这两种译本都有"纳沙特拉"名称表。
我们不必认为这些梵文或部分梵文的著作全部来自印度。如隋时（公元 566—585 年）或隋以前由那连提耶舍
（Narendrayaśas）所译的《大方等大集经》（*Mahāvaipulyamahā- samnipāta Sūtra*；TW 397），其中有许多突厥历资料
（如十二兽纪年法），大概是全部在新疆写成的。《大藏经》中的第四种著作有很长的书名《文殊师利菩萨及诸仙
所说吉凶时日善恶宿曜经》，有时简称《宿曜经》。该书是由不空和尚（Amoghavajra）于公元 759 年译成汉文（我
们在上文 p. 202 已经提到），并有杨景风于公元 764 年作的注（TW 1299）。书中仅列出二十七"纳沙特拉"，这是
当时印度所有的宿数。书中还列出七曜日，附有七曜的梵文、粟特文、波斯文名称，并告诉中国读者说：如果不
记得七曜日的名称，可"问一下粟特人，或波斯人，或五天竺的人，他们都是知道的"（"当问胡及波斯并五天竺
人总知"）［参见 Bagchi（1），p. 171；Chavannes & Pelliot（1），p. 172］。关于七曜之精在佛教绘画作品（如敦煌
壁画）中的表现，可查阅 Meister（1）。无论这些书出自何处，它们总是有一个时期以梵文的形式存在，不过某些
天文学古籍可能是直接从粟特文译为汉文，而不是从梵文译出的（见上文 p. 204）。其中最重要的，或许是金俱吒
于公元 806 年后不久译成的《七曜攘灾诀》（TW 1308）。金俱吒似乎在译本中加入了中国材料，但是不管书名如
何，此书的天文学内容多于占星术。书中有行星历表（见下文 p. 395），有"纳沙特拉"的黄道宽度，当然也有粟
特的七曜日表。这一切虽然在中古时期科学文化交流问题上能引起人们的兴趣，但与古代二十八宿起源问题则毫
无关系。
　　② Chavannes（7），pp. 37 ff.；Eberhard（12），p. 256。
　　③ 例如，《七曜攘灾诀》（TW 1308），以及 TW 397，1299，1312。
　　④ 例如，《大方等大集经》（TW 397）。
　　⑤ 参见 de Saussure（1），pp. 181，513；特别是 de Saussure（16d），pp. 336，339。现代耶稣会士，如裴化行
［Bernard- Maître（1）］，完全承认这一点。
　　⑥ 参见下文 p. 403。
　　⑦ 这就是有人想把"纳沙特拉"和西方黄道十二宫的符号象征联系起来，但总是不能令人信服的一个原因
［如 Weinstock（1）；Gibson（1）］。
　　⑧ 特别是由于康熙皇帝当时（1669 年）希望摆脱摄政者的监护［参见 du Halde（1），vol. 3，p. 285］。他利
用耶稣会士认为他们所发现的中国历法错误，在即位后照例改年号时进行了一次历法改革。参见下文 pp. 443，446
ff.。
　　⑨ 德索绪尔［de Saussure（16d）］写道："南怀仁神父指责钦天监监副没有按照真黄道运动来确定中国天文
学一直描述成平赤道运动的东西。"但是，耶稣会士达到了目的，（纯正形态的）中国天文学被抛入了垃圾堆。一
直到最近一百年内，对它的认真研究才使它复活起来。

(4) 天极和极星

天极在中国天文学中所具有的重要意义已经弄清楚了。但是，岁差对天极位置起的作用相当大，使天极以黄极为中心做巨大的圆周运动。天极现在当然是和现代天文学的极星——小熊座 α（即勾陈一，亦称天皇大帝[①]）极其接近，但大约 11 000 年之后，它将移到"轨道"的另一端，即北赤纬 45° 左右天琴座织女一附近。因此，可以说，在公元前 3000 年的时候，它应该是处在北赤纬 64° 和赤经 14 时左右的位置上。这里我们发现一个最有趣的事实，即沿着天极自那时起所经过的路线，所有带有中国名称的星都在不同时期充当过极星，只是后来不再是极星了。德索绪尔 ［de Saussure (13)］、马伯乐[②]和竺可桢 ［Chu Kho-Chen (1)］ 曾特别注意这个问题。这些事实似乎很难与马伯乐 ［Maspero (15)］ 对中国天文学古老程度的最终低估相调和，因为在中国的天空中，假如实际上并没有极星的先后相承，我们便很难指望沿天极的轨道及在拱极区之外的任何其他地方，能找到一串被放弃的极星[③]。当然，不能由此得出结论说，中国的天文学观测就可追溯到公元前 3000 年，因为有些星名可能是直接从巴比伦那里接收过来的——但是这一点并未得到证实。

这一情况可以通过图 97 中的示图来理解[④]。按照中国星图，在今天的极星周围，由两道恒星组成的"藩"墙围成了一个半径约为 15° 的区域，即所谓的"紫微垣"——这是用皇宫来比喻的。"东藩"包括天龙座 ι、θ、η、ζ、φ，仙王座 χ、r[⑤]、以及仙后座 21 诸星[⑥]。"西藩"包括天龙座 α、χ、λ，小熊座 d2106，鹿豹座 43、9、260 1H[1]诸星[⑦]。重要的是我们发现，在两道"藩"墙的"北"端之间空处（"紫宫门"或"阊阖门"）的两侧，一侧的最后一星称为"左枢"，而另一侧的最后一星称为"右枢"。公元前 3000 年左右，天极的位置恰在这两"枢"之间[⑧]。

不仅如此，在附近还有两颗星，从名称来看，它们很可能过去充当过极星。紧挨着西藩外侧的是天乙（已被证认为天龙座 3067i）和太乙[⑨]（可能是天龙座 42 或 184）。这两颗星在 13 世纪的平面天球图（图 106）上都可看到。它们是五等小星，可能分别是公元前第 2 千纪初期和晚期的极星。它们虽然不在天极轨道附近，但也不比天帝星

---

① 关于中国星名的含义，参见上文 p. 238 表 25。

② De Saussure (3)，p. 323。

③ 参见 Zinner (1)，p. 217。

④ 参见能田忠亮 (4)，第 104 页。

⑤ 这些是施古德的证认；陈遵妫 (3) 以天龙座 52v 替代天龙座 φ，以天龙座 73 替代仙王座 χ，以仙王座 33π 替代仙王座 r。

⑥ 施古德在此处列出另一星，即旧驯鹿座 n，作为最后一星。

⑦ 施古德以 924 C、1316 L 和 579 A 替代上列最后三星 ［这三个星是陈遵妫 (3) 列的］。陈遵妫用天龙座 5κ，而不用天龙座 χ。

⑧ 这两颗星似乎作为极星的"钉"（pegs）而为希腊人所熟知 ［Zinner (1)，p. 22］。

⑨ 要证认这些星是有困难的，参见刚刚列举的主要资料。上田穰认为这两颗星分别是天龙座 χ 和天龙座 4。关于"太乙"，见钱宝琮 (4)。那是汉代一位重要天神的住所；见 Waley (23)，p. 24。

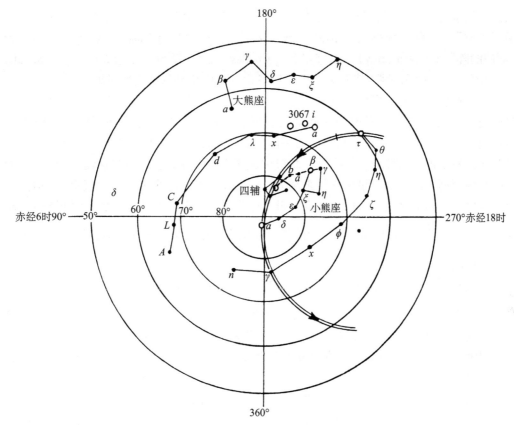

图 97　表明天球赤极移动路线的极投影及古代极星图。

（小熊座 β）远多少；天帝星似乎是公元前 1000 年时的极星。

在中国天文学家看来，小熊座并不是一个像西方天文观测者所画的那样的星座（见图 97），而是公元前 4 世纪石申及其同时代人辨认出的一串恒星，即"北极"星座：从小熊座 γ（"太子"，恰在前一极星，即其父之下）开始；其次是方才提到的天帝星[1]；再其次是一颗小星，叫作"庶子"，即小熊座 a 3233[2]；然后是另一颗小星，叫作"正妃"或"后宫"，即小熊座 b 3162[3]；最后是第三颗小星，叫作"天枢"或"纽星"，即鹿豹座 4339[4]，位置几乎恰在天极的轨道上。这颗星被称为"四辅"[5] 的四颗小星所形成的（中国人看作围墙的）三条边包围着。这一定是汉代的极星[6]。构成小

①　应当说，马伯乐［Maspero（3）］虽承认天帝星（小熊座 β）名称极其古老，但对它是否曾用作极星表示怀疑。

②　或为 A 或 5。

③　或为 b 或 4。

④　或为 32^2 H。

⑤　据施古德［Schlegel（5）］证认，这些星是鹿豹座 32 H、207 B、223 B 及 Piazzi xiii[h] 133。陈遵妫（3）则认为是鹿豹座 29 H、30 H，以及天龙座 1 H。这些星可以在图 106 中平面天球图（苏州天文图）的极区内辨认出来。巫咸的残篇肯定它们当时是在极星周围；《开元占经》卷六十九，第一页。

⑥　对欧多克索斯和喜帕恰斯的极星的确切证认看来是不清楚的，但后者说，此星和另外两小星形成一个三角形［Zinner（1），p.86］，所以它很可能与汉代的极星是同一颗星。

熊座的其余各星，连同围绕"天皇大帝"（小熊座 α）的三颗小星①（正如"四辅"围绕"天枢"）一起，统称为"钩陈"或"勾阵"，马伯乐［Maspero（3）］将其译为"弯曲的阵"（curved array），但查得利［Cnatley（1）］译为"角形布阵者"（angular arranger）似乎更好，因为毕竟天空中所有各宿的天区正是从这里辐射出去的②。

由于这些星没有一颗恰好处在天极的轨道上，我们就会期待发现古代天文学家为更精确地测定北极位置所做的一些努力。据我们所知，有关这个问题的最早线索是《周髀算经》③里讲到极星"四游"的一段文字。通过一种称为"璇玑"的仪器（大概是装在样板上的一支窥管）④观测"北极中大星"，并测量它向四方移动的距离⑤。随着时间的消逝，汉代的极星位移越来越大；公元 3 世纪末陈卓还以它为极星⑥，但到了公元 5 世纪，祖暅之发现它已离开真天极 1 度多了⑦。到了邵谔的时候（12 世纪），距离已经是 $4\frac{1}{2}$ 度⑧，而与邵谔同时代的伟大的朱熹，则完全知道在当时真天极的位置上是没有星的。

我们有一段比朱熹早一个世纪的沈括利用窥管测定真天极的有趣记述：

> 汉代以前，人们认为北极星是在天的中央，所以称它为"极星"。祖暅（之）用窥管观察，发现天空中确实不动的点是在离极星 1 度稍多之处。熙宁年间（1068—1077 年），我奉皇帝的命令掌管历法处。于是，我就试图用窥管找到真正的北极。第一夜我就发现，通过窥管所能看到的星不一会儿就移出视野。因此，我感到窥管太小，于是我逐步扩大了窥管。经过三个月的试验，我把它调好了，结果，极星只在视野内移动而不消失。用这个方法，我发现极星离真正的天极约三度余。我们经常画出视野图，绘出该星自进入视野时起在入夜后、午夜和黎明前的位置。二百幅这样的图表明，"极星"确实是一颗拱极星。在我向皇帝提出的详细报告中，曾说明了这一点⑨。

〈汉以前皆以北辰居天中，故谓之"极星"。自祖亘以玑衡考验天极不动处，乃在"极星"之末，犹一度有余。熙宁中，予受诏典领历官，杂考星历，以玑衡求"极星"。初夜在窥管中，少时复出，以此知窥管小，不能容"极星"游转，乃稍稍展窥管候之，凡历三月，"极星"方游于窥管之内，常见不隐。然后知天极不动处，远"极星"犹三度有余。每"极星"入窥管，别画为一图。图为一圆规，乃画"极星"于规中。具初夜、中夜、后夜所见各图之，凡为二百余图、"极星"方常循圆规之内，夜夜不差。予于《熙宁历奏议》中叙之甚详。〉

---

① 这些星已被证认为是小熊座 ζ、ε、δ、6B，以及 Piazzi vi^h 21（鹿豹座 46？）和仙王座 323 B。
② 作者十分感谢贝尔和哈斯（J. Haas）两博士在所有这些恒星证认方面提供的帮助。
③ 《周髀算经》卷下，第二页［译文见 E. Blot（4），p. 623］。这一节文字，过去多被曲解。
④ 见下文 p. 336。
⑤ 《周髀》的作者一定知道石申的极星，但他可能发现小熊座 β 星等较高，较易观测。
⑥ 《晋书》卷十一，第七页。
⑦ 《隋书》卷十九，第二十八页。
⑧ 《宋史》卷四十八，第二十页。
⑨ 《梦溪笔谈》卷七，第 11 段，由作者译成英文，借助于 Maspero（4），p. 295。参见胡道静（1），上册，第 296 页起。

关于沈括所做的测量，人们可能愿意更多地了解一些，以便确定他所用的仪器的稳定性。有趣的是，此后不久，欧洲也做了类似的观测。霍姆斯（U. T. Holmes）曾注意到一本1250年左右的法文科学问答古书——《西德拉》（*Sydrac*），我们在书中读到：

> 　　除了那颗给海上或陆上的人们指引方向的"吉乌尔"星（Guioure），所有的星都和天穹一道转动……但当天穹倾侧时"吉乌尔"有一次改变了一个枢轴的尺寸……它以磨盘楔子的方式在那里转动①。
>
> 〈Toutes（etoiles）tornent o lui（le firmament）sans une, qui est apellee Guioure, laquelle guie ceus de mer et de terre …mais au declinement dou firmament elle mue une foiz la montance d'une paume…elle torne en tel maniere com la cheville de la pierre soretaine dou molin.〉

磨盘钉或磨盘楔子的比喻大概会使沈括满意。放弃汉代的极星而采用小熊座α，终于成为必要的了，不过，似乎直到明末这才得以实行。

　　为了对先前关于拱极星的叙述给予具体说明，并使读者对沈括如果有架照相机的话，通过他的窥管会看到什么有一个大致的概念，这里复制了一幅记录天极附近恒星运动的照片（图98）②。1687年罗伯特·胡克曾建议使用候极望远镜（pole‐finging telescope）；这种望远镜的接目镜上配有刻着若干同心圆的玻璃片，这样就便于观测在天极最近处做周日运动的恒星③。

图98　表示拱极星绕极转动的定时曝光照片，1925年摄。右下角是北极星造成的曝光过度的痕迹［叶凯士天文台（Yerkes Observatory）摄，转载于 Pruett（1）］。

---

①　*Sydrac*, Question 210, ii。

②　参见 Berry（1）。

③　Derham（1）；重刊于 Gunther（1），vol. 7, p. 704。

263

（f）恒星的命名、编表和制图

（1）星表和恒星的坐标

关于公元前 4 世纪大天文学家石申、甘德、巫咸的工作，本章[1]已在文献概述中提到，他们的佚书书名，也已给出。这些书，在梁代（公元 6 世纪）的书目中还有著录，但梁以后的书目中便不复见了。不过各书所包含的星表，已在公元 4 世纪时由天文学家陈卓汇编在一起，加了注释，并根据它们绘成星图[2]。在公元 424—453 年，另一位天文学家钱乐之，绘成了一种经过改进的平面天球图，他用不同的颜色标出这三位古代观测者所测定的星：石申的用红色，甘德的用黑色，巫咸的用白色[3]。正如马伯乐［Maspero（3）］所指出的，这样做并不是出于对科学史有任何特殊兴趣，而是由于相信三人的占验方法不同，必须知道所用的属于哪一种体系[4]。这些星图（或者至少是第

264 二种），在瞿昙悉达汇编《开元占经》时（约公元 715 年）依然留存。《开元占经》是一本至今尚存的著作，它和各种版本的《星经》[5] 一起，为我们提供了公元前 4 世纪以来有关天文观测的最完整的资料。那种传统的有色星图直到 1220 年依然存在，我们从落第书生徐子仪的轶事中了解到这一点，徐子仪的故事大约就发生在那个年代[6]。此外，钱乐之的着色星图还有一种手绘样本（约公元 940 年），被保存至今[7]（见图 99 和图 100）。

关于钱乐之着色星图的来历，《隋书》[8] 有如下的记述：

（张）衡所铸的（星）图（在汉末）变乱时散佚了，图中所示的恒星和星座的名称，以及详细说明也未保存下来。不过，（三国时期的）吴国太史令陈卓按照甘氏、石氏和巫咸三派天文学家的意见，首先（于公元 310 年）构建并绘制了一

---

① 上文 p. 197。

② 《晋书》卷十一，第七页。

③ 唐时改为黄色。

④ 这些颜色虽与观测到的星的颜色毫无关系，中国人还是把这些特征详细地记录下来了。例如，《晋书》［卷十一，第七页起和卷十二，第四页起；译文见 Ho Ping-Yü（1）］关于星座的细致描述便是如此。在中国人之前，巴比伦人也是如此［Boll & Bezold（1）；Boll（5），pp. 45 ff.］。阿拉伯星表有专栏列出星的颜色［胡安·贝内特（Juan Vernet）教授的私人通信］。

⑤ 见上文 p. 198。

⑥ 《四朝闻见录》甲集，第二十三页。

⑦ 即英国不列颠博物馆斯坦因收藏品敦煌写本第 3326 号。翟林奈［L. Giles（5）］虽曾提及此书，但其巨大的天文学意义，至今尚无人指出。各宿均以一种类似墨卡托所采用的赤道居中的圆柱正形投影法绘出，两宿中间夹着几列说明文字，画卷的一端是以北极为中心的平面天球图。这张图很有意义，是我和友人陈士骧教授一道发现的。其大概年代与阿卜杜勒·拉赫曼·苏菲［'Abd al-Rāhman ibn 'Umar al-Sufī，公元 903—986 年；参见 Suter（1），no. 138］所写的《恒星图像》［Kitāb Suwar al-Kawakib；参见 Winter（6）］中的星图差不多同时，但此书抄本最早不超过公元 1010 年。星表本身的年代为公元 964 年［Destombes（2）］。

⑧ 《隋书》卷十九，第二页起，由作者译成英文。

图版 二四

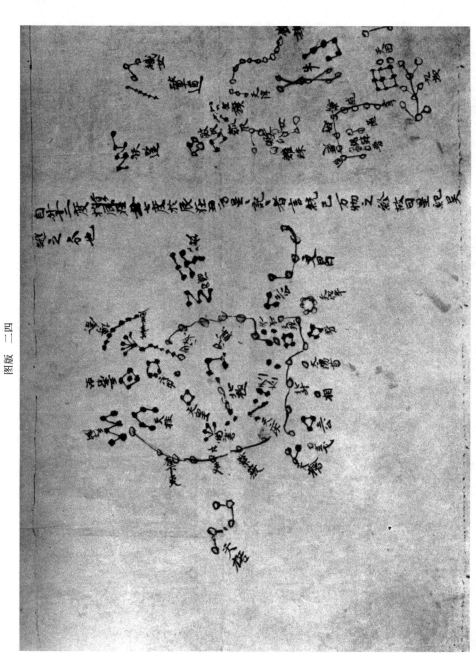

图 99　敦煌星图图写本，约公元 940 年（不列颠博物馆斯坦因收藏品第 3326 号）。左边表示紫微垣和大熊座的极投影。右边，在"墨卡托式"投影图上，时角区域自斗宿十二度至女宿七度。图中的星分别画成与古代方位天文学三学派相对应的白、黑、黄三色。图中的星分别画成与古代方位天文学三学派相对应的白、黑、黄三色。

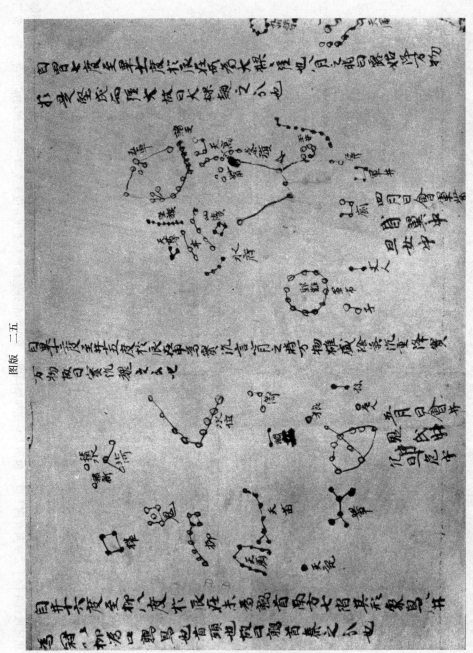

图版 二五

图100 敦煌星图写本，约公元940年；这是"墨卡托式"投影图上的两个时角区域。右边，自毕宿十二度至井宿十五度，包括猎户座、大犬座、天兔座；左边，自井宿十六度至柳宿八度，包括小犬座、巨蟹座及长蛇座。

幅恒星和星座图，并附加了占星学评注的说明①。图中有二百五十四星座、一千二百八十三恒星和二十八宿，另外还有一百八十二辅星，总计二百八十三个星座②和一千五百六十五颗恒星③。后来（刘）宋元嘉年间（公元424—453年），太史令钱乐之铸造了一个铜的浑天仪（即浑象），用红、黑和白三色来区别三派天文学家，（每种的）总数都与陈卓（的目录）相符。后来（在隋朝初年），高祖（第一代皇帝）征服陈（朝）时，俘获了他们的天文学专家周坟和从（刘）宋时代传下来的仪器。于是他命令庾季才等人对（北）周、齐、梁、陈各朝代，以及从前祖暅之、孙僧化等人所藏官方和民间旧（星）图的大小和准确性进行校对。这样做的目的是按照三派的恒星的位置构制半球面星图（"盖图"）。

〈而衡所铸之图，遇乱埋灭，星官名数，今亦不存。三国时，吴太史令陈卓，始列甘氏、石氏、巫咸三家星官，著于图录。并注占赞，总有二百五十四官，一千二百八十三星，并二十八宿及辅官附坐一百八十二星，总二百八十三官、一千五百六十五星。宋元嘉中，太史令钱乐之所铸浑天铜仪，以朱黑白三色，用殊三家，而合陈卓之数。高祖平陈，得善天官者周坟，并得宋氏浑仪之器。乃命庾季才等，参校周、齐、梁、陈及祖暅、孙僧化官私旧图，刊其大小，止彼疏密，依准三家星位，以为盖图。〉

我们所看到的显然是一种历史颇为悠久且持续不断的天文制图传统。现在，这些古星表所载恒星共1464颗，分为284个星座（名为"官"或"座"）④，细目如表26所示。

表26　各种古星表中恒星数目的统计

	座数	星数	座数	星数
石申				
中，即赤道以北	64	270	—	—
外，即赤道以南	30	257	—	—
二十八宿	28	282	—	—
"赤"星总数	—	—	122	809
甘德				
中	76	281	—	—
外	42	230	—	—
"黑"星总数	—	—	118	511
巫咸				
中、外，"白"或"黄"星总数⑤	—	—	44	144
	—	—	284	1464

---

　　① 陈卓在这方面的一些著作的名称，如《四方宿》《天官星占》等，一直流传至今（《隋书》卷三十四，第十五页、第十六页）。

　　② 似为二百八十二之误，但《晋书》（卷十一，第七页）也列为二百八十三。

　　③ 似为一千四百六十五之误。

　　④ 吴其昌（1）有一篇专论，以证认三家古星表所包含的恒星为主题。

　　⑤ 甘德和巫咸星表的星数少于石申，并不意味着他们两人原来的星表包含较少的星，只不过石申的星表以他自己的星为核心，又额外加入了甘德、巫咸表中为石申表所无的星。

古书中自然还有一些其他的统计数字。公元 130 年左右马续说，已命名并绘入图中的共 118 官，包括恒星 783 颗①。和他同时的张衡则在《灵宪》中写道：

> 赤道南北有一直辉耀发光的星一百二十四群。可以（单独）命名的星有三百二十颗。总共有两千五百颗星，但不包括海员们所观察到的那些星②（"而海人之占未存焉"）。微小的星共有一万一千五百二十颗。所有的星都对人世的命运有影响③。

> 〈中外之官，常明者百有二十四，可名者三百二十，为星二千五百，而海人之占未存焉。微星之数盖万一千五百二十。庶物蠢蠢，咸得系命。〉

266　　张衡的星图究竟有些什么东西，我们可从这段话得知一二，但是它们是平面的还是球面的，我们还是无法确定。

对中国古星表进行最彻底研究的是一位出色的天文学家，他就是上田穰 [(1)，Ueta (1)]④。在所有这些古星表里，数据都是以同样方式列出的，即①星官名称；②所包括的星数；③与相邻各星官相对的位置；④距星或主星以度数（当然是以 $365\frac{1}{4}$° 分度的中国古度）计的测量数据。测量数据总是包括：（a）主星的时角，自所在宿的起点量起；（b）主星的极距。前一项与赤经相当。举一个具体的例子⑤，东咸星官⑥最南一星的数据是从心宿起点向前 2°（"入心二度"）。后一项是赤纬的余角，在同一个例子中，那颗星距离北极 103°［"去极（北辰）一百三度"］⑦。

在所有古星表中，只有《开元占经》另加了：（c）黄纬。仍以上面那颗星为例，原书说，那颗星在黄道以北 2°（"在黄道内二度"）。这一讲法很有意义，需要稍加解释。

让我们把在名词术语的解释一节⑧讲过的内容再详述一下。图 101 表示的是天球坐标的三大类型。自文艺复兴以来，特别是自第谷⑨以来，近代天文学已经广泛采用了赤道坐标，使用赤经和赤纬［图 101（1）中的赤经及 δ］。我们会看到，中国古代天文学

---

① 《前汉书》卷二十六，第一页；《晋书》卷十一，第七页。马续是《前汉书·天文志》的作者。

② 乍看起来，这好像是一种奇谈。人们一般并不以为当时的中国文化和航海有多大关系。这里也许是指古代濒海之国——齐国地区——的占星家而言。但我们下文（本书第二十九章）将提出证据，证明在张衡的时代，中国使臣和商人惯于经由海路前往东南亚各国，并常乘坐那些国家的船只。马来半岛的和印度的水手无疑具有他们自己的天文学传统。关于这一点，有趣的是，《开元占经》（约公元 720 年）经常引用《海中占》（失传已久）的内容（如卷三十，第三页；卷七十一，第九页起）。这似乎和印度有某种关联。

③ 由作者译成英文。参见上文 p. 216，下文 p. 355。这段文字见于马国翰《玉函山房辑佚书》（卷七十六，第四页）所辑录的残篇。参见《晋书》卷十一，第七页。

④ 除了上文（pp. 197 ff.）已经提到的主要资料外文 p，上田穰还利用了仅保存在日本的某些稀见著作，尽管这两类资料都属于残篇。其中有一种是《天文要录》，系公元 664 年前后李凤所撰；另一种是《天地瑞祥志》，系公元 666 年前后守真和尚所撰。对于上田穰的研究，能田忠亮（5）曾做过评介。

⑤ 《开元占经》卷六十五，第十五页。

⑥ 即蛇夫座 χ，ψ，ω，及天蝎座 24（S 634）。

⑦ 除《星经》的星表外，北极距的测量也见于其他书籍，如《周髀算经》卷下，第六页。

⑧ 上文 pp. 178，180。

⑨ 参见下文（pp. 341，378）有关浑仪的叙述。

也是如此，北极距就是赤纬的余角，自各宿起点［图101（1）中用赤道上的横线标明］起算的度数则相当于赤经。由此看来，在用恒星时圈和赤道作为两个必要的基本大圆这一点上，中国古代天文学和近代天文学是完全一致的。另一方面，古希腊和欧洲中世纪天文学家则用黄道和黄经圈作为两个基本大圆，以黄经［图101（3）中的 λ ］和黄纬［图101（3）中的 β ］来表示恒星的位置。因此，我们在《开元占经》中所发现的附加在传统中国坐标上的东西，可以被看作是通过瞿昙悉达的编纂工作流入中国的一小部分典型的希腊天文学。瞿昙悉达本人即使不是出生于印度，也和印度有密切的关系①。所附加的东西似乎并未产生什么影响，中国人在恒星方位方面照旧使用赤道

267

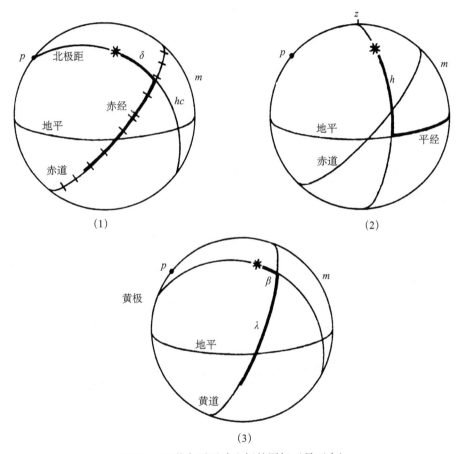

图 101　三种主要天球坐标的图解（见正文）。

---

① 印度天文学家并不用希腊黄道坐标［参见 E. Burgess（1），pp. 52，202 ff.；Brennand（1），p. 42］，而是用一种特殊办法，德朗布尔［Delambre（1），pp. 400 ff.］称之为"伪黄经"和"伪黄纬"。他们测量的是从黄道到赤极而不是到黄极［参见 Kaye（4），p. 8］。然而，这不是他们自己的发明。福格特［H. Vogt（1）］已经证明，从喜帕恰斯星表保留下来的 471 项球面坐标测量，其中 64 项是赤纬，67 项是赤经，340 项是恒星时圈与黄道相交而成的黄道弧。因此，这一体系可以追溯到新巴比伦黄道天文学传到希腊的时代，但当时古巴比伦赤道天文学仍保持其重要性（公元前4—前2世纪）。关于希腊对印度天文学的影响，自然也有争论［参见 Dos（2）］，不过，影响看来是肯定有的，这是一个突出的例子。诺伊格鲍尔［Neugebauer（9），p. 178］还举出了一些别的例子。不要以为巴比伦的一切影响都是通过希腊进行的；波斯文化也应当考虑在内。

坐标①。天球坐标的第三种类型，即颇具阿拉伯特色的平经［图 101（2）中的平经］
268 和平纬［图 101（2）中的 h］体系，这种坐标缺点很大，只能适用于地面上的特定地
点（平经自观测者的南点起）。这一类型的坐标系在中国从未见用过②。它与星盘③有
特殊关系，但未曾听说过有中国制的这种仪器。

现在我们再回到上田穰对这些古星表的分析上。上田穰的重大贡献之一在于阐明
了古代观测的精度水平。古书中除列出整数度数以外，还使用其他一些术语。他辨识
出了这些术语表示一度的若干分之几的意思，具体如下表所示：

度	1 度
弱	较所列度数少 1/8 度
半	半度
少	1/4 度
强	1/8 度
少强	5/16 度
半弱	3/8 度
半强	5/8 度
太	3/4 度
小弱	3/16 度

后来，上田穰做了一种尝试，用古星表所列的北极距来确定各次观测的历元，并
通过图表为各恒星群找出最近似的天极位置。由此可以得出关于观测年代的结论④。这
些结果可概括于表 27。这证明《星经》和《开元占经》等书所保存的若干测量数据，
事实上可追溯到石申和甘德的时代，不过其余的大概是在东汉末期重新进行测量所得
的修订数据。这个结论是很重要的，因为它解决了一个问题，即用度数表示的数据是
始于公元前 4 世纪，还是后世抄录者羼入的。但是，如果战国时天文学家确已使用这
种比较准确的方式来表达他们的观测结果，那么，他们为取得这样的观测结果，似乎
不可能不借助于装备有照准仪的浑仪或浑环；因此，马伯乐［Maspero（4）］关于公元
前 1 世纪以前这类仪器尚未出现的断言，似应加以修正⑤。

表 27 各星表中恒星的可能观测年代（根据上田穰）

	可能的观察年代
28 宿	
6 宿（角、心、房、箕和张；可能还有斗）	公元前 350 年
17 宿，其他宿	公元 200 年
2 宿（亢、参），缺北极距数据	—
3 宿（氐、柳、星），脱离正轨	—

---

① 参见下文 p. 372。
② 关于这三种体系的较为详细的解释，见 R. Wolt（1），vol. 1，pp. 400，437；Woolard（1）。
③ 参见下文 p. 375。
④ 关于喜帕恰斯星表的观测年代，可参见贡德尔的同类著作［Gundel（3），pp. 131，148］。
⑤ 见下文 p. 343。但下定论还为时过早，因为关于距星的测量，席泽宗（3）已做了新的计算，他所得到的
结果是公元 125 年左右，即东汉张衡的时代。当然，这并未推翻石申及其同时代时人曾进行另外一些测量的看法。

续表

	可能的观察年代
北天球 62 星	
27 星	公元前 350 年
13 星	公元 180 年
6 星，缺北极距数据	—
4 星	公元 150 年
其余不确定	
南天球 30 星	
10 星	公元前 350 年
16 星	公元 200 年
4 星，脱离正轨	—

　　总之，我们可以看出，彼得斯和诺贝尔［Peters & Knobel（1）］说托勒密《天文学大成》中的星表直到第谷时代"实际上是全世界关于恒星方位的唯一资料来源"［15 世纪兀鲁伯（Ulūgh Beg）的星表除外］①，是完全没有道理的，然而，大多数科学史家都有忽视东亚科学技术贡献的特点②。把中国星表和喜帕恰斯、托勒密的星表③对照一下，是非常有意思的；人们发现后者不仅年代较晚（喜帕恰斯星表年代约为公元前 134 年），而且所载的恒星也少三分之一，因为《天文学大成》（黄道坐标）中记明方位的恒星总数只有 1028 个④。天球大约有 41 000 "平方度"，或相当于 208 000 个月亮所占的空间。古代天文学家记载的恒星数目，最多为 14 020 颗（由张衡估计，见上文 p.265 引用的段落）。这大概相当于每一平方度一颗星，或每五个"月面空间"一颗星。有趣的是，一般目力所见星等的极限为 6—7 等，所以实际上肉眼真正见到的星不会超过 14 300 颗，也许只略为超过 10 000 颗⑤。周和汉时代中国人在方位天文学方面的工作在整个科学史上占有远比迄今它所获得的地位更为重要的位置，这是毫无疑问的。

269

270

　　现代世界通用的天球坐标系基本上是中国式的，而不是希腊式的，这一点似乎也值得强调——稍后在论述天文学仪器时，我们将有机会探讨一下，是什么导致第谷时代的欧洲天文学家放弃希腊黄道坐标，而采用赤道坐标的。中国人始终使用赤道坐标，的确可能有不利之处；因此，岁差在中国发现较迟，可能正是由于中国使用了这种恒

---

　　① 见 Knobel（3）。此外，有许多根据原始观测编制的阿拉伯星表，它们的年代可追溯至公元 9 世纪；见 Destombes（2，3，4）。

　　② 由于宋君荣［Gaubil（2），p.44；（3），p.148］关于《晋书》评语的误导，塞迪约［Sédillot（2），pp.587，617］断言中国在 1050 年以前没有恒星坐标表。

　　③ 关于喜帕恰斯星表和托勒密星表之间的确切关系，一直是天文学史家们争论的题目。一些人认定后者只是重复喜帕恰斯的数据，加上岁差的修正［例如 Berry（1），p.68］。另一些人则认为托勒密曾亲自进行过观测［Dreyer（1）］。

　　④ 据博尔［Boll（2）］说，喜帕恰斯的星表中只有 850 颗星。欧洲人直至 1602 年还在怀疑恒星数目是否真正能超出 1022 颗［Thorndike（6）］。

　　⑤ Spencer-Jones（1），p.293。

星坐标。在希腊，岁差是喜帕恰斯在公元前 2 世纪发现的，即和欧洲第一部星表同时。喜帕恰斯把他对某些恒星的观测结果同提摩卡里斯和阿里斯提鲁斯（Aristyllus）大约在 150 年前的观测进行了比较，发现各恒星与二分点的距离已有改变。如果他只是测定那些星在赤道上的位置，距离的改变便不会那样明显①。中国的数据与赤经相当，它们所表示的是在某一宿之内的位置，而不是与二分点或白羊座起点间的距离，这一事实的确掩盖了距离的改变。只是二分点和二至点本身的缓慢移动才使虞喜做出了类似的发现。

　　但是，当中国天文学家对黄道及其附近的恒星方位开始更加注意时，他们便发现了一些新奇有趣的事情。1718 年，哈雷［Edmund Halley（1）］曾发现"恒星"有它自己的运动②。他在用自己测得的毕宿五、大角和天狼星的位置同托勒密的数据做比较时，发现它们似乎在缓缓向南移动，这种移动显然和岁差所引起的东西向视移动无关。这种所谓"自行"，虽然甚至最大的也不过相当于每年由岁差导致的移动量50.26″的十至五十分之一，但是已从几千个恒星那里得到验证。已知自行最快的是巴纳德星（Barnard's star，即 Munich 15040），它每年移动 10.25″，大约有一百颗恒星每年位移在 1″以上③。现在的问题是哈雷是否未被大约一千年以前的一行占了先④。如前面所述，一行曾经接触到希腊-印度天文学⑤，并于公元 725 年与梁令瓒合作制成附有按黄道安装的窥管的浑仪⑥。唐代史书在提供了这些细节之后，相当详细地⑦列举了当时所做的恒星方位观测，说到它们与古星表和旧图⑧上的数值如何不同等。一行在十余次这样的事例中，发现一种相对于黄道的南北向运动，正和后来哈雷所发现的相同。例如，位于金牛座的一个星官，古时在黄道以南 4 度⑨，现在一行发现它正在黄道上⑩。一行自己写道⑪："因此，（一些）距星及与制历相关的星（距离黄道的）距离，与落下闳等人所测的不同，而二十八宿却保持相同。"（"古历星度及汉落下闳等所测，其星距远近不同，然二十八宿之体不异。"）然而书中所列出的差别太大，有一个竟相差到 5 度；不过，一行的数值也可能被太史局的书吏们抄错了，他们在把这些值留传给我们

271

---

① 关于这一点，我应感谢斯特拉顿（F. J. M. Stratton）教授的指教。参见上文 p. 200 和下文 p. 356。
② 参见 Grant（1），p. 554；Spencer-Jones（1），pp. 297 ff.；O. Thomas（1），pp. 448 ff.。
③ Becker（1），p. 225；Spencer-Jones（1），p. 299。
④ 最近陈遵妫（5）和席泽宗（3）曾论及这一问题。
⑤ 参见上文 p. 202。
⑥ 参见下文 p. 350。
⑦ 《旧唐书》卷三十五，第四页起，尤其是第五页；《新唐书》卷三十一，第三页起，尤其是第四页。
⑧ 这应当是指《星经》及同类古籍。这无疑暗示有星图存在。
⑨ 指中国古度。
⑩ 这些观测中有几个值得提供一些细节。建星（S 161），七颗星在人马座，古测在黄道以北 $\frac{1}{2}$ 度，当时在黄道以北 $4\frac{1}{2}$ 度。天关（S 496），两颗星在金牛座，古测在黄道以南 4 度，当时恰在黄道上。天尊（S 601），三颗星在双子座，古测靠近黄道，稍偏北，当时恰在黄道上。虚梁（S 100），四颗星在宝瓶座，古测在黄道以南，当时在黄道以北 4 度。最后，长垣（S 376），四颗星在狮子座，古测恰在黄道上，当时在黄道以北 5 度。一行所有的观测记录都用星官名，但指的大概是它们的距星。
⑪ 载于《大衍历术》，见《新唐书》卷二十七上，第十六页。

时，分变成了度①。唐代的天文学家们处于不利的地位，因为从落下闳时期算起，相隔仅 850 年，从石申时算起也只有 1100 年，而从托勒密到哈雷则已相隔 1500 年。虽然如此，一行观测到真实的自行现象还是可信的，而且（可能更重要的是），他的头脑显然对于恒星可能有种种运动②这一点是完全没有怀疑的③。

（2） 恒星的命名

接下来的问题是：中国和欧洲对星官和星座的认识有何种程度的相似？后面我们将看到，答案是：相似之处很少。不但在象征性命名方面有相似之点的实例数量非常少，并且就是同一星群，也没有被看成是同样的图案。欧洲的一个星座，在中国平面天球图上常呈现为几个不同的星官——例如，长蛇座这一星座，便包括张、星、柳三宿，以及其他八个与欧洲的图案没有任何象征性上相似的星官。我们可以根据乌佐④的著作列成一表，来说明西方的星座是怎样逐渐增加起来的（表28）。我们现在可用这个表和中国平面天球图中星空对应的部分做一对比。从表29 可以看到，仅有二个黄道星座和七个黄道外星座的中、西方命名有点象征性上的相似。这三个黄道星座是：摩羯座（牛宿）、狮子座（轩辕⑤；形似龙脊骨，与龙骨水车相联系）和天蝎座（房、心、

表 28　西方星座逐渐增加的情况 （根据乌佐）

时间	国际公认的近代天文学星座 （或球面四边形区划）［Delporte（1，2）］		星座数
公元 2 世纪	托勒密（公元138 年）：黄道 其他⑥	12 $\frac{39}{51}$	51
公元 5 世纪	普罗克卢斯（Proclus）［后发座（Berenice's Hair）］		1
17 世纪	凯泽和巴耶（Keyser & Bayer，1603 年） 普兰修斯（Plancius，1605 年）	11 1	

① 贝尔博士非常热情地从标准星表中查出上列二十颗恒星的自行。虽然这些恒星的自行大部分不超过每年 0.05″，但却有三颗星（宝瓶座 κ、狮子座 k、狮子座 XI.12）的自行在平均值以上——属于每年 0.137″的一级，这相当于每 1100 年移动 2.5′。一行似未达到第谷（假定）1 弧分的准确度，不过可能达到 2 或 3 弧分；中国中古时期的天文学家往往给出分数 $\frac{1}{16}$ 度或 4 弧分表示。由此可见，不能完全排除他确实看到某种移动的可能性。人们也注意到另一件怪事：即我们上述的实例中，没有一颗是最靠近我们的、自行看上去很快的星［列表见 Allen（1），pp. 205 ff.］，也没有一颗最亮的星［见 Allen（1），pp. 209 ff.］，有些最亮的星有显著的自行。一行所举出的大部分是暗星，其中虽没有用肉眼和窥管看不到的星，但差不多半数已接近能见的边缘（5.5 等）。我们很感谢贝尔博士在这方面提供的帮助。

② 这就是说，他承认古代前辈的观测是可靠的，而不曾简单地认为他是在用最新方法校正前人的数据。

③ 这同当时西方天文学家相信固体天球说正好成鲜明的对照，天球说是不允许有无规则自行的。

④ Houzeau（1），p. 820。

⑤ S 93。

⑥ 包括由南船座分裂成的三个星座及代替原来为单一星座的两个巨蛇座。

续表

时间	国际公认的近代天文学星座 （或球面四边形区划）[Delporte (1, 2)]		星座数
17 世纪	巴尔奇（Bartsch, 1624 年）	2	
	哈布雷希特（Habrecht, 1628 年）	1	
	鲁瓦耶（Royer, 1679 年）	1	
	赫维留（Hevelius, 1690 年）	7	
		23	23
18 世纪	拉卡耶（La Caille, 1752 年）		14
			89

尾）。七个黄道外星座是：御夫座（五车①）、牧夫座（原有战斗的含义；玄戈②，邻近诸星的命名也属于军事方面）、大犬座（天狼③）、南冕座（鳖④——仅在一圈星的形状识别方面相似）、北冕座（贯索⑤——同上）、猎户座（参，都比作人）和大熊座（北斗）。这一对比根本不能给人留下深刻的印象，而是使人强烈地感觉到，中国星座的命名几乎是完全独立于西方发展起来的。南方熊楠［Minakata (1)］说得对，中国星座的命名有一种明显的特点，即缺少与海洋有关的名称，因为和鲸鱼、海豚、巨蟹等相当的名称，在中国星座中一个也没有。另一方面，由于中国古代文明的占据压倒优势的农业–官僚政治特质，因而产生了一整套以人间的官员等级制为蓝本的星名。

　　施古德急于要证明中国天文学是一切天文学的来源，所以他曾极力在中、西星名之间搜寻尽可能多的相似点。然而他的大部分论据似乎都很牵强附会。例如，他在研究箕宿⑥时发现，在一些古书中，"箕"字指的是一种用于制作箭筒的木头——这就很合他的意，因为箕宿的星包括人马座 γ、δ 和 ε。同样，他还发现中国称室女座附近的星为"天乳"⑦，但实际上那是巨蛇座 ω⑧，已被天秤座把它和室女座隔开⑨。有时候，这种相似性稍稍明显些，例如宝瓶座主要区域⑩中的许多带有军事含意名称的恒星（将军、军队、死囚等），以及其邻近的属于显微镜座的"天垒城"⑪。实际上，德帕拉韦

---

　　① S 716。

　　② S 96。

　　③ S 509。提到一行测定这个恒星的坐标时，宋君荣［Gaubil (2), p. 86］说："基督降生后 725 年，一行在中国测天狼星纬度，成绩胜于当时其他各国天文学家；比起若干世纪以来他的先辈的测量，也有过之无不及。对于一行，这绝对不是过分赞誉之辞。"（"Il faut avoüer que ce n'est pas un petit éloge pour *Y-hang* d'avoir l'an 725 de Jésus-Christ à la Chine mieux obsèrvé la latitude de *Sirius*, que les Asteonomes des autres pays ses contemporains, et même que ceux qui lui furent postérieurs de plusieurs siécles."）

　　④ S 284。

　　⑤ S 188。

　　⑥ Schlegel (5), p. 661。

　　⑦ S 453。

　　⑧ 陈遵妫（3）认为是巨蛇座 32μ。

　　⑨ Schlegel (5), p. 655。

　　⑩ Schlegel (5), p. 667。

　　⑪ S 516。

（de Paravey）还在施古德之前就已指出，这些星和在著名的登德拉平面天球图（planisphere of Denderah）上看到的埃及旬星有明显的相似之处。在白羊座，发现了另一处埃及和中国的友好关系：位于白羊座的娄宿在《星经》中又称为"天狱"[①]，而在埃及的平面天球图中，那里是一个被铁链锁着的人[②]。目前，由于我们掌握了更准确、更广泛的知识，联合埃及学家、亚述学家和伊朗学家重新研究这些问题，也许可以证明施古德的某些比较是正确的。但无论如何，读者的印象是，对于这种问题，他的文章充满了牵强附会的论证，特别是一些巧合满足了他的预期时更是如此。赞成艾约瑟［Edkins（1）］的观点，做出下述结论是比较妥当的：总的说来，中国星座的命名体系是在相对隔绝的情况下独立发展起来的。

　　贝措尔德［Bezold（1）］的严谨论断[③]也是如此，他曾说过，这并不排除公元前 6 世纪以前有一部分巴比伦占星知识传入了中国，正如我们上文已看到的[④]，发生这种情况似乎是相当可能的。这也不会妨碍另一种想法，即某些基本概念，如平面天球图上导致产生二十八宿的"道"、圭表的使用、对天极和二分点位置的认识等，早在差不多一千年前就已经传入了。　274

　　表 29 最后两行所列的是直到 17 和 18 世纪欧洲人才认识和命名的星座。这些星群都在南天球，南天球拱极星也包括在内。人们往往假定，在耶稣会士把欧洲天文学发现传入中国以前，中国人对南天球的星群是一无所知的[⑤]。然而中国对南天球的恒星和星座的知识增长[⑥]，史书中是有记载的，如《旧唐书》[⑦] 中有如下一段证据：

　　　　开元十二年（公元 724 年）八月间，（曾派出一个远征队到）南海去观测出地较高的老人星（Canopus）和更南的那些星，这些星虽然巨大、明亮且众多，但以前从未被命名和绘入图中。在离南（天）极约二十度处的星都可以望见。这是古代天文学家认为常隐于地平线以下而不能看到的区域。

　　　　〈开元十二年……以八月自海中南望老人星殊高。老人星下，环星灿然，其明大者甚众，图所不载，莫辨其名。大率去南极二十度以上，其星皆见。乃古浑天家以为常没地中，伏而不见之所也。〉

据说考察结果已经散佚，不过这仍然是当时值得注意的一次远征考察，而且的确是中

---

① S 614。

② Schlegel（5），p. 672。凯利（D. H. Kelley）先生曾向我们提出，另一处中西相似的情况是英仙座 β（Algol）的名称。这颗星在中国称为"积尸"，四周是英仙座的其他星，形成一个称为"大陵"的星官（S 350，650）。"Algol"就是"al-gūl"，词义是死亡的恶魔。但这只是阿拉伯人对蛇发女怪（gorgon）的头所做的解释［见 Ideler（2），p. 88］。

③ 颜慈［Yetts（5），p. 135］及赵元任（1）均同意此种论断。

④ 本书第十四章（a）（第二卷，p. 353）。

⑤ 施古德［Schlegel（5），p. 553］曾这样说过。

⑥ 可进一步参见本书第二十九章（f）论述航海技术的部分。

⑦ 《旧唐书》卷三十五，第六页；由作者译成英文。参见《唐会要》卷四十二（第 775 页）；《通鉴纲目》卷四十三，第五十一页；TH，p. 1407。

275

表 29　中西星座间的关系

	西方星座总数	包含有宿的星座数	仅含若干中国恒星或星群（二十八宿以外）的星座数	所含的宿数	所包含的其他中国重要恒星及星群数	星座名称在象征意义上的相似性				
						无	很可疑	可疑	如扩大到毗连的星座区域则可认为有	肯定有
公元 2 世纪，托勒密：										
黄道星座	12	11	1	$17\frac{1}{2}$	146	5	1	3	0	3
黄道外星座	36	7	29	$10\frac{1}{2}$ $\underline{28}$	290	21	1	3	4	7
公元 5 世纪	1	0	1	0	$\underline{6}$ $\underline{442}$	1	—	—	—	—
17 世纪	23	0	23	0	50	23	—	—	—	—
18 世纪	14	0	7	0	7	14	—	—	—	—

古时期早期独一无二的一次①。为了观测南极距小到像南三角座 α 那样（约为 21.5°）的星，并使它的地平高度大于 15°，远征队必须远达马来亚以南，也许要到接近苏门答腊岛南端（南纬 5°左右）的某些地方。从那里再向南航行 10°，天文学家们便可以看到这颗星的高度为 35°，而老人星的高度为 52°；不过，他们的观测很可能是在航行所能达到的最南端的海岛上进行的②。

凭借现代天文学知识来研究古代和中古时期对恒星的描述，以便确定其精确度和了解深度，这是很有意义的。例如，我们现在知道昴星团实际上是一个"疏散星团"，其中所有的星都以同一速度向同一方向运动③，它的光亮除了来自六七个肉眼正常可见如针尖那样的星光，主要来自组成它的 1400 颗小星。所以，司马迁对昴星团有一有趣的描绘④："髦头"⑤，并加上"白衣会"三字。沙畹⑥按占星术的说法，把后三个字解释为昴星团率领着出殡队伍，但据朱文鑫⑦推测，这三个字表示一种亲密的社团关系，对于昴星团来说是个很恰当的名词。

中国古代描写天空时，大概也提到过星云⑧。在河外星云当中距离最近的麦哲伦星云（Magellanic Clouds），作为银河南段的两个孤立部分，用肉眼观察是十分清楚的。

（3）星　　图

毫无疑问，中国早在公元 3 世纪，甚至可能在汉代⑨，就制成了星图⑩，但其中没有一张流传到今天。不过我们从汉代的石刻和浮雕可以看出，用直线连接小圆圈或黑点的形式来表示星群的方法至少可上溯到那个时代。图 102 是一幅汉墓石刻中的织女

276

---

① 这次考察是由一行和太史监南宫说两人组织的。他们为了在不同纬度上测量二至点日影长度，还负责沿一条长近 4000 公里的子午线设立了一连九个测量站；关于此事，见下文 p. 293。

② 这些数据使人想到他们可能携有浑仪，这种仪器在陆上使用比在海上使用更为适宜。他们的观测地点很可能是爪哇南岸。公元 7 世纪时，中国人对爪哇和苏门答腊还不很熟悉，但到公元 8 世纪时，这些地方已经是中印航路上著名的驿站了［参见 Hirch & Rockhill（1），pp. 8 ff.］。

③ Spencer-Jones（1），p. 376。

④ 《史记》卷二十七，第十一页。

⑤ 可与西方的星座后发座（Coma Berenices）相对比。

⑥ Chavannes（1），vol. 3，p. 351。

⑦ 朱文鑫（5），第 42 页。

⑧ 《晋书》（卷十二，第七页）的"云气"似可解释为星云。奇怪的是，星云的螺旋性质用肉眼是无法看出的，但《晋书》中有一处竟用了"囷"字。

⑨ 关于中国最早的星图，我们已描述过（上文 p. 264）。亦可参见下文（p. 387）关于浑象的叙述。公元 310 年是关键性的一年，此时陈卓正从事他的编纂工作。

⑩ 《前汉书·艺文志》载有公元前 52 年耿寿昌献给皇帝的《月行帛图》。他的《月行图》似即此图的节本。《艺文志》天文学部分又载有一种《图书秘记》，年代不详。《续汉书》载有公元 92 年姚崇、井毕等人的讨论（阮元曾引用过，见《畴人传》卷三，第三十一页），其中说到星图上都有刻度之法（即坐标系）（"星图有规法"）。公元 100 年左右张衡作《灵宪图》，该图大概就是一种星图（记载于《旧唐书》卷四十七，第五页）。另一例是公元 19 年王莽提到的《紫阁图》［《前汉书》卷九十九下，第四页］。

星图，织女星①的一侧画着织机和织女。后来，这种表示星象的方式因其占星术的含义而和道教联系在了一起，因此常见以星座为记的旗帜高悬于道观之外。图 103 就是一面这样的旗，由作者在 1946 年摄于重庆附近②。《事物纪原》③ 曾记载了公元 963 年的一件事，其中突出地提到了这种旗帜。

前面提到的敦煌星图写本（图 99 和图 100）是一份珍贵的收藏品。其年代约为公元 940 年，当然，如果不算摹仿性很强的古代石刻和壁画（如图 90）的话，我们几乎可以肯定，它是所有文明古国流传下来的星图中最古老的一种。

278　　　如果收入苏颂《新仪象法要》的星图年代确与成书同时，那么，这些图当是我们所拥有的中国刊印星图中最古的④。这部书自 1088 年开始撰写，于 1094 年完成，其中所包含的星图从几个方面来看都很值得注意。图共五张：天球北极区域一张；北赤纬 50° 左右及南赤纬 69° 左右区域的"墨卡托式"圆柱正形投影图两张（图 104）；极投影两张，一张是南半球，一张是北半球（图 105）。南天球拱极星所在的位置还空着。星的画法比一百多年前的星图写本细致得多，但图中也有"墨卡托式"投影。

缜密的研究表明，在五张星图中，第一张以公元前 350 年的极星（天枢）作为真天极的位置，而第四张则把这个位置放在天枢和现在的北极星（天皇大帝）之间。这说明，苏颂一定利用了上文（p. 262）已提到过的他同时代人沈括的观测。此外，二分点一个差不多位于奎宿，另一个距角宿较近，距轸宿较远，按岁差计算，位置大致与公元 850 年（唐代）相合。因此，苏颂所用的图显然是当时最新的。但中国天文图后来的传统画法似乎取自较早时期的材料，并将其中的观测数据保存了下来，这些情况我们马上将要谈到。

中国的平面天球图以公元 1193 年绘制的为最有名，当时绘制的目的是给年轻的宋宁宗（1195—1224 年）讲解天文学。这张图于公元 1247 年刻石，至今仍作为一块石碑保存在江苏苏州文庙内。图上的文字已由沙畹 [Chavannes (8)] 译成法文，由鲁弗斯等 [Rufus & Tien (1)] 译成英文，这些文字可以说是中国天文学体系的一种最简略（和最可靠）的注释。原文在一段根据理学写的绪论后⑤，描写天球的"赤"道和"黄"道。文中说，"赤道环绕天心，用来记二十八宿的度数"（"横络天腹，以纪二十八宿相距之度"）；如果这一直截了当的说明为近代学者所知，19 世纪的大量争论便都可以避免了。原文紧接着讲到"白道"，即月球以 6 度交角穿过黄道的路线；并正确地

---

① S 396。

② 初步证认，我认为旗上的星官就是天囷（S 491），这个星官由鲸鱼座中的一些星组成。中国的"凸点加连线"的惯用画法引起了某些奇怪的共鸣。例如，见《闻所未闻的奇事》（*Curiosités Innouies*；1637 年）一书所载犹太神秘主义学者加法雷尔 [Jacques Gaffarel，1601—1681 年；黎塞留（Richelieu）的图书管理人] 的天图。此图重刊于塞利希曼 [Seligmann (1), fig. 143] 的著作，并被认为来自"东方"。

③ 《事物纪原》卷三，第三页。

④ 这一点是确凿无疑的；关于此书流传情况的研究，参见 Needham, Wang & Price (1)。

⑤ 包括已经讨论过的离心的宇宙生成论 [本书第十四章（d），见第二卷，pp. 371 ff.]；以及自然之理与人道的同一。

图版　二六

图 102　汉代石刻。左边是织女星座，织女头上是天琴座 α、η 和 γ；中间是太阳，以象
　　　　征物乌鸦标记；右边是另一星座，可能是"鸟"中的一宿（房、心或尾）。这些
　　　　星官均以标准的"凸点加连线"的惯用方式绘成，从全图来看，太阳处在时角
　　　　$260°$左右或 $17\frac{1}{2}$ 时的位置上。采自 Bushell（1），vol. 1。

图 103　道教旗上的星座，重庆南岸老君洞道观（原照，1946 年摄）；
　　　　所绘主要星官可能是位于鲸鱼座的"天囷"。

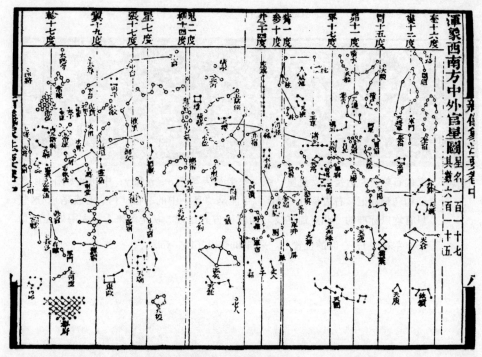

图 104　《新仪象法要》（1092 年）的浑象星图；按"墨卡托式"投影法绘出的十四宿。可看出，赤道是中间的水平直线；黄道弧线在其上面。应该注意到，各宿的宽度不等（参见上文 p. 239）。

277

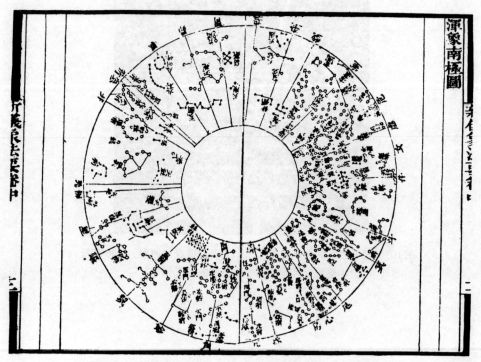

图 105　《新仪象法要》（1092 年）的浑象星图；南极投影。

解释了日、月食的原因。文中指出，已命名的恒星（经星）共有 1565 颗[1]。文中提及
五星的部分则沿用占星术的说法，并在最后结束部分说到天上的区域和地上的州、国
的互相关联，认为地上州、国的吉凶祸福受对应天上区域中天象的影响[2]。文中有一段
说明北斗作为季节指示星的作用，颇为有趣；这证明人们对于把拱极星和二十八宿
"锁定"在一起（参见上文 p.233）的古代天文学并未遗忘[3]。

这张平面天球图复制于图 106。和所有同类的图一样，这张图也用辐射状的直线表
示各宿距星的时圈。在星官表现方式上与其他中国星图之间的差别，已有鲁弗斯等人
的评述[4]。

其次，要谈的是一张奉朝鲜最后一个王朝的建立者李太祖之命于 1395 年绘成并刻
石的朝鲜星图。按照鲁弗斯等人［Rufus（1，2）；Rufus & Chao（1）］的说法，这张
图是根据公元 672 年石碑上的星图绘制的，它无疑表现了一种比苏颂的图稍早一些的
传统。该图复制于图 107。图中银河画得过于突出，略有用圆点大小不同来表示星等之
意。参与制图的许多天文学家的姓名，已流传下来[5]。碑文已由鲁弗斯［Rufus（1）］
译成英文，其中有关于中国古代宇宙学说的评述（参见上文 p.210）和二十四节气昏旦
中星表（参见下文 p.405）。

第三种平面天球图，特点大不相同，诺贝尔已有介绍。这是一个直径为 $13\frac{1}{2}$ 英寸
的青铜盆；出处不详，大概是 19 世纪初在一条日本木帆船里发现的。碗沿的凹入处装
两枚小磁针，碗底上有一些隆起的小圆点代表星辰（见图 108）[6]。东方各国航海者都
喜欢用这种星图，它的年代似乎很难确定，不过大概不会早于 17 世纪，它完全属于传
统中国式的。

较晚近的手绘平面天球图并不难得；米歇尔［Michel（2）］描绘过一幅画在丝织
物上的平面天球图（图 109）。该图想必是清代的，因为图上显示的全部是南极星座。

上述四种平面天球图，尽管前两种给现在的极星勾陈一（天皇大帝）标上了它的
帝王名称，可是它们都以天枢作为极星，都保存了公元前 350 年的天文体系。各图都
把春分点置于角、亢之间，把秋分点置于奎、娄之间（距奎较近），在这一点上它们和
苏颂那幅最精确的图相差很远。这个位置可能与公元 200 年左右的情况相合（像鲁弗

[1] 可是图上只有 1440 颗。
[2] 鲁弗斯［Rufus（3）］认为苏州天文图上的许多星官曾被有意识地"理想化"，以配合图说中的政治理论；
不过我同意查得利的解释，他说那些理论汉代已经存在了，他把图形不够准确归于描图者的错误，以及缺少球极
平面投影几何学而造成的平面天球图绘制的困难。
[3] 这一段是很有趣的，因为它说明：一线沿斗杓向两端延长，另引一线通过大熊座γ，和它垂直，这样就形
成占 6 小时的三部分。据说这些线在一年内顺序指向十二辰，讨论这个问题的文章很多［Chalmers（1）；de
Saussure（11），（1），p.391；Chavannes（8），p.53；Rufus & Tien（1），p.6］。事实上，十二支不仅被用作地平
面上的方位点，而且与之相类似，也用作赤道上的固定分区，其南北方向由子午线确定。这种划分可在天文图边
缘上看到。参见上文 p.240。
[4] 他们还提供了一种星名证认表。
[5] 这些天文学家是权近、柳方泽、权仲和、崔融、卢乙俊、尹仁龙、池臣源、金堆、田润权、金自绥、金
侯。关于权近，我们下文（p.554）还要讲到。
[6] 这是苏格兰皇家博物馆（Royal Scottish Museum）的收藏品。

280

图106　苏州天文图（1193 年）；请注意偏心的黄道和银河的弯曲路径［采自 Rufus &
　　　　Tien（1）］。这幅平面天球图及其说明文字的作者是地理学家兼皇帝的教师黄
　　　　裳，1247 年王致远刻石。

图版　二七

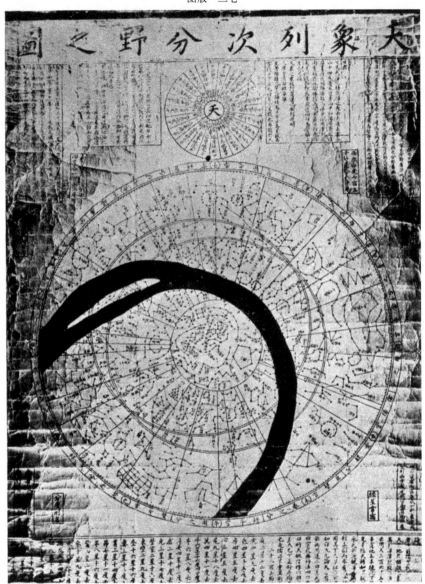

图107　朝鲜1395年的平面天球图——《天象列次分野之图》［采自 Rufus &
　　　Chao（1）］。此图以公元672年的石碑为根据，是以权近为首的十位天
　　　文学家绘制的；参照图106。黑带表示银河。

图版 二八

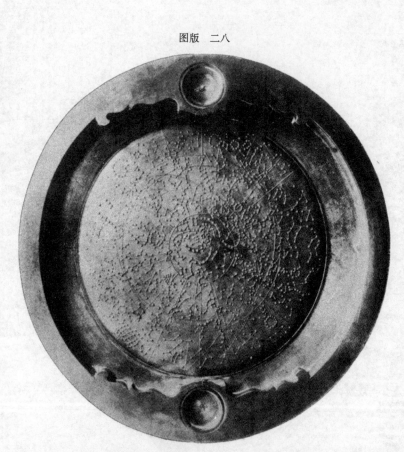

图 108 航海者使用的铜盆状平面天球图（诺贝尔摄）。

图版　二九

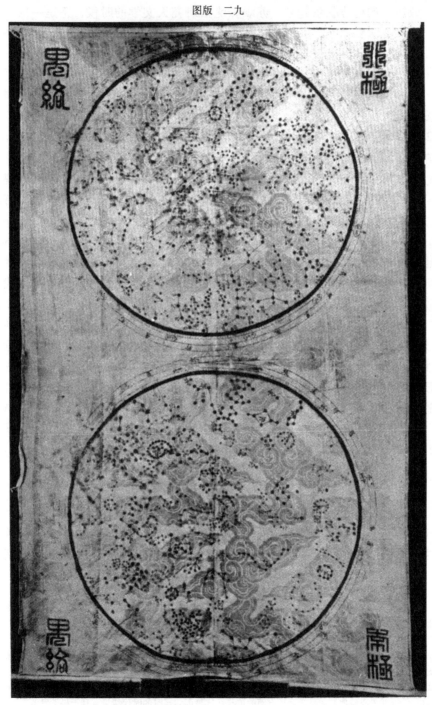

图 109　晚近绘在丝织物上的平面天球图 ［采自 Michel （2）］。

斯所注意到的那样），因此可以认为，苏颂所摒弃而为其他各图所保持的传统，其实即是大约公元 300 年的陈卓星图①所确定下来的局面。这似乎在诱导人将这种倒退和当时社会上、政治上的趋势联系起来。苏颂和沈括研究天文学的时候，正是一次变法运动的初期，这次变法和卓绝的宰相王安石是分不开的②，而一百年后的苏州天文图，则完成于守旧思想又一次占上风的时候。

　　在宋代，星图应该相当流行，我们了解一下当时的情况是很有意义的。马永卿在《懒真子》③ 中提到，他在 1115 年左右常和某些寺院的僧人们讨论天文，那些僧人有的藏有星图，有的画过星图。10 世纪时有一种《列星图》，该书编纂者的姓名今已失传④。12 世纪时，郑樵曾埋怨说，找得到的刊印星图通常是不可靠的，而且不易改正。他劝人在夜色清明的时候一段段地诵读《步天歌》，借以熟悉星空的形貌⑤。

　　不过，了解到世界其他各地绘制天图的情况，我们就会明白，绝不可轻视中国星图从汉到元、明这一完整的传统，其中公元 940 年左右的中国星图写本是所有现存实物中最古老的。蒂勒［Thiele（1）］、布朗（B. Brown）和《科学史导论》（*Introduction to the History of Science*） 的作者萨顿都认为，从中世纪直到 14 世纪末，除中国的星图以外，再也举不出别的星图了。在这之前，只有粗糙的埃及画图和主要具有美术性质的希腊平面天球图，后者所表现的只是寓言性的星座形象，而不是星辰本身。我们的确稍稍听说过，大约在公元 850 年的时候，查理大帝（Charlemagne）有一个按原位刻着星辰的银桌［Zinner（1）］。但是，这个银桌在科学上的价值并不确定，那么结论看来应当是：欧洲在文艺复兴以前可以和中国天图制图传统相提并论的东西很少，甚至就没有。

　　最重要的当代中国星图集是陈遵妫的《恒星图表》，是中央研究院正式发表的。还有一种质量良好的星图，标有中西证认的星名，是大约十年前沈文侯为福建气象局绘制的。这几种图，英国皇家天文学会（Royal Astronomical Society） 图书馆均有存本，但 1855 年威廉斯［J. Williams（1）］ 赠送的中国平面天球图已经不知去向，据诺贝尔［Knobel（1）］ 说，它确实在 1909 年已遗失了。

（4）星辰的神话和民间传说

　　关于星辰在中国神话和民间传说中的地位，可以略谈几句，虽然这一话题在目前的讨论中不过是个插曲。从在以农业为主的文明中星辰作为季节的标志而受到普遍重

---

　　① 《图书集成》（1726 年）的天文学部分是在耶稣会士强烈影响下编成的，情况似乎颇为混乱。天枢既被说成是"四辅"之一（参见上文 p. 261），同时又被说成是真天极的名称。书中没有规定勾陈一是极星（《乾象典》卷四十四）。此星在闵明我（Philippe Grimaldi）1711 年在中国所作的正立方帕尔迪（Pardies）极投影图（方星图）中位居中央。18 世纪中叶用来图解戴进贤参与编制的星表中的那些星图，完全具有近代的特征，这些图中的勾陈一的位置是正确的（见下文 p. 454）；Tsuchihashi & Chevalier（1）；Rigge（1）。

　　② 我们碰巧知道，这两个人与保守派的个人关系较多，与变法派关系较少［见 Needham, Wang & Price（1）］。但这种情况并未阻碍他们在科学活动方面的进步，这是因为当时的时代精神有利于科学发展。

　　③ 《懒真子》卷二，第八页。

　　④ 《太平御览》（卷七，第四页；卷十二，第十一页）两次摘引此书。

　　⑤ 《通志略》卷十四，第一页（《通志》卷三十八）。

视这一点来看，中国在这方面应当有很多神话和传说。关于这个问题虽然缺少专著，但从一般著作［如 de Groot（2）；Werner（1）；Doré（1）；Hodous（1）］中也可以找到大量相关的资料。佐尔格［Solger（1）］有一篇长文讨论某些星辰的神话，如参和商（大火）是阋墙的兄弟①，河鼓二和织女一是牛郎和织女②等。施古德［Schlegel（5）］在论中国星图制图学的巨著中系统地讲到了这些神话的来源。中国文献中记载奇事异闻和风俗习惯的书不可胜数，这些书本身便给我们提供了迄今尚未译成西文的大量资料，例如，唐代宗懔的《荆楚岁时记》便是一例。在民间传说中，有时把一些人物想象为星神的化身：黄石公③，一位与汉朝开国有关的传说人物，于是被认为是土星转世④；而东方朔，汉武帝的一位谋士，则据说是金星临凡⑤。

为了让本章这么长篇幅的叙述不显得沉闷而有一点趣味，读者也许可以容许我讲讲集诸多传奇于一身的唐代天文学家僧一行⑥的一段故事。这个故事出自公元 855 年的《明皇杂录》。

　　一行年轻时家里很穷，有一个邻居王姥经常帮助他。一行常想报答他，特别是在开元年间他得到皇帝的赏识时更是如此。王姥终于因为杀人而下狱，便向一行求援。一行去探望他并对他说："如果你要金银，要多少，我都可以给你，但我不能改变法律。"王姥叱责他说："我认识你对我有什么好处呢？"于是，他们便这样分别了。

　　后来一行在浑天寺工作，那里有数百名工人。他命令其中一些人把一个大瓮搬到一间空房里去。然后他向两个仆人说："在某地有一个荒废了的花园。明天你们秘密地藏在那里，从中午藏到夜半。会有东西到那里去——如果一共是七个，你们就把它们放到瓮里去盖起来，如果少了一个，我就痛打你们一顿。"到了傍晚六点钟左右，果然出现了一群猪，一共七头，他们把这些猪一个不漏地捉住了，并投入瓮内；然后，他们跑去报告一行。一行非常高兴。在用木盖和草席封住瓮口后，一行用梵文在上面写了一些红字，他的学生也不懂得这些字的含义。

　　不久，一行得到一个口信，要他赶快到某一宫殿去。皇帝在那里接见了他，并说道："太史刚才向我报告说，北斗七星不见了。这意味着什么呢？"一行回答说："这种事情过去也发生过。后魏时期甚至连火星也不见了。但以前从来没有北斗七星不见的记载。这一定是上天给您一个重要的预警，也许是预示霜冻或干旱。但陛下的至高德行是能够感动星辰的。最能感动星辰的是您做出大赦的决定，而不是判死的决定。因此，我们佛教徒都主张宽恕一切人。"皇帝同意了，宣布大赦天下。

　　后来，北斗七星重新出现在天上原来的位置。而当人们揭开藏着猪的瓮子的

---

① 参见 R. Wilhelm（7），p. 46。
② 参见 R. Wilhelm（7），p. 31。
③ 在川陕公路的庙台子地方上，至今尚有一座特别典雅的黄石公庙。
④ Schlegel（5），p. 629。
⑤ 《风俗通义》卷二；R. Wilhelm（7），p. 86。本书封面上所画的一些被奉为神明的人物，也有同样的传说。
⑥ 参见上文 pp. 119，139，202，270，274。

木盖时，瓮内却是空的①。

〈一行幼时家贫，邻有王姥，前后济之约数十万，一行常思报之。至开元中，一行承玄宗敬遇，言无不可。未几，会王姥儿犯杀人，狱未具，姥诣一行求救。一行曰："姥要金帛，当十倍酬也。君上执法，难以情求。如何？"王姥戟手大骂曰："何用识此僧！"一行从而谢之，终不顾。一行心计浑天寺中工役数百，乃命空其室内，徙一大瓮于中央，密选常住奴二人，授以布囊，谓曰："某坊某角有废园，汝向中潜伺。从午至昏，当有物入来，其数七者，可尽掩之。失一则杖汝。"如言而往。至酉后，果有群豕至，悉获而归。一行大喜，令置瓮中，复以木盖，封以六一泥，朱题梵字数十，其徒莫测。诘朝，中使叩门急召，至便殿，玄宗迎问曰："太史奏昨夜北斗不见，是何祥也？师有以禳之乎？"一行曰："后魏时失荧惑，至今帝车不见，古所无者，天将大警于陛下也！夫匹妇匹夫不得其所，则殒霜赤旱。盛德所感，乃能退舍。感之切者，其在葬枯出系乎！释门以瞋心坏一切喜，慈心降一切魔。如臣曲见，莫若大赦天下！"玄宗从之。又其夕，太史奏北斗一星见，凡七日而复。〉

僧一行确有一些著作论及北斗七星在占星术上的意义和在天文学上的说法②。想到这里，我们对上面这个一行控制北斗七星的故事便容易理解了。

284

（g）天文仪器的发展

（1）表　和　圭

在所有天文仪器中，最古老的是一种简单、直立在地上的杆子③，至少在中国可说是如此。这杆子白天可用来测太阳的影长，以定冬夏二至（自商代迄今一直称为"至"），夜晚可用来测恒星的上中天，以观测恒星年的周期。这种仪器称为"碑"或称为"表"。前者的原义是柱或石柱，后者的原义是指示器。"碑"字的写法可从"骨"作"髀"（如《周髀算经》的书名，见上文 p. 19），或从"木"作"椑"，意思是杆子或木柄。声符部分的"卑"，在甲骨文中作手持一根好像其顶端后方有太阳的杆（K 874 b，j）；从这写法来看，虽然现在"卑"字一般解释为"低下"，但其原义却可能和天文仪器中的表有关，因为同太阳相比，这毕竟是放在地上的低矮的东西；同时，这也表示冬至日（中国人一向以这一天为回归年一年之始）太阳较低，会投下长长的影子。

K874

商代的人已注意到物体投影的另一证据，是董作宾（1）从现在纯为书面文字的"仄"字推出来的，"仄"的意思是傍晚日将落时。这个字的甲骨文写法，是一个太阳加上一个从不同角度投出的人影（见附图）④。

K924

---

① 《明皇杂录》补遗，第三页，由作者译成英文。希腊和稍后欧洲也有同类故事，见 Boll（5），p. 84。

② 例如，《北斗七星念诵仪轨》（TW 1305）。《佛说北斗七星延命经》（TW 1307）大概也属于此类。关于这两种著作，见 Eberhard（12）。

③ 见图 110。关于表以及其他中国天文仪器最广泛的讨论，见马伯乐的卓越论文［Maspero（4）］。

④ 这一点乍看起来虽然会使人觉得奇怪，但至今若干原始部族仍用长约 8 英尺的杆子定期测量影长，以定冬夏二至，并据以安排农事活动。有一幅表现两名婆罗洲（Borneo）部落成员正在测量影长的照片（图 111），见于 Hose & McDougall（1）；Anon.（26）。

图 110　晚清时的一幅上古传说时期羲叔（羲仲之弟）在夏至日用表杆和土圭测量日影
　　　　的画像。采自《钦定书经图说·尧典》[Karlgren（12），p. 3]。

图版　三〇

图 111　两名当代婆罗洲部落成员在夏至日用表杆和土圭测量日影长度〔照片采自 Hose & McDougall（1）〕。

现存与二至点观测有关的最早文献，大概是《左传》公元前 654 年纪事中的一段文字，因此值得引述于下①：

　　　　僖公五年春季的第一月（十二月）辛亥日，即这个月的第一天，太阳（达到）最南点。（鲁僖）公下令在宗庙中宣告新月即将出现后，便登上观察台（"观台"）去观察（日影），而（天文官员们则）按照惯例记录（它的长度）。在每个分日和每个至日，在春夏的开始（"启"）或在秋冬的开始（"闭"），都必须记录下云雾的样子，以便对即将到来的变故做出（预测和）准备②。

　　　〈五年，春，王正月辛亥朔，日南至。公既视朔，遂登观台以望，而书，礼也。凡分、至、启、闭，必书云物，为备故也。〉

从插入译文中的这些词可以看出，鲁僖公加入天文学家的队列时究竟做了什么，史书作者的表述含糊不清。但这是冬至日，毫无疑问，他们正在测量影长。这种数据是如此重要，因此国家统治者亲身参加测量并不令人感到奇怪。对于这个特定的冬至日，近年迪特里赫 ［Dittrich（1）］ 已进行了新的研究。

286

虽然《淮南子》③ 保存了古时表杆长一丈的传说（它应当是上文已提到的周代十进度量衡制的一个有力证据）④，但此制早已废弃，大概是因为不便于进行直角三角形边长的简易计算；除了像虞邝的九尺表（公元 544 年）这类特例，古代和中古时期的书一般都说是长八尺。正如我们将要看到的，就是在元代，由于注意精确性而采用大得多的结构，选用的也是八尺的倍数——四丈。还在汉代以前，人们就已充分了解到，需要有极为水平的基座和极为垂直的表杆，因为《周礼》⑤ 中说到了水准器和悬绳。汉代注释家认为，这是在基座的每个角上各固定一条等长的绳索，但唐代贾公彦认为，这是指使用了四条铅垂线；如果真的是如此，那么，这种仪器便很像罗马土地测量员所用的垂线架（groma）了⑥。

测量影长最初当然是用当时的尺，但由于尺的大小随官方规定和地方习惯而有不同，所以特制了一种可称为"表影样板"的标准玉板——"土圭"。《周礼·考工记》⑦中就提到过土圭，而且有用赤土制的实物现在还存于世，其中有一个是公元 164年的⑧。

　　　［《周礼》说]⑨ 大司徒，用表影样板来测定太阳与地的距离，确定日影的准

① 参见 Gaubil（3），p. 22。

② 由作者译成英文，借助于 Couvreur（1），vol. 1，p. 247。

③ 关于宇宙论的一段引文，上文（p. 225）已经提到过。

④ 见上文数学一章中的有关部分（pp. 89 ff.）。

⑤ 《周礼》卷十二（考工记下），第十五页 ［注疏本卷四十三，第十九页，译文见 Biot（1），vol. 2，p. 554]。

⑥ Singer（2），p. 113；Brunet & Mieli（1），p. 616；D. E. Smith（1），vol. 2，p. 361。

⑦ 《周礼》卷十二，第二页 ［注疏本卷四十二，第十九页，译文见 Biot（1），vol. 2，p. 552]。

⑧ Maspero（4），p. 222。时在张衡之后。张衡在《东京赋》中也提到"土圭"（见《文选》卷三，第四页）。

⑨ 《周礼》卷三，第十三页 ［注疏本卷九，第十六页，译文见 Biot（1），vol. 1，p. 200]；由作者译成英文。

确（长度），以便查明地的中点……地的中点是夏至日的影长为一尺五寸（的地方）①。

〈大司徒之职……以土圭之法测土深，正日景以求地中……日至之景尺有五寸，谓之地中。〉

由此说来，二至的日期可以这样来定，即在预期的日子前后几天将校准过的土圭放在表杆底部的正北，找出中午影长和它最相合的日期。古人之所以要根据测得的夏至间接推出冬至，其原因之一就是夏至所需的土圭要短得多。但是用这种方法也很容易找到恒星标志点，因为在公元前 450 年前后的几个世纪中，牛宿的距星（摩羯座 β）正好在夏至的时候冲日。所有最早用土圭测得的夏至日影长都是 1.5 尺左右；《易纬通卦验》② 所载的是 1.48 尺，公元前 25 年左右刘向采用 1.58 尺，而公元 597 年衰充则采用 1.45 尺——大多数记载都说测量的地点是阳城③，位于洛阳东南方约 50 英里，测得的影长按该地的纬度来算，误差确实很小。

采用土圭方法的目的，在于克服原始度量衡制的混乱，但是并未坚持到底。在某种意义上说，它似乎就是现代铂制米原器之类量具的先声。公元 500 年祖暅之制成一种青铜仪器，把表杆和水平量尺结合在一起。大约在此五十年以前，何承天曾进行了较细致的冬至影长观测。在进行了这样的观测之后，才有可能发现四季的不均匀性④。从斯坦因在中亚细亚发现的两种汉代历书（公元前 63 年和前 39 年的）可以明显看出，当时还不知道四季是不均匀的 ［de Saussure (33)］。

对二至点日影长度的研究，是关于黄赤交角（ε）的准确知识的来源（图 112）。黄赤交角是天文学的基本数据，公元前 4 世纪石申、甘德测量天体的赤经和赤纬时，大概就已经知道这种数据了。不过在《后汉书》以前，关于二至日的太阳赤纬，却没有准确数字可用。据《后汉书》记载，公元 89 年贾逵曾解释说：“在冬至时，太阳距北极 115 度；在夏至时是 67 度。”⑤ （“冬至日距极百一十五度，夏至日距极六十七度”）。以二除两者之差，得整数 24 度⑥。在此后的数百年中，中国天文学家一直在继续测定二至点的日影长度⑦，他们的数据已由宋君荣 ［Gaubil (6)］ 在 1734 年搜集并

---

① 这正是汉代的人一度出现的想法。

② 汉代纬书的一种；见本书第二卷，p.380。

③ 即今告成镇，现已衰落。

④ 由于以前的人不了解这一点，结果公元前 105 年的历日被减去两天，但这并不像德索绪尔 ［de saussure (25)］ 所怀疑的那样是什么有意的窜改。希腊发现这个现象要早得多，公元前 2 世纪喜帕恰斯已知道四季的不均匀性 ［Berry (1)，p.46］。关于何承天的测量，可参见 Maspero (4)，p.258。

⑤ 《后汉书》卷十二，第五页；见 Maspero (3)，p.276。

⑥ 中国古度 24 度，折合现在的 $23°39'18''$；见 Gaubil (2)，pp.5，8，113，114。宋君荣相信在落下闳的时代（约公元前 105 年）曾采用此值，如果确实如此，则更不精确。总之，从未超过整数 24 度。但公元 178 年刘洪、蔡邕的历法著作中所列较精确的夏至日太阳赤纬，隐含着 $23\frac{15}{16}$ 古度的倾斜度，此著作现在收于《后汉书》卷十三（第二十一页、第二十三页）。公元 200 年刘洪的《论月蚀》（现在收于《后汉书》卷十二，第十八页）亦同。宋君荣 ［Gaubil (6)］ 把这几位天文学家所测定的公元 173 年二至日影长度换算后，得出一个比以前大 $3'45''$ 的值（见图 113）。遗憾的是，宋君荣从未确切地指出他所引用的中国书籍。参见 Hartner (8)。

⑦ 参见《周髀算经》（卷上，第十页）中李淳风的注释所给出的概括。

加以计算，但一直到1809年才得以付印①，作为拉普拉斯［Laplace（1）］论黄赤交角 288
值缓慢减小的著名论文的附录发表。图113汇集了中国，以及均经拉普拉斯订正的希
腊和阿拉伯的几个测定值，并附纽康（Newcomb）和德西特（de Sitter）的理论曲线②
以资比较。这条根据天体力学理论推导而得的曲线，从某种程度上来说，给了我们一
个判断古代和中古时期天文学家们的观测数据有多准确的机会。

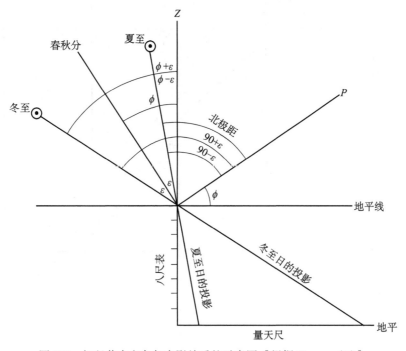

图112　解释黄赤交角与表影关系的示意图［根据 Hartner（8）］。

如果这条理论曲线可以被信赖为符合实际的曲线，那么，至少古代的观测数据就
有如此的准确度。但是，这种看法可能需要做相当大的修正。由图上可以看到，公元
初和公元前的一些数值大有偏高的倾向。托勒密（约公元143年）所得的偏高的数
值③，长期以来一直令人费解。刘洪和蔡邕（公元173年）的观测数据，列表于《后汉
书》，似乎测得十分仔细；其中夏至日黄道的北极距为67度强（中国古度），"强"字
意味着应再加八分之一度，即67°12′50″（中国古度，67.125度）。哈特纳［Hartner
（8）］曾指出，此读数应是太阳中心的，而不是其上部边缘的。对蒙气差和视差做了订 290
正后，所得黄赤交角值几乎和托勒密的相同（参见图113）。各自独立进行的测量能如
此互相一致，不能不令人注意，而且表示此值的理论方程式（渐近级数）很可能比天
体力学迄今所设想的方程式更为复杂。

---

① Gaubil（7）。

② 采自 *Nautical Almanac*，1931。

③ *Almagest*，I，12。托勒密的观测结果是用天顶距（$\phi-\varepsilon$），而不是用北极距表示。

289

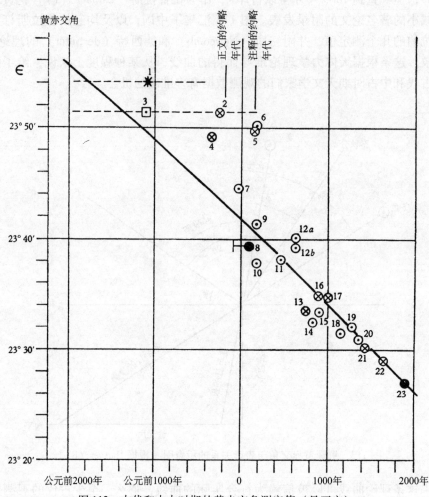

图 113 古代和中古时期的黄赤交角测定值（见正文）。

1《周礼》观测值，其观测地点、单位长度、表杆高度均不详。

2-3（虚线）《周礼》观测值，经哈特纳［Hartner（8）］重新核算，地点假定为阳城。

2 埃拉托色尼［经订正：Nallino（2）；Hartner（8）］。　　　3 拉普拉斯的理论值。

4 皮忒阿斯（Pytheas）。　　　5 托勒密［Hartner（8）］。

6 刘洪和蔡邕［仅取 $67\frac{1}{8}$ 中国古度一值；Hartner（8）］。　　　7 刘向（宋君荣计算；哈特纳订正）。

8 贾逵，年代上溯至落下闳，也代表《周髀算经》所列诸值的范围。

9 刘洪、蔡邕（二至，拉普拉斯据宋君荣著作推算）。　　　10 刘洪、蔡邕（二至，《后汉书》的值）。

11 祖冲之。　　　12 a，b 李淳风。

13 马蒙（al-Ma'mūn）的观象台的值［辛德·伊本·阿里（Sind ibn 'Ali）和叶海亚·伊本·阿比·曼苏尔（Yaḥya ibn abi Manṣūr）；Hitti（1），p. 375；Hartner（8）］。　　　14 徐昂。

15 边冈。　　　16 巴塔尼（al-Battānī）［经订正：Nallino（2）；Hartner（8）］。

17 伊本·尤努斯（ibn Yūnus）［经订正：Nallino（2）；Hartner（8）］。

18 刘孝荣。　　　19 郭守敬。

20 阿里·伊本·沙提尔（'Ali ibn al-Shāṭir）。　　　21 兀鲁伯［经订正：Nallino（2）；Hartner（8）］。

22 卡西尼。　　　23 现代值。

　　宋君荣和拉普拉斯对最早的观测，即对被信为公元前 1100 年左右周公所进行的观测，特别感兴趣。拉普拉斯（他本人未接触中国古书）对此给了过高的评价，同时，由于那次观测所提供的数值比其他的都来得大，与拉普拉斯时代所承认的三千多年前的黄赤交角理论数值也符合得相当好①，于是，这项数值便获得了很大的名声，各书竞相传抄②。遗憾的是，这次观测的始末根由是令人怀疑的。它的数据并不是出于任何一部断代史，而是出于《周礼》一书。现在我们知道，这部书虽然包含一些较早的材料③，但成书却是在汉初④。即使如此，正文本身所包含用于计算所必需的数据也只有一项⑤，另外三项是从晚至公元 2 世纪的注释中得来的⑥。可是二至影长的成对数字却见于其他古书⑦，最重要的是《周髀算经》所载的数据⑧。正如我们在前面所看到的⑨，这部数理天文学著作的内容显然很古老，也许本来就是孔子那个时代的东西，并且影长数据无疑是周公所测，不过它们与刚刚提到的其他数字都不相同⑩。至于《周礼》上的数字，也完全不是抄自《周髀》。总之，这些计算都包含许多模糊之处——时间⑪、地点⑫、表高⑬和长度单位的大小⑭，因而宋君荣和拉普拉斯所得的偏高的数值只是给　　291

---

　　①　现在按近代纽康和德西特的公式来看，这个数值可能相当于公元前 1900 年至前 1700 年间的值。但是，把《周礼》所载的测量说成那么早，绝不可信。

　　②　Freret（1）；R. Wolf（1），vol. 1，pp. 421，439，vol. 2，p. 96；（2），p. 7；（3），vol. 2，p. 79；Grant（1），p. 99；Berry（1）；p. 11；Zinner（1），p. 288。

　　③　当然，宋君荣认为可能还要早八个世纪。

　　④　在约公元前 175 年的前后一个世纪之中。

　　⑤　《周礼》卷三，第十四页［注疏本卷九，第十七页；译文见 Biot（1），vol. 1，p. 201］；文中所载夏至影长为"尺有五寸"。

　　⑥　在《周礼》卷三（第十四页）中，郑众（鼎盛于公元 50 年至 83 年）的注给出，表长为 8 尺，测量地点为阳城。在《周礼》卷八（第二十九页）［注疏本卷三十三，第六十页；译文见 Biot（1），vol. 2，p. 279］中，郑玄（公元 127—200 年）的注给出，冬至影长为 1 丈 3 尺。

　　⑦　刘向《洪范五行传》所载两种影长分别为 1 尺 5 寸 8 分及 1 丈 3 尺 1 寸 4 分。如果这个值是可靠的，则应是大约公元前 25 年的数值。此书散佚已若干世纪，但有关的引文还在许多地方保存着，特别是在唐代天文学家李淳风给《周髀算经》作的注中（见《周髀算经》卷上，第十页）。另外一对数字又与此不同，见于纬书《易纬通卦验》（1 尺 4 寸 8 分和 13 尺）。其年代可能在公元前 1 世纪的最后 25 年。以上两者似均出于当时的测量，而不是出于周公。

　　⑧　《周髀算经》卷下，第六页、第七页。

　　⑨　上文 pp. 210，257。

　　⑩　冬至暑长丈三尺五寸，夏至一尺六寸。从这数字得到的黄赤交角值（哈特纳计算）并不很大，和贾逵的记载几乎相同。这个数值（从理论曲线看来）与公元 3 世纪相符合，与公元前 1 世纪不符，更不必说公元前 11 世纪了。但这个数字可能在某篇古代文字中被篡改过了。

　　⑪　除了传说，没有任何东西把《周礼》和《周髀》中的数值和周公联系在一起。

　　⑫　有大量证据表明，汉代甚至还有周代的宇宙论学者，都以河南洛阳东南约 50 英里的阳城（今告成镇，北纬 34°26′）作为世界中心，圭表测量即在此地［董作宾等（1）］。下文（p. 296）我们将会看到，用石块筑成的庞大圭表现在仍然屹立在阳城。但我们还不能确定任何一个古代测量日影的地点。不过，哈特纳博士经过计算后发现，如取阳城的纬度，并取太阳的中心而不取其上下边缘，则大多数黄赤交角值都在合理的范围以内（与本书作者的私人通信）。

　　⑬　方才说的李淳风的注，曾提到 1 丈和 1 丈 1 尺的表。但哈特纳博士又发现，如按阳城的纬度计算，则表高落在 7.9 尺至 8.5 尺之间，在几乎所有的情况下都大于 8.0 尺。

　　⑭　长度单位在计算中只是相对的量。但由于古代标准尺的长度总是在改变，因此，如果经不谙科学的编纂者或抄书人把不同年代的测量数值混合在一起，或企图修正个别测量数值，那就很可能会造成严重的混乱。

人以一种虚假的精确性罢了。

虽然如此，我们很难完全否定《周礼》所提供的数字①。最好的解决办法可能是把它们看作周代某地的传统测量结果，这个测量结果后来经外行人之手一代代小心谨慎地传了下来。误差的范围看来已大得足以使我们有充分的理由，以可能完全不同的历史根据给这些观测选定一个年代，并且可把这个年代定在公元前 9—前 3 世纪。至于使拉普拉斯大感兴趣的那次观测，所剩下的可用的结论只是，这次观测在世界各国古代观测记录中可能是最早的，并且它的数值似乎比后世所有的估计都来得大②。

总之，中国的一整套观测值（以郭守敬极精确的数值为最高峰），证明对 18 世纪天文学家讨论所谓黄赤交角易变性问题是有益的。1747 年，欧拉（Euler）由其他行星的摄动求出了交角缓慢缩小的微小数值，拉普拉斯研究宋君荣的手稿，就是为了寻求证实这一点的观测数据。

在整个中国历史上，圭表致日一事和其他天文学工作一样，是经过漫长的过程逐渐精确化的。《周礼》中只有二至影长，并未把一年二十四节气的影长一一列出。可是，到了汉代，这些数字就存在了③。其中一部分，如《周髀算经》④ 和纬书《易纬通卦验》⑤ 所用的那些数字，似乎是由简单计算得出的，但其他一些，如《后汉书·律历志》和《晋书·律历志》所载的数字，则可能是真实的观测记录。我们记得，由于要解决预报太阳每日视运动的问题，祖冲之在公元 5 世纪和李淳风在公元 7 世纪发展了有限差数法⑥。

由于计算方法幼稚，曾经产生了另一个长期存在的错误想法⑦，即从阳城的"地中"算起，向北每差一千里影长增一寸，向南每差一千里影长减一寸⑧。从《周礼》⑨中可明显看出，人们曾通过影长的观测来确定郡国疆域的纬度⑩。许多实测记录都给上面这个想当然的关系式提出了反面的证据。公元 445 年，何承天在中南半岛的交州（现在的越南河内；在阳城之南五千里处）和林邑同时进行实地测量⑪，所得到的结果是每隔一千里影长差 3.56 寸。公元 508 年曾进行过同样的测量，公元 600 年左右，刘焯⑫又测过一次。

---

① 特别是因为古《周髀》也提供了数值。

② 如果汤姆［Thom（1, 2）］说得不错，那么，从欧洲巨石文化纪念物的位置，就可以推知公元前 2000 年左右黄赤交角的数据。这些数据同样得出巨大的数值（平均 23°54.3′）。那些石块排成一条直线，以指出二至的日出、日没方位点；不需要进行影长测量。

③ 参见魏德纳［Weidner（3）］所提供的与之类似的公元前 700 年左右巴比伦的表（犁星泥版）。

④《周髀算经》卷下，第六页、第七页。

⑤《古微书》卷十五，第一页起。

⑥ 参见数学一章（上文 pp. 123 ff.）。

⑦ 例如，见于《晋书》（卷十一，第六页）所引的《浑天象说》；以及见于《续博物志》卷一，第五页。

⑧ 这里的错误在于缺乏对地面曲率的认识。

⑨ 尤其见 Biot（1），vol. 2, p. 279。

⑩ 无论如何，在汉代肯定已付诸实行；至于周代自何时开始实行，则很难说。

⑪ 这是利用刘宋远征这个南方王国的机会进行的；参见 Cordier（1），vol. 1，p. 333。参见 Gaubil（2），p. 50。

⑫ 资料集于《畴人传》卷十二。有趣的是，据说刘焯得到了一些水利工程师、测量家和数学家协助。

　　有趣的是，还有一项更早的记录是一位军事指挥官灌邃的观测结果。公元349年，他为了攻击林邑地方范文所率领的占婆人，曾领导了一次成功的远征。灌邃在率领军队深入今越南境内后，"他在五月立了一个表，发现太阳在表之北，向南投出一条影子长9.1寸……因此，该国的居民"，"把他们的房门朝向北开，以朝向阳光"①（"时五月立表，日在表北，影在表南九寸一分……故开北户以向日"）。于是中国人发现了亚历山大时代的希腊人已经知道的事情，即在北回归线（此线恰好在广州以北通过）以南，一年中有一部分时间正午的阳光向南投影。灌邃所到的地点有时被认为是北纬13°左右，即远到芽庄（Nha-trang）附近；但德东布［Destombes（1）］近年根据所有可利用的文献进行了计算，结果发现这个地点一定是在17°05′和19°35′之间。由此看来，这个地点的纬度大概与海南岛的最南点相当。

　　但是，最完整的一套数值，却是公元721—725年南宫说和僧一行所率领的考察队测得的。据说②当时从北极高度17.4°的林邑③到40°的蔚州④，共设观测站九处（包括阳城）。各站沿着这条长7973里（已超过3500公里）的子午线⑤，用标准的八尺表同时进行了冬、夏二至的影长测量。史书津津乐道，公元5世纪交州的测定值⑥已在这些测量中得到了证实。这样，就估计出相当于1度的地面距离是351里80步，而且发现日影长度非常接近于每隔一千里差4寸，换句话说，即为"先前的学者"所采用的数值的四倍⑦，世界各地在中古时期初期所进行的有组织的野外测量，以这一次最值得注意⑧。

　　人们一直以为一行所测的子午线长达13 000里（5700公里），其最北一点，是贝加尔湖（Lake Baikal）附近突厥游牧民族的铁勒部（Tölös）所在之地。这一点的数值虽说已被宋君荣列入他的表，但史籍原文似乎显示这一数值是外推的而非实测的⑨。五百年以后，即公元1221年，道士邱长春及其随行人员在去撒马尔罕进谒成吉思汗的途中，曾在蒙古北部克鲁伦河（Kerulen）畔（约北纬48°）测量过夏至日的影长⑩，完成

293

---

　　① 《文献通考》卷三三一，第十六页；译文见 Hervey de St Denys（1），vol. 2，p. 427。译者在附注中误认为灌邃已越过赤道。

　　② 《旧唐书》卷三十五，第六页起，节略见《通鉴纲目》卷四十三，第五十一页起；参见 TH，p. 1407；《唐会要》卷四十二（中华书局排印本第755页）。

　　③ 林邑国的都城，即占婆的因陀罗补罗（Indrapura），距现在越南中部的顺化（Hué）不远。

　　④ 现在山西北部灵丘附近的古城，靠近长城，纬度和北京几乎相同。

　　⑤ 观测站大多数设在黄河南北的大平原上，只有一个在中国本土的北疆，两个在遥远的南方（中南半岛）。各点并不严格地在一条南北向的直线上。

　　⑥ 交州即越南河内；影长测量值为向南3.3寸。

　　⑦ 见宋君荣［Gaubil（2），p. 76］所列的表。宋君荣写道："至于僧一行，他主要是取得了北极高度的大量观测数据，确定了与纬度相当的里数，人们应当永远感谢他。"（"Quand le Bonze Y-Hang, n' auroit fait autre chôse que de procurer tant d' observations de la hauteur du Pôle, et de détèrminer la grandeur du Ly en le rapportant aux degrés de latitude, on lui auroit toujours une obligation infinie."）

　　⑧ 主要观测者大相和元太（显然是两位僧人），也负责指挥这次为绘制南天星图而进行的远程考察队（参见上文 p. 274）。

　　⑨ 这个地点的北极高度为51.8°。选择这一地点，是因为它在阳城之北与阳城之间的距离，等于林邑在阳城之南与阳城之间的距离。

　　⑩ 这件事是李志常记录在他的《长春真人西游记》中的，译文见 Waley（10），p. 66。

了一行的测量工作。

当所测得的影长可为宇宙论的计算服务时（由于缺乏其他知识，如地球表面的曲率，所测的影长中有些是肯定不会精确的），所有测定值中最重要的是零点值，所谓零点就是影长最大和最小的时刻。零点值对于制历来说是基本的。董作宾（1）在研究卜辞中的天文学和历法学的巨著中已经指出，有些卜辞提到 548 这样一个数字；有一片这样的卜骨，其年代可准确地定为公元前 1210 年。这一数字非常重要，因为 365.25 的 $1\frac{1}{2}$ 倍即 547.875；可见，它的含意是："冬至日后经 548 天，夏至日再次到来。"因此，毫无疑问，公元前 13、14 世纪商人制历时是用表杆来测定二至的，这种历法已作为"古四分历"而传至后世。当时显然已经进行了有规则而且连续不断的观测工作，时间至少有四个回归年，这是可凑成整日数的最短的时间。对回归年日数（"岁实"）奇零部分（"岁余"）精确值的追求始终贯穿于中国历史；马伯乐①曾把二十三个岁余列成一表②。我们从表 30 可看到一些最接近精确值的数据，其中有些是很早的。当然，在原始文献中数字都不是十进位数，而是分数，只有郭守敬的是例外。

294

表 30 回归年和恒星年岁余数值的演化

	岁 余	
	回归年零数/日	恒星年零数/日
真值	—	0.256 37
真值（经计算）：		
汉（公元 200 年）	0.242 305	—
唐（公元 750 年）	0.242 270	—
元（公元 1250 年）	0.242 240	—
由卜辞（公元前 13 世纪）推得③	—	0.25
刘歆（《三统历》，公元前 7 年）④	0.250 162	—
祖冲之（《大明历》，公元 463 年）⑤	0.242 815	—
郭守敬（《授时历》，公元 1281 年）⑥	0.242 500	—
韩翊（《黄初历》，公元 220 年）⑦	—	0.255 989
刘焯（《皇极历》，公元 604 年）⑧	—	0.257 610
一行（《大衍历》，公元 724 年）⑨	—	0.256 250
郭守敬（《授时历》，公元 1281 年）⑩	—	0.257 500

---

① Maspero（4），p.233。
② 他所收集的大批材料，完全驳倒了金策尔 [Ginzel（3），p.77] 的中国古时并不知道"岁余"的武断论述。
③ 董作宾（1）。
④ 《晋书》卷十八，第十六页。
⑤ 《宋书》卷十三，第二十六页。
⑥ 《元史》卷五十二，第十五页；卷五十四，第一页。
⑦ 《晋书》卷十七，第二页。
⑧ 《隋书》卷十八，第十八页。
⑨ 《新唐书》卷二十八上，第一页、第二页、第四页。
⑩ 《元史》卷五十二，第十五页；卷五十四，第一页。

（2）巨型石造仪器

人们为追求准确性而建造异常巨大的仪器，是天文学史上最有趣的话题之一。人们之所以这样做，主要是由于对当时的金属工匠所能达到的精确度日益不满；不过，伴随着欧洲文艺复兴而产生的应用技术方面的巨大进步，很快便传播到了其他地区，因而消除了人们对巨型石造仪器的需要①。巨型化的运动首先在中国和阿拉伯天文学中显露出来，在第谷的一些仪器［特别是奥格斯堡（Augsburg）的"大象限仪"和天文堡（Uraniborg）的墙象限仪]② 上也可以看到，而在 18 世纪的印度天文台上达到顶峰，那已经是很晚的时候了③。

郭守敬的巨型表建于元代（约 1276 年），我们现在讲到它，必须考虑到上述历史背景。公元 995 年，阿布·瓦法④曾使用半径近 22 英尺的象限仪，胡坚迪（Ḥāmid Ibn al Khiḍr al Khujandī；卒于公元 1000 年）⑤ 的六分仪半径长达 57 英尺。兀鲁伯（他的天文台在撒马尔罕，自 1420 年左右开始启用）的仪器，据说和拜占庭圣索非亚教堂的屋顶 样高，换句话说，高度是 180 英尺⑥。塞迪约［Sédillot（3）]⑦ 曾引用 11 世纪的一位阿拉伯天文学家⑧的话：假如能造一个一端架在金字塔上、另一端架在穆卡塔姆山（Mt. Mocattam）上的大环，他也愿意去造，因为仪器越大，观测越精。郭守敬的工作尽管具有明显的独立性质，但像我们后文将看到的⑨，那是在具有阿拉伯传统的天文学家参与之下，并且是在从波斯马拉盖天文台送来模型或仪象图之后完成的，因此他的巨表虽然是中国天文学十分自然的一项发展，但看来几乎不可避免地受到了业已在阿拉伯学者中出现的仪器巨型化倾向的激励。

关于郭守敬的巨型表，董作宾、刘敦桢和高平子（1）的调查报告是一篇权威的报告⑩。至今在洛阳东南 50 英里的告成镇（古阳城），还矗立着一座不寻常的建筑物，人们称之为"周公测景台"（图 115～图 117）⑪。台呈截棱锥形，台基每边长约 50 尺，台

---

① 除较好的金工机械的推广以外，还要指出，推广横点线分度法的第一人是英国第一支东北航线远征队的领航长理查德·钱塞勒（Richard Chancellor；1552 年或 1553 年），当时他和约翰·迪伊（John Dee）共事。这是第谷从约翰·霍梅尔（Johann Hommel；1518—1562 年）学来的"之"字线系统的变种。1542 年左右，努涅斯（P. Nuñez）记述了另一种方案，即同心圆系统，但不很有用［参见 R. Wolf（3），vol. 1，p. 392]。韦尼埃（P. Vernier）的"游标尺"刻度出现于 1631 年［Houzeau（1），p. 953]。北京耶稣会士的平纬象限仪及平经环均用霍梅尔分度法（1952 年作者亲自看见过；见图 114）。测微器是威廉·加斯科因（William Gascoigne）在 1640 年左右发明的，望远镜照准器（telescopic sights）是罗伯特·胡克在 1667 年左右公开演示的［Andrade（1）]。

② 这两种仪器的半径各为 20 英尺和 8 英尺［Raeder, Strömgren & Strömgren（1），pp. 29，89]。

③ 其描述见 Kaye（4，5）；最早的记述是亨特［W. Hunter（1）]于 1799 年发表的。

④ Mieli（1），p. 108；Hitti（1），p. 315。

⑤ Sarton（1），vol. 1，p. 667。

⑥ 从出土部分的照片来看，传说似乎是可靠的［照片见 Christie（1），opp. p. 184]。卡里-尼亚佐夫［Kari-Niyazov（1）]的著作对此叙述甚详，附图很多。

⑦ Sédillot（3），pp. lvii，cxxix。

⑧ 这位天文学家是加拉加（al-Qaraqa），据麦格里齐（al-Maqrīzī）所引［Mieli（1），p. 270]；Nolte（1），p. 14。

⑨ 下文 p. 372。

⑩ 可惜，这册出版于 1939 年的优秀著作，在马伯乐［Maspero（4）]同年发表的关于中国天文仪器的鸿篇专著中未能引用。

⑪ 它与巴比伦的"庙塔"（ziggurat）建筑大体相似，这一点不应该被忽视。

295

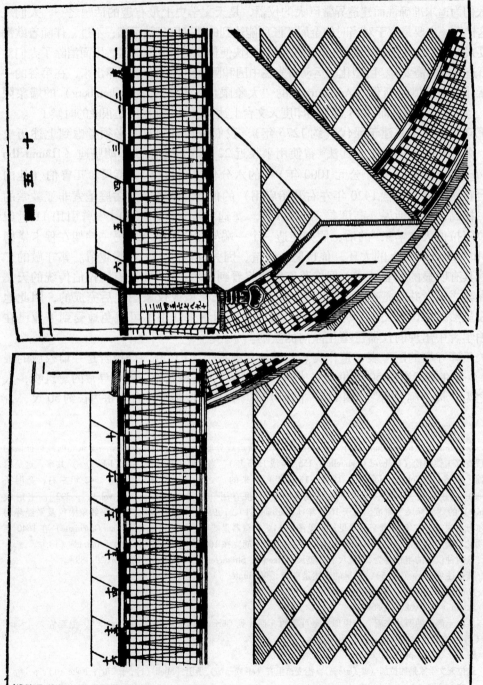

图 114　《图书集成》中的霍梅尔"游标"刻度。

图版 三一

图 115 阳城周公测景台，用于观测至日影长，位于河南洛阳东南方向约 50 英里的告成镇（古阳城），中国古代天文学家以此地为"世界中心"[照片采自董作宾等（1）]。现存的测景台是明代重修的，原台体是郭守敬在 1276 年左右为配合 4 丈长的巨型表而建造的。表直立璧龛中，影长可从附有刻度的水平石圭主测出（详见正文）。台上一室安置水钟（也许是一台水力驱动的机械时钟，另一室可能安置浑仪。

图版 三二

图 116 阳城周公测景台；下为石圭，圭上有水平槽二条［照片采自董作宾等（1）］。

图 117 阳城周公测景台；石圭俯视图［照片采自董作宾等（1）］。

顶每边长约 25 尺。两旁有梯从地面直达台上[1]，台面北侧有平房三间，中间一间有一个向北的宽阔开口，从这里可清楚看到四丈长的巨型表（今已不存）的顶端和所投下的影子。台顶称为"观星台"；原来大概曾有过测定天体上中天的细而直立的杆子，据记载，有一室曾设置大型的漏壶。台基北侧沿地面铺着"量天尺"，长 120 尺以上。石圭上除刻度以外，还有平行水槽两道，两端连通形成一水准器。石圭伸入测景台内部，测景台中间断开以容纳石圭的伸延部分，因此圭的石座处在台顶观测室中室的壁下，与室壁成直角。巨型表基本上可以肯定是一根独自直立的长杆，嵌在石圭南端的承座中。台面高出石圭仅约 28 尺，整个建筑用砖砌成。据《元史》记载，另外有三个地方也曾请立四丈长表，这三个地方即大都（今北京）、上都（元代的夏都，在今内蒙古自治区，即英国古诗中的"Xanadu"）和南海（广东），但事实上只在阳城和大都设置了圭表，且唯独等级极高的阳城（"地中"）一地兼有测景台。

董作宾和他的合作者引证了大量文献证据来证明，至迟从汉代起，阳城便是天文官员从事"标准"二至测影的地方[2]。虽然不能肯定元代以前是否有像现存建筑那样规模的测景台，但现存台体附近的周公祠前有一座公元 723 年南宫说所立的石表。石表设计成高度恰好唐开元尺 8 尺，并在夏至那一天，所投下的影子正好不超出它的沉重的台锥形基座。关于唐代测景台的样子，我们从朝鲜现存的一座极有趣的瞻星台也许可以得知其大概（图 118）。此台在靠近东南海岸的庆州，建于新罗善德女王在位时期（公元 632—647 年）[3]。这座瓶形的石结构建筑高约 30 英尺，面向北极星开一大窗，顶上有木质的平台，用于安置浑仪和夜间观测。

《元史》关于圭表的叙述值得转录在这里：

> 有刻度的尺（"圭表"）是用石造成的，长一百二十八尺，宽四尺五寸，厚一尺四寸；基座高二尺六寸。在南北两端各挖一个圆池，每个池的直径为一尺五寸，深二寸。从表的北边一尺的地方划出一道四寸宽的中心带，共长一百二十尺，在带的两边划分尺、寸、分，直到北端。在带的两边，离带一寸的地方有水渠，深一寸，和两端的水池相连，以便得知是否水平放置。

---

① 耶稣会士对此印象极深。卫匡国的《中国新地图集》（1655 年；*Novus Atlas Sinensis*, p. 62）中有下面的话："其中登封一地不应草率记述，因华人又以该地为地中。今在台上仍可见一直立于铜制平板上之巨表，此表分为数部分；平板表面按巨表所分之部分各配以长线。周公（据中国传说，是一占星家兼历算家，是当时皇室的最高官吏）曾用此仪器观测影长，并研究此台所能测得之北极高度等。此人生于公元前 1120 年，常到此地观星台上，观测星辰之永恒运行及运行周期，所谓观星台乃一观测星辰之高台……"（"Ex hisce Tĕngfung non ita celeri pede ac calamo percurrenda, quippe quam item in ipso orbis centro ac meditullio constituunt Sinae, in ea spectatur etiamnum ingens regula supra aeneum planum ad perpendiculum erecta in certas divisa partes, uti et in ipsa plani superficie linea extensa in suas etiam partes distributa, quo instrumento Cheucungus magnus ille apud Sinas Astrologus et Mathematicus, summusque totius olim Imperii praefectus, umbram meridianam observabat, atque inde altitudinem poli, caeteraque quae ex ea colligi possunt, venabatur. Vixit is ante Chr. natum annis mille centum et viginti; ibidem visitur turris, in qua solitus syderum notare curses ac conversiones, dicta Quonsingtai, hoc est adspiciendorum syderum turris …"）

② 例如，《隋书》（卷十九，第十四页）引虞喜《安天论》（《玉函山房辑佚书》卷七十七，第四页）的记载说："落下闳在地中为汉孝武帝转浑仪（或浑环），以便确定季节和节气……"（"落下闳为汉孝武帝于地中转浑天，定时节……"）。

③ 《三国史记》卷五；见 Anon. (5)；Rufus (2), p. 13。

图 118　朝鲜庆州的瞻星台，建于公元 632—647 年间［绘图采自 Anon. (5)］。

（青铜制成的?)① 表长五十尺，宽二尺四寸，厚一尺二寸，插在圭南端的石座中，入地深达十四尺，在圭上露出三十六尺。表顶分出两条龙，以便支撑横梁。从梁中心到表顶为四尺，所以离圭顶共四十尺。横梁长六尺，直径三寸，上面有一个水槽，以便得知是否水平放置②。它的两端和中腰各有横孔，直径二分，各插入五寸长的棒，棒上系有铅垂线，以便确定正确位置并防止偏斜。

如果表很短，那么，圭的分度必须又密又细，尺和寸以下更小的分度大多不易确定。如果表很长，刻度就较易读出，但不便之处是影色淡而且界线不清，也难得到准确的结果。从前的观测家们为了确定影子的真实界线，曾试图用望筒或尖顶的表和木环，以及一切可以更容易地读出圭上影痕的仪器。但是，现在采用长度为四十尺的表，圭上的五寸的刻度相当于以前的一寸，这样，比尺寸更小的小刻度也很易辨别了③。

〈圭表以石为之，长一百二十八尺，广四尺五寸，厚一尺四寸。座高二尺六寸。南北两端为池，圆径一尺五寸，深二寸，自表北一尺，与表梁中心上下相直。外一百二十尺，中心广四寸，两旁各一寸，画为尺寸分，以达北端。两旁相去一寸为水渠，深广各一寸，与南北两池相灌通以取平。表长五十尺，广二尺四寸，厚减广之半，植于圭之南端圭石座中，入地及座中一丈四尺，上高三十六尺。其端两旁为二龙，半身附表，上擎横梁。自梁心至表颠四尺，下属圭面，共为四十尺。梁长六尺，径三寸，上为水渠以取平。两端及中腰各为横窍，径二分，横贯以铁，长五寸，系线合于中，悬锤取正，且防倾垫。

按表短则分寸短促，尺寸之下所谓分、秒、太、半、少之数，未易分别。表长则分寸稍长；所不便者影虚而淡，难得实影。前人欲就虚影之中考求真实，或设望筒，或置小表，或以木为

<hr>

① 董作宾认为是用黄铜制成的。
② 现代于午仪的"跨水准器"仍使用这种技术［Spencer-Jones (1), p. 79］。
③ 《元史》卷四十八，第八页；译文见 Wylie (7)，经修改。

规，皆取端日光，下彻表面。今以铜为表，高三十六尺，端挟以二龙，举一横梁，下至圭面，共四十尺，是为八尺之表五。圭表刻为尺寸，旧一寸，今申而为五，毫厘差易分别。〉

到此为止，除仪器尺寸有所增加外，没有什么新颖的东西，但下文所说的零件"影符"（"景符"），看来是个巧妙的新发明：

> 影符是用一个宽二寸、长四寸的铜叶制成的，中心穿一个针孔。它有一个方形支架，并装在机轴上，以便能够做任何角度的转动，如铜叶北边高、南边低（即与入射光成直角）。这个仪器可以前后移动，直到达到横梁（的影）的中部为止，这个影的界线并不十分分明。而当日光透过针孔时，就可见到一个不大于米粒的像，并可以朦胧地看到横梁在像的中部。在使用单纯的表顶端测晷的旧法时，投下影子的是日面上缘来的光线。但是用这种方法和横梁配合，就可以得到来自日面中央的光线而毫无差错。

> （1279 年）5 月 30 日，我测得夏至日影长为 12.369 5 尺；同年 12 月 11 日则测得一冬至日影长为 67.740 0 尺[1]。

> 〈景符之制，以铜叶，博二寸，长加博之二，中穿一窍，若针芥然。以方匣为趺，一端设为机轴，令可开阖。揭其一端，使其势斜倚，北高南下，往来迁就于虚梁之中。窍达日光，仅如米许，隐然见横梁于其中。旧法一表端测晷，所得者日体上边之景。今以横梁取之，实得中景，不容有毫末之差。至元十六年己卯夏至晷景，四月十九日乙未景一丈二尺三寸六分九厘五毫。至元十六年己卯冬至晷景，十月二十四日戊戌景七丈六尺七寸四分。〉

这段文字一向被误解了。宋君荣［Gaubil（7）］、伟烈亚力［Wylie（7）］甚至还有董作宾（1）[2]，都以为景符是装在表的顶端的。而马伯乐［Maspero（4）］却令人信服地指出，事实恰好相反，它沿着有刻度的水平圭尺往来移动，和透镜一样，起着使横梁成像的作用。郭守敬应用针孔成像的原理毫不令人感到奇怪，因为就像我们将在本书关于物理学的一章中看到的那样，中国科学家至少在比郭守敬早三百年时就已经熟知了这种原理，甚至照相暗箱可能就是从他们手里传到阿拉伯的。何况在与郭守敬同时代的天文学家杨桓（卒于 1299 年）的评论里，便有支持马伯乐的解释的证据[3]。

郭守敬及其助手的观测结果被收集在《二至晷影考》一书中，但此书失传已久，目前《元史·历志》是我们唯一的资料来源。拉普拉斯本人也认为，就日至测影而论，13 世纪四丈长表的测定结果可能是最精确的[4]。

中国直到明代，或许还在耶稣会士入华之后，才使用上端有孔的表。马伯乐[5]通过

300

---

① 译文见 Maspero（4），由作者译成英文。
② 但他已估计到，其光学原理类似于照相机的光圈。
③ 《图书集成·历法典》卷一○八，第三页。
④ "1277 年至 1280 年期间的观测之所以重要，是由于它们的高度精确性，也由于它们明确地证实了黄赤交角和地球轨道偏心率自那时迄今的缩小。"［Laplace（2），p. 398］
⑤ Maspero（4），pp. 273 ff. 。

冗长的分析指出，把这项成就归于汉代人，是由毕瓯《周髀算经》译本①中的一处误译引起的；那段话实际上讲的是一种错误的太阳直径计算，而计算基于使用窥管。不过，关于1440年的圭表，我们倒有几条材料，那个表在1744年经过重修，直到1900年还保存在北京古观象台（图119）②。它原来安装在一间幽暗的大厅（圭影堂）里，在八尺长表杆③的顶端有一孔，用来接受由屋脊上的缝隙射入的阳光④。这是一种可与周公测景台相比的巨型印度式仪器，不同的只是它用弧形的象限仪承接阳光，而不用水平的圭尺⑤。

把印度天文台和周公测景台进行比较，是颇有意思的。印度各天文台的创建者是斋浦尔（Jaipur）的摩诃罗阇·贾伊·辛格（Maharajah Jai Singh；1686—1743年）。他在德里（Delhi）、斋浦尔、乌贾因（Ujjain）、贝拿勒斯（Benares）等地造了四十多件仪器⑥。虽然这些工作是印度人自己做的，但他完全墨守穆斯林-阿拉伯天文学的成规，并把自己看作兀鲁伯工作的继续者⑦。不过，有大量的欧洲天文学成果可供他利用，他的观测员们利用弗拉姆斯蒂德（Flamsteed）和德拉伊尔（de la Hire）的成果并不比用托勒密的少。

贾伊·辛格所推动制造的砖石结构、灰泥结构和金属结构的巨型仪器（图120），可举出以下几种类型⑧。

（1）至尊仪（*samrāṭ yantra*） 巨型二分日晷，附有沿极轴倾斜的表，两侧赤道面上配以象限仪（图121）。

（2）混合仪（*miśra yantra*） 这是一个有四个表的日晷，这些表作弧形排列，在德里子午线东西两边各两个。

（3）组合黄道日晷（*rāśivalaya yantra*） 它由十二个用来指示黄道每一宫升起时间的黄道日晷组成，它们的平面不是与赤道面平行，而是与各该时刻的黄道面平行，因而可直接定出太阳的黄经。

---

① E. Biot（4），p.605。

② 我在1946年春参观时没有见到，不过当时城墙上台基旁的几间房屋均已上锁。法布尔（Fabre）的游览指南没有提及它。1952年，我曾见一大理石石座立在房屋以南的露天处，那可能就是圭表的石座。参见常福元（1）；陈遵妫（6），第55页。

③ 清代重修时，已增为一丈。

④ 详见《大清会典》卷八十一，第一页。

⑤ 其他的长表现在依然保存着。1956年，我有机会研究博洛尼亚（Bologna）的圣彼得罗尼奥大教堂（Archiepiscopal Basilica of San Petronio）的"表"，其实那只不过是教堂屋顶上的一个孔穴。这个"表"是卡西尼在1695年安排的，高81英尺，地板上的二至影长标记相距168英尺。

⑥ 下面的摘要是根据凯［Kaye（4，5）］的精心研究写成的。1942年我曾访问德里古天文台（the Jantar Mantar），甚为愉快。参见Dar（1）。承蒙冯·克吕贝尔（H. von Kluber）博士惠允使用他尚未发表的照片，我们深表感谢。

⑦ 兀鲁伯的恒星表已经诺贝尔［Knobel（3）］整理，可以利用了。

⑧ 印度的四个古天文台并不全都具备这些仪器，我们在这里把它们全部列出，是为了便于下文引用。参见Soonawala（1）。

图版　三三

图119　表和铜圭，约建于 1440 年，1744 年重修，并采用了新的大理石座；现今仍在北京，
但不在原处 ［惠普尔博物馆收藏部（Whipple Museum Collection）照片］。左后方是
一架新的纪理安（Stumpf）象限地平经纬仪的小型复制品，现存南京。

301　　　（3a）黄道仪（*krāntivṛitti yantra*）　与中世纪晚期欧洲天文学家的"赤基黄道仪"（torquetum）相同（见下文 pp. 370 ff.），但现在已不完整。

　　（4）平壁象限仪（*dakshinovṛitti yantra*）　这是一种装在墙上的子午象限仪，与第谷的墙象限仪相似，但更大，用以测定中天恒星的赤纬。

　　（5）六十度仪（*shashtāṃśa yantra*）　巨型固定式六分仪或分度弧，置于暗室中，暗室建造在至尊仪的支柱内，阳光通过屋顶孔洞进入暗室——用以测量二至的高度。相当于中国的圭表。

　　（6）贾伊明慧仪（*Jai prakāś*）　有一个仰置的半球，内刻坐标，并绷有十字丝，可用以根据日影指出太阳的位置，在测定恒星位置时可用作照准仪。

　　（7）碗状日晷（*kapāla*）　这是上面仪器（6）的变种，它的刻度不与地平圈相应，而与二至圈相应；用以指示黄道十二宫的升起。

　　（8）罗摩仪（*Rām yantra*）和（9）地平经仪（*digaṃśa yantra*）　这两者都是观测平经用的环形量角器。前一种以一立柱为中心，围着圆筒状的围墙，各附刻度。后一种和前者相似，不过它有两层同心的围墙，外层高于内层，一种起象限地平经纬仪作用的"方向高度仪"。

　　（10）赤道日晷（*narivalaya yantra*）　这是顺子午线方向水平放置的圆柱，两端各按赤道平面装有日晷，有均匀的辐射状刻度。这样形成的双面日晷，与下文所要叙述的中国日晷极为相似。据凯［Kaye（5），pl. IX b］说，斋浦尔的那架仪器有一日晷中央刻有铭文①。中国人的启发几乎处处可见。

除此以外，各天文台还备有赤道式浑仪（轮状仪，*chakra yantra*；图 122）②、星盘（*yantra rāja*）和各种装置不同的浑环③。其中有一些仪器，特别是（6）（8）（9）几种，为了使观测者易于进入任何所要求的位置，还各备有两套。按凯的说法，归根结底，许多仪器④都源于巴比伦贝罗索斯（Berossos）的仰半球⑤，即大家经常讲到的一件古仪器⑥，如果传说不谬，那么，这个仪器的年代可定为公元前 270 年左右。关于仰仪（scaphe）或半圆穴仪（hemicyclium excavatum）的古典记述，见于维特鲁威的著作⑦。

　　有趣的是，杜布瓦-雷蒙（Du bois-Reymond）曾描写过一个白铜制的仰半球日晷，这个日晷近年保存在朝鲜，但无疑是来自中国的（图 123）。凹陷部分和普通汤盘一般大小，表的尖端位于中心。仪器上刻有"仰釜日晷"和"北极高三十七度三十九分一十五秒"（首尔的纬度）的字样。半球内画有若干子午圈和平行圈，边缘上标着惯用的
302　干支字样。这个仪器还配有一个水准器。虽然书法是篆书，但从仪器的形式来看年代

---

① 按时、分、伽提（*ghaṭi*）和巴拉（*pala*）分度。

② 直径达到六英尺。它们显然源于郭守敬的"简仪"，见下文 p. 371。

③ 例如地平纬仪（*unnatāṃsa yantra*），这是一个直径 17.5 英尺的地平经纬仪圆环。

④ 特别是（1）、（2）、（3）、（6）和（7）。

⑤ 参见 Schnabel（1）。

⑥ 例如见 Brunet & Mieli（1），p. 627；Zinner（1），p. 38。参见 Drecker（1, 2）。

⑦ Vitruvius, IX, 6-8。参见 Diels（1），pp. 163 ff.。

图版 三四

图 120　斋浦尔的贾伊·辛格天文台（约1725年），自巨型至尊仪顶端附视。在中央前方是两个仰仪式或碗状日晷，即贾伊明慧仪（Jai prakās），在它们右方是赤道日晷，与中国式的类似。左前方可看到白色组合黄道日晷的后面另有一小型至尊仪（冯克吕贝尔摄于1930年，此照片未经发表）。仰仪式日晷中的一个，仰仪式至尊仪（冯克吕贝尔摄于1930年，此照片未经发表）。

图版 三五

图 121 德里古天文台（约 1725 年），中间是从北面看的大型二分日晷（至尊
仪）（冯克吕贝尔摄于 1930 年，此照片未经发表）。

图 122 斋浦尔的贾伊·辛格天文台；两个轮状仪（*chakra yantra*），即赤道式可动时角
环，装在极轴上，显然和郭守敬的赤道装置（约 1275 年；见图 168）有关
（冯克吕贝尔摄于 1930 年，此照片未经发表）。

图版　三六

图 123　（a）17 世纪后期朝鲜的仰釜日晷 ［照片采自 du Bois Reymond（1）］。

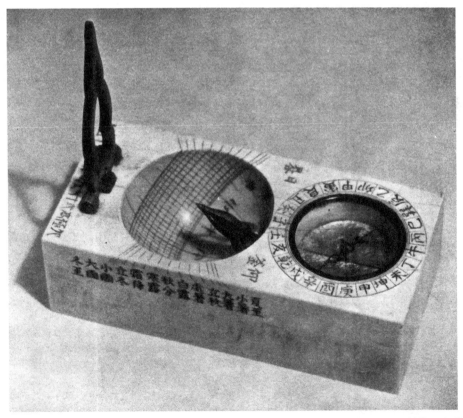

图 123　（b）带有罗盘的日本仰釜日晷（"日时计"），姜润（可能是朝鲜人）制作，年代为 1810 年 ［牛津阿什莫尔博物馆老馆（Old Ashmolean Museum, Oxford）照片］。

不会太早，很可能是 17 世纪晚期的东西——也许它是 1741 年左右朝鲜人安国麟和卞重和从北京带回去的一些日晷中的一个①。但是，我们在这里第一次遇到倾斜式的中国圭表②，因而便产生了关于这种日晷的问题，使我们不能不暂时回退几步。

（3）日晷（太阳时指示器）

大多数日晷的时间测定，是根据日影的方向，而不是根据日影的长度③。也许是由于太普遍和太熟悉的缘故，中国文献很少明显地提到日晷或太阳钟［欧洲中世纪称这种仪器为"时计"（horologium）］④。依照通常的了解，所谓"晷表"指的就是日晷。"晷"字是由"日"和古"咎"（K 1068）字拼合而成的现在"咎"作过失或罪过解，但上面有一"卜"字，最初一定与占卜时间吉凶有关。我们发现，公元前 104 年司马迁建议召开的历算家会议（"博士共议"）曾提到日晷，这是比较早的。据《前汉书》记载，在京师会议之后，这些历算家，

> 确定了真正的东、西点，设立了日晷和表，并制造了水钟（"立晷仪下漏刻"）。他们用这些方法，按照二十八宿在四方的各个地点把它们标出，规定每月的第一天和最后一天、春秋分和夏冬至、天体的运动和相对位置，以及月亮的盈亏⑤。

> 〈乃定东西，立晷仪，下漏刻，以追二十八宿相距于四方，举终以定朔晦分至，躔离弦望。〉

《汉书·艺文志》列有《日晷书》三十四卷，是尹咸（鼎盛于公元前 32—前 7 年）所校的十八家历谱著作之一。

303　其后，《隋书》中有许多关于公元 6 世纪的同类仪器的记载。但是，我们在这里碰到了我们在讨论技术的那几章中会经常遇到的困难，具体地说，需要根据并不严格使用的名称来判断某个古代仪器的确切性质。在这里，问题在于：仪器的表究竟是垂直放置而指向天顶（如前一节所说，用以测影长），还是随纬度成一倾斜角而指向天极⑥——只有在后一情况下，才有可能进行等间隔的时间测量。人们如果查一下类书

---

① 这些仰釜日晷后来在日本盛行起来，（像其他类型的日晷一样）被称为"日时计"，现在发现的数量相当多［Michel（10）］。

② 实际上，由于仰仪定时间靠日影长度，不靠方位，所以这种日晷的表似乎向极轴方向倾斜一事，对其功用来说无关紧要。主要的是，必须由"碗"口的正中投下影子。

③ 因为它们是以子午圈为准并指示太阳的方位或平经位置的，但也有几种日晷是测日影长度并指示太阳平纬的。例如，除刚才提到的仰仪外，还有米歇尔［Michel（10）］和沃德［Ward（1）］记述的圆柱形（"牧人日晷"）、环形和圆盘（或"星盘"）型。据我所知，中国近代有后两种类型的制品，但似乎也没有理由认为是中国自造的。前一型（"圆柱型"）至少可追溯到 12 世纪，因为已发现一件 1159 年的阿拉伯制品［Casanova（1）］。1938 年在英国坎特伯雷（Canterbury）发现一张公元 9 世纪的平面银桌，附有指针，是作为这种日晷使用的。

④ 参见 Thorndike（1），vol. 5，p. 397；Sarton（1），vol. 3，p. 717。

⑤ 《前汉书》卷二十一上，第十六页；译文见 Yetts（5）。会议结果制成了《太初历》，邓平和落下闳应是当时历算家中两个最重要的人物。

⑥ 严格地说，"表"只是指直立的杆子，指向天极的一种应称为"指针"（style 或 stylus）；参见 Michel（8）；K. Higgins（1）。

《太平御览》①（公元960年）中关于晷表的部分，就会发现它所引证的显然都是用垂直表测出的影长，而不是用倾斜表测出的日影方向。

这个问题进一步阐述下去，便要提到在中国考古学上早已成为疑团的一个问题，即汉代的所谓"TLV纹镜"（规矩镜）的含义。TLV纹样常见于汉代金属镜的背面②，这些纹样将在提到任一绘出图形的藏品资料时加以图示，其中有一种据颜慈（Yetts）③仔细分析，具有宇宙象征意义。图124（a）所示是典型的TLV纹，卡尔（Cull）收藏的铜镜见图126；铜镜的年代为新莽时期（公元9—23年）。这种存世的汉镜以公元前250年的为最早④。

后来又有人注意到，汉代浮雕中也有同样的花纹。图125所示是武梁祠（公元147年）中的一幅场景画像，最初人们以为所描绘的只是一次宴会［Chavannes（9）］，但劳弗［Laufer（7）］和中山平次郎（1）却看出那是在表演方术。背景上一块绘有TLV纹的图板，显然是挂在墙上的，而地上放一小桌，似乎是为了表示平放才仔细地画成那个样子，它很可能就是占卜用的盘，即"式"（或"栻"）［参见本书第二卷p.361］。这个盘出一个代表大地的方块及其上覆盖的一块代表天的旋转圆盘组成。图124（b）给出了那块TLV板的示意图⑤。另一幅孝堂山祠（公元129年）的石刻画像表示两人在桌上玩游戏，桌旁也有带这种纹的图板［图127和图124（c）］，大概是表示桌面上画着这种图案。

这样，我们便碰到了一种把占卜与游戏相结合的东西，由于它和磁极性的发现有关，以后在物理学一章中我们会了解到它的重要性。杨联陞［Yang Lien-Shêng（1，2）］在记述一个汉镜（图130）时进一步弄清楚了这个问题：那面镜上刻的是两个仙人在TLV纹盘［图124（d）］上玩游戏。我们知道这种游戏的名称，因为画面上有"仙人六博"的字样。这种"六博"（六个博学者）的游戏见于公元前3世纪的楚辞——宋玉的《招魂》，注释家说是用棋子来博的。这里，两个仙人中的一个拿着骰子杯，另一个拿着几根箸，还有两三个仙人在旁观。有些雕刻品和墓葬陶俑所表现的也是这种游戏。卡普兰（Kaplan）把TLV纹盘和"式"（占卜盘）看作一件东西，虽然他的考证未必可靠（因为这种占卜盘与其说是游戏用的，不如说是占卜用的）⑥，但他走的路线是对的。TLV纹镜和"式"不同，它的圆圈是在方块之外，而不是在方块之内。

从这一切看来，两个仅存的汉代日晷都带有TLV纹，太令人惊奇了⑦。其中的一个日晷是清朝宗室端方的收藏品⑧，汤金铸、周暻⑨、马伯乐［Maspero（4）］、刘复（1）、

305

---

① 《太平御览》卷四，第四页。

② 例如，见Koop（1），pls.71，72。

③ Yetts（5），pp.116 ff.。

④ White & Millman（1）。

⑤ 冯云鹏和冯云鹓兄弟在《金石索》中并未很仔细地摹出正确的纹样，所以我们宁可用颜慈重绘的图。

⑥ 这两者在原始社会里实在很难分别清楚。我们从许多美洲印第安人的例子看到，游戏是体现神意的占卜的一种形式。我们在本书第二十六（i）里会看到很多这样的例子。

⑦ 颜慈［Yetts（5）］和卡尔贝克［Karlbeck（1）］几乎同时注意到日晷和TLV纹镜之间的关系。

⑧ 端方在《陶斋藏石记》中有关于此日晷的记述。

⑨ 在同一收藏品的题记中。

304

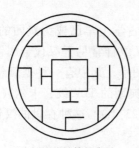

(a) 汉代铜镜的典型
TLV纹样［Yetts (5)］。

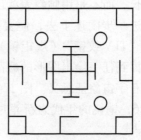

(b) 武梁祠墓地祠堂石刻中的
占卜或"六博"所用的盘；
Chavannes (9)；Yetts (5)。
刻石者忘刻四个T形纹当中三
个T形的直立笔画，但也可能
是由于长期风化而模糊了。

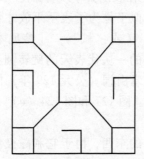

(c) 孝堂山祠石刻中的占卜或
"六博"所用的盘，约公元129
年［White & Willman (1)］。
刻石者弄错了右方和下方L形纹
的方向。

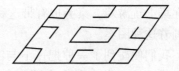

(d) 汉代铜镜上刻画的占卜或"六博"
所用的盘［Yang Lien-Shêng (1)］。

图 124 铜镜和盘上的 TLV 纹。

图 125 武梁祠（约公元 147 年）中的一幅场景画像，表现方士正在作
法。背景：墙上悬着一个 TLV 纹盘，中间地上置一式（占卜用
的盘）。《金石索·石索三》，颜慈［Yetts (5)］重绘。

图版 三七

图 126 新莽朝（公元 9—23 年）的 TLV 纹铜镜。此纹的宇宙象征意义及与日晷的关
系，请阅正文。这件样品［采自卡尔所藏中国青铜器，目录见 Yetts（5）］上
有诗一首，自右方箭头所指的五小点处（时钟指针 3 点位置）开始：

新朝丹阳有上品铜矿，冶炼后与银和锡铸成合金，清纯而明亮。
尚方（国家作坊）出品的帝王镜完美无瑕；东方龙和西方虎挡住厄运；
赤色的鸟和玄黑色的武士与阴阳相应。
祝愿子孙满堂乐居中央，祝愿父母双亲长寿安康，祝愿你享有富贵荣昌，
祝愿你长寿如金石，命运赛侯王。

〈新有善同出丹阳，涷治银锡清而明。
尚方御竟大勿伤，左龙右虎辟不祥。
朱鸟玄武顺阴阳，子孙备具居中央。
长保二亲乐富昌，寿敝金石如侯王。〉

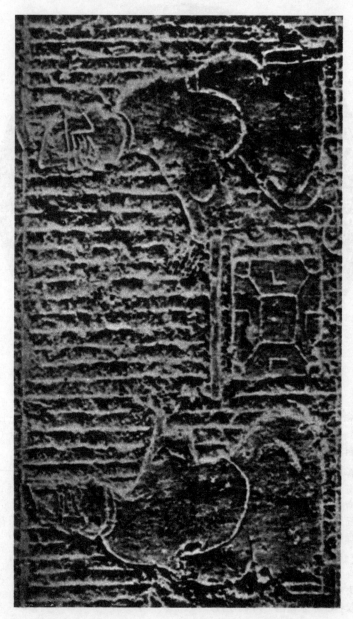

图版　三八

图 127　孝堂山祠（约公元 129 年）中的一幅场景画像，表现两人在桌旁玩游戏（可能是"六博"），桌边有 TLV 纹盘［照片采自 White & Millman（1）］。

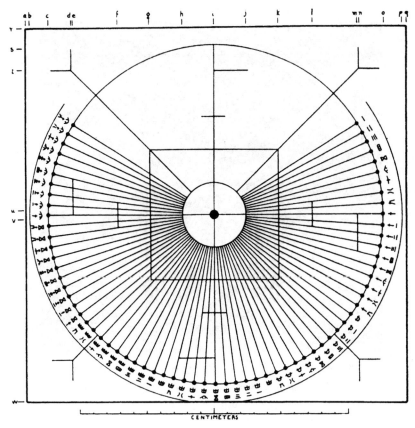

图 128　图 129 所示的西汉日晷上的刻纹［采自 White & Millman（1）］。

颜慈［Yetts（5）］等人都研究过。另一个是怀履光主教（Bishop White）为多伦多博物馆（Toronto Museum）收集的，也已被怀履光和米尔曼［White & Millman（1）］研究过①。两者设计相同，只是前者是玉制，后者是石灰石的。我在本书中翻印了后者的照片（图 129，示意图见图 128），因为它的刻度较为精确②。这种日晷在中国被称为"测景日晷"。

　　这个日晷只有一面有刻度。围绕着中心的小孔或插座，很精确地画有两个圆圈。两圆圈间环形空间的三分之二部分被划分为大小相等的小扇格，每一小格的弧段占圆周的百分之一。在各辐射线与外层圆圈相交处，有一连串的小圆窝，按顺时针方向依次用小篆体标出 1—69 的数字。这一点（特别是"七"字的古体写法）说明仪器的年代是西汉，或许是公元前 2 世纪。此外还有四条到 V 形纹为止的对角线，四个从中间的方块和圆圈延伸出去的 T 形纹，四个以周界处的四条基点线为基础的 L 形纹。

---

① 第三个只剩小块残片。

② 这个玉晷上的 TLV 纹刻得比较粗糙，可能是出于后人之手。

图版 三九

图 129 西汉时期的平面日晷，用灰色石灰石制成，约11英寸见方〔皇家安大略博物馆（Royal Ontario Museum）藏品，照片采自 White & Millman（1）〕。

图 130 汉代铜镜背面花纹的一部分，表现两位带有羽翼的道教神仙在一个 TLV 纹盘上玩六博戏〔照片采自 Yang Lien-Shêng（1）〕。

在对这些日晷做解释时，各种情况完全视其是用于地平面还是用于赤道平面而定。周暯认为是按地平面安放，用来测日出、日没的平经，这也是马伯乐［Maspero（4）］采用的第一种解释，据他揣测，这些一段段的刻度线，相当于最长白昼的 69 刻钟，应放在中央表杆的北侧。但是他注意到，无论什么表杆装在中心点的座上，影子都不免过大，不能得出精确的数据，于是他又向汤金铸的意见靠拢，得出结论说，有一个活动的表杆安置在周界上的某一个小圆窝内；刻度线应位于中央表杆的南侧，使活动表杆的影子方向与中央固定表杆相合，这时的位置便可以指出时间。但是，由于这样得出的结果极不精确，他断定这些日晷根本不是计时器，而是漏壶的校准器。漏壶箭①必须由负责官吏在黎明时按当日的白昼长度加以调整，这长度是从日出时太阳的地平经度得知的。无疑，当时已经保有一套太阳地平经度与时间关系的数据，如公元 102 年霍融②所测和公元 594 年袁充③所测的数据，不过他们所用的都是八尺表，并未提到这些汉代日晷的用法。　306

考虑到中国天文学基本的天极和赤道特征，情况看上去更可能是这样的：在很早　307 的时代人们就发现，假如把底板按赤道面倾斜地放着，把表指向天极，结果便形成一个太阳计时器④。对习惯于使用璇玑（玉制的拱极星座样板，见下文 p.336）的人来说，这是很自然的事，因为这个二分星晷也必须按赤道面来安放。刘复（1）受到汤金铸关于第二表或周界上的表可移动说的启发，认为带有刻度的晷面事实上是按赤道面倾斜放置的。这样的日晷，它向上的晷面受到阳光的时间只有半年，即在 3～9 月当太阳在赤道以北之时。从在中国发现的众多晚期（明、清两代）的日晷样品看来，晷的两面都有刻度，表或指针直穿过晷盘，因而在下面和上面一样伸出⑤。北京故宫的日晷就属于这种类型⑥。汉代可能是用两个日晷，一个晷面向上，另一个向下。

刘复的解释是：圆周上安放的可移动的表要比中央的高一些，这样才能碰到它的影子，晷面上有刻度的部分在中心以北——他提供了某种证据，证明元代已知此法，并引证了《周髀算经》关于立表的一段晦涩的文字⑦。但是，怀履光和米尔曼提出的解释似乎较为圆满（见图 132）。他们两人认为立在中央的不是表而是一块矩形铜板，通过铜架与圆周上的 T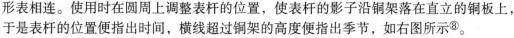
形表相连。使用时在圆周上调整表杆的位置，使表杆的影子沿铜架落在直立的铜板上，于是表杆的位置便指出时间，横线超过铜架的高度便指出季节，如右图所示⑧。

① 见下文 p.321。
② 见《后汉书》卷十二，第八页。
③ 《隋书》卷十九，第十六页。
④ 诺伊格鲍尔［Neugebauer（3）］说，这种布置在某种程度上和他认为可能构成了希腊圆锥曲线理论（梅内克缪斯，约公元前 350 年；阿波罗尼奥斯，约公元前 220 年）发展基础的布置相反。他想出的样式是，表杆指向中天的太阳，晷面垂直于黄道面。这样的日晷从未发现，但不列颠博物馆有一希腊日晷却具有中国的特点［见Drecker（3），ch.5］。参见上文 p.102。
⑤ 17 世纪时，李明［Lecomte（1），p.300］曾看到一些刻度为百分制的“古”日晷，并做了记述。
⑥ 参见 Yetts（5），pl. XXXIV，以及本书图 131。克兰默［Cranmer（1）］曾记述了一件复制品的构造。
⑦ 见 E. Biot（4），p.626。
⑧ 在圆周上移动的表杆，其原理在近代仪器（如航海仪器）上有一些引人注目的应用，对此下文将有机会提及（p.365）。

图版 四〇

图 131 一个道士在察看富有特色的中国日晷。晷盘按赤道面放置，晷上有一指向天极的
表（或针）。

图版　四一

图 132　汉代日晷（图 129）使用方法复原［照片采自 White & Millman（1）]。

图 133　晚近的中国便携式日晷（甲型）；这种日晷以拉直的弦为表，在地平
　　　　板上可见简单的球极平面投影。罗盘针作定向之用。此型日晷大概不
　　　　会早于 16 世纪末［凯里（W. G. Carey）先生藏品］。

现在只剩下晷面上形状像 T 形、L 形和 V 形的标记需要解释了。刘复认为，那是表杆所需高度的记录，或者分别是冬、夏二至表影高度的记录。怀履光和米尔曼〔White & Millman（1）〕同意这一看法，但他们认为表的高度由外面的圆周至 T 形的横线的距离决定，铜板的高度则由中央小孔至 L 形的横线的距离决定。这种安排至少可说是给实际操作提供了一套办法。应注意的是，在这种解决办法里，圆圈上有刻度的部分应置于中心的南侧，而不是北侧。

至于 V 形标记，刘复援引了许多古书中的含含糊糊的文句，并认为这些文句让他可以提出合理的解释：最原始的日晷是一方展平的按赤道面放置的布或牛皮。起初用八个钩子来使这样的布置方式固定住，最后则只沿四个基本方位之间的四个对角方向固定，V 形标记大概就是这四个钩子留下的一种记忆①。

关于 TLV 纹最初的用途，我们也许可暂且认为它具有实用的和天文学的性质。在铜镜上，特别是在那些力求表征天地宇宙的镜子上刻画出这样的花纹，是十分自然的。六博游戏盘可能属于一个中间阶段，或者更可能是一种独立的衍生物。日晷面表现了天的形状和运行，这无疑是和占卜有关的，用它做游戏的盘子是再自然不过的了。在铜镜上从未发现安装表杆的座，并且图案中经常略去 T 形纹或 L 形纹，这都表明了铜镜上这些纹样的装饰性。

从日晷上去推求，既然问题很多，晚近的一些学者便进一步在 TLV 纹镜上去探索这种纹样的含义。嘉门〔Cammann（2）〕想把它和"明堂"②联系起来，后来又想和佛教的"曼荼罗"（mandala）拉上关系。勒文施泰因（Loewenstein）已经指出了这些纹样，特别是 L 形纹和卍字纹之间的相似性③。沿这些方向探索下去，无疑还会有所发现。有人可能认为这种纹样会在窗格图案中保存下来，的确，在戴谦和的中国窗格图案汇编④中有一些迹象可寻。

如果说这种两面有刻度、表杆上下贯穿、按赤道面安放的日晷在汉代还不见有人使用，那么人们想要知道这一发展是在什么时候出现的。下面的一段话（此前没有人注意到），可能有助于弄清楚这一问题，至少对于曾南仲来说，当时显然以为自己正在采用某种新的东西。曾敏行（曾南仲之子或孙?）在《独醒杂志》（1176 年）中写道⑤：

曾南仲曾说，虽然在古代经典中有许多关于日影的记载，但都是关于影长的，不能与水钟的报时相比较。所以他在豫章绘制了一个《晷影图》，并制造了一个日晷（"晷"）。把一个圆（的木板）分为四（等分），去掉其中一部分（即不刻度

① 也许更重要的是，所有汉代日晷的中间都有方形纹。这显然在暗示拱极星座样板或赤道星晷是正中方形，而日晷可能就是由此发展来的（后面很快就要谈到这一点）。

② 本书第二卷，p. 287。见 Granet（5），pp. 180 ff.；Soothill（5）；Maspero（25）。

③ 中国新石器时代的陶器和商代的青铜器上有清晰的卍字纹。勒文施泰因〔Loewenstein（1）〕提出了一些证据（不仅是中国的），证明它是一种同时象征生育力和死亡的符号。因此，他想到，这也许与中国阴阳学说的起源有关；如果事情确实是这样，那么，它和日晷联系在一起是可以理解的。

④ Dye（1），vol. 1，pp. 198，201；vol. 2，p. 352。

⑤ 《独醒杂志》卷二，第十二页，由作者译成英文。书中所述曾南仲的事迹颇有趣。曾南仲自幼精通天文，学成于 1119 年。为了守候恒星上中天，他曾拆除自家屋顶的瓦。最后，他由于冬季严寒时在观测台上睡着了，得病而死。

的），所以（刻度部分）就变成新月形的。沿着边缘标出时刻。日晷架于支柱上，使它南边高北边低（即与赤道平面平行）。表针穿过日晷的中心，一端指向北极，另一端指向南极。春分以后，须看朝向北极那一面上的影；秋分后，则看另一面（下面）的影。这种仪器多少与水钟相符合。曾南仲因为这个仪器而觉得很自负，认为他所取得的成就是古代所未曾得到的。作为他的后辈，我曾按照他的方法自己做了一个。令人惊奇的事情是，在春分和秋分时，与极轴平行的表针完全没有影子，光线直射在日晷的边缘上。这是因为它的平面正好与赤道相合。春分以后，日进入赤道内（即赤道以北），秋分以后，日出赤道外（即赤道以南）。这项发明是多么准确和有趣呀！

〈南仲尝谓：古人揆景之法，载之经传杂说者不一，然止皆较景之短长，实与刻漏未尝相应也。其在豫章为晷景图，以木为规，四分其广而杀其一，状如缺月，书辰刻于其旁，为基以荐之，缺上而圆下，南高而北低。当规之中，植针以为表，表之两端，一指北极，一指南极。春分已后视北极之表，秋分已后视南极之表。所得晷景与漏刻相应。自负此图以为得古人所未至。予尝以其制为之。其最异者，二分之日，南北之表皆无景，独其侧有景，以其侧应赤道。春分已后日入赤道内，秋分已后日出赤道外，二分日行赤道，故南北皆无景也。其制作穷赜如此。〉

关于按季节两面使用的典型赤道式日晷，恐怕不可能有比此更明确的记述了。但是要把这一套东西单独归属于1130年前后的曾南仲，还需要有更多的证据来证明。

我们把中国太阳钟的历史一直追溯到公元前4世纪左右某个时候指极表或指极针的发现，如果这样做没有错误的话①，那么，可以说太阳钟在亚洲的发展是和西方并行的②。古埃及最早的不均匀时影钟（unequal-hour shadow-clocks）可追溯到公元前第2千纪中期［Ward（1）］；上文已经提到，杯状日晷显然是倒置的、去掉了多余部分的天球模型，它在巴比伦贝罗索斯时代（公元前3世纪）大概已经不是新奇的东西了。制造垂直或地平日晷，并配上与极轴平行的表，需要有许多关于圆锥曲线的知识，因此，它们是希腊几何学的一种自然产物③。希腊日晷中最有名的是雅典（Athens）风塔（Tower of the Winds）墙壁上的那几个，这是人们时常提到的④。不过这座塔本身虽然属于公元前1世纪，日晷却可能较晚，甚至可能是拜占庭时期的东西。关于日晷制作的技艺及其中所涉及的球极平面投影原理，阿拉伯人是有过专门研究的⑤。

（i）便携式二分罗盘日晷

310

近几百年来，中国制造了大量附有定向用小型磁罗盘的便携式日晷，在今日的科

---

① 米歇尔先生（私人通信）一直坚持周琛的看法，即认为迄今发现的汉代日晷，都是测量日出、日没时太阳地平经度的测角器。果真如此，则秦汉日晷的性质尚有待确定。

② 加蒂、伊登和劳埃德［Gatty, Eden & Lloyd（1）］的那本书多半是些古董，帮助不大，但戈弗雷［Godfray（1）］写的百科全书条目提供了参考文献，写得很好。

③ 参见 Diels（1），pp. 179 ff.。特别是关于最早的"双斧"形。

④ 如内皮尔·肖［Napier Shaw（1）］。

⑤ 参见 J. J. E. Sédillot（1）；Schoy（1）。

学仪器收藏品中，我们时常可以看到它们。可是过去人们似乎从未注意到，它们可分为截然不同的两种类型，我们可称之为甲型（图133）和乙型（图134）①。关于甲型，范贝克［van Beek（1）］和卡鲁斯［Carus（2）］等早有描述。一揭开"双连板"的上盖，一条细绳便被绷紧了，这就是表，它的影子在装有定向用磁罗盘的底板上指出读数。表和底板成一锐角，板上的分度不相等，这是具有西方特色的结构。人们可以有把握地说，中国人在耶稣会士入华以前是不知道这种日晷的，它的制作不会早于明末②。事实上，中国人不仅把它叫作"平面日晷"，而且还把它叫作"洋晷"③。

然而乙型则完全不同。它也有一块装有磁罗盘的板，但日晷的刻度却在另一板上，这块板可以按所需的角度上下调整，因此，不论观测者在什么纬度，都可使垂直于晷面的表针指向天极。板的背面有一顶杠，可扣在下面的棘齿尺上，使晷面固定不动。但奇怪的是，（就我所见的所有实物来说）这种棘齿尺上标的不是纬度或地名④，而是二十四节气。本书插图所示的乙型日晷，其角度的调节范围是北纬15°—50°，差不多恰好是所要求的范围——海南岛是北纬20°，南京是32°，上都是42°。毫无疑问，一地有一地的"标准节气"。例如，海南岛二分日的影长等于阳城（地中）夏至日的影长，而上都二分日的影长则与全域中心冬至日影长相同。各地的历书一定会列出当地的"标准节气"。因此，我们知道，乙型日晷完全是按中国传统制作的，没有任何理由可以把它看作是耶稣会士传入的东西——沈括乃至甄鸾，可能对它都很熟悉⑤。我们在杨瑀的《山居新话》（撰于1360年）中找到一段有关便携式日晷的记述⑥。他说，这种日晷在旅行或乘马时使用，非常方便，他把它献给了皇帝，皇帝下令对它进行核对。这个日晷在上都大约慢七分钟，在浙江则大约快七分钟（纬度相差10°）。由此可见，这个仪器显然没有可调整的板，或者可能调节性不足。

此外，即使是甲型便携式日晷，也并不全都放弃了顺赤道面的晷面和指极的表的设计。在我们的一具甲型样品中，盖板的外面，另有起着月晷功用的装置⑦：靠近盖板中央的小孔上插着一枚钉子，盖板本身由两根小支杆支撑着，形成与观测地纬度相合的角度，两根支杆则插入底板上一组小孔中的某个孔内（每一孔标明特定的节气）⑧。使用时，先将盖上的晷盘转到当天的日期（按朔望月），即可在刻有均匀分度的转盘上读出夜间的时辰（图135）。

311

---

① 图中的两个实物样品是剑桥大学基兹学院（Caius College, Cambridge）凯里先生的珍藏品。

② 下文（p. 374）我们将看到，1267年札马鲁丁（Jamāl al-Dīn）曾把两个日晷带到北京，它们可能就属于这一类型，可是这种类型在欧洲最早见于1451年［Ward（1），p. 21］。但无论如何，不能认为地平日晷分度所需要的几何知识当时已传播到了中国各地。

③ 利玛窦是一位精通日晷的专家，在他传教的初期，曾为他的中国朋友制作了许多日晷。在这个问题上，德理贤［d'Elia（2）］有大量记述可供参考。

④ 《元史》（卷四十八，第十二页起）载有若干城市北极出地高度的一览表，这是值得注意的。

⑤ 据《元史》载，公元5世纪祖冲之确定了以晷影日差求节气时日的方法。但这也许和他研究太阳角向运动的工作有关［见上文p. 123，下文p. 394］。中国文献中提到介绍磁罗盘日晷的书，我们仅发现《百工谱》一部，但关于此书，我们找不到任何资料。

⑥ 《山居新话》第十六页［译文见 H. Franke（2），no. 43］。

⑦ 参见《高厚蒙求》卷三，第十四页；Schlegel（7r），p. 31。

⑧ 对于范贝克来说，这种刻度是一个无法解决的难题。

图版 四二

图134 晚近的中国便携式日晷（乙型）；日晷的板与赤道面平行，并可依纬度调整，板上装有指极表或指极针。带有精细地平经度刻度的罗盘针是供定向用的。此型日晷可追溯到宋代（凯里先生藏品）。

图135 甲型日晷背面的赤道式月晷；下盘面上有一组孔，插在孔中的一根支杆用作纬度调整（凯里先生藏品）。

17世纪时，乙型日晷在欧洲已属寻常；人们称它为"二分式"日晷，或者更恰当地称为"赤道式"日晷。这一型的样品在剑桥惠普尔博物馆（Whipple Museum）至少有25件，这些样品除了罗盘是装在晷面之下，并且常有刻着余纬度的象限弧（图136），其他方面都酷似古老的中国类型。这种类型的日晷在欧洲出现的年代，似乎应在1600年之前①，因此，大概可以合理地推断说，耶稣会士把地平式日晷传入中国的时候，他们（或者是他们之前的葡萄牙旅行家）也把在中国发现的带有垂直指极针的赤道式日晷的简单示意图带回到欧洲。或许，更有可能的情况是：这种日晷在更早的时候通过阿拉伯人或犹太人之手传入到欧洲。总之，西方类型（甲型）日晷绝不可能取代古老的中国类型（乙型）日晷，因为中国类型日晷永久地安置在中国宫殿、园林或者庙宇中②。

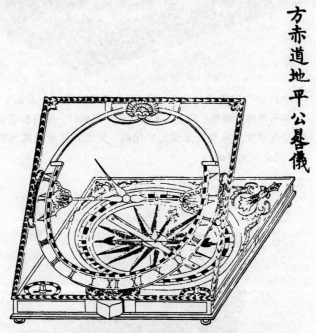

方赤道地平公晷仪

图136　与乙型中国日晷相当的欧洲类型的赤道日晷，
《皇朝礼器图式》所载耶稣会士天文仪器图。

---

① 根据惠普尔（R. S. Whipple）先生的信件。不过霍尔博士告诉我，塞巴斯蒂安·明斯特尔（Sebastian Münster）在《时计志》（*Compositio Horologiorum*；1531年）等书内描述了"二分式"日晷［见 Thorndike（1），vol. 5，p. 331］。米歇尔［Michel（10）］也把欧洲最早的这种类型的日晷定在16世纪初。此外，赖希和维耶［Reich & Wiet（1）］也曾提到一个值得注意的便携式赤道日晷，这是大马士革的阿里·伊本·沙提尔在1366年制成的。先用照准仪测定太阳高度以定时间，然后按照时间把带有均匀分度的赤道日晷安置好，这时另一半圆晷面即给出朝向麦加克尔白礼拜的方向（Qiblah）。这是一种巧妙的方法，无须使用磁罗盘（它是真正的限制因素）。贝蒂尼的著作中载有几种类似中国式但更为复杂的赤道日晷，见 Bettini，*Apiaria*（1645），IX，progym. ii，pp. 38 ff.；*Recreationum Mathematicarum*（1660），pp. 165 ff. 。

② 值得注意的是，二分式或赤道式日晷可以说是所有日晷中最准确的一种。

除以上提到的两种类型以外，还发现了比较罕见的第三种类型（丙型）。如图137 所示[1]，这种日晷由一套象牙板组成，每一片象牙板适用于一特定的纬度（上片适用于山西太原，下片适用于辽宁沈阳），板上刻有球极平面投影的复杂网状 312 线。表长约一寸，可拆卸以便携带，用时插入中央的小孔内，它尖端的影子的位置同时指出时间和节气。至于晷板的定向，无疑必须借助于辅助罗盘。我们这里所图示的样品无疑是晚近的产品，但绝无明确的理由可以把它看作是耶稣会士入华以后的东西，因为我们下文（p. 374）即将看到，这类日晷的设计在 1267 年已由阿拉伯世界传入中国。

关于中国便携式日晷上的罗盘，王振铎[2]曾进行过研究；有一个甲型日晷现在还保存着，上面有题记，说明日晷是耶稣会士汤若望在 1640 年亲手制成的。值得注意的是，这些日晷用的都是旱针。这种安置磁针的方法虽然在宋代就已经设计出来，但水浮针法仍然继续广泛地流行，17 世纪采用的旱针法十有八九是从西方重新传入的。18 世纪初，中国已出现一些著名的日晷、罗盘制作流派，山西的姚乔林流派就是其中之一；这种工艺后来多集中在广州。

在罗马时期后期，人们也曾研究过便携式日晷[3]，有几件实物至今还保存着[4]。 313 这些日晷的设计，适用于自不列颠（Britain）经纳博讷（Narbonne）到埃塞俄比亚（Aethionpia）或毛里塔尼亚（Mauretania）这一广大地区的纬度。表针显然可在地平晷面上移动，并且是顺着极轴的，但其结构实难理解，因此，迪尔斯（Diels）[5]便放弃了解释它的打算。

在结束这一论题之前，我们应当记住：周和汉的均等的十二时辰计时制是非常先进的。在欧洲，古时钟点的长短随白昼的长度而改变，这种古制直到 14 世纪机械钟出现时才被废除[6]。中国则至迟在公元前 4 世纪便已建立了一种长期不变的，自午后十一时起将一昼夜等分为十二时辰的制度[7]。与此形成奇特对照的是，长度可变的或非恒定的钟点在日本一直使用到 1873 年，而机械钟上的指针读数正好巧妙地与之相适应[8]。

---

① 采自克莱（R. Clay）博士的藏品，我们谨此衷心致谢。

② 王振铎（5），第 153 页起。

③ 维特鲁威（Vitruvius, IX, viii, 1）说，狄奥多西（Theodosius）和安德里阿斯（Andrias）曾发明可按各地纬度调整的日晷。

④ 相关描述见 Baldini（1），Woepcke（1），Durand & de la Noë（1），Drecker（1, 2）。

⑤ Diels（1），pp. 187 ff. 。

⑥ Sarton（1），vol. 3, pp. 716, 1125。

⑦ 可进一步见下文 p. 398；更多的细节，可见 Needham, Wang & Price（1）。

⑧ 见本书第二十七章（j）关于时钟机构的讨论。

图版　四三

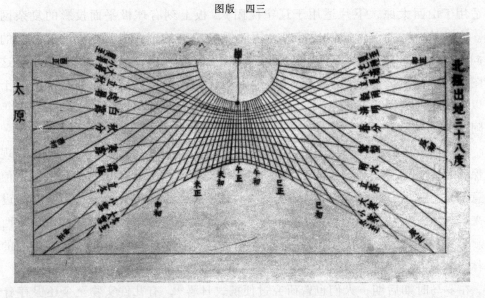

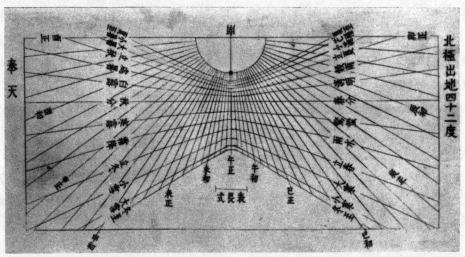

图 137　晚近的中国丙型便携式日晷；图中只标示出了不同纬度的一套象牙板当中的两片（38°和 42°）（采自克莱博士的藏品）。

（4）刻漏（水钟）

日晷所测的是真太阳时或视太阳时，但是因为地球轨道偏心率使太阳的视运动不均匀，以及地球的倾斜使太阳的视路径（黄道）倾斜，所以真太阳时和平太阳时是不一致的①。因此，人们从很早的时候开始就用不依靠太阳的方法测时的事实，便具有很重要的意义了。欧洲在 14 世纪早期机械钟出现以前，主要是靠日晷，而中国则对水钟或刻漏（κλεψύδρα）十分重视，这种计时器在他们的文化中已发展到登峰造极的地步。

虽然如此，刻漏却并不是中国的发明，这一点是十分肯定的。我们从古代楔形文字文书的记载，以及埃及古墓出土的实用器物和明器中看到，巴比伦②和埃及③在商初（约公元前 1500 年）以前，就已经使用刻漏有几百年了。滴水记时有两种简易的办法，一种是利用特殊式样的容器，记录它把水漏完的时间（"泄水型"）；另一种是底部无开口的容器，注意它用多少时间把水装满（"受水型"）。巴比伦的刻漏似乎主要属于前一类型，因为楔形文字泥板载有关于调节注入的水量以适应白昼长度变化的计算法。埃及人则两型都用，不过受水型年代较晚，也较罕见。有一个在凯尔奈克（Karnak）发现的壶非常著名，年代约为公元前 1400 年，质料为半透明雪花石膏，高约 14 英寸，壶的外表面刻有旬星表，并附星图，此表已由查得利［Chatley（14）］做出解释。上述两种类型都在内壁上刻有标记，可由它读出时刻。还有一个亚述巴尼拔王时代（约公元前 640 年）的亚述刻漏，比尔芬格［Bilfinger（1）］对其做过描述④。

刻漏很自然地引起了亚历山大里亚的物理学家和匠师们的兴趣，他们试图把从狭小的管口滴下的水滴和齿轮之类的机械装置结合起来。提西比乌斯（Ctesibius，约公元前 3 世纪中叶，和秦始皇同时代）⑤ 可能是在受水壶中使用浮子（*phellos sive tympanum*）的第一个人；浮子上载有刻箭，以刻箭在壶盖之上的高度来指示时刻，或者可以使它指向一个旋转鼓轮上的刻度。按照迪尔斯［Diels（1）］⑥ 复原的样品，注

314

---

① 见上文 p. 182 和下文 p. 329。在十一月份，两者之差超过一刻钟。在日晷时与钟表时之差的两个构成部分当中，偏心率因素仅在近地点和远地点消失，但倾斜因素则在二分点和二至点消失。更进一步的说明，见 Barlow & Bryan（1），pp. 38 ff.。

② 见 Neugebauer（2）；M. C. P. Schmidt（1）。

③ 见 Borchardt（1）；Sloley（1）；Pogo（1）。

④ 一般而言，论述时钟的书［例如 Milham（1），Britten（1）］都是从刻漏谈起，但是往往很肤浅，内容不多；有价值的材料，必须在亚述学、埃及学文献中去寻找。参见 Archibald（1），p. 60；Kubitschek（1），pp. 203 ff.。

⑤ Brunet & Mieli（1），p. 483；Usher（1），p. 143。

⑥ 转载于 Neuburger（1），p. 228。

入的水是由圆锥形的浮阀节制的①。希腊人是否早在公元前 3 世纪以前就知道刻漏（clepsydra）还是一个问题②；而维特鲁威只是郑重地表示提西比乌斯是浮子的发明者。在公元 1 世纪的时候，亚历山大里亚的希罗也曾研究过水钟③，而且该城曾有人提出一种设计：当受水壶中的水达到某一刻度时，会通过虹吸管注入旋转平衡轮（因自身的重量而转动），使一个齿轮系转动起来，从而按照白昼长度的变化把记时用的鼓状筒带到新的位置④。罗马的第一个刻漏据说是公元前 159 年传入的⑤。公元前 1 世纪时，大概刻漏已经很普通了（公元前 28 年左右维特鲁威正在著书），雅典风塔（约公元前 50 年）上就有一个尺寸很大的刻漏。

水钟在中国叫作"刻漏"，也叫作"漏壶"⑥。中国的刻漏起于何时，是一个尚待解决的问题。隋唐时期的注释家，如撰有《诗疏》的孔颖达（公元 574—648 年），认为那些古民歌曾提到它，但是这一解释自宋代（公元 960 年）以来已成疑问，因为类

---

① 对此最具权威的文句，见 Vitruvius, IX, viii, 6；转载于 Brunet & Mieli（1），p. 628。最初我们以为中国的技术中没有浮阀，但后来看到了周去非《岭外代答》（1178 年）中的一段文字，这段文字描述了南方和西南部族中用的一种有趣的饮酒器（卷十，第十四页）。共用较长的稻草管或竹管饮酒，一直是他们特有的习俗，并成为他们的一些礼仪性舞蹈的主要特征，至今仍可见到。周去非写道："他们用一根二尺或更长一点的竹管来饮酒。管内有一个活塞（'关捩'）。它像一条小鱼，用银制成。主人和客人共用同一根管子。如果鱼状浮子关闭了孔，酒就出不来。所以，吸得太慢或太快，孔将（自动）关闭，人就吸不到酒。"（"插一竹管，管长二尺，中有关捩，状如小鱼，以银为之。宾主共管吸饮，管中鱼闭，则酒不升，故吸之太缓与太急，皆足以闭鱼，酒不得而饮矣。"）这显然是在竹节处做出一些狭窄的孔，吮吸时用力宜适度，否则小孔即被浮阀堵塞。在中国比较先进的技术［如本书第二十七章第二节（b）所记述的自动机械］中是否曾经采用这一原理，则不得而知。有一极相近的名词"关楗"，见于清代［本书第二十七章（d）］，指的是卡丹平衡环（Cardan suspension）的支轴。另一种写法"关戾"则见于《晋书》（卷十一，第七页），是记述公元 2 世纪时张衡所采用的以水驱动浑天的原始计时装置时提到的。这"关戾"应译作"trip-lug"（拨爪），理由见 Needham, Wang & Price（1）。详见本书第二十七章（j）。再者，12 世纪王普的著作中讲到一个漏壶，上有提西比乌斯式的浮阀或近似这种浮阀的东西（我们马上就要谈到）。

② 不能像布律内和米里［Bruner & Mieli（1），p. 146］那样，把恩培多克勒（Empedocles）残篇中的一段名言说成指的是水钟［Diels-Freeman（1），p. 62］。在恩培多克勒时代，"clepsydra"一词不是指水钟，而是指一种用以从较大的容器中吸出小量液体的移液管；Powell（1）；Last（1）。诺伊布格［Neuburger（1），p. 226］的著作中有一幅年代不明的埃及古画，画面表现的是使用移液管的情形。作者指出，如果增加一个球状物和一个可使液体漏出的小孔，便可很容易地作为计时器使用。中国文献中很少提到移液管，但是它作为使用得最广泛的简单化学仪器是值得注意的。唐代称它为"注子"。"在元和年间（公元 806—820 年）以前，人们（只）用杯或勺舀酒……发明者的名字不详。'注子'的外形像一个（小）坛子，嘴上有盖，背上有柄。在太和年间（公元 827—835 年）宦官仇士良不喜欢它的名字，因为它与郑注（一个太医，也是宦官们的大敌）同名。所以，仇士良让人把注子的把装弄得像茶壶的把，此后，它就被称为'偏提'"（"元和初，酌酒用尊杓，无何改为注子。其形如罂而盖嘴，柄其背。太和中，贵人仇士良恶其名同郑注，乃去其柄，安系著茗瓶而小异之，目曰偏提。"）（《续事始》，收入《说郛》卷十，第五十二页，又见《事物纪原》卷八，第十四页）。

③ Brunet & Mieli（1），p. 498。希罗提出了一种巧妙的想法，使虹吸管和浮子相连，从而在保持水头极为稳定的情况下泄水［Drachmann（1）］，但是总体来看，这一方案似乎被忽视了。甚至到 1912 年还曾有人以为这是新的想法，居然登记取得了专利［Horwitz（2）］。

④ 许多论著附有此图，如 Berthoud（1），pp. 35 ff.；Baillie（1），pp. 89 ff.；Britten（1）。但是否曾造成这种装置，尚属疑问。确实的来源大概是 1673 年和 1684 年佩罗（Perrault）出版的维特鲁威《建筑十书》。

⑤ 根据 Cicero, De Nat. Deorum, II。

⑥ 玛高温［McGowan（1）］论中国刻漏的文章是不能令人满意的，关于刻漏的主要论述见 Maspero（4）。《图书集成》以两整卷（《历法典》卷九十八、卷九十九）的篇幅记述漏壶，其内容未经充分研究。参见薮内清（4）。

书《太平御览》的刻漏部并没有收入那些民歌①。不过，鉴于刻漏在巴比伦文明中十分古老，《诗经》（可能成书于公元前7世纪）没有理由不提到比较简单的刻漏。

（i）漏壶的类型；从水钟到机械钟

中国水钟技术的一般发展情况可以简单地说明如下②。最古老的类型无疑是泄水型漏壶，是古时从肥沃新月地带的几个文化中心传入的。但似乎直到很晚的时候，这一型漏壶有时还和受水型漏壶同时并用③。中国人也知道另一种古老的计时器：一种碗状物浮在水上，碗底有孔，调节孔的大小使它可在一定时间内沉入水中。这是泄水型漏壶的一种颠倒过来的变型④。但自汉初起，浮子上载有刻箭的受水型漏壶逐渐流行，甚至到处使用。最初这一类型只有一个贮水壶，但不久人们便了解到，随着壶中水流出，壶中下降的水头使计时迅速放慢。 317

若干世纪以来，主要采用两种方法来避开这一困难（图138）：一种是极其简单却又非常巧妙的小法（甲型），即在贮水壶和受水壶之间加入一个或多个补偿壶⑤；另一种（乙型）是在一列漏壶中间加入一个漫水或恒定水位壶⑥。这些方法的流行及改进，因时而异⑦。第一种类型，我们可称之为多级，用的是出色的累积调节法，由于水头降低而产生的水流迟缓，经过各级，得到越来越充分的补偿。例如，在一列壶（第一个贮水壶计算在内）中，第 n 个壶水位的下降大致可用下式表示：

$$1-\frac{1}{n!}t^n$$

现已查明，在受水壶之上，所用的壶数曾多至六个⑧。一些流传至今的不完整的叙述晦涩费解，致使马伯乐⑨以为某些时期（例如梁和宋）的乙型漫水壶备有某种球阀，甚至其中还使用了水银，但我们现在确信这是一种误解⑩。牵涉到水银的地方，是与用秤称重的漏壶有关的。 316

---

① 《太平御览》卷二，第十一页起。参见《玉海》卷十一，第一页起。

② 我们十分感激普赖斯［Derek J. Price］博士帮助阐明这个问题。

③ 正如我们马上就会看到的，这种类型常见于宋代漏壶类目中。

④ 直到现在，北非在管理灌溉水闸时仍用这类漏壶［Diels（1），p. 196，pl. XVI］。英格兰在中世纪时可能以此计时［R. A. Smith（1）］。在中国，唐代僧人惠远曾的制作提供了一个实例，他用十二个莲花形钵，使它们在十二个时辰内依次沉没（《唐语林》卷五，第三十一页）。

⑤ 正如我们马上就会看到的，公元2世纪时至少已有一个补偿壶。

⑥ 实际使用似乎始于公元6世纪中叶；见下文 p. 324。最初是用复式（即加隔板的）壶，后来才加上漫流壶。

⑦ 例如用虹吸管代替壶底的漏嘴或水管。

⑧ 见 de Saussure（29）。

⑨ 见 Maspero（4），pp. 190，200 ff.，203。

⑩ 这种混淆之所以出现，一部分原因是中国中古时期的漏壶制作者惯于把导管（用玉或其他坚硬材料制成，中有口径均匀的小孔）叫作"权"。《宋史》（卷四十八，第十五页）引沈括的话："这被称为'权'，是因为它放出（字义为'称量出'，即'权'）较多或较少的水流量。"（"谓之权，所以权其盈虚也。"）此处译为"调节器"（regulator）可能较为恰当。正如下文所述，这种名词上的混淆可上溯到公元6世纪。历代确有种种秤漏，这一事实自然使这种混淆更加严重了。

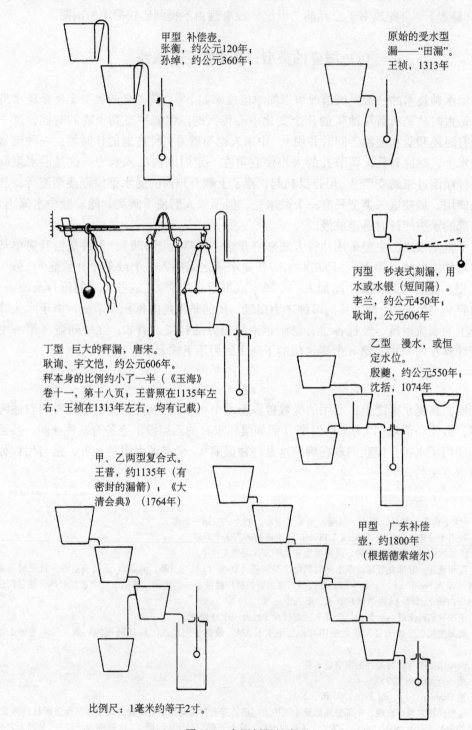

甲型 补偿壶。
张衡，约公元120年；
孙绰，约公元360年；

原始的受水型
漏——"田漏"。
王祯，1313年

丙型 秒表式刻漏，用
水或水银（短间隔）。
李兰，约公元450年；
耿询，公元606年

丁型 巨大的秤漏，唐宋。
耿询、宇文恺，约公元606年。
秤本身的比例约小了一半（《玉海》
卷十一，第十八页；王普照在1135年左
右，王祯在1313年左右，均有记载）

乙型 漫水，或恒
定水位。
殷夔，约公元550年；
沈括，1074年

甲、乙两型复合式。
王普，约1135年（有
密封的漏箭）；《大
清会典》（1764年）

甲型 广东补偿
壶，约1800年
（根据德索绪尔）

比例尺：1毫米约等于2寸。

图 138 中国刻漏的类型。

　　迄今，人们对这类漏壶多少有些忽视。它们至少包括两种类型：一种是把典型的中国秤（两臂不等长的天平）[①] 和受水壶结合起来（丙型），另一种则用秤称最下面的补偿壶内的水量（丁型）。前一类型常常体积很小，便于携带（叫作"行刻漏"）[②]，浮子和漏箭自然是省掉了。有时也用水银，在这种情况下，贮水壶、导管和受水壶全部是用不起化学变化的材料（玉）制成的。这种仪器，取决于秤杆是否水平[③]，很适合于短时间间隔的计量，如天文学家用之来研究日食、月食，或者人们用其赛跑计时，我们有理由称之为"秒表"式刻漏。过去这种壶有个专名，叫作"马上奔驰"[④]。较大的丁型漏壶，在唐、宋时代是作为公共场所和宫殿上的时计使用的。秤杆的刻度上标明了铜权的标准位置，可以按季节调整补偿壶的水头，因而水流的速度便可按不同的昼夜长度加以控制[⑤]。这当然也可以省掉漫水壶，并当漏壶需要加水时提醒看守人。

　　除上述几种主要类型以外，还有其他一些不太流行的类型，其中最有趣的是所谓"轮漏"（戊型）。关于这种漏壶，我们将在本书第二十七章（j）叙述机械工程中时钟机构一节时再行讨论。我们对它了解有限，但是不妨对它暂做如下说明：一只漏壶被安排用来将水滴入一架立式戽斗水轮（有些像一架反过来工作的筒车）上的斗中，轮的轴上装有一个简单的拨爪。轮轴每旋转一周，拨爪便推动一个齿轮转过一齿，再伴随长时间的停顿，这样一转一停地转动着晷面（或其他形式的指示器）。正如我们将在本书第二十七章看到的，从公元 2 世纪张衡的时代到公元 6 世纪耿询的时代，使演示用的浑仪和浑象转动起来的很可能就是这种装置。考虑到这一背景，我们对宋代文献中如此常见的漏壶类型目录[⑥]就能有所了解了：

　　（1）浮箭或浮漏（受水型，包括甲、乙两型）；

　　（2）沉箭或下漏（泄水型）；

　　（3）秤漏或权衡漏（包括丙、丁两型）；

---

① 见本书第四卷中的第二十六章（c）。

② 关于这种刻漏细节的最早记载见于公元 5 世纪中叶，但它们的使用可能要比这个时间早许多。

③ 这种办法在指针读数发展史中有其意义，不应忽略。参见本书第二十一章（f）文 p 关于相风铜鸟的讨论（下文 p. 478）及第二十六章（i）关于磁罗盘的讨论（本书第四卷）。

④ 以各种各样的方式与秤结合起来的漏壶，在阿拉伯文化区也是人所共知的。《智慧秤的故事》（al- Kitāb Mizān al- Hikma）中便有记载；此书是 1122 年哈齐尼（Abū' l- Fath al- Mansūr al- Khāzinī）所作，部分译文见 Khanikov (1)。参见 Winten (5)。哈齐尼似乎使用过置于秤杆端部的泄水壶［参见 Khanikov (1)，pp. 17, 24, 105］。关于这一点，《旧唐书》（卷一九八，第十六页）及《新唐书》（卷二二一下，第十页）的记载最有趣：安条克（Antioch）城的一个城门上悬有大秤漏，每个时辰都有金丸落在金属容器中，铿然作响。两条记载［译文均见 Hirth (1)，pp. 53, 57, 213］中较早的一条是在公元 945 年左右写下的，所叙述的事则属于公元 7 世纪和 9 世纪，因此，都出现在中国秤漏盛行（公元 5 世纪至 7 世纪）之后。中国人对于安条克的装置有充分的认识，因为《渊鉴类函》（卷三六九，第九页）把它列入了刻漏一类。

⑤ 这是隋代的发明，年代约为公元 606 年，我们马上就要谈到它。

⑥ 例如，《国史志》所记，收入《玉海》（1267 年）卷十一，第十八页，以及《宋史》卷七十六，第三页。据伯希和［Pelliot (41)，pp. 44 ff.］的意见，它是佚书《两朝国史》的书目部分，而该书是王珪撰成于 1082 年的一部记述 1023 年至 1063 年间事迹的野史。它还有些可能是另一部较早的《两朝史》的一部分，该书记述的是公元 960 年至 998 年间的史事，由王旦于 1016 年完成。刻漏分为四类的说法又见于 1090 年苏颂的《进仪象状》（《新仪象法要》卷上，第五页；参见下文 p. 352）。另可见王应麟的《小学绀珠》（约 1275 年）卷一，第三十二页。

319　　　（4）不息漏或（水）轮漏（戊型）。

机械钟的起源和发明将在本书第二十七章中叙述，我们就不必在此提前讨论了。远在 14 世纪早期欧洲把立轴横杆式擒纵机构（verge-and-foliot escapement）和悬锤传动结合之前，从公元 8 世纪开始，中国就已能综合各种漏壶制作技术，制成一种特殊类型的机械钟①。在这种装置中，刻漏的恒定水位壶构成了时间计量工具的主要部分，把水或水银送到水轮的戽斗中②。次要部分由可调节的秤或台秤构成，它托住戽斗，直至戽斗中水注满或接近注满。公元 725 年僧一行和梁令瓒的新发明，实质上就是成为一切擒纵机构的祖先的平行联动装置。具备这些知识之后，我们必须回到漏壶本身的发展史上去了。漏壶的四种主要类型示于图 138。

（ii）历史上的刻漏

古代最有名的一段间接提到刻漏的文字出自《周礼》③：

> 负责升壶的官吏（"挈壶氏"）升起一个壶来指示（军队营地的）水井所在地，挂起一些缰绳（像旗帜那样）来指示营地的中心，并且悬起一个篮子指示发放口粮地点。凡有军务时，他升起（漏）壶，以便使哨兵知道（在夜间各时辰）要打多少响④。在举行丧礼时，他升起（漏）壶，以便组织哭丧者的替班。他总是以火和水来值守，划分日夜。在冬天他用大锅烧水，将壶注满，并使之滴水。

> 〈挈壶氏掌挈壶以令军井，挈辔以令舍，挈畚以令粮。凡军事，悬壶以序聚柝。凡丧，悬壶以代哭者。皆以水火守之，分以日夜。及冬，则以火爨鼎水而沸之，而沃之。〉

在这里我们遇到的大概是简单的泄水型漏壶，并且已经注意到漏壶的温度控制问题了⑤。遗憾的是，这段话的年代无法确定，因为《周礼》的文字有不少出于汉初；不过，它很可能是属于战国时期的，也许是公元前 4 世纪的著作⑥。公元前 104 年的历算
320　家会议（见上文 p. 302 的摘录）曾提到刻漏，这是比较可靠的，但并未指明所用漏壶的类型。

最原始的受水型漏壶只有两个壶，即贮水壶和受水壶，在乡村作为简陋的计时器

---

① 详细说明见 Needham, Wang & Price（1）。

② 关于筒车和水轮的详细资料，见本书第四卷第二十七章（g，h）。

③ 《周礼》卷七，第二十七页（注疏本卷二十八，第十三页；卷三十，第二十八页），译文见 Biot（1），vol. 2，pp. 146，201；Maspero（4），p. 205；由作者译成英文，经修改。最古老的史料，见《史记》（卷六十四，第一页）中军事理论家司马穰苴（约公元前 500 年）列传的一段纪事。

④ 对在中国居留过的人来说，守夜人敲击出的梆子声［图见 de Saussure（29）］是最熟悉的一种声音。西方在军事上使用类似的漏壶，见 Aeneas Tacticus（约公元前 360 年），XXII，10。关于不等长的五更，详见 Needham, Wang & Price（1）。

⑤ 宋人想象的"挈壶之图"见图 144。此图出于 1135 年王普关于漏壶技术的专著（见下文 p. 326）。他显然是把《周礼》中的漏壶当作带有刻箭的受水型壶了。

⑥ 这样估计也许是恰当的，因为《周礼》的编撰人曾有意识地极力提早编撰年代。

一直沿用到 14 世纪，或者更晚些的时候。1313 年王祯①提到了它，称它为"田漏"，并附一图，画的是一个女孩用扁担挑着两个漏壶，前往田间。他还抄录了诗人梅尧臣（卒于 1060 年）的一首诗作为结束语：

> 天文学家熟悉星辰的出没，
> 他们预测寒暑也毫无差错；
> 但是农民也用粗壶来计时，
> 更不愿让光阴白白地耗过。
> 他的汗和漏壶水同时滴落，
> 他割麦的脚印如日影移挪。
> 谁能鄙弃这种养生的劳动？
> 谁又能从过去把时光回夺！

> 〈占星昏晓中，寒暑已不疑。
> 田家更置漏，寸晷亦欲知。
> 汗与水俱滴，身随阴屡移。
> 谁当哀此劳？往往夺其时！〉

受水壶中有浮子和刻箭的确证，早至张衡，编䜣、李梵等的时代，在公元 85 年左右。在张衡的《漏水转浑天仪制》残篇里，他说：

> 用青铜制成一些壶，把它们分层叠置（"再叠差置"），并用清水注满。每个壶底各有一小孔，形如"玉龙须"（"玉虬"）。水滴（从上面交替）落入两个受水壶，左边的壶是夜间用的，右边的壶是白昼用的。
>
> 每个（受水壶的）盖上有鎏金的铜铸小像；左边（夜间）的是一个的仙人，右边（白昼）的是一个衙役（"胥徒"）。这些人像用它们的左手引着指示杆（"箭"），右手指着杆上的刻度，从而表明时刻②。

> 〈以铜为器，再叠差置，实以清水，下各开孔。以玉虬吐漏水入两壶：左为夜，右为昼。
> 盖上又铸金铜仙人，居左壶；为胥徒，居右壶。皆以左手抱箭，右手指刻，以别天时早晚。〉

这里不仅有浮子和刻箭，并且显然还有虹吸管，因为后世所谓"玉虬"即系虹吸管③。这两段话暗示共有三个壶。如果这种解释不错，那么，这个刻漏至少有一个补偿壶。因此，我们可以从这里追寻甲型刻漏的发展情况。王充在《论衡》中提到这种刻漏

321

① 《农书》卷十九，第二十页。

② 这两段辑录于《玉函山房辑佚书》卷七十六，第六十八页，附于张衡《浑仪》之后，由作者译成英文，借助于 Maspero（4），p. 202.。两段文字原见于徐坚《初学记》（公元 700 年）卷二十五，第二页和第三页；第二段文字亦见于《昭明文选》（卷五十六，第十三页）所录陆佐公《新刻漏铭》的李善注（约公元 660 年）。参见《玉海》卷四，第九页；卷十一，第七页。

③ 许慎《说文解字》的解释和《周礼》郑玄注可作为这段对东汉刻漏描写的佐证。郑玄注中提到了刻箭的百刻制。

（参见上文 p. 214）①，这就可以把它提早到张衡之前二三十年，即公元 60 年或 70 年。

不过考古方面的证据告诉我们，这种漏壶在公元 1 世纪末已绝不是新的创造。西汉的漏壶，有两个幸存了下来，至少传到了宋代，当时有人为其中的一个绘了图，并写了说明②。它是一个圆柱形的小铜壶，底部有流管，盖上有孔，便于刻箭在其中滑动（图 139）。铭文中只有干支纪年，因此无法定出准确年代，但最晚当为公元前 75 年，最早不超过公元前 201 年。壶上有制作者的姓名——谭正。

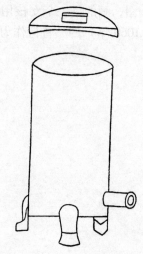

图 139　西汉（公元前 201—前 75 年）受水型漏壶，制作者谭正。说明见薛尚功《历代钟鼎彝器款识法帖》（11 世纪）卷十九，复制图见 Maspero（4）。

由此看来，中国汉代和希腊亚历山大里亚所使用的带浮子和刻箭的受水型水钟之间的关系，仍是一个相当难弄清的问题。正如本书前面的章节所述③，虽然直到公元 120 年才确实有一些西方"使者"到达中国，可是中国在公元 1 世纪末已经和罗马叙利亚有过接触。当然也可能有更早的接触没有被记载下来，但是使用这种类型漏壶的年代可能早得多（事实上是在汉初，即公元前 200 年），这使得人们犹豫是否能得出结论说，它根本就是一项亚历山大里亚的发明，后来才传到中国的。眼下，我们必须把这个问题作为悬案④。如果说很难把两国的水钟技术看作两种完全独立的发明，那么，还存在另一种可能，即传播方向恰与上述相反；因为我们知道，这种水钟在中国可以追溯到张骞通西域之前⑤。大概最合理的说法是，双方都是从肥沃新月地带和古埃及传入的。

上文引用的《周礼》的文字表明，在汉代，人们已经密切注意到水的黏滞性随温度而变化⑥，并且为了在冬季保持水温恒定，已做出初步的努力，至少是使它不致冻结。桓谭（公元前 40—公元 30 年）告诉我们：

> 从前我在朝廷做官时，主管漏壶，（因而发现）它的度数（随环境）的燥、湿、寒、温的变化而有所不同。（人们必须）在黄昏和黎明时（校准时间），昼间用日影（"暑景"）来对比，夜间则与星宿核对。最后就能使它们正确地工作⑦。

〈余前为郎，典漏刻。燥、湿、寒、温辄异度，故有昏、明、昼、夜。昼日参以暑景，夜分

① Forke（4），vol. 2，p. 84。
② 见薛尚功《历代钟鼎彝器款识法帖》（11 世纪），以及吕大临的《考古图》（1092 年）。
③ 本书第一卷中的第七章。那里已指出，重要的是有西方"使者"献机械玩具以及有关杂技演员的记载。
④ 有些重要的科学技术上的发明创造几乎是同时出现在东罗马帝国和中国的，后面我们还会遇到类似的为难问题［参见本书第二十七章（f）］。
⑤ 参见本书第六章（b）和第七章（e）（本书第一卷，pp. 107，p. 173）。
⑥ 当温度自 100℃降至 0℃时，水的黏滞系数相差 9 倍。
⑦ 《全上古三代秦汉三国六朝文》（全后汉文）卷十五，第二页，由作者译成英文。

参以星宿，则得其正。〉

他已注意到蒸发率和黏滞性的改变。这段话还提到恒星时和水钟时的比较，这也是很
有意义的。

至迟自东周以后，人们已经把一昼夜等分为十二时①，同时又并行地按百分制把一
昼夜分为一百刻②。昼夜分别使用两个受水壶，一个用于白天，一个用于夜晚，这是一
种不必要的麻烦。由于昼长与夜长有变化，刻箭的分度便有困难，古巴比伦人和古埃
及人在制作泄水型水钟时已经遇到这种困难了③。中国人的办法是这样：准备一套分度
各相差一刻的刻箭，按照季节逐一抽换。这种调整方法的最早使用可以上推到汉武帝
（约公元前 130 年）时期④。刻箭每九天抽换一次⑤。公元前 58 年时，找到了一种更加
准确的办法，即按测得的太阳赤纬更换刻箭，每差二度四分换一次；这种办法记录在
汉代的法典中⑥，一直沿用到公元 1 世纪末。公元 102 年，霍融把换箭的事和二十四节
气联系起来⑦，这种制度一直延续了一千多年。

到了晋代，我们知道公元 332 年魏丕在皇宫里建立了一个刻漏，另外一个重要
的刻漏是公元 387 年建立的⑧。公元 4 世纪中叶孙绰作《漏刻铭》⑨，其中再次出现
"虬"（"灵虬"）这一名词，还有一个名词叫作"阴虫"⑩。这些大概都是指虹吸管。 323
铭文说：

> 神秘的龙嘴吐出水流一注，
> 阴虫承接着它向下面滴出。
> 三层的底座都放置着容器，
> 像水池一样慢慢把水收集。
> 时光使容器中的积水满溢，

---

① 进一步可见下文（p.398）关于历法的部分。

② "刻"这个词现在仍用于汉语口语中，指四分之一小时。不管这两种并行制度的来源是否各异，但由于彼
此换算不便，人们总是设法使它们合理化。西汉末年，占星家甘忠可（卒于公元前 23 年）及其弟子夏贺良（卒于
公元前 5 年）建议改百刻为一百二十刻。但由于这项改革被认为危及皇朝的延续，它持续时间很短（见《前汉书》
卷十一，第五页）。后来。公元 507 年，梁武帝把刻数减为九十六，推行了几年。但不久又取消了（《畴人传》卷
九）。参见 Dubs（2），vol. 3，pp. 6，7，93；Maspero（4），pp. 208 ff.。

③ 维特鲁威的巧妙办法（Vitruvius，IX，8，11）是利用受到控制的不同的流体静压力，见 Diels（1），
p. 209。

④ 记载于刘向的《洪范五行传记》；引文见《隋书》卷十九，第二十五页，而非马伯乐［Maspero（4），
p. 208］所说的，《后汉书》卷十二，第九页。

⑤ 由于太阳视运动的不均匀性，这种做法当然很不精确［Maspero（4），p. 215］。

⑥ 令甲第六，见《后汉书》卷十二，第八页。

⑦ 《后汉书》卷十二，第九页。

⑧ 《玉海》卷十一，第七页；《初学记》卷二十五，第三页。

⑨ 《全上古三代秦汉三国六朝文》（全晋文）卷六十二，第五页；《太平御览》卷二，第十三页；《玉海》卷
十一，第八页。

⑩ 此名又见陆机《漏刻赋》，其年代略早于公元 300 年［《全上古三代秦汉三国六朝文》（全晋文）卷九十
七，第四页］。参见《表异录》卷一，第十四页。

那溢出的水又向空处下滴。

〈累筒三阶，积水成渊。器满则盈，乘虚赴下。灵虬吐注，阴虫承泻。〉

这些话暗示其中至少有一个中间补偿壶，更可能是两个，因为受水壶不需要底座，几乎所有实例都表明确是如此。多级壶的趋势是在唐代完全确定下来的，因为后世的插图传统，把在贮水壶和受水壶之间插入三个补偿壶这一制度归于吕才（卒于公元665年）[1]。图140采自宋代类书《事林广记》[2]，图中有四个壶。汉代刻漏上的仙人和胥徒在这里已经被和尚像取而代之了。宋代常用恒定水位漫流壶（乙型），但下面所引的13世纪的记事似乎说的是多级装置；这段记事很有意思，因为它涉及其他的科学知识。1230年左右，储泳在《祛疑说纂》[3]中说：

> 在谈到漏壶时，人们总是要问壶应该有多大和应该容多少水。还有（秤漏中）水的重量的问题。虹吸管（"渴乌"）的嘴吐出的水流细如头发，但人们常常担心它不够细。漏壶一般用以测定"火候"[4]（在炼丹和化学操作中合适的加热次数和持续时间）。但受水和放水（点的条件）是不同的。如果听任一粒微尘进入虹吸管，它会立即堵塞，（这种）漏壶很少能正常运行三天。但是，经过一夜的思考，我解决了这个问题。必须把虹吸管的内腔扩大到磁针（"中针"）[5]那样大，这样，小物粒便可以随着水流通过而不造成任何堵塞——可是与此同时，必须把受水壶的大小增加一倍……我在这里记下这件事，以供那些喜欢忙于各种杂事的人们参考。

> 〈自古刻漏必曰壶大几何，受水几何；又有水重水轻之别。渴乌之嘴吐水如发，惟恐不细。向制此器以备火候之用，出水入水为制不同。大抵一尘入水，渴乌旋塞，未尝有三日不间断者。中夜以思，忽得其说：但使渴乌之水大如中针，则小小尘垢随水而下，不复可塞，不过倍受水之壶而已……因著之以传好事者。〉

324 人们对中国曾使用的官府计时刻漏记忆犹新。现存最著名的大概也是最古老的官府计时刻漏，是广州的铜壶滴漏（图141）[6]。那是一个多级式的刻漏，有两个补偿壶，由铜匠杜子盛和洗运行制作于元代延祐三年（1316年）[7]，此后至少一直连续使用到1900年，现在虽已保存在广州市博物馆，但仍能使用[8]。然而，这并不是壶数最多的

---

① 吕才是制图家兼怀疑论的自然主义者，擅长乐律和五行，曾对玄奘发动过一场逻辑学论战。

② 采自1478年明刻本［前集卷二（历候类），第三页正面］，原书现藏剑桥大学图书馆。1100至1250年间，陈元靓编成此书，但直到1325年才刊行。此图也常见于其他书籍，如1740年版的《六经图》（《诗经》部分，第四十三页；下文即将述及）。

③ 《祛疑说纂》卷一，第十七页起，由作者译成英文。

④ 参见本书第二卷 pp. 330 ff.，以及本书第三十三章。

⑤ 关于这一术语，见本书第二十六章（i）。

⑥ 记述见 Li Ping-Shui (1)，McGowan (1)，Middleton Smith (1)。刘仙洲（1）曾引用《广州延祐铜壶记》一文，但我们一直无法确认此文作者的姓名或年代。不过，可见《羊城古抄》卷八，第三十九页起。

⑦ 当地传说此壶为南汉（公元917—971年）故物，纯系误传。此漏置于拱北楼已有多年。

⑧ 根据与潘尼迦（Sardar K. M. Panikkar）的私人通信，1951年他曾亲往参观。1899年亲见此壶作为官漏使用的一则有趣的记述，见于 A. M. Earle (1)，p. 54。

（*ne plus ultra*），因为 1831 年的中国历书上有一幅刻漏图，受水壶之上的壶不少于六个① ［复制图见 de Saussure（29）］。其中最末的一个已经和恒定水位壶相当接近了。

备有漫流壶的刻漏（乙型）比之上述较简单的类型自然发展稍晚。最早的描述载于殷夔的《漏刻法》（约公元 540 年），但在类书中保存着的只有寥寥数语②。贮水壶和受水壶之间只有一个壶；壶中有隔板，水在那里"迟疑不决"（"踟蹰"），好像不能确定要流向何处。从贮水壶的龙口中流出的水，由滤器（"经纬"）加以净化，通过导管（"衡渠"）离开漫流（或恒定水位）壶，注入受水壶。受水壶上有一"司辰"，指着刻箭（"天浮"）。不过这种装置的年代大概还要早一些，也许在祖冲之的时代（即公元 5 世纪后期）已经出现了。他的儿子暅之曾在公元 506 年奉命重修官府标准刻漏，他制造的一台新漏在次年得到了勒铭志庆的荣誉③。

关于这些刻漏，自宋代以后，有许多记载流传下来。宋初，燕肃的"莲花漏"（受水壶的顶作莲花状，这是佛教的一种象征④）采用漫流原理。这位巧匠⑤最初在 1030 年制作此漏，经过多次试验，六年后正式被采用了。于是别的刻漏也都同时改为漫流系统⑥。燕肃的制式时常见于各种图籍，如图 142 便是《六经图》⑦ 中的一幅。这种制式在其后几百年中确实成了刻漏的样板⑧，因而"莲漏"一名也便成为通用名词⑨。11 世纪时沈括⑩为进一步加以改进，曾做出巨大努力，1074 年他向皇帝上的奏疏至今还在⑪。他所用的名称略有不同，即把恒定水位壶中的漫流隔室⑫称为"枝渠"，隔板本身称为"水㮚"（水平校准器）。"水㮚"上有半圆形的缺口，状似用旧的磨刀石⑬，这里用了一个有意思的字——"醨"，它的本义为二分渠之间的界首，是一个不常见的古

325

---

① 图中还绘有冬季暖水用的火炉，五个值更者的更牌架，以及一个身着西式服装、手持罗盘的人像。

② 《初学记》卷二十五，第二页；《玉海》卷十一，第六页。完整的译文见 Maspero（4），p. 193，但须稍加修改。据他说，殷夔的话又见于《隋书》卷十九及《文选》卷五十六，但我们所用的版本未收入，一定是在注释中。姚振宗（*1*）把殷夔列入东汉，这是错误的。

③ 即陆倕（陆佐公）的《新刻漏铭》，见《文选》卷五十六，第十一页；另见《全上古三代秦汉三国六朝文》（全梁文）卷五十三，第七页。

④ 描述见于《青箱杂记》卷九，第八页；以及《玉海》卷十一，第十五页。

⑤ 他是学者、画家、工艺家兼匠师。我们将在论述海潮（下文 p. 491）、记里鼓车及指南车的制作 ［本书第二十七章（c）］ 时再提到他。

⑥ 其中有些是秤漏（丙、丁型）。详见《宋史》卷七十六，第三页，以及《玉海》卷十一，第十六页和十九页。检验者是司天监王立和年轻专家章得象、冯元，会同检验的是杨惟德。杨惟德在二十年后成为 1054 年超新星的观测者（见下文 p. 427）。

⑦ 1740 年的王鸿校录本，《诗经》部分第四十三页。明清时期此书版本颇多，但最早的是宋代的杨甲本。燕肃的莲花漏在前面提到过的《事林广记》中也有记载（1478 年刻本，前集卷二，第三页）。

⑧ 例如，张行简在 1190 至 1208 年间曾为金人制莲花漏。见《金史》卷二十二，第三十二页。

⑨ 《榕城诗话》（卷上，第十页）记载了 18 世纪的学者戴瀚赞美幽独的诗句："在茫茫荒野中既没有钟和鼓，也没有夜以继日的莲花漏箭人。"（"大荒旷罥无鼓钟，漏箭莲花夜继日。"）

⑩ 参见本书第一卷 p. 135。钱君晔（*1*）曾研究过沈括的生平事迹。

⑪ 《宋史》卷四十八，第十四页起。译文见 Maspero（4），pp. 188 ff.，但该文十分混乱，不能令人满意。我们自己的译文可供参考，但在这里没有引出。

⑫ 燕肃和沈括都说是四壶，因而造成一些混乱。实际上，四壶并非一套，其中一个是受水壶，另一个是放在下面承接漫流出的水的。

⑬ 参见本书第二十六章（g）关于透镜形状的讨论。

代水利工程中的术语。导管（"颈"）都是玉制的①，那根把水引入受水壶的导管称为
"调节器"（"玉权"）。关于刻漏和其他天文仪器的密切关系，以及把它放在天文院之
内的原因，沈括在其《梦溪笔谈》②中均有说明。

随着时间的消逝，甲、乙两型漏壶已经（或许有些不合理地）合而为一，于是整
个系统便包括下列各壶：贮水壶、补偿壶、漫流壶、带浮箭的受水壶和漫流受水壶。
这是在《大清会典》③（1764 年）中描述的漏制。图 143 所示是迄今仍然保存在北京故
宫博物院的刻漏，上述各壶④都可在图中看到。但是，关于这种类型的刻漏，我们另有
一幅古老得多的插图，年代为 12 世纪，它想必是所有各文明古国中最古老的水钟印刷
图。因为图 144 采自上文提到的宋版《六经图》⑤，图中的"王氏"已证明就是王普，
而王普的《官术刻漏图》（早已散佚）的年代在 1135 年左右。《六经图》在陈述秤漏
之后，接着就叙述所列举的类型，还附加上了非常难得的消息，即当刻箭上升到最高
位置时，便把流水经过的管口堵塞了。似乎有些奇怪，在 12 世纪的中国，居然再次出
现这种看似希腊式的装置，不过这种装置不是用以控制水流，而是用以阻断水流，并
且这样做的目的也未全部弄清。

关于不由浮子所载刻箭的升高而由水壶的实际重量计量时间的刻漏（丙、丁型），
现在必须略做交代。最简单的办法是把受水壶附在秤上，通常用的是中国秤⑥。我们不
知道在汉代或三国时期是否已有这种做法，不过，我们所看到的关于这方面最早的文
字记载，是北魏道士李兰写的另一《漏刻法》（约公元 450 年），他在书中说，当时此
法已是人所共知的了。李兰论刻漏的珍贵残篇保存在类书《初学记》中得以传世至
今⑦。李兰说：

> 水贮入容器，（从那里用）一个铜制的形状像弯钩的虹吸管（把水引出）。这
> 样，容器中的水就被导入银龙的嘴里而注入秤重量的容器（"权器"）。滴出的水
> 为一升⑧时，称出的重量（"秤重"）为一斤⑨，而所经过的时间为一刻钟。

> 〈以器贮水，以铜为渴乌，状如钩曲，以引器中水于银龙口中，吐入权器。漏水一升，秤重
> 一斤，时经一刻。〉

---

① 关于希腊水钟使用宝石（特别是缟玛瑙）的问题，参见 Drachmann (2)，p. 18。

② 《梦溪笔谈》卷八，第 8 段［参阅胡道静 (1)，上册，第 335 页］。

③ 《大清会典》卷八十一，第二页；译文见 Maspero (4)，pp. 185 ff.。

④ 有趣的是，中国历代图籍上所画的壶往往都作花盆形，而受水壶则作圆柱形。古埃及的漏壶采用花盆形
状，无疑是一种补偿水头下降时流速减缓的初步方案。至少就最初的三分之二流量来说，利用抛物体或 77 度的平
截头体可以达到流速不变的目的；Borchardf (1)。中国这种传统难道不可能是来源于美索不达米亚原始泄水型水
钟的知识吗？

⑤ 杨甲本初刊年代显然为 1155 年左右，1170 年左右毛邦翰有增补。由此看来，杨甲已把当时最新的设计编
入书中，但以后我们将看到，南宋在时钟制造方面的创造性，远远不如北宋［本书第二十七章 (j)］。

⑥ 对此的详细讨论，见本书第二十六章 (c)。

⑦ 《初学记》卷二十五，第二页；此书由徐坚编辑于公元 700 年。又见沈约《袖中记》。

⑧ 过去常译为"品脱"（pint）。汉代的升约为 0.36 品脱（美制）。

⑨ 当时的斤合 0.22 公斤或半磅左右。

图版　四四

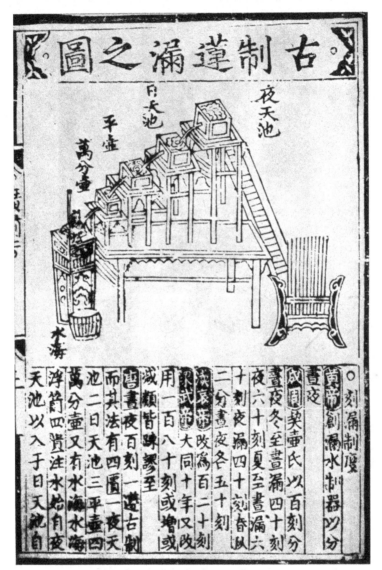

图140　多级式受水型漏壶，据说是吕才（卒于公元665年）所作；采自1478
　　　　年明版《事林广记》（前集卷二，第三页），原书藏于剑桥大学图书
　　　　馆。下栏的文字提到黄帝创制漏壶的传说、《周礼》挈壶氏的记载、
　　　　汉哀帝（公元前6—前1年）一昼夜改为"百二十刻"、梁武帝改为
　　　　"百八十刻"（公元544年）、唐代确立百刻制等。

图版 四五

图 141 著名的广州多级式受水型漏壶，杜子盛、洗运行
制作于元代延祐三年（1316 年），一直用到 1900
年以后。照片摄于民国元年（1912 年）。

图版　四六

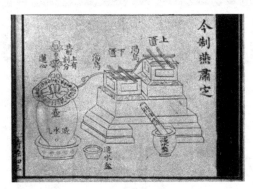

图 142　漫流式受水型漏壶，据说是燕肃所定（1030 年），采自
　　　　清版《六经图》（1740 年）。

图 143　复式受水型漏壶，北京故宫中的实例［照片采自董
　　　　作宾等（1）］。

图版　四七

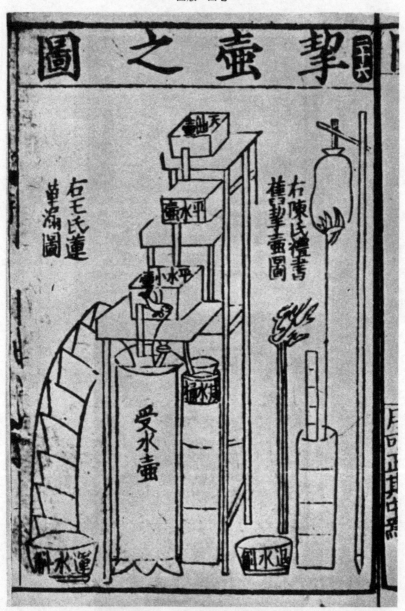

图 144　最早的刻漏印刷图，采自杨甲《六经图》宋刊本（约 1155 年）。
图中示出王普在其《官术刻漏图》（1135 年）中绘出的复式多级
漫流刻漏，该刻漏含有自动装置，可在刻箭上升至最高限度时自
动断流。在图的右侧，杨甲绘出最古老、最简单的受水型漏壶，
来图示《周礼》中的描述。

这是个小秤漏。之后，他接着说：

（用）玉壶、玉管和流珠（可组成）快速秒表（"马上奔驰"）那样的便携刻漏（"行漏"）。流珠是水银的别名[1]。

〈以玉壶、玉管、流珠——"马上奔驰"行漏。流珠者，水银之别名。〉

这样，他指出短间隔秒表式刻漏，便于在田野携带使用，必须用防腐蚀的零件才能使用水银，但工作原理与普通秤漏相同。这几种刻漏型式当时流行的程度如何，很难确定，不过到了隋代（公元605—616年），一辆带有这些便携时计的车辆已成为皇帝仪仗队中必不可少的一部分了[2]。

丁型刻漏更为复杂。它们似乎是隋代两位著名的工匠耿询和宇文恺的创造。《隋书》说[3]：

大业初年（公元606年），耿询[4]制造出古代式样的"欹器"[5]，用来接受漏壶的水，并把它们献给了炀帝，炀帝很高兴。炀帝于是就要求他和宇文恺[6]依照北魏道士李兰所创造的方法。这种古老的道士的技术使用一个带有量水器的小秤漏——所以便于携带。为此，（耿询和宇文恺）还造出测量（日）影（的表针，以便给）秤漏的指示杆（或秤梁）标上刻度，并在上面设置盛水的方形器皿。这些时间指示器设置在东都（洛阳）皇宫内乾阳殿前的鼓楼下。他们还制造了便携秒表式刻漏来报时。计算时刻的日晷和刻漏这两种仪器能测量天地（的现象），所以它们是校准浑仪和浑象的基本工具……

〈大业初，耿询作古"欹器"，以漏水注之，献于炀帝。帝善之，因令与宇文恺，依后魏道士李兰所修道家上法秤漏，制造秤水漏器，以充行从。又作候影分箭上水方器，置于东都乾阳殿前鼓下司辰。又作马上漏刻，以从行辨时刻。揆日晷，下漏刻，此二者，测天地、正仪象之本也。〉

当时的这项新发展，导致了一种直至宋末（14世纪）都还在宫殿或公共场所使用的大型时钟的出现。这项新发展可以依据图138来予以最恰当的评价。很幸运，类书《玉海》[7]

---

① 由作者译成英文。马伯乐［Maspero（4），p.192］有译文，但译文中包含一些先入之见，所以我们舍弃不用。

② "《宋朝会要》说：在隋代，伴随着御车的有钟车和鼓车。《大业杂记》说："皇家禁卫军有一辆载有便携式刻漏的车，以及其他两辆车。今天，这些车辆被归入皇家特权的车辆。刻漏车是在隋代被引入的。"（"钟鼓舆——《宋朝会要》曰：'隋大驾钟车、鼓车也'；隋《大业杂记》曰：'大驾羽卫，有行漏车、钟车、鼓车，今为舆'。行漏——又《宋朝会要》曰：'隋大业行漏车也，盖隋制'。"）以上均见《事物纪原》卷二，第四十七页。

③ 《隋书》卷十九，第二十七页，由作者译成英文。参见《续世说》卷六，第十一页。

④ 耿询是工匠兼仪器制造家。他生活在动荡的时代，经历过很多艰险。耿询传（《隋书》卷七十八，第七页起）已由作者等［Needham, Wang & Price（1）］完整地译成英文。

⑤ 这是一种具有流体静力学意义的东西。这种容器注满水则倾覆，象征王侯、卿相因过分贪婪而毁灭；见本书第二十六章（c）的讨论。

⑥ 宇文恺是工匠兼建筑师，任隋朝工部尚书三十年。我们还要多次提到他，如本书第二十七章（c）关于扬帆车的部分。

⑦ 《玉海》卷十一，第十八页起；这段话的完整译文见 Needham, Wang & Price（1）。

收入了《国史志》① 对其的详细描述。首先，使用四支刻箭②就清楚地表明，附在秤上的是补偿壶，而不是受水壶。所用的刻箭只是四支，而不是像燕肃的莲漏，以及其他甲型、乙型刻漏那样用四十八支③，所以必须改变注水速率，以便适应昼夜长度的季节性变化④。要做到这一点，需要在补偿壶中维持一定的压力水头，后者可以通过在秤杆上移动铜杯（挂铜权的铜镣），而加以精确调整。事实上，秤上确有一套与季节相应的刻度。看守人必须保持秤杆不离开水平的位置，并移动虹吸管以调整贮水壶的压力水头，在必要时则需要把水壶注满。调整时可用带拉手的方环（方镣）使秤保持稳定。

中国历代的非机械式的刻漏，其主要类型大致如此。关于它们，确实有过不少文献，但已经几乎全部散佚了。《通志·艺文略》⑤（1150 年）所列的书名不下 15 种，现在一种也找不到了。最古的是公元 100 年左右霍融（上文已提到过）的《漏刻经》，但陈朝的朱史（约公元 563 年）和稍晚的陈朝太史令宋景也都有同名的著作⑥。隋或唐初，皇甫洪泽参考各种前人存留下来的著作，归纳成为刻漏专著。燕肃曾写了图说来描述他自己的刻漏（约 1030 年）。最后，我们下文将会看到，宋代关于机械水钟的书至少有三种，但只有一种流传至今⑦。

17 世纪时，在欧洲，人们在一定程度上又重新对水钟感兴趣。约翰·贝特（John Bate）在 1635 年记述过一种中国古典式样的水钟，这是一种带人像的受水壶，人像的手指着上升的刻箭，此外他还记述了其他一些古式水钟⑧。不过这些水钟大多已经不用简单、古老的滴漏原理，而是依靠一种鼓轮的作用。鼓轮用隔片分成若干辐射状间隔，每一隔片上穿有一小孔。水从一个间隔到另一个间隔的流动，部分地阻碍了与带齿轮的钟面相连的链条或绳索上的鼓轮下落，或者降低了它在斜板轨道上滚下的速度，所以，其作用就像一个液体擒纵机构。这些设计无疑是源于中古时期阿拉伯的间隔室鼓轮装置，其中有一些是出于追求永动机的人们的苦心钻研⑨；钻研结果产生了《天文知识丛书》[Libros del Saber de Astronomia；1275 年左右在卡斯蒂利亚（Castile）国王智者阿方索十世（Alfonso the Wise）主持下编成] 中所载的液体擒纵机构水银鼓轮钟⑩。鼓

---

① 如上文（p. 318）我们已经看到的，这大概是王珪 1082 年撰成的《两朝国史》中的一部分。

② 基本上可以肯定，两箭用在白天（上、下午），两箭用在夜间。每一支箭的一面标有适合于二分日的三个时辰和二十五刻；另一面标有时辰数和刻数的大、小数字。

③ 用法是在每一节气中间换一箭，末了换一箭。

④ 所以，在夏季夜间和冬季白昼较短时，流速应当加快。

⑤ 《通志·艺文略》卷四十四，第十九页和第二十页。

⑥ 几位著名的天文学家，如何承天（约公元 420 年）和祖暅之（约公元 507 年），也有同名的著作。

⑦ 见本书第二十七章（j）。

⑧ 这些装置包括一种变种的沉钵、一种顶上有小孔的玻璃沉钟和一种浮子升降带动的转盘水钟 [见本书第二十七章（j）]。

⑨ 详见 Schmeller（1）；这些事情与印度有密切关系，这意味着这些与东方接触的范围可能比印度还要广些。进一步的情况见本书第二十七章（j）。

⑩ 见 Rico y Sinobas（1），vol. 4；Feldhaus（22）；Drover（1）。

轮水钟在 17 世纪传播并不迅速[1]，但到了 18 世纪却流行很广[2]。当时的某些著作家认为它们是从一种活动木偶发展起来的；这种木偶据说是中国的发明，内部装有满盛水银的槽和导管，它能一面从阶上走下，一面表演武术动作［根据米森布鲁克（van Musschenbroek）[3]，1762 年；贝克曼（Beckmann）[4] 的记述］。关于这种木偶的来历，人们可能愿做进一步的了解；毫无疑问，它们可能源于中国古代传统的欹器[5]。前面已提到欹器与计时的关系，即公元 606 年耿询用刻漏水滴缓注欹器一事[6]。不管怎样，带有间隔的贮水器也很像亚历山大里亚的传统，而阿方索的水钟之所以如此受重视，主要是因为它配备有重力驱动；这样，人们就把亚历山大里亚的传统和欧洲 14 世纪的机械时钟联系起来了。但是，重力驱动代替水力驱动其实另有一番原委，我们将在适当的地方再做讨论。

（iii）火钟和时差

关于日晷和水钟已经讨论得不少了，但正如大家所知道的，它们走时并不总是同样准确。太阳在天上的视运动是不规则的，有时比视运动的平均速度快一些，有时又慢一些，这一事实是古代天文观测中最重要的发现之一，其时代可追溯到古希腊和古巴比伦 [Neugebauer（5）]。我们已经在上文（p. 123）看到，公元 7 世纪时，中国的李淳风曾研究出一种代数方法来解决这一难题。在古代，由于太阳视运动不均匀而产生的最明显的后果，是四季（各分至点间的时间间隔）长短不等，不过古代天文学家一定已经知道，如果能使用一架长期走时均匀的钟，那么，这架钟并不一定会和太阳一致。这种效应（如上文 p. 313 已经解释过的）来源于两种情况：一是地球轨道的偏心率；二是赤道面与黄道面成一角度；时钟时与太阳时之差，最大正值（$14\frac{1}{2}$ 分）在二月，最大负值（$16\frac{1}{2}$ 分）在十一月。这就是所谓"时差"[7]。对于这样大小的差数（几乎是中国时刻制中的一刻），刻漏可能比 11 世纪的中国机械时钟或 14 世纪的欧洲机械时钟（这些钟可以每天快或慢 20 分钟）[8] 更容易觉察出来。自开普勒以后，时差

---

① 基歇尔 [Kircher（2）] 在 1643 年未提及这种水钟，而它们在 1691 年对格拉沃罗尔（Graverol）来说仍为罕见之物。奥扎南在《数学趣味问题》（*Mathematical Recreations*）一书中曾有记述，他把这项发明归之于多米尼科·马丁内利（Domenico Martinelli，1663 年）。

② 萨尔蒙（Salmon）在法兰西科学院（French Academy of Sciences）的《工艺全书》（*Description of Arts and Trades*，1788）第 27 卷（白铁工工艺）中有详细说明。据普朗雄 [Planchon（1）] 说，当时桑斯（Sens）是制造鼓轮水钟的主要中心。

③ 米森布鲁克 [van Musschenbroek（1），vol. 1，p. 143] 说："为了使我们能把玩赏和实用结合起来，我想记述一下不久以前中国人所发明的小偶人，这种小偶人和活人一样，以种种姿态从较高的梯级逐级走下……"（"Ut dulce et jucundum addamus misceamus utili. describendam judicavi imagunculam a Chinensibus non longo ab hinc tempore inventam, se vivi hominis instar innumeris modis ex altiori gradu in gradum deorsum supinanterm…"）

④ Beckmann（1），p. 84。

⑤ 参见上文 p. 327，特别是本书第四卷中的第二十六章（c）。

⑥ 见上文 p. 327。

⑦ 参见 Spencer-Jones（1），p. 44；Smart（1），pp. 42，146；Barlow & Bryan（1），pp. 38 ff.。

⑧ 参见本书第二十七章（j）。

的精确上下限很容易计算出来。17 世纪中叶，摆钟把误差降为每天 10 秒①，从此便可准确地测出时差了。

　　虽然有发展前途的是机械钟，但在某些情况下，也可能有其他较水钟更为精确330 的计时方法。据 12 世纪中叶的一位宋代学者薛季宣在一段文章中说，除刻漏和日晷之外，还有一种"香篆"计时法。这段文章，由于其他的一些原因，我们将在下文另行讨论②。要制作出或一直制作出燃烧得非常均匀的香篆，其可能性似乎极小③。但是，这种方法曾在中国广泛流行④，并使一位 17 世纪的耶稣会士安文思（Gabriel Magalhaens）留下了深刻印象。他写道⑤：

> 华人亦有夜验更筹之法，已由此发展为该国一新奇工业。彼等将剥离剉碎之木材捣为粉末，调为糊状，然后制成各式盘香。抑或以贵重物料，如沉、檀等木制成，长约一指许，富家厅堂及读书人之书斋皆燃之。别有廉价者，长一二腕尺或三腕尺不等，粗如鹅毛笔，燃于佛塔或神像之前。彼等处处用之，如燃烛然。盘香以特制模子制成，粗细均匀，自下盘旋而上，直径逐渐缩小，成圆锥形，间距则逐圈增大，宽一掌以至三掌以上⑥；燃烧时间与其大小成比例，长一、二日至三日不等，寺院中且有可燃至一旬、二旬或三旬者。此"盘香"形似渔网，亦似绕于圆锥体上之绳；悬其中央，燃其下端，香火即宛转燃烧。其上常附标记五，以辨五更。以此计时至为可靠，吾人从未见其有大差误。书生、行旅及一切因职业关系必须按时起床者，可在盘香适当位置上悬以小重物，燃至此处时，重物即落铜盆中，铿然作响，以醒睡者。此发明可代自鸣钟；所不同者，自鸣钟机件复杂，价且至昂，除富有者外无法购置。此则至简易价廉之物，一盘可用二十四小时，所费不过三文也。

图 145 是一个 18 世纪的金属制香篆钟，香火可在盒内沿篆字式的回文蜿蜒前进。

　　人们也许要问：中国中古时期有没有沙漏？王振铎（5）以为沙漏是后来由荷兰和331 葡萄牙的船舶传入的⑦，而林语堂⑧却举出几段苏东坡的文章⑨，认为它们暗示宋代已经使用沙漏。我们认为苏东坡所指的是刻漏。不管怎样，我们知道在明初以后的几种带有驱动轮的机械钟中，沙替代了水⑩。

---

　　① 参见 Pledge（1），p. 70。

　　② 参见本书第二十七章（j）。

　　③ 米歇尔［Michel（11）］曾对线香做出说明。另一种见图 145，香火顺着篆字式的回文沟燃烧。

　　④ 宋代的记载，见洪刍《香谱》卷二，第五页。可以对比英国的"阿尔弗烈德王的蜡烛"（the King Alfred's candles）和"刻烛拍卖"（auction by the candle）［Hough（2），p. 40］。

　　⑤ Magalhaens（1），p. 124。

　　⑥ 诺曼·刘易斯［Norman Lewis（1），p. 177］在一张引人入胜的照片上，示出了几种盘香。另一张精细的彩色照片，见 G. W. Long（1）。

　　⑦ 参见《琉球国志略》（1757 年）的"图绘"部分（首卷，第三十四页）。王振铎的证据是颇为可信的。

　　⑧ Lin Yü-Tang（5），p. 20，229。

　　⑨ 例如，《眉山远景楼记》［《东坡全集》（前集）卷三十二］中说到，农民以"漏"来安排耕作的时间，到收获之日则放水停"漏"。

　　⑩ 见本书第二十七章（j）。如果有外来的影响，那么，影响是来自阿拉伯人或波斯人，而不是来自葡萄牙人。

图版　四八

图 145　一种金属香篆钟，年代不详。香篆粉的燃烧点沿篆字形笔划蜿蜒前进。右后方的香盘作
　　　　"寿"字形。右前方的罩子上可看到"双喜"字样［伦敦科学博物馆（Science Museum,
　　　　London）照片］。

这几种方法都不能把时差表现出来。不过，可以设想把一盏灯置于一处僻静的地方，如果灯的设计完善，并且油的成分和质地保持不变，那么，它所起的作用与良好的时计无异，足以觉察出日晷和时钟的差别。由此可见，杨瑀《山居新话》（1360 年）中关于某寺的"长明灯"的记载是有重要意义的：

> 范舜臣，开封人，是当世名医，他学问渊博，多才多艺，尤其精通天文学。至顺年间（1330—1333 年）他掌管永福营造修缮司。有一次他告诉我，祈神的殿中的长明灯，每个油槽一年用油二十七箇[①]。按照至元年间（1264—1294 年）原来的规定，十三斤油为一箇，所以总油量为三百五十一斤[②]。经过一年的考查，发现剩五十二斤。因此，这与用日晷测出的时间显然有差异。这项调查是那时在永福营造修缮司所管青塔寺的祈神殿进行的[③]。

> 〈范舜臣（天助），汴人，世为名医，博学多能，尤精于天文之书。至顺间为永福营缮司令，尝与余言影堂长明灯。每灯一盏，岁用油二十七箇；此至元间官定料例。油一箇该一十三斤，总计三百五十一斤。连年着意考之，乃有余五十二斤；则日晷之差短明矣。永福营缮司所掌青塔寺影堂也。〉

如果这段记载是无误的，那也一定是被曲解了，因为以一个年度为基准是不可能看出这种差异的；不过杨瑀明确地宣称，灯钟时与日晷时之间的差异已经受到重视，这一事实至少可以说明范舜臣曾在一年中的某些期间内一直在作仔细对比的记录。有趣的是，按照霍夫（Hough）[④] 的说法，在 18 世纪的德国，计时灯使用得相当广泛，只可惜他对这些灯的计时精度并未提供详细资料。

332

（5）望筒和璇玑玉衡

我们现在搁下对圭表和计时器的论述，开始讨论中国天文学家用以直接观测天象的仪器。我们在上文（p. 262）已经提到，11 世纪时沈括在其对真天极及其附近恒星的圆周运动的观测中使用了窥管[⑤]。我们也注意到（p. 300），《周髀算经》中记载了用窥管测定太阳直径的尝试。毫无疑问，古代的中国天文学家曾普遍使用这种管子（当然不带透镜），后来这种管子叫作"望筒"，不过它们还有别的名称，对那些别名加以考察会把我们带进一些意想不到的领域。在晚周和汉代，这种管子为官方天文学家所用是人所共知的，因而产生了"以管窥天"的成语[⑥]。《淮南子》（约公元前 120 年）一书中或许就已提到了窥管：

---

① "箇"是一种液体容量单位。

② "斤"是重量单位，相当于现在的 0.6 千克。

③ 《山居新话》第二十二页，译文见 H. Franke (2)，no. 58，由作者译成英文。参见 Franke (8)。

④ Hough (2)，p. 67。

⑤ 望筒在宋代是常见的东西，程颐、程颢等哲学家时常提到它。参见《河南程氏遗书》卷十三，第一页；卷二十二上，第十一页。

⑥ 参见《前汉书》卷六十五，第八页。承蒙威利茨（W. Willetts）先生指出，"以管窥天"语出《庄子·秋水第十七》[Legge (5)，vol. 1，p. 389]。庄子是在挖苦墨家和名家时说的。

如果人们想求出物体的高度而做不到，你教给他们如何利用窥管和水准器（"管准"），他们就会高兴的。如果他们想知道物体的重量而不知道怎样去做，你把天平和秤给他们，他们就会高兴的。如果他们想测定远近距离，你告诉他们怎样"用金目来瞄射"（即用窥管瞄测），他们就会高兴的。由此可见，人们应该具备多么多的东西来应付那些没有方向又没有界限的事①。

〈人欲知高下而不能，教之用管准则说；欲知轻重而无以，予之权衡则喜；欲知远近而不能，教之以金目则快射。又况知应无方而不穷哉！〉

这表明天文学家及测量者都使用窥管，而宋代的《营造法式》②也的确载有一幅建筑师用望筒的小图样（图146）。

西方古典著作家时常提到窥管（*dioptra*），中世纪的手抄本还绘有图形，艾斯勒［Eisler（2）］在一篇极富学识的论文中把它的起源一直追溯到古巴比伦。他认为希腊语的"*sphairophoros aulos*"（σφαιροφόρος αὐλός）、"*speirophoros*"（σπειροφόρος）等，大概都由"*sporophoros*"（σπορφόρος；即耧管或耧斗，巴比伦滚筒印章图像上清晰地描绘其附于犁上③）一词传讹而来。由此看来，古巴比伦天文学家大概是把农具作为天文仪器使用了。艾斯勒还讨论了古代和中世纪的信念：白昼从深井底观天，由于多余的光线被隔绝，可以看到天上的繁星④。后来艾登·萨耶勒［Aydín Sayili（1）］对这个有趣的问题进行了核验；有许多迹象证明，坐井观天的事确实是有过的，不过并不可行。夜间利用望筒除去侧光，可以使暗星有较好的能见度，这倒是非常确实的。柯蒂斯（Curtis）曾指出，夜间通过黑色隔板上的小孔$\left(距双目15英尺，直径\frac{1}{4}英寸\right)$，可用肉眼看到8等暗星，而正常的下限则是6等星。古代窥管的直径是否小到能产生这种作用，还是一个疑问。图147采自艾斯勒的著作，是10世纪的圣加尔（St Gall）抄本上的缩图，画的是托勒密在通过窥管观测极星。这幅画后来成了占星家的通用标识⑤。虽然窥管在欧洲文化和亚洲文化中都是熟知的器物，但是只有在中国⑥，把它附加在浑仪上才成为一种标准做法。

古代典籍提到窥管的，以《书经·舜典》为最重要。《舜典》的年代很难确定，但可能是在公元前6世纪前后两百年以内。它的记载是："（舜）检查了'璇玑'仪器和'玉衡'，以便使'七政'（的不同的周期）一致起来。"（"在璇玑玉衡，以齐七

333

334

---

① 《淮南子·泰族训》（第十五页），由作者译成英文。承蒙阿瑟·韦利博士提示我们注意这段文字。18世纪时，姚范在《援鹑堂笔记》里认为《淮南子》所说的是某种眼镜，但这种看法是不够慎重的，那波利贞（1）已在专文中否定了这种说法。但至今偶尔还可遇到这种观点［H. T. Pi（1）］。

② 《营造法式》卷二十九，第二页。

③ 参见 Gustavs & Dalman（1）；Meissner（1），vol. 1，p. 193 等。关于耧犁的历史，见本书第四十一章。

④ 柏拉图的轶事（*Theaet*，174 A）中也提到米利都（Miletus）的泰勒斯因观测星辰陷入井中一事。

⑤ 见 Michel（14）；Zinner（6）。

⑥ 这或许是由于中国有现成的竹管可供使用。我们下文将会提到（p. 368），利玛窦曾因见到中国天文仪器中以窥管代替照准器而感到惊奇。

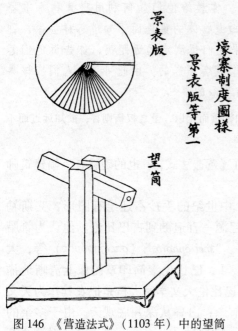

图 146　《营造法式》(1103 年) 中的望筒
和景表版。

图 147　欧洲中世纪天文学家在使用窥管；
出自 10 世纪的圣加尔抄本 [重绘
图采自 Eisler (2)]。

政。")① 理雅各②和麦都思 (Medhurst)③ 把 "璇玑"④ 译成 "饰以珍珠的旋转浑仪"，耶稣会的翻译家则常用宋代的浑仪图去说明璇玑，这也是受到 "璇玑" 即某种浑仪这种想法的支配，不过现在已经知道，那是毫无根据的。此外，高本汉把 "七政" 解释为日、月和五星；理雅各与高本汉相比错得更厉害，他认为 "七政" 是北斗七星⑤。对于汉代学者来说，"璇玑" 的确切含义已无从得知，意见的分歧在于它是指一种天文仪器还是指一个星座：马融、蔡邕和郑玄主张是前者；伏胜和其他学者则主张是后者⑥。毫无疑问，"璇玑" 一词后来被用于指称北斗中的若干星，"玉衡" 也是如此 (如上文

---

① 《书经·舜典》；译文见 Karlgren (11)，p. 77；(12)，p. 4。

② Legge (1)，p. 38。

③ Medhurst (1)，p. 14。

④ 范埃斯布勒克 [van Esbroeck (1)] 曾研究过 "璿" (璇)、"璣" (玑)、"衡" 三字的词源。"璣" 字除去 "玉" 旁即 "幾" 字，"幾" 字是由象形文字丝、剑尖和刀组成 (K 547)。"璣" 的本义可能是在石或玉上刻画一条酷似绷紧丝线的直线，当然有使用某种经过精细调整的工具进行仔细定量测量的意思。我们知道，它发 "机" (机械装置) 字的音，又可作 "事物的细小胚芽" 解 (见本书第二卷中的第十章)。"璿" (K 269，344) 表示用眼查看骨上的记号，因而有龟卜或占卜的含义，也有探索自然的意思。但在此处它是 "旋" 的同音字。"衡" (K 748i) 表示一个人和他的眼睛直接看到的某种事物，被代表沿着道路运动的象形字 "行" 所包围，亦即一个人向一定的方向探望。

⑤ 参见 van Esbroeck (2)。

⑥ 参见德效骞 [Dubs (2)，vol. 3，p. 328] 的讨论。马伯乐 [Maspero (4)，p. 293] 判定它是几个星座而不是一架仪器，这一次他是搞错了。

p.238 所见），这一点另有其重要意义，我们下文将会看到。就"璇玑"两字的造字而论，无法证实它是指"浑仪"，所有人都说它是指一种玉制的仪器。米歇尔［Michel（1，2）］新近的研究揭开了这一秘密，即使还不能完全肯定他是对的，但至少他的看法颇有道理。为了说明他的见解，我们必须从另一处入手。

　　中国（商周时期）最有名的古玉器中，有吴大澂（2）、劳弗［Laufer（8）］所谓的"象天地""礼天地"之器。前者称为"璧"，是中央穿有大孔的扁平圆盘或（衍生成）大小不同的环。后者称为"琮"，是筒状的或中空的圆柱体，上有四棱，看来像个长方体，两端显露出短的圆筒形状①；当然，这是一个不可分的整体。这两种古礼器示于图 148（a，b，c），它们无疑是古代帝王祭祀用的器物。多少世纪以来，人们一直在猜想这些礼器的含义。由于琮的性质属地、坤、雌和阴，所以它是本属后妃佩带的东西。琮可能是象征子宫的，这一点引起现代学者的注意②。他们把它和"圭"（尖顶长

335

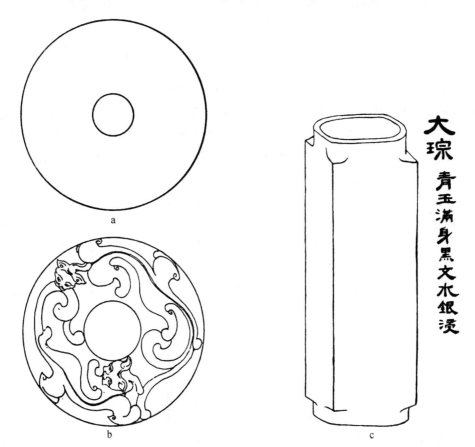

图 148　玉制古礼器——璧和琮。a：素璧；b：龙纹璧；c：琮。采自 Laufer（8）；Michel（1）。

---

　　①　它们的形状逐渐变为餐巾环的样子。

　　②　Karlgren（9）；Waley（7）；Erkes（11）；Laufer（8），pp.84，99，131。理论根据是：古礼器一般多由实用器具或武器发展而来，威利茨先生（私人通信）认为琮系仿照战车车轮的轴承而来。《说文》中有点对此的暗示。

玉板）对照，圭是象征君主权力、天、乾、雄和阳
的玉器。琮自然是外方内圆的［TLV 纹镜与之相
反，参见上文 p.305；式盘与之相仿，见本书第二
十六章（i）］。由于璧是值钱的玉器，它对中国钱
币的传统形式也许曾产生过影响①。由于它肯定有
阳的属性，人们很可能预料它会和圭结合起来，实
物证明确实如此：带圆孔的璧上附有一个、两个或

336　四个突出物——状似象征阴茎的圭，同时又像方头
的"柄"（见图 149）②。《周礼·考工记》说③，这
些"圭璧"用于祭祀天和日、月、星辰，这种说法
值得注意。此外，在璧环上刻有北斗七星大致形象
的圭璧也确实屡见不鲜。

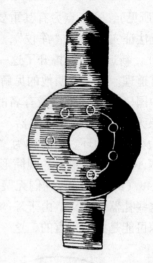

图 149　璧与圭结合成一个整体［采
自 Laufer（8）］。

　　与此同时，对于另一种类型的璧，考古学家
们也进行了研究。已知有许多这种璧的实物，其
雕琢奇特的外缘（几乎可说是刻度）分为长度相等的三部分，每一部分均由一突出
部和一陡峭的缺刻开始，接着就是一系列形状不同的齿，然后以平滑的边缘与第二
部分相连。而且这些奇特的圆盘，一面刻有大致成直角的十字纹，由于线条很匀整，
我们不能简单地把它们看作是雕琢时偶然造成的痕迹。吴大澂（2）首先极力主张这
种盘一定是天文仪器，并证明它是《书经》里所说的"璇玑"；劳弗［Laufer（8）］承
袭此说，但无法说明其用途。现在，米歇尔［Michel（1，2）］解决了这个难题，他指
出，琮的管状突出部分似可穿入璧的圆孔内④，并认为"琮"原初只不过是一种窥管
（因而与"玉衡"是同一种东西），而"璧"则是由一种可称为"拱极星座样板"的东
西蜕变成的礼器。因为我们如果把这种天文璧边缘上的缺刻对准主要的拱极星座，则
真北极⑤必定居于窥管的中央，并且列宿的方位也很容易找到。这就是各个缺刻的
作用。

　　图 150 说明了"璇玑"的用法。当大熊座 α 和 δ 两星位于三处主要缺刻之一时，
小熊座 α 即在第二缺刻处，而天龙座和仙王座中的"东藩"诸星则恰与第三缺刻附近
的各齿相合。在公元前 600 年左右，这样做就可以把整个仪器的中心定在天极上，并
可以看到小熊座 β 星在视场中旋转。现在，如果把琮插入璧的圆孔内，并使它的一个
平面与璧背面所刻双线平行，则一年之中必有四次发生下列情况：在一定的时刻，窥
管（"玉衡"）的平面或者和地平线平行，或者和它垂直。那么，那条大致与双线垂直

---

① Laufer（8），p.155。

② Laufer（8），pp.167，168；plates XV，XXIII。

③ 《考工记》（《周礼》注疏本卷四十二，第十七、二十二页）；见 Biot（1），vol.2，pp.522，524。

④ 这当然就排除了象征阴茎的意义，并表明为什么必须把圭加在璧上才能表示其阳性。

⑤ 和最近的星同在一处，当时是小熊座 β（勾陈二）。

的单线其意义是什么呢？米歇尔认为它代表二至圈，这看上去是有道理的。可以回忆 337
一下，在公元前 1250 年左右（商代），大熊座 α 的赤经接近 90°，而不是今日的 163°。
所以，按照他的说法，就可以由那条单线与通过大熊座 α 星（位于仪器上一邻近的主
要缺刻处）的时圈所成的角度给现存的"璇玑"定出年代。图 151 所示的是于埃收藏
部（Huet Collection）的藏品，角度为 20°，年代相当于公元前 600 年左右；劳弗[1]书中
的"璇玑"，角度为 $7\frac{1}{2}°$，相当于公元前 1000 年左右。

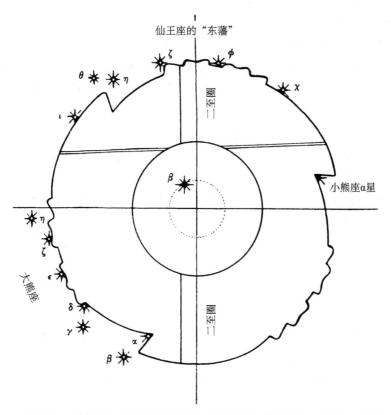

图 150　"璇玑"（拱极星座样板）用法图解 ［根据 Henri Michel（1）］。

　　现在的问题是这种仪器有何价值。它能做到什么平常观星时做不到的事呢？一种
答案是：首先它可以用来定真天极的方位，其次是可以用来定二至圈。这一点可从前
面提到的《周髀算经》的一段著名的文字中看出[2]：

　　　　真正的天极（"正北极"）是在"璇玑"的中心……守候和观察北极（区）中
　　部的大星……夏至的子夜，这颗星南游到它的最远点……冬至的子夜，这颗星北 338
　　游到它的最远点……冬至日酉时（下午 5—7 时），这颗星西游到它的最远点。同

———————————

①　Laufer（8），p. 107。另有一件实物现存海牙，图片见 Michel（2）。
②　上文 p. 261。毕瓯 ［E. Biot（4），p. 622］ 自己也未能看出"璇玑"是一种仪器。

日卯时（上午5—7时），这颗星东游到它的最远点。这就是（通过）"璇玑"（所看到的）北极星的"四游"①②。

〈常以夏至夜半时北极南游所极，冬至夜半时北游所极，冬至日加酉之时西游所极，日加卯之时东游所极，此北极璇玑四游。正北极枢璇玑之中，正北天之中。正极之所游，冬至日加酉之时，立八尺表，以绳系表颠，希望北极中大星，引绳致地而识之。〉

这里所观测的无疑是小熊座 β 星③的绕极转动。米歇尔［Michel（7）］甚至认为，很多中国星图上画的围绕天极大致形成四方形的四颗星（参见图106），并不是真实的星，而是代表小熊座 β 星的四个位置。

此外，"璇玑"还可以作为研究其他赤道星座的一种非常基本的定向仪器来使用。就像我们所说的，它的边缘上的各齿提供了一系列赤经，完全符合把拱极星座和赤道星座"锁定"在一起的原理。前面已说过④，这完全是中国古代天文学的特点⑤。

我们一见到拱极星座样板，自然地便会联想到一种较晚的仪器——"夜间辨时器"（nocturnal）。这是一种在夜间利用恒星分辨时刻的装置，由中心带孔的刻度盘和一支可旋转的伸出长柄构成（图152及图153）。事前按季节调整刻度盘至正确位置，将中心置于观测者的眼和北极星之间的连线上，使长柄旋转直至与大熊座 α 和 β 两星成一直线，即可在仪器的刻度盘上读出当时的时刻。这种夜间辨时器约在1520年问世，流行期间极短，到怀表大量制造时便无人使用了⑥。但是正如米歇尔［Michel（4）］所说，近代经纬仪的子午棱镜仍然采用天极窥管的原理。中国日晷以赤道为标准的特点（上文 p. 307），也可能来源于此。但"璇玑"没有精确的刻度，作为夜间辨时器观测北斗的方位时，几乎不比直接用肉眼观测优越。

如果吴大澂和米歇尔的说法是对的，那么，窥管和样板作为天文仪器使用应该在它们各自成为象征天、地的礼器之前，因此，它们想必是很古老的了。由此可见，金 339 璋［Hopkins（19）］认为"易"［K 720；"陽"（阳）字的主要部分］所表示的不是"日"，而是供桌上放着的一块璧⑦，"揚"（扬）字像一人伸臂举起玉制的样板或礼器，这种说法也颇耐人寻味。

---

① 注意这个"四游"与地的"四游"相同；参见上文 p. 224。
② 《周髀算经》卷下，第二页，译文见 Biot（4），pp. 621，622，由作者译成英文，经修改。
③ 此星又名"北极中央大星"；Maspero（3），p. 329。
④ 上文 p. 232。
⑤ 许多人都认为米歇尔的全部学说存在着一个困难，即制造这些星座样板需用精确的星图，据我们所知，当时的任何星图都不能满足这一要求。
⑥ 中国也可能有夜间辨时器。米歇尔［Michel（10）］提到的一件可能是属于蒙古人的样品。1596年利玛窦在南昌曾赠送了一件给巡抚陆万垓［d'Elia（2），vol. 1，p. 377；Trigault，Gallagher ed.，p. 285]。
⑦ 一般认为"易"这个字来自"日"或日光，见本书第十三章（b）（第二卷，p. 227）。

图版　四九

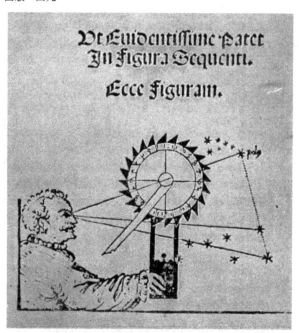

图 151　"璇玑"（拱极星座样板）；于
　　　埃收藏部藏品［照片采自
　　　Michel（1，7）］。

图 152　夜间辨时器——拱极星座样板的后代；彼
　　　得·阿皮亚努斯（Petrus Apianus）的图解
　　　（1540 年）。

图 153　欧洲 17 世纪后期的夜间辨时器——拱极
　　　星座样板的后代［采自 Ward（1）］。

（6）浑仪和其他主要仪器

　　在 17 世纪发明望远镜之前，由若干个对应于天球诸大圆的圆环所组成的球状的浑仪，是所有天文学家在测定天体方位时都缺少不了的仪器。当然，从某种意义上说，浑环迄今还在望远镜上以零部件的形式存在，它们可使现代望远镜指向天空的任何一点，不过它们已被改进过，尺寸也大为缩小了；与此相反，望远镜本身则是那些早期的窥管、照准仪、基准线或叉丝等部件大为放大了的翻版，古代天文学家在从他们浑仪的环上读出恒星方位之前，就是用这些窥管之类的东西来照准的。不仅如此，现代测定地磁磁量的仪器所用的就是浑仪的原理，直到今日，它们乍一看来仍然很像古代的浑仪。

　　关于浑仪的构造和用法有许多种解释[1]，据我们了解，最清楚的解释是在沃尔夫的有系统的著作中[2]。关于它的发展史，诺尔特（Nolte）写了一部卓越的专著。自有这类仪器以来，它的中国名称就是"浑仪"（即天球仪器）。从很早的时候起，中国不仅用它作为观测仪器，还用它作为一种太阳系仪[3]，即可以帮助历法计算的演示用天球仪。为了达到这一目的，中国人曾利用水的下冲力使它转动，并以不同程度的复杂性和准确性，小尺度地模拟各种天体的运行[4]。这种有动力驱动的浑仪与时钟机构史有密切关系，关于后者，我们要到本书第四卷再加以讨论。至少有一个例子说明，这种自动运转似乎不只是单纯用于演示或计算的目的。

340　　为了澄清论点，我们可以先在这里指出，由于中国人始终坚持使用后来成为"近代"天文坐标的赤经和赤纬，而西方人自喜帕恰斯时代起，却一直使用黄经和黄纬[5]，所以中国的浑仪与欧洲和阿拉伯的浑仪有根本的不同，这种差异在前面（p. 266）已解释过了。这就是说，虽然中国天文仪器大多装有黄道环，并且中国人曾煞费苦心地去解决赤道和黄道度数的换算问题，可是黄道环在这些仪器的主要功能中所起的却只不过是辅助作用，就像赤道环在欧洲天文仪器中的作用那样[6]。下文我们会看到，这一特点是如何导致中国人在 13 世纪发明了极轴装置；这一装置和所有现代赤道仪实质上是相同的。

　　开创欧洲系统观测恒星方位历史的，是大约晚于石申和甘德[7] 60 年的亚历山大里亚的两位天文学家阿里斯提鲁斯和提摩卡里斯，他们当时所用的仪器现在已经无法查

---

①　例如，Huggins（1）；Gunther（1），vol. 2。

②　Wolf（1），vol. 2，pp. 117，118。

③　本章所用的"太阳系仪"（orrery）一词，含义较其本义略广。1706 年，乔治·格雷厄姆（George Graham）为奥雷里伯爵（the Earl of Orrery）制成的机械模型，当然是为了说明日心学说的。就在这一世纪结束之前，曾有一件仿制品带往中国；关于此事，详见本书第二十七章（j）。

④　这在文艺复兴之前的西方是相当罕见的。欧洲与此类似的主要东西，是被许多希腊和拉丁著作家归于阿基米德（公元前 3 世纪晚期）名下的天象仪或太阳系仪。据推测，这种仪器是用水力驱动的［Schlachter & Gisinger（1），p. 51］。1903 年，在希腊南方安蒂基西拉岛（Anti-Kythera）附近海中捞出一个奇特的齿轮链条，斯沃罗诺斯（Svoronos）和雷迪亚迪斯（Rediadis）曾著文加以记述［见 Gunther（2），Price（1），有附图］。冈瑟（Gunther）认为，虽然也偶有星盘装齿轮的实例，可是这个捞出的链条似乎更可能是太阳系仪的零件。

⑤　下文我们会看到，欧洲一直到 16 世纪，才由第谷开始不再使用黄经、黄纬。

⑥　马伯乐［Maspero（4），p. 337］对于这种基本区别估计得颇恰当。

⑦　即公元前 290 年左右。

证了。我们似乎有充分的理由认为，当公元前134年喜帕恰斯开始进行观测时，他最初用的是赤道浑仪，但后来却换了黄道浑仪①。当然，这两种仪器基本上是相似的。浑仪的主要部分由子午圈构成，附加赤道圈或黄道圈，与子午圈垂直相交。前一种情况是把一个时圈的枢轴设在赤极上，后一种情况是把黄经圈的枢轴设在黄极上。如果圈上装有照准仪或窥管，即可由两大圈的刻度上立即读出任何一颗恒星所在的方位。托勒密在《天文学大成》（约公元150年）中所固定下来的浑仪的形制示于图154。这个浑仪以二至圈为子午圈，圈内有第二个子午圈环，后者的可转动的枢轴装在极轴上。这个内环上垂直地装着一个与黄道面平行的圈，同时在黄极轴上安置着三个可转动的黄纬圈，一个在外，两个在内。最内的一个圈附有用来测定恒星方位的照准器②。一直到文艺复兴时期为止，虽然阿拉伯天文学家们逐渐加上地平圈、赤道圈等一切可加的大圆③，但是仪器的基本结构并没有大的改变。通过在卡斯蒂利亚和莱昂（Castile and Leon）国王阿方索十世（Alfonso X；1252—1284年④）主持下完成的重要译著《天文知识丛书》（1277年），阿拉伯天文学家的大部分工作才被欧洲人知道。可是在中世纪的天文学中，萨克罗博斯科［Johannes Sacrobosco；即哈利法克斯的约翰·霍利伍德（John Holywood of Halifax）］1229年在巴黎所写的关于浑仪的著作——《天球论》（*Sphaera*

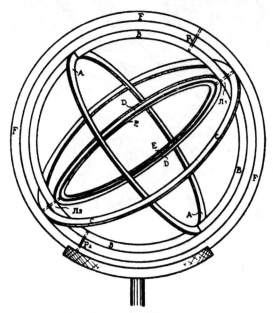

图154　托勒密浑仪（约公元150年），诺尔特［Nolte（1）］依照马尼蒂乌斯（*Manitius*）的意见复原。图中：*F*——固定的外子午圈（称为二至圈环），大概有刻度；*B*——可转动的内子午圈环，它的枢轴装在极轴上；*A*——黄道圈，有观测用的刻度；*C*，*D*，*E*——三个可转动的黄纬圈环，靠外的两个有刻度，最内的一个附有照准器；P_1，P_2——天极枢轴；π_1，π_2——黄极枢轴。

① Wolf（1），vol. 2，p. 118；Grant（1），p. 438；Brunet & Micli，p. 534。
② 记载于《天文学大成》第5卷［*Almagest*（*Megale Syntaxis*），Bk. v］的开头部分。参见 Dicks（1）。
③ Nolte（1）；Sédillot（2，3）。
④ 他与纳西尔丁·图西及郭守敬同时；Sarton（1），vol. 2，p. 834。

341　　*Mundi*)①，同样闻名于世。萨克罗博斯科卒于 1256 年。在此后几个世纪中的所有天文学家，如著《行星新论》（*Theoricae Novae Planetarum*；1472 年）的波伊尔巴赫（George Peurbach）、柯尼斯堡的约翰内斯·米勒［Johannes Müller of Königsberg；亦即雷乔蒙塔努斯，1436—1476 年］等人②，都曾描述过浑仪。后来由于第谷的研究，正如他在《新天文学仪器》（*AstonomiaeInstauratae Mechanica*；1598 年）③ 一书中所描述的那样，浑仪在其结构精密度方面达到了最高峰（图 155），而且希腊的黄道式装置被废弃了，采用了中国的赤道式系统。这被公认为文艺复兴时期天文学上最伟大的技术进步之一

342

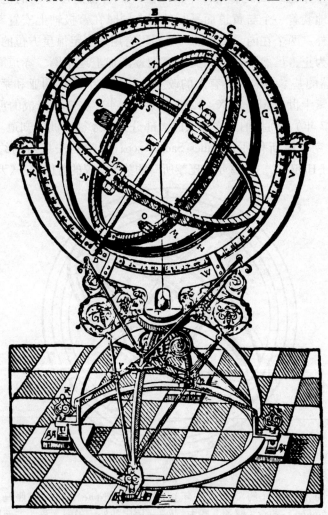

图 155　第谷的小型赤道浑仪（1598 年）；详细说明见第谷的《新天文学仪器》，译文
　　　　及讨论见 Raeder，Strömgren & Strömgren（1）。

---

　　① 译文见 Thorndike（2）。

　　② 他们的著作已于 1485 年由埃哈德·拉特多尔特（Erhard Ratdolt）在威尼斯出版，由于这是欧洲最早的彩色印刷品，所以颇受珍视［Redgrave（1）］。

　　③ 译文见 Raeder，Strömgren & Strömgren（1）。

（例如青纳就这样认为）①。采用望远镜之后，浑仪才只用于演示而不用于观测②。我们现在来考察一下，这一发展过程是如何在另一文明——中国文明——中齐头并进的。

（i）浑仪的发展概况

马伯乐［Maspero（4）］大约用六十页的篇幅来叙述中国浑仪的发展和应用，但是细节太多，不可能把它们纳入一篇概括性的说明中③。我们这里把发展过程中的大事列为表31，并把我们所知的历代仪器的主要特点都包括在内。它并不要求包罗无遗；事实上，如果再深入研究下去，大概还可以找出许多事例——不过最有名的那些仪器已都列在表内了④。

中国浑仪发展过程的主要特点可以大致综述如下。最原始的浑仪很可能是简单的单环，附有某种照准线或照准器，按照需要装在子午面或赤道面上。至于测量结果，在一个方向上的度量得到对于北极的去极度（中国式的赤纬），在另一个方向上的度量得到在某宿中的入宿度（中国式的赤经）。这大概就是可供石中和甘德（公元前4世纪）使用的仪器⑤，而且直到落下闳和鲜于妄人的时代（公元前2世纪末至前1世纪初），似乎依然如此。不过从公元前1世纪中叶起，开始了迅速的发展。公元前52年，耿寿昌第一次使用恒定赤道环，公元84年傅安和贾逵加上黄道环，公元125年左右张衡又加上地平环和子午环⑥，于是便成了完整的浑仪。张衡是第一个制作中心装有地的模型的演示用浑仪，并成功利用水力使其上的环圈运转的人，也是第一个制作观测用浑仪的人，并且正如我们即将解释的那样，他用某种方法把这两种浑仪的功用结合了起来。

自此以后，这两种浑仪的制作方法经过几百年都没有多少改变。但是，人们发现黄道环和赤道环两者固定在一起不方便，因为这种结构虽然便于研究周年运动，却不便于研究周日运动。因此，到了公元323年，孔挺便在他的浑仪上，设法使黄道环可以随意固定在赤道的任何一点上。这台仪器就是后来所有最重要的浑仪的祖先。三百多年之后，李淳风进行了重大的革新，他不再用双重同心环，而改用三重同心环⑦。内重还有以极轴安装并附有窥管的赤纬环（"四游仪"），而在内重和固定的外重（"六合

---

① Zinner（2），p. 298。

② Apianus（1）；Apianus & Gemma Frisius（1）；Th. Blundeville（1）。

③ 马伯乐的专著提供了一些术语的许多同义语，并提供了一些正史中关于浑仪的记载的重要译文。尽管他是一位大汉学家，既有贡献又有权威，但不能认为他的全部论断都靠得住。例如，他认为公元323年孔挺的浑仪（见《隋书》卷十九，第十六页）没有赤道圈［Maspero（4）p. 325］，我认为他显然错了。此外，他引证的某些原文出处也存有错误。

④ 《图书集成·历法典》卷八十三及卷八十四有关于历代浑仪的大量记载。我们特别感谢普赖斯博士和我们一道研究中国浑仪技术的发展；没有他的合作，我们是不可能搞清楚的。

⑤ 托勒密也有关于这种简单浑环的记述（*Almagest*，I，12）；参见 Dicks（1）；Rome（1）。所有这些天文学家的姓名，已列入表31内。

⑥ 值得注意的是，中国式和希腊式的浑仪几乎是同时定型的。因为张衡和托勒密同时代，只是后者较年轻一些。《天文学大成》完成于公元144年前后。张衡的事迹详见于张钰哲［Chang Yu-Chê（1，2）］、孙文青（2，3，4），以及李光璧和赖家度（1）等人的文章。

⑦ 参见《小学绀珠》卷一，第九页。

344，345

表31 15世纪以前中国主要浑仪的构造

天文学家姓名	年代（公元）	朝代	大小（第度的寸数）(尺)	圆周近似值（尺）	四游仪 望筒（窥管）和游规（或旋仪）	四游仪 黄道游仪	代替观测仪器的演示装置（大地的模型）	六合仪 天常	六合仪 黄道（或日道）	六合仪 天经（或阳经）	六合仪 天顶环（或阴纬）	六合仪 阴纬（或地平）	六合仪 上规和下规	三辰仪 赤道	三辰仪 黄道	三辰仪 三辰仪双环	三辰仪 四象环	三辰仪 白道月环	三辰仪 天运环	动力的使用	参考文献
石申 甘德	约前350	周			+①		○													○	《法言》卷七（重黎篇），第二页；《隋书》卷十九，第十四页；《宋史》卷七十六，第一页；《图书集成·历法典》卷八十三，第三页
落下闳	前104	西汉			+①	缺	○			缺						缺				○	
鲜于安人	前78	西汉	0.2		+①		○													○	
耿寿昌	前52	西汉		7	+		○	+	○	○	○	○	○							○	《后汉书》卷十二，第六页
贾逵 傅安	84 103	东汉			+		○	+	+	○	○	○	○							○	《后汉书》卷十二，第十一页；《晋书》卷十一，第五页；《隋书》郑十九，第十四页，第十五页；《开元占经》卷一，第二页；《宋史》卷四十八，第七十六，第一页起
张衡	125	东汉	0.4	15	+和○	缺	○和+	+②	+②	○	○	+	?③							+和○	《后汉书》卷十三，第二十页；《晋书》卷十一，第五页；《隋书》第七页，第十四页，第十五页；《宋史》卷四十八，第一页起；《玉函山房辑佚书》卷七十六页起；《图书集成·历法典》卷八十三，第四页起

天文学家姓名	年代（公元）	朝代	大小（筹度的寸数）	圆周近似值（尺）	四游仪 望筒（窥管）和游规（或旋仪）	四游仪 黄道游仪	代替观测仪器的演示装置（大地的模型）	六合仪 天常	六合仪 黄道（或日道）	六合仪 天经（或阳经）	六合仪 天顶环	六合仪 阴纬（或地准）	六合仪 上规和下规	三展仪 赤道	三展仪 黄道	三展仪 三辰仪双环	三展仪 四象环	三展仪 白道月环	三展仪 天运环	动力的使用	参考文献
王蕃	250	三国（吴）	0.3	11	○		+	+	+	+	○	+	+			缺				○	《开元占经》卷一，第十页起；《全上古三代秦汉三国文》（全三国文）卷七十三，第一页起；《宋书》卷二十三，第一页；《图书集成·历法典》卷八十三，第五页
葛衡	260	三国（吴）			○		+													+	《隋书》卷十九，第十八页；《玉海》卷四，第十八页；《太平御览》卷二，第十页；《畴人传》卷五
刘智	274	晋			○		+	+	+	○	○	+	○							○	《全上古三代秦汉三国六朝文》（全晋文）卷三十九，第五页起
孔挺	323	前赵	0.7	24	+		○	+	+④	+	○	+	○							○	《隋书》卷十九，第十六页
斛兰	402	北魏	0.7	24⑤	+		○	+	+⑥	+	+	+	○							○	《隋书》卷十九，第三页；《魏书》卷九十一，第一页；《图书集成·历法典》卷八十三，第八页
解兰（解兰）	415	北魏	0.4	15⑤	+		○	+	+⑥	+	+	+	+							○	《旧唐书》卷三十五，第二页；《新唐书》卷三十一，第二页；《唐会要》卷四十二，第七页

347

续表

天文学家姓名	年代(公元)	朝代	大小(等度的寸数)	圆周近似值(尺)	四游仪 望筒(窥管)和游规(或庭仪)	四游仪 黄道游仪	代替观测仪器的演示装置(大地的模型)	六合仪 天常	六合仪 黄道(或日道)	六合仪 天经(或阳经)	六合仪 天顶环	六合仪 阴纬(或地平)	六合仪 上规和下规	三展仪 赤道黄道	三展仪 三辰仪双环	三展仪 四象环	三展仪 白道月环	三展仪 天运环	动力的使用	参考文献
钱乐之	436	刘宋	0.5	18	○		+	+	+	+	○	+⑦	○	缺					+	《宋书》卷二十三，第八页；《隋书》卷十九，第十七页起；《开元占经》卷一，第二十三页；《玉海》卷四，第十八页；《图书集成·历法典》卷八十三，第七页；Wieger (1), p. 111
陆弘景	520	梁		9	○		+	+	+	+	○	+⑦	○						+	《南史》卷七十六，第十一页，《太平御览》卷二，第十页
耿询	590	隋			○		+						○						+	《隋书》卷七十八，第七页；《北史》卷八十九，第三十一页；《玉海》卷四，第二十六页；《续世说》卷六，第十一页
李淳风	663	唐	0.4	15	○	+⑧	○	○	+	+	○	+	○	+	+	○	+	○	○	《旧唐书》卷三十五，第一页起；《新唐书》卷三十一，第一页，第五页；《唐会要》卷四十二，第四页；《图书集成·历法典》卷八十三，第九页
一行和梁令瓒	721	唐	0.8	30	○	+⑨和○	○和+	○	+	+	○	+	○	+	+	○	+	○	○和+	《旧唐书》卷三十五，第一页起；《新唐书》卷三十一，第一页，第六页起；《唐会要》卷四十二，第一页，第二十四页；《玉海》卷四，第十四页；《图书集成·历法典》卷八十三，第九页起；Wieger (1), p. 1409

续表

天文学家姓名	年代（公元）	朝代	大小（等度的寸数）	圆周近似值（尺）	四游仪 望筒（窥管）和游规（或旋仪）	四游仪 黄道游仪	代替观测仪器的演示装置（大地的模型）	六合仪 天常	六合仪 黄道（或日道）	六合仪 天经（或阳经）	六合仪 天顶环	六合仪 阴纬（或地浑）	六合仪 上规和下规	三展仪 赤道	三展仪 黄道	三展仪 三辰仪双环	三展仪 四象环	三展仪 白道月环	三展仪 天运环	动力的使用	参考文献
张思训	979	宋			○	○	+							+	+	?	○			+⑩	《宋史》卷四十八，第三页；《玉海》卷四，第五页起；《图书集成·历法典》卷八十四，第一页
韩显符	995，1010	宋	0.5	18	+	○	○	+	+	+	+	+⑩	+	缺						○	"失子简略"，《梦溪笔谈》卷八，第五页，第四页起，卷七十六，第一页，卷四六一，第六页；《玉海》卷三十页起；《图书集成·历法典》第三十二页起；卷八十四，第二页
周琮、舒易简、于渊	1050	宋			○	+	○	+	+	+	○	+	○	+	+	+	○	+	○	○	"失子难用"，《梦溪笔谈》卷八，第五页，第七十六，第一页起；《图书集成·历法典》卷八十四，第三页
沈括	1074	宋			+	○	○	+	+	+	○	+	○	+	+	?	○	○	○	○	《玉海》卷四，第三十五页，第五页起；《图书集成·历法典》卷八十四，第四页
苏颂	1090	宋	0.7	24⑫	+	○	○	+	+	+	○	+	○	+	+	+	+	○	+⑬	+	《新仪象法要》卷上；《图书集成·历法典》卷八十四，第八页起

续表

天文学家姓名	年代（公元）	朝代	大小（第度的寸数）	圆周近似值（尺）	四游仪		代替观测仪器的演示装置（大地的模型）	六合仪						三展仪						动力的使用	参考文献
					望筒（窥管）和游规（或旋仪）	黄道游仪		天常	黄道（或日道）	天经（或阴经）	天顶环（或阴环）	阴纬（或地纬）	上规和下规	赤道	黄道	三辰仪双环	四象环	白道月环	天运环		
王黻（王辅）	1124	宋			○	○	+							+	+	?				+	《宋史》卷八十，第二十五页起；《图书集成·历法典》卷八十四，第十一页起
李继宗	1132	宋			+	○	○														《宋史》卷四十八，第十八页起；卷八十一，第十三页起；《玉海》卷四，第四页起；《图书集成·历法典》卷八十四，第十二页起
邵谔	1150	宋			+	○	○													○	《宋史》卷八十一，第十五页起；《玉海》卷四，第四页起；《图书集成·历法典》卷八十四，第十三页起
郭守敬	1276	元			+	○	○	+		+	○		○	+	+	+	+	○	○	○	《元史》卷一六四，第七页［天在卷四十八之内，伟烈亚力［Wylie（7）］的文章里没有叙述］；《图书集成·历法典》卷八十五页起，参见Johnson（1，2）②
皇甫仲和	1437	明		约18	+	○	○	+		+	○	+	○	+	+	+	+	○	○	○	《明史》卷二九九，第十四页；《图书集成·历法典》卷八十四，第十八页③

天文学家姓名	年代（公元）	朝代	大小（第度的寸数）	圆周近似值（尺）	四游仪 望筒（窥管）和游规（或旋仪）	四游仪 黄道游仪	代替观测仪器的演示装置（大地的模型）	六合仪 天常	六合仪 黄道（或日道）	六合仪 天经（或阳经）	六合仪 天顶环	六合仪 阴纬（或地浑）	六合仪 上规和下规	三展仪 赤道	三展仪 黄道	三展仪 三辰仪双环	三展仪 四象环	三展仪 白道月环	三展仪 天运环	动力的使用	参考文献
现存朝鲜演示用浑仪	18世纪			4	○	○	+	+	○	+	○	+	○	+	+	+	?	+	○	+	Rufus (2)
第谷（小型）	1598				+	○	○	○	○	+	○	+	○	+	○	○	+	○	○	○	略
南怀仁，赤道经纬仪	1673	清		18	+	○	○	+[18]	○	+	○	○	○	缺						○	略。《图书集成·历法典》卷八十四，第二十页
南怀仁，黄道经纬仪，龚进贤，玑衡抚辰仪	1744	清		18	○	+	○	○	○	+	○	○	○	+	○	$\frac{1}{2}$[19]	+	○	○	○	略。《图书集成·历法典》卷八十四，第二十页
托勒密	2世纪				○	3	○	+	○	+	○	○	○	○	+	+	[20]	○	○	○	参见 Note (1)
札马鲁丁	1267				+	○	○	○	○	+	○	+	+[19]	缺						○	《元史》卷四十八，第十页，第十一页

349

表 31 的说明

表中在列出某一部件时，如果确实有过这种部件，就用"+"号表示；确实没有这种部件，就用"○"号表示；情况不明，就用"？"号表示。表中空白处表示无记载，但标明"缺"或其他文字者例外。部件亦可用大于 1 或小于 1 的数字表示。仪器部件的名称主要根据 1092 年成书的《新仪象法要》，但若干别名则在其他时期用过，其中一部分可参见 Maspero（4）。

① 据推测，这些简单的浑环一定附有可游动的照准器，它们可按需要装置在子午面上或赤道面上。

② 马伯乐 [Maspero（4），p.336] 认为，这两个圆是六合仪的可移动的部件（或用手，或用机械移动），换句话说，游动的三辰仪此时已出现。如果确实如此，则须有某种分至环把这两个圆连接起来（马伯乐并未注意到这一点）。可是，有关文献并无这方面的记载。

③ 我们无法断定这是否就是"内外规"。

④ 此环可用钉子固定在圆圈上的任意一点。因此，孔挺的仪器便成为所有备有游动浑仪的极好证据。

⑤ 这两个浑仪都是用铁制的，这是公元 5 世纪时中国大量产铁的极好证据。由于铸铁等铁早已普遍使用，几个环可能在制成时就铸在一起了。

⑥ 这两个仪器的黄道环都固定在内重以极轴安装的赤纬环上，这是使黄道变动的另一种试验。

⑦ 实际上并没有这些环，只是在浑仪中心的大地模型上有一个表示地平线的窥管，是很难确定的。

⑧ 可能有过。李淳风实际上是否改变过安装的按赤道安装传统的窥管。

⑨ 附有铜制的轴承。

⑩ 这种仪器利用水银产生动力。因此，与利用水时不同，即使温度降至冰点以下，也不致妨碍由机械运转的浑仪的计时作用。

⑪ 这一个具有几组刻度的扁平规环。

⑫ 这个浑仪需用青铜二十吨左右。

⑬ 只有此处出现了天运动，因为（据我们目前所知），只有在苏颂的仪器中，观测用浑仪也像天球仪或演示用浑仪一样，都由机械运转。这种"转仪钟"的传动轴，是苏颂的一位助手周日严重新引进到浑仪设计中去的。周日严本人在大约十年前（1080 年）建造过一架浑仪。

⑭ 这架仪器一直保存到耶稣会传教士入华之时（1600 年）。

⑮ 这完全是郭守敬所制的仿制品，先在南京用木料制成，按纬度调整后，它后来用青铜铸成。它后来移在南京。

⑯ 只有南天球上才有支承赤道环的半圆形二至圈环。

⑰ 它们并不是固定的分至圈，但黄纬圈可在按黄道安装的望筒环平面上摆动。因此，托勒密的浑仪虽然可说有五重之多，但缺少赤道式部件。不过最内重的子午圈却是以极轴为轴的。

⑱ 只有南半球上增加一个支承赤道环的半圆形二分圈环。

⑲ 附在游动的赤道环上。

仪"）之间①，又嵌入中间的一重（"三辰仪"）。此后几个世纪，这个新的部件包括赤道环和黄道环，有时还有为月球轨道设置的第三个环，即白道环，不过后者自 1050 年以后便废弃不用了。这些环由一两个分至环连在一起。同时，外重的活动黄道环已取消，而保留着赤道环，以及子午环、卯酉环和地平环等，和唐以前的旧式浑仪一样②。

李淳风研究天文学是在公元 7 世纪早期，正值佛教影响很大和希腊天文学思想通过印度进入中国的时候。他为了便于观测黄纬（这对希腊的行星理论是很重要的），曾提出按黄道安装窥管的建议，但首先将之付诸实践的大概是僧一行③。不过，中国天文学的独创性和特殊性从未轻易改变，因此，除了周琮和舒易简的仪器（1050 年），直到耶稣会士入华时为止，没有再使用过黄道装置④。

在这里还可以再做一些进一步的观察。晁崇在公元 402 年和解兰在公元 415 年制成的浑仪有一个与众不同的特点，即它们不是用青铜而是用铁制成的，而一行和梁令瓒公元 720 年左右也用钢来制造他们的轴承。恒显圈和恒隐圈（即上规和下规）自然是比较适用于演示用浑仪的，如王蕃（约公元 250 年）浑仪上所用的上规和下规，不过，它们似乎也偶尔用在了像解兰所制作的那种观测用浑仪上。从表 31 "动力的使用"一栏可以看到，自张衡以后，大多数演示用浑仪，即那些窥管由中心的大地模型所代替，或者后来用一平顶柜象征地平而仪器则沉入柜中的浑仪，都是由水力来驱动的。这种驱动早期的形式一定是很粗糙的，但是，公元 725 年却出现了一个转折点，当时，一行和梁令瓒发明了一种擒纵机构，并把浑仪的转动和各种报时机构联结起来，构成了实质上就是最早的机械时钟的装置［见本书第四卷第二十七章（j）］。后来，张思训在公元 979 年所制作的时钟，用水银代替水作为动力的来源。

把中国赤道浑仪的最终形状和从西方传统中产生的浑仪比较一下，是很有意义的。第谷 1598 年的较小的赤道浑仪（图 155）与郭守敬 1276 年的浑仪（图 156）或苏颂 1090 年的浑仪（图 159）的不同，主要在于第谷的浑仪较为简单，因为它的外重已去掉赤道环和地平环，内重则去掉黄道环。这当然是因为第谷另外还有黄道浑仪；他不想制造一种中国风格的"多用仪器"。此外，担任北京钦天监监正的耶稣会士后来终于对中国的使用习惯做了相当大的让步，这件事说起来也是很有意思的。1674 年，南怀仁造的黄道经纬仪（参见图 157），自然忠实地仿效第谷所用的希腊式样⑤，但 1744 年戴进贤和他的同事们制造的赤道仪（玑衡抚辰仪），主要是按照中国式样，很少采用欧洲的办法（图 158）⑥。他们在外重加了一个赤道环，在中间一重加了半圈分至环，同

---

①　参见《新仪象法要》卷上，第六页；《小学绀珠》卷二，第二页。关于李淳风的仪器，主要文献的译文见 Maspero（4），p. 321。

②　公元 1000 年左右，韩显符曾一反三重制的做法，恢复了唐以前的古代形式，但沈括说它"失于简略"，后来无人仿制。

③　在这个颇为复杂的问题上，人们对术语的用法不能太过认真。当哈特纳［Hartner（8）］说，傅安在公元 1 世纪时已将"黄道浑仪"引进了中国的天文学，他指的是"赤道浑仪上的黄道环"，当然不是指备有按黄道安装的照准器的托勒密式浑仪。后者直到公元 7 或 8 世纪才传入中国。

④　郭守敬所用的证理仪可能是一个例外（见下文 p. 369）。沈括认为它们"失于难用"（《梦溪笔谈》卷八，第 8 段，参见胡道静（1），上册，第 335 页起）。

⑤　参见陈遵妫（6），第 23 页。

⑥　参见陈遵妫（6），第 46 页。

图版 五〇

图 156 郭守敬的赤道浑仪（约 1276 年），原按山西汾阳的纬度造成，后来移置北京和
南京（照片摄于北京）。图中的仪器大概是 1437 年皇甫仲和的精密复制品之一。
照片是从西北方向拍摄的［桑德斯（Saunders）摄］。

图版 五一

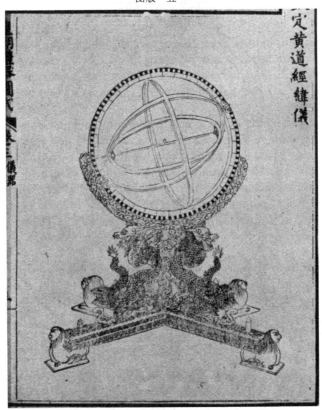

图 157 希腊传统的黄道经纬仪，南怀仁 1673 年为北京观象台制造。这张图采自
《皇朝礼器图式》，与李明［Lecomte（1）］法文版本上的图相似，但较清晰。

图 158 中国传统的赤道浑仪，戴进贤及其同事们 1744 年安置于北京观象台（见正文）。
透过此仪（向前）可看到南怀仁 1673 年所制象限仪，左方是他的天体仪［汤姆
森（J. Thomson）摄，卜士礼（S. W. Bushell）翻印］。

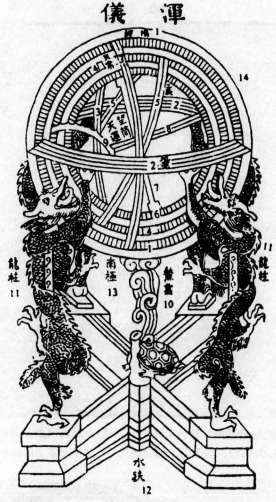

图 159　苏颂 1090 年的浑仪，图载于《新仪象法要》［此图由马伯乐（Maspero，4）
　　　　重绘并加编号］；这是第一具配备有转仪钟的浑仪。图中的名称也可参见
　　　　表 31。

外重（六合仪）：
　　1 阳经环（子午圈）；　　　　　　　　　　　　　2 地浑环（地平圈）；
　　3 天常环（外赤道圈）。
中重（三辰仪），另见图 160（a）：
　　4 三辰环（二至圈）；　　　　　　　　　　　　　5 黄道环（黄道圈）；
　　9 天运环（周日运转齿环），与动力传动装置连接。
内重（四游仪），另见图 160（b）：
　　6 四游环（以极轴安装的赤纬环或时角圈），附有窥管；
　　7 望筒（窥管）；
　　8 直距（直径撑杆），用以加固窥管。
其他部件：
　　10 鳌云柱（垂直柱），遮蔽传动轴；　　　　　　11 龙柱（龙形支柱）；
　　12 水趺（十字形底座部件，上有水准器）；　　　13 南极（南极枢轴）；
　　14 北极（北极枢轴）

时废弃了卯酉圈。更重要的是，他们采用了"枪管"式窥管①来代替国外常见的照准器，并采用了很便利的双重浑圈。这种浑圈最初只有中国使用，至迟在公元 5 世纪初的解兰时代就已经出现了。

看来，我们应该认为中国的浑仪制造在宋代（或说得更确切些是在北宋）达到顶峰。我们后来时常听说的四大浑仪②，都是在公元 995—1092 年制成的。1126 年汴京被金兵攻陷，确实是对天文学研究的一次严重打击，尽管有一些勤奋的学者十分努力③，可是南宋再也未能达到那些已损失的仪器的制造水平。虽然苏颂的仪器（列在四大浑仪中的末位），在某一重要方面是独特的（我们马上将要看到这一点），但它在总的构造方面，却很能代表中国浑仪工艺的"伟大传统"。苏颂的《新仪象法要》一书是特别有价值的，因为其中有大量的插图，并对仪器的每一部件都进行了解释。图 159 表示整个浑仪，它的各个组成部分如下：

外重（六合仪）
   （1）子午圈；
   （3）外赤道圈。   （2）地平圈；

中重（三辰仪）
   （4）二至圈；
   （5）黄道圈；
   （5a）内赤道圈（图中未绘出）；
   （9）周日运转齿环，与动力传动装置连接（见下文 p. 363）。

内重（四游仪）
   （6）以极轴安装的赤纬环或时角圈，附有径向窥管；
   （7）窥管；
   （8）直径撑杆。

其他部件
   （10）垂直柱（遮蔽传动轴）；
   （11）龙形支柱；
   （12）十字形底座部件，上有水准器；
   （13）南天极；
   （14）北天极。

353

或许当时的绘图者没有能力把各个部件的配置描画准确这一点已在意料之中，但我们毕竟应当为有一套 11 世纪的浑仪图样而心怀感激。苏颂所描画的某些浑仪部件

---

① 中国很早便有窥管及其支架（参见 pp. 336，343 ff.）。人们不得不猜想，在中国竹管容易获得是制得所需的四尺至八尺长坚固直管的一个因素。这种情况与竹子在火药武器发展过程中的重要作用有相似之处。见本书第六卷中的第三十章。

② 这是指韩显符的、周琮和舒易简的、沈括的及苏颂的四个浑仪。见《小学绀珠》卷一，第十页；《玉海》卷四，第四十七页；《新仪象法要》卷上，第一页；《宋史》卷八十一，第十三页；《齐东野语》卷十五，第五页。

③ 例如，苏颂的学生兼助手袁惟几随宋室南渡，在 1130 年前后试制新浑仪，但因为计划不周和缺乏文献资料，工匠又四散难以召集，结果不很圆满。1170 年以前，还制过另三个性能不高的浑仪。

复印于图 160 （a） 和 （b），图 160 （a） 是中重（三辰仪），具有赤道环和黄道环，图 160 （b） 是以极轴安装的赤纬环或时角圈和所附的望筒（窥管）①。

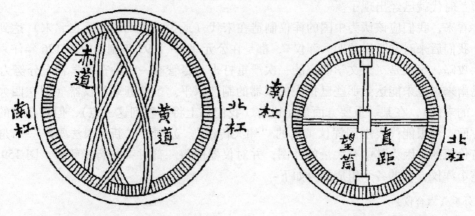

(a) 中重（三辰仪），赤道环和黄道环附　　　　(b) 以极轴安装的赤纬环（或时角圈），
　　　在二至圈上。　　　　　　　　　　　　　　　　　附有望筒及直距。

图 160　苏颂的时钟驱动赤道浑仪的部件简图，采自《新仪象法要》（1090 年）。

把这个仪器和大约两个世纪以后为卡斯蒂利亚国王阿方索十世制造的仪器（图 161）进行比较，是颇有意义的②。苏颂的浑仪绝不逊色，甚至在某些方面还优于阿方索的仪器。不同之点主要在于：摩尔人（Moorish）的仪器按照阿拉伯传统，在测量平经、平纬方面做了特殊安排。这对于中国的方法来说并不重要，因为苏颂的地平
354 圈上刻有适当的分度③。苏颂的时代相当于我们所熟悉的征服者威廉（William the Conqueror）的时代，苏颂的著作给我们展示了一幅无与伦比的当时中国机械工程学在为科学服务方面所做贡献的画图。

（ii）汉代和汉以前的浑仪

关于浑仪初创的情况，确实很难搞清楚。有关的主要文献是上文（p. 216）已引证过的材料，即扬雄公元 5 年所著《法言》④ 里的几句话。有人问他关于"浑天"的事，他答道，落下闳建造了它（"营之"），鲜于妄人对它进行了计算（"度之"），耿寿昌以实际的观测数据检验了它（"象之"）。注释者把"浑天"两字解释为"浑天仪"，然而

---

① 《新仪象法要》中描述浑仪部分的卷上，马伯乐 ［Maspero (4)，pp. 306 ff.］ 已差不多全文译出。《进仪象状》和描述动力传动装置部分的卷下，也已由李约瑟、王铃和普赖斯 ［Needham，Wang & Price (1)］ 译出。描述浑象部分的卷中，尚无译文。上文所列出的苏颂浑仪的部件并不完整，但已足够用来说明所附的图形，图中我们沿用了马伯乐所定编号。

② 见诺尔特 ［Nolte (1)，p. 26］ 的著作，当然是指里科–西诺瓦斯（Rico y Sinobas）的版本。

③ 应该注意，他的仪器的底座上附有水准器。亚历山大里亚的学者们已有关于水准器的知识，可是水准器在中古时期的阿拉伯文化和欧洲文化中使用范围如何，我们还不大了解。水泡水准器是泰弗诺（Thévenot）于 1661 年采用的 ［Houzeau (1)，p. 955］。

④ 《法言》卷七（重黎篇），第二页。

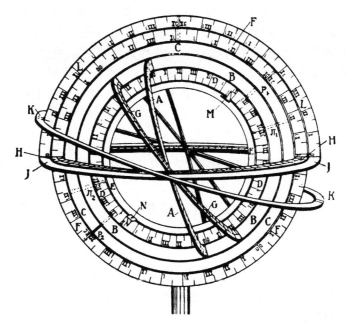

图 161　卡斯蒂利亚国王阿方索十世的浑仪（约 1277 年），由诺尔特［Nolte（1）］复原。F 是有刻度的外部固定子午圈（二至圈）环；B 是内部活动子午圈环，它的轴装在极轴上；A 是附于 B 上的分度黄道环；C，D，E 是三个活动黄纬环，中间的 D 环有刻度，最内的 E 装有照准器 M 和 N；P_1 和 P_2 是天极枢轴；π_1 和 π_2 是黄极枢轴；G 是附于 B 上的分度赤道环；H 是附于 F 上的分度地平环；J 是附于 L 上的地平环；L 是半圈分度子午圈，轴设在天顶，从而形成一对地平经纬象限仪，可由 K 得到读数；K 是测平纬的照准环，轴设在 J 上，并穿有一些观测孔。

马伯乐［Maspero（4）］可能因为原文下面一个问题和盖天说有关（参见上文 p. 210），从而认为扬雄所指的是"浑天说"，并认为这不能作为早在公元前 104 年就有浑环存在的可信证据。但是，如果扬雄指的果真是浑天说，他就不会使用只能作"建造"解释的"营"字。不仅如此，对于马伯乐的见解，还有一个更有力的反证：照他看来，第一个浑环应当是公元前 52 年耿寿昌首创的；可是，我们有充分的根据[①]相信，石申和甘德确实在公元前 4 世纪就测得了恒星位置的度数；假如没有某种如此分度的浑环，这种测量是完全不可能的。由此看来，我们不得不回到宋君荣曾经说过的老意见[②]，即落下闳确实曾经制造过浑仪。

　　在前面已经提到的[③]蔡邕公元 180 年前后的上皇帝书中，蔡邕谈到了浑天仪：

355

①　上文 p. 268。

②　Gaubil（2），p. 5。关于这些问题，佛尔克［Forke（6），pp. 9 ff.］、戴遂良［Wieger（3），p. 85］和萨顿［Sarcon（1），vol. 1，p. 195］都显然误入了歧途。

③　上文 p. 210。

皇室天文官员所用的青铜仪器是以（浑天说）为基础的①。（周长）八尺的圆球代表天地的形状。用这种仪器，可以校正黄道（的分度）。观察天体的出没，追踪日月的运行，找出五星的轨道。（这样的仪器可以得出）神奇而准确的结果。这种方法是百世也不会改变的②。虽然（天文）官员现在拥有这些仪器，但有关的原始文献却已散佚。在过去的正史里，也找不到关于这方面（理论的）记述③。

〈惟浑天近得其情，今史官候台所用铜仪则其法也。立八尺圆体而具天地之形，以正黄道，占察发敛，以行日月，以步五纬，精微深妙，百代不易之道也。官有其器而无本书，前志亦阙。〉

据我们所知，关于浑仪的资料，以张衡《浑仪》一书的残篇④为最古（约公元125年）。它一开始就说：

赤道环围绕着浑仪的腹部，离极 $91\frac{5}{19}$ 度⑤。黄道圈以 24 度的角度和赤道相交，也围绕着仪器的腹部。因此，夏至日黄道离开极略多于 67 度；冬至日黄道离开极略多于 115 度⑥。

因此，黄道和赤道相交（点）应给出春分、秋分点的北极距（"去极"）⑦。但根据现在（的记录），春分点离极 $90\frac{1}{4}$ 度⑧，而秋分点却是 $92\frac{1}{4}$ 度⑨。其所以采用从前的数据，只是因为它与夏（朝）的历法中⑩测量夏至日影的方法（所得的）数字）相符。

356

两圈当中，上面那一圈代表黄道圈⑪。

〈赤道横带浑天之腹，去极九十一度十九分之五。黄道斜带其腹，出赤道表里各二十四度。故夏至去极六十七度而强，冬至去极百一十五度亦强也。然则黄道斜截赤道者，则春分、秋分

---

① 见上文 p. 216。

② 因为望远镜和射电望远镜所用赤道装置的原理也与浑仪相同，他甚至可以轻松地说，这是千世也不会改变的。

③ 《晋书》卷十一，第一页，由作者译成英文，借助于 Ho Ping-Yü（1）。

④ 辑录于马国翰《玉函山房辑佚书》卷七十六，第六十六页。马伯乐竟未引此文，实在难以理解。又见《后汉书》卷十三，第二十页（注文）。由作者译成英文。

⑤ 按照我们的分度，应为90°。理论上应作 $91\frac{5}{16}$ 度。下文可以看到，王蕃把这尾数正确地写作"少强"（《晋书》卷十一，第五页）。

⑥ 这里两处都有"强"字，"强"字指 $\frac{1}{8}$ 度（参见上文 p. 268），但这里用的"而强"和"亦强"两词，按照上下文，应指 $\frac{5}{19}$ 度。

⑦ 也就是说，这两个交点的去极度和赤道本身是相同的。

⑧ 这里两处均有"少"字（参见上文 p. 268）。

⑨ 这里两处原文均作 91 度少，但正确的推理要求如此校正。我们知道，传抄之误是易于发生的。

⑩ 这和"古四分历"有关，参见 p. 293。

⑪ 从南面去看仪器。

之去极也。今此春分去极九十少，秋分去极九十一少者，就夏历景去极之法以为率也。上头横行第一行者，黄道进退之数也。〉

　　这段文字使我们大致了解了汉代青铜浑仪的概况，不过，人们之所以对它感兴趣还有其他原因。前面已经提到①公元 320 年虞喜发现二分点的岁差，但我们从这段引文知道，中国天文学家早已在为恒星年和回归年的关系感到不安。二分点的北极距明显不相等的情况，只能是由于沿用传统的二至日影长数据②，并继续依赖传统的极星后才发生的③，而在当时，本来应当重新测定二至日影长，也应当认识到极星位置已经改变。如果不考虑到天极本身因岁差导致的移动，则赤道顺着黄道滑动当然会使一个分点好像比另一个分点离天极近了些。在张衡的时代，那些古老的数值似乎仍然被奉为正统，但他显然已怀疑这些数值的可靠性了。张衡逝世半个世纪之后，刘洪已经知道"岁差"④数值越来越大了。可是，首先把"天周"和"岁周"明确地区别开来的却是虞喜⑤，他求得因岁差导致的移动值为每 50 个回归年差一度⑥。因此，过去曾说他"使天为天，岁为岁"⑦。

　　我们现在应当再回到张衡的原文。该文接着谈到如何通过从浑仪赤道的直接度量，对黄道进行经验性分度。张衡并不知道和他同时的亚历山大里亚学者梅内劳斯⑧关于球面三角的著作，他除了用下面所说的经验性图解法，别无他法。

　　黄道度数少或多的不同，本应使用青铜浑仪对日月的运行进行一年的观测来实际量得，可是由于时常天气不好无法观察，所以此事难以完成。因此，人们制成小型浑仪，从冬至点起将赤道和黄道都分刻成 $365\frac{1}{4}$ 度……接着，将一根用柔韧的竹子制成的薄尺两端固定在两极，正好覆盖着浑仪的半个圆周……于是从冬

357

---

① 上文 pp. 200，220，270。
② 见上文（pp. 290 ff.）关于"周公"影长值的讨论。
③ 见上文（pp. 259 ff.）关于天极和极星的讨论。
④ 恒星年比回归年长二十来分钟。
⑤ 关于这一问题的简短论述，见 Gaubil（2），p. 46；朱文鑫（1），第 105 页；以及其他著作。可是这件事的全部经过迄今还没有受到足够的注意。虞喜之所以能够得出他的论断，部分原因是他研究了《书经·尧典》中所载的分至点的视位置。参见上文 pp. 177，245。
⑥ 后来，公元 5 世纪时的何承天（和很久以前的喜帕恰斯一样）认为最正确的估计是每 100 年差 1 度（参见《宋书》卷十三，第二十四页和第二十五页），而公元 6 世纪时的刘焯则认为每 75 年差 1 度。正确的数值为 71.6 年。在西方，喜帕恰斯的数值直到 10 世纪才由伊本·阿拉姆（Ibn al-A'lam）加以修改，他提出的数值是 70 年 [Destombes（2）]，而巴塔尼则提出略大于 66 年的数值 [Chatley（9）；Mieli（1），p. 88；Hitti（1），p. 376]。沈括在《梦溪笔谈》（卷七，第 11 段）中回忆起了一个传说：落下闳曾预言他的历法在 800 年后将会不准确，而一行及时出来改正了它（"落下闳造历，自言'后八百年当差一算'，至唐僧一行出而正之"）。沈括说，恰恰相反，那种历法在制定时就已经错了。此外他还指出，正如张子信在公元 576 年前后所说，岁差每 80 年差一度，年限只是落下闳传说的十分之一而已。唐代董和所提出的数值与此相同（见《畴人传》卷四）。
⑦ 《畴人传》卷六，第七十六页。喜帕恰斯和虞喜在说法上的区别很有趣。希腊人所注意的是：和过去的方位记录相比，恒星的黄经数值增大，而黄纬不变。由于赤道对黄道保持着固定的倾角而向西运动，恒星看来似乎是在向东移动。因此，基本的参考点是春分点。但中国人所注意的是：相对于恒星而言，冬至点似乎是在向西移动。
⑧ D. E. Smith（1），vol. 2，p. 606。

至点起，转动尺子，记录下黄道上的度数比赤道上相应度数少或多的数值。这些就是"进"或"退"的数值。不仅如此，计算（半圆弧形）竹尺上的度数，就可以得出任何一点的北极距。赤道和黄道都划分为二十四"气"（十四天为一"气"），每"气"长 $15\frac{7}{16}$ 度，与赤道相比，黄道每"气"进或退 1 度。由于季节的不同，黄道有时近北极，有时近南极，可见，黄道的位置相对于赤道是倾斜的（并且它们的度数各不相同）①。

〈上头横行第一行者，黄道进退之数也。本当以铜仪日月度之，则可知也。以仪一岁乃竟，而中间又有阴雨，难卒成也。是以作小浑，尽赤道、黄道，乃各调赋三百六十五度四分之一，从冬至所在始起，令之相当值也。取北极及衡各针抉之为轴，取薄竹篾，穿其两端，令两穿中间与浑半等……令篾半之际从冬至起，一度一移之，视篾之半际多少黄赤道几也。其所多少，则进退之数也。从北极数之，则去极之度也。各分赤道、黄道为二十四气，一气相去十五度十六分之七，每一气者，黄道进退一度焉。所以然者，黄道直时，去南北极近，其处地小，而横行与赤道且等，故以篾度之，于赤道多也。〉

这种方法一直使用了一千五百年，直到元明时期受到阿拉伯和西方的影响为止②。这是用赤道坐标表示天体沿黄道运动的主要方法。传统的中国天文学始终没有像把"二十八宿"看作我们应称之为赤经的分区的那样，也将黄道度数用来组成从黄极辐射出的黄经的"分区"。张衡这段话最后把两个大圆上的度数与节气的日数进行了比较，并指出了二至点的长期变化。

358　　关于浑仪，王蕃的《浑天象说》（约公元 260 年）中有具体的说明③。这篇文章特别重要，因为这和中间为实体的浑象（下文 p. 386）的平行发展有关。随后出现了（上文已提及的）孔挺的浑仪（公元 323 年）④。公元 6 世纪时，数学家信都芳（参见下文 p. 632）著有《器准图》一书，不幸早已散佚。信都芳是北魏人，受业于杰出的祖氏家族。我们知道祖暅之（祖冲之的儿子）当时为北魏人所掳，拘留在安丰王元延明的宫中，可是没有受到优待。信都芳由于对数学和仪器制作很感兴趣，便请求安丰王给祖暅之以较好的待遇，这个请求被批准了。后来祖暅之在南还前，把得自他父亲

① 译文见 Maspero (4)，p. 339，由作者译成英文。张衡用的是易于弯曲的尺，而不是一条绳索，这表明他的仪器的确是个供计算用的浑仪，而不是中间为实体的浑象。

② 已知最早的黄道宿度表是公元 178 年蔡邕编制的，司马彪搜集并收入《后汉书》（卷十三，第十九页和二十一页）。刘洪确曾进行过测量。当然，马伯乐说得对，中国人所想要测定的并不是所测恒星的黄经，而是通过这个恒星的时圈与黄道相截点的黄经［亦见 Eberhard & Müller (2)］。于是日月在黄道上的运行也用赤道上的二十八宿来表示。最终，由于在精密分度方面和测量方面引起的技术性困难，中国人在公元 604 年的隋代《皇极历》的计算中，以刘焯为代表，终于采用了等差级数的方法。公元 724 年，一行为了同一目的曾使用过另一方法。最后，在 13 世纪，郭守敬所列出的测算数据达到了四位小数［《元史》卷五十四，第九页和第十四页；Gaubil (3)，p. 145］；他可能是借用沈括的三角学和从阿拉伯传入的方法算出来的。

③ 《开元占经》卷一，第十页起；《全上古三代秦汉三国六朝文》（全三国文）卷七十二，第一页起，辑编自《晋书》（卷十一，第五页）及同类资料。译文见 Maspero (4)，p. 332；Eberhard & Müller (2)。艾伯华等认为这是公元 4 世纪时修改过的；马伯乐不以为然，我们同意他的意见。

④ 《隋书》卷十九，第十六页；译文见 Maspero (4)，p. 323。

的知识全部传给了信都芳①。

关于这段故事中人情的一面，我们就知道这么一点点。特别有趣的却是桓谭（公元前40—公元30年）著作中的片段：

> 扬雄喜欢天文学，并且时常和官员们（"黄门"）讨论。他自己制作过一具浑仪。一位老工匠②对他说："我年轻时会制作这种浑仪，但只知道根据尺寸去分度，并不明白其中的道理。然而后来越懂越多。现在我已经七十岁了，才感到刚刚开始懂得关于它的一切，可是我不久就要死了。我还有一个儿子，也喜欢学着制作（这些仪器）；他也将重复我多年的经历。我想，有一天他也会懂得其中的道理的，不过，到了那时，他也同样将是快要死的人了。"他的话是多么凄惨，又多么可笑啊③！

> 〈扬子云好天文，问之于黄门作浑天老工。曰："我少能作其事，但随尺寸法度，殊不晓达其意。然稍稍益愈，到于七十，乃甫知，已又老且死矣。今我儿子爱学作之，亦当复年如我乃晓知，已又且复死焉。"其言可悲可笑也。〉

这段没有被马伯乐敏锐的眼睛注意到的文字，让我们知道了几件事：不仅扬雄（公元前53—公元18年）本人和浑仪的制作有关，而且当时已有世代相传的仪器制作者——这些事实加强了落下闳曾使用过浑环的论断。此外，人们可以由此感觉到，当时缺乏技术培训，能解释浑仪原理的人很少；此外，制作浑仪被视为国家机密，至少也是一种"机密情报"。

359

（iii）时钟驱动装置的发明

公元132年前后张衡所制作的一些浑仪当中，有一个是借助于漏壶的恒压水头用水轮缓慢地转动的。这是第一座水运浑仪。《晋书》曾引葛洪的著作（今已佚）说④：

> 虽然有很多人研究过关于天的理论，可是没有人能像张衡和陆绩那样精通阴阳的道理。他们认为，为了计算七曜运行的轨道和度数，观测历法现象，以及日出和日没的时刻，并且把这些结果和四十八气⑤相校正；为了研究漏壶的分度和预测圭表上日影的长短，（最后）用物候学观察来验证这些变化⑥——再没有任何仪

---

① 见《北史》卷八十九，第十三页起；《北齐书》卷四十九，第三页起。安丰王曾在家中收集了大量的科学图书和仪器，那就是信都芳在他的著作中描述过的。周密在其《齐东野语》（卷十五，第六页）中曾引用《北史》的话，并且特别提到，信都芳的著作在13世纪时已散佚。

② 《北堂书钞》及阮元（《畴人传》卷二，第十四页）所引的其他文献，用"落下闳"或"落下黄闳"的名字代替了这里的"黄门""老工"等字样。如果此异文是对的，这便成了落下闳制作浑天仪器的又一证据，可是从扬雄和落下闳在世的大概年代来看，很难认为他们曾经相识。

③ 《玉海》卷四，第二十九页；《全上古三代秦汉三国六朝文》（全后汉文）卷十五，第二页，由作者译成英文。

④ 《晋书》卷十一，第三页，由作者译成英文，借助于 Ho Ping-Yü（1）。这一段话可能写于公元330年左右。

⑤ 即指二十四节气各分为两半。参见上文 p. 327。

⑥ 见下文 p. 463。

器比（计算用的）浑仪（"浑象"）更精密了①。（因此，）张衡制成一个青铜浑仪（"浑天仪"），把它安装在一间密室里，用流水（的水力）使它转动。然后，发出关闭密室门的命令，负责观察浑仪的人高声向站在观象台上的观察者报告说：浑仪上哪一颗星正在升起，哪一颗星正在到达中天，哪一颗星正在落下去。一切都准确地（同天象）相符，就像一个符木（的两半）那样。（难怪）崔子玉在为张衡所撰的（墓）碑文中说："他的数学计算完全揭开了天地（之谜）。他的发明创造可与造化者相比。他的卓越的才能和出色的技巧，简直同天神一样。"所有这些，都可由他所制造的浑仪和地动仪②得到证明。

〈诸论天者虽多，然精于阴阳者少。张平子、陆公纪之徒，咸以为推步七曜之道，以度历象昏明之证候，校以四八之气，考以漏刻之分，占晷景之往来，求形验于事情，莫密于浑象者也。张平子既作铜浑天仪于密室中以漏水转之，令伺之者闭户而唱之。其伺之者以告灵台之观天者曰，"璇玑所加，某星始见，某星已中，某星今没"，皆如合符也。崔子玉为其碑铭曰："数术穷天地，制作侔造化。高才伟艺，与神合契。"盖由于平子浑仪及地动仪之有验故也。〉

该书同一卷的另一处还有一项记载，是公元7世纪时《晋书》的编撰者房玄龄或其合编者之一（可能是李淳风）写的：

顺帝时（公元126—144年），张衡制成了一架（计算用的）浑仪（"浑象"），它包括内圈和外圈③、南天极和北天极、黄道和赤道、二十四节气、二十八宿之内（北天）和二十八宿之外（南天）的许多恒星，以及日、月和五行星的轨道。这座仪器用漏壶的水来转动，安装在一座大殿之上的（密）室中。随着拨爪（的运动）和瑞祥轮的转动，（室中仪器上所显示的）天体的上中天、升起和降落，同天上的（实际）情况是相符合（"相应"④）的⑤。

〈至顺帝时，张衡又制浑象，具内外规、南北极、黄赤道，列二十四气、二十八宿中外星官及日月五纬，以漏水转之于殿上室内，星中出没与天相应。因其关戾，又转瑞轮蓂荚于阶下，随月虚盈，依历开落。〉

360　这样，大概的情况便十分清楚了。办法是这样：两个观测者把密室中带有机械装置的浑仪所示的情况和天上的实际星象进行比较。结尾的几句话就动力的性质为我们提供了一些线索，这将在本书第二十七章（j）时钟制造技术部分再进一步讨论；这里我们只想提一点，即关于张衡的浑仪装置，还存在一些与他同时期的文字证据。最引人注目的是一篇篇名（或章节名）为《漏水转浑天仪制》的文章，这是唐代学者引用张衡论述刻漏的著作时小心地保存下来的残篇⑥。这个题目很可能是他的《浑仪》或《浑

---

① 见下文 p. 383。
② 见本书第二十四章（下文 p. 626）。
③ 可能即恒显圈及恒隐圈，参见表31。
④ 注意，这里出现了一个具有哲学意义的术语（参见本书第二卷，p. 304）。
⑤ 《晋书》卷十一，第五页，由作者译成英文，借助于 Ho Ping-Yü（1）。
⑥ 例如，徐坚的《初学记》（公元700年）卷二十五，第二页和第三页；《文选》卷五十六，第十三页，李善的注文（约公元660年）。见《玉函山房辑佚书》卷七十六，第六十八页；《全上古三代秦汉三国六朝文》（全后汉文）卷五十五，第九页。

仪图注》中的一篇（此书我们已在前面引用过）①。后世并未因此将为浑仪提供机械动力的技术完全归功于张衡。我们很快就会看到，张衡时代的纬书能进一步证明这一点。

关于张衡的成就，的确是历代相传，众所周知，人们没有充分的理由去怀疑它。此外，我们从本书第二十七章（j）时钟机构部分可以知道，后来几乎每一世纪都有一些天文学家或技术人员制成过类似的仪器。表 31 已经说明了这一点②。这些浑仪看来也都是置于室内，并被用来和观测用仪器所得的数据进行比较的。这一切都是公元 723 年左右一行和梁令瓒发明第一个擒纵机构之前的情况，自那时以后，演示用的浑仪和浑象继续依靠某种动力传动装置来运转，直到耶稣会传教士入华时仍然如此③。因此，从公元 8 世纪初起，这种仪器正是以巨型天文钟的形式，走在欧洲 14 世纪第一具机械时钟的前面④。在公元 8 世纪之前，人们只能称它们是使用了带有机械装置的太阳系仪或有动力驱动的用于演示和计算的浑仪，是为粗略计时而设计的。实际上，中国的浑仪在长期的发展过程中，往往形式上是天文观测仪器，而本质上却是时钟。因为从张衡的时代起，天文技术人员就一直想做出一种足够缓慢旋转的驱动轮，以便达到与天上的周日视运动步调一致。到公元 8 世纪初以后，这一难题实质上已解决了。这自然就产生了一个问题：张衡及其后继者为什么要这样做呢？

《尚书纬·考灵曜》大约成书于张衡的时代，其中有一段话令人很感兴趣：

> 观察"玉制仪器"的运动；黄昏和黎明确定时间和季节——这意味着检查恒星的上中天。如果（计算用的）浑仪（"璇玑"）指出某一恒星上中天，而（这个）恒星实际上还没有上中天（太阳的视位置却被正确地指示出来），这就叫作"急"。当出现"急"的情况时，太阳超过了它的度数，月亮却达不到它所应达到的宿。如果恒星上中天，而（计算用的）浑仪还没有达到那一点（太阳的视位置却被正确地指示出来），这就叫作"舒"⑤。当出现"舒"的情况时，太阳还没有达到它应达到的度数，月亮却越过它的正确位置而到了下一个宿。如果恒星上中天和浑仪上指示的是同时的，那就叫作"调"。这时刮风下雨都能及时，青草树木

361

---

① 上文 p.355。

② 应该注意到三国时期吴国的葛衡（约公元 260 年）、刘宋时期的钱乐之（公元 436 年）、梁代的陶弘景（约公元 520 年）、隋代的耿询（约公元 590 年）等人的工作。有人，如耿询，显然是采用了密室的做法［参见本书第二十七章（j）］。

③ 从公元 979 年张思训以水银驱动的机构起，到 1090 年苏颂的大型装置和 1276 年左右郭守敬的浑象为止，宋、元时代制成过不少这类装置。

④ 我们借此机会收回我们原先的表述（本书第一卷 p.243），即钟表装置完全是 14 世纪早期欧洲的发明，详见 Needham, Wang & Price（1）。使用立轴和摆杆式擒纵机构的重锤驱动机械时钟是 14 世纪在欧洲发明的，可是，中国在许多世纪之前，就已有了装着另一种擒纵机构的水力驱动机械时钟。

⑤ 当然，"急"和"舒"等术语也曾用于表示行星运动的加速或减速状态，可是从下文（p.399）可以看出，在这里它们与加速、减速之义完全不同。

都会茂盛，五谷都会丰收，并且万事顺利①。

〈……则《考灵曜》所谓观玉仪之游，昏明主时，乃命中星者也。璇玑中而星未中为急，急则日过其度，月不及其宿。璇玑未中而星中为舒，舒则日不及其度，月过其宿。璇玑中而星中为调，调则风雨时，庶草蕃芜，而五谷登，万事康也。〉

这一段话给我们提供了对两种浑仪的说明：计算用的置于密室，观测用的置于露天的灵台。汉代天文学家像他们的前辈和后继者一样，十分关心在一方面所指示的星辰位置和另一方面所指示的太阳与月亮位置之间的所有分歧或差别。从许多原始文献来看，事情很可能是这样②：如果系统中有一些代表太阳、月亮和行星的小球体，以某种方式附于浑仪或浑象上，但能在上面自由移动③，那么室内的计算者即可调整这些小球的位置，使它们与历书上的预报相合。如果他所报告④的恒星上中天或别种运行与室外观测者所看到的不相符，那么就可以在历法计算中进行修正。

苏颂在1092年的《进仪象状》中引用了上面这段出自汉代纬书的话后接着说⑤：

从这里我们可以得出结论说：使用仪器进行天文观测的人们，不但要制定正确的历法，使一个好的政府能够运行⑥，并且也（在某种意义上）预示（国家的）祥瑞和灾难，研究丰收和歉收（的原因）。

〈由是言之，观璇玑者不独视天时而布政令，抑欲察灾祥而省得失也。〉

这段话是对预测的重要意义做的一种有趣的合理解释，普通民众都自然地认为预测是所有中古时期天文学家的工作。苏颂说，他们的确在某种程度上是能够预言未来的，因为他们知道，如果历书编校准确，农事完全按季节进行，那么（除非发生特大灾害），自然会获得丰收。不过，中国中古时期的浑仪和浑象无论装有擒纵机构与否，都在或快或慢地转动着，经历着暴风雨的夜晚和阴霾的白天，如果完全否认它们在占星术上的作用，那未免太不明智了。我们在讨论时钟机构发展史时⑦还要提供进一步的证明：人们曾经相当重视怀孕时的星辰位置。如果所怀的孩子其所处的地位使他日后有可能被立为太子，那么，这样的知识便会在国家事务中获得应有的地位。因此，特别是在公元8世纪初发明擒纵机构之后，皇室对设在宫中的含有旋转不停的浑象的天文钟感兴趣就毫不奇怪了。在此人们不能不想到，正是中国还发明了磁罗盘（我们将在

362

---

① 《隋书》卷十九，第十三页，由作者译成英文。这段文字后来的一种引用方式（《古微书》卷二，第二页）使之被理解成了相反的意思，即认为"急"和"舒"是指星辰，而不是指仪器。马伯乐［Maspero（4），p. 338］因此误以为这整个安排是属于占星术性质的。然而事实恰好相反，其用于历算的意图是明显的。对此的阐释，我们十分感激普赖斯博士。

② 例如《宋史》（卷四十八，第三页起）中关于张思训的记载；《旧唐书》（卷三十五，第一页起）、《宋书》（卷二十三，第八页起），以及《隋书》（卷十九，第十七页起）中关于钱乐之的记载。

③ 例如，把小珠穿在线上。我们知道，1090年苏颂在他的浑象上曾用过这个方法（《新仪象法要》卷上，第四页）。

④ 《晋书》中有两处说，室内的计算者先宣唱报告。

⑤ 见《新仪象法要》卷上，第五页，由作者译成英文。

⑥ 这是指农业社会的行政管理。

⑦ 本书第四卷中的第二十七章（j）。

适当的地方再讨论）① ——这是另一种在通常存在的基本方位标志暂时隐没不见的地方为人类确定方位的工具。我可以这样认为，这些发现都是中国人的精神在与有机的宇宙模式分离时的忧虑表现。我们曾经听说过："凡理之所在，东便是东，西便是西。"②如果在时间和空间中可见的宇宙结构忽然隐没了，那么，不是还有可被人类智慧揭露和利用的看不见的力场继续存在吗？

关于时钟和它的前身，就谈到这里。可是这些古书的记载之中，还另有一重要之处被所有汉学家忽视了。浑仪在用作计算仪器而置于密室内时，是不需要加装窥管的；可是我们竟发现一条记载，说有一架浑仪装有窥管，并且是精心设计，利用水力运转的。这里只有一个明显的目的，有经验的天文学家可以一望而知③。这种动力传动装置相当于现代望远镜上的时钟机构，它可使沿赤纬圈移动的恒星保持在视野之内。转动必须缓慢而且稳定，每小时恰为 15°。如果公元 1090 年在开封制成的由动力驱动的观测用浑仪是为了达到这个目的，那么，它便是远早于欧洲同类装置的一项发明。在欧洲，罗伯特·胡克在 1670 年才第一次建议制造自动调整的由时钟机构驱动的望远镜④，这一建议直到望远镜的焦距逐渐缩短，从而可以普遍采用精确的赤道装置时，才得到实际采用。所以，第一批实用的时钟机构驱动装置（1824 年）是和夫琅和费（Joseph Fraunhofer）的名字联系在一起的⑤。

开封的水运仪象台是苏颂和他的一些同事在 1088—1090 年间建成的⑥，他记述此 363 台的书《新仪象法要》于 1092 年进呈给皇帝。这是一座双层建筑，上有平台，总高度约三丈五尺。底层安放动力传动装置，有一个水轮，承接着从恒定水位漏壶中流出的水，并由一套联动擒纵机构加以控制；正面给观看者展现了一座五层宝塔的造型，每层门口各有一组精巧的木偶逐时出入，用示牌和鸣报的方式报时。在这个报时机构之上，即台的第二层，有一台自动运转的浑象，其上附有可调整的行星模型。最后，有一根适配的传动轴，向上穿过这一层，与露天观测台上浑仪的中央支柱相接，使浑仪的内部各组环任意转动。由于浑仪附有窥管，这说明它确实是用来观测恒星位置的。把浑象置于平台下层的密室中，把浑仪置于露天平台上，这是完全有意按照很久以前张衡所开创的先例来做的。对于机轮室中所呈现的纯粹计时的功能，我们没有理由感到意外，可是苏颂给浑仪装上机械装置的目的，初看却似乎有些费解，因为水运仪象 364 台的落成比照相底板的发明约早八百年，而现代用照相底板为了记录下外层空间的微弱光线，摄影机必须缓慢转动以精确抵消地球的自转。

苏颂的转仪钟的精确度当然并不高。它大致要五分钟才向前猛跳一次，人们很难相信，工作一夜之后，其误差会小于 2°，这还不如用肉眼估计来得好。中国天文学家

① 本书第四卷中的第二十六章（i）。

② 上文 p. 163。

③ 感谢友人斯特文森（W. H. Steavenson）博士帮助弄清楚这一问题。

④ 见 Andrade（1）。

⑤ 参见 Houzeau（1），p. 949；von Rohr（1），p. 124；F. Meyer（1）。

⑥ 见图 162。

图 162　水运仪象台全貌。1090 年苏颂及其同事建于开封。顶上
的平台高出地面三丈五尺，装有机械化的浑仪；第二层
室内装有机械化的浑象；下层是水运时钟机械的正面，
有若干木偶在木阁各层门口报时。采自《新仪象法要》。

即使在追踪暗星时[①]，也不会让它们迷失在列宿中。不过话又得说回来，对这个重达 20 吨以上的仪器进行准确调整的困难，人们是不能低估的。苏颂在《进仪象状》中暗示我们，这些困难曾引起了不少麻烦：

　　　臣认为，浑仪和浑象的制度和原理，同详细的度数和观测方法一起（自古时）传到今天。可是天文官员和历法官员始终有不同的意见而互相辩论，这是因为现在的仪器已和古代的不相符，而且所用术语也没有经过严格定义。此外，（现在）用于观测（的仪器）需要人手去运转它们，而人手（动作得）有时太多，有时太少，所以天体移动的度数（看上去）就有不同。各（官员）所得的读数有大有小，因此得不出确定的结论[②]。

　　　〈臣窃以仪象之法度数备存。而日官所以互有论诉者，盖以器未合古，名亦不正。至于测候，须人运动，人手有高下，故躔度亦随而移转。是致两竞，各指得失，终无定论。〉

这表明，加装机械装置的目的（至少有部分目的），是在夜间进行观测时对浑仪起粗调作用。这样，可以用一些木棒借杠杆作用进行准确的精调。当然，如果动作比较连续，观测者在测恒星间的距离时，就可在短时间内利用这种驱动来获得高精确度。因为在

---

① 我们知道，他们对某些暗星很感兴趣；参见上文 p. 239。
② 《新仪象法要》卷上，第一页；译文见 Needham, Wang & Price（1）。

寻找并观测第二个恒星所需的时间内，浑仪的转动会连续不断，这样做便能抵消地球的自转，对绘制星图大有帮助。但是，由于驱动显然是不连续的，这样一种作用看来是达不到的。

不过，有理由设想这种装置的另外功用。苏颂本人曾经说过，当天体运行时，可使它自动地保持在窥管的视场以内。他说，白天可使太阳常在窥管窍中[①]：

> （我们的）浑仪可用来观察三种天体（太阳、月亮和星辰）运行的度数。将黄道圈用单环的形式加上去[②]。在环的两面正好都能见到半个太阳。使窥管一直对准太阳，日光[③]就总照在窥管之中。天每向西运行一周，太阳就向东移一度。这种装置是新的发明[④]。

> 〈浑仪则上候三辰之行度，增黄道为单环，环中日见半体，使望简常指日，日体常在简窍中，天西行一周，日东移一度。此出新意也。〉

我们推测，这种做法的目的是核对整个时钟的计时，尽管这一点不论在《进仪象状》或苏颂的原书正文中都无明显记述。仪器每转动相当于水轮上一个枢斗的距离，这种跳动式的运动便使太阳光重新直射入窥管。 365

由此看来，苏颂在保持古代给浑象提供机械动力的做法的同时，还把它推广到了上层的观测用浑仪上去，并且在下层增设了报时机构。当时，人们对浑仪的转仪钟并不是都有信心的，在仪象台落成之前，有一位名叫许将的翰林，竟奏请另造一架不用机械驱动的浑仪来供观测之用[⑤]。当时显然已经决定要这样做，不过结果如何，就无从查考了。无论如何，许将墨守成规的反对意见似乎成为继续推行苏颂方案的障碍。在运行了36年后，金兵攻打开封，北宋灭亡，苏颂的杰出的天文钟被金兵缴获。后来，这台仪器虽然在北京重新装配，可是它的部件逐渐损坏，无法修复[⑥]。同时，南方则匠

---

① 《新仪象法要》卷上，第四页；译文见 Needham, Wang & Price (1)。

② 这与苏颂关于改进后的黄道双环的记述相矛盾 [《新仪象法要》卷中，第十五页；参见 Maspero (4)，p. 314]，我们对此差异无法解释。也许这些环是可以取下并互换的。

③ 原文的意思是："所以日体总是在窥管管腔中（看得见的）"。

④ 他是指用机械驱动观测用浑仪。这种用途特别令人联想到巴姆斯特德（Bumstead）的太阳罗盘仪，那是一种供航空器在难以使用磁罗盘的地方使用的仪器。1927 年前后，海军上将伯德（Byrd）曾使伯姆斯特德太阳罗盘仪往返飞行于斯匹次卑尔根群岛（Spitzbergen）与北极之间，也曾用于南极的往返飞行。这种仪器由一按赤道面安装的机械时钟构成，钟的刻度盘上有指针，另一垂直的针（即影表）装在该指针的外端上随之转动，因此，其影子持续落在一块直径上正对的绕圆周移动的半透明板上。由于时钟只有一个指针，每 24 小时转一周，而时钟是装在可转动的方位度盘上的，这样，罗盘的正确方位点容易确定——见休斯 [A. J. Hughes (1)，pp. 117, 118] 的简短叙述。当然，巴姆斯特德并不晓得苏颂，就像苏颂不会晓得他的这个远方的后继人一样，他们的目的当然也不相同。麦克马尼格尔（McManigal）的日晷所用办法与此相似；时钟按赤道面安装，使晷针的影子落在众所周知的刻有 8 字形曲线的板上，作为校正时差之用 [Barton (1)；Danjon (1)，p. 76]。这种日晷可追溯到 18 世纪初德塞勒（Bedos de Celles）等人的工作。18 世纪晚些时候，哈恩（P. M. Hahn）、亚当（U. Adam）和恩格尔布雷希特（J. Engelbrecht）曾制成与麦克马尼格尔相似而无动力装置的仪器 [见 Zinner (8)]。近代的设计显然和上文（p. 307）所述汉代赤道日晷有密切关系。

⑤ 这是 1089 年的事。见《宋史》卷八十，第二十五页；这段文字的完整的英译文见 Needham, Wang & Price (1)。

⑥ 见《金史》卷二十二，第三十二页；完整的英译文见 Needham, Wang & Price (1)。

师星散，组织紊乱，浑仪制作工艺停滞将近百年之久，在这个时期，人们的注意力转移到了别的一些装置上。也许是青铜铸造技术的发展，使宋代浑仪的笨重结构失去了必要性，因而也就不需要利用机械动力来进行粗调了。

由此我们可以得出结论，中国古代和中古时期给浑仪提供机械动力的做法，虽然一般是用在演示或计算用的仪器上，可是已和现代望远镜的转仪钟的发明相近了。苏颂把时钟机构和观测用浑仪结合起来，在原理上已经完全成功；因此可以说，他比罗伯特·胡克先行了六个世纪，比夫琅和费先行了七个半世纪。这就出现了一个问题：为什么我们没有听说欧洲古代和中世纪曾有过这种由机械动力驱动的浑仪和浑象呢？其实答案已经有了：这是因为中国人坚持使用与西方黄道坐标不同的赤道坐标。难道用赤道式仪器自动演示许多恒星在赤纬圈上的等速视运动，不是比用黄道式仪器演示日月星辰在黄道上或黄道附近的复杂运动来得更自然和更容易吗？我们知道，天体周日视运动的真正路线是赤纬圈，从来没有一颗恒星沿着黄纬圈移动，黄纬圈是希腊人强加于恒星的。

恒星的周日视运动始终是人类最基本的天然时钟，我们知道，张衡在公元 2 世纪时便把他的记述定名为《漏水转浑天仪制》。在西方的数理天文学中，给人印象最深的是行星在黄道上运行的学说，这便使类似的技术发展明显地迟滞了。当然，有过安蒂基西拉机（Anti-Kythera machine）[1] 和转盘水钟（anaphoric clock）[2]，可是黄道上的复杂运动带来了许多难以解决的技术问题，以致不曾取得向时钟机构发展的真正进步[3]。另一方面，注意一下机械时钟和机械动力驱动的天文仪器是如何在中国共同成长的，并事实上结合于同一机械装置，是特别令人感兴趣的。这方面的发展成果被欧洲分为两个阶段接受了。第一阶段大概是在十字军东征的时候，先向西方传播的是水力驱动的机械时钟，到 14 世纪初，它很快变成了较紧凑和较精确的重锤驱动金属时钟，并附有立轴和摆杆式擒纵机构。这纯粹是一种计时器，用普赖斯赞美它的话来说，它是"从天文学世界下凡的天使"。接着，在其后的两个世纪之末（1595 年），第谷才放弃了古典的黄道坐标（这也许是受到东方某种影响的结果）；胡克（1670 年）的建议由卡西尼（1678 年）加以实施[4]；望远镜赤道装置始见于沙伊纳（Christopher Scheiner；1625 年）的著作，并经詹姆斯·肖特（James Short；1732—1768 年）的改进得以完善[5]。于是，夫琅和费才能在不知过去历史的情况下，追随了苏颂的前例，从而把西方的时钟机构这个"下凡的天使"重新送回天文学的世界，在这个世界中时钟机构一直有着中国的血统，而在中国这些血统并没有全部保留下来。

---

① 这是一架公元 2 世纪的天象仪的残存物；参见上文 p. 339。见 Rediadis（1）；其他引证及记述见 Price（1）。

② 希腊化世界中特有的由浮子带动的旋转盘面时钟（水日晷）。见 Diels（1）；Drachmann（6）；Price（4，5）。

③ 这并不排除向时钟部件发展的一些技术进步。例如，一些 11 世纪星盘上精细的齿轮结合。见 Wiedemann（13）；Price（1）。

④ 参见 Daumas（1），p. 20。

⑤ 肖特（1710—1768 年）在正文所提到的年份里制作了一系列很好的望远镜；参见 Daumas（1），p. 226，232；H. C. King（1），p. 87。我们感激耶赫尔（P. A. Jehl）先生，他提醒我们注意沙伊纳和卡西尼的先前工作。参见 Chauvenet（1），p. 367。

（iv）赤道装置的发明

367

对于南宋的浑仪，我们了解得很少，但 13 世纪郭守敬的一些仪器至今仍在①，若干年来，它们一直被保存在南京东北郊中国科学院紫金山天文台②。这些仪器制于元代，直到 1600 年耶稣会士入华时仍然在使用。下面是利玛窦对它们的描述③：

> 除京师外，南京亦设有钦天监观星台。此台以建筑宏伟著称，非关司天者之技能也。彼等才疏学浅，除墨守成规以推步历法外，无所事事。如计算有误，则佯称所推者乃事理之常，而星辰出没失序，乃天将降祸福于人，以此谬说巧为掩饰。彼等于利玛窦神父不甚信任，盖恐揭其所短；及顾虑消除，乃走访神父，冀有所获益。其后神父回访观星台，见确有所革新，颇出意想之外。
>
> 城之一隅有小山岗④，然仍处于城墙之内。上有平台，宽阔宏敞，颇适于观测之用。四周屋宇壮丽，乃昔年所建。司天者夜夜鹄立于此，以察天象，无论星陨、彗孛，皆详记奏闻。所陈仪器皆铸以青铜，制作精美，装饰华丽，其宏伟雅致，凡神父在欧洲所见者无出其右。且诸器屹立于此垂二百五十年⑤，几经风霜雨雪，迄无所损。
>
> 主要仪器有四。
>
> 其一为球形，有平行圈、子午圈逐度刻于其上，形体之大可逾三围，置于作轴承台用之青铜方柜中。柜旁有小门，可入内操纵。惟球面上既无星象，复无地图，如非有意使其可兼充天球、地球之用，则当系尚未完工之故⑥。
>
> 其二为巨型（浑）仪，径广不下俗所谓一庹，即两臂张开之长。上有地平（圈）及二天极；圈非整体，而为双环，双环之间有间隙，其效用与西方浑仪之环相同⑦。各环皆分为三百六十五度又二十五分。中间无物以象地，而有状如枪

368

① 1946 年，作者曾亲自审视其中两具，感到十分高兴。耶稣会士入华之初，有一些仪器是保存在北京的。但义和团运动之后，其中一具作为德军战利品运往德国，后来德国政府被迫将其从波茨坦（Potsdam）归还中国。这一具元代浑仪及其他同时被掠的耶稣会士监制的仪器，曾在波茨坦被拍摄成精美的照片，由米勒 ［R. Müller （1）］ 发表。

② 现存的仪器是否确为郭守敬所监制，尚无法肯定，因为我们知道，1437 年皇甫仲和曾制成过一些精确的复制品。见《明史》卷二十五，第十五页。1956 年 4 月时这些仪器仍在紫金山，但估计它们会迁到北京天文馆去。

③ *Opere*, ed. Venturi, vol. 1, pp. 24，315；*Fonti*, ed. d'Elia （2）, vol. 2, pp. 56 ff.。后经金尼阁（Trigault）增补（1615 年），译文见 Yule （1）, vol. 1, p. 451；Gallagher （1）, pp. 329；Bernard-Maître （1）, p. 59；Wylie （7）, p. 14。这里对这些文献做了整合，译文也作了必要的订正。

④ 即北极阁，山顶上现设有中国科学院的气象研究机构。在紫金山的同一支脉上（可俯瞰玄武湖）有鸡鸣寺，是佛教徒梁武帝虔诚绝食至死的地方。

⑤ 较正确的估计应当是三百五十年。

⑥ 图线已失去或已模糊，可能由于仪器受到风雨的侵蚀超过了利玛窦的想象，根据即将说明的理由，郭守敬的球形仪器无疑是个天球。它的"平行圈"确实不是按西方的理解平行于黄纬圈，而是平行于赤道的赤纬圈。金尼阁的改写本给人的印象是，球体是以手推动的；但利玛窦的意大利文原本则明确地指出，小门是为了调整仪器而设——大概是使用水力。

⑦ 窥管（望筒）置于双环之间。值得注意的是，这样的装置对于利玛窦来说是陌生的。

管之望筒，可旋转至任何经纬度以观测恒星，作用正如吾人之照准器（vane sight）①——此诚为一不寻常之器件。

其三为圭表，其高倍于前器之径，直立于朝北的大理石长板上。长板四周沿边凿有水渠，注满水，以观测长板是否水平。晷针垂直树立，如日晷然②。石板及晷针皆有刻度，余等因可意测此表盖精记分至影长而立。

其四，即最后一件，乃其中最大者，似由大星盘三、四具拼合而成；各盘直径可达一庹。此仪既有基准线（Alhidada），又有窥管（Dioptra）。一盘斜置于南面以象赤道；另一盘与前一盘相交，直立于南北平面上，神父曾误以为子午圈，而此盘固可绕自身之轴而旋转者；复有一盘置于子午面上，具垂直轴，似代表一地平经圈，并可旋转用以表示任一地平经圈。此外，各盘均有刻度，以凸起之（金属）钉为标志，如此则夜间暗中摸索，即可知其度数。此复合星盘③仪全部置于大理石座上，座面四周有水渠以取平。

诸仪器均以汉字为说明，并镌有二十八宿之名。此二十八宿与吾人之十二宫相应。惜各仪均有一讹误：北极出地皆作三十六度，而南京之纬度实为三十二度又四分之一。故诸仪器似在他处制成，后由不谙历算者移至南京④，而未考其地之位置也。

数年后，利玛窦神父于北京见若干仪器，与前所见浑如出于一人之手。据云，乃蒙古人统治中国时所铸；然则谓为通西学之异邦人所为，或非轻率之论⑤。

由此看来，尽管利玛窦曾以排挤同时代的中国人为策略，从而对他们采取轻蔑态度，并对仪器的来源贸然做出非常错误的猜测，可是元代的天文仪器却给他留下深刻的印象。

关于元代太史院在1276—1279年间重新置备仪器的情况，我们是从中国的可靠文献中了解到的，其中当然包括《元史》⑥。《元史》中列有下列仪器⑦：

　　（1）玲珑仪　　　　　　图163。即利玛窦所说的第二件。

---

① 金尼阁本作"pinnulis"。

② 金尼阁本作"et stilus eo modo quo in horologiis ad perpendiculum collocatus"。

③ 利玛窦在这里使用"星盘"（astrolabii）一名，当然完全错误，并且会引起误解，但他只是在写一篇粗略的记述罢了。他所看到的仪器和星盘毫无关系。

④ 这一点现在可以立即加以澄清。1200年前后，耶律楚材在山西平阳（今临汾，纬度略超过36°）创办天文所（《元史》卷一四六的记载作"经籍所"。——译者），制成仪器一批，利玛窦所看到的即属于这一批。到明代科学衰微时，这批仪器被运往南京。《元史》（卷四十八，第十二页）以"四海测验"为题刊载了二十五个重要地点的纬度，可见郭守敬时代的天文学家很了解纬度的重要性，也可见其中某些地点一定置有天文仪器。参见Gaubil（2），p.110。

⑤ 这种臆测制造者为欧洲人之说，简直不值一驳。

⑥ 《元史》卷四十八，第一页起；卷一六四，第五页起。伟烈亚力〔Wylie（7）〕有部分译文，并加注释，他所根据的还有《续弘简录》《畴人传》等。

⑦ 《元史》这两卷中所列的顺序有不同，我们进行了重新排列。

（2）简仪	图164及图165。即利玛窦所说的第四件①。
（3）浑天象②	即利玛窦所说的第一件。
（4）仰仪③	即大小介于上文（p. 301）所述仰釜日晷和印度较大的贾伊明慧仪之间的半球式日晷。
（5）高表④	无疑是指四丈高表，特别是置于阳城的，上文（p. 297）已描述过⑤。
（6）立运仪	即利玛窦所描写的简仪的"立运环"，见图164及图166。它与下述的正方案（13）构成一种仪器，相当于现代的地平经纬仪和经纬仪⑥。
（7）证理仪	不清楚究竟是什么仪器，可能是玲珑仪的部件，用以测定日月在黄道附近的精确位置；用途大致如此。也可能是在黄道面上安装的窥管。
（8）景符⑦	上文（p. 299）已有说明。
（9）窥几⑧	显然是改装的圭表和景符，用于测月影。
（10）日月食仪	形状不详⑨。
（11）星晷	这可能是16世纪夜间辨时器的先驱吗（见上文p. 338）？
（12）定时仪	可能是简仪的"百刻环"，也可能是星晷的别名。
（13）正方案⑩	应当是地平经圈，也可能是简仪的"阴纬环"。
（14）候极仪	似乎是简仪上的极窥管，上附"定极环"。
（15）九表悬	尽管细节不明，这可能指垂线架（groma）或指悬挂的铅垂线，可借以检定仪器（特别是圭表）的准确度（参见上文p. 286）。
（16）正仪	用途不明。
（17）座正仪	用途不明。

370

---

① 《元史》卷四十八，第二页。

② 《元史》卷四十八，第五页。参见下文 pp. 382 ff. 。

③ 《元史》卷四十八，第六页。这里的描述排除了德理贤［d'Elia（2）］的说法，他认为是圭表。这是一个直径12尺的钵。

④ 见《元史》卷四十八，第八页。

⑤ 利玛窦所说的第三件仪器应为习见的八尺圭表。

⑥ Spencer-Jones（1），p. 83。

⑦ 《元史》卷四十八，第九页。

⑧ 《元史》卷四十八，第十页。

⑨ 这可能是阿拉伯著作家所记述的可调节的窥管（dioptra），用于确定偏食时可见圆面的直径［见 L. A. Sédillot（1），p. 198］。

⑩ 《元史》卷四十八，第七页。

图版　五二

图 163　郭守敬的赤道式浑仪（1276 年），皇甫仲和仿制（1437 年），照片是
　　　　在北京古观象台院内自北向南拍摄的（汤姆森摄）。

图版　五三

图164　郭守敬在1270年前后设计的简仪。简仪是所有现代望远镜赤道装置的前身。图中的仪器可能是皇甫仲和众多仿制品中的一件。照片摄自东南方向。仪器的底座长一丈八尺、宽一丈二尺，装有窥管（窥衡）的赤纬环直径为六尺，由此可以推想到全仪的大小（中国科学院照片）。

图165　从南面看的郭守敬简仪，在上方可看到附在"规环"上的"定极环"及其十字距和中心孔（中国科学院照片）。

371

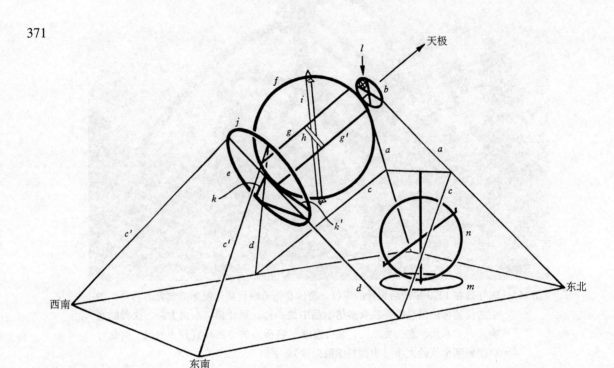

图 166　郭守敬简仪的图解，从东南方向观看，以便与图 164 对照。图中 a，a——北极云架；
　　　　b——规环（直径二尺四寸，固定着）；c，c，c′，c′——龙柱；d，d——南极云架；
　　　　e—百刻环［刻有十二时辰及一百刻，每刻分为三十六分。环上北面有四个滚柱轴承，
　　　　使它所承的直径六尺四寸的赤道环（j）旋转自如］；f——四游双环（直径六尺，两
　　　　面都刻有周天度分，附有窥管，即"窥衡"，用以测量去极度）；g，g′——直距；
　　　　h——横（以上两项都可防止变形）；i——窥衡［为精确起见，两端作圭首形（"端
　　　　为圭首"），并有照准器（"横耳"）］；j——赤道环（可以转动，直径六尺，环面细刻
　　　　二十八宿周天度分，中间由十字距加固，与四游双环同）；k，k′——界衡（可动独立
　　　　径向指针，尖头。有无照准器不详。从名称看来，是用以划定列宿边界的）；l——定
　　　　极环（直径六度，附于规环上部，只能在图 165 中见到。环中间有十字距，其中心有
　　　　孔，似乎用于测定北极星上中天的时刻。可通过连在南极云架上的铜板小孔进行观
　　　　测。通过百刻环、赤道环及规环中心的主极轴也有小孔，从而构成了一个极窥管）；
　　　　m——阴纬环（固定的地平环）；n——立运环（垂直旋转，附有照准器，用于地平纬
　　　　度测量）。《元史》（卷四十八，第二页起）有关于此仪器的描述，译文见 Wylie（7）。

　　我们撇开那些不重要的和资料不足的仪器不谈，主要谈论一下大型浑仪（编号1）和简仪（编号2）。关于前者已不需要进行更详细的叙述，因为它虽然比1090年苏颂所用的仪器制作更精巧且精密，但是并没有什么根本区别。可是关于后者，也就是被利玛窦当作装在几个轴上的一套"星盘"的那一座，却有新奇之处。我们不妨把它看作中世纪"赤基黄道仪"（torquetum）① 的简化品。这种仪器由一系列的圆盘和环构成，却不像浑仪那样装置成同心的圆环。阿拉伯和欧洲的仿制品是这样：有一个安装在赤道面上的圆盘，另有一个圆盘与之成一夹角在黄道面内转动；转盘上还立有一个和盘本身垂直的黄纬圈②。此外还有半圆盘（度盘）和铅垂线，是为测量地平纬度而设的。这种仪器大概主要是用在计算方面，因为它可以直接使黄赤道坐标互相转换，也可供其他对照之用。发明这种不灵便的仪器的人，一般认为是马拉盖的纳西尔丁·图西③。他与郭守敬同时，但生年略早些。但是，更可能的发明人是西班牙穆斯林贾比尔·伊本·阿弗拉（Jābir ibn Aflaḥ；约生于1130年）④。当波斯马拉盖的天文学家们使用它的时候，欧洲人也在使用 ［Thorndike（3，4）］，而且雷乔蒙塔努斯和阿皮亚努斯在1540年左右撰写了论赤基黄道仪的专义⑤，不过第谷以轻蔑的口吻提到它⑥。后来，除印度人把这种阿拉伯仪器流传下来以外，再也没有人用它了。在印度斋浦尔至今还存有一个露天样本，即黄道仪（*krāntivṛtti valaya yantra*）⑦ ［见图168（a）］。

　　郭守敬的简仪最使我们感兴趣的地方是：虽然（作为一架"拆散了的浑仪"）它可以被辨认出是和赤基黄道仪有关的，但它实际上却是纯赤道式的（见图166）。它之所以被称为"简仪"，无疑是因为被去掉了黄道部件。这说明这种仪器的结构或许曾受过来自阿拉伯的影响，可是郭守敬使它适合了中国天文学的特点，即改用了赤道坐标系。这样，郭守敬为现代望远镜广泛使用的赤道装置（参见图170）提前做了充分的准备。我们在这里又一次看到，中国人坚持使用后来通行世界的赤道坐标系，因而我们就不能不思考一下，究竟是哪些影响促使了第谷抛弃希腊–阿拉伯–欧洲天文学所特有的黄道坐标系。

372

---

　　①　应该小心区分"torquetum"（赤基黄道仪）和"triquetrum"（星位仪）；见下文 p. 373。

　　②　见 R. Wolf（1），vol. 2，p. 117；Houzeau（1），p. 952；Gunther（1），vol. 2，p. 35，36；Anon.（25），p. 18，no. 348，opp. p. 30；Rohde（1），pp. 79 ff.；Michel（12），p. 68，pl. XIII。米歇尔 ［Michel（13）］ 的叙述是最好的说明之一，他告诉我们，沃灵福德的理查德（Richard of Wallingford）的直角杆仪（Rectangulus）是一种骨干式的赤基黄道仪，而冈瑟 ［Gunther（1），vol. 2，p. 32］ 并不知道它的性质。

　　③　Sarton（1），vol. 2，p. 1005。参见本书第七章（j）（第一卷，pp. 217 ff.）。

　　④　Sarton（1），vol. 2，p. 206。参见 Repsold（1）；Mieli（2），vol. 2，p. 144。

　　⑤　欧洲现存最古的赤基黄道仪实物，是1444年库萨的尼古拉所购得的仪器之一 ［见 Hartmann（1）］。尼古拉在他的故乡摩泽尔河（Mosel）流域特里尔（Trier）附近的库斯（Kues）地方建了一家慈善医院，该仪器现存该院图书馆（见图167）。其他一些赤基黄道仪存于慕尼黑（Munich）的德意志博物馆（Deutsches Museum），霍尔拜因（Holbein）的名画《大使们》（*The Ambassadors*）的背景上也画着一个赤基黄道仪。

　　⑥　Raeder，Strömgren & Strömgren（1），p. 53。

　　⑦　Kaye（5），p. 32，33，fig. 58；Soonawala（1），p. 38。现在这个仪器已缺一些部件。

图版 五四

图 167 赤基黄道仪，此仪一度为库萨的尼古拉所有（1444 年），现
存于特里尔附近库斯地方他所创办的慈善医院的图书馆中。

图版　五五

图 168　（a）印度的赤基黄道仪（*krāntivṛitti valaya yantra*），现存于斋浦尔的
　　　　贾伊·辛格天文台［照片采自 Kaye（5）］。此仪已不完整，但赤道
　　　　面和黄道面仍可看出。参见上文 p. 301。

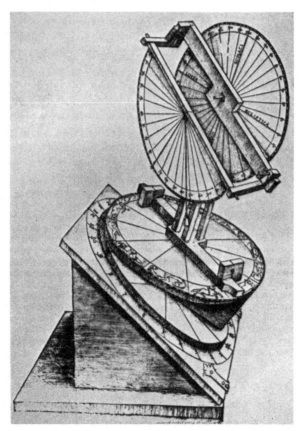

图 168　（b）彼得·阿皮亚努斯的赤基黄道仪（1540 年）。

　　但是，在对这一问题进行研究之前，首先应当探讨一下阿拉伯对元代天文学家的影响①。由于哈特纳［Hartner（3）］、薮内清（5）和田坂兴道②在这方面已经做过专门的研究，这种探讨是不难进行的。关于 1267 年由波斯送达中国的七种天文仪器的图形，他们已做出考证③。《元史》④ 中有两页专讲"西域仪象"。这些仪器是旭烈兀汗或其继承人，派马拉盖的天文学家之一札马鲁丁⑤亲自送给忽必烈的。札马鲁丁究竟是什么人，尚不很清楚，可能就是贾迈勒丁·伊本·穆罕默德·纳贾里（Jamāl al-Dīn ibn Muḥammad al-Najjārī)⑥，这个人曾于 1258 年推辞了建筑马拉盖天文台的全权职责。他代表阿拉伯方面告知中国天文学家的仪器名称，连同简短的说明，都载在《元史》内。

　　这些仪器如下：

汉字音译⑦	波斯-阿拉伯语原文	汉译及说明
（1）咱秃哈剌吉	*Dhātu al-ḥalaq-i*（多环仪）	"浑天仪"。它不是托勒密式，而是赤道式的，有两个回归圈（或恒显圈及恒隐圈）附在带照准器的活动赤纬环上⑧。
（2）咱秃朔八台	*Dhātu' sh-shu' batai*（*ni*）（双股仪）	"测验周天星曜之器"。据青纳［Zinner（1），p. 236］推测，这是一个等分圈；福华德［Fuchs（1），p. 4］推测，这是测量人员用的雅各布标尺（Jacob's Staff）。这些推测均不可靠。哈特纳［Hartner（3）］认为它是托勒密的星位尺（*organon parallacticon*; όργανον παραλλακτικόν），即"长尺"或星位仪（triquetrum），用来确定恒星上中天时的天顶距⑨，这基本上是正确的。可是，此仪肯定有一种变体，公元 840 年左右肯迪在手

---

　　① 瓦格纳（Wagner）曾记述当时保存在俄国普尔科沃天文台（Pulkovo Observatory）的两种有趣的手写本，一种是阿拉伯文或波斯文，另一种是中文。它们都是从 1204 年算起的日月和五大行星运行表；写于 1261 年前后。因为它们可能是札马鲁丁与郭守敬合作的遗物，确实珍贵。在第二次世界大战中，这座天文台被焚毁，但希望这些写本不致成为灰烬。我们曾提到（本书第一卷，p. 218）一个世纪之后（1363 年）的另一种手写本。此写本现藏巴黎，是用阿拉伯文写的天文学论文，内有月离表，附蒙古文旁注及中文标题页。它是撒马尔罕的阿塔·伊本·艾哈迈德（'Aṭā ibn Aḥmad al-Samarqandi）为元朝镇西武靖王卜纳剌写的，卜纳剌是党兀班之子，是成吉思汗和忽必烈的直系后裔。关于这项有趣的遗物，见 Blochet（3），p. 169；Schefer（2），p. 24；Destombes（4）。

　　② 参见 Fuchs（1），p. 4。后面关于阿拉伯名词的考证和解释多根据哈特纳的著作，田坂兴道的文章肯定有一些错误。

　　③ 宋君荣［Gaubil（2），p. 130］未能对此做出考证。

　　④ 《元史》卷四十八，第十页起。

　　⑤ 参见上文 p. 49。Sarton（1），vol. 2，p. 1021。

　　⑥ 这个人也很可能是布哈里（al-Bukhārī）（哈特纳博士注）。一个名叫贾迈勒丁·伊本·马赫福兹（Jamāl al-Dīn ibn Mahfuz）的人所作的 72 颗恒星星表手稿（1285 年）现存巴黎［Destombes（2）］。

　　⑦ 这不是现存唯一的汉字音译，然而是最正确的。乾隆本《元史》已由博学的语言学家们修订过，他们把所有外国译名等一律按蒙古音改译，甚至对于这些来自其他语言如阿拉伯语的名称也如此（哈特纳博士注）。

　　⑧ 此仪的北极仰角为 36°，所以可能是为平阳的观象台设计的；这个纬度与德黑兰（Teheten）或麦什德（Meshed）的相合，而与马拉盖的不合。

　　⑨ 参见 *Almagest*，V，12。谷白的描述最正确［Raeder, Stromgren & Stromgren（1），p. 44］。亦见 Gunther（1），vol. 2，p. 15；Dicks（1）；Drachmann（3）。

汉字音译	波斯–阿拉伯语原文	汉译及说明
		稿［其 1212 年的抄本有西文译本，见 Wiedemann（9）］中曾有记述，大概当时还在使用。因为《元史》说，这个仪器有两支窥管（"箫"）（供确定恒星间角距离之用），但当有一支窥管恒定地直指天顶时，这支窥管也就不需要了。
（3）鲁哈麻亦渺凹只	*Rukhāmah-i-mu'wajja*	"春秋分晷"。即均匀时平面日晷。
（4）鲁哈麻亦木思塔余	*Rukhāmah-i-mustawīya*	"冬夏至晷"。即非均匀时平面日晷。
（5）苦来亦撒麻	*Kura-i-samā'*	"斜丸浑天图"。天球仪。
（6）苦来亦阿儿子	*Kura-i-arḍ*	"地理志"。地球仪。
（7）兀速都儿剌	*al-Usṭurlāb*	星盘。《元史》说："（它的）中国名字还没有定出。这具仪器是用青铜制的，上面刻着昼夜时刻。"（"兀速都儿剌，不定汉言，昼夜时刻之器。其制以铜，如圆镜而可挂，面刻十二辰位、昼夜时刻。"）青纳［Zinner（1），p. 236］认为它是漏壶，显然是错误的。

右上角：374

　　这是个有趣的仪器清单。它首先使我们感到，这些仪器对于中国人来说，确实并不新奇[1]，札马鲁丁的仪器自然都是为黄道系统的观测制作的，而我们在前面已经知道，郭守敬并不重视黄道系统。仪器用的都是 360 度制，而郭守敬仍然用 $365\frac{1}{4}$ 度的古制[2]。就是第五种仪器（天球仪），也没有什么新奇。另一方面，地球仪却似乎是个新东西；除已被完全遗忘的公元前 2 世纪马卢斯的克拉特斯（Crates of Mallos）的古地球仪[3]以外，没有比马丁·贝海姆（Martin Behaim）1492 年的记录[4]更早的了。《元史》关于这件新仪器的记载是这样的："一个木制的圆球，其上七分是水，染成绿色，三分陆地用白色，有河、湖，等等。划出许多小方格，以便能计算地区的大小和道路的远近。"（"其制以木为圆球，七分为水，其色绿，三分为土地，其色白。画江河湖海，脉络贯穿于其中。画作小方井，以计幅员之广裹、道里之远近。"）不过，没有迹象表明中国人使用了它[5]。至于日晷，他们在非均匀时的概念方面可能感到费解，中国日晷的

右下角：375

────────────

　　① 哈特纳［Hartner（3）］误以为中国直到 13 世纪才知道浑仪，他把年代估计晚了大概有 17 个世纪之多。这么说并不是责备他，因为他所能得到的文献很少，当时他连马伯乐的著作都没有；不过这里要纠正这种错误观点，否则他在 1950 年的《爱西斯》（*Isis*）杂志上的说法还会具有权威性。此种错误在哈特纳后来的著作［Hartner（8）］中已完全纠正了。

　　② 对于约翰逊［Johnson（2）］强调的所谓中国人的"悲剧性保守主义"来说，这似乎是唯一的证明，但是毕竟还不够有力。耶稣会士博斯曼（Bosmans）则相反，他注意的是后来南怀仁把六十进制的度和分带入中国，强迫中国人改变的事实。中国人一向把度和分按十进制分到十分之一或百分之一。博斯曼坦率地承认说，这种改变实在是倒退。

　　③ Sarton（1），vol. 1，p. 185；参见 Stevenson（1）；Schlachter & Gisinger（1）。

　　④ Ravenstein（1）。贝海姆的地球仪现存纽伦堡国家博物馆（the National Museum at Nuremberg）。

　　⑤ 当然，后来有中国人自己的地球仪，但我们要到本书第二十九章（f）有关航海技术的部分再去讨论。

传统形式①始终未变，这是非常清楚的。如果说郭守敬的简仪是因为受到与阿拉伯科学接触的影响而产生的（从一切旁证看来，确实如此），那么，我们本期望上面的单子里该有赤基黄道仪，然而却根本没有。此外，在乌尔迪（al-'Urḍī'）关于马拉盖天文台所有设备的说明中，也没有列入赤基黄道仪②。不过，看上去札马鲁丁一定是把那种想法带到中国去了。

至于第二和第七这两种仪器，如果它们不曾被采用的话，那一定是由于它们不适合中国天文学特有的体系——有天极，并使用赤道坐标。定天顶距的视差尺③，很难使不利用天顶距的天文学家感兴趣。星盘在阿拉伯和中世纪欧洲天文学中应用很广，原是用来测量地平纬度和计算黄道坐标位置的，中国人并不很需要它。哈特纳认为马拉盖天文学家送的礼物是经过仔细选择的④；他们不送测定正弦、平经和正矢的用具⑤，大概是因为知道中国天文学家对于球面三角学不熟悉。札马鲁丁如果想向中国人解释阿拉伯日晷制作的完整知识，以及用作星盘标记基础的球极平面投影所需要的数学，那他的任务就太重了。假使他曾经试过，肯定也是失败了。不过，就是哈特纳也没有看出，中国的天极-赤道天文学根本不需要用视差尺和星盘所做出的测量和计算。

星盘是一种很复杂的仪器，阿拉伯和中世纪欧洲天文学家曾为它用尽他们所有的数学技巧。它把喜帕恰斯的浑环和塞翁（Theon）的经纬仪同黄道带和恒星天半球的投影结合起来，可以称为"扁平了的"浑仪⑥。关于星盘的理论和构造，几年前米歇尔［Michel（3）］发表的论文说得很清楚，已无需再用旧的解释了。关于目前还存留的重要星盘，冈瑟［Gunther（2）］的巨著已经提供了详尽的说明。这种仪器的发源地还不能确定⑦，就现在所了解的来说，虽然能确定年代的最早星盘是波斯的，属于公元984年"伊斯法罕（Iṣfahān）星盘家易卜拉欣（Ibrāhīm）的两个儿子艾哈迈德（'Aḥmad）和马哈茂德（Maḥmūd）"，可是最初的使用者是拜占庭的阿摩尼乌斯（Ammonius；约公元500年）。道尔顿（Dalton）所记述的1062年的拜占庭星盘也很古老。现存的关于星盘用法的最早著作，出自阿摩尼乌斯的弟子，拜占庭物理学家约翰·菲洛波努斯（Joannes Philoponus；约公元525年）的手笔。在下一个世纪，叙利亚

376

---

① 见上文 pp. 308 ff.。关于均匀时和非均匀时日晷的刻度，见 Zinner（7）。

② Seemann（1）；Jourdain（1）。参见 Howorth（1），vol. 3，pp. 137 ff.。

③ 图说见 Gunther（1），vol. 2，p. 15。

④ 应当记得，马拉盖天文台工作人员中至少有一位中国天文学家［本书第七章（j），见第一卷，p. 218］。其姓名似乎是傅孟吉（Fu Meng Chi 音译），有些人说是"傅穆斋"［参见 Sarton（1），vol. 2，p. 1005；李俨（2），第 151 页］。扎基·瓦利迪·托甘（Zaki Validi Togan）博士据巴纳基提（al-Banākitī）（参见本书第一卷，p. 221）的著作音译为"Fu Mi-Chi"，比较可靠。

⑤ 参见 Jourdain（1）；Seemann（1）。

⑥ 因此有"平面天球星盘"（astrolabium planisphaerium）之名，R. Wolf（1），vol. 2，p. 45。还有一种罕见的过度式样，其诸扁环可沿立体天球滑动。这样的仪器是为阿方索十世制的，图见 Singer & Singer（1），p. 227。托勒密也曾把他的浑仪（ἀστρόλαβον ὄργανον）叫作"星盘"，这是引起现在名称混乱的原因。现在不能把浑仪叫作"球状星盘"［例如 Dubs（2），vol. 3，p. 328］，因为至少从 13 世纪以来，此名指的是完全不同的东西。

⑦ 见 Neugebauer（7）；Drachmann（6）。他们猜想发明星盘的年代当在托勒密时代或更早。提到它的书是《占星四书》（Tetrabiblos），而不是《天文学大成》。

主教塞维鲁斯·塞波克特①也叙述过星盘②。在中国，星盘既不见于记载，也没有保存下来的实物。

我们现在不再去讨论星盘本身，但必须提一提那种很可能是星盘的前身的仪器。这便是转盘水钟，它是希腊化时代并不算稀罕的一种刻漏③。它有一个青铜盘面④，盘面上标绘着平面天球投影星图，漏壶中的浮子由一根重锤平衡索绕系在盘的鼓筒上，浮子升降便使盘面转动起来。盘面与观测者之间隔着代表子午圈、赤道圈等等的固定金属网，盘面黄道线上有足够多的小孔，太阳的位置可以由手插一小嵌钉到某一小孔中的方式表示出来。这一装置恰与星盘相反，星盘上的恒星点标在蛛网（aranea）上，坐标刻在几块底板上；人们有种种理由认为，星盘事实上是由这种钟反转变成的⑤。转盘水钟的盘面虽然是转动的，但它是各种钟面的前身，在本书二十七章（j）中，我们将讨论某些有关中国人知道这种盘面并将之用于一些刻漏的证据。如果转盘水钟的原理确曾传入中国，上述理由可能已足以解释中国为何未产生星盘。无论如何，这种转盘水钟的钟面至今还在使用，变成了飞机导航用的"简陋版寻星盘与认星器"⑥。

或许正是德雷尔［Dreyer（2）］最先了解到郭守敬在简仪上坚持使用赤道坐标系的历史重要性的。他说："这里有两个值得注意的例证，说明中国人的伟大发明往往早于西方得益于这些发明若干世纪。我们在这里可以看到，中国在 13 世纪时已有第谷式赤道浑仪，更惊人的是，他们还有同第谷用以观测 1585 年的彗星，以及观测恒星和行星的大赤道浑仪（armillae aequatoriae maximae）相似的仪器。"⑦ 约翰逊认为⑧："元代仪器所表现的简单性，并不是由于原始粗糙，而是由于他们已掌握了省事省力的熟练技巧，这比希腊和伊斯兰地区的每一种坐标靠一种仪器测量的做法优越得多——无论是亚历山大里亚或马拉盖天文台⑨，都没有一件仪器能像郭守敬的简仪那样完善、有效而又简单。实际上，我们今天的赤道装置并没有什么本质上的改进。"⑩ 这一点从图 170 所示的一架 19 世纪的赤道装置，以及图 171 所示的威尔逊山（Mount Wilson）100 英寸反射望远镜即可看出。前者的极轴采用枢轴式，而后者则为支架式。约翰逊还

① 我们在本书第七章（j）中曾提过他（见第一卷，p. 220）。

② 另一位古代著作的作者为犹太天文学家，巴格达的马沙阿拉（Mashā'allāh；卒于公元 815 年），译文见 Gunther（1），vol. 5。另见 J. Frank（1）。

③ 见 Diels（1），pp. 213 ff.；Usher（1）p. 97，2nd edn. p. 145；Price（1，4）。

④ 现存的实物是马斯［Maass（1）］发现的；Maxe-Werly（1）。最早的阐释，见 Benndorf，Weiss & Rehm（1）。

⑤ 见 Neugebauer（7）；Drachmann（2），尤其是 Drachmann（6）。德拉克曼（Drachmann）以为喜帕恰斯用的是底板上带有星图的平面星盘（类似转盘水钟），而在托勒密时代则用相反的形式。

⑥ 这种仪器包括载有极投影星图的地平板，以及若干印有坐标的透明塑料板（每隔纬度 10° 用一块板），后者恰好盖在图板上面。从数据表调整时角后，可立即看出视野所及主要恒星的平经和平纬。

⑦ 见图 169。不同的是，第谷保留了围绕中间时圈的半个赤道圈。

⑧ Johnson（2），p. 104。

⑨ 马拉盖天文台的设备清单见 Jourdain（1）；Seemann（1）；摘要见 Sarton（1），vol. 2，p. 1013。

⑩ 关于欧洲在这方面的发展，上文（p. 366）已有详细说明。参见 Olmsted（1）。

图 169　第谷的大赤道式浑仪（1585 年）；详见雷德和斯特龙根等［Raeder, Strömgren & Strömgren（1）］关于第谷著作《新天文学仪器》的译文和研究。

说，在双环中转动的枪管式窥管，要比敞开的阿拉伯式照准仪优越得多[1]。

378　　　这样，郭守敬虽然没有望远镜，却是望远镜赤道装置的创始人[2]。他的简仪并未因望远镜的诞生而消亡。它仍然存在于最现代化的航空和航海仪器中，只是没有被人们认识到而已。在"天文罗盘"（图 172）[3] 上，人们可以看到简仪的每一个部件，如赤道圈（在这里可随纬度调整）、赤纬环（在这里是一块平板）、照准器和地平经圈。只是后一部件现在不再和本体分开，而与其他部分直接相连，以便为新的意图服务，即可依靠现成图表用瞄准天体的方法来测定地面的方位[4]。

---

[1]　文艺复兴时期欧洲天文学家采用中国做法的另一实例，是更多地利用天体上中天的观测。先是有第谷的大墙象限仪［A. Wolf（1），p. 127］，后来有 1681 年罗默（Roemer）的第一架固定在子午面上的望远镜装置［Dreyer（2）；Grant（1），pp. 461 ff.；Spencer-Jones（2）；A. Wolf（2），p. 137；H. C. King（1），pp. 105 ff.］。

[2]　有趣的是，这一切在进行着的期间，马可·波罗恰好在中国。可是他所记下来的只有中国官方天文学的占星方面的情况。他的著作中有"关于汗八里（Cambaluc）城的星象家"一章（第三十三章；见 Yule（1），vol. 1，p. 446）。他说，大汗至少养着五千人，常年发给薪金和服装，"他们有一种星盘，上面刻着五星符号、时辰和全年的重要节气"。所有三教派的星象家——中国的、伊斯兰的和基督教徒的（大概是回纥景教徒）——都用这种仪器来预测凶吉，并有不少人向他们问卜。此外，他们编写"某种称为'塔昆'（Tacuin；出自阿拉伯语 taqwīm，即历书或星历表）的小册子"，由官府大量出版。例如，1328 年曾印行三百万册以上。后来有些印本（例如 1408 年的）传到玻意耳（Robert Boyle）、胡克和佩皮斯（Samuel Pepys）等人之手，激起了他们对中国天文学的好奇心（参见下文 p. 391）。关于"taqwīm"和"taquinum"，见 Thorndike & Sarton（1）。此词原义为列入表中的事项；可参照"立成"一词（上文 pp. 9，36，107）。

[3]　见 A. J. Hughoo（1），pp. 116，117。但那里只简单提到它，描写不详细。

[4]　关于这种仪器及其使用法，我们十分感谢皇家学会会员欣顿（Martin Hinton, F. R. S.）博士的指教。

图版　五六

图 170　19 世纪的望远镜赤道装置［采自 Ambronn（1）］。

图 171　现代的望远镜赤道装置——威尔逊山的 100 英寸反射望远镜。

图版 五七

图172 赤基黄道仪的现代形式；航空用天文罗盘（见正文）。这件仪器上有郭守
敬的各种部件：赤道圈（在这里可随纬度调整）、赤纬环（在这里是一块
板）、照准器和地平经圈。高约8英寸。

全部发展史中最令人注意的一点，大概就是当时思想传播之迅速了。1267 年，札马鲁丁携带着他自己设计的两种鲁哈麻（*rukhāmah*）日晷图样到北京会见了郭守敬，当时阿拉伯论述日晷制作的巨著才刚刚完成了十二年①。这部书的作者是从旧大陆另一端来的天文学家阿布·阿里·哈桑·马拉库什（Abū 'Alī al-Ḥasan al-Marrākushī），他是摩洛哥（Morocco）所产生的那些极富才华的科学家之一②。哈特纳指出③，马拉盖的天文学家为了满足伊利汗要求用已知世界各地所有最新的仪器装备北京观象台的意愿，才传出了这项新知识。我们前面已看到，那些复杂的日晷并未引起多大兴趣，但同样来自远方的赤基黄道仪却对中国人起了显著的启发作用。如果说贾比尔·伊本·阿弗拉确实是这种仪器的发明者，那么，远在西方安达卢西亚（Andalusia）产生的这种虽具创见却不大实用的想法，仅仅在两代人的时间之内（约 1130—1270 年），却在北京引起了一项真正有用的重大发明④。

　　这就产生了一个急需解答的问题。是什么原因使得第谷在 16 世纪放弃古老的希腊 -阿拉伯黄道坐标和黄道浑仪，而采用中国人一向使用的赤道坐标呢？赤道浑仪曾被认为是欧洲文艺复兴时期天文学方面的主要进步之一，而中国人却早已使用，冈瑟⑤对此极为惊讶，并承认郭守敬比第谷先行了三个世纪之久。第谷自己在他关于仪器构造的著作中⑥告诉我们，他发现黄道浑仪很不完善，因为它们不总是处于平衡位置（换句话说，因为它们的重心随二分点的位置而转移），所以它们会因金属的重量而变形，从而出现二弧分左右的误差。由于这一原因，他宁可制作赤道浑仪（图 155）。但是，这种纯技术性的理由似乎并不足以解释表示天体位置的基本方法的改变。因此，德雷尔 ［Dreyer（3）］提出这样一个问题：是否有某些阿拉伯的影响逐渐改变了沿用黄道坐标的老习惯？塞迪约认为⑦，阿拉伯人是知道赤道浑仪的，后来他又提出了一些其他证据，其中之一是引证 17 世纪贝蒂尼（Bettini）的观点，认为伊本·海赛姆（Ibn al-Haitham）曾在 10 世纪末或 11 世纪初使用过赤道浑仪⑧。像本书这样的著作，对此不可能做更多的探讨，但这个问题很重要，值得进行专门的研究。存在这样的可能：不

---

　　① 即《开始和终结之书》（*Jāmi' al-Mabādī wa' l-Ghāyāt*）。此书已由塞迪约 ［J. J. E. Sédillot（1）］译为法文，并成为肖伊 ［Schoy（1）］研究阿拉伯日晷制作的专著的依据。

　　② Mieli（1），p. 210；Suter（1），no. 363。

　　③ Hartner（3），p. 188。

　　④ 其实用价值不仅在于可以长期使用，而且郭守敬就曾充分使用过它。在郭守敬已失传的著作中，有两个值得注意的书名：《新测二十八宿杂坐诸星入宿去极》和《新测无名诸星》；《元史》卷一六四，第十二页。关于简仪和其他仪器，他本人显然也曾著文记述，可惜他的《仪象法式》也没有流传下来。

　　⑤ Gunther（1），vol. 2，pp. 145 ff. 。

　　⑥ 译文见 Raeder，Strömgren & Strömgren（1），pp. 55 ff. 。

　　⑦ Sédillot（1），p. 198。

　　⑧ Sédillot（3a），p. cxxxiv。贝蒂尼（Bettini，*Apiaria*，VIII，progym. iii，prop. vii，p. 41）写道：“第谷曾用过别种环形仪器，可是我确实知道这项仪器早在第谷之前，已由阿尔哈曾（Alhazeno）制成并且使用过了。”（"Adhibuit Tycho armillare quoddam instrumentum quod tamen comperi ego positum et adhibitum olim fuisse ante Tycho ab Alhazeno. "）法干尼（Alfraganus）和巴塔尼（Albategnius）的著作都在第谷的藏书中 ［Kleinschnitzova（1）］。

管伊斯兰教地区天文学的总趋势如何，使用赤道式仪器的个别事例是会有的①，而且这可能是由于阿拉伯和中国（从汉代起就一直）存在着接触②。这种思想可能影响过几位欧洲天文学家，如海马·弗里修斯（Gemma Frisius），他在 1534 年最先记述过一架小型轻便赤道浑仪③，其次才是第谷。所以，第谷改用赤道式仪器，很难说成完全出于前面提到的技术上的原因④。

从以上的情况来看，当耶稣会士在中国进行所谓"科学启蒙"时，竟于 1674 年为北京观象台建造了一座黄道经纬仪（图 173）⑤，这是何等的荒唐可笑啊！南怀仁在他1687 年著的那本介绍中国天文学的书中，对元代的仪器毫不了解，竟说它们是什么"笨拙的缪斯"（ruder Muse）的产物⑥。

耶稣会士这种以自己的天文知识优越而自负的做法，虽然现在从实际的历史角度看来，是误以为是，但这却是西方人惯有的过度自信的表现之一。正是这种过度自信使得后来的科学史家想当然地认为中国天文学曾受到过伊斯兰教地区的重大影响。如上文所述，事实是恰好相反的⑦。可是人们依然习惯说，1845 年雷诺（Reinaud）和法韦（Favé）"根据西方的工作经验对北京观象台进行了革新"（"l'on réforma a Pékin l'astronomie nationale d'après les travaux exécutés en Occident"）⑧。这种说法来自宋君荣的蒙古王朝史摘要，但他本人很了解自己的材料，措辞却审慎得多。看一看他自己是怎样说一件有趣的事的⑨：

〔1280 年〕11 月，颁布了许衡⑩、王恂⑪、杨恭懿⑫、郭守敬⑬等长期研究的历

① 我们在前面（p.373）刚提到过，1267 年札马鲁丁携往北京的仪器（或设计图）是赤道式的，但这也许是为了适应中国的习惯而有意这样做的。它也有分度的地平环，可是中国史籍（《元史》卷四十八，第十页、第十一页）并未提到任何用以测定地平经度和地平纬度的部件。无论如何，这个仪器显然不是希腊式的。参见 Seemann (1), pp.57 ff.。

② 假如我们可以把前穆斯林时期和阿拉伯科学的叙利亚和波斯先驱者都包括在内的话。

③ Dreyer (3), p.316。

④ 关于月球运动的第三种异常现象（二均差）的知识，情况可能与此相似。塞迪约〔Sédillot (2), vol.1, p.70〕认为，第谷大概曾受到过 10 世纪阿布·瓦法研究二均差的启示。可是阿拉伯人是否曾发现过二均差，尚属疑问。

⑤ Lecomte (1), p.67；陈遵妫 (6)，第 23 页。有些仪器仍保存（1952 年）外方内圆的窥管，照准用的十字丝也还在。有些著作上竟说，耶稣会士的仪器是模仿第谷的〔例如见 Thiel (1), pp.99 ff.〕。

⑥ 1672 年南怀仁重建北京观象台之后，台上旧仪器被弃置储藏室。1713 及 1714 年，数学史家梅毂成屡见台下所遗旧器。1715 年纪理安（B. Kilian Stumpf）神父制铜象限仪，曾熔掉其中数种仪器。到 1744 年，只剩下简仪、浑仪及地球仪。不知什么原因，在宋君荣时期（1723 年以后），不让人参观；见 Gaubil (2), p.108。梅毂成曾公正地谴责具有钦天监监正权力的纪理安的做法。

⑦ 薮内清〔Yabuuchi (1)〕和钱宝琮 (7) 一致赞同这种看法。

⑧ Reinaud & Favé (1), p.200；参见 Sédillot (2), vol.2, p.xii。甚至最受尊敬的近代作家竟说郭守敬的简仪是"由波斯天文学家制成的"〔Cable & French (2), p.40；Cronin (1), p.141〕。

⑨ Gaubil (12), p.192。

⑩ 许衡（1209—1281 年），其号许鲁斋更为人所知，理学家。

⑪ 王恂（约 1255—1282 年）（应为 1234—1281 年。——译者）。1279 年重新装备观象台时，他任太史令。

⑫ 杨恭懿约鼎盛于 1255 至 1318 年。

⑬ 郭守敬在 1279 年同知太史院事。

380

图版 五八

图173　南怀仁1674年在北京观象台建造的黄道经纬仪［照片采自 Nawrath（1）］。

书。这一部巨著主要出于郭守敬之手①。

[在前已寄出的论中国天文学的论文中，我详细地谈到 1280 年忽必烈汗下令颁行的历书，此文已于 1717 年出版②。耶律楚材③曾奉成吉思汗之命重修历法。这位天文学家秉承成吉思汗的意旨，依西法进行修改，后来颁布了一种历书④。

381　　忽必烈汗即位之初，由西方各国历算家颁布历书两种：一依西法⑤，一依中法，但后者已加以改良。

郭守敬实际上采用西法，而以折中方式尽可能保留中国天文历法中的各项要素，但关于历元，以及关于朔望时刻以一子午线为准，同时又使用其他子午线的计算和观测数据的方法⑥，则彻底加以改革。前已提及，蒙古诸王宫廷中有西方医师⑦及历算家，于中国人之外另成一集团。彼等生活至为和谐，当时史籍对这些外国人的才智一般多做赞扬，同时也应承认，郭守敬能从他们那里取其所长⑧。]⑨

宫廷中的西方历算家人数众多，声望颇高，曾做过许多历算工作，制造过若干完美的仪器⑩。郭守敬是博学多才、成绩卓著的人，曾受到三位中国显要人物的提携，精通西方人在宫廷中宣扬的历算方法，最后完成了中国的天文历书。此外，他还曾制作若干巨型天文仪器，如简仪、天体仪、星盘⑪、浑仪、罗盘⑫、水准器、四丈长表等。关于此人的成就，已在别处谈过；关于他在历书中所用的方法，也已经解释过。

〈A la onzième Lune［+1280］on fit publier l'astronomie à laquelle Hiuheng, Vangsun, Yangkongy et Cocheouking travailloient depuis long-temps; Cocheouking eut la meilleure part à ce grand ouvrage.

［J'ai parlé au long de l'astronomie publiée l'an 1280 par ordre de Houpilay dans le traité que j'ai

---

① 指《授时历》。他的《历议》见《元史》卷五十二及卷五十三，从卷五十二的第二页起。《历经》见《元史》卷五十四及卷五十五。《历议》先叙述夏至、冬至日影长（见上文 p. 299），接着讲岁余、岁差、冬至日所在、周天列宿度以及日行盈缩、月行迟疾、白道交周和交食，最后以综述自古以来交食和历法的沿革结束。《历经》内容包括一切计算用的公式，如二十八宿黄道（及赤道）距度、五星推步法数等。全部工作是在王恂 1282 年逝世后由郭守敬完成的（《元史》卷一六四，第十二页）。

② 这是指 Gaubil (3)。文中（pp. 69 ff.）有不少篇幅是《授时历议经》的译文，包括各种数据表。

③ 耶律楚材生于 1190 年，卒于 1244 年。

④ 指《西征庚午元历》，见《元史》卷五十六及卷五十七，1220 年以后曾经使用过，但从未正式颁布。

⑤ 指札马鲁丁到北京后编制的《万年历》，该历于 1267 年颁行。它仅用了九年，因为 1276 年郭守敬及他的大批同事和助手便奉命修制《授时历》，《授时历》于 1281 年颁行。后者使用了一个世纪以上。1382 年一度用过阿拉伯历，两年后又改用中国历《大统历》），直到 1554 年为止。关于郭守敬的历法，见钱宝琮 (7)。

⑥ 这种说法不可能是确实的，因为阳城的子午线（见上文 p. 297）数百年来被视为中国的格林尼治（Greenwich）。

⑦ 这是指爱薛（1227—1308 年），他是一位著名医师，但却不是拜占庭人［这已由多桑所证明；d'Ohsson (1), vol. 2, p. 377］，很可能是来自叙利亚的阿拉伯景教徒。这个人在蒙古的机构中做过高官，在札马鲁丁到北京之前不久，曾主持司天台。他的传记见《元史》卷一三四，第七页。

⑧ 我们在史籍中从未找到足以证明这一点的记载。

⑨ 方括号里的文字是宋君荣原著作［Gaubil (12)］中的脚注。

⑩ 就我们所知，说当时他们人数很多，以及曾在某时制造过某些重要的仪器等，都没有什么实据。

⑪ 这种说法当然是很错误的。见上文 p. 268 以及 p. 375。

⑫ 这种说法如属实情，人们是很愿意知其细节的。现在还没有理由认为并非实情。

envoye sur l'astronomie Chinoise, et qui a été imprimée en 1717. Yelutchoutsay, fut chargé par Gentchiscan de ce qui regardoit l'astronomie. Cet astronome rectifia beaucoup ses idées en Occident à la la suite de Gentchiscan, et au retour publia une astronomie.

Au commencement du règne d'Houpilay, les Astronomes du pays d'Occident publièrent deux astronomies, l'une selon la méthode d'Occident, l'autre selon la méthode Chinoise, mais corrigée.

Cocheouking prit un milieu, et suivant dans le fonds la méthode d'Occident, il Conserva tant qu'il pût les termes de l'astronomie Chinoise, mais il la réforma entièrement sur les époques astronomiques, et sur la méthode de réduire les tables à un méridien, et d'appliquer ensuite les calcuIs et les observations d'autres méridiens. J'ai déjà dit que les Princes Mongous avoient à leur Cour des Médecins et des Mathématiciens d'Occident; ils faisoient des corps separés des médecins et des mathématiciens Chinois. D'ailleurs ils vivoient trèsbien ensemble, et les livres où est l'histoire de ces temps-là louent fort en général l'habileté de ces Etrangers, et avouent en particulier que c'est d'eux que Cocheouking prit ce qu'il avoit de meilleur.]

Les Mathématiciens d'Occident en grand nombre et en grand crédit à la Cour avoient déjà beaucoup travaillé sur l'astronomie et ils avoient fait de très-beaux instrumens. Cocheouking, homme d'un génie et d'un travail extraordinaire, secouru des trois Seigneurs Chinois que je viens de nommer, et parfaitement au fait sur les méthodes que les Occidentaux avoient fait connoître à la Cour, mit la dernière main à l'Astronomie Chinoise. Outre cela il fit de grands instrumens de léton, sphères, astrolabes, armilles, boussoles, niveaux, gnomons, dont un étoit de 40 pieds. J'ai parlé ailleurs de l'ouvrage de Cocheouking, et j'ai expliqué la méthode qui se voit dans ce qui nous reste de son astronomie. 〉

由此看来，尽管宋君荣称阿拉伯人和波斯人为"西方人"（les Occidentaux），以致引起后来西方读者的误解，可是他曾无偏见地推崇郭守敬的伟大。历史事实不足以证实他关于中国天文学受到伊斯兰地区的深刻影响的说法。中国人并没有采用过星盘和日晷的球极平面投影所必需的高等几何学①，他们对非均匀时制和360°分度法也不感兴趣，地球仪同样未引起他们的重视。他们完全不受阿拉伯的地平经纬仪恒星坐标系及欧洲的黄道坐标系的影响，而一直坚持后来在近代天文学中普遍采用的赤道坐标系，从而出现了赤道装置的发明。他们没有受到托勒密几何学的行星本轮理论的影响，继续采用不受拘束的"巴比伦式"代数学方法。中国的历算究竟受到过多少阿拉伯的影响，这只有进一步研究以后才可能搞清楚。

（7）浑　象

在实物球体上表现星座和恒星的想法远在古希腊时就有了，大概是从巴比伦人的实践经验发展来的②。第一具经过科学设计并且在历史上有确凿证据的天球仪，大概是尼多斯的欧多克索斯③的仪器；亚拉图在公元前270年前后写作的天文诗④中，肯定曾

① 如上文所述，他们可能接受过一部分三角学，特别是球面三角学。
② 见 Schlachter & Gisinger（1）; Stevenson（1）。
③ 欧多克索斯（公元前409—前356年）早于孟轲，晚于墨翟。可是萨顿［Sarton（1）］认为，在喜帕恰斯（公元前2世纪）以前还没有天球仪。
④ 即《物象》；参见上文 p.201。见 Böker（1）。它的译文见 G. R. Mair（1）。

提到过天球仪。一幅保存在德国特里尔（Trier）的公元 3 世纪的镶嵌画中，画着他在这种仪器前面接受缪斯女神乌拉尼亚（Urania）的启示。这个时期留存下来的天球仪只剩下一个，就是现在保存在那不勒斯（Naples）的著名的法尔内塞（Farnese）大理石雕刻①。天球仪的传统在公元 2 世纪由托勒密继承下来，并一直延续到中世纪。例如，7 世纪，拜占庭的机械师莱昂提乌斯（Leontius）曾写过一篇论天球仪②的构造和用法的小书。天球作为宇宙的象征或表示世俗统治者的权威，自然经常出现在美术作品和钱币上。在莱昂提乌斯时代之后的几个世纪中，这种仪器的制作已转入阿拉伯人之手③，而它重新传回到西方，则以 13 世纪阿拉伯天文学家为西西里（Sicily）的腓特烈二世（Frederick II）制作的天球仪为典型代表。这是纳西尔丁·图西的马拉盖天文台和郭守敬的北京观象台享有盛名之前大约五十年的事情。马拉盖天文台的一个天球仪（约 1300 年；图 174）现在保存在德累斯顿（Dresden）；铭文上写明它的制作者是穆罕默德·伊本·穆艾亚德·乌尔迪（Muḥammad ibn Mu'ayyad al-'Urdī）④。这个仪器在天极和黄极上都装有枢轴⑤。

　　尽管人们一向认为，在中国人的古典技术名词中，天球仪被称为"浑象"，但是"浑象"本身的历史却没有研究清楚。既然石申和甘德测定恒星位置的时期早于喜帕恰斯两个世纪（他们研究天体的时期大约是在欧多克索斯逝世的时候），那么，认为

383 秦代或西汉时期不会制成实体球式的"浑天象"，便是没有根据的。我们已经看到⑥，最早提到浑天说及浑环的文献就是这一时期的古籍。实际上，问题在于某些名词如何解释。

　　在传统上，浑象是不同于装有窥管的观测用浑仪的。不过李约瑟、王铃和普赖斯通过研究中国天文仪器中的时钟机构，已经查明，这类仪器不止两种，而是三种。除去上述的两种以外，还有一种演示用浑仪⑦。这种浑仪中央装有大地的模型⑧，并有使外重诸环不断转动的装置（也有不带大地模型和转动装置的）。这几位研究工作者得出的结论是：在早期的典籍中，特别是在公元 4 世纪以前，"浑象"一词往往是（虽然的确并非总是）指演示用浑仪。这类装有大地模型的浑仪，可引公元 250 年左右王蕃的叙述为证⑨。他想从浑仪中挪出大地模型，而将浑仪置于柜中，用平的柜顶代替它来表

---

① Stevenson (1)，pp. 14 ff.。石刻上只表现出星座的符号，未示出单个的星。

② 没有多少证据可以证明其中某一装置是赤道式的。

③ 有一个 1080 年的精致的天球仪现在保存在佛罗伦萨（Florence）［Bonelli (1)，no. 2712］；据我们所知，这是最古老的阿拉伯天球仪。关于阿拉伯天球仪的综述，见 Destombes (2, 3)；Winter (6)。

④ 实际上是乌尔迪的儿子制作的，他关于马拉盖天文台仪器设备的记述流传至今；参见 Jourdain (1)；Seemann (1)。

⑤ 据《元史》记载，1267 年马拉盖天文台送往北京的天球仪可以"斜转"（见上文 p. 374），现在得到了解释。这个乌尔迪儿子制作的天球仪的图说，见 Pope (1)，vol. 6，pl. 1403；我们用的照片采自 Stevenson (1)。

⑥ 上文 pp. 216，343。

⑦ 有时用"计算用浑仪"一词似更确切，参见上文 p. 361。

⑧ 人们大概都想知道，大地的模型究竟是球状的还是扁平的，是方形的还是圆盘形的；但我们所看到的书都没有提供这方面的线索。就古代关于宇宙的论述来说（上文 pp. 213，217），各种形状都有可能。

⑨ 《全上古三代秦汉三国六朝文》（全三国文）卷七十二，第五页；全文将在下文引用。

图版　五九

图174　天球仪，穆罕默德·伊本·穆艾亚德·乌尔迪1300年左右
（郭守敬在世时）制造于马拉盖天文台［德累斯顿博物馆
（Dresden Museum）藏，照片采自Stevenson（1）］。

示大地。看来，这种把演示用浑仪一半装在柜内的办法至少沿用到公元8世纪初一行和梁令瓒的时候。另一方面，真正的中间为实体的浑象的出现似乎不会早于钱乐之时代（公元435年），而且十分重要的是，这种浑象只是在公元310年左右，陈卓根据公元前4世纪开始有的《星经》编成了经典的系列星图以后才出现的。由此可见，至少在早期，"浑象"与"浑仪"这两个名词之间的界限并不清楚，因为两者都可以代表演示用浑仪。有时①浑仪是与候仪相对而言的，表明前者也可指演示用浑仪。最适当的办法，也许是只把那些据说是根据三派天文学家的用色标绘出全部星宿的仪器看作真正的浑象。

这些话可用两段关键性的引文来证明。第一段出于《隋书·天文志》②，大概是李淳风在公元654年左右撰写的：

> 浑天象：
> 浑天象的特点是有球状部件而没有直管部件（"有机而无衡"）③。

384
> 梁朝末年（约公元550年），秘府④里有过一具。它是用木料做的，像球那样圆，几个人伸开手臂才围得住，南北两极装有枢轴，球体上标有二十八宿、三位大天文学家⑤（各自）记录下来的星、黄道、赤道和银河等。球外另有一个大的水平环围绕着，环的高度可以调节，它代表大地⑥。极轴的南端插入环下，代表南（天）极，而极轴的北端升在环上，代表北（天）极。球体从东向西转动时，在清晨和黄昏上中天的众星都与它们的度数准确地相应（"应"）⑦，二分点、二至点和二十四节气也都全部经过核对，和天上的情况毫无差别。

> 这种仪器和（观测用）浑仪不同，浑仪必须有窥管，以便测量和计算日月的运动和众星位置的度数。

> 吴国太史令陈苗⑧（公元222—277年）说过："古代先贤曾造过一种木质仪器，名为'浑天'（天球）。"他指的是不是就是这件（即梁朝末年用过的那种中间为实体的浑象）呢？照这句话来看，（浑）仪和（浑）象是两种不同的东西，它们之间只有疏远的关系。可见，张衡（公元125年左右）所制的是一个浑象（附有）七曜（的模型）⑨。可是何承天不知道（浑）仪和（浑）象的区别，所以

---

① 例如，《新仪象法要》卷上，第四页，译文见 Needham, Wang & Price (1)。

② 《隋书》卷十九，第十七页起，由作者译成英文。

③ 这当然是指《书经》的"璇玑玉衡"。我们认为它们是玉制的拱极星座样板和玉制的窥管（根据米歇尔的看法，参见上文 pp. 336 ff.）。李淳风和苏颂并不像现代考古学家想象的那样对它们很了解，他们认为"璇玑玉衡"是某种类型的浑仪，早期的耶稣会士也沿用这种旧说。

④ 可能即皇家观象台的别名。

⑤ 指石申、甘德和巫咸；参见上文 pp. 197, 263。

⑥ 这意味着这种装置可变动极高以适应不同的地理纬度。

⑦ 应该注意，"应"这个词具有哲学意义，它包含"由谐振而响应"之意；参见本书第二卷，p. 304。李淳风曾作《感应经》，从现存的部分看来，它是论述未知的自然现象和超距作用的文章。

⑧ 这位人物在中国天文学史上差不多只在此处出现过。

⑨ 这段文字的作者可能是李淳风，他倾向于认为张衡所造的是中间为实体的浑象。但是，有资料证明它应当是演示用浑仪，因为文献上从未说到它的上面标有星座，而且，如果它是浑象的话，张衡便会用绳索而不是薄竹片去标出二十八宿的黄道距了。

他迷失了方向①。

（刘）宋元嘉十三年（公元 436 年），文帝敕命天文局制造新的浑仪。太史令钱乐之根据旧的学说，用仪象（即演示用浑仪）②进行解释。仪象由青铜制成，每度半寸，直径 6.0825 尺，周围 18.2625 尺③。地（表现成）固定在天球之中，不能移动。除了通过南极和北极的子午环，还有两个环，一个代表黄道，一个代表赤道，在赤道环上标着二十八宿；北斗星和北极星的位置也标出了。太阳、月亮和五大行星都标在黄道上④。（在极轴的方向）有一根可以像真实的天空那样旋转的轮轴，因而可以演示"（通过）黎明和黄昏众星上中天（来确定时间和季节）"⑤。各种情况都和天体相符合。

385

梁朝末年（公元 557 年），这座仪器放在（皇宫的）文德殿前。按照这座仪器的结构，可以把它看成是浑仪，可是它的里面却没有窥管；也可以把它看成浑象，可是它的外面却没有地平。可见，这是由两种仪器配合成的第三种仪器⑥。相应地，如果你研究它的作用，它差不多就像浑象，不过它并没有扭曲宇宙的模式，因为它表现了地在天穹之中占据着它应有的位置。

在三国时期（公元 222—280 年），吴国还有一位葛衡⑦（约鼎盛于公元 250 年），精通天文知识，会制造巧妙的器械。他改造了天文仪器（"浑天"），使地固定在天穹的中心，并用一种机构使天转动（"以机动之"）而地保持静止⑧。（它能演示出）标有刻度的日晷（上的影）与天的运行相符合（"应"）。这正是钱乐之所仿造的那架仪器。

到元嘉十七年（公元 440 年），他（钱乐之）又做了一具小型天文仪器（"浑天"），每一度是 0.2 寸，直径 2.2 尺，周围 6.6 尺。二十八宿和所有赤道南北的星座，按照三派天文学家的分别，用白、绿和黄三种颜色的珠子标出来。太阳、月亮和五大行星都附在黄道上，天体的转动也得以演示，而地（平）通过中心。

这些元嘉年间所造的浑仪和浑象，在开皇九年（公元 589 年）灭了陈国⑨之后，移到了长安（今西安）。大业初年（公元 605 年），它们又被移到了东都（即

---

① 这种说法是很有趣的。何承天（公元 370—447 年）是刘宋时代的人，钱乐之的仪器制成时，他已经年老。如果此时中间为实体的浑象确已开始取代演示用浑仪，那么，这一混淆是不言自明的，显然当事物已经改变时，而名称却未变。何承天的《浑天象说》残篇辑录于《全上古三代秦汉三国六朝文》（全宋文）（卷二十四，第二页），并无新内容可供参考。

② 如下文所述，中文"仪象"二字也可以解释成"（演示用浑）仪和（实体的浑）象"。

③ 这里原文所用的"少"字（天文学家表示分数的标准术语之一），让四个小数位得以简单表示（参见上文 p. 268）。从当时对圆周率的了解很深（参见上文 p. 101）来看，此处尚按径一周三来计算是令人奇怪的。

④ 从模型的形状推想，星辰在黄道上的位置是可以调整的。

⑤ 语出汉代纬书《尚书纬考灵曜》，辑录于《古微书》卷二，第二页，参见上文 p. 361。从《宋书》（卷二十三，第八页起）的一段相似的话可以看出，钱乐之的浑仪是用水力驱动的。

⑥ 按照李淳风的说法，演示用浑仪似乎属于仪器中最晚出或派生出来的类型，但史实却清楚地表明，处于这个地位的是实体的浑象。

⑦ 关于这位天文学家，我们几乎一无所知，但也很想知道，他是否可能是葛玄（道教发展中的关键人物，鼎盛于公元 238—255 年间；参见本书第二卷 p. 157）或其孙侄葛洪（著名炼丹家，公元 280—360 年）的亲属。

⑧ 此语又见《太平御览》卷二，第十页，可作为旁证。

⑨ 三十年之前，陈朝在南京从梁朝那里得到了它们。

洛阳）的观象殿。

〈浑天象

浑天象者，其制有机而无衡，梁末秘府有，以木为之。其圆如丸，其大数围。南北两头有轴。遍体布二十八宿、三家星、黄赤二道及天汉等。别为横规环，以匡其外。高下管之，以象地。南轴头入地，注于南植，以象南极。北轴头出于地上，注于北植，以象北极。正东西运转。昏明中星，既其应度，分至、气节，亦验，在不差而已。不如浑仪，别有衡管，测揆日月，分步星度者也。吴太史令陈苗云："先贤制木为仪，名曰浑天"。即此之谓耶？由斯而言，仪象二器，远不相涉。则张衡所造，盖亦止在浑象七曜，而何承天莫辨仪象之异，亦为乖失。

宋文帝以元嘉十三年诏太史更造浑仪。太史令钱乐之依案旧说，采效仪象，铸铜为之。五分为一度，径六尺八寸少，周一丈八尺二寸六分少。地在天内，不动。立黄赤二道之规，南北二极之规，布列二十八宿、北斗极星。置日月五星于黄道上。为之杠轴，以象天运。昏明中星，与天相符。梁末，置于文德殿前。至如斯制，以为浑仪，仪则内阙衡管。以为浑象，而地不在外。是参两法，别为一体。就器而求，犹浑象之流，外内天地之状，不失其位也。吴时又有葛衡，明达天官，能为机巧。改作浑天，使地居于天中。以机动之，天动而地止，以上应晷度，则乐之之所放述也。到元嘉十七年，又作小浑天。二分为一度，径二尺二寸，周六尺六寸。安二十八宿、中外星官备足。以白青黄等三色珠为三家星。其日月五星，悉居黄道。亦象天运，而地在其中。宋元嘉所造仪象器，开皇九年平陈后，并入长安。大业初，移于东都观象殿。〉

386　在从这段内容丰富的话得出我们的结论之前，我们最好还是将其和王蕃[1]（约公元 250 年）的话进行对照，而最适合做对照的地方是 1090 年苏颂论浑象那一卷的引言。苏颂说[2]：

浑象传统上并不安置在太史局里。我们的浑象以《隋书·天文志》的描述为依据，做了某些修改……根据《隋书·天文志》的说法，浑象有（《书经》上所提到的仪器的）球状部件而没有直管部件。梁朝末年，秘府里有过一具，用木料制成，圆得像球一样，几个人伸开手臂才围得住……

我们现在制成的就是这种仪器，至于太阳、月亮和五大行星[3]（的自动旋转），我们是简化了梁令瓒和张思训的方法，让它们绕着（黄道的）365 度分布，并且跟着天体的运动而旋转。

王蕃（在他的《浑天象说》里）说："在（演示用浑）仪（'浑象'）的方法里，地应当放在天的中心。可是这样做很不方便，我们可以反过来，简单地把外部的（平顶）柜当作大地。聪明的人可以看出这两者并没有实质性的区别，只是观点不一样而已。尽管它表面上有点奇形怪状，却是完全合乎原理（'理'）的。这实在是一件很巧妙的东西"[4]。如此，把"地浑"放在浑象（或演示用浑仪）的外部表示（地平）的方案出自王蕃的方法。

---

① 他的著作也称为《浑天象说》，部分地保存在《晋书》《宋书》《隋书》，以及《太平御览》和《开元占经》中，这些残文已被尽可能完整地辑编于《全上古三代秦汉三国六朝文》（全三国文）卷七十二，第一页起。

② 《新仪象法要》卷中，第二页；由作者译成英文。

③ 关于这个问题，见本书第二十七章（j）。

④ 见《全上古三代秦汉三国六朝文》（全三国文）卷七十二，第五页。参见上文 p. 218。

〈右浑象一座。太史旧无，今仿《隋志》增损制之……按《隋志》云：“浑天象者，其制有机而无衡，梁末秘府有，以木为之。其圆如丸，其大数围……”今所制大率仿此，并约梁令瓒、张思训法，别为日、月、五星，循绕三百六十五度，随天运转。又王蕃云：“浑象之法，地当在天内，其势不便，故反观其形，地为外郭，而已解者无异在内。诡状殊体而合于理。可谓奇巧也。”今地浑亦在浑象外，盖出于蕃法也。〉

这些话使我们得到如下的想法。公元 125 年，当张衡最先制作真正的浑仪时，他（因我们现在所了解的理由）把它做成了两种形式：一种用于观测，另一种用于演示和计算。他似乎并未在其正中放上地的模型。公元 225 年的陆绩也没有放进去①。放进地的模型似乎是公元 3 世纪中叶葛衡的贡献。紧接着王蕃便采用另一办法，把天球的一半沉入柜中，把柜顶当作地平。公元 274 年前后，刘智沿用了葛衡的办法②。此后，演示用浑仪就这样延续使用了几百年③。现在我们一定要看看，最后一个有代表性的演示用浑仪是什么样子。

公元 5 世纪初，真正的中间为实体的浑象开始出现了。我们知道，钱乐之至少制造了两具仪器④，一具属于附有地的模型的传统类型浑仪，一具是真正的浑象。如前面所说，对浑象的发展起过限制作用的因素，大概就是以合编的《星经》为依据来编制标准星图的问题。张衡在这方面曾做了一些工作⑤，但他的手稿很快就散佚了。公元 310 年，陈卓（他和陈苗一样曾作过吴国的太史令）编制了第一部标准星图。据《隋书·天文志》的明确记载⑥，钱乐之的浑象是以这些星图为基础的⑦。过了很久，第二个大型的浑象出现了，这就是 1090 年苏颂置于水运仪象台上的浑象（图 175）。接着就是已经提到的郭守敬的浑天象⑧（1276 年）。最后耶稣会士继承了这一传统，他们那些使用时钟机构的青铜仪器装饰得很美观（图 176），迄今仍陈列在北京旧城墙的观象台上⑨。

在所有中国浑象中，我们了解最详尽的当然是苏颂等人在 1086 年奉诏建造并在

387

---

① 见《晋书》卷十一，第七页；《宋书》卷二十三，第五页；《隋书》卷十九，第十五页。

② 参考文献及人名见表 31。刘智的大地模型特别有趣，它做成方形，所以应当是扁平的。

③ 例如，公元 520 年陶弘景的浑仪（附有大地的模型）、公元 590 年耿询的浑仪、公元 725 年一行的浑仪（半隐于柜中）及公元 979 年张思训的浑仪。参考文献及人名见表 31。鲁桂珍博士曾提醒我们，中国象牙雕刻师的得意杰作——多重镂空球［参见 Holtzapfel & Holtzapfel (1)，vol. 4，p. 426］，可能是演示用浑仪的一种奇特的而又经过大众化的变种。同样与浑仪有关而更为重要的，可能是平衡环或所谓“卡丹平衡环”（Cardan suspension），这种发明在中国出现得非常早［见本书第二十七章 (d)］。

④ 我们说至少有两具，因为从前引文献可以看出，《隋书》所载的梁代浑象与钱乐之所造的小浑天，尺寸不同。钱乐之所制造的浑象大概不止一个。

⑤ 他的许多著作虽已散佚，但从传下来的书名来看，可以得出这个结论。

⑥ 《隋书》卷十九，第二页。

⑦ 关于星图，见上文 pp. 276 ff.。从陈卓到钱乐之，沉寂期间似乎很长，但可由历史情况做出解释。公元 317 年晋王朝败于北方少数民族，张衡、陆绩和王蕃的仪器都留在长安。到 418 年刘宋朝武帝收复古都长安，天文仪器才失而复得，此事对钱乐之及其同事一定起了很大的推动作用。见《宋书》卷二十三，第八页起，译文见 Needham，Wang & Price (1)。

⑧ 上文 p. 367。

⑨ 参见下文 p. 452。

388

图 176　南怀仁 1673 年为北京观象台制造的天体仪（采自《皇朝礼器图式》）。

1090 年完成的浑象，因为他的《新仪象法要》的卷中整篇都在讲这具仪器。书中的星图①附有一套有趣的图解，从他所能得到的最古记录开始，结合计时器所报四季不同的昼夜刻数，表示出分至点位置因岁差导致的变化②。遗憾的是，中国中古时期早期的浑象竟无实物留存③。总之，中国的浑象有些方面显得比欧洲发展缓慢，另一些方面却又较为先进。虽说到公元 5 世纪初才出现中间为实体的浑象，的确是时间较晚，但演示用浑仪至迟在公元 3 世纪中叶已装有大地的模型，这一措施是极其先进的。至于欧洲，直到 15 世纪末才发展到这一阶段④。图 177 所示是中国 18 世纪制造的同样的仪器——耶稣会士的浑天合七政仪。图 178 所示是卡洛·普拉托（Carolus Platus）在罗马制作的仪器，年代为 1588 年。

　　最后，我们来考察一下演示用浑仪传统的最后一个代表，作为本节的结束。这个极有趣的机械装置虽然制成较晚，可能是 18 世纪的产品，却包含了两千年来亚洲时钟机构的种种特色。它是朝鲜制作的一种演示用浑仪⑤。机械传动部分有报时和敲鸣的装置，完全起到时钟所起的作用。浑仪本身（图 179）⑥ 直径 1 英尺 4 英寸，其中大地模型的直径大约 $3\frac{1}{2}$ 英寸。太阳的位置在黄道带上标示出，黄道带上还标有一年的二十四个节气。月亮的运动则在白道环（月的视运动轨迹）上标示，环上有柱钉标画的二十八宿。我们今天在它的每一环节上，都可看到古代传统的影响：大地模型的本身来源于葛衡和钱乐之，地平圈的存在则使我们联想到王蕃和他的方柜。此外，利用迴转极轴的传动装置，正好和从张衡到郭守敬时代所有使用动力装置的仪器相同，而中间诸环可以转动，正和苏颂的大型浑仪一样。用白道环表示月球的轨迹，使我们想到李淳风（公元 7 世纪初）的设计。

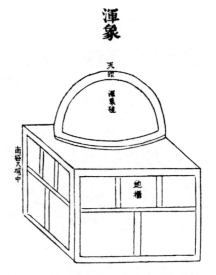

图 175　苏颂的浑象，有一半隐在柜中，由水力驱动的机械时钟使之运转；采自 1092 年的《新仪象法要》。此仪置于开封水运仪象台的第二层室内。

389

---

　　①　对此见上文 p. 278。

　　②　1137 年发明了一种似乎是可拆卸的球状或半球状的东西（《玉海》卷一，第三十五页）；参见上文 p. 582 及第二十七章（b）。

　　③　我们也没有见到拱形天花板上的星图。最值得重视的存有绘于穹顶凹面上的星图的遗迹，是公元 714 年左右建造的伍麦叶（Umayyad）王朝阿姆拉堡（Qusair 'Amrah）废宫［参见 Hitti（1），p. 271］的壁画。关于这些壁画中所表现的天文学知识，贝尔［Beer（1）］曾进行过研究。当然，穹顶在中国建筑中较少见，但在某些石窟中不一定没有画在天花板上的星图。中国正在进行的考古发现，必将把敦煌的荣誉发扬光大。

　　④　见 Price（3）。

　　⑤　到 1936 年为止，这个浑仪一直是私人藏品。在 20 世纪 50 年代的浩劫中，不知是否幸存了下来。

　　⑥　此图采自 Rufus（2），p. 38；复制图及讨论也可见 Rufus & Lee（1）。

图版　六〇

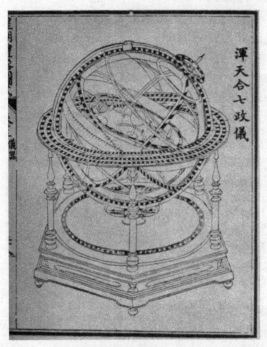

图 177　18 世纪耶稣会士的仪器——浑天合七政仪，
采自《皇朝礼器图式》（1759 年）。

图 178　演示用浑仪，卡洛·普拉图斯
于 1588 年制作［Price（3）］。

图 179　时钟机构驱动的演示用浑仪，18 世纪朝鲜制造，但含有中国和阿拉
伯仪器制作传统的种种特色（见正文）。崔攸之曾于 1657 年为首尔
的宫廷制造过这种类型的仪器。

地球模型上绘有各主要大陆，很像 1267 年札马鲁丁携往北京的地球仪①。最后，柜内的机械装置有两个重锤，并由带有简单擒纵机构的摆来调节，柜内还有些典型的中国式和阿拉伯式机械装置（阿拉伯式是定时放下小球②，再由水车提上去，窗口有木偶报时），关于这些机械装置，我们将在本书论述机械工程的第二十七章（j）中再详细评价。尽管我们无法知道这座天文钟的准确制作年代，但它大概是从悠久的朝鲜传统发展来的，因为崔攸之曾于 1657 年为朝鲜国王孝宗制造过一台水力驱动的演示用浑仪，结果很成功。在对邻近中国的各民族的科学技术成就进行彻底的研究之前，中华文化圈内的科学史，总是无法写得足够完备③。

（h）历法天文学和行星天文学

关于中国历法的文献，虽然数量十分庞大并且还在日益增加，但我们认为，这些文献在自然科学上的意义，远不如在考古学上和历史学上的意义。所谓历法，只不过是一种把时日组合成一个个周期，以适合社会生活、宗教习惯或文化习惯的方法。历法的组成单元，有些以对人类显然具有重要意义的天文周期为根据，如日、月和年；有些则纯属人为的，如星期及对一天时间的再细分。历法之所以复杂，只是因为它所依据的各种基本周期在相除时不能得出整数。福瑟林厄姆［Fotheringham（1）］在一本讲历法讲得最好的通俗书④中写道：“两大发光体所供应的亮光受到天文学家所谓太阳年和朔望月的周期的支配，而季节的循环则是以回归年为转移的。现时朔望月的长度是 29.530 587 9 日，而回归年的长度却是 365.242 19 日。”按前一数字编成的历法，依据的只是太阴月，不能预示季节的变迁；按后一数字编成的历法却又不能预告望月，而望月在人类没有使用人工照明方法的时代，是相当重要的⑤。可以说，全部历法史就是不断试着调整那无法调整的日数和数不清的置闰⑥方法的历史，所以它在科学上的意义是不大的。因此，我们有意在这方面写得简短一些。正如《晋书》⑦所说：

三种发光体的运行，并不必遵循那些（在关系和比例方面的）不变的规则，这类规则是（制历）技术人员通过计算来寻求的。因此，各派（天文学家）的历

---

① 见上文 p.374。
② 参见本书第七章（j）（第一卷，pp.203 ff.，以及图33）。
③ 关于朝鲜文化在科学史上的地位，见本卷附录（下文 p.683）。
④ 其他讨论历法的书，除金策尔［Ginzel（1）］渊博详尽的著作以外，艾奥尼迪斯夫妇［Ionides & Ionides（1）］和菲利普［Philip（1）］的著作也值得参考。
⑤ 月亮似乎对生物（从妇女一直到海胆）有明显的影响（参见本书第一卷 p.150），而且很早就发现月亮对潮汐有影响，这些也都给古人以深刻的印象。对于阴历与中国古代母系社会的关系的研究论文，见 Hirschberg（1）、Pancritius（1）、Koppers（1）及 Shirokogorov（2）。性学与历法学之间还有一种奇怪的联系；有些文献将古代一位著名的性问题专家——容成（参见本书第二卷 p.148）也视为历法的创始者［见 Kaltenmark（2），p.56］。
⑥ “闰”字从“王”，这充分表示历法制定工作中存在着专断性的社会因素。此字的确是“王在门中”，所以苏慧廉［Soothill（5），p.62］认为此字与皇帝定期在宫中巡幸有关，皇帝在置闰的闰月中，居于明堂两室之间。
⑦ 《晋书》卷十一，第六页；由作者译成英文，借助于 Ho Ping-Yü（1）。这段话出自王蕃《浑天象说》［见《全上古三代秦汉三国六朝文》（全三国文）卷七十二，第三页］，写作年代在公元260年前后。

法表现出相同之处和不同之处。当把这些方法互相比较时，（自然）会发现它们有参差不齐的地方。

〈三光之行，不必有常术，术家以算求之，各有同异，故诸家历法参差不齐。〉

但是，古代和中古时期在估计行星公转周期时所达到的准确度，是有真正的科学意义的。

关于中国历法的各种问题，大概以邢云路（约 1600 年）著的《古今律历考》为最重要的资料。欧洲关于中国历法的早期著作[1]，虽说不是全然无用或完全错误，可是它们的历史性结论已被董作宾 (1) 等人对商代甲骨文的新研究所取代了。德索绪尔 ［de Saussure (16d)］ 和哈特纳 ［Hartner (4)］ 的著作年代较近，比较有用，不过探讨得最详细的却是一些日文著作[2]。关于中国历代一百多种官定历法[3]先后所表述的近似值，有一部综合性的中文著作，即朱文鑫 (1) 的《历法通志》[4]。最后，我们可以提到李锐 (1) 论七种古历的书，这部著作到今天仍有价值。

关于中国人确定回归年（"岁实"）和恒星年零数（"岁余"）的准确度，上文[5]已分别做了一些估计。到公元 5 世纪以后，两种岁余的数值都颇为精确了。关于朔望月的长度（"朔实"），马伯乐已收集到类似的数据（表 32）[6]。即使是在元代（13 世纪），所求得的近似值也不见得比这更好；耶稣会士的历法被采用的理由之一，在于他们计算年、月长度较为准确。然而因为根本没有一种历法能使两种周期恰好吻合，

392

---

① 例如 Ideler (1)；Fritsche (1)；Kingsmill (2)；Kühnert (1, 2)。英国皇家学会早期会员对中国历法颇感兴趣。不列颠博物馆有一份中国历表的抄本（Birch MSS. 4394, fol. 26），上面有"借自玻意耳先生，1671 年 10 月 29 日"等字样。胡克大概曾研究过此抄本，他的一篇有关中国的论文就在几年后发表于《哲学汇刊》（*Philosophical Transactions*），文中还试着摹写了一些汉字，并简要讨论了中国人的测时方法。我们将从这篇令人瞩目的作品 ［其节本载于 1707 年的《珍品录》（*Miscellanea Curiosa*），见 Anon. (33)］ 中摘出的一段文字刊在了本书第一卷的卷首。另外有一本历书是 1408 年的，藏于剑桥大学麦格达伦学院佩皮斯图书馆（Pepysian Library at Magdalene College, Cambridge）；佩皮斯本人误认它是手稿，列入了手稿的目录。

② 例如，桥本增吉 (2)、薮内清 (8)、新城新藏 (2, 4, 5)、饭岛忠夫 (7) 等人的专著和论文。

③ 其名称及细节将在本书最后一卷的名词解释表中列出。

④ 在关于各个时期的专门研究中，值得提出的有沙畹 ［Chavannes (13)］、刘朝阳 (5, 6, 7, 2) 和饭岛忠夫 (6) 等关于商、周时期的研究成果。艾伯华 ［Eberhard (14)］ 认为有可能找到一些很古老的地方历，并认为正是由于有过这些地方历，才使人想到夏、商、周三"朝"各有过官定历法。饶宗颐 (1) 曾描述过一种有趣的古历表；这种历表写在丝织物上，出于楚国，年代约为公元前 4 世纪。关于汉代历法，新城新藏 (6)、艾伯华和韩世龄 ［Eberhard & Henseling (1)］ 已做过研究；关于公元前 104 年和公元 85 年的改历，薮内清 (7) 和俞平伯 (1) 已做过研究。关于北齐历，有严敦杰 (12) 的研究论文；关于隋、唐历，有薮内清 (1, 9) 和董作宾 (2) 的论著。关于当时的佛教影响，见艾伯华 ［Eberhard (12, 15)］ 的论文。关于摩尼教的影响，见沙畹等 ［Chavannes & Pelliot (1)］、伟烈亚力 ［Wylie (15)］ 和叶德禄 (1) 的文章。关于宋代的历法，见薮内清 (14)；关于元、明历法，见薮内清 (15)。金代的历法，严敦杰 (11) 已作过研究。钱宝琮 (1) 论中国中古时期数学和历法科学关系的一章（第八章），颇有意思。日本的历法学，与朝鲜的历法学（下文 p. 638）一样也源自中国，有关研究见神田茂 (3) 及薮内清 (16)。公元 604 年以前，传统的日置历纯为阴历，但公元 604 年朝鲜僧人劝勒（又名僧都）把何承天的《元嘉历》（公元 443 年）传入日本，即被官方采用。后来陆续出现了多种历法，到公元 861 年改用《宣明历》，一直用到 1684 年为止。《宣明历》是公元 822 年徐昂所制，在中国本国只行用了 71 年。《宣明历》的抄本至今仍时常可见。

⑤ 表 30，上文 p. 294。

⑥ Maspero (4), pp. 238 ff.。

所以这次改历在科学上价值不大。不足一日的零数叫作"小余"，并写成以日为单位的分子在分母（"日法"）之上的形式，即得出相当于表32中小数部分所示的一个零数。

表32　朔望月长度值

	朔望月的长度/日数
真值	29.530588
据卜辞（公元前13世纪）推断①	29.53
杨伟（《景初历》，公元237年）②	29.530 598
何承天（《元嘉历》，公元443年）③	29.530 585
祖冲之（《大明历》，公元463年）④	29.530 591

（1）日、月和行星的运动

关于月球的运动，中国固有的天文学从未用几何学方法做进一步的分析。《逸周书》中的《周月》篇是提及月球运动的最早文献之一，年代大概早于公元前300年。《淮南子》上有一段关于月亮运动的说明⑤，说月亮每天向东移动13度，这是后来长期采用的数字。石申已经知道月亮运动的速率是有变化的，并时常偏离到黄道以南或以北⑥。速度较快时叫作"朓"，较慢时叫作"侧匿"。关于月的九条运行道路（"九行"），最早的记载见于刘向的《洪范五行传》（约公元前10年），文中叙述相当详细⑦。依照自古相传的习惯，九道分别画成青、白、红、黑等色（正如赤道为赤色，黄道为黄色）⑧。关于这种汉代天文学说，钱宝琮（4）做过考查；艾伯华和米勒〔Eberhard&Müller（2）〕则讨论过这种学说在公元3世纪时的简化情况。月行九道之图见图180，这是麦都思提供的一幅晚清木刻图⑨。 393

四季的日数不相等，这在中国发现得相当晚。虽然从汉代天文学家可用的数据来看，二分点不在二至点的正中这一事实可能已经包含其中，而且这一事实致使喜帕恰斯在公元前2世纪提出了太阳运动的偏心圆理论⑩，但是在中国直到张子信及其学生张 394

---

① 董作宾（1）。
② 《宋书》卷十二，第十页、第十四页；《晋书》卷十八，第二页、第三页。
③ 《宋书》卷十三，第一页、第三页。
④ 《宋书》卷十三，第二十六页、第二十七页。
⑤ 《淮南子·天文训》（第七页、第八页）。
⑥ 《开元占经》卷十一，第三页。
⑦ 参见《畴人传》卷二，第十六页。上文（p.276）我们已提到过公元前52年耿寿昌关于月球轨道的描述。
⑧ 在较晚的书中（例如明代的《蠡海集》，第五页）仍如此翻刻。
⑨ 参见Barlow & Bryan（1），p.163；Thomas（1），p.314。
⑩ Berry（1），p.43。

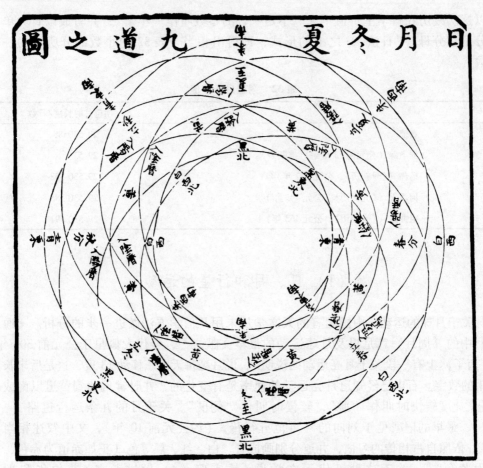

图 180　晚清的月行九道图。此图表示（月球轨道的长轴）拱线逐渐向前移动，在八年
到九年之间（实际为 3232.575 日），先后通过远地点的八个位置（图上最外侧
的突出部分）。"道"当然应该是一条接合起来的单根线，而不是分开的九条线，
但此图是按汉代传下来的古法画出的。

孟宾的时代（北齐，约公元 570 年），才认识到这一点①。这让我们想起了本书论述数

---

① Gaubil（2），p. 59；陈遵妫（5），第 117 页。又见《梦溪笔谈》卷七，第 11 段；胡道静（1），上册，第
294 页；《畴人传》卷十一。毕奥 [Biot（1），p. 71] 认为，印度的《苏利耶历数书》（*Sūrya Siddhānta*）关于同一
问题的观点，是以张子信和张孟宾的著作为根据的。但是，印度天文学中有许多希腊的东西，《苏利耶历数书》的
主要部分至少可追溯到公元 400 年。从这些事实来看，如果这项发现不是印度和中国各自独立得到的，那么，更
可能的是二张的著作受到了印度的影响。宋君荣曾注意到，《北齐书》（卷四十九，第九页）中的《张子信传》
（参见《北史》卷八十九，第二十页）并未提到曾受外来影响，不过关于张子信生平的叙述也很简略，只说他常
在山中隐居而已。公元 6 世纪时中国已有很好的浑仪，据说张子信及其弟子曾用"圆仪"进行观测（《隋书》卷
十七，第四页；参见卷十九，第二十七页及《新唐书》卷二十七下，第一页）。因此，或许可由此得出结论说，二
张等所定的二分点远只用古法测定圭表影长为准确。虽然可能有过外来的刺激，但新知识对于中国天文学理论
来说，并不像对于希腊几何理论那样重要。就中国的历法问题研究而言，有关四季长度不均等的表述的年代可能
仍然是有重要意义的。德索绪尔 [de Saussure（33）] 由于搞清了这一点，才解决了伯希和在研究公元前 63 年的汉
简历表时所碰到的困难。

学的一章（上文 p. 123）中谈到的招差法。招差法是一种重要的用以求出各种算式（例如表示太阳的角运动的算式）中常数的代数学方法。在这一点上，招差法的产生与唐代历算家李淳风有关。人们认为这种方法可以追溯到公元 5—6 世纪的祖冲之和刘焯，因此，它在二张的时代可能已经有了。从诺伊格鲍尔的著作来看①，此法可能很早在巴比伦就已出现。自公元前 700 年前后开始，在巴比伦，有系统的观测活动给天文学家提供了各种主要周期（日、月的运行和行星的公转）的相当准确的平均值。有了这个基础，就可以使用简单的内插法和外推法了，但是，在公元前 4 世纪或前 3 世纪的某一时期，有些富有创造性的天文学家②想到，可以把复杂的周期现象看作几种简单周期的复合，其中的每一种都比原来的周期简单得多。例如，太阳的实际运动是偏离等速运动的，这些偏差可以当作周期性的增减，可以按最简单的线性变化来处理③。

　　按照诺伊格鲍尔的说法，这里实际上已有了"摄动"这个概念的要素，这一概念在天体力学的各个方面都很重要，从而由此推广到精密科学的每一分支上去。但是，这是一种代数学的方法，而不是几何学的方法。"特征常数（例如周期运动的周期、振幅和位相）的测定，不仅需要高度发展的计算方法，而且最后在观察数据所规定的外部条件下，必然会产生一系列方程式的求解问题。"④ 此外，塞琉西王朝的"迦勒底人"曾按照日、月运行的原理，制成五星历表。他们的成果和依据托勒密行星理论所获得的结果相近，但是既没有利用圆周运动来解释，也没有使用其他任何力学模型。这些巴比伦的代数学概念肯定对丢番图（公元 3 世纪晚期）有影响⑤，但对喜帕恰斯所属的那个几何学派中的希腊人却影响不大⑥。这些巴比伦的代数学概念似乎可能是通过一条迄今未弄清的途径传到了东亚⑦，促使在中国数学中占优势的代数学特点固定下来，甚至特别对中国天文学中的代数学方法起了刺激作用，使它在公元 5 世纪时表现

395

---

　　①　Neugebauer（1），pp. 28 ff.；（8）；（9），pp. 98 ff. 。全文见于 Neugebauer（10）。阐明这一点的最重要的著作是库格勒［Kugler（1，2）］的著作。

　　②　大概是那波里曼尼（Naburiannu Schnabel）。关于这个人，见 Neugebauer（9），p. 130。

　　③　这些"折线函数"（linear zigzag function）星历表发现于公元前 250 年前后至公元前 50 年前后（落下闳和司马迁的时代）的楔形文字中。见 Neugebauer（9），pp. 110 ff. 。塞琉西王朝的巴比伦人已能利用这些函数表来预报月食（兼报其食分），结果令人相当满意；但他们所预报的当然不是日食，因为要预报日食，需要对太阳系有充分了解。当时他们只能预知日食大概何时可能发生，何时不可能发生。

　　④　Neugebauer（1），p. 33。

　　⑤　Neugebauer（1），p. 114。

　　⑥　这不是说喜帕恰斯不曾用巴比伦的经验性数据；参见 Neugebauer（1），p. 118；（9），p. 151。一般认为，"迦勒底人"贝罗索斯［Berossos，或 Berussu；公元前 270 年左右在科斯岛（Cos）建立了一所学校］的教学活动，是使巴比伦的天文知识传入希腊的重要因素之一。人们很希望知道，向东方去而不是向西方去的巴比伦星象家，曾经有过些什么人。

　　⑦　由此看来，如果可能的话，先把大夏（Bactria；巴克特里亚）在科学上的成就搞清楚是很重要的。我们已经讨论过粟特作为东西交通的中间驿站的可能性（上文 pp. 204 ff.）。

了出来。类似的传播也把巴比伦的方法带到了印度[①]。

在日、月运行的计算方面，中国的历表和巴比伦的相似，其实这早已为人们所觉察。因此，塞迪约[②]从诸如罗得岛的革米努斯（Geminus of Rhodes；鼎盛于公元前 70年）等人的希腊文献中知道了"迦勒底人"的方法[③]之后，就在某些断代史[④]及他所能看到的宋君荣手抄历表[⑤]中，认出了其中所包含的"折线函数"。郭守敬在关于这方面的简短回顾[⑥]中告诉我们，第一个制定这种历表的人是公元 206 年的刘洪。刘洪还使用了表达不规则运动中加速位相和滞后位相的术语，即"疾"和"迟"。对于前一位相，差数是加上去的；对于后一位相，差数是要减掉的。每一位相分为两半，一半叫作"初"，一半叫作"末"[⑦]。

396 　　对中国星历表及其与巴比伦天文学的关系，需要加以彻底的研究[⑧]；薮内清（9）和艾伯华［Eberhard（12）］已开始进行这一项工作。我们在这里只想略提一下，《七曜攘灾诀》中有十分详细的自公元 794 年起的五星历表。此书与粟特人有关，是由金俱吒在公元 9 世纪汇编的。唐代天文学家还另有一些星历表，见于《百中经》、《五星行藏历》和《金匮经》等，《百中经》的星历表似自公元 657 年开始[⑨]。由于第 1 千纪初期的某个时期，美索不达米亚文化区的计算技术已向外传播，所以中国和古伊朗的关系是令人感兴趣的问题。

（2）六十干支周期

在中国文化中，最古的纪日法并不以太阳和月亮为依据。这种纪日法就是我们曾

---

①　由此可见，印度天文学的详情只有借助于美索不达米亚天文学的研究才能搞清楚。诺伊格鲍尔［Neugebauer（9）］，pp. 165，169］说："现在我们可以利用巴比伦论行星的古书来了解伐罗诃密荼罗著的《五大历数全书汇编》的所有各篇。"关于目前的研究情况，诺伊格鲍尔［Neugebauer（12）］的著作中有富于启发性的综述，他将三十年前对印度天文学与巴比伦天文学若干相似之处的最先发现归功于施纳贝尔［Schnabel（2）］。他着重指出，印度天文学具有双重性；在印度（南部）泰米尔（Tamil）的文献中，发现有不少巴比伦的算术和代数学方法［参见 Neugebauer（11）］；在印度（北部）的《苏利耶历数书》中，则可明显地看出希腊几何学的影响。正如人们很自然地把后者与大夏希腊人和萨珊波斯人联系起来一样，把前者与诸如本地治里（Pondicherry）附近的阿里卡梅杜（Arikamedu）等罗马通商驿站联系起来是很令人感兴趣的，由钱币和陶器可将其年代确定在公元前 1 世纪到公元 4 世纪之间［Wheeler（4）］。参见本书第一卷，pp. 178，200，232 ff.。

②　Sédillot（1），p. 11；（2），pp. 483，492，617，624 ff.。

③　Sarton（1），vol. 1，p. 212。

④　例如，《元史》卷五十四，第十九页。

⑤　Gaubil（3），pp. 131，133，141。

⑥　《元史》卷五十二，第二十九页。

⑦　我们知道，塞迪约［Sédillot（7）］认为月球运动的第三种不等性（二均差）是阿布·瓦法在 10 世纪发现的。

⑧　例如，塞迪约［Sédillot（6，8）；（2），p. 80］认为，郭守敬所用的历表（见《元史·天文志》）是以公元 1007 年伊本·尤努斯（Ibn Yūnus）的哈基姆天文表（Hakemite Tables）为根据的，但这一点尚待进一步证明。

⑨　《开元占经》卷一〇四，第二页；见 Eberhard（12），p. 228。

经多次提到过的六十干支循环法①：用包含十二个字的一组字（所谓"支"）②和包含十个字的另一组字（所谓"干"）③配合起来，生成六十个由两个汉字组成的序数，周而复始地循环下去。这些字在公元前第2千纪中期的商代甲骨卜辞中最常见，当时只是用来纪日的。至于用它们来纪年，则是到西汉末年（公元前1世纪）才开始的④；自此以后，它们同时用于纪日和纪年，并且一直沿用到近代⑤。这些用作循环符号的汉字的起源，已消失在了远古的迷雾之中。关于这一问题，现代学者如高本汉［Karlgren (1)］，并不像德索绪尔［de Saussure（8,9）］那样自以为是⑥。

不论干支周期是否起源于巴比伦，用六十日作为一个计算单位是够方便的，因为循环六次便差不多等于一回归年了。表达年（"岁"和"年"；K346，K364）的汉字，似乎是由表示收获和年终祭祀的象形字衍生而成的。同时，六十日周期又分为六个周期，每期十日（即"旬"；K392，此字显然表示日数的"小计"）⑦，因此，近似为两个朔望月。表示月亮的"月"字同时又代表年月的"月"。必要时可置一至三旬的闰，偶尔也可插入整整一个六十日周期。十日的周期制（"旬"）一直沿用到现代，农村至今还在使用⑧。七日的星期制是从国外传入的⑨，从1205年左右的记载⑩看来，传入的年代不会早于宋代⑪。

中国的六十干支周期可以比作两个互相啮合的齿轮，一个轮有十二齿，另一个有十齿，这样，配成六十个组合序数后，新的循环便又开始了。在中国古代文明与美洲古代文明的相似之处中，最为有趣的一点就是美洲古代文明中也有类似的周期制，不过较为复杂⑫。莫利（Morley）在他介绍玛雅人（Mayas）的书中说⑬，玛雅人的宗教年［卓尔金（tzolkin）］，每年260日，由数字1—13与20个纪日的象形文字组合循环而

右侧页码：397

---

① 见本书的导论部分［第五章（a）；第一卷，p.79］、论述伪科学的章节［第二卷中的第十四章（a）］及论述数学的章节（上文p.82）。

② 地支的十二个字是：子、丑、寅、卯、辰、巳、午、未、申、酉、戌、亥。

③ 天干的十个字是：甲、乙、丙、丁、戊、己、庚、辛、壬、癸。

④ 查得利［Chatley（19）］认为是公元4年。德效骞［Dubs（2），vol.3，p.330］提到了一个公元12年的实例。纪日法和纪年法同时并用使得中国的元旦可以是干支纪日周期中的任何一天［参见Fritsche（1）］。

⑤ 此法在马拉盖和撒马尔罕（兀鲁伯）都认真使用过［Sédillot（3a），pp.32 ff.］。关于中国历和回历的关系，见严敦杰（10）和刘凤五（1）不久前的论文。18世纪初，卫方济［Noel（1）］及德维尼奥勒［des Vignoles (1)］已将中国的六十干支周期介绍到西方。

⑥ 其中几个字的含义可认为已考证明确，例如，"巳"原是胎儿之形［参见Hopkins（6,27）］；"戌"是人荷斧钺之形，可代表猎户座［Shinjō（1）；桥本增吉（2）］。

⑦ 见新城新藏（1）。

⑧ 法国大革命时曾有人试图把它介绍到欧洲使用，但未成功［Anon.（26）］。

⑨ 据科尔森（Colson）杰出的专著说，西方的七日星期制原出于希伯来，直到公元初才以行星名作为日名。关于它传入中国的经过，见Wylie（15）；Chavannes & Pelliot（1）。参见Schiaparelli（1），p.260。

⑩ 《履斋示儿编》卷二，第三页。

⑪ 有一些证据可证明西周时期有一种七日周期制，不过没有传下来［王国维（3）；见新城新藏（1），第8页］。董作宾（7）把这种七日周期同周代铜器铭文中的"生霸"、"死霸"和"既生霸"、"既死霸"四词联系起来，使每一朔望月有四个周期。此制在公元前10—前8世纪肯定使用过。其所以废弃，可能是由于中国古时特别爱用十进制计算。

⑫ 哈特纳［Hartner（10）］也注意到了这一点。

⑬ Morley（1），pp.265 ff.。以及J. E. S. Thompson（1）。

成；另一种是历年（haab），由 20 个纪日的象形文字与 19 个月或者 365 日配合而成①；然后这两种年再互相配合，周而复始。在这种场合下，相配合的两个齿轮分别为 260 齿和 365 齿，整个周期为 18 980 日或 52 年。阿兹特克人（Aztecs）② 和中美洲其他文化所用的便是这样配合而成的周期③。可是由于其公倍数不便计算，所以玛雅人又发展了一种以二十进位为基础的并行的制度 [盾（tuns），卡盾（katuns），伯克盾（baktuns）]，等等，这一制度给他们提供了一套极其精确的纪年法④。

一般认为十干是由五行说与阴阳说相结合而成的 [de Saussure（8）]，但从它的时代远早于这两种晚周学说来看，这种看法恐怕是不正确的。很有可能，就像新城新藏 [Shinjō（1）] 认为的那样，它是每旬十日的名称。到了西汉时期，十干才和十个出处不明的占星术名称发生了联系⑤。至于十二支，则很早便用在回归年的朔望月上，不过其他方面也用，特别是作为方位（罗经点）⑥ 和恒星日十二时辰的名称⑦。有人以为，这十二个循环符号可能渊源于每月例行的仪式 [Bulling（1）]。中国人还另有一套同时并用的占星术名称，大概是出于岁星（木星）纪年⑧。因此，下面就要谈到五星周期的问题。

（3）行星的公转

关于中国古代的行星天文学，最合适的解释见于马伯乐 [Maspero（3）] 的著作⑨。《开元占经》⑩ 上载有公元前 4 世纪以后天文学各学派传下来的一些基本术语。我们前

---

① 其中十八个月各有二十日，一个月只有五日。

② 阿兹特克人的周期称为"托纳拉马特尔"（toualamatl），见 Spinden（1）。

③ Burland（1）。美洲最古的历法记事其实属于萨波特克人（Zapotec），可能比玛雅人的早三个世纪，但较简单。

④ 一个 52 年的周期大约相当于 $2\frac{1}{2}$ 卡盾。

⑤ Chavannes（1），vol. 3，p. 652；de Saussure（1），p. 220。

⑥ 见表 34，详见本书第二十六章（i）。亦可参见上文 pp. 240，279。

⑦ 在商代早期，即大约在公元前 1270 年以前，并不把昼夜划分为若干等长的时段，大概只有五六个名词用来表示黎明、中午、黄昏等。但后来开始使用七个专名把一日分为六等份，午夜还另有一个专名。这些用法已由董作宾（1）及其他人的研究加以证实（《殷历谱》上编，第 1 卷，第 4 页）。把一昼夜等分为十二时辰的做法是汉代（公元前 2 世纪以后）才确定下来的，但可以上溯到周代。《左传》中公元前 534 年下的一段纪事 [Couvreur（1），vol. 3，p. 129]，似乎说明当时一昼夜只分十个时辰，而其中两个时辰长达四个小时（参见《小学绀珠》卷一，第二十三页）。《国语·周语》（卷三，第三十六页）中有一段据称记述的是公元前 519 年的一次议论，这段记述表明十二支在公元前 4 世纪或前 3 世纪时已用在了十二时辰上。现代所用的二十四小时制是由古代十二时辰制发展而来的，而十二时辰制无疑可追溯到古巴比伦把一昼夜分为十二个等长的卡斯布（kas. bu）的做法；见 Ginzel（1），vol. 1，p. 122。中国的十二时辰很可能由此而来。中国人的五更制与巴比伦人所用的相似，并且确实沿用了很久。关于这里所论及的完整问题，可进一步见 de Saussure（9），Chavannes（7），Needham，Wang & Price（1）。

⑧ 见表 34。

⑨ 关于行星，施古德 [Schlegel（5）] 也有大量资料，大部分是可靠的；德索绪尔 [de Saussure（1），pp. 430 ff.] 的著作也值得一读。

⑩ 《开元占经》卷六十四，第十一页起。

面已指出①，五大行星各与五行之一和五方之一相配合，即

（1）木星	岁星	木	东
（2）火星	荧惑	火	南
（3）土星	镇星	土	中
（4）金星	太白	金	西
（5）水星	辰星	水	北

行星向前的视运动称为"顺"，向后的视运动称为"逆"②。仿此，行星上升（不管是否偕日）称为"出"，前行称为"进"，方向改变称为"返"，逆行称为"退"，最后隐没不见称为"入"。短距离的逆行称为"缩"，意料外的速进称为"赢"或称为"疾"（又称"速行"）。星在某处出现并在该处保持不动，就说是"居"或"留"在某处；如果"居"或"留"超过一特定的时间（20天以上），就用"宿"或"守"。这就是说，那颗星在"守"着邻近的星座；如果确实进入了那个星座，就说是"犯"某座。格外缓慢的运动叫作"迟行"。五星的总称叫作"五纬"或"五步"。这些术语最初见于公元前4世纪诸天文学家的著作，后世都保留了下来。

399

战国时代的观测者，一定已按他们自己的方法给五星的运行绘了图③。关于五星的逆行，司马迁在《史记》④中记了许多。这里复制了一幅水星逆行的示意图（图181），该图出自较晚的资料⑤，但其表明的事实在中国肯定是为人所熟知的⑥。我们把公元前400—公元100年的行星公转周期的多次估计数值比较一下，便会发现当时的天文学显然在日趋精密（表33）。由此可见，在公元1世纪即将结束时，会合周期的估计值已经很可靠了⑦。西方在这方面也略晚些，因为大约公元175年斯多葛派的克莱奥迈季斯⑧（Cleomedes the Stoic）提出了一些具有大致相同精度的数值。水星最难观测，它所引起的困难当然也最大⑨。

尽管观测如此准确，但中国的行星运动研究在特征上仍然完全是非表象的。在希腊人的行星运动研究中，圆和曲线的几何图形占有非常突出的地位，中国人的研究则不然，它总是使人想起那波里曼尼和西丹努斯（Kidinnu）等巴比伦天文学家使用的代

---

① 见本书第十三章（d）（第二卷，p. 262）中关于象征的相互联系的讨论。参见《淮南子·天文训》（第三页）。

② 这个术语在哲学上有一定的重要性，详见本书第四十六章。司马迁观察到，古时只有对远较其他行星逆行更为明显的火星逆行有记载［《史记》卷二十七，第四十二页；Chavannes（Ⅰ），vol. 3，p. 409］。

③ 关于希腊的行星运动知识，参见Bouché-Leclercq（1），pp. 111 ff.。

④ 例如《史记》卷二十七，第十九页、二十二页和四十三页；Chavannes（1），vol. 3，pp. 365，371，409；朱文鑫（5），第28页。我们在本书第二卷（p. 553）特别指出了这一点。纳里恩［Narrien（1），p. 349］竟写道："在欧洲天文学传入以前，中国人并未观测到行星运动的顺逆交错"。

⑤ 《图书集成·乾象典》卷二十七，第十六页。

⑥ 在公元9世纪的天文学写本中所发现的环状黄道图正好与此图相似［Zinner（2），p. 56］。

⑦ 对汉代史书关于行星周期的记载，艾伯华等［Eberhard & Henseling（1）］已做过分析；艾伯华［Eberhard（12）］还研究了与此有关的唐代佛教典籍。

⑧ Sarton（1），vol. 1，p. 211。

⑨ 在托勒密的行星经度观测数据中，误差最大的是水星。

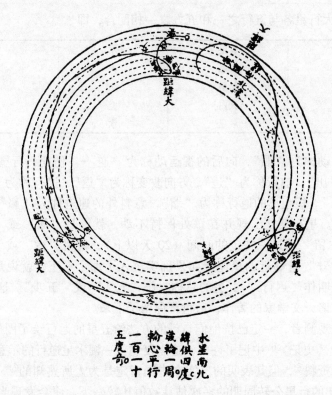

图 181　表示水星逆行的环状黄道图（采自《图书集成》，1726
　　　　年）。从公元635年的《晋书》所载定义来看，图中所用
　　　　表示五星运行的许多术语是很古老的。

数处理方法①，而从未寻求行星运动的几何学理论②。如果说这让中国的行星运动研究
在耶稣会传教士入华时显得有些陈旧，那么，人们也一定要记住，从开普勒及其继承
者（其实还有文艺复兴时期的所有科学家）为摆脱诸种圆周运动理论③而做出的巨大努
力来看，希腊人对它们的喜爱却也未免太过了些。

　　话虽如此，我们却不能匆匆忙忙地假定中国天文学家从未想象过行星的运动轨道。
在令人感兴趣的《朱子全书》有关天文学的一卷④中载有几段1190年前后的对话，这
位哲学家在对话中曾谈到"大轮"和"小轮"，也就是日和月的小"轨道"，以及行星
和恒星的大"轨道"。特别有趣的是，他已经认识到，逆行（"逆"）不过是由各种天
体的相对速度和不同速度而产生的一种视现象。他主张历算家应当明白，所有"逆"
和"退"的运动事实上都是向前进（"顺"和"进"）的运动⑤。

①　参见 Neugebauer（9），p.130。
②　关于这个问题的说明，见 Dreyer（4），Pannekoek（1），Zinner（2）。
③　如欧多克索斯的同心球、喜帕恰斯的偏心圆和托勒密的本轮。
④　《朱子全书》卷五十。该卷完全值得全部翻译出来。
⑤　全文载于《朱子全书》卷五十，第十二页。张载也说过一些相似的话［《正蒙　参两第四》（第六页），
收录于《宋四子抄释》］。

表 33　行星公转周期的估计数值

	水星	金星	火星	木星		土星	
	日数	日数	日数	日数	年数	日数	年数
真值							
恒星周期①	88.97	224.7	686.98	4 333	11.86	10 759	29.46
会合周期②	115.877	583.921	779.936	398.884		378.092	
石申（公元前 4 世纪）③	—	736	780	—		—	
甘德（公元前 4 世纪）③	68⁺	585	—	400		—	
尼多斯的欧多克索斯（公元前 408—前 355 年）④	110	570	260	390		390	28
《淮南子》⑤（公元前 2 世纪）	—	635	—	—		—	
《洛书纬甄曜度》作者（可能是公元前 2 世纪）⑥	74⁺	—	—	—		—	
司马迁（公元前 1 世纪）（《史记》所载）⑦	—	626	—	395.7	12	360	28
刘歆（公元前 1 世纪末）（《前汉书》所载）⑦	115.91	584.13	780.52	398.71	11.92	377.93	29.79
李梵（公元 85 年）（《后汉书》所载）	115.881	584.024	779.532	398.846	11.87	378.059	29.51

① 恒星周期是行星以恒星为准，在轨道上绕太阳公转的时间。

② 会合周期是行星以太阳为准，两次与地球会合的时间间隔，即行星对连接地球和太阳的直线而言，旋转一周的时间。

③ 马伯乐［Maspero（3）］引自《开元占经》传下来的数值。《开元占经》（可能是公元前 4 世纪）也提到过火星的运动。

④ Sarton（1），vol.1, p.117。这些数值引自辛普利丘（Simplicius）对亚里士多德著作的注释［见 Balss（1），pp.107, 109, 271; Zinner（2），p.5］。

⑤《淮南子·天文训》（第四页）。

⑥ 见《古微书》卷三十六，第一页起，第一页；《开元占经》卷五十三，第二页。

⑦《史记》《前汉书》《后汉书》所载的数值，由钱宝琮［（1），第 15 页］，朱文鑫［（1），第 47 页起］，查得利［Chatley（16, 17）］及艾伯华［Eberhard（13）］摘录并换算为十进位数。小数位中的数字，朱文鑫所列举的是历代历书所用的数值。各家略有不同。

402

（4）十二岁次

木星的恒星周期差不多等于十二年（实际上是 11.86 年），这在很早的时候就已引起人们的注意，从而使人们猜想它与十二支及回归年的 12.37 个朔望月有联系。《计倪子》[①] 一书在介绍公元前 4 世纪南方的自然主义传统时，有下列一段话：

> 最初三年，太阴处于金的方位，各地都将获得丰收。当它在水的方位时，就有三年歉收。当它在木的方位时，会有三年富足；当它在火的方位时，则有三年旱灾。因此，有时适宜于囤积农产品，有时却要把米粮分散出去。囤积品不必超过三年的需要。只要明智地考虑并进行决断，人们就可以靠（自然之）"道"的帮助，用盈余来补救不足。第一年可以有两倍的丰产，第二年是正常收成，第三年是歉收。水灾时期就应该想到制造车子，干旱时期也要想到准备舟船。每六年有一次大丰收，每十二年有一次灾荒。所以，圣人既能预见自然界的反复，也能对未来的灾祸早做准备[②]。

> 〈太阴三岁处金则穰，三岁处水则毁，三岁处木则康，三岁处火则旱。故散有时，积粜有时。领则决万物，不过三岁而发矣。以智论之，以决断之，以道佐之，断长续短。一岁再倍，其次一倍，其次而反。水则资车，旱则资舟，物之理也。天下六岁一穰，六岁一康，凡十二岁一饥，是以民相离也。故圣人早知天地之反，为之预备。〉

这里的"太阴"不是指月球，而是指一个假想的看不见的"反木星"，它的公转方向恰好与木星相反[③]。在人们看来，木星（岁星）和其他行星，都是通过众恒星向东（即按逆时针方向）移动的，因此想象出一个和太阳相伴的"影子行星"（"太岁"或"岁阴"），同恒星一起向西移动。王充《论衡》中有一整篇[④]的篇幅讨论了这一特殊理论[⑤]。木星的十二个"站"称为"次"，整个周期的年数称为一"纪"。一纪中各年的

---

① 此书辑录于马国翰的《玉函山房辑佚书》卷六十九；《计倪子》卷上，第三页；卷中，第一页。参见本书第十八章（第二卷，p. 554）。

② 由作者译成英文。塞索里努斯（Censorinus，公元 3 世纪）《论生辰》（*De Die Natali*）一书的第 18 章有一段话与此惊人地相似："这和十二年一循环的十二年岁周（dodekaeteris）长短极其相似。其名为迦勒底年（annus Chaldaicus），是星历家由观测其他天体运行而得，而不是由观测日、月运行来的。据说在一岁周中，收成丰歉以及疾病流行等天候的循环，都与这种观测相合。"（"Proxima est hanc magnitudinem quae vocatur dodekaeteris, ex annis vertentibus duodecim. Huic anno Chaldaico nomen est, quem genethliaci non ad solis lunaeque cursus sed ad observationes alias habent accomodatum quod in eo dicunt tempestates frugumque proventus sterilitates item morbosque circumire."）承蒙已故查得利博士指点，我才注意到这段话。

③ 见《史记》卷二十七，第十五页；Chavannes (1), vol. 3, pp. 357–362, 653 ff.；Forke (13), p. 502；刘坦 (1)。

④ 《论衡·难岁篇》［译文见 Forke (4), vol. 2, pp. 302 ff.］。

⑤ 关于这个问题，《淮南子·天文训》（第十三、十五、十八页）多有涉及。参见《盐铁论·水旱第三十六》。我们应联想到希腊的类似思想，特别是公元前 5 世纪毕达哥拉斯学派塔兰托的菲洛劳斯的"反地球"（antichthon）［见 Freeman (1), p. 225；Schiaparelli (1), pp. 334, 357］。可能阿拉伯天文学中的想象的行星"卡伊德"（al-Kaid）是仿效中国的"反木星"？哈特纳［Hartner (9)］最近对这一点进行了研究。

名称（岁名）以两种形式传了下来，一种属于天文学性质①，另一种属于占星术性质②。因此，这些岁名自然既被用于一年的十二个月和一日的十二时辰③，也被用于木星纪年④。天文学中的一套名称表示木星（岁星）的位置，占星术或历法上的一套名称则表示反木星（太岁）的位置⑤。对应的宿、支、方位的名称和次序示于表34。

404

表34　十二岁次表 403

	十二支	天文学上的名称（次）	占星术或历法上的名称（岁名）	对应的宿	对应的方位
1	子	玄枵	摄提格	女、虚、危（10，11，12）	北
2	丑	星纪⑥	单阏	头、牛（8，9）	北
3	寅	析木	执徐	尾、箕（6，7）	东
4	卯	大火	大荒落	氐、房、心（3，4，5）	东
5	辰	寿星	敦牂	角、亢（1，2）	东
6	巳	鹑尾	协洽	翼、轸（27，28）	南
7	午	鹑火	涒滩	柳、星、张（24，25，26）	南
8	未	鹑首	作噩	井、鬼（22，23）	南
9	申	实沉	淹茂	觜、参（20，21）	西
10	酉	大梁	大渊献	胃、昴、毕（17，18，19）	西
11	戌	降娄	困敦	奎、娄（15，16）	西
12	亥	娵訾	赤奋若	室、壁（13，14）	北

我们可以注意到，占星术或历法上的一套名称是从"摄提格"这个怪名开始的，这个名称我们在前面已经遇到过⑦。有些中国天文学史家［如丁文江；竺可桢（Chu Kho-Chen，1）］，以为摄提格及其他岁名都是印度木星纪年所用名称的音译⑧。但德索绪尔［de Saussure（11）］和沙畹［Chavannes（1）］则始终不同意这种看法，看来这种说法是不能使人信服的。天文学上的一套名称含义十分明显，而占星术上的一套则始终弄不清楚。由于摄提格等岁名常见于古书，所以关于岁星纪年的讨论也颇不少。关于这类问题，读者可参见德索绪尔［de Saussure（1）］及艾伯华、米勒和韩世龄［Eberhard，Miiller & Henseling（1）］等人的著作，他们认为《左传》中的年代是刘歆根据木星周期系统地"修正"过的。到耶稣会士入华之后，这种赤道上的十二次自然

① 见 Maspero（3），p.284；de Saussure（12）。
② 见 de Saussure（9）；（1），p.289。
③ 公元507年以后，一昼夜的"刻数"一度曾由100减为96；参见 Maspero（4），p.210。
④ 新城新藏（1）和德索绪尔［de Saussure（12）］曾研究过这个问题。参见 Chavannes（1），vol.3，p.663。
⑤ 从古书及古器物铭文中找到的它们的使用证据，见 Chavannes（1），vol.3，pp.656 ff.。
⑥ 人们认为十二岁次从星纪开始，星纪一词指的是建星星群（人马座 π 星及邻近的诸暗星，施古德星表 S 161）。这一点被当作所有行星周期的起点［de Saussure（1），pp.450 ff.］。
⑦ 上文 p.251。
⑧ 我们还会记得，湛约翰认为"摄提格"一名来自梵文"*Brhaspati-cakra*"（木星周期）。竺可桢则认为"摄提格"是印度二十八宿（"纳沙特拉"）中的"迦利底迦"（*Krttikā*），迦刺底迦月（*Kārttika*）的望月即在此宿［参见 E. Burgess（1），pp.315，317］，与印度木星纪年中的"摩诃迦刺底迦"（*mahākārttika*）年相当。竺可桢又认为"大渊献"即印度二十八宿中的"但你瑟陀"（*Dhaniṣṭhā*）。但此外再没有可以勉强比附的了。

便同毫不相干的希腊–埃及黄道十二宫完全混淆起来了[①]。

月份名称在中国古历中并不是最重要的。回归年的十二个月（即"气"，十足的气象学概念）分为二十四个节气，其中十二个是"中气"，十二个是"节气"（以竹节作比）。"节气"的名称虽然见于各种词典，而且中国目前还在普遍使用，我们仍在表35中把它们列了出来[②]。它们名称确实历史悠久；最早的文字资料见于晚周的《穆天子传》[参见 de Saussure（26，26a）]。商代的月有时为29日（"小月"），有时为30日（"大月"），有时两大月相连（"频大月"）[③]。

表35　二十四节气表

	名称	开始日期
1	立春	2月5日
2	雨水	2月20日
3	惊蛰	3月7日
4	春分	3月22日
5	清明	4月6日
6	谷雨	4月21日
7	立夏	5月6日
8	小满	5月22日
9	芒种	6月7日
10	夏至	6月22日
11	小暑	7月8日
12	大暑	7月24日
13	立秋	8月8日
14	处暑	8月24日
15	白露	9月8日
16	秋分	9月24日
17	寒露	10月9日
18	霜降	10月24日
19	立冬	11月8日
20	小雪	11月23日
21	大雪	12月7日
22	冬至	12月22日
23	小寒	1月6日
24	大寒	1月21日

注：二十四节气的每一节气相当于太阳在黄道上移动经度15°。节气的平均周期为15.218日；朔望月的半月为14.765日。二十四节气的名称表明，这一制度最初是在黄河流域或黄河以北制定的

---

① 参见 de Saussure（16d），p.337。

② 关于节气及置闰方法，详见 de Saussure（16d），Chatley（18），他们自然都是根据宋君荣和毕奥的著作写的。参见 Kühnert（4）。德庇时［J. F. Davis（2）］讨论这些问题的文章，载于1823年的皇家学会《哲学汇刊》。

③ 董作宾（1），《殷历谱》上编，第1卷，第9页起；第2卷，第2页。但是他认为商人已粗具二十四节气（下编，第3卷，第27页起；第5卷，第14页）。

　　在很早的时期①，十二次就和十二种动物（牛、羊、龙、猪等）的周始循环联系起 　405
来了。我们在讨论象征的相互联系时，已碰见过关于这种联系的议论②。东西方学者关
于这些联系的起源一直存有很大争论，有些人同意沙畹［Chavannes（7）］和博尔
［Boll（4）］的主张，认为它们是从邻近的突厥人或古代中东地区传到中国的，另一些 　406
人则赞同德索绪尔［de Saussure（10，16c）］的说法，力图证明它们原来就出自中
国③。这些议论，大部分需要根据现代关于文献的年代及其可靠性的知识重新加以考
虑，但是无论如何，对于科学史家来说，不论十二生肖是谁首创的，意义都一样。考
证起源的意义，看来完全属于考古学和人种学的范围④。目前，蒙古族和藏族还在用十
二生肖纪年，汉族当然更不必说了。

（5）谐　调　周　期

　　由于历法上的两种基本周期不能互相整除（参见上文 p.390），所有古代文化区的
制历者都认识到了"谐调"法的重要性，换句话说，他们都重视使两种周期在一个相
当长的时期结束时大致相合的问题。19 个回归年差不多等于 235 个朔望月。这个周期
在西方与雅典人默冬（Meton of Athens；鼎盛于公元前 432 年）的名字联系在一起⑤，
称为默冬周；在中国则称为"章"⑥。类似地，四个默冬周（或章）恰好等于 76 年或
27 759 日，这个周期则与库基库斯的卡利普斯（Callippus of Cyzicos；鼎盛于公元
前 370—前 330 年，与石申同时）的名字联系在一起⑦，称为卡利普斯周。如果每个这
样的周期减少一日，则卡利普斯制成了一种相当令人满意的历法。这 76 年的周期在中
国称为"蔀"⑧。人们发现，27 个章相当于 47 个月食周（每一个月食周大约 135 个月）
或 513 年，这就称为一"会"。三"会"（或 81 章）称为一"统"（共 1539 年），周数
不足一"统"时，其总日数不为整数。可以使六十干支周期、朔望月、回归年、月食
周等在其中会合而时间最短的周期，是 3"统"或 4617 年。还有一种单位叫作"纪"
（上文已提到作为木星公转周期的名称的"纪"），又称为"遂"或"大终"，一"纪"
等于 20"蔀"，即 1520 年或 19×487 个六十甲子日周期⑨。三"纪"成为一"大备"，

---

　　① 卜弼德［Boodberg（1）］认为早到公元前 6 世纪。
　　② 见本书第十三章（d）（第二卷，p.266）。
　　③ 近来人们倾向于同意后一种说法，特别是因为伯希和［Pelliot（42）］已在汉代文献中找到了一些证据。
巴赞（Louis Bazin）教授告诉我们，中亚突厥人的历法知识渊源于中国的证据看来已经越来越明确了。
　　④ 如果十二生肖的问题得到彻底解决，对于弄清楚古代和中古时期原始科学思想在各族人民间传播的问题，
自然会有帮助。
　　⑤ Sarton（1），vol.1，p.94。
　　⑥ 例如，《淮南子·天文训》（第八页）；《周髀算经》卷下，第十三页。
　　⑦ Sarton（1），vol.1，p.141。
　　⑧ 例如，《淮南子·天文训》（第五页）；《周髀算经》卷下，第十三页。参见 Kühnert（3）。
　　⑨ 参见《史记》卷二十七，第三十八页［Chavannes（1），vol.3，p.403］；《淮南子·天文训》（第五页）；
《前汉书》卷二十六，第二十三页；《周髀算经》卷下，第十三页。

又称为一"元"或一"首"①。《周髀算经》② 接着说，七"首"为一"极"，即 31 920 年。自此以后，"万物都达到终点而回到起始的状态"（"生数皆终，万物复始"）。这个"庞大周期"颇为有趣，因为它恰好等于儒略周期（Julian cycle）的四倍③。大家都知道，斯卡利杰尔（Scaliger）提出儒略周期（7980 年）是《周髀算经》成书数百年以后的事。它是各种周期的最小公倍数；这些周期包括默冬"章"，卡利普斯"蔀"，28 年的维克托里努斯安息周（Victorinus sabbatical cycle），15 年的罗马小纪（Roman indiction），80 年周期（其中 60 日周期反复出现）及 60 年周期本身。艾伯华和米勒 ［Eberhard & Müller （1）］、艾伯华、米勒和韩世龄 ［Eberhard，Muller & Henseling （1）］ 已将汉代天文学家计算历周的公式译出了许多，用那些公式进行计算是十分准确的④。

行星周期常数称为"纪母"，日、月、年周期常数称为"统母"。按汉代的朔望月长度值计算，最少需有 81 个朔望月（即 2392 日），才可能使日数为整数。如果把此数和 135 个月的月食周联系起来，即把前者乘以 5，后者乘以 3，各得 405 个朔望月或 11 960 日，便使得可容纳月食周在内的最短整日数周期。艾伯华和韩世龄 ［Eberhard & Henseling （1）］ 曾指出，结果证明这一周期和玛雅人的大卓尔金年（the great *tzolkin*）⑤ 相同。

上文已提到⑥，那些较短的周期正好和希腊人的历周相同。在某些学者看来，这成为西方历法传入中国的有力证据。但现在董作宾（1）已找到商代的人知道"章"和"蔀"的线索⑦，这不是说，他在卜辞中已找到了"章""蔀"等字样（它们迄今尚未发现），而是说，他发现卜辞的契刻者显然认为某些日子极其重要，而从那些日子恰好可推算出章或蔀的周期。其中有两个是交食的日子（公元前 1311 年和前 1304 年），并已由近代计算方法证明是正确的；另外两个是朔日（公元前 1313 年和前 1162 年）⑧。

---

① 《周髀算经》卷下，第十四页。关于这些名称（主要采自《前汉书》和《后汉书》）的更详细的说明，可在查得利的著作 ［Chatley （15，16）］ 中找到。

② 《周髀算经》卷下，第十四页。

③ 这是查得利 ［Chatley （15），addendum］ 指出的。近代地质学开始形成时，赖尔 ［Lyell （1），vol. 1，p. 23］ 引用了 17 世纪亚伯拉罕·埃凯伦西斯（Abraham Ecchellensis）所译的一种阿拉伯文献拉丁译本中的话，根据"盖尔班派"（Gerbanites）——一个"活动于基督纪元数世纪前的天文学家流派"——宣扬说，每隔 36420 年世界重建一次，物种也重新创造一次。探索这种信仰的源流足够写一本书，我们无暇及此。感谢费希尔爵士为我们指出这一资料。

④ 这些公式出自《前汉书》卷二十一下。正如查得利 ［Chatley （9）］ 正确地强调，这一卷的内容虽然属于经验性的，然而作为系统的论述却早于《天文学大成》一个世纪以上。由于这一卷写成后不久即被编入《前汉书》，它是否曾独立成书，已不可考。它的内容大部分出自刘歆，并包括了他在公元前 7 年制定的《三统历》。要进一步了解"三统"的含义，可参见冯友兰（1），第 2 卷，第 58 页。

⑤ 一个大卓尔金年相当于 46 个普通的卓尔金年，参见 Spinden （1），p. 141。

⑥ 上文 p. 186。

⑦ 《殷历谱》下编，第 1 卷，第 11 页和第 12 页；第 4 卷，第 5 页。

⑧ 商代历法的制定，需从《颛顼历》时代（公元前 366 年或前 370 年）上推至甲子、冬至、朔旦相合的时候 ［见《殷历谱》上编，第 2 卷，第，2 页；亦可见 Shinjō （1）］。

这两个日期之间的间隔恰好是 2 蔀或 8 章。如果这一点可以肯定下来，我们便很难想象巴比伦人[1]及商代的中国人[2]不懂得这些周期了。

汉代天文学家当然想把五星公转的会合周期和恒星周期完全纳入历周之内。他们   **408** 的想法是想在历周之初（"上元"）五星毕"聚"，到历周之末再"聚"[3]。木星和土星每隔 59.5779 年差不多在天空同一点上会合一次，恰好与六十年干支周期很相近 [Chatley（15, 20）]。木星、土星和火星每隔 516.33 年会合一次，《孟子》[4] 所谓五百年必有圣人出的周期，可以由此得到解释。中国古时很注意观测五星的会合（"合"）[5]和掩星（"蚀""入"）[6]。五星会合的年月，有时由于政治原因，偶尔也会故意改动，如经德效骞［Dubs（21）］和能田忠亮（4）[7] 研究过的公元前 205 年的一次会合[8]就属于这一情况，不过经过现在重新计算，发现那些记录大部分是很可靠的。例如，公元前 69 年的火星入月和公元 361 年的金星入月都与计算相符合。史书上常有五星会合的预言被证实的记载，如五代时窦俨预言的一次（公元 955 年左右）便如期出现了。"五星联珠"的构想也见于希腊和希腊化时代的文献，据施纳贝尔说，它似乎渊源于贝罗索斯和巴比伦人。现在，3"统"相当于 9 个月食周（135 朔望月）或 4617 年，或28 106 个六十日干支周期；这是汉代学者——特别是刘向和刘歆——结合五星周期提出的时间单位。他们的想法是，五星在 138 240 年之内恰好各循环往复若干周；把这个"齿轮"和 4617 年的周期配合起来，便形成一个完整的"大周"，那便是 23 639 040 年。这个周期的起点，就是所谓"太极上元"。在后来的中国天文学史中，这一构想一

---

① 参见 Fotheringham（1）；关于那波里曼尼（鼎盛于公元前 500 年）和西丹努斯（另一个与石申同时的人，约鼎盛于公元前 380 年），参见 Heath（4）。

② 德索绪尔［de Saussure（22, 22a）］因《史记》卷二十六中的历表提到"蔀"而认为它是褚少孙后来增补的，董作宾的发现已使德索绪尔的说法不能成立。褚少孙确实曾将历表延长到汉成帝建始四年（公元前 29 年），即自武帝太初元年（公元前 104 年）算起 76 年中的最后一年，这时司马迁已逝世多年。[《史记》卷二十六的历表中并未出现"蔀"字，只有唐人司马贞的注文（《史记索隐》）中才有"蔀"字。——译者]

③ 这当然是不可能的。五星可能在纬度上或经度上相合，但永远不能在两方面同时会合。参见本书第十六章（d）关于理学家论"世界周期"的话（第二卷，pp. 485 ff.）。

④ 《孟子·尽心章句下》第三十八章。

⑤ 《竹书纪年》（半系伪作，参见本书第一卷，pp. 74, 79, 165）所载当是最有名的会合之一，似即公元前 1059 年的会合，但可能是后世为迁就理论推算出来的［Chatley（15, 21）］。五星的会合各有专用术语：木星与金星相遇称为"斗"，火星与金星相遇称为"烁"；火星与水星相遇称为"淬"（冶金的术语），水星与土星相遇称为"壅沮"（灌溉术语）。这些术语自然是出于五行学说的。

⑥ 另一术语"袭"，用来表示掩星之前的迅速接近。

⑦ 1725 年 3 月出现过这类事件，当时中国钦天监官员已将火、金、水、木四星的会合作为一种吉兆，奏呈皇帝。但宋君荣、雅嘉禄（Jacques）、戴进贤仔细观测后［见 Souciet, vol.（1），pp. 101 ff.，opp. p. 208］提出了异议［Pfister（1），p. 6461］耶赫尔先生曾与已故埃萨尔·德拉维尔马凯（Hersart de la Villemarque）神父研究过这一事件，感谢他让我们注意到此事。

⑧ 《前汉书》卷二十六，第二十三页；参见《史记》卷二十七，第十五页、第四十二页［Chavannes（1），vol. 3，pp. 357, 407］。

直以各种不同的形式延续着①。

（i）天 象 记 录

（1）交　食

日食、月食是天龙在慢慢地吃日或月的这种观念，在安阳卜骨上所出现的最早用来表示交食的"食"字上清楚地表现了出来②。"食"就是"吃"，它的原始象形文字是个带盖的食器③。加上"虫"字偏旁而构成的更确切的交食专门用字"蝕"（蚀），直到相当晚的时候（汉代以后）才出现。

交食的观测，在中国历史上最早究竟可以上溯到什么时候？这个问题已争论了若干世纪，从对交食周期的逐步把握引起公元 8 世纪的一行计算夏、商两代的交食时就开始了。《书经》④ 所记载的日食，自古以来被认为发生在公元前第 3 千纪。《书经》的原文说："秋季最后一月的第一天，日月不会（和谐地）相遇于房宿。"（"乃季秋，月朔，辰弗集于房。"）研究者们对这次日食的认定并不一致，所确定的年代在公元前 2165—前 1948 年⑤，但由于当时还属于传说的时代，《书经》原文又肯定是后来才有的⑥，人们便放弃了决定具体年代的尝试⑦。接着又出现了一种意见，认为最先见于记载的是《诗经》⑧ 上的日食。根据哈特纳［Hartner（5）］、平山清次和小仓伸吉［Hirayama & Ogura（1）］、能田忠亮⑨等人的深入研究，这次日食的年代被定为公元前 734 年⑩。因为巴比伦的记录到托勒密时代以后便全部散佚，所以人们常把《诗经》所记载的日食看作世界史上可考的最古日食［Fotheringham（2）］。公元前 331 年亚历山大大帝征服巴比伦以后，显然曾有一些公元前 747 年那波那萨尔时代（Nabonassar' time）

---

① 这方面讨论，例如，见 Kirch（2）（1727 年）；des Vignoles（2）（1737 年）；以及科斯塔德（Costard）介绍中国天文学的含有恶意的论文，该文载于 1747 年的《哲学汇刊》。读者应该还记得，上文（p.120）已谈过公元 8 世纪僧一行曾致力于寻找"上元"。从他所求得的"上元"看，世界不是始于公元前 4004 年，而是大约 9700 万年以前。这从时间的长度来看，是颇有意义的。

② 关于其他文化区中类似的概念，可参见 Forke（6），p.98。我们提过，荀卿在公元前 3 世纪对当时这种想法的民俗学性质已有所理解［本书第十四章（b）；见第二卷，p.365］。

③ K 921。

④ 《书经·胤征》，译文见 Legge（1），p.82；Medhurst（1），p.127。

⑤ Gaubil；Williams（2）；V. Oppolzer（1）；Schlegel & Kühnert（1）；S. M. Russell（1）；Rothman（1）；刘朝阳（2）。

⑥ 上文（p.189）已提到过，一般认为这一篇是公元 4 世纪的伪作。《左传》在"昭公十七年"（即公元前 524 年）［Couvreur（1），vol.3，p.275］的纪事下引用了这句话。但这不意味着它早于公元前 3 世纪，因为《左传》已被汉儒版本窜改。《竹书纪年》（卷下，第十六页）所引的段落更应如此看待。

⑦ 见 Hirayama & Ogura（1）。

⑧ 《诗经·小雅·祈父之什·十月之交》，译文见 Legge（8）；Karlgren（14），p.138；《毛诗》编号：193。

⑨ Noda（4），p.365；能田忠亮（8）。

⑩ 不用福瑟林厄姆［Fotheringham（2）］所定的公元前 776 年。哈特纳［Hartner（5）］和韦利［Waley（21）］发现，如年代较晚，诗中的讽刺针对当时事件，方有意义。

甚至公元前 763 年的巴比伦天象记录抄本，被亚里士多德的侄儿卡利斯忒涅斯
（Callisthenes）携往希腊①。然而，近年来对殷墟卜骨的研究已大大增加了中国人在存
世古代天象记录上的优势，因为董作宾（1）能够在流传至今的甲骨卜辞中辨识出商人 410
记录的六次月食和一次日食②。这几次交食的年份如下：月食是公元前 1361 年、前
1342 年、前 1328 年、前 1311 年、前 1304 年和前 1217 年；日食是公元前 1217 年③。
除这几次月食之外，他又加上《逸周书》④ 中看上去记载正确的公元前 1137 年的第七
次月食。在较晚的另一篇文章［董作宾（3）］里，他又加上了辨认出的三次交食——
一次月食，一次日食，一次可能是日食也可能是月食，但年份都不详。

　　有一种有趣的论点，认为商人之所以观察月食，不是为了占星，而是为了制历，
因为月食只能发生在望日或靠近望日的几天内。卜辞表明，契刻者是想尽可能仔细地
把朔望月的日数校正。我们还发现有关商代国家组织等级状况的一些暗示，因为上述
第一次和第五次月食记录下面，都加一"闻"字——"殷都不见，方国报闻者"。这
个"闻"字，在一千五百年后的汉代还在继续使用。有趣的是，《诗经》上日食用
"醜"字，月食用"常"字；这使人想到，后者已能预测，所以被人习以为常，而前
者却尚不能预测。

（i）交食理论

　　中国人究竟是在什么时候大致正确理解了交食的性质？这个问题⑤和预报交食的方
法有密切关系。在西方，第一次准确的日食预报是和米利都的泰勒斯的名字分不开的，
他曾预报了公元前 585 年的日食⑥，用的大概是巴比伦的 223 个朔望月的沙罗周期⑦。
古人研究交食时之所以碰到困难，只是因为月球轨道不完全与黄道相合；如果两者完
全相合，那么，每一朔日都会发生日食，每一望日都会发生月食。因此，出现了多种
任意选定的周期，用来预示交食的大概日期。

　　关于从月面反射日光的理解，前面已谈了一些⑧。月光来自太阳这一点，对于了解
月食的性质是非常重要的。虽然人们把月亮由太阳照射的说法归于巴门尼德（公元前 6
世纪），可是这一事实的真正发现者却似乎更像是阿那克萨戈拉（Anaxagoras；生于公
元前 500 年）⑨。然而在中国，虽说在相当于前希腊化或古巴比伦文化的时代，确实曾 411

---

①　Heath（4），p. xiv。

②　亦可见刘朝阳（1，2，8，9）。

③　这些年代不是用天文学方法，而是从史事推得的；如果从天文学上推算，应各减一年。它们全部与董作
宾所计算出的《殷代交食表》（《殷历谱》下编，第 3 卷，第 7 页起）相合；除了公元前 1328 年那一次，也全部
与德效骞［Dubs（22）］的交食表相合。但德效骞［Dubs（26）］宁愿采用晚 150 年左右的一组年代。

④　参见本书第一卷，p. 165。

⑤　伟烈亚力［Wylie（14）］关于这个问题的早期著作现在已无大用处。

⑥　这次日食发生在 5 月 18 日；见 Herodotus，1，74。

⑦　Clement of Alexandria，*Stromata*，1，65；Pliny，*Hist. Nat.*，ch. 12，sect. 53。

⑧　上文 p. 227。

⑨　Heath（4），p. 27。

系统地进行过日月食观测,但对交食原理的了解,却似乎比希腊来得晚①。

公元前4世纪的石申肯定已充分了解到月亮与日食有着某种关系,因为他曾教人根据月亮与太阳的相对位置去预报日食②。他认为,当月亮与太阳相合("交")于月初或月终的黑夜("晦")时③,就可能在任一时刻发生日食。据马伯乐说④,石申大概认为,日食不是因为月亮的实体介入太阳和地球之间,而是由于月亮辐射出的阴气压制了太阳的阳气⑤。这个说法解释了甘德(或许把太阳黑子当作初亏)说日食是从太阳中心开始并向四周展开的原因⑥。这大概也能说明,晚周和汉代的天文学家(例如公元前1世纪的京房)为什么会说日"薄"(非全食)⑦。但是,巴比伦人却又认为一月之中除初一和十五两日以外,别的日子都可以发生日食[Sayce(2)]。这似乎是由浓雾所引起的错觉。至于月食,公元前4世纪的天文学家所了解的情况似乎反不如商代,因为他们认为,一月之中随时都可能发生月食。

在司马迁的时代(约公元前100年),人们以为几乎所有天体产生的影响都可能导致月食,这些天体不仅包括五星,也包括大角和心宿二⑧。司马迁知道月食有固定的周期,但他没有谈到过日食的周期,也没有试图提出任何说明日食原因的理论。

"辐射影响"说直到公元1世纪时还存在,因为王充提到了它。从他的话看来,当时显然早已有了正确的见解。他本人为了反对那个见解而争辩,因为他偏信一种错误的理论,认为交食是由于两大发光体的"气"周期性地"萎缩"或衰退所造成的。他究竟为什么要反对正确的见解,是个有趣的问题。他的整段话很有意思,值得全文抄引。他说:

> 按照儒生们的说法,日食是由月亮引起的。根据观察,日食总是出现在新月之时[原字义是月终("晦")和月初("朔")],这时月亮和太阳相会合("合"),所以月亮能够蚀太阳。在春秋时期,有很多次日食。《春秋》记载说,某月的朔日出现了一次日食,可是这些记载并没有说,这是由月亮引起的。如果(史官们)知道,这确实是月亮引起的,为什么他们不提月亮呢⑨?

> 在这种异常事件里,阳变弱了,阴变强了。可是(这和)地面上所发生的(情况是不一致的),总是强的欺凌弱的。实际情况是,月终的月光很弱,月初则几乎没有月光;那么,月亮怎么能胜过太阳呢?如果说日食是由于月亮消耗了太阳,那么,(月食时)又是什么东西消耗了月亮呢?应该说,没有任何东西消耗了月

412

---

① 中国古代有各种神话式的理论,如日中三足乌食日,月中蟾蜍或玉兔食月等,可见于《管子·九守第五十五》[见 Haloun(5)]及褚少孙所补的《史记》卷一二八。

② 《开元占经》卷九,第二页。

③ 关于卜骨上是否有"晦"字,以及这个字是否与"食"(交食)有关的问题,郭沫若曾与金璋进行过讨论,见 Hopkins(30)。

④ Maspero(3), p. 292。

⑤ 参见《淮南子·天文训》(第二页)。

⑥ 《开元占经》卷九,第九页。

⑦ 《开元占经》卷十七,第一页。

⑧ 《史记》卷二十七,第三十页,译文见 Chavannes(1), vol. 3, pp. 386 ff. 。

⑨ 王充在这里是从一种拙劣的论点出发的,特别是他借助于古书的权威,更无说服力。

亮，而是月亮本身衰弱了。同样的道理也适用于太阳，日食也是太阳本身衰弱了①。

大体说来，每四十一个月或四十二个月出现一次日食，每一百八十日出现一次月食②。日食定期出现并不（像儒生们所说的那样，）是（月亮循环的）周期性（再现的）异常事件，而是因为（太阳的）"气"的性质（在此时）起了变化。为什么要说太阳（的"气"）在月初或月终（的变化）与月亮有任何关系呢③？在正常情况下，太阳是饱满充沛的；如果发生了萎缩（"亏"），这就是一种不正常的现象，（可是儒生们却说）这必定是有什么东西在消耗着（太阳）。这样说，山崩和地震，难道也是有什么在消耗着吗④？

另外有些儒生说，日食是由于月亮遮掩了大阳（"月掩之"）。太阳离得很远（原字为"上"），较近（原字为"下"）的月亮遮掩（"障"）了太阳的外形。当太阳和月亮相会合时，它们就互相侵蚀（"袭"）。如果月亮远（原字为"上"），太阳近（原字为"下"），月亮就不能遮掩太阳了。但是因为实际情况与此相反，所以太阳被挡住了，它的光被月亮的光遮掩，于是便发生了日食。正像在阴天时太阳和月亮都看不见一样。当两者的边缘接触时，它们互相消耗；两者处于同心圆状态时，它们相互完全遮盖，从而使太阳几乎全然无光。太阳和月亮在朔日会合只不过是上天的正常规律之一。

可是说日食是由于月亮遮盖了太阳光，不，这不是真的。如何来证明呢？当太阳和月亮会合的时候，前者的光被后者"掩盖"，两者的边缘（"崖"）开始互相接触和后来重新露光时，接触边缘应当换了位置。假设太阳在东，月亮在西，月亮迅疾向东后退（原字为"行"），遇到太阳⑤，"掩盖"了太阳的边缘。接着月亮通过太阳继续东移。当首先被"掩"的（太阳）西边缘重露光芒时，先前未被"掩"的东边缘（现在）就应当被"掩"了。可是实际上，我们看到，在日食时，西边缘的光没有了，而当（光）重现时，西边缘光亮了（但东边缘也是亮的）。月亮继续前移，并遮掩了东（内）部也遮掩了西（内）部。这就称作"完全侵蚀"（"合袭"）和"相互遮掩和阻挡"（"相掩障"）。（相信日食是由于太阳光被月亮遮掩的天文学家们）怎能解释这些情况呢⑥？

413

---

① 在这一段里，王充由于过分相信阴阳说而被引入歧途，而且，后来他又与此相矛盾地主张，地上的现象是了解天上的现象的向导。

② 参见《论衡·治期篇》[Forke（4），vol. 2，p. 14]，其中提到另一些短周期。王充肯定不懂得，日食本来多于月食，不过在一固定地点看到的却较少。他说的180日，大概与太阳从一交点到另一交点所需的日数（173日）有关，或与6个朔望月的177日有关 [参见 Spencer-Jones（1），p. 180]。司马迁曾提到113个月和121个月的周期 [《史记》卷二十七，第三十页；Chavannes（1），vol. 3，p. 388]。这大概是想摸索一个像135个月那样的周期（见下文 p. 421），但一直到公元前1世纪，中国才把135个月的周期确定下来。

③ 佛尔克认为，这句话与朔日并不经常发生日食这一事实有关。对于王充来说，这可能是最便于提出的论据，但他是否指此而言，似乎并不十分明确。

④ 现在王充提出了自己的见解：不存在消耗太阳的东西，也不存在挡在它前面的东西，而是太阳按照自己的节奏萎缩或衰退。月亮的节奏也与此相似。他的论证虽然软弱无力，却明显地支持这种有机的世界观中自然产生的观点 [参见本书第十三章（f）（第二卷，p. 287）]。在他看来，月亮在日食时近地，不过是巧合而已。

⑤ 参见上文（p. 219）所引《晋书》的记载，即月亮每日向东移十三度，太阳移一度。

⑥ 我们相信这段异议是根据日环食的观测提出的。由于无从获悉二天体之间的尺度或距离，环食现象可能使对透视概念还不十分清楚的王充及其同时代的人感到困惑。

　　还有些儒生断言说太阳和月亮都是正球形的物体。当人们仰望它们时，它们的形状好像斗和篮子，完全是圆的。它们从远处看不是光的"气"，因为"气"不能是圆的。但是（以我的观点）日、月实际上都不是球形的；只是由于它们离我们很远，所以看去才好像是圆的。怎样证明这一点呢？太阳是火的精华，月亮是水的精华。在地上，火和水从来不呈球形，那么，为什么天上的水火就变成球形了呢？太阳和月亮是同五大行星相像的东西，五星又是同别的恒星相像的东西。别的恒星实际上都不是圆的，只是在发光时看来好像圆球一样，这是因为它们离得很远。我们怎么知道这一点呢？在春秋时期，有一些陨星坠落在宋国首都（的地上）①。人们走近去考察它们，发现它们都是石块，并不圆。既然这些（陨、流）星并不是圆的，我们就可以相信，太阳、月亮和行星同样也都不是球形的②。

　　〈儒者谓："日蚀，月蚀也。"彼见日蚀常于晦朔，晦朔月与日合，故得蚀之。夫春秋之时，日蚀多矣。《经》曰：某月朔，日有蚀之。日有蚀之者，未必月也。知月蚀之，何讳不言月？说："日蚀之变，阳弱阴强也。"人物在世，气力劲强，乃能乘凌。案月晦光既，朔则如尽，微弱甚矣，安得胜日？夫日之蚀，月蚀也。日蚀，谓月蚀之，月谁蚀之者？无蚀月也，月自损也。以月论日，亦如日蚀，光自损也。大率四十一、二月日一食；百八十日，月一蚀。蚀之皆有时，非时为变，及其为变，气自然也。日时晦朔，月复为之乎？夫日当实满，以亏为变，必谓有蚀之者，山崩地动，蚀之者谁也？或说："日食者，月掩之也。日在上，月在下，障于（日）〔月〕之形也。日月合相袭，月在上，日在下者，不能掩日。日在上，月在日下，障于日，月光掩日光，故谓之食也，障于日也，若阴云蔽日月不见矣。其端合者，相食是也。其合相当如袭璧者，日既是也"。日月合于晦朔，天之常也。日食，月掩日光，非也。何以验之？使日月合，月掩日光，其初食崖当与旦复时易处。假令日在东，月在西，月之行疾，东及日，掩日崖，须臾过日而东，西崖初掩之处光当复，东崖未掩者当复食。今察日之食，西崖光缺，其复也，西崖光复，过掩东崖复西崖，谓之合袭相掩障，如何？

　　儒者谓："日月之体皆至圆。"彼从下望见之形，若斗筐之状，状如正圆。不如望远光气，气不圆矣。夫日月不圆，视若圆者，去人远也。何以验之？夫日者，火之精也；月者，水之精也。在地，水火不圆；在天，水火何故独圆？日月在天犹五星，五星犹列星。列星不圆，光耀若圆，去人远也。何以明之？春秋之时，星霣宋都，就而视之，石也，不圆。以星不圆，知日、月、五星亦不圆也。〉

　　总之，在王充的时代（约公元80年），人们显然已经普遍具有了正确的交食理论。可是王充宁愿相信太阳和月亮有各自内在的发光节奏③，在这个问题上他的观点与卢克莱修的一些猜测如出一辙④。例如，他从日环食的观测及对天体形状的深深怀疑中引出一些反对的理由，来支持这种偏见⑤。或许他的立场的真正意义在于：持怀疑论的儒

---

①　《左传·僖公十六年》［Couvreur（1），vol. 1，p. 310］。这一事件的年份被定在公元前 643 年。
②　《论衡·说日篇》（第五页起），由作者译成英文，借助于 Forke（4），vol. 1，pp. 269 ff.。
③　即有些像现代天文学中的脉动变星。中古时期，中国和日本已观察到变星［见 Iba（1），pp. 141，143］。
④　De Rerum Natura，v，719 ff.，751 ff.。
⑤　葛洪对王充这种见解的评语，见《晋书》卷十一，第五页。葛洪十分正确地举出了发生日、月食时所看到的形状，说明了天体确实是圆形的。参见 Aristotle，De Caelo，297 b 25。

生①，总是批评有实际经验的天文学家的理论没有和道家学说分清界限。王充大概没有 　414
注意到，栾大那样的术士和落下闳那样的星象观测者之间，以及京房那样的预言家和
刘歆那样的历算家之间，存在着很大的区别。当时朝廷对他们一律任用，只是使得人
们对朝廷失去信心。王充反对这些人，以及这些人的所有学说——但是，有时他们的
理论恰好是对的。

我们在刘向的《五经通义》（约公元前20年）中可以找到正确的见解②："当日食
发生时，是因为月亮在运行中遮挡了太阳。"（"日蚀者，月往蔽之。"）由此看来，正
确的见解大概出现在从战国初到西汉中叶之间的某一时期；邹衍学派的自然主义者们，
可能与此有关。在王充之后，正确的理论完全建立了起来。公元120年左右，张衡在
《灵宪》里说：

> 太阳像火，月亮像水。火发出光，水反射光。月亮的亮光来自太阳的照射，
> 月中的暗黑部分（"魄"）是由于日（光）被挡住（"蔽"）。对着太阳的一面很明
> 亮，而背着太阳的一面就暗黑。行星（和月亮一样）具有水的性质，能反射光。
> 太阳连续不断地照射出来的光（"当日之冲光"）并不总是能达到月亮，这是由于
> 地的遮掩（"蔽"）——这称为"暗虚"，就是月食③。（同样的情况）发生在行星
> 时（我们称之）为掩星（"星微"）；月亮经过（"过"）（太阳的轨道）时，就出
> 现日食（"食"）④。

> 〈夫日譬犹火，月譬犹水，火则外光，水则含景。故月光生于日之所照，魄生于日之所蔽，
> 当日则光盈，就日则光尽也。众星被耀，因水转光。当日之冲，光常不合者，蔽于地也。是谓
> 暗虚。在星星微，月过则食。〉

有机自然主义作为世界观来看，是无可非议的，然而王充的脉动说却成了这种世
界观起阻碍作用的一个明显的例证。这便是中国的"亘久常青的哲学"（philosophia
perennis），我们在本书第二卷中对此已有所说明。连交食轨道和互相遮蔽等简单概念，
在王充看来也过于机械；他宁愿相信那是来自天体内在性质的一种节奏。在较晚的思
想家刘智的《论天》（约公元274年）⑤中，也可以看到相似的思想障碍。尽管他完全
懂得日、月轨道相交的道理，但他不可能相信在有机的等级制宇宙中，下等的阴竟会
正常地去掩蔽和阻碍上等的阳而产生日食。而且，由于阴阳不可分，月中也应当有阳，
月亮本身也会出微弱的光，仅仅由于这一点，月食也不可能是地影所造成的。

> 阴和阳相互呼应（"应"）。纯净的东西就接受光，冷的东西就接受热——这　415
> 种交流无需有什么媒介。尽管广袤的空间使它们分离，但它们能互相呼应。把一

---

① 王充在《说日》篇的开头，对日、月中种种动物的民间传说，进行了怀疑性的批判。但总的说来，他拥
护盖天说，这正说明了他的保守思想（参见上文p.218）。

② 引文见于《开元占经》卷九，第三页。

③ "暗虚"一词至少用到明代（参见1400年前后王逵撰写的《蠡海集》，第五页）。

④ 《玉函山房辑佚书》卷七十六，第六十三页，由作者译文英文；辑自《后汉书·天文志上》（第四页）注
文。参见《开元占经》卷一。亦可见下文（p.421）关于术语"过"字的讨论。

⑤ 《全上古三代秦汉三国六朝文》（全晋文）卷三十九，第五页起。

块石子丢在水里，（涟漪）依次扩散，这就是水的"气"的传播。相互回音意味着相互感应；没有任何约束能够阻止（事物的互相影响），也没有任何阻障能够隔开它们。（所以，正是）极纯净的物质（月亮）接受阳（太阳）光……阴和阳互相感受，一方繁盛了，另一方就必定变得衰弱……如果（太阳和月亮之间）只有光的反射，而没有互相辐射和接受的"气"，那么，当阳繁盛时，阴的光亮也应该繁盛（可是没有日食的时候却有月食）；当阳衰弱时，阴也应该衰弱（可是朔日却出现日食）。这样一来，太阳和月亮的不同之处，就无法解释了[1]。

〈阴阳相应，清者受光，寒者受温。无门而通，虽远相应。是故触石而次出者，水气之通也。相响而相及，无违不至，无隔能塞者。至清之质，承阳之光……阴阳相承，彼隆此衰……若但以形光相照，无相引受之气，则当阳隆乃阴明隆，阳衰则阴明衰。二者之异，无由生矣。〉

我们在这里又看到，一个人的头脑由于受到先入为主的有机论宇宙学说（宇宙由必然相互作用的各部分组成）的阻碍，竟不能接受对某些事实的最简单解释。不过在别的方面，如在理解潮汐的起因时，坚信超距作用倒确实有好处[2]。

我们听一听宋代天文学家在 11 世纪时关于交食的论述，是颇有意思的。沈括在 1086 年写道：

当我在昭文（馆）[3] 编校书籍的时候，我参加了关于司天监使用新浑天仪的详细讨论……

一位官长[4]问我太阳和月亮的形状；究竟是球形还是（扁平）扇形？如果它们像圆球，那么，它们相遇时想必会互相阻挡（"碍"）[5]。我回答说，这些天体肯定像圆球。我们是怎么知道的呢？是通过月亮的盈亏知道的。月亮本身不发光，但它却像银球那样。它的光就是太阳（反射）的光。每当月初开始见到月光时，是太阳（光）在旁侧（通过），所以只有旁侧被光照到，看上去像个弯钩。太阳渐渐移远，它的光斜照在月亮上，便成为满月，圆得像个弹丸。如果把一个圆球的一半用白粉涂上，从侧面看去，涂粉的部分就像新月；如果正面看去，它却是圆的。因此，我们知道各个天体都是球形的。

（另一方面）太阳和月亮都是由气形成的，它们有形，而没有固体物质；所以它们在相遇时并不互相阻挡。

他又说："既然太阳和月亮每天会合（'合'）一次，相对（'对'）一次[6]，为什么它们却偶尔才出现一次交食呢？"我回答说，黄道和白道像两个环互相叠合（'相叠'），但彼此间仍有一小段距离[7]。（如果没有这样的斜交，那么，）只要这

---

[1] 由作者译成英文。

[2] 参见下文 p. 483。

[3] 昭文馆直属于内阁。

[4] 这无疑是一位行政管理官员。

[5] 在讨论光学的那一章 [本书第二十六章（g）]，我们会再次遇到这一术语。

[6] 二十四小时之内。

[7] 实际上是 $5\frac{1}{4}$ 度。

两个天体相会合，就会出现日食，而这两个天体相对时，就会出现月食。但是 416
（事实上）它们虽然可能占着相同的角度①，而两个轨道并不（总是相互）靠近，
所以，这两个天体自然并不（总是）相侵。只有当（赤经）相合而且（赤纬）相
近时（"同度而又近"），也就是说，黄道和白道（在交点处）相交时，太阳和月
亮才会互相侵袭和遮掩。交点（"交处"）就是全食之处。如果会合不在正中又不
对称（"不全当交道"），发生的就是偏食，食的程度由相交的程度决定。

（我接着说，）如果白道从外部经过（黄道的）内部，那么，初亏发生在西
南，一直到东北才复圆②。如果白道从内部移向外部，情况就正好相反。如果太阳
在交点的东面，它就从内部开始食；如果它在交点的西面，日食就从外部开始。
日全食是从西部开始，在东部复圆③……

交点每月退一度多④，所以 349 日⑤形成（交点⑥会合周的）完整周期
（"暮"）⑦。

西方人（即印度人）用的是罗睺和计都⑧的逆步方法，也就是我们所说的交点
（后退）的轨道。罗睺是升交点（"交初"），计都是降交点（"交中"）⑨。

〈予编校昭文书时，预详定浑天仪。官长问予：……

又问予以"日月之形，如丸邪？如扇邪？若如丸，则其相遇岂不相碍？"予对曰："日月之
形如丸。何以知之？以月盈亏可验也。月本无光，犹银丸，日耀之乃光耳。光之初生，日在其
傍，故光侧而所见才如钩；日渐远，则斜照，而光稍满如一弹丸。以粉涂其半，侧视之，则粉
处如钩；对视之，则正圆。此有以知其如丸也。日、月，气也，有形而无质，故相值而无碍。"

又问："日月之行，月一合一对，而有蚀不蚀，何也？"予对曰："黄道与月道，如二环相
叠而小差。凡日月同在一度相遇，则日为之蚀；在一度相对，则月为之亏。虽同一度，而月道
与黄道不相近，自不相侵；同度而又近黄道、月道之交，日月相值，乃相陵掩。正当其交处则
蚀；而既不全当交道，则随其相犯浅深而蚀。凡日蚀，当月道自外而交入于内，则蚀起于西南，
复于东北；自内而交出于外，则蚀起于西北，而复于东南。日在交东，则蚀其内；日在交西，
则蚀其外。蚀既则起于正西，复于正东……交道每月退一度余，凡二百四十九交而一暮。故西
天法罗睺、计都皆逆步之，乃今之交道也。交初谓之"罗睺"，交中谓之"计都"。〉

宋代后期（1180 年前后），哲学家朱熹在《诗经》的一首诗的注释中，对交食提
出一个十分清楚的说明。他说：

---

① 在赤经或天球经度上。
② 这是由于白道与黄道成 5°倾角。因为月在恒星间向东移动的速度大于太阳（两者的视运动都是自东而
西），所以月食必定从西侧开始。
③ 后面接着一段关于月食的类似叙述，并做了必要修正。
④ 正确的数字是每年 19°21′。
⑤ 有些版本作 249，肯定是传抄之误。
⑥ 原文用"交"字，作"合"及"对"解。
⑦ 即太阳回到交点所需的时间。正确的数字是 346.62 日。
⑧ 见上文 p. 228。
⑨《梦溪笔谈》卷七，第 14 至 16 段，由作者译成中文，廖鸿英也参与翻译。参见胡道静（1），上册，第
308 页起的注释。

在朔望月之终，太阳和月亮在东西（赤经）处于同一度数（"同度"）并在南北（赤纬）处于同一条线（"同道"）相合（"合"）时，就发生一次日食。那时月亮遮掩（"挣"）了太阳，所以引起日食。在满月之时，月亮和太阳同度而又同道相对（"对"），于是月亮被遮蔽（"亢"）而得不到阳光，便出现月食①。

〈晦朔而日月之合，东西同度，南北同道，则月挣日而日为之食；望而日月之对，同度同道，则月亢日而月为之食。〉

道士邱长春在从北京赴蒙古朝廷并于撒马尔罕谒见成吉思汗的途中，曾和他的随行人员观测过一次日全食。观测的时间是 1221 年 5 月 23 日，地点在蒙古北部克鲁伦河河畔②。1222 年，他们抵达撒马尔罕后，邱长春和当地的一位天文学家进行过讨论，曾提到他们沿途系统地收集各地食时和食分的情况。旅行队中掌文书的李志常记下了这次讨论③。长春真人说："正如一人用扇子遮挡蜡烛，扇子的影子中没有光，但越往边部移动，光也越亮。"（"正如以扇翳灯，扇影所及，无复光明。其旁渐远，则灯光渐多矣。"）这应当是历史上最早对日食阴影在地面上的移动路径做的研究之一。

（ii）记录的范围、可靠性和精确度

《左传》上载有公元前 720 年以后的 37 次日食；关于它们的考订，在年代学上当然具有重大意义，所以时常成为讨论的对象④。托勒密的《天文学大成》所提供的月食表，始于公元前 721 年，这真是值得注意的巧合。自汉初以后，历代正史中都有系统的交食记录。伟烈亚力［Wylie (8)］从那些记录中收集到不少数据，到 1785 年为止，计有日食 925 次⑤，月食 574 次，但最完整的统计表是黄伯禄［P. Huang (3)］的⑥。在近年的统计概要文章当中，值得提到的有朱文鑫［Wên Hsien-Tzu (2)，朱文鑫 (4)］和高鲁 (1) 的文章。朱文鑫 (2) 还专门就中国文献中所载的日食写了一篇专论⑦。

---

① 《诗集传》，引用于《格致古微》卷一，第八页，由作者译成英文。另见《朱子全书》卷五十，第一页，第十二页；《朱子语类》卷一，第九页。

② 《长春真人西游记》卷上，第十页。

③ 见《长春真人西游记》卷上，第二十二页，译文见 Waley (10)，pp. 66，94。我们感谢富路德提醒我们注意下面的有趣事件。富路德［Goodrich (9)］认为，那位撒马尔罕的天文学家是中国人，不过，尽管该书在几页之后［第二十三页，译文见 Waley (10)，p. 97］提到了一位"司天台判李公"，但此说似与书中原意不尽相合。关于这位李公和他的同事，如能了解得更多，当然是有意义的。这个人与巴纳基所说的曾协助拉施特（Rashīd al-Dīn al-Hamdānī）于 1305 年编写《史集》（Jāmī 'al-Tawārikh）的中国学者 "Li Ta-Hsi"（或 Ta-Chi，或 Na-Hsi），很难证明为一人，因为那至少是一代以后的事了（承蒙扎基·瓦利迪·托甘博士提供说明）。

④ 朱文鑫 (2)；Williams (3)；S. J. Johnson (1)；Eberhard, Müller & Henseling (1)；Schjellerup (1)；Fotheringham (2)。

⑤ 陈遵妫 (2) 统计为 985 次，朱文鑫 (2) 统计为 921 次。

⑥ 已和奥波尔策［v. Oppolzer (2)］的交食表核对过，可以与金策尔［Ginzel (2)］的地中海地区交食表及诺伊格鲍尔的表相对照。

⑦ 日本的文食记录见神田茂 (1)；全部采自公元 620 年左右起的编年史《日本纪》［见 Snellen (1)］。朝鲜交食记录见 Rufus (2)，pp. 16，44。

关于汉代的交食，人们已经做了非常仔细的研究①。至于古代天文官员的可靠性，人们也曾尝试做了一些估计；艾伯华［Eberhard（6）］、艾里（Airy）和德效骞［Dubs（2）］都提供了一些数字，现列在表36中。最下面的缺记录一类，一部分可用天气不适于观测来解释，但这样做并不合适，因为不见记载的日食在一年十二个月中是均匀分布的②。艾伯华认为，"不可能"一类的日食，是后世按某种周期计算，然后加入记录中的；如果确实如此，那么，"待考"一类也可用同样的理由加以解释。或者，日食和月食可能出于政治上的原因（"褒贬"）而有所增减。为了批评朝廷可能增加了一些，统治者较开明时可能减掉了一些（两个时期一共减掉23次）。于是，在失人心而残暴的吕后当朝时期，尽管当时不曾有日食，可是却出现过一次日食通报（公元前186年）。自此以后，出现了一些长时间的空白期（例如公元前177—前160年、前68—前56年、前54—前42年），其间未见一次日食记录。然而德效骞③的观点对汉代天文官员相当有利；他认为"不可能"一类的日食可用记载的文本错误来解释，因为他找不到什么为政治目的而捏造日食的证据。

表36　中国古代天文学家的日食观测

	《春秋》（《左传》）	《前汉书》
确可考证并经现代计算法证实的		
很显著	21	12
可见到	5	9
不显著	2	6
不易见到	3	6
偏食	1	5
	32	38
认为记载日期略误，尚可考证	0	14
待考	3	0
不可能	2	3
记录总数	37	55
按现代方法计算应有显著日食，但缺观测记录的	14	28

近年来，毕汉思重新研究了这个问题，他以各朝所记载日食的统计数字作为应记载的日食次数的函数，画出了一张统计图。日食的记载似乎并无伪造现象（除刚提到的吕后的事例以外），但是经常不完整，并且不完整的程度恰好与当时朝廷的声望相符④。如果当时并不需要"上天示警"的话，天文官员可能记录了日食但没有去呈报，因此史官也就无从加以记载了。毕汉思告诉我们，这样的情况也适用于其他一切凶兆。他还提供了支持此（显然是有几分可信的）见解的证据，即所谓"声望"是指朝廷对

---

① Dubs（23，24）及Dubs（2）中相关的章节。公元31年的日食，已由基尔希［Kirch（1）］在1723年进行了专门研究。

② 这里应想到中国的季风气候。

③ Dubs（2），vol. 1，pp. 212，288；vol. 3，pp. 551，559。

④ 或许毕汉思论点的弱点在于他（或者其他人）缺乏可以做出这种估计的基本根据。

在朝大臣的声望，而不是指它在人民群众中的声望。因此，汉代的日食记录，在最令儒家官僚不满的王朝时期，最有可能是完整的。

419　　　傅海波〔H. Franke (1)〕在其对元代交食记录的研究中，证实了这样一种观点：对于交食与其他灾异的关联，必须始终考虑进去。元朝末代皇帝（顺帝）在位期间，有大量的灾异被记载了下来，但它们当时是否真的如此频繁地发生，值得怀疑。过去在人们的头脑中有一种固定的想法，总是假定一个王朝行将覆灭时要发生某种灾祸。

　　关于历代天文机构中司天人员的工作习惯和思维方式，只要我们善于发掘，就一定会找到好些文字记载。傅海波在杨瑀1360年所著的《山居新话》中，发现了一段很精彩的文字，使我们了解到过去的实情。杨瑀说：

> 当我在太史院任辅监员时，皇帝有特旨要我们认真注意天象变化。（后）至元六年（1340 年）七月初一日，有一个姓张的司天官员来（到我家），要我立即去太史院。我们一起到院里，遇见李专员，他已经穿好朝服在等待着了。他说："昨夜出现了景星现象①。这是非常吉祥的预兆，我想应当立即上奏。我认为，我们会得到丰厚的赏赐的。"我翻阅了档案，包括早期的许多记录，却得出一个不同的结论。我说："虽然这一现象出现于月终（即朔月），但它的形状和应有的形状有些不同。并且，如果景星出现，应该同时还有醴泉、凤凰、朱草、庆云等来与（天象预兆）相配合（原文为"副"）。可是（恰恰相反），陕西有瘟疫和灾祸，内地各省有盗匪，福建的叛乱很猖獗。我想这样做很不合适。为什么天上的"道"（和地上的"道"）这样相反呢？"可是李专员坚持己见，很是固执。于是我就说："到目前为止，只有六个观象人员见到这个天象。万一全国百姓都看到了这个天象②，他们就不会把它看成是一种凶兆吗？"最后他同意等一等，如果景星（当晚）再次出现，即行上奏。实际上，九天之后，金星便"横过中天"③了。这说明人们应当谨慎从事，不可轻举妄动④。

> 〈余任太史同金，特旨令知天象事。后至元六年七月朔，灵台郎张某来请甚急。及同到院，则李院使者肃衿以待，曰："夜来景星见，此祥兆也。可即往奏闻，我辈当有厚赐。"余乃以奏目画图考之志书，殊异。余曰："虽见于晦日，形则少异。且景星之现，当有醴泉出、凤凰来、朱草生、庆云至而相副之。今陕西灾疫，腹里盗贼，福建反叛，恐非所宜。何天道相反如是耶？"李公之意颇坚，折之不已。余曰："今见者惟灵台监候六人也，万一或有天下共见之凶兆，当何如耶？"遂答曰："伺再见即闻。"乃止。越九日，太白经天。由是言之，凡事不可造次也如此！〉

　　由此看来，研究交食周期的现代天文学家或气象学家，在充分利用中国交食记录之前，必须做些仔细的历史分析和研究工作。不过，中国的记录如果像某些苛刻的评

---

① 解释见下文（p. 422）。

② 这些话使我们想到一种情况，即人们在尚无较好的人工照明时，几乎都是日出而作、日落而息，大概不会有文化水平较高的人去核对官方观测人员的报告，而那些由于工作必须在户外过夜的人们，对天文学则了解不多。

③ 这是一种大凶兆；参见 Schlegel (5)，p. 635；Chavannes (1)，vol. 3，p. 374。

④ 《山居新话》第十四页，译文见 H. Franke (2)，no. 35，由作者译成英文。参见 Franke (8)。

论家所说的那样不准确的话，便不可能从中推出像太阳黑子周期那样为大家所熟知的周期了（下文 p. 435）。德效骞[1]以公元前 96 年的日食为例，提供了一项可以说明记载的正确性的明显例证。在沙畹研究斯坦因从沙漠中的汉代烽燧遗址里掘得的历书，并发现黄伯禄［Huang（3）］把某些闰月摆错——当时做了必要的修正，表明《前汉书》的记载是正确的——之前，这次日食是被列入待考类中的。公元前 16 年前后，由于某些原因，司天人员观测日食特别仔细。德效骞认为，他们观测日偏食时使用了镜子之类的特制工具[2]。其中某次日食，据说是"（上天）偏偏使京都知道它；四个（方向）的郡国不能看见它"（"独使京师知之，四国不见者"）。然而各州郡都有自己的观测人员。公元前 145 年，有一次只有山东半岛东端在日出时能看到的日食；这次日食还是及时报到了京师，并被记载了下来。

看到交食记录逐渐趋于精密，是很有趣的。《春秋》中已有三次日食记录，记录中出现了"既"字，表示是全食。关于公元前 442 年、前 382 年和前 300 年的日食，《史记》上有"白天那样昏暗以致能够看见星星"（"昼晦星见"）的话。汉代记录除"既"字（全食）之外，还有"几尽"（几乎全食）、"不尽如钩"（新月状）之类的术语。有一次还提到"三分"（十分之三）的偏食。后来，历代都载明偏食的食分，唐代记录并有"大星皆见"（所有大星都能够看见）一词。汉代的记录有时载明日食的持续时间和起讫时间，误差不超过十五分钟。唐宋的记录中通常包含十分精确的细节，但也不总是如此。关于交食在天上的位置（在某宿中的度数等），汉代一般都有记载，而唐代则全部有记载。朱文鑫（2）将所有这些日食——用奥波尔策交食图表进行了核对，证明绝大部分是如实记录的。

（iii）交食的预报

自古以来，中国天文学家自然一直注意研究交食的预报，尽管这和文艺复兴以前的一切努力相似，预报只能是经验性的。众所周知，巴比伦曾对所谓"沙罗周期"[3]（18 年又 11 日，即 223 个会合周期）加以验证，到这种周期结束时，日、月又处在同一相对位置上，日食便重复出现。现在我们知道，日食只取决于月球公转的周期及其相对于太阳的交点。经验性日食预报的困难之一是：无论在哪一个固定中心，都无法进行日食观测，因为在地面上，每次日食只有在一条狭长的地带上才可以看到。但日食比月食次数多，每一沙罗周期有日食 41 次，月食 29 次[4]。就日食来说，在大致相同的地点重复出现，需时三个沙罗周期［即托勒密的一个"转轮"（exeligmos）周期］。

---

① Dubs（2），vol. 2，p. 141；vol. 3，p. 557。

② Dubs（2），vol. 2，p. 420。我想这很可能是和烟熏玻璃相似的东西，如半透明的玉，以及云母、水晶等（参见下文 p. 436）。

③ 诺伊格鲍尔［Neugebauer（9），p. 135］曾指出，说巴比伦人曾用沙罗作为这种周期的名称，在历史上纯属虚构。在贝罗索斯的著作中，所谓沙罗原指 3600 年而言。这个词与交食周期发生联系，似乎是由哈雷对苏伊达斯（Suidas）著作的一条欠妥的订正引起的。

④ 参见 Spencer-Jones（1），p. 177；Berry（1），pp. 19, 56；Dubs（2），vol. 1，p. 163。

汉代人似乎并不知道这些周期，但他们发现了自己的周期，即包括 135 个月的"朔望之会"（后称"交食周"）①，这期间共包括 23 次日食。刘歆在公元前 7 年的《三统历》②［参见 Eberhard & Henseling（1）］中常用"朔望之会"一词，看来该词是在公元前 1 世纪中发展起来的。有些学者认为，刘歆为迁就这一周期，曾窜改了《春秋》中日食的年代［Eberhard，Miiller & Henseling（1）］。

到公元 3 世纪初，月球轨道被分析得更清楚了。刘洪预报交食的方法，已认识到（月球轨道经过黄道的）交点，称之为"过周分"，并估计出月球轨道与黄道所成的角（"兼数"）为 6 度左右③。"兼数"见于公元 206 年的《乾象历》④。在同一世纪中，杨伟能预报日食的初亏和复圆的方向（"亏起角"和"去交限"）⑤。姜岌（约公元 390年）改进了这个方法，他看上去能预报偏食的程度⑥。公元 7 世纪初期，刘焯和张胄元已能预报初亏和复圆的时间（"起讫"）、在天空的位置（"所在"）和大致的偏食程度（"食分"）。唐代僧一行及其他天文学家在他们的交食预报中所用的术语有："初亏"，表示开始时间；"食甚"，表示掩盖最多的时间；"复圆"，表示最后脱离接触的时间。环状的日食称为"环食"。在这一期间，人们也曾企图预报地面上可看到日食的地带。

422 宋代的交食预报有时由太史局⑦负责，观测则由司天监负责。11 世纪的沈括《梦溪笔谈》⑧ 中有一段关于当时推算交食的方法的有趣文字，沈括在文中很推崇他的友人卫朴的工作，卫朴所作的交食表几乎与《左传》所载日食全部相合，其成就甚至超过一行。下面的一段话（采自撰于 13 世纪初的《枫窗小牍》）说明当时人们大概普遍对交食推算感兴趣，官方司天人员在预报的准确度方面，似乎并未取得垄断地位。

庆元四年（1198 年）太史预测九月初一夜里有一次日食，可是民间预测日食出现在白天，结果证明民间的预报是正确的。嘉泰二年（1202 年），太史预测日食出现在五月初一的正中午，可是平民赵大献说是十一点三刻且只食三分。皇帝命令著作张嗣古、秘丞朱钦则等，监督浑仪观测助理进行核对，结果证明赵大献的预报是正确的。司天人员由于失职，受到严厉处分。自从迁都江南之后，历法一直有许多错误⑨。

〈庆元四年九月朔，太史言日食于夜，而草泽言食在昼，验视如草泽言。嘉泰二年，日食五

① 最准确的是 19 世纪纽康算出的周期，为 358 个月。
② 《前汉书》卷二十一下，第一页；《后汉书》卷十二，第十八页。
③ 刘洪的度数以中国古度计，相当于 5°54′。喜帕恰斯（公元前 2 世纪）定为 5°。实际数值是 5°8′。
④ 《晋书》卷十七，第一页起，特别是第七页起。参见他的《论月食》，该文存于《后汉书》（卷十二，第十七页起）。
⑤ 《晋书》卷十八，第六页。
⑥ 关于日食预报，公元 6 世纪中叶有一次著名的争论。北齐五位主要的天文学家预报日食的时间为同一日，但有四个不同的时辰，结果无一准确。"于是他们继续争论，得不到任何结论，直到北齐灭亡为止。"（"争论未定，遂属国亡。"）《隋书》卷十七，第四页；《旧唐书》卷三十二，第一页）
⑦ 见上文（p.191）关于在京城同时设有两个并行的天文台的做法。
⑧ 《梦溪笔谈》卷十八，第 11 段；参见胡道静（1），下册，第 604 页起。
⑨ 《枫窗小牍》卷下，第十八页，由作者译成英文。本书第二十七章关于时钟机构的部分，对于北宋之亡和迁都杭州给中国科学技术所造成的损失，将进一步提出论证。

月朔，太史以为午正，草泽赵大猷言午初三刻食三分。诏著作张嗣古监视浑仪，秘丞朱钦则等覆验，卒如大猷所言，史官乃抵罪。盖自渡江后，历差多矣。〉

交食预报的方法在郭守敬[①]时代（13 世纪最后二十年），尽管仍然属于经验性的，可是还保持着高水平，但到了明代，较早的方法已被人们遗忘，水平日益下降。我们知道，交食预报是耶稣会士能够取得朝廷信任的最重要原因之一。

（ⅳ）地球反照和日冕

在和这论题相关的若干天象当中，"地球反照"效应可以一提。当日光照射下的地球，由于反射作用，把月球黑暗部分照亮时，便可看到这种作用。就像《帕特里克·斯彭斯爵士歌谣集》（*Ballad of Sir Patrick Spens*）所说的：

> 昨宵见新月，
> 旧月偎其怀。
> 船主若出海，
> 恐遭祸与灾！

屈纳特 ［Kühnert（5）］ 在一篇精心撰写的论文中承认，中国人早已知道这一现象，称之为"德星"或"景星"。司马迁说：

> 当天空宁静清澈的时候，景星就会出现。它又名德星。它并没有固定的形状，可是它对遵循"道"的国家（的人民）显现[②]。
　423

> 〈天精而见景星。景星者，德星也。其状无常，常出于有道之国。〉

这就是上文（p. 419）所引杨瑀的那段文字中记载的致使 1340 年北京太史院过早为夜见景星欢庆的传统说法。奇怪的是，欧洲人的解释，在性质上竟完全相反。

关于在日食时对日冕的观测，刘朝阳（1）认为公元前第 2 千纪的殷墟卜骨上可能有最早的记载。日冕很容易用肉眼看到，公元 1 世纪时，和王充及张衡[③]同时代的普卢塔克（Plutarch）已有论述，后来开普勒也曾谈到它。刘朝阳所研究的卜骨残片，其年代一定是公元前 1353 年、前 1307 年、前 1302 年或前 1281 年中的一个。因此，所涉及的日食并不在董作宾（1）已考证确定了的范围之内[④]。甲骨上所刻文字的释文为："三焰食日，大星"——三条火焰吃掉了太阳，大星出现[⑤]。因此，假定这是一则对特别显著的日珥或冕流的记录，似乎并不是没有理由的。

---

① 可惜他的《古今交食考》一书已失传。

② 《史记》卷二十七，第三十三页，由作者译成英文。沙畹 ［Chavannes（1），vol. 3，p. 392］ 注意到，这个"景"字就是几百年后所谓"景教"的"景"字；他怀疑"景教"一名与"博士星"（the star of the Magi）的故事有关。较晚的史书也有景星出现的记载，如《晋书》卷十二，第四页；《宋史》卷五十六，第二十一页。

③ Berry（1），p. 390。

④ 见上文 p. 410。

⑤ 这大概是一个行星，也许是一个较亮的恒星 ［参见陈遵妫（5），第 59 页］。

另一则可能相关的记载是《左传》中对公元前 490 年事件的记载，它说①，"有云像一群红色的乌鸦绕着太阳飞"（"有云如众赤乌，夹日以飞"）。"日珥"一词②本指日晕，但也可能被用来指日冕。勒文施泰因认为"有翅的太阳"这种图形可能起源于日冕观测。这种图形显然带有亚述和波斯的特征，而在古代的中国也不是找不出来。

（2）　新星、超新星和变星

交食并不是中国古书能提供丰富记录的唯一的天象。天空中肉眼可见的众星总数并不是永远不变的；现在我们知道，偶尔有一些星出现，而另一些星消失，星的等级和亮度也经常在变。原来勉强可见的暗星，亮度会突然增强 100 万倍。这样的恒星爆发，便生成所谓"新星"；如果爆发特别猛烈，则生成"超新星"。另有一些星的亮度在有规律地做周期性变化，因此被称为"变星"。从许多优秀的天文学著作可以看出，所有这些现象，对当前的宇宙理论研究，都是极为重要的③。

424　　董作宾（1）所研究的殷墟甲骨中，有一片上面提到新星，年代约为公元前 1300 年，确为现存最古的新星记录（图 182）。这片甲骨上的卜辞说："月的第七日，即己巳日，有一颗巨大的新星和大火（即心宿二）同时出现"④（"七日己巳夕㐭有新大星并火"）。同一时期的另一条卜辞说："辛未日，新星变小（或消失）了"（"辛未有毁 425　新星"）。这大概是指同一新星，因为两个日期只相隔两天，而这样的亮度增减是在意料之中的。"新星"两字到汉代中期就终止了，自那时以后，新星便改称"客星"了⑤。

13 世纪末，马端临在《文献通考》卷二九四中，把汉初以来出现的不寻常的星列成清单⑥，此清单已由毕瓯［E. Biot（8）］在 1846 年译成法文并加了注释。清单中的有些记载列入了威廉斯［Williams（6）］的彗星表，而全部记载被收集在了伦德马克［Lundmark（1）］的重要论文中，不过现在已被席泽宗（1）的新表取而代之了。中国的另一古新星清单载于《图书集成》⑦的"星变部"。马端临从历代正史中摘出的古代记录，常把新星和彗星混为一谈，但所附的说明一般已足以证认出新星了。记录中经常记有出现日期、持续时间、在天上的位置⑧，以及星的亮度和颜色⑨等。例如，公元

---

① 《左传·哀公六年》；Couvreur（1），vol. 3，p. 631。

② 见下文 p. 475。

③ 如 Spencer-Jones（1），pp. 323 ff.。

④ 《殷历谱》下编，第 3 卷，第 2 页。准确年份不详，但应在公元前 1339—前 1281 年。此处的"火"并不是指行星中的火星，因为在公元前 4 世纪五行说形成之前，五星还不以金木水火土为名。这颗超新星的位置与射电星 2c. 1406 相近（贝尔博士私人通信）。

⑤ 参见周光地（1）。最初名"宾星"，见于公元前 3 世纪的《吕氏春秋·明理》（上册，第 61 页）；参见卫礼贤［R. Wilhelm（3），p. 78］的著作，但他的解释是错误的。

⑥ 清单中所列新星，自公元前 134 年至公元 1203 年。

⑦ 《图书集成·庶征典》卷二七至卷五九。此书将各种记录（新星、彗星、流星、会合等）都混在一起了。

⑧ 我们相信，可能自汉代以后，天文学家用度数记录星的位置。但正史一般只给出它与某一星座的相对位置；可能是史书作者简化了他们获得的资料。

⑨ 参见朱文鑫（4）。

图 182　最古的新星记录。这片年代约为公元前 1300 年的甲
骨卜辞（中间两行文字）为："七日己巳夕豆有新
大星并火"。

185 年的一条记载说：

> 中平二年十月癸亥日，一个客星出现在南门（半人马座 α，β）星座的正中；
> 它的大小像半张竹席，依次呈现五种颜色，现在光亮降低了。它的亮度逐渐减弱，
> 最后到第二年的七月就消失了①。

> 〈中平二年十月癸亥，客星出南门中，大如半筵，五色喜怒，稍小，至后年六月消。〉

有趣的是，我们发现马端临的星表，以公元前 134 年的那颗星开始，也正是这颗星促
使喜帕恰斯着手编写总星表②。喜帕恰斯把它列在天蝎座，中国人也果然把它记录在与

① 《后汉书》卷二十二，第六页；《文献通考》卷二九四（第 2326 页），由作者译成英文，借助于 Biot（8）。
② Berry（1），p. 51。

天蝎座相当的星座——房宿。但是，这颗星可能是彗星而不是新星①，因为我们的唯一根据是普林尼（Pliny）的叙述，而普林尼说得很清楚，它的位置在移动②。中国的记载也和这种说法相符合。马端临的星表引自《前汉书》③，此书用的是"客星"一名，但《史记》④中较详细的叙述则认为此星的形状相当于当时典型的"蚩尤旗"。"蚩尤旗"一向被认为是一种特殊类型的彗星⑤。总之，这颗星在旧大陆的东西两端都曾被仔细观察过。

伦德马克［Lundrnark（1）］曾做过一项很有趣的研究工作。他把那些可疑的新星按银道坐标标出之后，发现它们的空间分布和现代观测到的新星非常接近。因此，那些"客星"确是新星，它们现在和过去一样仍然在我们的银河系中出现，不仅在最亮的区域，并且在恒星密度很低的区域也有。这个研究结果证明中国的新星记录是可靠的，因为那些"客星"如果是专为批评朝廷而假造出来的，那么，现在它们便不会恰好在那里出现了。

关于新星的出现，从前一向用占星术来加以解释，这是很自然的，也是难免的。有一个事例见于一部重要的军事著作——唐代李筌于公元 759 年著的《太白阴经》。此书把客星的出现看作军事上的一大凶兆⑥。《开元占经》自然更是一部关于这类神秘预兆的深奥的专著⑦。

现在人们认为，我们的银河系大约每隔一两百年出现一次产生超新星的星体大爆发，这一现象的频率在其他星系中大概也是如此⑧。见于历史记载的超新星只有三颗⑨，最近伽莫夫（Gamow）已把它们的来历弄清：一颗是 1572 年第谷观测的"新恒星"⑩；第二颗是他的弟子开普勒在 1604 年观察到的⑪；第三颗发现于 1054 年，只有中国人有记载⑫。这第三颗新星是蟹状星云的来源，它现已成为明亮而散乱的星云，几无定形（见图 183），而且仍在膨胀。从膨胀的速度计算，它大概是在八百年前从一个中心点开始的。据中国的记载，这颗客星的最高视亮度与金星相等，因此很容易算出，当它爆

---

① 福瑟林厄姆［Fotheringham（4）］对这一问题曾做过专门研究，参见 Merton（2）。这颗星又与本都（Pontus）国王米特拉达梯（Mithridates Eupator）的诞生有联系。米特拉达梯传的作者雷纳克［Reinach（1）］不知道中国的观测记载，他认为关于国王诞生时出现彗星的传说全是无稽之谈，一律略去了。这个米特拉达梯就是与西方最早记载的水磨有关的那个米特拉达梯，在他公元前 63 年去世时，他的水磨落入了罗马人手中［见本书第四卷中的第二十七章（h）］。

② *Historia Naturalis*, II, 26（24），95。

③《前汉书》卷二十六，第二十七页；译文见 Fotheringham（4）。

④《史记》卷二十七，第四十二页；译文见 Chavannes（1），vol. 3, p. 408。

⑤《史记》卷二十七，第三十二页，译文见 Chavannes（1），vol. 3, p. 392；详见《晋书》卷十二，第四页，译文见 Ho Ping-Yü（1）。不过，席泽宗（1）的新星表仍认为公元前 134 年出现的是新星。

⑥《太白阴经》卷八，第十三页。参见《晋书》卷十二，第六页。

⑦《开元占经》卷七十七，第一页起。

⑧ 参见 Stratton（1），p. 259。

⑨ 亦可参见 Wattenberg（I）。

⑩ 在仙后座。席泽宗［（1），编号 82］提供了中国的记载。

⑪ 在蛇夫座。这颗新星在中国［E. Biot（9）；Williams（6），p. 93；席泽宗（1），编号 85］和朝鲜［Iba（1）］也有记载。

⑫ 日本人也有记载。

图版　六一

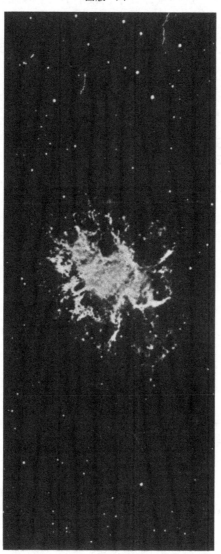

图183　金牛座蟹状星云，即1054年的超新星（只有中、日两国天文学家观
测到）的残存体。这张照片用红敏底片摄成，表现出中部小而密的
炽热星体照亮着四周尚在膨胀的星云物质［照片采自 Gamow（1）］。

发时，亮度要超过我们的太阳几亿倍。

　　巴德（Baade）特别重视中国新星记录在现代天文学上的价值①。汉学家们和天文学家们曾通力合作，对史书上的记载进行过仔细的研究和计算，因此，关于蟹状星云即是公元1054年的"客星"这一点，几乎已没有什么怀疑的余地②。记载这一现象的五种古书都已收集齐全③，不过这里只需要引用一种：

　　　　至和元年五月④，杨惟德（首席历算官）说："我见到一颗客星的出现，这颗星微微有晕黄色。我恭敬地按照皇帝的德运⑤进行了占测，结果是：'客星不冒犯毕宿；这说明皇上圣明，并且国内有个伟大的贤人。'我恭请将这一占测交史馆记存。"⑥

　　　　〈至和元年七月二十二日，守将作监致仕杨惟德言："伏睹客星出见，其星上微有光彩，黄色。谨案皇帝掌握，占云：'客星不犯毕，明盛者，主国有大贤。'乞付史馆，容百官称贺。"〉

皇帝果然把卜辞交付史馆，并接受了百官的祝贺。1056年4月，司天监报告说客星已隐，这是客去的征兆。

　　　　（1054年）6月该星起初在天关（金牛座ζ）的东部天空出现。白昼都看得到，像金星那样；它的光芒四射，呈红白色。可见期共历二十三日⑦。

　　　　〈初，至和元年五月晨，出东方，守天关，昼见如太白，芒角四出，色赤白。凡见二十三日。〉

这些观测都是在宋都汴梁（开封）进行的，可是在北京的辽国天文学家也不落后于杨惟德，他们也报道过这一现象⑧。日本人也没有"放过"它，他们的两种编年史对这次客星的出现都有记载，内容大致相同⑨ [Iba（1）]。根据这两本书的原文，他们的第一次观测日期比中国第一次记载早十天左右。

　　有些著作家注意到，第谷的新星在历史上具有重大意义⑩。这是从根本上动摇了亚里士多德天体"完美"学说的事件之一，它为接受哥白尼的宇宙观铺平了道路。威利

---

　　①　这些记载有多方面的应用。例如，人们一直想用以考证基督教传说中东方三博士的"东方之星"。伦德马克 [Lundmark（2）] 认为，此星即公元前5年中国记载的新星。他又认为，西蒙·巴尔·科赫巴（Simon bar Kochba，"星辰之子"；即其真名"ben Koseba"的双关语）的叛乱可能与公元123年中国记载的新星有关。

　　②　Hubble（1）；Oordt（1）；Duyvendak（17）；Duyvendak, Mayall & Oordt（1）。

　　③　包括《宋史》卷五十六，第二十五页；卷十二，第十页。

　　④　正确的日期是1054年8月27日。

　　⑤　戴闻达（Duyvendak）指出，这是由于皇帝重黄色。

　　⑥　《宋会要》瑞异一之二（第52册），译文见 Duyvendak（17）。在中国关于这颗超新星的描述中，最有意义的一点在于其亮度减弱的情况恰与今日所知道的超新星衰退规律的速率相合。这一特点的意义，是弗雷德·霍伊尔 [Fred Hoyle] 教授给我们指出的。

　　⑦　《宋会要》瑞异一之二（第52册），译文见 Duyvendak（17）。

　　⑧　《契丹国志》卷八，第六页。

　　⑨　《明月记》，记于1230年的"十一月二十八日"下；又见于《一代要记》。

　　⑩　原文见第谷1573年的著作《论新星》（De Nova Stella），1901年丹麦皇家科学院（Royal Danish Science Society）根据原来大小重印。

［Willey（1）］在深刻地分析 17 世纪的思想动态时，曾引用伽利略下面的话：

　　　除了 1572 年和 1604 年两颗新的星，据观测，彗星也是在高于月球轨道的地方生成和解体的——毫无疑问，高度远远超过所有行星。在它朝着太阳的一面，利用望远镜，可看到某种稠密而不透明的物质，一面在形成，一面在消散，很像地球周围的雾①。

　　正如威利所说，这些关于天体在变化并存有瑕疵的证明，为彻底推翻中世纪经院哲学做出了巨大贡献②。另一方面，萨顿曾经说过，中世纪的欧洲人和阿拉伯人未能认识这些现象，不是因为它们难以观测，而是他们盲目相信天体完美无缺的成见和思想上的惰性所造成的。在这一点上，中国人没有受到束缚。

　　中国的"客星"记录，对今日的天文学研究仍然具有一定的现实意义，这可从近年发展迅速的射电天文学看出③。1932 年，人们在研究无线电接收机的"噪声"时，发现"噪声"以恒星日为周期做有规律的变化，因此可知来源一定是在太阳系之外。自此以后，干涉仪式天线得到发展，并且开始用它进行系统的空间探测，结果发现了一大批很强的射电源（"射电星"）。这些星的性质和来历如何，它们和现在还看得到的弱发光体或已经看不到的新星有什么关系，这些都是疑问，都是目前的重点研究课题。在这一方面，中国的新星观察资料（唯一早于中世纪一千年以上的记录）的现实意义是显而易见的④。到 1950 年为止，大约有 50 个射电星的位置被确定了，其中只发现七个与看得见的目标相合，金牛座的蟹状星云（即 1054 年中国记录的超新星）便是其中之一，其他六个星云过去可能一度是新星，有的则属于别的星系。最近在美国加利福尼亚州（California）用 200 英寸望远镜进行研究，已能对大约 15 个射电星做目视鉴定，但就我们已知的全部射电星来说，却还是太少了。有趣的是，开普勒在 1604 年和第谷可能在 1572 年观察过的超新星，目前实际上已经隐没，但它们所在的位置现在都有射电源。

　　我们现在已有研究宇宙遥远处星体生成和死亡的这种既新颖又有效的方法⑤。由于这种方法迅速发展，并且它所达到的一切都有助于认识宇宙，便迫切需要把中国古代和中古时期文献中包含的信息，整理成可供各国现代天文学家利用的形式。因此，为了达到这一目的，博学的汉学家、有经验的天文学家和射电天文学家之间必须通力合作。天空最重要的射电源在仙后座，属于我们的银河系，距离大约在 1000 光年以内。

---

①　*Mathematical Collections and Translations*，ed. T. Salusbury（1661），p. 25。

②　第谷下面的话给经院哲学敲了丧钟："总之，我的结论是说，这是一颗星，不是任何可能发生的彗星，也不是某种可能发生的低于或高于月球的火流星，它正是自宇宙开始以来，在以前的无穷岁月中出现于天穹的发光的星。"（"Concludo igitur hanc stellam，non esse ullam Cometarum speciem，vel aliquod igneum Metheoron sive infra Lunam sive supra generentur；sed Lucentem in ipso firmamento esse stellam，nulla aetate a mundi exordio ante nostra tempora prius conspectam"）参见 M. H. Nicolson（1），p. 23。

③　例如见 Shakeshaft（1）；Ryle & Ratcliffe（1）。

④　不过这里有一些技术上的困难，因为中国的新星观测记录是由官方史家的手传下来的，他们并没有用度数表达出准确的位置。另一方面，现在发现的射电星非常之多，因此就存在着许多解释错误的可能性。

⑤　现在已列入星图的某些射电星，它们离地球已远远超过了人类用光学方法能够看到的距离。

429　它大概是由超新星爆发而成的星云束，形如一束炽热的丝，这是过去所不知道的形态①。最近，人们曾试图证明它是公元369年中国所记载的新星，但不幸的是，这似乎基于一种误解②。然而，心宿二附近的强大射电源就是公元前1300年左右中国人记载在卜骨上的超新星，这一点似可证实。

　　关于变星的记载，应向中日两国文献探求线索③。博布罗夫尼科夫（Bobrovnikov）指出过，至少有两个变星（英仙座β和鲸鱼座ο）是肉眼容易看到的④，其中之一的确在望远镜出现之前便被发现了⑤。

430　　　　　　　　　　（3）彗星、流星和陨星

　　关于彗星，巴比伦有一些可追溯到公元前1140年的楔形文字记录⑥，欧洲古代和中世纪对它们的观测次数也很多⑦，可是中国的记录却最为完整——就像奥利维尔

---

①　有些人认为它是280年以前爆发的。

②　此事的细节，以及它们在汉学家与天文家间充分合作的内涵方面所给予的教训，都是十分有趣的，因此这里应当详细加以叙述。毕瓯［Biot (8)，p. 21］的表中有公元369年的新星，他当然是从马端临1319年的《文献通考》（卷二九四）中得到有关报道的。但是，原始出处并不难找到。《晋书》（卷十三，第二十页）说："海西太和四年（公元369年）二月，客星见紫宫西垣，至七月乃灭。"下文接着记述占星者对这一现象的解释。毕瓯把这些话正确地译成法文，并且只在按语中说"西垣"大概相当于恒显圈，这对于北纬34°的古阳城（即中国传统的中心测景台）来说是完全正确的（参见上文 p. 297）。后来，威廉斯［Williams (6)，p. 29］的表中也加入了这颗新星，他似乎以为"紫宫"就是恒显圈，由他把全部二十四史一律称为《史记》一事，我们可以估计出他的汉学水平（绝无低估其杰出贡献之意）。"紫宫"是北天拱极区的又一名称（更正确地叫法是"紫微垣"；《史记》卷二十七，第一页）；它的"西垣"大致是沿北赤纬70°从赤经70°伸延到210°，穿过鹿豹座、大熊座、天龙座一带。尽管晋代天文学家自己可能对新星的位置了解比较清楚，但《晋书》上的记载却颇为含糊。我们查看伦德马克［Lundmark (1)］和席泽宗（2）最新的新星表时，发现公元369年的新星列在赤经0°和北赤纬60°之处。何以差异如此之大呢？伦德马克的主要根据是青纳［Zinner (3)］的著作；青纳一定尽力去核对原始资料，但是可能没有在汉学方面得到帮助。他的错误很可能来自这一事实：施古德［Schlegel (5)］编制的中国恒星、星座索引中并无"紫宫"，只有"紫宫旗"（no. 693），其实，这是仙后座中的一个小星座，又名"阁道"。它沿着赤经10°的子午线，从北赤纬45°延伸到57°。正如施古德［Schlegel (5)，p. 327］所认为的，"紫宫旗"不是"阁道"的今名，因为我们在公元718年的《开元占经》（卷六十六，第一页）中见到此名。青纳大概没有意识到"紫宫"是全部拱极区的别名，而把"西垣"一词轻易放过了。他对"紫宫旗"也已感到满意，因为据他看来，它大致也在恒显圈以内（这是对中欧的纬度而言）。到1952年，伦德马克星表的错误使什克洛夫斯基（Shklovsky）和帕列纳戈（Parenago）认为，仙后座的射电源（约在赤经352°和北赤纬58°）就是公元369年的新星。1954年，中国气象学界前辈竺可桢（6）著文阐明研究中国科学史的作用，曾信手引证这一鉴定，造成以讹传讹。可是他的论文接着说，1953年苏联科学院（Moscow Academy of Sciences）为了本书上文所列举的种种目的，曾请中国天文学家进行这项工作。现在这一值得欢迎的工作的首次成果，已由席泽宗（2）的论文加以报道。什克洛夫斯基认为有六个"中国新星"是射电源，席泽宗只认可了其中四个，而修正了另外两个，另外，他又增添了十一个新星，它们的方位和目前研究中的射电星很接近。

③　见射场保昭［Iba (1)］的研究简报，他已列出有关文献。

④　只有一块含义不清的巴比伦楔形文字文书，成为古时曾有这类观测的见证［Kugler (2)，Shaumberger's，*Ergänzungsheft*，p. 350］。文书上记着一个星座，据说其中的星，有时聚集，有时分散。《晋书》（卷十二）占星部分有好几条类似的记载。其中是否包括变星的观测资料，还要进行专门的研究才能判断。

⑤　这是1596年法布里蒂乌斯（Fabritius）发现的。

⑥　Sayce (2)，p. 52，并参考 *Brit. Mus. Western Asiatic Inscriptions*，vol. 3，p. 52，no. 1。

⑦　关于彗星在占星术上的意义，见 Bouché-Leclercq (1)，p. 357。

（Olivier）在他论彗星的名著中开篇所指出的那样。公元 1500 年以前出现的大约 40 颗彗星，它们的近似轨道几乎全部是根据中国的观测资料推算出来的。和新星的情况相同，也是中国人自己根据历代史书中的记载，最早对彗星纪事做了汇编。马端临（鼎盛于 1240—1280 年）把它们编入了他的《文献通考》。此书卷二八六所列入的彗星一直包括到公元 1222 年的，宋君荣［Gaubil（10）］在一部至今仍存于巴黎天文台的手稿中把它译成了法文，并增补了《钦定续文献通考》卷二一二中的材料，内容直到明末（公元 1644 年）为止。马端临的辑录，另有 1782 年小德金［C. L. J de Guignes（2）］的译本，毕瓯［E. Biot（9）］又利用宋、元、明三代（1222—1644 年）正史中的材料，对它进行了完善。威廉斯发现这几种表都不够完整，他［Williams（6）］在 1871 年发表了至今最完整的彗星表，提供了从公元前 613 年起到公元 1621 年止近 372 颗彗星的大量资料。

　　为了说明中国天文学家描写彗星的细致程度，我们选出了 1472 年彗星的记录；在欧洲，柯尼斯堡的约翰内斯·米勒（雷乔蒙塔努斯）也曾研究过这颗彗星①。

　　　　成化七年（1472 年）十二月甲戌日，在天田星群（室女座 σ，τ）中出现一颗彗星。它指向西方。突然，它向北移动，接触到右摄提诸星（牧夫座 η，ι，τ），并扫过太微垣（由室女座、后发座和狮子座的星组成的"垣"），接触到上将（后发座 ν）、幸臣（后发座 2629）、太子（狮子座 E）和从官（狮子座 2569）等星。它的尾部指向西方，横扫过太微垣的郎位（后发座 $a\text{-}k$）。己卯日，彗尾大大增长了，从东到西伸延整个天空。此后，这颗彗星向北移动了将近 28°，接触到天枪（牧夫座 ι，θ，χ），扫过北斗（大熊座），从三公（猎犬座北面的三颗小星）和太阳（大熊座 χ）旁边经过，最后进入紫微垣（拱极圈）内②。就是在白天太阳光下也能清楚地看到它。以后在不同的时间内，看到它出现在魁（大熊座的"斗"）内，然后接近天帝星（小熊座 β）、庶子（小熊座 5）、后妃（小熊座 b 3162）、勾阵（小熊座 ζ，ε，δ 等星）③、三师（大熊座 ρ2006，σ2027 和 2031）、天牢（大熊座 Xh 80，101，133，163，177 及 Piazzi 170）、天皇大帝（极星，即小熊座 α）、上卫（仙王座 χ）、阁道（仙后座 ξ，o，π，θ，φ，ν）、文昌（大熊座 θ，υ，φ 等星）、上台（大熊座 ν，ι），等等。乙酉日，它向南移动，接触到娄宿（白羊座 α，β，γ），经过天阿（白羊座 e 602）、天阴（白羊座 δ，ζ，τ 等星）、外屏（双鱼座 α，δ，ε，ζ，μ，ν，ξ）、天苑（波江座 γ，δ，ε，ζ，η，π，τ 等星）。八年正月丙午日，它向奎宿的外屏移去，亮度逐渐变小，经过很长时间，才最后消失不见④。

　　〈（成化）七年十二月甲戌，彗星见天田，西指。寻北行，犯右摄提，扫太微垣上将及幸

431

---

① Thorndike（1），vol. 4，pp. 359，422，442。紧接着的引文见《明史》卷二十七，第十页。
② 见上文 p. 259。
③ 见上文 p. 261。
④ 译文见 Biot（9），由作者译成英文。文中星官的证认是作者的。（作者引文中所用的星名与《明史》原文有些差异。——译者）

〈臣、太子、从官，尾指正西，横扫太微垣郎位。己卯，光芒长大，东西竟天。北行二十八度余，犯天枪，扫北斗、三公、太阳，入紫微垣内，正昼犹见。自帝星、北斗、魁、庶子、后宫、勾陈、天枢、三师、天牢、中台、天皇大帝、上卫、阁道、文昌、上台，无所不犯。乙酉，南行犯娄、天河、天阴、外屏、天囷。八年正月丙午，行奎宿外屏，渐微，久之始灭。〉

从这样的叙述中，人们很容易查明彗星的轨道。它最初出现在室女座，然后向北移动，成为拱极星，并且几乎成为极星，再向南移动，通过仙后座和仙王座，最后越过白羊座。"扫"字用得十分恰当，因为中国自古以来一直称彗星为"彗星"或"扫星"[1]。陈遵妫（4）介绍汉代彗星时，曾举出许多别名，如"天搀"、"篷星"[2]、"长星"、"烛星"等。因为彗星不一定有尾，会有与新星混淆的情况，这当然总是要核查分辨的。当它和地球与太阳成一直线时，彗尾便看不见，这时，它的光就变成朦胧模糊的样子。中国人称反方向的彗星为"孛星"[3]，这至少是在理论上把它同新星截然分开了。我们不知道，北京钦天监的记录里是否还保存有手绘彗星图，图 184 所示则是较晚的一幅朝鲜彗星记录图。图中的彗星正在通过翼宿和轸宿之间。17 世纪末的初版《天文大成管窥辑要》中，有各种彗星和新星的图，其画法仍然与公元 7 世纪《晋书》中的说明相合[4]。

奥利维尔说："在所有彗星中，无疑，哈雷彗星对天文学的影响最大。这不仅因为它的周期比其他彗星都确定得早，也因为它的历史可以准确地追溯到两千年以前。"其所以如此，应当归功于中国观测记录的细致。哈雷本人的观测是在 1682 年进行的。他认识到他所观测的彗星，与 1531 年阿皮亚努斯和 1607 年开普勒所看到的彗星是同一颗；并且预言这颗彗星将于 1758 年重新回到地球附近，后来它果然如期返回。哈雷彗星的归来，按照奥利维尔的说法，其重要性怎么估计都不为过；哈雷彗星证明，有些彗星确是太阳系的成员，它们的运动和行星一样，符合牛顿定律[5]。这颗彗星在 1835 年再次出现之后，天文学家和汉学家通力合作，把它的多次循环做了一番全面计算[6]。中国最早的可能观测到了哈雷彗星的观测，是公元前 467 年的那次观测[7]，不过资料不够充分，还不能肯定；但是，公元前 240 年（秦王政七年）的彗星，则是哈雷彗星无疑。它在公元前 163 年再出现那一次不容易证明，但公元前 87 年和前 11 年的两次都十分明确，欣德 [Hind（2）] 根据中国人仔细观测了 9 个星期的结果，推出后者的近似轨道，其根数和哈雷彗星的数值非常接近，可以说无可怀疑。他用王充时代（公元 66 年）的数据，也得到同样的结果。自此以后，按 76 年一次的周期，每次在中国史书上

---

① 可与"发星"（stellae comatae）一词相对照。

② 如果"篷"字不误，可能就是"绢柳星"（withy-stars"）。

③ 定义见《晋书》卷十二，第四页 [译文见 Ho Ping-Yü（1）]。《晋书》（卷十三，第十七页）记载说；公元 236 年 11 月至 12 月，有一个孛星变成了彗星。

④ 陈遵妫 [（5），第 63，69，71 等页] 曾复制了这些图，不过质量不高。

⑤ 关于这个问题的概述，见 Plummer（1）。

⑥ 计算结果见 Cowell & Crommelin（1）；E. Biot（10）；Hind（2，3）；Hirayama（1）等。朱文鑫 [Wên Hsien-Tzu（1），朱文鑫（4）] 对这些论文做了概述。参见 Schove（8，9，10）；Kamienski（1）。

⑦ 《史记》卷十五，第四页、第五页。

图版　六二

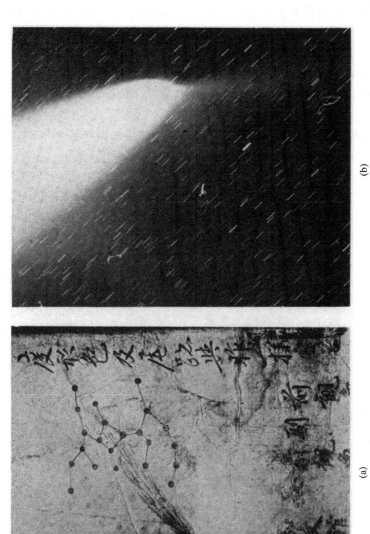

(a)

(b)

图 184　（a）朝鲜弘文馆（天文台）保存的记录手稿附图，表示 1664 年 10 月 28 日夜间在翼、轸两宿之间通过的彗星 [照片采自 Rufus（2）]。右侧文字为：“度、形、色及尾迹与昨一样。”下面的文字提到以前的观测。左侧最末一行有“弘文馆”字样。

（b）阿伦-罗兰（Arend-Roland）1956 h 彗星，1957 年 4 月 28 日午夜摄于英国剑桥，黄赤光摄影。从照片可以清楚地看出，彗尾有“芒”，直指远方 [阿格和沃尔夫（Argue & Wolf）摄]。带“芒”的彗星不多见，但中国古代和中古时期的文献中也有资料 [见 Needham，Beer & Ho Ping-Yü（1）]。

都有记载①，其中包括 1066 年的一次，那次彗星的出现，在盎格鲁–诺曼人（Anglo-Norman）的历史上是众所周知的。

首先观测到彗尾总是背向太阳的也是中国人。毕瓯［E. Biot（12）］转述了一条关于公元 837 年 3 月 22 日观察到的彗星的有趣记载：“通常，当彗星早上出现时，彗尾指向西方，而傍晚出现时，则指向东方。这是一个不变的规律。”②（“凡彗星晨出则西指，夕出则东指，乃常也。”）但是，直到 1532 年阿皮亚努斯才发现，不仅彗尾与太阳相背，并且它的方向也与矢径相符合③。

中国似乎没有形成经仔细推敲的彗星理论；早期的作者自然把彗星说成是阴阳错乱的结果（如《淮南子》）④。另一些作者则把不同的彗星和不同的行星联系起来，这就多少有点像近代理论的前身了⑤。这种理论在公元前 50 年前后的京房的《风角书》里已经有所表达了⑥，他的原书虽已失传，但同时代的一部纬书却保存至今⑦，书里有些相似的论点。这种理论认为，每一彗星都来源于一个特殊的行星⑧。

彗星和流星群有密切关系。我们知道，8 月的英仙座流星群沿着塔特尔彗星（Tuttle's Comet）的轨道运行，11 月的狮子座流星群（每 33 年有一次大流星雨）沿着滕佩尔彗星（Tempel's Comet，1866，I）的轨道运行，而 5 月的宝瓶座流星群则沿着哈雷彗星的轨道。这些流星群几乎可以肯定是彗星粉碎后的残体。中国文献中有大批关于流星（或称“贲星”和“流星雨”）和坠在地面的“星陨”⑨ 的报道。13 世纪马端临为这些报道做了辑要，他的《文献通考》卷二九一和卷二九二，已经先后由雷慕沙［Rémusat（4，5）］和毕瓯［E. Biot（11）］译成欧洲文字。很多观察记载得非常详细，全部流星表超过 200 页四开纸。如再按朱文鑫（4）或谢家荣（1）的研究，加上各省地方志的记载，那么，收集到的资料数量还要庞大。最早的年代为公元前 687 年

---

① 公元 7 世纪和 8 世纪的记载有些混乱。

② 毕瓯常常不注明出处，不过从他的著作［E. Biot（10）］看来，应出自《文献通考》卷二八六（第 2270 页）。这一总结最早是什么时期做出的？马端临是按照《新唐书》（卷三十二，第七页）逐字照抄的，但有趣的是，我们发现《旧唐书》（卷三十六，第十三页）对同一彗星记载较详，虽然细节有所不同，却没有这方面的陈述。因此我们似乎可以说，1050 年欧阳修和宋祁在撰写《新唐书》时已经知道这一规律，而在公元 950 年刘昫修《旧唐书》时，还不知道这种规律。然而，这一猜测被另一事实推翻了——公元 635 年房玄龄写的《晋书》（卷十二，第四页）已有同样的记载。我们在这项记载中找到了最全面的说法，因为它加了一句：“如果彗星在太阳的南面或北面，彗尾的方向总是和阳光（辐射的）方向相同”（“在日南北，皆随日光而指”）。一般都认为《晋书·天文志》的记载出自司天人员之手，据说，他们解释彗星的光和月光一样，是由反射而来的。此外，公元 837 年的彗星［可以肯定是哈雷彗星；参见 Schove（8，10）；Kamienski（1）］的详细资料表明，那时已经清楚地知道彗星出现的规律了。当时，司天监正是朱子容，由于皇帝向他征求意见，他成为唯一留下了姓名的人。那颗彗星特别令人惊慌，因为它似乎使人们连这条规律都不注意了。关于彗尾背向太阳这一结论的最早记载，至少可上溯到公元 7 世纪或 6 世纪。

③ Sarton（1），vol. 3，p. 1122。

④ 《淮南子·天文训》（第二页）。

⑤ Olivier（1），p. 211。

⑥ 《晋书》（卷十二，第六页）有简单介绍。

⑦ 即《河图纬稽耀钩》，辑录于《古微书》卷三十三，第一页起；参见《晋书》卷十二，第五页、第六页。

⑧ 关于巴比伦和希腊对恒星与诸行星的关系的观点，参见 Bull（5），pp. 46 ff.。

⑨ 参见《晋书》卷十二，第七页；《开元占经》卷二，第九页。

或前 644 年（因为汉儒窜改过先秦古书，年代不尽可靠）①。据记载，有一次很大的狮子座流星雨发生在公元 931 年。这些记录是如此完整，使得毕瓯竟可以由此给宋代（公元 960—1275 年）的流星雨频率做出统计性的估计。记录中并包括地面所见的方向和所出现的颜色等②。在这一期间，7 月和 10 月频率最高③。宋以前的流星雨记录有 149 次，宋有 272 次，元明共有 74 次。上文提到的流星雨周期（33.11 年，实际上是 33.25 年），在中国的记载中表现得很清楚④。

下面是细致描写陨星的一个实例，它出自沈括的《梦溪笔谈》：

> 治平元年（1064 年），在常州，大约中午的时候，天上发出像雷声那样的巨响。一颗燃烧着的星像月亮那样大，出现在东南方。接着又是一声雷震，这颗星移向西南，然后，它带着更大的响声坠在宜兴县许家的花园里。返照在天空的火光，远近都可以见到。许家花园的围篱都被烧掉了。篱火熄灭之后，人们看见地上有一个碗大的洞，很深，陨星还在洞里发光，隔了很久才暗下去。尽管停止发光，陨星还是热不可近。最后把地掘开，发现有一颗拳头大的圆石，还有余热。石的形状像梨子。它的颜色和重量都像铁。常州太守郑伸得到之后，送往润州的金山寺，现在还保存在那里，放在匣中，供游人参观⑤。

〈治平元年，常州日禺时，天有大声如雷，乃一大星几如月，见于东南。少时而又震一声，移著西南。又一震，而坠在宜兴县民许氏园中，远近皆见，火光赫然照天，许氏藩篱皆为所焚。是时火息，视地中只有一窍如杯大，极深，下视之，星在其中荧荧然，良久渐暗，尚热不可近。又久之，发其窍，深三尺余，乃得一圆石，犹热，其大如拳，一头微锐，色如铁，重亦如之。州守郑伸得之，送润州金山寺，至今匣藏，游人到则发视。〉

在中国古书中，除"陨"或"陨石"等名字外，陨星还有种种别名。章鸿钊的重要著作《石雅》中的一章⑥，提供了更多的资料。据他说，《山海经·大荒西经》的"天犬"应是最古的名称。他还注意到，陨石常和新石器时代的石斧相混淆（其他古文化区也如此）⑦。《旧唐书》中有一条与此有关的材料：公元 660 年左右，人们把献给皇帝的一块陨石称为"雷公石斧"⑧。此外，还有"雷墨""霹雳碪"等名，16 世纪时，李时珍的《本草纲目》⑨ 就是在这些名称的标题下论述陨星的。

---

① 《春秋》经过孔子编辑，其中的古代流星记录是经过整理的；见 Wu Khang（1），p. 174。

② 请注意前面关于宋代是中国科学极盛时代的论述（本书第二卷，p. 493）。此外，应注意到，上文所引关于 1472 年彗星的详细描写是明代的，当时物理科学正处于低潮。关于自古以来的流星周期，参见 Paneth（1）。

③ 月份的不同纯属历法问题；这些流星雨应当是英仙座和狮子座流星群。

④ 参见 T. Fu（1）。

⑤ 《梦溪笔谈》卷二十，第 3 段，由作者译成英文。华嘉［Vacca（2）］使作者注意到此书。参见胡道静（1），下册，第 649 页。其他较好的叙述，见《癸辛杂识续集》卷上，第三十五页；《癸辛杂识别集》卷上，第七页。看来最古的记载应该是公元前 662 年的；《国语》（周语）卷一，第二十二页；参见 Fêng Yu-Lan（1），vol. 1，p. 24。

⑥ 章鸿钊（1），第 372 页起。

⑦ 可进一步见 de Mély（5）；Belpaire（2）。

⑧ 参见公元 9 世纪圆仁（Ennin）的日记；Reischauer（2），p. 128。

⑨ 《本草纲目》卷十，第四十五页起；Read & Pak（1），nos. 113，114。

434

（4）太阳的现象；太阳黑子（日斑）

由于欧洲人抱有上天完美无缺的成见，有些天象就没有引起他们的注意，其中最明显的例子便是太阳黑子[①]。在欧洲，太阳黑子的发现是伽利略使用望远镜完成的天文学进展之一。据他自己说[②]，他在 1610 年年末已看到黑子，但直到 1613 年才把他的结果公开发表[③]，此时英格兰人哈里奥特、德国人法布里丘斯（Fabricius）和荷兰人沙伊纳已各自分别发现了这种现象[④]。起初，人们用行星通过太阳的说法来解释肉眼所见到的太阳黑子。沙伊纳以为黑子可能是太阳的小卫星，但是伽利略反对所有这些说法；他指出，黑子必定是在日面上，或像乌云一样靠近日面，而黑子的运动则表明，太阳大约以一个月为周期，绕着自己的轴不停地转动[⑤]。

萨顿［Sarton（3）］告诉我们，西方对黑子的观察比一般所想的为早，但是它们很零散，同时又很罕见。艾因哈德（Einhard）的《查理大帝传》（*Life of Charlemagne*）提到公元 807 年左右的黑子，当时以为是水星凌日，这好像是最早的记载。另一次观察是公元 840 年阿布·法德勒·贾法尔·伊本·穆克塔菲（Abū al-Faḍl Ja'far ibn al-Muqtafi）完成的，但被解释为金星凌日。此外，还有一些黑子记载，可追溯到 1196 年前后［伊本·路西德（Ibn Rushd）］和 1457 年［卡拉拉父子（the Carraras）］。

太阳黑子活动的周期性，在 19 世纪已由施瓦贝（Schwabe）所证实，其周期最长为 17 年，最短为 7.3 年，平均约为 11 年[⑥]。另外还有重叠的不规则变化，周期较长。后来萨拜因（Sabine）等人发现，黑子的 11 年周期是和地磁方面（磁暴等）的类似周期相应的[⑦]。现在，黑子活动和电离层状态之间的关联已完全被人们承认（后者对无线电通信有巨大影响），并且可能也存在对气象情况的影响［Napier Shaw（1）］。国际天文学联合会（International Astronomical Union）有一个常设委员会，专门进行日地相关现象的研究。

但是，中国的黑子记录是我们所拥有的最最完整的资料。记录从公元前 28 年[⑧]即刘向时代开始，比西方最早的文献几乎早一千年。自那时起，至 1638 年止，在中国的正史中，显著的黑子记载共达 112 次，而地方志、笔记及其他书籍中的大量材料，迄

---

① 参见 Pelseneer（2）。

② Berry（1），p. 154。

③ *Istoria e Dimonstrazioni intorno alle Macchie Solari e loro Accidenti*（Mascardi，Rome，1613）。

④ 详见 W. M. Mitchell（1）；Wohlwill（1）。

⑤ 黑子的本质自然是直到近期才了解，但 12 世纪时朱熹已反对黑子为地影的说法（《朱子语类》卷一，第十页）。

⑥ Spencer-Jones（2）；Oppenheim（1）。

⑦ Berry（1），p. 385；Spencer-Jones（1），p. 153。

⑧ 五月十日。见《前汉书》卷二十七，第十七页；译文见 Dubs（2），vol. 2，p. 384。

今尚未完全汇辑成书①。在中国的记载中，太阳黑子被称为"黑气"、"黑子"或
"乌"，其大小被描写为"大如钱""大如卵"，如桃、如李等。《文献通考》（13世纪）
和《图书集成》②中都有丰富的黑子观测记录表，但是最实用的表在朱文鑫的著作
中③。至于以西方语言发表的文献，继柯克伍德（Kirkwood）的早期记载之后，有威廉
斯［Williams（5）］、洛维萨托［Lovisato（1）］、谢立山［Hosie（1）］和马德赉［de
Moidrey（1）］各自发表的太阳黑子表。马德赉得益于黄伯禄的协助，从古代观测记录
中发现了相当接近11年的周期④。这一点已被神田茂［Kanda（1）］证实，他发现的
周期是10.38~11.28年；另外，他还发现有一个长得多的周期（975年）叠合在上面。
到现在为止，太阳黑子表大概以神田茂（2）的日文著作为最完善⑤。

使用"乌"（既表示乌鸦，又表示黑色）这一名称，使我们想到一个问题：远在　436
公元前28年以前，某些文献中的记载是否与观察黑子有关？陈文涛曾经指出，日中有
乌（月中玉兔的伴侣）是中国周代和汉初流行的古老神话之一⑥。我们在《论衡》里
可找到这类神话，作者王充在书中说："学者相信太阳中有一只三足的乌鸦"（"儒者
曰：'日中有三足乌'"）⑦。王充接着用他的怀疑观点进行辩论，说这是完全不可能的。
但是，这类神话可能意味着早在邹衍时代已经有人观测到黑子了。此外，德效骞注意
到中古时期的另一传说，即公元前165年时日中曾出现"王"字⑧；肖夫［Schove
（6）］因而猜想这可能是见于记载的最早的太阳黑子。

与对待日食的情况相似，大概在很早的时候便曾通过墨色水晶或半透明的玉观察
过太阳⑨。李时珍曾特别提到这一方法⑩，他说《玉书》中载有一种"观日玉"。曾有
文献记载说，公元520年左右，扶桑使者以大块的观日玉进献。这些资料与黑子的观
测有关，我们将在本书第二十六章（g）光学部分进行研究。不过，戈壁滩上的风沙所
造成的昏暗天色，也可以使人看到黑子。

艾奥尼迪斯夫妇（S. A. Ionides & M. L. Ionides）曾经说过⑪，中国占星术认为天上
的现象与地上的现象有关，也许只有在黑子这一点上，其信念是正确的。这种信念虽
说现在还未得到普遍承认，但黑子周期通过气象条件变化的作用，同农作物收获丰歉

---

①　例如，公元635年完成的《晋书》卷十二，第一页及第十五页起，有丰富的资料。1150年的《通志略》
（卷五十，第七页）也论及黑子。

②　《图书集成·庶征典》卷二十四。

③　朱文鑫（4），第80页。

④　亦可见Schove（2，3，6，7，11），他发现平均周期为11.1年，长周期为78年。

⑤　朝鲜的记录是从11世纪初开始的，见Rufus（2），p.19。

⑥　参见Granet（1）。

⑦　《论衡·说日篇》，译文见Forke（4），vol.1，p.268.。参见《伏侯古今注》，引文见于《太平御览》卷七
六四，第四页。

⑧　Dubs（2），vol.1，p.258；《玉海》卷一九五，第二页。

⑨　没有任何理由说，古代不可能进行过黑子观测。许多黑子很容易在日出或日没时用肉眼看到，也可以由
静止的水面反光见到。通过薄霾也可以看得很清楚。直径为3万英里（地球直径的四倍）的黑子，不用望远镜也
可以看到，而且许多黑子比这还要大，甚至达到地球直径的20倍［Sarton（1），vol.3，p.1856］。

⑩　《本草纲目》卷八，第四十八页。

⑪　S. A. Ionides & M. L. Ionides（1），p.79。

之类的社会大事发生关系，并不是不可能的。荒川秀俊［Arakawa（1）］认为，从1750 年以来日本稻米歉收的情况来看，这样的关系确实是存在的。《计倪子》（见上文 p. 402）一书，把 12 年的木星周期和农作物丰歉的周期联系起来，按查得利［Chatley（1）］的说法，其根据也许就是 11 年的黑子周期。现在有些研究太阳黑子的人，正在部分地利用中国的数据来探索黑子极大值与其他现象（如极光）之间的关系①。

437

（j）耶稣会士时期

在文化交流史上，看来没有一件事足以和 17 世纪时耶稣会士的入华相比，这批欧洲人既充满了宗教热情，又精通随文艺复兴和资本主义兴起而发展起来的大多数学科。虽然本书写作规划中把 1600 年看作一个转折点，因为从那以后世界性的科学与中国所特有的科学之间已不复存在根本性的区别了，但耶稣会士在中国天文学上所起的作用与亚洲前几个世纪的天文学有着那么多的牵连，而且在中西思想相互影响的问题上我们得到了那么多的教益，因此，我们对 17 世纪所发生的事情不能不稍做说明②。

从前面顺便做出的那些暗示中应该能觉察到，耶稣会士们的到达对于中国的科学来说绝不是纯粹的赐福（尽管过去常常把它描述得好像如此）。在我们从当时的文献中把他们的一些贡献提出来加以说明之前，让我们先暂定一份他们所起作用的功过单。第一，欧洲预报交食的方法远比中国传统的经验方法来得好③。这一点首先在 1610 年 12 月 15 日发生日食时得到验证，当时利玛窦已经去世，熊三拔（Sabbathin de Ursis）正作为主要的耶稣会士天文学家在进行活动④。第二，耶稣会士们带来了用几何分析法来解释行星运动的明确说明，当然同时也带来了运用这种方法所需要的欧几里得几何学⑤。第三，几何学还被应用于许多别的方面，如在日晷制作、星盘的球极平面投影⑥，以及测量等方面⑦。

---

① 见 Fritz（1），Schove（1）。

② 耶稣会士时期的文献很多，但很零乱。我们已引用过裴化行［Bernard-Maître（1，5）］论利玛窦贡献的著作和费赖之［Pfister（1）］的百科全书性质的著作。至于一般性的概述，可举出薮内清（*17*）和裴化行［Bernard-Maître（16）］的论文。

③ 但是，金尼阁关于中国在耶稣会士到来以前不知道交食真相的说法［见 Gallagher（1），p. 325］，在我们看来是完全没有根据的。

④ 耶稣会士的预言有时还加入了一些趣剧情节。1636 年，他们预言木星将从巨蟹座的两颗星之间穿过，然后转而逆行。有些中国官员认为这是火灾的预兆，所以便窜改了观察结果，但恰在此时北京附近一家大型火药作坊发生爆炸，竟惊人地证实了耶稣会士们的准确性［Bernard-Maître（7），p. 457］。

⑤ 金尼阁曾告诉他的读者说，中国人对两个天极一无所知［见 Gallagher（1），p. 326］。从上文对整个中国天文仪器史的简单介绍中可以看出，这种说法是何等远离事实。此外，耶稣会士还带来了完整的托勒密本轮说，但当时哥白尼的胜利已经近在眼前，因此中国天文学家确实大可不必去了解本轮学说。

⑥ 参见李之藻的《浑盖通宪图说》（1607 年）。李之藻是耶稣会士的合作者。

⑦ 在某些情况下，耶稣会士其实只不过是使中国人想起了他们自己很早以前就已发展出来的东西，这些东西只是由于明代科学的衰落而被人们忘记了罢了。欧几里得几何学给"点"所下的定义竟大受赞赏［Bernard-Maître（1），p. 511］，耶稣会士和他们的中国朋友们都不知道，早在汉代以前墨家便讨论过这个问题了（参见本书第二卷，p. 194）。同样，利玛窦对几何象限仪的用法，以及其他测高、测距、测宽、测深方法的解说，也受到了热烈欢迎［Bernard-Maître（1），p. 57］，显然也没人知道这些测量技术在公元 3 世纪的《海岛算经》中就已经讲解过了（上文 p. 31）。金尼阁对于这些事是最为无知的［参见 Gallagher（1），p. 326］。

第四种贡献是地圆说①，以及用经纬线把地球表面分隔为小块区间的划分方法。第五，他们使韦达时代的16世纪新代数学，连同许多新的计算方法和计算尺之类的基本器具，能为中国人所利用。第六，仪器制造、刻度、测微螺旋及诸如此类的欧洲最新技术，在输入的新事物中也不是毫无价值的。望远镜的传入是这方面的最高峰②。

438

（1）中国与水晶球说的崩溃

耶稣会士带来的世界图式，是封闭的由固体同心水晶球构成的托勒密-亚里士多德地心宇宙体系③。因此，他们反对中国固有的宣夜说，因为宣夜说认为天体飘浮于无限的空间。最有讽刺意味的是，当耶稣会士们反对宣夜说的时候，也正是欧洲最先进的思想开始背弃封闭的亚里士多德宇宙体系的时候。因此，他们的（第二个）过错，是阻挠哥白尼日心说在中国的传播，因为他们对教会加于伽利略的惩罚毕竟不能不存有戒心。第三，在岁差的问题上，他们用一种错误的理论来代替中国人不提出任何理论的谨慎态度④。第四，他们完全未能了解中国传统天文学的赤道坐标与天极的特点，因而把二十八宿和黄道带混淆起来，毫无必要地引入赤道十二宫⑤。第五，传教士们不顾第谷在取用赤道坐标方面刚刚取得的进步，又把不太令人满意的希腊黄道坐标强加于一向以使用赤道坐标为主的中国天文学，并且竟真的在北京造了一具黄道浑仪（参见上文 p.379，下文 p.451）。

关于耶稣会士们的这种自相矛盾的立场，从利玛窦的两封列举所谓中国人的"不经之谈"的信（1595年10月28日及11月4日）中可见一斑⑥。他写道：中国人说，

（1）地平而方，天圆如盖；他们从未想到人在地球上可以对蹠而居⑦。

（2）只有一个天（而不是十重天）。天上空虚无物（而不是固体）。星辰在太空中运动（而不是固定在天穹上)⑧。

439

---

① 这对于中国来说也不是什么新东西，耶稣会士们也想到了这一点［参见 Gallagher（1），p.325］，因为这是古代浑天说的一部分（参见上文 p.217）。奇怪的是，中国的宇宙学说竟很少影响到中国的制图法。利玛窦的地圆说认为地心是地狱，因此，中国人在接受此说时存在着某种厌恶情绪是可以理解的。

② 1634—1638年，耶稣会士曾向明朝末代皇帝赠送许多天文仪器［详见 Bernard-Maître（7），p.450］。皇帝本人曾亲自观测过1638年12月20日的日食。

③ 特别见 Aristotle, De Caelo, Bk.2。耶稣会士的一位中国朋友瞿太素有一件趣事，他收到了一块水晶棱镜，便在镜匣上刻下一条铭文作为装饰，铭文的意思是说：这就是一块构成天的物质［见 Gallagher（1），p.318］。关于封闭宇宙说在欧洲的崩溃，见 Koyré（5）；Dingle（2）。

④ Bernard-Maître（1），p.88。后来牛顿终于做出了正确的解释［Berry（1），p.235］。

⑤ De Saussure（16d）；Bernard-Maître（1），pp.49，76，86，etc.。

⑥ Venturi（1），vol.2，pp.175，184，185，207；由裴化行［Bernard-Maitre（1），p.48］整理。

⑦ 利玛窦肯定听到过盖天说（见上文 p.210）的只言片语。

⑧ 如上文（p.198）所述，公元前300年希腊水晶球说可能已传到过中国，但在中国天文学思想中未起作用。见下文 p.603。金尼阁后来写道，"中国人从未听到过这样一些说法：天是由固体构成的；星是固定的而不是任意飘浮的；天有十重，互相包裹，并在两个方向相反的力的作用下转动着"［（Gallagher（1），p.326］。柯仲炯在《宣夜经》（1628年）中确曾反对过这些想法。

（3）他们不知空气为何物，我们认为有空气的所在（指各水晶球之间），他们认为是太空。

（4）通过增加金和木，略去空气，他们凑成金、木、水、火、土五种元素（而不是四种）。更恶劣的是，他们造出这五种元素的相生之说；可以想象，他们在讲授此说时何等缺乏根据，但由于这是他们的古圣先贤传下来的学说，所以竟无一人敢于反对①。

（5）关于日食，他们提出了一个绝妙的解释，即月接近日时，消弱了日光②。

（6）夜间，太阳隐在距地不远的山后③。

在这里我们看到了 16、17 世纪之交欧洲学术盛气凌人的一些侧面：在宇宙结构问题上，传教士们硬要把一种基本上错误的图式（固体水晶球说）强加给一种基本上正确的图式（这种图式来自古宣夜说，认为星辰浮游于无限的太空）④。

关于这一点，值得我们再仔细审阅一番。利玛窦在信中写了这些话之后仅仅过了五年，吉尔伯特在《论磁性》（*De Magnete*）一书中写道：

> 到底有谁曾经看到，我们称为恒星的那些星体是处在同一球体之中？到底有谁曾经据理证明，确实有什么坚如铁石的水晶球？这一点从来无人加以证实，而且从未有人想到，这一望无际的繁星正和距地远近不同的行星一样，与地面隔着不同的遥远距离——它们并不是嵌在什么球形框架或天穹之上。从那远不可测的情形来看，有些星的距离是只可想象而不可验证的；即使是较近的星，也仍然很远，而且距离各不相同，有的处在无法形容的稀薄以太中，有的则处于虚空之中……由此看来，那些似乎固定在一定位置上的恒星，显然在那里形成一些各有自己的中心的球，它们的各个部分都汇集在这些球的周围。如果它们有运动的话，那就很可能是像地球那样，各绕着自己的中心而运动，或者像月球那样，是一种中心在轨道上前进的运动……但是，不可能有无限大范围上的和无限大物体的运动，因而也不会有广大无边的宗动天（Primum Mobile）的周日运动⑤。

440 在此 20 年以前，布鲁诺（Giordano Bruno）在《论无限宇宙》（*De Infinito Universo*）中曾用他所惯用的激烈语气表明了同样的意思：

---

① 为亚里士多德四元素说辩护的论证并不比这更高明。但是，金尼阁却曾在讲道及教会小册子中傲然声称，四元素说胜过五行说［Gallagher（1），p. 327］。金尼阁说这番话的时代大致与欧洲莱伊（Jean Rey）、梅奥（John Mayow）划时代的著作同时，可是，元素说的大厦在半世纪内即被玻意耳彻底推翻了。

② 这是一句讽刺的话。我们知道，这是古代的阴阳相克说（上文 p. 412），大概是某位和利玛窦谈话的人从《论衡》中搜检而来的。

③ 这是一种古代宇宙传说的遗义，利玛窦想必是从某位未受教育的人那里听到这一说法的，而不是从什么熟悉天文学的人那里听来的。

④ 遗憾的是，克罗宁［Cronin（1）］在 1955 年出版的一部流行很广而令人动情的书中，仍试图将耶稣会士关于中国天文学和宇宙学落后的传说继续下去。

⑤ 英译文见 Thompson（1），p. 215。

困难来自荒谬的方法和错误的假说，即关于地球的重量和地球静止不动，以及宗动天的地位的假说，认为宗动天带着 7 个、8 个、9 个或更多的天球，上面嵌着、印着、涂着、钉着、系着、黏着、画着或刻着许多星，而且这些星与我们自己的星球（我们称之为地球）不属于同一个空间①。

如此说来，传入中国的正是宇宙论中的这些"荒谬的方法"和"错误的假说"。但是，有没有什么促进因素交换回去呢？

大多数经院派哲学家都秉承亚里士多德的思想，认为世界只能有一个②。但是，世界不止一个的学说在 17 世纪迅速得到普及③，并且有大批谈论星际旅行的"科学"幻想小说随之产生。关于这些小说，尼科尔森［M. H. Nicolson（1）］已在一本出色的书中做了评论④。反映这类主题的文艺作品都有某些一致之处，它们都暗示，中国人对于固体天球所持的怀疑立场并不是毫无影响的。例如，戈德温（F. Godwin）⑤ 在最早的科学幻想小说之一《月中人——神行使者多明戈·冈萨雷斯的月球旅行谭》（*The Man in the Moone*；*or*，*A Discourse of a Voyage Thither*，*by Domingo Gonsales*，*the Speedy Messenger*；1638 年）中，书中故事的叙述者乘着野鹅推进的飞行器飞上月球。从月球上看来，地球和其他行星一模一样。不久以后，故事的叙述者"脱离了专横的磁体——地球"，得到了另一种能对抗地球引力的磁体⑥，从而飘然下降，恰恰降落在中国，在那里遇到了传教士和中国的官员⑦。中国人和月中人都用一种特殊的语言交谈。威尔金斯（John Wilkins）⑧ 的《月球世界的发现，有助于证明月球上很可能会有另一个可居住的世界》（*Discovery of a World in the Moon*，*tending to prove that'tis probable that there may be another habitable World in that Planet*；1638 年），以及惠更斯的书（1698 年），都曾以小说味较少的文体强调了同样的思想。笛福（Daniel Defoe）的逗趣性政

441

---

① Gentile，*Op. Ital.*，vol. 1，p. 402；Lagarde，*Op. Ital.*，vol. 1，p. 388；D. Singer（1），p. 71。

② 特别见 *De Caelo*，Bk. 1。见 Duhem（1），vol. 2，pp. 55 ff. 。不过达巴诺（Pietro d'Abano）在 1310 年曾提出，天体可能不是嵌在水晶球中，而是在空间自由运动的 ［Duhem（3），vol. 4，pp. 241 ff. ；Crombie（1），p. 202］。关于这个人，尤其可见 Thorndike（1），vol. 2，pp. 874 ff. ；Sarton（1），vol. 3，pp. 439 ff. 。

③ 见 Mccoiley（1）；D. Singer（1）。

④ 这类小说风气是从萨莫萨塔的琉善（Lucian of Samosata，生于公元 120 年）谈月球旅行著作的第一个英译本 ［希克斯（Francis Hicks）译］开始的。除此之外，其他古书，如西塞罗（公元前 106—前 43 年）的《西庇阿之梦》［*Somnium Scipionis*；见 Keyes（2）］和普卢塔克（公元 48—123 年）的《月面景观》（*De Facie in Orbe Lunae*），都包含同样的思想，但在"水晶球"观念占统治地位的漫长时期中，这些著作一直被束之高阁。令人难以置信的是，和琉善同时的大天文学家、数学家兼机械设计师张衡，也描写过到太阳以外的太空的假想旅行——见他的《思玄赋》（《文选》卷十五）；参见 Hughes（7），pp. 79，87，117，118；（8）。

⑤ 戈德温（1562—1633 年）在牛津与布鲁诺相识，后来成为兰达夫（Llandaff）和切斯特（Chester）的主教。详见 M. H. Nicolson（1），p. 71。

⑥ 韦尔斯（H. G. Wells）在其《最先登上月球的人》（*First Men in the Moon*）一书中所想象的，正好也是这样的一种降落方法。

⑦ 麦科利［McColley（2）］猜想，"多明戈·冈萨雷斯"有一部分影射的是利玛窦——两人都生于 1552 年，并于 1601 年到达北京；两人都有一个叫作"迭戈"（Diego）的下属 ［利玛窦的下属是庞迪我（Didace de Pantoja）］，都以澳门作为向欧洲发信的驿站。戈德温确实从金尼阁的《利玛窦中国札记》（*De Christiana Expeditione apud Sinas*）一书中借用了不少材料。

⑧ 威尔金斯（1614—1622 年）是切斯特地区的主教。详见 M. H. Nicolson（1），p. 93。

治讽刺作品《集成机车——月球世界各种事务纪要》（*The Consolidator：or Memoirs of Sundry Transactionsfrom the World in the Moon*；1705 年）也曾涉及中国，同时也提到戈德温和威尔金斯两人。在这篇讽刺作品中，所有涉及中国的地方都含有双重意义，因为当他用许多夸张的故事来讲述中国的发明发现时[①]，总是用中国人对自然规律，以及美好习俗的信奉来和欧洲各国政府政治上的专制主义进行对比[②]。所谓"集成机车"（Consolidator，或"Apezolanthukanistes"）其实就是飞机的预想；它有两翼，并载有足供飞到月球的燃料。正如钱钟书［Chhien Chung-Shu（2）］所说，这本书把欧洲人对中国科学的矛盾态度表现得很清楚，因为尽管笛福说到"中国人对天体运动荒唐无知"，但那星际飞机却又只能认为是精通天文学、机械学的人民所创造和使用的东西。此外，在迈尔斯·威尔逊（Miles Wilson）的《流浪的犹太人伊斯雷尔·乔布森的一生》（*History of Israel Jobson，the Wandering Jew*；1757 年）一书中，还可再次发现关于中国的题材：这位犹太人曾经访问了所有的行星，并用中文认真地写出了自己的游记[③]。在 17 世纪，所有涉及太阳系以外还存在其他有人烟可居住的星系这一思想的著作，几乎没有一本不提到中国。例如，德丰特内勒（B. de Fontenelle）1686 年的《关于多世界的对话》（*Entretiens sur la Pluralité des Mondes*）一书，便用在乡村别墅中和一位贵妇人进行夜谈的体裁讨论了这一主题。在屡次提到中国[④]之后，讲述者说道[⑤]：

> 我答道，请让我把关于天的新见闻一起讲给您听，我相信不会有比这更新奇的事了。不过，我从前在新版拉丁文本中国史纲要中曾看到一些天象记录，恐怕这些新见闻倒不像那些天象记录那样令人惊奇，令人赞叹。在中国，一次看到几千颗星从天空带着隆隆之声沉入大海，或裂成碎块像雨点一般降落下来，是不稀奇的，人们不止一次看到。这样的观测记录，在相隔很远的两个时代都有发现；那些时而带着巨响像火箭般向东疾驰而消灭的星，还不计算在内。遗憾的是，这种景象似乎只是给中国人看的，西方国家从来没有机会看到。不久以前，我们的哲学家们还自信关于天和天体永恒不变的说法，有一些经验可作为证明，但是就在这个时候，地球另一端的居民却看到数以千计的星体毁灭了。这一事实和我们的旧说完全不同。
>
> 她（侯爵夫人）说：但是，我们不是常听说中国人是那样伟大的天文学家吗？
>
> 确实如此，我答道，不过，正如希腊人和罗马人被漫长的时间隔开一样，中国人住的地方和我们这里当中隔着广阔的土地；遥远的距离使我们不能互相了

---

① 印刷术、火药及大船的建造等，当然都谈到了；但是，也讲到暴风雨和潮汛的预报，以及想象中的新发明，如打字机、口授留声机等。

② 据说，中国政体的基础是相信"天赋人权高于世俗权力"（Natural Right is superior to Temporal Power），这种信念在西方则被认为是一种异端邪说，"早已被我们的饱学之士所打破，他们已经证明，帝王们是头戴皇冠自天而降的，而他们的所有臣民则是生来就背负鞍子要被役使的"。关于笛福此书的概述，见 Nicolson（1），p. 183。

③ Nicolson（1），p. 177。

④ De Fontenelle（1），pp 46，95，165，182，236。

⑤ De Fontenelle（1），p. 294。

解……

〈Je viens de vous dire, repondis-je, toutes les nouvelles que je sçay du Ciel, & je ne croy pas qu'il y en ait de plus fraîches. Je suis bien fâché qu'elles ne soient pas aussi surprenantes et aussi merveilleuses que quelques Observations que je lisois l'autre jour dans un Abrégé des Annales de la Chine, écrit en Latin, & imprimé dépuis peu. On y voit des mille Etoiles à la fois qui tombent du Ciel dans la Mer avec un grand fracas, ou qui se dissolvent, et s'en vont en pluye, & cela n'a pas esté veu pour une fois à la Chine, J'ay trouvé cette Observation en deux temps assez éloignez, sans compter une Etoile qui s'en va crever vers l'Orient, comme une fusée, toujours avec grand bruit. Il est fâcheux que ces spectacles-là soient reservez pour la Chine, & que ces Pays-cy n'en ayent jamais eu leur part. Il n'y a pas longtems que tous nos Philosophes se croyoient fondez en expérience pour soutenir que les Cieux et tous les corps Celestes estoient incorruptibles & incapables de changement, & pendant ce temps-là d'autres hommes à l'autre bout de la Terre voyoient des Etoiles se dissoudre par milliers; cela est assez différent.

Mais, dit-elle (Mme la Marquise), n'ay-je pas toûjours oüy dire que les Chinois estoient de si grands Astronomes ?

Il est vrai, repris-je, mais les Chinois y ont gagné à estre separez de nous par un long espace de Terre, comme les Grecs et les Romains à en estre separez par une longue suite de siecles; tout éloignement est en droit de nous imposer…〉

这是一个阐释文艺复兴后的宇宙论的欧洲人，他在对中国人这方面知识的声誉稍做取笑的同时，以嘲弄的口吻再次向我们暗示：欧洲传统学说视作永恒不变的星体，中国人确实早已认识到它们的诞生和衰亡（新星、流星等）；而欧洲传统学说认为确实固定在天球上的辰星，中国人也知道它们的星光几乎远至无穷，且多种多样。总之，耶稣会士们开始探讨中国的宇宙论时，他们立刻发现，中国人对托勒密-亚里士多德体系中的水晶球是毫不相信的。这种态度究竟是不是促使欧洲中世纪宇宙观发生崩溃，并对近代天文学的诞生有贡献的一个因素，是值得进行专题研究的。关于这种意见，有沙伊纳所说的一番话作为当时的证明。1625 年左右，他在设法说明星体所在之域具有流体性质时写道： 442

中国人从未在他们无数出色的学院中讲授过天是固体的；从他们过去两千年中任何时期出版的书籍来看，也大体上可得出这一结论。由此可见，天是流体的理论确实十分古老，而且易于证明。此外，人们绝不能忽略一项事实，即这种理论似乎是为对所有人进行自然知识启蒙而提出的。据从中国回来的人说，中国人非常相信这种理论，因而把相反的看法（多重固体天球说）完全视为无稽之谈①。

此外，尼乌霍夫（Nieuwhoff）著作（1665 年）中的话可作为另一个例证，他发现，世

---

① *Rosa Ursina*（1630），p. 765（Bk. 4，Pt. 2，ch. 29，Pro Caelo Liquido Auctoritates Astronomorum），译文见 Bernard-Maître（7），p. 57，由作者译成英文。沙伊纳的资料提供者一定是金尼阁。

界不止一个的想法颇具中国特色①。

无论如何，当我们看到卫三畏（Wells Williams）② 在 1848 年以为固体天球是中国古代原始学说的遗存，责备相信这一学说的晚清通俗作家时，真是感到滑稽至极。

（2）不圆满的交流

前面已经谈到③，对于郭守敬所制造的仪器，利玛窦本人是真心实意（和有充分理由）赞赏的。但明代末期是那样衰微，欧洲人对于自己在科学方面的优势又是那样自信，以致 17 世纪传到欧洲的关于中国天文学的描述主要都是些贬斥之辞，其中有两段颇为中肯的文字还值得一看。金尼阁就曾这样写道：

> 443
>
> 他们也有一些占星和数学知识：古时的算术和几何更加出色，但这些知识在以后学习和传授中却被弄得混淆不清了。他们所识记的星，包括不经常出现的一些小星在内，比西方占星家所提到的多达 400 余颗。关于天象，他们没有得出任何规律：他们忙于计算交食和五星的运行，但其中错误很多；他们全部的占星术都类似于我们所谓"判决占星术"（judiciall astrology），亦即设想地上的事物取决于天上的星象。他们多少接受了伊斯兰国家的某些东西，但并未通过证明对之进行任何确认，只留下了一些用以计算交食和五星运行的图表而已。
>
> （明朝）第一代皇帝为了预防颠覆，除有世袭权利的人以外，不准任何其他人研习这种判决星占术。但是，现在的皇帝养着各种各样的术数家，其中既有宫中的太监，也有外面的官吏。北京的钦天监有两个科：一个是汉人的"天文科"，按他们自己的传统行事；另一个是"回回科"，已按伊斯兰国家的规矩改组。这两个科通过协商来办事。他们在小山丘上有一个观象台，从前提到的巨大的铜制天文仪器就安置在那里。观象台夜夜有人值班，随时准备进行观测。南京的观象台比北京的更好，因为当时该地是帝都所在。当北京的占星家预报发生交食时，官吏们和偶像似的大臣们便奉命穿着公服聚齐，敲打铜钟，在他们认为会发生交食的时候一直跪在地上，以为这是在帮助那些苦斗中的行星，以防它们会被我所不了解的什么巨蛇吞掉（据说是如此）④。

另一段出自李明（Lecomte）书中的文字十分有趣，它为那种可能延续了三千年的夜间观测提供了一条目击记：

---

① 1656 年尼乌霍夫曾随荷兰使节前往北京［Cordier（1），vol. 3，p. 262］。他写了一本著作记述此次出使及中国的情况，其中第二部分写道："在物理学方面，有些（中国）人的见解和德谟克利特、毕达哥拉斯相同，他们接触到世界的许多问题。这说明他们是多么喜欢研究自然界的事物"（"Et les opinions qu'ont quelques-uns（des Chinois）dans la physique, conformes à celles de Democrite et de Pythagore touchant, la pluralité des Mondes, monstrent assés combien ceux de cette Nation se plaisent à l'étude des choses naturelles"）（p. 14）。

② Williams（1），vol. 2，p. 33。

③ 上文 p. 367。

④ 这段文字采自金尼阁《利玛窦中国札记》（1615 年）修订本，英译文见 *Purchas his Pilgrimes*，vol. 3，p. 384。另见 Gallagher（1），p. 31。

　　他们一直不断地进行观测。五位术数家每夜守候在台上，仔细观察着经过头顶的一切；他们一人注视天顶，其余四人分别注视东西南北四方。这样，天地四极每个角落所发生的事，都逃不过他们辛勤的观测。他们注意风雨和大气，注意日月交食、五星合冲、陨星流火，以及一切可能有用的异常现象。他们详细记录，每天清晨送交监察官员，在他的办公室中登记入册。这些事情如果一直由能干且细心的术数家来做，我们也许能够得到大量精细的记录①；不过，这些天文学家们既不十分熟练，也很少注意对这一学科的改进；只要薪金照常，收入不变，他们是决计不会为天上发生的变化更替去伤神费脑的。当然，如果天象非常明显，如发生了日食或者出现了彗星，他们就完全不敢那样玩忽职守了②。

　　当耶稣会士在中国开始活动时，欧洲天文学有两项极其重要的特点：①发明并使用了望远镜；②接受了哥白尼的日心说。前者，他们已带到了中国；而后者，经过一番迟疑之后，他们还是隐而未传。裴化行［Bernard-Maître（7）］已对中国的历法改革做过详尽的叙述，上文对之也已有所评论（pp.258，404），这次改革往往被想象成一件大事，但是和上述两项进步相比，其意义实际上小得多。由于德礼贤⌊d'Elia（1，444 3）］的研究，我们现在对当时的真实情况已有了比较清楚的了解。什切希尼亚克［Szczesniak（2）］说过，哥白尼在中国所引起的斗争甚至比在欧洲更富有悲剧色彩，因为这场斗争一直持续到18世纪末。戴闻达［Duyvendak（6）］强调了耶稣会士们未把日心说传入中国一事的重要影响。

　　1610年，利玛窦在北京逝世，同一年，伽利略发表了他的《星际使者》（*Sidereus Nuntius*）。第二年冬天，克拉维乌斯（Christopher Clavius）和罗马学院的其他耶稣会士重做了伽利略的望远镜观测③，使之得到确认。但是，这使得耶稣会士们反对亚里士多德更甚于反对托勒密。利玛窦的老师兼朋友克拉维乌斯卒于1612年。1616年和1632年，伽利略因坚持哥白尼的学说两次被判罪④，这对于派往中国的教会团体当然会产生很大的影响。最早提到望远镜的中文资料是阳玛诺（Emanuel Diaz）的《天问略》⑤（1615年），书中说，伽利略由于"哀其目力"而设计了望远镜。用望远镜来进行观测时，金星大如月，土星两侧似乎各有一鸡卵（参见图185），木星的卫星也清晰可见（图187）。1618年邓玉函（Johannes Terrentius；即 Johann Schreck）到达中国；他已继伽利略之后被推选为山猫学院（Cesi Academy）的第七名院士，是一位很有才华的天文学家兼物理学家。他随身携有一架望远镜（后来在1634年献给了皇帝），并与伽利略

---

①　李明对中西古代和中古时期天象记录的相对价值显然一无所知。

②　*Memoirs and Observations*, etc., p.71。

③　特别是观测月面山脉、太阳黑子、金星位相、土星形状、木星卫星、猎户座星云、巨蟹座积尸增三星团，以及以前所未见的许多星。1611年5月，当伽利略的发现得到确认，克拉维乌斯及其"数学家"们在罗马学院大厅上为他举行隆重的欢迎会时，汤若望去参加时还是一位青年人，后来，他成为担任中国钦天监监正的第一位西洋人。

④　见 Banfi（1）；de Santillana（1）；关于这个讨论已久的问题，这是两种有价值的新著作。

⑤　Cordier（8），p.18。关于望远镜传入日本的情况，见三上义夫（*17*）。

（他对邓玉函帮助不大）和开普勒（他更热心些）一直保持联系①。1627 年，开普勒交给当时住在澳门的波兰耶稣会士卜弥格（Michael Boym）② 一套（哥白尼传统的）《鲁道尔芬表》（Rudolphine Tables），卜弥格又把它连同热情的赞词一起转送到北京③。在此之前的一年，汤若望④曾发表一篇关于望远镜的中文著作——《远镜说》（参见图 186）⑤。不过，实际上直到 1640 年，汤若望用中文撰写的西方天文学史中已提到"伽离略"（伽利略）、"弟谷"（第谷）、"歌白泥"（哥白尼）和"刻白尔"（开普勒）等人的名字⑥。

　　现在已经知道，在早期，特别是在伽利略被判有罪之前，传教士们对哥白尼学说的看法并不是一致的。卜弥格赞成它，另一个波兰耶稣会士穆尼阁在南京传播它，和邓玉函同行的祁维材（Wenceslaus Kirwitzer）肯定是一个哥白尼主义者，不过他在 1626 年就英年早逝了。大体上可以这样说，1615—1635 年，中文著作里已述及使用望远镜取得的新发现，但尚未提及哥白尼学说；不久以后，有人曾阐述过日心说，但伽利略被判有罪的消息一传到中国，便又落下帷幕，回复到托勒密的观点⑦。关于这一观点，熊三拔早已在 1611 年的《简平仪说》⑧ 中做了明确的介绍。

　　人文学界的同人有时会感到奇怪：为什么耶稣会士一方面能如此成功地为中国朝廷制定一部"文艺复兴式"的历法，而同时却又坚持托勒密的观点，摒弃哥白尼的学说⑨？ 这个问题的答案如下。第一，按纯历法的标准来说，他们并不需要在两者之间做什么选择。地心说和日心说在数学上意义是完全等同的，不论静止不动的是地球还是

---

①　宋君荣［Gaubil (5)，p. 235］说："邓玉函神父曾写信给大名鼎鼎的开普勒，把《尧典》（《书经》中的一篇）中关于星辰的记载告诉了他，并且无疑还在信中向他提供了中国推算交食的方法。开普勒也收到了关于《书经》、《诗经》，以及《春秋》和历代史书中的日食的报告，但是，目前我们还没能找到那些书信。开普勒无疑曾经给他回过信，但复信也同样没能找到。"实际上，这些来往信件已于 1630 年在西里西亚（Silesia）出版［Pfister (1)，p. 157］，并重印于弗里施（Frisch）所编《开普勒文集》，第 7 卷，pp. 667 ff. 。参见 Bernard-Maître (7)。关于邓玉函和其他耶稣会士科学家与伽利略、开普勒的关系，见 Gabrieli (1, 2)；Bernard-Maître (12)。邓玉函与伽利略、开普勒都有私人交情。

②　见 Szczesniak (6)。

③　见 Szczesniak (3)。

④　见魏特［Väth (1)］所撰的汤若望传记。自 1629 年起，邓玉函、罗雅谷虽曾先后负责修历，但授钦天监监正的却以汤若望为第一人。在此以前，从无耶稣会士作监正的事。此后相继担任监正的是：汤若望（1645—1666 年），南怀仁（1669—1688 年），闵明我（1688—1706 年，又 1710—1712 年），安多（A. Thomas；代理，168—1694 年），庞嘉宾（C. Kastner；1707—1709 年），纪理安（1712—1720 年），戴进贤（1720—1746 年），刘松龄（A. von Hallerstein；1746—1774 年），傅作霖（Felix da Rocha；1774—1781 年），高慎思（J. d'Espinha；1781—1783 年）和索德超（J. B. d'Almeida；1783—1805 年）。费赖之［Pfister (1)，p. 886］说，索德超结束了这条线。但据于克［Huc (1)，他本人是遣使会修士（Lazarist）］的著作，我们知道钦天监最后被取用过的传教士是遣使会修士毕学源（Gaetan Pires-Pereira；卒于 1838 年），但他大概不是监正。

⑤　Cordier (8)，p. 37。此书有一幅粗糙的蟹状星云图；但当时汤若望本人及其读者都不了解这个星云对后来的宇宙学说有什么重要意义，也不知道它的前身是 1054 年仅在中国和日本两国观察到的超新星。

⑥　《历法西传》；见 Pfister (1)，p. 180。这些音译的人名也曾沿用了很长时间，参见《畴人传》卷四十三至卷四十六。

⑦　《图书集成》中有第谷学说的太阳系图（图 188 采自《历法典》卷六十五，第三页）；参见 Berry (1)，p. 137。我们未发现有哥白尼学说的图。

⑧　Pfister (1)，p. 105。

⑨　我很感谢珀塞尔（Victor Purcell）博士以富有挑战性的形式提出这一问题。

图版　六三

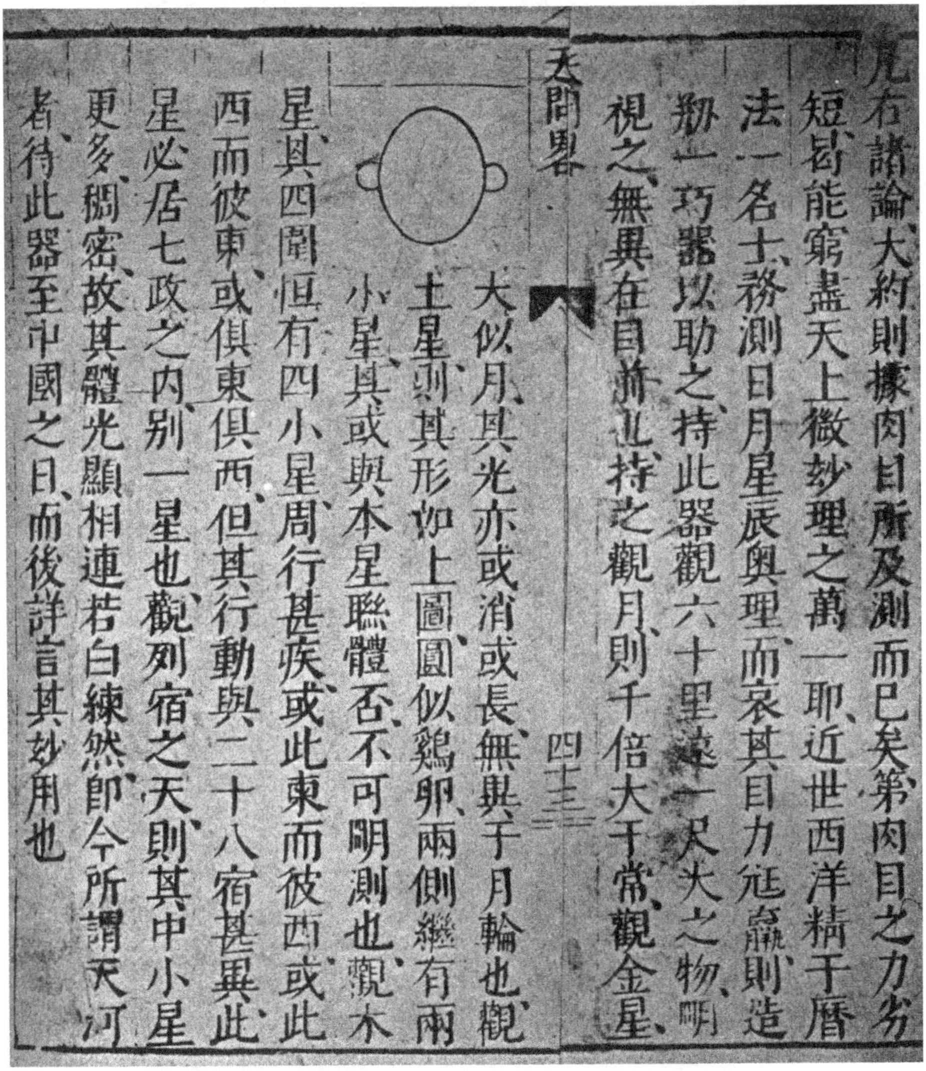

凡右諸論大約則據肉目所及測而巳矣第肉目之力劣
短豈能窮盡天上微妙理之萬一耶近世西洋精于曆
法一名士務測日月星辰奧理而衰其目力延嬴則造
一巧器以助之持此器觀六十里遠一尺大之物明
視之無異在目前並持之觀月則千倍大于常觀金星

天問畧

四十三

土星則其形似上圖圓似鷄卵兩側繼有兩
小星其或與本星聯體否不可明測也觀木
星其四圍恒有四小星周行甚疾或此東而彼西或此
西而彼東或俱西但其行動與二十八宿甚異此
星必居七政之内别一星也觀列宿之天則其中小星
更多稠密故其體光顯相連若白練然卽今所謂天河
者待此器至中國之日而後詳言其妙用也

大似月其光亦或消或長無異于月輪也觀

图185　阳玛诺《天问略》（1615年）中一页的两面。这是第一次以中文介绍使用伽利
　　　　略望远镜所取得的新发现。土星的"三合"现象是伽利略于1610年第一次看
　　　　到的，但他始终未能做出解释；直到1659年惠更斯的《土星体系》（Systema
　　　　Saturnium）一书发表，土星光环及其卫星的分布情况才得以弄清。

图版 六四

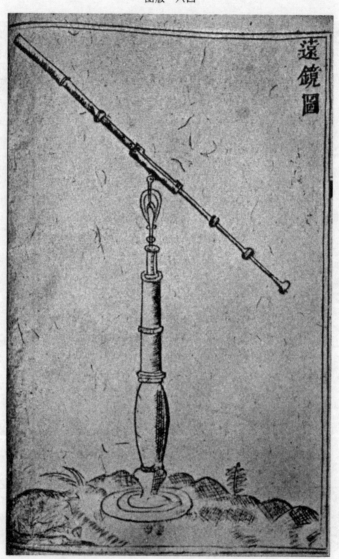

图186 中国最早的望远镜图，采自汤若望《远镜说》（1626 年）。

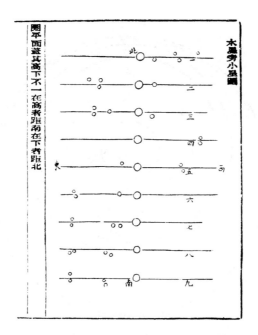

图187　木星的卫星图（采自《图书集成》）。

太阳，距离和角度总是一样，要求解的三角形也相同①。决定历法精度的完全不是历算家们所选用的参照系，而是卡西尼和弗拉姆斯蒂德时代较准确的观测数据。第二，在耶稣会士入华前的若干世纪里，中国人自己已经制定了很好的历法，根本不曾用过什么太阳系的几何模型。所谓历法不过是用来尽可能细致地调和观测到的天地周期、预测其循环往复并把常用的时间单位（月、日等）调整得最为恰当的一种方法罢了②。耶稣会士们占优势的地方，是他们的仪器较为先进，数学较为优越（几何学确实是古老了，但代数学是很新的）。但是，他们花费了将近一百年的时间，才学会利用中国天象观测记录这笔巨大的财富。

　　在宋君荣时代之前，耶稣会士们一直未能利用中国的观测记录，这造成了一种奇怪的后果：当邓玉函 1628 年在《测天约说》③ 中详述通过望远镜发现太阳黑子时，对中国人早在欧洲人之前一千二百年就已发现这一现象竟只字未提。

　　什切希尼亚克 ［Szczesniak（1）］曾把日本的情况和中国进行过比较。日本 1616—1720 年实行锁国政策，使得对西方学术传入日本做出突出贡献的是荷兰商人，而不是罗马天主教会。1725 年日本第一座近代天文台在中根元圭指导下建成时，哥白尼学说

447

----

①　见普赖斯 ［Price（2），p. 94］的讨论。

②　关于耶稣会士在中国重修历法的事，有人写过不少荒谬的文章。按照克罗宁 ［Cronin（1），pp. 142，230，231］的说法，欧洲于 1582 年开始采用的格里历（一部分是利玛窦的老师克拉维乌斯的研究成果）俨然是托勒密学说的必然结果。他提出，格里历早已由阿拉伯人介绍到中国，但中国拒不采用，因而造成了历法的混乱。事实正好相反，格里历只不过是一种比过去更为巧妙些的置闰体系，和其他想调和无公约数数字的历法一样，也是任意安排出来的。参见 Fotheringham（1），p. 743；Philip（1），p. 20。

③　Pfister（1），p. 157。

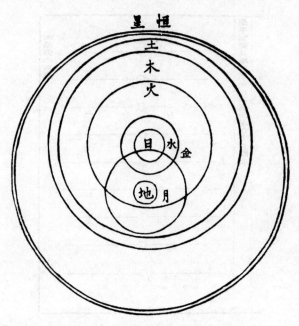

图 188　第谷学说的太阳系（采自《图书集成》）。

在那里是备受赞扬的①。但在中国，一直到 19 世纪早期，哥白尼学说才在艾约瑟、伟烈亚力、傅兰雅（John Fryer）等新教徒的努力下真正传播开来。这些人的活动可在什切希尼亚克的著作［Szczesniak（2）］中看到，不过他在书中认为，耶稣会士之所以不宣传哥白尼学说，主要是由于中国人无论如何不肯放弃以地为中心的宇宙观。这种观点我们是不能接受的，因为它可能只反映了部分的事实。总之，人们得出的结论是：耶稣会士的"贡献"并不完全是大好事。

（3）是"西学"，还是"新学"？

话虽如此，耶稣会后来的工作的确还给人留下了很深的印象。1629—1635 年间，第二代入华传教士中除邓玉函、汤若望以外，还包括罗雅谷（James Rho）和略有关系的龙华民（Nicholas Longobardi）②，他们在徐光启、李之藻、李天经的协作下，写成了一部宏大的当时科学知识的汇编。这部书后来在献给中国朝廷时取名为《崇祯历书》③。

---

① 近代科学在日本的发展，不在本书的讨论范围之内。但可以指出，三上义夫有一系列使人感兴趣的著作［Mikami（8，9，10，11，14）］。17 世纪有一位日本医生（Petrus Hartsingius；大概就是鸠野宗巴）在莱顿（Leiden）学成归国。一位意大利传教士朱塞佩·基亚拉（Giuseppe Chiara）舍弃了自己的教职，取了个日本姓名（泽野忠庵），以译荷兰科学著作（特别是天文学方面的著作）度过了一生。关于中根元圭，见 Hayashi（2），p. 354 ff.。

② 我们曾在介绍莱布尼茨时提到过这个人［本书第十六章（f），见第二卷，p. 501］。

③ 因版本及来源不同，这部书有一百卷本，一百一十卷本和一百二十七卷本。参见 Pfister（1），p. 156；Bernard-Maître（7），p. 452；李俨（4），第 1 集，第 167 页；李俨（21），第 3 集，第 37 页。

十年后，即 1645 年，满族人入关，汤若望大受宠信，这部科学全书即以《西洋新法历 448
书》为名重新刊行了①。最终，它又成为何国宗、梅毂成编成并于 1723 年付印的《御
定历象考成》② 一书的基础。后来，在其大部分被收入《图书集成》③ 之后，1738 年又
对之进行了增补，增加了包括卡西尼和弗拉姆斯蒂德新测量结果在内的天文观测表。
这项工作是戴进贤和徐懋德（Andrew Pereira）两人完成的④。

　　谈到这里，我们必须稍稍停一下。在前面的一段中，我们似乎只是铺叙了一些事
实，读者大概未必会注意到其中特别有意义的地方。但是，这些事实实际上牵涉到与
两大文明接触问题有关的某些重要论点，因此，我们必须再加以细致的审视。就目前
而论，最紧要的是，全世界都应当认识到，17 世纪的欧洲并未发展出本质上为"欧洲
的"或"西方的"科学，而是发展出了世界性的科学，即与古代或中古时期科学相对
而言的"近代"科学。古代和中古时期的科学总是不可磨灭地带有种族的形式或印记。
它的理论在形式上多少带有原始性，各具其固有文化的根源，因而无法找到共同的表
现方式。但是，科学发现的基本技巧一旦为人们所发现，对自然界进行科学研究的完
备方法一旦为人们所掌握，科学便有了像数学那样的绝对普遍性，便以它的近代形式
在世界各地生长起来，成为各族人民所共有的福祉和财富。关于四元素和四体液、阴
和阳或"要素硫"（philosophical sulphur）的争论，过去未能休止，争论者们也不可能
达到意见一致。但是，假说的数学化引出了一种世界性的语言，一种万国通用的交换
媒介，一种超乎商品之上的商人的单一值标准的化身。而这种语言所传达的，是一切
地方、一切人都能接受的科学真理。没有这些科学真理，瘟疫便不能扑灭，飞机便不 449
能飞行。欧洲历史上发生的某些事情，确实给我们这个时代带来了一个物质上统一的
世界，但是，这不会限制任何人走上伽利略或维萨里（Vesalius）的科学发现之路，而
近代科学技术赐予欧洲人的政治统治时期现在正明显地走向尽头。

　　耶稣会士以他们和缓的方式，成为第一批实行这种政治统治的人，虽说在他们的
情形中这种统治只意味着精神上的统治。他们把文艺复兴时期的科学精华带往中国，
力图通过这种方法来完成他们的宗教使命，这是一种极其开明的行动；不过，对于他
们来说，科学只不过是达到目的的一种手段而已。他们的目的，自然是利用西方科学
的威力来支持并抬高"西方"宗教的地位。这种新科学可能是正确的，但对于传教士
们来说，重要的是它发源于基督教国家。这里有个隐含的逻辑，就是只有基督教徒才
能够发展出这样的科学。因此，每一次正确的交食预报都被用来间接证明基督教神学

---

　　① 现在此书包括一种附录——《新法表异》，此外，1656 年汤若望把他的《历法西传》作为另一附录收入书
中，这在前面已经提到。
　　② 此书与《律吕正义》《数理精蕴》共同组成了《御制律历渊源》的三个部分。《历象考成》的真正作者是
什么人，还有一些疑问，但他肯定是华人，而不是耶稣会士；参见 Hummel（2），pp. 93，285，922。详细叙述，
见 Bernard-Maître（7）。参见上文 p. 53。
　　③ 《历法典》卷五十一至卷七十八。
　　④ 我们对徐懋德最感兴趣，因为他是入华耶稣会士当中唯一的英国人。此人出身于波尔图（Porto）地方的
雅克松（Jackson）家族，大概和酿酒业及定居该地的葡萄牙人有关系。看来他的性格很温和，作为传教士中的一
个业余科学家，他特别得到雍正皇帝的赏识。参见 Pfister（1），p. 652。

是唯一的真理。这种推理的谬误在于，一种特殊的历史情况（近代科学在信奉某种特定宗教的文明中发展起来），并不能证明这种伴生关系是必然要发生的。宗教并不是区分欧亚两洲的唯一特征。但是，中国人眼光锐利，一开始便把这一切完全看穿了。耶稣会士可以把文艺复兴时期的自然科学坚持说是"西学"，但中国人却清楚地认识到，那首先是一种"新学"。

由于这个缘故，1635年成书的《崇祯历书》在十年以后又以《西洋新法历书》的名称重新出现了。汤若望很早便想用这个"西"字。1640年11月他写信给傅泛济（Francis Furtado）说，他希望历科里能增设一个"西科"，不过这也有些吃亏，因为这样一来会把它放到和已经存在的回回科同等的地位上去。他写道："'西'字（中国人）很不常用，皇帝在上谕中只用'新'字；事实上只有那些想贬低我们的人才用'西'字。"① 但在改换朝代之后，汤若望显然觉得已可随意使用"西"字，因为满族人毕竟也是外来者。因此，有好多年印出的历书都带有"依西洋新法"的字样。为了这件事，他在1661年受到杨光先的斥责，三年之后，他又因为用了一句"有伤国体"的套语，被礼部尚书正式判了罪②。不过，不久他就在1666年去世了，他的继承者比利时人南怀仁③受到康熙皇帝（1662年继位）的召见，每天为皇帝讲解新的数学和天文学，至少连续讲了五个月④。于是那部科学全书又在1669年左右以另一新名"新法算书"刊行⑤。康熙皇帝坚持学习新学这件事，无意中把他和地球另一端的一批人联结起来；那批人当时正聚集在皇家学会里，对"新哲学或实验哲学"中的问题进行探讨——这些问题对欧洲和对中国一样都是新的⑥。

到耶稣会入华传教的末期，传教士们已完全成为他们狭隘动机的俘虏了；而中国人则坚决强调新旧科学之间的连续性。例如，1710年耶稣会的傅圣泽（Jean-François Foucquet）等人要用德拉伊尔的新行星表⑦，但监察神父却不许这样做，因为他害怕这会"使人感到是在非难我们前辈费力建立起来的理论，予人以重新斥责吾教的可乘之机"⑧。意思是说，哪怕只接受一点点哥白尼的学说，也会使人对利玛窦的全部说教产生怀疑。事实上，这种让活生生的科学为死教条服务的做法，其后果就是阻碍了科学

450

---

① Bernard-Maître（7），p. 463。

② 杨光先是个学者，兼业余天文学家，又是顽强反对耶稣会士的人。穆斯林天文学家吴明烜和他有交往。最初批准用"西"字的是谁，汤若望已不记得，但满族人执政初期似乎曾表示同意，当时罗雅谷继承邓玉函的职位，仍负责修历。关于教会科学活动的初期情况，见《明史》卷三二六，第十七页［译文见 Bretschneider（7）］。关于汤若望被告发下狱的事，见 Bernard-Maître（7），p. 477。

③ 见 Bernard-Maître（11）；de Burbure（1）。图189即采自后一书。

④ 汤若望在三十年代以及南怀仁在六十年代用中文精印的一些大型卷轴和挂图，如平面天球图、行星运行图、天文仪器图等，还有保存至今的，不过颇罕见。1956年我曾有机会鉴定过一批，是伦敦鲁滨孙有限公司（Messrs P. R. Robinson, Ltd.）所藏。此类图卷在所有已出版的书目中均未受到足够的重视。

⑤ Bernard-Maître（7），p. 481。

⑥ 谢诺（Jean Chesneaux）先生首先看出耶稣会士们的书接连改名的重要意义，由于他的提醒，我才考虑到这一点。我们在别处也曾一道指出这一点［Chesneaux & Needham（1）］。

⑦ *Tabulae Astronomicae*，Paris，1702［R. Wolf（3），vol. 2，p. 288］。

⑧ Pfister（1），p. 551。

图版　六五

图189　穿着中国官员服装的南怀仁和他的纪限仪及天体仪。这幅图是日本歌川国吉
　　　　（1797—1861 年）一百零八张题为"通俗水浒传豪杰百八人之一个"的刊印人
　　　　物画之一。旁边的说明是："智多星吴用，东溪村人，绰号吴学究，道号加亮
　　　　先生，阵法不让孔明、太公望，智谋胜似范蠡，乃梁山泊军师是也。"一百零
　　　　八人中并无一人姓名与南怀仁相似，但此图暗指的当是 1675 年南怀仁为清朝
　　　　政府造炮击败吴三桂一事。南怀仁竟和通俗小说中的一位英雄人物合而为一，
　　　　这是值得注意的［米歇尔摄影；复制图见 de Burbure（1）］。

的发展——乌拉尼亚的脚被捆起来了。耶稣会士只有在某些情况下才能向前迈步。例如，1744 年的浑仪是采用赤道坐标的中国式仪器（因而是"近代"的），而不是用黄道坐标的希腊式仪器，这也就是说，传教士们悄悄地放弃了旧的欧洲坐标。与此同时，中国人则很想努力说明研究自然的历史是连续不断的。这一点在下面一段话中说得很明显①：

> 万历年间（1573—1619 年），西洋人利玛窦设计了浑天仪、天球仪和地球仪等；仁和人李之藻写了一篇关于浑天仪的发明、制造和使用的文章，文章虽长，但并没有列出构造图。这些（新设计的仪器）同（古时）用六合仪、三辰仪和四游仪等组件构成的仪器并无本质上的差别②。主要的改进是：以前的仪器的北极出地高度是死死铸定的，而新仪器的设计则可以按不同的出地高度进行调整，用起来十分方便……

> 设计制造天文仪器并进行观测，一向是天文学家的首要任务。只有技术上的能手才能有巧妙的改进。西洋人设计了许多不同名目的仪器，在这里不能一一列举，但其中最精巧的要算是浑盖和简平两种仪器③。要详细知道这些仪器，必须参阅专门论著，这里不能全文刊载。

> 〈万历中，西洋人利玛窦制浑仪、天球、地球等器。仁和李之藻撰《浑天仪说》，发明、制造、施用之法，文多不载。其制不外于六合、三辰、四游之法。但古法北极出地，铸为定度，此则子午提规，可以随地度高下，于用为便耳。

> ……

> 夫制器尚象，乃天文家之首务。然精其术者可以因心而作。故西洋人测天之器，其名未易悉数，内浑盖、简平二仪其最精者也。其说具见全书，兹不载。〉

这里我们可以顺便提一提空气唧筒和它的名称。1773 年，当蒋友仁（Michel Benoist）给乾隆皇帝演示这种仪器的时候，称它为"验气筒"，但第二天皇帝便决定改称为"候气筒"，因为"这个字更文雅，在经典著作中多用于天体的自然观测和农业活动"④（"经典中占验天文及农事多用此字，较为雅驯"）。他自然是想到风标和地震仪的古名⑤，以及浑仪的别名⑥了。

（4）中国天文学与近代科学的合流

1669 年，北京观象台（图 190、图 191）在南怀仁（图 189）照管下开始重新装

---

① 《明史》卷二十五，第十七页和第十九页。

② 参见上文 pp. 343 ff.。

③ 这里使用的不是标准名称，可能是指类似象限地平经纬仪的仪器。

④ Pfister（1），p. 823，引自 *Lettres Edifiantes et Curieuses*，vol. 4，p. 224。

⑤ 参见下文 pp. 469，478，627。

⑥ 参见上文 p. 383。

置①。元、明时代的旧仪器从北京东城墙顶的天文台上搬了下来②，在它们原来的地方则安放了一套新的仪器，这些仪器迄今还保存在那里③。由耶稣会士及后人监制的仪器有④：

（1）黄道经纬仪，即简化黄道浑仪，支架为四个龙头。1673 年南怀仁监制。

（2）赤道经纬仪，即简化赤道浑仪，装在拱形龙背上。1673 年南怀仁监制。

452

（3）天体仪，即大型天球仪，用四个支柱装在水平框架内。1673 年南怀仁监制。

（4）地平经纬仪，即测地平经度的水平圈，圈用四个龙柱支持，指示器悬在上面的架上。1673 年南怀仁监制。

（5）地平纬仪，即象限仪，支持在附有上下支架的立柱上。1763 年南怀仁监制。

（6）纪限仪，即六分仪，装在独立柱脚上（图 192）。1673 年南怀仁监制。

（7）地平经纬仪，即象限地平经纬仪⑤，1713—1715 年纪理安监制。

（8）玑衡抚辰仪⑥，即精密赤道浑仪。1744 年戴进贤监制，协助者有刘松龄、鲍友管（Anton Gogeisl），可能还有宋君荣及孙璋（de la Charme）。

（9）浑象，即小型天球仪⑦。

---

① 谈到观象台上的仪器及其陈列的文献虽然很多，但很分散。李明的书（只有法文版）中的几幅图是西文著作中绘制最精的。如果想知道此台的详细情况，可从南怀仁本人的全图着手［图190，又见《图书集成·历法典》卷九十三，第二页和第三页，此图曾被多次翻印，如杜赫德（du Halde）所用的就是这个图］，根据19世纪中叶以来许多前后相继的著作家的叙述及插图进行研究，如 J. Thomson（1）；Mouchez（1）；Bosmans（2）；Damry（1）；Planchet（1）；Kao Lu（1）；F. B. Robinson（1）。在陈遵妫（6）的新著中有关于这些仪器的权威说明。巴黎的耶赫尔先生曾对此台的历史做了充分的研究，承他提供了不少有趣的资料。

② 这些仪器长期置于观象台下钦天监的房屋内外，但近年至少有两件保存在南京紫金山天文台（参见上文 p. 367）。作者有幸能两次访问北京古观象台（1946年和1952年）。第二次访问时台址已划入军事管制区，当时的驻军负责人周立功（译音）对我们一行给予了热情的欢迎，我愿意借此机会向他表示感谢。那时这些仪器是保养得很好的。

③ 是指除了已迁入国家天文馆及天文博物馆（该馆于1956年5月首次开放）室内的仪器。竺可桢博士告诉我们，计划对这些仪器做些诸如此类的妥善保护。除此之外，有四架耶稣会士的仪器［即文中的（3）、（4）、（6）、（8）］连同郭守敬的浑仪（见上文 p. 369）一起，被德国人作为其庚子赔款的一部分于1901年运走了，不过到第一次世界大战之后，于1920年这些仪器又回到了原处。在德国期间，它们被放在波茨坦无忧宫（San Souci Palace）。这些仪器在那里所拍摄的照片，见 R. Müller（1）。

④ 大部分较闻名的记载多有混乱错误之处，例如 Couling（1），p. 402；Fabre（1），pp. 76 ff.，Arlington & Lewisohn（1），pp. 155 ff.。

⑤ 此仪器与其他仪器不同，设计颇为粗陋，有黄铜镶嵌的刻度尺及阿拉伯数字，但无监制人款识及龙形装饰［参见陈遵妫（6），第45页］。过去一般以为，它是当时法王路易十四（King Louis XIV）赠与康熙皇帝的礼物，但中国文献中无此记载，据我们的了解及耶赫尔先生的说法，丝毫找不到在巴黎制作、装运的证据。此外，纪理安自1712—1720年做钦天监正，据他的中国同事说，当时他为制作新仪器曾熔化过若干旧器［Pfister（1），p. 645］。果然如此，这个地平经仪当是纪理安所监制，所用青铜当来自元、明旧器——然而我们却宁愿留传至今的是元、明的仪器，而不是他的仪器。

⑥ 此仪器的制作情况，见上文 p. 352 和表31。

⑦ 关于此仪器很有些神秘之处。框架和脚柱的式样虽然属于18世纪，但与南怀仁的天体仪有所不同。在波茨坦滞留期间和更早些时候所拍的观象台照片上均有此仪，但从1920年以后它却不复见。《元史》（卷四十八，第五页）所载的郭守敬天体仪，利玛窦和李明大概曾亲眼见过［参见 Needham，Wang & Price（1）］。人们很想知道，是否此仪器可能就是郭守敬的仪器加上了18世纪的框架呢？

图版　六六

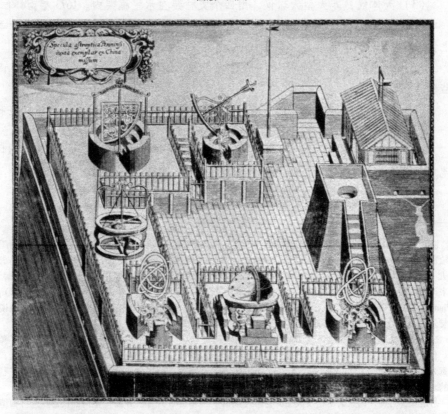

图190　南怀仁 1674 年重新装置的北京观象台；这是梅尔希奥·哈夫纳（Melchior
　　　　Haffner）为南怀仁的《康熙朝的欧洲天文学》（*Astronomia Europaea*，
　　　　1687 年）所作的雕版图，此图在中西书籍中随处可见（例如《图书集
　　　　成》）。取景从南向北观看。所列仪器（自右侧平台逆时针方向）为纪限
　　　　仪、象限仪、地平经仪、黄道经纬仪、天体仪、赤道经纬仪。北京的东
　　　　城墙（图中不见）由图的右方伸延下去。

图版　六七

图191　北京观象台，1925年左右自平台东北角摄影。右侧是戴进贤、刘松龄的经纬仪（造于1744年）和南怀仁的象限仪。中间是南怀仁的天体仪。南侧自右向左是南怀仁的黄道经纬仪和地平经仪，然后是纪理安的地平经纬仪（造于1714年）。背景为北京的屋顶、树木等（惠普尔博物馆收藏部照片）。

图版 六八

图 192 北京观象台的纪限仪（造于 1673 年）（惠普尔博物馆收藏部照片）。

这些仪器中前六种的图，南怀仁已在《仪象图》的题下随同对它们进行解说的《仪象志》中（1673 年）发表了①，后又收入戴进贤、刘松龄编的《御定仪象考成》（1744年）。此书大部分（附图很多）已收入《图书集成》②，但最精美的图则见于董诰的《皇朝礼器图式》（1759 年和 1766 年）卷三。我们已从这部书里翻印了南怀仁的天体仪等图（图 136、图 176、图 178）。现在再加上两张，以便说明其他仪器的制作情况（图 193 和图 194）。在西文书中与上述这些著作相应的是《康熙朝的欧洲天文学》（*Astronomia Europaea sub Imperatore Tartaro- Synico Cam Hy appellato*，*ex Umbra in Lucem Revocata*；1687 年），我们上文所看到的观象台的全图就采自这一著作③。同一时期，耶稣会士卫方济（Francis Noel）1710 年曾在布拉格（Prague）出版一部著作，为欧洲读者提供了不少有关干支、二十八宿等方面的知识，还附有不太精确的中西对照星表和关于中国度量衡制的讨论④。在 18 世纪，进行了不少次交食观测，其中大部分是由徐大盛（Jacques-Philippe Simonelli）完成的，1744—1747 年，他与戴进贤、德拉布里加（Melchior della Briga）三人联名发表了观测结果。此外，还有人用新仪器进行了大量的方位测定。在 1757 年出版的《仪象考成》中附有 3083 颗星的星表，前面冠有皇帝亲自撰写的序文。负责的天文学家是戴进贤、傅作霖，另外还有刘松龄和鲍友管。这些观测记录已全部由土桥八千太和蔡尚质（Tsuchihashi & Chevalier）用现代表述方法译成法文加以发表。这期间发生的另一个重要的事件，是 1746 年戴进贤的《黄道总星图》⑤的出版，当时戴进贤本人已去世若干年。　454

耶稣会士传播新学的工作似乎对一些与他们没有直接关系的中国学者也有影响。例如，王锡阐的著作，就值得做专门的研究⑥。他在《五星行度解》（1640 年出版）中提出一种本质上属于第谷体系的学说，即太阳绕地球旋转，其他行星则绕太阳旋转（1583 年）⑦。图 195 是他的一张示意图。没有任何证据可以证明这种观点不是他自己独立思考的结果，当然也可能得自西方有人曾这样设想过这一细微的暗示。三年后，他又完成了一部更大的著作——《晓庵新法》，这是熔中西学说于一炉的一种尝试。据我看，这位天文学家是个能干的人；他至少了解中国天文学，知道二十八宿是赤道的分段，在这方面比耶稣会士们知道得多。

当时还有一位薛凤祚，他与耶稣会士们关系较为密切，曾在南京协助过穆尼阁⑧，因此他可能是哥白尼学说的信奉者。他的《天学会通》（1650 年）也是一部融合中西天文学的著作，他论交食的专著《天步真原》是第一部使用对数的中文书。其他学者，　455

---

① Pfister（1），p. 354。

② 《历法典》卷八十五起。仪器图多在卷九十三至卷九十五，说明文字在卷八十九至卷九十二。

③ 早在 1668 年，南怀仁已在北京出版过一部标题相似的书，即《仪象图》（*Liber Organicus Astronomiae*；康熙朝中国重建的欧洲天文学仪器）。书中有天文仪器图 125 张［见 Cordier（8），p. 46；Pfister（1），p. 358］。

④ 参见 Slouka（1）。卫方济也是有成就的语言学家、汉学家兼哲学家，他的其他著作［Noel（2，3，4）］与礼仪之争（Rites Controversy）有关。他坚决地站在了赞成中国礼仪的一边。

⑤ Pfister（1），p. 647。

⑥ 在普通天文学方面，熊明遇及其子熊人霖的奇书《函宇通》（1648 年），也值得研究［见 Hummel（6）］。

⑦ Berry（1），p. 137。参见图 188。

⑧ 参见上文 p. 52。

453

图193 1673年耶稣会士为北京观象台制备若干天文仪器。本图为《图书集成》插图之一，
表示当时研磨浑仪青铜圈的情况。

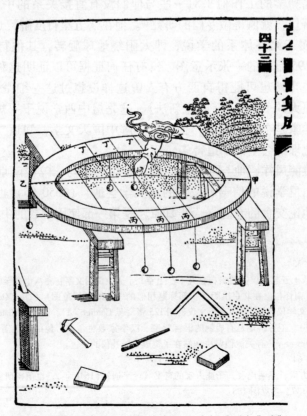

图194 检测浑仪青铜圈的精确度（采自《图书集成》）。

图 195　王锡阐《五星行度解》（1640 年）解释第谷
太阳系学说的几何图形。

如徐发，则继承了对年代学较感兴趣的传统，1682 年，他曾在《天元历理全书》中为非正统的"竹书纪年"做辩护①。邵昂霄的《万青楼图编》也差不多是这个时期的著作。

进入 18 世纪，中国的天文学家和数学家越来越从衰微的明代和清初那段时期因耶稣会士出现而编造成的魔障中解放出来。梅文鼎的《历算全书》（1723 年）前面已谈到过，其中包括不少天文学方面的材料②。他的著作启发了较年轻的江永③，江永的《数学》和《推步法解》都是在 18 世纪中叶问世的。这时正是盛百二在《尚书释天》中反对托勒密体系，为第谷体系辩护的时候④。　　　　　　　　　　　　　　　　　456

18 世纪末的几种重要著作中，我们要提到徐朝俊论天文图的《高厚蒙求》（1800 年)⑤。半世纪之后，冯桂芬在其《咸丰元年中星表》中列出了 100 颗星的赤经和赤纬；

① 参见 Pinot （2），p. 63；Puini （1）。这是一本对施古德很有帮助的书。

② 伟烈亚力［Wylie （1），p. 90］列出了该书的内容组成。参见上文 p. 48。

③ 这个人注定要成为戴震的老师，见本书第十七章（d）（第二卷，p. 523）。

④ 遗憾的是，恒慕义的清代名人传记［Hummel （2）］在科技人物方面显然材料较少，需借专题文章［如常福元（2）关于许伯政、谭泓的研究］作为补充，然而即便如此，仍嫌不足。

⑤ 此书包括利玛窦本人与李我存合写的《经天该》。

到此可以说，中国天文学终于和世界性的天文学合为一体了。

耶稣会士对当时欧洲科学优越性过分宣扬，并且在许多方面是错误的，这就不能指望这些宣扬不引起强烈的反作用。虽然像我们可以在这一时期的许多记载中看到的那样，这种反作用主要表现在政治或社会方面，但是，有些老派的中国天文学家也曾经很积极地反对他们。因此，1631 年魏文魁和其子魏象乾便刊行了两部论历法的著作（《历元》和《历测》），这两部书很重要①，以致汤若望不得不写一篇《学历小辩》去进行辩驳。另一方面，中国人一般是很讲道理的，下面是钦天监十位官员共同署名发表的声明：

> 己巳年（1629 年）开始采用西法的时侯，我们对欧洲的天文学同样也有所怀疑，但读了许多明白的说明以后，怀疑已消去了一半；后来，通过实际参与对星辰，以及对日、月位置的精确观测，我们的怀疑才全部消除。最近，我们奉皇帝的命令研究这门学问，每天都和欧洲人进行讨论。真理的寻求，不仅仅在书中，还在用仪器进行实际验证之中；单靠耳闻是不够的，还应该亲自进行操作。这样才能发现所有（新的天文学）是精确的②。

> 〈向者己巳之岁，部议兼用西法，余辈亦心疑之。迨成书数百万言，读之井井，各有条理，然犹疑信半也。久之，与测日食者一，月食者再，见其方位、时刻、分秒无不吻合，乃始中心折服。至迩来奉命习学，日与西先生探讨，不直谱之以术，且试以器；不直承之以耳，且习以手。语语皆真诠，事事有实证。〉

意想不到的是：耶稣会士的介入，不久就使得中国人重新发现了他们自己的固有
457 文明在明代衰微之前所取得的成就。在数学方面，这种情况（上文 p. 53）已有简单介绍；梅文鼎及其孙梅毅成在这方面表现得最为突出。在天文学方面，有方才提到的盛百二的书；有 1819 年道士李明彻的《圜天图说》，这本书用的虽然是第谷体系，但也讲到中国古代的成就。日本也曾有过一次类似的运动，但此运动与佛教有关③，三上义夫［Mikami（2）］所介绍的圆通的《佛国历象编》（1810 年）就反映了这种情况。在本书开头的部分④，曾提到晚清学者为证明一切重要发明发现都出于中国而撰写的著作，例如王仁俊的《格致古微》，这类著作有时扯得还相当远。例如，王鸣盛（1722—1798 年）在《蛾术篇》⑤ 中宣称，西方的天文学和历法学大都以公元 5 世纪祖冲之的著作为蓝本，祖冲之的著作辽时尚存，1125 年辽被攻破以后，由西辽（"大石"）⑥ 的翰林（"林牙"）携往阿拉伯半岛（"天方"），因而辗转传入欧洲。

---

① 利用现代知识来重新研究这些争论，应该是很有意思的。

② 译文见 Bernard-Maître（7），p. 445；由作者译成英文。

③ 圆通非常精通中国天文学史，自落下闳起，经一行、瞿昙悉达直到郭守敬，他都知道。不过，近代科学的发现暂时遮蔽了所有较早的贡献。

④ 本书第一卷，p. 48。

⑤ 《蛾术篇》卷七十二，引文见于《格致古微》卷二，第十页。

⑥ 西辽是辽朝灭亡后，契丹残部在西域和中亚地区建立的统治短暂的帝国（1125—1211 年），它的第一个统治者是耶律大石。耶律大石名字的后两个字后来被用来指称西辽［Eberhard（9），p. 230；Wittfogel, Fêng Chia-Shêng et al.（1），pp. 619 ff.］。参见本书第一卷，p. 133。

　　总之，耶稣会士们的贡献虽说内容错综复杂，但具有一种壮丽的冒险性质。即使说他们把欧洲的科学和数学带到中国只是为了传教，但由于当时东西两大文明仍互相隔绝，这种交流作为两大文明之间文化联系的最高范例，仍然是永垂不朽的。那些耶稣会士连同他们的一切荣誉在内，实在是一种奇怪的混合物，因为与他们的科学比肩而行的是对魔鬼和驱魔的深信不疑[①]。虽然有些迷信由于他们的到来而破除了[②]，但哲学家们可以认为，他们随身带去的迷信同样很多。至于他们对中国科学所下的断语，我们现在知道，由于以下两种原因而不再成立了。第一，明代是衰落的时代，当时能代表固有传统的典型人物不多，而这样的人物很少被传教士们遇见。此外，还必须把语言的困难和古书的缺乏考虑在内。第二，因为耶稣会士们想要通过显示当时西方科学的优越，来使中国人相信西方宗教的优越，在遇到中国科技成就时，他们很少愿意像史学家那样去思考。不过话又得说回来，许多耶稣会士毕竟对中国文化抱有热情，而且他们有文艺复兴作为背景，所以，他们成功地完成了他们的印度先驱者在唐代所未能完成的任务，具体地说，就是同包括中国成就在内的世界范围的自然科学打通了关系。

458

（k）结　语

　　本章已经写得很长了，结语最好是简短一些。现在已有大量事实证明，中国对天文学发展所做出的贡献是非常显著的（见表37）[③]。我们无需再扼要重述曾引起我们注意的所有论点，只需要举出以下几点：①中国人完成了一种有天极的赤道坐标系，它虽然和希腊人所用的天球坐标系一样合乎逻辑，但显然有所不同；②中国人提出了一种早期的无限宇宙概念，认为恒星是悬浮在虚空之中的实体；③中国人发展了定量的方位天文学和星表，比其他任何有流传至今的同类著作的古代文明早了两个世纪；④中国人把赤道坐标（本质上即近代赤道坐标）用于星表，并坚持使用了两千年之久；⑤中国人制成了精巧的天文仪器，这些仪器一件比一件复杂，以13世纪发明的一种赤道装置（"简仪"或"拆散了的"浑仪）为最高峰；⑥中国人发明了转仪钟，用以带动望远镜的前身——窥管，同时还创制了一系列精巧的天文仪器辅助机件[④]；⑦中国人坚持准确地记录交食、新星、彗星、太阳黑子等天文现象，持续时间较任何其他文明古国都来得长。

---

　　①　参见 Trigault （1）［Gallagher （1），p. 552］。

　　②　例如，相信吉日和凶日等，Trigault （1）［Gallagher （1），p. 548］。

　　③　参见李明［Lecomte （1），p. 222］1685年的论断："我们必须承认，世界上再没有其他民族像中国人那样始终热衷于天文学了。这门科学给他们留下了大量的观测记录；虽然人们要得到它们的全部好处，必须知道一些细节，而笼统叙述的史书并未提供这样的细节，但后人并不是不能利用它们的。现在我们有400多项观测记录，包括交食、彗星、五星会合等。这些记录使中国人的年代学精确起来，从而也可以使我们的年代学臻于完善。"

　　④　显然，从公元2世纪起，中国人就利用水力来转动天球仪和演示用浑仪之类的装置，后来到8世纪初，他们又发明了第一具机械时钟擒纵机构［参见 Needham，Wang & Price （1）］。这些成就将本书第四卷（第二十七章）中做详尽的叙述。

459

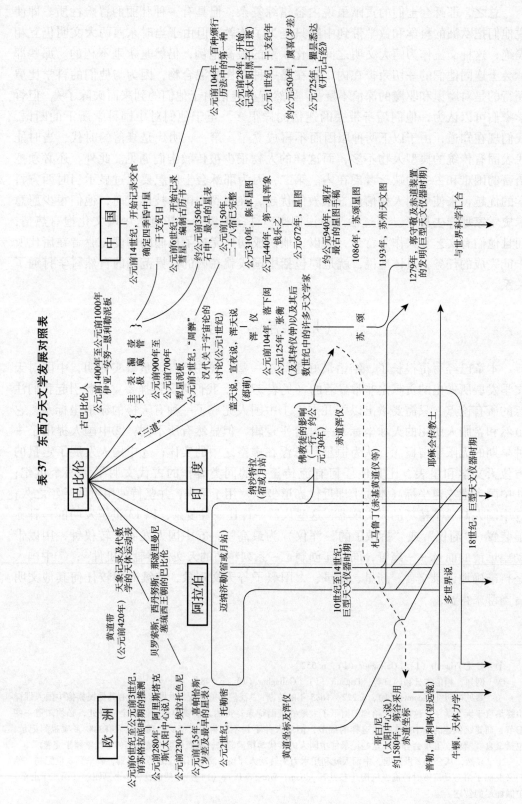

表37 东西方天文学发展对照表

　　这张清单中最明显的短缺之处，正是西方天文学最擅长的地方，也就是希腊人的天体运动几何表示法、阿拉伯人用在球极平面投影上的几何学及文艺复兴时期的物理天文学。我们时常听说："希腊人长于探索——不仅想知其然，而且想知其所以然……"但是，这种比较实在是错误的。探索事实的原因并不一定非用几何学或力学概念不可。中国人并不觉得需要这种解释形式——在他们看来，宇宙有机体中的有机部分都是各按其本性，循着自己的"道"，并且它们的运动可用本质上"非表现性"的代数形式加以描述①。因此，中国人没有欧洲天文学家把圆作为最完美图形的顽固想法，而这种顽固的想法需要一位开普勒式的人物来加以摆脱。中国人也不曾体验过中世纪水晶球的桎梏，而这些水晶球正是希腊几何学精神的格外坚决的具体化。如果说中国的天文学同中国所有科学一样基本上是属于经验性和观测性的，那么，它在创建理论上没有取得西方那样的成功，但也避免西方创建理论中的极端化和混乱。显然，中国天文学在整个科学史上所占的地位，应该比科学史家通常所给予它的要重要得多②。

460

　　据我所了解，再没有什么问题比从乱纷纷的争论（时常是观点分歧并基于不可靠的根据）中清理出事实来，更加令人望而却步了③。耶稣会士是以接受中国传说资料中的所有天文学内容作为他们的起点的，19世纪的学者们也跟着这样做。他们的后继者在汉学方面了解较多，做了辨伪的工作，而马伯乐［Maspero（15）］④在总结这种情况时，却认为中国至少在公元前6世纪以前是没有什么天文学可言的。但是，他论文的墨迹未干，董作宾等对殷墟卜辞所进行的深入研究就已说明，甚至在公元前第2千纪

---

　　①　巴比伦人也采用过这种方式。

　　②　前面我们曾经提到三一学院（Trinity）一位院长的武断说法，此人一个中国字也不识，却一笔抹杀了中国人在天文学上的一切贡献。我们从和他同时的一位巴黎学者塞迪约［Séillat（2），p.603］的书中，也找到一段与他的话相映成趣的文字："这是一个从来不晓得把自己提高到最低水平科学推理的民族；我们对于他们那些荒谬的东西所做的工作已经够多了。他们是迷信或占星习俗的奴隶，一直没有从其中解放出来；即使散布在他们史书中的古代观测记录是可靠的，也从来没有一个人去注意。中国人并不用对自然现象兴致勃勃的好奇心去考察那星辰密布的天穹，以便彻底了解它的规律和原因，而是把他们那令人敬佩的特殊毅力全部用在对天文学毫无价值的冥想方面。这是一种野蛮习俗的悲惨后果"（"C'est assez nous occuper de ces aberrations d'un peuple qui n'a jamais su s'élever de lui-même à la moindre spéculation scientifique; esclave de pratiques superstitieuses ou astrologiques, dont il ne s'est jamais entièrement dégagé, il n'a tenu aucun compte des anciennes observations éparses dans ses annales, si tant est qu'elles soient réelles; et, au lieu d'examiner les apparences de la voûte étoilée avec cette vive curiosité qui s'attache aux phénomènes, jusqu'à ce que les lois et la cause en soient parfaitement connues, les Chinois n'ont appliqué cette persévérance caractéristique dont on leur fait honneur, qu'à des rêveries sans portée en astronomie, triste fruit d'une routine barbare"）。塞迪约的汉文知识并不比休厄尔高明，但他俨然以为自己是研究阿拉伯天文学史的学者，理应由他去否定更远的东方国家的一切荣誉。这出不新鲜的趣剧只有一种用处，那就是警告我们必须谦逊，必须心胸开阔。

　　③　因此有一些奇怪的反响。从本章所述种种看来，使人惊奇的是，1954年出版的一本权威的天文学史竟有下列一段话："公元前1100年前后，中国人似已在天上正确地定出了黄赤交角和冬至点。但在公元前5世纪以后，他们似乎放弃了天文学研究，甚至许多发现也都被遗忘了。中国所有较晚的天文学思想都是后来从阿拉伯和欧洲输入的"［Abetti（1），p.24］。

　　④　本章一开始便提到马伯乐的结论，把它当作可能目前可用的最好说法。但是，自1930年以来，情况又大有发展，他的说法便很不能令人满意了。如果用本章的结语和马伯乐的进行比较，我们可以说：研究中国天文学的最早形态可从公元前13世纪开始，而不是从公元前6世纪开始；中国天文学并不是与巴比伦无关的；中国的数学也并不像他所想象的那样不够；关于分、至点等，中国人不是到公元前7世纪才初次知道；圭表大概不是中国最古的仪器；中国人也知道日晷；张衡的浑仪不是中国最早的浑仪；等等。

中期，中国天文学就已经有许多东西可谈了，而且这些东西不是出自靠不住的传说，而是出自实实在在的甲骨刻辞①。这批材料的研究不过刚刚开始②，可以预料，人们将会从中获得更多的发现。关于原始天文学从肥沃新月地带东传的问题，它们可能会提供一些线索。

461　　　　总之，德索绪尔的说法似乎已得到他本人所不知道的证据的支持，这位有经验的航海家虽然在异国军队中服务，但对于中国人民的天赋和才能却充满好感；也许正是他所从事的职业赋予了他这种必要的理解力。他四十年前写成的早期作品中有一篇 [de Saussure（4）]，其结尾部分虽然在时间方面有些夸张，但仍然值得欣赏：

> 在隐藏着中国的神秘古代的黑暗中，《尧典》在我们面前揭开了这样一个场景。皇宫的一个庭院清晰地出现了，这里便是司天之台。闪烁不定的火炬的亮光显示出正在进行的事情；从那投射在漏壶刻度上的光线，我们可以看到天文学家们正在选择四颗恒星；当时，这四颗星正位于天球赤道的四个等角距的点上，但是，它们注定要用自己的移动来为后世说明，这幕场景发生在四千多年以前。

---

① 同公元前 14 世纪殷墟卜辞有关的一些占卜人，现在甚至已知道他们的姓名了（见最后一卷所附的人名表）。他们很可能也是星象家。

② 中央研究院所藏的 10 000 片甲骨当中，像董作宾（1）那样从天文学史的角度研究过的不超过 600 片。

第二十一章 气 象 学

（a）引 言

气象学一词自产生于古希腊以来，其含义经历不少变化。按照亚里士多德［例如在他的《气象学》（*Meteorologica*）[1] 一书中］的说法，气象学包括对诸如流星、陨星[2]（西文"气象学"即由此得名）、彗星、银河等许多现在被称为天象的东西的研究，尽管这些现象当时是归属于"月下"世界的。古代的气象学还包括许多今天认为是自然地理学的东西，如河流的起源和性质、海陆的分布等；此外，还有一些属于矿物学的东西，如金属和岩石的生成等。按现代的含义来说，气象学所研究的主要是气候、天气及地球大气层中出现的一切现象，还包括潮汐现象。

在研究范围上，中国没有和亚里士多德的《气象学》相似的著作，但这并不表明中国人对天气现象不感兴趣。在本章中，我们一定要看一看他们的贡献。例如，他们在气象学的某些计量方法方面长期以来走在西方的前面，并在其比西方长得多的记录时间内保持着更加完整的记录[3]。至于对潮汐的了解，他们有时也大大胜过欧洲人。虽然如此，气象学史方面的主要著作[4]却几乎完全没有利用过什么中国的资料。

（b）一 般 气 候

这是本书在结束部分还需要重新提到的一个论题。研究中西文明的差别，必须就其发展所处的气候条件加以比较。这里仅需要说一说，西翁［Sion（1）］和葛德石［Cressey（1）］的书中有关于中国气候的短而精的说明，下文的简要叙述即以他们的话语为基础[5]。

---

① 译文见 E. W. Webster（1）。关于希腊的一般气象学理论，见 O. Gilbert（1）。

② 这已在天文学一章提到过（上文 p. 433）。

③ 如我们将要看到的，这些资料现在正在为当前的统计学研究服务。

④ Napier Shaw & Austin（1）；Hellmann（1）。关于中国气象学史，除竺可桢［Chu Kho-Chen（2）］非常简要的论文以外，我没有看到过以任何西文发表的著作，也未见到以此为题的中文专著。金布尔［Kimble（1），pp. 151-160］关于中世纪欧洲气象学的介绍，写得很好。

⑤ 亦可参见 Roxby（2，3，4）。遗憾的是，罗士培（Roxby）写得最好的书（为英国政府撰写）虽已印刷，但未公开发行，不能引证；尽管已向有关方面请求准许利用该书，但由于至今仍未弄到此书，在目前的研究工作中也无法利用。现已接到通知，可在规定的条件下在英国某些图书馆查阅此书。

463 　　在中国，天气变化的循环往复是季候风环流①、偶然出现的热带气旋及大陆气旋风暴推进的结果，所有这些因素都受到次大陆地势起伏的调节。中国的天气虽说在西边受到陆块的影响比在东边受到太平洋的影响要大，但中亚的干燥空气仍然和东南亚的海洋潮湿空气在中国"战场"上终年相持。在夏季，亚洲腹地上空的气团受热膨胀，上升而吹向周围的海洋。所形成的低气压把温暖潮湿的海洋空气沿海面引入内地，因而造成大规模的对流。到冬季，这一过程又反转过来。这样生成的风就是季候风，这种风在中国不如在印度那样有规律，但同样是气候的基本背景。因此就形成降水主要集中在特殊的雨季（通常占夏季的三个月）这一事实，凡是曾经在中国住过的人对这一点都是熟悉的。

　　季候风的一般趋势是在夏季吹向大陆，在冬季吹向海洋，但由于随时移动的高气压、低气压系的东向运动，情况变得复杂了。在过渡性季节（春和夏初），低气压区或低气压最常见，在华中和华北造成时而多云、时而多雨的特殊天气，在这一地区占优势的气团也随之发生变化②。中国气候的第三种要素是热带的台风，这是一种范围虽小但极为强烈的大气骚动，中心气压极低，气压梯度非常大，风速高达每小时165英里。不过，即使台风全速前进（常常是一天数百英里），在它的破坏性气流支配下的全部面积，直径通常也不超过100英里。台风产生于太平洋，在向西移动袭击中国沿海之后，渐向北移，最后在内地省份消失。

　　中国各省的气候区域，已由竺可桢〔Chu Kho-Chen (5)〕划分出来。

　　中国的气候从古至今有什么变化呢？关于这一问题争议很多，一致的意见是：中国（至少是华北）过去既比现在温暖，又比现在潮湿。这一结论主要是由古书中的物候学资料得出的。气候方面的情况，可由关于动植物的生活现象年年重复出现的记载推论得出。近代沿着这个方向③进行研究的早期成果之一，是毕瓯〔E. Biot (13)〕的著作。例如，他注意到《诗经》中关于黄河流域及黄河以北植物生长的资料，包括水稻栽培，以及桑树、枣树、栗树的种植等。他的结论是：即使气候有变化，也不会是
464 很大的变化。但是，竺可桢〔Chu Kho-Chen (4)〕把战国时代著作④中的物候观察和田国柱（Gauthier）整理出来的现代物候观察做了比较，发现古书中所载的一年一度的事情，如桃树（*Prunus persica*）开花、杜鹃（*Cuculus micropterus*）始鸣、家燕（*Hirundo rustica*）初至之类，都比近年的观察记录早一星期至一个月。古时天气一定比现在暖和一些。其他许多著作家也都支持这一看法。蒙文通（1）曾收集汉代关于桑、竹的资料来证实这一点；徐中舒（2）和姚宝猷（1）指出，商周时代黄河流域曾经有

---

　　① 迈赫迪哈桑〔Mahdihassan (1)〕从"卯霣"（正常的透雨）两字推出季候风一名，但这一用法颇少见，如果说中国一直沿用此词，似难令人相信。中文中常用的名称是"时令风"（古代）、"海风"、"季节风"和"季候风"（较现代）。

　　② Chu Kho-Chen (6)。

　　③ 中国史学家早已猜测中国的气候在逐渐变冷，如金履祥（1232—1303年）在其对《月令》的讨论中所作的猜测，有关情况见上文 p. 195。

　　④ 《礼记·月令》、《淮南子》、《吕氏春秋》和《逸周书》。

象，但商周之后不见于记载，他们又指出，一直到宋代（不是自宋代起），还有产于华南的鳄①。就像德日进和裴文中［de Chardin & Phei Wên-Chung（1）］曾指出的，竹鼠（*Rhizomys sinensis*）的骨骼已证明商代的地面风景是多竹的。

魏特夫［Wittfogel（3）］和胡厚宣（1）曾各自苦心钻研，从甲骨卜辞研究中得出关于商代（公元前 14 世纪）气候的令人信服的论断。他们的研究结果也支持前面提到的一些看法。但是，除对为说明某季雨或雪多于其他季而需要做出的种种假设有明显的异议外，董作宾（4）还对他们所用的统计学方法提出了严厉批评。因此，必须认为这一问题尚未解决。不过，考古学家们普遍的印象，似乎都是商代中国的气候比现在潮湿和温暖［Chêng Tê-Khun（4）］。

至于说到中国古代天气知识的发展，人们只能同意竺可桢［Chu Kho-Chen（2）］的意见，即天气预测始终未超过农谚的阶段②。当然，欧洲在文艺复兴以前也是如此③。这种农谚成为"兆文"（《易经》的主要组成部分之一）的一部分内容④，并在许多古书中经常出现，如《道德经》第二十三章就有"狂风刮不了一早晨，暴雨下不了一整天"（"飘风不终朝，骤雨不终日"）的话。在《易经》中，月晕是风雨之兆，而东行的云（方向与季风雨相反）对行人则是好兆头。在道家对大自然的研究中，天气观测和预报占了一大部分；本书前面已引用了一段 12 世纪的材料来说明这一点⑤。想象的气候对人类健康和疾病的影响也有所论及，《管子》⑥中就有几段使人想起了希波克拉底（Hippocrates）的《空气、水与地区》（*Airs, Waters and Places*）一书⑦。

（c）温　　度

前面已经说过，据汉代的一些"现象论者"的解释，不合时令的严寒和酷暑（"寒暑异"）都是对帝王或卿相失德的"天遣"⑧。所以，把酷暑之夏和严寒之冬记录下来，写到官修的史书中去，其目的本来是"占验吉凶"。我们还提到⑨，使漏壶准确计时有种种困难，因此对古代的中国人来说，温度是重要的。严寒、酷暑的记录在

---

① 参见 Read（4），nos. 104，105。"蛟龙"（*Crocodilus porosus*；湾鳄）在广东内河中至今大概尚未完全绝灭。"鼍龙"（*Alligator sinensis*；扬子鳄）在长江下游和附近湖泊中仍有发现，似乎成了一种破坏堤坝的有害动物（新华社 1954 年 4 月 4 日电）。所有证据都表明，这几种动物（也许还有别的动物）过去比较常见，而且分布地区要比现在更向西、向北一些。

② 《图书集成·乾象典》卷六十五至卷九十四中有大批气象学资料。这些资料尚未根据现代科学知识加以整理。

③ 参见 Inwards（1）。

④ 见本书第二卷，p. 308。

⑤ 见本书第二卷，p. 86。

⑥ 《管子·水地第三十九》；见本书第二卷 p. 44，以及下文 p. 650。

⑦ 参见 Brunet & Mieli（1），pp. 160，173，177。

⑧ 见本书第二卷，pp. 379，381。

⑨ 上文 p. 321。

类书《图书集成》中占四卷①之多，竺可桢［Chu Kho-Chen（3，4）］则根据史书中的
这些材料推断，中国的气候存在着长周期的脉动（表 38）。这些脉动与太阳黑子频率的
大致关系，也可以从那里看出来。竺可桢用当时一些目击者的日记给这些数字作证。
例如，郭天锡在日记中把一个最寒冷的时期（1308—1310 年）的天气都记下来了②。
中国至迟从 11 世纪起便有一种习惯，记录冬至后九个九天的天气；这九个九天被称作
"数九寒天"。在明清时期，人们常把这些日子每天的天气记录在一种图上，图是为此
而特制的，按照大家熟悉的惯用办法填上去③。

表 38 严冬与太阳黑子频率的关系

| 世纪 | 每一世纪中严冬出现的次数 | | 太阳黑子频率（中国的记录） |
	欧洲［Brückner（2）］	中国［Chu Kho-Chen（3，4）］	
6 世纪	—	19	7
7 世纪	—	11	0
8 世纪	—	9	0
9 世纪	11	19	8
10 世纪	11	11	1
11 世纪	16	16	3
12 世纪	25	24	16
13 世纪	26	25	6
14 世纪	24	35	9
15 世纪	20	10	0
16 世纪	24	14	2

南怀仁把文艺复兴时期可以表明度数的测温方法介绍到了中国，他的仪器和伽利
略的气温计相似，受大气压力的影响，仪器的图收入《图书集成》④ 中（图196）。

---

① 《图书集成·庶征典》卷一〇三至卷一〇六。
② 大约在同一时期，欧洲也作了第一次连续的气象观测，观测者是英国一个教区的牧师默尔（William
Merle），时在 1337-1344 年间，这是许多同时发生的巧合中的又一例［Sarton（1），vol. 3，pp. 117，674］。参见
Thorndike（5）；Hellmann（3，4）；Kimble（1），p. 160。
③ 详情及有关资料，见 Yang Lien-Shêng（6）。
④ 《图书集成·历法典》卷九十五，第四十页，其说明见卷九十二，第一页起。

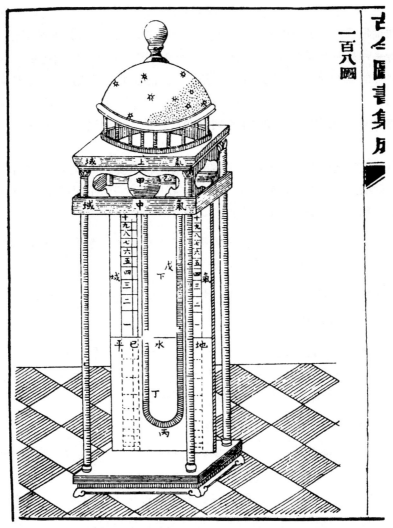

图196　南怀仁的气温计，约1670年（采自《图书集成》）。

（d）降　　水

467

　　安阳甲骨卜辞的研究表明，远在公元前13世纪，人们就已在做颇具系统性的气象记录了。董作宾①分析了从公元前1216年开始的一系列的卜辞，其中雨、霰、雪、风，以及风雨的方向都有连续若干旬的记录。由于占卜天气应验后有在甲骨上附记"雨""雪"等字样的习惯，许多成功的天气预报都记载下来了。和其他古代文明一样，中国早期的气象学也和占卜有着密切关系。《左传》公元前654年下的一则纪事说②，凡分、

①　董作宾（1），下编，第9卷，第44页起；董作宾（5）。
②　《左传·僖公五年》；Couvreur（1），vol. 1, p. 248。

至之日，必对云形及其他大气现象做特别仔细的观测。我们已经看到①，《周礼》中有专管观测和预报风、云等现象的官员。《前汉书·艺文志》列有几种关于云、雨、虹的书，其中有一种是一个叫泰壹的人写的。这种记载贯穿于整个中国历史。例如，在 12 世纪，高似孙的《纬略》有《云占》一篇②，而前面时常引用的《通志略》的书目（约 1150 年）所列讲天气预测的书不下 23 种。既然已有预测天气的想法，自然也会有控制天气的想法，因此中国古代和中古时期曾有种种"求雨法"。汉代散佚不全的《请雨止雨书》③，已由马国翰重辑成书④。

中国对气象学上所谓水的循环的了解，具有比较重要的科学意义。《计倪子》是公元前 4 世纪后期的自然主义者的著作，古代文献中有关于水的循环已被认识的最早的迹象也许就出现在这部书中。书中说：

> 风是天的气，雨是地的气。风依照季节而吹，雨随着风而降落。我们可以说：天的气是向下降的，地的气是向上升的⑤。

〈风为天气，雨为地气。风顺时而行，雨应风而下。命曰：天气下，地气上。〉

一个世纪以后，《吕氏春秋》同样说：

> 水离开水源而向东流，日夜永不停息。上游的水总是源源而来，永不枯竭，下游却始终不会满溢。小（河）逐渐变为大（河），而重的（海水却上升而）变成轻的（云）。这就是"道"的循环（的一部分）⑥。

〈水泉东流，日夜不休；上不竭，下不满；小为大，重为轻；圜道也。〉

468　汉代纬书《河图纬括地象》也说：云是昆仑山的水蒸发、上升而成⑦的（"昆仑山有五色水，赤水之气上蒸⑧为霞"）。这大概是公元前 50 年的说法。不过在公元 1 世纪时，循环流转的大气层和遥远的星空之间明显的差别还没有为人们所完全认识，因为关于这个问题，王充在《论衡》里还有一段有趣的文字。前面已经说过，希腊人也时常有同样的混淆⑨。王充说：

> 儒生们还坚持说："雨从天下"的意思，是指雨确实是从（布满星星的）天

---

① 上文 p. 190。参见上文 p. 264 及下文 p. 476。
② 《纬略》卷八，第十四页。
③ 《玉函山房辑佚书》卷七十八，第四十六页。
④ 参见本书第十章（h）；Schafer（1）。
⑤ 见本书第十八章（f）（第二卷，p. 554）。所引的这几句话见于辑录在马国翰《玉函山房辑佚书》（卷六十九，第十九页）中的《计倪子》卷中，第三页；也见于《太平御览》卷十，第九页，由作者译成英文。《乐记》第三章［《史记》卷二十四，第十四页，译文见 Chavannes（1），vol. 3, p. 253］及《内经·阴阳应象大论篇第五》，第二页［译文见 Veith（1），p. 115］有同样的说法，时代大概同样古老。
⑥ 《吕氏春秋·圜道》（上册，第 31 页），译文见 R. Wilhelm（3），p. 38，由作者译成英文。
⑦ 《古微书》卷三十二，第四页。
⑧ 应该注意，"蒸"字后来用于表示蒸馏。
⑨ 关于希腊人对山与云的关系的看法，可参见 Capelle（1）。

上落下来的。然而，只要考虑这个问题，我们就会明白，雨是来自大地的上空，而不是从天上落下来的。

　　人们看见雨是从上空聚集而成的，就说雨是从天上落下来的——其实它只不过是来自大地的上空。我们怎样才能证明，雨是起源于大地而从山间升起呢？公羊高的《春秋》传注说[1]："雨水能透过一两寸厚的石头向上蒸发，并聚集在一起。在一日之内，它就能笼罩全国，不过，只有从泰山升起的雨才能做到这一点。"他的意思是说，从泰山升起的雨云能在全国各地下雨，而从小山升起的雨云则只能在一个省内下雨——雨云所能达到的范围取决于山的高低。所谓雨从山上出，有人认为是云载着雨出来，云一散开，雨就落下来（他们的看法是对的）。实际上，云和雨是同一种东西。水向上蒸发便成为云，云凝聚便变成雨，或者还可以凝聚而成为露。（在高山上行走的人的）衣服弄湿了，不是因为（他们走过云雾时）受到云雾沾濡，而是由于被悬浮的雨水弄湿了。

　　有人引用《书经》上的话说，"如果月亮跟着星星走，就会刮风下雨"[2]；又有人引用《诗经》上的话说，"月亮接近毕宿就会下瓢泼大雨"[3]。他们相信，根据经书上的这两段话，雨是天本身造成的。对此我们该说些什么呢？

　　当雨从山间出来的时候，月亮就经过（其他）星星而接近毕宿。而当月亮接近毕宿时，就必定会下雨。只要不下雨，月亮就不接近毕宿，山间也不会有云。这是天和地、上和下在互相感应而起作用。当月亮在天上接近毕宿时，山就从下面蒸发出水气，而这些水气便聚集而结合起来。这是自发的自然之"道"（的一部分）。有云雾就表示雨即将来到。在夏季云雾变成露，在冬季则变为霜。天暖的时候下雨，天冷的时候则下雪。雨、露、霜都是从地上产生，而不是从天上降下的[4]。

　　〈儒者又曰："雨从天下。"谓正从天坠也。如当（实）论之，雨从地上，不从天下。见雨从上集，则谓从天下矣，其实地上也。然其出地起于山。何以明之？《春秋传》曰："触石而出，肤寸而合，不崇朝而遍〔雨〕天下，惟太山也。"太山雨天下，小山雨一国，各以小大为近远差。雨之出山，或谓云载而行，云散水坠，名为雨矣。夫云则雨，雨则云矣。初出为云，云繁为雨。犹甚而泥露濡污衣服，若雨之状。非云与俱，云载行雨也。或曰："《尚书》曰：'月之从星，则以风雨。'《诗》曰：'月丽于毕，俾滂沱矣。'二经咸言，所谓为之非天，如何？"夫雨从山发，月经星丽毕之时，丽毕之时当雨也。时不雨，月不丽，山不云，天地上下自相应也。月丽于上，山烝于下，气体偶合，自然道也。云雾，雨之征也，夏则为露，冬则为霜，温则为雨，寒则为雪。雨露冻凝者，皆由地发，不从天降也。〉

---

[1] 见《公羊传》卷十二，第十五页，僖公三十一年。
[2] 《书经·洪范》；Karlgren (12)，p. 35。
[3] 《诗经·小雅·都人士之什·渐渐之石》；Karlgren (14)，p. 184，no. 232；Waley (1)，p. 120。毕宿当然就是毕星团。
[4] 《论衡·说日篇》，由作者译成英文，借助于 Forke (4)，vol. 1, p. 276。

469　　　　这一段话之所以有趣，不仅是因为对水的循环了解很清楚，还因为它对山脉在降水过程中所起的作用做了评价。至于降水与月、星的季节性关系，王充的想法（约在公元 83 年）是这样的：气在地上的各种循环方式（水蒸发为山间的云）与气在天上的作用方式（在一定时间把月吸引到毕宿附近①）之间是有联系的。

　　　　不久以后，水的循环被完全了解清楚了。《说文》的成书略晚于王充，此书给云下的定义是"湖泊和沼泽蒸发的湿气"（"润气"）。我们已经提到过，公元 3 世纪，杨泉在他的《物理论》中曾讨论过水的循环②。关于这种循环，在宋③、明④两代有许多种说法，其中叶梦得和王逵的见解恰与阿布·叶海亚·加兹维尼（Abū Yaḥyā al-Qazwīnī；约 1270 年）⑤ 等阿拉伯百科全书编纂家的见解相符。

　　　　欧洲对水循环的认识，可以追溯到公元前 6 世纪，即米利都的阿那克西曼德（Anaximander of Miletus）⑥ 的时代。亚里士多德围绕两种大地的散发物或蒸发物（anathumiasis；ἀναθυμίασις）的概念——一种是像蒸汽的蒸发物（atmidodestera；ἀτμιδωδεστέρα），另一种是像风的蒸发物（pneumatodestera；πνευματωδεστέρα），建立了他的《气象学》⑦。前一种更接近于中国的地面上升的水汽的概念；后一种可能是由观察火山口的含硫气体之类得来的，古时靠它解释岩石中生成矿物和金属的原因。我们在《淮南子》一书讨论同一问题的话里可以看到非常相似的说法⑧。这样，人们只好承认双方有互相交流的可能，但是这种概念出现很早，似乎又不可能有什么交流。"气"、"pneuma"（πνεῦμα；普纽玛，气）和"prāṇa"（普拉那，气）三名含义大致相同，这并不能说明它们必须同出于美索不达米亚，后来才独立发展。"气"这个字从一开始便用在天气方面⑨，表示天气的最古的复合词是"气候"。"候"，通常是等候的意思，所以指的是某一特定时刻或某一特定期间的天气⑩，也用于雨或风的预报，即"候雨"或"候风"。"气象学"一名至今还带着"气"字。

470　　　　各个时代自然都有人以测雨知名。公元前 1 世纪的方士京房就是这样的一个人。他的测雨术在《易章句》中多少记下来了一些⑪。另一个是宋人娄元善。10 世纪的类书《太平御览》⑫《纬略》⑬ 等，引用了一种在别的方面有些神秘的书，该书名为"相

----

　　① 王充的见解经常如此，这些想法很能说明自然主义有机论者的宇宙观；参见本书第二卷中的第十三章（f）。

　　② 参见上文 p. 218。引录于 12 世纪中叶的《续博物志》卷一，第四页。

　　③ 例如，叶梦得的《避暑录话》（约 1150 年）卷一，第二十三页；或陈长方《步里客谈》（约 1110 年）卷二，第四页。

　　④ 《蠡海集》（约 14 世纪后期），第五十页；又见《七修类稿》。

　　⑤ Mieli（1），p. 150。

　　⑥ K. Freeman（1），p. 62。

　　⑦ Brunet & Mieli（1），p. 242。

　　⑧ 参见下文 p. 640。

　　⑨ 因此又有节气一名，上文 p. 405 已经提到过。

　　⑩ 参见本书第十三章（g）（第二卷，p. 330）关于炼丹术中所谓"火候"的说明。

　　⑪ 后世的书常引用他的话，如《太平御览》卷八，第二页；《续博物志》卷一，第六页、第八页。

　　⑫ 《太平御览》卷八，第七页。

　　⑬ 《纬略》卷八，第十五页。

雨书"，今已散佚，作者是一个叫黄子发的人，年代不详，大概是汉代的人①。中古时期的中国人没有我们现在的云的分类（卷云、积云，等等）②，他们使用了许多术语，但这些术语目前还没有根据现代科学知识一一加以分析③。见于记载的，有疾驰的黑云、"覆车"状的黄云④、"杼轴"（莱状）云、"鱼鳞"（"濯鱼"）云⑤、"草莽"云⑥等。冠状云或状如羊群、猪群、水牛群的云，可能都是指雷暴高积云。典型的"砧"形雷雨云，在京房的描写中是状如鼓、持桴。这种云有时似乎又被称为"炮车云"⑦，状如倒置的截顶三角形。另一颇受注意的天气征候是高空雾状卷云所引起的月晕，中国人把这种现象看作风的可靠信号⑧。带有虹彩的月晕称为"飓母"，意即"台风之母"。日晕也被仔细研究过⑨。宋代有一位伟大的天气学家，名叫刘师颜，他的成就记载在赵德麟的《侯鲭录》⑩ 中。《东西洋考》⑪ 和《广舆图》⑫（1579 年）中保存着一些海员的天气歌诀。宋代的同类资料在《梦粱录》⑬ 中可以找到。红雨现象的记录保存在类书《图书集成》⑭ 中。

　　连竺可桢［Chu Kho-Chen（2）］也以为中国第一具湿度计就是南怀仁用鹿肠线制成的那件仪器（图 197）⑮。但是，事实上中国人从很早的时候起便利用羽毛和木炭等物的吸湿特性来进行湿度测量了。《淮南子》一书至少有两处提到比较榆树炭⑯和一盘土的相对重量的方法，这是为了测验大气中的湿度，以便预报降水。第一处⑰只简单地说："干燥时炭轻，而潮湿时炭重。"（"燥故炭轻，湿故炭重。"）第二处⑱说，悬置（"悬"）一根羽毛或一些炭，人们就能够测出干燥或潮湿之气，又说"因此，通过小的东西人们可以观测到大的，通过知道近的而了解远的"（"以小见大，以近喻远"）。在《史记》中，我们也可以看到同样的测验⑲，但只有"县（悬）土炭"三字，公元5 世纪注释家裴骃在这里加注说，特别是在二至点要做这种测验，目的似乎在预测整个

471

---

①　《相雨书》今有传本，署有"唐黄子发撰"。——译者

②　这是卢克·霍华德（Luke Howard）定的名，参见 Napier Shaw（1）。

③　参见《晋书》卷十二，第十页；译文见 Ho Ping-Yü（1）。

④　这可能是积雨云的圆锥形云顶。

⑤　据推测，这可能是斑点伏卷积云。

⑥　据推测，这可能是卷云的痕迹。

⑦　《苕溪诗话》卷五，第三页；《表异录》卷一，第六页；《唐语林》卷八，第二十四页。

⑧　《太平御览》卷四，第十二页。

⑨　参见下文 p. 474。

⑩　《侯鲭录》卷四，第五页。

⑪　《东西洋考》卷九，第十一页。

⑫　《广舆图》卷二，第七十四页。

⑬　《梦粱录》卷十二，第十五页。

⑭　《图书集成·庶征典》卷一四三。

⑮　《图书集成·历法典》卷九十五，第四十一页，说明在卷九十二，第三页起。

⑯　假如确实是木炭的话。皮克（Peek）曾记述了一种具有特殊吸湿性的石墨（"青灰"或"黑灰"），这里所采用的炭也可能就是这种东西。章鸿钊［(1)，第 202 页］同意此说。

⑰　《淮南子·天文训》（第六页）。

⑱　《淮南子·说林训》（第五页）。

⑲　《史记》卷二十七（天官书），第三十七页；Chavannes（1），vol. 3, p. 400。

图版 六九

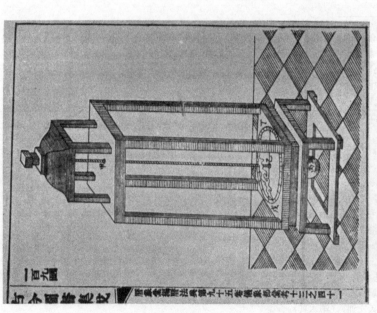

图 197　南怀仁的鹿肠线湿度计，约 1670 年（采自《图书集成》）。　图 198　保存在朝鲜的一具 1770 年的中国雨量筒［照片采自和田雄治（I）］。

季节的天气。此事在张华（公元 232—300 年）的《感应类从志》① 中叙述得最为详细②。有趣的是，在 15 世纪的欧洲，库萨的尼古拉（Nicolas of Cusa）恰好也用了同样的方法，他比较的是羊毛和石块的相对重量 [Cajori（5）]。这种方法在中国较晚的文献中常有记载③。

关于降水预报就谈到这里。由于雨后河道、沟渠要涨水，有发生泛滥的危险，而这种不可避免的后果在中国总是那么严重，所以发现中国人在很早的时候便使用雨量筒，是并不令人感到惊奇的。在欧洲，用容器收集雨水进行计量这一简单的想法，直到 1639 年才由（伽利略的友人）卡斯泰利（Benedetto Castelli）在佩鲁贾（Perugia）提出来。近年来，气象学家们已经从和田雄治 [(1)，Wada（1）] 和莱昂斯 [Lyons（1）] 的著作中熟悉了 15 世纪的朝鲜雨量筒。有些最早的朝鲜雨量筒设置于 1442 年，用青铜制成，称为"测雨器"，朝鲜史料中至今还保存着有关的诏书。它们过去是放在云观台上的。1770 年，朝鲜各主要城市都建立了配备这种雨量筒的气象台，这里介绍的即其中之一（图 198）。

不过，至今人们还没有普遍认识到，雨量筒并不是朝鲜人的发明。在中国，它的历史可以追溯到比朝鲜早得多的时代④。可以证明这一点的主要证据即秦九韶的《数书九章》⑤（1247 年）里有关于雨量筒形状的算题⑥，称为"天池测雨"，当时大概各州郡首府都设有这种筒。秦九韶所讨论的问题，是如何根据圆锥形容器或桶形容器中收集的雨水的深度，求出地面某处一定面积上的降雨量。

更值得注意的是，《数书九章》还告诉我们，当时雪量筒也在使用，叫作"竹器验雪"，其是一种巨大的竹笼。秦九韶在书中举出了关于它们的例题⑦。这种竹笼一定是放在山路两旁或山岗上的。假如宋代的地方官果真向朝廷申呈报降雨量和降雪量的话，那么，高级官员在计算堤防及其他公用设施的维修费用时，一定从中得到了很大的帮助。

不待说，中国的天气记录中有时间长而且内容丰富的水、旱灾统计表。所有官修史书和类书⑧，以及所有主要的史料汇编中，都有这类资料。陈高佣等（1）已利用这类资料编成一本庞大的汇编。在中西文献中，谢立山 [Hosie（2，3）] 的拓荒之作已

472

---

① 见《说郛》卷二十四，十九页。参见李淳风《感应经》，收录于《说郛》卷九，第二页。

② 有一个故事讲到某种海兽的皮，说皮上的毛或立或伏，与海潮相应，可说是古代的湿度计。这个故事记在 12 世纪出使朝鲜的一位使臣的笔记中，见下文 pp. 492，511；见 Moule（3），p. 152。参见《山居新话》第五十三页 [H. Franke（2），no. 146]。

③ 例如，《表异录》卷一，第十四页。有关铁权的记载，见《太平御览》卷八七一，第四页。

④ 也可能始源于巴比伦。《政事论》[Shamasatry（1），p. 127] 有几段似乎说的是雨量筒的应用，萨马达尔 [Sammadar（1）] 已经注意到这一点；公元 2 世纪希伯来文古籍中的有关资料，福格尔施泰因（Vogelstein）也已注意到了 [参见 Hellmann（2）]。

⑤ 《数书九章》卷四（第 107 页）。

⑥ 最初使我注意到这一事实的，是我的朋友叶企孙博士。

⑦ 《数书九章》卷四（第 110 页）。早在 19 世纪，日本大名土井利位（1789—1848 年）刊行了一本讲雪花形状的书，即《雪华图说》，这是一本值得注意的书。

⑧ 例如《图书集成·庶征典》卷七十六至卷八十、卷八十六至卷九十四、卷一二四至卷一三二等。但尚无人研究整理以供世人应用。

被一些苦心钻研的著作①取代了。在以前的记录中总有一些不可靠的地方，如在战乱期间就不能继续记下去。我们随时记住这一点，就可以把周期性出现的水、旱灾填补上去。表 39 是根据竺可桢［Chu Kho-Chen（3）］的著作列出来的。陈达［Chhen Ta（1）］曾把 15 世纪大旱时，中国人移居马来群岛，以及公元 7 世纪大旱时，移居澎湖列岛和台湾做了关联分析。夏威夷（Hawaii）、北美与南非（South Africa）华侨聚居地的形成则是 19 世纪的事。人们不能忽略这样一个事实，即自公元 300 年起至 600 年止的几百年大干旱，与政治上四分五裂的大混乱时期正好相合，这场大混乱直到隋唐时代才以稳定的统一告终。与此相反，唐、宋两代比较稳定的几百年，则以雨量较充足为其特征②。

中国对不良天气的记录自然也包括雹灾的资料。这使霍维茨［Horwitz（8）］对这段为了立即开始降水或使雹暴云避开所要保护的农作物，而朝雹暴云发炮的做法的历史产生了兴趣。这种做法，今日在法国南部经营葡萄园的农民中广泛流行，他们用的不是炮而是火箭。霍维茨在撰于 16 世纪末的切利尼自传③中发现了欧洲关于这种做法的最早记载，可是从巴斯蒂安（Bastian）④ 的旅行记中注意到了，在康熙年间（1662—1722 年）甘肃曾有喇嘛向雨云开炮的事。当时，每当开炮，则请世俗的行政官员采取措施来祈求山神、水神宽宥。霍维茨因此提出一个问题：这种想法是否源自中国纯属迷信的做法，后来才由中国传到西方？——但我们还没有找到答案，这个问题需要继续进行研究。

473

表 39　各个世纪中的旱涝之比

世纪	降水率 $\left(\dfrac{每一个世纪中的旱灾}{每一个世纪中的涝灾}\right)$
2 世纪	1.98
3 世纪	1.60
4 世纪	8.20
5 世纪	2.06
6 世纪	4.10
7 世纪	3.30
8 世纪	1.32
9 世纪	1.80
10 世纪	1.80
11 世纪	1.70
12 世纪	1.04
13 世纪	1.80
14 世纪	1.05
15 世纪	2.25
16 世纪	1.95

① 这些著作有 Chu Kho-Chen（3），Yao Shan-Yu（1，2，3），Ting Wên-Chiang（2），K. Y. Chêng（1），Schove（4）等。关于这些著作的基本情况，见 Brooks（1）。

② 参见本书第一卷，pp. 184 ff. 。李济［Li Chi（2）］也曾把气候的脉动和政治上的动乱联系起来。

③ Bettoni ed. ，vol. 2，p. 56。

④ Bastian（1），p. 410。

（e）虹、幻日和幻象

安阳出土的甲骨卜辞①中有关于虹的资料②。现在用的"虹"字由于带有"虫"旁，把商人的想法——虹是显现的雨龙——保存了下来。金璋［Hopkins（26）］在一篇专题论文中讨论过这个象形字的古代写法（见图）③。另一个字"蜺"或"霓"，则有时用"虫"旁，有时用"雨"字头。

宋代的沈括记述了他在 1070 年前后出使契丹时所见到的双虹④。他和孙彦先都认为，虹是日光通过悬浮在空中的水滴反射而成的。两个世纪以后，库特卜丁·设拉子（Quṭb al-Dīn al-Shīrāzī；1236—1311 年）在波斯第一次提出了关于虹的令人满意的解释（基本上和笛卡儿的相同），说光线通过透明的球体时，会发生两次折射和一次反射⑤。

但是，有一种包括同心晕和幻日的奇怪的复杂现象，在美观方面远远超过雨后的虹。在某些大气条件下，当六角形或角锥形冰晶所形成的云，以柱状或片状从高处通过大气缓缓下降时，人们便看到太阳被日晕包围起来，并看到在同一高度上太阳两旁各有两个亮光中心（幻日；图 199c，c）。各亮光中心的位置，有的在一条明亮的水平线（幻日环；图 199b，b）和内外两晕（图 199g，h）的交点上，有的在交点的附近⑥。此外，在水平线 180°处，即与真太阳相对的地方，会出现第五个太阳影像（反日），另有两个在 120°处（远幻日），两个在 90°处（很少见）。日晕的颜色很鲜明（内侧带红色），但幻日环则为白色。一根垂直的柱子在太阳的位置上与幻日环相交⑦。任何纬度都可以看到日晕和幻日，不过在北方或两极地区，日晕和幻日即使不是更常见，也是更加光辉灿烂，更加多种多样。欧洲关于这种现象的第一次记述，是 1630 年沙伊纳所做的，他曾在罗马看到过一次；第二次记述是 1661 年赫维留（Hevelius）在但泽（Danzig）所作的；但所见到的外观最复杂的，大概是 1794 年洛维茨（Tobias Lowitz）在圣彼得堡（St. Petersburg）描写的那一次。

474

475

---

① 董作宾（1），上编，第 1 卷，第 6 页。

② 参见《图书集成·乾象典》卷七十六；《图书集成·庶征典》卷七十三。

③ 北魏时期的敦煌佛窟壁龛上常刻有这种双头动物（两头蛇）（参见本书第一卷，图 19）。参见 Bosch（1）。

④ 《梦溪笔谈》卷二十一，第 1 段；参见胡道静（1），下册，第 670 页。

⑤ Sarton（1），vol. 2，pp. 23，1018；vol. 3，p. 141；Pledge（1），p. 67；Mieli（1），p. 151；Wiedemann（2）；Crombie（1）。几年以后，远在欧洲弗赖堡的特奥多里克，以及库特卜丁的弟子卡迈勒丁·法里西（Kamāl al-Dīn al-Fārisī），都做出了同样的解释。参见上文 p. 162。亦见 Boyer（3）。

⑥ 内晕在从太阳算起 22°处，外晕在 46°处。两晕都有在最高点和最低点与之相切的倒正切弧（图 199，g′，g″，n），外晕的下正切弧自然是罕见的。

⑦ 关于这种现象，详见 Pernter & Exner（1），pp. 242 ff. 某些权威著作［例如 R. W. Wood（1），2nd ed. p. 437，3rd ed. p. 394；R. S. Heath（1），pp. 339 ff.］在这方面的描写常常过分简单而无法完全理解，一些有名的参考书则解释确有错误。标准的几何学解释是 1847 年布喇菲（Bravais）提出的。扼要的说明，见 Mascart（1），vol. 3，pp. 472 ff. 。这方面的书以利耶奎斯特［Liljequist（1）］1956 年的著作为最新，此书附有日晕图多幅，并论及冰晶形状与日晕系组成部分的关系。

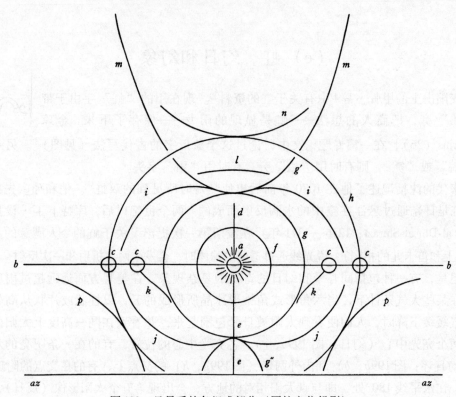

图 199 日晕系的各组成部分（圆柱方位投影）。

说明：*a*——太阳；*az*——水平线；*b*——幻日环；*c*——幻日；*d*——日外柱；*e*——日
内柱；*f*——哈尔晕；*g*——22°晕；*g'*——22°晕上方正切弧；*g"*——22°晕下方正切弧；
h——46°晕；*i*——卵形晕上方的弧；*j*——卵形晕下方的弧；*k*——洛维茨倾斜弧；
l——彩晕弧；*m*——围绕天顶的 *g'* 延长线；*n*——46°晕的上方正切弧（近天顶弧）；
p——46°晕的内侧正切弧（外侧弧在理论上是存在的，但从未见到过）。

　　然而在中国，热衷于占星的星象家们还要早好几个世纪就已致力于仔细地观测日
晕现象了，他们感到这种现象是如此动人，以至于皇帝也肯亲自写一部讲这类现象的
书，并附了插图①。这就是 1425 年明仁宗朱高炽（在位仅一年）写的《天元玉历祥异
赋》。我们在这里翻印了此书的两张图 [图 200（a）和（b）]。

　　何丙郁 [Ho Ping-Yü（1）] 最近的发现更是令人惊奇，《晋书》②讲"十煇"的几
页竟有日晕系所有各组成部分的术语。完整的日晕叫作"晕"，多出来的那些幻日
（"数日"）沿着"弥"（"完全的"环或幻日环）连成一串。46°晕的不完整侧弧称为
"饵"（耳环），22°晕的那些弧称为"抱"（拥抱），而哈尔晕（Hall's halo）的则称为
"璚"（拇指用的指环；图 199，*f*）。46°晕的不完整上方弧称为"序"（序列），22°晕的称
为"冠"（帽子），而"日戴"（日冕）可以认为就是彩晕弧（Parry's arc）（图 199，*l*）。
甚至被称为洛维茨倾斜弧（图 199，k）的奇怪三角形也用"提"（提手）这个词来形

---

① 此书从未刊印，但有一种附有彩图的抄本现藏剑桥大学图书馆。
② 《晋书》卷十二，第八页，至第九页；译文见 Ho Ping-Yü（1）。

图版　七〇

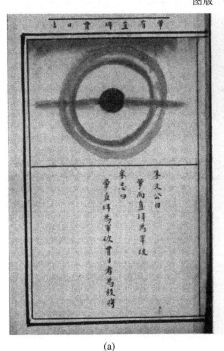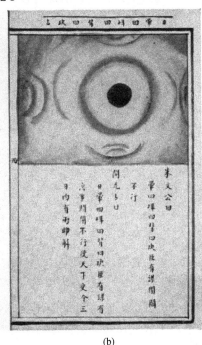

(a)　　　　　　　　　　(b)

图200　明仁宗朱高炽《天元玉历祥异赋》（约1425年）抄本（剑桥大学图书馆
藏）中说明幻日现象的两页。
图中文字：
（a）"晕有直珥贯日占。朱文公曰：'晕而直珥，为晕破。'《宋志》曰：
'晕直珥，为晕破。贯日者为杀将。'"
（b）"日晕四珥四背四玦占。朱文公曰：'晕四珥、四背、四玦，臣有
谋，闭关不行。'《开元占》曰：'日晕四珥、四背、四玦，臣有谋，有
急事，闭关不行。使天下更令。三日内有雨即解。'"

476 容。22°晕的下方正切弧（图 199，g''）称为"缨"（帽穗），46°晕的内侧正切弧（图 199，p）的名称很恰当，叫作"戴"。种种预兆当然都是从晕的形状臆想出来的[1]，但观察之精确却令人吃惊。我们已掌握的公元 7 世纪（原书的年代约为公元 635 年）流行的专门名词大约就有 26 个，因此，我们不能不得出结论说，在深入研究日晕现象方面，中国人远远走在欧洲人的前面。

在这些名词当中，有一些的确可以再向上追溯许多年。我们在本书第二十章（c）讨论中国天文学的"官方"性质时，已提到《周礼》所载一位预辨吉凶的官员——"眡祲"。关于他的职责，书中写道[2]：

眡祲掌管研究十种晕（"十煇"）的方法，以便观测（天上的）各种异象，从而预言吉凶。其中第一种晕称为"祲"（表示侵袭的晕）[3]，第二种称为"象"（影像）[4]，第三种称为"鑴"（金饰）[5]，第四种称为"监"（遮蔽）[6]，第五种称为"闇"（黑暗，即日、月食）。第六种称为"瞢"（朦胧昏暗等），第七种称为"弥"（"全"幻日环），第八种称为"叙"（有秩序的阵列）[7]，第九种称为"隮"（字义是虹，但此处是"晕"的别名，即全晕），第十种称为"想"（想象中的云的形状）[8]。

眡祲负责安定民心的工作，向人民解释上天所要降下的祸福[9]。他在年初就开始观测，而在年底分析观测结果。

〈眡祲掌十煇之法，以观妖祥，辨吉凶。一曰祲，二曰象，三曰鑴，四曰监，五曰闇，六曰瞢，七曰弥，八曰叙，九曰隮，十曰想。掌安宅叙降。正岁则行事，岁终则弊其事。〉

这就清楚地告诉我们，秦汉时期的星象家们曾对日晕感兴趣，并且把它们仔细地记了下来。这一点，我们从司马迁的简短叙述[10]中也看得出来，因为《晋书》及其他后世著作[11]所用的名词，有六种也见于《史记》。

中国古书[12]时常提到帝尧时天上十日并出的神话，不知道是不是来源于日晕和幻

---

① 《晋书》卷十二（第十五页至第十七页）列有自公元 249 年至 420 年的 28 次日晕，并附有随后发生并被认为日晕是其前兆的政治事件。详细说明，见 Ho & Needham (1)。

② 《周礼》卷六，第二十九页（注疏本卷二十四，第三十页），由作者译成英文，借助于 Biot (1)，vol. 2，p. 84。关于他的属僚，见《周礼》卷五，第七页（注疏本卷十七，第二十四页），译文见 Biot (1)，vol. 1，p. 411。

③ 《晋书》把"祲"细分为"珥""抱""璚"（这在上文已提到），它们连同"背"（即 22°晕）和卵形晕的上方正切弧（图 199，g'，i），形成向日凸出的带形。

④ 这一与上述的"背"相同，但和彩晕弧（图 199，l）在一起，状如巨鸟，其爪下攫太阳。

⑤ 垂直的柱子（图 199，d，e）。

⑥ 似为哈尔晕上方弧的一部分（图 199，f）。

⑦ 各晕上方弧的一部分。

⑧ 例如，《晋书》所说的狩猎者形状的赤云。参见上文 pp. 190，284。

⑨ 例如，当时确有季节性的流星雨出现。

⑩ 《史记》卷二十七，第二十九页，译文见 Chavannes (1)，vol. 3，p. 385。

⑪ 此类名词也见于纬书，如《河图纬稽耀钩》，见《古微书》卷三十三，第一页。

⑫ 如《左传》《竹书纪年》《离骚》《庄子》等书。参见 Granet (1)。

日①。王充在《论衡》②（约公元80年）中不止一次地论及这个神话。说它来源于日晕　477
和幻日，总比把它联系到一旬十日上去更合乎情理，由此看来，古代讲故事的人也许
是让十日同时上场的③。

　　现在，有时可在飞机上看到完整的彩色环形晕。同样的现象很早以前在山上就观
察到过，在中国特别有名的是四川峨眉山的"佛光"光轮④。1177年范成大认识到这
完全是一种普通的虹；他认为某些瀑布中的虹彩也属于同一性质⑤。

（f）风和大气

　　在中国历史上，历代都有测风的记载，文献资料多少有些零碎⑥。《淮南子》（约
公元前120年）⑦中列出了一年中八种风的"季节"。以后，风的分类更加细致，例如，
《唐语林》⑧（1107年成书）和明代叶秉敬的《书肆说铃》就列出了二十四种季节风。
东南季风自然早已有了名称⑨——"信风"或"花信风"。在飓风或台风之前出现的一
种特别的风，称为"炼风"⑩（预前的风），等等。

　　明代的王逵在《蠡海集》中提到了纸鸢测风的实验⑪。这就产生了相风鸟或风标在
中国古老到何等程度的问题——看来这不是一个无关紧要的问题，因为一切有指针和　478
度数的装置也许以这种简单仪器为最古老，它在自然科学的基本原理上所具有的重要
性是不需要多说的。在欧洲，看来不可能追溯到雅典的测风塔（约公元前150年）以
前。这个塔上有库拉的安德罗尼科（Andronicus of Cyrrha）所装的风标⑫。中国的风标
应当是和它大约同时的，因为《淮南子》⑬里提到了"綷"（一种羽毛或饰带），汉代

---

　　①　很久以前施古德［Schlegel（7a）］就曾提出这一想法。

　　②　见《论衡》的《对作篇》和《说日篇》，译文见Forke（4），vol. 1，pp. 89，271。有趣的是，王充已得出
多出来的日不是真日的结论，不过他的议论价值不大。

　　③　令人惊奇的是，一次复杂日晕所出现的幻日竟达十个之多（靠近真日的四个，在90°处的两个，远幻日两
个，反日一个）。如真日不计算在内，加上哈尔晕最低点的幻日也可凑足十个。这些段落的初稿撰于1954年3月，
当时剑桥恰好出现幻日，规模不大，但颇有趣。我们当时正巧在查阅王充的《说日篇》。

　　④　关于"佛光"的描写，可参见Franck（1），p. 579。这种现象与欧洲的"布罗肯幻象"（Brocken Spectre）
相似［Pernter&Exner（1），pp. 446 ff.］。最近的记载，见D. M. Black（1）。

　　⑤　《吴船录》卷上，第十三页、第十七页和第十八页。

　　⑥　参见《图书集成·乾象典》卷六十五至卷六十九；《图书集成·庶征典》卷六十至卷六十四。

　　⑦　《淮南子·天文训》（第四页）。

　　⑧　《唐语林》卷八，第二十四页。

　　⑨　例如，《吕氏春秋·有始》（上册，第121页），译文见R. Wilhelm（3），p. 159；程大昌《演繁露》（1175
年）一书中也有讨论。

　　⑩　见公元9世纪早期孟琯的《岭南异物志》。"风"在原始科学上有许多意义，如道家的"刚风"一词与航
空术的史前史有关（见本书第二卷，pp. 455，483）。其他的"风"，和"prāna"（普拉那）相似，又和"气"一
样，在医学理论（见本书第四十四章）和佛教的发生学（见本书第四十三章）中极其重要。

　　⑪　《蠡海集》，第四页。

　　⑫　参见Beckmann（1），vol. 2，p. 281；Hellmann（2）。它与罗经盘的发展有密切关系［见S. P. Thompson
（1）］。这几位作者都讨论到希腊化时代和中世纪的风名。参见本书第二十六章（h），（i）。

　　⑬　《淮南子·齐俗训》（第十七页）。

的一位注释家说它是"候风扇"①。三国以来的兵书称风标为"五两"，是针对所用羽毛的重量而言的。再晚一些的书说风标作鸟形，如公元4世纪中叶的《古今注》就称它为"相风乌"，这已经是后来常见的名称了。风标还有一个名称"倪"。中国风标的发明者被认为是黄帝等传说人物，说法各不相同②。

据竺可桢［Chu Kho-Chen（2）］推测，汉代曾有制作风速计的尝试。这种说法的根据是《三辅黄图》（公元3世纪晚期的书，旧题苗昌言撰）中的一段话③。此书作者在说到台、榭时写道④：

> 汉代的"灵台"（观象台）建筑在长安西北八里的地方。它之所以被称为"灵台"，是因为它最初用于观察阴阳和天体发生的变化，但在汉代它开始被称为"清台"。郭缘生⑤在《述征记》一书中说，王宫之南有一座灵台，高十五仞（120尺），灵台的顶上有张衡所制的浑仪。另外还有一只能测量风的青铜鸟（"相风铜乌"），它能随风而活动；据说，在刮千里风（很强的风？）的时候，这只鸟就会动起来（仅仅是动，还是动得更快？）。此外，台上还有一个八尺高的铜表，圭长一丈三尺，宽一尺二寸。根据上面的题词，它是太初四年（公元前101年）制造的⑥。

> 〈汉灵台，在长安西北八里。汉始曰清台，本为候者观阴阳、天文之变，更名曰灵台。郭延生《述征记》曰，长安宫南有灵台，高十五仞，上有浑仪，张衡所制。又有相风铜乌，遇风乃动（一曰长安灵台上有相风铜乌，千里风至，此乌乃动）。又有铜表高八尺，长一丈三尺，广尺二寸。题云："太初四年造"。〉

虽说除风力以外，再也没有别的东西会影响到鸟的运动，可是这段话所提供的证据似乎并不太明显。普通风标除遇到阵风和狂风以外，是风力越强越固定不动的。同书另
479一处（卷二，"汉宫"部分）有关于台顶铜凤的记载，说"在转轴上上上下下地迎着风，好像在飞翔"（"上下有转枢，向风若翔"）；这句话暗示转轴延伸至下一层，那里可能装有一种机件，用以标示——如果不是记录的话——风所引起的转动速度。我们由此想到，转杯风速表是桨轮的翻版，而第一具水轮正是在汉代出现的（后面我们还要讨论到）⑦，这一想法并没有什么不恰当。此外，铜凤据说有五尺高，作为风标未免太大了，但作为一种测验风的阻力的机件，则并不过大。如果这种解释是正确的，那么，汉代的风速表就可能是现代四杯式风速表的先驱，因为文艺复兴初期丹蒂（Egnatio Danti，1570年）和胡克（1667年）的风速表是钟摆式样的，现在已经不用⑧。

关于龙卷风，杨瑀在《山居新话》（1360年）中有很好的描写：

> 至正八年（1348年）十二月十五日，下午三时左右，有四条黑"龙"从南方

---

① 参见《论衡·变动篇》［Forke（4），vol. 1，p. 111］。
② 见《事物纪原》卷二，第四十六页。
③ 这是竺可桢博士亲自告知的。
④ 《三辅黄图》卷四，由作者译成英文。
⑤ 这似乎是道家注释家郭象的别号，另有一处也提及此人（卒于公元312年）。他的书显然已散佚。
⑥ 这恰好在落下闳、邓平进行天文学研究及改历之后（参见上文 p. 302）。
⑦ 本书第二十七章（f）（见第四卷）。
⑧ Cajori（5），p. 47。

云中降到地上来吸水。过了一会儿，又有一条黑"龙"降到东南方，过了相当长时间才消失不见。这一切都是在嘉兴城里看到的①。

〈至正戊子小寒后七日，即十二月望，申正刻，四黑龙降于南方，云中取水，少顷，又一龙降东南方，良久而没。俱在嘉兴城中见之。〉

说到地球大气的作用，我们已经看到过一个认识到它的重要性的例子（上文p. 226）。公元400年前后，天文学家姜岌曾解释了为什么太阳在东升和西落时都像巨大的红球，而中午则显得小而色白②：

地气不能高高地升到天上。这就是为什么在早晨和傍晚太阳呈红色，在中午呈白色。如果地气能够高高地升到天上，那么，太阳在中午也应该呈红色③。

〈地气不及天，故一日之中，晨夕日色赤，而中时日色白。地气上升，蒙蒙四合，与天连者，虽中时亦赤矣。〉

由此看来，他已懂得太阳在低处时，我们看它必须通过比高悬空中时更厚的地球大气层。比他早一百年的郭璞说④黎明和日没时朦胧如"氛祲"，11世纪沈括等人⑤用过"浊""浊氛""烟气尘氛"等词，也都把原因归于悬浮微粒所造成的雾蒙蒙的大气。

至于海市蜃楼，明代的陈霆所做的解释⑥本质上是正确的。

（g）　雷　　电

480

古时中国人把雷和电⑦看作他们想象出来的两种最奥妙的力量——阴和阳——互相冲突的结果，这是很自然的。最广义地来说，如果记住了这种理论对自然界中正负概念（甚至包括电和化合现象）的认识所做的贡献，那么，这一古老中国思想中蕴含的巨大合理因素就显而易见了⑧。《淮南子》（约公元前120年）书中说：

阴阳彼此相击是产生雷的原因。阴阳互相穿透则产生电⑨。

〈阴阳相薄为雷，激扬为电。〉

但这种自然主义的理论并未解除汉代人们由迷信引起的恐惧，他们与现象论一样，把

---

① 《山居新话》，第二十七页，译文见 H. Franke（2），no. 71。

② 据《隋书》卷十九，第十一页；参见朱文鑫（1），第108页。

③ 由作者译成英文。参见本书第二卷，p. 81。

④ 《太平御览》卷七七一，第六页。

⑤ 《宋史》卷五十六，第二十一页。

⑥ 《两山墨谈》卷十一，第四页。

⑦ 参见《图书集成·乾象典》卷七十七至卷七十九；《图书集成·庶征典》卷七十四至卷七十五。

⑧ 关于这一点，可回忆前面的叙述，雷电及其他气象现象在《易经》中是作为符号来用的［本书第十三章（g），见第二卷，pp. 312 ff.］。

⑨ 《淮南子·墬形训》（第十二页），由作者译成英文。公元前1世纪的《春秋纬元命苞》（辑于《古微书》卷六，第三页）有同样的话。我们发现《庄子·外物第二十六》和《穀梁传》（引于《太平御览》卷十三，第二页）中都有同样的思想，因此，此种思想一定是盛行于晚周时期的。

天空的放电看作对朝廷失政或个人阴过的"天罚"。因此，王充便在《论衡》（公元83年）里发表了一通毫不含糊的自然主义的议论。我们在下面这段摘自其专谈该问题的文章的话中可以看到他最杰出的地方：

　　盛夏的时候，雷电带着惊人的力量到来，劈树毁屋，时常把人击死。人们一般以为，劈树毁屋是上天派遣龙出来做的事。雷电击死某人，是因为他一定犯有隐秘的罪恶，例如饮食不洁净的东西。他们说，雷声隆隆，是上天发怒的声音，就像人狂怒的时候喘气一样。笨的人和聪明的人都这样说，他们都根据人的做法来推断（上天的作法），并借以解释所发生的现象。

　　但是，这一切都是荒谬的说法。雷是由一种特殊的能量（"气"）和一种特殊的声音产生的。它既能劈树毁屋，同时又击死人。这些后果都是在同一时间发生的。我们怎么能把劈树毁屋推到龙身上去，而把雷电击人解释成上天在惩罚隐秘的罪恶呢？龙出来做事应该是吉祥的事情，不可能引起灾祸。这在道理上是说不通的，因为两种不同的事件（没有伦理意义的事件和有伦理意义的事件）同时发生而又具有同一种声音，那是不合道理的……

　　《礼记》中提到过在酒杯上刻着雷的形状。一雷冲出，一雷归入，一雷卷绕，一雷伸直。它们相碰擦就发出声音。它们互相交错碰撞，就发出深沉的隆隆之声。（这一说法是十分正确的。）轰隆的声音是"气"正在射出。如果这种"气"射中了人，人就会死掉。

481　　说实在的，雷是太阳的阳气的爆炸（"激"）。用下面的事实就可以说明这一点：正月阳气开始上升，我们开始听到雷声，五月阳气占优势，雷就持久而且猛烈。秋冬阳气衰退，雷声便变得微弱了。夏天阳气占支配地位，阴气同它相争雄，结果便发生碰撞、摩擦、爆炸和激射。恰巧被撞击中的东西就会受到损害。人在树下或在屋里，也许会纯粹出于偶然被击中致死。

　　怎样才能够验证这一点呢？把一勺水泼入熔炉里。这时，"气"就会被激起而像雷一样爆炸。靠近炉子的人就会被烧伤。我们可以把天地看作一个熔炉，"阳气"就是火，云和雨就是大量的水。因此，就必定会引起强烈的骚动。这样，被击中的人怎能不受到伤害而死呢？

　　铸造工在熔铸铁时，用泥土制成模子（"形"），待模子干了以后，再让铁水流入模内。否则，铁水就会喷溅而射到四周，如果射中人体，就会烧伤人的皮肤。而炽热的"阳气"比熔化的铁还要热，爆炸性的"阴气"比泥土更加潮湿。所以，当"阳气"击中人时，就会比烧伤更加厉害[①]。

　　闪电本质上就是火。这种"气"烧伤了人，就会留下烙印。如果这种烙印看起来像是文字，人们看见了，就说是上天记下的被雷击中的人的罪过。这同样完全是胡扯。如果上天（有目的地）用雷闪击死人，就会注意把字写得整齐清楚，

---

　　① 我们可以顺便注意到这段话在冶金学上的意义，这说明中国在公元1世纪已有铸铁技术知识，比欧洲早十二个世纪；详见本书第三十章和第三十六章。

而不会写得模糊不清。闪电的烙印肯定不是上天所写的字①……

〈盛夏之时，雷电迅疾，击折树木，坏败室屋，时犯杀人。世俗以为击折树木、坏败室屋者，天取龙；其犯杀人也，谓之有阴过。饮食人以不洁净，天怒，击而杀之。隆隆之声，天怒之音，若人之呴吁矣。世无愚智，莫谓不然。推人道以论之，虚妄之言也。

夫雷之发动，一气一声也。折木坏屋，亦犯杀人；犯杀人时，亦折木坏屋。独谓折木坏屋者，天取龙；犯杀人，罚阴过，与取龙吉凶不同，并时共声，非道也……

《礼》曰："刻尊为雷之形，一出一入，一屈一伸，为相校轸则鸣。"校轸之状，郁律崛垒之类也，此象类之矣。气相校轸分裂，则隆隆之声，校轸之音也；魄然若襞裂者，气射之声也。气射中人，人则死矣。实说，雷者太阳之激气也。何以明之？正月阳动，故正月始雷。五月阳盛，故五月雷迅。秋冬阳衰，故秋冬雷潜。盛夏之时，太阳用事，阴气乘之。阴阳分争，则相校轸。校轸则激射。激射为毒，中人輒死，中木木折，中屋屋坏。人在木下屋间，偶中而死矣。何以验之：试以一斗水灌冶铸之火，气激襞裂，若雷之音矣。或近之，必灼人体。天地为炉大矣，阳气为火猛矣，云雨为水多矣，分争激射，安得不迅？中伤人身，安得不死？当冶工之消铁也，以土为形，燥则铁下，不则跃溢而射。射中人身，则皮肤灼剥。阳气之热，非直消铁之烈也；阴气激之，非直土泥之湿也；阳气中人，非直灼剥之痛也。

夫雷，火也。〔火〕气剡人，人不得无迹。如炙处状似文字，人见之，谓天记书其过，以示百姓。是复虚妄也。使人尽有过，天用雷杀人。杀人当彰其恶，以惩其后，明著其文字，不当暗昧……夫如是，火剡之迹，非天所刻画也。〉

读到这里，我们不禁想起卢克莱修的类似的话：

　　啊，门米乌斯，这是要认清
　　那由火构成的雷电的本性；
　　这是要指明，靠什么不明的力量
　　雷电造成它每一行径的后果，而不是，不是要
　　打开伊特鲁里亚人（Etruscan）藏有神谕的纸卷，
　　探究神的隐秘旨意……
　　抑或雷击预示何种灾异②……

〈Hoc est igniferi naturam fulminis ipsam

perspicere et qua vi faciat rem quamque videre,

non Tyrrhena retro volventem carmina frustra

indicia occultae divum perquirere mentis,

unde volans ignis pervenerit aut in utram se

verterit hinc parterm, quo pacto per loca saepta

insinuarit, et hinc dominatus ut extulerit se,

quidve nocere queat de caelo fulminis ictus. 〉

---

① 《论衡·雷虚篇》，由作者译成英文，借助于 Forke（4），vol.1，p.285；Hughes（1），p.324。

② *De Rerum Natura*，VI，pp.379 ff.；译文见 W. E. Leonard（1），p.265。关于伊特鲁里亚人的闪电卜，见 Bouché-Leclercq（2）；R. Berthelot（1）。

汉代其他学者，如桓谭（公元 30 年以前）等也曾极力主张同样的观点①。

482　　在这以后的几百年间，对雷电具有预兆性质的否认已成为儒家怀疑论的理性主义的老生常谈。在 11 世纪早期，著名诗人苏东坡的父亲苏洵提到过一种民间信仰，这种信仰认为雷劈死人是对不孝行为的一种惩罚，他评论说，雷要惩罚一切应受惩罚的人的任务是艰巨的，显然它也并没有那样做②。在同一世纪中，大约在 1078 年，沈括也描写过闪电的某种效应，他写得那样细致，简直像是为《自然》（*Nature*）杂志写的专栏文章。他写道：

> 李舜举的家曾被雷电所击中。当时屋檐下闪烁着明亮的火光。人们都以为堂屋已被焚毁，屋里的人也都赶紧跑出来。雷停之后，房屋依然完好，只是墙壁和窗纸都变黑了。在木架上，有几个镶着银口的涂漆容器被雷击中，上面的银全部熔化流到地上，而漆却一点也没有烧焦。有一把用坚硬的钢制成的宝刀也熔化成液体，而宝刀近旁的东西却没有受到影响。人们一定认为草木之类的东西应当先着火，然而这里却只有金属熔化了，而草木并没有损伤。这是一般人所不能理解的。佛教的书上说，"龙火"在遇到水时烧得更加猛烈，而"人"火遇到水就会熄灭③。大多数人只能根据日常生活的经验来判断事情，而超出这个范围的现象确实是大量存在的。仅仅用一般常识和主观想法去探讨自然原理，是多么不可靠啊④。

> 〈内侍李舜举家曾为暴雷所震。其堂之西室，雷火自窗间出，赫然出檐，人以为堂屋已焚，皆出避之。及雷止，其舍宛然，墙壁窗纸皆黔。有一木格，其中杂贮诸器，其漆器银釦者，银悉熔流在地，漆器曾不焦灼。有一宝刀极坚钢，就刀室中熔为汁，而室亦俨然。人必谓火当先焚草木，然后流金石，今乃金石皆铄，而草木无一毁者，非人情所测也。佛书言"龙火得水而炽，人火得水而灭"，此理信然。人但知人境中事耳，人境之外，事有何限，欲以区区世智情识，穷测至理，不其难哉！〉

以后的几百年中，也有同样正确、客观的记述，如杨瑀 1360 年左右的著作⑤。但关于雷电的本质的说明，则有待于文艺复兴后科学高潮的到来⑥。

（h）北　极　光

中国历史记载中有一些关于"光异"、"云物"和"晖"等的叙述⑦，看来只能解释为对极光的观测。毕瓯［E. Biot（14）］从《文献通考》和《续文献通考》中搜集

---

① 《太平御览》卷十三，第八页。

② 见 Forke（9），p. 139。

③ 这可能是从关于拜占庭"希腊火"老说法而来的吗？本书第三十章将说明，中国在 10—11 世纪中曾广泛使用"希腊火"或类似的东西。

④ 《梦溪笔谈》卷二十，第 10 段，由作者译成英文。参见胡道静（1），下册，第 656 页。

⑤ 《山居新话》，第五十页［译文见 Franke（2），no. 137］。

⑥ 关于新石器时代的石斧（"雷斧"）与陨石相混淆的问题，上文已谈到一些（p. 434）。

⑦ 参见上文（pp. 190，284，476）关于《左传》《周礼》所载观测者职责的话。

到 40 条这类记述，《图书集成》中也大约有 60 条①。年代最早的在公元前 208 年，最晚的在 1639 年。《开元占经》（公元 718 年）引②汉代预言家京房的《妖占》等佚书中483的话，提到公元前 193 年和公元前 154 年有显著的"光异"现象，据说和地震一样，是阴气太盛的缘故。中国的观测结果还没有编制出完整的一览表③，因为过去并未清楚地认识到这类现象实质上是同一种东西，所以有好多种名称，如"赤气""北极光"等。因此，必须由汉学家和气象学家合作，对大量的文献进行研究。例如，我们已经注意到，《新唐书·五行志》有一条关于公元 882 年出现紫色北极光的记载④，但类书的表中似乎并没有把它列入。有一次较早的北极光，即公元 763 年那一次，闪烁的红光笼罩整个北方天空⑤，这次极光在爱尔兰人（Irish）和盎格鲁-撒克逊人（Anglo-Saxon）的史书里也有记载。中国最古老的记载⑥中有一条是公元前 30 年的，说当时"夜晚看见天空中有明亮的黄色和白色的气，（带）长有 100 尺，照亮了大地。有人说那是'天裂'；有人说那是'天剑'"（"夜有黄白气，长十余丈，明照地。或曰天裂，或曰天剑"）。这种术语很新奇，使人联想到亚里士多德的"$\chi\acute{\alpha}\sigma\mu\alpha\tau\alpha$"（裂罅），由此看来，虽然动机往往在于占星，但对日晕的观测都极精确。在这两个图中，幻日环、22°晕、46°晕，以及多种正切弧都清晰可辨。

他在《气象学》一书中曾谈到北极光⑦，但是，很难相信这两个名称之间有任何关系⑧。当然，关于这种现象，直到近代才有可能做出解释。至于北极光和太阳黑子的密切关系，从 1859 年以后人们就已经认识到了。

（i）潮　　汐

在近代以前，中国对潮汐现象的了解和兴趣总的说来是多于欧洲的。正如人们通常指出的，这大概是因为地中海的潮汐较微弱，没有引起古代博物学家的足够注意。可是中国海岸却有相当大的潮汐。例如，长江口外的大潮高达 12 尺。此外，中国还拥有世界上仅有的两大涌潮之一，即杭州附近的钱塘江涌潮（图 201）；另一大涌潮在亚马孙河（Amazon）北口，那里远离任何古代文明。塞文河（Severn）的潮汐要小得多。因此从很早的时候起，这种显然和一般海岸潮汐同类但给人印象却极为深刻的自然现

---

① 《图书集成·庶征典》卷一〇二。

② 《开元占经》卷三，第三页。

③ 但可参见神田茂 [（2）；Kanda（1）] 的论文，不过，他对伏侯的一段话的引用和翻译都是错误的。

④ 《新唐书》卷三十四，第十一页；"中和二年七月丙午夜，西北整个天空都是红的；紫色或深红色的气布满天边。"（"中和二年七月丙午夜西北方赤气如绛，际天"）。译文见 Pfizmaier（67）。

⑤ 见《新唐书》卷三十四，第十一页，但所记载的年代是公元 762 年年底。肖维 [Schove（1, 6）] 开始把中国的记载和欧洲的对照起来。参见 Størmer（1）。

⑥ 《伏侯古今注》，辑录于《玉函山房辑佚书》卷七十三，第五十页；辑自《太平御览》卷二，第六页。公元 140 年成书。书中的记载没有和《前汉书》所记年代完全相合的，但前一年（公元前 29 年）正月曾有"神光"见于"三辅"（《前汉书》卷十，第三页）。看来伏侯是算错了一年。"天裂"一名至少可追溯到公元前 1 世纪，因为《晋书》（卷十一，第七页）所引刘向的话中有此名称。

⑦ *Meteorologica*，I, 5，324 b。亦可参见塞涅卡（Seneca）的著作 [译文见 Clarke & Geikie（1），p. 38]。

⑧ 感谢西洛里亚（Francis Celoria）先生使我们注意到这两个名称的相似性。

484　象，便吸引中国思想家们对其做出解释①。我们应该感谢慕阿德［A. C. Moule（3）］的一篇关于钱塘江潮和中国潮汐理论史的专题论文，这篇详尽的论文列有一份描写钱塘江潮的书目②，其中最新的是查得利［Chatley（22）］的著作。据我所知，中国中古时期的钱塘江潮图已经没有存世的了，我们在这里复制了麟庆《鸿雪因缘图记》（1849年）中的一幅（图202）③。

　　潮汐的正常活动自然就是涨水，最初涨得慢，到中等水位时最快，然后逐渐慢下来，达到满潮；然后退潮，回到原来的低水位。从涨到退整个循环约需 12 小时又 25 分钟，这是月球连续两次中天之间的间隔时间。涨水的程度，在每个朔望月里的月初最大，其后的两个星期左右最小。不过，涨潮的幅度、月球中天和满潮之间的时间间隔，以及朔望和大潮之间的差距，主要取决于海岸地势、潮汐区域海底轮廓等地理条件。华北的一些地方，每 25 小时只涨潮一次，而南安普敦（Southamptom）则一天涨四次。当人们从有潮汐的河口——例如长江或泰晤士（Thames）河口——溯流而上时，涨潮的时间渐渐缩短，退潮的时间渐渐加长。有一种涌潮简直是一种极端的例子，几乎在片刻之间便涨到一半④。钱塘江涌潮在最初的一小时内通常有一个高约 12 英尺的浪峰，接着再继续增高 6 英尺，整个幅度约为 20 英尺。在大海上，潮汐开始的地方波浪速度高达每小时 7 浬；在内河，涨潮后则产生时速高达 10 浬的洪流。两浪峰相接处产生高约 30 英尺的驻波（standing wave）⑤，如靠近海岸，便会扫过庞大的海堤。远在海潮到达之前便听到雷鸣般的声音，高潮过去以后，在激流中逆流行驶的木船是很难驾驭的。

　　寻常指潮水的"潮""汐"两字，慕阿德［Moule（3）］和义理寿［Gillis（1）；他本人是海员］曾进行过详尽的讨论，前一字指早潮、涨潮或大潮，后一字指晚潮、退潮或小潮。下面我们将看到，这两个词是有些含糊的。不仅如此，它们的字源也很不清楚。翟理斯［Giles（8）］曾注意到古书中有一句常见的话——"朝宗于海"，意思

485　是百川归顺大海就如同到宫廷朝见一样。因此，慕阿德认为"潮"字不是直接源自表示日出的"朝"（音 zhāo——译者），而是间接地来自宫廷清晨召集的早朝的"朝"（音 cháo——译者）。"汐"和表示傍晚的"夕"字关系较为直接，因为"夕"是表示新月的古象形字。

　　公元前 2 世纪早期，就已经知道月望（满月）之日可以看到十分壮观的海潮了。在枚乘（卒于公元前 140 年）的《七发》⑥ 这篇富有诗意的文章中可以看到⑦：

---

　　① 日本海的海啸要可怕得多，并且具有破坏性，中国人对它自然是不熟悉的。不过，施古德［Schlegel（7 r），p. 50］注意到《海内十洲记》（公元 4 或 5 世纪）中的话（"蓬莱"一节）颇似与日本的海啸有关。无风时浪高百尺，绝非完全出于想象［参见 Bernstein（1）］。海啸是由水下地震或火山爆发引起的，自然和潮汐无关。海啸在远处也可以感到，《山居新话》（第二十六页）所载 1347 年的一次即如此［H. Franke（2），no. 64］。

　　② 例如，McGowan（3）。对它的近代科学分析，是 1888 年莫尔中校（Commander W. U. Moore）最先作出的。参见 Moule（15），pp. 19 ff. 。

　　③ 麟庆是水利工程方面的大专家；本书第二十八章（f）讨论这问题时还要提到他。

　　④ 潮汐的理论，见 Doodson & Warburg（1）；Allen（1）。

　　⑤ Chatley（22）。或许"冲击波"（shock wave）一词更准确些。

　　⑥ 《全上古三代秦汉三国六朝文》（全汉文）卷二十，第六页，《文选》卷三十四。

　　⑦ 见 Nagasawa（1），p. 148。

图版　七一

图 201　杭州附近的钱塘江潮（贝尔摄）。

图 202　麟庆的钱塘观潮图（采自《鸿雪因缘图记》，1849 年）。

客人说："我希望在八月十五日与诸侯、来自远方的朋友及我的兄弟，一道到广陵去观看曲江的潮水。我们到达那里时，潮还没有来到，但仅仅看到水力达到过的地方，便足以使我们对其奔腾践踏，把一切连根拔起，弄得一片混乱，然后一扫而空的景象惊骇不已……"①

〈客曰："将以八月之望，与诸侯远方交游兄弟，并往观涛乎广陵之曲江。至则未见涛之形也，徒观水力之所到，则恤然足以骇矣。观其所驾轶者，所擢拔者，所扬汨者，所温汾者，所涤汜者……〉

但是，他并未讲到潮汐和月亮之间的因果关系；当那患病的太子问客人是什么力量使波涛动起来时，客人答道，这种力不见于记载，然而并非神怪。不过，到公元 1 世纪时，潮汐对月亮的依赖关系得到了清楚说明，而这个说明正是王充在他的《论衡》一书中所作的。他的整段话提供了一个说明这位伟大的怀疑论者是怎样把一种民间迷信批驳得体无完肤的显著例子，所以，我希望读者原谅我把它完整地引用在这里②。伍子胥③是诸侯分封时代吴国的一位忠臣，公元前 484 年左右，他被吴王夫差④屈杀（或被迫自杀），他的尸体被投入江中。于是民间便出现一种迷信，说这位大臣的冤魂从此便有规律地驱波逐浪，发出周期性的怒吼和冲击：

故事 （1）据记载，吴王夫差把伍子胥处死，又把他（的尸体）放在大锅里煮，然后缝入一个大皮袋里，投到江中去。伍子胥心怀愤恨，便冲激江水，使江水激起巨浪，把人淹死。后来在会稽丹徒的大江边和钱塘的浙江边都建了伍子胥庙，以便平息他的愤怒，不再兴风作浪。说吴王把伍子胥处死并投入江中，这是十分可信的，但是说伍子胥心怀愤恨而激水作浪，则是荒谬的。

〈传书言：吴王夫差杀伍子胥，煮之于镬，乃以鸱夷囊投之于江，子胥恚恨，驱水为涛，以溺杀人。今时会稽丹徒大江，钱唐浙江，皆立子胥之庙。盖欲慰其恨心，止其猛涛也。夫言吴王杀子胥投之于江，实也；言其恨恚驱水为涛者，虚也。〉

与之矛盾的反例 （2）屈原也满怀愤恨，跳入湘江自杀，但未引起（狂暴的）波涛。申徒狄跳入黄河而死，也未曾引起波涛。

〈屈原怀恨，自投湘江，湘江不为涛；申徒狄蹈河而死，河水不为涛。〉

486 异议 （3）人们肯定会说，屈原和申徒狄的勇猛和愤怒的程度比不上伍子胥。

〈世人必曰："屈原、申徒狄不能勇猛，力怒不如子胥。"〉

---

① 译文见 Moule（3）。曲江似在长江以北的苏北地区。
② 引文中的段落是作者划分的。
③ G 2358。《史记》（卷六十六）中有他的传记。
④ G 576。吴王夫差是首倡修建运河的人之一，参见本书第二十八章（f）。

驳斥，并引出新议论　（4）但是，卫国把（仲）子路的躯体用盐腌起来，汉朝把彭越的尸体放在锅里煮。伍子胥的勇猛肯定不会超过子路和彭越。然而，这两人的躯体在大锅里煮时，他们却不能发泄愤怒而使热汤盐水溅污旁边的人。

〈夫卫菹子路，而汉烹彭越，子胥勇猛不过子路、彭越，然二士不能发怒于鼎镬之中，以烹汤菹汁渍溅旁人。〉

何以直待投入江中才　（5）再说，伍子胥是先被放在大锅中煮，然后才投入江中的。
表示愤怒?　当他的躯体在大锅里的时候，他的鬼魂又在干什么呢? 为什么他的鬼魂在锅里那样怯懦，而在江中却那样勇猛呢? 为什么他的怒气在前后两处并不相同呢?

〈子胥亦自先入镬，〔后〕乃入江。在镬中之时，其神安居? 岂怯于镬汤，勇于江水哉? 何其怒气前后不相副也?〉

究竟是什么江?　（6）此外，说他被投入江中，那是什么江呢? 那里有丹徒的大江，有钱塘的浙江，有吴通的陵江。如果你说是投入丹徒的大江，那么，你就必须说明为什么大江并不起狂暴的波涛。如果你说是投入钱塘的浙江，那么，你就必须承认不仅是浙江，而且山阴江和上虞江也都有波涛。难道你能说是从袋中取出尸体，把他分成三份，在这三条江中各扔一份吗?

〈且投于江中，何江也? 有丹徒大江，有钱唐浙江，有吴通陵江。或言投于丹徒大江，无涛。欲言投于钱唐浙江，浙江、山阴江、上虞江皆有涛。三江有涛，岂分囊中之体，散置三江中乎?〉

在王充看来，这是一　（7）如果不共戴天的仇人未死，或者是仇人的子孙还在，被害
个无聊的故事　的人怀着复仇之心，还有些道理。但现在吴国早已灭亡，夫差也没有子孙。过去的吴国现已成为会稽郡。为什么伍子胥的鬼魂还抱着旧恨而继续激起波涛呢? 他还想到达到什么目的呢?

〈人若恨恚也，仇雠未死，子孙遗在，可也。今吴国已灭，夫差无类，吴为会稽，立置太守，子胥之神，复何怨苦? 为涛不止，欲何求索?〉

地理上的异议　（8）当吴、越两国存在时，现在的会稽分成两半，越国管山阴，吴国则以现今的吴城为首都。余暨以南的土地都属越国，以北的地区属吴国，因而钱塘江形成了两国的国界。山阴江和上虞江都在越国的领土内。因此，如果伍子胥的愤怒是造成狂波恶浪的原因，那么，这种波涛就应该仅仅在吴国境内为害——为什么会影响到越国呢? 为了怨恨吴王而把愤怒同时发泄到越国，这是没有什么道理的（"违失道理"），因而也就不能证明一个鬼魂确实能做出这样神奇的事。

〈吴、越在时，分会稽郡，越治山阴，吴都今吴，余暨以南属越，钱唐以北属吴。钱唐之江，两国界也。山阴、上虞在越界中，子胥入吴之江为涛，当自止吴界中，何为入越之地？怨恚吴王，发怒越江，违失道理，无神之验也。〉

487 精神与肉体作用对比的异议

(9) 何况，要激起波涛是难事，而要感动人却比较容易。活着的人依靠的是筋骨的力量，而死去的人则必须利用"精魂"。伍子胥活着的时侯尚且不能感动活人来保护他自己的身体，以至于自己寻死（吴王赐剑让他自杀）。那么，当筋骨的力量已经消失，精魂已经分散（"飞散"）以后，他又怎么能够激起波涛呢？

〈且夫水难驱，而人易从也。生任筋力，死用精魂。子胥之生，不能从生人营卫其身，自令身死，筋力消绝，精魂飞散，安能为涛？〉

回到（2）段的议论

(10) 像伍子胥那样葬身江中的人成千上万——他们乘船渡江而不能达到彼岸。但只有伍子胥一个人的尸体曾经先放在锅中煮过。尸体都煮烂了，又怎么能够为害呢？（他甚至还不是直接被投入水中的。）

〈使子胥之类数百千人，乘船渡江，不能越水。一子胥之身，煮汤镬之中，骨肉糜烂，成为羹菹，何能有害也？〉

类似的传说①

(11) 周宣王曾经杀了他的大臣杜伯，燕简公曾经杀了他的臣子庄子义。几年以后，杜伯的厉鬼射死了宣王，庄子义的厉鬼害死了简公。尽管这两个故事（初看起来）好像是真实的，但实际上完全是虚构的。假设这两个故事是真有其事，那么，伍子胥既然已经被煮烂了，没有完整的身体，他也就不可能像杜伯、庄子义所做的那样来报复吴王夫差。因此，怎么能认为他能够激起报仇的波涛？又怎能认为波涛可作为伍子胥有灵的证据呢？

〈周宣王杀其臣杜伯，燕简公杀其臣庄子义，其后杜伯射宣王，庄子义害简公。事理似然，犹为虚言。今子胥不能完体，为杜伯、子义之事以报吴王，而驱水往来，岂报仇之义，有知之验哉？〉

(12) （麻烦的是，）有些民间故事虽然不真实，但却用各种图画表现出来了，这样，就连学者和聪明人也被它们迷惑了。

〈俗语不实，成为丹青，丹青之文，贤圣惑焉。〉

---

① 参见《墨子·明鬼下第三十一》，译文见 Mei (1)，p. 161。

科学的看法　　（13）其实，地上的河流就像人身上脉动的血管一样。当血液通过血管流动时，血管按照自己的次数和节拍脉动与静止。河流也是这样。河水的涨落与进出，就像人呼吸时吸入与呼出空气一样①。

天地的自然进程从上古以来就是这样，并没有改变。《书经》上说："长江与汉水一起流入海中"，那是尧舜（传说中的帝王）以前的事。当这两条江河的水流入海中时，（一般）只是水流较急而已，但当海水流入三江（即上述钱塘江、山阴江和上虞江）时，潮水开始咆哮汹涌，这无疑是因为河道小浅而狭窄的缘故。

〈夫地之有百川也，犹人之有血脉也。血脉流行，泛扬动静，自有节度。百川亦然，其朝夕往来，犹人之呼吸气出入也，天地之性，上古有之。经曰："江、汉朝宗于海。"唐虞之前也，其发海中之时，漾驰而已；入三江之中，殆小浅狭，水激沸起，故腾为涛。〉

有潮的江的另一例；　　（14）广陵曲江也有巨大的波涛。诗人写道："长江水域广阔，　　**488**
参见（6）段　　曲江波涛汹涌。"这肯定是由于河道狭窄而受阻碍。要是吴国杀害了伍子胥之后，他的鬼魂却跑到广陵去掀起狂暴的波涛，那肯定不能说明他的鬼魂有知。（在那里无害于吴）。

〈广陵曲江有涛，文人赋之。大江浩洋，曲江有涛，竟以隘狭也。吴杀其身，为涛广陵，子胥之神，竟无知也。〉

一般的濑如何？　　（15）溪流深则水流平缓，溪流浅而砂石多则水流急而翻腾不已。潮水和急流几乎是同一种东西。如果说是伍子胥掀起海潮，那么，又是谁待在河里并使河水急急向下流去呢②？

〈溪谷之深，流者安洋，浅多沙石，激扬为濑。夫涛、濑一也，谓子胥为涛，谁居溪谷为濑者乎？〉

寻常风暴又如何？　　（16）此外，有时风暴也在三江兴起波涛，使人溺死。难道伍子胥的鬼魂也是造成大风的原因吗？

〈三江时风，扬疾之波亦溺杀人，子胥之神，复为风也？〉

起作用的位置　　（17）不仅如此，我认为，当波涛进入钱塘江口的三江时，沿岸波涛汹涌，而江中心却无声无息。因此，如果波涛是伍子胥所造成，那么，他的尸体必然以某种方式聚集在两岸的岸边。

〈案涛入三江，〔江〕岸沸踊，中央无声。必以子胥为涛，子胥之身，聚岸涯也。〉

---

① 这是大小宇宙论〔参见本书第十三章（f）（第二卷，p.294）〕。欧洲也有人主张潮汐呼吸说；见下文 p.494。

② 请再次注意王充对海底和河口海底的形状所起作用的估计。

月球是问题的答案； （18）最后，波涛的兴起是随月亮的盈亏、大小、圆缺而有所
参见（13）段 不同的。如果是伍子胥掀起波涛，那么，他的愤怒必定是受到
月亮的盈亏的控制了①！（"如子胥为涛，子胥之怒以月为
节也！"）

〈涛之起也，随月盛衰，小大、满损不齐同。如子胥为涛，子胥之
怒，以月为节也。〉

这样，王充在根据潮汐与月亮的关系，对世代相传的冤魂为厉说给以致命的一击之前，
已围绕着它从不同的角度伺隙予以打击了。

最早提到沿钱塘江修建海堤抵挡潮汐大潮，是在王充所处的时代。和王充同时代
的华信，在公元84—87年当过这个地区的地方官，大概他就是第一个组织人力建造了
充分坚固的堤防的人②。

正如我们所看到的，在王充的意识中，一定是把月亮对海潮的影响和一种小宇宙-
大宇宙的呼吸说结合起来了。但是他那个时代，这种自然主义的见解必须同其他较原
489 始的见解进行争辩。《山海经》③ 说，潮汐是海鳅或鲸鲵出入巢穴所引起的④。佛书用
它们的龙神（nāgas）的故事助长了这一想法。然而公元3世纪时，杨泉在《物理论》⑤
中以月纯属水之说而再度肯定了月亮对潮汐的影响，说潮汐的大小和月亮的盈亏是相
应的⑥。和他同时代而年纪大一些的严畯，曾写出了第一篇专讲潮汐理论的文章。杨泉
的见解在公元4世纪早期受到葛洪的支持，葛洪在《抱朴子》里说：

海潮随月亮的盈亏而涨落，早晨来的叫"潮"，傍晚来的叫"汐"。月亮的影
响产生了潮水，因此，月圆时"潮"也大⑦。

〈糜氏云：潮者，据朝来也；汐者，言夕至也。一月之中，天再东再西，故潮水再大再
小也。〉

葛洪进一步把四季中太阳（还有月亮）的位置同四季中潮汐的情况联系起来，但结果
不很成功⑧。他还提出过一种奇怪的替代理论，说银河每日随天旋转，下通大海，潮汐

---

① 《论衡·书虚篇》，由作者译成英文，借助于 Forke（4），vol. 2, pp. 247 ff.；Moule（3），p. 149。

② 《后汉书》卷一〇一，第十页；《太平寰宇记》卷九十三；《通典》卷一八二（第966页）。

③ 一般认为此书是西汉时的著作，以战国时期的材料——也许可以追溯到邹衍学派——为中心铺叙而成。

④ 今本《山海经》中似乎没有这一段（参见《通检丛刊》有关部分），但晋代（公元3世纪）周处《风土
记》等书曾引用它，参见慕阿德著作 ［Moule（3），p. 148］ 中伯希和的注；亦可参见《太平御览》卷六十八，第
四页。

⑤ 上文（p. 218）已提到过。

⑥ 柯恒儒 ［Klaproth（1）］ 似乎是唯一注意到这段话的西方汉学家，他是从俞安期的唐代类书《唐类函》的
引文中找到的。

⑦ 我们没有找到这段话的确切出处；《抱朴子》一书尚无索引，但《太平御览》（卷六十八，第五页）引有
这段话，译文见 Moule（3）。

⑧ 葛洪说，潮汐夏季大于冬季，这只在白天才是如此。因此，他的说法当然是潮水在春季逐渐大起来，在
秋季逐渐小下去。在联系到季节时，他引用了古代日地距离的错误计算结果（参见上文 pp. 21, 225, 257）。

就是因为银河"溢出"（overflowing）而形成的。看来他头脑中所想到的是轮边上附有水斗的戽水车（筒车）或水轮①。在第三段话里，他强调江和江口的地势和构形对钱塘江潮的重要性，并嘲笑了伍子胥的故事。他说，这种现象远在吴王和他的那位大臣闹翻以前，从开天辟地以来便已存在了。

下一步的进展是在唐代完成的。著《海涛志》（或《海峤志》，约公元770年）的窦叔蒙，似乎是最早用一些科学的细节来论述月亮影响潮汐说的人之一。他说，当月球通过析木、大梁时则水涨。我们记得，这是十二岁次（赤道上诸宿分为十二个部分）中的两个名称，分别与秋分点和春分点相当②。窦叔蒙显然已经想到，引起潮水涨落的实际上是月球。他说过，"在一日一夜里有两次潮和两次汐，在一朔一望中 **490** 有两次大潮和两次小汐"（"一晦一明再潮再汐"）③，无论如何，他对每月的大潮和小潮是明了的。

在这以后的几十年间，封演的《见闻记》（公元800年）精确地记述了涨潮时间逐日的变化。李吉甫在《元和郡县图志》（公元814年）中写得同样精确，他说潮水在朔望月初十和廿五日最小，初三和十八日最大。这特别是指他绘图说明的钱塘江潮而言。公元850年出现了一篇著名的文章，即卢肇的《海潮赋》④。我们从这篇赋里知道，当时已经使用了正规的潮汐表（"涛志"），并且完全承认了小潮和上、下弦月的关系。同时，假如呼吸说可以用在元气的呼出和吸进（"元气噫哕"）这一较含糊的概念上的话，那么他对这种学说还保留着一些眷恋。不过，他提出了一个新的论题⑤，认为太阳也和潮汐有关，他说，产生海潮的是日，而决定潮的大小的则是月（"海潮之生兮自日，而太阴裁其大小也"）⑥。我们后面会看到，他的文章后来常被人引用⑦，也常受人批评。

当然，他不曾从太阳对水的万有引力方面来进行思考，而是想象每当白热的太阳进入水中时，便出现一种周期性的爆发，因而便产生了潮汐波。由于卢肇心里放着这种根本错误的理论，就难怪他认为月亮（阴力）距离太阳（阳力）愈远，潮水便会愈大了——这一结论恰好同我们今天所了解的真相相反⑧。

公元900年左右，邱光庭在其《海潮论》一文中持有另一观点，该文采用了两个人物——东海渔翁和西山隐者——对话的形式。他认为把海、陆都想象为能胀能缩， **491** 并且不存在水平面的差异，是荒谬可笑的；他认为，事实是陆地随着宇宙的呼吸作用而周期性地升降。

---

① 参见本书第二十七章（g）。这段话可作为葛洪所处的时代已有戽水车的证据。

② 参见上文表34。亦可见de Saussure（16a）。

③ 后世常引用窦叔蒙的话，例如宋代书中赵彦卫的《云麓漫钞》，而其他的一些书中也略有提及。

④ 见《图书集成·山川典》卷三一五，第六页。

⑤ 这也许是葛洪见解的发展。

⑥ 现在我们当然知道这是正确的，太阳和月亮的引力比率约为3比7。

⑦ 例如宋代的著作《就日录》，著作的作者姓赵，署名"灌园耐得翁"。书中论及潮汐之处颇多，《说郛》（卷十四，第三页）中有摘要。

⑧ 最大的潮发生在太阳引力和月球引力向同一方向牵引时。

余靖的《海潮图序》（1025 年）有显著的进步。这篇作品①的目的似乎是在介绍著名匠师燕肃②的《海潮图论》，至成书时，燕肃已研究海潮十年。余靖确定，春夏间日潮（day tide）较大，秋冬间夜潮（night tide）较大。他也知晓潮汐与朔望的关系。后人曾辗转引用燕肃书中最要紧的几段话③。下面是其中的一段：

> 　　原始的力（"元气"）总是一呼一吸的，天随着这种力而膨胀和收缩④，而往来于大海的潮水又随着天而上涨和退落。由于太阳是重阳之母，而阴又是从阳产生的，所以海潮从属于太阳；由于月亮是阴之精华，而水又属于阴，所以海潮随着月亮的运动而变化。由于这个原因，海潮随着太阳而与月亮相适应，应付着阴的运动而又从属于阳，朔、望的潮水最高，然后随着月亮的盈亏而减退，在上下弦时达到最低，然后又恰好在朔、望之前升到最高。这就是海潮有大有小的原因。
>
> 　　现从初一夜半子时（夜间 11 时到 1 时）开始，在地的子位 4.165 刻处涨潮⑤。当月亮在地的辰位离开太阳，每天推移 3.72 刻，在对应月亮到达的和太阳所在次有关的那些位，潮水就一定会响应。月圆之后，它继续向东移动，这时潮就由太阳来控制，而移向西与它相适应，直到下一个初一子时 4.165 刻，日、月、潮水才又重新会合在子位。因此，我们知道，潮由太阳控制而转向西，这样，当月亮在子时（约在半夜）或午时（中午）接近上中天时，肯定会达到最高的大潮，当月亮在卯时（约午前 6 时）或酉时（约午后 6 时）上中天的时候，肯定是最低的小潮。在时间上可能稍早一点或稍晚一点，但整个来说，潮水的涨落和大小是不会错过固定的时间的⑥。

> 〈大率元气嘘翕，天随气而涨敛，溟渤往来，潮随天而进退者也。以日者，众阳之母，阴生于阳，故潮附之于日也；月者，太阴之精，水乃阴类，故潮依之于月也。是故随日而应月，依阴而附阳，盈于朔望，消于朒魄，虚于上下弦，息于辉朒。故潮有大小焉。今起月朔夜半子时，潮平于地之子位四刻一十六分半，月离于日，在地之辰，次日移三刻七十二分，对月到之位，以日临之次，潮必应之。过月望，复东行，潮附日而又西应之，至后朔子时四刻一十六分半，日、月、潮水俱复会于子位……于是知潮常附日而右旋，以月临子午，潮必平矣。月在卯、酉，汐必尽矣。或迟速消息之小异，而进退盈虚，终不失其期也。〉

492　这一段话虽说写得有些费解，但从内容看来，十分明显，在 11 世纪早期已经做了观测的尝试，并且结果十分精确。同样明显的是，意识中有了清晰的对部分天体产生"影响"的概念。这些话究竟同用"万有引力"这类术语表达的说法接近到什么程度，要看对所用的名词如何解释。例如，大致同时代的张载（理学家）说，月的"精"是一

---

① 差不多同时的另一个作品是《潮说》，之所以令人感兴趣，是因为它的作者张君房既是杭州官吏，又是辑校《云笈七籤》的著名道教徒（见《默记》，第五十九页）。

② 参见上文 p. 324 及本书第二十七章（e）。

③ 特别是姚宽（同一世纪，稍晚）的《西溪丛话》。潜说友的《咸淳临安志》（1274 年）又引自此书。慕阿德［Moule（3）］的译文即以此为依据。

④ 这里人们不禁要联想到古代伸屈、散聚的理论（本书第十章及第十六章）。

⑤ 一刻略少于 15 分钟，因为昼夜十二时辰共有 100 刻，而不是 96 刻。

⑥ 译文见 Moule（3），经作者修改。

种向四周放射的"精"，水的"相感"是水的感应①。上面引的那段话所说的夜半过两分为何会给出得如此精细，我们并不清楚，但朔望之际月球上下中天则确实是在夜半左右。上中天的时间平均每天56分的变动也没有太大的错误②。燕肃著作的一部分就是由详细的宁波潮汐表组成的。

这一时期其他的一些潮汐表是吕昌明在1056年编制的，包含在施谔的《淳祐临安志》③之中。1368年成书的《辍耕录》说④，宣昭曾把它们刻在钱塘江畔浙江亭的亭壁上⑤。不列颠博物馆所藏的手稿⑥中，有载明"伦敦桥涨潮"时间的13世纪潮汐表可与之相比。在欧洲，这是最早的表。

这个世纪的后半叶，沈括曾指摘卢肇的理论把太阳包括在潮汐的原因中。《梦溪笔谈》里有以下的话：

> 卢肇说，海潮是由日出与日没所激发而形成的。这是毫无根据的说法。如果海潮是由这个原因造成的，那么，它应该每天有规律地出现。怎么可能有时早晨来潮，有时傍晚来潮呢？

> 我自己曾对海潮的周期运动做了大量的研究，我发现，每当月亮上中天时达到满潮。如果你等候到这个时刻，绝不会看不到海潮。这里我所说的是我们海边涨潮的情况；如果远离大海（即自江口上溯，或类似情况），就必须按照地点的不同而推迟来潮的时间⑦……

> 〈卢肇论海潮，以谓"日出没所激而成"，此极无理。若因日出没，当每日有常，安得复有早晚？予常考其行节，每至月正临子午则潮生，候之万万无差。（此以海上候之，得潮生之时。去海远即须据地理增添时刻。）……〉

由此看来，1086年，沈括给我们今天所谓"潮候时差"（establishment of the port）明确地下了定义，即某地理论上的大潮时刻与当地大潮实际出现时刻间的固定差数，换句话说，即大潮在陆地上推迟的程度⑧。

1124年9月，徐兢为他的《宣和奉使高丽图经》作了序，不过这部书直到1167年才刊行。徐兢在朝鲜新王即位时曾随中国使节去该国，我们在讲到磁罗盘史⑨时还要提到他的著作。其中与海潮有关的部分，已由慕阿德［Moule（3）］译出，由于他只是十分详细地陈述燕肃和沈括已经说过的话，这里便不再列举了。

这样的局面一直保持到18世纪现代科学传入的时候。在元代，刘基⑩和郑思肖⑪都

---

① 在《正蒙·参两第四》（第六页）。关于"感"和"应"，见本书第二卷 p.304 及本书第三十九章。
② 应该是51分。
③ 《淳祐临安志》卷十，第五页。
④ 《辍耕录》卷十二，第十二页。
⑤ 宣昭的确切年代不详。
⑥ Cotton MSS.，Julius D，7。
⑦ 《补笔谈》卷二，第3段，由作者译成英文。参见胡道静（1），下册，第931页起。
⑧ 例如，参见 Barlow & Bryan（1），p.347。
⑨ 本书第二十六章（i）。
⑩ 见 Forke（9），p.307。
⑪ 参见黄节（1）。

支持呼吸说。在明代衰落时期，除王逵《蠡海集》[①] 中有一些不超过宋代的议论以外，其他的议论不多。1781 年，俞思谦收集了中古时期各著作家的海潮学说，写成《海潮辑说》一书。现在，我们只需要再看一看欧洲潮汐学说可做对比的发展情况就够了。

上文已经说过，虽然地中海的微弱或不易觉察的潮汐并未使希腊及希腊化时代的科学家感兴趣而进行研究，但不能说潮汐不为人所知。欧洲第一次系统地说明月亮对潮汐的影响，实际上还在中国之前[②]。最早的记载中有一项说到红海（Red Sea）苏伊士（Suez）的潮汐，那里水面的变化约达 6 英尺，这是希罗多德[③]（差不多和伍子胥同时）记述的。当邹衍谈论环绕九州的海洋时，马萨利亚的皮忒阿斯（Pytheas of Marseilles）正在旧大陆的另一端体验着英吉利海峡（English Channel）的潮汐（约公元前 320 年）。恰在此时，亚历山大大帝的水手也到达了卡拉奇（Karachi）附近的印度河（Indus）河口，不仅有潮汐而且有某种涌潮，让他们震惊不已[④]。据亚里士多德的弟子、墨西拿的狄凯阿科斯（Dicaearchos of Messina）推测（就像较晚时的葛洪一样），潮汐的涨落在某种意义上是由太阳造成的。

看来卡里斯托斯的安提戈诺斯（Antidonus of Carystos；约公元前 200 年），是第一个主张潮汐主要受月亮影响的希腊人。因此，他的地位和诗人枚乘相似，但是自从波斯湾（Persian Gulf）塞琉西亚（Seleuceia）的"迦勒底人"塞琉科斯（Seleucos the Chaldean）[⑤] 大约在公元前 140 年把潮汐同月的运行联系起来以后，发展就更为迅速了，而半个世纪之后，阿帕梅亚的波塞多尼奥斯（Poseidonius of Apameia；与落下闳同时代[⑥]）便说明了朔望大潮、上下弦小潮的规律，以及日和月的联合作用[⑦]。我们已经看到，中国人直到唐宋时期才达到这种水平，不过当中国人前进时，欧洲却忘记了已取得的进展（只有拉丁著作家们有时重复一些旧说，并且往往不正确）。公元前 100—公元 1500 年，除尊者比德（Bede the Venerable；鼎盛于公元 700 年，略早于窦叔蒙）以外，再没有什么成就[⑧]。贝德和中国人一样为惊人的潮汐现象所激励，他在《论计时法》（De Temporum Ratione）一书中记下了各地的时差，大体上给潮汐做了很好的说明。奇怪的是，关于春分、秋分时的潮汐，他犯了和窦叔蒙一样的错误。

那时欧洲和中国一样，别的学说也正在和月球引力说相对抗。小宇宙-大宇宙的呼吸说——第一次大概是在斯特拉波（Strabo）的书[⑨]中发现的——在整个中世纪大为风行，连达·芬奇那样不平凡的头脑都迷上了它，他竟真的想算出宇宙的肺脏的大小。还有一种与《山海经》中所载的海穴故事类似；它似乎起源于与王充同时而年纪大一

---

① 《蠡海集》，第五页和第五十一页。

② 布吕内等的著作 [Brunet & Mieli (1)] 中有一章专门介绍古代潮汐理论。亦可参见 Almagià (1)。

③ Herodotus, II, 11。

④ Bunbury (1), vol. 1, p. 447。

⑤ Sarton (1), vol. 1, p. 183；Tarn (1), p. 43。

⑥ Bunbury (I), vol. 2, p. 97。关于他的思想与斯多葛派有机论的全部关系，可参见 Sambursky (1), pp. 142 ff. 。

⑦ 本书第一卷（p. 233）已提到王充对这些发现的某些方面有所论述。

⑧ 欧洲中世纪流行的关于潮汐的想法，见 Kimble (1), pp. 161-168。

⑨ Geographia, III, 8。

些的地理学家梅拉（Pomponius Mela；鼎盛于公元 43 年），并且有像另一位地理学家瓦内弗里德（Paul Warnefrid；卒于公元 797 年）那样的一些支持者①，瓦内弗里德和窦叔蒙是同一世纪的人。这里没有什么思想交流的迹象。

　　贝德曾隐约提到的"潮候时差"这一概念，在威尔士的杰拉尔德（Giraldus Cambrensis）的《爱尔兰地志》②（Topographia Hibernica；1188 年）一书中被完全表达了出来。中国出现这一概念是在 1086 年。不过说到潮汐表的系统编制，中国人显然早于西方，正如我们已见到的，至少可追溯到公元 9 世纪。在 11 世纪，即在文艺复兴时期以前，他们在潮汐理论方面一直比欧洲人先进得多。成为绝大讽刺的是，伽利略曾驳斥开普勒的月球影响潮汐说，竟说月球影响说是一种占星术的学说③。一直到牛顿的时代，真正用引力说明潮汐现象的理论才得以完成并被人们接受。中国古时的观测家们，从来没有产生过月亮不能对地上的事物起作用的想法——这样一种把月亮和大地截然分隔开来的想法是和中国人的整个有机自然主义世界观相违背的④。

①　Sarton（1），vol. 1，p. 539。
②　Sarton（1），vol. 2，p. 418。
③　Berry（1），p. 167；Pledge（1），p. 62。
④　见本书第十三章（f）（第二卷，pp. 287，293）。

地　　　学

第二十二章　地理学和制图学

（a）引　言

在论述了无数的星星、辽阔的天空和浩瀚的海洋之后，转而讨论我们这个像家一样熟悉的世俗世界的面貌，讨论探险家和地理学家所探索的这个领域，那是很自然的。但是，地理学是一门介于自然科学和人文科学之间的边缘学科。因此，任何对地理知识在中国积累增长的系统的论述，都将会远远超出我们写作计划的范围。涉及这个题目的文献，无论是中文的还是西文的，都是汗牛充栋，但是，它们更多地属于历史本身，而不是属于科学史的范畴。对古代地名的考证，就是一个例子。无论是在中国还是在西方，考证古代地名都已成为一门极其渊博的学问。汉学家们总是对中国人无论在哪一个历史时期都拥有关于外国情况的知识而特别感到惊奇；因此，这个领域已成为人们很感兴趣的一个领域。在本书里，所有这些细节都将略去不谈①。与本书真正有关的，似乎应该是科学的制图学在中国的发展，因此，这个问题是应该作为一个重点来谈的。过去出版的有关地理学史的所有权威著作都由于忽略了这个问题而大为减色。

不过，沙畹的一篇重要论文［Chavannes（10）］曾对中国的制图学做了扼要的论述，西方的学者在将近半个世纪中都一直在使用这个资料。赫尔曼［Herrmann（8）］也曾做过近似于中国制图学史专题论文的论述，不过，这些论述被埋在了一次探险的报告之中。在中文文献中，王庸（1）曾写了一部主要是书目性质的很有价值的地理学史概论，除此之外，我们偶尔还可见到几篇有关中国地理学史的短文，如黄秉维（1）的论文。

不论是谁想写中国的地理学史，都会面对一种窘境，因为他既必须让读者知道中国学者曾经在这方面写了大量的著作，又必须避免开列一大堆书名和作者姓名，而其中有一些书早就已失传了。因此，我们在这里只能列举少数几本书作为例子，但是，对于这些书，即使未经明确指出，也应当明白它们一定往往只是作为整个这类著作的代表。

在中国的文字中蕴含许多远古时代的地理符号。例如，代表河流的"川"字，就是水流的古代图形；代表山岳的"山"字，曾经是三个山峰的山的写生（K 193）；代表田野的"田"字，显示

K 929　　K 193

---

① 在中国天文学方面，施古德［Schlegel（5）］曾为恒星和星座的中、西名称编了一个对照表，但在地理学方面，则还没有这样的西文著作。

498 的是有边界并被分成若干小块的地域。在当作国家讲的"國"字中，可以看到政治疆界，国境内有"口"和"戈"的符号，其中"口"代表食者，"戈"代表守卫者（K 929 c）①。甲骨文和金文中用来表示地图（"圖"）的那些字，实际上都是在展现一幅地图。可惜的是，这个字的一般含义后来变了，被用来表示包括各种图解或图画在内的图，这样一来，一本很早就已散佚的书，如果有人说过其中有图的话，我们就不可能确定他所说的图到底是不是地图②。总之，如果有人猜想中国的象形文字曾经促进了中国人绘制地图的想法，那么，这样的猜想大概是不会离事实太远的③。

前面已经不止一次提到过④，古代中国思想界关于大地形状的想法，最为盛行的观念就是天圆地方 [参见 Forke（6）]。但是，对这种观念总是有很多质疑。例如，《大戴礼记》中提到，曾参在回答单居离所提出的问题时曾说过⑤：按照传统的观点，人们是很难解释地的四个角怎么能够正好被天盖住的（"四角之不揜也"）。我们在天文学一章里已经指出⑥，在公元1—2 世纪，就不止一次地有人（如虞耸和张衡等）说过：宇宙像一个鸡卵，而地球就像卵黄一样处在它的当中⑦。中国各个时代的思想家都曾附和虞喜（约公元330 年），对地是方而平的说法表示怀疑⑧：李冶就曾经说过⑨，如果地是方的，那么天的运行就会受到阻碍（"窒碍"）了。在他看来，地和天一样，也是圆的，只是比天小一些罢了；所有支持浑天说⑩的人一定都倾向于相信这种看法⑪。但是，这些看法对中国制图学的影响还是很小的，后面我们将会看到，这是因为中国制图学是以矩形网格计量的基本平面图为中心的，并不考虑地球表面的曲率⑫。同时，中国的地理学一直是纯自然主义的，我们从《吕氏春秋》中引述的有关山河的那段话便可为此作证⑬。

499 目前难得见到的一部 17 世纪的天文学和地理学著作，即熊明遇（1648 年）所著

① 可与"wapentake"一词相比较。

② 参见上文 pp. 206 ff. 和下文 pp. 518，526。

③ 在这里应该提一提山嘉利（Stanley）所编的一部已被遗忘的中国地理术语辞典。此外，翟林奈也曾编了一部这样的辞典 [L. Giles（12）]，在该辞典中汇集了中国地图中所见到的各种地形术语。

④ 参见上文 pp. 211，213，220，383。

⑤ 参见《大戴礼记·曾子天圆第五十八》，译文见 R. Wilhelm（6），p. 126，本书第二卷（p. 269）作了全篇引用。

⑥ 参见上文 pp. 211，217。

⑦ 对比葛洪所说的一段话："根据（张衡的）《浑天仪》注释，天像一枚鸡蛋，而地像鸡蛋中的蛋黄，独自居于天内。天是广袤的而地是小的"（"《浑天仪》注云，天如鸡子，地如鸡中黄，孤居于天内，天大而地小"）（《晋书》卷十一，第三页）。这段话大约是在公元 300 年前后说的。

⑧ 见上文 p. 220。

⑨ 《敬斋古今黈》（13 世纪），引文见于《格致古微》卷四，第十二页。

⑩ 上文 pp. 216 ff. 。

⑪ 11 世纪时，程氏兄弟之一（伊川或明道）曾经写道："地底下一定（也）有天。我们称作地的东西只不过是天中的一个物体罢了。它像雾一样凝聚，很长时间都不会散开，所以被认为是天的对应物"（"地之下岂无天？今所谓地者，特于天中一物尔。如云气之聚，以其久而不散也，故为对"）（《河南程氏遗书》卷二下，第五页）。参见姚明辉（1）。

⑫ 我们在前面（p. 225）已经提到，中国人从圭表影长的不同长度联想到地表曲率的过程是非常缓慢的。

⑬ 本书第十章（c）（第二卷，p. 55）[R. Wilhelm（3），p. 112]。

《格致草》，其中有一幅插图（图203），图的附文中不但提到"圆的地球不可能有方角"（"圆则无隅无方"），而且还解释了为什么一只船绕行地球一周以后又会回到原来出发的港口。恒慕义［Hummel（6）］曾经讨论过这部著作。要不是熊明遇对此图做说明时曾着意选用了古代浑天说者所用过的一句原话"圆如弹丸"，这幅图一定会被人们当作一个有力的证据，用来证明地是球形的说法对当时已经衰落的明朝学者是一种极为新奇的说法①。

图203 熊明遇（1648年）所著《格致草》中的一页。页中附
图，用以解释地的球形。他用了汉代天文学家的经典
语句说地——"圆如弹丸"。从他把圆球分为360°而
不是分为 $365\frac{1}{4}$°这一点，可看出他曾受西方的影响。
此外，尽管他在某一大陆上画有宝塔，并把环球航行
的船画成中国式的，但在对跖点的一方又绘有巨大而
形似教堂的欧洲建筑物［照片采自Hummel（6）］。

---

① 见上文 p. 217。地圆说在中国的古老性曾由康熙皇帝在其1711年的研究活动中加以强调。

500　　　从这一点看来，研究一下"地理"一词怎样一步步发展成具有现代意义的地理学的过程，是很有意义的。在公元 1—2 世纪，"地理"一词肯定已按我们现在所理解的意义来使用了。在这以前，这个词无疑是和堪舆有密切关系的①。关于"理"这个词的重要意义，我们已经谈了很多②，它主要含有模式、组织和原理等意思，因此，我们一定不要忘记它的这些重要意义。

　　下面我们要较为仔细地把科学的地理学在西方和中国的并行发展情况做一番比较。可以说，无论是在东方还是在西方，一开始似乎都曾经有过两种不同的传统：一种可以称为"科学的或定量的制图学"，另一种可以称为"宗教的或象征性的宇宙学"。欧洲的科学制图学传统虽然在起源上比中国早，但是后来由于宗教的宇宙学占有统治地位而完全中断了好几个世纪，而中国的科学制图学传统一旦开始，以后就一直没有那样中断过。但是，在我们进行这种有意义的对比之前，有必要先谈谈中国历代的地理学典籍和著作。

（b）　地理学的典籍和著作

（1）　古代著作和正史

　　留传至今的最古地理文献大概是《书经》里的《禹贡》，这篇文献过去曾被认为是公元前第 3 千纪末期的作品，但是现在已被认为大概是公元前 5 世纪的作品，大体上和希腊前苏格拉底哲学家属于同一个时代③。应该记住，大禹是一位传说中的治水圣王，并且是后世的水利工程师、灌溉专家和治水工作者的祖师。《禹贡》之所以十分重要，是有许多原因的。它列出了传统上所说的九州，九州的土壤、特产及流经这九个州的水路。因此，它不但对于土壤学和水利工程学的早期历史来说是一篇重要文献，而且本质上还是一篇原始的经济地理学文献④。一般认为，《禹贡》所论及的中国当时的地区包括长江下游、黄河下游，以及这两条河流之间的平原和山东半岛⑤；西面达到渭水和汉水的上游，并包括山西和陕西的南部。这个范围还不到中国文明最后拥有的地区的一半。

　　为了使读者对这部著作有所了解，我们把其中对前两州的描述引录如下：

501　　　　　禹（秩序井然地）整治了大地。他循行诸山，把山上的树木砍下来加以利用，
　　　　并确定了高山和大河。

---

①　见本书第十四章（a）（第二卷，pp. 359 ff.）。
②　见本书第十八章（f）（第二卷，pp. 557 ff.）。
③　更确切地说，《书经》中虽然有十六篇已被认为肯定是孔子以前的作品，另外有七篇被认为可能是孔丘以前的作品，但第六篇《禹贡》既不属于前者，也不属于后者。
④　《禹贡》的西译文很多，如 Legge（1），Medhurst（1），Karlgren（12）。
⑤　参见 Herrmann（8, 10）。

在冀州（第一州）①，他首先从壶口这个地方着手进行他的治理工作，他整治了从梁到岐（的峡谷），整顿了太原，并到了岳阳。他在覃怀取得了同样的成就以后，来到了衡水和漳水流域。这个州的土壤是一种松散的白色土②。这个州的岁收属于上等，第一级；也错杂着些（低等级的）。这个州的田地属于中等，第二级。恒河和卫河得到了治理。平原的土地（"大陆"）种上了庄稼。这个地方的乌夷人都有了皮服（皮服大概是贡品）。禹于是从右面的碣石山到达了（黄）河。

兖州（第二州）介于济河和黄河之间。黄河的九条支流都被疏导流进了各自既有的河道。雷夏这个地方变成了沼泽，灉河和沮河在这里会合。由于利用桑田来养蚕，老百姓都从山上下来，迁到平原地带居住。这个州的土壤是黑色的肥土③，这里的草长得十分茂盛，树木长得很高大。这里的田地属于中等，第三级。经过了十三年的治理之后，这里的岁收已和它的土地状况相称。这个州的贡物是漆和蚕丝，在进贡的筐子里放着各种颜色和各种花样的纺织品。禹沿着济河和漯河顺流而下，又回到了黄河④……

〈禹敷土，随山刊木，奠高山大川。冀州既载，壶口治梁及岐。既修太原，至于岳阳。覃怀底绩，至于衡漳。厥土惟白壤，厥赋惟上上错，厥田惟中中。恒卫既从，大陆既作。乌夷皮服。夹右碣石，入于河。济、河惟兖州。九河既道，雷夏既泽，灉、沮会同，桑土既蚕，是降丘宅土。厥土黑坟，厥草惟繇，厥木惟条。厥田惟中下，厥赋贞作，十有三载乃同。厥贡漆丝，厥篚织文。浮于济、漯，达于河。〉

前面已不止一次提到过，周"王朝"的这篇古老的记载主要是用自然地理的笔法写成的；"九州"的疆域是按自然条件而不是按政治划分的。这篇作品中除了禹这个人物的活动，丝毫没有谈及方术，甚至也没有写幻想或传奇的故事。其中对冀、豫、雍三州的论述最为详细，对其余六州则论述得比较简略。从"导山"两字似乎可以看出，在作者脑海中已经有了后世学者所说的"山脉"这个概念⑤。

有不少人认为⑥，《禹贡》中含有一种朴素的同心方地图的思想（图204）。这种看法是从这篇作品结尾的几句话产生的。这几句话说：从王都起，五百里之内的地带是"甸服"，再向外五百里同心带之内是"侯服"，再次是"绥服"，再向外是"要服"，最后一个带是"荒服"。但是在文中并没有任何凭据来证明这些带是同心方这一传统观点；这种观点很可能只是根据地是方形的这种宇宙观设想出来的。这一点是很重要的，因为如果把这些带设想为同心圆的话，那么，这种古老的梯度体系就很可能是东亚的 502 "宗教宇宙观"中关于地是圆盘形的传统说法的来源之一，关于这种"宗教宇宙观"，

① 冀州大体上相当于如今黄河以北的华北平原［Herrmann（1）］。
② 对于这里所用土壤学术语的准确解释，打算放在本书论述农业的第四十一章里再谈。
③ 今山东的西北部［Herrmann（1）］。
④ 译文见 Karlgren（12），p.12；经作者修改。
⑤ 参见翁文灏（1）。
⑥ De Saussure（16e）；Rey（1），vol.1，p.402；J. O. Thomson（1），p.43。图见 Medhurst（1），p.118。

我们在适当的地方将会谈到①。但在另一方面，同心方的思想则可能成为矩形网格制图法的原始思想。

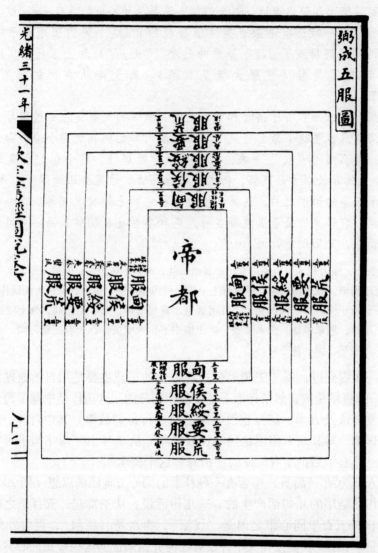

图204 中国古代文化以帝都为中心向外扩展的传统观念。采自《钦定书经图说·禹贡》［Karlgren（12），p. 18］。在此同心矩形中，以帝都为中心向外扩展的各带是：①甸服（即王畿）；②侯服（即诸侯领地）；③绥服（即已经绥靖的地区，亦即已经接受了中国文化的边境地区）；④要服（即已与这个中心结成同盟的外族地区）；⑤荒服（即未开化地区）。这种划分当然只能是十分概略的，但埃及和罗马可能曾经使用过类似的表现方法，而它们当时都不知道旧大陆最东部的这个具有同等文明程度的帝国。

① 见下文 p. 565。

一般说来，《禹贡》这篇在中国历史上最早出现的自然地理调查报告，可以说是和欧洲第一幅地图的绘制大体上属于同一个时代。这幅地图的绘制与阿那克西曼德（鼎盛于公元前6世纪）有关①。但是，中国的这篇文献比从阿那克西曼德时代流传至今的任何文献都详细得多。《禹贡》在中国的整个历史上的影响是很大的②；所有的中国地理学家都以它为蓝本而进行工作，他们的著作多以《禹贡》中的词句作为标题，并不断力图再现《禹贡》一书中所描绘的地形③。

在这里有必要简单谈谈夏朝的九鼎（"夏鼎"）这个古怪的主题及关于山脉与河流的古典著作《山海经》。据说鼎上可能铸有某种用来表示国内各地或各区及其奇异事物的图画或地图④。一般认为，《山海经》这部书是对这些图画所做的文字说明。在《左传》一书中可以找到关于九鼎的一段记载，其中谈到公元前605年所发生的一件事：

> 楚（国）王子去攻打陆浑的蛮人。在进军途中，他到达了洛，并在周（王室）的领土上检阅了他的军队。周定王派遣王孙满去慰劳王子。王子（当时已怀有篡夺周王王位之心）向王孙满问起九鼎（九鼎是统治权力的象征）的大小和轻重。王孙满回答说："统治权是依靠君王的德行，而不是依靠九鼎来维持的。以前，在夏朝极盛的时期，远方的人把上天赐给他们的各种（物质上和精神上的）事物画成图画（'远方图物'），九州的长官进献金属作为贡物。（大禹）用这些金属铸成鼎，并把这些图画铸在鼎上（'铸鼎象物'）。这样，老百姓就从中受到教益，所以能识别各种事物，辨别善恶（'神奸'）。于是，当老百姓出外旅行，渡过河川和沼泽、穿越高山和森林时，他们就可避免灾祸。（他们就不会害怕山妖水怪。）而且魑魅、魍魉也不会碰见他们（因被打扰而动怒）。正因如此，人和神鬼就得以和睦相处，老百姓也得到上天的福荫。后来因为桀（夏朝的最后一个君王）掉进了邪恶的泥坑，这些鼎便传给了商朝。它们在商朝各代君王手中保持了六百年。后来因为纣（商朝的最后一个君王）施行暴政，鼎便又转到了周朝的手中。由此可见，不管九鼎是大是小，只要君王有大德，它们就是重的，但如果君王是奸邪昏乱的，它们就是轻的，确实有德行的君王将永远受到上天的保佑。当周成王把九鼎安置在郏鄏的时候，他曾向上天问卜，当时卜骨预言说，他的家族将统治三十代，共七百年。这就是天命。周朝的德行确实已不是从前的样子，但天命还没有更改，因此，目前还不是问鼎轻重的时候呢。"⑤

〈楚子伐陆浑之戎，遂至于洛，观兵于周疆。定王使王孙满劳楚子。楚子问鼎之大小轻重

---

① Bunbury（1），vol. 1，p. 122；K. Freeman（1），p. 63。

② 参见下文 pp. 514，538，540，547 和 577。

③ 在中国的许多名山上都竖立着叙述大禹在治水和地理考察方面的丰功伟绩的纪念碑，这些纪念碑是在各个不同的时代竖立的，有些一直留存至今［参见 C. T. Gardner（2）］。

④ 欧洲与此类似的东西，似乎是米利都的阿里斯塔戈拉斯（Aristagoras of Miletus）在公元前500年前后叫人铸在青铜板上的"地图"［Bunbury（1），vol. 1，p. 122］。

⑤《左传·宣公三年》，译文见 Couvreur（1），vol. 1，p. 575；Chiang Shao-Yuan（1），p. 130；由作者译成英文，借助于 Chavannes（10）。

焉，对曰：“在德不在鼎。昔夏之方有德也，远方图物，贡金九牧，铸鼎象物，百物而为之备，使民知神奸。故民入川泽山林，不逢不若，螭魅罔两，莫能逢之。用能协于上下，以承天休。桀有昏德，鼎迁于商，载祀六百。商纣暴虐，鼎迁于周。德之休明，虽小，重也。其奸回昏乱，虽大，轻也。天祚明德，有所底止。成王定鼎于郏鄏，卜世三十，卜年七百，天所命也。周德虽衰，天命未改。鼎之轻重，未可问也。〉

在这段记载中我们的确接触到一则古代的传说，其中所谈的或许不是地理的，而是巫术和仪礼上的事情。江绍原在他的一篇有趣且博学的专题论文中曾提出了一种观点，认为鼎上的图画画的主要是一些神仙鬼怪，它们和希腊神话中的农牧神、仙女和海神等相似，但样子比希腊神话的这些神仙更为可怕。古代中国人认为这些妖魔鬼怪经常出没在荒山僻野之间。文中所说“百物”大概就是指各地的这些鬼神，虽然，其中也可能包括某些不常见的野兽。根据这些图画，过往的官员或使臣就能知道在什么地方应该用祭物来祭什么神[1]。

《山海经》也充满了类似的荒诞怪异，但它和《禹贡》一样，也经常提到一些确实存在的矿物、植物和动物[2]。何观洲和郑德坤（1）曾把《山海经》中提到的这些矿物和动植物连同那些怪异的动植物和半人半兽的种族一起列成一张详细的表。此外，他们和门兴-黑尔芬（Maenchen-Helfen）都研究过《山海经》的写作年代这一难题。《山海经》在西汉时期一定曾以某种形式流传过（司马迁提到过它）[3]，根据内在的证据，其中不少资料可上溯到邹衍（或邹衍学派）[4] 那个时代（公元前 4 世纪末期）。但其中有一些内容可能要比这早得多，因为王国维（2）曾经指出，《山海经》中提到的一位人物王亥是商代（公元前 13 世纪）的一位神祇，他在卜骨中就是作为神祇而出现的[5]。另一方面，《山海经》的最后几篇（第六至第十八）则很可能是东汉乃至晋代的作品。正如王庸所指出，此书中所提到的许多地形大体上都是可以考证出来的，它可以说是一处名副其实的宝藏，蕴藏着许多关于古人对矿物和药物之类天然物质认识的资料[6]。

过去，对《山海经》的主要讨论是围绕书中所叙述的怪异动物和怪人展开的。施古德由于把《山海经》看作世界上最古老的“旅行指南”[7]，所以曾力图对书中的许多

---

[1]   王充经常以嘲笑的态度对待这一则故事 [Forke（4），vol.1，p.505]。但是，这则记载在整个中国历史上却有很大的影响，例如，公元 697 年，就曾仿效大禹铸鼎的故事，铸了一些其上有各州物产图像的大鼎 [参见 Chavannes（10）]。此外，1104 年，一位来自四川的术士魏汉津曾受命为摇摇欲坠的北宋王朝铸造九个新鼎 [《宋史》卷四六二，第十页；关于此事的来龙去脉，见 Needham, Wang & Price（1）]。

[2]   可参见现在已有些旧的罗斯奈 [de Rosny（1）] 的《山海经》山经部分的译本。马伯乐 [Maspero（2），p.611] 曾对全书的内容做了扼要的介绍。芬斯特布施 [Finsterbusch（1）] 最近研究了《山海经》与汉代艺术特点的关系。

[3]   见《史记》卷一二三，第二十一页。

[4]   参见本书第十三章（c）（第二卷，pp.232 ff.）。

[5]   参见 Chiang Shao-Yuan（1），p.42 n.。

[6]   托卡列夫 [Tokarev（1）] 曾经对书中所描述的矿物进行过考证。

[7]   江绍原 [Chiang Shao-Yuan（1），p.273] 也同意这种看法。

记载做出博物学上的证认——他［Schelegel（7b）］提到书中所说的"文身国"很可能 505
就是千岛群岛（Kuriles）的有文身风俗的未开化部落，"白民国"和"毛人"很可能
就是阿伊努人（Ainu）［Schelegel（7h）］，而"郁夷国"一定是西伯利亚海岸的"有
恶臭的未开化部落"，在古代，中国就曾经从他们那里进口过制造弓箭用的鱼胶
［Schelegel（7o）］，等等。施古德引用中国古代和中古时期书籍中的有关段落来支持他
的证认，这些证认今天看来仍然是很有意义的。但是，《山海经》中所谈到的形形色色
的怪人，绝大部分显然是神话中的怪人，如单独飞行的头、有翼人、狗面人、无头人
等。由于在希腊的神话中也有大量类似的故事，所以很自然地就会产生是否有互相流
传的问题。德梅利［De Mély（2）］曾从最新版本的百科全书中搜集了差不多七十种这
类怪人（这些怪人在《山海经》一书中几乎全都提到了）①，而且其中除少数几种以
外，绝大部分都和希腊及拉丁作品中所说得很相似。希罗多德（公元前5世纪）的作
品可说是这类资料中最早的文献之一，但在斯特拉波②和普林尼的作品中也有很多这类
资料。到了公元3世纪，索利努斯（Gaius Julius Solinus）把这类资料汇集到他所编写
的《奇妙事物大全》（Collectanea Rerum Memorabilium）中，这本书可说是集普林尼著
作中"无稽之谈"之大成。这本书有公元6世纪出的修订本，但书名已改为《广闻博
识的人》（Polyhistor），书中为欧洲整个中世纪的地理学家提供了大量的"奇闻"③。把
《山海经》中的两幅插图拿来同索利努斯著作中的类似插图做一比较，是很有意义的
［图205（a）（b）（c）（d）］。

王以中（1）、马伯乐［Maspero（2）］、德梅利［De Mély（2）］和劳弗［Laufer
（9）］等学者都曾对传播问题进行过讨论。西方的学者们强烈倾向于认为中国古书中所
说的这些怪人来源于希腊。在某些场合，他们的意见可能是对的。矮人和鹤交战的故
事，在许多古希腊的作品中都出现过，而在中国，则在鱼豢所著《魏略》（公元3世纪
的作品，与索利努斯属同一时代）中才第一次出现④。但是由此就认为《山海经》中
所说的全部怪人都来源于希腊，那就和事实相去太远了，因为其中有一些神怪在中国
完全可以追溯到希罗多德以前的时代。有些人，如卫聚贤（3），曾试图追索它们与印
度神话的关系，但所得到的探索结果也不能令人信服，不过，有一些起源于印度或伊朗

---

①《山海经》中提到的有：（1）飞头；（2）形天（无头）；（3）狗首人身；（4）灌头（有翼人；可参照汉
墓浮雕上常常可以见到的有翼妖精）；（5）贯胸人；（6）氐人（人鱼）或独脚人（在汉墓浮雕上也常见；参见本
书第一卷，p.164，图28）；（7）交胫人；（8）长股人；（9）长臂人；（10）大人；（11）无肠人；（12）聂耳；
（13）矮人与鹤交战；（14）用双脚来遮太阳的怪人；（15）有尾人；（16）英根（人马）；（17）一臂人；（18）一
目人；（19）面胸人（即眼睛或整个脸面长在胸上的人）；（20）三首人；（21）三身人；（22）烛龙（人首虫身）；
（23）有翅无影的人；（24）疆良（虎首人面人）；（25）人首狮身；（26）叉舌或叉肢人。在书中所说的神话中，
还有一处肯定谈到三足乌，并想象这种鸟住在太阳里（上文p.436）；有一处谈到单足夔，即雷神音乐家［Granet
（1），p.507］；还谈到了其他专家。

② 斯特拉波本人对这类资料是持怀疑态度的［Strabo, II, i, 9］。

③ Lloyd Brown（1），p.86；Bunbury（1），vol.2，p.675。索利努斯虽然曾提到"丝国"，但他只不过是重复
了普林尼所说过的话罢了。如果说这里面有传播问题，那么，这样的传播也应该是在他以前很久就已发生了。

④ 参见《太平御览》卷七九六，第七页。

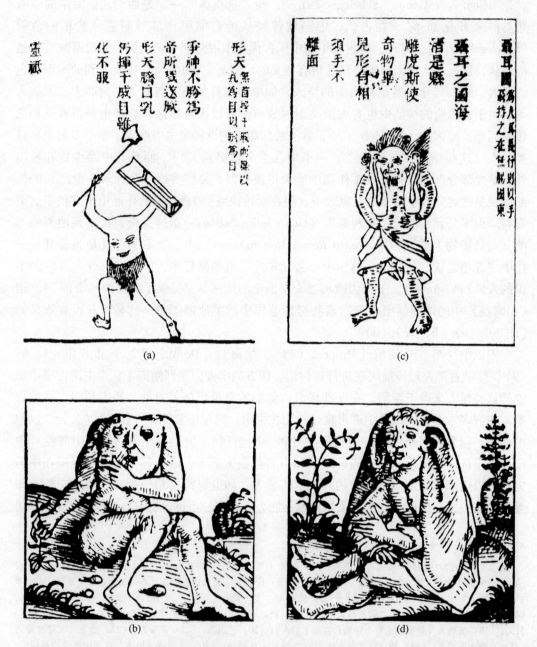

图205 　《山海经》（公元前6世纪—公元1世纪）中的怪人与索里努斯《奇妙事物大全》（公元3世纪）中的怪人的比较。（a）（b）是无头人；（c）（d）是长耳人。

（甚至美索不达米亚）的神话很可能曾经向东西两个方向传播［参见 Kennedy（1）］。 507
根据奥佩尔［Oppert（1）］、勒诺尔芒［Lenormant（1，2）］和 R. C. 汤普森
［R. C. Thompson（1）］的研究，我们知道巴比伦的占卜家对畸形神怪是极感兴趣的①。
门兴–黑尔芬曾令人信服地指出，书中谈到像天堂般的地方的那些段落②是来自印度的
早期神话的。威特科尔（Wittkower）认定，克泰夏斯（Ctesias；公元前 4 世纪）和麦
加斯梯尼（Megasthemes；公元前 3 世纪）的著作是把这些神话向西传播的主要文献。

令人感到奇怪的是，迄今还没有人从生物学史的观点对这些资料进行过研究。在
胚胎学家看来，作为这类传说的基础的种种奇形怪状的人兽，大多数有可能是自然产
生的畸形动物和畸形人。关于这一点，可以参考汤普森［C. J. S. Thompson（1）］所写
的畸形学史著作及达雷斯特［Dareste（1）］经典的实验工作。正因如此，高第
［Cordier（4）］通过列举缅甸的实例，将东方和西方关于狗面人身的传说追溯到了毛面
人及狗面猴。如果这种观点可以成立的话，那就没有理由去设想什么传播的问题，更
没有必要去考虑这些传说最先是在哪里产生的问题了。这种解释同西诺尔［Sinor
（1）］主要从社会学角度对此所做出的评价并不相矛盾，西诺尔认为，这些神话的存在
很可能与古代各民族都有的一种仇视外族人的心理有关。

另一本具有一定地理价值的半神话式的书是《穆天子传》。这本书在很久以前就由
艾德［Eitel（1）］译为英文，最近郑德坤［Chêng Tê-Khun（2）］又进行了重译。此
书是公元 281 年在魏襄王或安釐王（卒于公元前 245 年）的墓中发现的文物之一。对
于此书的真实性，过去常有人表示怀疑，根据现在的看法，尽管它和这位周天子生活
的时代（公元前 10 世纪）毫无关系，但它无疑是战国时期的作品③。书中叙述了穆天
子的三次游历，包括各种宴会、游猎和短途旅行。其中提到的这位天子所游历过的高
山，以及他所经过的沙漠和江河都大致可考［de Saussure（26，26a）］。不过，书中也
有大量的神话内容，特别是关于穆天子去会见西王母的那段故事。

在秦和汉初的著作中，如在《吕氏春秋》和《淮南子》中，虽然仍有大量的神话
成分，但具体的地理资料越来越多地替代着这些神话成分④。特别是《淮南子》中谈到
地表的《墬形训》，尤其具有地理学的意义［译文见 Erkes（1）］。这里联系到一件有
趣的事，这就是：据说对淮南王刘安的指控之一是他和他的道家术士党徒曾使用过地 508
图⑤。与这件事有关的主要人物大概就是左吴，要不是因为他与这件事有牵连的话，他
的名字也许就不会流传下来。但是，关于中国制图学的发展情况，我们将留在后面

---

① 如圣奥古斯丁所说，我们所用的"monsters"（怪物）一词是从"*monstrare*"一词来的，表示"因为它们
象征着某种东西"（*City of God*，II，303）。

② 参见道家的一些说法［见本书第十章（i）（第二卷，p. 142）］。

③ 参见 Chavannes（1），vol. 2，pp. 6 ff.；vol. 5，pp. 446 ff.。

④ 邹衍（公元前 4 世纪末）关于世界有九大洲而中国只是九大洲之一的观点，我们在本书第二卷［第十三
章（c），pp. 233，236］中已经作过讨论。这种观点一直到汉代还很盛行，因为王充在《论衡·谈天篇》的结尾曾
对这种观点作了赞同性评述［译文见 Forke（4），vol. 1，p. 256］。

⑤《前汉书》卷四十四，第十一页；《志林新书》（天文学家虞喜著），辑录于《玉函山房辑佚书》卷六十
八，第三十八页。

再谈。

公元 1 世纪以后，在所有的正史中都包括地理志，它们汇总起来，就成为一部关于历代地名和行政区划沿革，以及对山脉、河流和朝廷征用的物产等进行描述的宏大汇编。最早的地理志见于《前汉书》①，据说它是刘向在公元前 20 年写成的，后来被编入《前汉书》②，并由朱赣作了增补。萨金特［Sargent（2）］曾为这部地理志作过索引。历代正史中的地理志，已译成西文的为数极少③。

现在我们来谈谈若干世纪以来在中国出现的另外一些主要地理著作。这些地理著作可以概括如下。

（1）人类地理学；

（2）对南部地区的描述；

（3）对外国的描述；

（4）旅行记；

（5）水文地理书籍；

（6）对海岸的描述；

（7）地方志：（i）州郡志、（ii）名山志、（iii）城市和宫殿；

（8）地理方面的类书。

（2）人类地理学

人类地理学是随《山海经》一类书籍对怪异人的描述很自然地发展起来的。这类著作的习用名称是"职贡图"（对入贡部族的图绘说明），但最早的一部以此为名的书是在梁代（公元 550 年左右）才出现的，作者是江僧宝或萧绎④。但是，据说三国时期（公元 3 世纪）的诸葛亮曾写过一部专谈南方各部族的图谱⑤。在唐代和其他朝代，通常设有专门接待外国进贡者的机构，称为"鸿胪寺"，鸿胪寺的官员记录进贡国的地理情况和风俗习惯，使之成为越积越多的政府情报的一部分⑥（参见图 206）。这样，大量这类图书便在这一过程中涌现出来。例如，公元 628 年出现了阎立本创作的《王会图》⑦，阎立本还曾作过一本《西域诸国风物图》。另一部著名的这类著作是吕述在公元 844 年前后所作的《夏黠斯朝贡图传》。到了宋代，又出现了几部有名的著作，如崔峡所作的《华夷列国入贡图》。这类著作几乎都没有流传下来，但傅恒编撰的《皇清职贡图》尚存，他是清乾隆时期的一位将军，曾出征新疆和缅甸。

510

---

① 《前汉书》卷二十八下。

② Maspero（16）。

③ 但有一些有关外国的各卷的节译本。

④ 《学斋占毕》卷二，第九页。据说其中用图画和文字描述了三十多个部族的地理位置和风俗习惯。萧绎是梁元帝的姓名。

⑤ 《华阳国志》卷四。

⑥ 《唐会要》卷八十三（第 1089 页起）。

⑦ 见《学斋占毕》卷二，第九页。阎立本以画家而著名。

509

图 206　晚清时的一幅外族使者到鸿胪寺进贡的画像；鸿胪寺的官员把进贡国的情况和
　　　　物产都记录下来。采自《钦定书经图说·旅獒》[Medhurst（1），p. 209]。

（3）　对南部地区和外国的描述

在中国的人种地理学与可称为人种学和民俗学的知识著述之间并没有一条明确的界限，因为无论是过去还是现在，中国的版图内都有只部分地受到汉族文化影响的少数民族（如苗族、瑶族、彝族和嘉戎族等）居住着的大片飞地。此外，随着汉族文化的向南扩展，描述南部地区的异物和地形的书籍也越来越多。凡描述风土人情及其地理分布的，都称为"风土记"，而描述还不熟悉的地区的，则称为"异物志"。在前一类著作中，最早的要算卢植在公元 150 年前后所写的《冀州风土记》①，以及应劭在公元 175 年前后所写的《风俗通义》，该书我们在前面已提到过②。此外，朱赣（我们刚提到过此人）也曾写过一部这样的书，但书已失传。少数民族的风俗习惯引起了部分中国学者继续研究的兴趣，17 世纪的陈鼎在他的《峒溪纤志》③ 中就报告了这些风俗习惯，并对前人在这方面的著作做了批判性的分析。有两部重要的描述南部地区的早期著作我们曾提到过④：一部是杨孚在公元 2 世纪写的《南裔异物志》，另一部是万震在公元 4 世纪写的《南州异物志》。这类著作中，有些是专谈植物和动物的。因此，在后面讲生物学的章节中将会再提到它们。在宋代，杰出的学者范成大写了一部介绍南部各省的地形和物产的重要著作《桂海虞衡志》。

511　　有关外国地理的文献，虽然很多已经散佚，但仍有不少被保存了下来。其中最早的一部代表作是专谈匈奴情况的"图书"，据说此书在公元前 35 年被展示过⑤。但是，张骞在公元前 2 世纪出使西域时，居然没有用文字和图画把那里的少数民族的风土人情记录下来，这似乎不太可能。到了公元 2 世纪，臧旻写了一部有关 55 个国家的详细备忘录⑥。向达（1）曾列出了汉、唐之间的二十多部这类重要著作。例如，康泰在公元 260 年左右所写的《吴时外国传》就是其中之一。在唐代，由于和外国的交往，特别是和印度的交往大为扩大，介绍外国的图书也相应增加了。我们在本书第一卷⑦中已经提到了几本佛教朝圣者所写的书，这些书在很大程度上可以说是地理著作。例如，法显在公元 5 世纪所写的《佛国记》和玄奘在公元 7 世纪所写的《大唐西域记》就是如此。但是，介绍外国情况的不只是这些佛教朝圣者；后来，一些出使外国的使节在这方面也做出了很大的贡献。读者可能还记得王玄策，他是公元 7 世纪时出使摩揭陀（Magadha）国的一位勇敢的中国使臣，后来当他回国时，曾把印度的一位能提炼无机酸的炼丹术士带回中国⑧。王玄策本人还写过一部《中天竺国图》，此书只留下零星片

---

① 冀州是《禹贡》所记载的九州中的第一州，见上文 p. 501。
② 本书第二卷，p. 152。
③ 18 世纪及其后的附有彩绘少数民族插图的抄本并不罕见，韦尔科姆医学图书馆（Wellcome Medical Library）中就存有一部。颜复礼［Jäger（3）］曾对此抄本做过评述。
④ 本书第一卷，p. 118。
⑤ 《前汉书》卷九，第十二页［Dubs（2），vol. 2，p. 332］。事情比看上去的更复杂些，我们在后面（p. 536）再做进一步讨论。
⑥ 《后汉书》卷八十八，第十六页。其中主要论述的中亚和南亚的国家。
⑦ 关于中、印之间的文化接触，见本书第七章（i）（第一卷，pp. 207 ff.）。
⑧ 本书第一卷，pp. 211 ff.。参见 Lévi（1）。

段。在宋代，旅行的机会使出国旅行的人能够写出一些极为重要的书籍。例如，1124年，中国派赴朝鲜的使臣的一位随员徐兢，写了一部报道这次航行和这个国家情况的《宣和奉使高丽图经》①。1297年，派赴柬埔寨的使臣的一位随员周达观同样写了一部介绍柬埔寨情况的《真腊风土记》②。这已是元代的事了，但当时同样也注意着北部地区，这是很自然的，而我们也就看到了一位蒙古地理学家纳新写的一部有关中国黄河以北已有了解的地区的考古地志《河朔访古记》。

　　这类文献在明代可以说是达到了最高峰，这是由于15世纪时著名航海家郑和的远航③而产生了许多著作；但是，关于这些书，我们打算留到后面谈制图学史时再加论述。此外，有两本早期的著作是不能不提到的。一本是周去非于1178年所写的《岭外代答》，其中谈到了许多亚洲国家的地理，甚至还论及远至西方的国家；另一本是赵汝适于1225年所写的《诸蕃志》，此书有夏德和柔克义［Hirth & Rockhill（1）］著名的西译本④。一提起这本书，就使我们想到中国人了解外国情况的另一个来源，即通商，因为赵汝适的这部著作，主要是根据他同那些来往中国港口进行贸易的阿拉伯商人接触时所获得的知识写成的。四百年之后，这一因素仍然在起作用，我们从张燮的《东西洋考》（1618年）中可以看到这一点，这本书中介绍了三十八国的地理，三十八国中多半是东南亚的岛国。除此而外，有一些地理文献的问世则与军事上的远征有关，1551年的《交黎剿平事略》就是这方面的一个例子。最后，还可以提一下《异域图志》，此书成于1430年前后，是明代的一部更早期的著作，它之所以受到汉学家的重视，部分原因是它罕见⑤。此书的作者不详，但有迹象表明它是明宁献王（朱权）所作，关于这个人，我们在其他章节中已不止一次提到过⑥。恒慕义［Hummel（8）］曾根据罗曰裒1590年编撰的《咸宾录》，概述了中国人在耶稣会士入华时已掌握的外国地理知识。

　　我们应该怎样把上面所介绍的中国地理学发展情况同西方的描述性地理学的发展情况进行比较呢？尽管在希罗多德的时代乃至斯特拉波的时代，中国没有出现可以和希罗多德及斯特拉波的著作相比的地理著作，但是从公元3—13世纪，当欧洲学术走下坡路的时候，中国人则远远地走在了前面，而且稳步前进。当时，在欧洲占统治地位的是索利努斯和他那些神话故事，几乎就像中国在这方面占统治地位的曾经一度是《山海经》一样，假如没有像康泰这样的外交官、法显这样的佛教朝圣者、应劭这样的人种地理学家和赵汝适这样的通商官吏写的地理著作，《山海经》就会继续占有统治地位。到了唐代这个时期，西方所能产生的唯一相当的代表人物，大概就要算

512

---

　　① 我们在上文（pp. 471，492）中已提到过此书，在讨论磁罗盘、航海技术等历史时还将提到它［本书第二十六章（i）、第二十九章］。书中原来有地图，后来散佚了。

　　② 这里可以举出伯希和［Pelliot（16）］研究中国人对柬埔寨（扶南）的了解的论文，作为汉学家曾对中国人地理知识的某些方面进行过细致研究的一个例子。伯希和［Pelliot（9，33）］的《真腊风土记》译本已取代了雷慕沙［Rémusat（3）］的旧译本。在中文文献方面，则有冯承钧所写的一篇关于中国和南洋之间交往情况的专题论文。

　　③ 参见本书第一卷 p. 143 以及下文 pp. 557 ff.。

　　④ 也有其他人尝试翻译过，比如罗斯奈［de Rosny（1）］。

　　⑤ Moule（4）；Hummel（7）；亦见 Sarton（1），vol. 3，p. 1627。该书现存孤本藏于英国剑桥大学图书馆［见图207（a）、（b）］。但在余文台于1609年印行的《万用正宗不求人全编》中，重刊了此书。

　　⑥ 本书第一卷，p. 147。

(a)　　　　　　　　　　　　　　(b)

图 207　1430 年左右写成的《异域图志》中的两页，此书可能是明皇子朱权（宁献王）
　　　　所著，他是一位炼丹家、矿物学家和植物学家，几乎可以肯定他曾受益于郑和
　　　　远航所带回来的动物学和人类学知识。
　　　　（a）福鹿（斑马）。
　　　　（b）乌衣国，这无疑是指阿拉伯边远地区的某地。说明文字称，他们遮盖他们
　　　　的脸不让中国客人看见，而看到他们的任何人都要被杀死。交易时，交易者用
　　　　一块幕帘隔开，但是人们必须要小心，因为如果当地的商人对交易不满，人们
　　　　可能被追杀。
　　　　此图摄自剑桥大学图书馆所藏孤本。

叙利亚主教埃德萨的雅各布（Jacob of Edessa；公元 633—708 年)[①] 了。但是，正如萨
顿所指出的[②]，阿拉伯人追赶得更快。到了宋代，大约在公元 950 年，阿拉伯人中出现
了雅库比（al-Ya'qūbī）、伊本·胡尔达兹比（Ibn Khurdādhbih）、马苏第（al-Ma

---

　　① 他是我们前面（本书第一卷，p. 220）已经提到过的塞维鲁斯·塞波克特的学生。参见 Sarton（1），
vol. 1，p. 500。

　　② Sarton（1），vol. 2，p. 41。

'sūdī）、伊本·法基（Ibn al-Faqīh）、伊斯塔赫里（al-Iṣṭakhrī）和伊本·豪加勒（Ibn Ḥauqal），他们当时已经在为后来的西方地理学打基础了。阿拉伯地理学在 12 世纪由于伊德里西（al-Idrīsī）的著作的出现而达到了顶峰，但在 13 世纪也仍然涌现出了许多著名人物①。当然，西方也曾有过一些和中国的佛教朝圣者所写的著作相似的朝圣著作，这类著作中的第一本是公元 333 年的"第一部基督教徒旅行指南"② ——《从波尔多到耶路撒冷旅行记》（*Itinerary from Bordeaux to Jerusalem*）；此外也出现了一些贸易航行记录，如航行过印度的科斯马斯（Cosmas Indicopleustes）于公元 540 年前后（相当于定都南京的梁朝时期）所写的《基督世界地形》（*Christian Topography*）③。但是当人们读了文艺复兴时期的详细编年史以后，如当人们读了迪亚斯·德尔卡斯蒂略（Bernal Diaz del Castillo）于 1520 年左右所著的《征服新西班牙信史》（*True Story of theConquest of New Spain*）或迭戈·德兰达（Diego de Landa）所写的《尤卡坦纪事》（*Relación de las Cosas de Yucatán*；1566 年）以后，就会感到西方只是在这时才开始走上一条对事物进行客观描述的道路，而这条道路，中国人在那以前已经走了 1500 年了。像这样的发展局面，我们在研究人类认识潮汐的历史时已经遇见过一次④，在本章中，我们将会再度看到这种局面，而且在制图学领域内，它表现得特别明显。

（4）水文地理学著作和描述海岸的著作

现在我们转到另一类著作。由于水道对中国各个历史时期的社会和经济体制都极为重要，所以它理所当然地会受到人们的密切关注。在这类著作中，最早的一部是桑钦在公元前 1 世纪所写的《水经》，但是我们现在所看到的版本，有人认为是出自三国时期某地理学家之手，因此，它起码应当是公元 265 年以前的作品。书中对 137 条河流做了简短的描述。大约在公元 6 世纪初，伟大的地理学家郦道元对它做了增补，使它的篇幅增加到差不多原有篇幅的四十倍，名为《水经注》⑤。该书成为一部头等重要的著作⑥。根据另外几本书的书名（《江图》）来判断，中国人大概从晋代就已经开始对江河进行测绘制图了。

在宋代写出的这类书籍中，值得提出的是单锷（1059 年）的《吴中水利书》。单锷花了三十多年的时间考察了苏州、常州和湖州的湖泊、河流和渠道。一百年后，傅寅写了一部主要谈黄河流域的书《禹贡说断》。傅寅的书中仍然包含一些可能是 12 世纪时绘制的地图（见图 208）。

① 见 Mieli（1），pp. 79，114，158，198，210，301；de Goeje（1）。

② Beazley（1），vol. 1，pp. 26，57。这一类著作陆续不断地有人写，例如刚好一千年以后，爱尔兰僧侣西蒙·西米奥尼斯（Symon Simeonis）还写了一部到圣地去的旅行记 [Sarton（1），vol. 3，p. 787]。

③ Beazley（1），vol. 1，pp. 41，273。

④ 上文 p. 493。参见 p. 101。

⑤ 胡适 [Hu Shih（5）] 论述过这部书在后一阶段的发展历史。

⑥ 书中也偶尔谈到外国的某些地区，如印度北部，但这并不是它最重要的方面 [Petech（1）]。欧洲到 1535 年才出现了这样的著作，如果科罗泽和尚皮耶（Corrozet & Champier）的书确实可以与之相提并论的话。

515

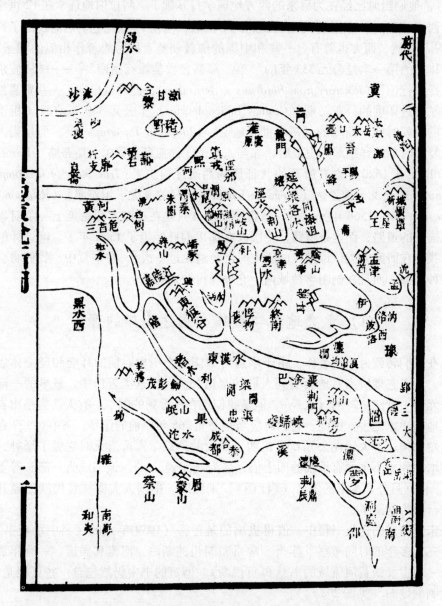

图 208　中国西部水系图，采自傅寅 1160 年前后所著的《禹贡说断》。在图的
　　　　上方，可以看到黄河的大弯围绕着鄂尔多斯沙漠和黄河所经的龙门
　　　　峡。再往下可以看出沟通渭水和汉水（即黄河与长江水系）并穿过
　　　　秦岭山脉的古道和运河。在四川境内，标记出了成都和峨眉山。

到了清代，出了一些篇幅更大的著作。《行水金鉴》[①] 是傅泽洪主编的，于 1725 年刊行，书中附有许多表示河流与湖泊位置的全景地图（图 209）。然后有齐召南于 1776 年撰写的《水道提纲》[②]。欧洲似乎并没有与此类文献相当的地理著作。

图 209　傅泽洪的《行水金鉴》（1725 年）中的一幅全景地图。前景是江苏太湖，左边围有城墙的是吴江；因此景象是向东展望的。大运河横贯全景经王径村流向杭州。吴江城旁有著名的"垂虹桥"。图中另外还有两座桥。这样的复制图不如原图那样精致。

---

① 它的续篇《续行水金鉴》又比它的篇幅大一倍多，该书是黎世序和俞正燮在 1832 年之前编撰的。所有这些编撰者都是负责治河的高级官员。

② 水道地理著作同治河工程技术著作之间并没有显著的界线。关于后一种著作，我们将在本书第二十八章（f）中加以研究。

与这类专门研究大小河道的书籍密切相关的，是另一类专门论述中国海岸的地理著作，但这类书籍大部分出现得比较晚。郑若曾的巨著《筹海图编》①是在1562年刊

517 行的，书中附有一些"画得很粗糙的"②地图。这类著作的出现与沿海各省当时经常遭到倭寇的严重侵扰有关，但也有一些专门著作是为保护海岸、防止海水侵蚀而撰写的，方观承1751年所写的《敕修两浙海塘通志》就可作为这方面的例子。

这一时期最好的遗物之一是一幅已由米尔斯〔Mills（8）〕做过仔细研究的绢本图。这幅图和陈伦炯1744年所著《海国闻见录》一书中所附一系列中国沿海图同出一源。伟烈亚力曾经指出③，陈伦炯的父亲当时参与了收复台湾的活动，并曾在海员中搜集他所需要的资料，最后他自己也加入海员的行列。这类卷轴地图在这以后的一百多年中不断有人绘制，米尔斯〔Mills（7）〕最近对不列颠博物馆所藏两幅这样的卷轴地图做了描述。

（5）地 方 志

伟烈亚力〔Wylie（1）〕曾经写道，在中国出现的一系列地方志，无论从它们的广度来看，还是从它们彻底的全面性来看，都是任何国家的同类文献所不能比拟的。凡是熟悉中国文献的人都知道，在中国的文献中有卷帙浩繁的"地方志"，它们确实是当地的地理和历史著作（总称"方志"，涉及一个省的称"通志"，下面几级则称"府志"、"州志"或"县志"）。其他各类文献在卷帙浩繁的程度上很少能够和这类文献相比，它们是各地的学者长期以来辛勤工作而结出的硕果④。一部不知作者是谁的《越绝书》（成书年代大约为公元52年）大概可以算是最早的一部方志。但一般则把常璩在公元347年所撰的《华阳国志》⑤看作是第一部方志，其中以很大的篇幅介绍了河流、商路和少数民族⑥。在那时候已经有了四川省的地图了，因为我们在常璩的这部著作中看到了一幅很明显是在东汉时期（公元150年左右）所作的《巴郡图经》。

518 但是，绘制地方地图的工作开展得很慢，因为这类图经在《隋书·经籍志》（公元6世纪末）以前出现得并不多，在《隋书·经籍志》中才突然多起来⑦。随着稳定的中央集权制的发展，人们往往被派遣到远离自己家乡的地方去做官，从而使地方志受到社会的重视。大约在公元610年，皇帝曾命令全国官员编写带有附图的风俗物产志送

---

① 这位地理学家留下了许多有价值的手稿，其中十种已于1932年出版，名为《郑开阳杂著》。图210是我们复制的明代浙江沿海图的一部分，承蒙艾黎（R. Alley）先生提供该图的照片。

② Wylie（1）；Hummel（12）。

③ Wylie（1），p. 48。

④ 参见 Hummel（9）。

⑤ 书名的字面意思是"华山之南的地方志"。

⑥ 冯思汉〔S. H. Feng（1）〕曾对此书做过介绍，但这部书值得全文译成英文。

⑦ 当时这一方面的重要地理学家有郎蔚之、虞世基和许善心。

图版 七二

图 210 明末福建沿海全景图的一部分，东向，约北纬 27°；为艾黎先生的系列照片之一。左边有城墙的第一大城市是浙江边界的分水关，接着是蒲门湾和桐山营堡。右面有城墙的大城市是福宁（今霞浦）；它在明朝后期才列为州，因此大体上能断定该卷轴图的年代。右面伸向海中有大榆山岛，所绘轮廓正确（不像左面二小岛，其方位转了 90°）。这可能是 16 世纪后期，即郑若曾的时代，地理学家所绘和使用的一种海图［Mills（8）］。

交朝廷备查。《诸郡土俗物产记》一书大概就是根据这道命令编写的，此书显然是附有地图的，虽然并不完全肯定如此，因为书已全部散佚。宋朝继续大力开展了编写和搜集地方资料的工作。宋朝建立以后不久，在公元 971 年皇帝就命令卢多逊"重修天下图经"。卢多逊奉命后，就着手进行这一艰巨的工作，并为此旅行各省去搜集所有可资利用的有关资料。这些资料后来由宋准加以汇总，到 1010 年已完成的不下 1566 卷。这项工作显然也包括某种测绘制图的工作在内，因为《宋史》中有如下一段记载：

> 袁燮（卒于 1220 年）是官府谷仓的总管。为了执行他的救灾计划，他曾下令每"保"（村）都必须绘制一张能把田地、山脉、江河和道路详细标示出来的地图。把各保的地图合在一起，就成为一"都"（较大地区）的地图，如此依次把地图合在一起，就成为"乡"和"县"（更大地区）的地图。这样一来，在征收赋税或分配谷物方面出现问题，或者要追捕盗匪时，地方官员就可以借助这些地图来完成他们的任务①。

> 〈（袁燮）属任振恤。燮命每保画一图，田畴、山水、道路悉载之，而以居民分布其间，凡名数、治业悉书之。合保为都，合都为乡，合乡为县，征发、争讼、追胥，披图可立决，以此为荒政首。〉

朱士嘉（1）和其他学者都曾指出，在宋代所出的全部地方志中，属于北宋时期的不到百分之十。另一方面，在整个宋代虽然都有人从事测绘制图的工作，但是在宋都南迁以后，地理学才明显地出现了文学性描述逐渐减少而实用性和地图绘制逐渐增多的倾向。在那些由官方人员搜集的资料中，值得一提的有出自最边远的西北部的《沙州图经》和《敦煌录》，这两部书的年代在公元 886 年之后，翟林奈 [L. Giles（8，9）] 曾对它们进行过研究，并把它们翻译成了英文，而出自东南部地区的则有范成大 1185 年左右编撰的《吴郡志》②。在前面有关章节中③，我们已经提到了 12 世纪和 13 世纪的两部著名的宋代杭州地区的地方志。此外，像《江阴县志》这样典型的地方志的年代也早至 1194 年。

519　据吴其昌（2）估计，甚至在宋末以前，这类地方志的总数就已经达到 220 种。这类地方志的数量从明代以来逐步增加，到今天，几乎所有的城镇，不论多么小，都有它们自己的方志。在谭其骧所编的《国立北平图书馆方志目录》中共列了 5514 种地方志，后来朱士嘉（3，4）又把私人和公家收藏的地方志加了进去而成为 8771 种④。早先，这一类书并没有被看作很有价值的著作，而认为只不过是一种"例行公事，同时，编写这类地方志可以补贴地方上穷秀才的收入"[Hummel（9）]。但是，到了 17 世纪，它们的价值就被官方承认了；如戴震和章学诚等一些著名的学者，都亲自写过一些这

---

① 《宋史》卷四〇〇，第八页，由作者译成英文。
② 但此书直到 1229 年才出版。
③ 即上文（pp. 491，492）关于潮汐问题的讨论。参见朱士嘉（2）。
④ 其中可能有一些是重复的，因此全部加在一起大约是 6500 种。

方面的著作，而这类著作到一定的时候就成为非常宝贵的原始资料①。

方志不只限于城镇及其所属行政区才有。一些著名的山，也有人为它们写了山志②。特别是那些有道教和佛教寺观的山区，更常成为人们写山志的对象③。伟烈亚力［Wylie（1）］曾提到十多种这样的山志，其中值得提起的有：陈舜俞在 11 世纪撰写的《庐山记》（庐山是鄱阳湖附近的名山）和陶敬益在 18 世纪撰写的《罗浮山志》（此山位于广州以北，那里有葛洪炼丹的地方）。除了伟烈亚力所列出的，一定还有很多这样的山志。

地方志的另一个极端，是一类只谈城市本身的著作④。《洛阳伽蓝记》是这类著作的典型，此书是杨衒之在公元 500 年前后写的，专门介绍北魏国都洛阳的佛教建筑物。但是更值得注意的，则是记述宋代杭州情景的两部著作《都城纪胜》和《梦粱录》⑤。这类文献，除了上述的，还有一些别的著作。

在西方，有没有可以和这些卷帙浩繁的文献相对比的文献呢？希腊和希腊化时代的古代文化并没有提供真正与此相似的文献⑥，而且从中世纪初期以来，这类著作似乎也不多。一直到了公元 13 世纪，才出现了一部法文的《耶路撒冷城志》（*L'Estat de la Citez de Jherusalem*；1222 年），作者不详⑦，此书也许可以和比它早六百年出现的《洛阳伽蓝记》相比。此外，把威尔士的杰拉尔德的两部著作《爱尔兰地志》（1188 年）和《威尔士纪行》（*Itinerarium Cambriae*；1191 年）与他同时代的范成大所著《桂海虞衡志》进行详细对比，是会令人感兴趣的。但是，这类地理学著作在欧洲没能像在宋代的中国那样得到发展，一直要等到文艺复兴时期（即相当于中国的明代），才出现了可以相比的著作。稍后，瑞典人奥劳斯·芒努斯（Olaus Magnus）在 1567 年写的《北方种族史》（*Historia de gentium Septentrionalium*），也可以和上面已介绍过的中国地理著作中的人种学著作相比。在近代的初期，英格兰出版了约翰·利兰（John Leland；1506—1552 年，此人曾被任命为"皇家考古官"，这项任命颇具有奇怪的中国风味）的《游记》（*Itinerary*）及威廉·卡姆登（Wm. Camden；1551—1623 年）的《不列颠志》（*Brilannia*），虽然这两本书在考古学上也和在地理学上一样具有重要的意义。总

520

---

① 斯坦因［Aurel Stein（7）］曾经有机会去核实在他了解某地区之前照他看来似乎最不合适的一个论点。他写道，"这……再一次说明，如果对当地的情况没有适当的了解，就会有怀疑中国人的记载的正确程度的危险。"

② 我们在本书第一卷（p.55）中已提到过中国的圣山。它们的神秘性无疑可追溯到原始时代对山岳的崇拜；见神田喜一（1）。

③ 当我在四川游访缙云山时，寺院的方丈曾送给我一部太虚和尘空著的《缙云山志》。

④ 在最早的文献中就有这类著作。赵岐的《三辅决录》是在公元 153 年左右写的，但已失传。三辅是指陕西的长安（西安）、冯栩（大荔）和扶风（咸阳）。《三辅黄图》则一直流传至今，传为苗昌言所著，苗昌言大概是三国时期（公元 3 世纪后期）的人。

⑤ 在这两部书中记述了许多有关杭州当时人民生活的极其吸引人的细节，时间在马可·波罗游览杭州之前不久，参阅下文 p.551。《都城纪胜》是赵氏（灌园耐得翁）在 1235 年写成的。《梦粱录》则是吴自牧 1275 年的著作。这两部书有一部分已由慕阿德［Moule（5, 15）］译成西文。关于该城的平面图可见 Moule（15），pp.12 ff.。

⑥ 当然，有一本保萨尼阿斯（Pausanias）于公元 168 年左右写的《希腊道里志》（*Description of Greece*）。

⑦ Sarton（1），vol.2，p.672；Beazley（1），vol.2，p.208。此外，公元 808 年出的一本简略且作者不详的拉丁文小册子《耶路撒冷的神殿》（*On the Houses of God in Jerusalem*）［Beazley（1），vol.1，p.36］，也可与《洛阳伽蓝记》相比。

之，欧洲在地方志这一地理著作的发展上，正如我们在前面已经指出及在后面将继续指出的那样，同样出现了一千年的中断时期，所不同的是，在这一领域中，古代的西方世界之前未曾取得过多大进展。

（6）地理方面的类书

在地理学著作方面尚未论述的只剩下从晋代（公元3—4世纪）以来所出现的地理总志了。这类著作主要是描述性的，在风格上与其说有点像埃拉托色尼的著作，不如说更像斯特拉波的著作，虽说在唐、宋时期所出的这类文献中肯定都附有地图，但这些地图早已散佚了。阚骃在公元300—350年撰写的《十三州记》，大概可算是这类著作中最早的了。在齐代（公元479—502年），出现了陆澄的《地理书》，这部书显然是以至少160种早期的地理文献为基础撰写而成的，后来到了梁代（公元557年以前）又对这部书进行了增补。与此同时，还出现了顾野王的一部巨著《舆地志》。我们刚才提到了地方志的编写，那是在隋朝皇帝颁布命令50年后进行的。在整个唐代，都不断有新的地理著作问世，如魏王李泰等于公元638年所著的《括地志》，以及孔述睿在稍后几年所写的《地理志》。除此而外，还有伟大的制图学家贾耽在公元770年左右所写的一些重要著作。关于贾耽的这些重要著作，我们将在下文加以介绍。

521　　但是，现存的最古的一部地理总志是《元和郡县图志》，那是李吉甫[①]在公元814年左右撰写的，当时已接近唐代末期。在唐宋之交的这个时期，出现了一位重要的地理学家徐锴，然而在宋朝建立后不久（公元976—983年），就出现了一部至今仍有参考价值的地理总志《太平寰宇记》，这部巨著共200卷，作者是乐史。在11世纪，有王洙（1051年）和李德刍（1080年）的地理著作问世，到了12世纪，则有陈坤臣（1111年）和欧阳忞（1117年）的地理著作。但是在这段时间内，在论述方面，文学和历史传记的味道越来越浓，而科学意义上的地理学的味道则越来越少。不过，在13世纪仍然出现了两部很有价值的地理文献：一部是王象之的《舆地纪胜》［参见Haenisch（1）］，另一部是祝穆的《方舆胜览》，二者都是1240年左右的著作。

在这以后的数百年中，这方面的著作出得不多，只需提一提以下三部大一统志就可以了[②]。第一部是《大元一统志》，成于1310年前后，但从未刊印过，流传下来的大概只有35卷；第二部是《大明一统志》，出版于1450年[③]；第三部是《大清一统志》，出版于18世纪，是在徐乾学的指导下于1687年开始编撰的。《大清一统志》不但对各省的地理情况做了全面细致的描述，而且包括有关中国本土以外的一些附属国和藩邦的大量资料[④]。此外，在18世纪初叶出现的《图书集成》中也有大量的地理资料。这

---

① 我们在论述潮汐理论的历史时曾提到过李吉甫（上文 p.490）。

② 即《大元一统志》、《大明一统志》和《大清一统志》。它们并未妨碍私人所写的一些地理方面的类书的继续问世，如张天复的《皇舆考》就是在1588年问世的。参见 Goodrich（11）。

③ 这部明代地志，或许引发出了朝鲜官方的一部很有价值的同类地理书《东国舆地胜览》，此书的作者是徐居正，始撰于1470年前后，成书于1530年。

④ 毕瓯［Biot（15，16）］曾把其中几小部分的内容或译成了西文或作了摘要。

些地理资料均刊载于该书第二编《方舆汇编》内。《方舆汇编》一共包括四典。第一典是《坤舆典》，其中虽然也涉及矿物学和地质学，但有关历代地志和制图学的篇幅不下 90 卷。第二典是《职方典》，它是《图书集成》中篇幅最大的一典，共有 1544 卷，其中对各省、市、镇及其所辖地区都做了详细的描述。第三典是《山川典》，专门论述各地的山脉和河流。第四典是《边裔典》，专门介绍外国及其民族。

当然，这个时期的中国地理学著作，如果同文艺复兴时期之后的欧洲同类著作相比，在许多方面都居于劣势。在这里我们再一次看到这样一种情况：在中古时期的早期，中国人曾一度遥遥领先。从汉到唐的这一段时间里，西方在地理学上没有任何东西比得上中国。到了宋代，除阿拉伯外，也仍然不能和中国相比。后来只是由于明代科学的衰落及现代科学在欧洲兴起，西方才远远走在了前面。

（c）　中国的探险家

522

在前面介绍的文献中所包括的大量地理知识，以及在下几节里将要专门谈到的中国在科学制图学上的成就，如果没有无数探险家和旅行家们的大量观察，显然是不可能取得的。这些探险家和旅行家们，虽然有的是从事公务或外交事务的，有的则是为了宗教上的原因而去旅行的，但他们都以他们的丰富阅历和颇为准确而全面的观察，增加了人们对这个世界的认识。因为他们在中国和欧洲的相互接触中所起的重要作用，我们已经在别的章节中提到了张骞和甘英等一些汉代官员的功勋①，以及后来的玄奘和法显等一些朝圣者所做的工作②。鉴于这些探险家同先进的制图学的密切关系，我们将在后面③仔细考查三保太监郑和的几次远航④。现在想趁此机会略述一下中国人在旅行和考察事业上的另一些突出的地方。

由于马可·波罗及 13 世纪时的其他一些欧洲旅行家⑤的名气实在太大，一些也曾做过重要旅行考察的中国旅行家通常遭到了忽视⑥。西方语言中最容易见到的关于这些中国旅行家的记述都出自贝勒［Bretschneider（2）］的著作。贝勒曾把耶律楚材所写的《西游录》中某些部分译成英文。耶律楚材不但是一位政治家，而且还是天文学家的保护人，他曾随成吉思汗远征波斯（1219—1224 年）。在贝勒的书中还介绍了乌古孙仲端所写的《北使记》，乌古孙仲端是金人，他曾出使去谒见成吉思汗，于 1222 年回国。

另外一次著名的旅行考察是道教真人和炼丹家邱长春（1148—1227 年）的西游，

---

① 见本书第七章（e）、（g）（第一卷，pp. 173，196）。传记见 Hirth（2）。

② 见本书第七章（i）（第一卷，pp. 207 ff.）。亨尼希［Hennig（4）］的文集中包括有中国人的大部分航海考察。还可参见日本僧人圆仁（公元 838—847 年）和成寻（公元 1072—1073 年）的日记。

③ 下文 p. 556。

④ 15 世纪时的中国海员扩展了他们同胞的地理知识，18 世纪时他们又有了一些令人瞩目的继承者。陈观胜［Chhen Kuan-Shêng（3）］曾对谢清高的经历做了研究。谢清高于 1783 到 1797 年间到过欧洲、亚洲、非洲和美洲的所有主要贸易港口，他本人是个文盲，他的《海录》是他的一个同村人杨炳南为他写下的，此书写得很真实客观。

⑤ 关于这方面的概要可见 Sykes（1）或 Komroff（1）。

⑥ 欧洲人习惯地认为地球上所有住人的地方都是他们在数百年中陆续发现的。其实倒应该说，欧洲最初是在张骞出使大夏的时候被中国发现的。

他因受命进谒成吉思汗（当时在阿富汗），于 1219 年从山东出发到阿富汗，1224 年回国。他的随员李志常把他这次出行的经过记录下来，写成一书，名为"长春真人西游记"①，此书曾多次被译成西文②，最新的译本是韦利［Waley（10）］所译。此书的序言中说：李志常"给他们整个旅途的经历做了记录，十分仔细地记载了各种险境——诸如山隘、渡口、损坏的道路等——的境况和通过难度，这些都是他们必须要应对的；他们还要观察诸如气候、服装、饮食、蔬菜、鸟类、昆虫的差异和特性。"（"掇其所历而为之记，凡山川道里之险易，水土风气之差殊，与夫衣服、饮食、百果、草木、禽虫之别粲然，靡不毕载。"）邱长春一行路经蒙古和中亚时，不但观察了一次日食，而且还在比以前的天文学家所到达过的地方更靠北的一个地点上进行了二至晷影测量③。此后，1259 年，常德受元宪宗蒙哥汗派遣，出使到蒙哥汗的兄弟旭烈兀那里，并在《西使记》一书中留下了他的西行记录④。贝勒的最后一篇译文⑤是耶律楚材之孙耶律希亮的传记，耶律希亮在 1260—1263 年曾到过中亚的许多地方。慕阿德［Moule（6）］曾对严光大在 1276 年所做的从南到北的长途旅行进行了分析。上面所说的这些旅行记虽然全都很有价值，但它们的作者多是因公远行，著述只是一件附带的事情。科学意义比较大的，还是那些以地理考察为主要目的的旅行。

例如，关于黄河的发源地的问题。在张骞那个时代（公元前 2 世纪），人们认为黄河发源于和田河，而和田河则发源于昆仑山（西藏高原北坡）并绕塔里木盆地的北面流入罗布泊。还有人认为黄河伏流于罗布泊和兰州附近的一个山口之间。但是到了唐代，人们搞清了真实情况。公元 635 年，一位名叫侯君集的将领曾奉命讨伐西藏部族，当时他一直向西追击到扎陵湖，并在那里"览观河源"⑥。事实上，黄河就是发源于这个湖的附近⑦。这项考察不久以后便为刘元鼎所证实了。刘元鼎于公元 822 年出使西藏。当时，他从兰州往北的西宁出发，取西南方向的一条路去拉萨，这就必须在鄂陵湖以东渡过黄河并在玉树附近渡过长江⑧。侯君集和刘元鼎大概都不知道黄河围绕阿尼玛卿山转了一个大圈再行折回，除了这一点，他们的观察是完全符合事实的。到了 1280 年，忽必烈汗派出了一支由都实率领的科学考察队去澄清这个问题，在地理学家潘昂霄所著的《河源记》中记述了这次探查的结果。此外，朱思本⑨在探讨黄河的河源

---

① *TT* 1410。

② 例如，有鲍乃迪（Palladius）的俄文译本（1866 年），以及贝勒［Bretschneider（2），pp. 35 ff.］的译本。费德奇纳［Fedchina（1）］最近对此书作了评述。

③ 参见上文 pp. 416，293。

④ 译文见 Bretschneider（2），pp. 109 ff.。

⑤ Brerschneider（2），pp. 157 ff.。译自《元史》卷一八○。

⑥ 《新唐书》卷二二一上，第七页。

⑦ 由于这地方太偏僻了，所以直到 1953 年还发现了一些新的情况。周鸿石［Chou Hung-Shih（1）］曾报道了近年来所进行的一些考察。通过这些考察，发现黄河既不是发源于扎陵湖或鄂陵湖，也不是发源于更靠西的星宿海，而是发源于雅合拉达合泽山的约古宗列曲。

⑧ 见《旧唐书》卷一九六下，第十五页；《新唐书》卷二一六下，第六页。《新唐书》卷四十载有刘元鼎这次西行的路线；译文见 Bushell（3）。

⑨ 见下文 p. 551。

问题时除了利用藏文资料，也利用了《河源记》中的资料，《元史》中有一卷专谈黄河上游的情况①。

　　下文②我们将谈到中国文献中流传下来的一些旅行路线指南，这类指南当时主要是为实用的目的而写的。贝勒［Bretschneider（4）］曾把明代出的一本从嘉峪关（见本书第一卷，图14；嘉峪关当时是兰州西北古丝绸之路上的"中国大门"）到伊斯坦布尔的游记译成英文。正是在明代，中国出现了一位写游记的名家，即旅行家徐霞客（1586—1641年），他既不想做官，也不信宗教，但是对科学和艺术特别感兴趣。丁文江［Ting Wên-Chiang（3）］曾写过一篇介绍徐霞客的好文章，张其昀则在最近把几位作者论述徐霞客的文章汇编成文集出版。徐霞客在三十多年中走遍了全国最偏僻、最荒凉的地区，饱尝了种种艰难困苦，他还曾多次遇到盗匪而被洗劫一空，从而不得不依靠当地学者的资助过活，或者靠寺庙方丈请他为当地庙宇撰写庙史而得到一些资助。他不论是登上一座名山，还是踏上一条被积雪覆盖的岭道，不论是站在四川水稻梯田的旁边，还是走进广西的亚热带丛林，身边总是带着他的笔记本。为他写传记的人都异口同声地指出，他根本不相信堪舆家的说法，而是希望亲自去考察一下从西藏高原向四面八方延伸出去的高山地区的情况。他的游记中的精华部分已由丁文江译成英文。他的游记读来不像是17世纪的学者所写的东西，而倒像是一位20世纪的野外勘测家所写的考察记录。他不但在分析各种地形地貌上具有惊人的能力，而且能够很有系统地使用各种专门术语，如梯、坪等，这些专门术语扩展了普通术语的含义。对于每一种东西他都用步或里把它的大小尺寸仔细地标记出来，而不使用含糊的语句③。

　　丁文江（他本身是一位杰出的地质学家，是中国20世纪最有科学见解的学者之一）曾举例说明徐霞客所做观察的精确程度。例如，真正的结晶片岩在云南是很稀有的，丁文江本人1914年到云南旅行时，曾在元谋谷地的红色砂岩中看到了典型云母片的露头，并以为这是他的一个新发现。但他后来却发现徐霞客早在300年前就已经对此做了记载，因为1639年1月9日徐霞客就是在这个地方看到"岩石像金沙一样闪耀，如同压在一起的云母，在阳光下泛着黄光"（"其坡突石，皆金沙烨烨，如云母堆叠，而黄映有光"）。

　　徐霞客的主要科学成就有以下三项：第一，他发现广东西江的真正发源地在贵州；第二，他确定了澜沧江和怒江是两条独立的河流；第三，他指出了金沙江就是长江的上游；由于金沙江在宁远（即现在的西昌）以南的鲁南山有一个大弯，人们长期没有弄清这一点④。 525

　　促使地理知识在清代增长的一个奇特因素，是清朝把一些确实有罪或被控有罪的学者流放到边远地区的惯例（当然这并不是清朝的发明）。例如，1810年，一位任湖

---

　　①　《元史》卷六十三，第十八页。

　　②　下文 p. 554。

　　③　有人曾认为徐霞客受到耶稣会士的影响，但所有证据都否定这种看法。倒是徐霞客的一些发现，被卫匡国收入他所编的地图集中。

　　④　根据上文提到的那部文集中谭其骧所写的论文，这项考证并不是徐霞客第一个做出的；因为汉代的班固和公元6世纪的郦道元都提出过这个问题。元代的朱思本似乎也已经知道澜沧江和怒江是两条独立的河流。

南学政的优秀学者徐松曾被应考的秀才指控利用职权出售自己的著作及在考题中没有出经书上的题目。两年后，他被流放到新疆，并在那里住了七年。但是结果是，他写出了四部有关边疆地区的优秀地理著作[1]，即《西域水道记》[2] 和《汉书》中关于中亚各卷的注释等，从而大大丰富了中国的地理文献。

（d）东方和西方的定量制图学

（1）小　引

人们通常认为，在科学的地理学史和科学的制图学史中有一段无法解释的中断时期，这段中断时期是从托勒密时代（公元 2 世纪）到 1400 年前后。我们随便拿起一本有关这方面的权威著作[3]，都能发现其中谈到中国在这方面所做出的贡献时，似乎都是按一套固定的套路来谈的，即先谈论中世纪欧洲人关于中国的知识，然后是阿拉伯人关于中国是怎样说的，最后是商人和传教士兼外交使节在 13 世纪访问中国以后所产生的影响，但却丝毫没有谈及中国制图学的发展情况[4]。金布尔（Kimble）说得好，"50 年来，中国在西方世界的世界观上所引起的变化，要比欧洲在整个中世纪所发生的变化还大"[5]，但是在这里，他仅仅是指扩大了西方人的视野这一点而言的。事实上，在中世纪这整整一千年中，当欧洲人对科学的制图学还一无所知的时候，中国人却正在稳步地发展着他们自己的制图传统，这是一种虽然并非严格按照天文图的原则，但力求尽可能做到定量和精确的制图传统。

526　　当然，也不能说西方的科学史家对中国的资料一无所知。自从沙畹［Chavannes (10)］介绍中国的精确制图法发展情况的主要文章发表以来，已经过去将近半个世纪了[6]。在这以前，桑塔朗[7]（Santarem）或赫特曼（Huttmann）曾认为中国的制图学始自元代，甚至认为中国的地图从来就没有达到过很高的水平，他们当时的这种局限性也许是可以原谅的，但是现在应该是对整个情况做出全面评价的时候了[8]，后面我们将以沙畹的介绍作为依据进行论述，并对他的评述做一些补充，因为有一些方面是他没有

① 见 Fuchs（3）。

② 已由希姆利［Himly（8）］作过分析。

③ 例如 Beazley（1）；Brown（1）；Bunbury（1）；Kimble（1）；Nordenskiöld（1）；Wright（1）。

④ 比兹利［Beazley（1），vol. 1，pp. 468 ff.］的著作确实有一章谈到了中国的地理学，他还通过宋君荣知道了唐代贾耽所绘的大地图，可是他加了一句："进一步深入讨论这个和西方的思想以及基督教的思想都没有多大关系的题目，是不值得的。"图利［Tooley（1），pp. 105 ff.］的近著有一小节谈到了中国的制图学，他的论述是以沙畹的研究作为依据的，但是书中所用的汉语拉丁化拼音是很粗糙的。

⑤ Kimble（1），p. 147。

⑥ 在沙畹的这篇论文发表以后几年，小川琢治（1，2）也独立地研究了中国的制图传统，但其影响在欧洲是很小的。苏慧廉［Soothill（4）］的论文和葛德石［Cressey（2）］的论文也没有对沙畹的介绍作多少补充。

⑦ Santarem（1），p. 359。

⑧ 甚至在最新的一部制图学通史的著作［Bagrow（1）；发表于 1951 年］中，恐怕也仍然没能做到这一点。

谈到的。但是，在论述中国的制图学以前，有必要先看看西方在制图上的盛衰情况。

（2）科学的制图学；中断了的欧洲制图学传统

由于涉及希腊制图学发展情况的文献是相当丰富的，在这里只需要用很少几句话追述一下它的最重要的特点就可以了①。希腊的制图学始于埃拉托色尼②（公元前276—前196年），他和吕不韦是同一个时代的人。他最先把一种坐标系统应用于地表，这是因为他确定了地球的曲率。在赛伊尼和亚历山大里亚进行的著名的夏至晷影测量，使他能够得到地球周长为 25 000 地理里这一大体上准确的数字③。应当指出，虽然希腊的制图学是以球形地面为基础，而中国的制图学则是以平面地面为基础的，但是在实践中，这两者的差别比乍看起来要小，因为希腊人从来没有发明出一种满意的投影方法来把球面投影到一张平面的纸上。

埃拉托色尼所定的我们这"整个有人居住的世界"（oikoumene）呈椭圆形，长78 000 视距尺（即约为 7800 地理里），从南至北则为 38 000 视距尺。其上纵横分布着一系列平行线（纬线）和子午线；纬线是根据二至晷影长度来选定的，而子午线则是任意选定的。基本纬线是经过罗得岛（Rhodes）的纬线，它从西班牙西部的圣岬（Sacred Promontory）开始，接西西里海峡和希腊的尖端，过罗得岛后，就沿着托罗斯山（Taurus Mountains）的南缘行进。基本子午线是经过赛伊尼、亚历山大里亚、罗得岛和拜占庭的子午线；赛伊尼被认为是正好位于回归线上。这条子午线甚至比基本纬线更不准确，两者都和所说地点的真实地理位置有很大的出入。另外一条子午线则经过迦太基（Carthage）、西西里岛和罗马。而且这些子午线之间的距离，除了根据航船上的测程仪和罗盘来进行航位推算，是无法加以测算的，这样做的结果，是造成地中海的长度比实际长度增大了约五分之一④。

和刘安及其学派属于同一个时代的喜帕恰斯⑤（鼎盛于公元前 162—前 125 年）曾经对埃拉托色尼的这项工作提出了批评，并引进了各种改正方法，其中包括用"地带"（climata）这一术语表示纬线与纬线之间的地区。埃拉托色尼所定的纬线是相当任意的，而喜帕恰斯则使这些纬线变为均等，并用天文学方法把它们固定下来。在"整个有人居住的世界"，这样的纬线一共有 11 条，最靠南的一条位于赤道和回归线的正中间，下一条位于夏至日昼长为 13 小时的地方，再下一条位于夏至日昼长为 $13\frac{1}{2}$ 小时的地方，余者依此类推。最靠北的一条经过不列颠北部，位于夏至日昼长为 19 小时的地方。在子午线方面，喜帕恰斯并没有做出任何改进。

527

---

① 邦伯里［Bunbury（1）］的论述虽然较老，但仍不失其为最全面、最好的论述之一。

② Brunet & Mieli（1），p. 474。

③ Bunbury（1），vol. 1，pp. 615 ff.。

④ 在专门研究希腊的纬线和子午线的著作中，可资参考的有 Heidel（1）和 Diller（1）。

⑤ Bundury（1），vol. 2，pp. 2 ff.；Brunet & Mieli（1），p. 544。

到了和蔡邕属于同一时代的托勒密①（鼎盛于公元 120—170 年），古代世界的精密的或科学的制图学达到了最高峰。他写的八卷《地理学》（*Geography*）中有六卷满是各具体地点的经纬度表，精确度达到十二分之一度②。但经度确实是靠推测的。喜帕恰斯虽然曾提出过一种测量经度的方法，即在不同的观测站观测月食的开始时间，但托勒密只有一两个这样的观测结果可用。古代世界是不可能根据所要求的标准来组织这样的科学观测的。然而托勒密大大地缩短了提尔的马里努斯（Marinus of Tyre）对亚洲长度（从"石塔"③ 到中国京城的距离）所做出的估算，而且托勒密对这个距离所做的计算是完全正确的④。在托勒密所绘的最大地图中（此图所包括的范围为经度 180°和纬度 80°），他曾试图把子午线和纬线都画成曲线⑤。

但是，这里必须注意到一点，这一点对于我们来说将是特别有意义的，这就是在托勒密所绘的较小地区或某一国家的地图上，他曾经采用了一种简单的矩形网格。但是这种矩形网格，托勒密是从上文刚刚提到的那位提尔的马里努斯的地图中仿效来的⑥。马里努斯（鼎盛于公元 100 年左右）在制图学史上所享有的地位，和他的真正功绩相比，可能有些偏低，因为关于他的工作，也和关于埃拉托色尼的工作一样，我们只是凭第二手资料才知道的⑦。值得记住的是，托勒密对于把地理知识的范围向东拓展这一点是特别感兴趣的，并且采用了迈厄斯·提提阿努斯（Maës Titianus）所提供的材料。提提阿努斯是叙利亚人，曾长期同中国人进行丝绸贸易⑧。此外，值得记住的另一件事是，提尔的马里努斯正好同天文学家张衡是同一时代的人。而马里努斯在当时是满足于把经纬线绘成直角相交的。

528   托勒密时代所绘制的地图，一张也没有流传下来。据文艺复兴时期的人们推想，这些地图应该看上去就像图 211 所示的那样，这幅图出自鲁谢利（Ruscelli）在 1561 年出版的托勒密地图⑨。在许多手抄本中都提到这些地图是亚历山大里亚的阿加托代蒙（Agathodaemon of Alexandria）所绘，但是这个人对于我们来说仍然是一个谜，因为他可能生活在公元 2 世纪和 13 世纪之间的某个时期，而 13 世纪则是已知最古老的手抄本出现的时期⑩。值得在这里提到的另一幅仅存的古地图，是康拉德·波伊廷格（Conrad Peutinger）在 1507 年发现且现在以其名字命名的一幅非常不准确的罗马帝国道路图（图中标有英里数）⑪。这幅图虽然在 1265 年曾由科尔玛（Colmar）的一位僧侣从某种

---

① Bundury (1), vol. 2, pp. 546 ff.；Brunet & Mieli (1), pp. 769, 787。

② Brunet & Mieli (1), pp. 802 ff. 。

③ 参见本书第一卷，p. 171（图 32）。

④ 关于托勒密对东亚的了解，可参见杰里尼（Gerini）和贝特洛（A. Berthelot）所写的专题论文。

⑤ 地理学史家［例如，Bunbury (1), vol. 2, p. 544］一般都认为，托勒密虽然力图更精确地把地表的曲率表现出来，但是由于从边远地区得来的资料的精确度很差，所以效果并不好。

⑥ Bunbury (1), vol. 2, p. 543。

⑦ Bunbury (1), vol. 2, pp. 519 ff.；Brunet & Mieli (1), p. 634。

⑧ 参见本书第七章（e）（第一卷，p. 172）。对亚洲总长度的过高估算，似乎就是他作出的。关于他的旅行时间，现在认为可能是在公元前 20 年到公元前 1 年之间；M. Cary (1)。

⑨ 参见 Brunet & Mieli (1), pp. 792 ff.；Lloyd Brown (1), opp. p. 54。

⑩ Lloyd Brown (1), p. 73。

⑪ Beazley (1), vol. 1, p. 381；Brunet & Mieli (1), p. 1038；K. Miller (2)。

书名不详的文献中描绘了下来，但是从它的风格来看，很像是基督教出现以前的东西，所以，原图应当是在公元20—370年内绘制的。这幅图虽然有点定量的意味，但毕竟还是图解式的，而且并没有使用坐标的意图。

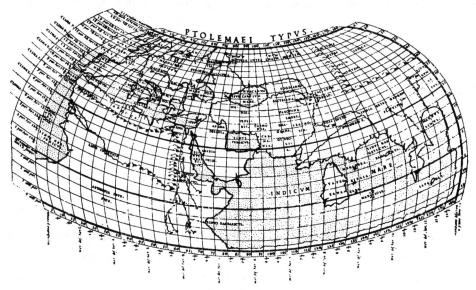

图211　威尼斯人鲁谢利在1561年复原的托勒密世界地图。经度按照幸福群岛（Fortunate Islands）以东的时数划定，纬度则按一年中最长白昼的时数划定〔采自 Lloyd Brown（1）〕。

（3）　欧洲的宗教宇宙学

在托勒密时代以后，欧洲进入了大中断时期。欧洲在制图方面倒退得如此厉害，以致我们要不是对它很熟悉的话，对这样的倒退简直就无法相信。这时，科学的制图学几乎完全被宗教宇宙学的传统取代①。所有使用坐标的尝试都被抛弃了，世界被绘成一个圆盘②，而这个圆盘则被分成几个部分，以表示世界被分成几个大陆，在大陆上杂乱无章地分布着许多河流和山脉。这类"地图"，或者用中世纪的术语称为"寰宇图"（Mappaemundi），为数并不少③，面且在许多文献中都能见到④。安德鲁斯（M. C. Andrews）写了一篇很有意思的论文，专门讨论这类"地图"的分类问题⑤。这类地图的习用名称是"轮形地图"或"T-O地图"，稍后我们将讨论"T-O地图"的重

529

---

① 关于发生这种现象的对比背景，可参见 Eliade（2），pp. 315 ff. 。

② 或圆球，如果泰勒〔Taylor（2）〕的说法可靠的话。

③ 已知的这类"地图"达600幅以上，但是几乎全部是10世纪以后的作品。

④ 例如参见 Santarem（1，2）；K. Miller（1）；Yusuf Kamal（1）；Beazley（1）；Lloyd Brown（1）；Kimble（1）；Taylor（2）；等等。

⑤ 亦可参见 Taylor（1）。

要意义。

在流传至今的手抄本中，这类奇怪的代表作可以分成若干类。这些图作为插图附于许多中世纪作家的著作中，这些著作中值得介绍的有以下几部。最先问世的是马克罗比乌斯（Ambrosius Theodosius Macrobius；公元 395—423 年）所著的《〈西庇阿之梦〉评注》（In Somnium Scipionis）①，接着是奥罗修斯（Orosius；鼎盛于公元 410 年）所著的《驳异教徒的历史七书》（Historia adversus Paganos）②，再接着是卡佩拉（Martianus Capella，鼎盛于公元 470 年）所著的《萨蒂里孔》（Satyricon）③。在这三位作家的著作中仍然可以看到托勒密的影响（图 212），但是到了公元 5 世纪以后，对托勒密就连提都不提了。到了塞维利亚的伊西多尔（Isidore of Seville；鼎盛于公元 600—636 年）的时代，在制图学方面又有了更大程度上的倒退，关于这一点，我们可以从他所著的《词源学》（Etymologiae）一书的附图中看得很清楚。到了公元 8 世纪末叶，西班牙牧师列瓦纳的贝亚图斯（Beatus Libaniensis；卒于公元 798 年）④ 在其《启示录注释》（Commentary on the Apocalypse）中所作的插图，为中世纪出现的大量轮形地图树立了一种风格，流传至今的一幅最早的轮形地图是公元 970 年所作，最晚的一幅则是 1250 年所作⑤。在美因茨的亨利（Henry of Mainz）⑥ 于 1110 年为欧坦的霍诺里乌斯（Honorius of Autun）所著《世界宝鉴》（Imago Mundi）一书所加的地图中，可以看到情况有了一定程度的改进，但是改进并不大。除此以外，孔什的威廉（William of Conches；卒于 1154 年）的地图也是值得注意的⑦。13 世纪中叶出现的所谓《诗篇》地图（Psalter Map）（图 213）之所以很重要，是因为它非常突出地把耶路撒冷画在圆的中心，这一点在中世纪的其他轮形地图上也经常可以见到⑧。关于这一点的重要意义，我们将在后面加以论述。为了举出另一个例子，我从一部 1150 年的都灵手抄本中选出了一幅列瓦纳的贝亚图斯式的地图（图 214）⑨。从图 215 中我们可以看到这类地图曾经达到过的概略化程度，此图选自 1500 年塞维利亚的伊西多尔著作的威尼斯版⑩。

现在让我们来看一看下文所附的那张简图（图 216），图中概括了欧洲宗教宇宙学的几种主要表现形式。其中最早的一种称为马克罗比乌斯寰宇图，它仍保留了托勒密的看法，即把赤道以下的世界南半部看作一个未知的对跖大陆。但这位地理学家满足于用一个 T 字来代表"整个有人居住的世界"，T 字的一竖是地中海，而一横的两半分别为塔内河［River Tanais；顿河（Don）］和尼罗河。耶路撒冷如果在图中出现的话，

---

① Kimble（1），p. 8；Beazley（1），vol. 1，p. 343。
② Kimble（1），p. 20；Beazley（1），vol. 1，p. 353。
③ Kimble（1），P. 9；Beazley（1），vol. 1，p. 340。
④ Lloyd Brown（1），pp. 94，119，126；Kimble（1），p. 183；Beazley（1），vol. 2，pp. 549，550，554。
⑤ Santarem（2），pl. XII；Yusuf Kamal（1），vol. 3，pp. 871，947。
⑥ Beazley（1），vol. 2，p. 563。
⑦ Yusuf Kamal（1），vol. 3.，pp. 868，921。
⑧ 例如赫里福德寰宇图（Hereford Mappamundi）［Moir & Letts（1）］。参见 Beazley（1），vol. 3，p. 528。
⑨ Bcazlcy（1），vol. 2，p. 552。
⑩ Lloyd Brown（1），p. 103。

图版　七三

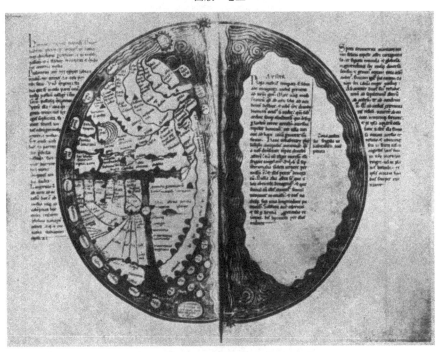

图212　卡佩拉（鼎盛于公元470年）的世界地图，出自1150年左右的《花卉之
　　　　书》（*Liber Floridus*）的手抄本［采自 Kimble（1）］。左侧北半球画了一
　　　　个 T 字形，南半球只有一个不知名的大陆。

图版 七四

图 213 13 世纪中叶的"《诗篇》地图",它是以耶路撒冷为中心的 T-O 地图。注意,在
左上方有一道"歌革和玛各围墙"(Wall of Gog and Magog),(据传说)是亚历
山大大帝为防止东亚"野蛮部族"的入侵而建筑的,但这也许是真正的长城在
欧洲的一种反响或传闻。印度洋在右上方呈黑楔形 [采自 Beazley(1)]。

图版　七五

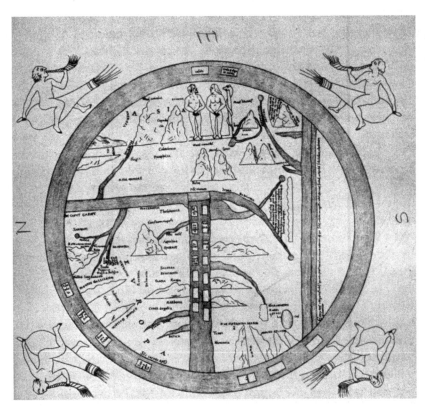

图214　一幅列瓦纳的贝亚图斯（卒于公元798年）式的世界地图，出自1150年的都灵手抄本［采自 Lloyd Brown（1）］。这里再度出现了T-O地图。天国和乐园画在上方的远东；下方画有把欧洲和非洲分开的地中海及许多岛屿。

它的位置总是画在圆的中心。稍后出现的这类地图，如贝亚图斯寰宇图，则把那个对跖大陆（即南半球）干脆省略掉，并把"整个有人居住的世界"画成占据了整个圆盘。第三种传统则保存了希腊时期所说的"地带"（climata）的模糊回忆，并仅仅用一些平行线把这些地带表示出来，图中既不画子午线，也不画任何地理标志。例如，在韦斯卡的彼得·阿方萨斯（Petrus Alphonsus of Huesca；他是西班牙的犹太人）1110 年所绘的寰宇图上（图217），就可以看到这样的传统[①]。但是这种传统可以追溯到马克罗比乌斯的那个时代。

从 15 世纪莱奥纳尔多·达蒂（Leonardo Dati；1365—1424 年）所写的诗《球体》（*La Sfera*；约 1420 年）中，可以看到对 T-O 地图的经典解释[②]。诗中写道：

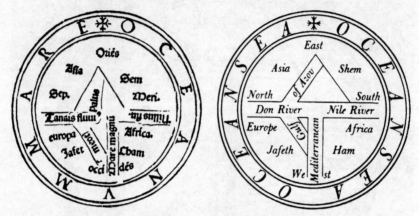

图 215　1500 年威尼斯出版的塞维利亚的伊西多尔（公元 570—636 年）所著《词源学》一书中的一幅纯粹图解式的世界地图。右面的是英译图〔采自 Lloyed Brown (1)〕。

圆中作 T 字，寰宇分为三；
上部为亚洲，最大占近半。
下竖为界限，分开二与三；
二为欧洲三为非洲，地中海居其间。

〈Un T denttro adun O mostra ildisegno

chome inttre partti fu diviso ilmondo

elasuperiore emagor rengno

chequasi pigla lameta delmondo

asia chiamatta elgrenbo ritto segno

chepartte iltterzo nome dalsechondo

① Beazley (1), vol. 2, p. 575。

② *La Sfera*, III, 11; Yusuf Kamaf (1), vol. 4, p. 1436。在达蒂出生的那一年，安德烈亚·迪博纳尤托（Andrea di Bonaiuto）曾在佛罗伦萨的新圣母教堂（Sta Maria Novella）的教士会堂（即"西班牙小教堂"；Spanish Chapel）墙壁上画了一幅 T 形地图。此图至今仍可看到。参见 Bargellini (1), pp. 30, 32。

530

africho dicho daleuropia elmare

mediteraneo traese imezzo apare.〉

　　T-O 地图的传统直到 17 世纪末期才终结，如在 1628 年出版的贝尔提乌斯（Petrus Bertius）所写的《世界舆图志异》（*Variae Orbis Universi*）中，还可以见到这样的图①。在结束这方面的论述以前，似乎有必要对西方的一些离奇说法说两句。例如，航行过印度的科斯马斯在公元 535—547 年间所写的《基督世界地形》②。这确实是一部引起争议的著作，作者的意图是要揭露"希腊人在地理学上的邪说和愚昧"③。因此这本书有它的重要性，从这本书里，可以找到基督教统治下的欧洲在神父们的影响下把希腊人在定量制图学方面的成就全部抛到九霄云外的真正原因④。科斯马斯（Cosmas）所绘的寰宇图经常被人们加以翻印，但是由于我们要把东西方在制图学上所达到的水平进行对比，所以也不能不把它翻印过来（图218）。在图中我们可以看到带有围墙和圆顶的天穹，下面则是平面形的地面，并有一些示意性的、难以辨认的海洋和陆地⑤。但是值得我们特别注意的则是位于北面（或者位于正当中？）的那座大山，以及绕着这座大山而上升和下落的太阳，因为这是亚洲人所熟悉并且流传很广的一种想法，而科斯马斯本人，正如他的名字所表示出来的那样，曾经航海到过印度，面且还可能到过锡兰（Ceylon）⑥。我们在下文将再回过头来谈科斯马斯所画的这座山，因为它是各国人民彼此交往中的一个焦点⑦。在那些与这种一般倾向有所不同的欧

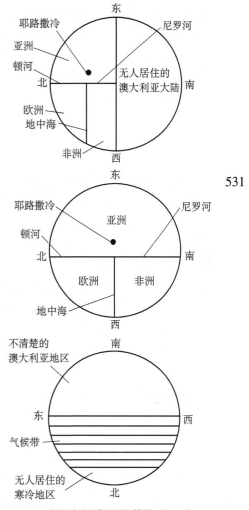

图 216　欧洲宗教宇宙学传统主要表现
形式的说明简图。

531

---

① Lloyd Browv（1），pl. XV。

② 译文见 McCrindle（7）。参见上文 p. 513。

③ Beazley（1），vol. 1，p. 297。比兹利对科斯马斯做了很详细的介绍。参见 Brunet & Mieli（1），p. 1045。

④ 金布尔［Kimble（1），pp. 14 ff.］和比兹利曾经对这一点做过颇为详尽的讨论。例如，圣奥古斯丁对于对跖点观点的猛烈攻击（*Civitas Dei*，XVI，9）是众所周知的。

⑤ 从另外一些图中可以清楚地看到这幅图中的那个大湾是代表地中海，而另外两个小湾则分别代表红海和波斯湾。

⑥ Beazley（1），vol. 1，pp. 190 ff.。参见《晋书》（卷十一，第四页）中的论述，葛洪（约公元 300 年）在驳斥王充支持盖天说的时候说，日出和日没时，应该是竖的而不是横的半圆（"宜先如竖破镜之状，不应如横破镜也"）。参见上文 p. 218。这段话的译文见 Ho Ping-Yü（1）。

⑦ 参见 Thomson（1），p. 387。这座山可能就是须弥山（见下文 p. 568）。

洲地图中，值得一提的还有一幅保存于阿尔比（Albi）的公元 8 世纪的地图，这幅地图也许可以算是倒退得最厉害的一幅，图中只画了一个围绕地中海海湾的马蹄形大陆①。此外，还应提到 10 世纪末叶的一幅"科顿所藏"地图（"Cottoniana" map），这幅地图很可能是一位爱尔兰的僧侣在坎特伯雷（Canterbury）大主教的家中绘制的，这幅图和上述那幅图恰恰相反，是在一个方形平面上画出欧洲大陆的主要轮廓，而且所画的轮廓比图解航海手册（portolans）出现以前的任何西方地图都好②。下面我们就来谈谈这种"图解航海手册"。

（4）航海家的作用

1300 年前后，在地中海地区开始出现一种主要为了实用目的而绘制的航海图，这类航海图刚出现时，种类并不多，但以后就越来越多了。图中主要画出了欧洲大陆的轮廓，在大陆的边缘上标有各港口和沿海城镇的名称，常常还加绘上一些旗帜，以表明他们在政治上效忠于谁（这在当时对于领航员也许是很有用的）。最早出现并有年份可考的这类航海图（见图219）是 1311 年的韦斯孔特（Vescente）图解航海手册③，但有人认为，有一些至今尚存的航海手册可能比这要早 30 年。所有已知的这类图解航海手册都是意大利人、西班牙人、葡萄牙人或加泰罗尼亚人（Catalan）制作的，未发现拜占庭人或阿拉伯人制作的图解航海手册。现在还能找得到许多载有这类图解航海手册海图的出版物④。图 220 所示是安杰利诺·杜尔切尔托（Angelino Dulcerto；1339 年）图解航海手册上的西班牙。

图解航海手册上特有的刻度既不是子午线，也不是矩形网格，而是一种相互交织的罗盘方位线或斜驶线，这些斜线是以放置在任意选定的几个地点的一组风向罗盘为中心向四面八方伸展出去的罗盘方位线⑤。从这一点可以明显看出，当时的人已经把定量制图学的再度引进同航海罗盘的采用彼此结合起来了；欧洲人是在 1200 年之前不久才知道磁极性的存在的，因此，从那时起大约一百年以后，根据罗盘来绘制的航海图已开始普遍起来。关于图解航海手册的使用方法，在迪耶普的让·罗茨（Jan Rotz of Dieppe）1542 年所著《海图集》（*Boke of Ydrography*）一书中曾做过介绍；其使用方法如下：领航员在两个港口附近或者在一日航程的起点和终点的附近选出一条斜驶线，使这条斜驶线尽可能和直接把两个港口（或这两点）连接起来的直线相平行；这样，就可读出所要求的航行方位了⑥。海岸轮廓当时已经画得这样好这一事实，表明当时已经积累了大量用航位推算法得到的资料，同时也说明把罗盘方位线或斜驶线叠加在矩

---

① Beazley（1），vol. 1，p. 385。

② Beazley（1），vol. 2，p. 559。

③ Beazley（1），vol. 3，p. 513。

④ 关于这一点，除了见 Yusof Kamaf（1），还可参见 Stevenson（2），Cartesão（1），de Reparaz-Ruiz（1），Nordenskiöld（1），Hinks（1），等等。

⑤ Lloyd Brown（1），p. 139；Kimble（1），p. 191；Beazley（1），vol. 3，pp. 513 ff.。

⑥ Kimble（1），p. 192；Taylor（3），p. 70。

图版　七六

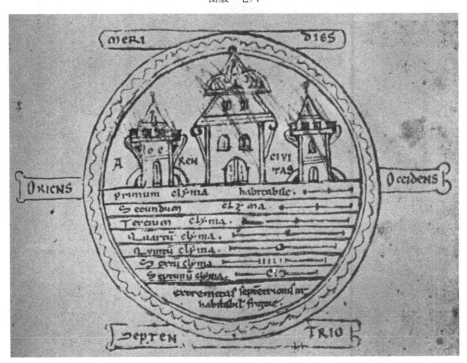

图 217　1110 年前后彼得·阿方萨斯所绘的气候图［采自 Beazley（1）］。图中分成七个气候带，底层是寒冷且无人居住的北方地区。上半圆绘有阿伦城（Aren Civitas）的塔代替南方大陆；阿伦即阿林（Arīn），是阿拉伯地理学家想象中的本初子午线所经过的城，现已证明，它就是公元 5 世纪印度笈多王朝（Gupta kings）的首府乌贾因（Ujjain）（见下文 p. 563）。

图版 七七

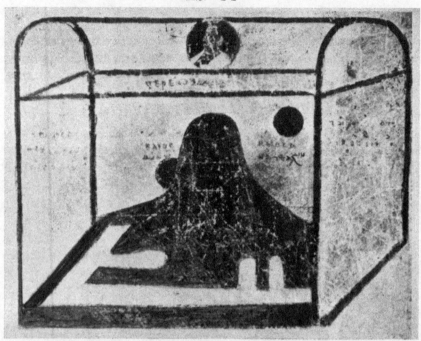

图 218 公元 540 年前后科斯马斯所著《基督世界地形》中的寰宇图。日出和日落是绕着
北方的大山进行的；下面绘有地中海、红海和波斯湾的海湾，天呈桶状圆顶，内
有造物主在查看他自己的工作［采自 Beazley（1）］。

图 219 现存最古老的图解航海手册海图之一，即 1311 年韦斯孔特绘的航海图［采自
Beazley（1）］。在图中可看到罗盘方位线、矩形网格和带刻度的边缘，上方是制图
人的签名和日期。地图中示出的部分是勒旺岛（Levant）的一些海岸。

形网格上的做法很快就会出现了。这种做法，我们在选自杜尔切尔托的那张航海图（图 220）中可以看到，而且事实上，这种做法甚至比这更早就已出现了①。然而，在最早的图解航海手册中，也并不是没有在图边上标出"图解航海手册里"（portolan miles）的标度的。

关于图解航海手册的起源问题，已经有不少人进行过研究，如乌登（Uhden）就是其中之一。邦伯里（Bunbury）曾经指出②，地中海的舵手一直都写有航海记录（periploi），同时他还列举了不少这类记录，如罗得岛的提摩斯忒涅斯（Timosthenes of Rhodes）③所写的关于港口的论文，其中列出了各港口之间的距离（公元前285—前247 年）。但是绝大部分这类知识都是从水手们几百年来的实践经验中积累起来的，而不是由学者们写下来的。使这类知识摆脱这种朦胧状态的因素是磁罗盘的传入。至于图解航海手册发展的直接推动因素，长期以来，人们曾经设想是阿拉伯的影响④，但是现在已出现了一种倾向，认为应当从比阿拉伯更远的东方去寻找⑤。

在图解航海手册时期之后的巨大发展，以及文艺复兴对制图学所发生的影响，是人们所熟悉的⑥。葡萄牙航海家亨利王子（Prince Henry；1394—1460 年），不仅因为曾经组织了几次著名的探险，并且也因为使托勒密的地理学知识得以复活而成为一个显赫的人物⑦。在他以前的数百年中，托勒密的坐标体系只在一些讲希腊语的地区为人们所了解和采用。我们知道有一些画出这种坐标系的希腊手抄本，如1200 年前后的乌尔比诺手抄本（Urbino MS.）［复制本见 J. Fischer（1）］，以及1250 年左右的阿索斯山手抄本（Mount Athos MS.）［复制本见 Langlois（1）］。图 221 所示的就是阿索斯山手抄本中的塔普罗巴尼岛（Taprobane；即锡兰）地图⑧。最早的拉丁文手稿出现于1415 年左右。到了1475 年，托勒密的制图法已牢牢地在制图学领域中重新占统治地位了。接着就到了墨卡托（1512—1594 年）的时代，他在1538 年用圆柱正形投影法绘制了世界大地图⑨。到了1584 年，瓦赫纳尔（Waghenaer）所著《海员宝鉴》（Mariner's Mirror）和奥特利乌斯（Ortelius）的地图相继问世，于是，这门科学便完全进入了近代时期⑩。

533

---

① Nordenskiöld（1），pls. VII，VIII and IX。

② Bunbury（1），vol. 1，p. 587。

③ 提摩斯忒涅斯是托勒密·菲拉德尔福斯（Ptolemy Philadelphos）领导下的埃及舰队的海军将领，而且显然是埃拉托色尼所推崇的一个人物。

④ Vernet（1，2）。

⑤ Bagrow，Mazaheri & Yajima（1）。

⑥ 见 Santarem（1），Kimble（1），Taylor（3，4），Yule（2），Lloyd Brown（1）等。在马可·波罗以后，欧洲出现了绘制世界地图的兴盛时期，地图中关于东亚的情况比以前所能知道的详细得多了。关于这个时期的世界地图，我们在本书第二十九章论述航海技术时还要再回过头来谈，因为这些世界地图曾促进了中世纪造船业的发展。关于这些地图上所标地名的考证，可见哈尔贝里［Hallberg（1）］的词典。

⑦ Lloyd Brown（1），pp. 108 ff.。

⑧ "锡兰"（Ceylon）一名来自汉语对"Siṁhala-dvīpa"的音译，后经阿拉伯人传到了欧洲，见 Mahdihassan（4）。

⑨ Lloyd Brown（1），pp. 158 ff.。

⑩ Lloyd Brawn（1），pp. 144 ff.。

图版 七八

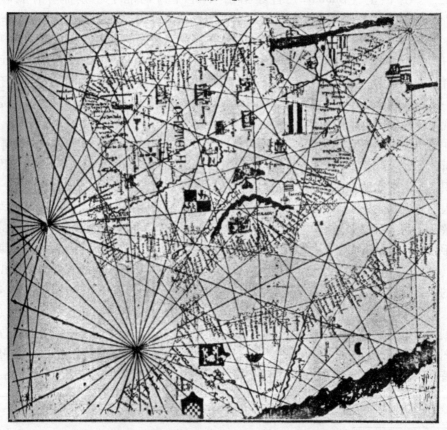

图 220 1339 年安杰利诺·杜尔切尔托图解航海手册上的西班牙 ［采自 de Reparaz-
Ruiz（1）］。在罗盘方位线和面可以清楚地看出直布罗陀海峡（Strait of
Gibraltar）及半岛的整个轮廓，其上标出许多港口名称和海岸特点，并用
旗帜表示不同的领土管辖权。

图版　七九

图 221　1250 年前后的阿索斯山手抄本中的一幅拜占庭网格图，图上绘
　　　　的是锡兰［采自 Langlois（1）］。从顶部数起第二排可以看到塔
　　　　普罗巴尼岛的名字。这种网格制图法大概是托勒密坐标的遗
　　　　泽，并且在中世纪时仅出现于希腊语地区中有限的几个地方。

（5）科学的制图学；从未中断过的中国网格法制图传统

现在我们要指出最重要的一点，即正当希腊人的科学制图学在欧洲已被人们忘得一干二净的时候，这门科学却开始以不同的形式在中国人中被培育出来。中国的制图传统是由张衡（公元78—139年）的伟大著作所开创的，并且从未中断地一直继续到耶稣会士来到中国的那个时候。上文已经说过，张衡和提尔的马里努斯是同一时代的，而马里努斯则是托勒密的地理观的主要源泉之一。在我们论述张衡的贡献以前，先看看张衡以前中国在地图测绘方面的情况，将是更为合乎叙述逻辑的。

534

（i）秦汉时期——制图学的肇始

对于《周礼》一书，如果不把它看作一本介绍周代情况的书的话，至少也应该把它看作一本介绍西汉时期的一些观点的书。在这部书中谈到地图的地方相当多。"大司徒"的职责就是专门制作诸侯国的地图（"掌建邦之土地之图"）和统计这些土地上的人口总数[①]。当时所设的"职方氏"，则掌管国家的地图（"掌天下之图"），并依照这个地图监管其在不同地区的土地[②]。"土训"这个职务，是以掌管各道（省）的地图为其主要职责的（"掌道地图"），而且当帝王巡狩各地时，他应策马追随王车的左右，以便向帝王解说这个地方的特点和物产情况[③]。"诵训"同样在这种时候侍奉帝王，掌握历史地理的记载（"方志"）[④]，以便向帝王解说具有考古趣味的事物[⑤]。除了这些职务，还设有"形方氏"，它的职责是登记封邑和版图的界限[⑥]。在《周礼》中还提到为特殊目的而绘制的各种地图。例如，"卝人"勘察各种金属矿石的产地，并把它们的地点绘成地图（"则物其地图"），交给矿工们使用[⑦]。此外，还谈到了军事地图。

汉代人在他们为整套帝王统治机构所描绘的一幅理想化的图画中谈到地图之处如此之多，是不足为奇的，因为在中国第一次提到地图的历史记载，可以上溯到公元前3世纪。这段历史记载是这样的：在公元前227年，燕国太子（"燕丹子"）派遣荆轲去刺秦王（秦王后来成为秦朝的第一位皇帝）[⑧]。荆轲以献督亢为名，带了督亢的地图（"督亢之地图"）来到了秦王的面前。这幅地图画在丝绢上，并放在一个匣子里，但

① 《周礼》卷三，第十页 [注疏本卷九，第一页；译文见 Biot (1)，vol. 1，p. 192]。
② 《周礼》卷八，第二十四页 [注疏本卷三十三，第一页；译文见 Biot (1)，vol. 2，p. 263]。
③ 《周礼》卷四，第三十四页 [注疏本卷十六，第二十一页；译文见 Biot (1)，vol. 1，p. 368]。
④ 这应该是"方志"这个术语的第一次使用，如上文所说，这个词后来则用来表示地方志。
⑤ 《周礼》卷四，第三十四页 [注疏本卷十六，第二十二页；译文见 Biot (1)，vol. 1，p. 369]。
⑥ 《周礼》卷八，第三十页 [注疏本卷三十三，第六十四页；译文见 Biot (1)，vol. 2，p. 282]。
⑦ 《周礼》卷四，第三十七页 [注疏本卷十六，第三十三页；译文见 Biot (1)，vol. 1，p. 377]。
⑧ 这则故事见于《史记》（卷八十六）中的荆轲传，译文见 Bodde (15)。像《燕丹子》这样经过一些润饰的叙述（但其中也包括某些为碑铭所证实的事实）也已经流传了下来。《燕丹子》一书是根据某些引证改写的 [译文见 Chêng Lin (1)]；成书年代可能是公元2世纪。《战国策》中有关荆轲行刺的记载的译文，见 Margouliès (3)，p. 99。

是当图从匣子里取出来的时候，还出现了一把匕首；荆轲力图用这把匕首行刺，但没有成功①。荆轲刺秦王这个画面是汉墓石刻匠所喜用的画面之一②。图 222 就是从公元 2 世纪汉武梁祠石刻上拓印下来的荆轲刺秦王的画面。在《战国策》中也多处出现"地图"一词（《战国策》很可能是秦代或汉初的作品）。在《管子》一书中也有一篇（第二十七篇）专谈军事地图，并以地图作为篇名，但此书可能并不是汉以前的作品。

535

图 222　荆轲刺秦王（即后来的秦始皇）；事件发生在公元前 227 年，荆轲用藏于从木匣里取出的卷成筒状的绢制地图中的匕首行刺。可以看到，秦王已逃到左边，中间是斜插在柱上的带穗的匕首，柱的底部是图匣。旁边有另一个匣，其中装着樊於期的头，此匣也是献给秦王的。上方是荆轲的助手，13 岁的秦舞阳，他吓得手足无措，不知如何是好。右边是王的侍医夏无且，用药囊掷荆轲。这是汉武梁祠中的石刻之一（公元 147 年）。完整的故事见 Bodde（15）。

　　在秦始皇即位时，他收集了全国所有可以得到的地图。关于这件事，我们可以从司马迁叙述刘邦（他后来成为汉朝的第一位皇帝）进咸阳的那段记载中看到。这件事发生在公元前 207 年。当时，其他将领正在对咸阳城进行洗劫，而萧何则把秦丞相、御史的律令、奏章和地图收藏起来。这些律令、奏章和地图后来为汉朝带来了不可估量的好处③，而且一定曾经一直保存到公元 1 世纪末叶，因为在公元 92 年逝世的班固在《前汉书》中至少曾两次提到这些奏章和地图④。但是到裴秀的时代（公元 3 世纪），这些奏章和地图已散佚——但也可能它们已被刻在了木板上。在整个汉代，史籍中提到地图的地方是很多的。例如，《前汉书》中有这样一段记载⑤：在张骞从西域回

①　《史记》卷八十六，第十页及第十七页。
②　Rudolph（1）；Edwards（1）。
③　《史记》卷五十三，第一页。
④　《前汉书》卷二十八上，第十五页；卷二十八下，第四页。
⑤　《前汉书》卷六十一，第三页。

536 来的那一年（公元前 126 年），汉天子查阅了古时的地图和书籍（"古图书"）并决定把黄河发源的山称为昆仑山。"舆地图"这个术语的第一次使用是在公元前 117 年，当时在汉武帝的三个儿子封王的仪式中，他的大臣向他献了全国各地的地图①。"舆地图"这个术语是由人们把地当作车舆并把天当作舆盖的观念而来的②。此外，在《前汉书》中还提到一幅著名的军事地图的绘制，时间在公元前 99 年李陵将军出征匈奴的时候。李陵当时曾把向北方边境行军 30 天的旅程中所经过的山脉和草原画成一幅很完全的地图，并将一份复本呈献给汉昭帝③。正如我们所料想的那样，王莽也认识到地图的重要性，他曾经派一位专员孔秉去搜集并研究过与采邑问题有关的地图④。

关于史籍中所载在公元前 35 年呈献给汉元帝的"图书"（图与文书）⑤ 究竟指的是什么的这个问题，过去曾经成为讨论的重点。关于这些"图书"，我们在上文（p.511）已经提到。这件事的经过是很复杂的⑥。在这件事发生以前若干年，西域都护骑都尉甘延寿和副校尉陈汤曾擅自向西进军，一直攻到塔拉斯河（Talas River），当时他们的军队曾攻占了匈奴单于郅支所居住的城，并杀了郅支。这一行动是对郅支在公元前 43 年杀了中国一位外交使节的报复。当甘延寿和陈汤刚回到中国的时候，他们不知道他们究竟将会因为假传圣旨而受处分呢，还是将会因为他们的赫赫战功而受到褒奖。不过，我们所感兴趣的问题则是这样一件事：在他们晋谒之后，元帝"以其图书示后宫贵人"。这里所说的图书到底指的是什么，这是很重要的，因为在这个战役中，据说中国士兵曾经和大约 150 名为粟特或匈奴所雇佣的罗马军团士兵作战过，这些罗马军团士兵是克拉苏（Crassus）在安息（Parthia）的著名失败之战（公元前 54 年）后为匈奴所雇佣的⑦。困难就在于"图"字的意义很含糊，它既可以当地图讲，也可以当图画讲。

戴闻达［Duyvendak（16）］的看法是：《前汉书·甘延寿传》中对该战役所提供的叙述⑧，实际上就是一套后来散佚了的图画的标题和说明。这些图画可能和东汉墓祠中发现的某些战争画类似。德效骞［Dubs（30）］又在此基础上进一步设想，这些图画是和罗马凯旋游行中所持的那些图画类似的，并认为这类图画的出现同甘延寿和陈汤俘虏的罗马军团士兵所提供的有关情况有直接关联。

537 但是这种说法的根据似乎是相当薄弱的。关于罗马军团士兵曾为单于所雇佣的说法［Dubs（6，29）］，是可以接受的；关于他们曾被中国人活捉并被安置在甘肃的说法，虽然证据不足，但也有可能。戴闻达认为，这些图只可能是"战争画"，而不可能

---

① 《史记》卷六十，第五页。献地图是仪式的一部分。
② 见上文（p.214）有关宇宙理论的小节。
③ 《前汉书》卷五十四，第五页。
④ 《前汉书》卷九十九下，第二十三页。
⑤ 见《前汉书》卷九，第十二页。
⑥ 参见本书第一卷，pp.236 ff.，以及本书第五卷中论述军事技术的第三十章。
⑦ 关于这次战役的军事意义，将在适当的章节中加以叙述。
⑧ 《前汉书》卷七十，第九页。

是"地图"，这样考虑的唯一理由就是："地图"不可能拿去给"后宫贵人"们看①。我不得不认为，这两位学者对皇后和妃嫔们的知识水平未免过于低估了。我想，在当时没有人会放弃和汉代壁画中所画的那些妇人讨论重要和有趣事情的机会。这些壁画，经过费好佗［Fisher（2）］的复制转载，已为人们所熟知②。此外，既然中世纪的西方地图能够装饰得那样华丽［参见 Bagrow（1）］，那么，汉代的中国地图为什么就不能装饰得同样华丽呢？要知道，我们现在所谈的并不是现代的数理制图学。何况，可以举出的唯一一个认为当时拿给后宫贵人看的是图画而不是地图的权威人士③，其生活的年代距离这件事情的发生也已经有一千多年了。因此，地图——当然是用许多图案装饰起来的地图，似乎仍然是更为可取的解释。

到了东汉时期，制图学仍然受到人们的重视。公元26年，当光武帝用武力建立新的王朝时，他在军队刚攻下的一座城的城楼上展开了一幅可能是画在绢上的大地图，并对他的一位将领邓禹说："天下郡国都画在这张图中，我们现在所攻占只不过是其中的一小部分。你以前为什么会认为把全国所有郡国都攻打下来并不太难呢？"④（"天下郡国如是，今始乃得其一。子前言以吾虑天下不足定，何也？"）到了光武帝牢固地建立了他的政权以后，从公元39年开始，每年都要举行一次大典，在大典上，由大司空向他进献地图⑤。此外，在公元69年，当王景被派去修复开封这一段黄河河堤时，皇帝曾赐给他⑥一套解说司马迁所著《河渠书》⑦的地图。

（ii）汉晋时期——制图学的建立

这一节把我们带到张衡的时代。关于张衡在天文学方面的工作，我们在前面已经谈了很多［pp. 216 ff.，344，359 ff.］，而且在后面谈到地震学时还将再谈到他。在保存下来的张衡著作中虽然没有涉及制图学的，但是从蔡邕谈张衡的一段值得玩味的话来看⑧，张衡似乎应当算是矩形网格制图法的创始人。据说他曾"给天地配置了（坐标）网络，并根据它来计算"（"网络天地而算之"）。张衡所用的天文坐标无疑是二十八宿⑨，可惜我们不能确切说出张衡所用的地面坐标是什么。在张衡的著作中，有一种的书名是《算罔论》，另外还有一种名为《飞鸟历》，"历"字似乎有可能是"图"字

538

---

① 他甚至说，"这类文件对汉朝官员来说是极其珍贵的，因而不可能拿去供妇人们观赏"。

② 为了加强我们的论点，似乎还可以举出一个女制图家来作为旁证，这位女制图家生活在三国时期吴国第一位皇帝在位期间；关于这位女制图家，我们在一、两页后还要谈到。此外，还可举出另一位"享有历史学家、书法家和事务管理家声誉"（"能史、书、习事"）的妇女冯嫽［《前汉书》卷九十六下，第六页；Wylie（11），p. 90］，她由于有这些才能而恰好在公元前51年之前被派往新疆担任一项重要的外交职务。

③ 这位权威人士就是刘子翚（鼎盛于1127年）。但更早期的注释家则认为这些图是地图。

④ 《后汉书》卷四十六，第一页。

⑤ 《后汉书》卷一下，第十一页。

⑥ 《后汉书》卷一〇六，第七页。

⑦ 即《史记》卷二十九。

⑧ 《后汉书》卷八十九，第二页。

⑨ 见上文 p. 266。

之误（据孙文青）①，如果真是这样的话，那么，这个书名所指的就可能是"鸟瞰地图"② 了。张衡本人绘制过地图，这是可以肯定的，因为他于公元 116 年进献过一幅《地形图》。下面，我们将提出张衡是否有可能和希腊制图学家有过某种联系的问题。

但是，从促使中国制图学达到固定风格这一点来说，三国时期和晋初较之汉代更为重要。王嘉（公元 3 世纪末）的《拾遗记》中有这样一段记载③：

> 孙权（吴国的第一位皇帝，公元 222—248 年在位）为了军事上的目的，想要物色一位有经验的画家来绘一幅具有山川地势的地图。丞相的妹妹被（当作合适的人选而）推荐给孙权。孙权让她把九州的山脉、河流和湖泊描绘出来。她建议说，因为颜料容易褪色，所以最好是把地图绣在帛上，后来就按照她的建议去做了……

> 〈孙权常叹魏、蜀未夷，军旅之隙，思得善画者使图山川地势军阵之像。达乃进其妹。权使写九州江湖方岳之势，夫人曰："丹青之色，甚易歇灭，不可久宝；妾能刺绣，作列国于方帛之上，写以五岳、河海、城邑、行阵之形。"既成，乃进于吴主。〉

这样做的效果是否很科学，或许是值得怀疑的。但是，当时出现了一位年轻人，正如沙畹［Chavannes（10）］所说，这个人堪称中国科学制图学之父。这个人就是裴秀（公元 224—271 年）。

公元 267 年，晋朝统一后的第一位皇帝任命裴秀为司空。《晋书》卷三十五中保存有裴秀从事制图工作的详细情况及他为《禹贡地域图》写的序言④。这段记载很值得重视。

> 考虑到他的职务是地官，并发现《禹贡》中所记载的山川和地方的名称自古以来多有变更，以致对这些名称进行考证的人往往提出一些牵强附会的看法，使得一些含糊不清的说法逐渐占了上风；裴秀对古籍进行了批判性的研究，把那些可疑的名称删除掉，并尽可能对现在已经不用的古代地名加以分类，最后他创作了十八幅的《禹贡地域图》，并将它呈献给皇帝。皇帝便把它们存放到机密档案库中。

539

> 序言写道：
> "地图和地理书的出现，要追溯到很久远的年代。在三代（夏、商、周），为此设置了专门的官员（'国史'）。当汉朝军队洗劫咸阳时，丞相萧何把秦朝所有的地图和文书都收藏了起来。但是现在在机密档案库里再也不能够找到这些古时的地图了，甚至连萧何所得到的那些地图也已散佚；我们现在所掌握的仅仅是（后）汉的舆地图和地方的地图，而且图中既不设比例尺（'分率'）⑤，也不采用

---

① 孙文青（4），第 124、126、130、133 页。

② 至少，沈括在 11 世纪时似乎曾对此做了解释（见《梦溪笔谈·补笔谈》卷三，第 6 段）。参见胡道静（1），下册，第 991 页起。

③ 《拾遗记》卷八，第一页，由作者译成英文。这里所说"丞相的妹妹"当然就是赵氏，她是赵达的妹妹，是一位很有才华的妇女，我们在后面（本书第三十一章）还会谈到她。

④ 《晋书》卷三十五，第三页。

⑤ 有趣的是，裴秀当时应该使用了"率"这个词，因为"率"字的最古的象形文字（见 K 498）是一个捕鸟用的网。在数学一章里（上文 p. 99），我们已经说过，"率"字可作"比率"来解释。

矩形网格（'准望'）。同时也没有用完备的表现方法把名山和大河标示出来；它们的布置很粗略、很不完全，实在不能用它来作为依据。其中有一些图确实含有荒诞、离奇和夸张的东西，与事实不符，理应加以删除。"

"大晋王朝的建立，使天下出现了统一的局面。为了一统天下，它从庸、蜀（即湖北和四川）开始，越过重重险阻，终于深入到这两个地区。文帝当时曾令有关的官吏绘制了吴、蜀的地图。在蜀地平定以后，曾对地图做了核验，看看六军所经过之处，山川地域的远近、平原与坡地的位置、道路的曲直是否都和地图中所绘的相符；结果并未发现两者之间有什么出入①。现在我以古时的《禹贡》为依据，对山岳、湖泊、河道、高原、平原、坡地、沼泽、古时九州的范围，以及现今的十六州，都一一做了核验，绘制了十八幅地图。在绘制这些地图时，既标出了郡国和封地、府县和城镇，也没有漏掉古时各国曾经举行会议或签订条约的地点的古地名，同时还画上了大道、小路和通航水路。"

"在绘制一幅地图时，有六条原则应当遵循：

（1）分度（'分率'），这就是为所要绘制的地图定出比例尺（'所以辨广轮之度也'）②；

（2）画（长高两个尺度上的平行线构成的）矩形网格（'准望'），这是绘出地图各个部分之间的正确相对位置的一种方法（'所以正彼此之体也'）③；

（3）步测直角三角形的边长（'道里'），这是确定那个待推算的距离（亦即三角形中无法步测的那个边长）的方法（'所以定所由之数也'）④；　540

（4）（测量）高和低（'高下'）；

（5）（测量）直角和锐角（'方邪'）；

（6）（测量）曲线和直线（'迂直'）。后面三条原则应根据地形的性质分别加以采用，它们是把平地和丘陵（原字义是悬崖峭壁）折算成平面距离的方法（'所以校夷险之异也'）。"

"绘制地图时，如果不作分度，就无法辨别远近。如果单有分度而没有矩

---

① 沙畹［Chavannes（10）］提到，据说裴秀最初曾经当过晋朝一位普通幕僚的绘图员。

② 注意原文所用的词句，它是把平行线之间的距离比作一些按车轮轮距的宽窄而形成的车辙。

③ 我们的解释和沙畹的解释不同，他把"准望"译为"准确地定出方位"。我们认为"准"可以肯定是指水平线。这个字的基本意义是"水平面"（参见《孟子·离娄章句上》第一章）。"望"肯定有垂直之意，意即垂直线。作为天文学术语时，它用以表示满月时日月的相对位置。当满月位于上中天时，太阳处在正对面的下中天。我们在上文（p. 332）已经指出，"望筒"一般认为是指天极窥管，用来观察恒星上中天。此外，在《左传》中有这样一句话：有一个人颈部畸形，使他总是向上看（"有陈豹者，长而上偻，望视"）［《左传·哀公十四年》；译文见 Couvreur（1），p. 694］。

④ 我们这里的解释又和沙畹的解释不同，他把"道里"仅仅理解为"在道路上测出的距离"。这样他便不能理解下一段里谈到第三个原则的那几句话。从这一点及下面的三条原则，我们可以联系到裴秀和刘徽是同一个时代的人，而刘徽在他的测量工作中也是用相似直角三角形测量法，关于这一点，我们在数学部分已讨论过（上文 p. 31）。

形网格，在地图的一角（'一隅'）虽然可能达到足够的精确度①，但在地图其他部分（即在图的中部，离开指向标记很远的地方），就一定会相差很远。如果地图中虽有矩形网格，但却没有遵循'道里'这条原则的话，那么，当遇到被高山湖海隔绝的地方（测量者不能直接进行步测时），人们就无法确定各点之间的相互关系了。如果只遵循了'道里'这条原则，但没有考虑到高和低、直角和锐角，以及曲线和直线的话，那么，地图上标出的道路里数就会和实际里数相差很远，同时矩形网格就会失去其精确性（'失准望之正矣'）②。"

"如果我们核查一幅遵循上述所有这些原则绘制出的地图，我们就会发现，用正确的比例尺表示的距离都是用分度来确定的。因此，相对位置的真实性也是用直角三角形的步测边长求得的；而'度数'的真实程度则是根据对高低、角度大小和曲直线的测量而取得的。因此，即使有高山大湖的阻隔，即使是需要攀登、下坡或迂回绕行的奇域异地，仍可以把精确的距离确定下来。只要我们能很好地应用矩形网格的原则，那么，不论曲直远近，都能如实地反映在地图上。"③

〈（裴秀）又以职在地官，以《禹贡》山川地名，从来久远，多有变易。后世说者或疆牵引，渐以暗昧。于是甄摘旧文，疑者则阙，古有名而今无者，皆随事注列，作《禹贡地域图》十八篇，奏之，藏于秘府。其序曰：

图书之设，由来尚矣。自古立象垂制，而赖其用。三代置其官，国史掌厥职。暨汉屠咸阳，丞相萧何尽收秦之图籍。今秘书既无古之地图，又无萧何所得，惟有汉代《舆地》及《括地》诸杂图。各不设分率，又不考正准望，亦不备载名山大川。虽有粗形，皆不精审，不可依据。或荒外迂诞之言，不合事实，于义无取。

大晋龙兴，混一六合，以清宇宙，始于庸蜀，采入其岨。文皇帝乃命有司，撰访吴蜀地图。蜀土既定，六军所经，地域远近，山川险易，征路迂直，校验图记，罔或有差。今上考《禹贡》山海川流，原隰陂泽，古之九州，及今之十六州，郡国县邑，疆界乡陬，及古国盟会旧名，水陆径路，为地图十八篇。

制图之体有六焉。一曰分率，所以辨广轮之度也。二曰准望，所以正彼此之体也。三曰道里，所以定所由之数也。四曰高下，五曰方邪，六曰迂直，此三者各因地而制宜，所以校夷险之异也。有图象而无分率，则无以审远近之差；有分率而无准望，虽得之于一隅，必失之于他方；有准望而无道里，则施之于山海隔绝之地，不能以相通；有道里而无高下、方邪、迂直之校，则径路之数必与远近之实相违，失准望之正矣，故以此六者参而考之。然远近之实定于分率，彼此之实定于道里，度数之实定于高下、方邪、迂直之算。故虽有峻山巨海之隔，绝域殊方之迴，登降诡曲之因，皆可得举而定者。准望之法既正，则曲直远近无所隐其形也。〉

裴秀虽然给我们留下了对其所用制图法十分明确的说明，但他所绘的地图却一份也没有保存下来。有一些现代学者曾试图重绘裴秀的地图，如赫尔曼［Herrmann（8,

---

① 注意，在几何学上，"隅"字有一种与开方方法有关的用法，见上文（p.66）数学一章中的论述。
② 沙畹曾承认他没有能力把这句话翻译出来。这是因为他对第二条原则做出了错误的解释。请注意整段话的逻辑连贯性。
③ 由作者译成英文，借助于 Chavannes（10）；Vacca（6）。

9）］就尝试过，他认为裴秀是完全可以和托勒密相提并论的。早在 1697 年，胡渭在他所著《禹贡锥指》中，就已经做过这样的重绘①。在比胡渭稍晚的一些学者当中②，有过一种传统看法，认为裴秀的地图是按 2 寸等于 1000 里的比例尺绘制的，但这不一定很可靠。他们都充分认识到③，矩形网格制图法，至少在裴秀那个时代就已经出现了④。

　　裴秀和张衡是由何而想出这种坐标体系的呢？关于这个问题，可以做出几种推测。从封建时代开始，井田制就已成为社会经济论战的一个主题，而"井田"一词中的"井"字和"田"字都清楚地表明，古代人有用坐标限界来分配田地的思想。此外，在《书经》（《禹贡》篇）中就已经出现了同心方制（图 204），关于这种同心方制，我们上文（p. 502）已经论述过。同时，我们也不应忘记算盘的起源；中国史籍中第一次提到这种算具时所提到的人名为道教数学家徐岳，而徐岳享有盛名的年代正好介于张衡的时代和裴秀的时代之间⑤，这一点可能是很重要的。关于从什么时候开始第一次用"经""纬"二字来表示准望坐标（如裴秀所称）的问题，是很难肯定的，但是在制图学家使用这两个字以前，它们曾被用来表示纺织品中的经线和纬线，这是可以肯定的⑥。从秦代开始把地图画在丝织品上这一事实，也许会给人们一个启发，使人们认识到采用沿着一条经线和一条纬线找到它们相交位置的办法，可以把一个地点的位置固定下来。这一点也许是上文提到的孙权时代那位女绘图家之所以受到重视的原因之一。同时我们知道，无论是裴秀还是贾耽（唐代的大制图家，我们稍后要提到他），都曾用丝织品来绘制地图；裴秀用了多达 80 匹的细丝织品（"缣"）来绘制他的地图，而贾耽则把他的地图绘在光滑的白丝织品（"纤缟"）上⑦。此外，宋代的沈括也用有光泽的薄丝织品（"绢"）来绘制地图。

　　另外一组与此有关的物件是占卜盘（"式""栻"）、罗盘和棋盘。关于证明这几样东西具有紧密关系的证据，我们将在谈物理学［本书第二十六章（i）］时再行列举。在这里我只打算谈谈占卜盘上的那些方位标志（参见图 223）及汉代"宇宙镜"上的类似标志［参见 Yetts（5）］。宋代考古学家王黼在介绍这类镜时说⑧，在镜的各方位点上分别标有"灵"（四灵）、"卦"（八卦）、"支"（十二支）、"气"（二十四节气）等的名称。正方形的每一条边被一些呈放射状的分隔线分为三，这样的分隔线共有八条，

① 《皇清经解》卷二十七，第五十三页。

② 全祖望就是这样看的（约 1750 年），见《皇朝经世文编》卷七十九，第十二页。

③ 例如，刘献廷在他所写《广阳杂记》一书中就是这样认为的，见《广阳杂记》（约 1695 年）。

④ 陈槃（2）最近已注意到裴秀对早期地图很不精确的抱怨的另一种版本。这个版本见于汤球所辑《九家旧晋书辑本》（卷五）。裴秀特别提到了《河图纬括地象》所附的地图（"图"），这部书是纬书之一（见《古微书》卷三十二）。

⑤ 参见上文（pp. 77, 107）有关坐标几何学的起源的论述。

⑥ 事实上，用"经"字表示地理上的南北方位、用"纬"字表示地理上的东西方位的做法，可以上溯到汉代的《大戴礼记》［《易本命第八十一》；参见 R. Wilhelm（6），pp. 250 ff.］。此外。在东汉高诱的注释中也提到过（见高诱对《吕氏春秋·有始》及其后几篇以及《淮南子·墬形训》的注释）。应当指出，它正好和现代的用法相反，当时是以"经"字代表纬线，而以"纬"字代表经线。大概是在唐代才改过来的。

⑦ 王庸（1），第 60、68 页。

⑧ 王黼所著《宣和博古图录》，引自《格致镜原》卷五十六，第一页。

图版 八○

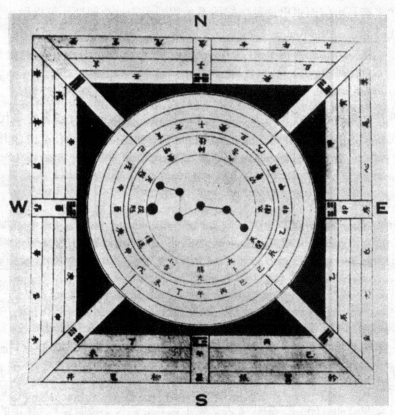

图 223 汉代式盘（占卜盘）的复原图［采自 Rufus（2），其根据是原
田淑人和田泽金吾的著作］，天和地的代表符号与罗盘的起源有
关。表示地的方盘上有一个代表天的旋转圆盘。前者周围刻有
天干、地支和二十八宿，后者绘有大熊星座，并在周围刻有天
干、地支和预兆标记。这种式盘的残片最先发现于朝鲜的两个
汉墓中，即王盱（卒于公元 69 年）墓和彩箧冢。

它们把二十四个方位点分成三组，如果画①一些坐标线通过如此围住的空间，就会形成九个小正方形（"野"或"九宫"）②。关于"野"字，我们在谈到唐代李淳风的天文地理著作时还将论及（见下文 p. 544）。中央的分野称为"镇"③。王黼接着说，镜中有交错的坐标点（"错综经纬"），同时镜的背面上有时还绘有五岳的图形④。我们在这里所涉及的虽然肯定是一种符号或图式表现方法，但是占卜盘和宇宙镜上的这种标识一定和汉代人对宇宙的看法有关，因而不大可能不为张衡和裴秀所知。此外，古代的占卜方法是把一些像棋子那样的东西（"綦"）掷在占卜盘上，因此，"式"本身很可能又和另外一种古老的坐标体系（即乘法表）有联系。这种乘法表称为"立成"。这会让我们记起（上文 pp. 6，69，107），在敦煌写本中所发现的一种这样的乘法表［李俨（7）］。此外，还有一种敦煌写本⑤名为"九宫行綦立成"。这种历法是天文学家李业兴于公元 518 年提出的，其中的算表是王琛所作⑥。但是关于棋（或称"先棋"，如果可用此术语的话）的坐标体系和制图实践中所采用的坐标体系之间的真正联系，还需要进行深入得多的研究。

　　谈到地图网格的天文方面时，立即就会引起这样的问题：裴秀和张衡的制图法同天文现象相关联的程度究竟有多大呢？古代的中国人和希腊人在这一方面似乎并没有什么不同，因为当希腊人用晷影和二至日的影长来确定纬度时，古代的中国人也已完全知道影长在南北向线的不同点上是不同的⑦。在《周礼》中有这样几句话⑧：土方氏研究土圭测量日影长度的方法⑨，并借助于日影长度来测量大地，以便建立邦国都邑（"土方氏掌土圭之法，以致日景。以土地相宅，而建邦国都鄙"），这可能是指确定邦国都邑的边界。在经度方面，古代中国人也并不比希腊人差。一直到了 18 世纪发明航海天文钟以后，才有可能精确地测量经度⑩。在整个古代和中古时期，测量经度的唯一方法只是单凭航位推算⑪。

（iii）唐宋时期——制图学的发展

　　从晋代到唐代，继续出现了一些地图，但是对它们的科学价值，我们所知不多。在《北史》卷九十七中有关于西域（即中亚）诸国及其民族的记述，由内在的证据

543

---

　　① 原文用的是"投"字，这个字可能很重要；见本书第二十六章（i）。

　　② 可与《淮南子·天文训》中所说的天的"九野"相对照。另一术语"九宫格"在许多世纪以来一直被用来指儿童习字用的方格纸。

　　③ 这又是一个值得重视的字，在下文（p. 567）谈到佛教和道教的轮形地图时还会遇到这个字。

　　④ 参见下文（p. 566）有关轮形地图的论述。

　　⑤ 不列颠博物馆斯坦因收藏品第 6164 号。

　　⑥ 见上文 p. 107。

　　⑦ 参见上文 pp. 292 ff. 。

　　⑧ 《周礼》卷八，第二十九页［注疏本卷三十三，第六十页；Biot（1），vol. 2，p. 279］。

　　⑨ 参见上文 pp. 286 ff. 。

　　⑩ Lloyd Brown（1），pp. 208 ff. 。

　　⑪ 在裴秀和张衡所处的那个时代可能已经使用计里鼓车，关于这一点，见下文 p. 577。

看，其中还有一幅地图（公元 437 年），因此，赫尔曼［Herrmann（11）］重绘了这一地图。到了梁代（公元 6 世纪初叶），据说已出现了一些石刻地图①，如果把这一事实同保存至今的宋代大幅石刻地图联系起来，是很有意思的。关于宋代的大幅石刻地图，我们稍后就会谈到。到了公元 605 年，裴矩曾绘制了一幅很著名的网格地图，裴矩在隋朝当过商务官员，在甘肃古丝绸之路上的张掖（甘州）设有他的办事处。赫尔曼［Herrmann（11）］也对裴矩的地图作了复原重绘，而颜复礼［Jäger（1）］则曾翻译过裴矩传②及他所编绘的《隋西域图》中保存下来的片段③。

　　制图学在唐代有了很大的发展。在唐朝建立的初期，它的疆土大大地扩大了，这就刺激了中亚地图的绘制工作；许敬宗④在公元 658 年、王名远⑤在公元 661 年、王忠嗣⑥在公元 747 年所撰写的著作和所绘制的地图，无疑都是在这种条件下出现的。可惜，所有这些图和书后来都散佚了。接着就出现了唐代最伟大的制图学家贾耽（公元 730—805 年），他的地图虽然也没有保存下来，但是我们可以看到大量关于他的情况的资料。他是在公元 785 年奉唐德宗皇帝的命令着手绘制全国大地图的，这项工作一直到公元 801 年才全部完成，而一些分图，如甘肃地图和四川地图，也是同时呈献上去的⑦。这幅全国大地图名为"海内华夷图"，宽三丈，高三丈三尺，绘在网格上，一寸相当于 100 里。因此，据估计，图中所包括的范围，"整个有人居住的世界"从东到西达三万里，从南到北达三万三千里；它远比图 226 中所示的 7000 里见方的地图（1137 年的地图）为大，因此，根据绘制者的打算和目的来判断，它应当是一幅亚洲地图⑧。赫尔曼［Herrmann（8）］认为该图的比例尺是 1∶1 000 000。有人试图把贾耽的这幅大地图同巴黎天文台的卡西尼（Cassini；约 1680 年）的地图相比⑨，那是一幅直径为 24 英尺并用极地方位角投影的地图。

　　与贾耽同时代的李吉甫也是一位重要的地理学家⑩。他绘制过一些地图，其中一幅是为上文已提到的他所著的《元和郡县图志》绘制的，而另一幅是黄河以北所有设防点和军事要地的险要图。这幅地图挂在皇帝的浴室里，唐宪宗每天都要查阅这幅地图⑪。李德裕（李吉甫之子）在治理四川时也从事地理工作，他为了便于对土著部落进行控制，绘制了一些军事地图⑫。所有这些地图都是为了便于出巡而绘制的。大约就在

---

　① 《述异记》卷下，第六页。

　② 《隋书》卷六十七，第九页。

　③ 裴矩的工作很早就为西方学者所知，如见 Ritter（1），vol. 7，p. 560；K. F. Neumann（1），p. 187。在他那个时代曾有过一幅长江的地图，有人认为该图是用网格法绘制的。

　④ 《新唐书》卷二二一上，第十页；许敬宗的传记，见卷二二三，第一页。

　⑤ Herrmann（8），p. 249。

　⑥ 《新唐书》卷四十三下，第十四页；王忠嗣的传记，见卷一三三，第四页。

　⑦ 有一些专家认为呈献的时间是公元 784 年和 796 年。

　⑧ 《旧唐书》卷一三八，第七页。古时的地名用黑色，而贾耽时代的则用红色。

　⑨ Lloyd Brown（1），p. 219。

　⑩ 参见上文 pp. 490，520。

　⑪ 《旧唐书》卷一四八，第六页；《新唐书》卷一四六，第五页。

　⑫ 《新唐书》卷一八〇，第三页。

这个时候，元稹为了一位公主于公元 821 年出嫁给回纥崇德可汗的需要而绘制了一幅道路图①。贾耽还绘制过从中国到朝鲜、东京（现在的河内）、中亚、印度，甚至到巴格达的交通图②。此外，在樊绰（约公元 862 年）的优秀著作《蛮书》中也留存下一些这样的地图。伯希和［Pelliot（17）］和沙畹［Chavannes（14）］都曾对大部分这类地图进行过研究③。

唐代的地理学家很可能还做过进一步努力，力图把地理坐标同天文坐标结合起来。这条线索来自一类写得很晦涩的著作，这类著作曾被沙畹忽视，但却引起了王庸的注意。在这期间所出的某些地图（如"方志图"或"方域图"），初看起来它们的名称或许暗示着与地方志有关，但事实似乎并非如此；它们与道教学者和佛教学者有关，特别是与李淳风、僧一行和吕才等有关④。新旧《唐书》的天文志中都提到，李播（李淳风之父）曾弃官而为道士，并撰方志图⑤。接着还写了下面一段话：

> 悬在天空的天体是不随时间而变迁的，但是郡国的名称则经常在改变，这就给后代的学者带来很大的困难。因此，在贞观年间（公元 627—649 年），李淳风撰写了《法象志》⑥，在这部书中包括唐朝的全部州县。到开元（从公元 713 年开始）初期，僧一行又对此书进行了增订和删节⑦。

> 〈且悬象在上，终天不易，而郡国沿革，名称屡迁，遂令后学难为凭准。贞观中，李淳风撰《法象志》，始以唐之州县配焉。至开元初，沙门一行又增损其书。〉

在《旧唐书》的《吕才传》和《尚献甫传》中还提到了两幅类似的地图⑧，它们分别是公元 630 年和公元 695 年前后绘制的。值得一提的是，尚献甫是一位天文学家，他的职务是浑仪监。到了公元 800 年前后，有一位名叫吕温⑨的官员曾为李该的《地志图》作序，序中有下面一段话：

> 每一平方寸的疆域相当于天上的一个分度。由此就可以清楚地看出天上的现象和地上的面貌（即自然特征）（之间的相互关系）⑩。

> 〈方寸之界，而上当乎分野，乾象坤势，炳焉可观。〉

这里的问题是：唐代在制图学上的这种动向，到底是一种什么样的动向呢？这里有三种明显的可能性。第一，"分野"一词肯定含有正宗的占星术的成分在内。把地上的某

---

① 《图书集成·经籍典》卷四二九，"艺文"，第三页。
② 《新唐书》卷四十三下，第十四页。
③ 这种情况同欧洲地理文献有某些相似之处，在欧洲，从《波尔多的朝圣者》（*Bordeaux Pilgrim*）于公元 333 年问世以后，这类交通图是非常众多的［见 Beazley（1），vol. 1，pp. 26，57］。参见上文 pp. 513，524。
④ 这三个人，我们上文（pp. 350，202，323）都曾提到过。
⑤ 关于李播，我们在上文（p. 201）已把他当作一位天文学家介绍过。
⑥ 从另外一些段落可以看到，在这部已散佚的书中还谈到了各种浑仪的利弊（《旧唐书》卷三十五，第一页；《新唐书》卷三十一，第一页；《玉海》卷四，第二十一页），但此书所涉及的范围一定还不只限于这一方面。
⑦ 《旧唐书》卷三十六，第一页，由作者译成英文；参见《新唐书》卷三十一，第八页。
⑧ 《旧唐书》卷七十九和卷一九一。
⑨ 吕温曾出使吐鲁蕃，这可能是使他对地理学感兴趣的一个因素。
⑩ 《吕和叔文集》卷三，由作者译为英文。

些特定的地区同天上的某些部分联系起来，这本来就是中国的一种古老观念，在汉初和汉以前的书中都可见到①。第二，分野一词还可能有一种新的含义，即用它来强调自然特征（而不是行政区划）的重要性。换句话说，一定的恒星应当和一定的山河相对应，而不和时常改变的地名相对应。我们稍后即将谈到，这一点可能是 12 世纪在制图方面所取得的极大成就的背景。第三，这些道教和佛教人物很可能朝着建立真正的天文坐标的方向做过努力。他们应该是能很容易地绘出与划分各宿的时圈相平行的子午线的，就像希腊人能在黄经的模型上绘出子午线一样。但是唐代的人是很难用任何一种方法确定出地面上的经线的，因为任何人在哈里森（Harrison）先生的航海天文钟发明以前都很难做到这一点②。我不能肯定这里面是否含有地为球形的这个含义（乍一看来，似乎是有这样的含义的），但是到了唐代，中国和外国已经有许多接触，因此像李淳风这样的一些人应该不会不知道在西方存在有这样的学说③。我们应当还记得，文献中有证据表明④，在 10 世纪时中国就已经采用了一种和墨卡托投影相类似的投影，即用一些赤道居中的很长的矩形来表现二十八宿，因此，越接近两极，当然就越是失真。由此看来，他们当时可能曾经把传统的地图矩形网格应用到二十八宿上去了⑤。

546　　　　至于第二种可能性，提醒我们注意到在唐代可能已经开始采用一种最原始的等高线了。小川琢治（1）曾注意到一幅很有趣的泰山图，这幅图见于《五岳真形图》（作者姓名不详，现存有 17 世纪的版本）。从图 224 中可以看出，这幅图中所用勾画山形的方法完全不逊于近代所用的方法⑥。从《太平御览》所引此书的原文⑦可以看到，中国人很早就已经对峡谷的广度和深度进行过精确的测量。这部书的成书年代虽然无从确定，但有一点是很明显的，这就是在《汉武帝内传》中已经有这本书的书名了。《汉武帝内传》是一部道教的传奇小说，作者姓名不详，可能是公元 4 世纪的葛洪。在这部书中有一些谈到制图学的段落，关于这些段落，我们后面在谈到中国的"轮形地图"传统时还将做进一步研究。

　　　　正如上文（p. 521）已经提到过的，大量的地理学方面的工作是在宋代完成的，而且中国制图法现存最早的一些范例也正出自这一时期。根据《宋史》的记载⑧，在宋代
547 初期（公元 1000 年以前），一位在朝当官的地理学家盛度绘制了一幅西域图和一幅甘肃战略地图。一位西藏地区的官吏刘涣于 1040 年将他所绘制的一幅山脉图呈献给了皇帝⑨。在唐代，就已出现了一些绘得非常精确的城市平面图。到 1080 年，刘景阳和吕

---

　　① 参见上文 p. 200。《吕氏春秋·有始》；《淮南子·天文训》（第十五页）；系统的论述，见《晋书》卷十一，第十九页起。

　　② 参见 Gould (1)。

　　③ 除此以外，他们也应当会知道很久以前就已出现的浑天说创始者的观点。

　　④ 参见上文（pp. 264，276）关于敦煌写本中的星图的讨论。

　　⑤ 徐文靖曾对这种"分野"制进行过研究，他曾在 1723 年谈到这个问题（《天下山河两戒考》）。

　　⑥ 参见图 45 的风水图（本书第二卷）。毫无疑问，许多世纪以来，中国有许多学者曾在自然地理制图方面作了一些卓有成效的创新。

　　⑦ 例如《太平御览》卷四十四，第五页；卷六六三，第一页。

　　⑧ 《宋史》卷二九二，第六页。

　　⑨ 王辟之著《渑水燕谈录》卷二，第九页。

图 224　绘制等高线图的早期尝试。右面是泰山山脉图，选自 17 世纪版本的《五岳
　　　　真形图》，原著的时代很早，但不能确定具体年代；左面是作为比较用的一
　　　　幅现代等高线图。采自小川琢治（1）。

大临受命绘制了一幅长安（西安）城的历史地图，此图的比例尺（"折法"）是二寸相
当于一里，图中考证并标出了古代宫殿等一类建筑的位置①。李好文所绘《长安志图》
中所保留下来的平面图就是以这幅图为依据的。

　　但是 11 世纪的所有其他地图都由于两幅流传至今的大地图的问世而相形见绌，这
两幅图是在 1137 年刻石的②，至今仍保存在西安的碑林中。沙畹［Chavannes（10）］
和青山定雄（4）的论文重点讨论的就是这两幅地图。第一幅地图名为"华夷图"，第
二幅地图名为"禹迹图"。两幅图都约为 3 英尺见方（见图 225 和图 226）。

　　这两幅地图的刻石日期虽然只相差几个月③，但第一幅地图似乎比第二幅地图古老
得多。在第一幅地图上没有画网格，海岸线画得很粗略，没有画出山东半岛，而且水
系也画得不完全。外国只用文字来表明，没有采用地理标记，但对于中国境内的地名
和山脉，图中均一一标注。由于图中文字说明的最晚日期是 1043 年，所以似乎可以把
这个年份看作开始绘制此地图的时间。根据内在的证据，这位姓名不详的地理学家曾
经使用过唐代贾耽的地图④。图中的文字说明主要是涉及未开化的民族的，已被沙畹全
部翻译成了西方文字。两幅图均绘有海南岛，但未绘出台湾。

---

① 《云麓漫抄》卷二，第十一页。

② 图上题记的年号，是金朝在中原扶立的短命的傀儡缓冲国的年号。

③ 一幅是四月刻石的，另一幅是十月刻石的。

④ 苏慧廉［Soothill（4）］甚至极力主张，这幅地图就是贾耽所绘的地图，并认为由于外国部分当时已散佚，
才用文字来代替。从宋代书目中可以知道，贾耽所绘地图当时尚存。

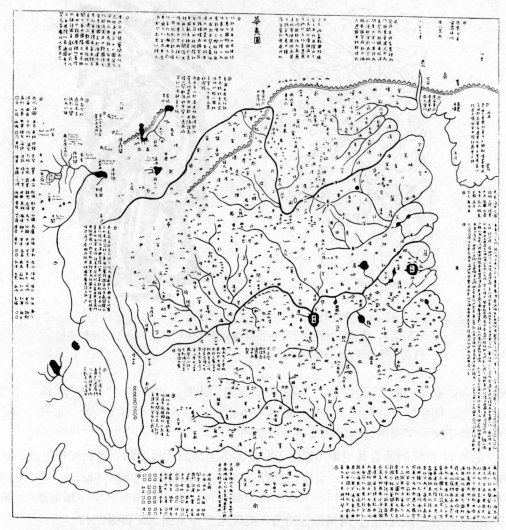

图 225　《华夷图》，中国中古时期制图学方面的两件最重要的杰作之一，刻石年代是 1137
　　　　年，但绘制年代大概是 1040 年［采自 Chavannes（10）］。现存于西安碑林的石刻约 3
　　　　英尺见方。制图人不详。

　　第二幅地图（图 226）可以说是宋代制图学家的一项最大的成就。根据图中的文字
说明，其比例尺是每一方格相当于 100 里。图中海岸线的轮廓画得比较确切；只要把
其中河流网拿来和现代地图比较一下，立即就可以看出，河流是画得非常精确的。无
论是谁把这幅地图拿来和同时代的欧洲宗教宇宙学的作品（如图 212，214 和 217）比
较一下，都会因中国地理学当时大大超过西方制图学而感到惊讶[①]。尽管《禹迹图》在

────────────

　　① 希伍德（E. Heawood）宣称，它甚至超过了希腊风格绘制的最好的地图［见 Soothill（4）］。德雷帕拉斯-
鲁伊斯［de Reparaz-Ruiz（2）］则说，在埃斯科里亚尔手抄本（Escorial MS.）的地图于 1550 年问世以前，欧洲根
本没有任何一种地图可以和这幅图相比。

图版 八一

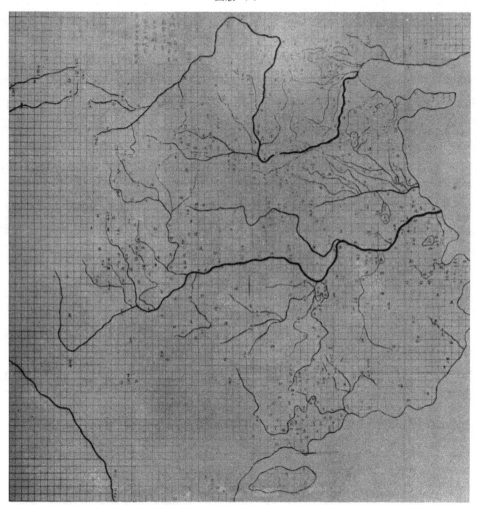

图 226 《禹迹图》，在当时是世界上最杰出的制图学作品，刻石年代是 1137 年，但绘制
年代大概在 1100 年以前［采自 Chavannes（10）］。比例尺是每格相当于 100 里。
海岸轮廓比较确实，水系也非常精确。现存于西安碑林的石刻约 3 英尺见方。
制图人不详。

548　式样上比《华夷图》更为近代化，但它似乎属于另一种不太晚的传统。保存在江苏镇江的《禹迹图》副本是根据俞篪（当地的府学教授）的建议于 1142 年刻石的，在这幅地图上提到了更早的一幅《禹迹图》（年代为 1100 年），而后者本身则是以"长安本"为依据的①。无论如何，《禹迹图》的目的是教学生学《禹贡》地理，则是没有疑问的②。

549　　　值得注意的是，在这两幅地图中都是以上方为北，所有流传至今的宋代地图也都是如此。以上方为南，似乎并不是源自中国人，而是源自阿拉伯人③，而且似乎较晚才为中国所知悉。在一本晚清出版的书《西夏纪事本末》（作者为张鉴）中列有一幅宋代的地图，这幅地图肯定是在 1125 年以前绘制的，在这幅地图中，就是以上方为北 [Pelliot（18）]。我们从北京国家图书馆所藏的宋版《六经图》中采出了另一幅宋代的地图（图 227）。此书为杨甲所辑，刊印于 1155 年左右；这幅图之所以值得注意，是因为它是中国的第一幅印刷的地图。欧洲的第一幅印刷的地图要比它晚两百年左右，见于布兰迪斯（Lucas Brandis）1475 年在吕贝克城刊印的《初学者入门》（*Rudimentum Novitiorum*；吕贝克编年史，一部世界历史大事记）④。如果把这两幅地图（图 227 和图 228）拿来比较一下，我们马上就可以看出，这位中国制图学家的水平似乎比欧洲的那位制图学家高得多，因为这位中国制图学家所画的图虽然很粗糙，但是丝毫没有想把所有地区都压缩在一个人为的圆盘形之内的倾向，同时，他只限于把地名标注在它们所在的位置，而不在图中画上一些凭空想象的美丽图案⑤。

　　　还有许多别的宋代地图并未留存下来，关于这些地图及其作者，我们可以在王庸的著作中看到详细的介绍⑥。宋代的许多著名人物都研究过制图学，如理学家朱熹、沈括，天文学家黄裳⑦，唯心主义哲学家陆九渊的博学的兄弟陆九韶等。有一幅历史地图《指掌图》是税安礼绘制的⑧。我们从沈括所写的一段话可以看到，宋代人已认识到地图有巨大的战略价值，并且不愿意让地图的复制品流落到国外。下面是沈括的这段话：

　　　　　在熙宁年间（1068—1077 年），有高丽的使节来朝贡。他们每经过一个州县，

---

　　　① 王庸认为《禹迹图》甚至可上溯到乐史。乐史是 10 世纪后期的地理学家，《太平寰宇记》的作者。我认为王庸的看法也并不是没有道理的。

　　　② 对于西南部的河流（怒江和澜沧江等），第二幅图不如第一幅图画得完善的原因，是因为在《禹贡》中并没有提到这些河流。一个四川的学者曾向朱熹指出过图中的类似错误（《朱子全书》卷五十，第二十八页）。

　　　③ 参见下文（p. 563）关于伊德里西的世界地图的说明。

　　　④ 参见 Hind（1），vol. 2，p. 363；Pollard（1），p. 50；Klebs（1），no. 867（i）；Santarem（1），vol. 3，p. 230，（2），pl. 18；Anon.（27）；Bagrow（2），pp. 61，62。

　　　⑤ 当然，布兰迪斯（Brandis）的地图问世后不久，就出现了第一种印刷版的托勒密地图 [波伦亚版（Bologna），1477 年]。

　　　⑥ 森鹿三（1）曾介绍过一幅保存在日本的宋代地图（约 1270 年）。增田忠雄（1）则论述了制图学在这一时期的重要政治意义。

　　　⑦ 青山定雄（5，8）研究过黄裳所绘制的地图。黄裳从事制图的时间是 1190—1194 年，他的《舆地图》就是在这段时间里刻成木版的。在日本的一个寺院中至今还保存有该图的复本。黄裳的另一幅地图是下文就要谈到的苏州大石刻地图的原本。

　　　⑧ 参见《梁溪漫志》卷六，第八页。

图版　八二

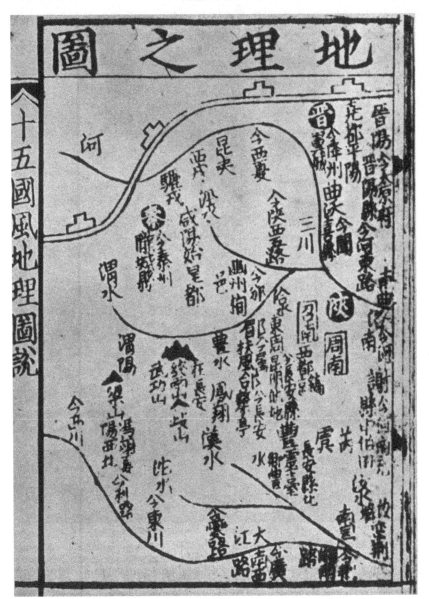

图 227　世界上最古老的一幅印刷的中国西部图（《地理之图》），见于《六
经图》，后者是杨甲在 1155 年前后编辑的类书（北京国家图书馆藏
本）。这幅地图应该与图 208 中的地图比较，虽然图中没有绘到南
方。省级的地名用黑底白字表示，长城线很突出。

都要索要当地的地图，而这些地图也都被绘制好并送给了他们。山川、道路和险要的地方都绘得很详细，一点也没有遗漏。当他们到达滁州时，也照样索要地图。当时丞相陈秀公正好驻守扬州，他对高丽的使节要了一个花招。他说，他想看看两浙给他们的地图，以便按照其大小进行绘制，但是在他拿到这些地图以后，就把它们全部烧掉，并将此事向皇帝做了详细的报告①。

550

〈熙宁中，高丽入贡，所经州县，悉要地图，所至皆造送，山川道路、形势险易无不备载。至扬州，滁州取地图，是时丞相陈秀公守扬，给使者欲尽见两浙所供图，仿其规模供造，及图至，都聚而焚之，具以事闻。〉

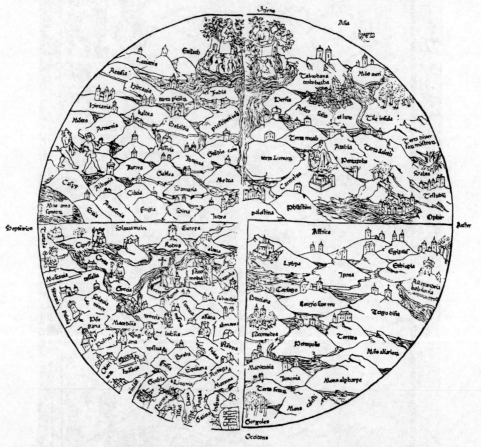

图 228 欧洲的第一幅印刷地图，可用来与图 227 进行对比；布兰迪斯为《初学者入门》
（1475 年）所制作的木刻图。T-O 图的影响在这里仍然在起作用，因此很难消除
一些混乱的地方：巴比伦出现两处，达契亚（Dacia）则和挪威（Norway）接壤，
地上乐园（the Earthly Paradise）仍被放在远东。

---

① 《梦溪笔谈》卷十三，第 11 段，由作者译成英文，借助于 Chavannes（10）。《梁溪漫志》（卷五，第四页）对这件事做了进一步发挥，说是卢多逊公元 970 年左右出使高丽时，曾带回该国全图；因此高丽使节索取地图，只是想"要回他们本国的地图"。参见本册的附录。

图版　八三

图229　《地理图》，这是一幅带有《华夷图》传统（参见图225）的地图，是黄裳在1193年前后绘制的，在1247年由王致远于苏州刻石［采自 Chavannes（8）］。原图的尺寸约 $3\frac{3}{4}$ 英尺×$3\frac{1}{4}$ 英尺。图名的"墜"字是古"地"字的另一写法。

图版　八四

图230　甘肃敦煌千佛洞中的经变画壁画之一。这幅画绘于唐初（公元7世纪），见于第268窟（T 217，P 70），原画长约9英尺，高约7英尺（罗济美摄）。

　　另外一幅极为重要的宋代石刻地图是和上文（p. 278）已介绍过的那块刻有平面星图的石碑放在一起的宋碑。这块宋碑现在仍在苏州，不少近代学者都到苏州研究过这块宋碑[①]。这块宋碑上的地图是1193年绘制，1247年由王致远刻石的。它并不具有《禹迹图》的传统，而具有《华夷图》的传统（见图229），山脉和森林画得很形象，未加网格，地名都加了框和敦煌千佛洞墙壁上的许多唐代的带有故事的地形图很相像（见图230）。但是海岸线和山东半岛画得比1137年的地图好。图中的说明已由沙畹［Chavannes（8）］全部译成英文。此外，在这一套石碑中还有一幅重要的苏州城地图，这幅地图是在1229年刻石的［Moule（15）］，把这幅城市图同四个世纪以前绘制的西安城地图联系起来研究是很有意思的。于是，我们就有了一幅马可·波罗访问苏州之前五十年左右的苏州城平面图。

（iv）元明时期——制图学的高峰

　　在元代出现了一位堪称中国制图学史上的关键人物——朱思本（1273—1337年）[②]。他不但继承了张衡和裴秀的传统，并且还能利用这个传统来总结因蒙古人统治整个亚洲而增加到唐、宋人已经掌握的知识里面去的大量新地理知识。朱思本和天文学家郭守敬是同时代人，但比郭守敬年轻些。继朱思本之后又出现了两位和他不相上下的地理学家李泽民和僧清濬。关于这两位地理学家，我们稍后将更详细地加以介绍。这几位地理学家肯定都由于与西方穆斯林、波斯人和阿拉伯人（如札马鲁丁[③]等）的接触而受益匪浅。对于这些西方人的生平和工作，陈垣（3）已进行过研究[④]。朱思本关于中国边区地理的观点在他那册一再重刊的大地图集中留存了下来，而且几乎是毫无争议地一直流行到19世纪初期[⑤]。

　　朱思本是在1311—1320年间绘制他的中国地图的，他不但利用了许多旧地图和文献，而且还使用了他亲自旅行所得到的资料[⑥]。他所绘的地图是一幅大图，不分幅，名为"舆图"[⑦]。朱思本本人在绘边远地区的地图时是非常小心谨慎的，以值得重视的存疑字句说过一段话：

　　　　至于南海东南和蒙古西北的那些外国异域，则由于它们离我们太远，虽然

---

　　①　见 Chavannes（8），Vacca（5），青山定雄（5），王庸（1）。它是黄裳1194年进献的四幅图中的一幅，但青山定雄认为，从此图的主要特征来判断，它似乎应当是沈括那个时代的作品，也就是说，应当比黄裳那个时代早一百多年。事实上，这幅地图所表现出来的中国确实是宋都（开封）于1126年被金人占领以前的中国。

　　②　内藤虎次郎（1）写有朱思本传。

　　③　见上文 p. 372。

　　④　在他所研究的这些人物中，有几位是地理学家，如瞻思（Shams al-Dīn），此人曾写过一本书，名为《西域图经》，但已散佚。

　　⑤　我们应该感谢福华德［Fuchs（1）］，他写过一篇很有价值的介绍朱思本地理学工作的专题论文。

　　⑥　有意思的是，朱思本本人是一位道士，他曾就教于张仁靖和吴全节等一些著名的道士。在他的自序中提到，除了其他文献以外，他还参考了1137年的《禹迹图》。

　　⑦　此图的珍贵摹本和刻在道观石碑上的图本一直留存到19世纪，但现已全部散佚。

552　　　时常来我国朝贡，却无法考察。谈到这些国家的人往往不能介绍得十分详尽，而把一些情况介绍得很详细的那些人又不能信任；因此，我不得不把这些资料省略掉①。

〈若夫涨海之东南，沙漠之西北，诸蕃异域，虽朝贡时至，而辽绝罕稽，言之者既不能详，详者又未可信，故于斯类，姑用阙如。〉

不过，下面我们将会看到，朱思本的承继者们已经能够获得更精确的资料了，尽管他们所绘的地图还赶不上朱思本。

朱思本的大地图在最初将近二百年的时间内，都仅仅以摹本或碑刻的形式流传②，一直到了 1541 年，才由罗洪先（1504—1564 年）加以增订，并于 1555 年以《广舆图》之名刊印。《广舆图》的序言说：

朱思本的地图是用以正方网格表示距离的方法绘制的（"有计里画方之法"），因此能够如实地表现出真实的地理面貌。即使把（地图）分开，然后再合在一起，东西（各个部分）也能很好地相吻合……朱思本的地图有七尺长，不便展开；因此，我现在根据原图的正方网格把它印成书本的形式③。

〈得元人朱思本图，其图有计里画方之法，而形实自是可据。从而分合，东西相俘，不至背舛……按朱图长广七尺，不便卷舒，今据画方，易以编简。〉

除了总图（见图 231），还有十六幅分省图，十六幅边区图，三幅黄河图，三幅大运河图，两幅海路图，四幅关于朝鲜、安南、蒙古和中亚的地图。在大多数场合下，比例尺是每格相当于 100 里，但也有相当于 40 里、200 里、400 里或 500 里的④。罗洪先绘制《广舆图》时，自然参考过许多元明时期的资料⑤，包括 1329 年问世的《元经世大典》中西北地区的简明网格地图（"西北鄙地理图"；图 232）⑥。

尽管朱思本在绘边远地区的地图时很小心谨慎，但是正如福华德〔Fuchs（1）〕所指出的，有一个事实值得注意，就是朱思本及其同时代的人都已知道非洲的形状像个三角形。在 14 世纪的欧洲和阿拉伯的地图中总是把非洲的那个尖端画成指向东面，直到 15 世纪中叶才把这一错误纠正过来；可是在 1555 年刊印的这一册中国地图集中，非洲的那个尖端则是指向南方，并且还有其他证据可以说明，朱思本早在 1315 年就已经

---

① 译文见 Fuchs（1）。

② 据说，1715 年时仍存有一幅碑刻图。但现在已看不到此图的原图了。

③ 译文见 Fuchs（1）。

④ 在此图的 16 世纪印刷版本中，用以表示城镇的大小和自然面貌的符号都很近代化。第一级的城市用白方块表示，第二级城市用白菱形，第三级城市用白圈；驿站用白三角，要塞用黑方块表示（见图 233）。据说早在 1084 年，一幅军事地图中就曾经分别用不同颜色来表示不同地区和边界。

⑤ Fuchs（1），p. 13。

⑥ 丁谦曾对此书进行过专门的研究〔参见 Pelliot（19）〕；但是对其中的地名做最全面考证的则是贝勒〔Bretschneider（2），vol. 2，pp. 1-136〕，他在书中还附有一幅地名已译出的地图。见下文 p. 564。

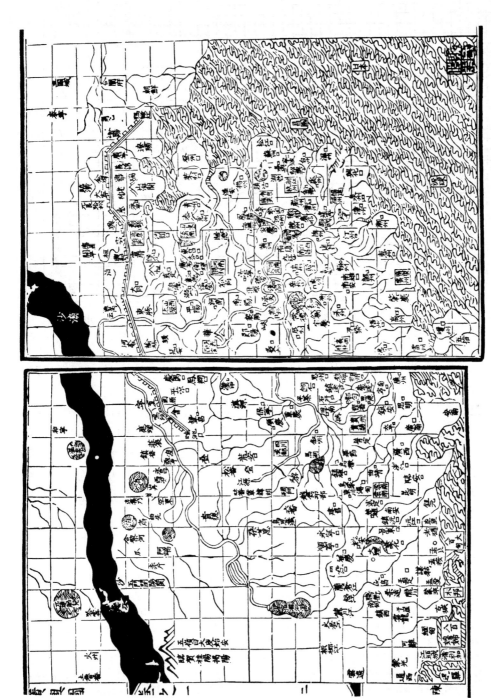

图 231 《广舆图》中的两页，该图是在朱思本 1315 年左右所绘舆图的基础上，由罗洪先在 1555 年左右增订而成。中国总图的比例尺是每格相当于 400 里。西北部的那个黑色带表示戈壁沙漠。《珀切斯游记》（*Purchas his Pilgrimes*）中印有一幅源自此图的地图。

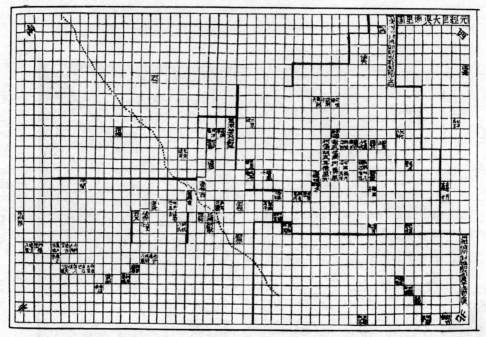

图232　1329年问世的《元经世大典》中西北地区的简明网格地图。北方在右下角。这种
　　　 只把地名或部落名绘于方格上的画法在制图学上称为"蒙古式画法"。

这样画了①。从16世纪中叶开始，《广舆图》曾多次再版，最晚的一版是1799
年版②。

　　上文已经提到的另外两位地理学家李泽民和僧清濬，则和那位比他们早200年的伊德里西一样，是专门绘制世界各国地图的。关于李泽民的生平，我们所知不多，只知道他的成名年代是在1330年左右。他曾绘过一幅《声教广被图》。僧清濬（1328—1392年）所绘的《混一疆理图》肯定要比它晚四五十年。这两幅图于1399年被朝鲜使节金士衡带往朝鲜，并于1402年由朝鲜的李荟和权近合成一幅图，名为"混一疆理历代国

554

---

　　①　这一事实是福华德博士向我指出的，在此顺便向他表示感谢。王庸〔（1），第91页〕认为此地图集的非洲部分是在钱岱刊印的1579年版本中加进去的，他的这一论断是错误的。

　　②　参见 Klaproth（2）；Himly（1）。研究这些版本是一件很麻烦的事，而且其中有一些版本是极罕见的，关于这个问题，可参见 Fuchs（1），Hummel（1））。这最晚的一版反而不如较早的版本好，其中有些地图为了迁就版面，甚至弄得网格大小不一。另一方面，有一些分图，如日本的那一幅，是逐渐加进去的。此外，人口的统计数字及其他一些资料，也是后来增添进去的。其中有一种版本于1606年流传到了佛罗伦萨；关于这一版本的流传经过，可参见 Moule（14），Frescuro & Mori（1）。此书的一份翻译手稿是1701年由弗朗切斯科·卡莱蒂（Francesco Carletti）与一位中国人合作翻译的，这份手稿在一百年以后才由柯恒儒〔Klaproth（1）〕认出是此书的译稿。柯恒儒曾正确地把此书说成是"我所知道的在托勒密之后的最佳地理著作之一"（"un des monumens géographicques les plus curieux que je connaisse，aprés le livre de Ptolémée"）。同时，《广舆图》曾经被耶稣会士卜弥格于1654年前后用作绘制某些出色的地图的蓝本，这些地图手稿至今仍然存在〔见 Fuchs（5）〕。后来卫匡国的《中国地图集》也是以《广舆图》作为依据绘制的（下文 p.586）。

都之图"①。此图的一幅 1500 年左右的复本
一直保存在日本②，而 1585 年前后问世的
中国的《大明混一图》也属于相同的传统。

　　小川琢治③最先注意到了这幅朝鲜的地
图。地图大小约为 5 英尺×4 英尺，青山定
雄（1，2，3）对其做过详尽的描述，但是
他所介绍的只限于该图的亚洲部分④。图中
所用中国城市名称和 1320 年的那幅图中所
用的完全相同。这一事实似乎告诉我们，
这幅图基本上是属于朱思本那个时代的图。
图中的西方部分很值得注意，其中一共有
将近 100 个欧洲地名和 35 个非洲地名⑤，
非洲的形状很正确地画成三角形，而且三
角形的尖端所指的方向也是正确的。图中
非洲北部的撒哈拉（Sahara），与许多中国
地图（包括《广舆图》在内）上的戈壁沙
漠一样，画成黑色。在亚历山大里亚所在
的位置上绘上了一个塔状物，以代表亚历
山大里亚著名的法罗斯岛灯塔（Pharos）。
地中海的轮廓画得很好，但绘图者没有把
它画成黑色，这也许是因为绘图者不能肯
定它是不是一处普通的海。德、法等国的
国名均用音译（"阿雷曼亦阿"和"法里
西那"），而且还绘上了亚速尔群岛
（Azores）。从所使用的符号来判断，朝鲜
的平壤被认为是世界上两个最大的首府之
一，而另一个被认为具有同等重要意义的
城市则位于欧洲，从它所在的位置来看，
大概是指布达佩斯（Budapest）。从这幅地
图可以看出，绘图者所掌握的西方地理知
识是相当广博的，比欧洲人当时所掌握的
中国地理知识明确得多。这样广博的地理

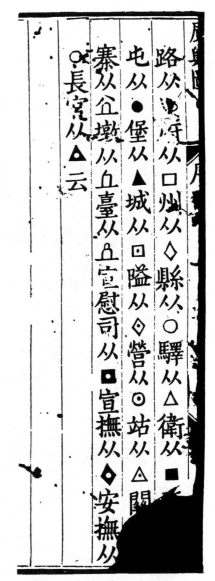

555

图 233　《广舆图》的图例。第一级的城市用白
方块表示，第二级用白菱形表示，第三
级用白圈表示；驿站用白三角表示，要
塞用黑方块表示，等等。这应该是最早
系统地采用这种图例的场合之一。

---

① 参见上文 p. 279。

② 可惜，14 世纪的图没有留存下来。

③ 小川琢治（1），第 606 页。

④ 奇怪的是，直到 1500 年的版本才把日本增添进去。

⑤ 其中有许多地名迄今仍无法考证。这一段论述中的不少内容是根据福华德博士向我提供的资料写成的，
特此向他表示感谢。福华德曾专门研究过这幅地图的西方部分，我曾和他一起观看过此图的照片。

图版 八五

图234 1402年朝鲜绘制的世界地图，即李荟和权近绘的《混一疆理历代国都之图》（参见图235）。图中所示是朝鲜半岛部分，左边是中国海岸［采自青山定雄（3）］。

图版　八六

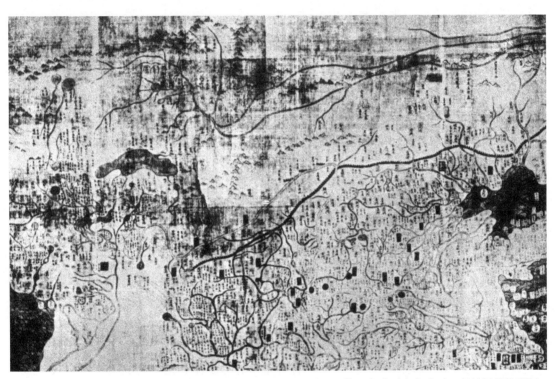

图 235　1402 年朝鲜绘制的世界地图上的中国北部。可以看出，黄河大湾用白色表示，长城用锯齿形黑
　　　线表示。新疆的大湖表示罗布泊［采自青山定雄（3）］。

556　知识显然是通过和阿拉伯人、波斯人、土耳其人的接触得来的①，也许在更大的程度上和札马鲁丁 1267 年来北京时所带来的地球仪有关；在此地球仪上绘有网格（可能是经纬线），但朝鲜的这幅地图上则没有画网格。当然，从根本上来说，这是蒙古人征服了几乎全部"整个有人居住的世界"的一项具体结果。这幅出色的地图的最后一个值得注意之点是：图中未能把郑和在五年以后带回来的关于印度实际上是个半岛的这一资料包括进去。一直到后来才在 1580 年左右的版本中（此版本现收藏在北京故宫博物院），把印度画成一个介于东南亚和非洲之间的半岛。

　　福华德〔Fuchs（1）〕曾对这类地图做了正确的评价，认为它是元代地图的最佳代表作，大大超过欧洲和阿拉伯所有同时代的世界地图。在这里，我们特地把这幅朝鲜的世界地图的一部分复制出来（见图 234 和图 235）。应当记住，朝鲜的这幅世界地图是以朱思本的地图为蓝本的，而朱思本的地图则和西方的早期图解航海手册属于同一时代。把朝鲜的这幅世界地图拿来和玉尔所复制的，同样是想把亚洲和欧洲都表现出来的那幅离奇的加泰罗尼亚人 1375 年的地图②进行比较，我们也许能更好地看出元代制图学家大大超过同时代的西方制图学家的程度。当然，加泰罗尼亚人的这幅世界地图同样用了 13 世纪的资料，如马可·波罗所收集的资料，但是，我们只要把中国和西方制图学家用这些资料所获得的成果比较一下，就可以明白地看出，中国制图学者显然是优胜者。

　　在明末出现的另外一些地图集也继承了《广舆图》的传统。例如，1600 年以后问世的《皇明职方地图》就是一个例子，此图是一位很值得大家钦佩的继承者陈组绶绘制的。

（6）　中国的航海图

　　大约就在权近和他周围的朝鲜地理学家把元代的一些世界地图合并为一的时候，中国人正开始进行一系列前面已提到的著名航海活动③。在 15 世纪前半叶，由一位宦官所率领的船队在南海和印度洋上展开了一系列范围很广的航海考察活动，从而大大地增进了中国人的地理知识，并带回了各种奇珍异品献给朝廷。在这里，我们只打算论述他们的活动中与制图学有关的那些方面，但是在进行这样的论述之前，不能不对他们的航海活动做一番较前文略为详细的介绍④。

---

　　① 承蒙邓洛普代为查考伊德里西的地图中是怎样标出德国和法国的国名的，查的结果是：他分别用"al-Lamāniyah"和"al-Afransīyah"代表德国和法国。但是，无论是伊德里西或是伊本·赫勒敦（Ihn Khaldūn），都没有提到亚速尔群岛；而在朝鲜的这幅 1402 年的世界地图中却绘上了亚速尔群岛，这是很不寻常的，因为亚速尔群岛直到 1394 年以后才被葡萄牙人再次发现，而且直到 1430 年才为大家所知。

　　② Yule（2），vol. 1，p. 299，以及 vol. 2。有用的地名索引，见 Hallberg（1）。

　　③ 例如，本书关于历史概述的第六章（j）中提到的〔第一卷，p. 143〕。

　　④ 在梅辉立〔Mayers（3）〕的论文中有关于这些航海活动的概述，他是第一个对这些航海活动进行研究的西方学者。此外，也可参见 Pelliot（2），Duyvendak（8，9，10，11），Mills（3）。晚近的中文专题论著中有范文涛（1）、冯承钧（1）、郑鹤声（1）等人的作品；刘铭恕（2）也有一篇有价值的论文。

有两段文字足以帮助我们了解这些远征队的规模。第一段采自《历代通鉴辑览》①：

> 永乐三年（1405 年），太监郑和奉命出使西洋。郑和是云南人，人们一般称 557
> 他"三保太监"。
>
> 皇帝当时怀疑元朝的末代皇帝逃亡海外，因此派遣郑和、王景弘②等去追寻他
> 的踪迹。他们带了大量的黄金和其他珍宝，率领了三万七千多名士兵，造了六十
> 二艘大船，从苏州府的刘家港③起航，取道福建到占城，进行遍历西洋的航行。
>
> 他们在西洋宣扬天子的旨意和威德。他们向那里的国王或统治者赠送礼物，
> 对于不服从他们的国王，他们就用武力进行威慑。于是，各国都表示服从皇帝的
> 命令。当郑和回国时，它们都派遣使节随同郑和一起到中国朝贡。皇帝非常高兴，
> 不久以后，又命令郑和再一次出使西洋，并向各国赠送厚礼。这样一来，到中国
> 朝贡的国家越来越多。郑和前后一共七次出使西洋，曾三次俘虏了外国的统治者。
> 郑和的功勋之大，是历代宦官从未曾有过的。与此同时，各国商人鉴于贩卖中国
> 货物有利可图，便扩大了同中国的通商贸易，往来不绝。因此，当时"三保太监
> 下西洋"的说法是人人都知道的；所有后来出使海外的使者，都喜欢用郑和的名
> 字来加深外国的印象。但是，中国为这项活动也耗费了大量的钱财，却没有带来
> 任何回报；而且，随行的士兵，有许多人因为沉船而死亡或漂流到海外，因此，
> 经过近二十年的时间，能够回国的人数，不超过十分之一二④。

> 〈（永乐三年）遣中官郑和（云南人，世谓之三保太监）使西洋。
>
> 帝疑建文帝亡海外，命和及王景弘等踪迹之。多赍金币，率兵三万七千余人，造大船（凡
> 六十有二），由苏州刘家港泛海，至福建，达占城，以次遍历西洋。颁天子诏，宣示威德。因给
> 赐其君长，不服，则以兵慑之。诸邦咸听命，比和还，皆遣使者随和朝贡。帝大喜，未几，复
> 命和往，遍赍诸邦。由是来朝者益众。和先后凡七奉使，三擒番长，为古来宦官所未有。而诸
> 番利中国货物，益互市通商，往来不绝。故当时有三保太监下西洋之说。而后之奉命海表者，
> 莫不盛称和以夸外番。然中国前后耗费亦不赀。其随行军士，或以舟败漂没异国，有十余年始
> 得还者，什不存一二云。〉

近年一次幸运的发现，使我们能够知道郑和及其同伴是如何看待这项航海活动的。
1937 年，王伯秋在福建长乐发现了一块石碑，碑上刻有船员们对天妃的铭谢文。铭谢
文是在 1432 年新年写的，这正好是郑和第七次也就是最后一次起航出海的前夕。铭谢
文说：

> 大明皇朝在统一领海和领土的事业上不但远远地超过三代，而且也超越了汉
> 朝和唐朝。远在天涯海角的各国，全部成为明朝的臣民。地处极西和极北的国家，
> 不论它们离中国是多么遥远，距离和路程都是可以计算出来的。所以，海外各部
> 族虽然路途遥远，都派人带了珍贵的礼物前来朝贡。

---

① 陆锡熊 1767 年编纂。

② 郑和的副使。

③ 今上海附近。

④ 《历代通鉴辑览》卷一百零二，译文见 Mayers (3)，经修改。最后一句显然是正统儒家反对宦官的宣传。

558 　　大明皇帝为了奖赏他们的忠诚，命令我们（郑和等人）率领官兵数万人，乘大船百余艘，依次去向他们赠送礼品，借以宣扬（皇帝）德行的感化力量，并向远方各族人民表示友好。从永乐三年（1405 年）到现在，我们已七次接受出使西洋各国的使命。

　　我们已访问过的海外国家有途经的占城（占婆）、爪哇、三佛齐（巨港）和暹罗，径直穿越的南印度的锡兰山（锡兰）、古里［卡利卡特（Calicut）］和柯枝［科钦（Cochin）］①，最终抵达的西域的忽鲁谟斯［霍尔木兹（Hormuz）］②、阿丹［亚丁（Aden）］、木骨都束［非洲的摩加迪沙（Mogadishiu）］③。大大小小的国家有三十多个。我们曾横渡十万多里的海域，经历过海洋中的惊涛骇浪。有时我们遥望到那些隐藏在烟雾之中的外国地域，而我们则张起高耸入云的巨帆，夜以继日地冲破层层巨浪，就像是在康庄大道上行走一样飞速前进。我们之所以能顺利地完成我们的使命，固然是靠朝廷的威望和洪福，但是更托赖于天妃的保佑。

　　天妃的法力过去确实就已经显示过，但现在却更加充分地显示在我们的身上。有一次，我们在汹涌的海洋中遇到了飓风，可是就在这千钧一发之际，忽然有一盏神灯照耀在我们船只的桅杆顶端。神灯一出现，危险立即就过去了。因此，我们即使遇到翻船的危险，我们心中也很泰然，一点也不感到惊慌……④

　　〈皇明混一海宇，超三代而轶汉唐，际天极地，罔不臣妾。其西域之西，迤北之北，固远矣，而程途可计。若海外诸番，实为遐壤，皆捧琛执贽，重译来朝。

　　皇上嘉其忠诚，命和等统率官校旗军数万人，乘巨舶百余艘，赍币往赍之，所以宣德化而柔远人也。自永乐三年奉使西洋，迨今七次，所历番国，由占城国、爪哇国、三佛齐国、暹罗国，直逾南天竺、锡兰山国、古里国、柯枝国，抵于西域忽鲁谟斯国、阿丹国、木骨都束国，大小凡三十余国，涉沧溟十万余里。观夫海洋，洪涛接天，巨浪如山，视诸夷域，迥隔于烟霞缥缈之间。而我之云帆高张，昼夜星驰，涉彼狂澜，若履通衢者，诚荷朝廷威福之致，尤赖天妃之神护祐之德也。神之灵固尝著于昔时，而盛显于当代。溟渤之间，或遇风涛，即有神灯烛于帆樯，灵光一临，则变险为夷，虽在颠连，亦保无虞……〉

这个石碑及其他一些类似铭文的发现，由于皇室档案中的官方记录后来因种种原因遭到散佚而变得更为重要。

　　尽管如此，这几次远航探险仍然导致了四部重要书籍的问世，伯希和［Pelliot（2）］曾对这四部书进行了研究。最早的一部是巩珍在 1434 年所写的《西洋番国志》，

---

　　① 所有这些地方都是前三次航海活动（1405—1407 年、1407—1409 年及 1409—1411 年）到过的地方。在第三次航行时，遭到了锡兰统治者［维罗·阿罗吉湿婆罗（Vira Alakēsvara），但有时被误作维阇耶巴忽六世（Vijaya Bābu VI）］的留难，因此他曾被中国人带回中国暂时监禁起来。

　　② 第四次出航（1413—1415 年）又增加了霍尔木兹岛和波斯湾两个地方。这一次，中国的穆斯林翻译人员也参加了，而这就是马欢在这次出航中出现的原因。

　　③ 最后三次远航（1417—1419 年、1421—1422 年、1431—1433 年）曾到达非洲东岸，包括马林迪（Melinda），并带回了许多东西，其中包括长颈鹿。这三次远航的起讫时间是戴闻达［Duyvendak（9）］考证出来的。

　　④ 圣埃尔莫火球（St Elmo's fire）现象。译文见 Duyvendak（8，11），经作者修改。

紧接着就是费信在 1436 年所写的《星槎胜览》①，这两位作者都当过郑和的随员。再晚一些时候就轮到那位中国的穆斯林通译马欢在 1451 年所写的《瀛涯胜览》②。由于现在已确实知道郑和本姓马，而且他的家世也是云南的穆斯林，因此，马欢的出现就成为十分自然的事了③。第四部书是黄省曾在 1520 年所写的《西洋朝贡典录》④。

所有这些著作虽然都很详细地介绍了几次远航探险所到地区的居民和物产，但是却没有附（而且似乎也从未附过）任何地图。然而，黄省曾谈到"针位"（即航向），并曾用它来作为他的原始资料之一⑤。事实上，我们手头确实有几幅能看出郑和及其船队所取航线的地图；这些地图附于茅元仪在 1621 年之前撰成并在七年后献给皇帝的一部关于军事技术的书《武备志》的末尾⑥。这部书的前言中，曾谈到这些地图是根据郑和遗留下来的记录绘制而成的⑦。戴闻达［Duyvendak（10）］和王庸曾指出，茅元仪的祖父是茅坤，他是以防御倭寇为其主要工作的福建巡抚胡宗宪的终身合作者，也是海岸地理学权威郑若曾（此人在上文 p. 516 已提到）的友人。这些地图很可能是茅坤在巡抚衙门里发现并传给他的孙子的⑧。

这里，我们把其中一幅地图的一部分复制了下来（图 236）。从图 236 中可以立即看到，此图并不是根据裴秀的网格传统绘制的，它是一幅真正的航海图，图中除了标有航线的精密针位，还标有以"更数"⑨计算的距离，同时也标注了沿岸对于船员来说可能是很重要的所有各点⑩。这幅地图由于是极端图解式的，所以非常失真，米尔斯［Mills（1）］曾把它比作现代图示性的"地下铁道"图或轮船公司的航线图。从我们所复制的这部分图中可以看到，左边是波斯湾的入口，并标注有"忽鲁谟斯"（霍尔木兹；86）和"麻实吉"［马斯喀特（Muscat）；81］，右边则是红海的入口，并标有"速古荅剌"［索科特拉岛（Socotra）；60］和"阿丹"（亚丁；62）两个地名。因此，对着我们的那块陆地应该是阿拉伯半岛，远处的那块陆地是印度，并标注有孟买

---

①　"星槎"是指称载有使节的船只的常用词。

②　这部名著已有多种译本可用：Groenveldt（1）；Rockhill（1）；Phillips（2）；Duyvendak（10）。此书也部分地收载于《图书集成·边裔典》卷五十八、七十三、七十八、八十五、八十六、九十六、九十七、九十八、九十九、一○一、一○三和一○六。

③　刘铭恕（2）；Duyvendak（8）。

④　1520 年是一个有重要意义的年份，因为就在这一年，西班牙人开始征服美洲大陆。这些远航探险及哥伦布（Columbus）在此之前所做的航行，如果没有中国的两大发明——指南针和船尾舵，将是不可能的。郑和也利用了这两大发明。黄省曾的这部著作已由梅辉立［Mayers（3）］译成西文。

⑤　他所用"针位编"一词可以看作一部专门著作的书名。伯希和［Pelliot（9），p. 139］曾注意到这一点。虽然柔克义［Rockhill（1），p. 77］倾向于认为"针位编"一词在这里只具有一般的意义，但伯希和则相信总有一天会找到证据来证明它是一部书，见 Pelliot（2a），p. 345；（2b），p. 308；（33），p. 79。

⑥　《武备志》卷二四○。

⑦　博德利图书馆（Bodleian Library）中藏有一份 15 世纪写的关于航向的手稿，戴闻达［Duyvendak（1）］曾对它作过研究。关于这份手稿，可参见本书第二十六章（i）和第二十九章（f）。

⑧　在 17 世纪末以前，施永图在《武备秘书》一书中再次翻印了这些地图，但不及《武备志》的好。关于这个版本，见 Duyvendak（10），p. 18；Pelliot（33），p. 78。

⑨　十"更"相当于顺风情况下一昼夜所行驶的距离，一"更"相当于 2 小时 24 分的航程或者说大约相当于 60 里。关于这些问题，见和田清［S. Wada（1）］的论文，他论述了明代以前中国到菲律宾的航海活动。

⑩　例如平潮时的礁石和浅滩，以及港口等。

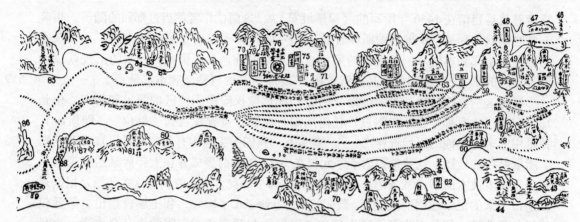

图236 《武备志》中的海图之一。虽然这些图直到1621年才刊印，但它们始自郑和远航探险的年代（1405—1433年）。图中顶部的沿海地区是印度西部，底部的是阿拉伯半岛。左面是波斯湾，右面是红海入口。印度洋压缩成一个图示性的通道，其中的航线用精确的针位和其他说明表示。地名可由编号数字来辨识，如霍尔木兹（86；"忽鲁谟斯"）、马斯喀特（81；"麻实吉"）、索科特拉岛（60；"速古荅剌"）、亚丁（62；"阿丹"）、孟买（马希姆）（67；"马哈音"）。每一地名的旁边都有用"指"计算的极星高度；有关这方面和其他方面航海技术的详细情况，将在本书第二十九章（f）中讨论。这些图应视为中国的图解航海手册，它们在形式上与西方的图解航海手册很不相同［采自Phillips（1）］。

560 （Bombay；67）[1]。由此可见，图的上方既不是南，也不是北，而是东；同时，为了在书的开本的许可范围内硬把印度洋塞进去，便造成了图中的部分失真。菲利普斯［G. Phillips（1）］不但对这些地图做了很详细的研究，而且还对图上的地名做了考证；刘铭恕（2）对这些地图所做的过低估计[2]，是不能接受的。事实上，这些地图不仅在性质上同欧洲的实用航海图很相似，而且在时间上（15世纪初期）也差不多，唯一的不同是，在中国的航海图上，针位是用文字来标注的，而不是像欧洲图解航海手册海图那样，从一些随意选定的中心画一些方位线[3]。关于中国航海图的精确性问题，我们感激米尔斯［Mills（1）］和布莱格登［Blagden（1）］所做的仔细研究，他们二人都很熟悉整个马来半岛的海岸线，并都对中国航向图的精确性做出了很高的评价。此外，马尔德［Mulder（1）］最近还从领航员的角度研究了这些资料。在这些图上，遇到有海岛的地方，一般都绘有外线和内线，有时还为往程和返程分别画出了供选择的航线。针位用天干、地支表示，有时还加一"丹"字，其意义可能是指"正"南、"正"东

---

① 实际上标的是"马哈音"［马希姆（Mahaim）］。

② 柔克义［Rockhill（1）］更喜欢霍冀1564年绘的《舆地总图》，但我们认为这两种图是不能相比的。霍冀的图属于朱思本的传统，图中陆地部分画有网格，而海洋部则未画网格，他所绘的南非洲和朱思本的地图一样，画得十分正确，但他所画的岛屿位置则是很随意的。

③ 门多萨（Mendoza；1585年）曾经指出："中国人是使用一种分为十二方位的罗盘来操纵船只的。他们不使用海图，但他们用一种简明的航线图来指导他们的航行……"当然，一些较晚的西方图解航海手册是绘制得很好的。

或"正"北①。误差一般不超过 5°，这对于 1425 年的领航员来说，可以认为是极好的了②。

人们曾经围绕着《武备志》所附地图是否受到外国的影响这一问题展开过讨论，现在看来，把这些地图同郑和的远航探险活动联系起来，似乎更合乎事实。戴闻达 ［Duyvendak（10）］和伯希和 ［Pelliot（2）］猜想这些地图可能受到阿拉伯的影响③。范文涛（1）指出，史弼在元初（1297 年以前）从爪哇带回一幅爪哇国的地图，而且在 1372 年，某国的国王 ［据冯承钧（1）考证，这个国家是科罗曼德尔（Coromandel）］也送来过一幅地图。但是我们感到困难的是，到目前为止，还没有发现过阿拉伯人的图解航海手册，因此我们无法确切地知道，阿拉伯商船船长手中一定会有的那些海图到底是什么样的。在这一点得到澄清以前，我们就很难肯定中国航海图的绘制者从阿拉伯人那里所接受的影响到底有多大了。在本书航海技术部分 ［第二十九章（f）］，我们还要回到这个题目上来。在我们看着郑和"以北向每小时六浬的航速破浪"最后返航之时，我们应该心满意足地和米尔斯一起向他告别。

（7）阿拉伯人的作用

我们刚刚谈到了中国人和阿拉伯人之间的广泛接触，因此在这里最好谈谈这个题目的另一个方面，即阿拉伯人在制图学史上所起的作用④。阿拉伯人和拜占庭的紧密联系可能使他们很早就接触到希腊地理学家们的遗产，而且使他们从公元 9 世纪中叶开始就能利用托勒密的著作。同时，在哈里发马蒙（al-Ma'mūn；公元 813—833 年）的时代，新的经纬度表已经问世⑤。因此，定量制图学的传统在阿拉伯人当中从来没有完全失去，这就成为自然不过的事了。

尽管如此，在公元 8—11 世纪的这一段时期中，另外一种传统，即宗教宇宙学的传统，虽然没有完全占统治地位，但毕竟也是很有影响的。在阿拉伯文献中还可看到不少阿拉伯 T-O 地图和轮形地图⑥。此外，还出现了一种在更大的程度上走向几何图形化的倾向，结果使得轮形地图上完全失去了海洋和陆地的实际轮廓。这种情况可以在米勒 ［K. Miller（4）］和优素福·卡迈勒（Yusuf Kamal）的画册中看到。我把其中一幅高度几何图形化的地图翻印了下来（见图 237）；这幅图是阿布·伊斯哈克·法里

---

① "丹"也可能是"单"的意思，即"直对着"。罗盘上的某些标志，确实着色成红的；参见本书第二十六章（i）。

② 参见张礼千（1）及和田清 ［S. Wada（1）］的研究。迪穆捷 ［Dumoutier（1）］曾介绍过一种安南（越南）的"图解航海手册"，但我们未见到他所复制的图。

③ 但是正如米尔斯向我们指出的那样，这种航海图的传统很可能是纯中国式的。朱思本早已就将福建和满洲之间的海路表示成了一些横着穿越地图的路线 ［见 Fuchs（1），pls. 37, 38］。

④ 金布尔 ［Kimble（1）］曾用了整章的篇幅来论述穆斯林地理学的兴衰，他可能研究过这个问题。亦可参见 Beazley（1），vol. 3；Nafis Ahmad（1）。

⑤ 米勒 ［K. Miller（3）］对阿拉伯人和希腊人关于地球周长和度数的数值进行过比较。

⑥ 见上文 pp. 529 ff. 。

562 西·伊斯塔赫里（Abū Ishāq al-Fārisī al-Iṣṭakhrī）在公元950年前后绘制的[1]。伟大的西西里的地理学家伊德里西曾在1154年左右绘制了一幅T形地图和一幅气候图[2]。马哈茂德·伊本·侯赛因·伊本·穆罕默德·卡什加里（Maḥmūd ibn al-Husain ibn Muḥammad al-Kāshgharī）在1074年所绘的最古的土耳其世界地图，其中画有汗八里（即北京）和喀什噶尔，同样也是轮形图[3]。带有气候带的轮形地图直到13世纪仍然很流行，

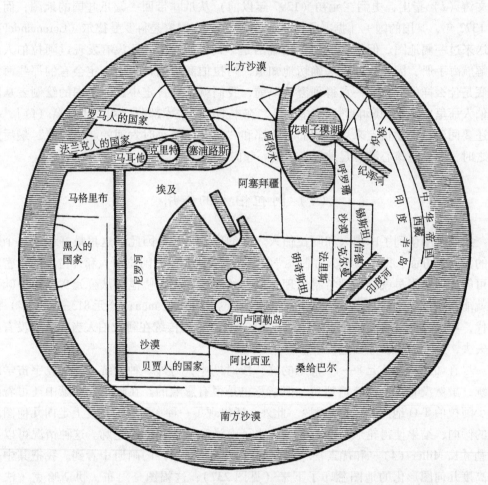

图237 一幅阿拉伯轮形地图，它是阿布·伊斯哈克·法里西·伊斯塔赫里和伊本·豪加勒（公元950—970年）绘制的。它清楚地表现出强烈的几何图形化的倾向，这是阿拉伯制图学第二期的特点［Mieli（1），pp. 115，201］。原图，以上方为东，就像同时期拉丁欧洲的T-O图一样，但阿拉伯学者们知道远东是中国和西藏，而不是地上乐园。在此图中，非洲的尖端也指向东，这一错误是中国地理学者们首先纠正过来的［采自Beazley（1），原图依据Reinaud（1）］。

① Sarton (1)，vol. 1，p. 674；Hitti (1)，p. 385；Mieli (1)，p. 115。
② Miller (4)，vol. 3，p. 160。另外一些类似的图见同书，pp. 131，135，116。
③ Miller (4)，vol. 3，p. 142。

如优素福·卡迈勒所描绘的扎卡里亚·伊本·穆罕默德·加兹维尼[①]（Zakarīyā'ibn Muhammad al-Qazwīnī；1203—1283年）的轮形地图就是一例[②]。这些图与上文已经研究过的和它们属于同一时代的中国地图是无法相比的。但是，到了14世纪，阿拉伯人对世界已知部分的大体形状已经知道得相当清楚。1948年在黎巴嫩（Lebanon），我曾有幸在贝鲁特（Beirut）的萨米·哈达德（Sami Haddad）教授所收藏的图书中，看到一本由纳西尔丁·图西亲笔写的手稿，其标题为《天文学要录》（*Memoranda on Astronomy*）[③]，其中附有一幅在圆盘或球面上绘制的世界地图，图中只画出了北半球的气候带（见图238）。此图和马里诺·萨努托[④]（Marino Sanuto；1306—1321年）的世界地图非常相似，把非洲的那个尖端画成指向东，而不是指向南。这两幅图和朱思本的图（参见上文，p.552）是同一个时代的作品，但在这三幅同时代的图中，只有朱思本的图把这个尖端画对了。不过，这三位14世纪初期的制图学家都没能认识到印度是个半岛。然而值得指出的一个要点是，阿拉伯人虽然也沾染了宗教宇宙学的传统，但他们是以麦加（Mecca）为他们所绘轮形地图的中心，而不是像其他文化那样，以耶路

563

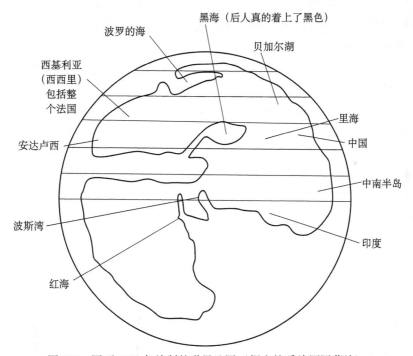

图238　图西1331年绘制的世界地图（据亲笔手稿原图摹绘）。

①　Sartov（1），vol. 2，p. 868。

②　Yusuf Kamal（1），vol. 3，p. 1050。

③　此书想必与布罗克尔曼［Brockelmann（2），vol. 1，p. 551］所知道的 "*al-Tadhkirah al-Nāsirīyah*" 是同一本书。承邓洛普先生对此进行了核对，特此志谢。

④　Beazley（1），vol. 3，opp. p. 521。

撒冷、须弥山或昆仑山为中心①。

　　在我们对穆斯林的和中国的科学制图学进行比较时，有三幅主要地图是应该记住的。第一幅也是最著名的一幅，是伊德里西（1099—1166 年）的世界地图②，此图是在 1150 年为西西里的诺曼王（Norman King）罗杰二世（Roger II）绘制的，在现代著作中经常加以翻印③。这幅地图完全是按照托勒密的传统绘制的，图中绘了九条平行的纬线（气候带）和十一条经线，画法很像墨卡托投影，并且没有考虑到地球的曲率④。在这方面，它和中国的网格地图颇为相似。伊德里西为了了解亚洲和非洲的情况，曾利用了各种资料，如伊本·胡尔达兹比⑤的穆斯林国家的游记（公元 9 世纪）和马苏第⑥关于东方的介绍（10 世纪）。尽管伊德里西的世界地图集中了伊斯兰文化和基督教文化在年代学和地理学方面的成就，但是拉丁学者却没有能够加以利用，金布尔曾对这一点感到惊异。如果把图 239 的这幅复制地图拿来和图 226 的那幅地图进行比较，那么，优势似乎是在 1137 年那幅同时代的中国网格地图一边。可是到了 13 世纪初期，阿布·阿里·哈桑·伊本·阿里·马拉库什⑦编了一个有 134 个坐标参考点的表，从而把地理学同天文学更紧密地结合起来，这一点却超过了中国。因为中国人虽然也是凭太阳或极星的高度来定纬度的，但是阿拉伯人则更全面地利用了古希腊人关于通过对比各地月食开始时间来确定经度的想法。

　　我们要讨论的另外两套具有重要意义的地图，实质上也是带网格的地图，但它们不是中国人而是阿拉伯人绘制的。其中之一是哈姆达拉·伊本·阿布·巴克尔·穆斯陶菲·加兹维尼⑧（Hamdallāh ibn abū Bakr al-Mustaufī al-Qazwīnī；1281—1349 年）为了说明他所著《历史精选》⑨（Ta' rīkh-i-Guzīda）而绘制的。穆斯陶菲·加兹维尼肯定和东亚有过接触，因为在他的另外一些著作中，他曾列举了一些动植物名称所对应的蒙古语。他所绘制的三幅伊朗地图是带有矩形网格的；他所绘的两幅世界地图，虽然是圆盘状，但也画有网格（见图 240）。图上只有地名而不带有表示任何自然特征的符号的风格，和上文所引 1329 年的《元经世大典》一书所附地图（见上文 p. 554）的画法一致。如果可以把这种画法称为"蒙古式画法"的话，那么，这种"蒙古式画法"

①　实际上，阿拉伯的制图学家曾虚拟了一座圣城阿林（Arim 或 Arym），这座圣城被设想为位于"整个有人居住的世界"的中央子午线上，即在巴格达以东 10° 左右。尽管如此，他们仍然把麦加放在圆的中心 [wright（1），p. 86]。阿林这个地名似乎是来自一个印度的城市——马尔瓦（Malwa；摩腊婆）的乌贾因（Ujjain；邬阇衍那），乌贾因曾是公元 5 世纪的笈多王朝的首府之一，它是一座著名的天文台的所在地，托勒密称之为"Ozene"。阿拉伯地理学家曾把阿林称为"地的圆顶"，从这个词可以看出它与古代印度的宇宙学关于中央山脉的说法有关。

②　Sarton（1），vol. 2，p. 410；Mieli（1），p. 198。

③　K. Miller（4）；Yusuf Kamal（1），vol. 3，p. 867；de Reparaz-Ruiz（1）。

④　Kimble（1），p. 57。

⑤　Hitti（1），p. 384；Sarton（1），vol. 1，p. 606。

⑥　Sarton（1），vol. 1，p. 637。

⑦　Mieli（1），p. 210；Sarton（1），vol. 2，p. 622。

⑧　Sarton（1），vol. 3，p. 630。

⑨　K. Miller（4），pls. 83，84，85，86；Yusuf Kamal（1），vol. 4，pp. 1255 ff.。

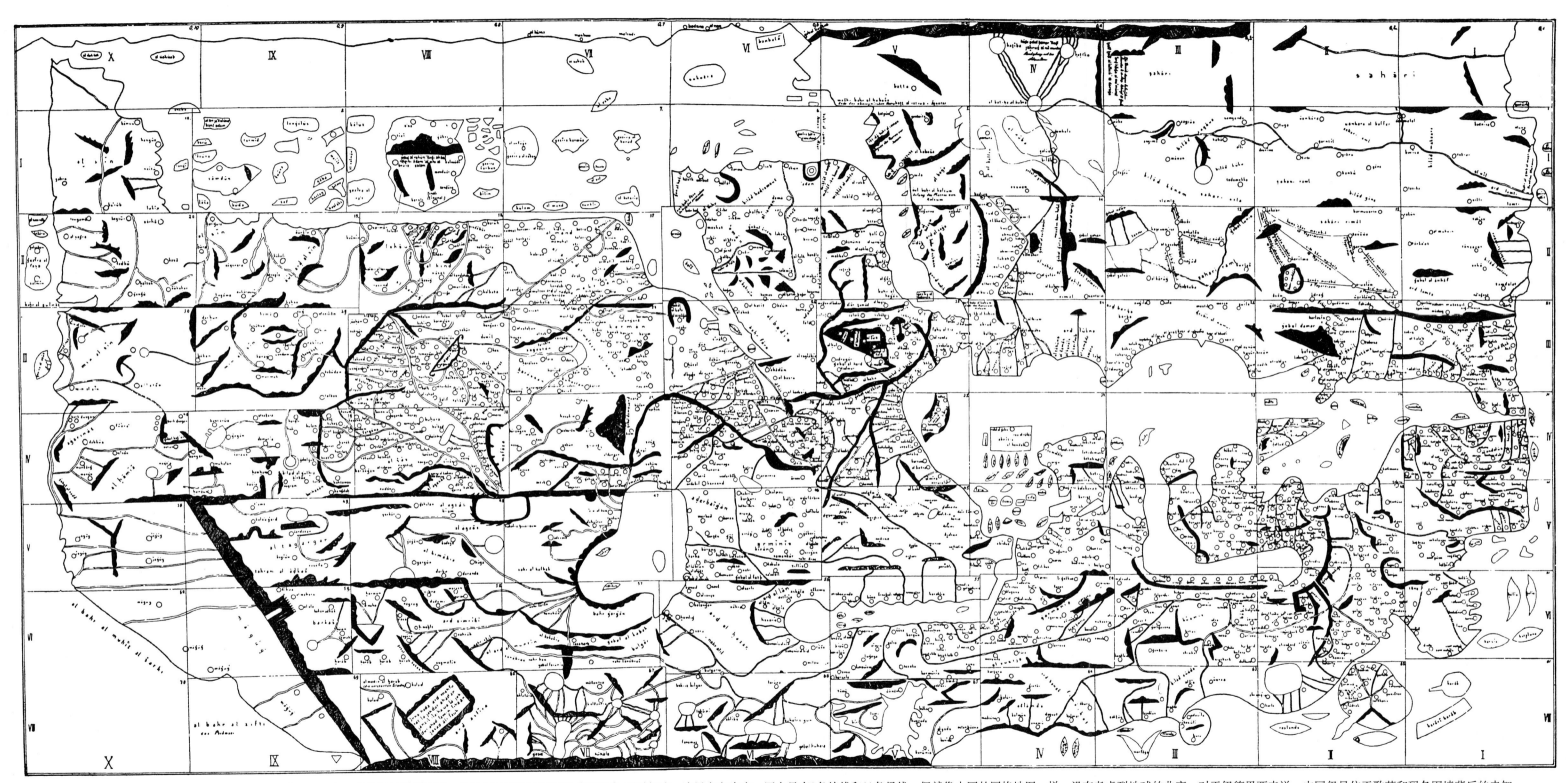

图239 伊德里西（约1150年）为西西里的诺曼王罗杰二世绘制的世界地图。它与中国1137年的地图（图226）可以相比。这里上方为南，图上虽有9条纬线和11条经线，但就像中国的网格地图一样，没有考虑到地球的曲率。对于伊德里西来说，中国仍是位于歌革和玛各围墙背后的未知地区（左下方），但印度（虽未绘成半岛形状）和东印度是比较清楚的。在变形虫样的不列颠群岛（British Isles；右下方）的左边是拉斯兰达岛（Raslanda），可能是指法罗斯（Faröes），它很可能是神话中大西洋的斐兰岛（Friesland）的由来［采自K.Miller（4）和Kamal（1）］。

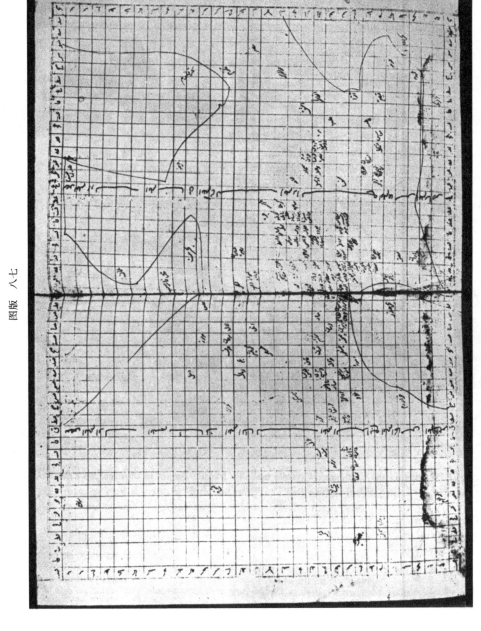

图版 八七

图 240　用"蒙古式画法"绘制的伊朗地图中的一幅，这也是一种没有地形，只有网格和地名的地图。此图是哈姆达拉·伊本·阿布·巴克尔·穆斯陶菲·加兹维尼在 1330 年左右为了给他的《历史精选》做解说而绘制的〔采自 K. Miller（4）；Kamal（1）〕。

图版 八八

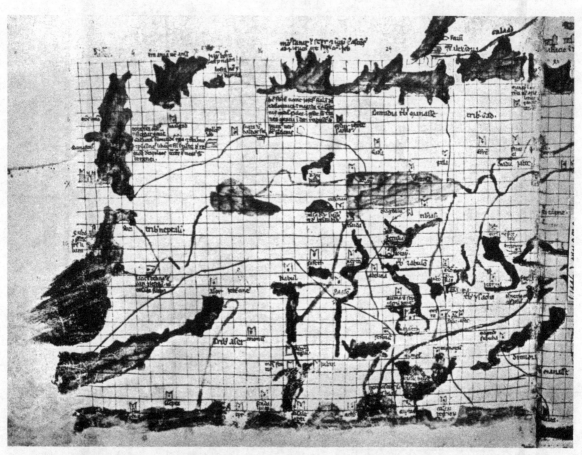

图241 按中国网格制图法绘制的巴勒斯坦地图，是马里诺·萨努托为了解说他的《十字架忠诚信徒秘籍》（1306年）一书而绘制的［采自 Kamal（1）］。

再一次在哈菲兹·阿布鲁①（Ḥāfiẓ-i Abrū；卒于 1430 年）的地图上出现了②。

最值得注意的是，不属于天文学的网格制图法甚至也有一幅同时代的拉丁地图样本。关于马里诺·萨努托③所绘的世界地图，我们已经介绍过，但是这位意大利人还绘制了一幅巴勒斯坦（Palestine）地图，作为他所著的一部《十字架忠诚信徒秘籍》（*Liber Secretorum Fidelium Crucis*；一种十字军地理书）的附图。这幅地图④的绘制年代是 1306 年，图中绘有二十八条从北到南平行的"间隙"线和八十三条从东到西平行的"间隙"线（见图 241）。这是较晚的图解航海手册问世之前及托勒密制图法复兴之前仅有的一幅欧洲人所绘的带有网格的地图，而这幅图恰恰是一幅阿拉伯国家的地图，这一点应该是值得我们加以重视的。

关于在制图方法上可能发生过的总的传播方式的大体轮廓，现在逐渐清楚了⑤。那么，阿拉伯人 14 世纪初期在定量制图学方面所做的工作对后来欧洲的图解航海手册的发展到底产生了多大的影响呢？阿拉伯人的定量制图学是全部受益于托勒密的知识呢，还是多少也受到过中国的网格地图的影响呢？我们知道，这样的传统在中国很早就已经流行了。阿拉伯人在广州的聚居地在公元 8 世纪中叶肯定已经形成，而且在其后的两个世纪中，商人苏莱曼和巴士拉的伊本·瓦哈卜（Ibn Wahb al-Baṣrī）又曾在中国做了范围很广的旅行⑥。而后，13 世纪蒙古人的西征，使得阿拉伯人和中国人之间的接触非常密切。或许，马里诺·萨努托是采用了一种中国特有的方法而自己却不知道。

565

（8）东亚制图学中的宗教宇宙学

在这幅总的图像中，现在只剩下一个主要的方面还需要谈谈，这就是东亚制图学中所存在的宗教宇宙学传统。这一点并没有为以前的汉学家所认识，但在最近的研究工作，特别是中村拓［Nakamura（1）］的研究论文中已得到了确认。实质上，这种类型的地图都是以中亚或西藏北面带有神话色彩的昆仑山为中心的；它的西面是一些未知的地区，而它的东面，则由朝鲜、中国、中南半岛和印度形成一系列伸进东洋的大陆岬。在这外海的周围又分布有一个环状的陆地，而这块环状陆地本身又被一个更远的大洋围绕。在不少出版物中，如在古恒（Courant）⑦、高第⑧（见图 242）、李益习［Yi Ik-Seup（1）］、赫尔伯特［Hulbert（1）］、罗塞蒂［Rosetti（1）］，以及中村拓的

---

① Sarton（1），vol. 3，p. 1855。

② K. Miller（4），vol. 3，p. 178，pls. 72，82。

③ 关于此人，见 T. Fischer（1）和 Kretschmer（1）；Sarton（1），vol. 3，p. 769。

④ 此图的复制品见 Yusuf Kamal（1），vol. 4，pp. 1162 ff.，esp. p. 1173；Nordenskiöld（1），pl. VII。对此图的介绍见 Beazley（1），vol. 3，pp. 309，391，521，529。

⑤ 贝内特［Vernet（1）］也察觉到了这一点。

⑥ Renaudot（1）；Reinaud（1）；Ferrand（2）。

⑦ Courant（1），vol. 2，pl. X。

⑧ Cordier（3），pl. V。

图版 八九

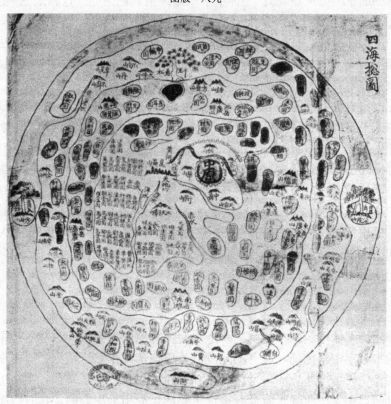

图 242　东亚的宗教宇宙学；18 世纪朝鲜手稿中的一幅以昆仑山（与须弥山相当）为
　　　　中心的佛教传统的轮形地图，名为《四海总图》。在海洋中绘有许多海岛，
　　　　而在环形大陆上则绘有许多国家。在东方和西方各有一岛，岛上各有一棵日
　　　　月树；参见上文图 213 和 228 顶部（东方）的"日月树"（Arbores Solis et
　　　　Lunae）。参见图 212 在同样位置上的"日树"（Insula Solis）。本图中顶部为
　　　　北方，在"中原"之北可以看到穿越黄河的长城线［采自 Cordier（3）］。

著作中，都印有不少这类地图。这类地图在朝鲜特别多，常常在木刻、手稿和屏风图案中出现。虽然它们无疑是代表一种古代的传统，但是奇怪的是，其中大多数都是晚期（17和18世纪）的作品。然而，正如中村拓所指出的，图中所出现的许多带传奇色彩的国名（145个中有110个）都是出自《山海经》的，而另外一些则出自《书经·禹贡》、《穆天子传》和《列子》等书。此外，在图的角上还常列有一些直接从《淮南子》中抄来的注释。在所有这类地图中，都未列有11世纪以后的地名。

尽管这类地图在中国从来没有这样盛行过，但是没有任何理由可以怀疑朝鲜不是从中国接受这种传统的。赫尔曼曾翻印过一幅中国人"Jen Chhao"[①]1607年绘制的完全属于这种类型的地图[②]。此外，在章潢1562年所编撰的《图书编》中也有一幅这样的地图，名为"四海华夷总图"。此图同样是以昆仑山为中心[③]。编撰者写道：

> 这幅地图出自一本佛经，描绘的是宇宙四大海中的南赡部洲（即"整个有人居住的世界"）……尽管这幅采自《佛祖统记》的地图并没有很清楚地表现出世界的形状，但我还是把它收进本书。佛教僧人所绘的这类地图，一般说来，是不可尽信的[④]。

566

> 〈此释典所载四大海中南赡部洲之图，姑存之以备考……按此图与说，出于释氏，虽不可尽信，然览此亦可以知地势之无穷尽云。〉

这个说明是很值得注意的，因为从这段说明，一方面可以看出，这种传统是一种佛教和道教的传统；另一方面则可看出，那些知道裴秀的科学制图传统的学者们对这类地图的评价是很低的。《佛祖统记》至今仍收录在大藏经内[⑤]。它是僧人志盘于1270年编撰的。其中的宇宙观所包括的内容，似乎可以通过一些只列有书名的公元7世纪的文献而上溯到附有地图的《四海百川水源记》，此书是另一位僧人道安在公元347年撰写的。

我们找到一段大约就是这个时期的文字，它也许是关于这种轮形地图传统的主要参考资料。这段文字见于《汉武帝内传》，该书是一部晋代的道教著作，传为葛洪撰。小川琢治（l）也曾注意到这段文字，但他没有看出它的要领。这段文字谈的是汉武帝会见神话中的西王母的故事：

> 这时，汉武帝又看到一些小匣子，匣中有一些用紫锦套着的小书。汉武帝问西王母说，这是不是关于长生术的书，是不是能让他看一看。西王母把其中一本拿了出来，并对汉武帝说："这是一本《五岳真形图》。就在昨天，青城山[⑥]的众

---

① 由于赫尔曼漏注此人姓名的汉字，也未进行详细介绍，我们无法对此人及其著作进行考证。

② Herrmann（8），pl. XII。参见Herrmann（8），p. 244。

③ 图中除了列有明代的地名，还列了一些明代以前的地名，这些地名大部分采自玄奘的《大唐西域记》。由此可见，此图同佛教的朝圣求法路线图有某种联系［参见Julien（1）］。中村拓曾讨论了此图同保存在日本的一幅1194年的奇特地图的关系。

④ 译文见Nakamura（1）。

⑤ N 1661；TW 2035。

⑥ 在四川灌县附近。

仙都来向我要这本书，所以我正打算把它交给他们。它是三天太上道君①所写，是一本极其秘密极其重要的书，像你这样一个凡人，怎能配得上带着它呢？我打算把《灵光生经》送给你，这样，你就可以和神灵相通，并增强你（长生）的意志。"

但是，汉武帝却拜倒在地，一再恳求要这幅地图。西王母说："以前，在上皇清虚元年②，三天太上道君到人间去观看广阔的世界，他考察了河、海的长宽和山丘的高低，确定了天柱③（的位置），并安排了天柱周围各处的地理特点。然后，他（某种程度上）模仿同心带的方式（在地图上）布置了五岳（即把其中之一安排在正中央，并让其他四岳对称地立于周围）（'植五岳而拟诸镇辅'）。他把尊贵的位置（即中心位置）给了昆仑山，以便让仙人都住在这座山上。此外，他还把一个重要的位置赐给了蓬莱岛④，使它成为精灵们集会的场所。他将安水（月亮?）变成一个极为神圣的地方，因为它是极阴的源泉。他还把太帝（太阳?）同样安排在长着扶桑树⑤的原野上。于是，一个大小不到十尺见方的小丘可以成为决定人类命运的场所。一个四面都是万丈波涛的小岛足足可以容纳下九圣。每一洲⑥都有它自己的洲名……所有各洲都井井有序地安排在无边无际、波涛起伏的海洋中。（在地图上）还可看到河水在流动，河水有的呈绿色，有的则呈黑色。在波涛上可以看到各种各样的精灵；所有仙人和玉女也都聚集在这里。有一些仙人和玉女的名字虽然无法知道，但他们的真形则是很分明的。由于使用了圆规和矩尺，所以江河及其上游都进行过测量，山岳的轮廓也用曲线（'盘曲'）勾画出来。山脉的走向往往突然倒转，而小丘的走向则是忽前忽后（'陵迴阜转'）。山的高度和山坡的斜度（'山高陇长'）是用回旋弯曲的线条（'周转委蛇'）来表现的。的确，它们看上去真像书写的字（'形似画字'）。这样山的书写名称就是根据它的自然形状来确定的，而山岳的真形则隐秘在这些符号中⑦。（山的）形状的示图都秘密地存于玄台，但是当它们被取出来时，就可以用作仙人们的护符和辟邪物。道士们依靠它们，可以安全地越过所有的大山和江河。百神和群仙都十分尊重和赞誉这幅地图。你虽然不是仙家，但因为你经常游历高山和沼泽，具有寻求真理的迫切愿望，并没有丧失道念。我十分赞许你的虔诚，所以我现在把这幅地图赐给你。你一定要像侍奉君王和父母那样小心地保护它。如果把它的秘密泄露给凡人，灾

---

① 他是道教三清的第二号人物（参见本书第二卷，p.160）。

② 这是一个想象出来的年号。

③ 在另一本公元4世纪的书《神异经》（第九篇，《中荒经》）内有下面一段话："昆仑山上有一铜柱，高入云天，被称为'天柱'。其周长3000里，圆滑如刀削。天柱的基底，是神仙的住所。"（"昆仑之山有铜柱焉，其高入天，所谓天柱也。围三千里，周圆如削。下有回屋，方百丈，仙人九府治之。"）此外，《水经》一开头第一句就说：昆仑山为"地之中也"。所有这些都是常见的神话，大概是指盖天说中的天轴（见上文p.211）。

④ 参见本书十三章（c）（第二卷，p.240）。

⑤ 参见 Granet（1）。太阳像果子一样悬在一棵神树上。

⑥ 参见邹衍的观点［本书第十三章（c）（第二卷，p.236）］。

⑦ 现在我们可以理解道士们为什么在通过荒山野岭时要佩戴符咒了。他们一旦掌握了山川的真形，就可以免受山精之害，因为如果他们不知这种真形，就可能碰到山精［参见本书第十章（特别见第二卷，p.140）］。

祸就会降到你的身上。"①

〈帝又见王母巾笈中有卷子小书，盛以紫锦之囊。帝问："此书是仙灵方耶？不审其目，可得瞻眄否？"王母出以示之曰："此《五岳真形图》也。昨青城诸仙就我求请，今当过以付之。乃三天太上所出，其文秘禁极重，岂女秽质所宜佩乎？今且与汝《灵光生经》，可以通神劝志也。"帝下地叩头，固请不已。王母曰："昔上皇清虚元年，三天太上道君下观六合，瞻河海之短长，察邱岳之高卑，立天柱而安于地理。植五岳而拟诸镇辅，贵昆陵以舍灵仙，尊蓬邱以馆真人，安水神乎极阴之源，栖太帝于扶桑之墟。于是方丈之阜，为理命之室；沧浪海岛，养九老之堂。祖瀛玄炎，长元流生，凤麟聚窟，各为洲名。并在沧流大海玄津之中，水则碧黑俱流，波则振荡群精。诸仙玉女，聚于沧溟，其名难测，其实分明。乃因川源之规矩，睹河岳之盘曲。陵回阜转，山高陇长，周旋委蛇，形似书字。是故因象制名，定实之号。画形秘于玄台，而出为灵真之信。诸仙佩之，皆如传章，道士执之，经行山川。百神群灵，尊奉亲迎。女虽不正，然数访山泽，叩求之志，不忘于道。欣子有心，今以相与，当深奉慎，如事君父，泄示凡夫，必致祸及也"。〉

由此可见，我们这里所涉及的，显然是一种佛教和道教混合的宗教宇宙学传统，它和欧洲的宗教宇宙学很相似，所不同的只是前者是以昆仑山，后者则是以耶路撒冷为圆形地图的中心的。中国的这种宗教宇宙学和道教的护身符之间的关系是值得注意的，《抱朴子》卷十七中所谈的全都是这方面的事情，图 243 所示的就是葛洪众多"入山符"中的一个，图中似乎至少画出了对称的五岳中的四岳。不列颠博物馆所藏的敦煌写本中，就有一种《授受五岳圆法》②。但我们不准备往深处谈这个问题，因为这会使我们离题太远。

上文已经谈到③，在公元前 4 世纪的邹衍的宇宙学中，虽然设想了一个环形海，但还没有设想出一个中央山脉。天文学上的盖天说也是如此④。宋代的永亨在《搜采异闻录》中曾说过"东海、北海和南海三海有着不同的名称，其实是同一个海"（"所谓东北南三海，其实一也"）⑤，他说的这番话虽然和轮形地图有关，但未必受到过轮形地图传统的影响。但是在《河图纬括地象》一书中却有这样一段话⑥：昆仑山在地的中心，与天相应。80 个区域环绕它。中国在东南，只占据着这些区域中的一个（"昆仑山……其山中应于天，最居中。八十城布绕

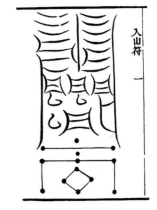

568

图 243 葛洪于公元 300 年前后所著《抱朴子》一书中的一张道教符咒，它是用以保护那些路过荒山的人们的，很可能是一张很粗糙的山脉位置图。

① 由作者译成英文。
② 不列颠博物馆斯坦因收藏品第 3750 号。
③ 见本书第十三章（c）（第二卷，p. 236）。
④ 见上文 p. 212。
⑤ 《搜采异闻录》卷一，第一页。
⑥ 《古微书》卷三十二，第四页。

之。中国东南隅，居其一分"）。这段话如果是在汉末时候写的，那么，我们也许可以从这句话看到源自邹衍的中国固有的世界图景同来自印度的世界图景的结合①。

所有事实都清楚地向我们指出，这些轮形地图起源于印度；而且，可能所有的轮形地图都起源于巴比伦②。只要看一看基费尔（Kirfel）关于印度人的宇宙学的著作，就能立即看到，很久以前在佛教和耆那教的观念中一直认为世界上有四个以须弥山为中心的大洲［北面是北俱卢洲（Uttarakuru），东面是东胜身洲（Pūrvavideha），南面是南赡部洲（Jambūdvipa），西面是西牛贺洲（Aparagoyāna）］。婆罗门的传统中也有环陆之说，可能受到希腊人的"气候带"的影响而有所修改。对这种宇宙学的经典解说是《阿毗达磨俱舍论》（Abhidharma-kośa）卷三中所做的解释③（此书可能是公元370年左右撰写的）。这种宇宙学由高棉人［他们是公元9世纪时吴哥窟（Angkor Vat）和大吴哥（Angkor Thom）之间的巴肯山（Phnom Bakhen）的建造者］用石构建筑体现了出来，它至今仍然是世界奇观之一④。这种宇宙学的传统无疑是随着佛教一起传入中国的，传入后可能又与中国早期所固有的以昆仑山为中心的观念结合在一起了。但是这种传统在中国从来没有像在欧洲那样完全战胜科学制图学的传统。

569

（e）中国的测量方法

现在我们必须稍稍回过头来谈谈中国的科学制图学的传统。但是在我们把这一章的各种头绪汇总起来之前，还有必要再谈三点：第一是绘制网格地图的中国制图学家可能使用过的测量方法；第二是浮雕地图和其他专门地图的起源；第三是文艺复兴时期的制图科学传入中国的情形。这样，我们才能够通过对比研究的回顾和最后令人惊异的事实来圆满结束这一章。

我们似乎可以很有把握地认定，中国人在汉初就已经有了巴比伦人和埃及人已知道的简单的古代测量工具了⑤。上文已经说过⑥，在天文学上使用晷表，可以上溯到西周或商代，可是，如果不使用水准器和铅垂线，晷表是无法摆正的。此外，当时必定也已使用了绳索（图244）或链条，以及刻度杆（图245）。《山海经》可能是谈到这

570

---

① 缪勒［F. W. K. Müller（1）］曾根据日本的资料，发表了一幅晚期的但值得注意的关于须弥山及其环形陆地的地图。关于一幅较早的中国佛教僧人所作的这类地图，见 Feer（1）。

② 了解一下在佛教传入中国之前中国是否就已经有这种地图，是饶有兴趣的。在《后汉书》（卷一一二下，第十八页）有一则关于术士封君达（参见本书第二卷，p.148）的记载，说他曾向另一位道士鲁女生索要一幅《五岳图》未果。但这件事是记载在唐人所作的注释中，而不是在正文中，因此它不能说明更多的问题。关于各种古老的亚洲宗教中所说的圣山，参见 Quaritch Wales（2）。

③ 译文见 de la Vallée Poussin（7）。参见 Renou & Filliozat（1），vol.2，pp.377，380。

④ 见 Filliozat（9）。

⑤ 在论述古代测量方法的大量文献中，我准备只引用两篇文章，即莱昂斯［Lyons（2）］论古埃及的测量工具的文章，以及沃尔特斯［Walters（1）］论希腊和罗马的测量工具的文章。关于中世纪和文艺复兴时期的测量工具，凯利［Kiely（1）］的著作是很有价值的，普赖斯［Price（7）］则对地形图作过很出色的研究。

⑥ 上文 pp.284 ff.。

方面的测量者如何进行计算的最早文献之一①，其中谈到大禹曾派遣他的两位传说中的助手（大章和竖亥）步量出世界的大小。书中写道：竖亥右手握着算筹，用左手指着北方（"竖亥右手把筭，左手指青邱北"）。从这两句话中至少可以看到周末或汉初的测量工作者的工作情景。此外，在《周礼》② 中也不止一次地提到圆规、矩尺、铅垂线和水准器（"规""矩""县""水平"）③。

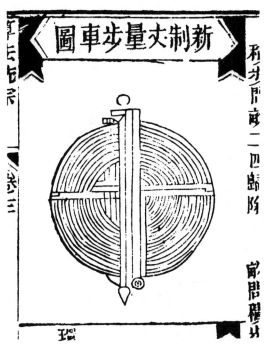

图 244　中国的测量方法；图中所示的是一个测量线卷
（采自 1593 年的《算法统宗》）。

　　铅垂线的发展形式之一是垂线架（*groma*）④，这种工具与罗马及希腊化时代的埃及　571
有关系，但它的起源可能更早。它是由两组铅垂线组成的，这两组铅垂线互成直角，并且可以围绕一根垂直轴转动。其中一对可以用来对准目标，另一对则用来定出与之成直角的方向。汉代人似乎也使用过这种工具，因为在《周礼·考工记》中有这样两句话⑤：匠人（建筑者）"（利用）水（平）和悬挂（铅垂线）来平整地面"（"水地以县"），以及 "他们使用铅垂线来检测标杆、日晷或杆子的垂直"（"置臬以县"）。关于 "水地以县" 这句话，郑玄在公元 2 世纪加了一条注释，说是 "在（器具）的四角悬挂四直（线）在水平面上，（测量者）观察各线的高低；测定出各线的高低就可以知

---

①　《山海经·海外东经》第三页。

②　《周礼》卷十一，第十五页 ［注疏本卷四十，第五十页；译文见 Biat（1），vol. 2，p. 481］。

③　参见《孟子·离娄章句上》第一章。

④　Singer（2），p. 113。

⑤　《周礼》卷十二，第十五页 ［注疏本卷四十三，第十九页；Biot（1），vol. 2，p. 553］。参见上文 p. 231。

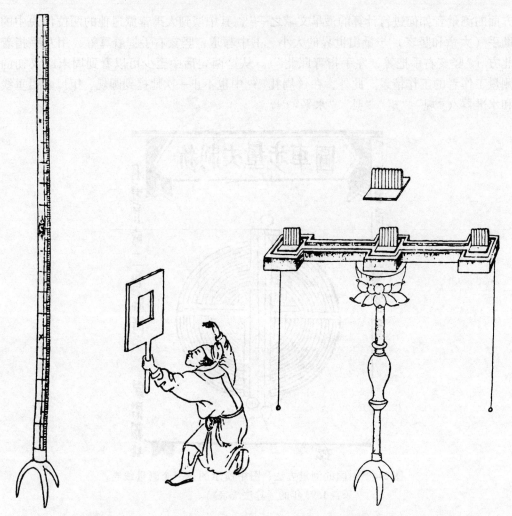

图245 中国的测量方法；曾公亮《武经总要》（1044年）中所绘的仪器。左面是一根带刻度
的竖杆（"度杆"）和一位手执瞄准板（"照板"）的测量者；右面是一具水准器（"水
平"），水准器上有三个浮标和两根铅垂线 [《武经总要（前集）》卷十一]。曾公亮书
中描述这些仪器的文字出自一部更早的著作，即公元759年李筌著的《太白阴经》。

道地面是不是水平"[1]　（"于四角立植而县以水，望其高下，高下既定，乃为位而
平地"）。

　　水准又称为"准"（它可能是这种仪器的古代象形文字）、"水衡"[2] 和"水臬"。
图245采自曾公亮1044年所著的《武经总要》，图中所示的，乍一看来像是一种平板
仪或经纬仪。但是根据此图的说明，它是一个有三个浮标的水槽，每一个浮标都有一
个基准观测点[3]。古希腊人除垂线架（groma）以外，还有一项重要的发明，这就是亚

----

① 江永在他对《考工记》所做的注释中对此有较详尽的论述（见《周礼疑仪举要》卷七，第六页，）。
② 参见 3chlegel（5），p. 408。
③ 在晚清李世禄所著《修防琐志》中也有关于这种仪器的很好的图说。

历山大里亚的希罗（约公元65年）所发明的窥管（*dioptra*）。它是今天的经纬仪的祖先，但是它的实际用途同经纬仪的实际用途到底接近到什么程度，还是一个疑点〔Lyons（2）〕。上文已经指出过，中国人从汉代甚至更早就已使用窥管（"望筒"）了[①]。但是我未见到有任何早期的描述说明它是安装在带刻度的象限仪上的，当然，在浑天仪那种特殊场合下则是例外。如果中国人在公元前4世纪就已经使用了窥管，那么，就很难相信中国人会认识不到用象限仪来进行测量的好处。图146所示的望筒是用来测量天体出地高度的。

图246　《图书集成》中所附三角测量法；这里所测量的是海岛上的岩
　　　　石高度（《历法典》卷一二二）。

---

① p. 332。《淮南子》中也有一处提到望筒。

　　我们已用不小的篇幅[1]介绍了刘徽在他所著《海岛算经》（公元 263 年）[2] 中提出的应用几何学（参见图 246），同时也指出了[3]一个有重要意义的事实，即刘徽和裴秀是同一个时代的人。魏国的将领邓艾也是这一时期的人，根据记载，他每见高山大泽，

572　总是"在确定军营地点和画位置图之前，用手指宽度测量，估计高度和距离"[4]（"辄规度指，画军营处所"）。记载中还说，当时的人常因为他的这个奇怪的举动而取笑他。这段记载之所以值得注意，是因为它向我们指出了这种测量方法在公元 3 世纪时也是多么普及，这种测量方法大多都带有相似直角三角形测量法的特点。

573　　　也许欧洲中世纪的最重要的测量工具是"十字仪"（baculum）或雅各布标尺[5]。它最简单的形式，是一根长约 4 英尺、截面为矩形的带有刻度的杆，杆上还有一条横档，横档总是和杆成一直角，可以沿杆前后滑动。无法到达和不能进行步测的远处的线段的长度测量，是通过大致站在该线段的平分线上两个不同的地点，并使横档的两端对准所测线段的两端的方式来进行的。杆上的尺寸和观测者所站的两点之间的距离为已知，这就可以计算出所测线段的长度[6]（见图 247）。一般认为，这个简单的工具是普罗旺斯的犹太学者列维·本·格尔森（Levi Ben Gerson；1288—1344 年）在 1321 年首先提

574　到的[7]。这种十字仪肯定曾被人们使用了一段很长的时间，一直到 1594 年才被约翰·戴维斯（John Davis）的反向高度仪（backstaff）取代[8]。反向高度仪又于 18 世纪让位

---

　　① 上文 p. 31。

　　② 译文见 van Hée（7，8）。

　　③ 上文 p. 540。

　　④《三国志·魏志》卷二十八，第十七页，被辑录于《太平御览》卷三三五，第二页。

　　⑤ D. E. Smith（1），vol. 2，p. 346；Lloyd Brown（1），p. 182；Feldhaus（1），col. 543；Taylor（3，4，5）。在读者当中，也许有人像本书作者一样曾经看到过托马斯·班克罗夫特（Thomas Bancroft）为威廉·霍洛伦肖（William Holorenshaw）所作的墓志铭吧！这个墓志铭是这样写的：

　　　　　是那个静静地长眠在这狭小坟墓里的人，

　　　　　测量过茫茫的天空，

　　　　　他上知天文，下知地理，

　　　　　盛名盖过阿基米德和托勒密。

　　　　　尤其使人难忘的是，

　　　　　他像个朝圣者到处云游，

　　　　　身边却总是带着雅各布标尺。

　　⑥ 这种十字仪还可用于别的方面，如可以用来测量天体的高度。

　　⑦ 见 Sarton（1），vol. 3，pp. 129，600。当然，托勒密（Almagest，v，14）和帕普斯（Pappus，Commentary，v）曾提到过另一种形式的名为窥管（dioptra）的测量仪，但它只能测量很小的角度。太阳的直径当时就是借助这种仪器测算出来的。上面所说的这一点，是普赖斯博士向我们指出的，在这里顺带向他表示感谢。托勒密的"星位仪"（参见上文 p. 373）也属于同一类仪器。当公元 9 世纪巴格达的肯迪使仪器的一支窥管不是固定地垂直指向天顶位置时，它实质上就已成为一个没有分度弧的象限仪，不仅可用来测量极星的天顶距，而且还可用来测量任何两个恒星之间的角距离。肯迪的说明已由维德曼［Wiedemann（9）］译成德文，而肯迪的手稿迟至 1212 年仍有抄本这一事实，说明当时该仪器还在使用。此外，从一条直线上的两个不同位置分别进行观测，也可以算出位于远处的地面物体的高度或长度，肯迪也记述了这一用途。但是在所有这些仪器上沿着观测线都装有一个有形的突出物；当有人认识到以下一个简单的事实时，就出现了一个转折点。这个事实就是：如果在弩的横档的两端各装上一个瞄准器，并使横档能在托把上滑动的话，那么，这样的横档就能起到同样的作用。关于列维·本·格尔森和十字仪，也可见 Steinshneider（4），pp. 248，270。

　　⑧ 参见 Cooper（1）。

给各种镜面反射仪，而镜面反射仪则是近代六分仪的前身。综上所述，很自然会使人认为，十字仪如果不是在更晚的时候通过耶稣会士传入中国的话，就必定是在15世纪时通过中国人和阿拉伯人之间的接触传到中国的①。此外，还有人曾经认为②，在窥管或照准仪上使用十字丝是札马鲁丁在1267年访问中国时传入的。但是，《元史》③只提到札马鲁丁的浑天仪上以洞窍代替窥管，以及札马鲁丁的星位仪（"测器"）上有两个窥管④。

图247　雅各布标尺的用法图解；采自菲内（Oronce Finé）的《几何学与应用》（De Re et Praxi Geometrica；巴黎，1556年）。

然而，从沈括所说的一段值得注意的话可以看出，中国人早在11世纪（即在宋代）就已经知道十字仪，而十字丝网格的祖先甚至可以上溯到汉代。下面就是沈括的这段话：

> 我曾经在海州的一所房屋的花园里挖土时，挖掘出一个弩机（或，像弩的器械）。当你用它来观测山的整个宽度时，弩机上的距离很长；当你用它来观测山腰的一小部分时，弩机上的距离就很短（因为必须把横档推向离眼更远的位置上，而刻度是从远端起算的）（"其望山甚长，望山之侧为小短"）。（弩托）就像一把带有分、寸刻度的尺。其用意是，当把箭头（"镞"）（架在不同的点）并用眼对准箭头的两端（"目注镞端"），他就可以在此弩机上测出山的度数（"度"），从而就可计算出山的高度，这就如同数学家所用的相似直角三角形（"句股"）计算法一样。

---

① 三上义夫［Mikami（15）］曾写过一篇关于日本人研究荷兰测量术的论文。参见 Bernard-Maître（1），p.57。
② 《格致古微》卷二，第二十七页；这显然是遵循梅文鼎的意见。
③ 《元史》卷四十八，第十一页。
④ 这是肯迪所述的改良型（见上文）。

《书经·太甲》① 说到一个张着弓并用手指扳着弦的人，"向着落在（他的视线）刻度（"度"）内的靶子瞄准（"往省"），然后发射"。我想这里所说的"度"，是某种同上面所说的弩机上的刻度相似的东西。

汉代的陈王（刘）宠是个很好的射箭手，能百分之百地射中靶心。他所用的方法②是："天覆地载，参连为奇，三微三小，三微为经，三小为纬，要在机牙。"这几句话（乍一看）是相当隐晦难懂的。所谓"天覆地载"，大概是指双手握弩的姿势，一手在前，一手在后；所谓"参连为奇"，大概是指（用作横档的）箭簇相对（弩托上）所标刻度的位置，这个位置又取决于目标的远近。这就是所谓"参连"，它就像一杆秤（用它就能够确定出弩的合适仰角）。这个原理和使用相似直角三角形法来计算高度和深度的原理完全一样。"三经三纬"（即三条横线和三条竖线，也就是网格照准器或十字丝照准器），是设在一个框架（或像个构架）（"棚"）上的，弓弩手利用它们就可以上下左右地瞄准目标。

我曾经在弩上安设了"三经三纬"（网格），并用当作横档的箭簇来瞄准目标，结果也能十中七八。如果能在弩机（自身）上加上刻度，准确度必定会进一步提高③。

〈予顷年在海州，人家穿地得一弩机，其望山甚长，望山之侧为小矩，如尺之有分寸。原其意，以目注镞端，以望山之度拟之，准其高下，正用算家句股法也。《太甲》曰"往省括于度则释"，疑此乃度也。汉陈王宠善弩射，十发十中，中皆同处，其法以"天覆地载，参连为奇，三微三小，三微为经，三小为纬，要在机牙"。其言隐晦难晓。大意天覆地载，前后手势耳；参连为奇，谓以度视镞，以镞视的；参连如衡，此正是句股度高深之术也；三经、三纬，则设之于棚，以志其高下左右耳。予尝设三经、三纬，以镞注之发矢，亦十得七八。设度於机，定加密矣。〉

这段大约写于 1085 年的话，其重要意义是：十字仪在欧洲也被称为弓弩，因而可以很合理地认为它是从这种特殊的有推进力的机械发展而来的。但是，我们在下文将会看到④，弓弩在中国比在欧洲要古老得多、普遍得多。弓弩很可能曾经两度从东方传到西方，第一次是在希腊化时代和拜占庭时代初期，只作为一种抛射工具而传入；第二次是在 11 世纪，这一次的传入曾使欧洲出现一个弓弩十分盛行的时期。后来，到了列维·本·格尔森的时代或者稍早一些，它就很自然地被用到测量方面。另一方面，在中国，弓弩成为汉朝军队的标准武器，而且从公元前 4 世纪起就一直在使用⑤。这个事实是不是和中国在测量方法上的优势有点关系？而这些测量方法帮助了网格制图法在裴秀以后得以继续下去。无论如何，沈括手中确实有一具带有用来测量高度、宽度和

---

① 《书经》第十四篇；参见 Medhurst（1），p. 147；Legge（1），p. 97。太甲在传统的年代表中是商朝的第四位国王，是一位著名的射手。
② 根据华峤的记载，见于《后汉书》卷八十，第二页；又见于《太平御览》卷三四八，第三页。
③ 《梦溪笔谈》卷十九，第 13 段，由作者译成英文。参见胡道静（1），下册，第 635 页。
④ 本书论述军事技术的第三｜章（e）。
⑤ 我们将会看到，到了宋代，弓弩甚至进一步发展成为一种机枪式的连发武器［本书第三十章（e）］。

距离的刻度的弓弩状器具。这就是我们所了解的裴秀认为必不可少的"制图要素"① 之一。此外，沈括还进一步认为，九百年前的陈王宠的瞄准技术，也与具有刻度托柄而用作十字仪的器具有关。从其他证据也可肯定，刘宠和其他汉代射手曾使用过带有十字丝网格的瞄准器②，但是在沈括所引的那几句话中，正如沈括自己所说，并没有表明当时曾使用十字仪；而且，如果在刘宠的时代还不知道有十字仪这个东西，那么，在《书经》的时代当然就更不会知道了。因此，把裴秀的时代猜测为开始使用十字仪的时代，应该是合理的。

如果十字仪确实是首先在中国出现，并且后来才传到欧洲的话，那么，列维·本·格尔森和十字仪之间的联系就会使我们联想到，这种传播很可能是通过犹太人进行的③。我们在前面已经提到过希伯来旅行家和商人在沟通东亚和西欧之间的思想和技术方面可能起的作用④，而且在本书第二十七章（d）论述工程技术时还将谈到另一个他们可能产生影响的实例⑤。

在《梦溪笔谈》中还有一段话谈到了测量方法在制图学上的应用：

（沈括写道）在古时的地理书中有一种《飞鸟图》（鸟瞰图）⑥，但不知它们的作者是谁。所谓"飞鸟"可做如下解释。由于道路有时笔直，有时弯曲，没有一定的规则，所以，如果有一个行人从某一点出发朝着四个方向中的任何一个方向沿着道路前进的话，那么，他的步测并不能帮助我们得到直线的距离。因此，要得到我们所说的"四个方向的直线距离"（"径直四至"），就必须借助其他方法来进行测量，正如同一只鸟可以不受山川曲折迴旋的影响而沿一条直线飞去一样。

最近我绘制了一幅比例尺（"分率"）为 2 寸相当于 100 里的州县地图（《守令图》）⑦。我用了 "准望"（矩形网格）、"互融"⑧（相互融合）、"傍验"⑨（从边部进行检查）、"高下"（高度和深度）、"方斜"（直角和锐角）和"迂直"（曲线和直线）等方法。用这七种方法，就可以得到像飞鸟一样飞过它们的直线距离。所绘成的地图具有完全符合比例尺（"远近之实"）的"方隅"（有四角的、方形、区域）。接着就可以把四个方向（方位角）和八个位置增加到二十四个，并分别用十二支、八干和四卦来表示。这样，即使原图散佚了，后世的人也可借助于我所

576

---

① 上文 p. 540。

② 关于这一点，见本书第三十章（e）。

③ 见下文 p. 681 的附录。

④ 见本书第十三章（e，f）（第二卷，pp. 278，297）中与哲学思想、事物分类表之类有关的段落。

⑤ 卡丹平衡环（万向悬架）的发明时。

⑥ 或如已故慕阿德教授所建议的，称为"笔直线"图。沈括这里所指的也许是张衡的地图（见上文 p. 538）。

⑦ 从胡道静［（1），下册，第 991 页］所收集的其他资料可以看出，这幅地图是 1076 年奉皇帝之命编修并于 1087 年进呈的。

⑧ 这一术语虽不是裴秀所说的制图六原则之一，但很可能是指相似直角三角形法，也可能是"道里"的延伸（参见上文 p. 539）。参见《海岛算经》题一至六。"互融"在胡道静的校订版本中作"牙融"。

⑨ 这一术语也不是裴秀所说的制图六原则之一。参见《海岛算经》题七和九。

记载的数据并利用二十四个方位，把这幅地图重绘出来，而且使地图上各地区和城镇的位置与原图毫无出入①。

〈地理之书，古人有《飞鸟图》，不知何人所为。所谓"飞鸟"者，谓虽有四至，里数皆是循路步之。道路迂直而不常，既列为图，则里步无缘相应，故按图别量径直四至，如空中鸟飞直达，更无山川回屈之差。予尝为《守令图》，虽以二寸折百里为分率，又立准望、牙融、傍验、高下、方斜、迂直七法，以取鸟飞之数。图成，得方隅远近之实，始可施此法。分四至、八到，为二十四至，以十二支、甲乙丙丁庚辛壬癸八干、乾坤艮巽四卦名之。使后世图虽亡，得予此书，按二十四至以布郡县，立可成图，毫发无差矣。〉

这段论述特别值得注意，因为它十分有力地证明，中国的制图学家在 11 世纪末就已经像近代火炮测量中所做的那样，记录着罗盘方位。我们记得，在本书的另一卷中，我们可以利用世界所有文献中关于磁针的最早的明确记载②。因此，沈括在这里所叙述的这类地图很可能和三百年以后的欧洲地中海的图解航海手册相类似，在这些航海地图中，除了有近似的经纬线网，还绘有一系列罗经花③。但是在 1085 年，欧洲的制图学的确还远未达到这个水平。不幸的是，中国的这种"陆地用图解航海手册式"的地图，却一幅也没有流传下来。但是，这种实践是同郑和时代的《武备志》所载地图的本土起源问题有关的④。如果沈括的制图法当时已被普遍应用的话，我们也许就有希望看到关于当时建立一些用来定方位的"三角测量点"的记载。但是，刘昌祚于 1083 年进献给皇帝的那幅军事地图，也许是当时曾经建立过这类"三角测量点"的一条线索⑤。

在沈括那个时代，已经采用刻度杆来测量坡度。沈括在他的自传中谈到他担任政府水利工程师那几年（1068—1077 年）所做的工作时，曾经谈到这一点：

汴渠把大量的泥沙携带下来，以致从京城东水门到雍丘、襄邑这一段的河床都高出堤外平地一丈二尺左右。从堤上向下看，这一带的居民就仿佛是居住在一个很深的河谷里面。熙宁年间，朝廷曾订出疏浚洛河并把洛河的水引入汴渠的计划。我当时作为一名河道管理官员，责任就是测量从京城附近的上善门到泗州的淮口（汴渠注入淮河的地点）这一段运河。这段运河的全长为 840 里 130 步（约 175 英里）。结果发现，京城的地面比泗州高出 194 尺 8 寸。我们曾在京城以东数里的白渠中打了一口井，一直打到三丈深才见到老河床（这是由于泥沙淤积所致）。

（测量坡度）所用的工具是"水平"（水准器）、"望尺"（带有刻度的窥管，

---

① 《梦溪笔谈·补笔谈》卷三，第 6 段，由作者译成英文。
② 参见本书第二十六章（i）。
③ 竺可桢（4）；王振铎（5），第 114 页。
④ 参见上文 p. 560。
⑤ 《玉海》卷十四，第三十七页。

很可能是一种高度经纬仪）和"干尺"（刻度杆）。但是对于地势的高低，不能测量得很精确，因此，我们采取了以下几个步骤。由于过去取出的泥沙都堆积在汴渠河床的外面或堤岸上，我们便筑了一个堤堰来拦住河床中的水。等到水被引进灌满以后，再筑一个堤堰，整个堤堰系统就像一层层阶梯一样。然后我们测出各堰的水平之差，把所有差数加在一起，就得出地势高低之差了①。

〈自汴流湮淀，京城东水门下至雍丘、襄邑，河底皆高出堤外平地一丈二尺余，自汴堤下瞰民居，如在深谷。熙宁中，议改疏洛水入汴。予尝因出使，按行汴渠，自京师上善门量至泗州淮口，凡八百四十里一百三十步。地势，京师之地比泗州凡高十九丈四尺八寸六分。於京城东数里白渠中穿井至三丈方见旧底。验量地势，用水平望尺干尺量之，不能无小差。汴渠堤外，皆是出土故沟水，令相通，时为一堰，节其水，候水平，其上渐浅涸，则又为一堰，相齿如阶陛，乃量堰之上下水面，相高下之数会之，乃得地势高下之实。〉

这就让我们想起了社会因素重要性的另一个方面，即中国所特有的水利工程一定曾经促进了测绘技术的发展②。在秦九韶1247年所著数学著作《数书九章》中谈到了许多这类问题（图248和图249）。

这里可能会引出这样一个问题：古代和中古时期的中国制图学家是不是曾经使用过计里鼓车呢？我们在本书第七章（1）谈文化接触时③，已经提到齿轮的简单应用，同时也指出中国文献中第一次出现计里鼓车的年代至少是和欧洲文献中第一次出现计里车的年代同样早。它们可以上溯到燕太子丹（公元前240—前226年）和韩延寿（公元前140—前70年）的时代。关于计里鼓车，我们将在本书第二十七章（e）谈工程技术时再加以论述，但是从中国人的地图绘制肯定涉及了许许多多的航位推算这一事实来看，人们禁不住想知道张衡、裴秀和贾耽这些制图学家是否就没有使用过计里鼓车。文艺复兴时期的制图学家看来是使用过计里车的。劳埃德·布朗［Lloyd Brown（1），p. 243］从保罗·普芬钦（Paul Pfintzing）1598年所著《几何学方法》（*Methodus Geometrica*）一书中翻印④了一幅装有表盘里程计的测绘车的图。法国医生让·费内尔（Jean Fernel）在16世纪曾使用计里车测量了亚眠（Amiens）和巴黎之间的子午线⑤。但是，我们在中国的文献中未发现关于中国制图学家曾经使用过计里鼓车的记载。不过，我相信除了在多山地区，在草原地区和平原地区，计里鼓车应该是能够发挥它的作用的。

在适当的地方，我们将会谈到著名的"定南车"（指南车），在这种车上更精心地

579

---

① 《梦溪笔谈》卷二十五，第8段，由作者译为英文。参见胡道静（*1*），下册，第795页起。
② 可以把裴秀等人对与《禹贡》有关的每件事所表现出来的那种持久不衰的兴趣拿来比较一下。
③ 本书第一卷，pp. 152，195，229，232。
④ Lloyd Brown（1），p. 243。
⑤ Lloyd Brown（1），p. 290。

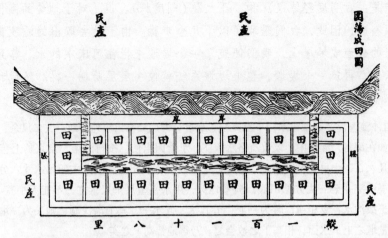

图248 1247年秦九韶的灌溉测量问题设计图（《数书九章》卷六）。平行渠的总长度是118
里或59公里。灌溉地用"田"字表示，主河堤称为"岸"，较小的称为"塍"。在
这类几何图形中制图学的准确性是次要的。

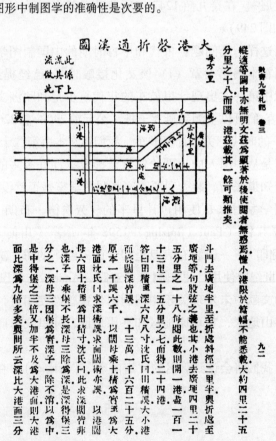

图249 宋景昌在《数书九章札记》（1842年）卷三中对前一问题的重新设计。他绘的图更
接近实际，内容也较详尽，如在平行渠的入口处绘有"斗门"，旁侧有"小港"。主
渠距河 $\frac{1}{2}$ 里，离斗门的斜径为 $2\frac{1}{2}$ 里。

应用了齿轮原理。定南车可能是在汉代发明的。尽管人们存在有一种印象：似乎定南　578
车是专属于皇帝的一种机械方面的秘密，因而不可能很广泛地加以实际应用，但是这
种定南车在地形不太破碎的开阔地区显然是具有制图学上的价值的。同样，我们也没
有在中国的文献中找到定南车与地图绘制有关的任何记载。

（f）浮雕地图和其他特种地图

用加大的比例尺把地表情况以模型形式表现出来，从而使山川轮廓能看得清楚
些，这种想法对于我们来说似乎是显而易见的。这种想法的历史确实要比地理学史
家一般所认为的长得多。在这一节里，我们的叙述将先从晚近的开始，然后再向过
去回溯。

对于约翰·伊夫林（John Evelyn）来说，上述的想法并不是那么明显的，这可以
从他在 1665 年的《英国皇家学会哲学汇刊》上所发表的一篇文章《论蜡制的一种能比
油画更生动表现自然面貌的方法和一种新式浅浮雕地图；两者都已在法国应用》中看
出来。劳埃德·布朗认为[1]，1667 年问世的瑞士苏黎世州（Zürich）的浮雕地图应该算
是已知的最早浮雕地图。但是费尔德豪斯[2]和其他一些作者则把这个优先权给了保罗·
多克斯（Paul Dox），因为他曾在 1510 年用这种方法来表现库夫施泰因（Kufstein）附
近的地区。可是，萨顿[3]认为这种做法可以上溯到更早的年代，他指出，伊本·巴图塔
（Ibn Baṭṭūtah；1304—1377 年）曾描述过他在直布罗陀见到的一幅浮雕地图[4]。现在我
想指出，带有某种科学特征的浮雕地图在 11 世纪的中国就已广为人知了。

关于这一点的主要证据，可以在《梦溪笔谈》（1086 年）中找到。沈括在书中这　580
样写道：

> 当我作为政府官员去巡视边境的时候，我第一次制了一个有山川和道路的木
> 质地图。我亲自考察了（这个地区的）山川以后，我把木屑和面糊混在一起，在
> 一块木座上（将其捏塑）来表现地面的形状。但后来因天气变冷，木屑和面糊发
> 生凝固而无法再行使用，于是，我就改用熔蜡来代替。我之所以选用这些材料，
> 是因为这种东西要做得轻一些，以免运输困难。我回到（京城的）官署以后，（就
> 把这个浮雕地图）刻在木头上，然后将它进呈给了皇帝。皇帝把所有高级官员请
> 来共同观看，并下令边境地区各州府都应制作同样的木刻地图。这些地图后来都
> 送到京城，保存在皇帝的档案馆中[5]。

〈予奉使按边，始为木图，写其山川道路。其初遍履山川，旋以面糊木屑写其形势于木案

---

① Lloyd Brown (1)，pp. 273，337，362，364。
② Feldhaus (1)，col. 552。
③ Sarton (1)，vol. 3，pp. 1157，1620。
④ Defrémery & Sanguinetti (1)，vol. 4，p. 359。
⑤《梦溪笔谈》卷二十五，第 22 段，由作者译成英文，借助于 Chavannes (10)。参见胡道静 (1)，下册，
第 813 页。

上。未几寒冻，木屑不可为，又熔蜡为之，皆欲其轻，易赉故也。至官所，则以木刻上之。上召辅臣同观，乃诏边州皆为木图，藏于内府。〉

由此可见，沈括在浮雕地图史上，也像在地理学的其他方面一样，应该占一个很重要的地位①。但是除了沈括，还可以在文献中找到关于另外一些对浮雕技术感兴趣的宋代学者的记载。1130 年前后，黄裳就曾经制过一个木质浮雕地图②，这件事引起了大理学家朱熹的注意，他便写了一封信给他的朋友李季章，请李季章尽力寻访③。朱熹本人除了曾制过木质浮雕地图，还制过胶泥浮雕地图。罗大经在他所著《鹤林玉露》中记述了他和赵师恕（即赵季仁）的一段谈话，赵师恕告诉他说，朱熹酷爱游山玩水，并总是专程出游。然后接着说：

> 朱熹曾用木板制过一幅中国和异域的地图（"华夷图"），把山河的凸凹情况（"凹凸之势"）雕刻在木板上。他一共用了八块木板，木板彼此间用铰链连接在一起。这样，整幅地图就可以折叠起来，一个人便可携带，无论到哪里去旅行，都可以带着它。但这幅木刻地图实际上并没有制成④。

> 〈（朱熹）又尝欲以木作华夷图，刻山水凹凸之势。合木八片为之，以雌雄笋相入，可以折度。一人之力足以负之，每出则以自随。后竟未能成。〉

制浮雕地图的想法可以追溯到沈括之前多久，现在还不清楚，但是在中国古代艺术品中的某些要素很可能是产生这种想法的根源。这些要素之一是常常在香炉和酒壶一类的器物上制作某些仙山的浮雕。劳弗曾对著名的汉代青铜博山香炉做过详细的介绍⑤，这些香炉中有一些一直留存至今。在所有中国考古著作中，如在 1751 年的《西清古鉴》⑥中，都提到这种香炉。图 250（a）所示的就是其中之一。这种香炉，也有用陶制作的，它们的炉盖总是做成起伏的山形，盖上有孔，炉里的香烟就通过这些小孔冒出，在山的周围有时还环绕着水⑦。这种艺术题材至晚也应该是属于西汉时期的，因为张敞（卒于公元前 48 年）在他所著《东宫故事》中就提到了这种香炉⑧，在其他汉代著作中也有这类记载。《西京杂记》一书虽然问世较晚，但它的作者对汉代的事十分熟悉，书中⑨谈到这类香炉是出自著名的工匠丁缓⑩之手，丁缓还在这些香炉上加添了"许多会自动旋转的奇禽怪兽"——这很可能是靠上升的热气流来推动的。后来，人们

581

---

① 见竺可桢（*4*）关于沈括的专题论文。
② 《玉海》卷十四，第三十八页。
③ 《朱子文集·答李季章书》。
④ 《鹤林玉露》卷三，第五页，由作者译成英文。这段文字也收录于《说郛》（1652 年陶珽重辑版）卷二十一（《鹤林玉露》），第一页。
⑤ Laufer（3），pp. 174 ff. 。
⑥ 特别是其中卷三十八，第四十四页起。"西清"指皇宫内的书房和陈列馆。
⑦ 图和说明，见 Lanfer（3），p. 192；Siren（1），vol. 2，pls. 35，36，37；Hentze（1），p. 203；R. L. Hobson, vol. 1，p. 7；Koop（1），pl. 57。
⑧ 温利［Wenley（1）］根据这些香炉的风格，认为至少有一个现存的香炉是属于战国末期的。
⑨ 《西京杂记》卷一，第八页。
⑩ 参见本书第二十七章。

又在这类香炉上安上长柄，用在中国佛教的各种仪式上。在敦煌壁画上，我们也可以
看到许多携带着这种香炉的施主。但是，由于中国的考古书籍经常认为这种香炉是与
道教有关的，因此，一般认为香炉盖上的山最初可能是用以代表东海中的著名的仙岛，
其中最重要的是蓬莱岛。对这类仙山的描绘也持久存留在其他材质的雕刻作品上，如
在大块的玉石雕刻品上，这其中有不少在近代皇家的藏品中①。认定香炉盖上的山代表
着蓬莱岛，这似乎是有足够根据的，因为这种传统似乎从汉武帝时期道教占有统治地
位的时候就已经开始了。此外，盖子上用浮雕象征山岳的汉代随葬陶奁也是常见的②，
其中与长生不老观念之间的联系还是明显的［图250（b）］。由以上论述可以看出，制
浮雕地图的想法很可能就是由此而来。

582

(a)　　　　　　　　　　　　　　　　　(b)

图250　最早的浮雕地图可能起源于这两种器皿。（a）是汉代的陶质博山香
　　　　炉，炉盖的形状表示东海的一座仙岛。（b）是一个随葬的陶奁，奁
　　　　盖也做成山的形伏。采自 Laufer（3），pls. LV 和 LVII。

　　但是，这还不是唯一的可能性。王庸曾经指出，最早的中国地图（其实我们已经
谈到过③）是刻在木板上的，他引用了孔子常向"负版者"（执户籍图者）表示敬意的
话④来作为论据。这似乎说明在地理图和人口统计之间很早就有了联系⑤。在"版"
（也写作"板"）字的其他许多含义中，有一种含义是指铸造钱币用的带有沟槽的模
子⑥，当然也可以指用来印书的雕版。毫无疑问，在中国，从甲骨文和竹简开始，字的
雕写刻画就一直是特别重要的事情，因此，这也可能就引出了用浮雕的方式实体表现
地形起伏的想法。当然，铭刻也是巴比伦文明和埃及文明的特色之一。此外，有一段

①　Hansford（1），pt. XXIX。
②　Laufer（3），pp. 198 ff. 。
③　上文 p. 535。
④　《论语·乡党第十》第十六章。
⑤　它后来的表现形式见《广舆图》。
⑥　参见本书第三十六章。

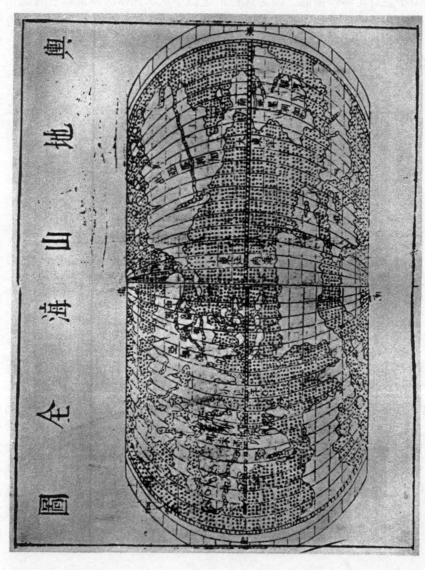

图版 九〇

图 251 利玛窦的世界地图（1584 年）的第一版，被章潢收录在其 1623 年的《图书编》中［采自 d'Elia (2)，vol. 2, pl. VIII］。图名 "舆地山海全图"，图中的纬线是直线，经线是曲线；中国差不多位于图的中心，有 "大明京师" 几个显著的字。南极大陆大而零散，或是为了与北半球陆地相平衡。东印度南面的陆地是否为南极大陆的一部分，而不只是表示新几内亚岛（New Guinea）？这反映出（耶稣会士也许已许已遇到过的）对南部大陆情况极不了解的一种亚洲传统的问题；见本书第二十九章。

图版　九一

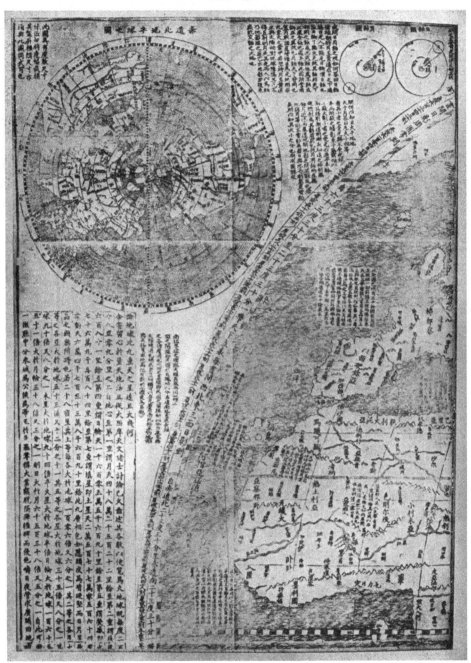

图252　利玛窦所绘世界地图《坤舆万国全图》（1602年）的一角（十二分之一）。投影
　　　与前图相似，但因图的开本较大，所以包括的内容较多。这里可以看到非洲西
　　　部、西班牙、法兰西、爱尔兰和英格兰与苏格兰的西部海岸。左上角是北极投
　　　影图，右上方是两幅小的日食、月食图［采自 d'Elia (3)，vol. 2，pl. II］。

关于在公元前 3 世纪就可能已经出现了一幅浮雕地图的奇怪记载，是无论如何也不能忽略的。《史记》记述秦始皇的墓时，有下面一段话：

> 在墓室中，数以百计的水道，以及江（长江）、河（黄河）和大海，全都用流动的水银来加以摹拟，并用机械装置使水银流动和循环。（在穹顶）上则表现了全部天体；在下面（可能是在地面上或某种桌面上）则描绘了大地的地形①。

〈以水银为百川江河大海，机相灌输，上具天文，下具地理。〉

这段话至少说明了这个墓室中应当有一些让水银在里面流动的凹槽，因此也意味着这是一幅浮雕地图。而这件事发生在公元前 210 年。

关于汉代的浮雕地图，我们找到了一则关于公元 32 年的记载，说是将军马援曾经制了一幅军事地图，图中用米粒堆成高山和峡谷②。他是在东汉第一位皇帝建立东汉王朝的若干战役中的一次关键性时刻，在这位皇帝的面前展示这幅地图的。这种制图手法一直保持到了唐代，因为在公元 9 世纪蒋防曾就这个题目写了一篇《聚米为山赋》。

用木板来刻制地图的实践在公元 5 世纪导致了一项相当引人注意的发展，具体地说，就是制作了一种看上去像是"拼板地图"的东西。刘宋王朝的正史中有这样一段记载：

> 谢庄（公元 421—466 年）制作了一幅十尺见方的木板地图，不论是山川还是地形，都能很好地在图中表现出来。（把图的各部分）分开来时，就成为一幅一幅的州郡地图；把它们再合在一起，就成为一幅整个帝国的地图③。

〈（谢庄）制木方丈图，山川土地，各有分理。离之则州别郡殊，合之则宇内为一。〉

但是在中国的史书中，似乎并没有对此做进一步叙述。在西方，第一幅这类地图的问世年代虽然不易确定，但很难相信会有中国那么早。

至于地球仪，在中国史籍中直到元代才有记述，《元史》提到札马鲁丁在 1267 年带来了一个地球仪④。但其影响显然不大，因为这种地球仪在耶稣会士入华之前没有再制造过。

（g）文艺复兴时期的制图学传入中国

1583 年，利玛窦居住在肇庆（当时广东、广西两省的首府）的时候，有些中国学者朋友，特别是王泮，曾经请他绘制一幅世界地图⑤。这就是利玛窦那幅著名的 1602

---

① 《史记》卷六，第三十一页［译文见 Chavannes (1), vol. 2, p. 194; Wieger, *TH*, p. 225］。

② 《后汉书》卷五十四，第六页。译文见 Bielenstein (2), p. 50。

③ 《宋书》卷八十五，第一页，由作者译成英文，借助于 Chavannes (10)。

④ 见上文 p. 374。我们在本书第二十九（f）中还会接触到这个问题。

⑤ Bernard-Maitre (1), pp. 40, 50, 60~62, 70; Trigault (Gallagher u.), pp. 166 ff., 301 ff., 331, 397, 536。见图 251。

年的世界地图（《坤舆万国全图》）的缘起①。这幅地图采用椭圆投影，纬线是平行线，经线则是曲线，而且肯定是以奥特利乌斯的世界地图（1570 年）为依据的②。例如，利玛窦的世界地图，同它之前的奥特利乌斯的地图③及它之后的开普勒的地图④一样，把一个完全虚构的"斐兰岛"（Friesland）绘在大西洋中的冰岛以南⑤。巴德利（Baddeley）和希伍德曾经对利玛窦的地图进行过很仔细的研究，而翟林奈〔L. Ciles（10）〕和富路德〔Goodrich（8）〕则把图上的文字全部翻译成了英文。此外，还有不少人对利玛窦所用的中国文献资料进行了讨论⑥；陈观胜〔Chhen Kuan-Shêng（1）〕和恒慕义〔Hummel（11）〕曾就利玛窦对后来的中国制图学的影响进行了论述。同时，我们应该感谢裴化行〔Bernard-Maître（8）〕对 17 和 18 世纪中国地理学的各个方面做了很详尽的探讨，但是他的著作总的来说是属于科学史方面的论著，而不是论述中国人所特有的贡献的。后来，又有好几位耶稣会士专门研究了制图的艺术和科学，如米尔斯〔Mills（2）〕曾对熊三拔在 1648 年所绘制的一幅"利玛窦式"的地图进行了评述，而阿勒纽斯（Ahlenius）曾对毕方济（Sanbiasi）在 1680 年所绘制的球极平面投影地图进行了评述。关于这些晚期的著作，读者可参考福华德〔Fuchs（3，5）〕、裴化行〔Bernard-Maître（8）〕、赫尔曼〔Herrmann（8）〕⑦ 等人的论著。

584

585

在清康熙年间（1662—1722 年），中国人曾开展了大规模的地理绘图工作，这是因为康熙皇帝本人力图在他所统治的广大版图内发展科学。满族和蒙古族的旅行者和探险家曾在这方面做了许多工作。1677 年，满族官员武默讷和萨布素考察了满洲的长白山地区，而在 1712—1715 年，图理琛曾长途旅行到伏尔加河下游的土尔扈特部落（Torguts）进行考察。为了继续唐代和元代对黄河河源的考察和徐霞客的游历（见上文 p. 524），拉锡和舒兰在 1704 年又对西藏进行了一次为期五个月的勘查，他们的勘查结果，在阿弥达于 1782 年又进行了进一步的探查以后，最终形成了《钦定河源记略》一书。

---

① 1936 年，禹贡学会在北京对此地图做了照相复制。两年以后，德礼贤〔d'Elia（5）〕又以更精美的形式加以复制。参见 Bernard-Maître（13）；Szczesniak（7）；Vacca（10）。

② 人们通常都认为利玛窦对中国地理学的贡献是很大的。有人曾经这样说过："利玛窦给了中国人第一幅圆形世界的全图，图上绘出了西半球和五大洲的相对位置。"如果从中国人在这以前还不知有美洲这一点来说，这种说法是对的。但如果说是利玛窦让中国人知道如何用经纬度来正确表示出各个地点的位置，那就不完全公正了，因为，正如我们前面所看到的（p.292），关于晷影长度随纬度的不同而不同这一点，中国人已经知道了许多世纪，而经度在 1735 年"哈里森一号"航海天文钟问世之前是很难测准确的。对纬度的测量，在中国至少从僧一行那个时代就已开始进行了，他在公元 725 年左右把纬度定为一度约等于 351 里 80 步〔Gaubil（2），pp. 77，78〕。利玛窦确实曾经给许多以前没有中文音译的地方作了定名的工作，其中有一些地名一直应用到现在；不过他的功绩有时未免被宣扬得太过分了。例如，德礼贤〔d'Elia（5）〕就曾用中国人在 1555 年所绘的一幅特别低劣的中国和朝鲜地图来衬托利玛窦的世界地图，而且几乎只字未提到朱思本，也完全未提到李荟和权近，而他们都是把元代所知道的世界地理知识加以高度概括的杰出学者。参见 Szczesniak（7）。见图 252。

③ 参见 Lloyd Brown（1）；Tooley（1）。

④ Nordenskiöld（1），pp. 153，198。

⑤ 在 1623 年问世的艾儒略（Giulio Aleni）的《职方外纪》中也可看到这种情况（图 253）。邓洛普〔Dunlop（2）〕认为斐兰岛来源于伊德里西的"拉斯兰达岛"（Raslända），而且与法罗群岛（Faröes）混为一谈了。

⑥ Puini（3），Chhen Kuan-Shêng（2）。

⑦ Herrmann（8），pp. 287 ff. 。关于日本的同时期的制图学史，可参见 Ramming（1）；Dahlgren（1）。

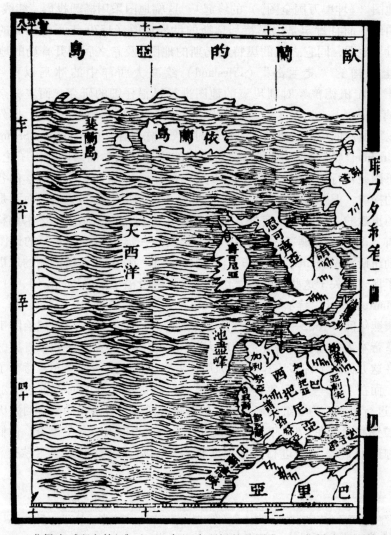

图 253 艾儒略《职方外纪》(1623 年) 中所插的地图之一, 艾儒略是继利玛窦
之后在华耶稣会士制图学者之一。这一幅是西班牙、法兰西和不列颠群
岛图。英国的东部称为"谙", 苏格兰称为"思可齐亚", 爱尔兰称为
"喜百尼亚", 西班牙称为"以西把尼亚"。冰岛称为"依兰岛", 再往西
是只存于神话中的"斐兰岛"。这幅图的邻图上有一喷水鲸和一条欧洲
式的大帆船——这对于中国学者来说是颇有异国风情的东西。

与此同时, 清王朝当时曾制订了一个很精细的编图计划, 这个计划导致了《皇舆
全览图》的问世, 福华德 [Fuchs (2, 3)] 曾翻印过这部地图集, 并细致地研究过它。
这个计划好像是耶稣会士张诚 (Jean François Gerbillon) 首先提出的, 他劝说康熙皇帝
下令组织一次全国的全面勘测。这项工作从 1707 年开始一直进行到 1717 年, 最后所绘
成的图不但是亚洲当时所有的地图中最好的一幅, 而且比当时所有的欧洲地图更好、

更精确。在《图书集成》（1726 年）中收录有此图的分幅图（但未加上经纬线）①。在测绘此图的工作中负主要责任的耶稣会士是雷孝思（Jean-Baptiste Régis），他的助手除了白晋（Joachim Bouvet）和杜德美，还有中国学者何国栋。此地图集由马国贤②（Matteo Ripa）在 1718 年制成铜版，后来在欧洲和中国多次翻印。

在论述这一时期的历史时，不仅要谈到文艺复兴时期的西方制图学传入中国，而且要谈到由于西方地理学家有机会接触到中国的文献资料，他们对亚洲的认识也前进了一大步③。若昂·德巴罗斯（João de Barros）在里斯本（Lisbon）第一次出版了他的《亚洲旬年史之三》（*Terceira Decad ad Asia*；1563 年），这部著作就是由中国地理著作的译文所组成的④。见于欧洲的地图集的第一幅中国地图是葡萄牙耶稣会士卢多维科·乔治（Fr. Ludovico Georgio）绘制的，此图刊登在奥特利乌斯的世界地图集增补第三版（1584 年版）中⑤。第一个对中国海岸线有正确了解的是范林斯霍滕（J. H. van Linschoten；1596 年）。卫匡国神父 1655 年的《中国新地图集》（*Atlas Sinensis*）在很大程度上是以《广舆图》为蓝本的，不少欧洲地理学家，如唐维尔（d'Anville），对《广舆图》极为称颂⑥。华嘉［Vacca（5）］甚至说，一直到 17 世纪末，欧洲地理学家只是抄袭中国人编的地图集，有时还抄袭得很不精确，而且从未对它们进行任何改进。在珀切斯所写的《珀切斯游记》⑦（1625 年）中有一幅值得注意的"中国地图，这幅图采自一幅印有中国文字的中国地图，是约翰·萨里斯（John Saris）船长在万丹（Bantam）得到的"⑧。地图题名为《皇明一统方舆备览》，看起来出自《广舆图》⑨。

在这个时期，中国的地理著作不断涌现。在 17 世纪，出现了诸如顾炎武著《天下郡国利病书》⑩ 等一类优秀著作。到了 18 世纪，又出现了一部非常优秀的作品，即乾隆时期的中国地图集。这本地图集是在耶稣会士于 1756—1759 年开展的测绘工作的基础上绘制而成的，图的比例尺为 1∶1 500 000。此地图集的木刻版是 1769 年问世的，到 1775 年又出了铜版版本。中国在制图方面再一次走在了世界各国的前面。耶稣会士

586

---

① 但只有中原地区和满洲，缺西藏和蒙古。

② 马国贤不是耶稣会士，而是在俗牧师。他所写的回忆录是很有趣的。在那不勒斯的中国学院中保存有一幅他所绘制的地图的复本，佩泰克［Petech（3）］曾对这幅地图作过评述。关于整个绘制计划，还可参见 Bernard-Maître（14）。

③ 天理大学曾把 1552—1840 年画有日本的西方地图收集起来［Anon.（6）］。亦可见什切希尼亚克［Szczesniak（8）］的评论。

④ 参见 Boxer（1），p. LXXXVI。

⑤ 这幅图还比不上 1137 年的网格地图。关于多维科·乔治，见 Szczesniak（7）。

⑥ Huttmann（1）；Bernard-Maître（15）；Tooley（1）。

⑦ Purchas，Pt. III，Bk. ii，ch. 7，Sect. 7，p. 401。

⑧ 关于他在东方的旅行，见 Purchas，Pt I，Bk. iv，ch. 2，p. 384。

⑨ 在《皇明一统方舆备览》中，河流和湖泊的地理位置和《广舆图》的完全一样，云南的洱海也是画成新月形；陕西境内的黄河和长城之间的关系，两图也是相同的。在珀切斯的那幅地图上复制了代表城市大小的符号，但这些符号的意义似乎并没有为人们所理解。这幅地图同样也把四川和贵州两省的省名弄颠倒了。

⑩ 参见 Forke（9），p. 479。

和他们的中国合作者们都得到了朝廷的奖赏①。绝大部分测量工作都是傅作霖和高慎思做的，而制图工作则是蒋友仁在北京进行的②。此外，在 1787 年又出现了一部编写得很好的《乾隆府厅州县志》，1798 年出了《十六国疆域志》③（即公元 5 世纪时十六国的疆域志），两者的作者都是洪亮吉。但这些都不在本书的叙述范围之内。

有趣的是，部分中国地理学家很不愿意放弃矩形网格制图法。在 19 世纪前半叶，在许多地图集的同一幅地图上有时既绘有网格线，也绘有经纬线（例如，李兆洛 1832 年绘制的《皇朝一统地舆全图》就是这样）。这些地图以某一条经线和纬线的交点作为中心点，然后根据这个中心点来画上矩形网格，但也可见到一些别的纬线④。

587 （h）东西方制图学的对比回顾

现在可以对已分析过的大量资料做一番回顾，以便得到一个如表 40 所概括的全貌了。我们所需要做的唯一的事，就是要对表中几个主要点做一番概述，并对上文还没有机会谈到的一些联系纽带做一点补充。正如本章一开头就已指出的那样，我们可以把科学的制图学同宗教宇宙学加以区分。科学制图学的传统在西方很早就已出现，是由伟大的希腊地理学家及希腊化时代的地理学家创立的，但是这种传统到后来完全消失了，让位于宗教宇宙学传统的以某一地点作为中心的轮形地图。但是，正当欧洲出现这种情况的时候，我们看到中国人正开始形成他们长长的科学制图学家的谱系，这一谱系在它和文艺复兴时期的制图学融合以前，一直没有中断过。

这里所产生的第一个问题是：经纬线概念是否可能曾由东向西地从马里努斯和托勒密向张衡和裴秀传播过？在目前，我们还无法回答这个问题。但是，我们在论述文化接触的章节中已指出的那些事实⑤，足以说明这样的传播有可能是通过罗马叙利亚商人和"使节"早期的旅行来实现的。关于托勒密的地理学传到印度的类似情况，人们已经进行了很多讨论⑥。例如，航行过印度的科斯马斯曾经谈到，"婆罗门"所持的观点同托勒密的很相近⑦。但是，即使我们能够证明曾经有过这样的传播，这对我们解决有关张衡和裴秀所用详细的本地原始资料的问题，也不会有很大的帮助，因而我们不必假设张衡和裴秀的制图学没有它们自己的独创性。

在西方，希腊化时代的定量制图学仅仅在拜占庭文明中以休眠的状态被保存了下来，但是，从阿拉伯人在公元 9 世纪对它加以应用以后，就在阿拉伯文化中结出了丰硕的果实，使阿拉伯人在地理学上取得更大的成就，例如，12 世纪的伊德里西的著作

---

① 见 Bernard-Maître（8），Mills（7）。
② 参见 Pfister（1），pp. 774，776，818，821，865。
③ 此书有米歇尔斯［des Michels（1）］的译本。参见 Forke（9），p. 563。
④ 这一点是米尔斯先生和福华德博士指出的，特此向他们表示感谢。
⑤ 本书第七章（h）（第一卷，pp. 191 ff.）。
⑥ 参见 Kennedy（1），pp. 498 ff.。
⑦ McCrindle（7），vol. 2，p. 48。

588

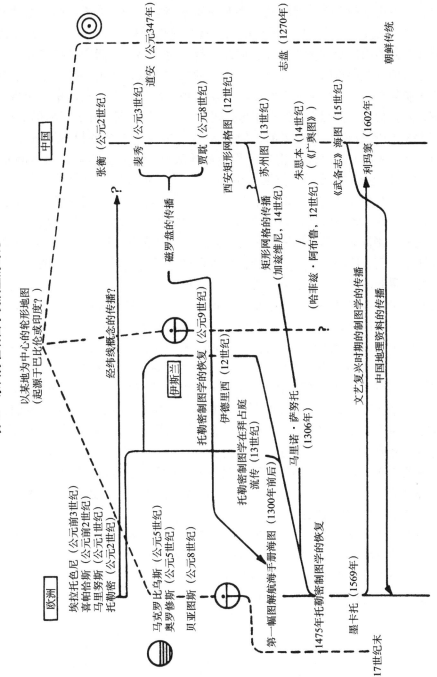

表 40　东西方制图学发展上的对比

就是这样的成果之一。然而，拉丁语系各国的地理学在这个时期则为马克罗比乌斯、奥罗修斯和贝亚图斯等类型的宗教轮形地图所统治，接着在图解航海手册开始问世的时期（1300 年前后），在西方地理学上出现了一个觉醒时期，但是这个觉醒并不是由地理学家，而是由那些有实践经验的水手和航海家所唤起的。毫无疑问，这种情况的出现至少在某种程度上是同中国磁罗盘的西传有关的①。但是过了不久，图解航海手册中的斜驶线就开始用矩形网格来补充，因此，就产生了第二个问题：在多大程度上网格绘图法也可能曾经由东向西传播过？阿拉伯的制图学家，甚至还有一位拉丁制图学家马里诺·萨努托，几乎都是从图解航海手册出现的时期就开始采用矩形网格。我们已经知道，阿拉伯人从公元 8 世纪中叶起就在广州定居了，而且在这以后的 200 年中，到中国来旅行的阿拉伯人是很多的，如商人苏莱曼和巴士拉的伊本·瓦哈卜［见 Ferrand（2）］、阿布·杜拉夫·伊本·穆哈勒希勒（Abū Dulaf ibn al-Muhalhil）［见 Ferrand（1）］和基督教修士纳杰拉尼（al-Najrānī）［见 Ibn al-Nadīm（1）］等。很难设想这些阿拉伯人竟会没有把中国的定量制图学知识带回去。而且穆斯陶菲·加兹维尼本人就工作于蒙古人统治时期（14 世纪初叶），他所绘制的那种地图（只有地名的网格地图）又和中国同时代的地图完全相同。因此，可以认为，欧洲在 14—15 世纪之所以能在制图学方面有所前进，不仅与阿拉伯人研究了托勒密的制图学有关，而且也或多或少地与定量制图学原理从中国传到了西方有关。

现在我们可以再回过头来谈一下宗教宇宙学的传统。这种传统虽然无论是在阿拉伯各国还是在中国都明显存在，但是在中国，这种传统从来没有像它在中世纪的欧洲那样在地理学上占有统治地位。很可能，这是儒家的理性和道家的闻识，使得佛教的这种以须弥山（昆仑山）为中心的世界观念没有被狂热地加以接受。不过，在这里又引出了第三个问题：这种宗教宇宙学到底是在哪里发源的？是否真的来源于巴比伦？这种宗教宇宙学在印度似乎是十分古老的。温特［Winter（1）］曾经提醒我们，这种宗教宇宙学在部分耆那教经典［《苏利耶般若底》（*Sūrya-prajñapti*）］② 中就已经出现了，而这部分经典的问世年代则可以上溯到公元前第 1 千纪的后期。因此，存在年代大约在公元前 2500—前 500 年的阿卡德（Akkad）地图和巴比伦地图（图 254），以及这些地图都呈圆盘形这两件事，也许并不是没有重要意义的③。总之，中国人几乎无疑是从印度人那里把它接受过来的。

最后还有必要再补充一点：对文艺复兴时期的制图学在利玛窦那个时代传到了中国这一事实不能忽视，同时，东亚的地理知识也逆传到了 17 世纪的欧洲地理学家那里的事实，我们也必须牢记不忘。而且正是由于中国制图学家一代又一代的辛勤工作，关于世界这个部分的地理知识才纳入了现代地理学之中。

---

① 参见本书第二十六章（i）。

② Masson-Oursel, de Willman-Grabowska & Stern（1），p. 174；Renou & Filliozat（1），vol. 2，p. 613；Thibaut（2），p. 21。

③ Unger（1, 2）；Meek（1）；*Cuneiform Texts from Babylonian Tablets in the Britirh Museum*，vol. 22，pl. XLVIII。

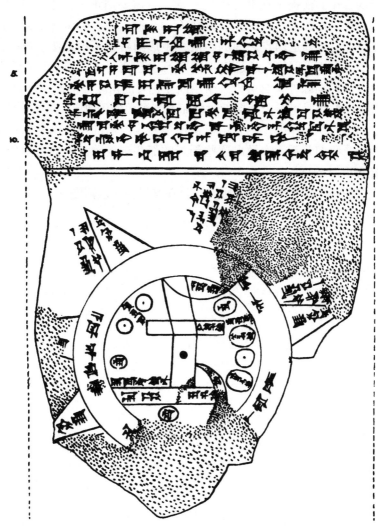

图 254　一块公元前 7 世纪的泥板上的巴比伦圆盘地图（采自
Cuneiform Texts in the British Museum，vol. 22，pl. XLVIII）。

（i）　矩形网格回到欧洲

在上面关于东西方制图学的长篇叙述中，我们看到，各种文化在这个领域中，也像在我们已经谈到的和将要谈到的其他各个领域中一样，是彼此交织在一起的，下面这几行结束语可以用来作为这番长篇叙述的一个补充。

在 20 世纪初期，制图学家对于把地表的曲率表现在纸面上的方法已经应用得如此熟练，而且用天文学方法测定出来的经纬度已经如此精确，以致没有一个制图学家能够不对中国的传统网格制图法抱非常轻视的态度。而且，当时没有人会想象到这种网格体系会再次得到应用。可是在第一次世界大战期间（大约在 1915 年），为了使炮兵在与测绘人员的合作的前提下能够准确地发炮，就需要用正形投影。结果，直角坐标又活跃起来，一种正形圆锥投影法由于朗伯（Lambert）的功劳而终于为人们所采用①。为了不用校正就能立刻知道两点之间的距离，矩形网格在军用地图上再一次成为一种正规的制度。最近，矩形网格在越过极地的飞行中已变得非常重要，在两极地区，所取的任何航线（南北向除外）都会以一个不断变化着的角度很快地穿过辐辏状的经线，同时，在两极地区航海时更会因为接近磁极而遇到更大的困难②。在这种场合下，就需要以一条特定的经线作为标准，然后用根据这条经线绘出的平行网格来使航线的角度保持不变。但是，我们并不认为做出这些创新的那些现代欧洲人知道他们的创新和悠久的中国传统有相似之处。

我们对中国的制图学和地理学的研究，就在这里告一段落吧。

---

① 参见 Steers（1）；Hinks（2）Bramley-Moore（1）。
② 参见上文 p. 365。

第二十三章　地质学（及相关学科）

（a）引言：地质学和矿物学

关于中国在地质学和矿物学方面所做出的贡献，我们是在十分困难的条件下进行研究的，因为在中西文献中迄今还没有这方面的专题论著，换句话说，这方面的基础研究工作迄今尚未进行。要在像我们这本书这样的概括性论述中进行这种研究，自然是不可能的，因此，我们不得不满足于一些只能说是粗糙近似的东西。此外，地质学和矿物学在很大程度上是近代学科，是文艺复兴后的学科。地质学的确是从尼古拉斯·斯泰诺（Nicholas Stensen）[1] 1668 年的《固体内天然包含固体刍论》（*Prodromus*）开始的，这部书介绍了诸如褶皱地层、断层、火山侵入、侵蚀方式等一类概念。正如我们所知道的，直到 18 世纪后半叶，由于维尔纳（A. G. Werner）[2] 及其追随者提出了与赫顿（J. Hutton）[3] 及其学派的火成说相对立的水成说，地质学才初步成形。相形之下，古代和中世纪的学者在地质学方面所做出的贡献是很小的。下文我们将会看到，在研究地壳构造方面[4]，中国人虽然也有几种凭经验获得的颇有意义的发现和发明，但总的说来，中国人也并未脱离这项研究普遍存在的落后状态。矿物学的历史要稍为古老一些，因为在古代就已开始有各种岩石、矿石、宝石和矿物的谱录；在这方面，欧洲古代和中世纪的"石谱"（与动植物志相当），可以同印度及中国的相匹敌（但有时还赶不上印度和中国的）。然而，就我们所知，近代矿物学同样是同 18 世纪矿物质分类工作相联系而发展起来的。有些人，如贝采利乌斯（Berzelius），研究出一种完全以化学组成为基础的分类体系；其他一些人，如林奈（Linnaeus），倾向于采用自然发展史分类法；维尔纳则采用了一种混合体系。直到阿维（R. J. Haüy）[5] 的结晶学出现以后，才产生了现代的系统矿物学。

为了搞清中国人在这方面做出的贡献，需要有很好的欧洲地质学通史和矿物学通史。但是即便是这类书籍，为数也不多。我所找到的，以亚当斯（F. D. Adams）的著作最完整、最有用，但某些篇幅小些论文，如布罗姆黑德［Bromehead（1）］的论文，592

---

① 1638—1686 年；Pledge（1），pp. 91，124；Adams（1），p. 358。参见 Mather & Mason（1）。

② 1749—1815 年；Adams（1），p. 209。

③ 1726—1797 年；Pledge（1），p. 97；Adams（1），p. 238。

④ 这里有一个经常被忽略的因素，即地质学家要进行足以使自己的假设得到验证的野外考察，首先必须具备真正安定的政治环境。例如，在我们这个时代，中国地质调查所的人员由于对落后部落的情况缺乏了解而丧失了他们的生命。不过，这种情况已一去不复返了。

⑤ 1743—1821 年；Adams（1），p. 205。关于矿物学自阿维以来的发展情况，以格罗特［Groth（1）］的著作为最好。

也是有价值的。盖基（Geikie）的名著实际上只讲文艺复兴后地质学的发展，齐特尔（Zittel）的也是如此，这些书现在看来已经颇为陈旧了。中国的著作，最重要的是章鸿钊的《石雅》，此书全面讨论了中国文献所提到的一些最重要的矿物质，还涉及命名方面许多有争论的问题①。《本草》类著作中的矿物学部分，曾经有若干重要西文著作专门进行讨论，如德梅里［deMely（1）］、伊博恩和朴柱秉［Read & Pak（1）］及海尔茨［Geerts（1）］等人的著作。这些著作及对这一领域中更专门的部分进行讨论的小文章，我们将在下文适当的地方另行讨论。在欧洲古典矿物学知识方面，除希勒［Hiller（1）］、韦尔曼［Wellmann（1）］等人的近作以外，还有伦茨［Lenz（1）］编选注释的文献辑要，此书虽已陈旧并被人忘记，但仍很有用。地质学方面，与此相当的文献，有贝格尔（Berger）和萨圭（Sagui）的专著。中世纪矿物学方面，有米莱特纳（Mieleitner）的书可供查考。研究这一论题时，还不能忘掉中国的采矿文献②；这类文献就数量和范围来说都是很庞大的，我们过去所能做到的，只是从矿物学角度查阅了其中一小部分③。

（b）普通地质学

（1）绘画中的表现

首先应当指出，我们不能低估中国绘画和书籍插图中所显示出来的精确观察和表现地质构造的能力。人们只要翻一翻诸如《峡江图考》（此书是 19 世纪同类书的代表）一类的近代图书，即可看到其中有许多描绘得十分清楚的地质构造，但图文均为纯粹中国的传统形式，毫无受到西方影响的痕迹。1946 年，我在重庆曾看到此书的摹本④，我注意到其中画出的斜坡、平顶和准平原⑤，还有一个花岗岩的高岗⑥、一幅清晰表现倾斜地层的图画⑦、一个被坚硬岩石覆盖的方山或残丘⑧和一个红砂岩的豚脊背斜⑨。

593 可以说，一本地质学教科书从头到尾都可用这种中国画和插图来作为附图，因为山景

---

① 在次要的中文图书中，我认为还应列出尹赞勋（1）的著作。此外，还有一本已被遗忘的地质学和矿物学中文词典，编者是慕维廉（Muirhead）。我们虽然没有见到葛利普（A. W. Grabau）的著作，但相信其中所讲的主要是晚近的东西。

② 大部分这类文献自然会谈到近代中西地质学家所描述的中国矿床及近代对这类矿床进行开采的情况，但其中也包括传统采矿实践。关于讨论中国矿物资源的书，可推荐王光雄和托尔加舍夫（Torgashev）的著作。

③ 当然有必要同阿拉伯矿物学进行比较；现在，我只能举出这类文献的几种代表作——Wiedemann（1），Ruska（1），Mullet（1）。关于采矿传统的比较，见 Sébillot（1）。

④ 其中有《峡江救生船志》的原文；参见 Worcester［1］，p. 28。由于迈克尔·博尔顿（Michael Bolton）博士的指点，我才注意到这些图画。

⑤ 《峡江图考》第一、十三、二十四等页。

⑥ 《峡江图考》第三十页。

⑦ 《峡江图考》第三十二页。

⑧ 《峡江图考》第五十四页。

⑨ 《峡江图考》第六十三页。

经常是画家们喜爱的题材。为了研究中国地质学的这一观测面，我们可从地方志（"县志"）中找到丰富资料；关于地方志，我们在上文已经谈到①。这类插图散见于较晚的类书，如 1726 年出版的《图书集成》，见于其中的《山川典》。此外，晚期的地理书，如 1730 年出版的《大清一统志》，里面也有这类插图②；毕瓯 ［Biot（15）］ 正是从该书中选出了不少片段的地质记录，关于云南石门山玄武岩柱（"石笋森布"）的记述③即是一例。

我们翻一翻方才提到的《图书集成》，不难发现许多有地质学价值的图画。图 255 所示，是河流回春的一个例子，从图中可看出，原已经稳定的底盘又被新的河流侵蚀截然切断，形成陡峭的河边阶地。从水成巨砾的地表沉积（图 256），我们可看到水的另一个作用，不过画家把它们随意摆到了不适当的位置上。从图 257 中可看到一块由海水侵蚀形成的台地，上面还有波涛冲击成的拱洞；从同一水平面往右看，便可看到同一台地的残留部分。把峭壁安置在右上方，是在许多同类图画中都可看到的一种习见表现方式，这也许同书画的传统和技巧有关，其地质学意义并不明显④。图 258 中所示，是回春作用非常显著的又一实例。"悬崖与台地"是特别受人喜爱的主题。图 259 中忠实地描绘了一处倾斜地层；在图 260 中则可看到峨眉山上的一处二叠纪玄武岩悬崖。图 261 很值得注意，因为它描画了远处的一个典型的 U 形冰川谷，而前景则是一个倾斜地层。最后，图 262 所表现的，是桂林附近的石灰岩岩溶尖顶，它以极其挺拔的姿态拔地而起，可说是典型的广西风景⑤。

所有这类图画中最值得注意的，可能是宋代画家李公麟（约鼎盛于 1100 年）所绘龙眠山的背斜穹窿露头（图 263）⑥。

中国画家能对各种地质现象进行这么多的鉴别这一事实本身，充分证明他们有用画笔忠实地反映自然的非凡才能。当然，他们的本意远远不是为了阐明地质构造，而且他们对这些地质现象做出精确描绘很可能与中国画本身的审美观点没有什么关系，但其中确实含有道家那种经验性的接近自然的古老传统，因此他们所描绘的乃是真实的世界。我们研究了上一节谈到的山水画以后，发现已有人从另一途径得出了同样的结论。若干世纪以来，中国出版物中出现了一种绘画手册或绘画指南，其中包括各种典型画法或标准图式，而地质构造（丘陵、山脉、江河）在其中自然也占有显著地位⑦。这些绘画手册中最有名的，首推李笠翁和王概于 1679 年印行的《芥子园画传》，这部画传的某些版本中夹装有早期的套色版画。这种画后来被日本画家发展成一种很

596

---

① 上文 p. 517。

② 参见上文 p. 521。如对这种写实传统尽量加以探索，可能很有意思。这种传统肯定可追溯到宋代。

③ 关于明末徐霞客出色的记述著作，我们已在上文（p. 524）提到。

④ 从《本草纲目》所附方解石晶体图中，可看到这种画法的另一应用。关于各种约定俗成的画法，可参见 Petrucci（3）。

⑤ 关于地质学上的鉴别，承蒙韩博能（Brian Harland）先生给我提供了宝贵意见

⑥ 龙眠山位于安徽桐城西北，在汉口与南京之间的这段长江的正北。

⑦ 日本近期的通俗出版物中也有不少这类画册，因此，这类画册在西方公共图书馆和私人收藏的日本图书中很容易见到。

594

图 255 中国画中的地质学：（a）山东费县附近历山的河流回春现象（采自《图书集成·山川典》卷二十三）。

图 256 中国画中的地质学：（b）山东南部峄山的水成巨砾沉积（采自《图书集成·山川典》卷二十六）。

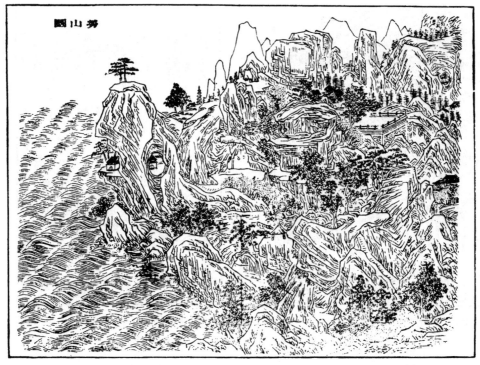

图257　中国画中的地质学：（c）山东青岛海岸附近的崂山，图中可看到由海水侵蚀而成
　　　　的台地，并带有波涛冲击成的拱洞（采自《图书集成·山川典》卷二十九）。

图258　中国画中的地质学：（d）河南北部广武山，图中可看到极其明显的河流回春现象
　　　　（采自《图书集成·山川典》卷五十一）。

图 259　中国画中的地质学：（e）开封以南香山白居易墓附近的倾斜地层（采自《图书集成·山川典》卷六十四）。

图 260　中国画中的地质学：（f）四川西部峨眉山二叠纪玄武岩悬崖（采自《图书集成·山川典》卷一七三）。这个地区是著名佛寺所在地，从山顶（此山是西藏地块最西的高峰之一）上常可见到一种被称为"佛光"的布罗肯幻象（参见上文 p. 477）。

图 261　中国画中的地质学：（g）典型的 U 形冰川谷，右边是倾斜地层——四川北部保宁附近七曲山（采自《图书集成·山川典》卷一七八）。这是川陕交界处及穿越秦岭山脉路上的典型风景。

图 262　中国画中的地质学：（h）广西桂林附近的石灰岩岩溶岩块及尖顶（采自《图书集成·山川典》卷一九三）。参阅本书第一卷，图 4。

图版　九二

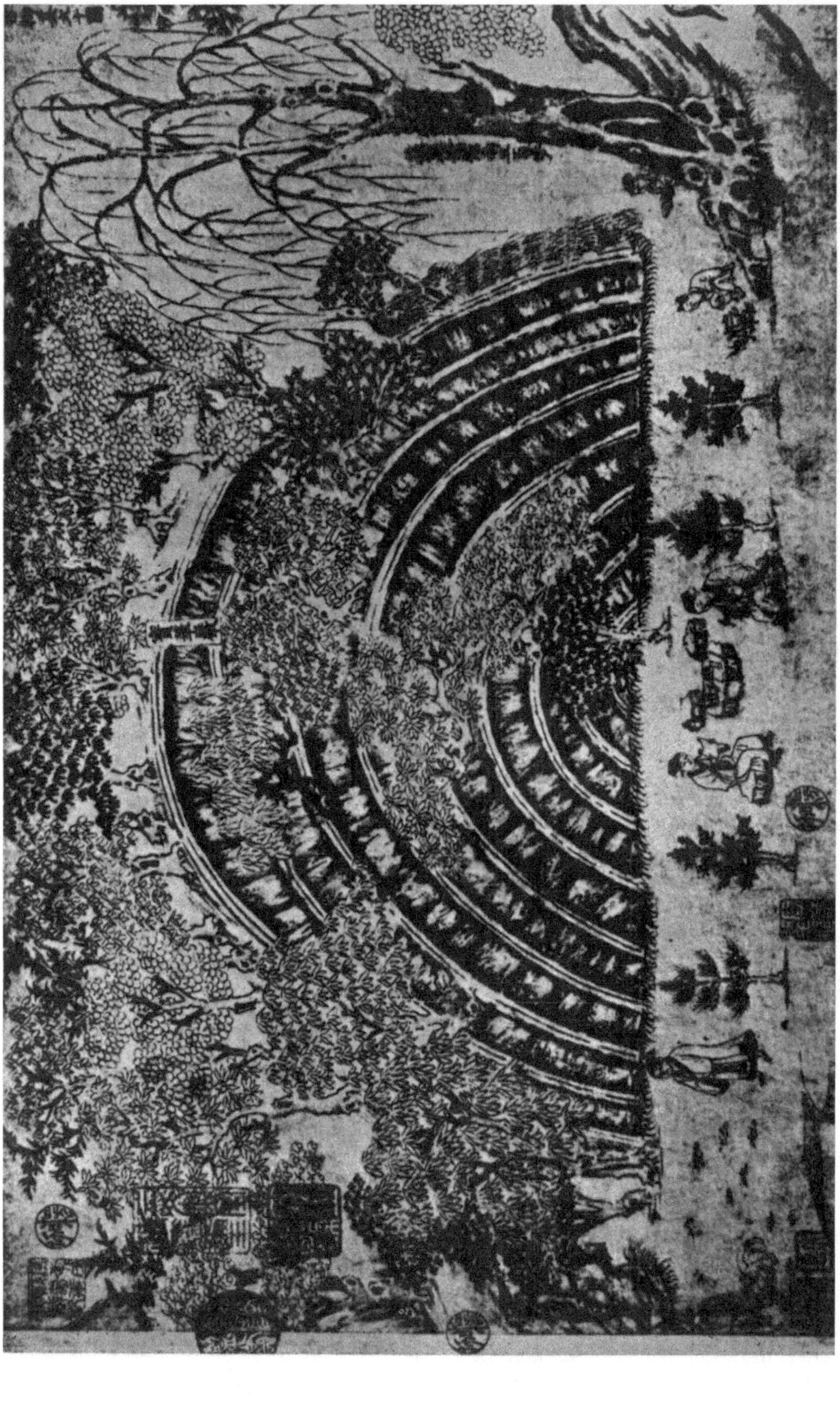

图263　中国画中的地质学：（i）安徽桐城附近龙眠山中的一个背斜露头。此山位于长江汉口—南京段的正北；李公麟（约鼎盛于1100年）绘。

有名的艺术。这部画传卷三中所刊印的各种图画①，已由泷精一［Taki（1）］和马尔智
［March（3）］② 做了初步的地质学鉴别。

597　　　除去诸如"轮廓"（山的外线，排列像割裂的轮边）和"嶂盖"（最后加上去的远
峰轮廓）等一类普通术语以外，还有"皴"（山的皱纹）这个词，它是山的线条的标
准表现法。画师们竭尽毛笔之所能，把 20 种以上不同的"皴"彼此区分开来。例如，
由冰川作用或壮年侵蚀而形成的、有时颇为陡峭的山坡，用"披麻皴"来反映；被水
流冲成壕沟的山坡，用"荷叶皴"来反映；"解索皴"用来表现火成侵入和花岗岩山
峰；"卷云皴"用来反映遭到侵蚀的杂乱的片岩；球状剥落的火成岩，则用"牛毛皴"
来表现。表现节理不很规则并略受风日侵蚀的花岗岩时，采用"破网皴"；侵蚀最甚
的，则用"鬼面皴"或"骷髅皴"；沉积岩的水平层理，可用"褶带皴"很清楚地表
现出来；而断裂的角状岩，则可用"小斧劈皴"和"大斧劈皴"精确地加以表现。最
598　后，穿过地层的劈理，如有带垂直节理的角状岩而看起来有些像晶体的话，则可用
"马牙皴"来表现。以上举出的只是这类术语中的一小部分，但已足以说明中国人在这
方面所达到的系统化程度。

（2）山的成因；隆起、侵蚀和沉积作用

中国文献中，有关山岳成因的论述是极为丰富的。其中最有名的是理学家朱熹的
论述。我们在《朱子全书》中找到下面一段话（这位哲学家在此处谈到世界每隔一段
很长的时间就会发生一次周期性的灾变和再造）③：

　　　我想，在天地刚刚开始、混沌未分时，只有水和火这两样东西。从水中沉积
下来的滓渣便成为地。甚至在今天，当我们登高远望时，还可看到群山就像起伏
的波涛。这无疑是水把它们塑造成这种形状的。但是，要问它们的凝固过程
（"凝"）究竟是什么时候发生的，那就不得而知了。想必开始时地一定是非常软
的，后来才变得坚硬起来，成为固体。有人指出，这种过程同潮水塑造泥沙的过
程有点相似，哲学家同意这种看法。他说，原来的水中最重的部分成为地，原来
的火中最精细的部分便成为风、雷、电、日和众星等④……
　　　小的东西，只不过是大的东西的模型（原义是影子），只要看看昼夜，即可明
白这一点⑤。五峰⑥只不过是（吹出来的）一口大气所造成的。波涛使整个大地发
生不停息的震荡，并使海陆发生永不休止的变动，结果有些地方突然有山岳升起

①　在《芥子园画传》初集中。
②　马尔智是在麦克拉克伦（D. McLachlan）的合作下进行这一工作的。感谢郑德坤博士为我们介绍了这些参
考书。
③　参见本书第十六章（d）（第二卷，pp. 485 ff.）。
④　关于"离心的宇宙生成论"，参见本书第十四章（d）（第二卷，pp. 371 ff.）。
⑤　例如，沙丘或沙滩的形状在一场暴风雨后所发生的变化。
⑥　"五峰"可能是指五岳（朱熹原义中的"五峰"，是指五峰先生胡宏。其后的议论见胡宏所著《知言》卷
四。——译者）。

（"勃"），有些地方却变成河川（"湮"）。人类完全毁灭，古代的痕迹完全消失了；这就是人们所说的"鸿荒之世"。我曾经见到高山上有螺蚌壳，它们常常被包裹在岩石里面。这些岩石在古代原是泥土，而螺蚌当时是生长在水中的生物。可见，本来处在水底的每一种东西，现在都跑到高处来了，本来是柔软的东西现在却变得刚硬了。关于这类事情，我们应当深思，因为这些事实是可以验证的①。

〈"天地始初混沌未分时，想只有水火二者。水之滓脚便成地。今登高而望，群山皆为波浪之状，便是水泛如此。只不知因甚么时凝了。初间极软，后来方凝得硬。"问："想得如潮水涌起沙相似？"曰："然。水之极浊便成地，火之极清便成风、霆、雷、电、日、星之属。"……

小者大之影，只昼夜便可见。五峰所谓"一气大息，震荡无垠，海宇变动，山勃川湮，人物消尽，旧迹大灭，是谓鸿荒之世"。尝见高山有螺蚌壳，或生石中。此石即旧日之土，螺蚌即水中之物。下者却变而为高，柔者却变而为刚，此事思之至深，有可验者。〉

下文我们将简短地说明这段话对古生物学史的重大意义。但是，正如葛利普所指出的，这段（可能是在 1170 年左右说的）话在地质学上的主要意义在于朱熹当时已经认识到，自生物的甲壳被埋入海底软泥中的那一天以后，海底已经逐渐升起而变为高山了②。但直到三个世纪以后，亦即直到达·芬奇的时代，欧洲人仍然认为，在亚平宁山脉发现贝壳这一事实说明海洋曾一度达到这个水平线。下文我们将看到，达·芬奇在古生物学史上是占有重要地位的。不过，达·芬奇本人则将山的成因归于含有化石的岩层形成以后所发生的升高和扭曲③。

人们也许认为，这一见解是这位宋代大哲学家洞察力的一种表现，而且是他的独

599

---

① 《朱子全书》卷四十九，第十九、二十页；由作者译成英文，借助于 le Gall (1), p. 121；Forke (6), p. 112, (9), p. 182；Badde (6)。

② 把山脉或褶皱地层的波浪形状同海上的波浪相类比，虽是出于联想，但确实是一种十分独到的见解。这很可能是由观察沙滩上的波纹而轻易得出的，看来，他还没有认识到地壳中存在的巨大压力。关于山是在海底由海水的作用形成，然后在剧烈变动中上升到海平面以上的这种看法，似乎与朱熹同时的理学家蔡元定有关。麦克尤恩（J. R. McEwan）告诉我们，日本 18 世纪的著作常将据说是蔡元定所撰的《造化论》作为这一看法的权威出处。可惜《宋史》（卷四三四，第六页）蔡元定传或《宋元学案》（卷六十二）所列蔡元定的其他著作中均未见此书，佛尔克 [Forke (9), p. 203] 也未提到。但另一方面，蔡元定确实写有一本有关堪舆的书（《发微论》），而且从上述文献所引蔡元定的话中，可以看出"造化"（变化的创造者或变化的根据）一词是经常挂在他嘴边的。此词与人们常说的"格致"（参见本书第一卷，pp. 48-49）一词实际上很相似，并点出了我们感兴趣的这个论题。《造化论》也许是一本仅在日本保存下来的小册子。现在值得注意的是，《道藏》中收有一种时代及作者不明的《造化经》（全名是《洞玄灵宝诸天世界造化经》；TT 318），这部《造化经》"解释了宇宙、天、地、幽冥、日、月、陆地、由水、火、风形成的丘陵等的构成以及重新造化"等等。佛家的影响在这里很明显，但与地质学也有关。我们认为这部《造化经》大概是在唐代编成的，因为《新唐书·艺文志》著录的赵自勤的《造化权舆》很可能和它有关。明代所作的注释，即赵谦的《造化经论图》，至今尚存。另一方面，地质学思想和炼丹术也有关系。下文（p. 638）我们将讨论土宿真君《造化指南》的一些存留下来的片断，特别是在谈到金属在隆起的山中生成的理论时，更要谈到这部书。用人为方法加速金属的生长，曾是炼丹家的主要目标之一。明代宁献王（参见本书第一卷 p. 147 及后面的第三十三章）的《造化钳锤》很可能就是由此而来。甚至有一部已佚的明代著作的书名——《造化伏汞图》——在这一点上也是有意义的；此书是一位自称"昇玄子"的炼丹家写的。用"Creation"（创造）一词来译这类书名时，必须让读者注意到，"creation"的概念在"生于无"（ex nihilo）这个完整的意义上，完全不是中国的概念 [见本书第二卷，p. 581]。"造化者"并不是人，而是"道"的种种化身。

③ 朱熹这段话的重要意义，不但已被当代中国科学家，如中国地质学界老前辈李四光（1）所领会，而且也被西方著作家，如西尔科克 [Silcock (1)] 所领会。

特见解。然而，事实上，这不过是若干世纪以前即已出现，后来又进一步发展的一连串思想中的一部分。在对这一问题进行探索时，我们会碰到一个特有的道教词汇——"桑田"。桑田本是地名，也可能是星官的名称，但在唐代已被用来代表一度被海水淹没或将来会被淹没的陆地。李白在诗中就曾用过它[①]。颜真卿当时曾写了一篇题为《麻姑山仙坛记》的文章[②]，其中引了传说中的道教仙女麻姑的一段话：

> 麻姑说："自从我上次在这里受到接待以来，我已经看到东海三次变成桑田了。上一次我来到蓬莱[③]（赴群仙大会时），我就发现海水已经比前一次赴会时浅一半了。看来东海似乎将再一次变成山岳和陆地了。"
>
> 方平笑着回答说："圣人们不是说过吗，现在是海的地方，终有一天会变得尘土飞扬的！"
>
> 〈麻姑自言："接待以来，已见东海三为桑田，向到蓬莱水又浅于往昔会时略半也。岂将复为陵陆乎。"方平笑曰："圣人皆言海中行复扬尘也。"〉

颜真卿接下去写道：

> 甚至在高处的岩石中，也可以找到螺蚌壳。有人认为，它们是由水下的桑田转变而成的[④]。
>
> 〈崇观高石中犹有螺蚌壳，或以为桑田所变。〉

这篇文章可以肯定是公元700年左右写的[⑤]。

但麻姑关于桑田的这种见解，公元8世纪时就不是什么新鲜东西了。颜真卿讲的故事，引自托名葛洪的《神仙传》。如《神仙传》一书确是葛洪所作，则年代当在公元320年左右；此书的真实年代虽然似乎没有那么早，但在唐代以前是无疑的。麻姑与王方平的对话也见于《神仙传》卷七《麻姑传》。同一卷中还讲到其他女仙。《世说新语》[⑥]有一段据说是郭璞在公元310年左右说的话，想必是关于桑田最早的叙述之一。郭璞在这段话中针对某些人对一块坟地的位置提出的异议进行了反驳；当时有人认为这块坟地过于靠近河边，郭璞却说数百年后这里将完全变成桑田。除此以外，我们还可援引唐以前的其他文献。记得我们在数学那一章里提到过一部名为"数术记遗"的有趣的书，据称是徐岳于公元190年左右所撰，不过它的年代无论如何不会迟于公元570年（即甄鸾为此书作注的年代）。我们在此书正文中找到下面一段稀奇的话：

> 一个连"三"都不懂的人，却夸口说他知道"十"，这和一个船夫迷失了归

---

① Waley (13)，p. 44。

② 《图书集成·山川典》卷一四九，"麻姑山部艺文一"。又见《颜鲁公集》卷十三。颜真卿是一个道教信徒（见《唐语林》卷六，第二页）。

③ 蓬莱是东海的一个仙岛，参见本书第十三章（c）（第二卷，p. 240）。

④ 由作者译成英文。

⑤ 然而，萨顿［Sarton (1)，vol. 3，p. 213］却仍将10世纪初马苏第关于大海可变旱地、陆地也可再被大海淹没的话，称之为"惊人的"论断。

⑥ 《世说新语》卷下之上，第三十一页。

途，却责怪掌舵的手不巧，并没有什么两样①。一个不知道"刹那"② 有多长的人，怎么会知道麻姑所说的"桑田"（即大海变为陆地所经历的有若干世纪之长的周期）呢？一个人如果不知道怎样去辨别"积微"③ 之间的差别，又怎能体会到组成整个宇宙的亿万（个单位）呢？④ 　601

〈数不识三，妄谈知十。犹川人事迷其指归，乃恨司方之手爽。未识刹那之赊促，安知麻姑之桑田？不辨积微之为量，讵晓百亿于大千？〉

因此似有理由认为，在公元2—6世纪的某一时期，"桑田"一词曾具有相当于现在称为"地质年代"的含义。这一概念的另一有关资料见于《晋书》，其中一段讲到杜预（公元222—284年），内容如下：

杜预常说，高山有一天会变为沟谷，深谷有一天会成为山岗。所以当他刻石来记述他自己的功勋时，他同时做了两块碑，一块埋在山脚下，另一块则竖在山顶上。他认为，几百年后这两块石碑大概会相互调换它们的位置⑤。

〈预好为后世名，常言"高岸为谷，深谷为陵"，刻石为二碑，纪其勋绩，一沉万山之下，一立岷山之上，曰："焉知此后不为陵谷乎！"〉

自杜预在世之时起到公元635年以前《晋书》成书，中间也经过了一大段时间，但《晋书》被认为是记载翔实的一部书，作者想必掌握有可靠的资料。此外，在更早的《世说新语》⑥ 一书中，载有桓温在公元360年左右谈到中国大陆行将全部沉入海底的一段话。不论我们是否认为这类想法出于公元3世纪或3世纪之前，但它们无疑早于唐代，因此远在朱熹之前。到了唐代，这类想法已经传得很广。例如，与颜真卿同时的储光羲的诗中就有"沧海成桑田"的名句⑦。公元8世纪以后，"桑田"一词在诗词中开始常被用来代表大海⑧。例如，1210年，诗人张镃就把这种观点用在了他的几篇作品中⑨。这种看法在14世纪已流传甚广，因为像陈霆那样的著作家也在他的《两山墨谈》⑩ 中，用这种观点来解释一条被认为数百年前丢失在河里的铁链为什么会在山顶　602

---

① 这段话以及此书中的另一些话在磁罗盘史上的意义，将在本书第二十六章（i）中加以讨论。

② "刹那"，即梵文中的"kṣaṇa"，指极短的瞬间。

③ "积微"是积起来的微粒（原子），即梵文中的"paramāṇu"。本书第二十六章（b）还要谈到这些术语。

④ 《数术记遗》第三页、第四页，由作者译成英文。

⑤ 《晋书》卷三十四，第十一页，由作者译成英文；引文见于《太平御览》卷五八九，第二页。这个故事经常被引用，例如，公元9世纪的《麟角集》（第十二页）中就提到这个故事。杜预是一位大臣，也是地理学和天文学家，同时又是能工巧匠的支持者。

⑥ 《世说新语》卷下之下，第十九页；又见《寓简》卷三，第七页。

⑦ 参见《古刻丛钞》（第三十二至六十一页）所载唐代碑铭。又见敦煌卷子（Bib. Nat. Pelliot no. 2104）中一位公元9世纪的方丈的诗；这一文献是吴其昱先生向我们介绍的，特此志谢。

⑧ 《图书集成》引颜真卿文的那一卷，还罗列了另一些人的文章，如明代的曾应祥、黄汝亨、熊人霖和清代的谢兆申等，这些文章都表达了地质学上这种陆海相互转变的观点。参见《唐阙史》卷一，第二十四页；《聱隅子》（约1040年）卷一，第四页；《松窗百说》（1157年），第十一页；《清波别集》（1194年）卷三，第一页；《洞霄诗集》（1302年）卷四，第七页；卷十一，第六页。

⑨ 《南湖集》卷二，第十四页；卷三，第一页。

⑩ 《两山墨谈》卷九，第四页。

的井中出现①。

虽然在我们迄今对有关山岳形成的观点所做的叙述中，这些观点都与道教徒以及理学家有明显的关联，但这些观点来源于印度的劫数说是没有什么疑问的，劫数说可能由佛教徒传入中国，它认为世界在劫数中周期性地毁灭和重建②。由此来看，王楙1201年所撰的《野客丛书》中所保存的一则离奇故事就颇有趣味了。故事所涉及的事，据说发生在公元前120年汉武帝在位之时。那时，有人在昆明湖附近掘地，发现了一种"黑灰"（可能是地沥青、煤、泥炭或褐煤），武帝问东方朔这是什么东西，东方朔答："可问西域道人。"（即佛教僧人）。《骈字类编》中有一段引自《前汉书·武帝纪》的话③（这段话不见于今本），大意是佛教僧人回答说："这些是天地最后毁灭后的遗迹。"（"此是天地劫灰之余也。"）近代对佛教入华年代的研究，使我们有理由对这一故事的发生年代产生疑问④，因为在西汉时期肯定还没有僧人；尽管如此，这则故事一定还是相当古老的，因为晋代的《三辅黄图》⑤和公元6世纪的《高僧传》也都载有这则故事。由此看来，这件事很可能发生于佛教传入中国的初期。如果当时中国科学思想家能对黑灰问题做进一步的探索，他们有可能很早就领会到火山现象对山岳形成所起的作用。我们稍后再回过来谈这一问题。

亚当斯曾经指出，欧洲古典时期有关山岳形成的文献是极其贫乏的⑥。从克雷奇默（Kretschmer）的说明中可以看到，欧洲中世纪的观点受到挪亚洪水（Noachian Flood）传说的严重影响，这一传说实质上是远古时代在巴比伦发生的一次洪水的反响。前面已经说过，当达·芬奇对高山上出现的化石做出解释时，欧洲的背景就是这样。但远在达·芬奇之前，伊斯兰教文明中就已经出现很先进的地质学观点。10世纪中叶，精诚兄弟会⑦（Brethren of Sincerity）在他们的《精诚兄弟会书简》（*Rasā'il Ikhwān al-Ṣafā'*）中，已讨论到海平面的变化、剥蚀作用、蚀原作用和河流的演变等⑧。现在我们从霍姆亚德和曼德维尔（Holmyard & Mandeville）的著作中知道，通常被归为亚里士多德的著作的《论矿石的凝结与黏合》（*De Congelatione et Conglutinatione Lapidum*）一书，实际上是阿维森纳1022年撰写的《治疗论》（*Kitāb al-Shifā'*）的一部分。阿维森纳研究了石化过程后，认为高地是由地震等自然界大变动以及风和水的侵蚀作用造成的，因为地震使一部分陆地突然升高，风和水的侵蚀作用则把已形成的高地削掉一部分，而把其余部分留下。阿维森纳要比朱熹晚一个多世纪，才用与朱熹的思想极为相似的话谈到洪水所引起的黏结作用和石化作用。从这种思想出发，应该能对化石的性质做出正确解释，阿维森纳也确实做到了这一点。精诚兄弟会和阿维森纳的地质学观

603

---

① 参见《玉音问答》第七页；《归潜志》卷十四，第十页。

② 参见本书第十五章（d）（第二卷，p. 420）。

③ 转引自《太平御览》卷八七一，第六页。

④ 参见 Franke（5）；Maspero（5）。

⑤ 《三辅黄图》卷十八。公元3世纪的《南方草木状》有引用。

⑥ Adams（1），p. 330。

⑦ 参见本书第十章（f）及第十三章（f）（第二卷，pp. 95 ff.，296）。

⑧ 此书的意译，见 Dieterici（1）。见 Rushdi Said（1）。

点要比欧洲后来的某些地质学观点更接近于现代观点，例如，里斯托罗·达雷佐（Ristoro d' Arezzo）在 1250 年左右提出过一种理论①，认为地表轮廓和第八层球上恒星的位置相当（不管距离地球是近还是远），这种观点甚至还得到但丁（Dante Alighieri）的支持。看来，伊斯兰国家和中国的中古时期的地质学观点似乎有某种共同点；其中异想天开的成分要比欧洲的少得多。直到瓦勒里乌斯·法文提厄斯（Valerius Faventies）的《论山岳起源》②（De Montium Origine；1561 年）一书问世，才有了对地震、火山活动和沉积等作用更认真的研究，从而进入文艺复兴时期日渐成长的地质学。直到拉扎罗·莫罗（Lazzaro Moro；1687—1744 年）的著作问世，人们才完全把（由火山作用形成的）原生山岳和（受到成层剥蚀的）次生山岳区别开来③。

上升的地层遭到缓慢侵蚀，这在中国中古时期的思想中已表达得十分清楚。中国有个很古老的词，叫作"陵迟"或"陵夷"，最初在《淮南子》④ 和《荀子》⑤ 两书中大概是指丘陵的缓坡，但晋以后的注释家则解释为逐渐衰微。汉代诗人贾谊在论述河流改道而有时又重返旧河床时，曾提到河谷遭受侵蚀的现象⑥；梁元帝（约公元 550 年）也曾提到这一现象⑦。宋代的沈括在《梦溪笔谈》中记述了不少饶有趣味的观察。他大约在 1070 年写了下面一段话：

> 温州附近的雁荡山，风景非常秀丽，但是古书中都没有提到过它……第一个谈到这座山的，也许是唐代僧人贯休，他作过一首诗来歌颂居住在这座山上的另一个僧人诺矩罗……我自己注意到，雁荡山不同于别的山。它所有的高峰都非常挺拔怪异，它的悬崖峭壁，有一千多尺高，同别的地方的悬崖大不相同。它的山峰隐藏在山麓之中，所以，从岭外观看时，一点也望不见山峰，一直要到山峰跟前，才能看见它们高耸入天。究竟是什么因素把它们塑造成这种形状呢？我想，很可能是（千百年来）从山上流下的激流把泥沙全都冲走了，因而只剩下了巍然挺立的巨石。

> 在大龙湫、小龙湫、水帘和初月谷等处，都可以看到峡谷中有一些由水力冲成的洞穴。从峡谷的底部向上看时，峭壁好像是拔地而起，但是当你登上了顶部的时候，其他峭壁的顶部似乎都和你处在同一水平面上。即使在最高的山峰上，情况也是这样。凡是有旋流的水冲击的沟壑中，我们也都可以看到水流两旁的泥土被掏空，像个圆形的神龛。这是同样在发生的事情。今天我们在成皋和陕西的大涧中看到的高耸百尺的黄土堆（黄土峡谷），实际上就是雁荡山上这种耸立的巨石的缩影，所不同的是：陕西是黄土，雁荡山则是岩石⑧。

604

---

① Adams（1）。pp. 335，341。

② 译文见 Adams（1），pp. 348 ff. 。

③ Adams（1），p. 368。

④ 《淮南子》中的《齐俗训》和《泰族训》。

⑤ 《荀子·宥坐篇》第四页。

⑥ 《史记》卷八十四，第十一页。

⑦ 《金楼子》卷四，第十七页。

⑧ 《梦溪笔谈》卷二十四，第 14 段，由作者译成英文。参见胡道静（1），下册，第 762 页。

〈温州雁荡山，天下奇秀，然自古图牒未尝有言者……按西域书，阿罗汉诺矩罗居震旦东南大海际雁荡山芙蓉峰龙湫。唐僧贯休为《诺矩罗赞》……予观雁荡诸峰，皆峭拔崄怪，上耸千尺，穹崖巨谷，不类他山，皆包在诸谷中，自岭外望之，都无所见；至谷中则森然干霄。原其理，当是为谷中大水冲激，沙土尽去，唯巨石巍然挺立耳。如大小龙湫、水帘、初月谷之类，皆是水凿之穴，自下望之则高岩峭壁，从上观之适与地平，以至诸峰之顶，亦低于山顶之地面。世间沟壑中水凿之处，皆有植土龛岩，亦此类耳。今成皋、陕西大涧中，立土动及百尺，迥然耸立，亦雁荡具体而微者，但此土彼石耳。〉

图 264（采自《图书集成》①）所示就是沈括看到的这种侵蚀悬崖。此外，沈括还描述过沉积作用。下面是他的一段话：

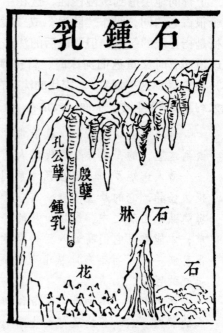

图 264　中国画中的地质学：（j）浙江南部海岸（温州附近）雁荡山中侵蚀成的悬崖（《图书集成·山川典》卷一三二）。正是这样一些山岳促使 11 世纪的沈括去思考侵蚀作用和沉积作用，并促使他去叙述与此有关的一些基本的地质学原理。

图 265　钟乳石（"孔公孽"、"殷孽"或"钟乳"）、石笋（"石床"）和晶状沉积物（"石花"）；采自李时珍《本草纲目》（1596 年）。

　　有一次我因公出差去河北，曾在太行山北面的山崖间看到一些含有螺蚌壳和卵石（海胆化石）的层带（地层）。可见这些地方，现在虽然距离东面的大海已将近一千里，但以前一定曾经是海滨。由此可知，我们所说的"大陆"，一定是由

---

① 《图书集成·山川典》卷一三二。

一度位于水下的泥土和沉积物形成的。羽山是尧[1]杀死鲧的地方。根据古代的传说，羽山是在东海边上，但现在它已经位于离东海很远的陆地上了。

　　黄河、漳水、滹沱河、涿水、桑乾河这些河川，今天全都携带大量的泥沙。在陕西和山西以西，河流有时流经深达百尺的峡谷。大量的泥沙很自然会不断地被河水携带着向东流去，这样，年复一年，就沉积下构成整个大陆的泥土了。这个道理是很明显的[2]。

〈予奉使河北，遵太行而北，山崖之间，往往衔螺蚌壳及石子如鸟卵者，横亘石壁如带。此乃昔之海滨，今东距海已近千里。所谓大陆者，皆浊泥所湮耳。尧殛鲧于羽山，旧说在东海中，今乃在平陆。凡大河、漳水、滹沱、涿水、桑干之类，悉是浊流。今关、陕以西，水行地中，不减百余尺，其泥岁东流，皆为大陆之土，此理必然。〉

由此可见，沈括早在 11 世纪就已充分认识到赫顿在 1802 年所阐述并成为现代地质学基础的这些概念了[3]。

此外，杜绾在 1133 年的《云林石谱》中，也明确提到风化和侵蚀两种过程[4]。因此，我们当然不能同意胡佛夫妇（Hoover & Hoover）的说法，他们认为阿格里科拉 1546 年的著作"第一次明确地表明侵蚀在山的蚀刻过程所起的作用"[5]。至于说到露出的含化石地层，都穆要比阿格里科拉的著作早三十年，就已经像早已熟知的那样加以描述了[6]。

中国文献中，有关普通地质学其他重要问题的资料是极为丰富的，但因尚未进行系统的整理，所以，我们只能就其中一些问题简单地讨论一下，希望能由此引出更多的发现。

（3）山洞、地下水和流沙

605

　　关于山洞及洞中的形成物，中国各个历史时期都有人进行过研究；早期的道教隐士对此尤感兴趣，因而命名总是带有道教中的神秘含义。"石钟乳"（钟乳石；图 265）见于《计倪子》[7]（约公元前 4 世纪）和《神农本草经》（西汉或公元 1 世纪），前者是最古的无机物、化学物质和药物谱录，后者是第一部本草学著作[8]。在这些书中，就已

---

① 尧是传说中的帝王；鲧是大禹的父亲，参见本书第二卷 p. 117。

② 《梦溪笔谈》卷二十四，第 11 段，由作者译成英文。参见胡道静（1），下册，第 756 页。

③ 沈括同时代的人并没有要指责他的观点为异端邪说的念头，不过也没有人组织地质学会之类去验证这些值得验证的事实。

④ 例如，《云林石谱》卷上，第六页、第九页。亦可参见《画墁集》卷一，第五页；《洞霄诗集》卷十一，第六页，以及卷十四，第二页。

⑤ Hoover & Hoover（1），p. xiii. 人们常说，莱伊在 1692 年最先详细说明了侵蚀作用和海水侵占陆地的现象，这说法也不正确。

⑥ 《南濠诗话》第十三页。

⑦ 参见上文 p. 402 及本书第十八章（f）（第二卷，p. 554）。

⑧ 参见本书第三十八章所列的本草书目。

经用"石钟乳"① 这一名称了。它的另一古名②是"孔公孽"。《神农本草经》还把石
笋同钟乳石区别开来，称之为"殷孽"。公元 300 年左右，葛洪在谈到一种灵芝③时也
曾提到石笋。《抱朴子》中的一段话，显然有一些虚构的情节，但所谈的事却很清楚。
这段话是这样的：

> 石蜜芝生长在少室山的石洞中。在这些石洞里面有一些深谷，人是无法越过
> 的。如果把一块石头掷进这些深谷里面，半天之久仍可听到它的声音。进入洞内
> 百尺远的地方，有一根石柱，柱顶上有一块十尺多高的巨石，看上去像是一个翻
> 转过来的盖子。人们可以看到有蜜芝从石洞的顶上滴下来，落到盖子里面，每隔
> 很久才滴下一滴，就像雨后从屋檐上滴下来的雨滴那样，不间断地一滴一滴往下
> 滴。蜜芝虽然永不停息地往下滴，但盖子则始终不满。石洞上面刻有一些蝌蚪字
> 说："凡能吃到石蜜芝一斗的人，就能活到一百岁。"尽管很多道士都想去这个石
> 洞，但能到这个地方的人却不多。有人认为用一个木碗捆绑在一根很长很结实的
> 竹竿上，也许能够把盖子里的蜜芝掏出来，但据我所知，并没有人曾做到这一点。
> 不过，既然有人在石洞上刻了这些字，想必以前有人曾经得到过这种蜜芝④。

〈石蜜芝，生少室石户中，户中便有深谷，不可得过，以石投谷中，半日犹闻其声也。去户
外十余丈有石柱，柱上有偃盖石，高度径可一丈许，望见蜜芝从石户上堕入偃盖中，良久，辄
有一滴，有似雨后屋之余漏，时时一落耳。然蜜芝堕不息，而偃盖亦终不溢也。户上刻石为科
斗字，曰："得服石蜜芝一斗者寿万岁"。诸道士共思惟其处，不可得往，唯当以椀器著劲竹末
端以承取之，然竟未有能为之者。按此石户上刻题如此，前世必已有得之者也。〉

较晚的矿物学书，例如宋代的《云林石谱》⑤，时常谈到钟乳石和石笋⑥。已发现的异
名还有"姜石"、"石脾"和"胃石"等。它们同其他所有矿物的、植物的或动物的产
物一样，有着制药上的用途。关于这类药物，可以查阅各种本草著作。

关于地下有溪流存在，中国人早已充分认识到了。宋代鲁应龙所著的《闲窗括异
志》⑦ 中，有关于地下溪流的记载。有人曾在某些情况下，如看到井水水位似乎与潮汐
同涨落，就猜想有些井与海之间有联系，因此产生了"海眼"一词。唐代的《酉阳杂
俎》（公元 8 世纪）曾谈到这一点，此外，宋代的两部书——《墨客挥犀》（1080 年）
和稍晚些的范致明《岳阳风土记》中也有这方面的记述⑧。

在各种类书⑨和地方志中，都有关于泉水的大量记载。能引起石化作用的泉水，由

---

①　见本书第三十三章以及其中所列中国古代文献中已知矿物及化学物质名目表。
②　参见章鸿钊（1），第 213 页起。
③　这里所说的"灵芝"未可辨识，很可能是形形色色不常见的岩石结核，人们认为碎而服之可以长生不老。
④　《抱朴子》卷十一，第三页；译文见 Feifel（3），p. 6；经修改。
⑤　《云林石谱》卷下，第八页；见下文 p. 645。
⑥　参见《岭外代答》卷七，第十三页。
⑦　《闲窗括异志》第十一页。
⑧　可以把这些书的记述拿来和欧洲 16、17 世纪流传的怪异想法相对照，后者认为，海水从地下引入山中后，
就像水在蒸馏器中那样被内热所蒸发 [Adams（1），p. 440]。此外，在《榕城诗话》（卷上，第十一页）、《寓简》
（卷九，第三页）和《唐语林》（卷八，第二十三页）中，均有关于含矿物的水的论述。
⑨　例如，《图书集成·坤舆典》卷三十一至四十二。

于它在地质学和矿物学思想史上有重要意义①，所以在中国引起了人们的重视不足为　607
怪。公元 6 世纪初的《述异记》中有一则关于这种泉水的记载：

> 阳泉位于天余山的北边。清清的泉水漫流达数十尺。被泉水漫过的地方，花
> 草树木全都变成透明而坚硬的石头②。

> 〈阳泉在天余山北，清流数十步，所涵草木皆化为石，精明坚劲。其水所经之处，物皆渍
> 为石。〉

在中国古代著作中，经常可见到两个代表地质现象的地名：一个是"流沙"，另一个是
"弱水"，两地都位于西部或西北部。就像战国或汉初著作家经常提到昆仑山③一样，他
们也同样经常提到这两个地名。"流沙"在《山海经》中出现了二十二次，"弱水"则
出现了五次；在《吕氏春秋》《淮南子》等书中，也多次提到这两个地名。

　　对我们目前的论述来说，考证这两处地方只具有次要意义；两个地名的重要意义
在于它们所涉及的地质现象。据我看来，"流沙"，顾名思义，一定是看起来确实像流
动的沙或浮沙。沈括在《梦溪笔谈》中谈到了它：

> 唐代有一本论述五行的类书，即《唐六典》，其中有"涩河"一节。如今，
> 人们都不懂得"涩河"一词指的是什么。我在鄜、延的时候，经常同安南行营的
> 一些将领谈天。有一天，我在兵马花名册上看到一则记载，说是许多士兵在过范
> 河时丧命。我问他们"范河"是什么，他们回答说，越人把"淖沙"叫作"范
> 河"，而北方人则把它叫作"活沙"④。我曾经骑马过无定河，经过河中的活沙。
> 尽管我们落脚的地方很坚实，但百尺以外的沙都在移动，人就像是在一块布幕上
> 行走似的。不过，有些地方则会下陷。一旦踩到这些地方，不论是马、骆驼还是
> 车，都会陷进沙子里。据说曾有几百个士兵在这里丧了命。这就是人们所说的
> "流沙"。"涩"也可写作"塈"，意思是很深的烂泥。这也就是术书中为什么把
> "涩河"解释为坏运气的原因，也就是我们今天所说的"空亡"⑤。

> 〈《唐六典》述五行，有"禄"、"命"、"驿马"、"涩河"之目，人多不晓"涩河"之义。
> 予在鄜延，见安南行营诸将阅兵马籍，有称"过范河损失"。问其何谓"范河"，乃越人谓"淖
> 沙"为"范河"，北人谓之"活沙"。予尝过无定河，度活沙，人马履之，百步之外皆动，頳頳
> 然如人行幕上，其下足处虽甚坚，若遇其一陷，则人马驮车应时皆没，至有数百人平陷无孑遗
> 者。或谓，此即流沙也；又谓，沙随风流，谓之"流沙"。"涩"，字书亦作"塈"。按古文，
> 塈，深泥也。术书有"涩河"者，盖谓陷运，如今之"空亡"也。〉

中国西北一带，至今确实仍有这样艰险难行的地方。在班威廉夫妇［W. Band & C.
Band（1）］⑥的书中可以看到他们的亲身体验，他们描述了 1943 年在黄河北弯附近走

---

① 见 Adams（1）。
② 由作者译成英文。
③ 参见上文 p. 565。
④ 所谓"活沙"就是我们所说的"quick-sand"（浮沙）。
⑤ 《梦溪笔谈》卷三，第 11 段，由作者译成英文。参见胡道静（1），上册，第 128 页。
⑥ Band & Band（1），p. 209。

过的一段十分艰险的道路，据说他们当时就像"在巧克力布丁上行走"。

中国文献中也提到"鸣沙"现象。这自然会使人联想到敦煌以西若干里的月雅泉庙和月雅泉湖周围的沙丘（盖群英和冯贵石曾对此作了描述）[1]。对于这种现象，已有不少人讨论过。

608

<h2 style="text-align:center">（4）石油、石脑油和火山</h2>

第二个值得注意的古名——"弱水"[2]——常被人们简单地当作河流名称。其实古代作家不止一次地指出，木材并不能在弱水中浮起。郭璞（约公元 300 年）在《山海经注》中指出，弱水中连雁的羽毛也浮不起来（"不胜鸿毛"）。在本书第二卷所引用过的与郭璞同时的葛洪的一段话中[3]，我们也看到了同样的说法。此外，唐代的《史记》注释家张守节也说过"如果不借助羽毛船的帮助，你将不可能渡过它"（"非毛舟不可济"）[4]。虽然有些人宁愿相信这些话都是由一个古名产生的幻想，但我们不妨再想一想：就所有情况来看，这些说法的根据难道不正是天然发生的油苗吗[5]？文献中谈到的多半是中亚一带现已难以考证的地方，但在中国西部各省，特别是甘肃和四川两省，不论过去还是现在确实都有天然油苗。这些地方很可能会出现沸点很低的石油分馏物（石蜡和石脑油），也可能会出现黏稠的黑色原油，因此我们不难想象，古人很可能把这样的原油当作连木头或羽毛都会下沉的"水"而加以注意[6]。甘肃老君庙（肃州附近）的石油，在现代化油田和炼油厂建立以前，当地人就已经知道并用来润滑车轴。《元和郡县图志》等古书都提到石油，如此图志中就说，在北周时期，亦即公元 561—577 年，中国人曾经很成功地利用石油同围攻酒泉（肃州）的突厥人作战[7]。章鸿钊在他的书[8]中讨论过天然油苗，并列出了石油的一些古代名称，如"石漆"、"石脂水"和"猛火油"[9] 等。"石漆"很可能是石油最古的名称之一；唐蒙在公元 190 年左右写的《博物记》[10] 就用了这个名称。

---

① Cable & French（1），p. 63。我到该地旅行时，鸣沙并没有鸣。

② 关于"弱水"一词，除上面提到的文献以外，在许多描述亚洲西部的文献中也可见到。例如，《后汉书》（卷一一八）、《景教碑》、《魏略》、《文献通考》（卷三三九）和《诸蕃志》中均有记载。这些记载已由夏德 [Hirth（1）；特别见 p. 291] 译出并进行了讨论。

③ 本书第二卷，p. 438。

④ 《史记》卷一二三（《大宛列传》），第六页。

⑤ 值得指出的是，印度人曾对麦加斯梯尼说，北方有一条河，任何东西投入河中都会像石头一样下沉。这条河名为"锡拉斯"（Silas），似出自梵文的"*silā*"，意思是石头 [Megasthenes，Frag. 19；Arrian，*Indica*6，2；Strabo，xv，c，703；Bevan（1），p. 404]。参见 Macco Polo，ch. 22 [Moule & Pelliot（1）]。

⑥ 关于这一问题的西方和阿拉伯的文献，参见 Forbes（4a）。参见约翰·埃尔德雷德（John Eldred）关于美索不达米亚油苗的叙述 [见 Forbes（4b），p. 26] 及塔尔丹（Tardin）1618 年的著作。

⑦ 在本书第三十章中，我们将详细谈到 1100 年左右石油用于军事的情况。

⑧ 章鸿钊（1），第 205 页起。

⑨ "猛火油"一名，可参考本书论述军事技术的第三十章。

⑩ 不要像魏特夫等人那样把《博物记》同比它晚一个世纪的《博物志》混为一谈 [见 Wittfogel，Fêng*et al.*（1），p. 565]，他们之所以把两书混为一谈，可能是受到《图书集成》的影响。

这部记载种种科学问题的东汉著作中有下面一段话：

在延寿县①以南的山中，有一种会流出泉"水"的山岩。这种山岩形成一些像竹篮那样大小的坑坑，有细流从坑里慢慢地流出。流出来的"水"像肉汤那样肥腻，像未凝结的油脂那样黏稠。用火去点，它就会燃烧，而且燃烧时的火焰非常明亮。这种"水"不能喝，当地的人把它叫作"石漆"②。

〈延寿县南有山，石出泉水，大如笞篆，注地为沟。其水有肥，如煮肉泊，羡羡永永，如不凝膏，然之极明，不可食。县人谓之"石漆"。〉

公元6世纪中郦道元援引了这则故事的另一说法③，说这种"石漆"还可用来润滑车轴④和水碓⑤的轴承。石脑油除在战争中使用以外⑥，后来在宋代，天然石油还用来制取制墨用的炭黑。下面是沈括的记述：

鄜、延（陕西和甘肃的两个地方）出产"石油"。以前的文献⑦中记载高奴县出"脂水"，指的就是这种东西。它同水及沙石混合在一起流出。在泉口，当地人用雄尾做的刷子把它收集起来⑧，放到罐子里，它看上去像漆。它易燃，燃烧时发出的浓烟会把帷幕熏黑。我曾想，这种黑烟也许可加以利用，因此我设法把烟炱收集起来制墨。这种墨的黑色像漆一样光泽，一般松墨都比不上它。于是我制了很多这样的墨，并把它叫作"延川石液"。我认为我的这项发明将来一定会被广泛采用。石油是丰富的，并且地下还会生成更多，而松木则可能会被用尽。齐、鲁一带的松林已经变得稀少了。这种情况现在也发生在太行山一带。如果这种情况一直持续下去，而制墨的人又不知道这种石油烟的好处，那么，长江以南和京西一带的所有林木最后会消失不见。"石炭烟"（煤烟）也可以用来把衣服染成黑色（并且也能用来制墨）⑨。

〈鄜延境内有石油。旧说"高奴县出脂水"，即此也。生于水际，沙石与泉水相杂，惘惘而出。土人以雉尾裹之，乃采入缶中，颇似淳漆。然之如麻，但烟甚浓，所沾帷幕皆黑。予疑其烟可用，试扫其煤以为墨，黑光如漆，松墨不及也，遂大为之，其识文为"延川石液"者是也。此物后必大行于世，自予始为之。盖石油至多，生于地中无穷，不若松木有时而竭。今齐鲁间松林尽矣，渐至太行、京西、江南，松山大半皆童矣。造煤人盖未知石烟之利也。石炭烟亦大，墨人衣。〉

---

① 延寿县在陕西境内，即今延安。

② 见于马国翰《玉函山房辑佚书》卷七十三（辑本，第四页）；由作者译成英文。

③ 《水经注》卷三，第二十八页。

④ 亦可见《酉阳杂俎》卷十，第二页。

⑤ 参见本书第二十七章（h）。

⑥ 参见本书第三十章。

⑦ 参见《前汉书》卷二十八，第六页；其中记载，此地有"洧水，可燃"。这是我们迄今所能找到的最古记载。

⑧ 16世纪的阿格里科拉也记述过这种方法（见 Agricola, ch. 7）。

⑨ 《梦溪笔谈》卷二十四，第二段；由作者与张资珙译成英文。参见胡道静（1），下册，第745页。

1070 年左右沈括说的这段话，惊人之处不在于他像今天生理学实验室制备记纹纸那样细心地用石油来产生黑烟①，而在于他预见到中国森林资源将会告罄，并想到地下"取之不尽"的油源可用来作为木材的代用品。石油，不是作为一种意义重大的新能源，而是作为一种制墨新方法出现在一位有惊人思考能力的人（沈括确实就是这样的人）的面前，这是中国前工业化时期的一个颇为突出的特点。

610　　关于天然气的问题，我们应把中国人早已利用它的事实留待本书论述盐业的第三十七章去谈，因为那一章将谈到四川及其他地方的火井和盐井。用天然气煮盐，确实可上溯到汉代，而对天然气的了解则可能远在汉代之前。不过，下面这段故事谈的是石脑油油苗，它出自唐代僧人道世编撰的佛教百科全书《法苑珠林》。这段故事描述了尼泊尔（Nepal）附近某地的一个火池，中国使臣王玄策②公元 650 年左右曾到过这个火池。故事是这样的：

> 这里有个会燃烧的小水池。如果用火去点着它，整个水面就会出现夺目的火焰，火就像是从水里面跑出来似的。如果想要用水把池面的火浇灭，水会变成火并燃烧。中国使臣和他的随从曾在火上架锅煮饭。后来，这位使臣问那个国家的国王这是怎么一回事……他被告知，这火是为了保护一个装着弥勒佛的佛冠的金盒子③。

> 〈有一水火池。若将家火照之，其水上即有火焰于水中出。欲灭，以水沃之，其焰转炽。汉使等曾于中架一釜煮饭得熟。使问彼国王，国王答使人云：曾经以杖刺着一金匮，令人挽出，一挽一深。相传云，此是弥勒佛当来成道天冠金，火龙防守之。此池火乃是火龙火也。〉

这段话使我们联想到火山现象。由于中国境内根本没有火山，所以一切关于火山的资料就只能来自境外④。最早的一种资料见于公元 3 世纪后期的《拾遗记》：

> 在岱舆山有一个深达千里的深渊，深渊里的水总是在沸腾着。投到里面的金属和石块都会被蚀烂并分解成泥土。冬天，渊里的水干涸，有黄烟从地下面冒出来，向上冲达好几丈高。住在山上的人向地下挖掘到数十尺深，就挖到像木炭那样被烧焦的石头，还有火焰在燃烧。熄灭以后，用蜡烛的火便可点燃，它的火焰是青色的。挖得越深，所得石头的火力就越大⑤。

> 〈岱舆山有员渊千里，常沸腾，以金石投之，则烂如土矣。孟冬水涸，中有黄烟从地出，起数丈，烟色万变。山人掘之，入数尺得燋石，如炭灭有碎火。以蒸烛投之，则然而青色。深掘，

---

① 伊本·豪加勒在沈括之前一百年也有过同样的想法［Forbes（4a），p. 18，（4b），p. 28；Mieli（1），p. 115］。他的出生地比沈括更靠近石油产地。

② 本书前面已多次提到过王玄策（第一卷，p. 211；第二卷，p. 428）。

③ 《法苑珠林》卷二十四，第十页；译文见 Lévi（1），p. 314；由作者译成英文。中国人对事物泰然处之的态度是颇具特色的。

④ 欧洲人看到火山的机会远多于中国人，所以自古对火山现象表现出更大的兴趣［参见 Adams（1），pp. 399 ff. 及别处］。

⑤ 《拾遗记》卷十，第六页，由作者译成英文。其他早期资料，见《太平御览》卷八六九，第五页；卷八七一，第三页。

则火转盛。〉

这些话听起来不像是目击者的记述，有人认为是叙利亚商人带来的对埃特纳火山（Mt. Etna）的一种描述，但它似乎也同样可能是从出使外国的官员［例如公元 260 年左右奉使扶南的康泰[1]］带回的南海情况报告中摘录下来的。此外，伪托的《书经·胤征》中也有一段文字提到火山，并称其火甚至能烧毁玉和石[2]。陈槃（4）认为这篇伪经是邹衍时代（公元前 4 世纪）的作品，但更可能是东汉时期的伪作。

　　至于温泉，在中国是很多的[3]。唐代的徐坚在《初学记》[4] 中摘录有：如果水源有硫黄味，它的泉可能就是温或热的[5]（"凡水源有石流黄，其泉则温"）。李贺在公元 800 年左右记述过一处砷铁矿泉。到了宋代，《齐东野语》的作者认为，泉水之所以会温热，是由硫黄和矾石在地下燃烧而引起[6]。明代的王志坚曾列举了形形色色的矿泉水和它们的功效[7]。关于中国人对火山现象的看法[8]，当然可以写成一篇专论。 611

（c）古 生 物 学

　　尽管"化石"这一术语今天是专指埋在地层中的动植物遗体的，但它的原始意义要广泛得多，凡发掘所获得的有研究价值的东西都包括在内。后面，我们将联系关于矿物生成的早期思想，简单地谈一谈中世纪和文艺复兴时期的一种理论，即"石化"流出物或液汁的理论。在这里我们只想指出，关于岩石中发现的某些类似生物的东西实际上是古代动物（也许是今已绝种的）遗体这一事实，人们是逐步认识到的。如果承认古生物学是在林奈分类体系出现以后才正式诞生的话，我们就必须承认，在古生物学史中有一个还要早许多世纪，因而被称为"史前期"的时期。这也正是我们就中西文献有关这一论题的论述进行对比时应当加以探索的问题。

　　进行这样的对比时，先从近代一端开始，然后再回溯，有时会更方便些。据安德雷德［Andrade（1）］说，17 世纪后半叶的胡克是"第一个认识到化石的真实性质及它们作为地球史记录的重要性的人"。而雷文[9]（Raven）则认为，大分类学家约翰·雷（John. Ray；1627—1705 年）是"第一个肯定化石是生物遗体的人"。然而，仅仅根据上面已引用的沈括（11 世纪）、朱熹（12 世纪）的那些记述，就足以说明安德雷

---

　　① 康泰对柬埔寨的描述见于《梁书》卷五十四，第六页；《南史》卷七十八，第五页。
　　② 《书经·胤征》，译文见 Medhurst（1），p. 128。
　　③ 我曾在福州（福建）、北温泉（四川）和安宁（云南）洗过温泉浴，留下了极为愉快的记忆。我愿借此机会向陪我去温泉的朋友黄兴宗博士和吴素萱博士表示谢意。
　　④ 《初学记》卷七，第八页起。徐坚将这句话归于张华的《博物志》（约公元 290 年）。
　　⑤ 亦见《猗觉寮杂记》卷上，第四十页。
　　⑥ 《齐东野语》卷一，第六页。
　　⑦ 《表异录》卷二，第七页。
　　⑧ 参见《赤雅》卷中，第五页；《猗觉寮杂记》卷上，第二十六页。
　　⑨ Raven（1），p. 170。

德和雷文的说法是站不住脚的。总之，16—17 世纪的这些正确论点的发展情况，可以很容易地在亚当斯[①]关于所谓"象形石"（Lapides figurati）的论述中一一找寻出来。齐特尔[②]也曾指出，在某些最辛勤的采集家［如马丁·利斯特（Martin Lister）和爱德华·卢伊德（Edward Lhwyd）等］[③] 还持错误观点时，帕利西（Palissy；1580 年）、亚历山德里（Alessandro degli Alessandri；1520 年）和弗拉卡斯托罗（Girolamo Fracastoro；1517 年）已经做出了正确的解释。所有这些都排列[④]在达·芬奇所取得的成就之后，达·芬奇是在 1508 年写出那段关于高山上发现的牡蛎壳的著名论述的[⑤]。但是阿维森纳（即伊本·西那；Ibn Sīnā）早在 1022 年就用几乎同样的话讲述了同样的事[⑥]，与此同时，比鲁尼也在 1025 年根据鱼化石的发现推断出了化石发现地过去曾是海洋的结论[⑦]。而这正好是沈括和朱熹的时代。在这个问题上，欧洲或伊斯兰世界在此之前都未做出任何直接的贡献，因此在回过头去研究希腊和希腊化时代的著作家在这方面的贡献（这些贡献大部分后来已被遗忘）以前，最好先看一看中国对化石的认识和研究可以追溯到多么早的年代。

只要回想一下前面谈过的事情，我们便会想起，颜真卿在公元 770 年左右就明确地把化石的所在同后来上升为山的地层联系起来了，这种地层我们今日应称之为沉积层。使他做出这种联系的主导思想是"沧海变桑田"的想法，"桑田"是道教的术语，感觉可能是直接从庄子的自然神秘主义及把一切事物都看作是变化无常的信念中产生出来的。正是根据这一至少可追溯到汉末（公元 2 世纪）的术语，我们才能读到下面即将介绍的关于几种特殊化石的引文。

我们打算先从植物化石谈起，然后依次简单地谈一谈已灭绝的无脊椎动物化石，包括腕足类（这组化石就数量和种类来说都远远超过现有种属）、头足类（菊石、鹦鹉螺）和其他软体动物化石，以及节肢动物（已绝灭的三叶虫类；甲壳类）化石。最后再谈爬行类和哺乳类动物化石。

（1）植物化石

古植物学的创始，确实应归功于中国人[⑧]。从类书引张华所说凡松树三千年后均化

---

①　Admas（1），pp. 250 ff. 。

②　Von Zittel（1），p. 17。

③　Gunther（1），vol. 14。

④　而且，如果迪昂［Dehum（1），vol. pp. 283 ff. ］是对的话，所有这些观点也都源自于达·芬奇。

⑤　McCurdy（1），vol. 1，p. 330。

⑥　Holmyard & Mandeville（1），p. 28。

⑦　Prostov（1）。

⑧　当然我们现在不能确定在任何一个例中（例如这里所提到的那些引文）作者都确实是在谈论"木化石"或植物化石。甚至现代地质学家也常把别的东西误认作植物化石，如把纤维状方解石、石棉、各种凝结在一起的凝块、变质的片岩和圆柱形无机凝结物等误认为植物化石。问题是了，中古时期的中国著作家对他们正在观察的东西是怎么想的？他们认为观察到的是植物化石。

为石[①]的这句话来看，中国人在公元3世纪就已知道松树的石化现象了。但是，到了唐代这一现象才引起人们重视。《新唐书》中有一段话说，在中亚细亚回纥人居住的地区有一条名为康干的河，凡落在河里的木材在三千年内都要化为青石[②]。公元767年，画家毕宏画过一幅描绘松树化石的著名壁画[③]。此外，公元9世纪末杜光庭在《录异记》中说：

> 　　在婺州永康县的山亭中，有一棵看上去像是朽烂了的松树。但是，如果从树上砍下一截，会发现砍下的树木不会在水中腐烂，而会化成一种石质的东西。可是在未放进水里以前，它是不会发生这样的变化的。检验（其他）木片放进（当地的）水里，结果也发生了同样的变化。变化后形成的东西，其枝干和皮都同松树没有什么区别，只不过变得格外坚硬罢了[④]。

> 　　〈婺州永康县山亭中有枯松树，因断之，误堕水中化为石。取未化者试于水中，随亦化焉。其所化者，枝干及皮与松无异，且坚劲。〉

这段记载大约是快到公元9世纪末的时候写的。五十年后，永康石化的松树引起了信奉道教的诗人陆龟蒙的注意，他曾为此写了两首诗[⑤]。 613

在宋代，松树的石化作用也引起了人们的注意。《墨客挥犀》（1080年）中有这样一段话：

> 　　壶山有一棵柏树（干）[⑥]，长数尺，有一半已经化为石质，另一半则仍然是坚硬的木质。蔡君谟看到后，觉得很奇特，因而把它运到他的家中，我[⑦]在他家中看到了它[⑧]。

> 　　〈壶山有柏木一株，长数尺，半化为石，半犹是坚木。蔡君谟见而异焉，因运置私第。余任莆阳日亲见之。〉

后出的本草著作常逐字逐句引用《证类本草》（约1110年）的一项记载：

> 　　在处州有一种“松石”，看起来像松树干，实际上是石头。有人说它原先确实是松树，只因为天长日久，才化为石头。人们将它们擦亮并保存起来。这种松石具有和石棉同样的性质[⑨]。

> 　　〈今处州出一种松石，如松干而实石也。或云松久化为石。人家多取以饰山亭，及琢为枕。虽不人药，然与不灰木相类。〉

---

① Laufer（13），p.22。但是在今本《博物志》中并未找到这句话。

② 《新唐书》卷二一七下，第七页。

③ 《佩文韵府》卷一〇〇上，第二十一页（第3903.3页）。

④ 引自《格致镜原》卷七，第十一页。译文采自Laufer（13）；经修改。

⑤ 见《云林石谱》（1133年）卷中，第三页。

⑥ 参见 B II，202。

⑦ 指的是彭乘本人。

⑧ 《墨客挥犀》卷五，第六页，由作者译成英文。

⑨ "不灰木"条，由作者译成英文。参见章鸿钊（1），第198页。另可参见 De Mély（1），pp.83，86；《本草纲目》卷九，第四十四页。

文中谈到只有部分树干化为石，这是观察得很细致的①。但是，这里可能和四川发现的另一种称作"松林石"的石头混淆了；松林石不过是一种带有因二氧化锰的结晶作用而产生树枝状花纹的石头②。关于松林石的最早记载之一，见于赵希鹄的《洞天清录集》（13 世纪）③。

在其他一些场合，我们同样也很难确定作者所描述的是真正的植物化石，还是另有所指。例如，1175 年左右的《桂海虞衡志》提到"石梅"和"石柏"，但同时又说这些东西生在南海，因此很可能是几种不同的珊瑚④。如果确是如此，范成大不用"珊瑚"这个名称是很奇怪的，因为，至迟在公元 7 世纪时"珊瑚"一名已经有了⑤。可是另一方面，他又明确地说，它们在性质上同"石蟹"及"石虾"相同。

614　　　姚元之在《竹叶亭杂记》（17 世纪）中记载说："不但树木可变为石，草也可变为石，当草发生这种情况时，便形成'上水石'"（"今不惟木能变石，草亦有之，草结即上水石也"）⑥。"上水石"的常用名称是"含水石"，章鸿钊曾对这种石进行了鉴定⑦，认为它是由某种车轴藻类（*Chara*）形成的石灰华。中国人对这种石的认识，似可上溯到唐代⑧。

关于笋化石，宋代文献有不少记载。例如，陆游《老学庵笔记》⑨ 中有关于成都发现笋化石的一段记载，但他在同一段话中又谈到洞穴和井，因此他所指的很可能是石笋。另一方面，下面所引的沈括的一段话则似乎明确地谈到了某种植物化石：

> 前几年（约 1080 年），延州永宁关的大河发生了河岸崩塌。崩塌的地方达数十尺深，结果露出了一个地下的竹笋林。其中有数百个竹笋，它们的根干都仍然完整，并且已全部化为石质。有一个高级官员恰好从这里经过，带走了几个，并说他打算把它们献给皇帝。现在延州并不产竹。而这些竹笋离地面有数十尺深，不知道它们是哪一个朝代长在这里的。也许在太古的时候，这里的气候和今天不同，因而这个地方低洼、潮湿，适于竹子生长。在婺州金华山也曾发现过石松果及由桃核、芦根、鱼、蟹等变成的化石，但由于当地（如今）仍出产这些动植物，所以不足为怪。但是在延州出现的这些石化的竹笋竟出现在离地面很深的地方，而且又是当地今天所不出产的东西，这就是一件非常奇怪的事了⑩。

---

① 其他宋、元时期的资料，见《斜川集》卷二，第十九页；《吴礼部诗话》，第十一页；《洞霄诗集》卷十，第七页。

② 章鸿钊〔(1)，图版一三〕画出了松林石的形状。

③ 见《说郛》卷十二，第十八页。

④ 见《说郛》卷五十，第十页；《岭外代答》卷七，第十五页。

⑤ RP 33。

⑥ 《竹叶亭杂记》卷八，由作者译成英文。

⑦ 见章鸿钊 (1)，第 309 页。

⑧ RP 102。

⑨ 《老学庵笔记》卷五，第十三页。

⑩ 《梦溪笔谈》卷二十一，第 17 段，由作者译成英文。但是这段记载所说的很可能是珊瑚、海百合、闪电熔岩等。我们不能对这位与征服者威廉同时代的人要求过高，但值得指出的主要一点是，沈括认为这些东西是植物化石。参见胡道静 (1)，下册，第 692 页。

〈近岁延州永宁关大河岸崩，入地数十尺，土下得竹笋一林，凡数百茎，根干相连，悉化为石。适有中人过，亦取数茎去，云欲进呈。延郡素无竹，此入在数十尺土下，不知其何代物。无乃旷古以前，地卑气湿而宜竹邪？婺州金华山有松石，又如桃核、芦根、鱼、蟹之类皆有成石者。然皆其地本有之物，不足深怪。此深地中所无，又非本土所有之物，特可异耳。〉

这段话不禁使人想起使莫企逊（Roderick Murchison）成为地质学家的那次意外的山崩。

（2）动　物　化　石

在动物化石方面，我们的论证依据便充足得多了。我们知道，腕足类是无脊椎动物中一个很古的门类，它在外表上同双壳类软体动物很相似。由于许多已绝灭的石燕属（*Spirifer*）和一些同它相近的属都具有像鸟展翅般的壳，所以中国人称之为"石燕"。戴维森（Davidson）1853年证认"石燕"是腕足类化石[①]。公元5世纪末郦道元的一段记载，可算是提到"石燕"的第一份重要资料。他在《水经注》中写道：

　石燕山中有一种在形状上很像燕子的石牡蛎（"石蚶"）。石燕山因此而得名。这种石有两种形状，一大一小，就像是母子一样。每当风雷交加的时候，石燕就一群群地满天飞，就像真的燕子一样。但罗含说："现在（石）燕已经不再飞起了。"[②]

　〈其山有石，绀而状燕，因以名山。其石或大或小，若母子焉，及其雷风相薄，则石燕群飞，颉颃如真燕矣。罗君章云："今燕不必复飞也。"〉

郦道元的这段记载引自晋代官吏罗含[③]（鼎盛于公元375年前后）的《湘中记》，看来，这种化石至少在公元4世纪就已经为人们所知了。

从《唐本草》（公元660年）开始，这些化石被列入药典。图266所示是一幅动物化石图画，采自《本草纲目》[④]。就我们所知，从郦道元时代之后的几个世纪算起，有三十多种文献着重谈到石燕的用途和观赏价值，并说这种石燕曾被收集起来充作贡品。这些文献也包括唐代史书的地理志在内[⑤]。值得指出的是，把这种石称为"石蚶"的郦道元，比许多后来不加怀疑地接受"石燕"这一术语的著作家更接近事实的真相。颜真卿在上文所引那段关于山岳成因重要的文字中（p.600），所用术语与朱熹所用相同（"螺蚌"，软体动物），但颜真卿真正看到的，很可能是腕足类化石。此外，曾敏行在

615

---

① 参见 Hanbury（1），p.274；RP 107。

② 由作者译成英文。

③ 传记见《晋书》卷九十二，第二十页。

④ 奇怪的是，不少中国泥盆纪腕足类化石（特别是石燕属化石）虽然已被作为制药原料记载下来，但地质学家至今仍未找到这类化石的露头地点［据作者与奥克利（K. P. Oakley）及缪尔-伍德（Helen Muir-Wood）两位博士的私人通信］。但其他化石的露头地点则知之甚详。

⑤ 章鸿钊［（1），第251页起］对这类文献中的大部分做了详尽的讨论。

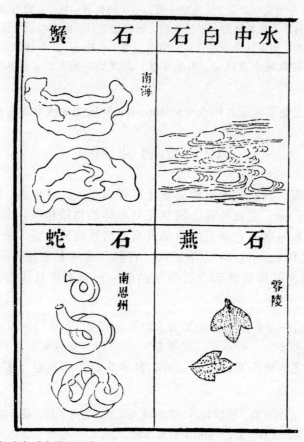

图266　李时珍《本草纲目》（1596年）中的动物化石图。左上：石蟹；左下：
　　　　石蛇；右下：石燕，即石燕属及有关各属的腕足类动物化石。

1176年已认识到这类动物曾一度生于海中①。

关于石燕遇暴风雨便会从岩石中飞出的想法，当然是离奇的。不过，在12世纪，这种传说至少激起了一位宋代学者用实验来驳斥它。这种传说是有大量文献作为根据的，不仅罗含曾这样说过，与罗含同时（公元4世纪）的名画家顾恺之也曾加以肯定②，许多后来的著作家也是如此。但杜绾并不满足于相信这一传说，他在《云林石谱》（1133年）中写道：

　　石燕产于永州零陵。古时曾传说石燕碰到雨天就会飞舞。最近几年，我曾爬
616　到高山的岩石上，看到许多形如燕子的石头。我用笔在其中一些燕形石上做标志。
　　由于岩石受到烈日曝晒而破裂，遇到暴雨浇淋，所有经我做了标志的燕形石，都
　　一个个相继落在地上。正是因为热胀冷缩的作用，使它们从空中飞落下来。实际
　　上它们是不会飞的。当地居民的家中都收藏有许多形状如燕的石板③。

① 《独醒杂志》卷四，第五页。
② 如果我们采信17世纪的江昱在其《潇湘听雨录》中的说法的话。
③ 《云林石谱》卷中，第三页。

〈永州零陵出石燕，昔传遇雨则飞。顷岁予陟高岩，石上如燕形者颇多，因以笔识之。石为烈日所暴，遇骤雨过，凡所识者，一一坠地，盖寒热相激进落，不能飞尔。土人家有石版，其上多磊块如燕形者。〉

文献中常提到，通常是把石燕溶化或保存于在醋中以供药用。《龙泉县志》（1762年）有这样一句话：“好事者用网捕捉它们，把它们切成两半，并放在醋中，放进去后能够行动的是最好的。”[1]（“好事者网得之，一锯为二，置醋盂中，能行动者良。”）药物学家显然是在自欺，把石头自然发生的劈裂当作它真的能行动了，不过他们的这种处理方法也可能不是完全多余的。有趣的是，今天地质学家们为了使化石的纤细条纹呈现出来，仍然用醋酸来清除含磷化石上的石灰质填充物。杜绾说[2]工人常用“药”腐蚀某种石[3]，大概指的就是这项实践。但是，有关这一实践的另一更重要的事实，是中国的传统膳食大都缺乏钙质（由于膳食中缺乳制品），因此特别需要有好的易被吸收的石灰质来源。即使骨化石和其他矿物中大部分钙质是以磷酸盐形式而不是以碳酸盐形式存在，这样做也肯定会形成一定数量的醋酸钙，从而使石燕更合乎药用，这一点正和我们今天在制药实践中使用乳酸钙或其他类似的有机盐的情况相似。《本草纲目》把化石列为治疗可能由血钙过少引起的牙病和其他一些病的药物[4]。

在 16 世纪李时珍的时代，“石燕”化石和一种同名的鸟——一种栖居山洞中的燕类（石燕；*Chelido dasypus*）常被混为一谈[5]。《日华本草》中已将此鸟列为药物，当然是用来治另外一些疾病的。李时珍已澄清了全部疑团，并在《本草纲目》中把腕足类化石同这种鸟类分别列在不同的卷中[6]。

文献中也提到真正的瓣鳃类软体动物化石，关于这一点，我们在上面几处引文（“石蚶”）中已经谈到；除此之外，文献中也提到腹足类（“海螺”）及其他被认为属于这一类的化石。《唐本草》中已指出瓣鳃类软体动物化石同石燕的相似之处。周去非在《岭外代答》（约 1178 年）中谈到广西象州时说[7]，除石燕以外，还有许多状如海蚶而嵌入石中的化石。他说，它们并不是真的石燕。由此可见，当时人们已经对这两种化石做了明确的区分。尽管明代的《三才图会》在真石燕条下列入了一条“石蛤”，但瓣鳃类软体动物化石在药典玉石部分并不占据重要位置[8]。

有外骨骼的软体动物身上的那种形状特异的盘卷状壳化石，至少从宋代开始已为中国人所知，首先将这种化石入药的本草学著作是苏颂的《本草图经》（1070 年）。图 266 中的“石蛇”就属于这类化石；1468 年出版的《证类本草》也有这样的图，但画

---

① 由作者译成英文。
② 《云林石谱》卷中，第二页。
③ 原文为：“工人用药点化镌治”。
④ De Mély (1) pp. 131, 237；text, p. 126。
⑤ Read (3), no, 287。
⑥ 前者列入卷十，后者列入卷四十八。
⑦ 《岭外代答》卷七，第十五页。
⑧ De Mély (1), p. 130。

617
618

得较为粗糙①。它的另一名称是"羊角螺"②。苏颂③写道：

> 石蛇出在流入南海的河流两旁的岩石间。它的形状像一条盘卷起来的既无头也无尾的蛇。内部是空的。呈紫红色。石蛇以向左盘卷的为最好。它也有点像车螺。不知道是什么动物化成的。但是看来它（的石化过程）大概和"石蟹"相同④。

> 〈石蛇出南海水旁山石间，其形盘屈如蛇，无首尾，内空，红紫色。以左盘者良。又似车螺，不知何物所化. 大抵与石蟹同类。〉

这里有趣的是，苏颂已注意到左盘和右盘的问题，而且盘卷状化石几乎可以肯定是腹足类，而不是头足类。此外，寇宗奭在《本草衍义》（1115 年）中已经敏锐地观察到，在他看来，石蛇根本就不像现代意义上的那种蛇。他说：

> 石蛇的颜色像古墙上的土盘或者像挂在树上的山楂果⑤。两头粗细相等。石蛇和石蟹是两种根本不相同的东西，因为石蟹是真蟹所化（成石），而石蛇则不是（像我们今天见到的）真蛇。人们使用石蛇的场合极少⑥。

> 〈石蛇。其色如古墙上土，盘结如楂梨大，中空，两头巨细一等，无盖，不与石蟹同类。蟹则真蟹也，蛇非真蛇。今人用之绝少。〉

1080 年左右，沈括谈到这种化石的发现情况⑦：

> 治平年间（1064—1067 年），泽州有人在家中园子里挖井，从土中挖出了一条像盘卷起来的蛇或龙那样的东西。他很害怕，不敢去触动它，但过了一会儿，看到它并不会动，才跑过去触动它，这才知道原来是石头。但无知的乡下人，竟把它打碎了，当时程伯纯是晋城的县令，他向这家人要了一大段碎块，这段碎块上的鳞甲看着就像活的生物身上的一样。因此就像石蟹的情况一样，蛇或某种海蛇（"蜃"）确实转化成了石头。

> 〈治平中，泽州人家穿井，土中见一物，蜿蜒如龙蛇状，畏之不敢触。久之见其不动，试扑之，乃石也。村民无知，遂碎之。时程伯纯为晋城令，求得一段，鳞甲皆如生物。盖蛇蜃所化，如石蟹之类。〉

大致在同一时期，《西溪丛语》一书的作者认为，海下有特殊地点能使蛇、蟹发生石化的想法出自王荛臣⑧。

---

① 《道藏》中的《图经衍义本草》，（TT 761）的近代版本也有插图，但我不确定这些图就是 11、12 世纪的原图。

② RP 109；de Mély（1），p. 132。

③ 苏颂与沈括同时，我们已称赞过他的天文图和天文仪器 [上文 pp. 277，351]。

④ 由作者译成英文。后来的药典都引用了这段话，见《本草纲目》卷十，第四十三页。

⑤ 两位作者都提到鹦鹉螺化石的颜色，其所以会呈现这种颜色，可能是因为化石为铁盐所染，从而变成浅棕红色。

⑥ 《本草衍义》卷五，第七页；由作者译成英文。后来的药典也引用了这段话，见《本草纲目》卷十，第四十三页。

⑦ 《梦溪笔谈》卷二十一，第 18 段，由作者译成英文。参见胡道静（1），下册，第 693 页。

⑧ 《西溪丛语》卷下，第三十四页。

　　另外一种有外骨骼的头足类会形成一种特殊的化石，即直角石类或直壳鹦鹉螺类 619
化石。含有这种化石的奥陶纪石灰岩，至少在明代已为人们所知，被称为“宝塔石”[①]，
因为化石的一层层隔壁有些像宝塔。它的另一名称是“太极石”，这是因为这种化石同
理学家所喜欢的他们太极图中的圆圈有些神似[②]。这种化石有时也被称为直角石。章鸿
钊为采自湖北某地的一个精致的中华直角石（*Orthoceras sinensis*）标本绘了图[③]。鹦鹉
螺化石既没有入药，过去也没有人认识到它们是动物化石。

　　在中古时期，中国人在识别节肢动物化石方面所取得的成就，比在识别上述头足
类化石方面大一些。含有三叶虫的岩石，被称为“蝙蝠石”，这是因为这类动物化石的
横截面像蝙蝠的翅膀[④]。王士祯1637年在《池北偶谈》中对这种化石进行了细致的描
述。但是，早在一千四百年前，含有三叶虫的岩石已受到人们的重视，因为郭璞在
《尔雅》注释中就已经指出，蝙蝠又名“蟙䘌”，齐人用“蝙蝠石”制砚（“蟙䘌
砚”）。这种化石可能就是人们所谓的“石蚕”，并以“石蚕”一名列入本草著作[⑤]。最
早提到这种化石的是公元970年的《开宝本草》。

　　更新世的蟹则更加广为人知。宋初的同一部石谱把它们列为药物[⑥]。中国最常见的
蟹化石的种属是拉氏大眼蟹（*Macrophthalmus latreilli*），这种化石在海南岛和广西常有
发现；它最常用的名称是“石蟹”。范成大在《桂海虞衡志》（1175年）中曾多次提到
它[⑦]，有一处还说它是由海水泡沫形成的，这一点同欧洲中世纪著作家所说的“石化液
汁”（succus lapidificus）多少有些相似。此外，范成大还说，石蟹有个不同的变种——
“石虾”。但是，从宋代到清代，有许多著作家都肯定石蟹是陷入泥中并且后来石化了
的真蟹[⑧]。同石燕的情形一样，后来人们一度把化石蟹同现存种属混为一谈[⑨]，因此李
时珍不得不出来澄清这一问题。

　　中国人感兴趣的脊椎动物化石和亚化石，包括鱼类、爬行类和哺乳类的化石。有
关鱼化石的最早记载的问题，最近已成为人们讨论的一个主题；这一讨论是由萨顿
［Sarton（4）］发起的，他根据编年史家菇安维尔（Joinville）1309年的一则记载，转述
了路易九世（King Louis Ⅸ）1253年对鱼化石标本所作的观察鉴别。接着皮斯［Pease 620
（1）］引证了色诺芬尼（Xenophanes）一段很有名的话（下文将作简短介绍），而艾斯
勒［Eisler（3）］则推测巴比伦楔形文字铭文中有一些词可能是指鱼化石。更为可靠的
是普罗斯托夫（Prostov）所译的比鲁尼（1025年）的一段话。富路德［Goodrich（6）］
注意到前面引用过的朱熹的那段话，但由于朱熹说的是贝壳类，而贝壳类并不是鱼，

　　① 李四光（*1*），第104页。
　　② 参见本书第十六章（d）（第二卷，p. 461）。
　　③ 章鸿钊（*1*），图版 XI。
　　④ 章鸿钊（*1*）；其中有大量采自山东寒武纪岩层的三叶虫（*Drepanura premesnili*）的图片，图版 VIII。
　　⑤ 例如《本草纲目》，见 RP 110；《三才图会》，见 Mély（1），p. 132, text, p. 127。
　　⑥ RP 108；de Mély（1），p. 132, text, p. 127。
　　⑦ 《桂海虞衡志》，第七页（见《说郛》卷五十，第十页和第十八页）；另见《岭外代答》卷七，第十五页。
　　⑧ 例如，姚宽在11世纪晚期所写的《西溪丛语》（卷下，第三十四页）中，高似孙在1184年所写的《蟹
略》（见《说郛》卷三十六，第十八页）中，清代的褚人获在《续蟹谱》中，都是这样认为的。
　　⑨ 见 Read（5），no. 214*c*；*Telphura*spp.。

所以朱熹的这段话同争论的要点无关。鲁道夫［Rudolph（2）］则引用了章鸿钊[①]的出色的论证；他的论证告诉我们，就中国来说，对鱼化石的鉴别肯定在公元 6 世纪时已经开始。记载"石鱼"的最早资料可在郦道元（卒于公元 527 年）的《水经注》中找到。《水经注》中有这样一段话：

> 在湘乡县的石鱼山下有很多没有磁性的铁矿石（"玄石"）。这种石呈黑色，纹理很像云母。如果把外层剥掉，里层常会显出鱼形，并带有鳞、鳍、头和尾，就像刻画上去似的。鱼有数寸长，各个部分都很齐全。用火来烧，它们会发出鱼腥味[②]。

> 〈东入衡阳湘乡县，历石鱼山下，多玄石，山高八十余丈，广十里，石色黑而理若云母。开发一重，辄有鱼形，鳞鳍首尾，宛若刻画，长数寸，鱼形备足，烧之作鱼膏腥，因以名之。〉

1133 年的《云林石谱》有一段很长的关于石鱼的记载：

> 在潭州湘乡县的一些山顶上，有一些横埋在土中的岩石。只要挖地数尺，就可以掘到一层青石；这层青石叫作"盖鱼石"。在这层青石的下面，岩石的颜色变为淡青色或白色，只要一层一层地揭下去，就会看到石面上有鱼形。它们看起来有点像"鳅鲫"[③]。它们的鳞和鬐都齐全，就像是用墨描画出来的那样。再往下掘二三丈深，又会出现青石；这层青石叫作"载鱼石"。再往下就是沙土。在石面上，这些鱼一条跟着一条，就像是在那里游泳似的。其中有一些已经残缺不全，或者已被一些斑点弄得模糊不清，像是水藻和它们石化在一起似的。在数百条当中，很难找出一两条是完整无缺的。这些石鱼在石面上大多都没有固定的排列方向，各个方向都有；有的蜷曲得像龙一般。有时也能很完整地把它剥离下来，这样，就可以看到两面都很完整的石鱼。

> 当地人用生漆在石头上描画鱼形，来制作这种鱼的假货。但只要刮取它，并用火烧，就可以简单地根据有没有鱼腥味而辨别出真假。

> 此外，（甘肃）陇西有一个地方叫鱼龙。在那里，只要从地面往下挖，把土下的石头取出并把上层的石剥离掉，也可以看到许多鱼形，和湘乡所挖出的完全相同。我认为，之所以会在山上出现这样的石鱼，很可能是由于在太古的时候，这些山曾一度塌陷进这些鱼所栖息的河流里，经过很长的岁月以后，土凝成石（"岁久土凝为石"），便变成我们现在所看到的样子了。

> 杜甫有两句诗说，"夜晚只有水的声音；空山的鸟和鼠都隐匿起来"，写的就是陇西的鱼龙[④]。

621

---

① 章鸿钊（1），第 258 页。

② 《水经注》卷三十八，第三页，由作者译成英文。在公元 860 年的《酉阳杂俎》（卷十，第四页）中有一段基本相同的记载。此外，其他的唐代著作，如《朝野佥载》和《麟角集》（第十五页），也提到了这种化石。《麟角集》很明确地指出它是石化而成的。至于较晚期的资料，则可见《池北偶谈》卷二十一，第十页；卷二十二，第十七页；卷二十三，第十五页。

③ Read（6），no. 147。

④ 《云林石谱》卷中，第一页，由作者译成英文。

〈潭州湘乡县山之颠，有石卧生土中。凡穴地数尺，见青石即揭去，谓之"盖鱼石"；自青石之下，色微青或灰白者，重重揭取，两边石面有鱼形，类鳅鲫，鳞鬣悉如墨描；穴深二、三丈，复见青石，谓之"载鱼石"。石之下，即著沙土。就中选择数尾相随游泳，或石纹斑剥处全然如藻荇。但百十片中，无一、二可观；大抵石中鱼形反侧无序者颇多。间有两面如龙形，作蜿蜒势，鳞鬣爪甲悉备，尤为奇异。土人多作伪，以生漆点缀成形。但刮取烧之，有鱼腥气，乃可辨。又陇西地名鱼龙，掘地取石，破而得之，亦多鱼形，与湘乡所产不异。岂非古之陂泽鱼生其中，因山颓塞，岁久土凝为石而致然欤？杜甫诗有"水落鱼龙夜，山空鸟鼠秋"，正谓陇西尔。〉

我们从以上记载中看到，《云林石谱》的作者不但对这种化石的产地进行了非常细致的描述。还谈到古生物学测试的方法。似乎当时对这种鱼化石有大量的需要，而且这种需要竟大到促使当地人作假的程度，但看来这种需要不是用作药物，而是用作观赏品，因为石鱼在本草中地位并不重要。此外，还可能是因为当时人们把它看作丰年的护符，或者认为放在衣橱里能辟"蠹鱼"（*Lepisma*）、蛀书虫及其他害虫[①]。中国岩层中最常见的鱼化石是狼鳍鱼（*Lycoptera* spp.）[②]。

爬行类、鸟类和哺乳类骨骼和牙齿的化石，中国古代通称为"龙骨"和"龙齿"。李时珍在《本草纲目》中谈这类化石的段落已由伊博恩译成英文[③]。其中绝大部分是哺乳动物的化石，种类繁多，有犀牛（*Rhinocer*）、乳齿象（*Mastodon*）、象（*Elephas*）、马类（*Equus*）和三趾马（*Hippotherium*）等，但有些则是恐龙和翼手龙的骨化石。正如步达生（Davidson Black）所说，"龙骨"在药用上[④]所受到的珍视，曾经帮助现代古生物学家在中国发现古人类化石（北京人；*Sinanthropus pekinensis*）。此外，也正由于对中药铺出售的药物进行研究，才使人们在 20 世纪开始前第一次发现[⑤]刻有文字的甲骨[⑥]。值得指出的一个事实是：脊椎动物化石要比前面提到的其他动物化石更早被列入药典。骨化石在《神农本草经》《名医别录》等汉代或三国时期的著作中已经提到，齿化石在晋代的《李氏药录》中已初次提到。《前汉书·沟洫志》（公元 100 年左右）的记载说："在徵挖掘运河，引洛河水入商颜……挖掘时，发掘出龙骨，因此取名为'龙首渠'"[⑦]（"自徵引洛水至商颜下……穿得龙骨，故名曰'龙首渠'"）。这件事大约发生在公元前 133 年[⑧]。此外，王充在公元 83 年左右也谈道："当控制住洪水，引流向东时，在龙蛇出没的地方发现奇怪的骨头；因此有奇异生物存在的证据"[⑨]（"水治

---

① 关于这一点，我们是从《庐陵异物志》中得知的，该书中提到了一个用石鱼做的石碑（很可能是一块特别精致的断面），书的作者见到此石碑的年代是公元 971 年，而刻碑的年代是公元 763 年。

② 章鸿钊曾为这种化石绘了图，见章鸿钊（*1*），图版 IX 和 X。

③ Read（4），nos. 102*a*，*b*。参见 Hanbury（1），p. 273。

④ 施洛瑟［Schlosser（1）］记述了这一市场情况。

⑤ 关于发现这些甲骨的故事，见 Creel（1），p. 2。

⑥ 参见本书第五章（b）（第一卷，pp. 83 ff.）。

⑦ 《前汉书》卷二十九，第五页，由作者译成英文。

⑧ 在此两千年后，伟大的淮河水库的水利工程师们也做出了类似的发现。著名古生物学家裴文中是这次野外考察队的领导人（见新华社 1954 年 4 月 7 日讯）。

⑨ 《论衡·吉验篇》。佛尔克［Forke（4），vol. 1，p. 137］完全误解了这一段话。由于李度南先生的指引，我们才注意到了这一点。

东流，蛇龙潜处，有殊奇之骨，故有诡异之验"）。

622　　　"龙骨"这一常见的名称表明，中国古代一向把化石看作死亡已久的动物的残骸，尽管它带有某种神秘的味道；但是，寇宗奭早在 12 世纪已明确谈到史前怪异动物的存在了①。这类骨骼所具有的唯一的药用价值，大概就是用它作为石灰质的一种来源，由此而论，李时珍——列举各种药物的制备方法，然而竟没有提到用醋溶化骨化石以产生可吸收的钙盐这种方法，这倒是奇怪的。

　　上文，我们虽然提到阿维森纳、比鲁尼时代西方所发生的几件事，但并没有详细往下谈。之后，我们已看到中国人自汉代（约公元前 1 世纪）以来积累了大量关于各种动物化石的资料。把中国人的资料拿来同西方文艺复兴以前各著作家的资料进行对比，人们可以得到这样一种印象，即中国人对他们得到的材料做出的解释和认识都比西方的精辟得多，同时，中国人对化石在地质学上的重要意义也已有相当的了解。这里需要补充的，只有古代地中海文明在这方面所做出的贡献。关于这一点，我们只能很简单地谈一谈，读者如要做较详细的了解，可参见盖基和亚当斯等人的著作，以及拉绍尔克斯（v. Lasaulx）和麦卡特尼（McCartney）等人专门论述"希腊和拉丁文献中有关化石的知识"的论文。

　　在希腊的资料中，最早提到这一问题的无疑是色诺芬尼（鼎盛于公元前 530 年前后），但他的论述只是通过希坡律图（Hippolytus；公元 3 世纪）的一段引述才为人知晓的：

　　　　色诺芬尼说，海水之所以是咸的，是因为有大量各种混杂物质流入海中。他还说，陆地和海洋曾经一度混在一起，他甚至认为陆地最终被水分溶解。他说，他有下列凭据可证明这一点。在离开海岸很远的内陆和山上会出现（海生动物的）贝壳，他告诉我们，在叙拉古（Syracus）的石坑里曾经发现了鱼和某种海藻的印痕（遗迹），而在帕罗斯（Paros）的岩石深处发现了沙丁鱼的痕迹，在马耳他岛（Malta）也发现了各种海生动物的印迹。他说，由此可以知道，曾经有一个时候，所有这些陆地都在水下。这样，在这些动物陷入泥沙里以后，它们的印痕便留在泥中并且凝固下来。当大地没入海中并（再度）化作烂泥的时候，人一定都会死亡；但从这时候起，世代将重新开始，而且这样的变化是在整个世界发生的②。

这段引述中所反映出来的印度劫数说的影响是值得注意的，但我们可以看出，如果这些话确实是色诺芬尼所说，那就说明前苏格拉底的希腊学者能够沿着我们在朱熹或达·芬奇等人的著作中所见到的，并且似乎还很先进的思路去进行思索。可是希腊著

---

　　①　见《本草衍义》及晚期的本草著作中的引文。关于这方面的神话，当然有大量文献可查［例如 Hornblower (2)］，但我们不打算在这里加以介绍。重要之点在于，中国中古时期的科学家已经在思想上把这类动物同纯石化的东西联系起来了。

　　②　*Refutationes*，1，14，15，译文见 Bromehead (1)，Heath (4)，K. Preeman (1)，p. 103；经修改。尽管西方所有古典学者似乎都毫不犹豫地接受这段隔了八个世纪后才写出的引文的真实性，但人们不能不注意到，如果中国出现了类似情况，汉学家们绝不会情愿地同样接受。这段话虽然出自一篇错误百出的文章，但从我们所提供的文献中可看到某些修正以及作这些修正的理由。

作家后来关于化石的文献，有些已证明纯属误解①，不过其中也有一些是相当正确的，
如斯特拉波②、保萨尼阿斯③（Pausanias）、普林尼④等人的观点就属于这一类。然而他 623
们都没有对化石做出地质上的结论；只是把它们当作一种奇怪现象加以注意罢了。此
外，泰奥弗拉斯托斯（Theophrastus；公元前 370—前 287 年）曾认为，先是鱼卵在岩
石中散布开来，然后才发生石化，这或者是一种特殊"赋形力"（*vis plastica*）的作用，
这种"赋形力"虽能引起形态的形成，却不能给形成物以生命和运动⑤。在教父时期以
后，岩石中有贝壳化石存在这一事实只被看作挪亚洪水的证据，如在普里西安
（Priscian）翻译的游历者狄奥尼西奥斯（Dionysius Periegetes；鼎盛于公元 436 年前
后）⑥ 著作的拉丁文译本中，以及在塞维利亚的伊西多尔所著的《词源学》（约公元
630 年）⑦ 中，都认为是如此。以后，一直到文艺复兴时期，才又有人对化石问题产生
兴趣。

上面所说的这种情况，同定量制图学史上十分突出的大中断非常相似⑧。希腊人曾
一度在这方面表现出卓越的洞察力，或者说曾一度取得巨大的成就，但大约从公元 2
世纪到 15 世纪，亦即直到近代科学开始出现时为止，这一段时间内中国远比欧洲来得
先进。在古生物学的史前史方面，情况也是如此，而且中国人在他们的极盛期之初，
看起来也完全不可能受到任何来自西方的因素的刺激。

---

① Bromehead（1），p. 104。
② *Geogr.* I，iii，4。
③ Pausanias（1），xliv，6。
④ *Hist. Nat.* XXXVII，X，11。
⑤ Geikie（1），p. 16。
⑥ Bunbury（1），vol. 2，p. 685。
⑦ *Etymologiae*，XIII，22，ii；参见 Kimble（1），p. 155。
⑧ 上文 p. 587。从这里我们能看出一种发展模式，这种模式，我们在数学（例如上文 p. 101）、天文学（上
文 pp. 366，379）、潮汐理论（上文 p. 493）及人文地理学（上文 pp. 514，520）等部分也见到过。

第二十四章　地　震　学

（a）地震记载和地震理论

中国境内虽然没有活火山，但自古以来中国一直是世界最大的地震区之一。因此，中国人自然会保存有大量的地震记载，而这些记载现在确已成为世界各地地震记录中最悠久、最完整的记录①。中国史书中所包含的早期地震资料，已全部收录在了黄伯禄［Huang（2）］和其他作者［Anon.（8）］的书中，但查阅某些原始资料仍然是有益的。例如，《图书集成》就用六卷的篇幅来摘录历代史书中有关地震的记载②。我们从大森房吉的研究中得知，到 1644 年为止，见于记载的地震就有 908 次，而且都有可靠的数据。其中最早的一次是《史记》记载发生于公元前 780 年的地震③，在这次地震中，有三条河道被阻断。南京在公元 345—414 年间，一共发生过 30 次地震，在 1372—1644 年间，则不下 110 次。但主要震区都位于长江以北和西部各省。根据记载，从宋末到清初共出现地震频率高峰十二次，并表现出一种为期 32 年的周期性。地震有时会波及好几个省，但一般不会在几个地区同时发生，而且在中国和日本的地震之间似乎并没有时间上的关联。公元 1303 年 9 月 25 日山西的地震，破坏性很大，而 1556 年 2 月 2 日的一次则据说在山西、陕西和河南三省造成了八十多万人的死亡。1128 年的围攻西安的著名战役，就是以一次地震而告结束的。

中国古代或中古时期在地震理论方面并未取得很大进展，但即使是在欧洲，也的确要等到文艺复兴以后基本搞清地壳的性质的时候，才取得了一定的进展。但是，在与上文提到的公元前 8 世纪那次地震有关的文字记载中，我们已可找到对地震的早期看法。《史记》是这样说的：

> （周）幽王二年，西部的三条河的河床都因为地震而上升。伯阳甫说："周朝就要灭亡了。天、地的'气'的次序本来是不应当错乱的（'不失其序'），如果它们超出了它们的次序（'过其序'）④，这是因为百姓中出现动乱。当阳遭到掩蔽而显露不出来，或者当阴挡住阳的道路而使阳升不起来的时候，就会发生所谓'地震'。现在我们看到三条河都由于地震而干涸了，这是因为阳离开了它原来的位

---

① 有中国朋友的人都有可能听到过关于地震的亲身经历。我的一位好友，就是由于 1930 年左右河南地震时所住窑洞坍塌，全家遭难而成为孤儿的。

② 《图书集成·庶征典》卷一一五至卷一二一。《新唐书》卷三十四卷至三十六、卷八十八和卷八十九中关于地震的记载也值得一读，译文见 Pfizmaier（67）。

③ 《史记》卷四，第二十四页。Huang（2），vol. 2，p. 45。

④ 参见本书第二卷（pp. 283，533）所引赫拉克利特（Heraclitus）关于太阳"不越出它的限度"的论述。

置，阴把阳压伏住了。当阳离开了它原来的位置而让自己（从属于）阴时，河源就会闭塞，一旦发生这种情况，国家就必然会灭亡。当水流畅通，土地得到滋润的时候，老百姓就利用它们，而当水、土失调时，老百姓就丧失了所需之物。从前，当伊、洛两河干涸时，夏朝就亡了；当大河干涸时，商朝就亡了。现在周朝的道德，同夏、商两朝当时的情况一样，正处在衰落之中……因此周朝不出十年必定会灭亡；这是天数所注定的①（'数之纪也'）。"②

〈幽王二年，西周三川皆震。伯阳甫曰："周将亡矣。夫天地之气，不失其序；若过其序，民乱之也。阳伏而不能出，阴迫而不能蒸，于是有地震。今三川实震，是阳失其所而填阴也。阳失而在阴，原必塞；原塞，国必亡。夫水土演而民用也。土无所演，民乏财用，不亡何待！昔伊、洛竭而夏亡，河竭而商亡。今周德若二代之季矣……若国亡不过十年，数之纪也。"〉

伯阳甫的这番话，除关于国家兴亡预测③的一般说法以外，值得注意的是他所说的有关阴阳的看法④。我们从《吕氏春秋》⑤和《论衡》⑥中可以看到，这类思想曾盛行于秦汉两代⑦，并且当时人们还认为地震可以通过星占进行预测。《易经》第五十一卦中包括阳伏不出的理论，其中所说的震，既可指雷震，也可指地震；在宋代的书籍中，如王恽的《玉堂嘉话》⑧（1288 年），仍可找到这种说法。

我们不要以为这种说法比古代地中海各国关于地震的说法更为原始。洛恩斯（Lones）曾对亚里士多德时代及其以前有关地震的各种说法进行了综述。《气象学》⑨扼要地介绍了前人的各种解释，如阿那克萨戈拉认为地震是由于过量的水从高处涌入低处和洞穴而引起的；德谟克利特认为当大地被水浸透时，就会发生地震；而阿那克西米尼（Anaximenes）则认为地震是土块在干燥过程中堕入洞穴而引起的。亚里士多德在公元前 4 世纪时认为，地震之所以会发生，是因为太阳晒干潮湿的土地所产生的"气"（pneuma；πνεῦμα）在逸出时受到了阻碍⑩。这种看法同中国人的"气"被压伏的说法颇为相似。后面我们还要谈到，亚里士多德对岩石、矿物成因问题的看法同中国人对此问题的看法更为相似，两者都使用"气"这专门用词来加以解释。直到进入近代以前，无论是在欧洲还是在中国，都没有在地震理论上取得什

626

---

① 参见上文 p. 402；"纪"是太岁纪年的术语，伯阳甫在这里所说的"纪"，可能即指太岁纪年的一纪。

② 译文见 Chavannes (1)，vol. 1, p. 279；由作者译成英文。相似的记载见《国语·周语上》第二十页起；《前汉书》卷二十七下，第五页。

③ 参见《开元占经》卷四，第三页。

④ 从我们所作论述来看［本书第十三章（c，e）（第二卷，pp. 241 ff.）］，公元前 8 世纪时，以乎并不是人人都如此明确地采用阴阳学说，但司马迁认为出自伯阳甫之口的这段话，却颇有邹衍或稍早时代的特色。

⑤ 《吕氏春秋·制乐》，译文见 R. Wilhelm (3)，p. 74。

⑥ 《论衡》的《变虚篇》、《谴告篇》、《变动篇》和《恢国篇》；译文见 Forke (4)，vol. 1, pp. 112；127；vol. 2, pp. 160，211。

⑦ 《开元占经》（公元 718 年）（卷二，第三页）引了《星经》中的一段话，说地震是由子阴气过盛所致，并对诸侯不利。

⑧ 《玉堂嘉话》卷二，第二页。

⑨ Meteorologica，II，vii，viii（365a 14 ff.）。

⑩ 我们会记得莎士比亚对这种理论所作的生动叙述［King Henry IV（Pt. 1）］。

么进展。

但这种"气"的理论无论是在欧洲还是在中国都占有重要的地位，这是十分引人关注的。在张衡诞生之前十年，塞涅卡（Seneca）写道：

> 地震的主要原因是空气，它是一种能够自然地从一处迅速流到另一处的东西。只要不加扰动，让它停留在空旷的地方，它会一动也不动地留在那里，不会对周围的东西产生什么影响。但是，如果有任何外来的因素激动它、压迫它，并且把它驱入一个狭窄的空间……而逃逸的道路又完全被封锁住的话，它就会"以雷霆万钧之势，绕着障碍而狂鸣"，在和这种束缚进行长期的斗争以后，它就会冲破障碍而上升，与它相斗争的障碍物越坚强，它就会变得越凶猛[①]。

我们读这段文字时，简直就像是在读京房或汉代其他灾变论者的文章。

（b） 地震仪的鼻祖

中国在地震理论方面虽然不占领先地位，但地震仪的鼻祖却出在中国，这一点是毋庸置疑的。他就是卓越的数学家兼天文学家、地理学家张衡（公元78—139年）。关于张衡，我们在前面已多次提到[②]。不少现代西方地震学家，如米尔恩（Milne）[③]、西贝格（Sieberg）和贝尔拉赫（Berlage）等，都曾坦率地承认[④]张衡在这一方面的巨大功绩[⑤]。现代亚洲学者，如李善邦和今村明恒（两人也都是地球物理学家），都曾研究过张衡的工作，另外一些亚洲学者还为张衡写了详细的传记[⑥]。

《后汉书·张衡传》[⑦] 中载有关于张衡地动仪的原始文字。所幸文字叙述颇为详尽，因此这段文字已不止一次被译成西文或用西文作了注释[⑧]。我们将原文与这些译文作了对勘，下面的译文是吸收了这些译文的优点改译而成的：

627

---

① *Quaestiones Naturales*，译文见 Clarke & Geikie (1)，p. 247。这段话引自维基尔的《埃涅阿斯纪》（*Aeneid*，1，55-56）。

② 参见上文 pp. 100，343，363，537。

③ 在米尔恩著作后来的版本中已删去了关于张衡地动仪的叙述；读者必须参考1886年版。

④ 但戴维森（Davison）论述地震仪奠基者的著作竟未提到张衡；更为奇怪的是，诺特的著作也没有提到张衡，因为诺特的书（也和米尔恩的书一样）是在日本写出的。

⑤ 有件奇事有必要在这里谈一谈。萨顿［Sarton (1)，vol. 1，p. 196］在他的《科学史导论》中竟把地动仪的发明者说成是晁错；晁错是公元前2世纪的人。萨顿的唯一根据是西贝格［Sieberg (1)，p. 211］谈张衡地动仪的一段话，在这段话中，他把地动仪的发明年代公元132年误为公元前136年，并且只给出了发明者姓名的日语读音"Chiocho"（更确切地说，是一个错误的日语读音）。因此，米尔恩和肖（Shaw）说是"Choko"所发明，而《自然》杂志1939年的一位作者只知道地动仪的发明者是"Tyoko"（根据今村明恒的日语译音）。《前汉书》（卷四十九）的《晁错传》并未提到地动仪或与地动仪有关的任何情节。因此，我们认为萨顿在这一问题上肯定是搞错了，《科学史导论》再版时应将整个条目删去。

⑥ 孙文青（*2，3，4*）；张荫麟（*4*）；Chang Yü-Chê（*1，2*）。

⑦ 《后汉书》卷八十九，第九页；引文亦见于《太平御览》卷七五二，第一页。

⑧ Pelliot & Moule (1)；Imamura (1)；Forke (6)；H. A. Giles (5)；Waley (11)；Milne (1)。

阳嘉元年（公元 132 年），张衡又发明（"造"）了"候风地动仪"①（即地震仪）②。

这个地动仪用精铜铸成，形状像个酒尊，直径为八尺③。

仪器上有个隆起的顶盖，仪器的外部装饰有篆文以及山、龟、鸟兽等图案。

内部有一中心柱，能够沿导轨向八个方向侧移，并装有（可以动作的）一个闭合和开启机构（"中有都柱傍行八道，施关发机"）④。

它的外部，有八个龙头，每一个龙头的口中都衔有一颗铜丸，在底座周围则有八只（相对应的）张着口的蟾蜍，以便随时承接从龙口中落下的铜丸。

带齿的机构部件（"牙机"）⑤ 和精巧的结构，都隐藏在仪器的内部，盖子盖得非常严实，连一点缝隙也没有。

地震发生时，地动仪的龙头装置就会受到振动，结果就会有一个铜丸从龙嘴中吐出，并由底下的蟾蜍接住。同时，响亮的声音会发出来，引起看守人员的注意。

尽管有一个龙头装置受到触发，但（其余的）七个则会保持不动，因此，循着（受到触发的这条龙）的方向，就知道地震所来自（的方向）（原字义为地震发生的地方）。如果这个指向被事实所验证，那就好像（找到了）神奇的（"神"）契约（即用仪器作出的观察与实际发生情况的消息之间的契约）。

自从有了《书经》的最早记载以来，还从来没有听说过这样的事。

有一次，一条龙的口中掉下了铜丸，但人们却都没有地震的感觉。京都的学者们都因为没有（地震引发的）证据而感到奇怪。可是过了几天，有信使带来了陇西（甘肃）发生地震的消息⑥，于是，大家都承认（这个仪器的）奇妙（能力）。从此以后，记录地震所来自的方向就成为史官的职责⑦。

〈阳嘉元年，复造候风地动仪。以精铜铸成，员径八尺，合盖隆起，形似酒尊，饰以篆文山龟鸟兽之形。中有都柱，傍行八道，施关发机。外有八龙，首衔铜丸，下有蟾蜍，张口承之。

---

① 伯希和因此处提到"风"而感到费解，认为风一定和地震有关，但问题十分清楚；因为张衡的地动仪能确定震中的方向，就和候风鸟能确定风的方向一样。竺可桢［Chu Kho-Chen (2)］曾认定指的是两种仪器，一种是候风仪（他把候风仪解释为一种风速计），另一种是地震仪。竺博士认为这可以从《三辅黄图》（我们已经提到过，见上文 p. 478）中谈到候风鸟的一段话作为依据（私人通信），但我们在这本晋代的古书中实在找不到任何有关地震仪的资料。

② 有人为慎重起见，曾把这种仪器译为"验震器"（seismoscope）而不是"地震仪"（seismograph），但我们认为根据后面的论述，使用"地震仪"这一名称是合理的。

③ 东汉时的一尺恰好相当于现在的九英寸，因此，这个仪器的直径正好是六英尺。

④ 这句话非常关键。我们曾假定"关"与"发"是相互对立的两个字，但"发机"是指称当时弩机扳机的术语，它是一种非常精致的铜铸机件（参见本书第三十章）。如取此义，王振铎的解释就得到了强有力的支持。

⑤ "牙机"不一定指齿轮。下面我们将会看到，王振铎和今村明恒两人都认为，这种地动仪必须有齿，否则就必须有栓。

⑥ 陇西在长安西北，两地相距约 400 英里。翁文灏 (2) 对甘肃省历次地震进行过研究，并将史书所载地震列成了一张表（自公元前 780—公元 1909 年）。

⑦ 由作者译成英文；借助于 Pelliot & Moule (1)；Imamura (1)；Forke (6), p. 19；Pfizmaier (92), p. 148；H. A. Giles (5), p. 277。

其牙机巧制，皆隐在尊中，覆盖周密无际。如有地动，尊则振，龙机发，吐丸，而蟾蜍衔之，振声激扬，伺者因此觉知。虽一龙发机，而七首不动，寻其方面，乃知震之所在。验之以事，合契若神。自书典所记，未之有也。尝一龙机发而地不觉动，京师学者咸怪其无征，后数日驿至，果地震陇西，于是皆服其妙。自此以后，乃令史官记地动所从方起。〉

　　我想大家都会同意，这段文字是具有重大意义的。现在先让我们看看有什么办法可把张衡的地动仪复原。我们感谢王振铎（1）在这方面进行了有益的尝试，但在这类工作中，特别有价值的是，那些本身就是这一领域中有实际经验的专家的人的研究——这里我们具体指的是米尔恩和今村明恒。

　　首先，米尔恩曾经正确地看到"都柱"（即中柱）实质上是一个摆。他和王振铎都认为它是一个悬摆，而今村明恒则认为它必定是一个倒立的摆。所有地震学家都意识到了构建一台地震时只有一枚铜丸会落下（从而"写下"它对现象的记录）的仪器在技术上的困难，因为地震时除了主震波（即纵波）以外，总有其他震波随之而来，而且大部分是横向的，有的横波力量可能很强。因此，仪器中必须有某种装置，使该仪器在做出第一次反应后立即受到制动。

　　图267是李善邦所作的张衡地动仪外形复原图，图268是王振铎所作的内部构造复原图。根据王振铎的意见，图中那个又重又粗的悬摆带动八条向八个方位伸出去的臂。每一臂的末端有一直立的销钉，此钉活销在曲柄一端的长孔内。曲柄的另一端装有一根枢轴，因此当悬摆向这一方向摆动时，龙的上颚就会抬高，于是龙口中的铜丸就掉落下来，与此同时，曲柄上的钩就会钩住装在器壁内侧的掣爪，从而使整个装置受到制动。王振铎论文中很大一部分篇幅用来说明东汉时代的人已能够制作这样的装置，并以当时在弩机触发装置中所用的杠杆和曲柄来证明他的论点。他的意见是正确的。

630

图267　张衡公元132年所造世界上第一架地震仪
的外形复原（李善邦复原）。

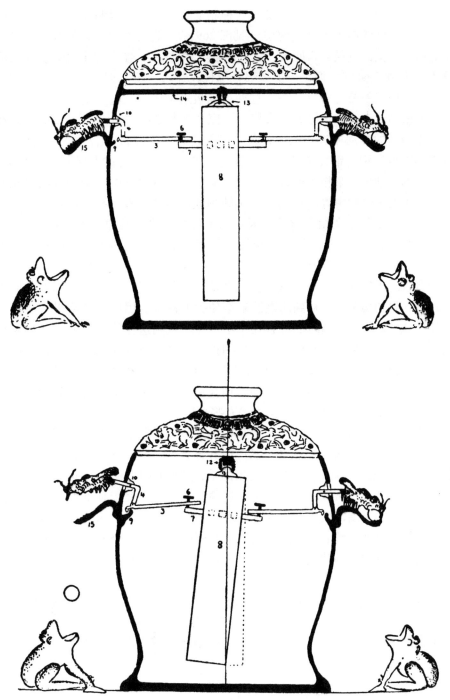

图 268　王振铎为张衡地动仪所作的内部构造复原图［见王振铎（1）］。地动仪内的悬摆带动八条伸向八
个方位的活动臂，每一臂的末端都和一个曲柄相连；曲柄末端有钩，可与器壁上的掣爪彼此挂
钩。每一曲柄可使一龙头抬起，从而使龙口内的铜丸落下，同时钩住器壁上的掣爪，使仪器受到
制动。3—曲柄；4—能使龙头抬起的直角杠杆；6—穿过曲柄上一孔的直立销钉；7—悬摆上的
臂；8—悬摆；9—掣爪；10—突出杆上的枢轴；12—悬吊悬摆的绳索；13—吊环；14—支持悬摆
的横梁；15—用来衔住铜丸的龙下颚。

然而，今村明恒认为王振铎所说的这种制动装置并不足以制止后到的横波所引起的进一步运动。他倾向于倒立式的摆（见图 269）①。截面为圆形并带有重锤的摆立放在一个底座上；摆的直径为 3 厘米，重心高度为 17 厘米，使它发生侧倾所需的最小加速度为 8.7 伽（gal）②。摆锤以上的部分拉长成针状（可能即原文中所说的"牙"），针尖部分穿过两层隔板的中央孔洞，这两层隔板水平固定在容器的上部。每一层隔板上都有八条槽沟或者说八条导轨（大概就是原文中所说的"八道"），重要之处在于针尖一旦由于最初的震动而进入其中任何一条槽沟，就不能再对后来的震波做出反应，从而也就不能再把别的铜丸撞落下来。在这种情形下，只需在下层隔板上装上滑块，即可把针尖的运动传给某相应的铜丸；每一滑块只负责对其中一个相应的铜丸发生撞击，而这些铜丸平时则由青铜仪器上的小缺刻或类似的装置保持在原位。今村明恒所持看法只有一点是与原文相矛盾的，因为原文明明说"（其他）七首不动"，也就是说，其中一个龙头是要动的；不过，也许我们不必对范晔的话做过分严格的解释。值得一提的是，今村明恒和萩原尊礼曾按这种式样制成一台地动仪模型，并在东京大学地震观测台进行了实验。结果发现，使铜丸落下往往不是最初来到的纵波，而是后到的横波；但如果初震很强，初到的纵波就会使铜丸落下。因此，张衡很可能必须通过经验来校准他的地动仪。当时的史官几乎不可能注意到这样的一个事实（如果它曾经出现过的话），即在某些场合下，应当取与铜丸落下所表示的方向相垂直的方向作为震中的方向。今村明恒指出，通过对初期微震的延续时间的估算，便可估算出震源距，这样就不但可以大体上知道地震的方向，而且可以大体上知道震源距离的远近。应该注意到的是，对于这两项测定，原文说得有些含糊。

这种用小球下落的方法来达到记录目的的原理，在张衡之前已经有人用过，亚历山大里亚的希罗（约鼎盛于公元 62 年）在其设计的几种计里车③中就用过这种办法[参见本书第二十七章（e）]。但值得指出的是，这种原理直到今天还用在某些仪器中，例如，用在埃克曼（Ekman）流速计中。这种流速计是一个带有重锤的机械装置，重锤系在一条绳索的末端，从船上沉入水中。有一个（空载的）螺旋桨，根据它在一定时间内的旋转次数来记录下水流的速度，与此同时还通过一个能沿垂直轴旋转的叶片控制一些定时下落的小铜球，使它们落到一组呈辐射状的格子里。这样，根据小铜球在这些格子里的统计分布曲线，即可得出水流的平均方向④。

张衡地动仪不仅在《后汉书》的《张衡传》中有记载，而且在记载汉顺帝在位期间大事的《顺帝纪》中也提到了⑤，从这一点可以看出，张衡发明地动仪在当时被看作一件很重大的事。《顺帝纪》中只是说史官第一次制成"候风地动铜仪"，注释中补充

632

---

① 从王振铎（6）后来所设计的复原模型（图 270）可以看出，他也采用了倒立摆的假设。

② 1 伽（gal）= 1/1000g。

③ 参见 Diels（1）；Beck（1），p. 53。

④ 关于对这种流速计所做的说明，我必须感谢罗纳德·弗雷泽（Ronald Fraser）博士和海军水文学家戴少将（Rear-Admiral Day）提供的帮助。

⑤ 《后汉书》卷六，第八页。

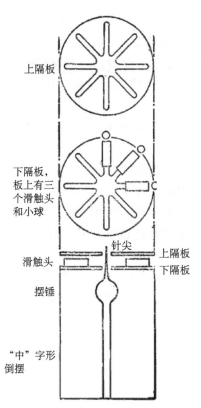

上隔板

下隔板，
板上有三
个滑触头
和小球

滑触头

摆锤

"中"字形
倒摆

针尖　上隔板

下隔板

图 269　今村明恒复原的张衡地动仪，采用倒立摆原理。摆在受地颤动作用倾倒时，摆上端的针就会进入八条导向槽中的一条槽，并推动滑块，从而推出铜丸。由于针一旦进入槽沟就不能再行离开，于是仪器便被制动。

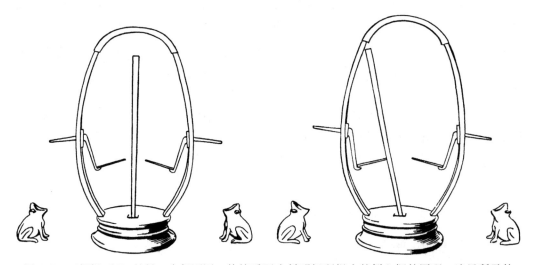

图 270　王振铎（6）的另一个复原图，他接受了今村明恒所提出的倒立摆的原理。这里所示的仅仅是复原仪器的原理示意图，王振铎仍然倾向于采用杠杆系统而不是撞针和滑块系统。

说"当时的太史令张衡制作了它"①（"时张衡为太史令，作之"）。我们不应忽略一点，即这项发明是同当时的中央集权制有一定关系的；因为正是由于地动仪的发明，高级官员才能先知道某一边远省份发生了地震，从而有可能对地震所引起的困难和混乱采取适当的措施。由此可见，这项发明同前面提到的雨量筒和雪量筒的发明颇有相似之处②。

从《后汉书》中，我们可以约略知道张衡在世期间所发生的几次地震的情况③。从公元46年起到汉末止，五十多郡共发生二十五次较大的地震。在张衡地动仪完善前的几十年当中，仅京都（西安）一地就发生了三次地震。之后，在公元133年和135年，又发生了两次使京都遭到损失的地震。公元138年，又有一次震中在陇西（甘肃）的严重地震，这次地震（或者它的余震）很可能成了检验地动仪灵敏度的好机会。

论述张衡地动仪的人，通常都把这项发明看作一项后继无人的偶然成就。但是，这种看法大概是不符合事实的，因为我们在文献中至少还可找到两则有关这类仪器的报道，而且年代都在张衡之后的数百年中。信都芳，这位我们在前面曾提到的数学家④，他活跃于公元6世纪后半叶，曾在北齐王朝做过官。《北齐书》中记载说：

> 信都芳在青年时代就表现出算术才能，并在当地受到大家的称赞。他是非常机敏的人，常常因为冥思苦想而废寝忘食，甚至走路时也会掉进坑里。他曾经对他的朋友说："每当我为算术的机巧精致陷入沉思时，甚至连打雷的声音也听不见了。"他对算术的精通（终于）为（隋）高祖皇帝所知，聘请他去当幕客……他曾写了《器准》一书，书中描述了浑天仪、地动仪、利用流体静力学的器具⑤（"敧器"）和刻漏等，并且附图加以说明⑥……

> 〈信都芳，河间人。少明算术，为州里所称。有巧思，每精研究，忘寝与食，或坠坑坎。尝语人云："算之妙，机巧精微，我每一沉思，不闻雷霆之声也。"其用心如此。以术数干高祖为馆客，授参军……芳又撰次古来浑天、地动、敧器、漏刻诸巧事，并画图，名曰《器准》……〉

633

因此，既然他能说明地动仪的原理并受到皇帝的赏识，那么，设想他曾经制作和使用地动仪，就不是没有道理的。《北史》中有一段更完整的记载⑦，其中说，信都芳早年曾做过安丰王的幕客；安丰王名元延明，曾经大量收藏算术书和经书，而且在宫中置备了各种科学仪器。他曾邀请信都芳同他合作，帮他进行各种计算。但不久元延明不得不逃往南方，于是信都芳便只好独自著书去了⑧。

后来，临孝恭继承了这项学问。《隋书》记载说：

---

① 此外，崔瑗为张衡所作的墓志铭中也提到此事（《晋书》卷十一，第三页）。
② 上文 pp. 471 ff.。
③ 《后汉书》卷六，第一页至第五页。
④ 上文 p. 358。
⑤ 见本书第二十六章（c）。
⑥ 《北齐书》卷四十九，第四页，由作者译成英文。
⑦ 《北史》卷八十九，第十三页。
⑧ 我们还记得（上文 p. 358），信都芳是祖暅之的弟子，他们两人是在祖暅之被羁留在安丰王宫中时相识的。

　　临孝恭精通天文学和算术……高祖亲切款待他。他对吉凶所作的预测都很灵验的，因此，高祖把定阴阳的事都托付给他……他写了《欹器图》三卷、《地动铜仪经》一卷、《太一式经》三十卷……①

　　〈临孝恭，京兆人也。明天文算术，高祖甚亲遇之。每言灾祥之事，未尝不中，上因令考定阴阳……著《欹器图》三卷，《地动铜仪经》一卷……《太一式经》三十卷……〉

临孝恭的活动年代在公元 581—604 年。至于他曾否制造地动仪的问题，上文论述比他早 50 年的信都芳是否曾制造地动仪时，所说的那段话，在这里也同样适用。但必须记住，就是在这个时期，耿询等人正在制作带有平衡调节装置、结构非常复杂的刻漏②，因而尽管在隋朝尚未统一，时局还不安定，但对当时在机械制作上的才能和技巧是无需怀疑的③。

　　然而地动仪的寿命似乎并未延续到唐代。值得注意的是，元人周密（约 1290 年）的《齐东野语》中有这样一句话，这句话在别处也引用过④，即其他一切仪器的原理都已保存下来，唯有地动仪的原理已失传并且不可复得。周密虽然提到信都芳、临孝恭的两部书，但又指出两部书都已失传，地动仪的模型也没有保留下来。接着他又写道：

　　从常理来看，我非常明白天文现象有确定的（定量的）规则可循（"天文有暑度可寻"），因此（可以制出一些仪器来）分毫不差地（测出）时刻的推移。例如，浑天仪可以测出（这样的运动）。可是地震则是出自（不可预知和）不可测量（"不测"）的阴阳相搏。以人的身体为例，血和"气"有时处于和谐状态（"顺"），有时处于冲突状态（"逆"），于是皮肉就会做出反应，让眼皮跳或让耳朵动。当"气"到达身体上（的重要位置）时，人就会动；反之，人就处在不动的状态。可是，据说这种（地动）仪器是放在离开地震发生地很远的京都。那么，阴阳两"气"的相搏又怎么会使铜龙吐出铜丸呢？我实在无法搞清这个道理，非常希望找到懂得这个道理的人⑤。

　　〈然以理揆之，天文有暑度可寻，时刻所至，不差分毫，以浑天测之可也。若地震则出于不测，盖阴阳相薄使然，亦犹人之一身，血气或有顺逆，因而肉瞤目动耳。气之所至则动，气所不至则不动。而此仪置之京都，与地震之所了不相关，气数何由相薄，能使铜龙骧首吐丸也？细寻其理，了不可得，更当访之识者可也。〉

这段话之所以特别值得注意，是因为在某些很有规律的现象同另一些需要用统计学方法来进行研究的现象之间是有明显差别的，而周密感到难以理解的，也许就是我们所说的这种差别。他不能理解一台地动仪怎么能"候"一种不规则再现的现象，尤其是这个现象还发生在远方。换句话说，他只能想象像天体那样的循环往复。他没有认识

634

---

① 《隋书》卷七十八，第十六页，由作者译成英文。参见《北史》卷八十八，第三十七页。

② 参见上文 p. 327。

③ 《隋书·经籍志》中有《地动图》。它既可能是对地动仪的另外一种说明，也可能是用来预测地震的占卜用图，甚至还可能是绘有地震地点的地图。

④ 《齐东野语》卷十五，第六页，译文见 Needham, Wang & Prices（1）。参见下文 p. 671。

⑤ 由作者译成英文。

到，如果人们希望地上的实验富有成果，人们自己（如我们在上文 p.160 所看到的）就必须组织反复的实验，而且只有按这种方法设计和试验的记录装置，才能记录下这种动静无常的现象。问题也许就在于周密是一个学者，而信都芳则是一个更接近于巧匠的实践家。这段话还表明，从其中有意义的生物学的和小宇宙的类比来看，中国古代关于"气"的学说确实对科学思维起了阻碍性的作用。最后，甚至有人干脆不相信关于张衡发明地动仪的记载，例如，清代何琇所撰的《樵香小记》① 中就有这样的看法，他在 18 世纪所发的议论②几乎同周密在 13 世纪所发的议论一模一样。

中国公元 6 世纪时在地动仪中所使用的摆，很可能通过某一路线传到了西方，因为据说在 13 世纪波斯的马拉盖天文台有一台地震仪③。自此以后又出现了一段长时间的间隔，直到 1703 年，奥特弗耶（de la Hautefeuille）才建造了第一台现代地震仪④。这台地震仪所采用的原理是让水银在地震时从一个满盛水银的碟子里溢出，这一原理在整个 18 世纪一直被沿用，直到 1848 年，卡恰托雷（Cacciatore）所采用的仍然是这一原理⑤。只是从那以后，现在通行的极其精巧和复杂的机械装置才发展了出来。

了解一下唐代的地震仪是否在日本保存下来，是颇有趣味的。有人描写过一些显然属于传统类型的日本仪器，其中有一个摆，摆上附有朝各个方向伸出的针，可戳穿围在周围的圆纸筒⑥。

---

① 《樵香小记》卷下，第九页。
② 何琇的原话是"有定不能测无定"。
③ Köprülü（1）；Godard（1）。
④ 关于地震类型的术语，是加莱西（Galesius）《论地震》（De Trraemotu Liber；1571 年）一书问世后才有的［Adams（1），p.405］。第一次对震波传播速度的估算是米歇尔（Michell）在 1761 年作出的［Adams（1），p.415］；第一个地震烈度表则是皮尼亚塔罗（Domenico Pignataro）在 1788 年设定的［Adams（1），p.420］。
⑤ Van Zittel（1），p.282；Berlage（1）。博菲托［Boffito（1），pp.143 ff.］曾对地震仪的发展情况作了很完整的论述，他的书中附有卡瓦利（Atanasio Cavalli；公元 1785 年）所制水银地震仪的图样（该书图版97）。奇怪的是，张衡采用的原理竟比 18 世纪的地震仪更像现代的。
⑥ Horwitz（7）；Kreitner（1），p.293。

第二十五章 矿 物 学

(a) 引 言

正如第二十三章开始时所说，对矿物和岩石进行系统的研究，主要是在近代和文艺复兴以后发展起来的；在搞清楚结晶学基本原理并能够对岩石薄片进行显微镜观察之前，这方面的研究不可能迅速发展。虽然如此，在文艺复兴以前的各个时期内，中国人在对石类和矿物进行科学的、不带偏见的研究方面，其贡献至少同欧洲人的一样多。

本书在这里第一次接触到一种纯描述性的学科（至少其早期阶段是如此）。这使我们面临一些特殊的困难，因为在我们这颇受限制的概括性研究的范围内，要对所有已经过研究的无机矿物质——加以讨论，显然是不可能的。同时，我们也不能采用过于扼要的写法，把它们省略掉，因为我们必须使读者对矿物学（还有以后的植物学和动物学）的研究范围有一些概念。因此，我们将选择若干已由科学史家考证清楚的矿物，进行简短的论述。对待一门描述性的学科，有必要谈一谈所采用的分类体系的原则和方法，然后就东西方宝石谱录、植物志、动物志及药典中所有已经鉴定和命名的物质或品种，试进行一番比较。这就是说，要对现存的文献进行一简略的考查。此外，这种知识在采矿、医疗等应用技术上的实际应用，也绝对不可忽视。不过，首先让我们来看一看中国古代和中古时期所持有的关于矿物的一般理论中最重要的部分。

(b) 气的理论及金属在地下的生成

气象学一章已经指出（上文 p. 469），按照亚里士多德[①]的说法，大地在太阳影响下产生两种散发物或蒸发物（*anathumiaseis*；ἀναθυμιάσεις）：一种来源于地下和地表的水分，是一种"可能类似水"的东西（实际上即形成云再变成雨的水汽）；另一种来自大地本身，是灼热、干燥、发烟的，像"燃料一般"极易燃烧，是"万物中最容易燃烧的"，并且"可能类似火"。亚里士多德的像风的蒸发物（*pneumatodestera*；πνευματωδεστέρα）学说及其与矿物形成的关系，艾科尔兹（Eichholz）不久前做了阐释。这一学说设想金属是由湿的蒸发物凝结而成的[②]，而其他矿物和岩石则来自干燥的蒸发物。按照亚里士多德的描述，有关过程的真实性质虽然晦涩不明，但湿的蒸发物似乎已被认为是形成金属的物质因素，而干燥的蒸发物则被看作形成矿物的有效因素。

[①] *Meteorologica*，I，iv（341b 6 ff.）。

[②] 因为各种金属都能熔化，所以推想它们都含有水的元素。

不过，对于我们来说，重要之点是这一学说的"气体性"；中国著作中的"气"的概念，似乎与亚里士多德的"蒸发物"① 非常相近。

《本草纲目》卷八的前言部分一开始便说：

> 石是"气"的核心和土地的骨。大块的就成为岩石和山崖，细小的就成为砂粒和尘埃。它的精华（"精"）变成黄金和美玉；它的毒质则变成砷华（"礜"）和亚砷酸（"砒"）。"气"凝结时（"凝"），它就成为朱砂和绿矾。"气"发生变化时，它就变为液态并产生明矾和汞。它的变化（是多种多样的），柔软的可以变成坚硬的，如乳状的盐卤可以生成岩（盐）；活动的也可以变成静止的，例如青草、树木，甚至飞禽走兽的化石，它们曾是有生命的，但变成了无生命的。至于雷电或霹雳化为石块，则是从无形之物化成有形之物……②

> 〈石者，气之核，土之骨也。大则为岩巖，细则为砂尘。其精为金为玉，其毒为礜为砒。气之凝也，则结而为丹青；气之化也，则液而为矾汞。其变也：或自柔而刚，乳卤成石是也；或自动而静，草木成石是也；飞走含灵之为石，自有情而之无情也；雷震星陨之为石，自无形而成有形也……〉

这的确是和希腊的"蒸发物"学说相同的学说。两者大概都出于更古老的来源（可能是巴比伦），而且在早于希腊和中国的梵文古籍中，肯定已有表现这个意思的"普拉那"（*prāṇa*）一词。当然，上面的引文是 16 世纪的，但我们可以进一步追溯到 11 世纪③，再到 5 世纪，然后到公元前 2 世纪。对这类观点稍加分析我们可立即看出，蒸发物学说是同矿物和金属在地下逐渐生长并互相转化这种孪生理论有密切关系的。贝特洛（Berthelot）说过④："蒸发物说是后来关于金属在地下生长这一观念的起点，这种观念见于普罗克洛⑤书中，在中世纪一直居于统治地位。"就他们对我们现在所谓地壳组分发生缓慢化学变化过程的认识而论，他们并没有太大的错误；他们的错误之处，在于他们臆断金属及其他元素在互相转变。这便是阿维森纳在他反对炼金术的名著中最先表示怀疑的那一部分⑥。可是，由于深信矿物和金属在地下缓慢生长时能互相转变，人们对炼金术士的信心便大大加强，以为他们在实验室条件下用适当方法加速这种变化是能够成功的。

638

---

① 蒸发物说在矿工中以"冒光"（Witterung 或 Shimmering）这个俗语一直保存到 16 世纪，甚至还要晚。"冒光"是一种大气现象，人们认为这种现象可指出矿脉的位置［Sisco & Smith (1)，p. 33；Adams (1)，p. 301］。把新编的矿工和采石工所使用的口语和方言岩石术语词典［Arkell & Tomkeiev (1)］中反映出的概念，同中国工人和中国书籍中的同类用语所反映的概念进行比较是有意义的。见下文 pp. 673 ff. 。

② 由作者译成英文，借助于 de Mély (1)，pp. xxiii，3。这段话在其他书中也常有引用，如《三才图会》卷五十九。

③ 参见沈括《梦溪笔谈》卷二五，第 6 段；前面在介绍五行学说时曾引用过［见本书第十三章 (d)（第二卷，p. 267）］。

④ Berthelot (2)，p. 269。

⑤ 公元 410—485 年。

⑥ Holmyard & Mandeville (1)，p. 41。

李时珍曾写道：

> 《鹤顶新书》① 中说，铜、金和银属于同一根源。得到"紫阳"② 之"气"的，形成绿色（物质）③，二百年后，这种绿色（物质）便成为石；在石中生出铜来。由于铜的"气"具有阳（性），所以它的质地很刚硬④。

> 〈《鹤顶新书》云：铜与金、银，同一根源也。得紫阳之气而生绿。绿，二百年而生石，铜始生于中。其气禀阳，故质刚戾。〉

这些话把我们带到 12 世纪或更早的年代，当时的诗人如张镃等，就在他们的作品中引用着这些概念⑤。人们曾以为砷的硫化物也会同样互相转化。李时珍说：

> 雌黄⑥是在山的阴面形成的，所以称为"雌黄"。《土宿本草》⑦ 中写道，如果石化时的阳"气"不足，就会形成雌石；反之，如果阳"气"很足，就形成雄石。它们需要经过五百年才能凝固而成为矿石。在这段时期内，它们会互相感应（原字义是：承担夫妇的职责），所以人们把它们称为雌黄和雄黄⑧。

> 〈（雌黄）生山之阴，故曰"雌黄"。《土宿本草》云：阳石气未足者为雌，已足者为雄，相距五百年而结为石。造化有夫妇之道，故曰雌雄。〉

这种说法至少可上溯至公元 5 世纪，我们从《太平御览》所引刘宋建平王（鼎盛于公元 444 年)⑨《典术》（已佚）的一段话，可以知道这一点。这段话是：

> 世界上最宝贵的东西蕴藏在最深的地方。例如，雌黄就是这样的东西。雌黄千年后化为雄黄⑩。雄黄千年后又化为黄金⑪。

> 〈《典术》曰：天地之宝，藏于中极，命曰"雌黄"。雌黄千年化为雄黄，雄黄千年化为黄金。〉

李时珍《本草纲目》还引用了这些道教著作家的另一些话。引文说⑫，据《鹤顶新书》记载，朱砂（"丹砂"）受"青阳之气"的作用时形成矿石，矿石在二百年后变成青（"而青女孕"），三百年后生出铅，再过二百年变成银；最后，再过二百年，得到"太

639

---

① 这是一部冷僻的书。李时珍曾在引据书目中列此书名（见《本草纲目》卷一，第三十七页），原书年代不详。12 世纪的郑樵著有《鹤顶方》一书。俗称毒物为"鹤顶"。

② 我怀疑它与丹砂有关。"紫阳"是炼丹术中的重要术语，又见于人的别号（见本书第三十三章）。

③ 这无疑是碳酸铜。

④ 《本草纲目》卷八，第十二页，由作者译成英文。借助于 de Mély（1）；参见 de Mély（1），pp. xxv 21；text, p. 18。

⑤ 《南湖集》卷三，第二页。

⑥ 即 As_2S_3。

⑦ 又是一部冷僻的书，未被任何正史艺文志所载录，亦未收入《道藏》。李时珍的引据书目作《土宿真君造化指南》，见《本草纲目》卷一，第十七页。此书大概是一种宋代或明代的道教著作。

⑧ 《本草纲目》卷九，第三十九页，由作者译成英文。参见 de Mély（1），pp. xxiv，80。

⑨ 建平王的传记见于《宋书》卷七十二，第五页。他与普罗克洛同时。

⑩ 即硫化砷。

⑪ 《太平御览》卷九八八，第三页，由作者译成英文。

⑫ 《本草纲目》卷八，第十一页。参见 de Mély（1），pp. xxv，158。

和之气"便化为金了。他们说，金是朱砂之子，是阴中之阳；在形成黄金之前，阳必然死，而阴被凝结。（"《鹤顶新书》云：丹砂受青阳之气，始生矿石，二百年成丹砂而青女孕，三百年而成铅，又二百年而成银，又二百年复得太和之气，化而为金。又曰：金公以丹砂为子，是阴中之阳，阳死阴凝，乃成至宝。"）引文又说①，据《土宿本草》记载，岩盐（"卤石"）经一百五十年先变成磁石，再经二百年变成铁②，铁如不被采掘冶炼，就会（受到太阳之"气"作用）变成铜③，铜又变成"白金"，最后再变成金。所以，"铁、银和金具有共同的根源"。（"《土宿本草》云：铁受太阳之气，始生之初，卤石产焉。一百五十年而成慈石，二百年孕而成铁，又二百年不经采炼而成铜，铜复化为白金，白金化为黄金，是铁与金银同一根源也。"）

我们可以从这里找出不止一种化学理论。根源可能是浑沌未分的"气"或蒸发物，它的生成物则依赖于阳与阴的平衡，或许还依赖于朱砂（硫化汞）、盐或（见于一种文本的）④ 铅。但不论出发点是什么，各种理论都认为在地下曾经发生过一系列化学变化，从而按一定顺序生成各种矿物和金属。贝特洛［Berthelot（3）］在评述德梅利的著作时，把博韦的樊尚（Vincent de Beauvais；约 1246 年）的下列说法同中文引文列在一起，是完全有道理的：

> 黄金是由光亮的水银和纯净的赤硫，借助于太阳的炽热，在地下调合了一百多年而生成的……白色的水银被不燃的白硫固结起来，便在矿中产生一种物质，这种物质熔融而成为银……锡是由纯净的水银和纯净的白硫，在地下经过短时期的调和而成的。如果调和的时间大大延长，它就会变为银……⑤

贝特洛推测，这种理论一定从西方传入了中国的原始科学文献。但是我们可以找到一段出自公元前 2 世纪的中文经典文献（因而早于大多数希腊古代化学文献，希腊古代化学文献⑥集中于公元 2 世纪），这段文献把这种理论叙述得十分清楚。这就是《淮南子·墬形训》的结论⑦，它曾由何可思［Erkes（1）］和德效骞［Dubs（5）］仔细研究过。这段话是：

> 中央方位的"气"上升到尘埃天（"埃天"），它在五百年之后生成"砄"（一种无从考证的矿物，可能是雄黄）。这种"砄"经过五百年生成黄汞，黄汞经过五

640

---

①　《本草纲目》卷八，第三十六页。参见 de Mély（1），pp. xxvii，35。

②　那些试图解释磁针指极性及偏转现象的人常利用这一说法［参见本书第二十六章（i）］。据他们推测，磁石在南方阳"气"的影响下变成铁；因此，依照"母子之性"，铁自然会指向南方。而金属于西方，因此，由于"两面效忠的冲突"而产生了磁偏角。参见王振铎（4），第 214 页。

③　这里在暗示某种占星术上的联系。可能正像贝特洛［Berthelot（1，2）］所说的，这种观念在西方矿物学思想中是极其重要的。但它在中国同类著作中似乎不太受重视。

④　《本草纲目》卷八，第十六页。参见 de Mély（1），pp. xxvi，27。这也是土宿真君的话，是在李时珍引用他说铅为所有金属的祖先（"铅乃五金之祖"）的那段中提到的。古希腊化学文献——如门德斯的玻洛斯（Bolos of Mendes）的著作——中也有这种概念［Berthelort（1），p. 229；Berthelot & Ruelle（1），p. 167］。

⑤　*Speculum Maius*［见 Sarton（1），vol. 2，p. 929］。

⑥　最早的著作家是伪托德谟克利特之名的门德斯的布卢斯，他的鼎盛期应在公元前 2 世纪，即与淮南王刘安同时［Festugière（1），p. 222］。

⑦　《墬形训》（第十二页起）。

百年生成黄金，黄金经过一千年生成黄龙。黄龙深入（地下）的宝藏就生出黄泉①。黄泉的尘埃上升就成为黄云。阴阳互相搏斗，便产生雷鸣，飞出成为闪电。于是上面（的水）下降（成为雨），而河流的水则向低处奔流，归于黄海。

　　东部方位的"气"上升到清天，它在八百年之后生成"青曾"（蓝铜矿或孔雀石，即碳酸铜）。"青曾"经过八百年生成青汞，青汞终过八百年生成青金（大概是铅），青金经过一千年生成青龙。青龙深入（地下）宝藏就生出青泉。青泉的尘埃上升就成为青云。阴阳互相搏斗，便产生雷鸣，飞出成为闪电。于是上面（的水）下降成为雨，而河流的水则向低处奔流，归于青海②。

　　〈正土之气也，御乎埃天。埃天五百岁生砆，砆五百岁生黄埃，黄埃五百岁生黄涊，黄涊五百岁生黄金，黄金千岁生黄龙，黄龙入藏生黄泉，黄泉之埃上为黄云，阴阳相薄为雷，激扬为电，上者就下，流水就通，而合于黄海。

　　偏土之气，御乎清天。清天八百岁生青曾，青曾八百岁生青涊，青涊八百岁生青金，青金八百岁生青龙，青龙入藏生青泉，青泉之埃上为青云，阴阳相薄为雷，激扬为电，上者就下，流水就通，而合于青海。〉

这段文字反复叙述与此相似的理论，就不再往下引用了。我们从引文中已知中央为黄色，东方为青色。这种象征的相互联系的模式可列表如下：

南方	"牡土"	赤色	七百岁生赤丹 （朱砂）	赤涊 （赤汞）	赤金 （铜）
西方	"弱土"	白色	九百岁生白礜 （砷华）	白涊 （白汞）	白金 （银）
北方	"牝土"	玄色 （黑色）	六百岁生玄砥 （黑色磨石）	玄涊 （黑汞）	玄金 （铁）

　　这段文字很古老。我们之前③已叙述过颜色、方位等的对应关系，这里再次接触到便不足为奇了。但令人惊奇的是，这里同样出现了把气象学的蒸发物和矿物学的蒸发物并列起来的情况，如我们所见，这是亚里士多德学说的特色。我倾向于认为，这里的"天"可能部分是比喻性的，在中央方位的也许是指真的天空和真的降雨，而在其他四个区域，则很可能是指发生矿物转化的地壳上层。总之，这段文字提到了后来在 641炼丹术中占重要地位的一些无机物质——硫化砷、硫黄、亚砷酸④、硫化汞、水银，以及几种金属。德效骞正确地认识到，这些物质同五行（用颜色、方位表示）的联系有力地表明，这种炼丹术和矿物学相结合的学说可追溯到公元前4世纪的邹衍学派⑤。此

---

① "黄泉"是冥界的俗称。

② 译文见 Frkes (1)，Dubs (5)；作者略有修改。

③ 本书第十三章（d）（第二卷，pp. 261 ff.）。

④ 1637年，宋应星不厌其烦地驳斥了锡矿生自三氧化二砷的说法（《天工开物》卷十四，第十页）。在近代，越南还有人相信黄金是在地下由"黑青铜"变成的 [Przyłuski (6)]。

⑤ 参见本书第十三章（c）（第二卷，pp. 232 ff.）。

外，他还指出，其中五行排列的顺序正和现存邹衍著作片断中所发现的相同。后面我们会看到，还有更多的证据说明阴阳家与炼丹术的关系①，这里只要注意到理论与实践之间的结合就够了。炼金术的目的是用人工方法制造黄金，人们曾经认为这种方法可使物质具有不朽性；这种矿物学思想既把黄金的自然生成说成某些矿物的自发变质，它便使炼金的可能性变得好像更合情理了。我完全同意埃利亚德②等人的意见，他们以为，早期的炼金术士相信在神灵的帮助下，可以加速这种自然变化，因而产生炼金术下的转变。中国的关于矿物转变的理论在公元前122年时得到全面发展，而且大概还可以上溯到公元前350年或更早的时候。所以，把邹衍及其学派的理论说成来自亚里士多德或前苏格拉底哲学家的说法，未免难以令人置信③。将来大概可以证明，这种理论出于某一介于东西方之间而时代更早的古代文化发源地，从那里传向双方。

（c）分 类 原 则

这里应当略谈一谈中国人用以区别石类和矿物的象形字。表示各种石类和岩石的"石"和表示各种金属和合金的"金"，当然是两个最重要的偏旁。"石"字的甲骨文写法像一伸出物下有一口（代表一个人）。尽管像高本汉〔Karlgren（1）〕那样的专家并未表示意见，但此字字形的确像一个人避居在岩洞中（K 795c）。"金"字常被看作一个矿的图形，竖井上有盖，井中还有两块矿石（K 652b），但这对于商代来说似乎颇为牵强附会。使用这两个偏旁的孳乳字很多，包括所有各种石制和金属制的用具，石和金属产生的声音，以及与之有关的动词和形容词，这是不利于合理地用这两个偏旁进行分类的因素之一。第三个偏旁是"玉"，用于玉及各种珍贵的石类④。第四个是"卤"，用于盐类，但不幸直到近代才被普遍采用，顾赛芬〔Couvreur（2）〕只列出11个带"卤"旁的字。字书编纂者没有对商代的卤字象形（K 71b）做任何解释，但可以猜想，那是一个蒸发咸水的盐池的鸟瞰图。按照巴斯-贝金（Baas-Becking）的想法，这也可能是试图画一颗大的食盐晶体。

颜色在矿物分类上当然也起过重要作用。"丹"是红的意思，在中国炼丹术和矿物学中是个重要的神秘字眼，究其来源，它所代表的就是朱砂（硫化汞）⑤。由于道士们把朱砂当作不死药，"丹"字后来就被用来代表所有的内服药、药丸或药剂了。"丹"字的另一写法似是矿物摆在炉子或容器里的样子，但甲骨文的写法（K150b），则更像一块卜骨（或人骨骼的一部分），上面涂有一个神秘的红点。其他矿物或盐类也同样用"黄"字或"青"字来命名，如"雄黄"和"雌黄"

---

① 本书第三十三章。

② Eliade（4）；特别是埃利亚德〔Eliade（5）〕最近的一篇精辟深入的专论。

③ 从我们所了解的当时各文化之间可能发生的接触来看（本书第七章），确是如此。

④ 据命璋〔Hopkins（12）〕及其他学者的意见，"玉"字的古体是由几块玉拼成的腰带玉饰的象形字。

⑤ 当然，此名后来也与密陀僧及其他红色物质相混。

（如我们刚刚看到的），正如现代的复杂有机染料称为"尼罗蓝"（Nile Blue）或"亮绿"（Brilliant Green）一样。

　　另一个广泛用于矿物分类上的字是"礜"，它表示明矾及一切与明矾有关的物质。此字字形很形象化，上半部像篱笆或围墙，语言学家自然已完全放弃找出其字源的希望；但所有曾目睹过中国传统化学工艺（如自流井盐场）所用方法的人，都会认为这个字很可能与"室温"下蒸发溶液的方法有关；具体地说，这个方法就是在露天场所，把盐水向用干荆条编成的类似围墙的大型构造物上连续泼去，使水与空气的接触面大大增加（图271）。

　　"砂"（字义为小颗粒岩石）、"灰"、"粉"（此字出自碎米屑）、"泥"、"霜"（白霜）和"糖"（对照"铅糖"）等字都表示粉末。具有滑腻性或黏滞性的无机物，如黏土或皂石，称为"脂"或"膏"。从上文引文中可看出，中国人认为矿石生成之初具有柔软、可塑或黏滞的性质；而欧洲中世纪晚期和文艺复兴早期的著作家也恰好有同样的看法（这从任何缓慢石化的观念看来都是很自然的），他们称这些东西为"Bur"或"Gur"[1]。

（d）　矿物学文献及其范围

　　中国古代矿物学文献包括什么呢？最主要的文献，就是从汉代到清代延续不断的出色的系列"本草"（药典）著作。列入"本草"的著作约200种，其中不少的著作卷帙浩繁。因为对矿物的讨论让我们第一次和这些书发生真正的接触[2]，自然应该在这里对它们做一番介绍；但由于其中记载的大部分是植物和植物药，因而把书目留待本书第三十八章论述植物学时再谈，似乎更为合理。为此，请读者参阅那一章中的附表。对这一大堆成体系的知识的经典性介绍，是贝勒［Bretschneider（1）］做出的，但他的兴趣全部集中在植物学方面，目前还没有人对其中的矿物学内容进行适当的研究。这一领域同化学有重叠，因为很难划出一条明显的界线来判别，哪些是以矿石或矿物形式出现的并用作化学或炼丹制剂原料的天然的无机物，哪些是通常由工匠用人工方法制备的无机物。在本书论述化学的第三十三章，将有一张古代和中古时期中国矿物学家和化学家所用主要物质的列表，表中列有各种物质的主要名称和流行于不同时期的异名。然而，在考虑这些问题之前，我们必须更仔细地考察一下这些文献及它们涉及的范围。

　　《神农本草经》[3]确是汉代的著作，原书已散佚，但后世本草著作的注解常引有它的片断文字[4]。重要的是，"本草"书中从一开始便包含了矿物性药物，这部最早的"本草"共记载了46种无机物，并按它们所被认可的治疗价值分为下列三品[5]。

---

　　① Adams（2），pp. 283，290。我想，海尔蒙特创用"Blas"（汽）、"Gas"（气体）两词，可能不过是把这些概念推向更高阶段，后一词后来通用了。

　　② 参见上文 pp. 434，436。书目见龙伯坚（1）。

　　③ 书名当然取自首创农业和医学的文化英雄神农。

　　④ 此书于1625年由缪希雍重辑并注释。哈格蒂［Hagerty（1）］译出一部分，尚未出版，承蒙译者特许本书作者使用这部分译稿。

　　⑤ 《本草纲目》卷二，第二十四页。参见托卡雷夫［Tokarev（1）］关于《山海经》所载矿物的论文。

图版　九三

图 271　自流井盐场的传统蒸发设备（原照）。盐溶液在露天场地连续地泼在用荆条和
　　　　草扎成的大型构造物上；水与空气的接触面大大增加，盐水被浓缩。如果这是
　　　　古法，即可说明"礜"字的造字本义。

上品：朱砂、云母、矿泉水、钟乳石、明矾、硝石、滑石、碳酸铜、赤铁矿、石英、紫石英、各种黏土。

中品：雄黄、雌黄、硫黄、水银、磁铁矿、阳起石、大理石、长石、硫酸铜、蓝铜矿。

下品：石笋、铁矿石、铁、四氧化铅、碳酸铅、锡、盐、玛瑙、砷华、石灰、漂白土。

〈上品药：丹砂　云母　玉泉　石钟乳　矾石　硝石　朴硝　滑石　空青　曾青　禹余粮
太一余粮　白石英　紫石英　五色石脂

中品药：雄黄　雌黄　石硫黄　水银　石膏　磁石　凝水石　阳起石　理石　长石　石胆
白青　扁青　肤青

下品药：孔公蘖　殷蘖　铁粉　铁落　铁　铅丹　粉锡　锡镜鼻　代赭　戎盐　大盐　卤碱
青琅玕　礜石　石灰　白垩　冬灰〉

这个目录可能在公元前 1 世纪或公元 1 世纪时就有了，但这并不是我们所知道的最古的药物目录。《计倪子》一书，可能是公元前 4 世纪的著作，而成书肯定是在汉以前，书中载有一个含 24 种无机物的目录，其中大部分见于《神农本草经》的目录。不过这个目录似乎是一份贡品或土特产的记录，与医药无关。

后来各种本草著作虽然对矿物性药物记载详略不同，可是开头几卷都是讲矿物质的。唐慎微 1115 年左右编纂的《证类本草》，记载了 215 种矿物，而孟诜公元 670 年左右撰写的《食疗本草》[①]，专讲动植物的营养价值，只讨论了两三种矿物。李时珍的《本草纲目》（1596 年）是本草著作的顶峰，则详细地讨论了 217 种矿物[②]。我们之所以能相当正确地证认这些矿物，是因为 1732 年范德蒙德（J. F. Vandermonde）从澳门返法国时，曾带回李时珍描述过的各种矿物的附有标签的标本，还有他在中国药物学家帮助下译出的《本草纲目》中矿物各章的译文。80 种矿物标本和那篇译文，由朱西厄（Jussieu）转交巴黎自然史博物馆（Paris Museum of Natural History）保存，在那里湮没多年之后，先后经毕瓯［Biot（17）］和德梅利［de Mély（1）］研究过。法国矿物学家布隆尼亚尔（A. Brongniart）也曾进行过必要的化学分析。范德蒙德的译文（更确切地说是摘译）作为附录收在德梅利著作之后；这篇译文至今仍有参考价值，不过考虑到它的翻译年代，文中有些错误也是不足为怪的。德梅利 1896 年译过日本版《三才图会》的相关卷，《三才图会》原书是王圻在 1609 年编纂的，日本版重新撰写了内容。另一学者海尔茨曾借助于小野兰山的日文注释，研究过《本草纲目》，他本想对全书作评介，并附以考证和注释（主要根据日本人的有关文章），不过他的工作到 1878 年为止，只完成了矿物的几章；这部著作有一定的价值。最后，还有伊博恩和朴柱秉所做的必要的编目和注释工作，这在前面已经提到过。

人们当然会问，除去这些把矿物作为生药来介绍的书，中国文献中是否有专讲矿

644

---

① 中尾万三辑自敦煌写本。
② 关于李时珍书中的植物图，可参见本书第一卷中的图 29。

物的著作？伟烈亚力①说："在中国人为数不多的几种触碰到矿物学主题的著作中，几乎没有一种够得上科学著作的称号。"可是这种判断未免过于苛刻。很幸运，我们有唐人梅彪的重要矿物专著《石药尔雅》②，成书年代是公元818年左右。这部书列举了62种化学物质的335种异名，是唐代炼丹术语的可靠指南③，但它迄今被人们过分忽视，至少西方学者是如此。此书可与年代为11世纪的圣马可图书馆藏写本（Marcianus MS.）第299号、年代为1478年的巴黎法国国家图书馆藏写本（Paris MS.）第2327号④，或1612年的鲁兰（Ruhland）《炼金术词典》（Lexicon Alchemiae）等所载各炼金用语表相媲美。其后，随着宋代科学专题论著的大量涌现，出现了一整套专谈石和矿物的书，其出发点则在审美而不是医药。最早的一种是《渔阳公石谱》⑤，此书应该是11世纪末的作品，因为书中提到米芾（稍后将谈到此人）是当时的大官。全书已残存无几。接着是1119至1125年间出现的四川僧人祖考的《宣和石谱》⑥；这部书讨论了63种石，但只有目录流传下来。然而，杜绾1133年的《云林石谱》，却迄今仍完整无缺。这位卓越的著作家的文章上文曾引用过⑦。他是值得德梅利⑧在评论中加以赞扬的中国古代学者之一："尽管同西方的石谱一样，每一矿物或石都附有巫医的药方和无稽的传说，可是那种在欧洲著作中全然找不到的观察分析精神，使许多高明的注解得以产生。"当然，还有其他的一些宋代书从非医药的观点出发用大量篇幅谈矿物，如13世纪的《洞天清录集》，此书上文提到过⑨。

明、清两代未能维持这样的水平，值得一提的只有郁浚的一部缺乏条理的作品，即1617年的《石品》，以及一些篇幅较短的作品，如宋荦的《怪石赞》（1665年）和高兆的《观石录》（1668年）。

无论谁撰写中国矿物学史的论著，都必须考虑到另一类著作，即专门研究砚石的书。自使用墨和毛笔以来，选择合适的砚石来研墨便成为中国学者的一件乐事。这至少促使他们对相当多品种的岩石做了描述。最著名的论述砚石的专著是宋代大官米芾的《砚史》（约1085年）；此书有高罗佩［van Gulik（2）］的译本。但此书并非最早的，因为10世纪晚期已有一本评述三十三种砚石的《砚谱》，作者可能是沈仕，但也有人说是苏易简。《歙州砚谱》⑩也很有名，它出自唐积的手笔，撰成于1066年，大约提到了50种砚石（如果我们把附录的包括在内）。以产砚出名的地方

---

① A. Wylie (1), p. 118。

② TT 894。该书第二、三两部分的内容是植物类药物及标准配方。

③ 在药典中把同名药物仔细列成表的工作，更早的时候就开始了；在《新修本草》（公元659年）、《本草图经》（公元1070年）以及后世所有同类著作中，都可以找到这样的表。在《石药尔雅》之后一个世纪，日本医生深根辅仁写成了有名的《本草和名》（公元918年），记载了附有日本名称的各种同名药物。这部书传留下来了，但埋没了几个世纪，直到1796年才出版，卡罗［Karow（1）］对此书作过详细介绍。

④ Berthelot (2), pp. 92 ff. 。

⑤ 见《说郛》卷十六，第二十五页。

⑥ 见《说郛》卷十六，第二十四页。

⑦ 上文 pp. 615，620。本迪希［H. Bendig (1)］已将此书译出，但未出版。

⑧ De Mély (1), p. xl；德梅利精通西方及伊斯兰世界的石谱。

⑨ 上文 p. 613。

⑩ 大概是洪景伯于1160年左右首次刊印，同时刊印的还有较次要的同类著作。

也有它们自己的书，例如《端溪砚谱》，此书撰成于 1135 年前后，撰者不详①。西方似乎没有与此类文献相当的东西。除章鸿钊的有趣的一章以外，到目前为止也没有矿物学家对这类文献进行调查研究；章鸿钊说，石灰岩和黏土页岩由于表面平滑，常用以制砚②。

我们在这里显然无法对许多字典和类书中的矿物学资料进行概述，但未来的中国矿物学史的作者必须把这方面的资料也考虑在内。其中有些，如普菲茨迈尔［Pfizmaier（95）］所译《太平御览》的某些部分，多属轶闻趣事性质，除用作查考各种名词出现年代的索引以外，价值不大。另一种资料来源是考古方面的书，例如明代的《格古要论》③。

现在我们能够编成一张比较表，以说明东西方相继出现的石谱所涉及的范围（表 41）。

表 41　东西方石谱所载石类及物质的范围

647

	西方石谱	记载石类及无机物数量	东方石谱	记载石类及无机物数量
约公元前 350 年			《计倪子》（计然）	24
约公元前 300 年	《论石》（泰奥弗拉斯托斯）④	约 70		
约公元前 1 世纪			《神农本草经》	46
公元 60 年	《药物论》（迪奥斯科里德斯）⑤	100		
约公元 220 年	《河流与山岳》（伪托普卢塔克）⑥	24		
公元 300 年	《库拉尼德斯》（赫尔墨斯神秘主义著作）⑦		《抱朴子》（葛洪）	约 70
公元 818 年			《石药尔雅》（梅彪）	62
			（同义词共	335）
1022 年	《治疗论》（阿维森纳）⑧	72		
1070 年	《宝石》（马尔博杜斯）⑨	60	《本草图经》（苏颂）	58
1110 年			《证类本草》（唐慎微）	215
1120 年			《宣和石谱》（祖考）	63
1133 年			《云林石谱》（杜绾）	110
约 1260 年	《论矿物》（大阿尔伯特）⑩	70		
约 1278 年	《宝石》（阿方索十世）⑪	280		
1502 年	《石志》（莱奥纳尔迪）⑫	279		
1596 年			《本草纲目》（李时珍）	217

---

① 其他同类书名可在正史的艺文志（或经籍志）中找到。亦可参见 Wylie（1），116。

② 章鸿钊（1），第 276 页。

③ 此书的作者是曹昭（1387 年），其中卷七专讲古石器及制造石器的石类。

④ *De Lapidibus*（Theophrastus）；英译文见 J. Hall（1）。

⑤ *De Mat. Med.*（Dioscorides）；英译文见 Goodyer（1）。

⑥ *Rivers and Mountains*（Pseudo-Plutarch）；法译文见 de Mély（3）。

⑦ *Cyranides*（Hermetic）；法译文见 de Mély（3）。

⑧ *Kitāb al-Shifā*（Ibn Sīnā）；英译文见 Holmyard & Mandeville（1）。

⑨ *Lapidarium*（Marbodus）；法译文见 Pannier（1）；Evans（1）pp. 33 ff.。

⑩ *De Mineralibus*（Albertus Magnus）；参见 Thorndike（1），vol. 2，ch. 59；Evans（1），pp. 84 ff.。

⑪ *Lapidarium*（Alfonso X）；参见 Evans（1），p. 42。

⑫ *Speculum Lapidum*（Camillus Leonardus）；见参考文献。

论述再详尽一些，会使所得的结论更为可靠，但首先这一点是明确的，即中国人所鉴别和命名的石类和无机物确实不少于西方。其次我们发现，希腊人也许比他们同时代的中国人先进一些，但到中世纪时便失去了这一优势，到 11 世纪开始时中国的分类体系已领先了两百年。令人惊奇的是，文艺复兴以前在鉴别石类方面竟没有人超过 350 项。随着德博特（de Boodt；1550—1632 年）《宝石与石类的历史》[①]（*Gemmarum et Lapidum Historia*）一书的问世，前近代时期可以说已宣告结束。

（e）一般性矿物学知识

在我们要用一些篇幅来专门论述几种有特色的矿物之前，可以先做一些总的论述。在泰奥弗拉斯托斯的书中找到的最古老的矿物分类，只是依据它们受热时是否发生变化。这是在用可熔性把岩石与矿物区别开来，而我们在《抱朴子》一书中恰好找到了这一方法。书中说：

> 别的东西只要埋在土里就会腐朽，只要着火就会烧焦。但是把五种云母放在烈火中，它们永远不会被烧毁，把它们埋在土中也永远不会腐朽[②]。

〈又他物埋之即朽，烧之即焦，而五云以内猛火中，经时终不然，埋之永不腐败。〉

其他许多古书也提到同样的基本试验，我们在第三十六章论述冶金学时会再谈到这个试验。

云母[③]一名在中国历史上一直没有改变。《本草图经》（1070 年）对云母进行了很好的描述。苏颂在《本草图经》中是这样写的：

648

> 云母生在土和石之间，呈层片状，可以一片一片地剥离下来，非常光滑。最好的云母是白而有光泽的……它的颜色像紫金。剥离下来的薄片，像蝉的翅膀，把它们堆在一起，又像是折叠起来的罗纱。有人说，它属于玻璃类，可以用来制成药物。陶弘景 ［公元 5 世纪］（在他的《名医别录》中）写道："根据《仙经》的记载，云母共有八种，只要把它们对着大阳光来观看，就可以加以区别：凡带青白色但以黑色为主的，称为'云母'；带黄白色但以青色为主的，称为'云英'；带青黄色但以红色为主的，称为'云珠'；凡看起来像冰露并带有黄色或白色斑点的，称为'云砂'；呈黄白色而像水晶的，称为'云液'；非常皎洁并带有透明点的，称为'磷石'。这六种云母都可以服用，但适于服用的季节各不相同。呈黯黑色并有像铁一样的斑痕的，称为'云胆'；带晦暗的颜色并呈脂肪状的，称为'地涿'。这两种云母不可服用。还有，制备（粉末）时必须十分小心，否则，让它们进到肠胃中去，就会害人匪浅。"[④]

---

① 译文见 Hiller（2）。

② 《抱朴子》卷十一，第八页，译文见 Feifel（3），p. 16。

③ 薛爱华 ［Schafer（5）］ 的专题研究可供参考。

④ 《图经衍义本草》卷一，第七页、第八页，由作者译成英文。《抱朴子》中有类似的记载。

〈（云母）生土石间，作片成层可析。明滑光白者为上……色如紫金。离析之，如蝉翼；积之，乃如纱縠重沓。又云琉璃类也，亦堪入药。陶隐居云："按《仙经》，云母乃有八种：向日视之，色青白多黑者，云母；色黄白多青，名云英；色青黄多赤，名云珠；如冰露，乍黄乍白，名云砂；黄白晶，名云液；皎然纯白明彻，名磷石。此六种并好服，而各有时月。其黯黯纯黑有纹斑，斑如铁者，名云胆；色杂黑而强肥者，名地涿。此二种并不可服。炼之有法，惟宜精细；不尔，入腹大害人……"〉

这段话把云母的透明薄片描写得十分清楚，并试图把许多不同品种的云母系统地区别开来。虽然我们很难确切地弄清楚陶弘景和苏颂所指的是哪些品种，但他们说的第一种样品很可能是白云母，"以红色为主"那一种，似乎是锂云母；最透明的那一种，可能是金云母；呈黑色的那一种无疑是黑云母。黑云母由于含有斑点状包裹物，后来又有人称之为"金星石"。苏颂在另一处讲到"玉屑"时，引用了《别宝经》的一段话，介绍了两种观察玉石的方法：一种是灯光反照法；另一种是日光透射法。

由于本草著作中的描述主要偏重医疗方面，所以把它们放到本书第四十五章论述药物学时再谈，可能更为合适。不过，所有中国古代矿物学著作都把注意力放在了晶形上，关注哪些矿物是六角形结晶，哪些是针状结晶、锥形结晶或其他类型的结晶。例如，《本草图经》把石英的晶体描述成六面"如刀削"，而方解石的晶体则是有"方棱"。杜绾《云林石谱》（1133 年）中也经常有代表晶面的"面"字出现。李时珍曾着重指出亚砷酸升华后的针状晶体①，并引用了陈承《本草别说》（1090 年）中有关的话。远在李时珍之前，苏颂 11 世纪在《本草图经》中就曾提到天然朱砂的亚贝壳状断口。他说：

朱砂产在离地面数十尺深的地方。当地的人是通过朱砂"苗"来找到朱砂的（即从存在其他种石头或植物中获得迹象）②。　　　　　　　　　　　　649

朱砂（"丹砂"）都和一种"白石"共生在一起，这种"白石"称为"朱砂床"。矿物就生在这种石上……

把矿石块打碎以后，就可以看到（表面）像墙壁那样陡的断口，但内部则像云母片一样光滑……

（据苏恭）《唐本草注》记载，朱砂的种类共有十多种。最好的"光明砂"，生在一种叫作"石龛"（的岩层）内。最大的有鸡蛋那么大，最小的只有枣、栗或木槿果那样大，断面像云母一样光亮而平滑。

《雷公药对》记载，人们可以找到……带有十四个面的块（晶体），每一个面都像镜子一样光亮。碰到阴沉或下雨的天气，断面上会出现红浆般的液体③。

〈《图经》曰：丹砂……土人采之，穴地数十尺，见其苗，乃白石耳，谓之"朱砂床"。砂生石上……碎之，崭岩作墙壁，又似云母片……

---

① 《本草纲目》卷十，第二十七页。世界上几乎所有的砷，都还是在回收金、铜等金属时从处理含砷矿石的冶炼炉烟尘中作为副产品而获得的。

② 见下文（pp. 675 ff.）谈地植物学找矿的一节。

③ 由作者译成英文。最后两段引文参照了《图经衍义本草》卷一，第二页、第三页和第四页。

> 唐本注云：……其石砂便有十数种，最上者光明砂。云一颗别生一石龛内，大者如鸡卵，小者如枣栗，形似芙蓉，破之如云母，光明照彻……
>
> 雷公云：……有妙硫砂……有十四面如镜，若遇阴沉天雨，即镜面上有红浆汁出。〉

这些话之所以引人入胜有几种原因。首先，由此可以看到，当时已十分注意矿床的标志和围岩的特征。同时，他们也已经注意到矿物上具有特性的劈理，而且试图描述晶形；朱砂具有六方对称性，呈菱面体，并常形成双晶。大概正是这样的晶形引起了雷公的注意[①]。布雷利希（Brelich）曾报道过他参观贵州汞矿时所看到的朱砂菱面体穿插双晶，这种晶体正好具有十四个晶面。

由邻近矿床引起的各种现象，也经常受到注意。例如，杜绾在谈到某种矿石（"韶石"）[②]呈绿色的原因时说，这是由于近处的铜"苗"蒸气熏蒸而引起的，因为这种矿石经常出现在铜矿附近[③]，今天我们说，这类矿石之所以呈绿色，是因为其中含有孔雀石或其他含铜矿物的包体，这种说法同杜绾的观点并没有太大的出入。此外，这种观点同 16 世纪阿格里科拉提出的观点也很相似，而阿格里科拉的观点曾被胡佛夫妇[④]看作现代矿物学理论的基础。阿格里科拉认为，成矿通道是在围岩发生了沉积以后由于地下水（"succi"）在裂隙中不断循环而形成的[⑤]。在《日华本草》（公元 970 年）中可以看到关于硫酸铜的类似说法，而在 1070 年的《本草图经》中则可找到关于碳酸铜的类似说法[⑥]。但有时不说"气"而说"浊水"，例如《本草图经》"石中黄子"（褐色铁矿石，赤铁矿）条即如此[⑦]。

650

关于矿床是由于地下水在岩石裂隙中的循环而形成的这种观点，郑思肖的描述可能是最为生动的。郑思肖卒于 1332 年，大约比阿格里科拉的鼎盛期早两个世纪。下面就是郑思肖的生动描述[⑧]：

> 在大地的下面，土、岩石和泉水层层交替相间。在这些地层中负载着千万种"气"，这些"气"（分布在）千万条（像裂缝的）支脉中。（在这里）有柔软和刚硬（的东西），永不停留地来回流动，并经历着种种转化。（这些支脉）又斜又细，像互相钳锁着的车轴，可以互相沟通。（它们就像是一部）在深处运转着的机器（"机"），（就如同血脉循环一样）具有密切的联系，（又如同）活塞风箱（"囊籥"）（在拉动）。神秘网络（"玄纲"）撒出去，把大地根部的各个部分彼此联结在一起。（大地最深处的部分）不是金属，不是石头，不是土，也不是水（这

---

① 《雷公药对》的作者似为医家雷敩。

② 还没有人对"韶石"进行过考证，但可能是孔雀石或其他含铜的矿物。

③ 《云林石谱》卷上，第十七页；原文是："因铜苗气薰蒸，即此石共产之也。"参见《太平御览》卷九八八（第四页）所引不见于今本《神农本草》的一段。参见关于"熏"的佛教学说（本书第二卷，p. 408）。

④ H. C. Hoover & L. H. Hoover (1), pp. xiii, 52。

⑤ 参见波谢普尼（Posepny）的经典论文及贝特曼（Bateman）的近著。

⑥ 《图经衍义本草》卷二，第六页和第七页。

⑦ RP no. 81。《图经衍义本草》卷二，第二十四页。

⑧ 这段文字是黄节在其介绍郑思肖的文章中摘引的，全义见《所南文集》（第十二页）"答吴山人问远游观地理书"。郑思肖的另一小传，见《宋遗民录》卷十三，第二页起。

是我们所知道的)。千千万万条纵横交错的支脉像经纬那样交织在一起。几千万里的大地好像悬浮在无边无际的大海上。如果(把陆地和海洋)全都看作是大地的话,那么,最神妙的一点就在于它们的根部是彼此相通的。土和水的,以及石的性质、脉络、颜色、味道及声音,都会因地而异。各地的飞禽走兽、青草树木及一切自然产物,它们的形状和习性也各不相同。

如果"地气"能够经过这些(脉络)沟通,那么,(上面的)水土就会甘香暖润……人和物也就纯洁聪明……但是,如果"地气"遭到阻塞("塞"),那么,(上面的)水土和自然产物就会苦涩寒枯,人和物也就邪恶愚昧……

大地的躯体就和人体一样。人体中,在含有水的腹脏("水藏")之中和之下是很热的,不然,它们就不能够消化各种食物,也不能够发挥它们的功用。大地也是这样,在水带之下也是很热的,要不是这样,就不能够把各种水分"缩减"掉("缩诸水")(即蒸发掉水而只留下矿床),也不能够把所有(水的)"阴气"消除掉("消诸阴气")。普通人往往看不到人体内那些按一定条理排列的支脉,从而以为身体只不过是一块肉。同样,人们也由于看不到地底下按一定条理安排的支脉,便以为大地只不过是一堆(相同的)土。他们不知道天、地、人和万物,都有它们的排列和组织("文理")。甚至连一缕青烟、一块碎冰、一断残垣或一片旧瓦,都各有它们的排列和组织。既然如此,大地又怎么可能没有它自己的排列和组织呢①?

〈孰知夫大地之下,皆一重土一重泉相间,层负万气,支缕万脉,柔顺巩固,荡化流跃;斜细其轴,互为钳锁;深运其机,密相囊籥;张布玄纲,维络地根;非金非石,非土非水;千千万万之经攒纬织,绵亘持抱几千万亿里无边大地,悬浮于无边大海之上,以之为地,其妙未尝不根通也。土性土脉土色土味土声,水性水脉水色水味水声,石性石脉石色石味石声,一一不同。各地所产禽兽,所生草木,以至种种方物,其状其性,一一不同。地气通,一方之水土俱甘香暖润,人物亦清正贤慧……地气塞,一方之水土俱苦涩枯寒,人物亦愚陋恶逆……夫地之体犹人也。人之水脏之下极热,不热不足以化诸食,不足以运诸世事。地之水轮之下极热,不热不足以缩诸水,不足以消诸阴气。人第不见身内支脉节节有条理,竟以此身为块然之肉;不见地底支脉井井有条理,亦竟以大地为块然之土。殊不知天地人物皆有文理。烟缕冰澌,壁裂瓦兆,尚有文理,谓之地独无文理乎?〉

这几段话的确写得很精彩。关于地下有某种循环在运行着这一观点,在堪舆家当中虽然是一种很普遍的说法,但郑思肖在这里却是用它来说明地下水在成矿通道中的蒸发(或沉淀)所引起的成矿作用②。值得注意的是,郑思肖还把古代医学理论中关于因毛孔闭塞而致病的理论应用到他的学说中,从而很自然地引出一种关于大宇宙与小宇宙类型的有意识的类比。关于这一思想方式,我们在本书第十三章(f)已论述过了。最后,郑思肖以对中国思想中特有的有机论观点的崇高肯定来结束。

651

---

① 由作者译成英文。

② 我们今天已经知道[参见 Bateman (1)],矿物的沉积由冷却和压力降低引起的比由液体因热蒸发引起的要更为常见,但这一点无损于郑思肖和阿格里科拉关于含矿溶液在循环中发生化学变化这一卓越见解。

　　古书中提到了各种矿物的无数的实际用途①。德梅利曾经指出②，当欧洲只有少数人知道硇砂、硝石、明矾等矿物之间的区别时，中国人由于制革、染色、油漆、焰火制造等工艺的要求，已经对许多矿物做出了必要的鉴别。在我们第二张最古化学物质表（自西汉或公元前 1 世纪起）中已经出现了砷的两种不同硫化物（二硫化二砷和三硫化二砷）的区分，即"雄黄"和"雌黄"③。硫酸亚铁（"绿矾""皂矾"）已用于染色；硫化汞（银朱、朱砂；"水银朱"）已用于制造朱墨和颜料，也用于炼丹；滑石粉（"滑石"）已用作纸张的填充剂。"密陀僧"已用作漆料中的一种组分。对皮革进行干燥时已使用硝石（硝酸钾；"朴消"），加工皮革时用氯化铵（"硇砂"），而染色时则采用硫酸亚铁（"黄矾"）。焰火制造者和军事技工已知道把硝石与硫黄（"硫黄"）和木炭（"炭"）相混合能产生什么。瓷器和珐琅制造者已经知道使用氧化钴（"扁青"）和氧化铜（"铜粉"）④。铁钴矿石（"岩手"）和铅盐（铅的氧化物、碳酸铅或醋酸铅）已用作颜料和釉料。有时一物两用，既用作药品，又用于工艺，例如高岭土主要用于制陶瓷，但在医药上也同硅藻土（"石面"）一样用作解酸剂。硫酸钙（"石膏"）在制豆腐时起重要的作用，豆腐在中国是一种非常普遍的食品。醋酸铅（"铅霜"）已用作化妆用的白粉，它的制备是中国最古老的化学工业之一。中国人很早就知道，砷华（As_4O_6）（"礜石"）不但可以毒杀老鼠，而且具有加速蚕生长的作用⑤。他们知道硫酸铜（"石胆"；字义为石化的胆汁）也可用作杀菌药物，并将钟乳石（"石钟乳"）用作化学肥料。他们还在插秧时把炼铜的副产品砒霜撒在稻秧根部，以防止虫害；同样，把木材浸在醋酸铜（"铜青"）里，可以防止木材（特别是泡在水里的）发生腐烂⑥。

（f）几种特殊矿物的说明

　　要深入讨论矿物学这一主题，最好是现在就对几种特殊矿物质，如明矾、石棉和金刚石等，做一些简短的介绍⑦。不过，把某几种重要的矿物质分放在其他一些章去讨论，可能更为合适。这样，煤将放在采矿和冶金学部分（第三十六章）；漂白土将放在纺织技术部分（第三十一章）；水晶将放在物理学的光学部分［第二十六章（g）］；磁

652

---

　　① 虽然这一点涉及其他章所讨论的领域，但是在这里仍然值得一提，因为所用的各种物质大都得自无须太多加工的"天然"矿物。

　　② De Mély（1），p. xi。

　　③ 见 Schafer（6）。

　　④ 关于这样的一些问题，我们在本书第三十五章论述陶瓷技术时将详细谈到。

　　⑤ 《山海经》中提到了砷华［参见 de Rosny（1），p. 55］，第一次谈到砷华能加速蚕生长的是郭璞公元 4 世纪时对其的注释（《本草纲目》卷十，第二十三页）。其所以会发生这种现象，可能由于含砷化合物对病毒的毒性大于对其鳞翅目寄主的毒性。例如，施派尔（Speyer）发现，用不到致死量的含砷化合物喂已受多角体病毒感染的蚕，其成蛹率高于各对照组。

　　⑥ 关于这一点，葛洪在公元 4 世纪时就已谈到（《本草纲目》卷八，第十五页）。

　　⑦ 本章写完后，薛爱华发表了两篇这一类性质的文章，一篇讲云母［Schafer（5）］，另一篇讲雄黄和雌黄［Schafer（6）］。当时如能及时看到这两篇文章，一定会把这些矿物放在本章的适当地方讨论，现在我们只好把它们放到本书第三十三、三十四等章里去谈。

石和琥珀将放在物理学的磁学部分［第二十六章（i）］；盐和天然气将放在采盐部分（第三十七章）；硝石将放在军事技术（第三十章）的火药部分；高岭土则放在陶瓷技术部分（第三十五章）去讨论。

（1）禹　余　粮

禹余粮又名"鹰石"，是古代人很重视的一种东西，但在现代矿物学中意义不大，它就是赤铁矿的结核状团块（晶球），或由于中间易溶层被淋滤之后形成具有松散核心的其他矿物。布罗姆黑德［Bromehead（2）］曾为此写了一篇有趣的文章。如果泰奥弗拉斯托斯所说的妊娠生子的石头就是指这种石头的话，那么，这种石头早在亚里士多德时代便已为人们所知晓，不过它的名称直到迪奥斯科里德斯时才出现罢了。"石脑"一名不见于中国最古老的矿物目录，但《名医别录》及葛洪著作中都提到过，似乎就是指这种石头。西方关于这种石头对怀孕和催生有功效的传说，与中国文献中所说的如出一辙，但是这种石头在西方似乎从未受到重视[1]。

（2）明　　矾

653

相比之下，明矾是一种具有巨大工业价值的矿物。欧洲生产和利用明矾的历史，最近成为辛格［Singer（8）］的一篇卓越的里程碑式研究论文的主题。明矾主要是用作印染的媒染剂[2]，为此明矾必须是纯净的；古代几大文明无疑都能将其提纯到相当高的纯度［关于埃及的情况，参见 Lucas（1）］。此外，明矾又用于软化皮革、纸张上胶、制羊皮纸、制造玻璃、净化天然水和预防木材起火。它的止血、催吐和收敛的特性，使它在医学上也极受重视。"礬"（矾）字，上文已讨论过它的字源[3]，此字见于《计倪子》（公元前 4 世纪）中的中国最古的矿物目录。埃及人、希腊人和罗马人都用过天然含水二硫化铝、二硫化铁、二硫化镁或二硫化锰的沉积物，但后来则用明矾石。这是一种不溶于水的碱性明矾，但焙烧后则成为铝土和可溶的钾明矾。中国人很早就能把天然明矾（"生矾"）同用明矾石焙烧而成的"枯矾"区别开来。高度结晶的产物称为"矾精"。要弄清这两种明矾是从什么年代开始发展出来的，还需要进行专门研究；我们只知道关于其产地的一些情况。例如，吴普在《吴氏本草》（公元 225 年）中谈到，明矾产于甘肃和江西[4]。辛格［Singer（8）］认为小亚细亚，明矾石的焙烧大约始于公元 10 世纪，并认为颗粒状明矾肯定是中古时期后期从西方输入中国的。大约在 12 世纪，阿拉伯半岛又出现了第三种主要制备方法，即将含有硫酸铝的岩石同尿放在一

---

[1] 参见 Laufer（12），p. 9。

[2] 《淮南子·俶真训》（第六页）提到这一用途。

[3] 上文 p. 642。

[4] 《太平御览》卷九八八，第四页。

起煮沸，从而形成铵明矾[1]。辛格的书用许多篇幅叙述教皇明矾石专卖的经济后果，可是当此法发展到烧煮矾土页岩时，所得到的产品就足以同教皇的专卖相抗衡了。我找不到中国曾用过这第三种方法的证据。在中国的文献中，有对传统明矾制备方法的记载［Anon. (3)］；把这一则记载拿来同雷[2]关于印度的同类记载进行比较，是颇为有趣的。在中国，明矾的一个最古老的名称是"石涅"，《山海经》中用的就是这个名称。章鸿钊（1）在讨论这一问题时，似乎认为明矾石焙烧法在中国很古老，并认为中国人直到比较近代的时期才对天然明矾进行开采。

654 　　关于明矾是从西方何地输入中国的问题，劳弗［Laufer (1)］提出证据，说明"波斯"一词既指南海某地，又指波斯。据李珣《海药本草》（约公元775年）所载，明矾有两种，一种是在马来半岛的"波斯"制造的，另一种则是从"大秦"（阿拉伯半岛）经由"波斯"运来的。周密在《癸辛杂识》[3]中提到中国13世纪时曾将明矾和指甲花一起使用，这一点可作为中国与西方在这方面确实有过联系的重要证据。

（3）硇　　砂

　　氯化铵（硇砂）同样也是不仅在医药上（是一种有刺激性的祛痰剂和温和的利胆剂）而且在化学上[4]都具有重要意义的矿物。普利尼的"阿摩尼亚盐"（hammoniac salt）不可能是氯化铵，因为他没有提到它有挥发性和潮解性，公元3世纪亚历山大里亚学派的化学家所编的化学药物目录也未列入这种盐[5]。斯特普尔顿［Stapleton (1)］认为，氯化铵很可能是10世纪前后由阿拉伯炼金术士引入化学的，这在一定程度上是因为他们当时已能通过对毛发进行干馏的方法制备氯化铵[6]。然而，中亚细亚火山地带是有硇砂的，那里的人可能很早就开始对它进行采集了。斯特普尔顿还认为，阿拉伯语的"nūshādur"（努沙杜尔）一词很可能出自中文的"硇砂"，但劳弗对这种看法持否定态度[7]。劳弗认为名称的借用方向恰恰相反。从来没有人（包括后来的章鸿钊[8]）能在公元6世纪《魏书》（公元572年）成书以前的中国文献中找到关于"硇砂"的记载，由此而论，劳弗的看法迄今似乎还是对的。但人们没有注意到的是，这种盐见于公元2世纪魏伯阳的《参同契》[9]一书，书中还正确地提到它涂在疮上所起的散热作用。葛洪所说的"硇盐"是否就指硇砂，我们还不清楚，之后在技术书中提到硇砂的最重要的文献，显然就是公元660年的《唐本草》的记载。诚如劳弗所指出，有一点

---

① 这种方法无疑是由于用厕所附近的明矾石会得到更高的产量这一事实而被发现的。阿格里科拉提到了所有这三种制备方法［Hoover & Hoover (1)，p. 564］。

② Ray (1)，2nd edn. p. 230。

③ 《癸辛杂识续集》卷一，第十七页。

④ 例如，用作助熔剂，也可用来制造银和汞的氯化物。

⑤ Partington (1)，p. 147。

⑥ 采用此方法时，氯化铵会留存下来，碳酸铵升华为结晶状态，硫化氢则逸出。

⑦ Stapleton (1)，pp. 503 ff. 。

⑧ 章鸿钊（1），第221页。

⑨ 《参同契》第三十章［西译文见 Wu & Davis (1)，p. 257］。我们曾据《道藏》本对这句话进行核对。

的确值得注意，即中国术语的写法变动很大，常有用同音字来录写的情况。在公元 7
世纪的著作中，例如《隋书》，就可以找到"硇""礵""铙"等几种不同写法（很可
能都是"硇"的同音字）。在公元 9 世纪，梅彪则写作"砢"（此字在当时可能也读
"硇"）。在公元 6 世纪，魏收（在《魏书》中）写作"碙"或"碯"[①]。唐、宋书籍一
直用这个字，"硇"字似乎只是在明代才被明确固定下来。

　　所有中国古书［例如，裴矩的《西域图记》（约公元 610 年）；苏颂的《本草图
经》（约 1070 年），以及沈德符的《野获编》[②]（约 1398 年）］都认为天然硇砂来自中
国西部，即四川、甘肃、新疆、西藏等地，而在这些地区，硇砂是从火山口附近采集
来的。18 世纪末，满族地理学家七十一老人在他所著的《西域闻见录》中谈到库车和
吐鲁番时，写了下面一段话：

　　　　"硇砂"产于库车城北的硇砂山。山上有许多山洞。在春、夏、秋三季，山洞
　　中到处是火。夜晚，从远处观望，山中就如同点起了万盏灯火一样，由于热度很
　　高，人很难靠近它们。冬季，当天气极为寒冷和大雪纷飞时，火就熄灭了。这时，
　　当地的人便进入洞内采集硇砂，由于洞内很热，他们总是裸体进入洞内[③]。

　　　　〈硇砂出硇砂之山，在城北。山多石洞，春、夏、秋洞中皆火，夜望如万点灯光，人不可
　　近。冬日极寒时，大雪火熄，土人往取砂，赤身而入。〉

大约一个世纪前，姚元之在《竹叶亭杂记》中写道：

　　　　库车附近产硇砂的山，在唐代被称为"大鹊山"。在春或夏季，没有人敢靠近
　　它。即便是在寒冬腊月，也必须把一般的衣服脱光，穿上只露两眼的皮囊。他们
　　进山洞掘取（硇砂），他们进洞一两小时就得出去，不可能停留三小时以上；因为
　　皮囊已像火烧般灼人了。硇砂在石面上闪闪发光，但能采集到的数量并不多。采
　　得的硇砂必须放在瓦坛里，还必须把坛口密封起来，并且不能让坛子受热，否则
　　坛里的硇砂就会跑掉。同时，坛里的硇砂也不能吹风和受潮，否则也会消失，只
　　剩下一些白色的粒状。虽然这种白色的粒状物是硇砂中质量最差的，但运到内地
　　去的可能就是这一类[④]。

　　　　〈硇砂出库车。徐星伯云其山无名，在唐呼为"大鹊山"……取砂者春夏不敢近。虽极冷
　　时，人去衣着一皮包，露两目，入洞凿之。然不过一、两时即出，而皮包已焦，不能逾三时也。
　　其砂着石上，红色星星。取出者皆石块，每石十数斤，不过有砂一、二厘许。携此者，用瓦坛盛
　　石，密封其口。坛不可满，盖火气特重，满则热甚，砂走也。然受风亦走，受潮湿亦走……唯白
　　色成块者不化，乃下等也。然可以及远，内地所谓硇砂类即此耳。〉

这些论述同阿拉伯文献颇为相似[⑤]。氯化铵具有挥发性，这是人们熟知的，因此它的另

---

① 这是笔误。此外，还可以举出另一些同音字。
② 参见 Schott（2）。
③ 由作者译成英文。
④ 由作者译成英文。
⑤ 参见 de Meynard & de Courteille（1），vol. 1，p. 347；Ouseley（1），p. 233。

一个中国名称是"气砂";无疑是因为它来自中国西部,所以又称为"狄盐"。它在当时可能都是不纯的,常混有硫黄和硫酸盐。在有火山的中亚地区,采集氯化铵的活动,似可上溯到很早的时候,如果确实如此,那么它最早的名称可能出自粟特语或波斯语,后来才演变为"努沙杜尔"和"硇砂"。

(4) 石 棉

656

在具有纤维构造的矿物中,石棉是很不寻常的一种,它由钙镁硅酸盐组成。尽管它可以呈许多种形态(透闪石、阳起石和其他闪石类等),并含有由其他元素形成的各种混合物,但是它的纤维通常是能够分离出来的,看起来很像亚麻。温石棉,即纤维状蛇纹石,是一种含水的镁铁硅酸盐,与石棉很相似,而且性质也相近。从很早的时候开始,人们已发现用这种纤维可织成一种不怕火烧的布。这样的东西自然会被人们视为神奇之物,实际上公元前的几个世纪中已有许多关于石棉布的文献了。欧洲著作家的那些文献我们早已知晓,中国文献的分析则应归功于伟烈亚力 [Wylie (9)] 和劳弗 [Laufer (11)],不过他们两人渊博的论文对这一主题并未研究彻底。石棉的内在价值虽然并不太大,但这种矿物的性质却给古代和中古时期的人们提出了一个科学上的难题,研究他们对这一问题的见解,会为我们了解科学思想的发展情况提供一些意想不到的好处。这就使我们有理由对这一问题写得比初步设想的要长一些。

公元前 4 世纪的泰奥弗拉斯托斯不知有石棉一物;中国的计然也同样不知。但斯特拉波(公元前 63 至公元 19 年)曾经谈到"防火餐巾"[①],后有不少著作家,如公元 1 世纪的迪奥斯科里德斯[②]和公元 2 世纪的语法学家阿波罗尼奥斯·狄斯科鲁斯[③](Appollonius Dyscolus)也提到过它。普利尼知道它是来自阿卡迪亚(Arcadia)和印度的[④]。石棉来源于植物的思想是属于希腊化时代的,首次发现于伪托卡利斯忒涅斯(Pseudo-Callisthenes)的《亚历山大故事》(Alexander Romance)一书[⑤]。希腊词"asbestos"(石棉),我们至今还在用的,其原义为"不会熄灭"或"不能消灭",很可能是因为把它用作灯芯而得名。

劳弗 [Laufer (11)] 认为,中国人是通过与罗马叙利亚进行贸易而第一次知道石棉的。鱼豢(公元 239—265 年)的《魏略》的确把它列为阿拉伯半岛("大秦")的产品;《后汉书》也是如此[⑥],在《后汉书》中它有一个最通俗的名称——"火浣布"(即防火布)。但是有证据表明,中国人在公元前,亦即在叙利亚或阿拉伯与中国的贸易开始之前,就已经知道石棉了。由于我们不知道《列子》书中哪一部分是属于汉以前的,哪一部分不是,所以我们无法确定下面所引的一段文字是否在公元前 3 世纪左

---

① *Geogr.* x, i, 6。

② Dioscorides, v, 156。

③ *Historiae Mirabiles*, XXXVI; 参见 Sarton (1), vol. 1, p. 286。他们和张衡属于同一时代。

④ *Hist. Nat.* XXXVII, 54, 156; 参见 Thorndike (1), vol. 1, p. 214。

⑤ 此书撰于公元 2 或 3 世纪; 参见 Thorndike (1), vol. 1, p. 551; Cary (1)。

⑥ 《后汉书》卷一一八,第十页; 参见 Hirth (1), p. 249。

右写成，但其可能性比劳弗所愿意承认的要大一些。这段话是这样的：

　　周穆王调大军征伐西戎，西戎（为了使周穆王息怒）向他贡献了锟铻剑和防火布（"火浣布"）。这把剑长一尺八寸，剑刃呈红色，是用精炼的钢（"炼钢"）打造成的[①]，切削玉石如同切削泥土一样[②]。防火布是用投入火中烧的方法来使其变净的，在火中，布变成火的颜色，而污垢则变成布的颜色[③]。当人们将布从火中取出并抖动后，它就变得洁白如雪。周穆王的一个王子不相信有这样的东西，认为这一定是传报消息的人传错了，但萧叔却说："王子应该这样固执先入之见，拒绝承认（可加验证的）事实吗？"[④]

　　〈周穆王大征西戎，西戎献锟铻之剑、火浣之布。其剑长尺有咫，炼钢赤刃，用之切玉如切泥焉。火浣之布，浣之必投于火，布则火色，垢则布色；出火而振之，皓然疑乎雪。皇子以为无此物，传之者妄。萧叔曰："皇子果于自信，果于诬理哉！"〉

这段话触及了下文许多讨论的要点。道家中有些人以火浣布为例说服儒家怀疑论者，要他们知道天地间的事物比他们单凭哲理推想出来的要多，萧叔在这里就是作为所有那些道家的典型而出现的。此外，关于汉以前已知石棉这件事还有一个不太可靠的证据：公元290年前后，张华曾引用过《逸周书》[⑤] 中的一段话，其中也提到一种叫火浣布的贡物[⑥]。在三国、两晋的一些书中，例如《海内十洲记》、薛珝的《异物志》和王嘉的《拾遗记》[⑦]（约公元300年），也常记载有这种贡品。

《拾遗记》一书还提到了另一则有趣的故事，故事中所指的年代可能是公元前598年，但更可能是公元前308年[⑧]。

　　燕昭王二年，海人用船运来了几斗油膏贡献给燕昭王，这些油膏是用几个很大的用来提炼油膏的壶装盛的。燕昭王于是便坐在"通云台"上观赏用这种龙的油脂（点燃）的灯的明亮灯光。灯光非常明亮，在百里以外都能看见。灯烟呈紫红色。国人看到了，都以为是瑞光，因此都对它遥遥礼拜。灯用的是石棉（"火浣布"）做的灯芯（"缠"）[⑨]。

　　〈燕昭王二年，海人乘霞舟，以雕壶盛数斗膏以献昭王。王坐通云之台……以龙膏为灯，光耀百里，烟色丹紫。国人望之，咸言瑞光，世人遥拜之。灯以火浣布为缠。〉

不论故事中实际所指的年代是哪一个，它都确实暗示中国人在汉代或先汉时期，在进

　　[①]　关于中国钢铁冶炼技术的发展情况，可参见本书第三十章（d）。
　　[②]　在中国的其他一些古代文献中，也可以找到这把"切玉刀"（后面谈到玉石这种矿物时，将对这种刀剑作简短讨论）同火浣布并提的记载。
　　[③]　这是对烧到炽热的石棉和上面尚未达到炽热程度的污垢颗粒的生动描写。
　　[④]　《列子·汤问第五》第二十七页；译文见 Wylie（9），经作者修改增补。参见 Wieger（7），p.149。持怀疑态度的王子的几句话，很可能是公元3世纪以后加的，理由将在下文说明。
　　[⑤]　参见本书第一卷，p.165。
　　[⑥]　《博物志》卷二，第六页。
　　[⑦]　《拾遗记》卷九，第三页。
　　[⑧]　因为燕国有两个统治者都称为"昭王"。从此事发生到《拾遗记》成书，其间至少相隔600年；但这和一般所接受的色诺芬尼关于化石的那段文字的时间间隔相比，并不算长（上文 p.622）。
　　[⑨]　《拾遗记》卷十，第三页，由作者译成英文。

行着某种原始的捕鲸或捕海豹的活动，而且沿海诸侯国的宫廷中已用鲸或海豹的油脂和不燃的灯芯来点灯了①。东汉时已有石棉的绝好证明，是在傅玄的《傅子》（公元 3世纪）一书中发现的一则故事：著名将军梁冀（卒于公元 159 年）有一件不能燃烧的袍子，常在宴会上被他当众投入火中。在欧洲也有不少类似的故事，但时代都比较晚②。《三国志》中有一条关于某个西域人来献火浣布的可靠记载③，魏王收到这件礼物的时间是在公元 240 到 253 年之间。

658
在此以前，关于火浣布的来源和性质，还没有人提出过什么看法或推测。但在公元 300 年左右，葛洪作出了一些说明，不过所说全部错误。他是这样写的④：

> 火浣布共有三种。据说在海洋中有座"肃邱"山（即火山），山中有自行燃烧的火⑤。这种火是春天开始燃烧，秋天熄灭。岛上生长着一种树，树的木头不易燃烧，只会被稍稍烤焦，呈现出一种黄色。当地居民用它来作为柴火，但它烧后并不变成灰。等饭煮熟以后，他们就用水把火浇灭，再一次又一次地反复使用它——一种用不完的供给。当地的土人也从这种树上采下它的花，用它织成布。（这是第一种火浣布。）此外，他们还把树皮剥下来，先用石灰煮，然后织成布，但所织成的布很粗糙，质量也不及上一种（这是第二种火浣布）。此外，这个岛上有白色的啮齿动物（"白鼠"），身上的毛约有三寸长，它们栖居在树洞里；它们可以进入火中而不被烧灼，因此把它们的毛可以收集起来织成布。这是第三种火浣布⑥。

> 〈火浣布有三种。其一曰：海中肃邱有自生火，春起秋灭。洲上生木，木为火焚不糜，但小焦黄。人或得薪，俱如常薪，但不成灰。炊熟，则以水灭之，使复更用，如此不穷。夷人取此木华，绩以为布。一也。又其木皮赤，剥之以灰煮，治以为布。粗不及华，俱可火浣。二也。又有白鼠，毛长三寸，居空木中，入火不灼，其毛可绩为布。三也。〉

葛洪这段话可能来源于南太平洋各部族的树皮衣或"塔巴"（tapa），这种树皮衣是通过槌打和织造制成的。我们有理由认为，葛洪的这段话采自南海传闻，特别是关于"自然火洲"岛的传闻，这些传闻是大约公元 3 世纪中叶康泰出使柬埔寨时带回来的⑦。与葛洪同时的许多著作家也常引用这一资料，而且常把火鼠的故事穿插进去。例如，张勃的《吴录》（公元 3 世纪）⑧、郭璞的《山海经注》⑨，以及大概成书于公元 4 世纪

---

① 董说所著《七国考》（明代）中的"龙膏灯"条也引了这段话（见《七国考》卷十四，第十一页）。

② 例如，见 Marco Polo, ch. 60（Moule & Pelliot ed.）。

③ 《三国志》卷四，第一页。

④ 这段文字似乎并不见于今本《抱朴子》，但被辑引于《太平御览》卷八二〇，第八页；卷八六九，第五页；以及高似孙的《纬略》（12 世纪）卷四，第三页。类似的文字还见于公元 6 世纪的《述异记》，以及《玄中记》（见《太平御览》卷八六八，第八页）。

⑤ 参见本书第二卷，p. 438。

⑥ 译文见 Laufer（11）。

⑦ 见伯希和〔Pelliot（16），p. 74〕关于这件事的讨论，这一史实已编入《梁书》卷五十四（编撰于公元 7世纪）。

⑧ 辑录于《太平御览》卷八二〇，第八页；《纬略》卷四，第三页。

⑨ 《山海经·大荒西经》第七页。

的《神异经》①。

　　我们在这里面对的是火兽（salamander）的传说。在科学史上，这种传说不过是一种标志，说明古人很难相信除动植物之外还有其他可制成纺织品的东西。塑料纤维和玻璃纤维——与石棉同属一类的现代产品——当时还没有问世。葛洪提出火鼠说算不得什么功绩，而劳弗拒不承认葛洪会自己想出这一点，就更算不得什么功绩②。事实上，关于"火兽"的早期历史是含混不清的。亚里士多德的著作③中关于炼铜炉中生出飞蝇及火兽能灭火那段话，其可靠性是大有疑问的。大多数谈到火兽的文献，例如奥古斯丁（Augustine）的著作④（公元4世纪末），年代都比较晚。火兽的传说很可能和不死鸟的传说有关⑤，而后一种传说最早见于基督教寓言《博物学家》（*Physiologus*；公元2世纪末）⑥。总之，火兽一说的完全确立在伊斯兰文献中是10世纪左右⑦，而在欧洲文献中则是12世纪⑧。由于有关这一说法的中国文献都比阿拉伯的早，又由于认定任何一种思想——哪怕是一种愚蠢的思想——都不可能起源于中国，所以必须设想公元纪年开始前后西亚存在着一个共同的来源。劳弗就是这样做的。

　　大约在奥古斯丁诞生的那一年，干宝写成了他的《搜神记》。这部书中曾有⑨·段关于石棉的十分有趣的记载：

　　　　在昆仑山周围的荒野中有一座火焰山。山上有鸟兽草木，它们全都生长在烈火之中；因此，火浣布要么是用这座山上草木的皮制成的一种织物，要么就是用山上鸟兽的毛制成的一种织物。

　　　　在汉朝那个遥远的时代，当时有西域进贡的这种布，但从那次进贡一直到魏初，中间隔了一段很长的时间，于是人们对于到底有没有这种布产生了怀疑。魏文帝⑩（公元220—226年在位）以为火性酷烈，是和生命的存在不相容的，便写了一部名为《典论》的书，书中指出，关于这种布的说法是荒谬的，并告诫有识之士不要去相信这种无稽之谈。魏明帝（公元227—239年在位）即位以后，向三

---

① 见《神异经》第三篇（《南荒经》）；《太平御览》卷八六九，第七页。

② 劳弗说："葛洪这段话在时间上竟比西方关于火兽的任何说法都来得早，这乍一看来是令人感到奇怪的，但对此仍可加以合理的解释。"这是一些西方学者认为中国人根本不能首创出任何东西这一成见（*idée fixe*）的突出例证。

③ *Historia Animalium*，552 b 11，17。

④ *De Civ. Dei*，ch. 21。

⑤ 参见 Hubaux & Leroy（1）；Rundle Clark（1）。

⑥ Sarton（1），vol. 1，p. 300。

⑦ 在这方面存在着某些惊人的相似之处。例如，公元9世纪末苏鹗在其《杜阳杂编》（卷中，第一页）中讲了一个发生在公元805年的故事，说宫中养了一只从火山地区带来的不怕火的鸟，这个故事几乎一字不易地出现在科尔多瓦的巴克里（Abū' Ubayd al-Bakrī of Cordova；1040—1094年）的作品中；参见 Hitti（1），p. 568；Mieli（1），p. 185；见 de Slane（1），p. 43。

⑧ 参见 Robin（1），pp. 136 ff.。

⑨ 这里说"曾有"，是因为这段记载不见于我们所用的今本《搜神记》。裴松之在公元429年对《三国志》（公元290年）所作的注释中引了这段记载（《三国志》卷四，第一页）；《太平御览》（卷八二○，第九页）也引了这段记载。裴松之还在引文之后，加上了他访问洛阳时对碑文所进行的考证。

⑩ 魏文帝即曹丕，曹操之子。

公发了一道诏书，说是"先帝生前所著的《典论》中有许多不朽的格言"。他要把它刻在太庙门外的石碑上，同时也要把它刻在太学里的石碑上并将其置于石经之中，以使之成为对后代子孙的永久告诫。

但是不久以后，西域使者又来了，并且又进贡了火浣布，于是明帝只好下令把这一条从石碑上删除掉。结果，这件事成了一个公众的笑柄①。

〈昆仑之墟，有炎火之山，山上有鸟兽草木，皆生于炎火之中，故有火浣布，非此山草木之皮枲，则其鸟兽之毛也。汉世西域旧献此布，中间久隔。至魏初，时人疑其无有。文帝以为火性酷烈，无含生之气，著之《典论》，明其不然之事，绝智者之听。及明帝立，诏三公曰："先帝昔著《典论》，不朽之格言，其刊石于庙门之外及太学，与石经并，以永示来世。至是西域使至而献火浣布焉，于是刊灭此论，而天下笑之。〉

尽管这段文字被引用在正史的注释中，但它仍含有一种以挫败朝廷的儒家怀疑论者为乐的道家气味；因此，它以类似的说法在《抱朴子》中出现就不足为奇了②。总之，这则故事的总体脉络是毋庸置疑的。

660

现在我们谈到科学上最关心的一点，即人们究竟何时第一次明确地认识到石棉的矿物性质。斯特拉波、迪奥斯科里德斯和普卢塔克对这个问题的看法是正确的③，但普利尼却犹疑了，他倾向于把石棉看作亚麻布的变种，于是植物说和火兽说盛行于伊斯兰世界及整个欧洲中世纪。有人说，第一个再次说明真相的是马可·波罗④，但事实上他早已被中国著作家抢先一步了。可以举出的最早文献也许是《洞冥记》，此书旧题汉郭宪撰，但可能是公元5或6世纪的作品；在此书中，石棉被称为"石麻"和"石脉"⑤。作者说，"石脉"可编制成绳缆，材料来自"哺东"国，并且像丝一样细；它可以承受一万斤的重量。材料是从石中采得的，人们必须对石加以槌打，才能分离出石中的纤维。它可以像大麻或苎麻那样搓成绳索，也可以用来织布，因此被称为"石麻"。（"石脉之为绳缆也。石脉出哺东国，细如丝，可缝万斤。生石里，破石而后得此脉，萦绪如麻纺，名曰石麻。亦可为布也。"）宋代初期，人们对这个问题是清楚的——苏颂在《本草图经》（1070年）中就这样说过：

"不灰木"（不燃的树）出于上党，现在可以在泽潞山中见到。它具有矿物的性质，青白色，外表像腐烂的木头。把它放进火里，它也不会燃烧，因此得名（"不灰木"）⑥。有人也称它为"皂石（或滑石）之根"（"滑石之根"）⑦，

---

① 译文见 Wylie（9）。

② 《抱朴子》卷二［译文见 Feifel（1），p. 149］。参见《抱朴子》卷八［译文见 Davis & Chhen（1），p. 309］。这则故事后来常在其他文献中出现。例如，唐代李冗的《独异志》（卷上，第七页）中也有记载。

③ Thordike（1），vol. 1，p. 213；K. C. Bailey（1），vol. 2，p. 256。

④ Marco Polo，ch. 39（Yule & Cordier ed.，vol. 1，p. 213）。

⑤ 《洞冥记》卷三。

⑥ 这是传统的药物名称。

⑦ 这是令德梅利［de Mély（1），xxiii，85，106，220］震惊的用语，显示出十分突出的矿物学上的敏锐细致。

因为凡是有皂石（滑石）的地方，多半都可找到它。这种东西一年四季都可采集①。

〈不灰木出上党，今泽潞山中皆有之，盖石类也。其色白，如烂木，烧之不然，以此得名。或云滑石之根也，出滑石处皆有之。采无时。〉

与苏颂同时代但生得较晚的蔡絛，在《铁围山丛谈》（约 1115 年）中谈论石棉时也指出，"石棉与鼠毛毫无关系（'非鼠毛也'）"②。

唐代的张说在他的《梁四公记》中对公元 6 世纪时辨别石棉产品的实验方法作了说明，其年代约与上文提到的《洞冥记》相同。

杰公路过市场，看到商人正在出售三卷火浣布。杰公从远处就能辨别出它们（的真假），他说："这一卷确实是火浣布，另外那两卷是用搓捻过的树皮制成的，但这一卷是用鼠毛制成的。"在查问商人时，他们的回答和杰公所说的完全相符。有人问杰公用植物和动物材料制成的布有什么差异时，杰公回答说："用木皮制成的，质地坚硬，用鼠毛制成的，质地比较柔软，这是区别它们的一种方法。除了这种方法以外，如果你用阳燧来灼烧北面山坡生长的柘树③的树皮，你可以看到树皮很快就会变样（也就是说树皮布是不能防火的）。"于是人们按他所说的方法进行了试验，结果果然和他所说的相同④。

〈南海商人赍火浣布三端，帝以杂布积之。令杰公以他事召，至于市所，杰公遥识曰："此火浣布也。二是缉木皮所作，一是续鼠毛所作。"以诘商人，具如杰公所说。因问木鼠之异，公曰："木坚毛柔，是可别也。以阳燧火山阴柘木爇之，木皮改常。"试之果验。〉

从此以后，火兽说虽然被人们接受下来，但人们也知道了树皮布并不是真的火浣布。

后来又出现了许多反驳这个故事的议论；伟烈亚力举出两部明代的书，一是陈懋仁的《庶物异名疏》，另一部是杨慎的《丹铅总录》。另一方面，有很多著作家或持植物说⑤，或持动物说⑥，或同时兼持两种说法⑦。张宁在 1430 年写道：

我最初见到火浣布是在苏州张廷义家中及杭州附近仁和县的纯一僧院，所见到的都只有两枚铜钱那样大。最近我又在朱孟余家中见到了一块，它像衣带那样又狭又长。把它放在油里浸透了，就可以当作蜡烛来点；把它盖在火上，则可用它来烧香。当油烧完而火熄灭时，布依然完好如故。魏武帝时进贡的梁冀手帕及

---

① 《图经衍义本草》卷六，第十三页；引文也见于《本草纲目》卷九，第四十三页，译文见 Wylie (9)。

② 《铁围山丛谈》卷五，第二十页。

③ 柘树（*Cudrania* spp.；R nos. 599, 600；BII, 501）。

④ 引文也见于《纬略》卷四，第三页；译文见 Laufer (11)。

⑤ 例如，郭氏《玄中记》，此书年代不详，可能是宋以前作品（见《玉函山房辑佚书》卷七十六，第三十页）。

⑥ 例如，束皙《发蒙记》。如此书作者确是束皙，则书中关于"火鼠布"的叙述应在葛洪之前，即大约在公元 280 年。其记载文字存于《初学记》卷二十九，第三十页；《太平御览》卷九一一，第六页；并辑录于《玉函山房辑佚书》卷六十二，第二十一页。

⑦ 例如 1201 年的《野客丛书》卷三十，第十二页。

元史中所载用怯赤山的石绒所织的布都是可信的，并不是无稽之谈①。

〈火浣布。予初于苏州张廷义家及仁和县纯一僧院见者，皆大如折二钱；近于朱孟余县丞家见者，狭长如衣带，渍油则可代烛，覆火则可爇香，油尽火熄，则完全如故。梁冀悦巾，魏武时所贡，元别怯赤山石绒所织，信皆不妄。〉

张宁参考了元朝穆斯林官员阿合马1267年的奏章，其中描述石棉用的是另一名称——"石绒"②。

不管迪奥斯科里德斯或苏颂曾经怎么说，牛津哲学学会（Oxford Phiolosphical Society）1684年还大致停留在葛洪的水平上。那年9月10日，尼古拉斯·韦特（Nicholas Waite）从伦敦写了一封信给爱德华·泰森（Edward Tyson），此信至今仍保存在学会的信札档案中，信中说③：

662
请允许我向贵会诸位博学多才的教授致以崇高的敬意。我初到此地（牛津）时，曾以一幅布送请诸位过目审察。经你们试验，已证明此布不能焚毁。承嘱说明此系何物及产自印度何地，今谨以印度（原文如此）东北部巴达维亚城（Citty of Batavia）一土生华侨康果（Conco）所述奉告。此人由于凯·阿勒尔·苏克拉达纳（Keay Arear Sukradana）［亦中国人，曾充当万丹老王的税关官员］的介绍，为南京（中国之一省）某达官勤谨工作多年，该达官为此赏给他一块这样的布（约有四分之三码长）。有人对他说，此布为鞑靼及邻近各国王公焚尸时所用，是用苏丹省所产某种树树根的下面部分制成。此种树据说与印度的托达树（Todda Trees）相似。他还听说，如采用此种树根的近地面部分，则所制成之布当更为细致，即投入火中烧三四次，也只能烧毁其半；从此种树中可蒸馏出一种不会耗损的液体，用此液体制作油料，用这种布制作灯芯，即可做成长明不熄的灯，以供寺庙使用。现在，这块布的植物性即便和你们的实验或判断不相符合，我也只能遵命把我所知的情况原原本本地告诉你们，希望不致由此做出错误的解释。

的确，人们希望他们不致做出错误的解释；总之，到1701年，当钱皮尼（Ciampini）的信在《英国皇家学会哲学汇刊》上发表时，这一问题才最终得到彻底解决，石棉被确认为一种矿物。可是，耶稣会传教士南怀仁在1726年还用相应的传说给《图书集成》写了一条"撒拉漫大辣"（即火兽）的说明④，这真是一个莫大的讽刺。

在这里我们又一次遇到了同样的发展模式：首先是希腊人记录下正确的知识，但是后来，从希腊化时代直到文艺复兴时期，中国人都比欧洲人更为先进⑤。

---

① 见《方洲杂言》，译文见 Wylie（9）。
② 《元史》卷二〇五，第二页。
③ Gunther（1），vol, 12，p. 226；letter no. 126。
④ 《图书集成·禽虫典》卷一二五，汇考之三，第八页和第九页。
⑤ 多了解波斯和印度的文献，亦即多了解那些可能实际出产石棉的国家的文献，这会是很有用的。但菲诺（Finot）的印度石谱竟未提到石棉。

（5）硼　　砂

硼砂（天然四硼酸钠或原硼砂）在中国古代的著作中似乎并未提及，公元970年左右收入《日华本草》，是它第一次在本草著作中出现①。这同西方最早的记载——科普特语写本（Coptic manuscript）中的"亚美尼亚硼酸"② ——年代大致相同。它大概迟至那个时候，才从今青海省（西藏东北）青海湖周围的天然产地传入中原地区。它也可能同现在一样，是从自流井盐场（见本书第三十七章）的某种卤水中制得的。用硼砂作为焊接和铜焊的辅助剂（熔融状态的硼砂可溶解金属氧化物，从而起净化金属表面的作用）③，在中国可上溯到11世纪，因为苏颂曾提到硼砂的这一用途（"可焊金银"）④，当时的中国化学家一定十分注重这件事，因为独孤滔和"土宿真君"都曾提到它。李时珍说硼砂可"杀"五金，与硝石的作用相同；这大概与制备金属盐有关⑤。硼砂由于具有和缓无刺激性的防腐性，在西方医学中获得广泛的应用，即使在现代西医中也是如此。它的这种性能早已受到中国药物学家的重视，他们为各种外科（包括眼科）疾患开出的药方都用到它。

663

（6）玉和研磨料

对于玉，我们不能一带而过，因为它不是一种普通矿物；对玉的爱好，可以说是中国文明独有的特征之一；三千多年以来，它的纹理、质地和色泽给雕刻家、画家和诗人以灵感⑥。关于玉的中西文献很多，但多半属于审美鉴赏及社会应用方面。我们感兴趣的则是这种矿物的技术方面，即它的开采，尤其是它的加工，因为从它的硬度很大这一点来说，对它进行加工实在不是一件容易的事。对这方面的研究来说，韩斯福（Hansford）的近著已成为一种很有价值的文献。

我们用的"jade"（玉）一词是西班牙文"*ijada*"的讹写，它的原义是胁腹或腰部，写全了应当是"*piedra de ijada*"。当西班牙人掠夺墨西哥时，他们把墨西哥人所珍视的一种被认为可防止肾病的绿石护身符，连同它的身价一同带回了欧洲。它的

---

① 劳弗［Laufer (1)，p.503］认为，《隋书》（卷八十三，第七页）所载波斯产物"呼洛"，可能就是波斯文"*būrak*"的音译，而"*būrak*"则是西文"borax"（硼砂）的前身。从《隋书》这段记载看来，唐代人可能是从西域（波斯或西藏）得到硼砂的。

② Partington (1)，p.193。

③ 这项发现看来可追溯到古代的迈锡尼（Mycenae）［Partington (1)，p.351］。参见 Maryon & Plenderleith (1)，pp.649 ff.；Forbes (8)，pp.47 ff.。

④ 引自《本草纲目》卷十一，第三十五页。

⑤ 参见本书第一卷，p.212。

⑥ 在本书论述道家的一章中（第二卷，p.42），引有一段文字，那段文字是描述玉的矿物性质的一种早期的尝试，但其中只有一些伦理和美学方面的语汇。

另一个名称是"*piedra de los riñones*"，后来拉丁化成"*lapis nephriticus*"，近代名称"nephrite"（软玉）即由此产生。中国古代"玉"字的写法，前面已经谈过[①]，并没有这种含义。一个值得注意的事实是：爱玉和制作各种玉器也是中美洲古代文明[②]和新西兰毛利文化[③]的特征。美洲印第安人用的材料是硬玉，而毛利人用的是软玉。新近进行的西伯利亚考古研究使人们开始认识到，太平洋两岸的这种爱玉文化是有共同的史前根源的。

专门谈玉的最大的一部书（也许可以说是用任何一种语言写的专著中最大的一部，因为的确非常庞大），是毕晓普（Bishop）、卜士礼（Bushell）、孔兹（Kunz）、李石泉、利利（Lilley）、唐荣祚等人所作，称为《毕晓普收藏》（*the Bishop Collection*），这部书的大部分后来都送到了纽约大都会艺术博物馆（Metropolitan Museum，New York）。书中包括唐荣祚《玉说》一书的原文和译文，附李石泉为说明玉作过程而绘的中国画《玉作图》一套。还有孔兹所辑有关玉石矿物学的大量资料。人们比较熟悉的是劳弗［Laufer（8）］关于玉的专著[④]，但内容几乎完全属于考古方面。劳弗这部书如不借助于伯希和［Pelliot（20）］的著作是无法使用的，伯希和对卢芹斋目录的介绍，可说是对所有古玉的最准确、最客观、最渊博的论述。近代关于玉的著作中，值得提出的有波普-亨尼西［Pope-Hennessy（1，2）］及扎尔莫尼［Salmony（1）］的著作[⑤]。不待说，中国类书中当然有大批资料，例如《图书集成》即有八卷专门谈玉[⑥]。章鸿钊（1）在他的著作中也用五章的篇幅谈论这一主题。

"真玉"（或称软玉）是隐晶质钙镁硅酸盐，属闪石类矿物，与纤维状阳起石（角闪石石棉）有亲缘关系。硬玉（翡翠）在外观上虽然和真玉很相似，但它是钠铝硅酸盐，属辉石类矿物[⑦]。它也是隐晶质，但通常是由小颗粒而不是由细纤维组成[⑧]，所以虽然比软玉稍硬，雕刻家用刻刀还是能对它进行雕镂的。软玉之所以能呈现各种颜色，主要由于里面含有铁、锰、铬的化合物。最重要的是铁化合物它会产生浅绿、深绿、黄、棕以至暗黑的阴影。灰色的色调可能是由于含有锰；至于某些黑色色调，则可能是由于含有铬，但铬的主要作用是使硬玉具有苹果绿和翠绿的色彩。浅黄色有时可能是由于含有钛；而蓝色和浅紫色则是由于含有钒。

还有其他一些很像玉的矿石，中国人称之为"砆玉"，即假玉。在这些假玉中，有

---

① 上文 p. 641。

② 见 Joyce（1）；Kraft（1）。

③ 见 Chapman（1）。

④ 此书很多地方取材于吴大澂（2）的著作，后者是中国最大的一部研究玉的书。但劳弗此书由于相信了一部 18 世纪的伪书（《古玉图谱》，声称是记述 1176 年宫廷所藏各种古玉）而稍见逊色（见本书第二卷，p. 394）。

⑤ 参见 Chêng Tê-Khun（3）；H. A. Giles（5），vol. 1，p. 312。

⑥ 《图书集成·食货典》卷三二五至卷三三二。

⑦ 参见 Yoder（1）。

⑧ 这里我们说"通常"，是因为由细纤维组成的硬玉是存在的。

的肯定就是蛇纹石①，有的则是叶蜡石②，有的还可能是绿色的块滑石③。所有这些假玉的硬度都比真玉小得多。确实，玉最值得注意的一个特点就是它的硬度很大——在莫氏硬度表（Mohs scale）中，硬玉是 6.5—7，软玉是 6—6.5，石英是 7，长石是 6④。这几种矿物在莫氏硬度表中，全都位于自最软的滑石开始至最硬的金刚石为止这整个范围的上半部。应该认识到，这个硬度水平比任何一种纯金属都高；因此，对玉进行加工一定给古人带来巨大的困难。真玉和假玉也常用测量密度和折射率的方法加以鉴别。

关于玉的产地问题，经过详细讨论之后，现在大家都已同意新疆和田（于阗）以 665
及叶尔羌的山上和河中，是两千年来主要的并且可能是唯一的产玉中心。正如哈隆
［Haloun（4）］所指出，早在公元前 4 世纪，月氏人就已是这项贸易的中间人。《前汉书》中有关于玉矿的记载⑤。中国书籍中所记载的关于这些地区的细节，已不止一次被译为西文⑥。和田是塔里木盆地的一块绿洲，东、西、北三面均被沙漠包围，南面是巍峨高耸的昆仑山；它一直处在古丝绸之路的一个通道上。玉即产于喀拉喀什河和玉龙喀什河的河谷中，或作为矿藏开采而获得（称为"山料"），或像捞取河床中的石块那样采集得到（称为"子玉"）。杜绾在所著石谱（1133 年）中谈到了这两种方法，但宋应星的《天工开物》（1637 年）中只讲到子玉的采集（参见图 272）⑦。我们有两位近代旅行家对这里的玉矿所做描述的资料，两位旅行家中的一位是凯利（Cayley），曾于1870 年到过这里，另一位是斯托利奇卡（Stoliczka），是 1874 年来到这里的；当时由于发生地方叛乱，景象十分凄凉⑧。从他们的描述看，他们对当时所用的开采方法并无多少好评，方法似乎是先用火对矿脉进行烧灼，使矿体崩裂，然后用木楔撬开⑨。但这里的矿脉是非常优越的；斯托利奇卡曾看到一些厚达十英尺的淡绿色的玉。

18 世纪之前，中国人并不知道硬玉，硬玉是后来才从缅甸产地经云南输入中国的。"翡翠"这一古老名称，原指翠鸟的羽毛，后来（例如被杜绾）用来称呼某种优美的绿色软玉，而这时却又被用来形容来自缅甸的硬玉了⑩。格里菲思（Griffith）⑪ 和奇伯

---

① 即硅酸镁。甘肃西北部所产的"玉"，已被证明是蛇纹石［Pelliot（21）］。1943 年，我在玉门获得了美丽的蛇纹石制酒杯四只。关于"玉门"这一地名，存在着一种由历史造成的奇怪的混淆：汉唐的玉门，位置要大大偏西，在新疆境内，距真玉的主要产地较近；而现在的玉门则为明代定名，所产的"玉"不过是假玉。

② 即硅酸铝。

③ 即皂石——硅酸镁。

④ 常见一种说法，即玉的硬度比石英大，这是错误的。

⑤ 《前汉书》卷九十六上，第八页［译文见 Wylie（10）］。

⑥ 特别是雷慕沙［Rémusat（7）］的《图书集成·边裔典》（卷五十五）中关于和田这一卷的译本；以及里特尔［Ritter（2），vol. 5，p. 401］对七十一老人的《西域闻见录》（18 世纪）有关部分的意译。

⑦ 在这幅图中可以看到妇女和女孩在河里采玉；想来她们是裸体下河的，意思是靠她们的阴性引来阳性的玉。

⑧ 在 17 世纪，鄂本笃（Benedicr Goes；见本书第一卷，p. 169）经新疆去中国时，也作过一些观察（Trigault，tr，Gallagher，pp. 506 ff.）。鄂本笃当时曾得到他的朋友喀什噶尔公主给的一份厚礼（玉），以便他在赴内地途中卖掉作为路费（p. 502）。

⑨ 参见 Hoover & Hoover（1），p. 118。

⑩ 参见 Hansford（1），P. 45。

⑪ Griffith（1），p. 132。

图272　妇女和女孩在和田（新疆）喀拉喀什河和玉龙喀什河采集玉璞（子玉）；图采自宋应星《天工开物》（1637 年）卷十八。

（Chhibber）[1] 曾对缅甸的玉矿作过描述。关于中国内地究竟有无软玉和硬玉产地的问题，韩斯福曾作过详细的探讨，所得的结论是否定的。长期以来，人们一直认为在欧洲新石器时代遗址发现的玉制兵器和玉制工具同样也来自中亚，但现在已知欧洲是有玉矿的。

　　至于说到中国的古代玉器史，我们知道，商人（公元前 13 世纪）已能雕琢玉器，因为安阳发掘出来的商代遗物中就有玉制品 [石璋如（1，2）]。周代的玉制品已由郭宝钧进行研究，汉代的则有关野贞等人（1）的评述[2]。在这里，我们不打算去讨论有关艺术风格的年代学问题，而只准备谈一谈古代加工玉的各种方法。安特生 [Andersson（5）] 所描述的新石器时代的玉作工具[3]已证明，当时无需借助金属即可对玉石进行加工，但研磨砂是一定用过的，很可能是用砂岩或板岩的薄片作切割工具，研磨方法一直是后世玉作中的一个秘密[4]。用来切割或研磨的石块，古代称为"砥砺"；

① Chhibber（1），p. 24。
② 谈到玉的最古文献之一，可能是《书经》第六篇《禹贡》；参见 Karlgren（12），p. 15；Demiéville（2）。
③ 参见 Laufer（8），pl. II。
④ 古代谈到这一点的文献很少，但宋末的周密曾讲到玉作工人利用河沙的事（《齐东野语》卷十六，第十一页）。

此词经常出现在古典著作中①。《说文》中则用了另外一些意义与此相同的字，如"廄"和"厤"。《淮南子》书中提到"礛磻"，说是用来加工玉器的。古埃及早期在这方面也有同样的成就，例如，像帕廷顿（Partington）所指出的②，当时已有闪长岩制的瓶和水晶制的细颈瓶，那时肯定是没有铁制工具可用的。他猜测，当时靠的是研磨粉、黑曜岩切割工具和"几乎无限的耐心"。而这也正是公元前 3 世纪前后即以"削玉如泥"闻名的昆吾刀受人重视的原因。我们在前面的《列子》引文中遇到"锟铻之剑"③，除此以外，我们还能举出许多提到这种刀剑的文献④。人们以为火浣布既然确有其物，昆吾刀这一奇异名称自然也不会全属虚构。劳弗［Lauger（12）］曾竭力进行论证，来证明昆吾刀是金刚石尖头，但韩斯福已提出十足的理由来驳斥这一看法。到了近世，"昆吾刀"一词已成为表示一切上等钢刀的常用语⑤。它同金刚石的唯一联系仅在于"金刚"一词后来亦指刚玉等坚硬物质。因此，不能过分强调李时珍对《本草纲目》的集解中引《海内十洲记》⑥（公元 4 世纪）的一段话所做的解释⑦。这段话说，昆吾石发现于西域流沙附近，可像铁一样熔炼来制成刀，刀如水晶般闪烁，削玉如泥（"西海流砂有昆吾石，治之作剑如铁，光明如水精，割玉如泥"）。李时珍只是简单地说"这是最大的一种金刚"（"此亦金刚之大者也"）。况且，正如韩斯福所指出的，虽然在传统的玉切割加工中金刚石是一种有用的辅助工具，但所有重要的切割工具都是用铁或钢制成的。

这里最主要的发明是转盘刀（"铡铊"），见图 273。文献中最早提到转盘刀时似乎只是间接的，那就是《金史》中提到了与碾玉轮一起使用的研磨砂（"碾玉砂"）⑧；此书虽然编纂于 1350 年左右，但提及此事的时间在 12 世纪。《元史》中提到，1279 年，政府在大同建立了一所官办的研磨料仓库。首次特地讲到转盘刀的文献是《太仓州志》，此书最早的版本是 1500 年的；书中称转盘刀为"砂碾"，还提到一位有名的玉作匠人陆子刚。这些记载都比较晚，但玉作的情况与其他许多事物的情况一样，古代所用的方法被工匠们秘而不传，这可能并不令人惊奇。其实，有可能隐藏在昆吾刀故事背后的就是踏板带动的转轮式钢刀和研磨砂的最早应用⑨。韩斯福没有找到任何证据来

---

① 例如，《书经·禹贡》、《诗经》及《山海经》中都可见到这个词；见章鸿钊（1），第 178 页。
② Partington（1），p. 96。
③ 《列子·汤问第五》第二十七页。
④ 例如，《博物志》卷二，第六页；《拾遗记》《孔丛子》《玄中记》等书，以及《后汉书》卷一一二（第十八页）中甘始传的注释。
⑤ 例如，13 世纪的《随隐漫录》卷四，第七页。
⑥ 见于《海内十洲记》中的"流州"一节。
⑦ 《本草纲目》卷十，第三十七页。
⑧ 《金史》卷二十四，第十二页和第十三页。它是地方进献的贡品，该地现在内蒙古境内。
⑨ 通常认为旋转刀具直到公元 5 或 6 世纪才开始使用［Hansford（1），p. 64］，但这种看法缺乏有力的根据。从我们由人类学和技术史得知的一些事实来看，似乎没有理由认为踏板机械不可能在公元前 3 世纪出现；参见 Leroi-Gourhan（1）。另一方面，郑德坤［Chêng Tê-Khun（4）］认为，转盘刀，以及针状钻和管状钻，可能是青铜制的，商代已经在使用。厄谢尔［Usher（1），p. 107］和米德尔顿［Middleton（1）］认为，希腊化时代的宝石切割工和雕刻家已经常使用弓钻装置［见本书第二十七章（a，b）］带动的转盘刀。

图版 九四

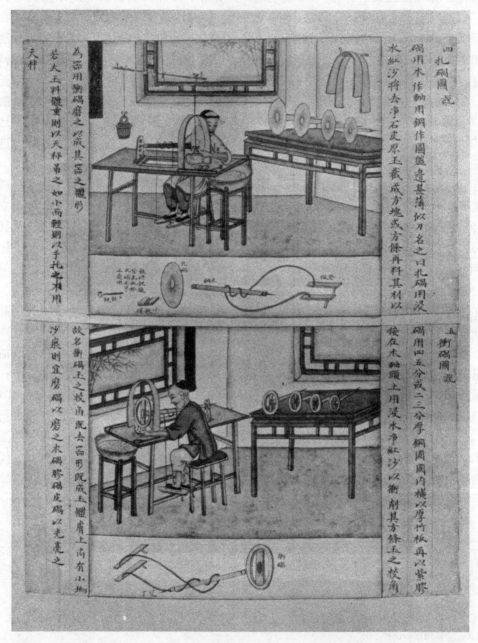

图273 制玉用的旋转工具［采自李石泉（1）］。上图，钢制转盘刀（"锕铊"，此处称
为"扎碢"），带有脚踏装置及护板；图旁所附的说明中提到使用时要用"红
砂"（碎贵榴石）。又说如所加工的玉较重，则用天秤吊起如图所示。下图，钢
制研磨轮（"磨铊"，此处称为"冲碢"），也用踏板转动，并用碎石榴石作为
研磨料。说明中又提到抛光轮，如用虫胶（"紫胶"）和金刚砂混合物制成的
"胶碢"，以及用皮革抛光轮（"皮碢"）。

证明，在青铜时代除竹管钻外，还使用过旋转式切割工具。但在显微镜的帮助下，他在晚周玉璧上发现了旋转式切割工具留下的痕迹，这一点是与我们的尝试性解释一致的。同时，这也和中国普遍使用铁器的年代较晚的情况相当吻合[①]。更早时期的玉是否也有类似的切割痕迹，尚需检测确定。总之，这种转盘刀无论是谁首先采用的，都应在技术史上占有重要位置，因为我们只要想起今天的切割轮，它们由橡胶粘合碳化硅制成，以每分钟 20 000 转（刀口线速度为每小时 170 英里）旋转，几乎可在任何温度下切割任何东西，就能看到这项技术的重要性了[②]。

脂肪曾被用作研磨料的介质。1092 年，吕大临在记述三国时代的带钩[③]时写道："据说用蟾脂（'蟾肪'）和昆吾刀，即就可像加工蜡那样对玉进行加工"（"说者谓，蟾肪、昆吾刀，能治之如蜡"）[④]。约 1470 年都印在《三余赘笔》中也谈到这一点，用的是"虾蟆肪"一词[⑤]，并引用了公元 5 世纪陶弘景的话。当然，历代的许多著作家未能认识到包含在脂肪中的研磨料是重要的因素，而是以为这种有机物肯定对玉起了某种软化作用。

第二次世界大战之前不久，韩斯福在北京仔细地研究了中国的研磨（"琢""琢磨"）技术。我们可用把他拍摄的大磨轮照片（图 274）与李石泉画的图（图 273）做对比。他发现，现在使用的研磨材料共有六种，硬度最小的是石英砂（"黄砂"），硬度最大的是钻上的金刚石头。除这两种以外，还有碾碎的贵榴石（即钙和铁的硅酸盐，"红砂""解玉砂""紫砂"），碾碎的黑刚玉（即金刚砂；铝和铁的氧化物；"黑砂"），和现代的碳化硅（参见图 275）。抛光剂（"宝药"）则是金刚砂和极细的黄土方解石的混合物。很明显，最古老的研磨料是石英砂，刚玉是 12 世纪（大约就是前引《金史》《元史》史料提及的时期）的发现；石榴石的使用则较早，是在 10 世纪。章鸿钊[⑥]认为"文石"就是石榴石粉末，如考证无误，石榴石的使用可上溯到唐代。这三种研磨材料出现的顺序，正好与它们硬度的顺序相同[⑦]。

关于现代的传统玉作技术，韩斯福的说明是可以令人满意的[⑧]。除线锯（"拉丝子"）以外，大多数工具（"铊子"）都安装在脚踏的车床上。这些工具不仅包括圆盘刀，还包括各种各样的钻（"拉钻"，管钻；"打眼钻"，细金刚钻）[⑨]。

---

① 参见本书第三十章（d）。

② 已故的迪金森（H. W. Dickinson）博士竟把 1760 年左右南安普敦的泰勒家族（Taylors of Southampton）看作最早将圆锯作为车间实用工具的机械工，这简直是奇谈怪论。

③ 例如见 Lemaître（1）；Alley（4）。

④ 《考古图》卷八，第十页。

⑤ 韩斯福并不知道"虾蟆"是代表齿轮的术语之一，所以，"虾蟆肪"可能并不是指虾蟆的脂肪。实际上，它暗示当时人们为了取得机械上的好处，在也许已经废弃不用的某些玉作技术中使用过齿轮。

⑥ 章鸿钊（1），第 129 页。

⑦ 劳弗［Laufer（12），p. 51］提出一些证据来表明中国在宋代曾向伊斯兰教国家输出刚玉。

⑧ 另可参见 Hildburgh（1）。

⑨ 周密在 13 世纪末对此亦有记载（《齐东野语》卷十六，第十一页）。

图版 九五

图274 北京玉作工人在使用大型钢制研磨轮（"磨铊"，或
　　　"冲碾"）；采自 Hansford（1）。

图275 北京玉器作坊在制备研磨料；上图，用碾子碾碎石榴
　　　石；下图，将碾碎的材料过筛〔采自 Hansford（1）〕。

(7) 宝石 (包括金刚石)

关于宝石，需要做一简短介绍。然而，终会遇到这样一个问题，就是很难在科学史和具有相当科学意义的物质史之间划出界线。因为宝石在过去被视为至宝，是出于纯美学的或迷信（医疗）[①] 的原因，也因为在近代以前不可能对它们进行合理的分类，所以，宝石的历史主要是考古学关心的事，我们不能指望它会在了解科学思想或技术的发展方面为我们提供多少帮助。而且，这一研究主题也因东西方关于宝石的名词术语并没有考证确定而受到困扰；如果说这种情况在欧洲历史上是严重的[②]，再考虑到印度[③]、波斯和中国[④]关于宝石的名词术语，情况就更加不妙了[⑤]。我不知道中国中古时期有哪些论述宝石的专著[⑥]，但在上文提到的石谱、古物图录和类书中，当然有大量关于宝石的资料。图 276 所示是中国宝石矿工下井采石的情况（17 世纪）。贝勒 [Bretschneider（2）] 译出了《辍耕录》（1366 年）中的一小节[⑦]，作者陶宗仪在这一节中谈到了他当时所知的一些来自外国的宝石。普菲茨迈尔 [Pfizmaier（95）] 则译出了《太平御览》（公元 980 年）中关于宝石的一卷。

劳弗就这一主题写出了两篇专题论文。在较重要的一篇 [Laufer（12）] 中，他考察了中国人关于金刚石的知识。前面我们已不得不谈到了具有线状或链状大分子的石棉，以及具有平面或层状晶格结构的云母。金刚石则三维全是交错相连的无限晶格。这种异于寻常的结晶碳，即最硬的"石"，古代最主要的产地是印度，这是无可怀疑的；最早提到它的古文献之一是《政事论》（*Arthaśāstra*；公元前 1 世纪）[⑧] 中的文章，不过公元 1 世纪时迪奥斯科里德斯也知道了金刚石。《厄立特里亚海航行记》（*Periplus*）一书提到金刚石是印度输出品[⑨]。中国最早提到金刚石的文献，一般认为是《晋起居注》[⑩]，书中载有公元 277 年敦煌地区献金刚石的事，并说金刚石采自黄金，出于印度，可以用来切玉，使用多次而不磨损[⑪]。这段话所用的"金刚"一名，后来一直沿用不变。最近，门兴–黑尔芬 [Maenchen-Helfen（2）] 已找出了一段比这更早的记载，其年代为公元 114 年。"金刚"一词的字面意义是"黄金般刚硬"或"金属般刚

670

---

① 在这方面，庞德 [Ponder（1）] 做过很好的评述。

② 参见权威著作，如：King（1, 2）；Bauer（1）；Spencer（1）；Kunz（1, 2）；Evans（1）；McLintock & Sabine（1）。

③ 参见 Finot（1）。

④ 参见 Laufer（1, 12, 13）；章鸿钊（*1*）；T. Wada（1）。

⑤ 关于宝石及其暂定的中国名称，见本书第三十三章中的列表。

⑥ 《图经衍义本草》（卷一，第十三页）提到《别宝经》，但此书不见于正史经籍志中，已无法对其进一步查考。

⑦ Bretschneider（2），vol. 1，pp. 173，194。转载于 de Mely（1），p. 251。

⑧ Shamasastry（1），p. 89。据最新的看法 [Kalyanov（1）]，此书现在的版本是到公元 3 世纪时才编成的。

⑨ Schoff（3），p. 45。关于中世纪黎凡特地区（Levantine）与亚洲的宝石贸易，见 Mugler（1）。

⑩ 辑录于《太平御览》卷八一三，第八页。

⑪ Laufer（12），p. 35；Hansford（1），p. 109。

图 276 采宝石的矿工缒入竖井中（采自《天工开物》，1637 年，卷十八）。宋应星
说，云南及其他边远地区采宝石的矿工，作业时常遇到危险的气体，有时
甚至致命，故用绳子把大家系在一起，以防其中有人中毒。竖井一般极深，
但无水。右侧"剖面"二字，意即"以剖开面表示竖井"。

硬"，汉、晋的翻译家用它来译佛教用语"*vajra*"（伐阇罗），意即"因陀罗的雷电"，
因此它一般用来指称坚固、刚硬和不可摧毁之物。金刚石与黄金的这种密切联系，也
见于普利尼的书中，但这种思想到底是怎样来的，除了这两种东西同样十分贵重和光
辉夺目，迄今还没有得到解释。

关于金刚石的民间传说，读者可参考劳弗的专著。采集金刚石的故事，东方和西
方的是相似的。曾有这样一个传说，把肉片扔到产金刚石的山谷中，鹰和其他鸟类就
会把肉片连同黏附在它们上面的金刚石一起拾起来，这样就可以收集到金刚石。这个
传说，塞浦路斯（Cypriot）主教埃皮法尼乌斯（Epiphanius）在公元 4 世纪后半叶讲述
过①，并且也出现在了《梁四公记》的有关公元 510 年左右事件的记载中②。这则故事

---

① Laufer（12），p. 9。马可·波罗是这故事的众多传播者之一［Marco Polo, ch. 175（Moule & Pelliot ed.）]。
② Laufer（12），pp. 7，19。劳弗认为这个传说是从西方传到东方的。这种看法是有道理的，因为《梁四公
记》叙述这则故事时提到拜占庭（拂林）。

可能起源于人们在矿坑的入口用动物进行祭祀，也可能起源于中国后来所用的一种方法[①]，即使人穿上草鞋在含有金刚石的沙地上来回走动，然后收集草鞋，用火焚烧，再从灰烬中收集金刚石。

可能正是金刚石不寻常的硬度造成了金刚石不可摧毁的概念[②]。葛洪在公元300年左右提到这一点[③]，并复述了东西方共同的另一故事，即金刚石忌公羊的角或血[④]。铅也被认为可以破坏金刚石，我们在迪奥斯科里德斯的书、在阿拉伯的炼金术著作及在独孤滔的《丹方鉴源》（11世纪）中，都可找到这种说法[⑤]。这种说法肯定来源于人们在制金刚石粉时的惯常做法，即将金刚石包裹在铅箔里，以使它们的碎屑不会丢失。用金刚石切割玉那样的坚石的说法已被（可能错误地）加给了一些中国早期的文献，如《玄中记》（公元6世纪），此书中提到的可能是一种旋转式切割工具[⑥]；但在较晚的文献，如周密的《齐东野语》（约1290年）中[⑦]，所说的则是可以接受的。不过，在葡萄牙人把一些金刚石带到澳门以前，中国人似乎并没有见过经过切割磨光的金刚石[⑧]。

至于其他宝石，法林顿和劳弗［Farrington & Laufer（1）］曾写过一篇关于玛瑙的短而精的文章，其中含有中国的资料。劳弗［Laufer（13）］的另两篇关于绿松石（turquoise；即含水磷酸铝）的文章，则是一篇更全面的研究论文。我们现在所用的“turquoise”一词，只不过是由Turkey（土耳其）一词衍生出来的，因为我们是从土耳其那里第一次知道绿松石这种宝石的。但是在古代，这种宝石似乎一直来源于波斯，并从这里向东方和西方传播，并到达印度和中国。这种宝石在西藏尤为珍贵，和珊瑚并列成为所有西藏工艺品中两种最流行的装饰石，几乎与玉在中国内地的地位相当。因为绿松石在藏文中的名称“*gyu*”是当地的土名，所以西藏一定从很早的时候起就知道绿松石这个东西了。“瑟瑟”这个汉文名称，显然是从某种外国语翻译过来的，以前有人认为瑟瑟就是绿松石，但劳弗已对它进行过考证，认为它是指巴达赫尚（Badakshan）的红宝石。在唐代的正史中有大量关于绿松石的文献记载。似乎可以肯定，它就是14世纪的《辍耕录》中第一次以“甸子”这个名称提到的那种宝石。“绿松石”是个近代名称，只能上溯到18世纪，可是中国人早在元代就已开采这种宝石了。

672

（8）试　金　石

试金石之所以值得注意，是因为它与一种很重要的技术有密切关系。此石通常是

①　Laufer（12），p.6。

②　金刚石的可燃性直到1777年才由贝里曼（Bergmann）指出［v. Kobell（1），p.388］。

③　引文见于李时珍《本草纲目》卷十，第三十六页。

④　此说可能出自占星术［Laufer（12），p.24］。

⑤　引文见于李时珍《本草纲目》卷十，第三十六页。

⑥　见马国翰《玉函山房辑佚书》卷七十六，第三十四页；以及《太平御览》卷八一三，第八页。

⑦　《齐东野语》卷十六，第十一页。

⑧　见方以智《物理小识》（1664年）卷八，第二十八页。

粗粒状或燧石状的丝绒黑碧玉（碧玄岩），换句话说，就是和石英共生并被氧化铁或其他氧化物着色的隐晶质的二氧化硅。过去，在鉴定金、银合金的成色时就要用到它。中世纪冶金家备有一套金针或金棒（每套 24 支），每支金针或金棒的含金率都有已知的固定标准，并分别标有从 1K 到 24K 的标志。检定时，先用待检的金在试金石上划一条痕，然后再分别用这些标准金棒在这条痕旁各划上一道条痕，最后把成色同这未知含量的黄金最接近的标准金棒挑选出来。在古代，人们只用条痕的色泽作为唯一指标，但自无机酸被引进检定技术之后，便可在条痕上加些王水，观察这种溶剂对两道条痕所起的作用[1]。如发现两者有所不同，就用另一支标准金棒再试，直至两条痕迹完全相同为止。此法所依据的是反射率和色泽上的差别，这种差别是不能从金属表面看出的。但金在试金石表面上摩擦而成粉末时，这种差别就清晰可见了。据西斯科和史密斯［Sisco & Smith (1)］说，如对比工作做得很细致，并且待检的合金不含未知的组分的话，那么这方法在熟练者手中是可以收到相当准确的效果的。此项检定技术之所以具有巨大的历史意义，是因为它是现代化学和生物化学中广泛应用的一切比色法和浊度测定法的祖先。

　　试金石在希腊的应用，已有十分久远的历史，因为在公元前 6 世纪［品达（Pindar）和巴克基利得斯（Bacchylides）[2]］的诗歌中已经提到试金石了。柏拉图也提到过它[3]。泰奥弗拉斯托斯[4]和普利尼[5]对试金石做了细致的描述（不过后者对试金石的理解是错误的）。阿格里科拉在 1556 年较深入地研究了试金石的应用，还为金银棒、金铜棒、金银铜棒及银铜棒制出了标准成分表[6]。1524 年的《试金手册》（Probierbüchhlein）也同样属于这类书[7]。迄今为止已发现的提到试金石的最早中国文献，似乎是一部考古书，即 1387 年的《格古要论》[8]，书中谈到"试金石"来自四川，色纯黑而致密平滑，可用来检测银合金和金合金。此外，《云南通志》（约 1730 年）中也提到了试金石，这是满族官员鄂尔泰任云南总督时监修的旧云南志的增订本[9]。书中谈到此石色如新砚，商人用它鉴定合金，对它十分珍视。但章鸿钊认为，更古老的"磁礋"一名即指试金石[10]。三国时张揖的《广雅》（公元 230 年左右）[11]及隋代陆法言的《广韵》[12]（公元 6 世纪）等一类古字书中，都曾提到"磁礋"这个词。在另一更古

673

---

① 参见 Lord (1)。

② Bacchylides, Frag. 10。

③ Gorgias, 486 D。

④ Hist. Plant. paras. 78-80。

⑤ Hist. Nat. XXXIII, 43。

⑥ Hoover & Hoover (1)，p. 252。

⑦ Sisco & Smith (1)，pp. 86, 181。

⑧ 《格古要论》卷七，第十六页。

⑨ 鄂尔泰对科学的兴趣，后来在他奉诏纂修的两部大书（一部是农业方面的《授时通考》，另一部是医学方面的《医宗金鉴》）中表现得很清楚。鄂尔泰的传记，见 Hummel (2)，p. 601。

⑩ 章鸿钊（1），第 179 页。

⑪ 《广雅疏证》卷八上，第十四页。

⑫ 《广韵校本》上平声部，第十五页。

的书，即东汉或晋代服虔所著的《通俗文》一书中，则有"就像'礛磻'用来制服玉一样，'碔碾'用来制服金"①（"礛磻治玉，碔碾治金"）的话。但很难断定这两种东西到底是否仅仅是用来研磨的石头。因此，关于中国冶金术中最初采用试金石的准确年代，仍然是一个有待解决的问题②。

（g）　找　　矿

（1）　地　质　勘　探

古代采矿者寻找矿床位置和矿物的方法，一定是用下述几点作为主要依据。首先是传统的地质知识，对地势和地层走向的观察，以及关于所寻找的矿物可能与何种岩石共生的知识③。我们从欧洲 16 世纪的采矿实践中可以隐约看到这方面的知识。由上文可知，中国当然也一定有类似的古老传统④。但今天已采用新的勘测方法，有的是依靠地球物理学（如重力法和人工地震法），有的是依靠对勘察区内生长的植物进行观察和化学分析。我们知道，有些植物能异乎寻常地大量积聚某种元素，有些植物能在某种元素含量很高的环境中生长，尽管这种元素对大多数其他植物是有害的。地植物学找矿法实际上包括对这些植物进行的生态学研究。同样，生物地球化学找矿包括对植物和土壤进行的化学分析和光谱分析。在现代科学兴起之前，后一勘察方法显然是不可能的；至于前一种勘察，由于人们可从经验得知某种植物与某种矿物有一定联系，所以正像我们将在下文看到的，此法在中国可上溯到相当久远的年代。

根据经验得知某种岩石或矿物总是和另一种岩石或矿物共生，并根据这种现象进行勘察，可能是中国最古老的传统采矿知识的一部分，因为在汉代或汉以前的古书中可找到这方面的记载。《管子》中有这样一段话：

　　黄帝⑤说："我很愿意知道这些事情。"伯高⑥回答说："凡是地上有朱砂的地

674

---

　　①　马国翰《玉函山房辑佚书》卷六十一，第二十三页。

　　②　或许值得一提的是，在"翡翠屑金"（即翡翠石能使黄金粉碎，成为细屑）这句几乎众所周知的古语背后，可能隐藏着冶金术士作为专业秘密而保守的试金石的功用。在道教的一本奇书《路史》（作者为宋代的罗泌）中，就可见到这句古语（据《格致古微》卷二，第三十二页）。要不是因为杜绾，他曾用此法再三试验并证明属实（见《云林石谱》卷中，第六页），我是不会提出上面这一点的。此外，欧阳修在 1067 年还说过，他曾亲眼看到过这种检定（《归田录》，引用于《韵石斋笔谈》卷上，第十一页）。由此看来，"翡翠"是一种玉类或者是一种与玉有关的石类；杜绾当时（即1133 年）所说的"翡翠"肯定不是现在我们所说的翡翠（即硬玉）。

　　③　现代地质学和地球化学已经为这种古老观察方法提供了理论根据。例如，全世界的锡矿都是从那些在花岗岩类酸性火成岩中（或其附近）形成的矿体内开采出来的，而铬矿则常与辉长岩等一类盐基性火成岩有密切联系。如无关于岩石的化学知识，找矿工作就永远不可能建立在合理的基础上。

　　④　上文 pp. 649 ff. , 660。

　　⑤　传说中的帝王。

　　⑥　传说中的黄帝的大臣。

方，地下就有黄金。凡是地上有磁铁矿的地方，地下就有铜和金。凡是地上有'陵石'①的地方，地下就有铅、锡和赤铜，凡是地上有赤铁矿（'赭'）的地方，地下就有铁。由此可知，这些山中有丰富的矿藏"②。

〈黄帝曰："此若言可得闻乎？"伯高对曰："上有丹砂者下有黄金，上有慈石者下有铜金，上有陵石者下有铅、锡、赤铜，上有赭者下有铁。此山之见荣者也。"〉

此书的另一页上还有另外一段话，说齐桓公曾向管仲提出同样的问题，而管仲的回答除肯定赤铁矿、朱砂和磁铁矿的重要意义以外，还补充了地上有铅表示地下有银矿的说法。

《山海经》里也有不少这类记载，可惜书中对山的部位说得很含糊，以致无法断定究竟是说某种矿物可在山顶发现而另一种矿物可在山脚发现呢，还是说矿床是以不同深度位于同一地点。例如，其中一处说，地上有玉则地下有铜矿③。这类相关联的例子在以后数世纪的文献中还可找到，公元 725 年的《本草拾遗》中就有这样一段：

常见到采金人掘地几尺深，一直掘到（与金相伴的）"纷子石"为止④。这种"纷子石"呈黑色块状，像烧焦的炭，在这层岩石的下面就会有金矿，颗粒大的有手指那样大，小的则有豆粒那样大，颜色如桑黄。刚挖掘出来时，它是很松散易碎的⑤。

〈常见人取金，掘地深丈余，至纷子石，石皆一头黑焦，石下有金，大者如指，小者犹麻豆，色如桑黄；咬时极软，即是真金。〉

675　这种共生关系曾被认为是非常可信的，因而后来的著作（如 1115 年的《本草衍义》），竟将这种黑石称为"伴金石"。但我们也可看到不同的说法，如苏颂（1070 年）说雄黄是黄金存在的标志，而寇宗奭（1115 年）则明确地否定此说⑥。陶弘景（公元 500 年前后）说，有人把硫黄看作"矾液"（明矾的精液？），因而认为硫黄和明矾应当一同出现，但他认为此说不总能得到证实，因为南方有些地方虽然产矾，但并不产硫黄⑦。事实上，由于明矾和硫黄都与火山现象有关，因此它们之间确有某种关联 [Singer（8）]。此外，在黄铁矿和明矾（两者都含铁和硫）之间也存在着某种关联，关于这一点，正如章鸿钊所指出的⑧，《山海经》里确实已经提及。最后还应补充一点，即 1637 年宋应星曾指出："山的北麓有铁矿，就可能在山的南麓出现极磁铁矿，但也

① RP no. 135i；无从查考。

② 《管子·地数第七十七》第二页，由作者译成英文。谭伯虎等人 [Than Po-Fu et al., p. 146] 的译文似乎有些混乱。这段话也引用于《太平御览》卷八一〇，第五页；参见 Pfizmaier（95），p. 234。

③ 《山海经·北山经》第十六页；de Rosny（1），p. 131。

④ 这种围岩到底是什么，无从查考。

⑤ 李时珍引用了这段话，见《本草纲目》卷八，第四页，由作者译成英文。参见 de Mély（1），pp. xxiv, 14。

⑥ 《图经衍义本草》卷三，第二页和第七页。

⑦ 引用于《图经衍义本草》中的"硫黄"条（卷三，第十八页）。

⑧ 章鸿钊（1），第 171 页。参见该书的引言。

有些地方并不是如此"①（"凡产铁之阴，其阳出慈石，第有数处不尽然也"）。

（2）地植物学找矿和生物地球化学找矿

中国人不仅已认识到矿石和岩石之间的某种共生关系，而且也已经注意到植物和矿物之间的某种关系。彼此有关的植物和矿物，有时可能相距数尺，甚或相隔很远，对于这一现象中国人并不感到费解，因为中国许多古书中已出现了"超距作用"的概念②。在本书第三十八章论述植物学时，我们将谈到中国人在公元前3世纪已将"茯苓"（松树根上的一种寄生菌）与"菟丝"（松树枝上的一种寄生植物）彼此联系起来的例子。在本书第三十九章论述动物学时，我们将看到，中国人在很早以前（至迟公元前3世纪）已发现月球对某些海洋无脊椎动物的生殖周期有影响③。此外，《吕氏春秋》中有一篇专门谈这种超距作用的例子④。我们在本书第二十一章论述气象学时已经指出，中国人在认识潮汐的真正原因方面或许要比欧洲人少受一些阻力，是由于他们知道宇宙是有机的整体⑤。

在各种矿"苗"（即矿床指示物）中，植物曾起过重大作用。谈到这一问题的最著名的文献，可能是段成式在公元800年左右所写的《酉阳杂俎》。书中有这样一段话：

> 山上如果长出葱⑥，那么在它下面就有银矿。山上如果长出薤⑦，那么在它下面就有金矿。山上如果长出了姜⑧，在它下面就有铜矿和锡矿。如果山中有宝玉，周围的树枝就都会下垂⑨。

676

> 〈山上有葱，下有银。山上有薤，下有金。山上有姜，下有铜、锡。山有宝玉，木旁枝皆下垂。〉

这段话如与以下将谈到的现代发现对照来看，其重要意义就会受到人们注意。而且这类记载在中国文献中绝不是孤立的。在《本草纲目》中也可找到葱（*Allium*）与银矿相联系的记载⑩，以及薤与金相联系的记载⑪。但李时珍的引文和段成式的根据一定同出一源，即《地镜图》。这部由马国翰搜集整理⑫而以片段形式辑存下来的书，见于

---

① 《天工开物》卷十四，第九页。
② 参见本书第二卷，pp. 293，355，381，408。
③ 参见本书第一卷，p. 150。
④ 《吕氏春秋·精通》，译文见 R. Wilhelm（3），p. 114。
⑤ 关于这一点，参见本书第二十六章物理学和声学部分，以及本书第二卷中有关有机哲学的各个章节。
⑥ R 666，*Allium fistulosum*。
⑦ R 663，*Allium bakeri*。
⑧ R 650，*Zingiber officinale*。
⑨ 《酉阳杂俎》卷十六，第三页，由作者译成英文。
⑩ 《本草纲目》卷八，第八页；参见 de Mély（1），pp. xxvii，19。
⑪ 《本草纲目》卷八，第五页，参见 de Mély（1），pp. xxvii，13。
⑫ 《玉函山房辑佚书》卷七十八，第三十一页起。

《隋书·经籍志》，作者姓名虽然不详①，但显然是一部涉及采矿和地植物学找矿的著作②。马国翰认为它是梁代（公元 6 世纪前半叶）的作品。

《地镜图》一书还有一些有趣记载未经段成式摘录。例如其中谈到，"如果（某种）植物的主茎呈黄色而且秀丽"（"草茎黄秀"），那么该植物之下会有铜矿③。由此可知，中国人当时不仅已注意到是否有指示植物存在，而且还注意到植物的生理状况。此外，书中接着说，"铜精"本身会化为"马"和"僮"，这两个字字面上是指马和儿童，但很可能是指两种已无从查考的植物的名称④。《地镜图》也还说，"如果（某种）植物（的叶子）是绿的，杆茎是红的，下面大多有铅"⑤（"草青茎赤，其下多铅"），又说铅锡之精化为"老妇"，这里的"老妇"，很可能也是一种植物的名称。虽然我们几乎无法说出它们所指的是哪些品种，但现代知识确已证实，土壤中有无金属元素会影响到植物的外观。这种逐渐积累起来的知识究竟能上溯到何时，虽然尚难确定，但《图经衍义本草》（约 1120 年）中有另一段记载⑥，其中引了公元 290 年左右张华所说的一句话⑦，说"凡是蓼草长得茂盛的地方，下面一定有丰富的赤铁矿"（"地多蓼⑧者，必有禹余粮"）。此外，《山海经》一书，尽管经常语义不明，但其中一处似乎说的是金矿和"蕙棠"⑨ 之间的关联⑩。此外，《文子》书中也有一处提到，玉矿附近往往草类繁生，树枝下垂⑪。所以总的来说，我们认为这种古代经验性知识是自汉至隋稳步增长起来的，这应该不至大误。当然，其中既包含真正的知识，也包含一些巫术般的东西，如硅酸镁之类的矿物，不管人们如何把它们视同宝玉，它们的存在是不可能通过任何植物显露出来的。

现在我们有必要看一看这门知识的现状，以便参照它对中国人的这些成就做出应有的评价。在巴斯德（Pasteur）的伟大的同代人朱尔·罗兰（Jules Raulin）第一次成功地完成在合成培养基中培养出低等植物的实验以后，人们才清楚地知道，植物需要多种金属及其他元素才能很好生长，虽然所需要的数量极为微小。雅维利耶（Javillier）

---

① 梁元帝说，当时这类指南性手册有三种，一为师旷（显然是一个取自周代的伪托之名）所作，二为白泽所作，三为六甲所作。关于这三个人，现在一无所知（《金楼子》卷五，第二十一页）。《白泽图》一书的片断，其中大部分是关于指引采矿人到矿藏地点的精灵的，辑存于《玉函山房辑佚书》卷七十七，第五十八页起。陈槃（1b）曾研讨过《地镜图》及与之有关的著作。

② 此书与另外两部梁代著作（《地镜》和《天镜》）有所不同，后者几乎纯属占卜性质。两书现存部分亦被辑存于《玉函山房辑佚书》卷七十八。

③ 李时珍有引用，见《本草纲目》卷八，第十二页；参见 de Mély (1)，pp. xxvii，22。

④ 中国的植物名称以马字开头的，约有 20 种；参照我们的"horsetail"（马尾；木贼属）。

⑤ 李时珍有引用，见《本草纲目》卷八，第十六页；参见 de Mély (1)，pp. xxvii，27。

⑥ 见"禹余粮"条（《图经衍义本草》卷二，第十二页）。

⑦ 我们未能在今本《博物志》中找到这段话。

⑧ R 573，*Polygonum hydropiper*（《图经衍义本草》卷二，第十二页）。

⑨ 可能是两种植物合称蕙棠，难以辨识。"蕙"可能是一种兰（B II，406），德·罗斯尼 [de Rosny (1)，p. 67] 持此说；但也可能是罗勒属香草（*Ocimum*，the basil；B III，60；R 134 a）。"棠"可能是一种野梨（R 432），也可能是梅（R 446）或山楂属（R 422）。

⑩ 见《山海经·西山经》中的"中皇山"条。

⑪ 参见《表异录》卷二，第七页；引自唐代的《云溪友议》。又见《荀子·劝学篇》第五页 [译文见 Dubs (8)，p. 36]；《博物志》卷一，第七页。

和舍普菲尔（Schöpfer）最近曾论述了罗兰这一工作的深远意义。从布鲁尔［Brewer（1）］和斯泰尔斯［Stiles（1）］的著作中可以看到，"痕量元素"或"微量元素"在生物学每一分支中都具有重要的意义①。植物因缺乏这些痕量元素而发生病害，可通过检测而诊断出来［Wallace（1）］②。但另一方面，现代科学研究也已经查明，植物不但会把土壤中所含金属元素储存起来，还会因储存金属元素的多少而发生巨大变化。挪威（Norwegian）的地球化学家戈尔德施密特（V. M. Goldschmidt）1935 年在一次演讲中第一次揭示出植物所起的一种作用，亦即作为生物浓缩器和生物指示器的作用。戈尔德施密特通过一项观察发现某些煤灰中含有大量的锗，他以这项观察为起点，发现这里存在着一种从下层土壤到土壤表层的循环，这种循环是通过植物来进行的，因为植物会吸收土壤中所含的元素，然后又把这些元素集聚在它们的蒸腾器官（即叶子）里面。叶子腐烂后，又发生一种过滤过程，最易溶解的盐类回到土壤下层，较难溶解的则留在表层。这种过程，人们称之为戈尔德施密特富集原理；现在已经知道有将近二十种元素参与了这种过程③。由此可知在下层土壤中或下层土壤下如果富集有某种元素的话，这种元素就会逐渐在土壤以及生长在该土壤上的植物中积累起来，而且这种过程可能达到一个使得很多种植物不能再忍受的饱和点，从而使得这些植物发生生态学上的变化。但除这种过程以外，还存在着另外一些有积极意义的过程，通过这些过程，植物能把一些元素（例如硼）贮存在自己的组织中④。

过去十五年中，这门新知识已被有效地应用于矿物勘察方面，瑞典和意大利研究人员在这方面最为先进。兰德格伦［Landergren（1）］曾总结了帕姆奎斯特和布伦丁 678 ［Palmqvist & Brundin（1）］在这方面所做出的贡献⑤，并把这项贡献看作是一项巨大的功绩⑥。现在我们就按照中古时期中国人给这些金属排列的顺序，来看看一些确实令人感到惊讶的细节。银似乎并不突出，但已知金会积聚在木贼属问荆（Equisetum arvense）和犬问荆（Equisetum palustre）中，这类植物每吨含金量可多达四盎司⑦。关于铜、锡、锌，沃伦和德拉沃［Warren & Delavault（1）］以及沃伦和豪厄特森［Warren & Howatson（1）］曾对可作铜矿指示植物的各种树木进行化学分析。结果发现，铜在螺旋柱白鼓钉（Polycarpaea spirostylis）中特别容易积聚；高山威石竹（Viscaria alpina）和雌雄异株女娄菜（Melandrium dioecium）则能忍受土壤中很高的含铜量，可以说，周围没有其他植物可以和它相比⑧。"锌三色堇"，即堇菜（Viola calaminaria），能在锌矿附近很茂盛地生长，其灰分中的含锌量达 1% 以上，但菥蓂（Thlaspispp.）在这方面更

---

① 亦可参见另一研究报告［Anon.（4）］。

② 因此，这也正是中国古代文献在记载与矿物相关的植物时，不仅记载它们有或没有，还要记载它们的外观的意义。

③ 这些元素是 Au，Be，Zu，Cd，Se，Tl，Ge，Sn，Pb，As，Mn，Go，Ni。

④ 关于这个问题的出色的研究回顾，见 Rankama（1）。

⑤ 但并不完全有用，看来是因为他们与商业性公司瑞典勘探有限公司（Svenska Prospektering Aktiebolaget）有关系。

⑥ 地植物学找矿已被用于寻找 Cu，Ni，Sn，Cr 和 W。

⑦ Rankama（1）；Vogt & Bergh（1）。

⑧ Rankama（1）；Vogt & Bergh（1）。

胜堇菜一筹，其灰分的含锌量高达 16% ①。当伞花硬骨草（*Holosteum umbellatum*）在富含汞的土壤中生长时，我们确实可以观察到在它们的细胞内部的微小金属汞滴 ［Rankama & Sahama（1）］。黄芪（*Astragalus* spp. ）对硒似乎感觉迟钝，而对别的植物来说，硒则是一种剧毒性元素。根据中国古代文献的记载，铅能在灰毛紫穗槐（*Amorpha canescens*）和稗子（*Panicum crusgalli*）中积聚 ［Sinyakova（1）］，但是在许多种属中没有可测出的痕量。在贝特朗和莫克拉格纳茨 ［Bertrand & Mokragnatz（1）］对植物的蓄钴能力进行了经典性研究之后，兰卡马 ［Rankama（2）］，以及明古齐和韦尔尼亚诺 ［Minguzzi & Vergnano（1）］ 又对镍的指示植物，如贝托庭荠（*Alyssum bertolonii*）作了进一步研究。由于一些石松属植物（*Lycopodium*）能大量积聚铝，所以在欧洲它们传统上被用作替代明矾的媒染剂的来源，同时也用作黄色染料的来源②。当然，在现代的地植物学找矿技术中，不仅需要研究植物区系的生态学分布和生理学状况，而且还必须对各地区的植物、土壤、水质以至动物进行化学分析。

根据这些事实，我们可以看出，中国文献中关于从某种植物可得到某种金属的由来已久的主张是十分值得赞赏的。1664 年的《物理小识》援引了 1421 年的《庚辛玉册》中的一段话③，说是蔓菁（*Brassica rapa-depressa*，R 477）中含有金气，有一种垂柳（"石杨柳"）中含有银气，艾蒿（*Artemisia vulgaris*，R 9）、栗和大小麦中含有铅、锡气，三叶酸（*Oxalis corniculata*，R 367）中含有铜气。下面即将谈到，这种知识至少已经用在提取水银的实践中了。因此，用现代的方法来对这些古代的记载逐一进行实验，应当是饶有趣味的。

也许有人会认为，不论在哪一种文明中，采矿人员都一定会从经验中得到某些关于植物和矿物存在着一定联系的知识。但是，我们没能在欧洲中世纪的思想中找到这方面的任何痕迹。阿格里科拉对这个问题谈论得很少，他仅注意到霜冻的位置及树木或丛林的某种"病"④。一直到德国采矿化学家亨克尔（J. F. Henckel）所著《含铅植物》（*Flora Saturnisans*；1760 年）问世，我们才看到了地植物学找矿的苗头。起初，他似乎并没有超过阿格里科拉，因为当他讲到矿脉附近的小块荒地时，他说（p. 66）：

> 矿脉使所有位于该裂缝上面的土地都成了不毛的荒地，这些荒地本来是可以长出植物的。我知道，人们一定会把这种结果归之于从裂缝中冒出来的臭气，认为是臭气的弥漫使得露水不能像它在未受破坏性因素侵害的邻近地区那样，使土地肥沃起来。话虽如此，采矿人员的这种猜测是不能令人完全满意的。

> ⟨Je sçais qu'on attribue ces effets aux exhalaisons qui s'élevent des fentes des mines qui détruisent tout ce que le terrain qui est au-dessus de ces fentes, et qu'elles traversent, peut contenir de propre à la végétation, empêchent que les rosées ne fertilisent ces endroits, comme les endroits voisins sur lesquels

① Rankama（1）；Robinson, Lakin & Reichen（1）。

② 有关分析，见 Hutchinson & Wollack（1）。

③《物理小识》卷七，第十二页。

④ Hoover & Hoover（1），p. 38。值得注意的是，耶稣会士曾根据李天经的建议，从 1639 年开始把阿格里科拉的著作译为中文。一年当中译出山了八章，并呈献给了皇帝，但后来出于某种原因，工作中止了，中译本始终未能出版 ［Bernard-Maître（7），p. 462］。

cette cause de destruction n'agit point; il ne faut cependant pas adopter entiérement les soupçons des Mineurs.〉

但之后，他引用了"克卢菲尔（Cluvier）的一段发人深思的话"（p. 254）：

> 我们有理由相信，也有理由说：每一种植物都和某一种金属有联系，而且植物也可以用来揭示出地下的各种矿物。荏弱的郁金草可以向我们指出哪里有金矿，金雀花可以向我们指出哪里有明矾矿。在矿脉的上面，我们会看到，一些与这种矿物相适应的植物长得十分茂盛，而另一些植物则难以生存，枯萎而死。在橡树和橙树中含有大量易于提取的矾。东方人知道用某种柳木来制取硝……

> 〈Nous croyons avoir raison de croire et de dire que chaque plante participe d'un métal particulier; aussi les plantes peuvent-elles servir à faire connoître les differentes especes de minéraux qui sont dans la terre. Les *affranum* ou le safiran bâtard indique où il y a des mines d'or; et le houx, où il y a de l'alun. On voit au-dessus des filons des mines des plantes qui ont quelque connexion avec ces mines qui y croissent très-bien, tandis que d'autres ont peine à y venir, et y dépérissent. Le vitriol se trouve en grande quantité dans le chêne et dans les bigarades d'où l'on peut aisément l'en retirer. Les Orientaux sçavent faire du salpêtre avec une certaine espece d'osier…〉

这段话引自德国著名的历史地理学家克卢菲尔（亦即 Philip Cluverius；1580—1623 年）的《消闲录》（*Passe-tems*）。现在，我们仿佛正站在欧洲新旧科学分水岭的一个点上，因为尽管其中的一句话使我们想起那种由植物外形特征确定其医疗用途的学说，以及古代喀巴拉神秘主义（Kabbalah）的和"中国式的"象征的相互联系（每种植物都对应于某种金属）[①]，但另一句话则表明亨克尔和他的同代人正如何在实际开辟植物生物化学这门学科，特别是从占了《含铅植物》一书大量篇幅的那些对植物无机组分所进行的分析就可以看到这一点。重要的是，亨克尔这本书中有不少地方引证了中国的资料，如书中特别讨论了一种在中国发现的植物，这种植物的含汞量很大，因此与铜屑研在一起就可以制成一种软如奶油的汞剂[②]。但是要对欧洲人的地植物学找矿经验进行成功的追溯，还有待专门的研究。

　　如果根据现在关于那些被认称为是矿物指示的植物品种的知识，来对中国文献做一番研究，那同样是很有意义的。前面刚提到的那些植物，的确没有一种与中国古籍中所说的植物相符，这也许是对中国古籍中提到的那些植物的证认工作做得太不精确了，以致失去了它的意义。相反，如果中国人似乎曾用过的那些植物得到足够准确的证认，那么在现代知识的基础上对这些植物进行检验，就一定会是一件有意义的工作。在这里我们已很难再进一步谈这个问题了，但是以上所述已经足以证明，中国人在中

680

---

① 参见本书第十三章（f）（第二卷，pp. 261 ff.）。

② Henckel（1），pp. 196，245，252。亨克尔虽然没有列出中国资料的出处，但是原文还是可以查考出来的。李时珍在《本草纲目》（1596 年；卷九，第十页）中，引用了苏颂在《本草图经》（约 1070 年）中所说的一种从"马齿苋"（*Portulaca oleracea*，R 554）中提取汞的方法（即把马齿苋仔细捣碎，让它风干和自溶）。用这种方法可以从 10 斤干马齿苋中提出汞 8 ~ 10 两。此说又见于《物理小识》（1664 年）卷七，第十二页。但宋应星（《天工开物》卷十四，第十页）认为那里讲的是锡而不是汞，并且不相信这种说法。

古时期所进行的观察，确实可以说是范围广阔、成长迅速的现代科学理论和科学实践的先驱①。至于这种说法的真实程度有多大，以及这种说法除了适用于地球物理学，是否还能适用于物理学本身和物质世界的各个技术领域，关于这些问题，我们在下一卷的各项讨论中就可以看得很清楚。

---

① 但是中国人自己却往往忽视了他们自己祖先的敏锐观察。例如，在潘钟祥所写的介绍现代找矿方法的论文中，就把地植物学找矿方法俨然说成是现代纯西方科学的产物（这篇论文除了这一点，应该算是一篇很好的文章）。甚至侯学煜 1952 年在北京出版的关于地植物学找矿和指示植物的专著中，对于中国的先驱者们也只字未提。但在本节的初稿 ［Needham (30)］ 发表两年以后，我们很高兴地看到了用中文写的一篇关于这个问题的好文章 ［燕羽 (3)］。

附　　录

关于以色列人和可萨王国

（对上文 p.575 以及本书第一卷第七章的补充）

在本书第一卷中，我们对以色列人在东西方思想和技术交流方面所起作用的评价不够，因此借此机会来弥补这个漏洞。

我们有大量涉及公元 9 世纪犹太商团的资料，这些犹太商团当时被称为拉赞人或拉赞尼亚人（Radhanites；al-Rādhānīyah）。根据伊本·胡尔达兹比［公元 825—912 年；Mieli（1），p.79；Hitti（1），p.384］《道里邦国志》（Kitab al-Masālik w' al-Mamālik；公元 846 年）的记载，拉赞人经常在中国和普罗旺斯（Provence）之间旅行。他们除了会说阿拉伯语和希腊语，还会说法兰克语、斯拉夫语、西班牙语和波斯语。他们旅行时既走陆路，也走海路，向东带去的是阉人、女奴、男孩、锦缎、皮毛和刀剑；回来带的则是麝香、沉香、肉桂、樟脑和各种药用植物。大马士革、阿曼（Oman）、印度斯坦（Hindustan）和克里米亚（Crimea）的（信奉犹太教的）可萨王国都是他们的中途停留站。在这里我们应当记住，公元 9 世纪正值中国唐代末期，当时写过有关中国情况的阿拉伯商人苏莱曼是和伊本·胡尔达兹比同时代的人。在拉赞人带回的货物中很可能包括瓷器，因为人们曾在属于那个时代的埃及废物堆中发现了唐瓷的碎片［参见本书第六章（f）（第一卷，p.129）］。但是，我们如果从年代对应上来判断的话，那么，拉赞人很可能还引进了别的一些东西。有不少证据都不约而同地表明，高效率的颈圈挽具就是在公元 9、10 世纪从中国的中亚地区传到欧洲去的［参见本书第二十七章（f）］，只有另一种高效率的挽具（胸带型挽具）是在此不久以前传到欧洲的。此外，大约也就是在这个时期，发生了我们必须查明的深钻技术从四川到阿图瓦（Artois）的传播（参见本书第三十七章），以及弩的第二次西传［本书第三十章（d）］。伊本·胡尔达兹比所说的这些话，已被阿德勒［E. N. Adler（1），p.2］译成了英文；关于拉赞人更详细的资料可参见海德［Heyd（1），vol.1，pp.125 ff.］、梅茨［Mez（1）］、拉比诺维茨［Rabinowitz（1）］和蒙特纳［Muntner（1），pt.2］的著作。有人认为，拉赞人的名称得自他们在西方的大本营，即罗讷河（Rhône）旁某处的普罗旺斯人城镇，但也有人认为（似乎没什么道理）得自赖伊（al-Raiy）这个波斯城的名称，此城在现在德黑兰附近，是被称为呼罗珊（Khurāsān）大道的那条东西干道上的要冲之一［参见本书第一卷，图 32，p.171；Hitti（1），p.323］。

谈到拉赞人时，必须同时谈一谈可萨王国，因为可萨王国的可汗及许多民众在公元 740 年左右把犹太教定为国教。可萨人是一个与白匈奴［嚈哒（Ephthalite）］［Grousset（1）］及回纥［Klaproth（3）］有血缘关系的突厥部族［Barthold（1）］。

"*Ketzer*"（异教徒）一词，以及"hussar"（骠骑兵）一词大概都出自"Khazars"（可萨人），而波兰的卡拉伊姆人（Karaim）则可能是可萨人的后代。可萨人占据高加索（Caucasus）以北的地方，包括顿河（Don）和伏尔加河（Volga）下游，以及克里米亚向西伸展的地区达数百年之久。这样，他们就在东西方贸易通道上占有重要的地位，因此，人们曾把他们称为"黑海（Euxine）和里海（Caspian）的威尼斯人"，而他们对这个名称是当之无愧的。尽管可萨王国有迹可循的历史是在公元6—11世纪，但是它的全盛时期则是在公元640—960年。中国人称可萨人为"可萨"，认为他们是突厥人的分支［《新唐书》卷二二一下，译文见 Hirth（1），p.56；《通典》卷一九三（第1041页）、《文献通考》卷三三九（第2659页），译文见 Hirth（1），p.83；以及《通典》卷一九三（第1044页）、《文献通考》卷三三九（第2663页）］。毫无疑问，其中有一些材料是从杜环那里得来的，杜环是在塔拉斯河战役（公元751年）中被阿拉伯人俘虏的中国官员，他曾经带回定居在巴格达的中国工匠的消息（见本书第一卷，p.236）。可萨王国和拜占庭有密切的贸易关系。显然，我们应当对这个令人感兴趣的可萨人了解得更多些；直到最近，唯一的一本论述可萨人的专著还是用希伯来文写的［Poliak（1）］，不过，现在我们已经有了一本出色的英文著作［Dunlop（1）］。据波利亚克（A. N. Poliak）博士（在一封私人通信中）说，伊本·纳迪姆（Ibn al-Nadīm；卒于公元995年）曾经指出，可萨人懂得中国话，他们的宫廷都奉行中国宫廷的礼仪。可萨语称地方官为"*tudun*"，有人认为这个名称来自中国［见 Dunlop（1），p.174］，可能是出自"都团使"一名，而都团使是皇帝任命的管理地方军队的官吏。可萨人有一个类似日本幕府的机构，设有"伯"（Beg）及"可汗"［Dunlop（1），p.208］。波利亚克告诉我们，阿拉伯的地理学家谈到过一种悬在河上的陵墓［见本书第二十八章（e）关于吊桥的一节］，不过，这种说法很可能是在河流之下开凿皇陵之误；此外还谈到了带有宝塔的犹太教会堂和作战用的火焰投射器（本书第三十四章），最后这两项则可能实际上是阿拉伯人的［参见 Poliak（2）］。伏尔加河三角洲肯定生产过水稻。我们想起公元842至847年间派驻可萨王国的一位阿拉伯使节——伟大的代数学家花拉子米（参见上文 pp.107, 147），这可作为可萨王国曾在科学和技术的传播上起过作用的一个例证。

科学史家还必须注意到从12世纪初开始就已经在开封建立的犹太人侨民社区（他们的第一座犹太教会堂建于1163年）。这些侨民社区最初很可能是定居于中国的拉赞人建立的。在几百年当中，他们中间曾出现了一些杰出的医生。1415年左右，他们当中的一位赵俺诚还曾是明朝周定王的亲密合作者，周定王从事于药用植物学的研究，并办了一个植物园。赵俺诚似乎是周定王1406年所撰《救荒本草》这一名著的作者之一，而且更加肯定的是，他是由同一批人编撰的《普济方》一书的编者之一。1423年，他受到了皇帝的礼遇，并在周定王的协助下重建了犹太教会堂。人们想知道，在这样的合作中是否发生过希伯来和中国在科学或医学方面的相互交流，同时，人们也很想知道一些关于赵俺诚所建立的希伯来图书馆的情况。到了16世纪末，曾经发生过犹太学者艾田（1573—1605年）访问利玛窦的事［关于这件事，可参见 Trigault（1）；Gallagher（1），pp.107 ff.］。此外，到了清初，在这个侨民社区中又产生了一位杰出的医生赵映乘。我们这里所引用的资料，大部分是根据怀履光和威廉斯的研究结果 [White & Williams (1)，vol. 3，pp. 110 ff.]。

关 于 朝 鲜

在编写本书的过程中，作者及其合作者逐步形成了这样一个信念，在居于中华文化圈内的所有种群之中，朝鲜人是若干世纪中对各种科学问题都最感兴趣的。在本书第二十章中我们提到（上文 p. 302）18 世纪时朝鲜人对耶稣会士的日晷有兴趣，以及朝鲜的一座值得注意的天文钟（p. 389），而且我们还复制了一幅朝鲜公元 7 世纪的瞻星台的绘图（图 118）和一幅朝鲜晚期天文记录中的彗星图 [图 184（a）]。但从更早得多的时期起，就有大量的材料谈到朝鲜，如我们可以从马端临的《文献通考》（约 1280 年）卷三二五读到关于朝鲜的记载 [译文见 Hervey de St Denys (1)]。朝鲜人爱好读书和学习，几乎每一处十字路口都设有学校。公元 951 年，他们赠送了一定数量的天文占星学著作，包括一部谶纬书《孝纬雌雄图》，原书在中国大概已失传（所存残篇被辑录于《玉函山房辑佚书》卷五十八，第五十八页起）。1016 年，朝鲜使节郭元带回国时装载了若干历书和一部医学著作《圣惠方》。这部医书或许就是现在所谓的《圣惠选方》。朝鲜人曾一次又一次地在中国太学获得博士学官，如公元 980 年的金行成和 1021 年的康戬。在后来的年代里，朝鲜的使节求得了地理书；1075 年，朝鲜王请中国派医师、药剂师、绘画师和雕刻师到朝鲜去。到了 11 世纪末，中国与朝鲜的文化关系受到挫伤，这是因为中国怀疑朝鲜人替金人搜集情报。因此，在 1085 和 1092 年朝鲜使节就没有得到他们所要求的全部书籍，而在 1080 年以前，中国已经不愿意供给他们地图了（参见本书第二十二章，上文 p. 549），这类地图原先是慷慨供应的。当 12 世纪初宋朝偏安杭州以后，科学上的交流减少了，但以后又曾恢复。我们在上文（pp. 554 ff.）已经研究过 1400 年前后朝鲜制图学家的一些突出的成就。

一般论述朝鲜文献史的人 [如 Trollope (1)]，都认为《年代历》这部由在唐代中国都城学习过的崔致远（公元 858—910 年）撰写的历法著作，大概是最古的朝鲜天文学著作。与此同样著名的还有一部是 11 世纪金成泽写的《十精历》。1708 年记录天上异象的《天东象纬考》也是一部重要著作。19 世纪初、朝鲜出现了两个多产的天文学作家，即南秉哲和南秉吉兄弟。有一部关于朝鲜科学的通史，是洪以燮 (1) 撰写的。

683

参 考 文 献

缩略语表

A　1800 年以前的中文和日文书籍

B　1800 年以后的中文和日文书籍与论文

C　西文书籍与论文

说明

1. 参考文献 A，现以书名的汉语拼音为序排列。

2. 参考文献 B，现以作者姓名的汉语拼音为序排列。

3. A 和 B 收录的文献，均附有原著列出的英文译名。其中出现的汉字拼音，属本书作者所采用的拼音系统。其具体拼写方法，请参阅本书第一卷第二章（pp. 23 ff. ）和第五卷第一分册及第五分册书末的拉丁拼音对照表。

4. 参考文献 C，系按原著排印。

5. 在 B 中，作者姓名后面的该作者论著序号，均为斜体阿拉伯数码；在 C 中，作者姓名后面的该作者论著序号，均为正体阿拉伯数码。由于本卷未引用有关作者的全部论著，因此，这些序号不一定从（*1*）或（1）开始，也不一定是连续的。

6. 在缩略语表中，对于用缩略语表示的中日文书刊等，尽可能附列其中日文原名，以供参阅。

7. 关于参考文献的详细说明，见于本书第一卷第二章（pp. 20 ff. ）。

缩 略 语 表
另见第XXV页

A	*Archeion*
AAA	*Archaeologia*
AAEEG	*Annuaire de l' Assoc. pour l' Encoura-gement des Etudes Grecques*
A/AIHS	*Archives lnternationales d' Histaire des Sciences*(contin. of *Archeion*)
AAN	*American Anthropologist*
AAR	*Art and Archaeology*(Washington)
ABAW/MN	*Abhandlungen d. bayerischen Akademie d. Wissenschaften, München*(Math. -nat. Klasse)
ABAW/PH	*Abhandlungen d. bayerischen Akademie d. Wissenschaften, München*(Phil. -hist. Klasse)
ACASA	*Archives of the Chinese Art Society of America*
ACLS	American Council of Learned Societies
ADVS	*Advancement of Science* (British Ass-ociation, London)
AE	*Ancient Egypt*
AEO	*Archives d' Etudes orientales*(Upsala)
AGMNT	see *QSGNM*
AGMW	*Abhandlungen z. Geschichte d. Math. Wissenschaft*
AGNT	see *QSGNM*
AGSB	*Bulletin of the American Geographical Society*
AGWG/MP	*Abhandlungen d. Gesellschaft d. Wi-ssenschaften z. Göttingen* (Math. -phys. Klasse)
AGWG/PH	*Abhandlungen d. Gesellschaft d. Wi-ssenschaften z. Göttingen* (Phil. -hist. Klasse)
AHAW/PH	*Abhandlungen d. Heidelberger Akademie d. Wissenschaften* (Phil. -hist. Klasse)
AHOR	*Antiquarian Horology*
AHR	*American Historical Review*
AHSNM	*Acta Historia Scientiarum Naturalium et Medicinalium*(Copenhagen)
AI	*Art Islamica*
AIEO/UA	*Annales de l' Institut des Etudes orientales*(*Université d' Alger*)
AJ	*Asiatic Journal and Monthly Register for British and Foreign India, China and Australia*
AJA	*American Journal of Archaeology*
AJP	*American Journal of Philology*
AJSC	*American Journal of Science*
AJSLL	*American Journal of Semitic Languages and Literature*
AKG	*Archiv f. Kulturgeschichte*
AKML	*Abhandlungen f. d. Kunde des Mor-genlandes*
AM	*Asia Major*
AMG	*Annales du Musée Guimet*
AMM	*American Mathematical Monthly*
AMN	*Archiv för Math. og Naturvidenskab* (Christiania/Oslo)
AMP	*Archiv d. Math. u. Physik*
AN	*Anthropos*
ANHGN	*Abhandlungen d. Naturhistorischen Ge-sellschaft zu Nürnberg*
ANP	*Annalen d. Physik*
ANS	*Annals of Science*
ANSSR/AC	*Academy of Sciences of the U. S. S. R. , Astronomical Circular*
AOF	*Archiv f. Orientforschuug*
APAW	*Abhandlungen d. preuss. Akad. Wiss. Berlin*
APAW/MN	*Abhandlungen d. preuss. Akad. Wiss. Berlin*

（Math. -nat. Klasse）

AQ	Antiquity
ARAB	Arabica
ARC	Agricultural Research Council（U. K.）
ARLC/DO	Annual Reports of the Librarian of Congress（Division of Orientalia）
ARSI	Annual Reports of the Smithsonian Institution
ARUSNM	Annual Reports of the U. S. National Museum
AS/BIHP	Kuo-Li Chung-Yang（now Chung-Kuo Kho-Hsüeh）Yen-Chiu Yuan, Li-Shih Yü-Yen Yen-Chiu So Chi-Khan（Bulletin of the Institute of History and Philology, Academia Sinica）《中央研究院历史语言研究所集刊》
AS/CJA	Chung-Kun Khao Ku Hsüeh Pao（Chinese Journal of Archaeology, Academia Sinica）《中国考古学报》（中央研究院，中国科学院）
ASAW/PH	Abhandlungen d. Sächischen Akad. Wiss. Leipzig（Phil. -hist. Klasse）
ASI	Actualités scientifiques et industrielles
ASPN	Archives des Sciences physiques et naturelles
ASR	Asiatic Review
ASSB	Annales de la Société scientifique de Bruxelles
ASTNR	Astronomische Nachrichten
ASTRO	Astrophysics Journal
ASTSN	Atti d. Soc. Toscana d. Sci. Nat.
AT	Atlantis
AUL	Annales de l' Université de Lyon
AUON	Annali dell' Istituto Universitario Orientale di Napoli
BA	Baessler Archiv（Beiträge z. Völkerkunde herausgeg. a. d. Mitteln d. Baessler Instituts, Berlin）
BAN	Bulletin of the Astronomical Institutes

	of the Netherlands
BAS	Bulletin astronomique
BAU	Bulletin of Ankara University
BBSHS	Bulletin of the British Society for the History of Science
BBSSMF	Bollettino di Bibliografia e di Storia delle Scienze Matematiche e fisiche（Boncompagni's）
BCGF	Bulletin de la Commission géologique de Finlande
BCP	Bulletin catholique de Pékin
BCS	Chung-Kuo Wên-Hua Yen-Chiu Hui Khan（Bulletin of Chinese Studies, Chhêngtu）《中国文化研究汇刊》（成都）
BEFEO	Bulletin de l' Eeole française de l' Extrême Orient（Hanoi）
BG	Bulletin de Géographie
BGHD	Bulletin de Géographie historique et descriptive
BGSA	Bulletin of the Geological Society of America
BGTI	Beitr. z. Gesch. d. Technik u. Indus-trie（changed to Technik Gesch-ichte BGTI/TG in 1933）
BIFAO	Bulletin de l' Institut français d' Archéologie Orientale（Cairo）
BLSOAS	Bulletin of the London School of Oriental and African Studies
BM	Bibliotheca Mathematica
BMFEA	Bulletin of the Museum of Far Eastern Antiquities（Stockholm）
BMON	Bulletin Monumental
BMQ	British Museum Quarterly
BMRAH	Bulletin des Musées royaux d' Art et d' Histoire（Brussels）
BNGBB	Berichte d. naturforsch. Gesellschaft Bamberg
BNI	Bijdragen tot de taal- land-en volken-kunde v. Nederlandsch-Indië
BNLP	Kuo-li Poi phing Thu Shu Kuan Khan（Bulletin of the National Library of

Peiping，Peking）
《国立北平图书馆馆刊》

BOR	Babylonian and Oriental Record
BSEIC	Bulletin de la Société des Etudes indochinoises
BSG	Bulletin de la Société de Géographie（cont. as La Géographie）
BSMF	Bulletin de la Société mathématique（de France）
BU	Biqgraphie universelle
BUA	Bulletin del'Université de l'Aurore（Shanghai）
BUSNM	Bulletin of the U. S. National Museum
BV	Bharatiya Vidya
C	Copernicus：International Journal of Astronomy（Dublin and Göttingen）
CA	Chemical Abstracts
CAM	Communications de l'Académie de Marine（Brussels）
CEN	Centaurus
CET	Ciel et Terre
CH	Chih-Hsüeh（Learning）《志学》
CHER	Chhing-Hua（University）Engineering Reports《清华大学工程学报》
CHHP	Chhi-Hsiang Hsüeh Pao（Meteorological Magazine）《气象学报》
CHI	Cambridge History of India
CHJ	Chhing-Hua Hsüeh Pao（Chhing-Hua（Ts'ing-Hua University）Journal）《清华学报》
CIB	China Institute Bulletin（New York）
CIMC/MR	Chinese Imperial Maritime Customs（Medical Report Series）
CJ	China Journal of Science and Arts
CLHP	Chin-Ling Hsüeh Pao（Nanking University Journal）《金陵学报》
CLJ	Classical Journal
CLTC	Chen-Li Tsa Chih（Truth Miscellany）

《真理杂志》

CMJ	China Medical Journal《中华医学杂志》
CNCK	Chhing-Nien Chung-kuo Chi Khan（Young China Magazine）《青年中国季刊》
CP	Classical Philology
CQ	Classical Quarterly
CR	China Review（Hong Kong and Shanghai）
CRAIBL	Comptes Rendus de l'Académie des Inscriptions et Belles Lettres（Paris）
CRAS	Comptes Rendus de l'Académie des Sciences（Paris）
CRAS/USSR	Comptes Rendus de l'Académie des Sciences（U. S. S. R.）
CREC	China Reconstructs
CRR	Chinese Recorder
CRRR	Chinese Repository
CS	Current Science.
CSPSR	Chinese Social and Political Science Review
CST/HIJ	Chung-Shan Ta-Hsüeh YüYen Li-Shih Yen-Chiu So Tsou Khan（Sun Yat-Sen University Journal of Linguistics and History）《中山大学语言历史学研究所周刊》
CT	Connaissance du Temps
CTE	China Trade and Engineering
CZ	Chigaku Zasshi（Journal of the Tokyo Geographical Society）《地学雜誌》
D	Discovery
DHA	Dock and Harbour Authority
DUZ	Deutsche Uhrmacher-Zeitung
DWAW/PH	Denkschriften d. k. Akademie d. Wissenschaften，Wien（Vienna）（Phil.-hist. Klasse）
EB	Encyclopaedia Britannica
EG	Economic Geology
ENB	Ethnologisches Notizblatt（Kgl. Mus.

	f. Völkerkunde, Berlin)
END	Endeavour
EOL	Jaarboek; Ex Oriente Lux
ERE	Encyclopaedia of Religion and Ethics (ed. Hastings)
EW	East and West (Quart. Rev. pub. Istituto Ital. per il Medio e Estremo Oriente, Rome)
EXP	Experientia
FEQ	Far Eastern Quarterly
FF	Forschungen und Fortschritte
FJHC	Fu-Jen Hsüeh-Chih (Journal of Fu-Jen University, Peking) 《辅仁学志》
FMKP	Fortschritte d. Mineralogie, Kristallographie u. Petrologie
FMNHP/AS	Field Museum of Natural History (Chicago) Publications, Anthropological Series
FMNHP/GLS	Field Museum of Natural History (Chicago) Publications; Geological Leaflet Series
G	Geimon(Art Journal) 《藝文》
GB	Geibun(Arts Journal) 《藝文》
GHA	Göteborgs Högskolas Arsskrift
GJ	Geographical Journal
GM	Geological Magazine 《地球物理专刊》
GP	Geophysics
GR	Geographical Review
GTIG	Geschichtsblätter f. Technik, Industrie u. Gewerbe
HANL	Harvard Astronomical Newsletter
HCLT	Hui-Chiao Lun-Than (Review of Muslim Affairs) 《回教论坛》
HH	Han Hiue (Han Hsüeh); Bulletindu Centre d'Etudes sinalogiques de Pékin 《汉学》
HITC	Hsüeh I Tsa Chih (Wissen und Wissenschaft) 《学艺杂志》
HITH	Hsüeh I Thung Hsün (Science and Art Correspondent) 《学艺通讯》
HJAS	Harvard Journal of Asiatic Studies
HMSO	Her Majesty's Stationery Office (London)
HORJ	Horological Journal
IC	Islamic Culture
IHQ	Indian Historical Quarterly
ILN	Illustrated London News
IM	Imago Mundi: Yearbook of Early Cartography
IPR	Institute of Pacific Relations
ISIS	Isis
ISP/WSFK	I Shih Pao; Wên Shih Fu Khan (Literary Supplement of the People's Betterment Daily) 《益世报·文史副刊》
JA	Journal asiatique
JAOS	Journal of the American Oriental Society
JATBA	Journal d'Agriculture tropicale et de Botanique appliquée
JBASA	Journal of the British Astronomical Association
JCS	Journal of the Chemical Society
JDMV	Jahresber. d. deutschen Math. Vereins
JEA	Journal of Egyptian Archaeology
JEP	Journal de l'Ecole (royale) Polytechnique (Paris)
JESL	Journal of the Ethnological Society (London)
JGPR	Journal of Geophysical Research (formerly Terrestrial Magnetism)
JGSC	Ti Li Hsüch Pao (Journal of the Geographical Society of China) 《地理学报》
JHI	Journal of the History of Ideas
JHM	Journal of the History of Mathematics

	(Moscow)			Research Society
JHOAI	*Jahreshefte d. österreichischen archäol. Instituts* (Vienna)		*JWCI*	*Journal of the Warburg and Courtauld Institutes*
JHS	*Journal of Hellenic Studies*		*JWH*	*Journal of World History* (Unesco)
JIN	*Journal of the Institute of Navigation*		*KDVS/HFM*	*Kgl. Danske Videnskabernes Selskab* (Hist. -filol. Medd.)
JJAG	*Japanese Journal of Astronomy and Geophysics*		*KDVS/MFM*	*Kgl. Danske Videnskabernes Selskab* (Math. -fysiske Medd.)
JJHS	*Kagakūshi Kenkyū* (*Japanese Journal of the History of Science*) 《科学史研究》		*KHCK*	*Kuo-Hsüeh Chhi Khan* (*Chinese Classical Quarterly*) 《国学季刊》
JMHP	*Jen Min Hua Pao* (*People's Illustrated*) 《人民画报》		*KHLT*	*Kuo-Hsüeh Lun Tsung* (*Chinese Classical Review*) 《国学论丛》
JMJ	*Japanese Meteorological Journal* 《氣象集誌》		*KHS*	*Kho-Hsüeh* (*Science*) 《科学》
JMJP	*Jen Min Jin Pao* (*People's Daily*) 《人民日报》		*KHSSC*	*Kho-Hsüeh Shih-Chieh* (*Scientific World*) 《科学世界》
JNES	*Journal of Near Eastern Studies*		*KHTP*	*Kho-Hsüeh Thung Pao* (*Scientific Correspondent*) 《科学通报》
JOSHK	*Journal of Oriental Studies* (Hong Kong University)		*KKHTC*	*Kōkogaku Zasshi* (*Archaeological Miscellany*) 《考古学雑誌》
JPH	*Journal de Physique*			
JPOS	*Journal of the Peking Oriental Society*		*KMO/SM*	*Scientific Memoirs of the Korean Meteorological Observatory*, *Chemulpo*
JRAI	*Journal of the Royal Anthropological Institute*		*KNVSF/T*	*Forhandlinger d. kgl. Norske Videnskabers Selskabs* (Trondheim)
JRAM	*Journal f. reine u. angewandte Mathematik* (Crelle's)		*KR*	*Korean Repository*
JRAS	*Journal of the Royal Asiatic Society*		*KSHP*	*Kuo Sui Hsüeh Pao* (*Chinese Classical Journal*) 《国粹学报》
JRAS/B	*Journal of the* (*Royal*) *Asiatic Society of Bengal*			
JRAS/KB	*Journal* (*Transactions*) *of the Korea Branch of the Royal Asiatic Society*		*KSP*	*Ku Shih Pien* (*Essays on Ancient History*) 《古史辨》
JRAS/M	*Journal of the Malayan Branch of the Royal Asiatic Society*		*KVRS*	*Kleine Veröffentlichungen d. Remeis Sternwarte*
JRAS/NCB	*Journal of the North China Branch of the Royal Asiatic Society*		*LN*	*La Nature*
JRGS	*Journal of the Royal Geographical Society*		*LP*	*La Pensée*
JRSA	*Journal of the Royal Society of Arts*		*MA*	*Man*
JRSS	*Journal of the Royal Statistical Society*		*MAI/NEM*	*Mémoires de l'Académie des Inscriptions*
JS	*Journal des Savants*			
JSHB	*Journal suisse d'Horlogerie et Bijouterie*			
JUB	*Journal of the University of Bombay*			
JWCBRS	*Journal of the West China Border*			

	et Belles Lettres (Paris), *Notices et Extraits des MSS.*
MAL/FMN	*Memorie d. Accademia* (r. now naz.) *dei Lincei* (Cl. Sci. Fis. Mat. e Nat.)
MAL/MSF	*Memorie d. Accademia* (r. now naz.) *dei Lincei* (Cl. Si. Mor. Stor. e Filol.)
MAN	*Mathematische Annalen*
MBIS	*Miscellanea Berolinensia ad Incrementum Scientiarum*
MCB	*Mélanges chinois et bouddhiques*
MCM	*Macmillan's Magazine*
MC/TC	*Techniques et Civilisations* (formerly *Métaux et Civilisations*)
MDGNVO	*Mitteilungen d. deutsch. Gesellschaft f. Natur- u. Volkskunde Ostasiens*
MEM	*Meteorological Magazine*
MG	*Mathematical Gazette*
MGSC	*Ti Chih Chuan Pao* (*Memoirs of the Chinese Geological Survey*) 《地质专报》
MJ	*Mining Journal, Railway and Commercial Gazette*
MM	*Mining and Metallurgy*
MMI	*Mariner's Mirror*
MMT	*Messenger of Mathematics*
MN	*Monumenta Nipponica*
MPAW	*Monatsber. d. preuss. Akad. Wiss. Berlin*
MQ	*Modern Quarterly*
MRAI/DS	*Mémoires présentés par divers savants à l'Académie royale des Inscriptions et Belles Lettres* (Paris)
MRAS/B	*Memoirs of the Asiatic Society of Bengal*
MRAS/DS	*Mémoires présentés par divers savants à l'Académie royale des Sciences* (Paris)
MRASP	*Mémoires de l'Acad. royale des Sciences* (Paris)
MRDTB	*Memoirs of the Research Department of the Tōyō Bunko* (Tokyo)
MS	*Monumenta Serica*
MS/M	*Monumenta Serica Monograph Series*

MSAF	*Mémoires de la Société* (nationale) *des Antiquaires de France*
MSKGK	*Meiji Seitoku Kinen Gakkai Kiyō* (*Reports of the Meiji Memorial Society*) 《明治圣德纪念学会纪要》
MSOS	*Mitteilungen d. Seminars f. orientalische Sprachen* (Berlin)
MSRLSB/S	*Mém. dela Soc. Roy. des Lettres et des Sci. de Bohême* (Cl. Sci.)
MSRM	*Mémaires dela Soc. Russe de Mineralogie*
MUSEON	*Le Muséon* (Louvain)
MWR	*Monthly Weather Review*
MZ	*Meteorologische Zeitschrift*
N	*Nature*
NA	*Nautical Almanac*
NALC	*Nova Acta*; *Abhdl. d. kaiserl. Leop.-Carol. deutsch. Akad. Naturf. Halle*
NAP	*Nova Acta Acad. Petropol.*
NAT	*Nordisk Astronom. Tidskrift*
NAW	*Nieuw Archief voor Wiskunde*
NC	*Numismatic Chronicle*
NCH	*North China Herald*
NCM	*North China Mail*
NCR	*New China Review*
NGM	*National Geographic Magazine*
NGWG/PH	*Nachrichten v. d. k. Gesellsch.* (*Akademie*) *d. Wiss. z. Göttingen* (Phil.-hist. Klasse)
NQ	*Notes and Queries*
NTBB	*Nordisk Tidskrift för Bok-och Bibliotheksväsen*
NW	*Naturwissenschaften*
O	*Observatory*
OAA	*Orientalia Antiqua*
OAZ	*Ostasiatische Zeitschrift*
OE	*Oriens Extremus* (Hamburg)
OLZ	*Orientalische Literatur-Zeitung*
OMO	*Österreichische Monatschrift f. d. Orient*
OR	*Oriens*
ORA	*Oriental Art*

ORR	*Orientalia* (Rome)
ORT	*Orient*
OSIS	*Osiris*
PA	*Pacific Affairs*
PAAAS	*Proceedings of the American Academy of Arts and Sciences*
PAI	*Paideuma*
PAPS	*Proceedings of the American Philosophical Society*
PASP	*Publications of the Astronomical Society of the Pacific*
PBA	*Proceedings of the British Academy*
PC	*People's China*
PDM	*Periodico di Matematiche*
PGA	*Proceedings of the Geologists' Association* (London)
PGS	*Proceedings of the Geological Society* (London)
PHR	*Philosophical Review*
PIAJ	*Proceedings of the Imperial Academy, Japan*
PJ	*Pharmaceutical Journal*
PMASAL	*Papers of the Michigan Academy of Science, Arts and Letters*
PMG	*Philosophical Magazine*
PMGP	*Papers in Meteorology and Geophysics* (Japan)
PMJP	*Mitteilungen aus Justus Perthes' geographischer Anstalt* (Petermann's)
PNHB	*Peking Natural History Bulletin*
POPA	*Popular Astronomy*
PPMST	*Proceedings of the Physico-Mathematical Society of Japan* (Tokyo) (continuation of *PTMS*)
PQ	*Philological Quarterly*
PRDA	*Priroda* (Moscow)
PRIA	*Proceedings of the Royal Irish Academy*
PRSA	*Proceedings of the Royal Society* (Ser. A)
PRSB	*Proceedings of the Royal Society* (Set. B)
PRSG	*Publicaciones de la Real Sociedad Geográfica* (Spain)
PSA	*Proceedings of the Society of Antiquaries*
PTMS	*Proceedings of the Tokyo Mathematico-Physical Society* (cont. as *Phys.-Math. Soc. Japan*, *PPMST*)
PTRS	*Philosophical Transactions of the Royal Society*
QBCB/C	*Quarterly Bulletin of Chinese Bibliography* (Chinese ed.; *Thu Shu Chhi Khan*) 《图书季刊》(中文版)
QBCB/E	*Quarterly Bulletin of Chinese Bibliography* (English ed.) 《图书季刊》(英文版)
QJGS	*Quarterly Journal of the Geological Society of London*
QJRMS	*Quarterly Journal of the Royal Meteorological Society of London*
QMSF	*Quaderni del Museo di Storia delle Scienze, Firenze*
QSGM/A	*Quellen u. Studien z. Geschichte d. Mathematik* (Abt. A, Mathematik)
QSGM/B	*Quellen u. Studien z. Geschichte d. Mathematik* (Abt. B, Astronomie u. Physik)
QSGNM	*Quellen u. Studien z. Geschichte d. Naturwiss. u. d. Medizin* (contin. of *Archiv f. Gesch. d. Math., d. Naturwiss. u. d. Technik* (*AGMNT*) formerly *Archiv f. d. Gesch. d. Naturwiss. u. d. Technik* (*AGNT*))
RA	*Revue archéologique*
RAA/AMG	*Revue des Arts asiatiques* (*Annales du Musée Guimet*)
RAL/FMN	*Rendiconti d. Accademia* (r. now *naz.*) *dei Lincei* (Cl. Sci. Fis. Mat. e Nat.)
RAL/MSF	*Rendiconti d. Accademia* (r. now *naz.*) *dei Lincei* (Cl. Sci. Mor. Stor. e Filol.)
RASC/J	*Journal of the Royal Astronomical Society of Canada*
RAS/M	*Memoirs of the Royal Astronomical*

	Society	SJJ	Seismological Journal of Japan
RAS/MN	Monthly Notices of the Royal Astronomical Society	SK	Sanjutsu Kyōiku (Mathematical Education)
RAS/ON	Occasional Notes of the Royal Astronomical Society		《算術教育》
		SKY	Sky and Telescope (formerly Sky)
RCB	Revue coloniale Belge	SM	Scientific Monthly (formerly Popular Science Monthly)
REI	Revue des Etudes islamiques		
RGI	Rivista Geografica Italiana	SMA	Scripta Mathematica
RGM	Revista General de Marina (Spain)	SPAW/PH	Sitzungsber. d. preuss. Akad. Wiss. Berlin (Phil. -Kist. Klasse)
RGS	Revue générale des Sciences pures et appliquées		
		SPCK	Society for the Promotion of Christian Knowledge (London)
RHM	Revue d' Histoire des Missions		
RM	Reflets du Monde (Brussels)	SPMSE	Sitzungsber. d. physik. med. Soc. Erlangen
RQS	Revue des Questions seientifiques (Brussels)		
		SPR	Science Progress
RSISI	Rivista Scientifico-Industriale delle principali Scoperte ed Invenzioni fatti nelle Scienze e nelle Industrie	SPRDS	Scientific Proceedings of the Royal Dublin Society
		SR	Shirin (Journal of History)
RSO	Rivista di Studi Orientali		《史林》
SA	Sinica (originally Chinesische Blätter f. Wissenschaft u. Kunst)	SS	Science and Society (New York)
		SSA	Scripta Serica, Bulletin bibliographique (Centre franco-chinois d' Etudes sinologiques, Peking)
SAM	Scientific American		
SBE	Sacred Books of the East Series		
SC	Science	SSE	Hua-Hsi Ta-Hsüeh Wên Shih Chi Khan (Studia Serica; West China Union University Literary and Historical Journal)
SCI	Scientia		
SCSML	Smith College Studies in Modern Languages		
SG	Shinagaku (Sinology)		《华西协合大学中国文化研究所集刊》
	《支那学》		
SGZ	Shigaku Zasshi (Historical Journal)	SSE/M	Studia Serica Monograph Series
	《史学雑誌》		《华西协合大学中国文化研究所专刊》
SHAW/PH	Sitzungsber. d. Heidelberg Akad. d. Wissenschaften (Phil. -hist. Klasse)		
		ST	Die Sterne
SHR	Scottish Historical Review	STTC	Shih Ti Tsa Chih (Chekiang University Journal of History and Geography)
SHTC	Shih-Hsüeh Tsa Chih (Historical Journal)		
	《史学杂志》		《史地杂志》
SHST	Ssu-Hsiang yü. Shih-Tai (Thought and the Age; Journal of Chekiang University)	SUHVS	Skrifter utgifna af K. Humanistiska Vetenskaps Samfundet i Upsala
		SWAW/MN	Sitzungsber. d. (österreichischen) Akad. Wiss. Wien (Vienna) (Math. nat. Klasse)
	《思想与时代》		
SIR	Sirius		

SWAW/PH	Sitzungsber. d. （österreichischen）Akad. Wise. Wien（Vienna）（Phil. -hist. Klasse）	TM	Terrestial Magnetism and Atmospheric Electricity（continued as Journal of Geophysical Research）
SWYK	Shuo Wên Yüeh Khan（Philological Monthly）《说文月刊》	TMB	Bulletin du Musée ethnogr. du Trocadéro
SYR	Syria	TNH	Tōa no Hikori（Light of East Asia）《東亜の光》
TAIMME	Transactions of the American Institute of Mining and Metallurgical Engineers（formerly TAIME）	TNS	Transactions of the Newcomen Society
		TNZI	Transactions of the New Zealand Institute
TAPS	Transactions of the American Philosophical Society	TOCS	Transactions of the Oriental Ceramic Society
TAS/B	Transactions of the Asiatic Society of Bengal（Asiatick Researches）	TP	T'oung Pao（Archives concernant l'Histoire, les Langues, la Géographie, l'Ethnographie et les Arts de l'Asie Orientale, Leiden）
TASJ	Transactions of the Asiatic Society of Japan		
TBGZ	Tōkyō Butsuri Gakko Zasshi（Journal of the Tokyo College of Physics）《東京物理学校雑誌》		《通报》
		TSBA	Transactions of the Society of Biblical Archaeology
TCAAS	Transactions of the Connecticut Academy of Arts and Sciences	TSSC	Transactions of the Science Society of China
TCLP	Ti Chih Lun Phing（Geological Review）《地质论评》	TSYK	Thu Shu Yüeh Khan（Library Monthly）《图书月刊》
		TTB	Tekn. Tidskr. Bergsvetenskap
TFTC	Tung Fang Tsa Chih（Eastern Miscellany）《东方杂志》	TTWT	Tokyo Astron. Observ. Journal《東京天文台報》
TG/K	Tōhō Gakuhō, Kyōto（Kyoto Journal of Oriental Studies）《東方学報》（京都）	TWHP	Thien Wên Hsüeh Pao（Chinese Journal of Astronomy）《天文学报》
TG/T	Tōhō Gahuhō, Tōkyō（Tokyo Journal of Oriental Studies）《東方学報》（東京）	TYG	Tōyō Gakuhō（Reports of the Oriental Society of Tokyo）《東洋学報》
TH	Thien Hsia Monthly（Shanghai）《天下》（上海）	TYKK	Thien Yeh Khao Ku Pao Kao（Reports on the History of Agriculture）《田野考古报告》
THTC	Ti Hsüeh Tsa Chih（Geographical Miscellany）《地学杂志》	UBHJ	University of Birmingham Historical Journal
TIAU	Transactions of the International Astronomical Union	UMN	Unterrichtsblätter f. Math. u. Naturwiss.
		UNESC	Unesco Courier
TIYT	Trudy Instituta Istorii Yestestvoznania i Tekhniki（Moscow）	VAG	Vierteljahrsschrift d. astronomischen Gesellschaft

VBW	*Vorträge d. Bibliothek Warburg*		*gieuses*
VKAWA/L	*Verhandelingen d. Koninklijke（Nederl.）*	*ZA*	*Zeitschrift f. Astronomie*
	Akad. v. Wetenschappen te Amsterdam	*ZAE*	*Zeitschrift f. angew. Entomologie*
	（Afd. Letterkunde）	*ZASS*	*Zeitschr. f. Assyriologie*
VS	*Variétés Sinologiques Series*	*ZDMG*	*Zeitschrift d. deutsch. morgenländischen*
WNZ	*Wiener numismatische Zeitschrift*		*Gesellschaft*
YC	*Yü Chou（The Universe；Journ. of the*	*ZDPV*	*Zeitschrift d. deutsch. Palästina-Vereins*
	Chinese Astron. Soc.）	*ZGEB*	*Zeitschrift d. Gesellschaft f. Erdkunde*
	《宇宙》		*（Berlin）*
YCHP	*Yenching Hsüeh Pao（Yenching Uni-*	*ZMNWU*	*Zeitschrift*
	versity Journal of Chinese Studies）		*f. Math. u. Naturwiss. Unterricht*
	《燕京学报》	*ZMP*	*Zeitschrift f. Math. u. Physik*
Z	*Zalmoxis：Revue des Etudes reli-*	*ZSF*	*Zeitschrift f. Sozialforschung*

A 1800 年以前的中文和日文书籍

《安天论》

Discourse on the Conformation of the Heavens

晋，约公元 320 年（或许是公元 336 年）

虞喜

（片段辑存于《玉函山房辑佚书》卷七十七）

《聱隅子歔欷琐微论》

Whispered Trifles by the Tree-stump Master

宋，约 1040 年

黄晞

《抱朴子》

Book of the Preservation-of-Solidarity Master

晋，公元 4 世纪早期

葛洪

部分译文：Feifel（1，2）；Wu & Davis
（2）等

TT/1171-1173

《北斗七星念诵仪轨》

Mnemonic Rhyme of the Seven Stars of the Great
Bear and their Tracks

唐，约公元 710 年

一行

TW/1305

《北齐书》

History of the Northern Chhi Dynasty［+550 to
+577］

唐，公元 640 年

李德林及其子李百药

部分卷的译文：Pfizmaier（60）

《北史》

History of the Northern Dynasties［Nan Pei
Chhao period，+386 to+581］

唐，约公元 670 年

李延寿

《北使记》

Notes on an Embassy to the North

金和元，1223 年

乌古孙仲端

《北堂书钞》

Book Records of the Northern Hall ［ency-
clopaedia］

唐，约公元 630 年

虞世南

《北周书》

见《周书》

《本草别说》

Informal Remarks on the Pharmacopoeia

宋，1090 年

陈承

《本草纲目》

The Great Pharmacopoeia

明，1596 年

Li Shih-Chen 李时珍

释义和节译：Read 及其合作者（1-7）；
Read&Pak（1），附索引

《本草和名》

Synonymic Materia Medica with Japanese Equi-
valents

日本，公元 918 年

深根辅仁

《本草拾遗》

Omissions from Previous Pharmacopoeias

唐，约公元 725 年

陈藏器

《本草图经》

The Illustrated Pharmacopoeia

宋，约 1070 年（在 1062 年基础上）

苏颂

现仅作为引文存于《图经衍义本草》（*TT*/
751）及后来的本草著作中

《本草衍义》

The Meaning of the Pharmacopoeia Elucidated

宋，1116 年

寇宗奭

TT/761

《比例对数表》

Logarithm Tables with Explanations

清，1650 年

薛凤祚

《碧奈山房集》

见保其寿（*1*）

《避暑录话》

Conversations while Avoiding the Heat of Summer

宋，约 1150 年

叶梦得

《辨正论》

Discourse on Proper Distinctions

唐，约公元 630 年

法琳

《表异录》

Notices of Strange Things

明

王志坚

《伯牙琴》

The Lute of Po Ya〔legendary lutanist, G/ 1662〕

宋，13 世纪

邓牧

《博古图录》

见《宣和博古图》

《博物记》

Notes on the Investigation of Things

东汉，约公元 190 年

唐蒙

《博物志》

Record of the Investigation of Things

（参见《续博物志》）

晋，约公元 290 年（始撰于公元 270 年前后）

张华

《步里客谈》

Discussions with Guests at Pu-li

宋，约 1110 年

陈长方

《步天歌》

Song of the March of the Heavens〔astronomical〕

隋，公元 6 世纪末

王希明

译本：Soothill（5）

《参同契》

The Kinship of the Three; or, The Accordance （of the *Book of Changes*）with the Phenomena of Composite Things

东汉，公元 142 年

魏伯阳

译本：Wu & Davis（1）

《参同契考异》

A Study of the *Kinship of the Three*

宋，1197 年

朱熹（原用笔名邹訢）

《测量法义》

Essentials of Surveying〔trigonometry〕

明，1607 年

利玛窦和徐光启

《测量异同》

Similarities and Differences（between Chinese and European）Surveying Technique〔trigonometry〕

明，1631 年

徐光启

《测天约说》

Brief Description of the Measurement of the Heavens

明，1628 年

邓玉函

《测圆海镜》

Sea Mirror of Circle Measurements

金（元），1248 年

李冶

《测圆海镜分类释术》

Classified Methods of the *Sea Mirror of Circle Measurements*

明，1550 年

顾应祥

《策算》

On the Use of the Calculating-Rods

清，1744 年

戴震

《长安志图》

Maps to illustrate the History of the City of Eternal Peace [Chhang-an (Sian), ancient capital of China]

宋，约 1075 年

李好文

《长春真人西游记》

The Western Journey of the Taoist (Chhiu) Chhang-Chhun.

元，1228 年

李志常

《朝野佥载》

Stories of Court Life and Rustic Life

唐，公元 8 世纪，但大部分在宋代经过删并

张鷟

《潮说》

Discussion of the (Sea) Tides

宋，11 世纪早期

张君房

《乘除通变算宝》

Precious Reckoner for Mutually Varying Quantities

宋，13 世纪末

杨辉

[《杨辉算法》（参见该条）所含三种著作之一]

《池北偶谈》

Chance Conversations North of Chhih (-chow)

清，1691 年

王士禛

《赤水遗珍》

Pearls Recovered from the Red River [the recognition of the value of ancient and medieval Chinese mathematics]

清，1761 年

梅毂成

《赤雅》

Information about the Naked Ones [Miao and other tribespeople]

明，16 或 17 世纪

邝露

《敕修两浙海塘通志》

Historical Account of the Coastal Protection Works of Chekiang Province, prepared by Imperial Command

清，1751 年

方观承

《冲虚真经》

见《列子》

《重修革象新书》

Revision of the *New Elucidations of the Heavenly Bodies* (by Chao Yu-Chhin)

明

王祎

《崇祯历书》

Chhung-Chên reign-period Treatise on (Astronomy and) Calendrical Science

明，1635 年（耶稣会士编译的天文学百科全书的第一个版本）

见《新法算书》

《畴人传》

Biographies of (Chinese) Mathematicians and Astronomers

清，1799 年

阮元

罗士琳、诸可宝和黄钟骏有续编

（收于《皇清经解》卷一五九起）

《筹海图编》

Illustrated Seaboard Strategy

明，1562 年

郑若曾

也传为胡宗宪撰

《初学记》

Entry into Learning [encyclopaedia]

唐，公元 700 年

徐坚

《楚辞》

Elegies of Chhu (State)

周，约公元前 300 年（附汉代作品）

屈原（以及贾谊、严忌、宋玉、淮南小山等）

部分译文：Waley (23)

《春秋》

Spring and Autumn Annals ［i. e. Records of Springs and Autumns］

周；公元前 722 年到前 481 年之间的鲁国编年史

作者不详

参见《左传》《公羊传》《穀梁传》

见 Wu Khang (1)；Wu Shih-Chhang (1)

译本：Couvreur (1)；Legge (11)

《春秋纬考异邮》

Apocryphal Treatise on the *Spring and Autumn Annals*；Investigation of Discrepancies and Mistakes

西汉，公元前 1 世纪

作者不详

《春秋纬元命苞》

Apocryphal Treatise on the *Spring and Autumn Annals*；the Mystical Diagrams of Cosmic Destiny ［astrological-astronomical］

西汉，约公元前 1 世纪

作者不详

《淳祐临安志》

Shun-Yu reign-period Topographical Records of the Hangchow District

宋，约 1245 年

施谔

《辍耕录》

［有时也作《南村辍耕录》］

Talks (at South Village) while the Plough is Resting

元和明，1366 年

陶宗仪

《大宝积经》

Mahāratnakūta Sūtra

译于公元 541 年

N/23；TW/310

《大戴礼记》

Record of Rites (compiled by Tai the Elder)

（参见《小戴礼记》《礼记》）

归于西汉，约公元前 70—前 50 年，但实为东汉，在公元 80—105 年之间

传为戴德编；可能实为曹褒编

见 Legge (7)

译本：Douglas (1)；R. Wilhelm (6)

《大方等大集经》

Mahā-vaipulya-mahā-saṃnipāta Sūtra ［includes calendrical and Western zodiacal animal cycle material，association of planets with *hsiu*，etc. ］

北周或隋，公元 566—585 年之间

那连提耶舍译自梵文

N/61；TW/397

《大观经史证类草本》

Ta-Kuan reign-period Reorganised Pharmacopoeia

见《证类本草》

《大明会典》

History of the Administrative Statutes of the Ming Dynasty

明，第一版，1509 年；重修版，1587 年

申时行等编

《大明一统志》

Comprehensive Geography of the (Chinese) Empire (under the Ming dynasty)

明，约 1450 年 (1461 年？)

李贤编

《大清会典》

History of the Administrative Statutes of the Chhing Dynasty

清：第一部，1690 年；第二部，1733 年；第三部，1767 年；第四部，1818 年；第五部，1899 年

王安国及众多编者编纂

《大清一统志》

Comprehensive Geography of the (Chinese) Empire (under the Chhing dynasty)

清，约 1730 年

徐乾学编

《大唐西域记》

Records of the Western Countries in the time of the Thang

唐，公元 646 年

玄奘（僧人）述

辩机撰

译本：Julien（1）；Beal（2）

《大衍详说》

Explanation of Indeterminate Analysis ［algebra］

宋，约 1180 年

蔡元定

《大元一统志》

Comprehensive Geography of the （Chinese）
Empire （under the Yuan Dynasty）

元，约 1310 年

编者不详

《丹方鉴源》

Original Mirror of Alchemical Preparations

宋，11 世纪

独孤滔

TT/918

《丹铅总录》

Red Lead Record

明，1542 年

杨慎

《道藏》

The Taoist Patrology ［containing 1464 Taoist
works］

历代作品，但最初汇辑并刊行于宋。金
（1186-1191 年）、元、明（1445 年、1598
年和 1607 年）也曾刊印

索引：Wieger（6），见伯希和对其的评述

《引得》第 25 号

《道德经》

Canon of the Tao and its Virtue

周，公元前 300 年以前

传为李耳（老子）撰

译本：Waley（4）；Chhu Ta-Kao（2）；Lin
Yü-Thang（1）；Wieger（7）；Duyvendak
（18）；以及其他多种译本

《地镜》

Mirror of the Earth

梁，公元 6 世纪

作者不详

《地镜图》

Illustrated Mirror of the Earth

梁，公元 6 世纪

作者不详

《地纬》

Outlines of Geography

明，1624 年（刊于 1638 和 1648 年）

熊人霖

《丁巨算法》

Ting Chü's Arithmetical Methods

元，1355 年

丁巨

（见于《永乐大典》卷一六三四三至卷一六
三四四）

《东宫故事》

Stories of the Eastern Palace

西汉，公元前 48 年以前

张敞

《东坡全集（七集）》

The Seven Collections of （Su） Tung-Pho
［i. e. Collected Works］

宋，迄至 1101 年，但后来汇集在一起

苏东坡

《东西洋考》

Studies on the Oceans East and West

明，1618 年

张燮

《東國輿地勝覽》

Geographical Vista of the Eastern Kingdom
（Korea）

朝鲜，始撰于约 1470 年，完成于 1530 年

徐居正

《峒溪纤志》

Brief Notes from Thung-chhi ［ethnography of
tribal peoples］

清，17 世纪

陈鼎

《洞冥记》

Light on Mysterious Things

归于汉代；可能在公元 5 或 6 世纪

传为郭宪撰

《洞天清录（集）》

Clarification of Strange Things ［Taoist］

宋，约 1240 年

赵希鹄

《洞霄诗集》

Poems by Visitors to the Tung-Hsiao〔Taoist Temple at Hangchow〕

元，1302 年

孟宗宝

《洞玄灵宝诸天世界造化经》

Creation Canon; The Origin of all Heavens and all Worlds: a work of the Tung-Hsüan Scriptures of Ling-Pao Chün〔second person of the Taoist Trinity〕

可能撰于唐

作者不详

TT/318

《都城纪胜》

The Wonder of the Capital〔Hangchow〕

宋，1235 年

赵氏（灌圃耐得翁）

《都利聿斯经》

The Tu-Li-Yü-Ssu（Astrological）Manual〔probably two separate works combined〕

唐，约公元 800 年

璩公译自粟特语

《独醒杂志》

Miscellaneous Records of the Lone Watcher

宋，1176 年

曾敏行

《独异志》

Things Uniquely Strange

唐

李冗

《读史方舆纪要》

Essentials of Historical Geography

清，1667 年

顾祖禹

《杜阳杂编》

The Tu-yang Miscellany

唐，公元 9 世纪末

苏鹗

《端溪砚谱》

Tuan-chhi Inkstone Record

宋，约 1135 年

作者不详

《敦煌录》

Record of Tunhuang〔local topography〕

唐

作者不详

译本：L. Giles（8，9）

《尔雅》

Literary Expositor〔dictionary〕

周代材料，编定于秦或西汉

编者不详

郭璞于公元 300 年前后增补并注

《引得特刊》第 18 号

《二程全书》

Complete Works of the Two Chhêng Brothers〔Neo-Confucian philosophers〕. Contains: *Honan Chhêng Shih I Shu*, *Honan Chhêng Shih Wai Shu*, *I-Chhuan I Chuan*, *Erh Chhêng Sui Yen*, etc.

宋，约 1110 年；合辑于 1323 年

程颐和程颢

（元）谭善心合辑

（明）阎禹锡编辑刊行（1461 年）

《发蒙记》

Tutorial Record

晋，公元 3 世纪晚期

束皙

（辑录于《玉函山房辑佚书》卷六十二）

《发微论》

Effects of Minute Causes〔geomantic〕

宋，约 1170 年

蔡元定

《法算取用本末》

Alpha and Omega of Simple Calculations

宋，13 世纪晚期

杨辉

《法显传》

见《佛国记》

《法显行传》

见《佛国记》

《法言》

Admonitory sayings〔in admiration, and imitation, of the Lun Yü〕

新莽，公元 5 年

扬雄

译本：von Zach（5）

《法苑珠林》

Forest of Pearls in the Garden of the Law
　［Buddhist encyclopaedia］

唐，公元 668 年

道世（僧人）

《梵天火罗九曜》

The *Horā* of Brahma and the Seven Luminaries

唐，公元 874 年

传为一行撰，但实非他的作品

TW/1311

《方舆胜览》

Triumphant Vision of the Great World［geo-
　graphy］

宋，1240 年

祝穆

《方洲杂言》

Reminiscences of（Chang）Fang-Chou

明，1430—1470 年

张宁

《风俗通义》

The Meaning of Popular Traditions and Customs

东汉，公元 175 年

应劭

《通检丛刊》之三

《风土记》

Record of Airs and Places

晋，公元 3 世纪

周处

《枫窗小牍》

Maple-Tree Window Memories

宋，13 世纪初（1202 年以后）

袁褧

《佛国记》

　［=《法显传》或《法显行传》］

Records of Buddhist Countries［also called
　Travels of Fa-Hsien］

晋，约公元 420 年

法显（僧人）

译本：Rémusat（1）；Beal（1）；Legge（4）；

H. A. Giles（3）

《佛说北斗七星延命经》

Sūtra spoken by a Bodhisattva on the Delaying of
　Destiny according to the Seven Stars of the
　Great Bear［contains Western zodiacal animal
　cycles］

唐

译者不详

TW/1307

《佛祖统纪》

Records of the Lineage of Buddha and the
　Patriarchs

宋，1270 年

志盘（僧人）

N/1661

《伏侯古今注》

Commentary of the Lord Fu on Things New
　and Old

东汉，约公元 140 年

伏无忌

（仅有片段辑存于《玉函山房辑佚书》卷七
　十三）

《傅子》

Book of Master Fu

晋，公元 3 世纪

傅玄

《改算记纲目》

Comprehensive Summary of Integration［early
　calculus］

日本，1687 年

持永丰次和大桥宅清

《感应经》

On Stimulus and Response（the Resonance of
　Phenomena in Nature）

唐，约公元 640 年

李淳风

《感应类从志》

Record of the Mutual Resonances of Things

晋，约公元 295 年

张华

《高厚蒙求》

Investigation of the Dimensions of the Universe

［Celestial and terrestrial cartography］

清，约 1799 年

徐朝俊

《高丽图经》

见《宣和奉使高丽图经》

《高僧传》

Biographies of Outstanding（Buddhist）Monks ［especially those noted for learning and philosophical eminence］

梁，公元 519—554 年

慧皎（僧人）

TW/2059

《割圆连比例图解》

Explanation of the Determination of Segment Areas（using infinite series）

清，1800 年以前，但可能刊于 1819 年

董祐诚

《割圆密率捷法》

Quick Method for Determining Segment Areas （using infinite series）

清，1774 年

明安图

《革象新书》

New Elucidation of the Heavenly Bodies

元

赵友钦

明代王祎修订为《重修革象新书》（参见 该条）

《格古要论》

Handbook of Archaeology

明，1387 年

曹昭

《格致草》

Scientific Sketches

明，1620 年［1648 年］

熊明遇

《格致古微》

见王仁俊（1）

《格致镜原》

Mirror of Scientific and Technological Origins

清，1735 年

陈元龙

《庚辛玉册》

Precious Secrets of the Realm of Kêng and Hsin ［i. e. all things connected with metals and minerals, symbolised by these two cyclical characters. On alchemy and pharmaceutics. Kêng-Hsin is also an alchemical synonym for gold］

明，1421 年

宁献王（明王子）

《公孙龙子》

The Book of Master Kungsun Lung

（参见《守白论》）

周，公元前 4 世纪

公孙龙

译本：Ku Pao-Ku（1）；Perleberg（1）；Mei Yi-Pao（3）

《公羊传》

Master Kungyang's Commentary on the *Spring and Autumn Annals*

周（有秦、汉增益），公元前 3 世纪末和前 2 世纪初

传为公羊高撰，但更可能为公羊寿撰

见 Wu Khang（1）

《碧溪诗话》

River-Boulder Pool Essays ［literary criticism］

宋，1168 年

黄彻

《古今律历考》

Investigation of the（Chinese）Calendars, New and Old

明，约 1600 年

邢云路

《古今算学丛书》

见刘铎（1）

《古今尠》

见《敬斋古今尠》

《古今注》

见《伏侯古今注》

《古刻丛钞》

Collection of Ancient（Thang and Sung） Inscriptions

明，14 世纪

陶宗仪

《古算器考》

Enquiry into the History of Mechanical Computing Aids

清，约 1700 年（收于《历算全书》）

梅文鼎

《古微书》

Old Mysterious Books

［A collection of the apocryphal Chhan-Wei treatises］

年代未定，部分撰于西汉

（明）孙毂编

《怪石赞》

Strange Rocks

清，1665 年

宋荦

《观石录》

On Looking at Stones

清，1668 年

高兆

《管窥辑要》

见《天文大成管窥辑要》

《管子》

The Book of Master Kuan

周和西汉。也许大部分编纂于稷下学宫（公元前 4 世纪晚期），部分采自较早的材料

传为管仲撰

部分译文：Haloun（2，5）；Than Po-Fu *et al.*（1）

《广雅》

Enlargement of the *Erh Ya*；Literary Expositor

［dictionary］

三国（魏），公元 230 年

张揖

《广阳杂记》

Collected Miscellanea of（Master）Kuang-Yang

（Liu Hsien-Thing）

清，约 1695 年

刘献廷

《广舆图》

Enlarged Terrestrial Atlas

元，1320 年

朱思本

（明）罗洪先约于 1555 年首刊并加"广"字

《广韵》

Enlargement of the *Chhieh Yün*；*Dictionary of the Sounds of Characters*

宋

（由晚唐及宋代学者完成，其今名定于 1011 年）

陆法言等

《归潜志》

On Returning to a Life of Obscurity

金，1235 年

刘祁

《归田录》

On Returning Home

宋，1067 年

欧阳修

《癸辛杂识》

Miscellaneous Information from Kuei-Hsin Street

（in Hangchow）

宋，13 世纪晚期，成书可能不早于 1308 年

周密

见 des Rotours（1），p. cxii.

《癸辛杂识续集》

Miscellaneous Information from Kuei-Hsin Street

（in Hangchow）；First Addendum

元，1308 年

周密

见 des Rotours（1），p. cxii.

《桂海虞衡志》

Topography and Products of the Southern Provinces

宋，1175 年

范成大

《国语》

Discourses on the（ancient feudal）States.

晚周、秦和西汉，包括采自古代记录的早期材料

作者不详

《海潮赋》

Essay on the Tides

唐，公元 850 年

卢肇

《海潮辑说》

Collected Writings on the Sea Tides

清，1781 年

俞思谦（辑）

《海潮论》

Discourse on the Tides

五代，约公元 900 年

邱光庭

《海潮图论》

Illustrated Discourse on the Tides

宋，1026 年

燕肃

《海潮图序》

Preface to Diagrams of the Tides

宋，1025 年

余靖

《海岛算经》

Sea Island Mathematical Manual

［原为《九章算术》的附录，唐以前称《重差》，《隋书·经籍志》也录有一部《九章重差图》］

三国，公元 263 年

刘徽

《海国闻见录》

Record of Things Seen and Heard about the Coastal Regions

清，1744 年

陈伦炯

《海涵万象录》

The Multiplicity of Phenomena

明

黄润玉

《海内十洲记》

Record of the Ten Sea Islands

传为汉代著作，可能成于公元 4 或 5 世纪

旧题东方朔撰

《海涛志》

［或《海峤志》］

On the Tides

唐，约公元 770 年

窦叔蒙

《海药本草》

Drugs of the Southern Countries beyond the Seas ［or Pharmaceutical Codex of Marine Products］

唐，约公元 775 年（或 10 世纪初）

李珣（据李时珍）

李玹（据黄休复）

收存于《本草纲目》等

《函宇通》

General Survey of the Universe

［包括《格致草》和《地纬》］

清，1648 年

熊明遇和熊人霖

《汉武帝内传》

The Inside Story of Emperor Wu of the Han

晋，公元 4 世纪，或至少隋以前

作者不详（托名班固），或许是葛洪撰

TT/289

《和名本草》

见《本草和名》

《河南程氏外书》

Supplementary Records of Discourses of the Chhêng brothers of Honan ［Chhêng I and Chhêng Hao, + 11th-century Neo-Confucian philosophers］

朱熹（编）

收录于《二程全书》（参见该条）

《河南程氏遗书》

Remaining Records of Discourses of the Chhêng brothers of Honan ［Chhêng I and Chhêng Hao, + 11th-century Neo-Confucian philosophers］

宋，1168 年

朱熹（编）

收录于《二程全书》（参见该条）

《河朔访古记》

Archaeological Topography of the Regions North of the Yellow River

元

纳新

《河图纬稽耀钩》

Apocryphal Treatise on the *River Diagram*; Investigation of the Full Circle of the （Celestial）Brightnesses

西汉，约公元前 50 年

作者不详

《河图纬括地象》

Apocryphal Treatise on the *River Diagram*; Examination of the Signs of the Earth

西汉，约公元前 50 年

作者不详

《河源记》

Records of the Source of the (Yellow) River

元，约 1300 年

潘昂霄

《河源纪略》

The Sources of the (Yellow) River, and a History of our Knowledge of them [published by Imperial Authority]

清，1784 年

阿弥达和王念孙等多名学者编纂

《鹖冠子》

Book of the Pheasant-Cap Master

本书内容很杂，编定于公元 629 年，这由敦煌所发现的一种抄本所证明。其中很多部分肯定是周代（公元前 4 世纪）的作品，大部分不晚于汉代（公元 2 世纪），但混有一些后来的作品，包括一篇已成为正文的公元 4 或 5 世纪的注释，这约占全书的七分之一 [Haloun（5），p. 88]。书中还含有一篇已佚的"兵法书"

传为鹖冠子撰

TT/1161

《鹤林玉露》

Jade Dew from the Forest of Cranes

宋

罗大经

《洪范五行传》

Discourse on the Hung Fan chapter of the *Shu Ching* in relation to the Five Elements

西汉，约公元前 10 年

刘向

《侯鲭录》

Waiting for the Mackerel

宋

赵德麟

《后汉书》

History of the Later Han Dynasty ［+ 25 to +220]

刘宋，450 年

范晔

书中诸"志"为司马彪撰

部分译文：Chavannes（6，16）；Pfizmaier（52，53）

《引得》第 41 号

《后周书》

见《周书》

《弧矢论》

Discussion on Arcs and Sagittae

明，约 1550 年

唐顺之

《弧矢算术》

Calculations of Arcs and Segments

明，1552 年

顾应祥

《花镜》

见《秘传花镜》

《华阳国志》

Record of the Country South of Mount Hua ［historical geography of Szechuan down to +138]

晋，公元 347 年

常璩

《画墁集》

Painted Walls

宋，1110 年

张舜民

《淮南鸿烈解》

见《淮南子》

《淮南天文训补注》

Commentary on the Astronomical Chapter in *Huai Nan Tzu*

清，1788 年

钱塘

被收作刘文典（2）的附录（第六册）而重

刊，上海商务印书馆，1923 年、1926 年

《淮南子》

[＝《淮南鸿烈解》]

The Book of (the Prince of) Huai Nan [compendium of natural philosophy]

西汉，约公元前 120 年

淮南王刘安聚集学者集体撰写

部分译文：Morgan (1)；Erkes (1)；Hughes (1)；Chatley (1)；Wieger (2)

《通检丛刊》之五

TT/1170

《皇朝经世文编》

Collected Essays by Chhing Dynasty officials on Social, Political and Economic Problems [Contains many +18th-century writings]

见贺长龄 (1)

《皇朝礼器图式》

Illustrated Description of Sacrificial Vessels, Official Robes and Insignia, Musical Instruments and Astronomical Apparatus used during the Chhing Dynasty

清，1759 年和 1766 年

董诰 (编)

《皇清经解》

Collection of (more than 180) Monographs on Classical Subjects written during the Chhing Dynasty

见严杰 (1)

《皇清职贡图》

Illustrated Records of Tributary Peoples in the time of the Chhing Dynasty

清，1763 年

傅恒

《皇舆考》

Geographical Investigations

明，1588 年

张天复

《黄道总星图》

Star-Maps arranged according to Ecliptic Co-ordinates [celestial latitudes and longitudes]

清，1746 年

戴进贤

《浑盖通宪图说》

On Plotting the Co-ordinates of the Celestial Sphere and Vault [stereographic projections for the astrolabe]

明，1607 年

李之藻

《浑天赋》

Ode on the Celestial Sphere

唐，公元 676 年

杨炯

《浑天象说 (注)》

Discourse on Uranographic Models

三国，约公元 260 年

王蕃

[收于《全上古三代秦汉三国六朝文》(全三国文) 卷七十二，第一页起]

《浑仪》

On the Armillary Sphere

东汉，约公元 117 年

张衡

(片段辑存于《玉函山房辑佚书》卷七十六)

《火攻挈要》

Essentials of Gunnery

明，1643 年

焦勖

与汤若望合作

《火龙经》

The Fire-Drake (Artillery) Manual

明，1412 年

焦玉

此书本书三卷，伪托于诸葛武侯 (即诸葛亮)，而作为合编者出现的刘基 (1311—1375 年)，实际上可能是合作者

二集三卷，传为刘基撰，但由毛希秉汇辑或撰于 1632 年

三集二卷，茅元仪 (鼎盛于 1628 年) 撰，诸葛光荣 (其序作于 1644 年)、方元状和钟伏武辑

《缉古算经》

Continuation of Ancient Mathematics

唐，约公元 625 年

王孝通

《汲冢周书》

The Books of（the）Chou（Dynasty）found in the Tomb at Chi

见《逸周书》

《几何原本》

Elements of Geometry（Euclid's）［first six chapters］

明，1607 年

利玛窦和徐光启初译

韦烈亚力和李善兰译成（1857 年）

《计倪子》

［=《范子计然》］

The Book of Master ChiNi

周，公元前 4 世纪

传为范蠡（计然）撰

《计然》

见《计倪子》

《简平仪说》

Description of a simple Altazimuth Quadrant ［astronomical instrument］

明，1611 年

熊三拔

《见闻记》

Records of Things Seen and Heard

唐，公元 800 年

封演

《江阴县志》

Topography of Chiang-yin and its District ［in Chiangsu Province］

宋，1194 年（明、清两代续编）

原作者不详

《交黎剿平事略》

Materialson the Pacificatory Expedition to Southern Annam（Cochin China）during the Li（Dynasty）

明，1551 年

张鳌

《戒庵集》

Notes from the Fasting Pavilion

明，约 1500 年

靳贵

《芥子园画传》

The Mustard-Seed Garden Guide to Painting

清，1679

李笠翁（序）

王概（正文及作画）

《金楼子》

Book of the Golden Hall Master

梁，约公元 550 年

萧绎（梁元帝）

《金史》

History of the Chin（Jurchen）Dynasty ［+1115 to +1234］

元，约 1345 年

脱脱和欧阳玄

《引得》第 35 号

《锦囊启蒙》

Brocaded Bag of（Mathematical Books）for the Relief of Ignorance

元或明，14 世纪

作者不详

（见于《永乐大典》卷一六三四三至卷一六三四四）

《晋起居注》

Daily Court Records of the Emperors of the Chin Dynasty

隋以前

刘道会

《晋书》

History of the Chin Dynasty ［+265 to + 419］.

唐，公元 635 年

房玄龄

部分译文：Pfizmaier（54-57）

《经典集林》

Collected Classical Fragments

清，约 1790 年

洪颐煊辑

《经世大典》

见《元经世大典》

《经书算学天文考》

Investigations on the Astronomy and Mathematics of the Classics

清，1797 年

陈懋龄

《经天该》

Comprehensive Rhymed Catalogue of Stars

明，可能在 1601 年

利玛窦和李我存

《荆楚岁时记》

Annual Folk Customs of the States of Ching and Chhu [i. e. of the districts corresponding to those ancient States：Hupei, Hunan and Chiangsi]

可能为梁，约公元 550 年，但或许部分撰于隋，约公元 610 年

宗懔

见 des Rotours (1)，p. cii

《敬斋古今黈》

The Commentary of (Li) Ching-Chai (Li Yeh) on Things Old and New

宋，13 世纪

李冶

《九宫行碁立成》

Divination Table arranged according to the Nine Palaces in which the Chess Pieces Move

唐或五代

作者不详

（敦煌写本 S/6164.）

《九家旧晋书辑本》

Collected Texts of Nine Versions of the *History of the Chin Dynasty*

唐

（清）汤球辑

《九章算经》

见《九章算术》

《九章算术》

Nine Chapters on the Mathematical Art

东汉，公元 1 世纪（包含许多西汉或许还有秦的材料）

作者不详

《九章算术细草图说》

Careful Explanation of the *Nine Chapters on the Mathematical Art*, with diagrams

清，约 1795 年

李潢

《九章算术音义》

Explanations of Meanings and Sounds of Words occurring in the *Nine Chapters on the Mathematical Art*

宋

李藉

《旧唐书》

Old History of the Thang Dynasty [+ 618 to + 906]

五代，公元 945 年

刘昫

《救荒本草》

Famine Herbal

明，（1395 年），1406 年

周定王（明皇子）

收存于《农政全书》卷四十六至卷五十九

《就日录》

Daily Journal

宋

赵氏（灌圃耐得翁）

《聚米为山赋》

Essay on the Art of Constructing Mountains with Rice [relief-maps]

唐，约公元 845 年

蒋防

《开宝本草》

Khai-Pao reign-period Pharmacopoeia

宋，约公元 970 年

刘翰和马志

《开方说》

Theory of Equations of Higher Degrees

清，18 世纪末

李锐

《开元占经》

The Khai-Yuan reign-period Treatise on Astrology (and Astronomy)

唐，公元 729 年

（某些部分，例如《九执历》早在公元 718 年就已写成）

瞿昙悉达

《考工记》

The Artificers' Record

[《周礼》（参见该条）中的一部分]

周和汉，最初可能是齐国的官书，约于公元
　　前140年收入

编者不详

译本：E. Eiot（1），

参见郭沫若（1）；杨联陞（7）

《考古图》

Illustrations of Ancient Objects

宋，1092年

吕大临

《孔丛子》

The Book of Master Khung Tshung

归于东汉，可能更晚

传为孔鲋撰

《孔了家语》

Table Talk of Confucius

东汉或更可能为三国，公元3世纪早期（但
　　据较早期的材料编成）

王肃编

部分译文：Kramers（1）；A. B. Hutchinson
　　（1）；de Harlez（2）

《括地象》

见《河图纬括地象》

《括地志》

Comprehensive Geography

唐，公元7世纪

魏王泰

（有孙星衍1797年的辑本）

《懒真子》

Book of the Truth-through-Indolence Master

宋，1111—1117年

马永卿

《老学庵笔记》

Notes from the Hall of Learned Old Age

宋

陆游

《雷公药对》

Answers of the Venerable（Master）Lei con-
　　cerning Drugs

可能在刘宋，至少在齐以前

可能为雷敩撰

后传为雷公撰，雷公是传说中的黄帝的臣子

徐之才注

《类篇》

Dictionary of Character Sounds

宋，1067年

司马光

《离骚》

Elegy on Encountering Sorrow［ode］

周，约公元前295年

屈原

《蠡海集》

The Beetle and the Sea［title taken from the
　　proverb that the beetle's eye view cannot
　　encompass the wide sea-a biological book］

明，14世纪晚期

王逵

《礼记》

［=《小戴礼记》］

Record of Rites［compiled by Tai the Younger］
　　（参见《大戴礼记》）

归于西汉，约公元前70年—前50年，但实
　　为东汉，在公元80—105年之间，尽管其
　　中的一些最早的文章可以上溯到《论语》
　　时代（约公元前465—前450年）

传为戴圣编

实为曹褒编

译本：Legge（7）；Couvreur（3）；R. Wilhelm
　　（6）

《引得》第27号

《李氏药录》

Mr Li's Record of Drugs

三国（魏），约公元225年

李当之

《李氏遗书》

Mathematical Remains of Mr Li（Jui）

清，1765—1814年；刊于1823年

李锐

《历测》

Calendrical Measurements

明，1631年

魏文魁和魏象乾

《历代论天》

Discussions on the Heavens in Different Ages

清，1790 年

杨超格

《历代通鉴辑览》

Essentials of History

清，1767 年

陆锡熊（编）

《历代钟鼎彝器款识法帖》

Description of the Various Sorts of Bronze Bells,
Cauldrons, Temple Vessels, etc. of all Ages

宋，11 世纪

薛尚功

《历法西传》

History of Western Calendrical Science（and
Astronomy）

清，1656 年

后来收入《新法算书》（参见该条）

汤若望

《历算全书》

Complete Works on Calendar and Mathematics

清，1723 年

梅文鼎

《历算书目》

Mathematical Bibliography

清，1723 年

梅文鼎

《历体略》

An Account of Astronomy and Calendrical
Science

明

王英明

《历象考成》

Compendium of Calendrical Science and
Astronomy（compiled by Imperial Order）
[based on the work of Cassini and Flamsteed]

[《律历渊源》（参见该条）的组成部分]

清，1713 年（1723 年）

梅毂成和何国宗编

参见 Hummel（2），p. 285；Pfister（1），
pp. 647, 648, 653

《历元》

Origins of Calendrical Science

明，1631 年

魏文魁和魏象乾

《立世阿毗昙论》

Lokasthiti Abhidharma Sāstra；Philosophical
Treatise on the Preservation of the World
[astronomical]

印度，公元 558 年汉译

作者不详

《梁书》

History of the Liang Dynasty [+502 to +556]

唐，公元 629 年

姚察及其子姚思廉

《梁四公记》

Tales of the Four Lords of Liang

唐，约公元 695 年

张说

《梁溪漫志》

Bridge Pool Essays

宋，1192 年

费衮

《两山墨谈》

Jottings from Two Mountains

明

陈霆

《列子》

[=《冲虚真经》]

The Book of Master Lieh

周和西汉，公元前 5—前 1 世纪。该书收录
了取自各种来源的古代片断材料并杂有公
元 380 年前后的许多新材料

传为列御寇撰

译本：R. Wilhelm（4）；L. Giles（4）；Wieger
（7）

TT/663

《麟角集》

The Unicorn Horn Collection（of Examination
Essays）

唐，公元 9 世纪

王棨

《灵台秘苑》

The Secret Garden of the Observatory [as-
tronomy, including a star list, and State
astrology]

北周，约公元 580 年

宋代修订，明代可能有较多增益；有两种不
同的传本系于本书名及作者

庾季才

《灵宪》

The Spiritual Constitution (or Mysterious Organisation) of the Universe [cosmological and astronomical]

东汉，约公元 118 年

张衡

（辑存于《玉函山房辑佚书》，卷七十六）

《岭南异物志》

Record of Strange Things South of the Passes

唐，公元 9 世纪初

孟琯

《岭外代答》

Information on What is Beyond the Passes (lit. a book in lieu ofindividual replies to questions from friends)

宋，1178 年

周去非

《琉球国志略》

Account of the Liu-Chhiu Islands

清，1757 年

周煌

《六经天文编》

Treatise on Astronomy (and Calendrical Science) in the Six Classics

宋，约 1275 年

王应麟

《六经图》

Illustrations of Objects mentioned in the Six Classics

版本很多，初版于宋代，约 1155 年

杨甲

《龙泉县志》

Local Topography of Lung-chhüan (Chekiang)

清，1762 年

顾国诏（纂修）

《漏刻法》

Treatise on the Clepsydra

北魏，约公元 440 年

李兰

《漏刻赋》

Ode on the Clepsydra

晋，约公元 295 年

陆机

《漏水转浑天仪制》

Method for making an Armillary Sphere revolve by means of water from a Clepsydra

[或许只是《浑仪》的一部分，在《玉函山
房辑佚书》卷七十六中附于所辑《浑
仪》]

东汉，约公元 117 年

张衡

《庐陵异物志》

Strange Things of Lu-Ling

宋

作者不详

《庐山记》

Description of Mount Lu (near the Poyang Lake)

陈舜俞

《录异记》

Strange Matters

宋

杜光庭

《路史》

The Peripatetic History

[以朝代史的形式编成的寓言和传说汇集，
但包含许多有关技术的奇特资料]

宋

罗泌

《麓堂诗话》

Foothill Hall Essays [literary criticism]

明，1513 年

李东阳

《论衡》

Discourses Weighed in the Balance

东汉，公元 82 或 83 年

王充

译本：Forke (4)

《引得》第 1 号

《论语》

Conversations and Discourses (of Confucius)

[perhaps Discussed Sayings, Normative

Sayings, or Selected Sayings]; Analects

周（鲁），约公元前 465—前 450 年

孔子弟子编纂（第十六、十七、十八和二十

篇是后来窜入的）

译本：Legge（2）；Lyall（2）；Waley（5）；

Ku Hung-Ming（1）

《引得特刊》第 16 号

《论月蚀》

On Lunar Eclipses

东汉，约公元 200 年

刘洪

（存于《后汉书》卷十二，第十七页）

《罗浮山志》

History and Topography of the Lo Fou Mountains

（north of Canton）

清，1716 年（但根据更早期的历史记述）

陶敬益

《洛书纬甄曜度》

Apocryphal Treatise on the Lo Shu Diagram;

Examination of the Measured（Movements）of

the（Celestial）Brilliances

汉

作者不详

《洛阳伽蓝记》

Description of the Buddhist Tempies of Loyang

北魏，约公元 530 年

杨衒之

《吕和叔文集》

Collected Writings of Lü Wên（Lu Ho-Shu）

唐，约公元 850 年

吕温

《吕氏春秋》

Master Lü's Spring and Autumn Annals［com-

pendium of natural philosophy］

周（秦），公元前 239 年

吕不韦召集学者集体编撰

译本：R. Wilhelm（3）

《引得》第 2 号

《履斋示儿编》

Instructions and Miscellaneous Information for

the Use of Children of his own Family by

（Sun）Lü-Chai

宋，1205 年

孙奕

《律历渊源》

Ocean of Calendrical and Acoustic Calculations

（compiled by Imperial Order）

［包括《历象考成》《数理精蕴》《律吕正

义》（参见各条）］

清，1723 年；刊印可能不早于 1730 年

梅毅成和何国宗编

参见 Hummel（2），p. 285；Wylie（1），

pp. 96 ff.

《律历志》

Memoir on the Calendar

东汉，公元 178 年

刘洪和蔡邕

（存于《后汉书》卷十三）

《律吕新论》

New Discourse on Music and Acoustics

清，约 1740 年

江永

《律吕正义》

Collected Basic Principles of Music（compiled

by Imperial Order）

［《律历渊源》（参见该条）的组成部分］

清，1723 年

梅毅成和何国宗编

参见 Hummel（2），p. 285

《麻姑山仙坛记》

Notes on the Altars to the Immortals on Ma-

Ku Mountain

唐，约公元 760 年

颜眞卿

《蛮书》

Book of the Barbarians［itineraries］

唐，约公元 862 年

樊绰

《孟子》

The Book of Master Mêng（Mencius）

周，约公元前 290 年

孟轲

译木：Legge（3）；Lyali（1）

《引得特刊》第 17 号

《梦粱录》

    The Past seems a Dream〔description of the capital, Hangchow〕

    宋，1275 年

    吴自牧

《梦溪笔谈》

    Dream Pool Essays

    宋，1086 年；最后一次续补，1091 年

    沈括

《秘传花镜》

    The Mirror of Flowers〔horticultural and zoo-technic manual〕

    清，1688 年

    陈淏子

《秘书监志》

    见《元秘书监志》

《名医别录》

    Informal Records of Famous Physicians

    梁以前，或许在三国或晋

    陶弘景（约 500 年）注

《明皇杂录》

    Miscellaneous Records of the Brightness of the Imperial Court（of Thang Hsüan Tsung）

    唐，公元 855 年

    郑处海

《明史》

    History of the Ming Dynasty〔+1368 to +1643〕

    清，1739 年

    张廷玉等

《明堂大道录》

    Studies on the Great Tradition of the Ming Thang〔the cosmological temple, astronomical observatory, and emperor's ritual house, of antiquity〕

    清，约 1736 年

    惠士奇

《明译天文书》

    Astronomical Books translated（by Imperial Order of the）Ming

    明，1382 年

    海达儿（或黑的儿）译

《明月记》

    Moonlight Diary〔from +1192 onwards〕

    日本，约 1200 年

    藤原定家（1162—1241 年）

《摩登伽经》

    Mātangī Sūtra（？）；The Book of Mātangī〔contains astrological details and a list of *hsiu* with the number of stars in each〕

    归于三国，约公元 225 年，但实际应该大约在公元 8 世纪

    一般认为由竺律炎译自梵文

    N/645，TW/1300

《墨经》

    见《墨子》

《墨客挥犀》

    Fly-Whisk Conversations of the Scholarly Guest

    宋，约 1080 年

    彭乘

《墨子》

    The Book of Master Mo

    周，公元前 4 世纪

    墨翟（及其弟子）

    译本：Mei Yi-Pao（1）；Forke（3）

    《引得特刊》第 21 号

    TT/1162

《默记》

    Things Silently Recorded〔affairs of the capital city〕

    宋，11 世纪

    王铚

《穆天子传》

    Account of the Travels of the Emperor Mu.

    周，公元前 245 年以前（公元 281 年发现于魏安釐王墓；安釐王，公元前 276—前 245 年在位）

    作者不详

    译本：Eitel（1）；Chêng Tê-Khun（2）

《南村辍耕录》

    见《辍耕录》

《南方草木状》

    Records of the Plants and Trees of the Southern Regions

晋，公元 3 世纪

稽含

《南濠诗话》

Essays of the Retired Scholar Dwelling by the Southern Moat [literary criticism]

明，1513 年

都穆

《南湖集》

Southern Lake Collection (of Poems)

宋，1210 年

张镃

《南华真经》

见《庄子》

《南齐书》

History of the Southern Chhi Dynasty [+479 to +501]

梁，公元 520 年

萧子显

《南史》

History of the Southern Dynasties [Nan Pei Chhao period, +420 to +589]

唐，约公元 670 年

李延寿

《南裔异物志》

Strange Things from the Southern Borders

东汉，公元 2 世纪末

杨孚

《南州异物志》

Strange Things of the South

晋，公元 3 或 4 世纪

万震

《难儞计湿嚩啰天说支轮经》

Manual of the Chih Cycle, spoken by Nan-Ni-Chi-Shih-Fu-Lo-Thien [astrological and geomantic text, which includes the European zodiacal animal cycle]

宋，约公元 985 年

法贤译（译自梵文？）

TW/1312

《农书》

Treatise on Agriculture

宋，1149 年；刊于 1154 年

陈旉（道士）

《农书》

Treatise on Agriculture

元，1313 年

王祯

《农政全书》

Complete Treatise on Agriculture

明。撰于 1625—1628 年；刊于 1639 年

徐光启

陈子龙编

《佩文韵府》

Encyclopaedia of Phrases and Allusions arranged according to Rhyme

清，1711 年

张玉书等编

《骈字类编》

Collection of Phrases and Literary Allusions

清，1728 年

何焯等编

《普济方》

(Simple) Prescriptions for Everyman

明，约 1410 年

朱橚（周定王），在赵俺诚等的协助下完成

《七国考》

Investigations of the Seven (Warring) States

明

董说

《七巧新谱》

NewTangram Puzzles

清

见桑下客（1）

《七修类稿》

Seven Compilations of Classified Manuscripts

明，约 1530 年

郎瑛

《七曜攘灾决（诀）》

Formulae for avoiding Calamities according to the Seven Luminaries [astronomical text, giving planetary ephemerides from +794, *nakshatra* (*hsiu*) extensions with ecliptic data, planetary names of the days of the Sogdian

7-day week, and associations of planets with the five Chinese elements, with the seven stars of the Great Bear, etc.]

唐，公元 9 世纪，公元 806 年之后

（可能部分译自粟特语）

金俱吒

TW/1308

《七曜星辰别行法》

The Different Influences of the Seven Luminaries and the Constellations [Lists the *hsiu* and the stars in them; also gives their gods, diseases and remedies]

唐，约公元 710 年（可能在公元 8 世纪晚期）

传为一行撰

TW/1309

《七政推步》

On the Motions of the Seven Governors [planetary ephemerides prepared according to the methods of the Muslim astronomers in China]

明，1482 年

贝琳

《齐东野语》

Rustic Talks in Eastern Chhi

元，约 1290 年

周密

《契丹国志》

Memoirs of the Liao [Chhi-tan Tartar Kingdom]

宋和元，13 世纪中叶

叶隆礼

《前汉书》

History of the Former Han Dynasty [-206 to +24]

东汉（约公元 65 年开始编写），约公元 100 年

班固，死后（公元 92 年）由其妹班昭续撰

部分译文：Dubs (2), Pfizmaier (32-34, 37-51), Wylie (2, 3, 10), Swann (1)

《引得》第 36 号

《乾隆府厅州县志》

Chhien-Lung reign-period Geography of the (Chinese) Empire

清，1787 年

洪亮吉

《乾象历术》

Calendrical Science based on the Celestial Appearances

东汉，约公元 206 年

蔡邕和刘洪

（收存于后世的辑本）

《樵香小记》

Woodsmoke Perfume Jottings

清

何琇

《切韵》

Dictionary of the Sounds of Characters [rhyming dictionary]

隋，公元 601 年

陆法言

见《广韵》

《钦定古今图书集成》

见《图书集成》

《钦定河源纪略》

见《河源纪略》

《钦定授时通考》

见《授时通考》

《钦定仪象考成》

见《仪象考成》

《青箱杂记》

Miscellaneous Records on Green Bamboo Tablets

宋，11 世纪早期

吴处厚

《清波别志》

Additional Green-Waves Memoirs

宋，1194 年

周煇

《清异录》

Records of the Unworldly and the Strange

五代，约公元 950 年

陶毂

《请雨止雨书》

Prayers for and against Rain

汉

作者不详

《穹天论》
Discourse on Heaven's Vault
晋，约公元 265 年
虞耸
（片段辑存于《玉函山房辑佚书》卷七十七）

《祛疑说纂》
Discussions on the Dispersal of Doubts
宋，约 1230 年
储泳

《曲洧旧闻》
Old Matters Discussed beside the Wei River
宋，约 1130 年
朱弁

《日华诸家本草》
Master Jih-Hua's Pharmacopoeia（of All the Schools）
宋，约公元 970 年
大明（日华子）

《日闻录》
Daily Notes
元，约 1380 年
李翀

《榕城诗话》
Plantain City (Fuchow) Essays [literary criticism]
清，1732 年
杭世骏

《三才图会》
Universal Encyclopaedia
明，1609 年
王圻

《三辅黄图》
Description of the Three Districts in the Capital（Chhang-an; Sian）
晋，公元 3 世纪晚期，也可能在东汉
传为苗昌言撰

《三国志》
History of the Three Kingdoms [+220 to +280]
晋，约公元 290 年
陈寿
《引得》第 33 号

《三國史記》
History of the Three Kingdoms（of Korea）[Silla（Hsin-Lo），Kokuryo（Kao-Chü-Li）and Pakche（Pai-Chhi）−57 to +936]
朝鲜，1145 年（仁宗敕命）；1394 年、1512 年重刊
金富轼

《三余赘笔》
Long-Winded Discussions at San-yü
明，16 世纪晚期
都卬

《僧惠生使西域记》
Record of Western Countries, by the monk Hui-Sêng
北魏，约公元 530 年
惠生（僧人）
收存于《洛阳伽蓝记》（参见该条）卷五
译本：Beal (1); Chavannes (3)

《沙州图经》
Topography of Shachow [Tunhuang]
唐
作者不详
译本：L. Giles (8, 9)

《山海经》
Classic of the Mountains & Rivers
周和西汉
作者不详
部分译文：de Rosny (1)
《通检丛刊》之九

《山河两戒考》
见《天下山河两戒考》

《山居新话》
Conversations on Recent Events in the Mountain Retreat
元，1360 年
杨瑀
译本：H. Franke (2)

《尚书释天》
Discussion of the Astronomy in the *Shang Shu* section of the *Historical Classic*
清，1749—1753 年

盛百二

《尚书纬考灵曜》

Apocryphal Treatise on the *Shang Shu* Section of the *Historical Classic*; Investigation of the Mysterious Brightnesses

西汉，公元前 1 世纪

作者不详

（现辑存于《古微书》卷一、卷二）

《舍头谏太子二十八宿经》

Śārdūlakarṇā-vadāna sūtra （？）［contains list of *hsiu* with number of stars in each］

三国或晋，约公元 300 年

竺法护译自梵文

N/646，TW/1301

《神道大编历宗算会》

Assembly of Computing Methods connected with the Calendar

明，1558 年

周述学

《神农本草经》

Pharmacopoeia of the Heavenly Husbandman

［原书佚失，但它是所有所有后来的本草著作的基础］

东汉，约公元 2 世纪

缪希雍（1625 年）重辑并注释；见《神农本草经疏》

《神农本草经疏》

Commentary on the Text of the *Pharmacopoeia of the Heavenly Husbandman*

明，1625 年

缪希雍

《神仙传》

Lives of the Divine Hsien

（参见《列仙传》及《续神仙传》）

晋，公元 4 世纪早期

传为葛洪撰

《神异经》（或《神异记》）

Book of the Spiritual and the Strange

归于汉代，但可能在公元 4 或 5 世纪

传为东方朔撰

《绳涹水燕谈录》

Fleeting Gossip by the River Shêng

宋

王辟之

《圣惠选方》

Glory-of-the-Sages Choice Prescriptions

宋，1048 年

何希影

《圣济总录》

Imperial Medical Encyclopaedia （issued by authority）

宋，约 1111 年

十二位大夫合编

《圣寿万年历》

The Imperial Longevity Permanent Calendar

（历书的一种）

明，1595 年

朱载堉（明王子）

《尸子》

The Book of Master Shih

归于周代，公元前 4 世纪；或许在公元 3 或 4 世纪

传为尸佼撰

《诗经》

Book of Odes ［ancient folksongs］

周，公元前 9 至前 5 世纪

作者与编者不详

译本：Legge （8）；Waley （1）；Karlgren （14）

《诗疏》

Studies on the *Book of Odes*

唐，约公元 640 年

孔颖达

《十驾斋养新录》

Interpretations of the New by the Old; Miscellaneous Notes from the Shih-Chia Study

清，约 1790 年

钱大昕

《石林燕语》

Informal Conversations of （Yeh） Shih-Lin （Yeh Mêng-Tê）

宋，1136 年

叶梦得

见 des Rotours （1），p. cix

《石品》

Hierarchy of Stones

明，1617 年

郁浚

《石药尔雅》

Synonymic Dictionary of Minerals and Drugs

唐，公元 818 年

梅彪

TT/894

《时务论》

Discourse on Time [calendrical]

三国，约公元 237 年

杨伟

《拾遗记》

Memoirs on Neglected Matters

晋，公元 3 世纪晚期或 4 世纪

王嘉

《食疗本草》

The Nutritional Medicine Pharmacopoeia

唐，约公元 670 年

孟诜

《史记》

Historical Records [or perhaps better: Memoirs
of the Historiographer (-Royal); down to -99]

西汉，约公元前 90 年 [初刊于 1000 年前
后]

司马迁及其父司马谈

部分译文：Chavannes (1)；Pfizmaier (13-
36)；Hirth (2)；Wu Khang (1)；Swann
(1) 等

《引得》第 40 号

《世说新语》

New Discourse on the Talk of the Times [notes
of minor incidents from Han to Chin].

参见《续世说》

刘宋，公元 5 世纪

刘义庆

（梁）刘峻注

《事林广记》

Guide through the Forest of Affairs [encycl-
opaedia]

宋，1100—1250 年之间；初刊于 1325 年

陈元靓

（剑桥大学图书馆藏有一部 1478 年的明代版
本）

《事物纪原》

Records of the Origins of Affairs and Things

宋，约 1085 年

高承

《授时历议经》

Explanations and Manual of the Shou Shih
(Works and Days) Calendar

元，1280 年

郭守敬（及众多同僚和助手）

（现仅存于《元史》卷五十二、五十三、五
十四、五十五）

《授时通考》

Complete Investigation of the Works and Days
(published by Imperial Order) [treatise on
agriculture, horticulture and all related
technologies]

清，1742 年

鄂尔泰编纂

《授受五岳圆法》

The Received Method of Drawing the Circles of
the Five (Sacred) Mountains

唐或五代

作者不详

（敦煌卷子 S/3750）

《书经》

Historical Classic [Book of Documents]

今文 29 篇主要为周代作品（少量的片断可
能是商代作品）；古文 21 篇是梅赜利用真
的古代残篇造的"伪作"（约公元 323
年）。前者中有 13 篇被认为是公元前 10
世纪的，10 篇为公元前 8 世纪的，6 篇不
早于公元前 5 世纪。一些学者只承认 16
或 17 篇为孔子之前的作品

作者不详

见 Wu Shih-Chhang (1)；Creel (4)

译本：Medhurst (1)；Legge (1, 10)；
Karlgren (12)

《书肆说钤》

Discussions of a Bibliographer

明
叶秉敬
《殊域周咨录》
Complete Description of Foreign Parts
明，1520 年
严从简
《述异记》
Records of Strange Things
梁，公元 6 世纪早期
任昉
见 des Rotours（1），p. ci
《述征记》
Records of Military Expeditions
晋，公元 3 或 4 世纪
郭缘生
《庶物异名疏》
Disquisition on Strange Names for Common
Things
明
陈懋仁
《数度衍》
Generalisations on Numbers
清，1661 年和 1721 年
方中通
《数理精蕴》
Collected Basic Principles of Mathematics（compiled by Imperial Order）
［《律历渊源》（参见该条）的组成部分］
清，1723 年
梅毂成和何国宗编
参见 Hummel（2），p. 285
《数书九章》
Mathematical Treatise in Nine Sections
宋，1247 年
秦九韶
《数术记遗》
Memoir on some Traditions of Mathematical Art
东汉，公元 190 年（？）
徐岳
《数学》
Mathematical Astronomy
清，约 1750 年

江永
《数学通轨》
Rules of Mathematics
明，1578 年
柯尚迁
《水道提纲》
Complete Description of Waterways
清，1776 年
齐召南
《水经》
The Waterways Classic ［geographical account of
rivers and canals］
归于西汉，但可能撰于三国
传为桑钦撰
《水经注》
Commentary on the Waterways Classic ［geographical account greatly extended］
北魏，公元 5 世纪晚期或 6 世纪早期
郦道元
《说郛》
Florilegium of（Unofficial）Literature
元，约 1368 年
陶宗仪
见 Ching Phei-Yuan（1）
《说文》
见《说文解字》
《说文解字》
Analytical Dictionary of Characters
东汉，公元 121 年
许慎
《四朝闻见录》
Record of Things Seen and Heard at Four
Imperial Courts
宋，13 世纪早期
叶绍翁
《四门经》
（Astrological）Manual of the Four Gates ［distribution of the *hsiu among the four palaces*］
唐，约公元 780 年
景净译（可能译自粟特语）
《四民月令》
Monthly Ordinances for the Four Sorts of People

（Scholars，Farmers，Artisans and Merchants）

东汉

崔寔

《四元玉鉴》

Precious Mirror of the Four Elements ［algebra］

元，1303 年

朱世杰

《松窗百说》

A Hundred Observations from the Pine-tree Window

宋，1157 年

李季可

《宋会要》

History of the Administrative Statutes of the Sung Dynasty

宋

章得象

《宋史》

History of the Sung Dynasty ［+960 to +1279］

元，约 1345 年

脱脱和欧阳玄

《引得》第 34 号

《宋书》

History of the （Liu） Sung Dynasty ［+420 to + 478］

南齐，公元 500 年

沈约

部分卷的译文：Pfizmaier (58)

《宋司星子韦书》

Book of the Astrologer （Shih） Tzu-Wei of the State of Sung

周，公元前 5 世纪早期

史子韦

《宋四子抄释》

Selections from the Writings of the Four Sung （Neo-Confucian） Philosophers ［excl. Chu Hsi］

宋（明代编，1536 年）

吕柟编

《宋遗民录》

Sung Officials who refused to serve the Yuan Dynasty

明，1479 年

程敏政

《宋元学案》

Schools of Philosophers in the Sung and Yuan Dynasties

清，约 1750 年

黄宗羲和全祖望

《搜采异闻录》

Collection of Strange Things Heard

宋

永亨

《搜神记》

Reports on Spiritual Manifestations

晋，约公元 348 年

干宝

部分译文：Bodde (9)

《算法全能集》

Record of 'Do-Everything' Mathematical Methods

元或明，14 世纪

贾亨

（见于《永乐大典》卷一六三四三至卷一六三四四）

《算法通变本末》

Alpha and Omega of the Mathematics of Mutually Varying Quantities

宋，13 世纪末

杨辉

（收入《杨辉算法》）

《算法统宗》

Systematic Treatise on Arithmetic

明，1593 年

程大位

《算经十书》

The Ten Mathematical Manuals

集合刊行，宋，1084 年

（清）戴震编

用武英殿聚珍版于 1794 年印行

另有孔继涵于 1760 年前后分别刊印

参见 Hummel (2)，p. 697

《算学启蒙》

Introduction to Mathematical Studies

元，1299 年

朱世杰
《算学新说》
A New Account of the Science of Calculation (in Acoustics and Music)
明，1603 年
朱载堉（明王子）

《隋区宇图志》
Records and Maps of the Districts of the Empire of the Sui (Dynasty)
隋，约公元 600 年
虞世基和许善心编纂

《隋书》
History of the Sui Dynasty [+581 to +617]
唐，公元 636 年（本纪和列传）；656 年（各志和经籍志）
魏徵等
部分译文：Pfizmaier (61-65)；Balazs (7, 8)；Ware (1)

《隋西域图》
见《西域图志》

《隋诸州图经集》
Collection of Local Topographies and Maps of the Sui Dynasty
隋，约公元 600 年
郎蔚之编纂

《随隐漫录》
(Chhen) Sui-Yin's Random Observations
宋，13 世纪晚期
陈随隐

《遂初堂书目》
Catalogue of the Books in the Sui-Chhu Hall
宋
尤袤

《孙子算经》
Master Sun's Mathematical Manual
三国，晋或刘宋
孙子（名不详）

《所南文集》
Collected Writings of (Chêng) So-Nan (Chêng Ssu-Hsiao)
元，约 1340 年
郑思肖

《太白阴经》
Canon of the White (and Gloomy) Planet (of War；Venus) [treatise on military affairs]
唐，公元 759 年
李筌

《太仓州志》
Topography of Thai-tshang (Chiangsu)
明，约 1500 年
钱肃乐编

《太平寰宇记》
Thai-Phing reign-period General Description of the world [geographical record]
宋，公元 976—983 年
乐史

《太平御览》
Thai-Phing reign-period Imperial Encyclopaedia [lit. the Emperor's Daily Readings]
宋，公元 983 年
李昉编纂
部分卷的译文：Pfizmaier (84-106)
《引得》第 23 号

《太玄经》
Canon of the Great Mystery
西汉，约公元 10 年
扬雄

《太乙金镜式经》
The Golden Mirror of the Thai-I (Star)；a Divining Board Manual
唐
王希明

《坦斋通编》
Miscellaneous Records of the Candid Studio
宋，约 1220 年
邢凯

《唐本草》
Pharmacopoeia of the Thang Dynasty
（参见《新修本草》）
唐，公元 660 年
苏恭编纂

《唐会要》
History of the Administrative Statutes of the Thang Dynasty

宋，公元 961 年

王溥

《唐阙史》

Thang Memorabilia

五代，10 世纪

高彦休

《唐书》

见《旧唐书》和《新唐书》

《唐语林》

Miscellanea of the Thang dynasty

宋，约 1107 年辑成

王谠

《天步真原》

True Course of Celestial Motions

清，约 1646 年

穆尼阁和薛凤祚

《天地瑞祥志》

Record of Auspicious Phenomena in the Heavens
and the Earth

唐，约公元 666 年

守真〔僧人〕

《天对》

Answers about Heaven

唐，约公元 800 年

柳宗元

《天工开物》

The Exploitation of the Works of Nature

明，1637 年

宋应星

《天镜》

Mirror of the Heavens

梁，公元 6 世纪

作者不详

《天文大成管窥辑要》

Essentials of Observations of the Celestial Bodies
through the Sighting Tube

清（收入了宋、元的材料），1653 年

黄鼎

《天文大象赋》

Essay on the Great Constellations in the Heavens

隋或唐，公元 7 世纪早期

李播

《天文类》

Collection of (Old) Astronomical Writings

清，约 1799 年

见 Wylie (1), p. 101

《天文录》

Résumé of Astronomy

南齐或梁，约公元 500 年

祖暅之

（片段存于《开元占经》）

《天文要录》

Record of the Most Important Astronomical
Matters

唐，约公元 664 年

李凤（唐王子）

《天文志》

On the Heavens〔A memorial preserved in the
Chin Shu, *History of the Chin Dynasty*〕

东汉，约公元 180 年

蔡邕

《天问》

Questions about Heaven〔ode〕

周，约公元前 300 年

屈原

译本：Erkes (8)

《天问略》

Explicatio Sphaerae Coelestis

明，1615 年

阳玛诺

《天下郡国利病书》

Merits and Drawbacks of all the Countries in the
World〔geography〕

清，1662 年

顾炎武

《天下山河两戒考》

An Investigation of the Two Regions of the Earth
〔a study of the *fên yeh* system〕

清，1723 年

徐文靖

《天学会通》

Towards a Thorough Understanding of Astronomical
Science

清，1650 年

薛凤祚

《天元历理全书》

Complete Treatise on the Thien-Yuan Calendar

清，1682 年

徐发

《天元玉历祥异赋》

Essay on （Astronomical and Meteorological）
　　Presages

明，1425 年（未刊印）

朱高炽（明朝皇帝）

（剑桥大学图书馆藏有抄本）

《田亩比类乘除捷法》

Practical Rules of Arithmetic for Surveying

宋，13 世纪末

杨辉

（收入《杨辉算法》）

《铁围山丛谈》

Collected Conversations at Iron-Fence Mountain

宋，约 1115 年

蔡絛

《通典》

Comprehensive Institutes ［reservoir of source
　　material on political and social history］

唐，约公元 812 年

杜佑

《通俗文》

Commonly Used Synonyms

东汉或晋

服虔

《通玄真经》

　　见《文子》

《通原算法》

Origins of Mathematics

明，1372 年

严恭

（见于《永乐大典》卷一六三四三至卷一六
　　三四四）

《通志》

Historical Collections

宋，约 1150 年

郑樵

《通志略》

Compendium of Information

［《通志》（参见该条）的一部分］

《同文算指》

Treatise on European Arithmetic ［lit. Combined
　　Languages Mathematical Indicator］

明，1614 年

利玛窦和李之藻

《透帘细草》

The Mathematical Curtain Pulled Aside

元，约 1355 年

作者不详

（见于《永乐大典》卷一六三四三至卷一六
　　三四四）

《图经本草》

　　见《本草图经》和《图经衍义本草》

《图经本草》

　　见《本草图经》

本书名原属于唐代（约公元 658 年）编写，
　　但至 11 世纪已失传的一部著作。苏颂所
　　编的《本草图经》即用来替代该书。《图
　　经本草》一名常被用于苏颂的著作，但这
　　是误用

《图经衍义本草》

The Illustrated and Elucidated Pharmacopoeia

大体上是《本草衍义》和《本草图经》的
　　一种合刊本，但附有许多增补的引文

宋，约 1120 年

寇宗奭

TT/761

《图书编》

On Maps and Books ［encyclopaedia］

明，1562 年、1577 年、1585 年

章潢

《图书集成》

Imperial Encyclopaedia

清，1726 年

陈梦雷等编纂

索引：L. Giles （2）

《土宿本草》

The Earth's Mansions Pharmacopoeia

见《造化指南》

《土宿真君造化指南》

Guide to the Creation, by the Earth's Mansions
Immortal

见《造化指南》

《推步法解》

Anaiysis of Celestial Motions

清，1750 年

江永

《万青楼图编》

Study of (Star-) Maps from the Myriad Bamboo
Tablet Studio

清，约 1740 年

邵昂霄

《万用正宗不求人全编》

The 'Ask No Questions' Complete Handbook
for General Use

明，1609 年

余文台

《纬略》

Compendium of Non-Classical Matters

宋，12 世纪（末）

高似孙

《魏略》

Memorable Things of the Wei State (San Kuo)

三国（魏）或晋，公元 3 或 4 世纪

鱼豢

《魏书》

History of the (Northern) Wei Dynasty [+386
to +550, including the Eastern Wei successor
State]

北齐，公元 554 年，修订于公元 572 年

魏收

见 Ware (3)

其中一卷的译文：Ware (1, 4)

《文殊师利菩萨及诸仙所说吉凶时日善恶宿曜经》

Sūtra of the Discourses of the Bodhisattva
Mānjusrī and the Sages on Auspicious and
Inauspicious Times and Days, and on the
Good and Evil Hsiu and Planets [includes the
planetary names of the days of the Sogdian 7-
day week, the Western zodiacal animal cycle,

etc.]. Short title: Hsiu and Planet Sūtra

译于唐代，公元 759 年

不空译

扬景风注，公元 764 年

N/1356；TW/1299

《文献通考》

Comprehensive Study of (the History of)
Civilisation

宋，约 1254 年开始编纂，约 1280 年完成，
但直到 1319 年才刊行

马端临

部分卷的译文：Julien (2)；St Denys (1)

《文心雕龙》

On the Carving of the Dragon of the Literary
Mind [literary criticism, earliest book]; or,
Anatomy of the Literary Mind

梁

刘勰

《文选》

General Anthology of Prose and Verse

梁，公元 530 年

萧统（梁太子）编

《文子》

[=《通玄真经》]

The Book of Master Wên

汉和汉以后，但肯定含有先秦材料；可能在
公元 380 年前后成为现在的形式

传为辛研（辛钘）撰

《吴船录》

Account of a Journey by boat to Wu [from
Chhêngtu in Szechuan to Chiangsu]

宋，1177 年

范成大

《吴郡志》

Topography of the Suchow Region (Chiangsu)

宋，1192 年；补注，1229 年

范成大

《吴礼部诗话》

On the Principles of Poetry, by Mr Wu, of the
Ministry of Rites

元，14 世纪初

吴师道

《吴录》

Record of the Kingdom of Wu

三国，公元 3 世纪

张勃

《吴氏本草》

Mr Wu's Pharmaceutical Codex

三国（魏），约公元 225 年

吴普

《吴中水利书》

The Water-Conservancy of the Wu District

宋，1059 年

单锷

《五曹算经》

Mathematical Manual of the Five government

Departments

晋，公元 4 世纪

编者不详《五经类编》

Classified Information on the Five Classics

清，1673 年

周世樟

《五经算术》

Arithmetic in the Five Classics

北齐，公元 6 世纪

甄鸾

《五礼通考》

Comprehensive Investigation of the Five Kinds

of Rites

清，1761 年

秦蕙田

《五星行度解》

Analysis of the Motions of the Five Planets

明，1640 年

王锡阐

《五岳真形图》

Map of the True Topography of the Five Sacred

Mountains

晋？

作者不详

《武备秘书》

Confidential Treatise on Armament Technology

［a compilation of selections from earlier works

on the same subject］

清，17 世纪晚期（重刊于 1800 年）

施永图

《武备志》

Treatise on Armament Technology

明，1628 年

茅元仪

《武经总要》

Collection of the most important Military

Techniques（compiled by Imperial Order）

宋，1040 年（1044 年）

曾公亮编

《勿庵历算书目》

Bibliography of Mei Wên-Ting's（Wu-An's）

Mathematical Writings

清，1702 年

梅文鼎

《物理论》

Discourse on the Principles of Things［astron-

omical］

三国，公元 3 世纪末

杨泉

《物理小识》

Small Encyclopaedia of the Principles of Things

清，1664 年

方以智

《西步天歌》

The Western *Song of the March of the Heavens*

清，18 世纪

作者不详，但可能是某位耶稣会士或耶稣会

士的某个中国朋友

《西京杂记》

Miscellaneous Records of the Western capital

梁或陈，公元 6 世纪中期

传为刘歆（西汉）和葛洪（晋）撰，但可

能是吴均撰

《西清古鉴》

Hsi Chhing Catalogue of Ancient Mirrors（and

Bronzes）

清，1751 年

梁诗正

《西使记》

Notes on an Embassy to the West

元，1263 年

常德

刘郁撰

《西溪丛语》

Western Pool Collected Remarks

宋，11 世纪

姚宽

《西夏纪事本末》

Rise and Fall of the Hsi-Hsia State

见张鉴（1）

《西洋番国志》

Record of the Barbarian Countries in the Western Ocean ［relative to the voyages of Chêng Ho］

明，1434 年

巩珍

《西洋新法历书》

Treatise on (Astronomy and) Calendrical Science according to the New Western Methods

清，1645 年（耶稣会士编译的天文学百科全书的第二个版本）

见《新法算书》

此书的一部分在 1726 年被收入《图书集成·历法典》卷五十一至卷七十二和卷八十五至卷八十八，题作《新法历书》

《西游记》

见《长春真人西游记》

《西游录》

Record of a Journey to the West

元，1225 年

耶律楚材

《西域记》

见《僧惠生使西域记》和《大唐西域记》

《西域图记》

Illustrated Record of Western Countries

隋，公元 610 年

裴矩

《西域闻见录》

Things seen and Heard in the Western Countries

清，1777 年

椿园七十一老人

《西征庚午元历》

Yuan Dynasty Calendar of the Kêng-Wu Year (+

1210) made during the Western Expedition (of Chingiz Khan)

元（在统治中国以前），约 1220 年

耶律楚材

（现仅存于《元史》卷五十六和卷五十七）

《歙州砚谱》

Hsichow Inkstone Record

宋，1066 年

洪景伯

《夏侯阳算经》

Hsiahou Yang's Mathematical Manual

刘宋或齐，公元 450—500 年，也可能在公元 6 世纪

夏侯阳

《夏小正》

Lesser Annuary of the Hsia Dynasty

周，公元前 7—前 4 世纪

作者不详

收入《大戴礼记》（参见该条）

译本：R. Wilhelm（6）；Soothill（5）

《闲窗括异志》

Strange Things seen through the Barred Window

宋

鲁应龙

《咸宾录》

Record of All the Guests

明，1590 年

罗日褧

《咸淳临安志》

Hsien-Shun reign-period Topographical Records of the Hangchow District

宋，1274 年

潜说友

《湘中记》

Records of Hunan

晋，约公元 375 年

罗含

《详解九章算法纂类》

Detailed Analysis of the Mathematical Rules in the Nine Chapters and their Reclassification

宋，1261 年

杨辉

《详明算法》

Explanations of Arithmetic

元和明，14 世纪

可能是贾亨撰；也传为安止斋和何平子撰

（见于《永乐大典》卷一六三四三至卷一六
三四四）

《象纬新篇》

New Account of the Web of Stars

明，16 世纪早期

王可大

《潇湘听雨录》

Listening to the Rain at Hsiao-hsiang

清

江昱

《小戴礼记》

见《礼记》

《小学绀珠》

Valuable Observations on Elementary Knowledge

宋，13 世纪

王应麟

《晓庵新法》

（Wang）Hsiao-An's New（Astronomical）
Methods

明，1643 年

王锡阐

《孝纬雌雄图》

Apocryphal Treatise on the *Filial Piety Classic*;
Diagrams of Male and Female（Influences）

西汉，公元前 1 世纪

作者不详

《斜川集》

Hsieh River Record

宋

苏过

《蟹略》

Monograph on the Varieties of Crabs

宋，约 1185 年

高似孙

《蟹谱》

Discourse on Crustacea（cf. *Hsü Hsieh Phu*）

宋

傅肱

《心斋杂俎》

Miscellanea of（Chang）Hsin-Chai

清，约 1670 年

张潮

《昕天论》

Discourse on the Diurnal Revolution（of the
Heavens）

三国，约公元 250 年

姚信

（辑存于《玉函山房辑佚书》卷七十六）

《新法表异》

Differences between（the Old and）the New
（Astronomical and Calendrical）Systems

清，1645 年

后收入《新法算书》（参见该条）

汤若望

《新法历书》

见《西洋新法历书》

《新法算书》

Treatise on Mathematics（Astronomy and Cal-
endrical Science）according to the New
Methods

清，1669 年、1674 年。这部百科全书最初以
《崇祯历书》（参见该条）为名颁行于明代
（1635 年），后来在清代（1645 年）刊印时
称为《西洋新法历书》（参见该条）

汤若望、邓玉函、罗雅谷、龙华民、徐光
启、李之藻、李天经等

《新刻漏铭》

Inscription for a New Clepsydra

梁，公元 507 年

陆倕

《新论》

New Discussions

东汉，约公元 20 年

桓谭

《新篇对象四言》

Newly Revised Reader with Four Characters to
the Line and Pictures to match ［The oldest
printed illustrated children's primer in any
civilisation］

明，1436 年

编者不详

《新书》

New Book

西汉，公元前 2 世纪，但现存的文本可能有
部分是唐或唐以前的

贾谊

《新唐书》

New History of the Thang Dynasty ［＋ 618 to
＋906］

宋，1061 年

欧阳修和宋祁

部分译文：des Rotours（1）；Pfismazer（66 –
74）

《引得》第 16 号

《新仪象法要》

New Design for an Armillary Clock

宋，1094 年

苏颂

《星槎胜览》

Triumphant Visions of the Starry Raft ［Account
of the voyages of Chêng Ho, whose ship, as
carrying an ambassador, is thus styled］

明，1436 年

费信

《星经》

The Star Manual

A pre-Thang compilation of Chou and Han star-
catalogues, probably with later additions (now
incomplete)

石申、甘德、巫咸等

TT/284

《行水金鉴》

Golden Mirror of the Flowing Waters

（参见《续行水金鉴》）

清，1725 年

傅泽洪

《修防琐志》

Brief Memoir on Dyke Repairs

清

李世禄

《修真太极混元图》

Veritable Restored Chart of the Supreme Pole

and the Original Chaos

宋

萧道存

TT/146

《宿曜经》

Hsiu and Planet Sūtra

见《文殊师利菩萨及诸仙所说吉凶时日善恶
宿曜经》等

《宿曜仪轨》

The Tracks of the Hsiu and Planets

唐，约公元 710 年

一行

TW/1304

《袖中记》

Sleeve Records

梁，约公元 500 年

沈约

《歗歙琐微论》

见《聱隅子歗歙琐微论》

《徐霞客游记》

Diary of the Travels of Hsü Hsia-Kho

清，1776 年（撰于 1641 年）

徐霞客

《续博物志》

Supplement to the *Record of the Investigation of
Things*（参见《博物志》）

宋，12 世纪中期

李石

《续古摘奇算法》

Continuation of Ancient Mathematical Methods
for Elucidating the Strange (Properties of
Numbers)

宋，1275 年

杨辉

《续行水金鉴》

见 参考文献 B 中的黎世序和俞正燮（1）

《续弘简录》

the *Mass of Records*（General History of the
Middle Ages, from the beginning of the Thang
dynasty）continued

清，1699 年

邵远平为邵经邦著作做的续篇

《续世说》

Continuation of the *Discourses on the Talk of the Times*

见《世说新语》

宋，约 1157 年

孔平仲

《续蟹谱》

Continuation of the *Discourse on Crustacea*

（参见《蟹谱》）

清

褚人穫

《宣和博古图》

［＝《博古图录》（参见该条）］

Hsüan-Ho reign-period Illustrated Record of Ancient Objects ［Catalogue of the archaeological museum of the emperor Hui Tsung］

宋，1111—1125 年

王黼（或王黻）等

《宣和奉使高丽图经》

Illustrated Record of an Embassy to Korea in the Hsüan-Ho reign-period

宋，1124 年（1167 年）

徐兢

《宣和石谱》

Hsüan-Ho reign-period Treatise on Stones

宋，约 1122 年

祖考

《玄中记》

Mysterious Matters

年代未定，宋以前，可能在公元 6 世纪

郭氏

《璇玑遗述》

Records of Ancient Arts and Techniques ［lit. of the Circumpolar Constellation Template］

清

揭暄

《学历小辩》

Minor Disputation on Calendrical Science ［an answer to the *Li Tshê* （《历测》；参见该条） and *Li Yuan* （《历元》；参见该条）］

明，1631 年

汤若望

《学斋占毕》

Glancing into Books in a Learned Studio

宋，13 世纪

史绳祖

《荀子》

The Book of Master Hsün

周，约公元前 240 年

荀卿

译本：Dubs（7）

《盐铁论》

Discourses on Salt and Iron ［record of the debate of −81 on State control of commerce and industry］

西汉，约公元前 80 年

桓宽

摘译本：Gale（1）；Gale, Boodberg & Lin

《演繁露》

Extension of the *String of Pearls on the Spring and Autumn Annals* ［on the meaning of many Thang and Sung expressions］

宋，1180 年

程大昌

见 *des Rotours*（1），*p. cix*

《砚谱》

Inkstone Record

宋，10 世纪晚期

沈仕或苏易简

《砚史》

On Inkstones

宋，约 1085 年

米芾

译本 v. Gulik（2）

《晏子春秋》

Master Yen's Spring and Autumn Annals

周，可能在公元前 4 世纪

传为晏婴撰

《燕丹子》

(Life of) Prince Tan of Yen (d. −226) ［a more extensive version of the biography of Ching Kho (q. v.) in Shih Chi, ch. 86, apparently containing some authentic details not therein］

可能撰于东汉，公元 2 世纪

作者不详

译本：Chêng Lin（1）

《杨辉算法》

Yang Hui's Methods of Computation

宋，1275 年

杨辉

《尧典》

The Canon of Yao

［《书经》（参见该条）的一篇］

《野获编》

Memoirs of a Mission Achieved in the Wilds［an embassy to Samarqand +1368 to + 1398］

明，约 1400 年

沈德符

《野客丛书》

Collected Notes of the Rustic Guest

宋，1201 年

王楙

《一代要记》

Essentials of the History of an Age［a brief history of the emperors，from Ingyō（+412/ +453）to Hanazono（+1309/ +1318）］

日本，14 世纪

作者不详

《医宗金鉴》

Golden Mirror of Medicine（compiled by Imperial Order）

清，1743 年

鄂尔泰编纂

《猗觉寮杂记》

Miscellaneous Records from the I-Chao Cottage

宋，12 世纪

朱翌

《仪象考成》

The Imperial（Astronomical）Instruments［official description］

清，1744 年；1757 年增扩，包括乾隆星表

戴进贤、鲍友管、刘松龄、傅作霖

《蛾术编》

The Anthoap of Knowledge［Miscellaneous Essays］

（"蛾"读作"蚁"，指蚂蚁）

清，约 1770 年，但直到 19 世纪才出版

王鸣盛

《艺经》

Treatise on Arts and Games

三国（魏），公元 3 世纪

邯郸淳

《异物志》

Memoirs of Marvellous Things

三国

薛珝

《异域图志》

Illustrated Record of Strange Countries

明，约 1420 年（撰于 1392— 1430 年间）； 刊于 1489 年

编者不详

参见 Moule（4）；Sarton（1），vol. 3，p. 1627

（孤本藏于剑桥大学图书馆）

《异苑》

Garden of Strange Things

隋以前，可能在公元 5 世纪

刘敬叔

《易传》

Explanations of the（Book of）Changes

北魏，约公元 490 年

关朗

《易经》

The Classic of Changes［Book of Changes］

周，有西汉增益

编者不详

见李镜池（1，2）；Wu Shih-Chhang（1）

译本：R. Wilhelm（2）；Legge（9）；de Harlez（1）

《引得特刊》第 10 号

《易龙图》

The Dragon Diagrams of the（Book of）Changes

五代，约公元 950 年

陈抟

《易数钩隐图》

The Hidden Number-Diagrams in the（Book of）Changes Hooked Out

宋，10 世纪早期

刘牧
《易图明辨》
Clarification of the Diagrams in the (*Book of*) *Changes* [historical analysis]
清，1706 年
胡渭
《易纬河图数》
Apocryphal Treatise on the (*Book of*) *Changes*; The Numbers of the River Diagram
东汉
作者不详
《易纬乾凿度》
Apocryphal Treatise on the (*Book of*) *Changes*; a Penetration of the Regularities of Chhien (the first Kua)
西汉，公元前 1 世纪
作者不详
《易纬通卦验》
Apocryphal Treatise on the (*Book of*) *Changes*; Verifications of the Powers of the Kua
西汉，公元前 1 世纪
作者不详
《易音》
Dictionary of the Original Sounds of Words in the (*Book of*) *Changes*
清，1667 年（收于《音学五书》）
顾炎武
《益古演段》
New Steps in Computation
金（元），1259 年
李冶
《逸周书》
[=《汲冢周书》]
Lost Books of the Chou (*Dynasty*)
周，其中真书部分的年代在公元前 245 年及之前（公元 281 年发现于魏安釐王墓；安釐王，公元前 276–前 245 年在位）
作者不详
《营造法式》
Treatise on Architectural Methods
宋，1097 年；刊于 1103 年；重刊于 1145 年
李诫

《瀛海论》
见张自牧（*1*）
《瀛涯胜览》
Triumphant Visions of the Boundless Ocean [relative to the voyages of Chêng Ho]
明，1451 年
马欢
张昇改订（1500 年以前）
《永乐大典》
Great Encyclopaedia of the Yung-Lo reign-period [only in manuscript]
计有 22877 卷，分为 11095 本，今仅存约 370 本
明，1407 年
解缙编
见袁同礼（*1*）
《酉阳杂俎》
Miscellany of the Yu-yang Mountain (Cave) [in S. E. Szechuan]
唐，公元 863 年
段成式
见 des Rotours（*1*），p. civ
《渔阳公石谱》
Treatise on Stones by the Venerable Yüyang
宋，11 世纪末
渔阳公《舆地纪胜》
The Wonders of the World [geography]
宋，1221 年
王象之
《舆地总图》
General World Atlas
明，1564 年
史霍冀
《舆图》
Terrestrial Map
元，1320 年
朱思本
见《广舆图》
《禹贡》
The Tribute of Yü
[《书经》（参见该条）中的一篇]

《禹贡说断》

Discussions and Conclusions regarding the Geography of the *Tribute of Yü*

宋，约 1160 年

傅寅

《禹贡锥指》

A Few Points in the Vast Subject of the *Tribute of Yü* [geographical chapter in the *Shu Ching*]

清，1697 年和 1705 年

胡渭

《玉海》

Ocean of Jade [encyclopaedia]

宋，1267 年（初刊于元，1351 年）

王应麟

《玉堂嘉话》

Noteworthy Talks in the Academy

元，1288 年

王恽

《玉音问答》

Jade-Sound Questions and Answers

宋

胡铨

《御定历象考成》

见《历象考成》

《御定仪象考成》；后来作为《钦定仪象考成》重新刊行

见《仪象考成》

《御制律吕正义》

见《律吕正义》

《御制数理精蕴》

见《数理精蕴》

《寓简》

Allegorical Essays

宋

沈作喆

《渊鉴类函》

The Deep Mirror of Classified Knowledge [literary encyclopaedia; a conflation of Thang encyclopaedias]

清，1710 年

张英等编纂

《元和郡县图志》

Yuan-Ho reign-period General Geography

唐，公元 814 年

李吉甫

《元经世大典》

Institutions of the Yuan Dynasty

元，1329—1331 年

文廷式（1916 年）辑

参见 Hummel (2)，p. 855

《元秘书监志》

Collection of Official Records of the Yuan Dynasty

元，约 1350 年

王士点和商企翁

《元史》

History of the Yuan (Mongol) Dynasty [+1206 to +1367]

明，约 1370 年

宋濂等

《引得》第 35 号

《援鹑堂笔记》

Pen Jottings from the Yuan-Shun Hall [notes on the classics]

清，18 世纪晚期，但直到 1838 年才刊印

姚范

《远镜说》

The Far-Seeing Optick Glass [account of the telescope]

明，1626 年

汤若望

《月令》

Monthly Ordinances (of the Chou Dynasty)

周，公元前 7—前 3 世纪之间

作者不详

收入《小戴礼记》和《吕氏春秋》（参见各条）

译本：Legge (7)；R. Wilhelm (3)

《岳阳风土记》

Customs and Notable Things of Yo-yang [in N Hunan]

宋

范致明

《越绝书》

Book of the Former State of Yüeh

东汉，约公元 52 年

作者不详

《越峤书》

The Peaks of Annam [geography]

明，1540 年

李文凤

《云笈七籤》

Seven Bamboo Tablets of the Cloudy Satchel [a great Taoist collection]

宋，1025 年

张君房

TT/1020

《云林石谱》

Cloud Forest Lapidary

宋，1133 年

杜绾

《云麓漫抄》

Random Jottings at Yün-lu

宋，1206 年（述及大约 1170 年后发生的事件）

赵彦卫

《云南通志》

Local Topography of Yunnan

清，1730 年

鄂尔泰编

《云溪友议》

Discussions with Friends at Cloudy Pool

唐，约公元 875 年

范摅

《韵石斋笔谈》

Jottings from the Sounding-Stone Studio

清，17 世纪初

姜绍书

《造化经》

见《洞玄灵宝诸天世界造化经》

《造化经论图》

Illustrated Discourse on the Creation Canon

明

赵谦

《造化钳锤》

The Hammer and Tongs of Creation [i. e. Nature]

明，约 1430 年

宁献王（明王子）

《造化指南》

[=《土宿本草》]

Guide to the Creation [i. e. Nature]

唐，宋或明

土宿真君

（仅存于《本草纲目》等的引文中）

《战国策》

Records of the Warring States

秦

作者不详

《湛渊静语》

Tranquil Conversations by the Limpid Deep

元，14 世纪

白珽

《张邱建算经》

Chang Chhiu-Chien's Mathematical Manual

北魏、刘宋或南齐，公元 468–486 年

张邱建

《张邱建算经细草》

Detailed solutions of the Problems in *Chang Chhiu-Chien's Mathematical Manual*

隋，公元 6 世纪末

刘孝孙

《张子全书》

Complete Works of Master Chang (Tsai) (d. + 1077) with commentary by Chu Hsi

宋（编于清），1719 年初版

张载

朱轼和段志熙编

《真腊风土记》

Description of Cambodia

元，1297 年

周达观

《正蒙》

Right Teaching for Youth [or, Intellectual Discipline for Beginners]

宋，约 1060 年

张载

《证类本草》

    Reorganised Pharmacopoeia

    北宋，1108 年，1116 年增订；金，1204 年

    唐慎微

    参见 Hummel（13），龙伯坚（1）

《郑开阳杂著》

    Collected（Geographical）Writings of Chêng Jo-Tsêng

    明，约 1570 年（1932 年初版）

    郑若曾

《职方外纪》

    On World Geography

    明，1623 年

    艾儒略

《志林新书》

    New Book of Miscellaneous Records

    晋，公元 4 世纪

    虞喜

《中西经星同异考》

    Investigation of the Similarities and Differences between Chinese and Western Star-Names

    清，1723 年

    梅文鼎

《周髀算经》

    The Arithmetical Classic of the Gnomon and the Circular Paths（of Heaven）

    周、秦和汉。约于公元前 1 世纪编定，但其中必定有部分是属于战国晚期（公元前 4 世纪）的，有些甚至会早到孔子之前（公元前 6 世纪）

    作者不详

《周髀算经音义》

    Explanation of Meanings and Sounds of Words occurring in the Arithmetical Classic of the Gnomon and the Circular Paths of Heaven

    宋

    李藉

《周礼》

    Record of the Rites of（the）Chou（Dynasty）［descriptions of all government official posts and their duties］

    西汉，可能含有采自晚周的一些材料

    编者不详

    译本：E. Biot（1）

《周礼疑义举要》

    Discussion of the Most Important Doubtful Matters in the Record of Rites of the Chou Dynasty

    清，1791 年

    江永

《周书》

    History of the（Northern）Chou Dynasty［+557 to +581］

    唐，625 年

    令狐德棻

《周易》

    见《易经》

《周易参同契》

    见《参同契》

《朱子全书》

    Collected Works of Master Chu［Hsi］

    宋（编于明），1713 年初版

    朱熹

    （清）李光地编

    部分译文：，Bruce（1）；le Gall（1）

《朱子文集》

    Selected Writings of Master Chu［Hsi］

    宋

    朱熹

    （清）朱玉编

《朱子语类》

    Classified Conversations of Master Chu［Hsi］

    宋，约 1270 年

    朱熹

    （宋）黎靖德编

《诸蕃志》

    Records of Foreign Peoples

    宋，约 1225 年（此为伯希和断定的年代，夏德和柔克义赞成在 1242 年与 1258 年之间）

    赵汝适

    译本：Hirth & Rockhill（1）

《竹书纪年》

    The Bamboo Books［annals］

周，其中真书部分的年代在公元前 295 年及
之前（公元 281 年发现于魏安釐王墓；安
釐王，公元前 276—前 245 年在位）

作者不详

译本：E. Biot（3）

《竹叶亭杂记》

Miscellaneous Records of the Bamboo Leaf
Pavilion

清，17 世纪

姚元之

《庄氏算学》

Mr Chuang's Treatise on Mathematics［geometry］

清，约 1720 年

庄亨阳

《庄子》

［=《南华真经》］

The Book of Master Chuang

周，约公元前 290 年

庄周

译本：Legge（5）；Fêng Yu-Lan（5）；Lin
Yü-Thang（1）

《引得特刊》第 20 号

《左传》

Master Tsochhiu's Enlargement of the Chhun
Chhiu（Spring and Autumn Annals）［dealing
with the period −722 to −453］

晚周，编于公元前 430 至前 250 年之间，但
有秦汉儒家学者（特别是刘歆）的增益和
窜改。系春秋三传中最重要者，另二传为
《公羊传》和《穀梁传》，但与之不同的
是，《左传》可能原即为独立的史书

传为左丘明撰

见 Karlgren（8）；Maspero（1）；Chhi Ssu-Ho
（1）；Wu Khang（1）；Wu Shih-Chhang
（1）；Eberhard, Müller & Henseling（1）

译本：Couvreur（1）；Legge（11）；Pfizmaier
（1-12）

《左传补注》

Commentary on Master Tsochhiu's Enlargement
of the Chhun Chhiu

清，1718 年

惠栋

B 1800 年以后的中文和日文书籍与论文

Anon.（1）

《峡江图考》

Illustrations of the（Yangtze）River Gorges

附于《峡江救生船志》（参见该条）

19 世纪末

Anon.（2）

《峡江救生船志》

Record of the（Yangtze）River Gorges Lifeboat Service

19 世纪末

Anon.（5）

最古老的天文台

The Oldest Astronomical Observatory

《新朝鲜》，1956（no. 10），39

Anon.（6）

《西洋古版日本地图集》

Early Printed Maps and Atlases of Japan made in Western Countries, 1553 to 1840

天理（大学）图书馆

照片集，第 4 集

天理，奈良，1954 年

Anon.（8）（编辑）

《中国地震资料年表》

Register of Earthquakes in Chinese Recorded History（−1189 to +1955）

2 卷本册，科学出版社，北京，1956 年

保其寿（1）

《碧奈山房集》

Pi-Nai Mountain Hut Records［on three-dimensional magic squares］

约 1880 年

常福元（1）

《天文仪器志略》

On（Chinese）Astronomical Instruments

北平，约 1930 年

常福元（2）

许伯政谭澐两书之比较

On the（eighteenth-century）Mathematicians and Astrologers Hsü Po-Chêng and Than Yün

《辅仁学志》，1930，**2**，111

陈高佣（1）

《中国历代天灾人祸表》

Register of Natural Calamities and Man-made Misfortunes through the Centuries in China（−246 to +1911）. 2 vols

暨南大学丛书，上海，1940 年；评论：A. W. Hummel, *QJCA*, 1949，**6**，27

陈杰（1）

《算法大成》

Complete Survey of Mathematics

1843 年

陈槃（1）

古谶纬书录解题

Remarks on some Works of the Occult Science of Prognostication in Ancient China（the Chhan-Wei or Weft Classics）

《中央研究院历史语言研究所集刊》，1945，**10**，371；1947，**12**，35

陈槃（2）

古谶纬书录解题

Further Remarks on Some Works of the Occult Science of Prognostication in Ancient China

《中央研究院历史语言研究所集刊》，1950，**22**，85

陈槃（3）

谶纬释名

The Origin of the Name Chhan-Wei（Weft Classics）

《中央研究院历史语言研究所集刊》，1943，**11**，297

陈槃（4）

谶纬溯源

The Origin of the（content of the）Chhan-Wei（Weft Classics）［attempted reconstruction of a text of Tsou Yen]

《中央研究院历史语言研究所集刊》，1943，**11**，317

参见 W. Eberhard, *OR*, 1949，**2**，193

陈述彭（1）

云南螳螂川流域之地文

Geomorphology of the Thang-Lang River Valley, Yunnan（Kunming and its lake）

《地理学报》，1948，**15**（nos. 2，3，4），1

陈维祺、叶耀元和孙斌翼等（1）

《中西算学大成》

Compendium of Chinese and Western Mathematics［and Physics］

1889 年

陈文涛（1）

《先秦自然学概论》

History of Science in China during the Chou and Chhin periods

商务印书馆，上海，1934 年

陈寅恪（2）

《几何原本》满文译本跋

Short Account of the Manchu Version of（Euclid's）*Geometry*

《中央研究院历史语言研究所集刊》，1931，**2**（no. 3），281

陈遵妫（1）

《古今星名对照》

Identifications of Chinese and Western Names of Asterisms

中央研究院，南京

陈遵妫（2）

中国天文学史初论

Introduction to the History of Chinese Astronomy

《宇宙》，1945，**15**，9

陈遵妫（3）

《恒星图表》

Atlas of the Fixed Stars, with identifications of Chinese and Western Names

商务印书馆，上海，1937 年

陈遵妫（4）

前汉流彗纪事

Records of Comets in the Han Dynasty

《宇宙》，1945，**15**，43

陈遵妫（5）

《中国古代天文学简史》

Outline History of Ancient（and Medieval）Chinese Astronomy

人民出版社，上海，1955 年

陈遵妫（6）

《清朝天文仪器解说》

The Astronomical Instruments of the Chhing Dynasty（and those surviving from Yuan and Ming also）

北京天文台、中华全国科学技术普及协会

北京，1956 年

程鸿诏（1）

《夏小正》集说

Collected Commentaries on the *Lesser Annuary of the Hsia Dynasty*

1865 年以前

邓衍林和李俨（1）

《北平各图书馆所藏中国算学书联合目录》

Union Catalogue of Chinese Mathematical Books in the Libraries of Peiping

中华图书馆协会，北平，1936 年

简介：A. W. Hummel, *ARLC/DO*, 1937，179

丁福保和周云青（1）

《四部总录天文编》

Bibliography of Astronomical Books to supplement the *Ssu Khu Chhüan Shu* encyclopaedia

商务印书馆，上海，1956 年

丁福保和周云青（2）

《四部总录算法编》

Bibliography of Mathematical Books to supplement the *Ssu Khu Chhüan Shu* encyclopaedia

商务印书馆，上海，1957 年

丁谦（1）

《元经世大典图地理考证》

Investigation of the Maps and Geographical Information contained in the *Institutim of the Yuan Dynasty*

收于《蓬莱轩地理学丛书》

丁取忠（1）

《白芙堂算学丛书》

White Hibiscus Hall Collection of Ancient Mathematical Works

1875 年

见 van Hée (5)

丁取忠 (2)（辑）

《四象假令细草》

Explanation of the Detailed Steps in Sample Calculations (according to the method of) the Pour Elements

约 1870 年

丁文江 (1)

《宋应星》

Biography of Sung Ying-Hsing (author of the *Thien Kung Khai Wu*, Exploitation of the Works of Nature)

收于《喜咏轩丛书》，陶湘编辑

董同龢 (1)

切韵指掌图中几个问题

The Problem of the Authorship of the *Tabular Key to the Dictionary of the Sounds of Characters*

《中央研究院历史语言研究所集刊》，1946，**17**，193

董作宾 (1)

《殷历谱》

On the Calendar of the Yin (Shang) Period

中央研究院，李庄，1945

（前期论文：《中央研究院历史语言研究所集刊》，1936，**7**，45；《华西协合大学中国文化研究所集刊》，1941，**2**，1）

另见董作宾 (6)

评论：薮内清 (13)

董作宾 (2)

敦煌写本唐大顺元年残历考

A Study of the Tunhuang MS. Calendrical Fragment of the Ta-Shun reign-period of the Thang Dynasty (+890)

《图书季刊》，1942，**3**（no. 3），7

董作宾 (3)

殷代月食考

On the Lunar Eclipses of the Yin (Shang) Period

《中央研究院历史语言研究所集刊》，1950，

22，139

董作宾 (4)

《殷代之历法农业与气象》

The Calendar in relation to Agriculture and Climate in the Yin (Shang) Period

《华西协合大学中国文化研究所集刊》，1946，**5**，1

德文摘要：W. Eberhard, *OR*, 1949, **2**, 185

董作宾 (5)

殷文武丁时卜辞中一旬间之气象记录

Meteorological Records of Ten-Day Periods contained in Oracle-Bone Inscriptions from the time of the Yin (Shang) King, Wên Wu Ting

《气象学报》，1943，**17**，no. 17

董作宾 (6)

殷历谱后记

Supplementary Notes to the *Yin Li Phu* (1)

《中央研究院历史语言研究所集刊》，1948，**13**，183

董作宾 (7)

周金文中生霸死霸考

On the Terms 'Sêng-Pa', 'Ssu-Pa' (Phases of the Moon) in Bronze Inscriptions of the Chou Period

《傅故校长斯年先生纪念文集》，第 139 页

台湾大学，台北，1952 年

董作宾 (8)

稘三百有六旬有六日新考

A New Interpretation of the phrase 'the year has 366 days' in the Yao Tien (chapter of the Historical Classic)

《华西协合大学中国文化研究所集刊》，1940，**1**，24（重印于 1949 年）

董作宾、刘敦桢和高平子 (1)

《周公测景台调查报告》

Report of an Investigation of the Tower of Chou Kung for the Measurement of the Sun's (Solstitial) Shadow

商务印书馆（中央研究院专刊）

长沙，1939 年

端方和合作者

《陶斋藏石记》

Description of Inscribed Stones in the Studio

（Museum）of the Thao Family

北京，1909 年

范文涛（*1*）

《郑和航海图考》

Study of the Maps connected with Chêng Ho's Voyages

商务印书馆，重庆，1943 年

飯島忠夫（*1*）

《支那古代史と天文学》

Ancient Chinese History and Astronomical Science

东京，1925 年

飯島忠夫（*2*）

《天文曆法と陰陽五行説》

Astronomy and Calendrical Science in relation to the theories of the Yin and Yang, and the Five Elements

恒星社，东京，1943 年

飯島忠夫（*3*）

支那古曆法餘論

Further Notes on Chinese Astronomy in Ancient Times

《東洋学報》，1922，**12**，46

飯島忠夫（*4*）

支那の上代に於ける希臘文化の影響と儒教經典の完成

Greek Influence on the Ancient Civilisation of China and the Compilation of the Confucian Classics（with reference to calendrical science and astronomy）

《東洋学報》，1921，**11**，183，354

飯島忠夫（*5*）

漢代の曆法より見たる左傳の偽作

The Problem of the Falsification of the *Tso Chuan* in relation to the Han Calendar System （2 parts）；with, A Further Discussion on the Date of Composition of the Tso Chuan

《東 洋 学 報》，1912，**2**，28，181；1919，**9**，155

飯島忠夫（*6*）

书经诗经之天文历法

Astronomy and Calendrical Science in the

Historical Classic and *the Book of Odes*

《科学》，1928，**13**，18

飯島忠夫（*7*）

支那の古曆と曆日記事

Calendars and Calendrical Expressions in Ancient China

《東洋学報》，1929，**17**（no. 4），449；**18**（no. 1）58

冯承钧（*1*）

《中国南洋交通史》

History of the Contacts of China with the South Sea Regions

商务印书馆，上海，1937 年

冯桂芬（*1*）

《咸丰元年中星表》

Table of Meridian Passages of 100 Stars in Right Ascension and Declination for 1851

1851 年

冯友兰（*1*）

《中国哲学史》（二卷本）

History of Chinese Philosophy

商 务 印 书 馆，长沙，1934 年；第 2 版，1941 年

译本：Bodde［见 Fêng Yu-Lan（1）］

冯云鹏和冯云鹓

《金石索》

Collection of Carvings, Reliefs and Inscriptions

（第一部关于汉代墓室浮雕画像的近代出版物）

1821 年

高鲁（*1*）

中国历史上的日食

Eclipses Recorded in Chinese History

《科学世界》，1941，**10**，327

葛利普（A. W. Grabau）（*1*）

《中国地质史》

History of Geology in China

上海，1924 年

顾颉刚（*8*）

禅让传说起于墨家考

A study of the Mohist Origin of the Legendary Abdications（of the ancient emperors）.

[Contains the view that the *Yao Tien* chapter of the *Shu Ching* was written as late as the Han.]

《古史辨》，第7册（下编），第30-109页

関野貞、谷井濟一、栗山俊一、小場恒吉、小川敬吉和野守健（*1*）

《楽浪郡時代の遺蹟》

Archaeological Researches on the Ancient Lo-Lang District（Korea）；1 vol. text, 1 vol. plates

古蹟調査特別報告，1925年，第4册，及1927年，第8册

郭宝钧（*1*）

濬县辛村古残墓之清理

Preliminary Report on the Excavations at the Ancient Cemetery of Hsin-tshun village, Hsün-hsien, Honan

《田野考古报告》，1936，**1**，167

郭沫若（*3*）

《甲骨文字研究》

Researches on the Characters of the Oracle-Bones[inciuding astronomical and calendrical data]

2卷本，北平，1931年

德语摘要：W. Eberhard, *OAZ*, 1932, **8**, 225

何观洲和郑德坤（*1*）

山海经在科学上之批判及作者之时代考

A Critical Examination of the Scientific Value of the *Classic of Mountains and Rivers*, with an investigation of the Date of its Authorship

《燕京学报》，1930，**7**，1347

和田雄治（*1*）

世宗英祖両朝ノ測雨器

Korean Rain-gauges from the Reigns of Sejong（+1419 to +1450）and Yŏngjo（+ 1725 to +1776）

《氣象集誌》，1911，no. 3

中文摘要：《科学》，1916，**2**，582

贺长龄（*1*）

《皇朝经世文编》

Collected Essays by Chhing Officials on Social, Political and Economic Problems

1826年；续编，1882，1888，1897年等

洪以燮（*1*）

《朝鲜科学史》

A History of the Natural Sciences in Korea

东京，1944年

洪震煊（*1*）

《夏小正》疏义

Rectification of the Text of theLesser Annuary of the Hsia Dynasty

《皇清经解》，卷1318-1321，约1810年

侯学煜（*1*）

《指示植物》

Indicator Plants[geobotanical prospecting]

科学出版社，北京，1952年

胡道静（*1*）

《梦溪笔谈校证》

Complete Annotated and Collated Edition of the *Dream Pool Essays*（of Shen Kua, +1086）

2册

上海出版公司，上海，1956年

胡厚宣（*1*）

气候变迁与殷代气候之检讨

Climatic Changes and an Enquiry into the Climatic Conditions of the Yin（Shang）Period

《中国文化研究汇刊》，1944，**4**，1

黄秉维（*1*）

地理学之历史演变

The Historical Development of Geographical Science（in China）

《真理杂志》，1943，**1**，237

黄节（*1*）

郑思肖传

Life of Chêng Ssu-Hsiao

《国粹学报》，1904，**1**（no. 3），pt. 3，p. 8a

黄模（*1*）

《夏小正分笺》

Analysis of the *Lesser Annuary of the Hsia Dynasty*

约1802年

加藤平左衞門（*1*）

和算の行列式展開ニ就テの検討

On the Expansion of Determinants in Japanese Mathematics

《東北数学雑誌》, 1939, **45**, 338

加悦传一郎（*1*）

算法圆理括囊

(Tr. of Stmpō Yevri (Enri) Katsunō)

Comprehensive Discussion of Circle Theory Computations

1851 年; 序作于 1853 年

中国刊本, 1874 年

江绍原（*1*）

《中国古代旅行之研究》

Le Voyage dans la Chine Ancienne

法文译本, 范任译

上海, 1934 年

今村明恒（*1*）

千八百年前の地震計

A Seismograph of Eighteen Hundred Years Ago

载于《支那文化談叢》

东京, 1942 年

赖家度（*1*）

《天工开物及其著者宋应星》

The *Exploitation of the Works of Nature* and its Author; Sung Ying-Hsing

载于李光璧和钱君晔（参见该条）所编文集, 第 338 页

北京, 1955 年

劳乃宣（*1*）

《古筹算考释（续编）》

Investigation into the History of the Ancient Computing-Rods

1886 年

雷学淇（*1*）

《古经天象考》

Investigation of Celestial Phenomena as recorded in the Ancient Classics

1825 年

黎世序和俞正燮（*1*）

《续行水金鑑》

Continuation of the Golden Mirror of the Flowing Waters

1832 年

李光璧和赖家度（*1*）

汉代的伟大科学家——张衡

A Great Scientist of the Han Dynasty; Chang Hêng (astronomer, mathematician, seismologist, etc.)

载于李光璧和钱君晔（参见该条）所编文集, 第 249 页

北京, 1955 年

李光璧和钱君晔（*1*）（编）

《中国科学技术发明和科学技术人物论集》

Essays on Chinese Discoveries and Inventions in Science and Technology, and on the Men who made them

三联书店, 北京, 1955 年

李镜池（*1*）

周易卦名考释

A Study of the Names of the sixty-four Hexagrams in the *Book of Changes*

《岭南学报》, 1948, **9** (no. 1), 197, 303

李镜池（*2*）

《周易》筮辞考续

A Further Study of the Explicative Texts in the *Book of Changes*

《岭南学报》, 1947, **8** (no. 1), 1, 169

李明彻

《圜天图说》

Illustrated Discussion of the Fields of Heaven

1819 年; 续编, 1821 年

李锐（*1*）

《李氏算学遗书》

Collected Works of Li Jui (mathematician, +1768 to +1817)

包括 7 篇关于周初至公元 5 世纪的多种古代历法的专题论文

阮元编辑, 刊行于 1823 年

李善邦（*1*）

霓式地震仪原理及设计制造经过

The Principle and Plan of a (War-Time) Horizontal Seismograph, and how it was constructed

《地球物理专刊》，1945，no. 3

李石泉（1）

《玉作图》

Illustrations of Jade-Working Techniques

载于 Bishop, Bushell, Kunz et al.（1）（参见该条）（附有卜士礼的英译文），New York, 1906

李四光（4）

"沧桑变化"的解释

An Elucidation of the Phrase ' Changing from Blue Sea to Mulberry Groves '

资兴县政府，资兴

1942 年

李涛（1）

《伟大的药学家李时珍》

The Great Pharmacologist Li Shih-Chen (+1518/1593) (biography), 20 pp.

北京，1955 年

李俨（1）

《中国数学大纲》

Outline of Chinese Mathematics in History (vol. 1 only appeared)

商务印书馆，上海，1931 年

李俨（2）

《中国算学史》

A History of Chinese Mathematics

商务印书馆，上海，1937 年

李俨（3）

《中国算学小史》

Brief History of Chinese Mathematics

商务印书馆，上海，1930

李俨（4）

《中算史论丛》

Gesammelte Abhandlungen ü die Geschichte d. chinesischen Mathematik

第 1-3 集，1933—1935 年；第 4 集（上下册），1947 年

商务印书馆，上海

李俨（5）

最近十年来中算史论文目录

Bibliography of Papers on the History of Chinese Mathematics during the last ten years

《学艺通讯》，1948，**15**，16

李俨（6）

李俨所藏中国算学书目录（续）编

Catalogue of [448] Chinese Mathematical Books in the Library of Li Nien

《科学》，1920，**5**，418，525；1925，**10**（no. 4）；1926，**11**，817；1933，**17**，1005；1934，**18**，1547

李俨（7）

敦煌石室立成算经

The MS. Mathematical Table recovered from the Tunhuang caves [S/930 BM]

《国立北平图书馆馆刊》，1935，**9**，39；《图书季刊》，1939（n. s.），**1**，386

李俨（8）

上古中算史

Ancient History of Chinese Mathematics

《科学》，1944，**27**，16

李俨（9）

珠算制度考

History of the Abacus

《燕京学报》，1931，**1**（no. 10），2123

重刊于李俨（4），第 3 集，第 38 页

李俨（10）

中国算学略说

Aspects of Chinese Mathematics

《科学》，1934，**18**，1135

李俨（11）

中算家之级数论

On the Treatment of Series by Chinese Mathematicians

《科学》，1929，**13**，1139，1349

重刊于李俨（4），第 3 集，第 197 页

李俨（12）

中国算学史余录

Additional Remarks on the History of Mathematics in China

《科学》，1917，**3**，238

李俨（13）

对数之发明及其东来

The Discovery of Logarithms and their Transmission to China and Japan

《科学》，1927，**12**，109；同一卷中还包含
　另外两篇稍后的论文

李俨（*14*）

　中算史之工作

　The Work of Chinese Historians of（Chinese）
　　Mathematics［with a register of them］

　《科学》，1928，**13**，785

李俨（*15*）

　三十年来之中国算学史

　Thirty Years' Progress in Researches into the
　　History of Chinese Mathematics

　《科学》，1947，**29**，101

李俨（*16*）

　中算家之圆锥曲线说

　History of the Development of Conic Sections
　　in China

　《科学》，1947，**29**，115

李俨（*17*）

　日算椭圆周术

　（Eighteenth and Nineteenth Century Chinese and）
　　Japanese Work on the Perimeter of Ellipses

　《科学》，1949，**31**，297

李俨（*18*）

　伊斯兰教与中国历算之关系

　Islam in relation to Chinese Mathematics and
　　Calendrical Science

　《回教论坛》，1941，**5**（nos. 3 and 4）

李俨（*19*）

　二十八年来中算史论文目录

　Bibliography of Papers on Chinese Mathematics
　　during the past 28 years（i. e. since 1912）

　《图书季刊》，1940（n. s.），**2**，372

　参见李俨（*5*）；李俨和严敦杰（*1*）

李俨（*20*）

　《中国古代数学史料》

　Materials for the Study of the History of Ancient
　　Chinese Mathematics

　中国科学图书仪器公司，上海，1954 年

李俨（*21*）

　《中算史论丛》（新编）

　Collected Essays on the History of Chinese
　　Mathematics

第 1 集，1954 年；第 2 集，1954 年；第 3
　集，1955 年；第 4 集，1955 年；第 5 集，
　1955 年

科学出版社，北京

李俨和严敦杰（*1*）

　抗战以来中算史论文目录

　Bibliography of Papers on the History of Chinese
　　Mathematics during the period of the Second
　　World War

　《图书季刊》，1944，**5**（no. 4），51

李兆洛（*1*）

　《历代舆地沿革险要图》

　Historical Atlas of China

　1838 年，重刊于 1879 年

李兆洛（*2*）

　《恒星赤道经纬度图》

　Map of the Fixed Stars according to Equatorial Co-
　　ordinates（Right Ascension and Declination）

　1855 年

李兆洛（*3*）

　《皇朝一统地舆全图》

　Comprehensive Atlas of the Chhing Dynasty

　北京，1832 年

李佐贤（*1*）

　《古泉汇》

　Treatise on（Chinese）Numismatics

　1859 年

鎌田重夫（*1*）

　我が国に於ける支那天文学史研究の近狀

　Die heutige Situation der Studien zur
　　chinesischen Astronomiengeschichte in Japan

　《史学雑誌》，1945，**56**，96

麟庆（*1*）

　《鸿雪因缘图记》

　Illustrated Record of Memories of the Events
　　which had to happen in My Life

　1849 年

　见 Hummel（*2*），p. 507

刘冰弦（*1*）

　中国代数名著益古演段评介

　Discussion and Explanation of the noted Chinese
　　algebraical Work New Steps in Computation

（Li Yeh, +1259）

《东方杂志》，1943，**39**，33

刘操南（*1*）

周礼"九数"解

What were the 'Nine Calculations' in the
Record of Rites of the Chou（Dynasty）？

《益世报·文史副刊》，1944，no. 19

刘朝阳（*1*）

甲骨文之日珥观测记录

Mention of the Solar Corona on the Oracle-Bone
Inscriptions（Shang dynasty）

《宇宙》，1945，**15**，15

刘朝阳（*2*）

Oppolzer 及 Schlegel 与 Kühnert 所推算之夏代
日食

On the Calculations of Oppolzer, Schlegel and
Kühnert concerning dates of eclipses in the
Hsia dynasty

《宇宙》，1945，**15**，29

刘朝阳（*3*）

天文学史专号

Current Studies in the History of（Chinese）
Astronomy［exposition and criticism of the
views of T. Iijima］

《中山大学语言历史学研究所周刊》，1929，
nos. 94–96，1–69

参见 Eberhard（10）

刘朝阳（*4*）

史记天官志考

Investigations on the Authenticity of the *Thien
Kuan*（astronomical）Chapter of the *Historical
Records*

《中山大学语言历史学研究所周刊》，1929，
nos. 73-74，1-60

刘朝阳（*5*）

殷历余论

Further Studies in the Yin（Shang）dynasty
Calendar

《宇宙》，1946，**16**，5

刘朝阳（*6*）

《周初历法考》

The Calendar of the Early Chou Period

《华西协合大学中国文化研究所专刊》（乙
种）第二册，1944 年

（评论：W. Eberhard, *OR*，1949，2，179）

刘朝阳（*7*）

《晚殷长历》

Chronology of the late Yin（Shang）Period

《华西协合大学中国文化研究所专刊》（乙
种）第三册，1945 年

（评论：W. Eberhard, *OR*，1949，2，183）

刘朝阳（*8*）

殷末周初日月食初考

On the Eclipse Records of the Late Yin（Shang）
and Early Chou Periods

《中国文化研究汇刊》，1944，**4**，85；1945，
5，1

（评论：A. Rygalov,《汉学》，1949，2，432.）

刘朝阳（*9*）

夏书日食考

On the Solar Eclipse in the *Hsia Shu*（Section of
the *Historical Classic*）

《中国文化研究汇刊》，1945，**5**，1

刘朝阳（*10*）

从天文历法推测尧典之编成年代

The Use of Modern Astronomical Methods in
determining the Date of the *Yao Tien* chapter
in the *Historical Classic*

《燕京学报》，1930（no. 7）

刘铎（*1*）（编）

《古今算学丛书》

Collection of Ancient and Modern Mathematical
Works

算学书局，上海（?），1898 年

刘铎（*2*）（编）

《若水斋古今算学书录》

Jo-Shui Studio Bibliography of Mathematical
Books

算学书局，上海，1898 年

刘风五（*1*）

回教徒对于中国历法的贡献

Contributions of Islam to Chinese Calendrical
Science

《青年中国季刊》，1944，**1**，240

刘复（1）

西汉时代的日晷

Sun-Dials of the Western Han Period

《国学季刊》，1932，**3**，573

刘名恕（2）

郑和航海事迹之再探

Further Investigations on the Sea Voyages of Chêng Ho

《中国文化研究汇刊》，1943，**3**，131

评论：A. Rygalov，《汉学》，1949，**2**，245

刘文典（2）

《淮南鸿烈集解》

Collected Commentaries on the *Huai Nan Tzu Book*

商务印书馆，上海，1923 年，1926 年

刘仙洲（1）

中国机械工程史料

Materials for the History of Engineering in China

《国立清华大学工程学会会刊》，1935，**3**，和 **4**（no. 2），27。重刊，清华大学出版事务所，北平，1935 年。有增补

《清华大学工程学报》，1948，**3**，135

刘垣（1）

《论星岁纪年》

On the Jupiter Cycle and the Calendar

中国科学院历史研究所，北京，1955 年

六严（1）

《恒星赤道经纬度图》

Map of the Fixed Stars according to Equatorial Co-ordinates（Right Ascension and Declination）

1851 年

龙伯坚（1）

《现存本草书录》

Bibliographical Study of Esxtant Pharmacopoeias（from all periods）

人民卫生出版社，北京，1957 年

罗福颐（1）

《传世古尺图录》

Illustrated Record of Known Foot-Measures of Ancient Times

私人刊行，满洲，1936 年

罗士琳（1）

《算学比例汇通》

Rules of Proportion and Exchange

1818 年

骆腾凤（1）

《艺游录》

The Pleasant Game of Mathematic Art

约 1820 年

马国翰（1）（辑）

《玉函山房辑佚书》

The Jade-Box Mountain Studio Collection of（Reconstituted）Lost Books

1853 年

马衡（1）

《隋书律历志十五等尺》

The Fifteen different Classes of Measures as given in the Memoir on Acoustics and Calendar（by Li Shun-Fêng）in the *History of the Sui Dynasty*

刊于北平，1932 年；译本：J. C. Ferguson ［见 Ma Hêng（1）］

马坚（1）

《回历纲要》

Brief Survey of the Muslim Calendar

中华书局，北京，1950 年；第 2 版，1955 年 包括传统回回历法、札马鲁丁工作的详细资料，以及根据黑格（Haig）的《回历西历年代对照表》（Comparative Tables of Muhammedan and Christian Dates；London，1932）编制的回历西历对照表（其中有 47 年有修正及一项增补）

茅以升（1）

中国圆周率略史

History of the Determinations of π in China

《科学》，1917，**3**，411

蒙文通（1）

中国古代北方气候考略

On the Ancient Climate of North China

《史学杂志》，1930，**2**

缪钺（1）

李冶李治释疑

The Uncertainty about the correct Name of Li
Yeh［great +13th-century mathematician］
《东方杂志》, 1943, **39**, 41

那波利贞（*1*）

淮南子に見えたる金目に就いて
On the 'Metal Eye' mentioned in the *Huai Nan
Tzu* Book
《支那学》, 1928, **3**, 606

内藤虎次郎（*1*）

地理学家朱思本
The Geographer Chu Ssu-Pên［+i4th century］
《藝文》, 1920, **11**, 1
收入《讀史叢録》, 京都, 1929 年, 第391 页
由吴晗译成中文, 见《图书季刊》, 1933,
7, no. 2, p. 11

能田忠亮（*1*）

《周髀算経の研究》
An Enquiry concerning the Chou Pei Suan Ching
(Arithmetical Classic of the Gnomon and the
Circular Paths of Heaven)
東方文化学院京都研究所研究报告, 第 3
册, 京都, 1933 年

能田忠亮（*2*）

礼記月令天文考
An Enquiry concerning the Astronomical Content
of the *Yüeh Ling* (Monthly Ordinances) in the
Li Chi (Record of Rites)
东方文化学院京都研究所研究报告, 第 12
册, 京都, 1938 年

能田忠亮（*3*）

天文暦法
(Ancient Chinese) Astronomy and Calendrical
Science
载于《支那地理歷史大系》第 8 卷:《支那
科学·经济史》
东京, 1942 年

能田忠亮（*4*）

《東洋天文学史論叢》
Discussions on the History of Astronomy in
East Asia
东京, 1944 年

能田忠亮（*5*）

甘石星経考
A Study of the *Hsing Ching* (the Star Catalogue
attributed to) Kan (Tê) and Shih (Shen)
［-4th century］
《東方学報》（京都）, 1931, **1**, 1

能田忠亮（*6*）

堯典に見えた天文
On the Four Culminating Stars of the Yao Tien
(chapter in the *Historical Classic*)
《東方学報》（京都）, 1937, **8**, 118

能田忠亮（*7*）

夏小正星象論
On the Astrometry in the *Hsia Hsiao Chêng*
(*Lesser Annuary of the Hsia Dynasty*)
《東方学報》（京都）, 1941, **12**, 209

能田忠亮（*8*）

詩経の日蝕に就て
The Solar Eclipse recorded in the *Shih Ching*
(*Book of Odes*)
《東方学報》（京都）, 1936, **6**, 204

能田忠亮（*9*）

暦学史論
A History of the Calendar
东京, 1948 年

潘钟祥（*1*）

怎样去寻找金属矿脉
How Modern Prospecting for Gold Deposits is
carried out
《科学通报》, 1951, **2**, 135

钱宝琮（*1*）

《中国算学史》
A History of Chinese Mathematics
中央研究院历史语言研究所（单刊甲种之
六）
中央研究院, 北平, 1932 年
上册（下册未出版）

钱宝琮（*2*）

《古算考源》
Über den Ursprung der chinesischen Mathematik
商务印书馆, 上海, 1930 年

钱宝琮（3）

　　盈不足术流传欧洲考

　　On the Transmission of the Rule of 'Too Much and Not Enough' (algebraic Rule of False Position) from China to Europe

　　《科学》, 1927, **12** (no. 6), 707

钱宝琮（4）

　　太一考

　　Investigation of the Meaning of the Term 'Great Unique' or 'Heavenly Unity' (including the pole-star)

　　《燕京学报》, 1932, no. 12, 2449; *CIB*, 1937, **1**, 60

钱宝琮（5）

　　汉人月行研究

　　On the Motions of the Moon as Understood by the Han astronomers

　　《燕京学报》, 1935, **17**, 39

钱宝琮（7）

　　授时历法略论

　　On the Shou Shih Calendar of Kuo Shou-Ching (+1281)

　　《天文学报》, 1956, **4** (no. 2), 193

钱君晔（1）

　　宋代卓越的科学家——沈括

　　A Chekiang Scientist of the Sung Dynasty; Shen Kua (mathematician, astronomer, cartographer, etc.)

　　载于李光璧和钱君晔（参见该条）所编文集, 第 288 页

　　北京, 1955 年

钱维樾（1）

　　《恒星图》

　　Atlas of Fixed Stars

　　1839 年

橋本増吉（1）

　　書経の研究

　　Researches on the Historical Classic

　　《東 洋 学 報》, 1912, **2**, 283; 1913, **3**, 331; 1914, **4**, 49, 369

橋本増吉（2）

　　支那古代暦法史研究

Über die astronomische Zeiteinteilung im alten China

　　（《東洋文庫論叢》, 第 29 号）

　　东京, 1943 年

橋本増吉（4）

　　書経堯典の四中星に就いて

　　On the Four Stars Culminating at Dusk at the Equinoxes and Solstices, recorded in the *Yao Tien* chapter of the *Historical Classic*

　　《東洋学報》, 1928, **17** (no. 3), 303

青山定雄（1）

　　古地誌地図等の調査

　　In Search of Old Geographical Works and Maps

　　《東 方 学 報》（東 京）, 1935, **5** (Suppl. vol.), 123

青山定雄（2）

　　元代の地図について

　　On Maps of the Yuan Dynasty

　　《東方学報》（東京）, 1938, **8**, 103

青山定雄（3）

　　李朝に於ける二三の朝鮮全図について

　　On a Few General Maps from Korea, of the Yi (Li) Dynasty

　　《東方学報》（東京）, 1939, **9**, 143

青山定雄（4）

　　宋代の地図とその特色

　　The Maps of the Sung Dynasty and their Characteristics

　　《東方学報》（東京）, 1940, **11**, 415

青山定雄（5）

　　南宋淳祐の石刻墜理図について

　　Concerning the General Map of China carved on stone in the Shun-Yu reign-period of the Southern Sung Dynasty (One of four presented by Huang Shang in +1190/+1194)

　　《東方学報》（東京）, 1940, **11**, 39

　　手抄摘要, 1942, **7**, 366

青山定雄（8）

　　栗棘庵所蔵の輿地図について

　　On an Atlas (entided *Yü Ti Thu*) possessed by the Rikkyoku-an Cloister (one of those made by Huang Shang in +1193)

《東洋学報》, 1955, **37**, 471

饶宗颐 (*1*)

长沙楚墓时占神物图卷考释

A Study of an Astrological (and Calendrical)
Diagram [on silk, with pictures of strange
beings], from a tomb of the Warring States
period (Chhu State) at Chhangsha

《东方文化》, 1954, **1**, 69

任兆麟 (*1*)

《夏小正注》

Commentary on the *Lesser Annuary of the Hsia
Dynasty*

1820 年以前

容庚 (*2*)

《汉金文录》

Han Inscriptions on Bronzes

中央研究院历史语言研究所专刊之五

中央研究院, 北平, 1931 年

三上义夫 (*1*)

《中国算学之特色》

Special Characteristics of Chinese Mathematics

原为日文, 刊于《東洋学報》, 1926, **15**
(no. 4);**16** (no. 1)

由林科棠译成中文

商务印书馆, 上海, 1934 年

三上義夫 (*2*)

《支那思想・科学 (数学)》

Science in China; Mathematics

岩波講座

载于《東洋思潮》, 第 2 卷

东京, 1934 年

三上義夫 (*3*)

和算史研究の成果

My Studies in Japanese Mathematics

《科学史研究》, 1951 (no. 19), 33

三上義夫 (*4*)

Loria 博士の支那数学論

Dr Loria on Chinese Mathematics

《東洋学報》, 1923, **12** (no. 4), 500

三上義夫 (*5*)

疇人傳論—併せて van Hée 氏の所説を評す

Criticism of van Hée's Account of (Juan Yuan's)

Biographies of (Chinese) Mathematicians and
Astronomers

《東洋学報》, 1927, **16** (no. 2), 185; (no. 3),
287

三上義夫 (*6*)

圓理の発明に関する論証

A Study of the Invention of the ' Circle-
Principle '

《史学雑誌》, 1930, **41** (nos. 7-10);《東京
物理学校雑誌》, 1931, nos. 472-475

三上義夫 (*7*)

関孝和と微分学

Seki Kōwa and the Differential Calculus

《東京物理学校雑誌》, 1931, no. 480;
1934, no. 510

三上義夫 (*8*)

関孝和の業績と京坂の算家並に支那の算法
との関係及び比較

The Achievements of Seki Kōwa and his
Relations with the Mathematicians of Osaka
and Kyoto and with the Chinese Mathematicians

《東洋学報》, 1932, **20** (no. 2), 217, 543;
21 (no. 1), 45; (no. 3), 352; (no. 4),
557; **22** (no. 1), 54

三上義夫 (*9*)

清朝時代の割圓術の発達に関する考察

An Investigation of the Development of Rules for
the Measurement of Circle Segments during
the Chhing Dynasty

《東洋学報》, 1930, **18**, (no. 3), 301;
(no. 4), 439

三上義夫 (*10*)

歸除歌括考

A Study of the History of the Division Table in
Verse for the Abacus

《算術教育》, 1937, no. 177

三上義夫 (*11*)

宋元数学上に於ける演段及び釋鎖の意義

The Significance of the Yen-Tuan and Shih-So
Methods of solving Equations in the Sung and
Yuan Dynasties

《算術教育》, 1937, no. 179

三上義夫（12）

支那古代の数学

Ancient Chinese Mathematics

《明治圣德纪念学会纪要》，1932，no. 37

三上義夫（13）

周髀算経の天文説

On the Astronomical Theory of the *Chou Pei Suan-Ching* (*Arithmetical Classic of the Gnomon and the Circular Paths of Heaven*)

《東京物理学校雑誌》，1911（no. 235），241

三上義夫（14）

琉球古來の数学

Ancient Mathematics of the Liu-Chhiu Islands

《東亜の光》，1916，**11**（no. 9）

二上義夫（15）

印度の数学と支那との関係

The Relations of Indian and Chinese Mathematics

《東亜の光》，1917，**12**（no. 6），15

三上義夫（17）

日本望遠鏡史

L'Histoire du Téléscope au Japon

《東京物理学校雑誌》，1936，nos. 534. 535

三上義夫（18）

和漢数学史上に於ける戦乱及び軍事の関係

Influences of War and Military Affairs on the History of Mathematics in China and Japan

《算術教育》，1937，no. 182

桑下客（1）

《七巧新谱》

New Tangram Puzzles

1813 年，1815 年，众多版本

森鹿三（1）

栗棘庵所藏輿地圖解説

On a (Sung) map (of about +1270) preserved in the Li-Chi Hail (of the Tung Fu Ssu [Tō Fuku Ji] Temple at Kyoto)

《東方学報》（京都），1941，**11**，545

上田穣（1）

石氏星経の研究

Investigations on the Star Manual of Shih (Shen)

《東洋文庫論叢》，第 12 号

东京，1929 年

神田茂（1）

《日本天文史料》

Japanese Astronomical Records (of Eclipses, Comets, etc)

东京，1935 年

神田茂（2）

太陽黑點の東洋に於ける記録

Catalogue of Sun-spots observed throughout the Ages in China and Japan

《東京天文台報》，1933，**1**（1），37

神田茂（3）

簠簋及びその類書について

The Oldest Japanese Almanacs and Similar Books

《科学史研究》，1952（no. 23），21

神田喜一郎（1）

山海經より觀たる支那古代の山嶽崇拜

Mountain Worship in Ancient China as seen in the *Classic of Mountains and Rivers*

《支那学》，1922，**2**，332

沈文侯（1）

《星图》

Celestial Atlas (with markings in both Chinese and Western identifications)

石延汉序

福建省气象局

永安，1940 年

石田幹之助（1）

都利聿斯経とその佚文

The *Tu-Li-Yü-Ssu Ching* and its Fragments [astrological manual of the Thang showing Iranian influence]

载于《東洋史論叢：羽田博士頌寿記念》，第 49 页

羽田亨

京都，1950 年

石璋如（1）

殷墟最近之重要发现附论小屯地层

The Most Important Recent Discoveries at Yin-Hsü (Anyang), with a Note on the Stratification of the Site

《中国考古学报》, 1947 (no. 2)

石璋如 (2)

河南安阳后冈的殷墓

Burials of the Yin (Shang) Dynasty at Hou-Kang, Anyang

《中央研究院历史语言研究所集刊》, 1948, **13**, 21

石璋如 (3)

传说中周都的实地考察

A Field Investigation of the Traditional Sites of Settlements of the Chou People

《中央研究院历史语言研究所集刊》, 1949, **20B**, 91

宋景昌 (1)

《数书九章札记》

Notes on the *Mathematical Treatise in Nine Sections* (of Chhin Chiu-Shao, +1247)

1842 年

藪内清 (1)

《隋唐曆法史の研究》

Researches on the Calendrical Science of the Sui and Thang Periods

东京, 1944 年

藪内清 (2)

《中国の天文学》

(Introduction to the History of) Chinese Astronomy

恒星社, 东京, 1949 年

评论: Yang Lien-Shêng, *HJAS*, 1951, **14**, 671

藪内清 (3)

数学

History of Chinese Mathematics (to the Thang)

载于《支那地理歷史大系》第 8 卷:《支那科学·经济史》

东京, 1942 年

藪内清 (4)

中国の時計

Ancient Chinese Time-Keepers

《科学史研究》, 1951, (no. 19), 19

藪内清 (5)

中国に於けるイスラム天文学

The Introduction of Islamic Astronomy to China

(in the Yuan Dynasty)

《東方学報》(京都), 1950, **19**, 65

藪内清 (6)

唐開元占経中の星経

The Star Catalogue in the *Khai-Yuan Chan Ching* (*Treatise on Astrology and Astronomy*) of the Thang

《東方学報》(京都), 1937, **8**, 56

藪内清 (7)

兩漢曆法考

On the Calendar Reforms of the Former and Later Han Dynasties (−104 and +85)

《東方学報》(京都), 1940, **11**, 327

藪内清 (8)

殷周より隋に至る支那曆法史

A History of Chinese (Astronomy and) Calendrical Science from the Yin (Shang) and Chou Periods to the Sui Dynasty

《東方学報》(京都), 1941, **12**, 99

藪内清 (9)

唐代曆法に於ける步日躔月離術

The Calendar in Thang Times and the making of Ephemerides for Sun and Moon Motions

《東方学報》(京都), 1943, **13**, 189

藪内清 (10)

宋代の星宿

Descriptions of the Constellations in the Sung Dynasty

《東方学報》(京都), 1936, **7**, 42

藪内清 (11) (辑)

《天工開物》の研究

A Study of the *Thien Kung Khai Wu* (*The Exploitation of the Works of Nature*, +1637)

东京, 1953 年

11 篇论文的中译本: 苏芗雨等译, 中华丛书委员会, 台北, 1956 年

藪内清 (12)

《支那数学史概説》

Outline of Chinese Mathematics

京都, 1944 年

藪内清 (13)

殷代の曆法

The Calendar of the Shang (Yin) Period (an

essay review of Tung Tso-Pin's *Yin Li Phu*)

《東方学報》（京都），1952，**21**，217

藪内清（*14*）

唐宋曆法史

Calendrical Science in the Thang and Sung Dynasties

《東方学報》（京都），1943，**13**，491

藪内清（*15*）

元明曆法史

Calendrical Science in the Yuan and Ming Dynasties

《東方学報》（京都），1944，**14**，264

藪内清（*16*）

飛鳥奈良時代の自然科学

The Natural Sciences in the Asuka Period (+593/ +628) and the Nara Period (+710/ +784)

載于《飛鳥・奈良時代の文化》，第101页
东京，1955年

藪内清（*17*）

近世中国に伝えられた西洋天文学

The Introduction of Western Astronomy in to (Seventeenth-century) China

《科学史研究》，1955，（no. 32），15

藪内清和能田忠亮（*1*）

《漢書律曆志の研究》

Researches on the Calendrical chapters of the *History of the Former Han Dynasty*

京都，1947年

孙海波（*1*）

《甲骨文编》

On the Oracle-Bone Writing

北平，1934年

孙文青（*1*）

九章算术篇目考

A Study of the Chapter Headings in the *Nine Chapters on the Mathematical Art*

《金陵学报》，1932，**2**，321

孙文青（*2*）

张衡著述年表

Chronological List of the Writings of Chang Hêng [eminent mathematician and astronomer of the +2nd century]

《金陵学报》，1932，**2**，105

孙文青（*3*）

张衡年谱

Chronological Biography of Chang Hêng

《金陵学报》，1933，**3**，331

孙文青（*4*）

《张衡年谱》

Life of Chang Hêng [enlargement of（3）]

商务印书馆，上海，1935年；第2版，重庆，1944年

太虚和尘空

缙云山志

Record of tlie Cloud-Girdled Mountain (Temple) [in Szechuan north of Chung-king]

汉藏教理院刻本，重庆，1942年

谭其骧等（*1*）

《国立北平图书馆方志目录》

Catalogue of the Local Topographies in the National Library at Peiping

北平，1934年（二编，1936年）

唐荣作（*1*）

《玉说》

Discourse on Jade

载于 Bishop, Bushell, Kunz *et al.*（1）（参见该条）（附有卜士礼的英译文），New York，1906

藤原松三郎（*1*）

支那数学史の研究

Miscellaneous Notes on the History of Chinese [and Korean] Mathematics

《東北数学雑誌》，1939，**46**，284；1940，**47**，35，309；1941，**48**，78

藤原松三郎（*2*）

和算史の研究

Miscellaneous Notes on the History of Japanese Mathematics

《東北数学雑誌》，1939，**46**，123，135，295；1940，**47**，49，322；1941，**48**，201；1943，**49**，90

田坂興道（*1*）

東漸せるイスラム文化の一側面に就いて

About an Aspect of Islamic Culture moving Eastwards［on the astronomical instruments of Jamāl al-Dīn and their identification］

《史学雑誌》, 1942, **53**, 401

田坂興道 (2)

西洋暦法の東漸と回回暦法の運命

The Introduction of European Astronomy to China, and the Muslim Calendar-makers

《東洋学報》, 1947, **31** (no. 2), 141

童世亨 (1)

《历代疆域形势一览图》

Historical Atlas of China

商务印书馆, 上海, 1922 年

汪敬熙 (1)

《科学方法漫谈》

Random Discussions on Scientific Method

商务印书馆, 重庆, 1940 年; 重印, 1944 年

王国维 (2)

殷卜辞所见先公先王考

Information about the ancient kings and rulers on the Oracle-Bones

收于《观堂集林》

收于《海宁王静安先生遗书》

48 卷

商务印书馆, 长沙, 1940 年

王国维 (3)

生霸死霸考

Investigation of the terms 'Sêng Pa' and 'Ssu Pa' (phases of the moon), and the Seven-Day Week System (in the Chou Dynasty)

收于《观堂集林》

王仁俊 (1)

《格致古微》

Scientific Traces in Olden Times

1896 年

王先谦 (1) (辑)

《皇清经解续编》

Continuation of the Collection of Monographs on Classical Subjects written during the Chhing Dynasty

1888 年

见严杰 (1)

王以中 (1)

山海经图与外国图

The Pictures of the *Classic of Mountains and Rivers* in relation to analogous Pictures in the Literatures of other Countries

《史地杂志》, 1937, **1**, 23

王庸 (1)

《中国地理学史》

History of Geography in China

商务印书馆, 长沙, 1938 年

王庸和茅乃文 (1)

《国立北平图书馆中文舆图目录》

Catalogue of the Chinese Maps in the National Library at Peiping

北平, 1933 年

王振铎 (1)

汉张衡候风地动仪造法之推测

A Conjecture as to the Construction of the Seismograph of Chang Hêng in the Han Dynasty

《燕京学报》, 1936, **20**, 577

王振铎 (6)

地动仪

(Chang Hêng's) Seismograph

《人民画报》, 1952 年, 4 月

王之春 (1)

《国朝柔远记》

Record of the Pacification of a Far Country［his ambassadorship to Russia］

约 1890 年

卫聚贤 (2)

数目字

Finger-Reckoning in Ancient China

《说文月刊》, 1943, **3**, 93

卫聚贤 (3)

《古史研究》

Studies in Ancient History［researches and discussions on the interpenetration of Indian and Chinese civilisations before the Chhin Dynasty］

上海，1934 年

闻一多（2）

天问释天

On the Cosmology of the *Thien Wên* (*Questions about the Heavens*, by Chhü Yuan, c. -300)

收于《闻一多全集》

开明书店，上海，1948 年，第 2 册，第 313 页

原刊于：《清华学报》，1936，**9**（no. 4）

翁文灏（1）

中国山脉考

Investigation of the Mountain Ranges in Chinese History (from the *Yü Kung* chapter of the *Historical Classic* onwards)

《科学》，1925，**10**，1179

翁文灏（2）

甘肃地震考（表）

A Study of Earthquakes in Kansu Province (with a Register of their Recorded Occurrences from -780 to +1909)

《科学》，1922，**6**，1079，1197，1201；1923，**7**，105

吴承洛（2）

《中国度量衡史》

History of Chinese Metrology [weights and measures]

商务印书馆，上海，1937 年

吴大澂（1）

《权衡度量实验考》

An Investigation of (Ancient Chinese) Weights and Measures

1894 年；重刊于 1915 年

吴大澂（2）

《古玉图考》

Investigation of Ancient Jade Objects

1889 年；重刊于 1919 年

吴其昌（1）

汉以前恒星发现次第考

A Study of the Identification of the Fixed Stars known before the Han

《真理杂志》，1943，**1**（no. 3），273

吴其昌（2）

宋代之地理学史

History of Geography in the Sung Period

《国学论丛》，1927，**1**，37

武田楠雄（1）

明代における算書形式の変遷

Change in the Form of Chinese Mathematical Books in the Ming Dynasty

《科学史研究》，1953（no. 26），13

武田楠雄（2）

明代数学の特質—算法統宗成立の過程

The Character of Chinese Mathematics in the Ming Dynasty; the Process of Formulation in the *Suan Fa Thung Tsung*

《科学史研究》，1954（no. 28），1；（no. 29），8；（no. 34），12

席泽宗（1）

古新星新表

A New Catalogue of Ancient Novae

《天文学报》，1955，**3**（no. 2），183

席泽宗（2）

从中国历史文献的纪录来讨论超新星的爆发与射电源的关系

On the Identification of Strong Discrete Sources of Radio-Emission with Novae and Supernovae Recorded in the Chinese Annals

《天文学报》，1954，**2**（no. 2），177

席泽宗（3）

僧一行观测恒星位置的工作

On the Observations of Star Positions [and Proper Motions] by the monk I-Hsing (+683 to +729) [and on the date of the Hsing Ching]

《天文学报》，1956，**4**（no. 2），212

细井淙（1）

日本科学の特質（数学）

Special Characteristics of Japanese Science (Mathematics)

载于《東洋思潮》，第 12 卷

岩波书店，东京，1935 年

向达（1）

汉唐间西域及海南诸国古地理书叙录

On the Geographical Books written between the Han and the Thang Dynasties on the Western

Regions, and the Foreign Countries of the South Seas

《国立北平图书馆馆刊》, 1930, **4**（no. 6）, 23

向宗鲁（*1*）

《月令章句疏证叙录》

Explanations and Rectifications of certain passages in the *Monthly Ordinances*

商务印书馆, 重庆, 1945 年

小倉金之助和大矢眞一（*1*）

三上義夫博士（1875—1950）とその業績・三上義夫先生著作論文目録

Life and Work of Dr Yoshio Mikami［historian of mathematics］, 1875—1950, with bibliography of his publications

《科学史研究》, 1951,（No. 18）, 1, 9

小川琢治（*1*）

近世西洋交通以前の支那地圖に就て

A Historical Sketch of Cartography in China before the modern Intercourse with the Occident

《地学雑誌》, 1910, **22**, 407, 512, 599

收入小川琢治（2）

小川琢治（*2*）

《支那歴史地理研究》

Studies in Chinese Historical Geography, 2 vols.

京都, 1928 年

谢家荣（*1*）

中国陨石之研究附表

Additional List of Chinese Records of Meteorites

《科学》, 1923, **8**, 920

谢清高（*1*）

《海录》

Ocean Memories（an account of the world, by an illiterate sailor who between 1783 and 1797 visited all the principal trading ports in Europe, Asia, Africa and America）

广州, 1820 年

新城新藏（*1*）

《中国上古天文》

Chinesische Astronomie（Antike）

由沈璿译成中文

商务印书馆, 上海, 1936 年

新城新藏（*2*）

干支五行説と顓頊暦

The（ancient）Chuan-Hsü Calendar and the Systems of the Cyclical Characters and the Five Elements

《支那学》, 1922, **2**, 387, 495

新城新藏（*3*）

《東洋天文学史研究》

Researches on the History of Astronomy in East Asia

东京, 1929 年

中译本: 陈遵妫译

中华学艺社, 上海, 1933 年

新城新藏（*4*）

支那上代の暦法

Calendricai Science in Ancient China

《藝文》, 1913, **4**, 666, 743;（no. 7 onwards）, 16, 183

新城新藏（*5*）

再び左傳國語の製作年代を論ず

Further Remarks on the Date of Compilation of the *Tso Chuan* and the *Kuo Yü*［astronomical and calendrical evidence］

《藝文》, 1920, **11**, 619

新城新藏（*6*）

漢代に見之たる諸種の暦法を論す

On the various forms of Calendar System found in the Han Period

《藝文》, 1920, **11**, 701, 785, 966

徐松（*1*）

《西域水道记》

Account of the River Systems of the Western Regions（Sinkiang）

1823 年

概要: Himly（8）

徐中舒（*2*）

殷人服象及象之南迁

The Domestication of the Elephant by the Shang people, with Notes on its Southward Migration

《中央研究院历史语言研究所集刊》, 1930,

2, 60

许莼舫（*1*）

《古算法之新研究》

New Researches on Old Chinese Mathematics

上海，1935 年；续编，1945 年

许莼舫（*2*）

《中算家的代数学研究》

A Study of Chinese Mathematics in all Ages

中国青年出版社，北京，1954 年

许莼舫（*3*）

《中算家的几何学研究》

A Study of Geometry in（Ancient and Medieval）

Chinese Mathematics

中国青年出版社，北京，1954 年

许莼舫（*4*）

《古算趣味》

Mathematical Recreations in Old China

中国青年出版社，北京，1956 年

严敦杰（*1*）

算学启蒙流传考

History of the Fortunes of the *Introduction to*

Mathematical Studies（by Chu Shih-Chieh,

+1299）

《东方杂志》，1945，**41**，31

严敦杰（*2*）

居延汉简算书

The Mathematical Writings on the Han bamboo

tablets discovered at Chü-yen（Edsin Gol）

《真理杂志》，1943，**1**，315

严敦杰（*3*）

筹算算盘论

A Discussion on the History of the Counting-

Rods and the Abacus

《东方杂志》，1944，**41**，33

严敦杰（*4*）

上海算学文献述略

（Old Chinese）Mathematical Books in Shanghai

《科学》，1939，**23**，72

严敦杰（*5*）

祖暅别传

Biography of Tsu Kêng-Chih（+ 6th-century

mathematician）

《科学》，1941，**25**，460

严敦杰（*6*）

宋元算学丛考

Investigations into the Origins of the Mathematics

of the Sung and Yuan Dynasties

《科学》，1947，**29**，109

严敦杰（*7*）

欧几里得几何原本元代输入中国说

On the Coming of Euclid's Geometry to China

in the Yuan Dynasty

《东方杂志》，1943，**39**（no. 13），35

严敦杰（*8*）

隋书律历志祖冲之圆率记事释

What the History of the Sui Dynasty records

about Tsu Chhung-Chih's calculation of the

Value of π

《学艺杂志》，1933，**15**（no. 10）

严敦杰（*9*）

宋元算书与信用货币史料

The Relation between the use of Paper Money in

the Sung and Yuan Dynasties and the Ma-the

matical Books of that time

《益世报·文史副刊》，1943，no. 38

严敦杰（*10*）

回历甲子考

Discussion of the Sexagenary Calendar System

among the Muslims

《科学》，1949，**31**，291

严敦杰（*11*）

金乙未元历斗分考

Investigation of the I-Wei-Yuan Calendar of the

（Jurchen）Chin Dynasty

《东方杂志》，1945，**41**，30

严敦杰（*12*）

北齐董峻郑元伟甲寅元历积年考

Study of the Chia-Yin-Yuan Calendar of the

Northern Chhi Dynasty prepared by Tung

Hsün and Chêng Yuan-Wei（+575）

附有鲁实先所撰题记

《志学》，1945，**33**，14

严敦杰（*13*）

规矩砖

Han Bricks with Designs of Compasses and Carpenters' Squares

《说文月刊》, 1941, **3**（no. 4）, 63

严敦杰（*14*）

《中国古代数学的成就》

Contributions of Ancient and Medieval Chinese Mathematics

中华全国科学技术普及协会

北京, 1956 年

严杰（*1*）（辑）

《皇清经解》

Collection of（more than 180）Monographs on Classical Subjects written during the Chhing Dynasty

1829 年；第 2 版 "庚申补刊", 1860 年

参见王先谦（1）

严可均（*1*）（辑）

《全上古三代秦汉三国六朝文》

Complete Collection of Prose Literature（including Fragments）from Remote Antiquity through the Chhin and Han Dynasties, the Three Kingdoms and the Six Dynasties

编成于 1836 年；出版于 1887—1893 年

燕羽（*3*）

《中国古代关于植物指示矿藏的记载》

A Note on the Use of Plants as Ore-Indicators in Ancient China

载于李光璧和钱君晔（参见该条）所编文集, 第 163 页

北京, 1955 年

燕羽（*5*）

《十六世纪的伟大科学家李时珍》

A Great Scientist of the + 16th century; Li Shih-Chen（pharmaceutical naturalist）

载于李光璧和钱君晔（参见该条）所编文集, 第 324 页

北京, 1955 年

杨宽（*4*）

中国历代尺度考

A Study of the Chinese Foot-Measure through the Ages

商务印书馆, 上海, 1938 年；修改和增补,

1955 年

杨守敬（*1*）

《历代舆地图》

Historical Atlas of China

1911 年

姚宝猷（*1*）

中国历史上气候变迁之一新研究

A New Study of Climatic Changes in Chinese History

《中山大学语言历史学研究所周刊》, 1935, **1**, 1

英文摘要：CIB, 1937, **1**, 39

姚明辉（*1*）

中国发明地圆说

On the Chinese discovery of the Roundness of the Earth

《地学杂志》, 1915, **6**（no. 5）

姚振宗（*1*）

《后汉书艺文志》

The Bibliography in the *History of the Later Han Dynasty*

1895 年

叶德禄（*1*）

七曜历入中国考

On the coming to China of the 'Seven Luminary' Calendars［Persian and Manichaean elements in Chinese calendrical science during the Thang period］

《辅仁学志》, 1942, **11**, 137

叶棠（*1*）

《恒星赤道全图》

Complete Map of the Fixed Stars, based on Equatorial Co-ordinates

1847 年

叶耀元（*1*）

重学

Mechanics and Dynamics

收于《中西算学大成》

同文书局, 上海, 1889 年

尹赞勋（*1*）

中国古生物学之根苗

The Beginnings of Palaeontology in China

《地质论评》，1947，**12**，63

俞平伯（*1*）

秦汉改月论

On the Calendar Reforms of the Chhin and Han Dynasties

《清华学报》，1937，**12**，435

圆通（*1*）

《佛国曆象编》

On the Astronomy and Calendrical Science of Buddha's Country（actually India and China）

京都，1810 年

遠藤利貞（*1*）

《日本数学史》

History of Mathematics in Japan

岩波书店，东京，1896 年；增修本，1918 年

增田忠雄（*1*）

宋代の地图と民族運動

On Sung Maps in relation to the Political Situation of the Times

《史林》，1942，**27**，65

张敦仁（*1*）

《缉古算经细草》

Analysis of the Methods of the *Continuation of Ancient Mathematics*

1801 年

张敦仁（*2*）

《求一算术》

On Indeterminate Analysis［mathematics］

约 1801 年

张慧剑（*1*）

《李时珍》

Biography of Li Shih-Chen（+1518/+1593；the great pharmaceutical naturalist）

上海人民出版社，1954 年，1955 年重印

张鉴（*1*）

《西夏纪事本末》

Rise and Fall of the Hsi-Hsia State

约 1830 年

张礼千（*1*）

东西洋考中之针路

The Compass-Bearings in *Studies on the Oceans, East and West*

《东方杂志》，1945，**41**（no. 1），49

张其昀（*1*）（编）

《徐霞客先生逝世三百周年纪念刊》

Essays in Commemoration of the 300th Anniversary of the Death of Hsü Hsia-Kho（+1586 to +1641）［11 contributors］

国立浙江大学文科研究所史地学部丛刊，第 4 号：遵义，1942 年

张荫麟（*3*）

九章及两汉之数学

The *Nine Chapters on the Mathematical Art*, and Mathematics in the two Han dynasties

《燕京学报》，1927，**2**，301

张荫麟（*4*）

纪元后二世纪间我国第一位大科学家——张衡

Chang Hêng；Our first Great Scientist（+2nd century）

《东方杂志》，1925，**21**（no. 23），89

张永立（*1*）

圣经中之圆周率

On the Determinations of π in Ancient Chinese Literature

《真理杂志》，1943，**1**，267

张钰哲（*1*）

中国古代天文鸟瞰

Bird's-eye view of Ancient Chinese Astronomy

《宇宙》，1946，**16**，17

张自牧（*1*）

《瀛海论》

Discourse on the Boundless Sea（i. e. Nature）［An attempt to show that many post-Renaissance scientific discoveries had been anticipated in ancient and medieval China］

约 1885 年

章鸿钊（*1*）

《石雅》

Lapidarium Sinicum；a Study of the Rocks, Fossils and Minerals as known in Chinese Literature

中央地质调查所，北平：第 1 版，1921 年；第 2 版，1927 年

《地质专报》（乙种），no. 2

评论：P. Demiéville, *BEFEO*, 1924, **34**, 276

赵然凝（*1*）

衍率冥探

A View of the Secrets of Indeterminate Analysis

《东方杂志》，1944, **41**, 55

赵元任（*1*）

中西星名考

A Study of the Names of Asterisms in China and the West

《科学》，1917, **3**, 42

郑鹤声（*1*）

《郑和》

Biography of Chêng Ho [great eunuch admiral of the +15th century]

胜利出版社，重庆，1945 年

中山平次郎（*1*）

古式支那鏡鑑沿革

On Ancient Chinese Mirrors [Includes recognition of the Wu Liang tomb-shrine TLV board scene as one of magical operations]

《考古学雜誌》，1919, **9**, 85, 145, 189, 280, 323, 381, 465

周光地（*1*）

新星

Novae

《宇宙》，1945, **15**, 35

周清澍（*1*）

我国古代伟大的科学家——祖冲之

A Great Chinese Scientist; Tsu Chhung-Chih (mathematician, engineer, etc.)

载于李光璧和钱君晔（参见该条）所编文集，第 270 页

北京，1955 年

朱芳圃（*1*）

《甲骨学文字编》

Oracle-Bone Script and Characters (Collected Identifications)

商务印书馆，上海，1933 年

朱十嘉（*1*）

宋元方志考

Study of Local Topographies in the Sung and Yuan Periods

《地学杂志》

朱士嘉（*2*）

临安三志考

A Study of the three (Sung) Topographies of the Hangchow District

《燕京学报》，1936, **20**, 421

朱士嘉（*3*）

《中国地方志综录》

Union Catalogue of the Local Topographies [preserved in thirty-five Public and fifteen Private Collections]

商务印书馆，上海，1935 年

朱士嘉（*4*）

《国会图书馆藏中国方志目录》

Catalogue of the Local Topographies preserved in the Library of Congress [Washington]

美国政府印刷局，华盛顿，1942 年

朱文鑫（*1*）

《历法通志》

History of Chinese Calendrical Science

商务印书馆，上海，1934 年

朱文鑫（*2*）

《历代日食考》

A Study of the Eclipses recorded in Chinese History

商务印书馆，上海，1935 年

朱文鑫（*3*）

《天文学小史》

Brief History of Astronomy

商务印书馆，上海，1935 年

朱文鑫（*4*）

《天文考古录》

A Study of the Chinese Contribution to Astronomy

商务印书馆，上海，1933 年

朱文鑫（*5*）

《〈史记·天官书〉恒星图考》

A Study of the Fixed Stars recorded in the *Thien Kuan* chapter of the *Historical Records*

商务印书馆，上海，1927 年；重印于 1934 年

竺可桢（*1*）

二十八宿起源之地点与时间

On the Place and Time of Origin of the twenty-eight *Hsiu*

《气象学报》，1944，**18**，1

竺可桢（*2*）

二十八宿起源之时代与地点

On the Date and Place of Origin of the twenty-eight *Hsiu*

《思想与时代》，1944，no. 34，1

竺可桢（*3*）

论以岁差定尚书尧典四仲中星之年代

Calculation of the Date of the *Yao Tien* chapter of the *Historical Classic* from the four quadrantal *hsiu* and the precession of the equinoxes

《科学》，1926，**11**（no. 2），1937；收于徐炳昶《中国古史的传说时代》，重庆，

1945 年，第 333 页

竺可桢（*4*）

北宋沈括对于地学之贡献与记述

The Contributions to the Earth Sciences made by Shen Kua in the Northern Sung Period

《科学》，1926，**11**

竺可桢（*5*）

中国古代在天文学上的伟大贡献

The Most Important Contributions of Ancient Chinese Astronomy

《科学通报》，1951，**2**，215

收于《我们伟大的祖国》，北京，1951 年，第 62 页

竺可桢（*6*）

为什么要研究我国古代科学史

Why we need Researches on the History of Science in our Country in Ancient and Medieval Times

《人民日报》，1954 年 9 月 27 日

C　西文书籍与论文

ABETTI, G. (1). *The History of Astronomy.* Sidgwick & Jackson, London, 1954, tr. by B. B. Abetti from the Italian original *Storia dell'Astronomia* (rev. W. M. H. Greaves, *N*, 1955, **176**, 323).

ADAMS, F. D. (1). *The Birth and Development of the Geological Sciences.* Baillière, Tindall & Cox, London, 1938.

ADLER, E. N. (1) (ed.). *Jewish Travellers.* Routledge, London, 1930. (Broadway Travellers Series.)

ADNAN ADIVAR, A. (2). *La Science chez les Turcs Ottomans.* Maisonneuve, Paris, 1939.

AHLENIUS, K. (1). 'En Kinesisk Varlskarta från 17 Århundradet' (Verbiest's map *ca.* + 1680). *SUHVS*, 1904, no. 8 (4).

AHMAD, NAFIS (1). *The Muslim Contribution to Geography.* Muhammad Ashraf, Kashmiri Bazar, Lahore, 1947.

AHRENS, W. E. M. G. (1). *Mathematische Spiele.* In *Encyklopädie d. math. Wiss.* vol. 1 (2), pp. 1081 ff. Teubner, Leipzig, 1900–4. Separate, enlarged, edition, Teubner, Leipzig, 1911. 3rd ed. 1916.

AIRY, G. B. (1). 'Comparison of the Chinese Record of Solar Eclipses in the Chun-Tsew [*Chhun Chhiu*] with the Computations of Modern Theory.' *RAS/MN*, 1884, **24**, 167.

ALLEN, C. W. (1). *Astrophysical Quantities.* Univ. of London Press, London, 1955.

ALLEN, J. (1). *Scale Models in Hydraulic Engineering.* Longmans, London, 1947.

ALLEY, R. (4). 'The Tai-kou; some Notes on the Clothing Hook of Old China.' *EW*, 1956, **7**, 147.

ALMAGIÀ, R. (1). 'La Dottrina della Marea nell'Antichità classica e nel Medio Evo.' *MAL/MN*, 1905, 1947.

AMBRONN, L. (1). 'Die Beziehungen der Astronomie zu Kunst und Technik.' Art. in *Astronomie*, ed. J. Hartmann. Pt. III, Sect. 3, vol. 3 of *Kultur d. Gegenwart*, p. 566. Teubner, Berlin & Leipzig, 1921.

AL-ANDALUSĪ, YAḤYĀ AL-MAGHRIBĪ (1). *Risālat al-Khiṭa wa'l-Īghūr* (On the Calendar of the Chinese and Uighurs). MS.

ANDRADE, E. N. DA C. (1). 'Robert Hooke' (Wilkins Lecture). *PRSA*, 1950, **201**, 439. (The quotation concerning fossils is taken from the advance notice, Dec. 1949.) Also *N*, 1953, **171**, 365.

ANDREWS, M. C. (1). 'The Study and Classification of Mediaeval Mappae Mundi.' *AAA*, 1926, **75**, 61.

ANDREWS, W. S. (1). *Magic Squares and Cubes.* Chicago, 1908.

ANON. (3). 'Alum Works at Peh-Kwan.' *NCM*, Shanghai, 1917.

ANON. (4). 'Significance of Trace Elements in Plants and Animals.' *N*, 1947, **159**, 206.

ANON. (25). *Les Instruments de Mathématiques de la Famille Strozzi faits en 1585–1586 par Erasmus Habermehl de Prague.* [Sale catalogue.] Frederik Muller, Amsterdam, 1911.

ANON. (26). 'The Days of our Years; has the time come to change our present Calendar?' *UNESC*, 1954, **7** (no. 1), 28.

ANON. (27) (ed.). *The World Encompassèd; an Exhibition of the History of Maps, held at the Baltimore Museum of Art....* (Catalogue.) Walters Art Gallery, Baltimore, 1952.

ANON. (28). 'Report on the past twenty-five years' work in Japan on the History of Chinese and Japanese Astronomy' (to the Commission for the History of Astronomy of the International Astronomical Union). *TIAU*, 1954, **8**, 626.

ANON. (33) (ed.). *Miscellanea Curiosa, being a Collection of some of the Principal Phaenomena in Nature Accounted for by the Greatest Philosophers of this Age, together with Several Discourses read before the Royal Society for the Advancement of Physical and Mathematical Knowledge.* Vol. 1, Senex, London, 1705. Vol. 2, Senex & Price, London, 1706. Continued as: *Miscellanea Curiosa, containing a Collection of Curious Travels, Voyages and Natural Histories of Countries, as they have been Delivered in to the Royal Society.* Vol. 3, Senex & Price, London, 1707.

ANQUETIL-DUPERRON, A. H. (1) (tr.). (*a*) *Zendavesta, Ouvrage de Zoroastre.* Paris, 1771. (*b*) *Zendavesta, Zoroaster's lebendiges Wort, worin die Lehren und Meinungen dieses Gesetzgebers, ingleichen die Ceremonien des heiligen Dienstes der Parsen...aufbehalten sind.* Riga, 1776.

ANQUETIL-DUPERRON, A. H. (2) (tr.) *Boun-dehesch.* Paris, 1771. (A French translation of the Hindi version of the *Bundahišn*, encyclopaedia of + 1178).

AL-ANSARĪ. See al-Dimashqī.

APIANUS, PETRUS [PETER BIENEWITZ] (1). *Astronomicon Caesareum.* Ingolstadt, 1540.

APIANUS, PETRUS [PETER BIENEWITZ] & FRISIUS, GEMMA [VAN DER STEEN] (1). *Cosmographia, sive Descriptio Universi Orbis Petri Apiani et Gemmae Frisii, jam demum integritati suae restituta,....* Birckmann, Köln, 1574; Arnold Bellerus, Antwerp, 1584.

ARAKAWA, H. (1). 'On the Relation between the Cyclic Variation of Sun-spots and the Historical Rice Crop Famines in Japan' (+1750 onwards). *PMGP*, 1953, **4**, 151.

ARATUS OF SOLI. See Mair, G. R.

ARCHER-HIND, R. D. (1) (tr.). *The 'Timaeus' of Plato.* London, 1888.

ARCHIBALD, R. C. (1). 'Outline of the History of Mathematics' (and mathematical Astronomy). *AMM*, 1949, **56** (Supplement), 1.

ARCHIBALD, R. C. (2). 'The Cattle Problem [attributed to Archimedes; an indeterminate equation]. *AMM*, 1918, **25**, 411.

ARKELL, W. J. & TOMKEIEV, S. I. (1). *English Rock Terms, chiefly as used by Miners and Quarrymen.* Oxford, 1953.

ARLINGTON, L. C. & LEWISOHN, W. (1). *In Search of Old Peking.* Vetch, Peiping, 1935.

ASHLEY-MONTAGU, M. F. (1) (ed.). *Studies and Essays in the History of Science and Learning* (Sarton Presentation Volume). Schuman, New York, 1944.

ASHMOLE, ELIAS (1). *Theatrum Chemicum Britannicum.* London, 1652.

AUSTIN, R. G. (1). 'Greek Board-Games.' *AQ*, 1940, **14**, 257.

BAADE, W. (1). *ASTRO*, 1943, **97**, 125.

BAAS-BECKING, L. G. M. (1). 'Historical Notes on Salt and Salt-Manufacture.' *SM*, 1931, **32**, 434.

BABBAGE, C. (1). 'Logarithms in Chinese Form.' *RAS/MN*, 1827, **1**, 9.

BACHMANN, P. G. H. (1). *Die Elemente der Zahlentheorie.* Teubner, Leipzig & Berlin, 1921.

BADDELEY, J. F. (1). 'Father Matteo Ricci's Chinese World Maps.' *GJ*, 1917, **50**, 254.

BAGCHI, P. C. (1). *India and China; a thousand years of Sino-Indian Cultural Relations.* Hind Kitab, Bombay, 1944. 2nd ed. 1950.

BAGROW, L. (1). 'Ortelii Catalogus Cartographorum.' *PMJP*, 1929, Ergänzungsband, **43**, no. 199; 1930, Ergänzungsband, **45**, no. 210.

BAGROW, L. (2). *Die Geschichte der Kartographie.* Safari, Berlin, 1951.

BAGROW, L., MAZAHERI, A. & YAJIMA, S. (1). 'The Origin of Medieval Portulans.' In *Proc. VIIIth International Congress of the History of Science, Florence,* 1956 (Sect. 3, History of Geography and Geology).

BAILEY, K. C. (1). *The Elder Pliny's Chapters on Chemical Subjects.* 2 vols. Arnold, London, 1929 and 1932.

BAILLIE, G. H. (1). *Clocks and Watches; an historical Bibliography.* NAG Press, London, 1951.

BAILLY, J. S. (1). *Traité de l'Astronomie Indienne et Orientale; Ouvrage qui peut servir de Suite à l'Histoire de l'Astronomie Ancienne.* Debure, Paris, 1787.

BAILLY, J. S. (2) [& VOLTAIRE]. *Lettres sur l'Origine des Sciences, et sur celle des Peuples de l'Asie, précédées de quelques lettres de M. de Voltaire à l'auteur.* 2 vols. Debure, Paris, 1777.

BALDINI, P. G. (1). *Saggi di Dissertazioni Accademiche pubblicamente lette nella nobile Accademia Etrusca dell'antichissima città di Cortona,* vol. 3, p. 185. Rome, 1741.

BALL, W. W. ROUSE (1). *A Short Account of the History of Mathematics.* Macmillan, London, 1888.

BALL, W. W. ROUSE (2). *Mathematical Recreations and Essays.* 11th ed., ed. H. S. M. Coxeter. Macmillan, London, 1939.

BALSS, H. (1). *Antike Astronomie; aus griechischen und lateinischen Quellen mit Text, Übersetzung und Erläuterungen Geschichtlich dargestellt.* Heimeran, München, 1949.

BAND, W. & BAND, C. (1). *Dragon Fangs.* London, 1947.

BANFI, A. (1). *Galileo Galilei.* Ambrosiana, Milan, 1949 (rev. P. Labérenne, *LP*, 1950 (No. 31), 155).

BARANOVSKAIA, L. S. (1). 'Pervaia Rabota po Matematike na Mongolskom Yazyke (On a Mathematical Work in the Mongol Language; the *Sochinenie o Koordinatach* of +1712).' *TIYT*, 1954, **1**, 53.

BARANOVSKAIA, L. S. (2). 'Iz Istorii Mongol'skoi Astronomii (On the History of Astronomy among the Mongols).' *TIYT*, 1955, **5**, 321.

BARGELLINI, P. (1). *The Cloisters of Santa Maria Novella and the Spanish Chapel.* Tr. H. M. R. Cox. Arnaud, Florence, n.d. (1954).

BARLOW, C. W. C. & BRYAN, G. H. (1). *Elementary Mathematical Astronomy.* UTP, London, 1946.

BARNARD, F. P. (1). *The Casting-Counter and the Counting-Board.* Oxford, 1916.

DE BARROS, JOÃO (1). *Terceira Decada da Asia.* Lisbon, 1563. Later ed. 1628.

BARTHOLD, W. (1). *Zwölf Vorlesungen ü. d. Geschichte d. Türken Mittelasiens.* Germ. tr. T. Menzel. Collignon, Berlin, 1935.

BARTON, W. H. (1). 'Sky Clocks and Calendars.' *SKY*, 1940, **4** (no. 11), 7.

DE BARY, W. T. (1). 'A Re-appraisal of Neo-Confucianism.' *AAN*, 1953, **55** (no. 5), pt. 2, 81. (American Anthropological Association Memoir, no. 75.)

BASTIAN, A. (1). *Reisen in China.* Jena, 1871.

BATE, JOHN (1). *The Mysteryes of Nature and Art: conteined in foure severall Tretises, the first of Water Workes, the second of Fyer Workes, the third of Drawing, Colouring, Painting and Engraving; the fourth of Divers Experiments, as wel serviceable as delightful; partly collected, and partly of the author's peculiar practice and invention.* Harper & Mab, London, 1634, 1635.

BATEMAN, A. M. (1). *Economic Mineral Deposits.* Wiley, New York, 1950; Chapman & Hall, London, 1950.

BAUER, M. (1). *Edelsteinkunde.* 1896. (Eng. tr. by L. J. Spencer, with additions 'Precious Stones', London, 1904.)

BAXENDALL, D. (1). *Catalogue of the Collections in the Science Museum, South Kensington, with Descriptive and Historical Notes and Illustrations; Mathematics. I. Calculating Machines and Instruments.* HMSO, London, 1926.

BAXTER, W. (1) (tr.). 'Pleasure not Attainable according to Epicurus.' In *The Works of Plutarch.* Ed. Morgan. London, 1694.

BAYLEY, E. C. (1). 'On the Genealogy of Modern Numerals.' *JRAS*, 1883, **14**, 335; **15**, 1.

BEAL, S. (1) (tr.). *Travels of Fah-Hian [Fa-Hsien] and Sung-Yün, Buddhist Pilgrims from China to India (+400 and +518).* Trübner, London, 1869.

BEAL, S. (2) (tr.). *Si Yu Ki [Hsi Yü Chi], Buddhist Records of the Western World, transl. from the Chinese of Hiuen Tsiang [Hsüan-Chuang].* 2 vols. Trübner, London, 1884. 2nd ed. 1906.

BEAZLEY, C. R. (1). *The Dawn of Modern Geography.* 3 vols. (vol. 1, +300 to +900; vol. 2, +900 to +1260; vol. 3, +1260 to +1420.) Vols. 1 and 2, Murray, London, 1897 and 1901. Vol. 3, Oxford, 1906.

BECK, T. (1). *Beiträge z. Geschichte d. Maschinenbaues.* Springer, Berlin, 1900.

BECKER, O. & HOFMANN, J. E. (1). *Geschichte der Mathematik.* Athenäum, Bonn, 1951 (rev. O. Neugebauer, *CEN*, 1953, **2**, 364).

BECKER, W. (1). *Sterne und Sternsysteme.* Steinkopf, Dresden & Leipzig, 1950.

VAN BEEK, A. (1). *Beschrijving van een Chineeschen Zonne- en Maanwijzer, met Kompas.* Amsterdam, 1851.

BEER, A. (1). 'The Astronomical Significance of the Zodiac of the Quṣayr 'Amra.' In K. A. C. Cresswell, *Early Muslim Architecture*, p. 296. Oxford, 1932.

BELPAIRE, B. (2). 'Le Folklore de la Foudre en Chine sous la Dynastie des Thang (un document nouveau)' (the *Lei Min Chuan* of Shen Chhi-Chi, +779). *MUSEON*, 1939, **52**, 163.

BENDIG, H. (1) (tr.). 'The *Yün Lin Shih Phu* [Cloud Forest Lapidary]'. Unpub.

BENNDORF, O., WEISS, E. & REHM, A. 'Zur Salzburger Bronzescheibe mit Sternbildern.' *JHOAI*, 1903, **6**, 32.

BERGER, H. (1). *Geschichte d. wissenschaftlichen Erdkunde d. Griechen.* Leipzig, 1903.

BERLAGE, H. P. (1). Art. on seismological instruments. In *Handbuch d. Geophysik*, ed. B. Gutenberg, vol. 4, pp. 299 ff. Bornträger, Berlin, 1932.

BERNAL, J. D. (1). *Science in History.* Watts, London, 1954 (Beard Lectures at Ruskin College, Oxford).

BERNARD-MAÎTRE, H. (1). *Matteo Ricci's Scientific Contribution to China*, tr. by E. T. C. Werner. Vetch, Peiping, 1935. Orig. pub. as 'L'Apport Scientifique du Père Matthieu Ricci à la Chine', Hsienhsien, Tientsin, 1935; rev. Chang Yü-Chê, *TH*, 1936, **3**, 583.

BERNARD-MAÎTRE, H. (5). *Le Père Matthieu Ricci et la Société Chinoise de son Temps (1552 to 1610).* 2 vols. Hsienhsien, Tientsin, 1937.

BERNARD-MAÎTRE, H. (7). 'L'Encyclopédie Astronomique du Père Schall, *Chhung-Chên Li Shu* (+1629) et *Hsi-Yang Hsin Fa Li Shu* (+1645); La Réforme du Calendrier Chinois sous l'Influence de Clavius, Galilée et Kepler.' *MS*, 1937, **3**, 35, 441.

BERNARD-MAÎTRE, H. (8). 'Les Étapes de la Cartographie Scientifique pour la Chine et les Pays Voisins dépuis le 16ᵉ jusqu'à la fin du 18ᵉ siècle.' *MS*, 1935, **1**, 428.

BERNARD-MAÎTRE, H. (11). 'Ferdinand Verbiest, Continuateur de l'œuvre Scientifique d'Adam Schall.' *MS*, 1940, **5**, 103.

BERNARD-MAÎTRE, H. (12). 'Galilée et les Jésuites des Missions d'Orient.' *RQS*, 1935, 356.

BERNARD-MAÎTRE, H. (13). *La Mappemonde Ricci du Musée historique de Pékin.* Politique de Pékin, Peiping, 1928.

BERNIER, FRANÇOIS (1). *Bernier's Voyage to the East Indies; containing The History of the Late Revolution of the Empire of the Great Mogul; together with the most considerable passages for five years following in that Empire; to which is added A Letter to the Lord Colbert, touching the extent of Hindostan, the Circulation of the Gold and Silver of the world, to discharge itself there, as also the Riches Forces and Justice of the Same, and the principal Cause of the Decay of the States of Asia—with an Exact Description of Delhi and Agra; together with (1) Some Particulars making known the Court and Genius of the Moguls and Indians; as also the Doctrine and Extravagant Superstitions and Customs of the Heathens of Hindustan, (2) The Emperor of Mogul's Voyage to the Kingdom of Kashmere, in 1664, called the Paradise of the Indies....* Dass (for SPCK), Calcutta, 1909. (Substantially the same title-page as the editions of 1671 and 1672.)

BERNSTEIN, JOSEPH (1). 'Tsunamis' (tidal waves in the Sea of Japan). *SAM*, 1954, **191** (no. 2), 60.

BERRY, A. (1). *A Short History of Astronomy*. Murray, London, 1898.

BERTHELOT, ANDRÉ (1). *L'Asie Centrale et Sud-Orientale d'après Ptolemée*. Payot, Paris, 1930.

BERTHELOT, M. (2). *Introduction à l'Etude de la Chimie des Anciens et du Moyen-Age*. Lib. Sci. et Arts, Paris, 1938 (repr.). 1st ed. 1888.

BERTHELOT, M. (3). Review of de Mély (1), *Lapidaires Chinois*. *JS*, 1896, 573.

BERTHELOT, M. & RUELLE, C. E. (1). *Collection des Alchimistes Grecs*. Steinheil, Paris, 1888.

BERTHOUD, F. (1). *Histoire de la Mésure du Temps par les Horloges*. Paris, 1802.

BERTRAND, G. & MOKRAGNATZ, H. (1). 'Sur la Présence du Nickel et du Cobalt chez les Végétaux et dans la Terre Arable.' *CRAS*, 1922, **175**, 112, 458; **179**, 1566; 1930, **190**, 21.

BETTINI, MARIO (1). *Apiaria Universae Philosophiae Mathematicae, in quibus Paradoxa, et nova pleraque Machinamenta ad Usus eximios traducta et facillimis Demonstrationibus confirmata opus.* . . . Ferronius, Bologna, 1645.

BETTINI, MARIO (2). *Recreationum Mathematicarum Apiaria Novissima Duodecim—quae continent Militaria, Stereometrica, Conica, et novas alias jucundas Praxes ac Theorias, in omni Mathematicarum Scientiarum Genere* . . .. Ferronius, Bologna, 1660.

BEVAN, E. R. (1). 'India in Early Greek and Latin Literature.' In *CHI*, vol. 1, ch. 16, p. 391. Cambridge, 1935.

BEZOLD, C. (1). 'Sze-ma Ts'ien [Ssuma Chhien] und die babylonische Astrologie.' *OAZ*, 1919, **8**, 42.

BEZOLD, C., KOPFF, A. & BOLL, F. (1). 'Zenit- und Aequatorialgestirne am babylonischen Fixstern-himmel.' *SHAW/PH*, 1913, **4**, no. 11.

BIELENSTEIN, H. (1). 'An Interpretation of the Portents in the *Ts'ien Han Shu* [*Chhien Han Shu*].' *BMFEA*, 1950, **22**, 127.

BIELENSTEIN, H. (2). 'The Restoration of the Han Dynasty.' *BMFEA*, 1954, **26**, 1–20 and sep. Göteborg, 1953.

BIERNATZKI, K. L. (1). 'Die Arithmetik d. Chinesen.' *JRAM*, 1856, **52**, 59. (Translation of Wylie, 4.)

BIGOURDAN, G. (1). *L'Astronomie; Evolution des Idées et des Méthodes*. Paris, 1911.

BILFINGER, G. (1). *Zeitmesser d. antiken Völker*. Stuttgart, 1886.

BIOT, E. (1) (tr.). *Le Tcheou-Li ou Rites des Tcheou [Chou]*. 3 vols. Imp. Nat., Paris, 1851. (Photographically reproduced, Wêntienko, Peiping, 1930.)

BIOT, E. (3) (tr.). *Chu Shu Chi Nien* [Bamboo Books]. *JA*, 1841 (3° sér.), **12**, 537; 1842, **13**, 381.

BIOT, E. (4) (tr.). 'Traduction et Examen d'un ancien Ouvrage intitulé *Tcheou-Pei*, littéralement "Style ou signal dans une circonférence".' *JA*, 1841 (3° sér.), **11**, 593; 1842 (3° sér.), **13**, 198 (emendations). (Commentary by J. B. Biot, *JS*, 1842, 449.)

BIOT, E. (5) (tr.). 'Table Générale d'un Ouvrage chinois intitulé . . . *Souan-Fa Tong-Tsong*, ou Traité Complet de l'Art de Compter. . . .' *JA*, 1839 (3° sér.), **7**, 193.

BIOT, E. (6). (On Pascal's Triangle in the *Suan Fa Thung Tsung*.) *JS*, 1835 (May).

BIOT, E. (7). 'Note sur la connaissance que les chinois ont eue de la Valeur de Position des Chiffres.' *JA*, 1839 (3° sér.), **8**, 497.

BIOT, E. (8). 'Catalogue des Etoiles Extraordinaires observées en Chine depuis les Temps Anciens jusqu'à l'An 1203 de notre Ere.' *CT*, 1846 (Additions), p. 60.

BIOT, E. (9). 'Catalogue des Comètes observées en Chine depuis l'an 1230 jusqu'à l'an 1640 de notre Ere.' *CT*, 1846 (Additions), p. 44. (With 'Supplément pour les Etoiles Extraordinaires observées sous la dynastie Ming, qui peuvent se rapporter a des Apparitions de Comètes' immediately following.)

BIOT, E. (10). 'Recherches faites dans la Grande Collection des Historiens de la Chine sur les Anciennes Apparitions de la Comète de Halley.' *CT*, 1846 (Additions), p. 69.

BIOT, E. (11). 'Catalogue Général des Etoiles Filantes et des autres Météores observées en Chine pendant 24 siècles depuis le 7ème Siècle av. JC jusqu'au milieu du 17ème de notre Ere.' *MRAS/DS*, 1848, **10**, 129, 415. (Also *CRAS*, 1841, **12**, 986; 1841, **13**, 203; 1842, **14**, 699; 1846, **23**, 1151.)

BIOT, E. (12). 'Sur la Direction de la Queue des Comètes.' *CRAS*, 1843, **16**, 751.

BIOT, E. (13). 'Recherches sur la Température Ancienne de la Chine.' *JA*, 1840 (3° sér.), **10**, 530.

BIOT, E. (15). 'Etudes sur les Montagnes et les Cavernes de la Chine d'après les Géographies Chinoises.' *JA*, 1840 (3° sér.), **10**, 273.

BIOT, E. (16). 'Sur la Hauteur de Quelques Points Remarquables des Territoires Chinois.' *JA*, 1840 (3° sér.), **9**, 81.

BIOT, E. (17). 'Notice sur Quelques Procédés Industriels connus en Chine au XVIe Siècle.' *JA*, 1835 (2° sér.), **16**, 130.

BIOT, J. B. (1). *Études sur l'Astronomie Indienne et sur l'Astronomie Chinoise*. Lévy, Paris, 1862.

BIOT, J. B. (2). Review of *The Oriental Astronomer*, by H. R. Hoisington. Batticotta, Ceylon, 1848. *JS*, 1859, 197, 271, 369, 401, 475. (Reprinted in J. B. Biot (1), p. 7.)

BIOT, J. B. (3). Review of E. B. Burgess' translation of the *Sūrya Siddhānta*. New Haven, Conn., 1860. *JS*, 1860. (Reprinted in J. B. Biot (1), p. 155.)

BIOT, J. B. (4). Review of L. Ideler's *Über die Zeitrechnung d. Chinesen*. Berlin, 1839. 'Ueber die Zeitrechnung d. Chinesen von Ludwig Ideler, [Sur la Chronologie des Chinois]; dissertation lue à l'Académie des Sciences de Berlin, le 16 Fév., 1837, et depuis considérablement augmentée, Berlin, 1839, in 4°.' *JS*, 1839, p. 721; 1840, pp. 27, 73, 142, 227, 264; addenda, pp. 309, 372. This was the memoir afterwards cited as 'Exposé Méthodique de l'Astronomie Chinoise'. The table of circumpolar correlations is on p. 246. Part of this had the collaboration of Abel Rémusat as well as E. Biot. It should have been reprinted in J. B. Biot (1).

BIOT, J. B. (5). 'Précis de l'Histoire de l'Astronomie Chinoise.' *JS*, 1861, pp. 284, 325, 420, 468, 573, 604. (Reprinted in J. B. Biot (1), p. 249.)

BIOT, J. B. (6). 'Sur les Nacshatras, ou Mansions de la Lune, selon les Hindoux; extrait d'une description de l'Inde redigée par un voyageur Arabe du XIe Siècle.' (al-Bīrūnī's *nakshatra* list, based on a tr. by Munk.) *JS*, 1845, 39.

BIOT, J. B. (7). 'Résumé de la Chronologie Astronomique.' *MRASP*, 1849, **22**, 380.

AL-BĪRŪNĪ, ABŪ-AL-RAIḤĀN MUḤAMMAD IBN-AḤMAD. *Ta'rīkh al-Hind* (History of India). See Sachau (1).

BISHOP, H. R., BUSHELL, S. W., KUNZ, G. F., LI SHIH-CHHÜAN, LILLEY, R., THANG JUNG-TSO *et al.* (1). *Investigations and Studies in Jade; The Heber R. Bishop Collection*. 2 vols. Elephant folio, privately printed, New York, 1906 (rev. and crit. E. Chavannes, *TP*, 1906, **7**, 396).

VON BISSING, F. W. (1). 'Steingefässe.' In *Catalogue Générale du Musée du Caire*. Cairo.

BLACK, D. M. (1). 'The Brocken Spectre of the Desert View Watch Tower, Grand Canyon, Arizona.' *SC*, 1954, **119**, 164.

BLACK, J. DAVIDSON (1) (ed.). *Fossil Man in China*. Peiping, 1933.

BLAGDEN, C. O. (1). 'Notes on Malay History.' *JRAS/M*, 1909, no. 53.

BLOCHET, E. (3). *Catalogue des MSS. Arabes*. Bibliothèque Nationale, Paris, 1925.

BLUNDEVILLE, T. (1). *Mr Blundevil, his Exercises, contayning Eight Treatises the Titles whereof are set down in the next printed page; Which Treatises are very necessary to be read and learned of all young Gentlemen, that have not been exercised in such Disciplines, and yet are desirous to have Knowledge as well in Cosmographie, Astronomie and Geographie, as also in the Art of Navigation, in which Art it is impossible to profit without the help of these or such like Instructions....7th ed., corr. and enlarged, R. Hartwell. Bishop, London, 1636.*
I　Very easie Arithmetick.
II　First principles of cosmography, especially a plaine Treatise of the Spheare.
III　Plaine and full description of the Globes, as well Terrestriall as Celestiall.
IV　Peter Plancius his universall Map (+1592).
V　Mr Blagrave his Astrolabe.
VI　First and chiefest Principles of Navigation.
VII　Briefe description of universall Maps and Cards, also the true use of Ptolomie his Tables.
VIII　The true order of making of Ptolomie his Tables.

BOBROVNIKOV, N. T. (1). 'The Discovery of Variable Stars.' *ISIS*, 1942, **33**, 687.

BODDE, D. (5). 'Types of Chinese Categorical Thinking.' *JAOS*, 1939, **59**, 200.

BODDE, D. (6). 'The Attitude towards Science and Scientific Method in Ancient China.' *TH*, 1936, **2**, 139, 160.

BODDE, D. (15). *Statesman, General and Patriot in Ancient China*. Amer. Oriental Soc. New Haven, Conn., 1940.

BOFFITO, G. (1). *Gli Strumenti della Scienza e la Scienza degli Strumenti, con l'Illustrazione della Tribuna di Galileo*. Seeber, Florence, 1929.

BÖKER, R. (1). *Die Entstehung d. Sternsphäre Arats*. Leipzig, 1948.

BOLL, F. (1). *Sphaera*. Teubner, Leipzig, 1904.

BOLL, F. (2). 'Die Sternkataloge des Hipparch und des Ptolemaios.' In *Bibliotheca Mathematica*, 1901, 3rd ser. **2**, 185.

BOLL, F. (3). 'Die Entwicklung des astronomischen Weltbildes im Zusammenhang mit Religion u. Philosophie.' Art. in *Astronomie*, ed. J. Hartmann. Pt. III, Sect. 3, vol. 3 of *Kultur d. Gegenwart*, p. 1. Teubner, Leipzig & Berlin, 1921.

BOLL, F. (4). 'Der ostasiatische Tierzyklus im Hellenismus.' *TP*, 1912, **13**, 699. (Reprinted in Boll (5), p. 99.)

BOLL, F. (5). *Kleine Schriften zur Sternkunde des Altertums*. Koehler & Ameland, Leipzig, 1950.

BOLL, F. & BEZOLD, C. (1). 'Antike Beobachtung färbiger Sterne.' *ABAW/PH*, 1918, **89**, (30), no. 1.

BOLL, F., BEZOLD, C. & GUNDEL, W. (1). (*a*) *Sternglaube, Sternreligion und Sternorakel*. Teubner, Leipzig, 1923. (*b*) *Sternglaube und Sterndeutung; die Gesch. ü. d. Wesen d. Astrologie*. Teubner, Leipzig, 1926.

BOLTON, L. (1). *Time Measurement; an Introduction to Means and Ways of reckoning Physical and Civil Time*. Bell, London, 1924.

BONELLI, M. L. (1). 'Globi Terrestri e Celesti.' *QMSF*, 1950, 8 pp.

BOODBERG, P. A. (1). 'Chinese Zoographic Names as Chronograms.' *HJAS*, 1940, **5**, 128.

BORCHARDT, L. (1). 'Die altägyptische Zeitmessung.' In E. v. Bassermann-Jordan's *Die Geschichte d. Zeitmessung u. d. Uhren*. de Gruyter, Berlin, 1920.

BORKENAU, F. (1). *Der Übergang vom feudalen zum bürgerlichen Weltbild*. Paris, 1934.

BOSANQUET, R. H. M. & SAYCE, A. H. (1). 'Babylonian Astronomy.' *RAS/MN*, 1879, **39**, 454; 1880, **40**, 105, 565.

BOSCH, F. D. K. (1). 'Le Motif de l'Arc-à-Biche à Java et au Champa.' *BEFEO*, 1931, **31**, 485.

BOSMANS, H. (1). 'Une Particularité de l'Astronomie Chinoise au 17ème Siècle' (the substitution by Verbiest of sexagesimal for the Chinese decimal graduation of degrees and minutes). *ASSB*, 1903 (1), **27**, 122. (Contains also bibliographical details on Verbiest's *Astronomia Europaea*.)

BOSMANS, H. (2). 'Ferdinand Verbiest, Directeur de l'Observatoire de Péking.' *RQS*, 1912, **71**, 196, 375.

BOSON, G. (1). 'Alcuni Nomi di Pietre nelle Inscrizioni Assiro-Babilonesi.' *RSO*, 1914, **6**, 969.

BOSON, G. (2). 'I Metalli e le Pietri nelle Inscrizioni Assiro-Babilonesi.' *RSO*, 1917, **7**, 379.

BOUCHÉ-LECLERCQ, A. (1). *L'Astrologie Grecque*. Leroux, Paris, 1899.

BOUCHÉ-LECLERCQ, A. (2). *Histoire de Divination dans l'Antiquité*. 4 vols. Leroux, Paris, 1879–82.

BOULLIAU, I. (1) (ed. & Latin tr.). *Works of Theon of Smyrna*. Paris, 1644. French tr. by J. Dupuis, Paris, 1892: 'Ce qui est utile en Mathématiques pour comprendre Platon'.

BOUSSET, W. (1). *Hauptprobleme der Gnosis*. Vandenhoek & Ruprecht, Göttingen, 1907. (*Forsch. z. Rel. u. Lit. d. alt.- u. neuen Testaments*, no. 10.)

BOXER (1) (ed.). *South China in the Sixteenth Century; being the Narratives of Galeote Pereira, Fr. Gaspar de Cruz, O.P., and Fr. Martin de Rada, O.E.S.A. (1550-1575)*. Hakluyt Society, London, 1953 (Hakluyt Society Pubs., 2nd series, no. 106).

BOYER, C. B. (1). *The Concepts of the Calculus*. Columbia Univ. Press, New York, 1939.

BOYER, C. B. (2). 'Fundamental Steps in the Development of Numeration.' *ISIS*, 1944, **35**, 153.

BOYER, C. B. (3). 'Refraction and the Rainbow in Antiquity.' *ISIS*, 1956, **47**, 383.

BRAHE, TYCHO (1). *Astronomiae Instauratae Mechanica*. Wandesburg, 1598. [See Raeder, Strömgren & Strömgren.]

BRAHE, TYCHO (2). *De Nova et Nullius Aevi Memoria Prius Visa Stella, jampridem Anno a nato Christo 1572 mense Novembri primum Conspecta, Contemplatio Mathematica*. L. Benedictus, Hafniae, 1573. (Facsimile edition issued by the Royal Danish Science Society, Hafniae (Copenhagen), 1901.) English translation by V.V.S., Nealand, London, 1632.

BRAMLEY-MOORE, S. (1). *Map Reading in a Nutshell*. Pearson, London, 1941.

BRAUNMÜHL, A. (1). *Geschichte d. Trigonometrie*. 2 vols. Leipzig, 1900, 1903.

BRAVAIS, A. (1). 'Mémoire sur les Halos et les Phénomènes optiques qui les accompagnent.' *JEP*, 1847, **18** (no. 31), 1–270; cf. 1845, **18** (no. 30), 77, 97.

BRÉHIER, L. (2). *Vie et Mort de Byzance*. Albin Michel, Paris, 1947. [Evol. de l'Hum. series, no. 32.]

BRELICH, H. (1). 'Chinese Methods of Mining Quicksilver.' *MJ*, 1905, **77**, 578, 595.

BRENNAND, W. (1). *Hindu Astronomy*. Straker, London, 1896.

BRETSCHNEIDER, E. (1). *Botanicon Sinicum; Notes on Chinese Botany from Native and Western Sources*. 3 vols. Trübner, London, 1882 (printed in Japan). (Reprinted from *JRAS/NCB*, 1881, **16**.)

BRETSCHNEIDER, E. (2). *Medieval Researches from Eastern Asiatic Sources; Fragments towards the Knowledge of the Geography and History of Central and Western Asia from the thirteenth to the seventeenth century*. 2 vols. Trübner, London, 1888.

BRETSCHNEIDER, E. (4). 'Chinese Intercourse with the countries of Central and Western Asia during the fifteenth century. II. A Chinese Itinerary of the Ming Period from the Chinese Northwest Frontier to the Mediterranean Sea.' *CR*, 1876, **5**, 227. (Reprinted (abridged) in Bretschneider (2), vol. 2, p. 329.)

BRETSCHNEIDER, E. (7). 'Chinese Intercourse, etc. I. Accounts of Foreign Countries.' *CR*, **4**, 312, 385.

BREWER, H. C. (1). *Bibliography of the Literature on the Minor Elements and their Relation to Plant and Animal Nutrition*. Chilean Nitrate Educ. Bureau, New York, 1948.

BRITTEN, F. J. (1). *Old Clocks and Watches, and their Makers* (6th ed.). Spon, London, 1932.

BROCKELMANN, C. (2). *Geschichte d. arabischen Literatur*. Felber, Weimar, 1898. Supplementary volumes, Brill, Leiden, 1937.

BROMEHEAD, C. E. N. (1). Geology in Embryo (up to A.D. 1600). *PGA*, 1945, **56**, 89.

BROMEHEAD, C. E. N. (2). 'Aetites, or the Eagle-Stone.' *AQ*, 1947, **21**, 16.

BROMEHEAD, C. E. N. (3). 'A Geological Museum of the Early Seventeenth Century.' *QJGS*, 1947, **103**, 65.

BROOKS, C. E. (1). 'The Climatic Changes of the Past 1000 Years.' *EXP*, 1954, **10**, 153.

BROWN, B. (1). *Astronomical Atlases, Maps and Charts, an historical and general Guide.* Search, London, 1932.

BROWN, LLOYD A. (1). *The Story of Maps.* Little Brown, Boston, 1949.

BRUCE, J. P. (1) (tr.). *The Philosophy of Human Nature, translated from the Chinese, with notes.* Probsthain, London, 1922. (Chs. 42–8, inclusive, of *Chu Tzu Chhüan Shu.*)

BRUNET, P. & MIELI, A. (1). *L'Histoire des Sciences (Antiquité).* Payot, Paris, 1935.

BUDGE, E. A. WALLIS (3) (ed.). *Cuneiform Texts from Babylonian Tablets, etc. in the British Museum.* 41 vols. 1896–1931.

BULLING, A. (1). 'Descriptive Representations in the Art of the Chhin and Han Period.' Inaug. Diss., Cambridge, 1949.

BULLING, A. (5). 'Die Kunst der Totenspiele in der östlichen Han-zeit.' *ORE*, 1956, **3**, 28.

BUNBURY, E. H. (1). *History of Ancient Geography among the Greeks and Romans from the earliest Ages till the Fall of the Roman Empire.* 2 vols. Murray, London, 1879 and 1883.

DE BURBURE, A. (1). 'Quelques Précédents Expansionnistes Belges dans l'Hémisphère Chinois' (on Verbiest). *RCB*, 1951, **6**, 305.

BURGESS, E. (1) (tr.). *Sūrya Siddhānta; translation of a Textbook of Hindu Astronomy, with notes and an Appendix.* Ed. P. Gangooly, introd. by P. Sengupta. Calcutta, 1860. (Reprinted 1935.)

BURGESS, J. (1). 'On Hindu Astronomy.' *JRAS*, 1893, p. 758.

BURLAND, C. A. (1). 'A 360-Day Count in a Mexican Codex.' *MA*, 1947, **47**, 106.

BURTT, E. A. (1). *The Metaphysical Foundations of Modern Science.* New York and London, 1925.

BUSHELL, S. W. (3). 'The Early History of Tibet.' *JRAS*, 1880, N.S., **12**, 435.

CABLE, M. & FRENCH, F. (1). *The Gobi Desert.* Hodder & Stoughton, London, 1942.

CABLE, M. & FRENCH, F. (2). *China, her Life and her People.* Univ. of London Press, London, 1946.

CAHEN, C. (2). 'Quelques Problèmes économiques et fiscaux de l'Iraq Buyide [Buwayhid], d'après un Traité de Mathématiques [the *Kitāb al-Ḥāwī*...written between +1025 and +1050]'. *AIEO/UA*, 1952, **10**, 326.

CAJORI, F. (2). *A History of Mathematics.* 2nd ed. Macmillan, New York, 1919. (Repr. 1924.) (The 1st ed. does not contain the section on Chinese Mathematics.)

CAJORI, F. (3). *A History of Mathematical Notations.* 2 vols. Open Court, Chicago, 1928, 1929.

CAJORI, F. (4). *A History of the Logarithmic Slide-Rule.* New York, 1909.

CAJORI, F. (5). *A History of Physics, in its elementary branches, including the evolution of Physical Laboratories.* Macmillan, New York, 1899.

CALDER, I. R. F. (1). 'A Note on Magic Squares in the Philosophy of Agrippa of Nettesheim.' *JWCI*, 1949, **12**, 196.

CAMMANN, S. (2). 'The TLV Pattern on the Cosmic Mirrors of the Han Dynasty.' *JAOS*, 1948, **68**, 159.

CANTOR, M. (1). *Vorlesungen ü. d. Gesch. d. Mathematik.* 4 vols. Teubner, Leipzig, 1880–1908. Crit. Mikami (5).

CAPELLE, W. (1). *Berges- und Wolkenhöhen bei griechischen Physikern.* Stoicheia, no. 5, 1916.

CARDAN, JEROME (1). *De Subtilitate.* Nürnberg, 1550 (ed. Sponius); Basel, 1560. (Account in Beck (1), ch. 9.)

CARDAN, JEROME (3). *Artis Magnae sive de Regulis Algebraicis,* Nuremberg, 1545.

CARTON, C. (1). (a) *Notice Biographique sur le P. Verbiest, Missionnaire de la Chine.* (From *Annales de la Soc. de l'Emulation pour l'Histoire et les Antiquités de la Flandre Occidentale,* 1839, **1**, 83.) Vandecasteele-Werbrouck, Bruges, 1839. (b) *Biographie du R.P. Verbiest, Missionnaire en Chine.* Chabannes, Bruxelles, 1845. (From *Album Bibliographique des Belges Célèbres.*)

CARUS, P. (2). *Chinese Thought.* Open Court, Chicago, 1907.

CARY, G. (1). *The Medieval Alexander.* Ed. D. J. A. Ross, C.U.P., Cambridge, 1956. (A study of the origins and versions of the Alexander-Romance; important for medieval ideas on the flying-machine and the diving-bell or bathyscaphe.)

CARY, M. (1). 'Maës, qui et Titianus.' *CQ*, 1956, **6** (n.s.), 130.

CASANOVA, P. (1). 'La Montre du Sultan Noūr al-Dīn.' *SYR*, 1923, **4**, 282.

CASSINI, J. D. (1). 'Réflexions sur la Chronologie Chinoise.' *MRASP*, 1730 (1690), **8**, 300.

CAYLEY, H. (1). 'The Jade Quarries of the Kuen Lun.' *MCM*, 1871, **24**, 452.

DE CELLES, F. BEDOS (1). *La Gnomonique Pratique....* Briasson *et al.* Paris, 1760.

CHALMERS, J. (1). 'Appendix on the Astronomy of the Ancient Chinese.' In Legge's transl. of the *Shu Ching*, p. [90] (Chinese Classics, vol. 3), Hongkong, 1865. Chinese tr. by Hsiang Ta, *KHS*, 1926, **11** (no. 12).

CHAMBERLAIN, B. H. (1). *Things Japanese.* Murray, London. 2nd ed. 1891; 3rd ed. 1898.

CHANG CHUN-MING (1). 'The Genesis and Meaning of Huan Khuan's "Discourses on Salt and Iron".' *CSPSR*, 1934, **18**, 1.

CHANG HUNG-CHAO (1). 'Lapidarium Sinicum; A Study of the Rocks, Fossils and Minerals as Known in Chinese Literature' (in Chinese with English summary). Chinese Geological Survey, Peiping, 1927. *MGSC* (ser. B), no. 2.

CHANG Yü-CHê (1). 'Chang Hêng, a Chinese Contemporary of Ptolemy.' *POPA*, 1945, **53**, 1.

CHANG Yü-CHê (2). 'Chang Hêng, Astronomer.' *PC*, 1956 (no. 1), 31.

CHAPMAN, F. R. (1). 'On the Working of Greenstone or Nephrite by the Maoris.' *TNZI*, 1892, **24**, 479.

CHATLEY, H. (1). MS. translation of the astronomical chapter (ch. 3, Thien Wên) of *Huai Nan Tzu*. Unpublished. (Cf. note in *O*, 1952, **72**, 84.)

CHATLEY, H. (5). 'Chinese Natural Philosophy and Magic.' *JRSA*, 1911, **59**, 557.

CHATLEY, H. (8). 'Ancient Chinese Astronomy.' *ASR*, 1938, Jan. (Reprinted by the China Society.)

CHATLEY, H. (9). 'Ancient Chinese Astronomy.' *RAS/ON*, 1939, no. 5, 65.

CHATLEY, H. (10). 'The Date of the Hsia Calendar *Hsia Hsiao Chêng*.' *JRAS*, 1938, 523.

CHATLEY, H. (10a). 'The Riddle of the *Yao Tien* Calendar.' (Appendix to Chatley 10), *JRAS*, 1938, p. 530.

CHATLEY, H. (11). '"The Heavenly Cover", a Study in Ancient Chinese Astronomy.' *O*, 1938, **61**, 10.

CHATLEY, H. (12). 'The Lunar Mansions in Egypt.' *ISIS*, 1940, **31**, 394.

CHATLEY, H. (13). 'Ancient Egyptian Star Tables and the Decans.' *O*, 1943, **65**, 121.

CHATLEY, H. (14). 'The Egyptian Celestial Diagram.' *O*, 1940, **63**, 68.

CHATLEY, H. (15). 'The Cycles of Cathay' (planetary cycles). *JRAS/NCB*, 1934, **65**, 36. (Addendum, *O*, 1937, **60**, 171.)

CHATLEY, H. (16). 'Thai Chi Shang Yuan; the Chinese Astrological Theory of Creation.' *JRAS/NCB*, 1926, **67**, 7; *TH*, 1937, **4**, 49. (Addendum, *O*, 1937, **60**, 171.)

CHATLEY, H. (17). 'Planetary Periods from the Han Histories.' *CJ*, 1936, **24**, 172.

CHATLEY, H. (18). 'The Chinese Calendar' [the 24 *chhi*]. *CJ*, 1933, **19**.

CHATLEY, H. (19). 'The True Era of the Chinese Sixty-Year Cycle.' *TP*, 19, **34**, 138.

CHATLEY, H. (20). 'The Sixty-Year and other Cycles.' *CJ*, 1934, **20**.

CHATLEY, H. (21). 'Sinological Notes' (on de Saussure (25), concerning planetary conjunctions, and on the Yao Tien chapter of the *Shu Ching*). *JRAS/NCB*, 1934, **65**, 187.

CHATLEY, H. (22). 'The Hangchow Bore.' *ASR*, 1950; *DHA*, 1950.

CHAUVENET, W. (1). *Manual of Spherical and Practical Astronomy*. Lippincott, Philadelphia, 1900.

CHAVANNES, E. (1). *Les Mémoires Historiques de Se-Ma Ts'ien* [Ssuma Chhien]. 5 vols. Leroux, Paris, 1895–1905. (Photographically reproduced, in China, without imprint and undated.)
  1895 vol. 1 tr. *Shih Chi*, chs. 1, 2, 3, 4.
  1897 vol. 2 tr. *Shih Chi*, chs. 5, 6, 7, 8, 9, 10, 11, 12.
  1898 vol. 3 (i) tr. *Shih Chi*, chs. 13, 14, 15, 16, 17, 18, 19, 20, 21, 22.
      vol. 3 (ii) tr. *Shih Chi*, chs. 23, 24, 25, 26, 27, 28, 29, 30.
  1901 vol. 4 tr. *Shih Chi*, chs. 31, 32, 33, 34, 35, 36, 37, 38, 39, 40, 41, 42.
  1905 vol. 5 tr. *Shih Chi*, chs. 43, 44, 45, 46, 47.

CHAVANNES, E. (3) (tr.). 'Le Voyage de Song [Sung] Yün dans l'Udyāna et le Gandhāra.' *BEFEO*, 1903, **3**, 379.

CHAVANNES, E. (6) (tr.). 'Les Pays d'Occident d'après le *Heou Han Chou*.' *TP*, 1907, **8**, 149. (Ch. 118, on the Western Countries, from *Hou Han Shu*.)

CHAVANNES, E. (7). 'Le Cycle Turc des Douze Animaux.' *TP*, 1906, **7**, 51.

CHAVANNES, E. (8). 'L'Instruction d'un Futur Empereur de Chine en l'an 1193' (on the astronomical, geographical, and historical charts inscribed on stone steles in the Confucian temple at Suchow, Chiangsu). In *Mémoires concernant l'Asie Orientale* (publ. Acad. des Inscriptions et Belles Lettres), vol. 1, p. 19. Leroux, Paris, 1913.

CHAVANNES, E. (9). *Mission Archéologique dans la Chine Septentrionale*. 2 vols. and portfolio of plates. Leroux, Paris, 1909–15. (Publ. de l'Ecole Franç. d'Extr. Orient, no. 13.)

CHAVANNES, E. (10). 'Les Deux Plus Anciens Spécimens de la Cartographie Chinoise.' *BEFEO*, 1903, **3**, 214. (With addendum by P. Pelliot.) (Rectifications in Chavannes (8), p. 20.)

CHAVANNES, E. (13). 'Le Calendrier des Yin [Shang].' *JA*, 1890 (8e sér.), **16**, 463.

CHAVANNES, E. (14). *Documents sur les Tou-Kiue (Turcs)* [Thu-Chüeh] *Occidentaux, recueillis et commentés par E.C.*.... Imp. Acad. Sci., St Petersburg, 1903.

CHAVANNES, E. (16). 'Trois Généraux Chinois de la Dynastie des Han Orientaux.' *TP*, 1906, **7**, 210. (Tr. ch. 77 of the *Hou Han Shu* on Pan Chhao, Pan Yung and Liang Chhin.)

CHAVANNES, E. & PELLIOT, P. (1). 'Un Traité Manichéen retrouvé en Chine, traduit et annoté.' *JA*, 1911 (10e sér.), **18**, 499; 1913 (11e sér.), **1**, 99, 261.

CHEN. See Chhen.

CHÊNG CHIN-Tê (DAVID) (1). 'On the Mathematical Significance of the Ho Thu and Lo Shu.' *AMM*, 1925, **32**, 499.

CHÊNG CHIN-Tê (DAVID) (2). 'The Use of Computing Rods in China.' *AMM*, 1925, **32**, 492.

CHÊNG, K. Y. (1). 'The Floods and Droughts of the Lower Yangtze Valley and their Predictions.' *Memoirs Nat. Inst. Meteorol. Nanking*, 1937, no. 9.

CHÊNG LIN (1) (tr.). *Prince Dan of Yann [Yen Tan Tzu]*. World Encyclopaedia Institute, Chungking, 1945.

CHÊNG TÊ-KHUN (2) (tr.). 'Travels of the Emperor Mu.' *JRAS/NCB*, 1933, **64**, 124; 1934, **65**, 128.

CHÊNG TÊ-KHUN (3). *Chinese Jade*. Chhêngtu, Sze., 1945. (West China Union University Museum, Guidebook Series, no. 1.)

CHÊNG TÊ-KHUN (4). 'An Introduction to Chinese Civilisation' (mainly prehistory). *ORT*, 1950, Aug. p. 28, 'Early Inhabitants'; Sept. p. 28, 'The Beginnings of Culture'; Oct. p. 29, 'The Building of Culture'.

CHESNEAUX, J. & NEEDHAM, J. (1). *Les Sciences en Extrême-Orient du 16ème au 18ème Siècle*. In *Histoire Génerale des Sciences*, vol. 2, ed. R. Taton, Presses Universitaires de France, Paris (in the press).

CHHEN, KUAN-SHÊNG (1). 'Matteo Ricci's Contribution to, and Influence on, Geographical Knowledge in China.' *JAOS*, 1939, **59**, 325, 509.

CHHEN, KUAN-SHÊNG (2). 'A Possible Source for Ricci's Notices on Regions near China.' *TP*, 1939, **34**, 179.

CHHEN KUAN-SHÊNG (3). '*Hai Lu*; Forerunner of Chinese Travel Accounts of Western Countries.' *MS*, 1942, **7**, 208.

CHHEN TA (1). 'Chinese Migrations with special reference to Labour Conditions.' *Bull. U.S. Bureau Labour Statistics*, no. 340, Washington, 1923.

CHHIBBER, H. L. (1). *The Mineral Resources of Burma*. London, 1934.

CHHIEN CHUNG-SHU (2). 'China in the English Literature of the Eighteenth Century.' *QBCB/E*, 1941 (N.S.), **2**, 7.

CHHU TA-KAO (2) (tr.). *Tao Tê Ching, a new translation*. Buddhist Lodge, London, 1937.

CHIANG SHAO-YUAN (1). *Le Voyage dans la Chine Ancienne, considéré principalement sous son Aspect Magique et Religieux*. Commission Mixte des Œuvres Franco-Chinoises (Office de Publications), Shanghai, 1937. Transl. from the Chinese by Fan Jen.

CHILDE, V. GORDON (8). 'The Oriental Background of European Science.' *MQ*, 1938, **1**, 105.

CHING PHEI-YUAN (1). 'Etude Comparative des diverses éditions du *Chouo Fou [Shuo Fu]*.' *SSA*, 1946, no. 1.

CHOU HUNG-SHIH (1). 'We found the Source of the Yellow River.' *CREC*, 1954, **3** (no. 2), 2.

CHRISTIE, E. R. (1). *Through Khiva to Golden Samarkand*. London, 1925.

CHU KHO-CHEN (1) (CHU COCHING) = *1*, *2*. 'The Origin of the Twenty-eight Mansions in Astronomy.' *POPA*, 1947, **55**, 62.

CHU KHO-CHEN (2). 'Some Chinese Contributions to Meteorology.' *GR*, 1918, **5**, 136.

CHU KHO-CHEN (3). 'Climatic Pulsations in China.' *GR*, 1926, **16**, 274.

CHU KHO-CHEN (4). 'Climatic Changes during Historic Time in China.' *TSSC*, 1932, **7**, 127; *JRAS/NCB*, 1931, **62**, 32.

CHU KHO-CHEN (5). *The Climatic Provinces of China*. Memoir No. 1, Academia Sinica Nat. Inst. of Meteorology, Nanking, 1930.

CHU KHO-CHEN (6). 'A Preliminary Study on the Weather Types of Eastern China.' *TSSC*, 1926, **4**, 33.

CHU KHO-CHEN (7). 'The Contribution of Chinese Scientists to Astronomy in the Early and Middle Ages' (in Russian). *PRDA*, 1953, **42** (no. 10), 66.

CHU KHO-CHEN (8). 'The Origin of the Twenty-eight Lunar Mansions.' Paper presented to the VIIIth International Congress of the History of Science, Florence, 1956.

CIAMPINI, J. (1). 'An Abstract of a Letter wrote some time since by Signior John Ciampini of Rome to Fr. Bernard Joseph a Jesu-Maria, etc., concerning the Asbestus, and manner of spinning and weaving an Incombustible Cloath thereof.' *PTRS*, 1701, **22**, 911.

CLARK, G. N. (1). *Science and Social Welfare in the Age of Newton*. Oxford. 2nd ed. 1949.

CLARK, R. T. RUNDLE (1). 'The Legend of the Phoenix, a Study in Egyptian Religious Symbolism.' *UBHJ*, 1949, **2**, 1; 1950, **3**, 114.

CLARK, W. E. (1). 'On the zero and place-value in Indian mathematics.' In *Indian Studies in Honour of C. R. Lanman*, p. 217.

CLARK, W. E. (2). '[History of] Science [in India].' Art. in *The Legacy of India*. Ed. G. T. Garrett, p. 335. Oxford, 1937.

CLARK, W. E. (3) (tr.). *The Āryabhaṭīya of Āryabhaṭa; an ancient Indian Work on Mathematics and Astronomy*. Univ. of Chicago Press, Chicago, 1930.

CLARKE, J. & GEIKIE, A. (1). *Physical Science in the Time of Nero, being a Translation of the 'Quaestiones Naturales' of Seneca, with notes by Sir Archibald Geikie*. Macmillan, London, 1910.

CLERKE, A. M. (1). *The System of the Stars*. Black, London, 1905.

COEDÈS, G. (2). 'A Propos de l'Origine des Chiffres Arabes.' *BLSOAS*, 1931, **6**, 323.

COHN, W. (1). 'The Deities of the Four Cardinal Points.' *TOCS*, 1940, **18**, 61.

COLEBROOKE, H. T. (1). 'On the Indian and Arabian Divisions of the Zodiack.' *TAS/B* (Asiatick Researches), 1807, **9**, 323.

COLEBROOKE, H. T. (2) (tr.). *Algebra, with Arithmetic and Mensuration, from the Sanskrit of Brahmagupta and Bhāskara.* Murray, London, 1817.

COLSON, F. H. (1). *The Week; an essay on the Origin and Development of the Seven-Day Cycle.* Cambridge, 1926.

COLTON, A. L. (1). (On apparent size of the sun at low altitudes.) In *Meteors and Sunsets observed by the Astronomers of the Lick Observatory in 1893, 1894 and 1895.* Lick Observatory Contributions, no. 5, p. 71, Sacramento, 1895.

CONRADY, A. & ERKES, E. (1). *Das älteste Dokument zur chinesische Kunstgeschichte, Tien-Wên, die 'Himmelsfragen' d. K'üh Yüan, abgeschl. u. herausgeg. v. E. Erkes.* Leipzig, 1931. Critiques: B. Karlgren, *OLZ*, 1931, **34**, 815; H. Maspero, *JA*, 1933, **222**, 59; Hsü Tao-Lin, *SA*, 1932, **7**, 204.

CONZE, E. (5). *Der Satz vom Widerspruch; zur Theorie des dialektischen Materialismus.* Beltz (pr. pr.), Hamburg, 1932.

COOLIDGE, J. L. (1). *A History of Geometrical Methods.* Oxford, 1940.

COOPER, E. R. (1). 'The Davis Backstaff or English Quadrant.' *MMI*, 1944, **30**, 59.

COPERNICUS, NICHOLAS (1). *De Revolutionibus Orbium Coelestium.* Nürnberg, 1543.

CORDIER, H. (1). *Histoire Générale de la Chine.* 4 vols. Geuthner, Paris, 1920.

CORDIER, H. (3). 'Description d'un Atlas Sino-Coréen Manuscrit du Musée Britannique'. In *Recueil de Voyages et de Documents pour servir à l'Histoire de la Géographie depuis le 13ᵉ siècle jusqu'à la fin du 16ᵉ; Section cartographique.* Leroux, Paris, 1896.

CORDIER, H. (4). *Les Monstres dans la légende et dans la Nature (Etudes sur les Traditions Tératologiques).* Pr. pub., Paris, 1890.

CORDIER, H. (7). 'The Life and Labours of Alexander Wylie.' *JRAS*, 1887, **19**, 351.

CORDIER, H. (8). *Essai d'une Bibliographie des Ouvrages publiés en Chine par les Européens au 17e et au 18e Siècle.* Leroux, Paris, 1883.

CORDIER, H. (11). *Mélanges d'Histoire et de Géographie Orientales.* Paris, Vol. 1, 1914; vol. 2, 1920.

CORROZET, G. & CHAMPIER, C. (1). *Le Catalogue des antiques erections des Villes et Cités, Fleuves et Fontaines, assises es troys Gaules, cestassavoir Celticque Belgicque et Aquitaine, contenant deulx Livres....Avec ung petit traicté des Fleuves et Fontaines admirables, estans esdictes Gaules....*Juste, Lyon, c. 1535.

CORTESÃO, A. (1). *Cartografia e Cartografos Portugueses dos Seculos...15e e 16e.* 2 vols. Lisbon, 1935.

COSTARD, G. (1). 'A Letter...concerning the Chinese Chronology and Astronomy.' *PTRS*, 1747, **44**, 476.

COULING, S. (1). *Encyclopaedia Sinica.* Kelly & Walsh, Shanghai; O.U.P., Oxford & London, 1917.

COURANT, M. (1). *Bibliographie Coréenne.* Paris, 1895. (Pub. Ecole Langues Or. Viv. (3ᵉ sér.), no. 19.)

COUVREUR, F. S. (1) (tr.). *Tch'ouen Ts'iou [Chhun Chhiu] et Tso Tchouan [Tso Chuan]; Texte Chinois avec Traduction Française.* 3 vols. Mission Press, Hochienfu, 1914.

COUVREUR, F. S. (2). *Dictionnaire Classique de la Langue Chinoise.* Mission Press, Hsienhsien, 1890 (photographically reproduced, Vetch, Peiping, 1947).

COUVREUR, F. S. (3) (tr.). '*Li Ki*' [*Li Chi*], ou *Mémoires sur les Bienséances et les Cérémonies.* 2 vols. Hochienfu, 1913.

COWELL, P. H. & CROMMELIN, A. C. D. (1). See Olivier (1), p. 102. 1908.

CRANMER, G. E. (1). 'Denver's Chinese Sundial.' *POPA*, 1950, **58**, 119.

CRAWLEY, R. (1) (tr.). *Thucydides' 'History of the Peloponnesian War'.* Everyman edition; Dent, London, 1910.

CREEL, H. G. (1). *Studies in Early Chinese Culture* (1st series). Waverly, Baltimore, 1937.

CREEL, H. G. (4). *Confucius; the Man and the Myth.* Day, New York, 1949; Kegan Paul, London, 1951. Reviewed D. Bodde, *JAOS*, 1950, **70**, 199.

CRESSEY, G. B. (1). *China's Geographic Foundations; A Survey of the Land and its People.* McGraw-Hill, New York, 1934.

CRESSEY, G. B. (2). 'The Evolution of Chinese Cartography.' *GR*, 1934, **24**, 497.

CREW, H. & DE SALVIO, A. (1) (tr.). *Dialogues concerning Two New Sciences of Galileo.* New York, 1914.

CROMBIE, A. C. (1). *Robert Grosseteste and the Origins of Experimental Science.* Oxford, 1953.

CROMBIE, A. C. (2). *Augustine to Galileo; the History of Science, +400 to +1650.* Falcon, London, 1952.

CRONIN, V. (1). *The Wise Man from the West* (biography of Matteo Ricci). Hart-Davies, London, 1955.

DA CRUZ, GASPAR (1). *Tractado em que se cõtam muito por estêco as cousas da China.* Evora, 1569, 1570 (the first book on China printed in Europe), tr. Boxer (1), and originally in *Purchas his Pilgrimes,* vol. 3, p. 81. London, 1625.

CULIN, S. (1). 'Chess and Playing-Cards; Catalogue of Games and Implements for Divination exhibited by the U.S. National Museum in connection with the Dept. of Archaeology and Palaeontology of the University of Pennsylvania at the Cotton States and International Exposition, Atlanta, Georgia, 1895.' *ARUSNM,* 1896, 671 (1898).

CULIN, S. (2). 'Chinese Games with Dice and Dominoes.' *ARUSNM,* 1893, 491.

CUMONT, F. (3). *Recherches sur le Manichéisme. I. La Cosmogonie Manichéenne.* Lamertin, Bruxelles, 1908.

CUNNINGHAM, R. (1). 'Nangsal Obum' (The story of,). *JWCBRS,* 1940, A, **12**, 35.

CURTIS, H. D. (1). 'Visibility of Faint Stars through Sighting-tubes and Holes.' *Lick Observatory Bulletin,* Sacramento, 1901 (no. 38), **2**, 67.

DAHLGREN, E. W. (1). 'Les Débuts de la Cartographie du Japon.' *AEO,* 1911, **4**, 1.

DALTON, O. M. (1). 'The Byzantine Astrolabe at Brescia' [of +1062]. *PBA,* 1926, **12**, 133.

DAMRY, A. (1). 'Le Père Verbiest et l'Astronomie Sino-Européenne.' *CET,* 1913, **34** (no. 7), 215.

DANJON, A. (1). *Astronomie Générale; Astronomie Sphérique et Eléments de Mécanique Céleste.* Sennac, Paris, 1952.

DANJON, A. & COUDERC, P. (1). *Lunettes et Téléscopes.* Paris, 1935.

DARESTE, C. (1). *Recherches sur la Production Artificielle des Monstruosités; ou, Essais de Tératogénie Expérimentale.* Reinwald, Paris, 1877.

DAS, S. R. (1). 'Astronomical Instruments of the Hindus.' *IHQ,* 1928, **4**, 256.

DAS, S. R. (2). 'The Alleged Greek Influence on Hindu Astronomy.' *IHQ,* 1928, **4**, 68.

DATTA, B. (1). 'On the Origin and Development of the Idea of Per Cent.' *AMM,* 1927, **34**, 530.

DATTA, B. (2). *The Science of the Śulba, A Study in Early Hindu Geometry.* Univ. Press, Calcutta, 1932.

DATTA, B. (3). 'Vedic Mathematics.' In *Cultural Heritage of India,* vol. 3, p. 382.

DATTA, B. & SINGH, A. N. (1). *History of Hindu Mathematics.* 2 vols. Motilal Banarsi Das, Lahore, 1935 (vol. 1), 1938 (vol. 2) (rev. O. Neugebauer, *QSGM/A,* 1936, **3**, 263).

DAUDIN, P. (1). 'L'Unité de Longueur dans l'Antiquité Chinoise.' Saigon, 1939.

DAUMAS, M. (1). *Les Instruments Scientifiques aux 17ᵉ et 18ᵉ Siècles.* Presses Univ. de France, Paris, 1953.

DAVIS, J. F. (2). 'On the Chinese Year.' *PTRS,* 1823, **113**, 91.

DAVIDSON, T. (1). 'On some Fossil Brachiopods of the Devonian Age from China.' *PGS,* 1853, **9**, 353.

DAVIS, T. L. & CHHEN KUO-FU (1). 'The Inner Chapters of *Pao Phu Tzu.*' *PAAAS,* 1941, **74**, 297. (Transl. of chs. 8 and 11; précis of the remainder.)

DAVISON, C. (1). *Founders of Seismology.* Cambridge, 1927.

DAWSON, W. R. (1). 'Ancient Egyptian Mathematics.' *SPR,* 1924, **19**, 50.

DEFOE, DANIEL (1). *The Consolidator; or, Memoirs of Sundry Transactions from the World in the Moon.* London, 1705. In Talboys' ed. vol. 9, p. 211.

DEFRÉMERY, C. & SANGUINETTI, B. R. (1) (tr.). *Voyages d'ibn Batoutah.* 5 vols. Soc. Asiat., Paris, 1853–9. (Many reprints.)

DEHERGUE, J. (2). (a) 'Gaubil, Historien de l'Astronomie Chinoise.' *BUA,* 1945 (3ᵉ sér.), **6**, 168. (b) 'Le Père Gaubil et ses correspondants (1639–1759).' *BUA,* 1944 (3ᵉ sér.), **5**, 354. (The 1945 paper has a very full index (with Chinese characters) to persons and other proper names, and subjects, in Gaubil, 1–5.)

DELAMBRE, M. (1). *Histoire de l'Astronomie.* 6 vols. 1817–27. (Vol. 1 includes *Ancienne Astronomie des Chinois,* pp. 347–99.) Courcier, Paris, 1817–27.

DELPORTE, E. (1). *Atlas Céleste.* (International Astronomical Union, Report of Commission 3.) Cambridge, 1930.

DELPORTE, E. (2). *Délimitation Scientifique des Constellations (Tables et Cartes).* (International Astronomical Union, Report of Commission 3.) Cambridge, 1930.

DEMBER, H. & UIBE, M. (1). (a) 'Versuch einer physikalischen Lösung des Problems der sichtbaren Grössenänderung von Sonne und Mond in verschiedenen Höhen über dem Horizont.' *ANP,* 1920 (4th ser.), **61**, 353. (b) 'Über die Gestalt des sichtbaren Himmelsgewölbes.' *ANP,* 1920 (4th ser.), **61**, 313.

DEMIÉVILLE, P. (2). Review of Chang Hung-Chao (1). *BEFEO,* 1924, **24**, 276.

DERHAM, W. (1). *Philosophical Experiments and Observations of Dr Robert Hooke.* London, 1726.

DESTOMBES, M. (1). 'Les Observations Astronomiques des Chinois au Lin-Yi.' In Stein, R. A. (1), p. 315.

DESTOMBES, M. (2). 'Globes Célestes et Catalogues d'Etoiles orientaux [Arabes] du Moyen-Age.' *Proc. VIIIth International Congress of the History of Sciences, Florence, 1956,* 313.

Destombes, M. (3). 'Note sur le Catalogue d'Etoiles du Calife al-Ma'mūn.' *Proc. VIIIth International Congress of the History of Sciences, Florence, 1956*, 309.

Destombes, M. (4). 'L'Orient et les Catalogues d'Etoiles au Moyen Age.' *A/AIHS*, 1956, **9**, 339.

Diaz del Castillo, Bernal (1). *The True Story of the Conquest of New Spain*, 1520. Ed. A. P. Maudsley. Routledge, London, 1928.

Dicks, D. R. (1). 'Ancient Astronomical Instruments.' Inaug. Diss. London, 1953. Abridged in *JBASA*, 1954, **64**, 77.

Dickson, L. E. (1). *History of the Theory of Numbers*. 1st ed. Carnegie Institution, Washington, 1919–20; Carn. Inst. Publ. no. 256. 3 vols. 2nd ed. Stechert, New York, 1934. (Crit. Y. Mikami, *TBGZ*, 1921, nos. 354, 356, 362.)

Diels-Freeman: Freeman, K. (1). *Ancilla to the Pre-Socratic Philosophers; a complete translation of the Fragments in Diels' 'Fragmente der Vorsokratiker'*. Blackwell, Oxford, 1948.

Diels, H. (1). *Antike Technik*. Teubner, Leipzig & Berlin, 1914. 2nd ed. 1920 (rev. B. Laufer, *AAN*, 1917, **19**, 71).

Diller, A. (1). 'The Parallels on the Ptolemaic Maps.' *ISIS*, 1941, **33**, 4.

al-Dimashqī, Mu'ayyad al-Dīn al-'Urdī (1). *Risālat fī Kaifīya al-arṣād wa mā yuḥtāja ilā 'ilmihi wa 'amalihi min ṭuruq al-muwaddīya ilā ma'rifa 'audāt al-Kawākib*. (The Art of Astronomical Observations and the theoretical and practical knowledge needed to make them; and the methods leading to the understanding of the regularities of the stars.) See Jourdain (1); Seemann (1).

Dingle, H. (1). 'The Essential Elements in the Scientific Revolution of the +17th century.' In *Actes du VIIe Congrès Internat. d'Histoire des Sciences*, p. 272. Jerusalem, 1953.

Diringer, D. (1). *The Alphabet; a Key to the History of Mankind*. Philos. Library, New York, 1948 (with foreword by Sir Ellis Minns).

Dittrich, A. (1). 'Solstitium IIi-Kungi quod a. a. Chr. n. 656 evenit.' *MSRLSB/S*, 1952 (1953), no. 7.

Dobell, Clifford (2). 'Dr Uplavici.' *ISIS*, 1930, **30**, 268.

Doodson & Warburg (1). *Admiralty Manual of Tides*. 1941.

Doré, H. (1). *Recherches sur les Superstitions en Chine*. 15 vols. T'u-Se-Wei Press, Shanghai, 1914–29.

　Pt. I, vol. 1, pp. 1–146: 'superstitious' practices, birth, marriage and death customs (*VS*, no. 32).

　Pt. I, vol. 2, pp. 147–216: talismans, exorcisms and charms (*VS*, no. 33).

　Pt. I, vol. 3, pp. 217–322: divination methods (*VS*, no. 34).

　Pt. I, vol 4, pp. 323–488: seasonal festivals and miscellaneous magic (*VS*, no. 35).

　Pt. I, vol. 5, sep. pagination: analysis of Taoist talismans (*VS*, no. 36).

　Pt. II, vol. 6, pp. 1–196; pantheon (*VS*, no. 39).

　Pt. II, vol. 7, pp. 197–298: pantheon (*VS*, no. 41).

　Pt. II, vol. 8, pp. 299–462: pantheon (*VS*, no. 42).

　Pt. II, vol. 9, pp. 463–480: pantheon, Taoist (*VS*, no. 44).

　Pt. II, vol. 10, pp. 681–859: Taoist celestial bureaucracy (*VS*, no. 45).

　Pt. II, vol. 11, pp. 860–1052: city-gods, field-gods, trade-gods (*VS*, no. 46).

　Pt. II, vol. 12, pp. 1053–1286: miscellaneous spirits, stellar deities (*VS*, no. 48).

　Pt. III, vol. 13, pp. 1–263: popular Confucianism, sages of the Wên Miao (*VS*, no. 49).

　Pt. III, vol. 14, pp. 264–606: popular Confucianism, historical figures (*VS*, no. 51)?

　Pt. III, vol. 15, sep. pagination: popular Buddhism, life of Gautama (*VS*, no. 57).

Douglas, R. K. (1). Miscellaneous translations. *OAA*, 1882, **1**, 1.

Douthwaite, A. W. (1). 'Analyses of Chinese Inorganic Drugs.' *CMJ*, 1890, **3**, 53.

Drachmann, A. G. (1). 'Hero's and Pseudo-Hero's Adjustable Siphons.' *JHS*, 1932, **52**, 116.

Drachmann, A. G. (2). 'Ktesibios, Philon and Heron; a Study in Ancient Pneumatics.' *AHSNM*, 1948, **4**, 1–197.

Drachmann, A. G. (3). 'Heron and Ptolemaios.' *CEN*, 1950, **1**, 117.

Drachmann, A. G. (6). 'The Plane Astrolabe and the Anaphoric Clock.' *CEN*, 1954, **3**, 183.

Drecker, J. (1). *Zeitmessung und Sterndeutung in geschichtlicher Darstellung*. Berlin, 1925.

Drecker, J. (2). 'Gnomon und Sonnenuhren.' Inaug. Diss., Aachen, 1909.

Drecker, J. (3). *Die Theorie der Sonnenuhren*. de Gruyter, Berlin, 1925. (Gesch. d. Zeitmessung u.d. Uhren, Liefg. E.)

Dreyer, J. L. E. (1). 'On the Origin of Ptolemy's Catalogue of Stars.' *RAS/MN*, 1917, **77**, 528; 1918, **78**, 343.

Dreyer, J. L. E. (2). 'The Instruments in the Old Observatory in Peking.' *PRIA*, 1883 (2nd ser.), **3**, 468; *C*, 1881, **1**, 134.

Dreyer, J. L. E. (3). *Tycho Brahe; a Picture of Scientific Life and Work in the +16th Century*. Black, Edinburgh, 1890.

Dreyer, J. L. E. (4). *History of the Planetary Systems from Thales to Kepler*. Cambridge, 1906. Reissued, in photolitho form with paper covers, as *A History of Astronomy from Thales to Kepler*, Dover, New York, 1953.

DROVER, C. B. (1). 'A Mediaeval Monastic Water-Clock.' *AHOR*, 1954.

DUBOIS-REYMOND, C. (1). 'A Chinese Sun-Dial.' *JRAS/NCB*, 1914, **45**, 85.

DUBS, H. H. (2) (tr., with assistance of Phan Lo-Chi and Jen Thai). *History of the Former Han Dynasty, by Pan Ku; a Critical Translation with Annotations*. 3 vols. Waverly, Baltimore, 1938.

DUBS, H. H. (5). 'The Beginnings of Alchemy.' *ISIS*, 1947, **38**, 62.

DUBS, H. H. (6). 'A Military Contact between Chinese and Romans in −36.' *TP*, 1940, **36**, 64.

DUBS, H. H. (7). *Hsün Tzu; the Moulder of Ancient Confucianism*. Probsthain, London, 1927.

DUBS, H. H. (20). 'The Growth of a Sinological Legend; A Correction to Yule's "Cathay".' (The supposed bringing of Greek astronomical books to China in +164.) *JAOS*, 1946, **66**, 182.

DUBS, H. H. (21). 'The Conjunction of May −205.' *JAOS*, 1935, **55**, 310. Reprinted in Dubs (2), vol. 1, p. 151.

DUBS, H. H. (22). 'Canon of Lunar Eclipses for Anyang and China, −1400 to −1000.' *HJAS*, 1947, **10**, 162.

DUBS, H. H. (23). 'Eclipses during the first 50 years of the Han Dynasty.' *JRAS/NCB*, 1935, **66**, 73. Reprinted, in altered form, in Dubs (2), vol. 1, p. 288.

DUBS, H. H. (24). 'Solar Eclipses during the Former Han Dynasty.' *OSIS*, 1938, **5**, 499. Reprinted, emended, in Dubs (2), vol. 3, pp. 546 ff.

DUBS, H. H. (26). 'The Date of the Shang Period.' *TP*, 1951, **40**, 322. Postscript, *TP*, 1953, **42**, 101.

DUBS, H. H. (29). 'An Ancient Military Contact between Romans and Chinese.' *AJP*, 1941, **62**, 322.

DUBS, H. H. (30). 'A Roman Influence on Chinese Painting.' *CP*, 1943, **38**, 13.

DUDENEY, H. E. (1). 'Magic Squares.' *EB* (14th ed.), vol. 14, p. 627.

D[UDGEON], J[OHN] (1). Letter commenting on Wylie (15), and identifying Fukienese *mi* (Sunday) as the first Syllable of Mithras and *mitra*. *CRR*, 1871, **4**, 195.

DUHEM, P. (1). *Etudes sur Léonard de Vinci*. 3 vols. Hermann, Paris.
　Vols. 1, 2: 'Ceux qu'il a lus et ceux qui l'ont lu.' 1906, 1909.
　Vol. 3: 'Les précurseurs Parisiens de Galilée.' 1913.
　(Vol. 1: Albert of Saxony, Bernardino Baldi, Themon, Cardan, Palissy, etc.
　Vol. 2: Nicholas of Cusa, Albertus Magnus, Vincent of Beauvais, Ristoro d'Arezzo, etc.
　Vol. 3: Buridan, Soto, Nicholas d'Oresme, etc.)

DUHEM, P. (3). *Le Système du Monde; Histoire des Doctrines Cosmologiques de Platon à Copernic*. 5 vols. Paris, 1913–17.

DUMONT, M. (1). 'Un Professeur de Mathématiques au 9ᵉ siècle; Mohammed ibn Mousa al-Khowarizmi.' *RGS*, 1947, **54**, 7.

DUMOUTIER, G. (1). 'Etude sur un Portulan annamite du 15ᵉ Siècle.' *BGHD*, 1896, 141.

DUNLOP, D. M. (1). *History of the Jewish Khazars*. Princeton Univ. Press, Princeton, N.J., 1954.

DUNLOP, D. M. (2). 'Scotland according to al-Idrīsī, *c.* +1154.' *SHR*, 1947, **26**, 114; 1955, **34**, 95.

DUPUIS, J. (1) (tr.). *Works of Theon of Smyrna*. Paris, 1892.

DURAND, V. & DE LA NOË, G. (1). 'Cadran Solaire Portatif trouvé au Crêt-Châtelard, commune de St Marcel-de-Felines (Loire).' *MSAF*, 1896 (6ᵉ sér.), **7** [57], 1.

DURET, CLAUDE (1). *Histoire de l'Origine des Langues de Cest Univers*. Paris, 1613.

DUYVENDAK, J. J. L. (1). 'Sailing Directions of Chinese Voyages' (a Bodleian Library MS.). *TP*, 1938, **34**, 230.

DUYVENDAK, J. J. L. (6). Comments on Pasquale d'Elia's *Galileo in Cina*. *TP*, 1948, **38**, 321.

DUYVENDAK, J. J. L. (8). *China's Discovery of Africa*. Probsthain, London, 1949. (Lectures given at London University, Jan. 1947; rev. P. Paris, *TP*, 1951, **40**, 366.)

DUYVENDAK, J. J. L. (9). 'The True Dates of the Chinese Maritime Expeditions in the Early Fifteenth Century.' *TP*, 1939, **34**, 341.

DUYVENDAK, J. J. L. (10). 'Ma Huan Re-examined.' *VKAWA/L*, 1933 (n.s.), **32**, no. 3.

DUYVENDAK, J. J. L. (11). 'Voyages de Tchêng Houo [Chêng Ho].' In Yusuf Kamal, *Monumenta Cartographica*, 1939, vol. 4, pp. 1411 ff.

DUYVENDAK, J. J. L. (12). 'The Last Dutch Embassy to the Chinese Court' (+1794 to +1795). *TP*, 1938, **34**, 1, 223; 1939, **35**, 329.

DUYVENDAK, J. J. L. (16). 'An Illustrated Battle-Account in the History of the Former Han Dynasty.' *TP*, 1938, **34**, 249.

DUYVENDAK, J. J. L. (17). 'The "Guest-Star" of +1054.' *TP*, 1942, **36**, 174.

DUYVENDAK, J. J. L. (20). 'A Chinese *Divina Commedia*.' *TP*, 1952, **41**, 255. (Also sep. pub., Brill, Leiden, 1952.)

DUYVENDAK, J. J. L., MAYALL, N. V. & OORDT, J. H. (1). 'Further Data bearing on the Identification of the Crab Nebula with the Supernova of +1054.' *PASP*, 1942, **54**, 91.

DYE, D. S. (1). *A Grammar of Chinese Lattice*. 2 vols. Harvard-Yenching Institute, Cambridge, Mass., 1937. (Harvard-Yenching Monograph Series, nos. 5, 6.)

EARLE, A. M. (1). *Sundials and Roses of Yesterday*. Macmillan, New York & London, 1902.

EASTLAKE, F. W. (1). 'Finger-Reckoning in China.' *CR*, 1880, **9**, 249, 319.

EBERHARD, W. (6). 'Beiträge zur kosmologischen Spekulation Chinas in der Han-Zeit.' *BA*, 1933, **16**, 1.

EBERHARD, W. (9). *A History of China from the Earliest Times to the Present Day*. Routledge & Kegan Paul, London, 1950. Tr. from the Germ. ed. (Swiss pub.) of 1948 by E. W. Dickes. Turkish ed. *Čin Tarihi*, Istanbul, 1946. (Crit. K. Wittfogel, *AA*, 1950, **13**, 103; J. J. L. Duyvendak, *TP*, 1949, **39**, 369; A. F. Wright, *FEQ*, 1951, **10**, 380.)

EBERHARD, W. (10). 'Neuere chinesische und japanische Arbeiten zur altchinesischen Astronomie.' *AM*, 1933, **9**, 597.

EBERHARD, W. (11). 'Frühchinesische Astronomie.' *FF*, 1933, **9**, 252. (Summary of Eberhard & Henseling and of Eberhard, Müller & Henseling, q.v.)

EBERHARD, W. (12). 'Untersuchungen an astronomischen Texten des Chinesischen Tripiṭaka.' *MS*, 1940, **5**, 208.

EBERHARD, W. (13). 'Das astronomische Weltbild im alten China.' *NW*, 1936, **24**, 517.

EBERHARD, W. (14). Review and critique of Liu Chao-Yang (6) on the ancient calendars. *OR*, 1949, 2, 179.

EBERHARD, W. (15). 'Chinesische Volkskalender und buddhistisches Tripiṭaka.' *OLZ*, 1937, p. 346.

EBERHARD, W. (16). 'Index of Words in the Papers of W. Eberhard and his collaborators on Chinese Astronomy.' *MS*, 1942, **7**, 242.

EBERHARD, W. & HENSELING, R. (1). 'Beiträge z. Astronomie d. Han-Zeit, I. Inhalt des Kapitels ü. Zeiteinteilung d. Han-Annalen.' *SPAW/PH*, 1933, **23**, 209.

EBERHARD, W. & MÜLLER, R. (1). 'Contributions to the Astronomy of the Han Period. III. The Astronomy of the Later Han.' *HJAS*, 1936, **1**, 194.

EBERHARD, W. & MÜLLER, R. (2). 'Contributions to the Astronomy of the San Kuo Period.' (Includes translation of Wang Fan's *Hun Thien Hsiang Shuo*.) *MS*, 1936, **2**, 149. (Crit. H. Maspero, *JA*, 1939, **231**, 459.)

EBERHARD, W., MÜLLER, R. & HENSELING, R. (1). 'Beiträge z. Astronomie d. Han-Zeit. II.' *SPAW/PH*, 1933, **23**, 937.

EDGAR, J. H. (1). 'Tibetan Numbers.' *JWCBRS*, 1936, **8**, 170.

EDKINS, J. (6). 'Local Value in Chinese Arithmetical Notation.' *JPOS*, 1886, **1**, 161.

EDKINS, J. (7). 'Star-Names among the Ancient Chinese.' *CR*, 1887, **16**, 257, 357. (Summary in *N*, 1888, **39**, 309.)

EDKINS, J. (8). 'The Babylonian Origin of Chinese Astronomy and Astrology.' *CR*, 1885, **14**, 90.

EDKINS, J. (10). 'On the Poets of China during the Period of the Contending States and of the Han Dynasty' (Chhü Yuan, etc.). *JPOS*, 1889, **2**, 201.

EDWARDS, R. (1). 'The Cave Reliefs at Ma-hao [near Chiating, Szechuan].' *AA*, 1954, **17**, 5, 193.

EICHELBERGER, W. S. (1). '[History of our Knowledge of] the Distances of the Heavenly Bodies.' *ARSI*, 1916, 169.

EISLER, ROBERT (1). *The Royal Art of Astrology*. Joseph, London, 1946. (Crit. H. Chatley, *O*, 1947, **67**, 187.)

EISLER, ROBERT (2). 'The Polar Sighting-Tube.' *A/AIHS*, 1949, **2**, 312.

EISLER, ROBERT (3). 'Early References to Fossil Fishes.' *ISIS*, 1943, **34**, 363.

EITEL, E. J. (1) (tr.). 'Travels of the Emperor Mu.' *CR*, 1888, **17**, 233, 247.

EKMAN, W. V. (1). *Instructions for the Use of the Ekman Current Meter (1932 Pattern)*. Pr. pr. Henry Hughes & Son, Ltd., London, n.d.

D'ELIA, PASQUALE (1). 'Echi delle Scoperte Galileiane in Cina vivente ancora Galileo (1612–1640).' *AAL/RSM*, 1946, (8a ser.), **1**, 125. Republished in enlarged form as 'Galileo in Cina. Relazioni attraverso il Collegio Romano tra Galileo e i gesuiti scienzati missionari in Cina (1610–1640).' *Analecta Gregoriana*, **37** (Series Facultatis Missiologicae A (N/1)), Rome, 1947. (Reviews: G. Loria, *A/AIHS*, 1949, **2**, 513; J. J. L. Duyvendak, *TP*, 1948, **38**, 321; G. Sarton, *ISIS*, 1950, **41**, 220.)

D'ELIA, PASQUALE (2) (ed.). *Fonti Ricciani; Storia dell'Introduzione del Cristianesimo in Cina*, 3 vols. Libreria dello Stato, Rome, 1942–9. Cf. Trigault (1); Ricci (1).

D'ELIA, PASQUALE (3). 'The Spread of Galileo's Discoveries in the Far East.' *EW*, 1950, **1**, 156. (English résumé of (1).)

D'ELIA, PASQUALE (4). 'Presentazione della prima Traduzione Cinese di Euclide' (of Matteo Ricci & Hsü Kuang-Chhi) [with notes on the problem of the Yuan version]. *MS*, 1956, **15**, 161.

D'ELIA, PASQUALE (5). *Il Mappamondo Cinese del P. Matteo Ricci S.J. (3a edizione, 1602) conservato presso la Biblioteca Vaticana*. Vatican Library, Rome, 1938.

ELIADE, MIRCEA (1). *Le Mythe de l'Eternel Retour; Archétypes et Répétition*. Gallimard, Paris, 1949.

ELIADE, MIRCEA (2). *Traité d'Histoire des Religions*. Payot, Paris, 1949.

ELIADE, MIRCEA (4). 'Metallurgy, Magic and Alchemy.' *Z*, 1938, **1**, 85.

ELIADE, M. (5). *Forgerons et Alchimistes*. Flammarion, Paris, 1956.

ELLIOTT-SMITH, SIR GRAFTON (1). (*a*) *The Ancient Egyptians and the Origin of Civilisation*. London, 1923. (*b*) *The Diffusion of Culture*. London, 1933. (*c*) *Human History*. London, 1934 (2nd ed.).

ERKES, E. (1) (tr.). 'Das Weltbild d. *Huai Nan Tzu*' (transl. of ch. 4). *OAZ*, 1918, **5**, 27.

ERKES, E. (8). '*Chhü Yüan's Thien Wên*.' *MS*, 1941, **6**, 273.

ERKES, E. (11). Observations on Karlgren's 'Fecundity Symbols in Ancient China' (9). *BMFEA*, 1931, **3**, 63.

ERKES, E. (17). 'Chinesische-Amerikanische Mythenparallelen.' *TP*, 1925, **24**, 32.

VAN ESBROECK, G. (1). 'Commentaires Étymographiques sur les Jades Astronomiques.' *MCB*, 1951, **9**, 161.

VAN ESBROECK, G. (2). 'Les Sept Etoiles Directrices.' *MCB*, 1951, **9**, 171.

EUCLID. See Heath (1).

EVANS, JOAN (1). *Magical Jewels of the Middle Ages and the Renaissance, particularly in England*. Oxford, 1922.

EVELYN, JOHN (1). 'Of a Method of making more lively Representations of Nature in Wax than are extant in Painting, and of a New Kind of Maps in Bas-Relief; both practised in France.' *PTRS*, 1665, **1**, 99.

FABRE, M. (1). *Pékin, ses Palais, ses Temples, et ses Environs*. Librairie Française, Tientsin, 1937.

FABRICIUS, J. A. (1). *Bibliotheca Graeca....* Edition of G. C. Harles, 12 vols. Bohn, Hamburg, 1808.

FARAUT, F. G. (1). *L'Astronomie Cambodgienne*. Schneider, Saigon; 1910.

FARRINGTON, B. (4). *Greek Science (Thales to Aristotle); its meaning for us*. Penguin Books, London, 1944.

FARRINGTON, B. (8). 'The Rise of Abstract Science among the Greeks.' *CEN*, 1953, **3**, 32.

FARRINGTON, B. (15). 'The Greeks and the Experimental Method.' *D*, 1957, **18**, 68.

FARRINGTON, O. C. (1). 'Amber; its Physical Properties and Geological Occurrence.' *FMNHP/GLS*, no. 3, Chicago, 1923.

FARRINGTON, O. C. & LAUFER, B. (1). 'Agate, Physical Properties and Origin; Archaeology and Folklore.' *FMNHP/GLS*, no. 8, Chicago, 1927.

FEDCHINA, V. N. (1). 'The Chinese 13th-century Traveller [Chhiu] Chhang-Chhun' (in Russian). In *Iz Istorii Nauki i Tekhniki Kitaya* (Essays in the History of Science and Technology in China), p. 172. Acad. Sci. Moscow, 1955.

FEER, L. (1). 'Fragments extraits du Kandjour.' App. 5. 'Les Etages Célestes et la Transmigration traduit du livre Chinois *Lou-tao-tsi* [*Liu Tao Chi*].' *AMG*, 1883, **5**, 529.

FEIFEL, E. (1) (tr.). *Pao Phu Tzu, Nei Phien*, chs. 1–3. *MS*, 1941, **6**, 113.

FEIFEL, E. (2) (tr.). *Pao Phu Tzu, Nei Phien*, ch. 4. *MS*, 1944, **9**, 1.

FEIFEL, E. (3) (tr.). *Pao Phu Tzu, Nei Phien*, ch. 11. *MS*, 1946, **11**, 1.

FELDHAUS, F. M. (1). *Die Technik der Vorzeit, der Geschichtlichen Zeit, und der Naturvölker* (encyclopaedia). Engelmann, Leipzig and Berlin, 1914.

FELDHAUS, F. M. (4). *Die geschichtlichen Entwicklung d. Zahnrades*. Stolzenberg, Berlin-Reinickendorf, 1911.

FELDHAUS, F. M. (22). 'Die Uhren des Königs Alfons X von Spanien.' *DUZ*, 1930, **54**, 608.

F[ELDHAUS], F. M. (23). 'Chinesische Logarithmen.' *GTIG*, 1917, **4**, 240.

FÊNG, S. H. (FONG, S. H.) (1). 'The *Hua Yang Kuo Chih*.' *JWCBRS*, 1940, A, **12**, 225.

FÊNG YU-LAN (5) (tr.). *Chuang Tzu; a new selected translation with an exposition of the philosophy of Kuo Hsiang*. Commercial Press, Shanghai, 1933.

FÊNG YU-LAN (6). 'Mao Tsê-Tung's "On Practice", and Chinese Philosophy.' *PC*, 1951, **4** (no. 10), 5.

FERGUSON, J. C. (3). (*a*) 'The Chinese Foot Measure.' *MS*, 1941, **6**, 357. (*b*) *Chou Dynasty Foot Measure*. Privately printed, Peiping, 1933. (See also a note on a graduated rule of *c.* +1117, *TH*, 1937, **4**, 391.)

FERGUSON, J. C. (7). 'Political Parties of the Northern Sung Dynasty.' *JRAS/NCB*, 1927, **58**, 35.

FERGUSON, T. (1). *Chinese Researches, Pt. I. Chinese Chronology and Cycles*. London, 1881.

FERRAND, G. (2) (tr.). *Voyage du marchand Sulaymān en Inde et en Chine rédigé en +851; suivi de remarques par Abū Zayd Ḥasan (vers +916)*. Bossard, Paris, 1922.

FESTUGIÈRE, A. G. (1). '*La Révélation d'Hermès Trismégiste, I. L'Astrologie et les Sciences Occultes*. Gabalda, Paris, 1944; rev. J. Filliozat, *JA*, 1944, **234**, 349.

FILLIOZAT, J. (7). 'L'Inde et les Echanges Scientifiques dans l'Antiquité.' *JWH*, 1953, **1**, 353.

FILLIOZAT, J. (8). 'La Pensée Scientifique en Asie Ancienne.' *BSEIC*, 1953, **28**, 5. (On transmissions from Mesopotamia to China and India, on pneumatic medicine, the lunar mansions and the mathematical zero.)

FILLIOZAT, J. (9). 'Le Symbolisme du Monument du Phnom Bằkhèṅ.' *BEFEO*, 1953, **49**, 527.

FINOT, L. (1). *Les Lapidaires Indiens*. Bouillon, Paris, 1896. (Biblioth. de l'École des Hautes Etudes, no. 111.)

FINSTERBUSCH, K. (1). 'Das Verhältnis des *Schan-hai-djing* [*Shan Hai Ching*] zur bildenden Kunst.' *ASAW/PH*, 1952, **46**, 1–136. Crit. L. Lanciotti, *EW*, 1954, **4**, 1.

FISCHER, JOSEPH (1). *Claudius Ptolemaeus; Geographiae Codex Urbinas Graecus 82 phototypice depictus.* 4 vols. (MS. of *c.*+1200.) Brill, Leiden, 1932.

FISCHER, OTTO (2). *Chinesische Malerei der Han-Dynastie.* Neff, Berlin, 1931.

FISCHER, T. (1). *Sammlung mittelälterlicher Welt- und See-Karten italienischen Ursprungs.* Venice, 1877. (Beitr. z. Gesch. d. Erdkunde und d. Kartographie in Italien im Mittelalter.)

FISHER, R. A. (1). 'Reconstruction of the Sieve of Eratosthenes.' *MG*, 1929, **14**, 565.

FISHER, R. A. & YATES, F. (1). *Statistical Tables for Biological, Agricultural and Medical Research.* Oliver & Boyd, Edinburgh, 1938, 1953.

FONG. See Fêng.

DE FONTENELLE, B. (1). *Entretiens sur la Pluralité des Mondes.* Brunet, Paris, 1698. (1st ed. 1686; Eng. trs. 1688, 1702.)

[FORBES, R. J.] (4a). *Histoire des Bitumes, des Epoques les plus Reculées jusqu'à l'an 1800.* Shell, Leiden, n.d.

FORBES, R. J. (4b). *Bitumen and Petroleum in Antiquity.* Brill, Leiden, 1936.

FORBES, R. J. (5). 'The Ancients and the Machine.' *A/AIHS*, 1949, **2**, 919.

FORBES, R. J. (8). *Metallurgy [in the Mediterranean Civilisations and the Middle Ages]* in *A History of Technology*, ed. C. Singer *et al.* O.U.P., Oxford, 1956, vol. 2, p. 41.

FORKE, A. (3) (tr.). *Me Ti [Mo Ti] des Sozialethikers und seiner Schüler philosophische Werke.* Berlin, 1922. (*MSOS*, Beibände, **23–5**.)

FORKE, A. (4) (tr.). *Lun Hêng, Philosophical Essays of Wang Chhung*: Vol. 1, 1907. Kelly & Walsh, Shanghai; Luzac, London; Harrassowitz, Leipzig. Vol. 2, 1911 (with the addition of Reimer, Berlin). (*MSOS*, Beibande, **10** and **14**.) (Crit. P. Pelliot, *JA*, 1912 (10° sér.), **20**, 156.)

FORKE, A. (6). *The World-Conception of the Chinese; their Astronomical, Cosmological and Physico-philosophical Speculations* (Pt. 4 of this, on the Five Elements, is reprinted from Forke (4), vol. 2, App. I). Probsthain, London, 1925. German tr. *Gedankenwelt des chinesischen Kulturkreis.* München, 1927. Chinese tr. *Chhi-Na Tzu-Jan Kho-Hsüeh Ssu-Hsiang Shih.* Crit. B. Schindler, *AM*, 1925, **2**, 368.

FORKE, A. (9). *Geschichte d. neueren chinesischen Philosophie* (i.e. from beg. of Sung to modern times). de Gruyter, Hamburg, 1938. (Hansische Univ. Abhdl. a. d. Geb. d. Auslandskunde, no. 46 (ser. B, no. 25).)

FORKE, A. (13). *Geschichte d. alten chinesischen Philosophie* (i.e. from antiquity to beg. of Former Han). de Gruyter, Hamburg, 1927. (Hamburg. Univ. Abhdl. a. d. Geb. d. Auslandskunde, no. 25 (ser. B, no. 14).)

FOTHERINGHAM, J. K. (1). 'The Calendar.' *NA*, 1929 (1931), p. 734.

FOTHERINGHAM, J. K. (2). *Historical Eclipses.* Halley Lecture. Oxford, 1921. (Abstr. *JBASA*, 1921, **32**, 197.)

FOTHERINGHAM, J. K. (3). 'The Story of Hi and Ho.' *JBASA*, 1932, **43**, 248.

FOTHERINGHAM, J. K. (4). 'The New Star of Hipparchus and the Dates of Birth and Accession of Mithridates.' *RAS/MN*, 1919, **79**, 162.

FRANCK, H. A. (1). *Roving through Southern China.* Century, New York, 1925.

FRANK, J. (1). *Die Verwendung des Astrolabs nach al-Chwarizmi [al-Khwārizmī].* Mencke, Erlangen, 1922. (Abhdl. z. Gesch. d. Naturwiss u. d. Med. no. 3.)

FRANKE, H. (1). 'Some Remarks on the Interpretation of Chinese Dynastic Histories' (with special reference to the Yuan). *OR*, 1950, **3**, 113.

FRANKE, H. (2). 'Beiträge z. Kulturgeschichte Chinas unter der Mongolenherrschaft.' (Complete translation and annotation of the *Shan Chü Hsin Hua* by Yang Yü, +1360.) *AKML*, 1956, **32**, 1–160.

FRANKE, H. (8). 'Some Remarks on Yang Yü and his *Shan Chü Hsin Hua*.' *JOSHK*, 1955, **2**, 302.

FRANKE, O. (5). 'Zur Frage der Einführung des Buddhismus in China.' *MSOS*, 1910, **13**, 295.

FRANKE, O. (6). 'Der kosmische Gedanke in Philosophie und Staat d. Chinesen.' *VBW* (1925/1926), 1928, p. 1. (Reprinted in Franke (8), p. 271.)

FRÉCHET, M. (1). *Les Mathématiques et le Concret.* Presses Univ. de France, Paris, 1955; rev. P. Labérenne, *LP*, 1956 (no. 69), 140.

FREEMAN, K. (1). *The Pre-Socratic Philosophers, a companion to Diels' 'Fragmente der Vorsokratiker'.* Blackwell, Oxford, 1946.

FRÉRET, N. (1). 'De l'Antiquité et de la Certitude de la Chronologie Chinoise.' *Mémoires de Littérature tirés des Registres de l'Acad. Roy. des Inscriptions et Belles-Lettres*, 1736, **10**, 377; 1743, **15**, 495; 1753, **18**, 178.

FRESCURA, B. & MORI, A. (1). 'Cartografia dell'Estremo Oriente; Un Atlante Cinese della Magliabecchiana di Firenze.' *RGI*, 1894, **1**, 417, 475.

FRITSCHE, H. (1). *On Chronology and the Construction of the Calendar with special regard to the Chinese Computation of Time compared to the European.* (Lithographed handwriting.) Laverentz, St Petersburg, 1886.

FRITZ, H. (1). *Die Periode d. solaren und erdlichen Phaenomäne.* Zürich, 1896. Eng. tr. by W. W. Reed, *MWR*, 1928, **56**, 401.

FROST, A. H. & FENNELL, C. A. M. (1). 'Magic Squares.' *EB* (13th ed.), vol. 17, p. 310.

FU, T. (1). 'Chinese Astronomy.' *ERE*, vol. 12, p. 74.

FUCHS, W. (1). *The 'Mongol Atlas' of China by Chu Ssu-Pên, and the 'Kuang Yü Thu'.* Fu-Jen Univ. Press, Peiping, 1946. (*MS/M*, no. 8) (rev. J. J. L. Duyvendak, *TP*, 1949, **39**, 197).

FUCHS, W. (2). *Der Jesuiten-Atlas der Khang-Hsi Zeit, seine Entstehungsgeschichte nebst Namenindices für die Karten der Mandjurei, Mongolei, Osttürkestan und Tibet, mit Wiedergabe der Jesuiten-Karten in Originalgrösse.* Fu-Jen Univ. Press, Peiping, 1943. 1 vol. + 1 box of plates. (*MS/M*, nos. 3 and 4.)

FUCHS, W. (3). 'Materialen zur Kartographie d. Mandju-Zeit.' *MS*, 1936, **1**, 386; 1938, **3**, 189.

FUCHS, W. (5). 'A Note on Fr. M. Boym's Atlas of China.' *IM*, 1953, **9**, 71.

FUNG YU-LAN. See Fêng Yu-Lan.

FUNKHOUSER, H. G. (1). 'A Note on a Tenth Century Graph.' *OSIS*, 1936, **1**, 260.

GABRIELI, G. (1). 'Giovanni Schreck Linceo, gesuita e missionario in Cina e le sue Lettere dell'Asia.' *RAL/MSF*, 1936 (sér. 6), **12**, 462.

GABRIELI, G. (2). 'I Lincei e la Cina.' *RAL/MSF*, 1936 (ser. 6), **12**, 242.

GAFFAREL, L. (1). *Curiositez Inouyes, sur la Sculpture Talismanique des Persans, horoscope des Patriarches, et Lecture des Estoiles.* [Paris], 1650 (1st edition, 1637).

GALEN. See Kühn.

GALILEO, GALILEI (1). *Opera.* Florence, 1842.

LE GALL, S. (1). *Le Philosophe Tchou Hi, Sa Doctrine, son Influence.* T'ou-se-wei, Shanghai, 1894 (*VS*, no. 6). (Incl. tr. of part of ch. 49 of *Chu Tzu Chhüan Shu.*)

GALLAGHER, L. J. (1) (tr.). *China in the 16th Century; the Journals of Matthew Ricci, 1583–1610.* Random House, New York, 1953. (A complete translation, preceded by inadequate bibliographical details, of Nicholas Trigault's *De Christiana Expeditione apud Sinas* (1615). Based on an earlier publication: *The China that Was; China as discovered by the Jesuits at the close of the 16th Century; from the Latin of Nicholas Trigault.* Milwaukee, 1942.) Identifications of Chinese names in Yang Lien-Shêng (4). Crit. J. R. Ware, *ISIS*, 1954, **45**, 395.

GAMOW, G. (1). 'Supernovae.' *SAM*, 1949, **181** (no. 12), 19.

GANDZ, S. (1). 'On the Origin of the term Root.' *AMM*, 1926, **33**, 261; 1928, **35**, 67.

GANDZ, S. (2). 'The Origin of the Ghubar Numerals, or Arabian Abacus and the Articuli.' *ISIS*, 1931, **16**, 393.

GANDZ, S. (3). 'Die Harpendonapten oder Seilspanner und Seilknüpfer.' *QSGM/B*, 1930, **1**, 255.

GANDZ, S. (4). 'Notes on Egyptian and Babylonian Mathematics.' In *Sarton Presentation Volume*, ed. Ashley-Montagu, M. F., p. 453. Schuman, New York, 1944.

GANDZ, S. (5). 'The *Mishnāh ha Middot*, the first Hebrew Geometry, of about +150.' *QSGM/A*, 1932, **2**.

GARDNER, C. T. (1). 'On Chinese Time.' *JESL*, 1870, **2**, 26. (Not seen.)

GARDNER, C. T. (2). 'The Tablet of Yü' (at the Yu-Lin Temple near Ningpo). *CR*, 1873, **2**, 293.

GASPARDONE, E. (1). 'Matériaux pour servir à l'Histoire d'Annam.' *BEFEO*, 1929, **29**, 63.

GATTY, A., EDEN, H. K. F. & LLOYD, E. (1). *A Book of Sun-Dials.* London, 1900.

GAUBIL, A. (1). Numerous contributions to *Observations Mathématiques, Astronomiques, Géographiques, Chronologiques et Physiques tirées des Anciens Livres Chinois ou faites nouvellement aux Indes et à la Chine par les Pères de la Compagnie de Jésus*, ed. E. Souciet. Rollin, Paris, 1729, vol. 1.

   (*a*) Remarques sur l'Astronomie des Anciens Chinois en général, p. 1.

   (*b*) Eclipses ☉ Sexdecim in Historia aliisque veteribus Sinarum libris notatae et a Patre Ant. Gaubil e Soc. Jesu computatae, p. 18. (The first is the *Shu Ching* eclipse attributed to −2155; then follows the *Shih Ching* eclipse attributed to −776; then five *Tso Chuan* eclipses (−720 to −495), then one of −382 and finally 3 Han ones.)

   (*c*) Observations des Taches du Soleil, p. 33.

   (*d*) Observation de l'Eclipse de ☽ du 22 Déc. 1722 à Canton, p. 44.

   (*e*) Observatio Eclipsis Lunae totalis Pekini 22 Oct. 1725, p. 47.

   (*f*) Occultations ou Eclipses des Etoiles Fixes par la Lune, observées à Péking en 1725 & 1726, p. 59.

   (*g*) Observations de Saturne, p. 69.

   (*h*) Observations de Jupiter, p. 71.

(*i*) Observations de ♃ et de ses Satellites; Conjonctions ou Approximations de ♃ à des Etoiles Fixes, tirées des anciens livres d'Astronomie Chinoise (+73 to +1367), p. 72.

(*j*) Observations des Satellites de ♃, faites à Péking en 1724, p. 80.

(*k*) Observations de Mars, p. 95.

(*l*) Observations de Vénus, p. 98.

(*m*) Observations de Mercure, p. 101.

(*n*) Observations de la Comète de 1723 faites à Péking d'abord par des Chinois et ensuite par les PP. Gaubil & Jacques, p. 105.

(*o*) Observations géographiques (à) l'Ile de Poulo-Condor, p. 107.

(*p*) Plan de Canton, sa longitude et sa latitude, p. 123.

(*q*) Extrait du Journal du Voyage du P. Gaubil et du P. Jacques de Canton à Péking, etc., p. 127.

(*r*) Plan (& Description) de Péking, p. 136.

(*s*) Situation de Poutala, demeure du grand Lama, des sources du Gange et des pays circonvoisins, le tout tiré des Cartes Chinoises et Tartares, p. 138.

(*t*) Mémoire Géographique sur les Sources de l'Irtis et de l'Oby, sur le pays des Eleuthes et sur les Contrées qui sont au Nord et à l'Est de la Mer Caspienne, p. 141.

(*u*) Relation Chinoise contenant un itinéraire de Péking à Tobol, et de Tobol au Pays des Tourgouts, p. 148.

(*v*) Remarques sur le commencement de l'Année Chinoise, p. 182.

(*w*) Abrégé Chronologique de l'Histoire des Cinq Premiers Empereurs Mogols, p. 185.

(*x*) Observations Physiques (Lézard Volant à Poulo-Condor, Melon de Hami), p. 204.

(*y*) Observations sur la Variation de l'Aiman, p. 210.

(*z*) Observations Diverses, p. 223.

GAUBIL, A. (2). *Histoire Abrégée de l'Astronomie Chinoise.* (With Appendices 1, Des Cycles des Chinois; 2, Dissertation sur l'Eclipse Solaire rapportée dans le *Chou-King* [*Shu Ching*]; 3, Dissertation sur l'Eclipse du Soleil rapportée dans le *Chi-King* [*Shih Ching*]; 4, Dissertation sur la première Eclipse du Soleil rapportée dans le *Tchun-Tsieou* [Chhun Chhiu]; 5, Dissertation sur l'Eclipse du Soleil, observée en Chine l'an trente-et-unième de Jésus-Christ; 6, Pour l'Intelligence de la Table du *Yue-Ling* [*Yüeh Ling*]; 7, Sur les Koua; 8, Sur le Lo-Chou (recognition of Lo Shu as magic square).) In *Observations Mathématiques, Astronomiques, Géographiques, Chronologiques et Physiques, tirées des anciens livres Chinois ou faites nouvellement aux Indes, à la Chine, et ailleurs, par les Pères de la Compagnie de Jésus*, ed. E. Souciet. Rollin, Paris, 1732, vol. 2.

GAUBIL, A. (3). *Traité de l'Astronomie Chinoise.* In *Observations Mathématiques, etc.*, ed. E. Souciet. Rollin, Paris, 1732, vol. 3.

GAUBIL, A. (4). *Histoire de l'Astronomie Chinoise.* In *Lettres Edifiantes et Curieuses, écrites des Missions Etrangères; Nouvelle Edition—Mémoires des Indes et de la Chine*, vol. 26, pp. 65-295. Mérigot, Paris, 1783. (Reprinted in vol. 14 of the 1819 edition.)

GAUBIL, A. (5). *Traité de la Chronologie Chinoise; divisé en 3 parties, composé par le P. Gaubil, Missionaire à la Chine, et publié pour servir de suite aux Mémoires Concernant les Chinois*, ed. S. de Sacy. Treuttel & Wurtz, Paris, 1814.

GAUBIL, A. (6). 'Recherches Astronomiques sur les Constellations et les Catalogues Chinois des Etoiles Fixes, sur le Cycle des Jours, sur les Solstices et sur les Ombres Méridiennes du Gnomon observés à la Chine.' 1734 MS. at the Observatory, Paris, partly published by Laplace, see Gaubil (7, 8, 9). See also J. B. Biot, 'Notice sur des Manuscrits Inédits du Père Gaubil et du Père Amiot, par feu E. Biot.' *JS*, 1850, 302.

GAUBIL, A. (7). 'Des Solstices et des Ombres Méridiennes du Gnomon, observés à la Chine; extrait d'un Manuscrit envoyé en 1734 à M. Delisle, Astronome, par le P. Gaubil, missionaire jésuite.' *CT*, 1809, 382.

GAUBIL, A. (8). 'Observations Chinoises, depuis l'an 147 avant J.C., envoyées par le P. Gaubil en Nov. 1749' (on planetary conjunctions, and eclipses). *CT*, 1810, 300.

GAUBIL, A. (9). See Laplace. 'Mémoire sur la Diminution de l'Obliquité de l'Ecliptique, qui résulte des Observations Anciennes.' *CT*, 1811, 429.

GAUBIL, A. (10). 'Catalogue des Comètes observées en Chine.' MS. at the Observatory, Paris.

GAUBIL, A. (12). *Histoire de Gentchiscan [Chingiz Khan] et de toute la Dinastie des Mongous ses Successeurs, Conquérans de la Chine.*' Briasson & Piget, Paris, 1739.

GAUCHET, L. (6). 'Note sur la Généralisation de l'Extraction de la Racine Carrée chez les anciens Auteurs Chinois, et quelques Problèmes du *Chiu Chang Suan Shu*.' *TP*, 1914, **15**, 531.

GAUCHET, L. (7). 'Note sur la Trigonométrie sphérique de Kouo Cheou-King' (Kuo Shou-Ching). *TP*, 1917, **18**, 151.

GAUTHIER, H. (1). *La Température en Chine.* Shanghai, 1918.

GEERTS, A. J. C. (1). *Les Produits de la Nature Japonaise et Chinoise, comprenant la Dénomination, l'Histoire et les Applications aux Arts, à l'Industrie, à l'Economie, à la Médecine, etc. des Substances qui dérivent des Trois Règnes de la Nature et qui sont employées par les Japonais et les Chinois: Partie Inorganique et Minéralogique...*(only part published). 2 vols. Lévy, Yokohama, 1878; Nijhoff, 's Gravenhage, 1883. (A paraphrase and commentary on the mineralogical chapters of the *Pên Tshao Kang Mu*, based on Ono Ranzan's commentary in Japanese.)

GEIKIE, SIR A. (1). *The Founders of Geology.* Macmillan, London, 1905.

GELASIUS, A. (1). *De Terraemotu Liber.* Bologna, 1571.

GELDNER, K. F. (1) (tr.). *Der 'Rg Veda'.* 3 vols. Harvard Univ. Press, Cambridge (Mass.), 1951. (Harvard Oriental Series, nos. 33, 34, 35.)

GERINI, G. E. (1). *Researches on Ptolemy's Geography of Eastern Asia (Further India and Indo-Malay Peninsula).* Royal Asiatic Society and Royal Geographic Society, London, 1909. (Asiatic Society Monographs, no. 1.)

GIBSON, G. E. (1). 'The Vedic Nakshatras and the Zodiac.' In *Semitic and Oriental Studies presented to Wm. Popper,* p. 149. Univ. of Calif. Press, Berkeley, 1951.

GILBERT, O. (1). *Die meteorologischen Theorien d. griechischen Altertums.* Berlin, 1909.

GILBERT, WILLIAM (1). *De Magnete.* Short, London, 1600. Ed. and tr. S. P. Thompson, Chiswick, London, 1900.

GILES, H. A. (3) (tr.). *The Travels of Fa-Hsien.* Cambridge, 1923.

GILES, H. A. (5). *Adversaria Sinica:*
　　1st series, no. 1, pp. 1–25. Kelly & Walsh, Shanghai, 1905.
　　　　　　no. 2, pp. 27–54. Kelly & Walsh, Shanghai, 1906.
　　　　　　no. 3, pp. 55–86. Kelly & Walsh, Shanghai, 1906.
　　　　　　no. 4, pp. 87–118. Kelly & Walsh, Shanghai, 1906.
　　　　　　no. 5, pp. 119–144. Kelly & Walsh, Shanghai, 1906.
　　　　　　no. 6, pp. 145–188. Kelly & Walsh, Shanghai, 1908.
　　　　　　no. 7, pp. 189–228. Kelly & Walsh, Shanghai, 1909.
　　　　　　no. 8, pp. 229–276. Kelly & Walsh, Shanghai, 1910.
　　　　　　no. 9, pp. 277–324. Kelly & Walsh, Shanghai, 1911.
　　　　　　no. 10, pp. 326–396. Kelly & Walsh, Shanghai, 1913.
　　　　　　no. 11, pp. 397–438 (with index). Kelly & Walsh, Shanghai, 1914.
　　2nd series, no. 1, pp. 1–60. Kelly & Walsh, Shanghai, 1915.

GILES, H. A. (8). 'The Character *hsi*' [evening tide]. *NCR,* 1921, **3**, 423.

GILES, L. (2). *An Alphabetical Index to the Chinese Encyclopaedia [Chhin-Ting Ku Chin Thu Shu Chi Chhêng].* British Museum, London, 1911.

GILES, L. (4) (tr.). *Taoist Teachings from the Book of Lieh Tzu.* Murray, London, 1912; 2nd ed. 1947.

GILES, L. (5). *Six Centuries at Tunhuang.* China Society, London, 1944.

GILES, L. (6). *A Gallery of Chinese Immortals* ['*hsien*']; *selected biographies translated from Chinese sources [Lieh Hsien Chuan, Shen Hsien Chuan,* etc.]. Murray, London, 1948.

GILES, L. (8) (tr.). 'A Chinese Geographical Text of the Ninth Century' (S/367). *BLSOAS,* 1931, **6**, 825. (About the Tunhuang district.)

GILES, L. (9) (tr.). 'The *Tunhuang Lu*.' *JRAS,* 1914, 703.

GILES, L. (10). 'Translations from the Chinese World Map of Father Ricci.' *GJ,* 1918, **52**, 367; 1919, **53**, 19.

GILES, L. (12). *Glossary of Chinese Topographical Terms.* Geogr. Sect., General Staff, War Office, London, 1943.

GILLE, B. (3). 'Léonard de Vinci et son Temps.' *MC/TC,* 1952, **2**, 69.

GILLIS, I. V. (1). *The Characters 'chhao' and 'hsi'* [the tides]. Gest Chinese Research Library (McGill Univ. Montreal) Publication, Standard Press, Peiping, 1931.

GINZEL, F. K. (1). *Handbuch d. mathematischen und technischen Chronologie, das Zeitrechnungswesen d. Völker.* 3 vols. Hinrichs, Leipzig, 1906.

GINZEL, F. K. (2). *Spezieller Kanon der Sonnen- und Mond-Finsternisse f. d. Ländergebiet d. klassischer Altertumswissenschaften u. d. Zeitraum v. 900 v. C. bis 600 n. C.* Berlin, 1899.

GINZEL, F. K. (3). 'Die Zeitrechnung.' Art. in *Astronomie,* ed. J. Hartmann. Pt. III, Sect. 3, vol. 3 of *Kultur d. Gegenwart,* p. 57. Teubner, Leipzig and Berlin, 1921.

VON GLASENAPP, H. (1). *La Philosophie Indienne, Initiation à son Histoire et à ses Doctrines.* Payot, Paris, 1951 (no index).

GLATHE, A. (1). 'Die chinesische Zahlen.' *MDGNVO,* 1932, **26**, B, 1.

GODARD, A. (1). *Les Monuments de Marāghah.* Paris, 1934.

GODFRAY, H. (1). 'Dials and Dialling.' *EB,* vol. 8, p. 149.

GODWIN, FRANCIS, BP. (1). *The Man in the Moone; or, A Discourse of a Voyage Thither, by Domingo Gonsales, the Speedy Messenger.* London, 1638, 1657 and 1768, ed. G. McColley (2).

DE GOEJE, J. (1) (ed.). *Bibliotheca Geographorum Arabicorum.* 8 vols. Brill, Leiden.

GOETZ, W. (1). 'Die Entwicklung des Wirklichkeitssinnes vom 12. bis 14. Jahrhundert.' *AKG*, 1937, **27**, 33.

GOLDSCHMIDT, V. M. (1). 'The Principles of Distribution of Chemical Elements in Minerals and Rocks.' *JCS*, 1937, 655.

GOODRICH, L. CARRINGTON (4). 'Measurements of the Circle in Ancient China.' *ISIS*, 1948, **39**, 64.

GOODRICH, L. CARRINGTON (5). 'The Abacus in China.' *ISIS*, 1948, **39**, 239.

GOODRICH, L. CARRINGTON (6). 'Early Mentions of Fossil Fishes.' *ISIS*, 1942, **34**, 25.

GOODRICH, L. CARRINGTON (8). 'China's First Knowledge of the Americas.' *GR*, 1938, **28**, 400.

GOODRICH, L. CARRINGTON (9). *Introduction to Chinese History, and Scientific Developments in China.* Sino-Indian Cultural Soc., Santiniketan, 1954. (Sino-Indian Pamphlets, no. 21.)

GOODRICH, L. CARRINGTON (11). 'Geographical Additions of the 14th and 15th Centuries' (further MSS. of *Ta Yuan I Thung Chih* and *Huan Yü Thung Chih*). *MS*, 1956, **15**, 203.

GOODYER, J. (1) (tr.). *The Greek Herbal of Dioscorides, illustrated by a Byzantine, A.D. 512, englished by John Goodyer, A.D. 1664,* ed. R. T. Gunther. Oxford, 1934.

GOSCHKEVITCH, J. (1). 'Über das chinesische Rechnenbrett.' In *Arbeiten der kaiserlichen Russischen Gesandtschaft zu Peking,* vol. 1, p. 293. Berlin, 1858.

GOULD, R. T. (1). (*a*) *The Marine Chronometer; its History and Development.* Potter, London, 1923. (rev. F. D[yer], *MMI*, 1923, **9**, 191). (*b*) *The Restoration of John Harrison's Third Timekeeper.* Lecture to the British Horological Institute, 1931. Reprint or pamphlet, n.d.

GOW, J. (1). *A Short History of Greek Mathematics.* Cambridge, 1884.

GRABAU, A. W. (1). 'Palaeontology.' Art. in *Symposium on Chinese Culture,* ed. Sophia Zen. IPR, Shanghai, 1931, pp. 152 ff.

GRAHAM, A. C. (1). *The Philosophy of Chhêng I-Chhuan (|1033 to |1107) and Chhêng Ming-Tao (+1032 to +1085).* Inaug. Diss. London, 1953.

GRANET, M. (1). *Danses et Légendes de la Chine Ancienne.* 2 vols. Alcan, Paris, 1926.

GRANET, M. (5). *La Pensée Chinoise.* Albin Michel, Paris, 1934. (Evol. de l'Hum. series, no. 25 *bis*.)

GRANT, R. (1). *History of Physical Astronomy, from the Earliest Ages to the middle of the Nineteenth Century.* Baldwin, London, 1852.

GRAVEROL, F. (1). Letter which includes mention of 17th-century water-clock. *JS*, 1691, 75.

GRIFFITH, W. (1). *Journal of Travels in Assam, Burma, etc.* Calcutta, 1847.

GRIMALDI, P. (1). *Explicatio Planisphaerii* (Atlas Céleste Chinois). Peking, 1711 (printed in China). (Taken from I. G. Pardies' *Globi Coelestis in Tabulas Planas Redacti Descriptio.* Paris, 1674. The six charts form the sides of a cube circumscribing the sphere. Cf. Houzeau, p. 46.)

GROENEVELDT, W. P. (1). *Notes on the Malay Archipelago and Malacca.* 1876. In *Miscellaneous Papers relating to Indo-China,* 2nd series, 1887, vol. 1, p. 126.

DE GROOT, J. J. M. (2). *The Religious System of China.* Brill, Leiden, 1892.
   Vol. 1, Funeral rites and ideas of resurrection.
   Vols. 2, 3, Graves, tombs, and *fêng-shui.*
   Vol. 4, The soul, and nature-spirits.
   Vol. 5, Demonology and sorcery.
   Vol. 6, The animistic priesthood (*wu*).

GROS, L. (1). *La Théorie du Baguenodier.* Lyons, 1872.

GROSSMANN, H. (1). 'Die gesellschaftlichen Grundlagen der mechanistischen Philosophie und die Manufaktur.' *ZSF*, 1935, **4**.

GROTH, P. H. (1). *Entwicklungsgeschichte d. mineralogischen Wissenschaften.* Berlin, 1926.

DE GUIGNES, C. L. J. (2). 'Planisphère Céleste Chinois, avec des Explications, le Catalogue Alphabétique des Etoiles, et la Suite de tous les Comètes observées à la Chine, depuis l'an 613 avant J.C. jusqu'à l'an 1222 de l'Ere Chrétienne, tirées des Livres Chinois.' *Mémoires des Savants Etrangers (Académie Royale des Sciences),* 1782, **10**, 1.

VAN GULIK, R. H. (2). *Mi Fu on Inkstones; a Study of the 'Yen Shih', with Introduction and Notes.* Vetch, Peking, 1938.

GUNDEL, W. (1). 'Astronomie, Astralreligion, Astralmythologie und Astrologie; Darstellung u. Literaturbericht 1907-1933.' In *Jahresber. ü. d. Fortschritte d. klassischen Altertumswissenschaft,* ed. K. Münscher, 1934, **243**, 1.

GUNDEL, W. (2). *Dekane und Dekansternbilder.* Augustin, Glückstadt & Hamburg, 1936. (Stud. d. Bibl. Warburg, no. 19.)

GUNDEL, W. (3). 'Neue astrologische Texte des Hermes Trismegistos.' *ABAW/PH*, 1936, n.F. **12**. (Crit. Neugebauer (9), p. 68.)

GUNTHER, R. T. (1). *Early Science in Oxford.* 14 vols. Oxford, 1923-45. (The first pub. Oxford Historical Soc.; the rest privately printed for subscribers.)
   Vol. 1 1923 Chemistry, Mathematics, Physics and Surveying.

Vol. 2　1923　Astronomy.
Vol. 3　1925　Biological Sciences and Biological Collections.
Vol. 4　1925　The [Oxford] Philosophical Society.
Vol. 5　1929　Chaucer and Messahalla on the Astrolabe.
Vol. 6　1930　Life and Work of Robert Hooke.
Vol. 7　1930　Life and Work of Robert Hooke (contd.).
Vol. 8　1931　Cutler Lectures of Robert Hooke (facsimile).
Vol. 9　1932　The *De Corde* of Richard Lower (facsimile) with introd. and tr. by K. J. Franklin.
Vol. 10　1935　Life and Work of Robert Hooke (contd.).
Vol. 11　1937　Oxford Colleges and their men of science.
Vol. 12　1939　Dr Plot and the correspondence of the [Oxford] Philosophical Society.
Vol. 13　1938　Robert Hooke's *Micrographia* (facsimile).
Vol. 14　1945　Life and Letters of Edward Lhwyd.

GUNTHER, R. T. (2). *The Astrolabes of the World.* 2 vols. Oxford, 1932.

GÜNTHER, S. (1). 'Die Anfänge u. Entwicklungsstadien des Coordinaten-princips.' *ANHGN*, 1877, **6**, 3.

GURJAR, L. V. (1). *Ancient Indian Mathematics and Vedha.* Ideal Book Service, Poona, 1947. (Crit. A. H. Neville, *N*, 1948, **161**, 580.)

GUSTAVS, A. & DALMAN, D. G. (1). 'Der Saatrichter zur Zeit d. Kassiten.' *ZDPV*, 1913, **36**, 310.

HAENISCH, E. (1). 'Ein chinesischer Baedeker aus dem 13. Jahrhundert' (on Wang Hsiang-Chih's *Yü Ti Chi Shêng*). *OAZ*, 1919, **7**, 201.

HAGERTY, M. J. (1) (tr.). 'Han Yen-Chih's *Chü Lu*' (Monograph on the Oranges of Wên-Chou, Chekiang), with introduction by P. Pelliot. *TP*, 1923, **22**, 63.

DU HALDE, J. B. (1). *Description Géographique, Historique, Chronologique, Politique et Physique de l'Empire de la Chine et de la Tartarie Chinoise.* 4 vols. Paris, 1735; The Hague, 1736. (Eng. tr. R. Brookes, London, 1736, 1741.)

HALL, A. R. (1). *Ballistics in the Seventeenth Century; a Study in the Relations of Science and War, with reference principally to England.* Cambridge, 1951.

HALLBERG, I. (1). *L'Extrême-Orient dans la Littérature et la Cartographie de l'Occident des 13e, 14e et 15e siècles; Etudes sur l'Histoire de la Géographie.* Inaug. Diss., Upsala. Zachrisson, Göteborg, 1907.

HALLEY, EDMUND (1). 'Considerations on the Change of the Latitudes of the principal Fixt Stars.' *PTRS*, 1718, **30** (no. 355), 736.

HALOUN, G. (4). 'Zur Üe-Tsï [Yüeh-Chih]-Frage.' *ZDMG*, 1937, **91**, 243.

HALOUN, G. (5). 'Legalist Fragments, I; *Kuan Tzu* ch. 55, and related texts.' *AM*, 1951 (n.s.), **2**, 85.

AL-HAMDĀNĪ. See Rashīd al-Dīn al-Hamdānī.

HANBURY, DANIEL (1). *Science Papers, chiefly Pharmacological and Botanical.* Macmillan, London, 1876.

HANSFORD, S. H. (1). *Chinese Jade Carving.* Lund Humphries, London, 1950.

DE HARLEZ, C. (1). *Le Yih-King [I Ching], Texte primitif, Rétabli, Traduit et Commenté.* Hayez, Bruxelles, 1889.

DE HARLEZ, C. (2) (tr.). *Kong-Tze-Kia-Yu [Khung Tzu Chia Yü]; Les Entretiens Familiers de Confucius.* Leroux, Paris, 1899; and *BOR*, 1893, **6**; 1894, **7**.

HART, I. B. (3). 'The Scientific Basis of Leonardo da Vinci's work in Technology—an Appreciation.' *TNS*, 1956, **28**, 105.

HARTMANN, J. (1). 'Die astronomischen Instrumente des Kardinals Nikolaus Cusanus.' *AGWG/MP*, 1919 (n.F.), **10**, no. 6.

HARTNER, W. (1). 'Die astronomischen Angaben des Hia Siau Dscheng' [*Hsia Hsiao Chêng*]. Appendix to R. Wilhelm (6), p. 413. (And *SA*, 1930, **5**, 237.)

HARTNER, W. (2). 'Einige astronomische Bemerkungen' [to *Lü Shih Chhun Chhiu*]. Appendix to R. Wilhelm (3), p. 507.

HARTNER, W. (3). 'The Astronomical Instruments of Cha-Ma-Lu-Ting, their Identification, and their Relations to the Instruments of the Observatory of Maragha.' *ISIS*, 1950, **41**, 184.

HARTNER, W. (4). 'Chinesische Kalendarwissenschaft.' *SA*, 1930, **5**, 237.

HARTNER, W. (5). 'Das Datum der *Shih-Ching* Finsternis.' *TP*, 1935, **31**, 188.

HARTNER, W. (6). 'The Pseudoplanetary Nodes of the Moon's Orbit in Hindu and Islamic Iconographies; a Contribution to the History of Ancient and Mediaeval Astrology.' *AI*, 1938, **5**, 113.

HARTNER, W. (8). 'The Obliquity of the Ecliptic according to the *Hon Han Shu* and Ptolemy.' Communication at the 23rd International Congress of Orientalists, Cambridge, 1954. Also pub. in Silver Jubilee volume of Zinbun Kagaku Kenkyu-Syo, Kyoto University, 1954, p. 177.

HARTNER, W. (9). *Le Problème de la Planète Kaïd.* Lecture at the Palais de la Découverte, Paris (No. D, 36). Univ. of Paris, Paris, 1955.

HARTNER, W. (10). 'Zahlen und Zahlensysteme bei Primitiv- und Hochkultur-Völkern.' *PAI*, 1943, **2**, 268.

HARZER, P. (1). *Die exakten Wissenschaften im alten Japan.* Rede z. Feier d. Geburtstages S. Maj. des d. Kaisers Königs v. Preussen Wilhelm II. Lipsius & Tischer, Kiel, 1905. (Crit. Y. Mikami, *JDMV*, 1906, **15**, 253; *TBGZ*, 1906, nos. 174, 175.)

HASKINS, C. H. (1). *Studies in the History of Mediaeval Science.* Harvard Univ. Press, Cambridge, Mass., 1927.

HATT, G. (1). (*a*) 'Asiatic Motifs in American [Amerindian] Folklore.' In Singer Presentation Volume, *Science, Medicine and History*, vol. 2, p. 389, ed. E. A. Underwood. Oxford, 1954, (*b*) 'Asiatic Influences in American Folklore.' *KDVS/HFM*, 1949, **31**, no. 6.

HAUDRICOURT, A. & NEEDHAM, J. (1). *La Science Chinoise au Moyen-Age*, in *Histoire Générale des Sciences*. Vol. 1, ed. R. Taton. Presses Universitaires de France, Paris, 1957.

HAUSER, F. (1). *Über d. 'Kitāb fi al-Hijal' (das Werk ü. d. sinnreichen Anordnungen) d. Banū Mūsa* [+*803 to* +*873*]. Mencke, Erlangen, 1922. (Abhdl. z. Gesch. d. Naturwiss. u. Med. no. 1.)

HAYASHI, TSURUICHI (1). 'The *Fukudai* and Determinants in Japanese Mathematics.' *PTMS*, 1910, **5**, 254.

HAYASHI, TSURUICHI (2). 'Brief History of Japanese Mathematics.' *NAW*, 1905, **6**, 296 (65 pp.); 1907, **7**, 105 (58 pp.). (Crit. Y. Mikami, *NAW*, 1911, **9**, 373.)

HEATH, R. S. (1). *A Treatise on Geometrical Optics.* C.U.P., Cambridge, 1887.

HEATH, Sir THOMAS (1) (tr.). *The Thirteen Books of Euclid's Elements.* 3 vols. Cambridge, 1926.

HEATH, SIR THOMAS (2) (tr.). *Apollonius Pergaeus; Treatise on Conic Sections, edited in modern notation, with introduction, including an essay on the earlier history of the subject.* Cambridge, 1896.

HEATH, SIR THOMAS (3). 'Greek Mathematics and Astronomy.' *SMA*, 1938, **5**, 215.

HEATH, SIR THOMAS (4). *Greek Astronomy* (anthology of translations with introduction). Dent, London, 1932.

HEATH, SIR THOMAS (5). *Diophantos of Alexandria; a Study in the History of Greek Algebra.* Cambridge, 1885, 1910.

HEATH, SIR THOMAS (6). *A History of Greek Mathematics.* 2 vols. Oxford, 1921.

HEATH, SIR THOMAS (7). *Aristarchus of Samos and the Ancient Copernicans.* Oxford, 1913.

HEATH, SIR THOMAS (8) (tr.). *The Works of Archimedes.* Cambridge, 1897; with supplement, 1912. (Reissued, Dover, New York, n.d. (1953).)

HEAWOOD, E. (1). 'The Relationships of the Ricci Maps.' *GJ*, 1917, **50**, 271.

VAN HÉE, L. (1). 'Problèmes Chinois du Second Degré.' *TP*, 1911, **12**, 559.

VAN HÉE, L. (2). 'Algèbre Chinoise.' *TP*, 1912, **13**, 291. (Comment by H. Bosmans, *RQS*, 1912, **72**, 654.)

VAN HÉE, L. (3). 'Les Cent Volailles, ou l'Analyse Indéterminée en Chine.' *TP*, 1913, **14**, 203, 435.

VAN HÉE, L. (4). 'Li Yeh, Mathématicien Chinois du XIIIe siècle.' *TP*, 1913, **14**, 537.

VAN HÉE, L. (5). (*a*) 'Bibliotheca Mathematica Sinensis Pé-Fou.' *TP*, 1914, **15**, 111. (*b*) 'Le Grand Trésor des Mathematiques Chinoises.' *A*, 1926, 18. (*c*) 'The Great Treasure-House of Chinese Mathematics.' *AMM*, 1926, 117.

VAN HÉE, L. (6). 'Première Mention des Logarithmes en Chine.' *TP*, 1914, **15**, 454.

VAN HÉE, L. (7). 'Le *Hai Tao Suan Ching* de Lieou.' *TP*, 1920, **20**, 51.

VAN HÉE, L. (8) (tr.). 'Le Classique de l'Ile Maritime, ouvrage chinois du IIIᵉ Siècle.' *QSGM/B*, 1932, **2**, 255.

VAN HÉE, L. (9). 'La Notation Algébrique en Chine au XIIIᵉ Siècle.' *RQS*, 1913 (3ᵉ sér.), **24**, 574.

VAN HÉE, L. (10). 'The *Chhou Jen Chuan* of Juan Yuan (+1764 to +1849).' *ISIS*, 1926, **8**, 103. (Crit. Y. Mikami (4), (5).)

VAN HÉE, L. (11). 'The Arithmetical Classic of Hsiahou Yang.' *AMM*, 1924, **31**, 235.

VAN HÉE, L. (12). 'Le Précieux Miroir des Quatre Eléments.' *AM*, 1932, **7**, 242.

VAN HÉE, L. (13). 'Algèbre Chinoise' (note on Shen Kua and Kuo Shou-Ching). *ISIS*, 1937, **27**, 321.

VAN HÉE, L. (14). 'Euclide en Chinois et Mandchou.' *ISIS*, 1939, **30**, 84.

VAN HÉE, L. (15). 'Le Zéro en Chine.' *TP*, 1914, **15**, 182.

VAN HÉE, L. (16). 'Les Séries en Extrême-Orient.' *A*, 1930, **12**, 18.

HEIBERG, J. L. (1). 'Geschichte d. Mathematik u. Naturwissenschaften im Altertum.' Art. in *Handbuch d. Altertumswissenschaft*, vol. 5 (1), 2, Beck, München, 1925.

HEIDEL, W. A. (1). *The Frame of the Ancient Greek Maps.* Amer. Geogr. Soc., New York, 1937. (Amer. Geogr. Soc. Res. Ser. no. 20.)

VON HEIDENSTAM, H. (1). *Report on the Hydrology of the Hangchow Bay and the Chhien-Thang Estuary.* Whangpoo Conservancy Board, Shanghai Harbour Investigation, 1921 (series I, no. 5).

HELLMANN, G. (1). *Beiträge z. Geschichte der Meteorologie.* (Veröffentl. d. Kgl. Preuss. Meteorol. Inst. no. 273.) Behrend, Berlin, 1914.

HELLMANN, G. (2). 'Beiträge z. Erfindungsgeschichte meteorologischer Instrumente.' *APAW/MN*, 1920, no. 1. (Thermometer, barometer, rain gauge, weathercock, windrose.)

HELLMANN, G. (3). 'Die Meteorologie in den deutschen Flugschriften und Flugblättern des XVI. Jahrhunderts; ein Beitrag z. Gesch. d. Meteorologie.' *APAW/MN*, 1921, no. 1.

HELLMANN, G. (4). 'Versuch einer Geschichte d. Wettervorhersage im XVI. Jahrhundert.' *APAW/MN*, 1924, no. 1.

VAN HELMONT, J. B. (1). *Oriatrike, or Physick Refined....* Tr. J. C[handler], London, 1662.

HENCKEL, J. F. (1). 'Flora Saturnisans.' In *Pyritologie, ou Histoire Naturelle de la Pyrite; avec le Flora Saturnisans, démontrant l'Alliance entre les Végétaux et les Minéraux; et les Opuscules Minéralogiques.* Tr. from the German by the Baron d'Holbach and A. H. Charas. Hérissant, Paris, 1760.

HENNIG, R. (4). *Terrae Incognitae; eine Zusammenstellung und Kritische Bewertung der wichtigsten vorcolumbischen Entdeckungsreisen an Hand der darüber vorliegenden Originalberichte.* 2nd ed. 4 vols. Brill, Leiden, 1944. (Includes most of the Chinese voyages of exploration, Chang Chhien, Kan Ying, etc.)

HENNING, W. B. (1). 'An Astronomical Chapter of the *Bundahišn*.' *JRAS*, 1942, 229.

HENTZE, C. (1). *Mythes et Symboles Lunaires (Chine ancienne, Civilisations anciennes de l'Asie, Peuples limitrophes du Pacifique)*, with appendix by H. Kühn. de Sikkel, Antwerp, 1932. (Crit. *OAZ*, 1933, 9 (19), 33.)

HERRMANN, A. (1). *Historical and Commercial Atlas of China.* Harvard-Yenching Institute, Cambridge, Mass., 1935.

HERRMANN, A. (8). 'Die Westländer in d. chinesischen Kartographie.' In Sven Hedin's *Southern Tibet; Discoveries in Former Times compared with my own Researches in 1906–1908*, vol. 3, pp. 91–406. Swedish Army General Staff Lithographic Institute, Stockholm, 1922. (Add. P. Pelliot, *TP*, 1928, 25, 98.)

HERRMANN, A. (9). 'Die älteste chinesischen Weltkarten' (Phei Hsiu's work). *OAZ*, 1924, 11, 97.

HERRMANN, A. (10). 'Die älteste Reichsgeographie Chinas und ihre kulturgeschichtliche Bedeutung.' *SA*, 1930, 5, 232.

HERRMANN, A. (11). 'Die ältesten chinesischen Karten von Zentral- und West-Asien.' *OAZ*, 1919, 8, 185.

D'HERVEY DE ST DENYS. See Saint-Denys.

HESSEN, B. (1). 'The Social and Economic Roots of Newton's *Principia*.' In *Science at the Cross-Roads*. Papers read to the 2nd International Congress of the History of Science and Technology. Kniga, London, 1931.

HEYD, W. (1). *Histoire du Commerce du Levant au Moyen Age* (Fr. tr.). Harrassowitz, Leipzig, 1886 and 1923. 2nd ed. 2 vols. 1936.

HIGGINS, K. (1). 'The Classification of Sundials.' *ANS*, 1953, 9, 342.

HIGGINS, W. H. (1). *The Names of the Stars and Constellations compiled from the Latin, Greek and Arabic, with their derivations and meanings; together with the 28 Moon-Stations of the Zodiac [sic] known to the Arabs.* Clarke, Leicester, 1882.

HILDBURGH, W. L. (1). 'Chinese Methods of Cutting Hard Stones.' *JRAI*, 1907, 37, 189.

HILL, SIR JOHN (1) (tr.). *Theophrastus [of Eresus] History of Stones, with an English version and Critical and Philosophical Notes.* London, 1744, 1746.

HILLER, J. E. (1). 'Die Minerale d. Antike.' *AGMNT*, 1930, 13, 358.

HILLER, J. E. (2). 'Die Mineralogie Anselmus Boetius de Boodts [*Gemmarum et Lapidum Historia*].' *QSGNM*, 1941, 8, 1.

HIMLY, K. (1). 'Über zwei chinesische Kartenwerke. I. Einiges ü. das *Kuang Yü Thu*. II. *Han Kiang I Pei Sz' Shöng Pien Yü Thu*: Karte der Gränzen der vier nördlich vom Han-Strome belegenen Provinzen.' *ZGEB*, 1879, 14, 181.

HIMLY, K. (8). 'Ein chinesisches Werk ü. d. westliche Inner-Asien.' (On the *Hsi Yü Shui Tao Chi* by Hsü Sung, 1823.) *ENB*, 1902, 3, 1–77.

HIND, A. M. (1). *Introduction to the History of Woodcuts.* 2 vols. London, 1935.

HIND, J. R. (1). 'On Two Ancient Occultations of Planets by the Moon observed by the Chinese.' *RAS/MN*, 1877, 37, 243.

HIND, J. R. (2). 'On the Past History of the Comet of Halley.' *RAS/MN*, 1850, 10, 51.

HIND, J. R. (3). *The Comets; a descriptive Treatise upon those Bodies....* Parker, London, 1852.

HINKS, A. R. (1). *The Portolan Chart of Angellino de Dalorto; 1325 A.D., with a note on surviving Charts and Atlases of the 14th century.* Royal Geogr. Soc. London, 1929.

HINKS, A. R. (2). *Map Projections.* Cambridge, 1921.

HIPPOCRATES. See Littré.

HIRAYAMA, K. (1). 'On the Comets of +373 and +374.' *O*, 1911, 34, 193.

HIRAYAMA, K. & OGURA, S. (1). 'On the Eclipses recorded in the *Shu Ching* and *Shih Ching*.' *PPMST*, 1915 (2nd ser.), 8, 2.

HIRSCHBERG, W. (1). 'Lunar calendars and matriarchy.' *AN*, 1931, **26**, 461.

HIRTH, F. (1). *China and the Roman Orient*. Kelly & Walsh, Shanghai; G. Hirth, Leipzig and Munich, 1885. (Photographically reproduced in China with no imprint, 1939.)

HIRTH, F. (2) (tr.). 'The Story of Chang Chhien, China's Pioneer in West Asia.' *JAOS*, 1917, **37**, 89. (Translation of ch. 123 of the *Shih Chi*, containing Chang Chhien's Report; from § 18–52 inclusive and 101 to 103. § 98 runs on to § 104, 99 and 100 being a separate interpolation. Also tr. of ch. 111 containing the biogr. of Chang Chhien.)

HIRTH, F. & ROCKHILL, W. W. (1) (tr.). *Chau Ju-Kua; His work on the Chinese and Arab Trade in the 12th and 13th centuries, entitled 'Chu-Fan-Chi'*. Imp. Acad. Sci., St Petersburg, 1911. (Crit. by G. Vacca, *RSO*, 1913, **6**, 209; P. Pelliot, *TP*, 1912, **13**, 446; E. Schaer, *AGNT*, 1913, **6**, 329; O. Franke, *OAZ*, 1913, **2**, 98; A. Vissière, *JA*, 1914 (11° sér.), **3**, 196.)

HITTI, P. K. (1). *History of the Arabs*. 4th ed. Macmillan, London, 1949.

HO PENG-YOKE. See Ho Ping-Yü.

HO PING-YÜ (1). 'Astronomy in the *Chin Shu* and the *Sui Shu*.' Inaug. Diss. Singapore, 1955.

HO PING-YÜ & NEEDHAM, JOSEPH (1). *Ancient Chinese Observations of Solar Haloes and Parhelia* (in the press).

HOANG, P. See Huang, P.

HOBSON, R. L. (1). *Catalogue of the George Eumorfopoulos Collection of Chinese Pottery*. London, 1925.

HOCHE, R. (1) (ed.). *The 'Eisagoge Arithmetike'* (εἰσαγωγὴ ἀριθμητική) *of Nicomachus of Gerasa*. Teubner, Leipzig, 1866.

HODOUS, L. (1). *Folkways in China*. Probsthain, London, 1929.

HOGBEN, L. (1). *Mathematics for the Million*. Allen & Unwin, London, 1936. 2nd ed. 1937.

VON HOHENHEIM, THEOPHRASTUS PARACELSUS. See Paracelsus.

HOLMES, U. T. (1). 'The Position of the North Star about +1250.' *ISIS*, 1940 (1947), **32**, 14.

HOLMYARD, E. J. & MANDEVILLE, D. C. (1). *Avicennae 'De Congelatione et Conglutinatione Lapidum', being sections of the 'Kitāb al-Shifā'; the Latin and Arabic texts edited with an English translation of the latter and with critical notes*. Geuthner, Paris, 1927.

HOLTZAPFEL, C. & HOLTZAPFEL, J. J. (1). *Turning and Mechanical Manipulations*. Holtzapfel, London, 1852–94.
    I   Materials (C.H.), 1852.
    II Cutting Tools (C.H.), 1856.
    III Abrasive and Miscellaneous Processes (C.H. rev. J.J.H.), 1894.
    IV Hand, or Simple, Turning (J.J.H.), 1881.
    V Ornamental, or Complex, Turning (J.J.H.), 1884.

HOMMEL, F. (1). 'Über d. Ursprung und d. Alter d. arabischen Sternnamen und insbesondere d. Mondstationen.' *ZDMG*, 1891, **45**, 616.

H[OOKE], R[OBERT] (1). 'The Preface; An Account of a Voyage made by the Emperor of China into Corea and the Eastern Tartary in the year 1682...; A Relation of a second Voyage of the said Emperor...; An Explanation necessary to justifie the Geography supposed in these Accounts; Some Observations and Conjectures concerning the Character and Language of the Chinese....' *PTRS*, 1686, **16**, 35. (Ref. to printing on p. 65; abacus, p. 66.) Abridged in *Some Observations and Conjectures concerning the Chinese Characters, made by R.H., R.S.S.* In *Miscellanea Curiosa*, London, 1707, vol. III, pp. 212–32. (For full title see Anon., 33.)

HOOVER, H. C. & HOOVER, L. H. (1) (tr.). *Georgius Agricola 'De Re Metallica', translated from the first Latin edition of 1556, with biographical introduction, annotations and appendices upon the development of mining methods, metallurgical processes, geology, mineralogy and mining law from the earliest times to the 16th century*. 1st ed. *Mining Magazine*, London, 1912; 2nd ed. Dover, New York, 1950.

HOPKINS, L. C. See Yetts (12).

HOPKINS, L. C. (6). 'Pictographic Reconnaissances. II.' *JRAS*, 1918, 387.

HOPKINS, L. C. (11). 'Pictographic Reconnaissances. VII.' *JRAS*, 1926, 461.

HOPKINS, L. C. (12). 'Pictographic Reconnaissances. VIII.' *JRAS*, 1927, 769.

HOPKINS, L. C. (14). 'Archaic Chinese Characters. I.' *JRAS*, 1937, 27.

HOPKINS, L. C. (19). 'The Human Figure in Archaic Chinese Writing; a Study in Attitudes.' *JRAS*, 1929, 557.

HOPKINS, L. C. (26). 'Where the Rainbow Ends.' *JRAS*, 1931, 603.

HOPKINS, L. C. (27). 'Archaic Sons and Grandsons; a Study of a Chinese Complication Complex.' *JRAS*, 1934, 57.

HOPKINS, L. C. (30). 'Sunlight and Moonshine.' *JRAS*, 1942, 102.

HOPKINS, L. C. (35). 'The Chinese Numerals and their Notational Systems.' *JRAS*, 1916, 35, 737.

HORNBLOWER, G. D. (2). 'Early Dragon Forms.' *MA*, 1933, **33**, 79 (rev. and crit. A. de C. Sowerby, *CJ*, 1933, **19**, 64).

HORNER, W. G. (1). 'A New Method of Solving Numerical Equations of all Orders by Continuous Approximation.' *PTRS*, 1819, **109**, 308.

HORWITZ, H. T. (2). 'Ü. ein neueres deutsches Reichspatent (1912) und eine Konstruction v. Heron v. Alexandrien.' *AGNT*, 1917, **8**, 134.

HORWITZ, H. T. (7). 'Beiträge z. Geschichte d. aussereuropäischen Technik.' *BGTI*, 1926, **16**, 290.

HORWITZ, H. T. (8). 'Zur Geschichte d. Wetterschiessens.' *GTIG*, 1915, **2**, 122.

HOSE, C. & McDOUGALL, W. (1). *Pagan Tribes of Borneo*. Macmillan, London, 1912.

HOSIE, A. (1). 'Sun-Spots and Sun-Shadows observed in China, −28 to +1617.' *JRAS/NCB*, 1878, **12**, 91. (Summary in *N*, 1879, **20**, 131.)

HOSIE, A. (2). 'Droughts in China, +620 to +1643.' *JRAS/NCB*, 1878, **12**, 51.

HOSIE, A. (3). 'Floods in China, +630 to +1630.' *CR*, 1879, **7**, 371.

HOUGH, W. (2). 'Collection of Heating and Lighting Utensils in the United States National Museum.' *BUSNM*, 1928, no. 141.

HOUTSMA, M. T. (1) (ed.). *Arabic text of 'Kitāb al-Buldān' [Book of the Countries] by Aḥmad ibn Abī Ya'qūb al-'Abbāsī* (+892). 2 vols. Leiden, 1883.

HOUZEAU, J. C. (1). *Vade Mecum de l'Astronomie*. Hayez, Brussels, 1882.

HOUZEAU, J. C. & LANCASTER, A. (1). *Bibliographie Générale de l'Astronomie*. 2 vols. Hayez, Brussels, 1887.

HOWORTH, SIR HENRY H. (1). *History of the Mongols*. 3 vols., Longmans Green, London, 1876–1927.

HU SHIH (5). 'A Note on Chhüan Tsu-Wang, Chao I-Chhing and Tai Chen; a Study of Independent Convergence in Research as illustrated in their works on the *Shui Ching Chu*.' In Hummel (2), p. 970.

HUANG, P. (2). *Catalogue des Tremblements de Terre signalés en Chine d'après les Sources chinoises* (−1767 to +1895). 2 vols. Shanghai, 1909–13. (*VS* no. 28.)

HUANG, P. (3). *Catalogue des Eclipses de Soleil et de Lune relatées dans les Documents chinois et collationnées avec le Canon de Th. Ritter v. Oppolzer*. Shanghai, 1925. (*VS* no. 56.)

HUARD, P. (1). 'La Science et l'Extrême-Orient' (mimeographed). Ecole Française d'Extr. Or., Hanoi, n.d. (1950). (Cours et Conférences de l'Ec. Fr. d'Extr. Or. 1948–9.) This paper, though admirable in choice of subjects and intention, was written in difficult circumstances; it contains many serious mistakes and must be used with circumspection (rev. Gauchet, *A/AIHS*, 1951, **4**, 487).

HUARD, P. (2). 'Sciences et Techniques de l'Eurasie.' *BSEIC*, 1950, **25** (no. 2), 1. This paper, though correcting a number of errors in Huard (1), still contains many mistakes and should be used only with care; nevertheless it is valuable on account of several original points.

HUBAUX, J. & LEROY, M. (1). *Le Mythe du Phénix dans les Littératures Grecque et Latine*. Liège, 1939.

HUBBLE, E. (1). 'Supernovae.' *PASP*, 1941, **53**, 141.

HUBER, E. (2). 'Termes Persans dans l'Astrologie Bouddhique Chinoise.' (Part 7 of *Etudes de Littérature Bouddhique*.) *BEFEO*, 1906, **6**, 39.

HUC, R. E. (1). *Souvenirs d'un Voyage dans la Tartarie et le Thibet pendant les Années 1844, 1845 et 1846* [with J. Gabet]. Revised ed. 2 vols. Lazaristes, Peking, 1924. Abridged ed., *Souvenirs d'un Voyage dans la Tartarie, le Thibet et la Chine...*, ed. H. d'Ardenne de Tizac, 2 vols., Plon, Paris, 1925. Eng. trs. by W. Hazlitt, *Travels in Tartary, Thibet and China during the years 1844 to 1846*, Nat. Ill. Lib. London, n.d.; also ed. P. Pelliot, 2 vols., Kegan Paul, London, 1928.

HUDSON, G. F. (1). *Europe and China; A Survey of their Relations from the Earliest Times to 1800*. Arnold, London, 1931.

HUGGINS, M. L. (1). Art. 'Armilla.' *EB* (11th ed.), vol. 2, p. 575.

HUGHES, A. J. (1). *History of Air Navigation*. Allen & Unwin, London, 1946.

HUGHES, E. R. (1). *Chinese Philosophy in Classical Times*. Dent, London, 1942. (Everyman Library, no. 973.)

HUGHES, E. R. (7) (tr.). *The Art of Letters, Lu Chi's 'Wên Fu', A.D. 302; a Translation and Comparative Study*. Pantheon, New York, 1951. (Bollingen Series, no. 29.)

HUGHES, E. R. (8). 'The Ideational Psychology of Chang Hêng's *Ssu Hsüan Fu*.' Lecture to the Far Eastern Association, Philadelphia, 1951. Unpub. typescript.

HULBERT, H. B. (1). 'An Ancient Map of the World.' *AGS/B*, 1904, 600.

HUMMEL, A. W. (1). 'Phonetics and the Scientific Method.' *ARLC/DO*, 1940, 169.

HUMMEL, A. W. (2) (ed.). *Eminent Chinese of the Chhing Period*. 2 vols. Library of Congress, Washington, 1944.

HUMMEL, A. W. (6). 'Astronomy and Geography in the Seventeenth Century [in China].' On Hsiung Ming-Yü's work. *ARLC/DO*, 1938, 226.

HUMMEL, A. W. (7). 'A Ming Encyclopaedia [*Wan Yung Chêng Tsung Pu Chhiu Jen Chhüan Pien*] with Pictures on Tilling and Weaving [*Kêng Chih Thu*] and on Strange Countries [*I Yü Thu Chih*].' *ARLC/DO*, 1940, 165.

HUMMEL, A. W. (8). 'A View of Foreign Countries in the Ming Period.' *ARLC/DO*, 1940, 167.

HUMMEL, A. W. (9). 'Gazetteers.' *ARLC/DO*, 1931-2, 193.

HUMMEL, A. W. (10). 'The *Kuang Yü Thu*.' *ARLC/DO*, 1937, 174.

HUMMEL, A. W. (11). 'The Beginnings of World Geography in China.' *ARLC/DO*, 1938, 224.

HUMMEL, A. W. (12). 'Sixteenth-Century Geography.' *ARLC/DO*, 1933-4, 7.

HUMMEL, A. W. (13). 'The Printed Herbal of +1249.' *ISIS*, 1941, **33**, 439; *ARLC/DO*, 1940, 155.

HUNTER, W. (1). 'Some Account of the Astronomical Labours of Jayasinha, Rajah of Ambhere or Jaynagar.' *TAS/B* (Asiatick Researches), 1799, **5**, 177, 424.

HUTCHINSON, A. B. (1) (tr.). 'The Family Sayings of Confucius.' *CRR*, 9, 445; **10**, 17, 96, 175, 253, 329, 428.

HUTCHINSON, G. EVELYN & WOLLACK, A. (1). 'Biological Accumulators of Aluminium.' *TCAAS*, 1943, **35**, 73.

HUTTMANN, W. (1). 'On Chinese and European Maps of China.' *JRGS*, 1844, **14**, 117.

HUYGENS, CHRISTIAAN (1). *The Celestial Worlds Discover'd; or, Conjectures Concerning the Inhabitants, Plants and Productions of the Worlds in the Planets.*... Childe, London, 1698.

IBA, YASUAKI (1). 'Fragmentary Notes on Astronomy in Japan' (and China, Korea, etc.). *POPA*, 1934, **42**, 243; 1937, **45**, 301; 1938, **46**, 89, 141, 263.

IDELER, L. (1). *Über die Zeitrechnung d. Chinesen*. Berlin, 1839.

IDELER, L. (2). *Untersuchungen ü. den Ursprung und die Bedeutung der Stern-namen; ein Beytrag z. Gesch. des gestirnten Himmels*. Weiss, Berlin, 1809.

IMAMURA, A. (1). 'Työkō and his Seismoscope.' *JJAG*, 1939, **16**, 37.

INWARDS, R. (1). *Weather Lore*. Royal Meteorol. Soc., Rider, London, 1950 (rev. L. Dufour, *AIHS*, 1951, **4**, 225).

IONIDES, S. A. & IONIDES, M. L. (1). *One day telleth Another*. Arnold, London, 1939.

JACOB, K. G. (1). 'Neue Studien den Bernstein im Orient betreffend.' *ZDMG*, 1889, **43**, 353.

JÄGER, F. (1). 'Leben und Werk des P'ei Kü' [Phei Chü]. *OAZ*, 1920, 9, 81, 216.

JÄGER, F. (3). 'Über chinesische Miao-Tse Albums.' *OAZ*, 1914, 4, 81; 1915, 5, 266.

JALABERT, D. (1). 'La Flore Gothique, ses Origines, son Evolution du 12ᵉ au 15ᵉ siècle.' *BMON*, 1932, **91**, 181.

JASTROW, M. (2). *Religion of Babylonia and Assyria*. Boston, 1898. *Die Religion Babyloniens und Assyriens*. Giessen, 1905.

JAVILLIER, M. (1). 'L'Oeuvre Biochimique et Agronomique de Jules Raulin et ses Développements en France.' *AUL* (Fascicule Spécial: 'l'Université de Lyon en 1948 et 1949'), 1950, p. 69.

JEANS, J. H. (1). 'The Converse of Fermat's Theorem.' *MMT*, 1897, **27**, 174.

JENSEN, P. C. A. (1). *Der Kosmologie der Babylonier*. Trübner, Strassburg, 1890.

JEREMIAS, A. (1). *Handbuch d. altorientalischen Geisteskultur*. Leipzig, 1913.

JOHNSON, M. C. (1). 'Greek, Muslim and Chinese Instrument Design in the Surviving Mongol Equatorials of +1279.' *ISIS*, 1940 (1947), **32**, 27.

JOHNSON, M. C. (2). *Art and Scientific Thought; Historical Studies towards a Modern Revision of their Antagonism*. Faber & Faber, London, 1944. (Reprints Johnson (1), pp. 95-109.)

JOHNSON, S. J. (1). 'Remarks on Ancient Chinese Eclipses' (those in the *Chhun Chhiu*). *RAS/MN*, 1875, **35**, 13.

JONES, G. H. (1). 'Life and Times of Ch'oe Ch'i-Wun' [Tshui Chih-Yuan]. *JRAS/KB*, 1903, 3, 1.

JONES, W. R. (1). *Minerals in Industry*. Penguin, London, 1950.

JOURDAIN, A. (1). 'Mémoire sur l'Observatoire de Méragha et les Instruments employés pour y observer.' *Magasin Encyclopédique*, 1809 (6), **84**, 43; and sep. Paris, 1810.

JOYCE, T. A. (1). *Mexican Archaeology*. London, 1914.

JULIEN, STANISLAS (1) (tr.). *Voyages des Pèlerins Bouddhistes*. 3 vols. Impr. Imp., Paris, 1853-8. (Vol. 1 contains Hui Li's Life of Hsüan Chuang; vols. 2 and 3 contain Hsüan Chuang's *Hsi Yu Chi*.)

KALYANOV, V. (1). 'Dating the *Arthaśāstra*.' Papers presented by the Soviet Delegation at the 23rd International Congress of Orientalists, Cambridge, 1954. (Indian Studies, pp. 25, 40, Russian with English abridgement.)

KAMAL, YUSSUF (PRINCE) (1) (ed.). *Monumenta Cartographica Africae et Aegypti*. 14 vols. Privately published, 1935-9.

KAMIENSKI, M. (1). 'Halley's Comet and Early Chronology.' *JBASA*, 1956, **66**, 127.

KANDA, SHIGERU (1). 'Ancient Records of Sun-spots and Aurorae in the Far East, and the Variation of the Period of Solar Activity.' *PIAJ*, 1933, **9**, 293.

KAO LU (1). *The Peking Observatory*. Peiping, 1922.

KAPLAN, S. M. (1). 'On the Origin of the TLV-Mirror.' *RAA/AMG*, 1937, **11**, 21.

KARI-NIYAZOV, T. N. (1) (Member of the Uzbek Academy of Sciences). *Astronomicheskaia Shkola Ulugbeka* (The Astronomical School of Ulūgh Beg). Acad. Sci. Moscow, 1950 (in Russian).

KARLBECK, O. (1). *Catalogue of the Collection of Chinese and Korean Bronzes at Hollwyl House, Stockholm*. Stockholm, 1938.

KARLGREN, B. (1). *Grammata Serica; Script and Phonetics in Chinese and Sino-Japanese*. *BMFEA*, 1940, **12**, 1. (Photographically reproduced as separate volume, Peking, 1941.)

KARLGREN, B. (8). 'On the Authenticity and Nature of the *Tso Chuan*.' *GHA*, 1926, **32**, no. 3. (Crit. H. Maspero, *JA*, 1928, **212**, 159.)

KARLGREN, B. (9). 'Some Fecundity Symbols in Ancient China.' *BMFEA*, 1930, **2**, 1.

KARLGREN, B. (11). 'Glosses on the Book of Documents' [*Shu Ching*]. *BMFEA*, 1948, **20**, 39.

KARLGREN, B. (12) (tr.). 'The Book of Documents' (*Shu Ching*). *BMFEA*, 1950, **22**, 1.

KARLGREN, B. (14). (tr.). *The Book of Odes; Chinese Text, Transcription and Translation*. Museum of Far Eastern Antiquities, Stockholm, 1950. (A reprint of the translation only from his papers in *BMFEA*, **16** and **17**.)

KARLGREN, B. (16). *Analytical Dictionary of Chinese and Sino-Japanese*. Geuthner, Paris, 1923.

KAROW, O. (1). 'Der Wörterbücher der Heian-zeit und ihre Bedeutung für das japanische Sprachgeschichte; I, Das *Wamyōruijushō* des Minamoto no Shitagao.' (Contains, p. 185, particulars of the *Wamyō-honzō* (Synonymic Materia Medica with Japanese Equivalents) by Fukane no Sukehito, +918.) *MN*, 1951, **7**, 156.

KARPINSKI, L. C. (1) (tr.). *Robert of Chester's Latin Translation of the Algebra of al-Khwārizmī, with an Introduction, Critical Notes, and an English Version*. Univ. of Michigan Studies, New York, 1915.

KARPINSKI, L. C. (2). *History of Arithmetic*. Rand & McNally, New York, 1925.

KARPINSKI, L. C. (3). 'The Unity of Hindu Contributions to Mathematics.' *SCI*, 1928, 381.

KAYE, G. R. (1). 'Notes on Indian Mathematics—Arithmetical Notation.' *JRAS/B*, 1907 (n.s.), **3**, 475.

KAYE, G. R. (2). 'The Use of the Abacus in Ancient India.' *JRAS/B*, **4**, 293.

KAYE, G. R. (3). *Indian Mathematics*. Thacker & Spink, Calcutta, 1915.

KAYE, G. R. (4). *The Astronomical Observatories of Jai Singh*. Government Printing Office, Calcutta, 1918. (Archaeological Survey of India, New Imperial Series, vol. 40.) (Summaries by H. v. Kluber, *NAT*, 1932, **13**; 1933, **14**; *ST*, 1932, **12**, 81.)

KAYE, G. R. (5). *A Guide to the Old Observatories at Delhi, Jaipur, Ujjain and Benares*. Government Printing Office, Calcutta, 1920.

KEITH, A. BERRIEDALE (4). 'The Period of the Later Saṃhitās, the Brahmaṇas, the Āraṇyakas and the Upanishads.' *CHI*, vol. 1, ch. 5.

KEITH, A. BERRIEDALE (5). *The Religion and Philosophy of the Vedas*. 2 vols. Harvard Univ. Press, Cambridge (Mass.), 1925. (Harvard Oriental Series, nos. 31, 32.)

KEITH, A. BERRIEDALE (6) (tr.). *The Veda of the Black Yajus School entitled 'Taittirīya Saṃhitā'*. 2 vols. Harvard Univ. Press, Cambridge (Mass.), 1914. (Harvard Oriental Series, nos. 18, 19.)

KENDREW, W. G. (1). *Climate*. Oxford, 1930.

KENNEDY, J. (2). 'The Gospels of the Infancy, the *Lalita Vistara*, and the *Vishnu Purana* or the Transmission of Religious Ideas between India and the West.' *JRAS*, 1917, 209, 469.

KEYES, C. W. (2) (tr.). *Cicero's 'De Re Publica'* (contains in Bk. VI the *Somnium Scipionis*). Loeb Cl. Library, New York, 1928.

KHANIKOV, N. (1). 'Analysis and Extracts of *al-Kitāb Mīzān al-Ḥikma* (Book of the Balance of Wisdom), an Arabic work on the Water-Balance, written by al-Khāzinī in the +12th century.' *JAOS*, 1860, **6**, 1.

AL-KHWĀRIZMĪ, ABŪ ABDALLĀH MUḤAMMAD IBN MŪSĀ (+9th century). *Ḥisāb al-Jabr wa-l-Muqābalah* [Calculation of Integration and Equation]. See Karpinski (1).

AL-KHWĀRIZMĪ, MUḤAMMAD IBN-AḤMAD (+10th century). *Mufātiḥ al-'Ulūm* [Keys of the Sciences]. See van Vloten (1).

KIANG CHAO-YUAN. See Chiang Shao-Yuan.

KIELY, E. R. (1). *Surveying Instruments; their History and Classroom Use*. Bur. of Publications, Teachers' Coll., Columbia Univ., New York, 1953.

KIMBLE, G. H. T. (1). *Geography in the Middle Ages*. Methuen, London, 1938.

KING, C. W. (1). *The Natural History of Precious Stones and of the Precious Metals*. Bell & Daldy, London, 1867.

KING, C. W. (2). *The Natural History of Gems or Decorative Stones*. Bell & Daldy, London, 1867.

KING, H. C. (1). *The History of the Telescope*. Griffin, London, 1955; rev. D. W. Dewhirst, *JBASA*, 1956, **66**, 148.

KINGSMILL, T. W. (1). 'Comparative Table of the Ancient Lunar Asterisms.' *JRAS/NCB*, 1891, **26**, 44.

KINGSMILL, T. W. (2). 'The Chinese Calendar, its Origin, History and Connections.' *JRAS/NCB*, 1897, **32**, 1.

KIRCH, C. (1). 'Brevis Disquisitio de Eclipsi Solis, quae a Sinensibus anno 7 Quangvuti sive anno 31 aerae christianae vulgaris, notata est.' *MBIS*, 1723, **2**, 133.

KIRCH, C. (2). 'Annotationes Breves in antiquissimam Observationem Astronomicam, scilicet notabilem illam Conjunctionem Planetarum quae sub Chuen-Hio, Sinarum Imperatore, facta perhibetur' (on the legendary conjunction of −2448). *MBIS*, 1727, **3**, 165.

KIRCHER, ATHANASIUS (2). *Ars Magna Lucis et Umbrae.* Rome, 1646.

KIRCHNER, G. (1). 'Amber Inclusions.' *END*, 1950, **9**, 70.

KIRFEL, W. (1). *Die Kosmographie der Inder nach d. Quellen dargestellt.* Bonn & Leipzig, 1920.

KIRFEL, W. (2). *Der Rosenkranz* (on the history of the Rosary). Walldorf, Hessen, 1949.

KIRKWOOD, D. (1). 'Sun-spots.' *PAPS*, 1869, **11**, 94. (Summary in *N*, 1869, **1**, 284.)

KLAPROTH, J. (1). *Lettre à M. le Baron A. de Humboldt, sur l'Invention de la Boussole.* Dondey-Dupré, Paris, 1834. Germ. tr. A. Wittstein, Leipzig, 1884; résumés P. de Larenaudière, *BSG*, 1834, Oct.; anon. *AJ*, 1834 (2nd ser.), **15**, 105.

KLAPROTH, J. [?] (2). 'On the geographical and statistical Atlas of China, entitled "Kwang Yu Thoo" [*Kuang Yu Thu*], and on Chinese Maps in General.' *AJ*, 1832, **9**, 161.

KLAPROTH, J. (3). 'Mémoire sur les Khazars.' *JA*, 1823 (1ᵉ sér.), **3**, 153.

KLEBS, A. C. (1). 'Incunabula Scientifica et Medica; Short Title List.' *OSIS*, 1937 (1938), **4**, 1–359.

KLEBS, L. (1). 'Die Reliefs des alten Reiches (2980–2475 v. Chr.); Material zur ägyptischen Kulturgeschichte.' *AHAW/PH*, 1915, no. 3.

KLEBS, L. (2). 'Die Reliefs und Malereien des mittleren Reiches (7.–17. Dynastie, *c.* 2475–1580 v. Chr.); Material zur ägyptischen Kulturgeschichte.' *AHAW/PH*, 1922, no. 6.

KLEBS, L. (3). 'Die Reliefs und Malereien des neuen Reiches (18.–20. Dynastie, *c.* 1580–1100 v. Chr.); Material zur ägyptischen Kulturgeschichte.' Pt. I. 'Szenen aus dem Leben des Volkes.' *AHAW/PH*, 1934, no. 9.

KLEINWACHTER, G. (1). 'Origin of the "Hindu" Numerals.' *CR*, 1883, **11**, 379; **12**, 25.

KNOBEL, E. B. (1). 'On a Chinese Planisphere.' *RAS/MN*, 1909, **69**, 436.

KNOBEL, E. B. (2). *Notes on an Ancient Chinese Calendar (Hsia Hsiao Chêng).* Alabaster, London, 1882.

KNOBEL, E. B. (3). *Ulūgh Beg's Catalogue of Stars, revised from all the Persian MSS. existing in Gt. Britain, with a Vocabulary of Persian and Arabic [astronomical] words.* Carnegie Inst. Pubs. no. 250, Washington, 1917.

KNOTT, C. G. (1). 'The Abacus in its Historic and Scientific Aspects.' *TASJ*, 1886, **14**, 18.

KNOTT, C. G. (2). *Physics of Earthquake Phenomena.* Oxford, 1908.

VON KOBELL, F. (1). *Geschichte der Mineralogie, 1650–1860* München, 1864.

KOMROFF, M. (1). *Contemporaries of Marco Polo.* Boni & Liveright, New York, 1928. (Wm. Rubruck, John of Plano Carpini, Odoric of Pordenone, Benjamin of Tudela.)

KONANTZ, E. L. (1). 'The Precious Mirror of the Four Elements.' *CJ*, 1924, **2**, 304.

KOOP, A. J. (1). *Early Chinese Bronzes.* Benn, London, 1924.

KOPPERS, W. (1). 'Lunar calendars and matriarchy.' *AN*, 1930, **25**, 981.

KÖPRÜLÜ, M. F. (1). 'Maraga Rasathanesi hakkinda Bazi Nottar' (in Turkish). *BAU*, 1942, nos. 23, 24.

KOSIBOWICZ, E. (1). 'Un Missionaire Polonais Oublié, le Père Jean Nicolas Smogulęcki S.J., missionaire en Chine au XVIIᵉ Siècle.' *RHM*, 1929, **6**, 1.

KOYRÉ, A. (1). 'The Significance of the Newtonian Synthesis.' *A/AIHS*, 1950, **29**, 291.

KOYRÉ, A. (2). *Etudes Galiléennes.* 3 vols. Vol. 1. *A l'Aube de la Science Classique* (i.e. Newtonian). Vol. 2. *La Loi de la Chute des Corps; Descartes et Galilée.* Vol. 3. *Galilée et la Loi d'Inertie.* Herrmann, Paris, 1939. (*ASI*, nos. 852–4.)

KOYRÉ, A. (3). 'Galileo and the Scientific Revolution of the Seventeenth Century.' *PHR*, 1943, **52**, 333.

KOYRÉ, A. (4). 'Galileo and Plato.' *JHI*, 1943, **4**, 424.

KRAFT, J. L. (1). *Adventure in Jade.* Holt, New York, 1947.

KRAUSE, M. (1). 'Die Sphärik von Menelaus aus Alexandria.' *AGWG/PH*, 1936, **3**, no. 17. (Also Berlin, 1936, sep. enlarged.)

KREITNER, G. (1). *Im fernen Osten.* 2 vols. Vienna, 1881.

KRETSCHMER, K. (1). 'Marino Sanuto der ältere und die Karten des Petrus Vesconte.' *ZGEB*, 1891, **26**, 352.

KRETSCHMER, K. (2). 'Die physische Erdkunde im christlichen Mittelalter.' In Penk's *Geographische Abhandlungen*, 1899, **4**, no. 1.

KROEBER, A. L. (1). *Anthropology.* Harcourt Brace, New York, 1948.

KU HUNG-MING (1) (tr.). *The Discourses and Sayings of Confucius.* Kelly & Walsh, Shanghai, 1898.

KU PAO-KU (1). *Deux Sophistes Chinois; Houei Che [Hui Shih] et Kong-souen Long [Kungsun Lung].* Presses Univ. de France (Imp. Nat.), Paris, 1953. (Biblioth. de l'Institut des hautes Etudes Chinoises, no. 8). Crit. P. Demiéville, *TP*, 1954, **43**, 108.

KUBITSCHEK, W. (1). 'On the Salamis abacus.' *WNZ*, 1899, **31**, 393.

KUGLER, F. X. (1). *Die Babylonische Mondrechnung; Zwei Systeme der Chaldäer ü. d. Lauf des Mondes und der Sonne.* Herder, Freiburg i/B, 1900.

KUGLER, F. X. (2). *Sternkunde und Sterndienst in Babel.* 2 vols. Aschendorff, Münster, 1907–24. Ergänzungen (in 3 parts, Part 3 by J. Schaumberger), Aschendorff, Münster, 1913–35.

KÜHN, K. G. (1) (tr.). *Galen 'Opera'.* 20 vols. Leipzig, 1821–33. (Medicorum Graecorum Opera quae exstant, nos. 1–20.)

KÜHNERT, F. (1). 'Der chinesische Kalender nach Yao's Grundlagen und die wahrscheinlich allmähliche Entwicklung und Vervollkommung desselben.' *TP*, 1891, **2**, 49.

KÜHNERT, F. (2). 'Das Kalenderwesen bei d. Chinesen.' *OMO*, 1888, **14**, 111.

KÜHNERT, F. (3). 'Über die Bedeutung d. drei Perioden Tschang, Pu, Ki; sowie ü. d. Elementen u. d. sogenannten Wahlzyklus d. Chinesen.' *SWAW/PH*, 1892, **125**, no. 4.

KÜHNERT, F. (4). 'Heisst bei d. Chinesen jeder einzelne Solar-term *Tsiet-K'i [chieh-chhi]* und ist ihr unsichtbarer Wandelstern *Ki [Chi]* thatsächlich unser Sonnencyclus von 28 julianischen Jahren?' *ZDMG*, 1890, **44**, 256.

KÜHNERT, F. (5). 'Über die von den Chinesen *Tê-Sing* oder Tugendgestirn genannte Himmelserscheinung' [earth-shine]. *SWAW/MN*, 1901, **110** (2).

KUNZ, G. F. (1). *The Curious Lore of Precious Stones.* Lippincott, Philadelphia, 1913.

KUNZ, G. F. (2). *The Magic of Jewels and Charms.* Lippincott, Philadelphia, 1915.

KUO MAI-YING (1). 'How to use the Chinese Abacus or *Suan-Phan*.' *NCR*, 1921, **3**, 127, 309.

KWAUK, MAIYING YOMING. See Kuo Mai-Ying.

KYESER, KONRAD (1). *Bellifortis* [Handbook of Military Engineering]. MSS. Cod. Phil. 63 Göttingen Univ. 1405; Donaueschingen, 1410. (See Sarton (1), vol. 3, p. 1550.)

DE LACOUPERIE, TERRIEN (2). 'The Old Numerals, the Counting-Rods, and the *Swan-Pan* in China.' *NC*, 1883 (3rd ser.), **3**, 297.

DE LACOUPERIE, TERRIEN (4). *Catalogue of Chinese Coins from the 7th cent. B.C. to A.D. 621 including the series in the British Museum,* ed. R. S. Poole. British Museum, London, 1892.

LALOY, L. (1). *Aristoxène de Tarente.* Paris, 1904.

LANDERGREN, S. (1). 'Om Spektralanalytiska Metoder och deras Användning vid Malm undersökningar och Malmprospektering (in Swedish). *TTB*, 1939, 65.

LANGHORNE, J. & W. (1) (tr.). *Plutarch's 'Lives'.* 6 vols. London, 1823.

LANGLOIS, V. (1). 'Géographie de Ptolémée: Reproduction Photolithographique du manuscrit Grec du Monastère de Vatopédi au Mont Athos, exécutée d'après les clichés obtenus sous la direction de M. Pierre de Sévastianov et précédée d'une introduction historique...' [MS. of *c.* +1250]. Didot, Paris, 1867.

LAPLACE, P. S. (1). 'Mémoire sur la Diminution de l'Obliquité de l'Ecliptique, qui résulte des observations anciennes.' *CT*, 1811, 429.

LAPLACE, P. S. (2). *Exposition du Système du Monde,* 6th ed. Paris.

v. LASAULX, E. (1). 'Die Geologie der Griechen und Römer.' *ABAW*, 1851.

LAST, H. (1). 'Empedocles and his Klepsydra again.' *CQ*, 1924, **18**, 169.

LATTIN, H. P. (1). 'The Eleventh Century MS. Munich 14436: its Contribution to the History of Coordinates, of Logic, and of German Studies in France.' *ISIS*, 1948, **38**, 205.

LATTIN, H. P. (2). 'The Origin of our Present System of Notation according to the theories of Nicholas Bubnov.' *ISIS*, 1933, **19**, 181.

LAUFER, B. (1). *Sino-Iranica; Chinese Contributions to the History of Civilisation in Ancient Iran.* *FMNHP/AS*, 1919, **15**, no. 3 (Pub. no. 201) (rev. and crit. Chang Hung-Chao, *MGSC*, 1925 (ser. B), no. 5).

LAUFER, B. (3). *Chinese Pottery of the Han Dynasty* (Pub. of the East Asiatic Cttee. of the Amer. Mus. Nat. Hist.). Brill, Leiden, 1909. (Reprinted Tientsin, 1940.)

LAUFER, B. (7). *Chinese Grave-Sculptures of the Han Period.* London & New York, 1911.

LAUFER, B. (8). *Jade; a Study in Chinese Archaeology and Religion. FMNHP/AS*, 1912. Repub. in book form, Perkins, Westwood and Hawley, South Pasadena, 1946 (rev. P. Pelliot, *TP*, 1912, **13**, 434).

LAUFER, B. (9). 'Ethnographische Sagen der Chinesen.' In *Aufsätze z. Kultur u. Sprachgeschichte vornehmlich des Orients Ernst Kuhn gewidmet* (Kuhn Festschrift). Marcus, Breslau (München), 1916, p. 199.

LAUFER, B. (11). 'Asbestos and Salamander.' *TP*, 1915, **16**, 299.

LAUFER, B. (12). 'The Diamond; a Study in Chinese and Hellenistic Folk-Lore.' *FMNHP/AS*, 1915, **15**, no. 1. (Publ. no. 184.)

LAUFER, B. (13). 'Notes on Turquoise in the East.' *FMNHP/AS*, 1913, **13**, no. 1. (Publ. no. 169.)

LAYARD, H. (1). *Discoveries among the Ruins of Nineveh and Babylon.* London, 1845.

LEAVENS, D. H. (1). 'The Chinese Suan-Phan.' *AMM*, 1920, **27**, 180.

LECAT, M. (1). *Histoire de la Théorie des Déterminants à plusieurs Dimensions.* Ghent, 1911.

LECOMTE, LOUIS (1). *Nouveaux Mémoires sur l'Etat présent de la Chine.* Anisson, Paris, 1696. (Eng. tr. *Memoirs and Observations Topographical, Physical, Mathematical, Mechanical, Natural, Civil and Ecclesiastical, made in a late journey through the Empire of China, and published in several letters, particularly upon the Chinese Pottery and Varnishing, the Silk and other Manufactures, the Pearl Fishing, the History of Plants and Animals, etc. translated from the Paris edition, etc.,* 2nd ed. London, 1698. Germ. tr. Frankfurt, 1699–1700.)

LEE, EDWARD BING-SHUEY. See Li Ping-Shui.

LEGGE, J. (1) (tr.). *The Texts of Confucianism, translated:* Pt. I. *The 'Shu Ching', the religious portions of the 'Shih Ching', the 'Hsiao Ching'.* Oxford, 1879. (*SBE*, no. 3; reprinted in various eds. Com. Press, Shanghai.) For the full version of the *Shu Ching* see Legge (10).

LEGGE, J. (2) (tr.). *The Chinese Classics, etc.:* Vol. 1. *Confucian Analects, The Great Learning, and the Doctrine of the Mean.* Legge, Hongkong, 1861; Trübner, London, 1861.

LEGGE, J. (3) (tr.). *The Chinese Classics, etc.:* Vol. 2. *The Works of Mencius.* Legge, Hongkong, 1861; Trübner, London, 1861.

LEGGE, J. (4) (tr.). *A Record of Buddhistic Kingdoms; an account by the Chinese monk Fa-Hsien of his travels in India and Ceylon (+399 to +414) in search of the Buddhist books of discipline.* Oxford, 1886.

LEGGE, J. (5) (tr.). *The Texts of Taoism.* (Contains (a) *Tao Tê Ching,* (b) *Chuang Tzu,* (c) *Thai Shang Kan Ying Phien,* (d) *Chhing Ching Ching,* (e) *Yin Fu Ching,* (f) *Jih Yung Ching.*) 2 vols. Oxford, 1891; photolitho reprint, 1927. (*SBE*, nos. 39 and 40.)

LEGGE, J. (7) (tr.). *The Texts of Confucianism:* Pt. III. *The 'Li Chi'.* 2 vols. Oxford, 1885; repr. 1926. (*SBE*, nos. 27 and 28.)

LEGGE, J. (8) (tr.). *The Chinese Classics, etc.:* Vol. 4, Pts. 1 and 2. *'Shih Ching'; The Book of Poetry.* 1. The First Part of the *Shih Ching*; or, the Lessons from the States; and the Prolegomena. 2. The Second, Third and Fourth Parts of the *Shih Ching*; or the Minor Odes of the Kingdom, the Greater Odes of the Kingdom, the Sacrificial Odes and Praise-Songs; and the Indexes. Lane Crawford, Hongkong, 1871; Trübner, London, 1871. Repr., without notes, Com. Press, Shanghai, n.d.

LEGGE, J. (9) (tr.). *The Texts of Confucianism:* Pt. II. *The 'Yi King'* [*I Ching*]. Oxford, 1882, 1899. (*SBE*, no. 16.)

LEGGE, J. (10) (tr.). *The Chinese Classics, etc.:* Vol. 3, Pts. 1 and 2. *The 'Shoo King'* [*Shu Ching*]. Legge, Hongkong, 1865; Trübner, London, 1865.

LEGGE, J. (11) (tr.). *The Chinese Classics, etc.:* Vol. 5, Pts. 1 and 2. *The 'Ch'un Ts'eu' with the 'Tso Chuen'* (*Chhun Chhiu* and *Tso Chuan*). Lane Crawford, Hongkong, 1872; Trübner, London, 1872.

LEMAÎTRE, S. (1). *Les Agrafes Chinoises jusqu'à la fin de l'Epoque Han.* Art et Hist., Paris, 1939.

LEMOINE, J. G. (1). 'Les Anciens Procédés de Calcul sur les Doigts en Orient et en Occident.' *REI*, 1932, 1.

LENORMANT, F. (1). *La Divination et la Science des Présages chez les Chaldéens.* Maisonneuve, Paris, 1875.

LENORMANT, F. (2). *La Magie chez les Chaldéens et les Origines Accadiennes.* Maisonneuve, Paris, 1874. Eng. tr. *Chaldean Magic* (enlarged), Bagster, London, 1877.

LENZ, H. O. (1). *Mineralogie der alten Griechen und Römer.* . . . Thienemann, Gotha, 1861.

LEONARDO DA VINCI. See McCURDY, E.

LEROI-GOURHAN, ANDRÉ (1). *Evolution et Techniques.* Vol. 1. *L'Homme et la Matière,* 1943; vol. 2. *Milieu et Techniques,* 1945. Albin Michel, Paris.

LEUPOLD, J. (2). *Theatrum Arithmetico-Geometricum.* Breitkopf, Leipzig, 1774.

LÉVI, S. (1). 'Les Missions de Wang Hiuen-Ts'e [Wang Hsüan-Tshê] dans l'Inde.' *JA*, 1900 (9ᵉ sér.), **15**, 297, 401.

LEVI DELLA VIDA, G. (1). 'Appunti e Quesiti di Storia Letteraria Arabe (4. Due Nuove Opere del Matematico al-Karajī).' *RSO*, 1934, **14**, 249.

LEVY, H. (1). *Modern Science; a Study of Physical Science in the World Today.* Hamilton, London, 1939.

LEYBOURN, W. (1). *The Art of Numbring by Speaking-Rods; Vulgarly Termed Nepeir's Bones.* London, 1667.

LI CHI (1). 'Chinese Archaeology.' Art. in *Symposium on Chinese Culture,* ed. Sophia Zen. IPR, Shanghai, 1931, pp. 184 ff.

Li Chi (2). *The Formation of the Chinese People; an Anthropological Enquiry.* Harvard Univ. Press, Cambridge, Mass., 1928.

Li Nien (1). 'The Interpolation Formulae of Early Chinese Mathematicians.' *Proc. VIIIth International Congress of the History of Science, Florence,* 1956.

Li Nien (2). 'Tsu Chhung-Chih, great mathematician of ancient China.' *PC*, 1956 (no. 24), 34.

Li Ping-Shui (1). *Modern Canton.* Mercury Press, Shanghai, 1936.

Libri-Carrucci, G. B. I. T. (1). *Histoire des Sciences Mathématiques en Italie depuis la Renaissance des Lettres jusqu'à la Fin du 17ème Siècle.* 4 vols. Renouard, Paris, 1838–40.

Liljequist, G. (1). *Halo Phenomena and Ice-Crystals.* Scientific Results of the Norwegian-British-Swedish Antarctic Expedition, 1949–1952, vol. 2, pt. 2, Norskpolarinstitutt, Oslo, 1956.

Lilley, S. (1). 'Mathematical Machines.' *N,* 1942, **149**, 462; *D,* 1945, **6**, 150, 182; 1947, **8**, 24.

Lilley, S. (4). 'Cause and Effect in the History of Science.' *CEN,* 1953, **3**, 58.

Lim Boon-Kêng. See Lin Wên-Chhing.

Lin Chi-Kai (1). 'L'Origine et le Développement de la Méthode Expérimentale.' Inaug. Diss., Paris, 1931.

Lin Wên-Chhing (1) (tr.). *The 'Li Sao'; an Elegy on Encountering Sorrows, by Chhü Yüan of the State of Chhu (ca. 338 to 288 b.c.)....'* Com. Press, Shanghai, 1935.

Lin Yü-Thang (1) (tr.). *The Wisdom of Lao Tzu* [and Chuang Tzu] *translated, edited and with an introduction and notes.* Random House, New York, 1948.

Liu Chao-Yang (1). 'On the Observabilities of α Scorpii in the Three Dynasties' (heliacal rising of Antares). *SSE,* 1942, **3**, 21. (Crit. W. Eberhard, *OR,* 1949, **2**, 184; A. Rygalov, *HH,* 1949, **2**, 416.)

Liu Chao-Yang (2). 'Fundamental Questions about the Yin [Shang] and Chou Calendars.' *SSE,* 1945, **4**, 1. Also separately, enlarged, as *SSE/M* (ser. B), no. 2 (rev. Eberhard, *OR,* 1949, **2**, 179).

Locke, L. L. (1). *The Quipu.* Amer. Mus. Nat. Hist., New York, 1923.

Loewenstein, P. J. (1). 'Swastika and Yin-Yang.' *China Society Occasional Papers* (n.s.), no. 1. China Society, London, 1942.

van Lohuizen de Leeuw, J. E. (1). *The 'Scythian' Period; an Approach to the History, Art, Epigraphy and Palaeography of North India from the 1st century b.c. to the 3rd century a.d.* Brill, Leiden, 1949.

Lones, T. E. (1). *Aristotle's Researches in Natural Science.* London, 1912.

Long, G. W. (1). 'Indochina faces the Dragon.' *NGM,* 1952, **102**, 287 (302).

Lord, L. E. (1). 'The Touchstone.' *CLJ,* 1937, **32**, 428.

Loria, G. (1). *Storia delle Matematiche dall'Alba della Civiltà al Secolo XIX.* 3 vols. ('L'Enigma Cinese' is in vol. 1, p. 261.) Sten, Torino, 1929. (New edition Hoepli, Milano, 1950.)

Loria, G. (2). (a) 'Che cosa debbono le Matematiche ai Cinesi.' *Bollettino della Mathesis,* 1920, **12**, 63. (b) 'Documenti Relativi all'Antica Matematica dei Cinesi.' *A,* 1922, **3**, 141.

Loria, G. (3). 'Chinese Mathematics.' *SM,* 1921, **12**, 517. (Crit. Y. Mikami, *TYG,* 1923, **12**, no. 4.)

de la Loubère, S. (1). *A New Historical Relation of the Kingdom of Siam, by Monsieur de la Loubère, Envoy-Extraordinary from the French King to the King of Siam, in the years 1687 and 1688, wherein a full and curious Account is given of the Chinese Way of Arithmetick and Mathematick Learning.* Tr. A.P., Gen[t?] R.S.S. [i.e. F.R.S.]. Horne Saunders & Bennet, London, 1693 (from the Fr. ed. Paris, 1691).

Lovell, A. C. B. (1). 'The New Science of Radio-Astronomy.' *N,* 1951, **167**, 94.

Lovisato, (1). 'Antiche Osservazioni Cinese delle Macchie Solari.' *RSISI,* 1875, **7**, 1.

Lowitz, Tobias (1). 'Description d'un Météore remarquable.' *NAP,* 1794, **8**, 384.

Luckey, P. (1). *Die Rechenkunst bei Ğamšīd b. Mas'ūd al-Kāšī* [*Jamshid ibn Mas'ūd al-Kāshī*] *mit Rückblicken auf die ältere Geschichte des Rechnens.* Steiner, Wiesbaden, 1951 (Abhdl. f. die Kunde des Morgenlandes, no. 31, i). A study of the *Miftāḥ al-Ḥisāb* (Key of Computation), c. +1427. Cf. Rosenfeld & Yushkevitch (1).

Luckey, P. (2). *Der Lehrbrief ü. d. Kreisumfang von Ğamšīd b. Mas'ūd al-Kāšī* [*Jamshid ibn Mas'ūd al-Kāshī*]. Berlin, 1953. A study of the *Risālat al-Moḥīṭīje* (Treatise on the Circumference), c. +1427. Cf. Rosenfeld & Yushkevitch (1).

Luckey, P. (3). 'Zur islamischen Rechenkunst und Algebra des Mittelalters.' *FF,* 1948, **24** (nos. 17–18), 199.

Luckey, P. (4). 'Ausziehung des n-ten Wurzel und der binomische Lehrsatz in der islamischen Mathematik.' *MAN,* 1948, **120**, 217.

Luckey, P. (5). 'Beiträge z. Erforschung d. islamischen Mathematik.' *ORR,* 1948, **17**.

Lundmark, K. (1). 'Suspected New Stars recorded in Old [Chinese] Chronicles, and among Recent Meridian Observations.' *PASP,* 1921, **33**, 219, 225.

Lundmark, K. (2). 'The Messianic Ideas and their Astronomical Background.' In *Actes du VII Congrès Internat. d'Histoire des Sciences,* p. 436. Jerusalem, 1953.

Luria, S. (1). 'Die Infinitesimal-Theorie der antiken Atomisten.' *QSGM/A,* 1932, **2**, 106.

LYONS, H. G. (1). 'An Early Korean Rain-Gauge.' *QJRMS*, 1924, **50**, 26.
LYONS, H. G. (2). 'Ancient Surveying Instruments.' *GJ*, 1927, **69**, 132.

McCARTNEY, E. S. (1). 'Fossil Lore in Greek and Latin Literature.' *PMASAL*, 1924, **3**, 23.
McCOLLEY, G. (1). 'The 17th century Doctrine of a Plurality of Worlds.' *ANS*, 1936, **1**, 385.
McCOLLEY, G. (2). '*The Man in the Moone* and *Nuncius Inanimatus* for the first time edited, with introduction and notes, from unique copies of the first editions of London, 1629 and London 1638.' *SCSML*, 1937, **19**, 1.
McCRINDLE, J. W. (7). *The Christian Topography of Cosmas (Indicopleustes), an Egyptian monk*. London, 1897. (Hakluyt Society Publications (ser. 1), no. 98.)
McCURDY, E. (1). *The Notebooks of Leonardo da Vinci, arranged, rendered into English, and introduced by . . . .* 2 vols. Cape, London, 1938.
McGOVERN, W. M. (2). *Manual of Buddhist Philosophy; I, Cosmology* (no more published). Kegan Paul, London, 1923.
McGOWAN, D. J. (1). 'Methods of Keeping Time known among the Chinese.' *CRRR*, 1891, **20**, 426. (Reprinted *ARSI*, 1891 (1893), 607.)
McGOWAN, D. J. (3). 'The Bore on the Chhien-thang River.' *JRAS* (Trans.)/*NCB*, 1854, **1** (no. 4), 33.
McKEON, R. (1). 'Aristotle's Conception of the Development and Nature of Scientific Method.' *JHI*, 1947, **8**, 3.
McLINTOCK, W. F. P. & SABINE, P. A. (1). *A Guide to the Collection of Gemstones in the Geological Museum (Museum of Practical Geology)*. HMSO, London, 1951 (2nd ed.).
MA, C. C. (1). 'On the Origin of the Term Root in Chinese Mathematics.' *AMM*, 1928, **35**, 29.
MA HÊNG (1). *The Fifteen Different Classes of Measures as given in the 'Lü Li Chih' of the 'Sui Shu'*, tr. J. C. Ferguson. Privately printed, Peiping, 1932. (Ref. W. Eberhard, *OAZ*, 1933, **9** (19), 189.)
MAASS, E. (1). 'Salzburger Bronzetafel mit Sternbildern.' *JHOAI*, 1902, **5**, 196.
v. MÄDLER, J. H. (1). *Geschichte der Himmelskunde von der ältesten bis auf die neueste Zeit*. Westermann, Braunschweig, 1873.
MAENCHEN-HELFEN, O. (1). 'The Later Books of the *Shan Hai Ching*' (with a translation of chs. VI–IX). *AM*, 1924, **1**, 550.
MAENCHEN-HELFEN, O. (2). 'Two Notes on the Diamond in China.' *JAOS*, 1950, **70**, 187.
MAGALHAENS, GABRIEL (1). *A New History of China, containing a Description of the Most Considerable Particulars of that Vast Empire*. Newborough, London, 1688.
MAHDIHASSAN, S. (1). 'Cultural Words of Chinese Origin; Monsoon.' *CS*, 1949, **18**, 347.
MAHDIHASSAN, S. (2). 'Cultural Words of Chinese Origin' [*firoza* (Pers.) = turquoise, *yashb* (Ar.) = jade, *chamcha* (Pers.) = spoon, *top* (Pers., Tk., Hind.) = cannon, *silafchi* (Tk.) = metal basin]. *BV*, 1950, **11**, 31.
MAHDIHASSAN, S. (3). 'Ten Cultural Words of Chinese Origin' [*huqqa* (Tk.), *qaliyan* (Tk.) = tobacco-pipe, *sunduq* (Ar.) = box, *piali* (Pers.), *findjan* (Ar.) = cup, *jaushan* (Ar.) = armlet, *safa* (Ar.) = turban, *qasai, quasab* (Hind.) = butcher, *Kah-Kashan* (Pers.) = Milky Way, *tugra* (Tk.) = seal]. *JUB*, 1949, **18**, 110.
MAHDIHASSAN, S. (4). 'The Chinese Names of Ceylon and their Derivatives.' *JUB*, 1950, **19**, 80.
MAIR, G. R. (1) (tr.). *The 'Phaenomena' of Aratus* (Loeb Classics). Heinemann, London, 1921.
MALYNES, G. (1). *Consuetudo, vel Lex Mercatoria; or, The Antient Law-Merchant*. London, 1662.
MAO TSÊ-TUNG (1). *On Practice* (Orig. Supplement to *People's China*). Peking, 1951.
AL-MAQQARÎ, IBN-MUHAMMAD AL-TILIMSANI (1). *Nafh al-Tib*, etc. [Breath of Perfumes from the Boughs of Andalusia]. (History of the scholars of Muslim Spain.) Ed. Dozy *et al.*, Leiden, 1855 to 1861.
MARAKUEV, A. V. (1). *Weights and Measures in China* (in Russian). Vladivostok, 1930. (Summary by P. Pelliot, *TP*, 1932, **29**, 219.)
MARAKUEV, A. V. (2). *The Development of Mathematics in China and Japan* (in Russian). Vladivostok, 1930. (Summary by E. Gaspardone, *BEFEO*, 1932, **32**, 552.)
MARCH, B. (3). *Some Technical Terms of Chinese Painting*. Amer. Council of Learned Societies, Waverly, Baltimore, 1935. (ACLS Studies in Chinese and Related Civilisations, no. 2.)
MARGOULIÈS, G. (3). *Anthologie raisonnée de la Littérature Chinoise*. Payot, Paris, 1948.
MARTINI, M. (1). *Sinicae Historiae Decas Prima*. Munich, 1658; Amsterdam, 1659. (French tr. Paris, 1667.)
MARTINI, M. (2). *Novus Atlas Sinensis*. 1655. (See Schrameier (1) and Szczesniak (4).)
MARYON, H. & PLENDERLEITH, H. J. (1). *Fine Metal-Work [in Early Times before the Fall of the Ancient Empires]*. In *A History of Technology*, ed. C. Singer *et al.* O.U.P., Oxford, 1954, vol. 1, p. 623.
MASCART, E. (1). *Traité d'Optique*, 3 vols. and atlas. Gauthier-Villars, Paris, 1893.
MASPERO, H. (1). 'La Composition et la date du *Tso Chuan*.' *MCB*, 1931, **1**, 137.
MASPERO, H. (2). *La Chine Antique*. Boccard, Paris, 1927 (Histoire du Monde, ed. E. Cavaignac, vol. 4) (rev. B. Laufer, *AHR*, 1928, **33**, 903). Revised ed., with characters, Imp. Nat. Paris, 1955.

MASPERO, H. (3). 'L'Astronomie Chinoise avant les Han.' *TP*, 1929, **26**, 267. (Abstract by Vacca, 5.)

MASPERO, H. (4). 'Les Instruments Astronomiques des Chinois au temps des Han.' *MCB*, 1939, **6**, 183.

MASPERO, H. (5). 'Le Songe et l'Ambassade de l'Empereur Ming.' *BEFEO*, 1910, **10**, 95, 629.

MASPERO, H. (8). 'Légendes Mythologiques dans le *Chou King* [*Shu Ching*].' *JA*, 1924, **204**, 1.

MASPERO, H. (14). *Etudes Historiques; Mélanges Posthumes sur les Religions et l'Histoire de la Chine*, vol. III, ed. P. Demiéville. Civilisations du Sud, Paris, 1950. (Publ. du Mus. Guimet, Biblioth. de Diffusion, no. 59), rev. J. J. L. Duyvendak, *TP*, 1951, **40**, 366.

MASPERO, H. (15). 'L'Astronomie dans la Chine Ancienne; Histoire des Instruments et des Découvertes.' Paper prepared for *SCI* in 1932 but not printed till 1950 in Maspero (14), p. 15.

MASPERO, H. (16). Review of Giles' *Adversaria Sinica. BEFEO*, 1909, **9**, 595.

MASPERO, H. (25). 'Le *Ming-Thang* et la Crise Religieuse Chinoise avant les Han.' *MCB*, 1951, **9**, 1.

MASSON-OURSEL, P., DE WILLMAN-GRABOWSKA, H. & STERN, P. (1). *L'Inde Antique et la Civilisation Indienne*. Albin Michel, Paris, 1933. (Evol. de l'Hum. Series, Préhist, no. 26.)

MATHER, K. F. & MASON, S. L. (1). *A Source-Book in Geology*. McGraw Hill, New York & London, 1939.

MATTHIESSEN, L. (1). 'Zur Algebra der Chinesen' (extract from a letter to Cantor correcting a mistake made by Biernatzki in translating Wylie; concerning the indeterminate analysis of Sun Tzu). *ZMP*, 1876, **19**, 270; *ZMNWU*, 1876, **7**, 73.

MATTHIESSEN, L. (2) 'Über das sogenannte Restproblem in den chinesischen Werken *Swan-King* von Sun-Tsze u. *Tayen Lei Schu* von Yih-Hing.' *JRAM*, 1881, **91**, 254.

MATTHIESSEN, L. (3). 'Vergleichung der indischen Cuttaca und der chinesischen Tayen-Regel, unbestimmte Gleichungen und Congruenzen ersten Grades aufzulösen.' Verhandlungen d. 30sten Versammlung deutscher Philologen u. Schulmänner, in Rostock, 1875, p. 125. Teubner, Leipzig, 1876.

MATTHIESSEN, L. (4). 'Die Methode Tá jàn (Ta Yen) im *Suán-King* von Sun-tsè und ihre Verallgemeinerung durch Yih-Hing im I. Abschnitte des *Tá jàn li schū*.' *ZMP*, 1881, **26** (Hist. Lit. Abt.), 33.

MATTHIESSEN, L. (5). 'Le Problème des restes dans l'Ouvrage chinois *Swan-King* de Sun-tsze et dans l'Ouvrage *Ta-yen-lei-schu* de Yih-hing.' *CRAS*, 1881, 92, 291.

MAXE-WERLY, L. (1). 'Notes sur des Objets antiques.' *MSAF*, 1887, **48**, 170.

MAYERS, W. F. (3). 'Chinese Explorations of the Indian Ocean during the 15th century.' *CR*, 1875, **3**, 219, 331; 1875, **4**, 61.

MAZAHERI, A. (2). Review of Moucharrafa & Ahmad's edition of al-Khwārizmī's *Kitāb al-Jabr w'al-Muqabala. A/AIHS*, 1951, **4**, 504.

MEDHURST, W. H. (1) (tr.). *The 'Shoo King'* [*Shu Ching*], *or Historical Classic* (Ch. and Eng.). Mission Press, Shanghai, 1846.

MEEK, T. J. (1). 'Early Babylonian Wheel-Maps.' *AQ*, 1936, **10**, 223.

MEI YI-PAO (1) (tr.). *The Ethical and Political Works of Motse*. Probsthain, London, 1929.

MEISSNER, B. (1). *Babylonien und Assyrien*. 2 vols. Winter, Heidelberg, 1920 to 1925.

MEISTER, P. W. (1). 'Buddhistische Planetendarstellungen in China.' *OE*, 1954, **1**, 1.

MELLOR, J. W. (1). *Modern Inorganic Chemistry*. Longmans Green, London, 1916. (Often reprinted.)

DE MÉLY, F. (1). *Les Lapidaires Chinois.* Vol. 1 of *Les Lapidaires de l'Antiquité et du Moyen Age.* Leroux, Paris, 1896. Contains facsimile reproduction of the mineralogical section of (*Ho Han*) *San Tshai Thu Hui*, chs. 59 and 60, from a Japanese edition (rev. M. Berthelot, *JS*, 1896, 573).

DE MÉLY, F. (2). 'Le "De Monstris" Chinois et les Bestiaires Occidentaux.' *RA*, 1897 (3° sér.), **31**, 353.

DE MÉLY, F. (3). *Les Lapidaires Grecs.* Paris, 1898, 1902.

DE MÉLY, F. (5). 'Les Pierres de Foudre chez les Chinois et les Japonais.' *RA*, 1895 (3° sér.), **27**, 326.

DE MENDOZA, JUAN GONZALES (1). *Historia de las Cosas mas notables, Ritos y Costumbres del Gran Reyno de la China, sabidas assi por los libros de los mesmos Chinas, como por relacion de religiosos y oltras personas que an estado en el dicho Reyno*. Rome, 1585 (in Spanish). Eng. tr. Robert Parke, 1588 (1589), *The Historie of the Great & Mightie Kingdome of China and the Situation thereof; Togither with the Great Riches, Huge Citties, Politike Gouvernement and Rare Inventions in the same* [undertaken 'at the earnest request and encouragement of my worshipfull friend Master Richard Hakluyt, late of Oxforde']. Reprinted in Spanish, Medina del Campo, 1595; Antwerp, 1596 and 1655; Ital. tr. Venice (3 editions), 1586; Fr. tr. Paris, 1588, and 1589; Germ. and Latin tr. Frankfurt, 1589. Ed. G. T. Staunton, Hakluyt Soc. Pub. 1853.

MENNINGER, K. (1). *Zahlwort und Ziffer; aus der Kulturgeschichte unserer Zahlsprache, unserer Zahlschrift und des Rechenbretts*. Hirt, Breslau, 1934.

MENON, C. P. S. (1). *Early Astronomy and Cosmology*. Allen & Unwin, London, 1932.

MERTON, R. K. (1). 'Science, Technology and Society in Seventeenth Century England.' *OSIS*, 1938, **4**, 360.

M[ERTON], R. K. (2). 'The Comet of Hipparchus, and Pliny.' *SKY*, 1940, **4** (no. 11), 4.

MEYER, F. (1). 'Fraunhofer als Mechaniker und Konstrukteur.' *NW*, 1926, **14**, 533.

DE MEYNARD, C. BARBIER & DE COURTEILLE, P. (1) (tr.). *Les Prairies d'Or* (the *Murūj al-Dhabab* of al-Mas'ūdī, +947). 9 vols. Paris, 1861–77.

MEZ, A. (1). *Die Renaissance des Islams.* Winter, Heidelberg, 1922. (Part tr. Margoliouth & Khuda al-Buksh, *IC*, **2**, 92.)

MICHEL, H. (1). 'Les Jades Astronomiques Chinois; une Hypothèse sur leur Usage.' *BMRAH*, 1947, 31 (crit. Chang Yü Chê, *TWHP*, 1956, **4**, 257).

MICHEL, H. (2). (*a*) 'Les Jades Astronomiques Chinois.' *CAM*, 1949, **4**, 111. (*b*) 'Chinese Astronomical Jades.' *POPA*, 1950, **58**, 222. (*c*) 'Astronomical Jades.' *ORA*, 1950, **2**, 156.

MICHEL, H. (3). *Traité de l'Astrolabe.* Gauthier-Villars, Paris, 1947 (rev. F. Sherwood Taylor, *N*, 1948, **162**, 46).

MICHEL, H. (4). 'Du Prisme Méridien au *Siun-Ki* [*Hsüan-Chi*].' *CET*, 1950, **66**, 23.

MICHEL, H. (5). 'Le Calcul Mécanique; à propos d'une Exposition récente.' *JSHB*, 1947 (no. 7), 307.

MICHEL, H. (7). 'Sur les Jades Astronomiques Chinois.' *MCB*, 1951, **9**, 153.

MICHEL, H. (8). 'A Propos de Terminologie.' *CET*, 1951, **67**.

MICHEL, H. (9). 'Un Service de l'Heure Millénaire.' *CET*, 1952, **68**, 1.

MICHEL, H. (10). *Montres Solaires* [Portable Sun-Dials]. Catalogue des Cadrans Solaires du Musée de la Vie Wallonne. Musée Wallon, Liège, 1953. (Reprinted from *CET*, 1952, **68**, 253.)

MICHEL, H. (11). 'La Mesure du Temps.' *RM*, 1952, no. 3.

MICHEL, H. (12). *Introduction à l'Etude d'une Collection d'Instruments anciens de Mathématiques.* de Sikkel, Antwerp, 1939.

MICHEL, H. (13). 'Le Rectangulus de Wallingford, précédé d'une Note sur le Torquetum.' *CET*, 1944, **60** (nos. 11, 12), 1.

MICHEL, H. (14). 'Les Tubes Optiques avant le Télescope.' *CET*, 1954, **70** (nos. 5, 6), 3.

MICHEL, H. (17). 'Sur l'Origine de la Théorie de la Trépidation.' *CET*, 1950 (nos. 9 and 10), 52.

MICHELL, J. (1). 'Conjectures concerning the Cause, and Observations upon the Phenomena, of Earthquakes....' *PTRS*, 1761, **51**.

DES MICHELS, A. (1) (tr.). *Histoire Géographique des Seize Royaumes* [*Shih-liu Kuo Chiang Yü Chih*, +1798, by Hung Liang-Chi]. Leroux, Paris, 1891. (Pub. Ecole Langues Orient. Viv. 3ᵉ sér. no. 11.)

MIELEITNER, K. (1). 'Geschichte d. Mineralogie im Altertum und Mittelalter.' *FMKP*, 1922, **7**, 427.

MIELI, ALDO (1). *La Science Arabe, et son Rôle dans l'Evolution Scientifique Mondiale.* Brill, Leiden, 1938.

MIELI, A. (2). *Panorama General de Historia de la Ciencia.* Vol. I, *El Mundo Antiguo; griegos y romanos.* Vol. II, *El Mundo Islámico e el Occidente Medieval Cristiano.* Espasa-Calpe, Buenos Aires, 1946. (Nos. 1 and 5 respectively of Colección Historia y Filosofía de la Ciencia, ed. J. Rey Pastor.)

MIKAMI, Y. (1). *The Development of Mathematics in China and Japan.* Teubner, Leipzig, 1913 (Abhdl. z. Gesch. d. math. Wissenschaften mit Einschluss ihrer Anwendungen, no. 30) (rev. H. Bosmans, *RQS*, 1913, **74**, 641).

MIKAMI, Y. (2). 'Notes on Native Japanese Mathematics. I, The Pythagorean Theorem.' *AMP*, 1913 (3rd ser.), **20**, 1; 1914, **22**, 183.

MIKAMI, Y. (3). 'Arithmetic with Fractions in Old China.' *AMN*, 1911, **32**, no. 3.

MIKAMI, Y. (4). 'Chinese Mathematics' (reply to van Hée (10) on the *Chhou Jen Chuan*). *ISIS*, 1928, **11**, 123. (Japanese version, Mikami (5).)

MIKAMI, Y. (5). 'A Remark on the Chinese Mathematics in Cantor's *Geschichte d. Mathematik*.' *AMP*, 1909, **15**, 68; 1911, **18**, 209 ('Further Remarks').

MIKAMI, Y. (6). 'Mathematics in China and Japan.' In *Scientific Japan, Past and Present*, 3rd Pan-Pacific Science Congress Volume, p. 177. Tokyo, 1926.

MIKAMI, Y. (7). 'Chronological Table of the History of Science in China and Japan, +16th century.' *A*, 1941, **23**, 211.

MIKAMI, Y. (8). 'On a Japanese Astronomical Treatise [*Kwanshō Zusetsu*, 1823] based on Dutch Works [esp. J. F. Martinet's *Katechismus d. Natuur*, 1779].' *NAW*, 1911, **9**, 231.

MIKAMI, Y. (9). 'Hatono Sōha and the Mathematics of Seki [Takakusn]' (identity of Petrus Hartsingius Japonensis). *NAW*, 1911, **9**, 158.

MIKAMI, Y. (10). 'On an Astronomical Treatise [*Kenkon Bensetsu*] composed [in +1650] by a Portuguese in Japan' (Sawano Chūan = Giuseppe Chiara). *NAW*, 1912, **10**, 61.

MIKAMI, Y. (11). 'On a Japanese MS. of the Seventeenth Century concerning European Astronomy' (the *Namban Tenchi-ron* of c. +1670). *NAW*, 1912, **10**, 71.

MIKAMI, Y. (12). 'A Japanese Buddhist View of European Astronomy' (the *Bukkoku Rekishō-hen* of Entsū, +1810). *NAW*, 1912, **10**, 233.

MIKAMI, Y. (13). 'On Maeno [Ryōtaku's] Description of the Parallelogram of Forces' in the MS. *Honyaku Undō-hō (c.* +1780). *NAW*, 1913, **11**, 76.

MIKAMI, Y. (14). 'On Shizuki [Tadao's] Translation [*Rekishō Shinsho*, +1798 to +1802] of Keill's Astronomical Treatise [*Introductio ad veram Physicam et veram Astronomiam*, by J. Keill, Oxford, 1705; Dutch tr. by J. Lulofs, 1740].' *NAW*, 1913, **11**, 1.

MIKAMI, Y. (15). 'On the Dutch Art of Surveying as Studied in Japan' (a MS. entitled *Kiku-jutsu Denrai no Maki* (Book of the Successions of the Art of Surveying) by Shimizu Taiemon, 1717). *NAW*, 1911, **9**, 301, 370.

MIKAMI, Y. (16). 'A Chinese Theorem on Geometry.' *AMP*, 1905.

MIKAMI, Y. (17). 'Zur Frage abendländischer Einflüsse auf die japanische Mathematik am Ende des siebzehnten Jahrhunderts.' *BM*, 1907, **7** (no. 3).

MIKAMI, Y. (18). 'A Question on Seki's Invention of the "Circle-Principle".' *PTMS*, 1909 (2nd ser.), **4**, 442.

MIKAMI, Y. (19). 'The Circle-Squaring of the Chinese.' *BM*, 1910, **10**.

MIKAMI, Y. (20). 'The Influence of the Abacus on Chinese and Japanese Mathematics.' *JDMV*, 1911, **20**, 380.

MIKAMI, Y. (21). 'On the Establishment of the *Yenri* Theory in Old Japanese Mathematics.' *PTMS*, 1932 (3rd ser.), **12**, 43.

MILHAM, W. I. (1). *Time and Timekeepers; History, Construction, Care, and Accuracy, of Clocks and Watches.* Macmillan, New York, 1923.

MILLER, K. (1). *Mappaemundi, die ältesten Weltkarten.* 6 vols. Stuttgart, 1895–8.

MILLER, K. (2). *Die Peutingersche Tafel oder Weltkarte des Castorius.* Stuttgart, 1916.

MILLER, K. (3). *Die Erdmessung im Altertum und ihr Schicksal.* Stuttgart, 1919.

MILLER, K. (4). *Mappae Arabicae; arabische Welt- u. Länderkarten des 9.–13. Jahrhunderts.* . . . Priv. published, Stuttgart.

MILLS, J. V. (1). 'Malaya in the *Wu Pei Chih* Charts.' *JRAS/M*, 1937, **15** (no. 3), 1.

[MILLS, J. V.] (2). 'The Sanbiasi Chinese World-Map; a printed "Ricci-type" Map of the World (Canton, *c.* 1648).' In *A Selection of Precious Manuscripts, Historic Documents and Rare Books, the majority from the renowned collection of Sir Thomas Phillipps (1792–1872), offered for sale by W. H. Robinson Ltd.* Robinson, London, 1950 (Catalogue no. 81).

MILLS, J. V. (3). 'Notes on Early Chinese Voyages.' *JRAS*, 1951, 3.

MILLS, J. V. (4). MS. Translation of ch. 9 of the *Tung Hsi Yang Khao.* (Studies on the Oceans East and West.) Unpub.

MILLS, J. V. (5). MS. Translation of *Shun Fêng Hsiang Sung* (MS.) (Fair Winds for Escort). Bodleian Library, Laud Orient. MS. no. 145. Unpub.

MILLS, J. V. (7). 'Three Chinese Maps.' (Two Coastal Charts (*c.* 1840) and a copy of the Chhien-Lung map of China, +1775.) *BMQ*, 1953, 65.

MILLS, J. V. (8). 'Chinese Coastal Maps.' *IM*, 1954, **11**, 151.

MILNE, J. (1). *Earthquakes and other Earth Movements.* Kegan Paul, London, 1886. (Later editions do not contain the account of the seismograph of Chang Hêng.)

MINAKATA, K. (1). 'The Constellations of the Far East.' *N*, 1893, **48**, 542.

MINAKATA, K. (2). 'Chinese Theories of the Origin of Amber.' *N*, 1895, **51**, 294.

MINGUZZI, C. & VERGNANO, O. (1). 'Il Contenuto di Nichel nelle ceneri di *Alyssum bertolonii* Desv.' *ASTSN*, 1948, ser. A, **55**, 3.

MITCHELL, W. M. (1). 'History of the Discovery of the Solar Spots.' *POPA*, 1916, **24**, 22, 82, 149, 206, 290, 341, 428, 488, 562.

DE MOIDREY, J. [& HUANG, P.] (1). 'Observations Anciennes de Taches Solaires en Chine.' *BAS*, 1904, **21**, 1.

MOIR, A. L. & LETTS, M. (1). *The World Map in Hereford Cathedral and its Pictures.* De Cantilupe (for the Cathedral Chapter), Hereford, 1955. The second part reprinted from *NQ*, 1955.

MONTUCLA, J. E. (1). *Histoire des Mathématiques* . . . . 4 vols, 1758. 2nd edn. Agasse, Paris, An 7 de la République (1799–1802). (Account of Chinese astronomy in vol. 1, pp. 448–80.)

MOODY, E. A. (1). 'Galileo and Avempace [Ibn Bājjah]; the Dynamics of the Leaning Tower Experiment.' *JHI*, 1951, **12**, 163, 375.

MOORE, W. U. (1). 'The Bore of the Tsien-Tang Kiang [Chhien-thang R.].' *JRAS/NCB*, 1889, **23**, 185.

MORAN, H. A. (1). *The Alphabet and the Ancient Calendar Signs; Astrological Elements in the Origin of the Alphabet* (with foreword by D. Diringer). Pacific Books, Palo Alto, Calif. 1953 (lithoprinted).

MOREAU, F. (1). *Eléments d'Astronomie.* Bruxelles, 1942.

DE MORGAN, A. (1). *Budget of Paradoxes,* vol. 2, p. 66. Open Court, Chicago, 1915.

MORGAN, E. (1) (tr.). *Tao the Great Luminant; Essays from Huai Nan Tzu, with introductory articles, notes and analyses.* Kelly & Walsh, Shanghai, n.d. (1933?).

MORLEY, S. G. (1). *The Ancient Maya.* Stanford Univ. Press, Palo Alto, California, 1946.

MOUCHEZ, ADMIRAL (1). 'L'Observatoire de Pékin.' *LN*, 1888, **16** (no. 808), 406.

MOULE, A. C. (1). *Christians in China before the year 1550.* SPCK, London, 1930.

MOULE, A. C. (3). 'The Bore on the Chhien-Thang River in China.' *TP*, 1923, **22**, 135 (includes much material on tides and tidal theory).

MOULE, A. C. (4). 'An Introduction to the *I Yü Thu Chih*.' *TP*, 1930, **27**, 179.

MOULE, A. C. (5). 'The Wonder of the Capital' (the Sung books *Tu Chhêng Chi Shêng* and *Mêng Liang Lu* about Hangchow). *NCR*, 1921, **3**, 12, 356.

MOULE, A. C. (6). 'From Hangchow to Shangtu, +1276.' *TP*, 1915, **16**, 393.

MOULE, A. C. & PELLIOT, P. (1) (tr. and annot.). *Marco Polo (+1254 to +1325); The Description of the World.* Routledge, London, 1938.

MOULE, G. E. (1) (tr.). 'The Obligations of China to Europe in the Matter of Physical Science acknowledged by Eminent Chinese; being Extracts from the Preface to Tsêng Kuo-Fan's edition of Euclid, with brief introductory observations.' *JRAS/NCB*, 1873, **7**, 147.

MOULE, G. T. (1). 'The Hangchow Bore.' *NCR*, 1921, **3**, 289.

MUGLER, O. (1). 'Edelsteinhandel im Mittelalter und im 16-Jahrhundert, mit Excursen ü. den Levante- und Asiatischen-Handel überhaupt.' Inaug. Diss., München, 1928.

MUIR, SIR T. (1). *The Theory of Determinants in the Historical Order of its Development.* London, 1890. (Many subsequent editions.)

MUIRHEAD, W. (1). '[Glossary of Chinese] Mineralogical and Geological Terms.' In Doolittle, J. (1), vol. 2, p. 256.

MULDER, W. Z. (1). 'The *Wu Pei Chih* Charts.' *TP*, 1944, **37**, 1.

MÜLLER, C. (1). *Fragmenta Historicorum Graecorum*, 5 vols. Didot, Paris, 1841–51.

MÜLLER, F. W. K. (1). 'Der Weltberg Meru nach einem japanischen Bilde.' *ENB*, 1895, **1** (no. 2), 12.

MÜLLER, F. W. K. (3). 'Die "persischen" Kalenderausdrücke im Chinesischen Tripiṭaka.' *SPAW/PH*, 1907, **25**, 458.

MÜLLER, R. (1). 'Die astronomischen Instrumente des Kaisers von China in Potsdam.' *AT*, 1931 (no. 2), 120.

MULLET, C. (1). 'Essai sur la Minéralogie Arabe.' *JA*, 1868 (6ᵉ sér.), **11**, 5, 109, 502.

MUNTNER, S. (1). *Rabbi Shabtai Donnolo (+913 to +985)*; First Section, Medical Works, on the occasion of the millennium of the earliest Hebrew book in Christian Europe, edited, with a commentary, by S.M.; Second Section, Contributions to the History of Jewish Medicine [including a Biography of R. Shabtai Donnolo, a cosmographical Introduction to the *Sefer Yesirah*, and a discussion of the countries of origin of Drug Plants and the Trade in them, together with notes on the land routes, etc.] (in Hebrew). Mosad Haraw Kook, Jerusalem, 1949.

VAN MUSSCHENBROEK, P. (1). *Introductio ad Philosophiam Naturalem.* 2 vols., Luchtmans, Leiden, 1762; Padua, 1768.

AL-NADĪM, ABU'L-FARAJ IBN ABŪ YAʿQŪB (1). *Fihrist al-ʿulūm* [Index of the Sciences], ed. G. Flügel. Leipzig, 1871–2.

NAFIS AHMAD. See Ahmad, Nafis.

NAGASAWA, K. (1). *Geschichte der Chinesischen Literatur, und ihrer gedanklichen Grundlage.* Transl. from the Japanese by E. Feifel. Fu-jen Univ. Press, Peiping, 1945.

NAKAMURA, H. (1). 'Old Chinese World-Maps preserved by the Koreans.' *IM*, 1947, **4**, 3.

NALLINO, C. A. (2) (ed. and Latin tr.). *Al-Battānī sive Albatenii opus Astronomicum, Arabice editum, Latine versum, adnotationibus instructum a . . . .* 3 vols. Milan, 1899–1907.

VAN NAME, A. (1). 'On the Abacus of China and Japan.' *JAOS*, 1875, **10**, cx.

NAPIER, JOHN (of Merchistoun) (1). *Rabdologiae, seu Numerationis per Virgulas Libri Duo: cum Appendice de Expeditissimo Multiplicationis Promptuario; quibus accessit Arithmeticae Localis Liber unus.* Edinburgh, 1617; Leiden, 1626 (trs. Verona, 1623; Berlin, 1623).

NARRIEN, J. (1). *An Historical Account of the Origin and Progress of Astronomy, with plates illustrating, chiefly, the ancient systems.* Baldwin & Cradock, London, 1833.

NAWRATH, A. (1). *Indien und China; Meisterwerke der Baukunst und Plastik* (album of photographs). Schroll, Vienna, 1938.

NEAL, J. B. (1). 'Analyses of Chinese Inorganic Drugs.' *CMJ*, 1889, **2**, 116; 1891, **5**, 193.

NEEDHAM, JOSEPH (2). *A History of Embryology.* Cambridge, 1934.

NEEDHAM, JOSEPH (29). 'Mathematics and Science in China and the West.' *SS*, 1956, **20**, 320.

NEEDHAM, JOSEPH (30). 'Prospection Géobotanique en Chine Médiévale.' *JATBA*, 1954, **1**, 143.

NEEDHAM, JOSEPH & WANG LING. See Wang & Needham.

NEEDHAM, MARCHAMONT (1). *Medela Medicinae; A Plea for the Free Profession, and a Renovation of the Art of Physick....* Lownds, London, 1665.

NESSELMANN, G. H. F. (1). *Die Algebra der Griechen.* Berlin, 1842.

NEUBURGER, A. (1). *The Technical Arts and Sciences of the Ancients.* Methuen, London, 1930. Tr. H. L. Brose from *Die Technik d. Altertums.* Voigtländer, Leipzig, 1919. (The English version inexcusably omits all the references to the literature.)

NEUGEBAUER, O. (1). 'The History of Ancient Astronomy; Problems and Methods.' *JNES,* 1945, **4**, 1; reprinted in enlarged version, *PASP,* 1946, **58**, 17, 104.

NEUGEBAUER, O. (2). 'The Water-Clock in Babylonian Astronomy.' *ISIS,* 1947, **37**, 37.

NEUGEBAUER, O. (3). 'The Astronomical Origin of the Theory of Conic Sections.' *PAPS,* 1948, **92**, 136.

NEUGEBAUER, O. (4). 'The Study of Wretched Subjects' (a defence of the study of ancient and medieval pseudo-sciences for the unravelling of the threads of the growth of true science, and for the understanding of the mental climate of the early discoveries). *ISIS,* 1951, **42**, 111.

NEUGEBAUER, O. (5). 'A Greek Table for the Motion of the Sun' (date unknown but with Indian connections). *CEN,* 1951, **1**, 266.

NEUGEBAUER, O. (7). 'The Early History of the Astrolabe.' *ISIS,* 1949, **40**, 240.

NEUGEBAUER, O. (8). 'Babylonian Planetary Theory.' *PAPS,* 1954, **98**, 60.

NEUGEBAUER, O. (9). *The Exact Sciences in Antiquity.* Princeton Univ. Press, Princeton, N.J. 1952 (Messenger Lectures at Cornell University on mathematics and astronomy in Babylonia, Egypt and Greece) (rev. *ISIS,* 1952, **43**, 69).

NEUGEBAUER, O. (10) (ed.). *Babylonian Ephemerides of the Seleucid Period for the Motion of the Sun, the Moon, and the Planets.* 3 vols. Vol. I, Introduction; the Moon. Vol. II, The Planets; Indexes. Vol. 3, Plates. Lund Humphries, London, 1955. (Pub. of the Institute for Advanced Study, Princeton, N.J.)

NEUGEBAUER, O. (11). 'Tamil Astronomy.' *OSIS,* 1952, **10**, 252.

NEUGEBAUER, O. (12). Essay review of the first two volumes of Renou & Filliozat (1), giving a summary of our knowledge of the passage of Greek geometrical astronomy to Northern India and of Babylonian algebraical astronomy to Southern India. *A/AIHS,* 1955, **8**, 166.

NEUGEBAUER, P. V. (1). *Astronomische Chronologie.* Berlin, 1929.

NEUGEBAUER, P. V. (2). *Tafeln zur astronomischen Chronologie.* I. Sterntafeln von 4000 vor Chr. bis zur Gegenwart nebst Hilfsmitteln zur Berechnung von Sternpositionen zw. 4000 vor Chr. und 3000 nach Chr.... Hinrichs, Leipzig, 1912. II. Tafeln für Sonne, Planeten und Mond, nebst Tafeln der Mondphasen für die Zeit 4000 vor Chr. bis 3000 nach Chr.... Hinrichs, Leipzig, 1914.

NEUMANN, K. F. (1). *Asiatische Studien.* Leipzig, 1837.

NEUMANN, K. F. (2). 'Catalogue des Latitudes et des Longitudes de plusieurs Places de l'Empire Chinois.' *JA,* 1834 (2ᵉ sér.), **13**, 87.

NICOLSON, M. H. (1). *Voyages to the Moon.* Macmillan, New York, 1948.

NIEUHOFF, J. (1). *L'Ambassade* [1655–1657] *de la Compagnie Orientale des Provinces Unies vers l'Empereur de la Chine, ou Grand Cam de Tartarie, faite par les Sieurs Pierre de Goyer & Jacob de Keyser; Illustrée d'une tres-exacte Description des Villes, Bourgs, Villages, Ports de Mers, et autres Lieux plus considerables de la Chine; Enrichie d'un grand nombre de Tailles douces, le tout recueilli par Mr Jean Nieuhoff*...(title of Pt. II: *Description Generale de l'Empire de la Chine, où il est traité succinctement du Gouvernement, de la Religion, des Mœurs, des Sciences et Arts des Chinois, comme aussi des Animaux, des Poissons, des Arbres et Plantes, qui ornent leurs Campagnes et leurs Rivieres; y joint un court Recit des dernieres Guerres qu'ils ont eu contre les Tartares*). de Meurs, Leiden, 1665.

NIEUWHOFF. See Nieuhoff.

NIVISON, D. S. (1). 'The Problem of "Knowledge" and "Action" in Chinese Thought since Wang Yang-Ming.' In *Studies in Chinese Thought,* ed. A. F. Wright, *AAN,* 1953, **55** (no. 5), 112 (Amer. Anthropol. Assoc. Memoirs, No. 75).

NŌDA, C. (1) = (1). *An Enquiry concerning the 'Chou Pei Suan Ching'.* Academy of Oriental Culture, Kyoto Institute, Kyoto, 1933. (Toho Bunka Gakuin Kyoto Kenkyusho Memoirs, no. 3.)

NŌDA, C. (2) = (2). *An Enquiry concerning the Astronomical Writings contained in the 'Li Chi, Yüeh Ling'.* Academy of Oriental Culture, Kyoto Institute, Kyoto, 1938. (Toho Bunka Gakuin Kyoto Kenkyusho Memoirs, no. 12.)

NOEL, FRANCIS [FRANTIŠEK], S.J. (1). *Observationes Mathematicae et Physicae in India et China factae a Patre Francisco Noel SJ ab anno 1684, usque ad annum 1708.* University Press, Prague, 1710. Cf. Slouka, pp. 161 ff. Pp. 56 ff. 'Varia ad Astronomiam Sinicam Spectantia': (*a*) the Stems and Branches, (*b*) diagram of a sexagenary cycle from +1684 to +1744, (*c*) list of 28 *hsiu,* (*d*) list of 24 *chieh chhi,* (*e*) rough correlation of star-catalogue arranged by zodiacal signs with Chinese star-group names, (*f*) discussion of Chinese metrology. The Royal Astronomical Society copy contains copious annotations, especially of Chinese characters, inserted by John Williams.

NOEL, FRANCIS (2). *Philosophia Sinica; Tribus Tractatibus primo cognitionem primi Entis Secundo Ceremonias erga Defunctos tertio Ethicam juxta Sinarum mentem complectens.* Univ. Press, Prague, 1711. (Cf. Pinot (2), p. 116.)

NOEL, FRANCIS (3). *Sinensis Imperii Libri Classici Sex, nimirum Adultorum Schola* [Ta Hsüeh], *Immutabile Medium* [Chung Yung], *liber Sententiarum* [Lun Yü], *Mencius, Filialis Observantia* [Hsiao Ching], *Parvulorum Schola* [San Tzu Ching?] *e Sinico Idiomate in Latinum traducti....* Univ. Press, Prague, 1711.

NOEL, FRANCIS (4). *Historica Notitia Rituum et Ceremoniarum Sinicarum in Colendis Parentibus ac Benefactoribus defunctis, ex ipsis sinensium auctorum libris desumpta....* Univ. Press, Prague, 1711. (Censored and withdrawn shortly after publication, therefore very rare.)

NOLTE, F. (1). *Die Armillarsphäre.* Mencke, Erlangen, 1922. (Abhdl. z. Gesch. d. Naturwiss. u. d. Med. no. 2.)

NORDENSKIÖLD, A. E. (1). *Periplus; an Essay on the Early History of Charts and Sailing Directions,* tr. F. A. Bather. Stockholm, 1897.

NORDENSKIÖLD, E. (1). 'Le Quipu Péruvien du Musée du Trocadéro.' *TMB*, 1931 (no. 1), 16.

NOWOTNY, K. A. (1). 'The Construction of Certain Seals and Characters in the Work of Agrippa of Nettesheim.' *JWCI*, 1949, **12**, 46.

AL-NUWAIRĪ, AHMAD IBN-ABD AL-WAHHAB (1). *Nihayat al-arab fi funun al-adab* (Aim of the Intelligent in the Arts of Letters), ed. Ahmad Zaki pasha. Cairo, 1923–.

D'OHSSON, MOURADJA (1). *Histoire des Mongols depuis Tchinguiz Khan jusqu'à Timour Bey ou Tamerlan.* 4 vols. van Cleef, The Hague and Amsterdam, 1834–52.

OLDENBERG, H. (2). 'Nakshatra und Sieou.' *NGWG/PH*, 1909, 544.

OLIVIER, C. P. (1). *Comets.* Baillière, Tindal & Cox, London, 1930.

OLMSTED, J. W. (1). 'The "Application" of Telescopes to Astronomical Instruments [with graduated arcs for measuring angles].' *ISIS*, 1949, **40**, 213.

OLSCHKI, L. (2). *Galilei und seine Zeit.* Halle, 1927.

OLSCHKI, L. (3). 'Galileo's Philosophy of Science.' *PHR*, 1943, **52**, 349.

OLSCHKI, L. (4). *Guillaume Boucher; a French Artist at the Court of the Khans.* Johns Hopkins Univ. Press, Baltimore, 1946 (rev. H. Franke, *OR*, 1950, **3**, 135).

OMORI, F. (1). 'A Note on Old Chinese Earthquakes.' *SJJ*, 1893, **1**, 119.

D'OOGE, M. L., ROBBINS, F. E. & KARPINSKI, L. C. (1) (tr.). *Nicomachus of Gerasa; 'Introduction to Arithmetic', translated into English, with Studies in Greek Arithmetic.* Macmillan, New York, 1926. (Univ. of Michigan Studies, Humanistic Series, no. 16.)

OORDT, J. H. (1). 'Note on the Supernova of +1054.' *TP*, 1942, **36**, 179.

OPPENHEIM, S. (1). 'Über d. Perioden d. Sonnenflecken.' *FF*, 1928, **4**, 128.

OPPERT, M. (1). 'Tablettes Assyriennes...Prédictions tirées des Monstruosités....' *JA*, 1871 (6ᵉ sér.), **18**, 449.

VON OPPOLZER, T. (1). 'Ü. d. Sonnenfinsternis d. *Schu King* [*Shu Ching*].' *MPAW*, 1880, 166.

VON OPPOLZER, T. (2). *Canon der Finsternisse.* Vienna, 1887.

ORE, OYSTEIN (1). *Cardano, the Gambling Scholar.* Princeton Univ. Press, Princeton, N.J., 1953.

OUSELEY, SIR WILLIAM (1). *The Oriental Geography of Ebn Haukal.* London, 1800.

OZANAM, M. (1). *Recreations in Mathematics and Natural Philosophy....* Enlarged by M. Montucla. Eng. tr. C. Hutton. 4 vols. Kearsley, London, 1803. From *Récréations Mathématiques et Physiques.* Paris, 1694. (For bibliogr. see Rouse Ball, 2.)

PALMQVIST, S. & BRUNDIN, N. (1). On geobotanical and biogeochemical prospecting. See *CA*, 1939, **33**, 6762; 1942, **36**, 3402. See also Landergren (1).

PANCRITIUS, M. (1). 'Lunar calendars and matriarchy.' *AN*, 1930, **25**, 879, 889.

PANETH, F. A. (1). *The Frequency of Meteorite Falls throughout the Ages.* Art. in *Vistas in Astronomy,* ed. A. Beer. Pergamon Press, London & New York, 1956, vol. II, p. 1681.

PANNEKOEK, A. (1). 'Planetary Theories.' *POPA*, 1947, **55** (Kidinnu and Ptolemy); 1948, **56** (Copernicus, Kepler, Newton and Laplace). (Also issued separately, repaginated, for private circulation.)

PANNIER, L. (1). *Les Lapidaires Français du Moyen Âge....* Paris, 1882.

PAPINOT, E. (1). *Historical and Geographical Dictionary of Japan.* Overbeck, Ann Arbor, Mich. 1948. Lithoprinted from original ed. Kelly & Walsh, Yokohama, 1910. Eng. tr. of *Dictionnaire d'Histoire et de Géographie du Japon.* Sanseido, Tokyo; Kelly & Walsh, Yokohama, 1906.

DE PARAVEY, C. H. (1). *Illustrations de l'Astronomie hiéroglyphique et des Planisphères et Zodiaques retrouvés en Égypte, en Chaldée, dans l'Inde et au Japon, etc.* Paris, 1869.

PARKER, E. H. (4). 'Notes on Chinese astronomy.' *CR*, 1887, **15**, 182.

PARTINGTON, J. R. (1). *Origins and Development of Applied Chemistry.* Longmans Green, London, 1935.

PASCAL, BLAISE (1). *Traité du Triangle Arithmétique* (1654). Pub. posthumously, Paris, 1665.

PASQUALE D'ELIA. See d'Elia, Pasquale.

PEASE, A. S. (1). 'Fossil Fishes Again.' *ISIS*, 1942, **33**, 689.

PECK, A. L. (1) (tr.). *Aristotle; The Generation of Animals*. Loeb Classics series, Heinemann, London, 1943.

PEEK, A. P. (1). 'Notes on the so-called "Black Lime" (*chhing hui* or *mo hui*) of China.' *CIMC/MR*, 1885, no. 29, 40.

PELLAT, C. (2). 'Le Traité d'Astronomie pratique et de Météorologie populaire d'Ibn Qutayba.' *ARAB*, 1954, **1**, 84.

PELLAT, C. (3). 'Dictons rimés, *anwā* [proverbs about heliacal risings and settings in relation to weather], et Mansions Lunaires chez les Arabes.' *ARAB*, 1955, **2**, 17.

PELLIOT, P. (2). 'Les Grands Voyages Maritimes Chinois au début du 15ᵉ Siècle.' *TP*, 1933, **30**, 237; 1935, **31**, 274.

PELLIOT, P. (9). 'Mémoire sur les Coutumes de Cambodge' [a translation of Chou Ta-Kuan's *Chen-La Fêng Thu Chi*]. *BEFEO*, 1902, **1**, 123. Revised version: Paris, 1951, see Pelliot (33).

PELLIOT, P. (16). 'Le Fou-Nan' [Cambodia]. *BEFEO*, **3**, 57.

PELLIOT, P. (17). 'Deux Itinéraires de Chine à l'Inde à la Fin du 8ᵉ Siècle.' *BEFEO*, 1904, **4**, 131.

PELLIOT, P. (18). Review of G. Ferrand's *Voyage du Marchand Arabe Sulayman . . .* (on Sung and Arab maps). *TP*, 1922, **21**, 405.

PELLIOT, P. (19). 'Note sur la Carte des Pays du Nord-Ouest dans le *King Che Ta Tien*' [*Yuan Ching Shih Ta Tien*]. *TP*, 1927, **25**, 98.

PELLIOT, P. (20). Introduction to *Jades Archaïques de Chine appartenant à Mons. C. T. Loo*. van Oest, Paris & Brussels, 1925.

PELLIOT, P. (21). 'Les Prétendus Jades de Sou-Tcheou [Suchow, Kansu].' *TP*, 1913, **14**, 258.

PELLIOT, P. (25). *Les Grottes de Touen-Hoang [Tunhuang]; Peintures et Sculptures Bouddhiques des Epoques des Wei, des Thang et des Song [Sung]*. Mission Pelliot en Asie Centrale, 6 portfolios of plates. Paris, 1920-4.

PELLIOT, P. (33). *Mémoires sur les Coutumes de Cambodge de Tcheou Ta-Kouan* [Chou Ta-Kuan]; version nouvelle, suivie d'un Commentaire inachevé, Maisonneuve, Paris, 1951. (Œuvres Posthumes, no. 3.)

PELLIOT, P. (41). *Les Débuts de l'Imprimerie en Chine*. Impr. Nat. & Maisonneuve, Paris, 1953. (Œuvres Posthumes, no. 4.)

PELLIOT, P. (42). 'Neuf Notes sur des Questions d'Asie Centrale.' *TP*, 1928, **26**, 201.

PELLIOT, P. & MOULE, A. C. (1). 'An Ancient Seismometer' (Chang Hêng's). *TP*, 1924, **23**, 36.

PELSENEER, J. (2). 'Les Influences dans l'Histoire des Sciences.' *A/AIHS*, 1948, **1**, 347.

PERLEBERG, M. (1) (tr.). *The Works of Kungsun Lung Tzu, with a Translation from the parallel Chinese original text, critical and exegetical notes, punctuation and literal translation, the Chinese commentary, prolegomena and Index*. Privately printed. Hongkong, 1952. (Crit. J. J. L. Duyvendak, *TP*, 1954, **42**, 383.)

PERNICE, E. (1). *Galeni de ponderibus et mensuris Testimonia*. Bonn, 1888.

PERNTER, J. M. & EXNER, F. M. (1). *Meteorologische Optik*. Braumüller, Vienna & Leipzig, 1922.

PERRY, W. J. (1). *The Children of the Sun*. Methuen, London, 1923.

PETECH, L. (1). *Northern India according to the 'Shui Ching Chu'*. Ist. Ital. per il Medio ed Estremo Oriente, Rome, 1950. (Rome Oriental Series, no. 2.)

PETECH, L. (3). 'Una Carta Cinese del Secolo 18.' *AUON*, 1954, **5** (n.s.), 1.

PETERS, C. H. F. & KNOBEL, E. B. (1). *Ptolemy's Catalogue of Stars, a Revision of the Almagest*. Carnegie Institution, Washington, publ. no. 86, 1915.

PETRUCCI, R. (1). 'Sur l'Algèbre Chinoise.' *TP*, 1912, **13**, 559.

PETRUCCI, R. (3) (tr.). *Encyclopédie de la Peinture Chinoise* [the *Chieh Tzu Yuan Hua Chuan*]. Laurens, Paris, 1918.

PFISTER, L. (1). *Notices Biographiques et Bibliographiques sur les Jésuites de l'Ancienne Mission de Chine* (+1552 to +1773). 2 vols. Mission Press, Shanghai, 1932 (*VS* no. 59).

PFIZMAIER, A. (34) (tr.). 'Die Feldherren Han Sin, Pêng Yue, und King Pu' (Han Hsin, Phêng Yüeh and Ching Pu). *SWAW/PH*, 1860, **34**, 371, 411, 418. Tr. *Shih Chi*, chs. 90 (in part), 91, 92, *Chhien Han Shu*, ch. 34; not in Chavannes (1).

PFIZMAIER, A. (39) (tr.). 'Die Könige von Hoai Nan aus dem Hause Han' (Huai Nan Tzu). *SWAW/PH*, 1862, **39**, 575. Tr. *Chhien Han Shu*, ch. 44.

PFIZMAIER, A. (43) (tr.). 'Die Geschichte einer Gesandtschaft bei den Hiung-Nu's' (Su Wu). *SWAW/PH*, 1863, **44**, 581. Tr. *Chhien Han Shu*, ch. 54 (second part).

PFIZMAIER, A. (64) (tr.). 'Die fremdländischen Reiche zu den Zeiten d. Sui.' *SWAW/PH*, 1881, **97**, 411, 418, 422, 429, 444, 477, 483. Tr. *Sui Shu*, chs. 64, 81, 82, 83, 84.

PFIZMAIER, A. (67) (tr.). 'Seltsamkeiten aus den Zeiten d. Thang' I and II. I, *SWAW/PH*, 1879, **94**, 7, 11, 19. II, *SWAW/PH*, 1881, **96**, 293. Tr. *Hsin Thang Shu*, chs. 34–6 (Wu Hsing Chih), 88, 89.

PFIZMAIER, A. (70) (tr.). 'Über einige chinesische Schriftwerke des siebenten und achten Jahrhunderts n. Chr.' *SWAW/PH*, 1879, **93**, 127, 159. Tr. *Hsin Thang Shu*, chs. 57, 59 (in part: I Wên Chih including agriculture, astronomy, mathematics, war, five-element theory).

PFIZMAIER, A. (83) (tr.). 'Das *Li Sao* und die Neun Gesänge.' *DWAW/PH*, 1851, 3, 159, 175.

PFIZMAIER, A. (92) (tr.). 'Kunstfertigkeiten u. Künste d. alten Chinesen.' *SWAW/PH*, 1871, **69**, 147, 164, 178, 202, 208. Tr. *Thai-Phing Yü Lan*, chs. 736, 737 (magic), 750, 751 (painting) and 752 (inventions and automata).

PFIZMAIER, A. (94) (tr.). 'Beiträge z. Geschichte d. Perlen.' *SWAW/PH*, 1867, **57**, 617, 629. Tr. *Thai-Phing Yü Lan*, chs. 802 (in part), 803.

PFIZMAIER, A. (95) (tr.). 'Beiträge z. Geschichte d. Edelsteine u. des Goldes.' *SWAW/PH*, 1867, **58**, 181, 194, 211, 217, 218, 223, 237. Tr. *Thai-Phing Yü Lan*, chs. 807 (coral), 808 (amber), 809, (gems), 810, 811 (gold), 813 (in part).

PHILIP, A. (1). *The Calendar; its History, Structure, and Improvement*. Cambridge, 1921.

PHILLIPS, G. (1). 'The Seaports of India and Ceylon, described by Chinese Voyagers of the Fifteenth Century, together with an account of Chinese Navigation....' *JRAS/NCB*, 1885, **20**, 209; 1886, **21**, 30 (both with large folding maps).

PHILLIPS, G. (2). 'Précis translations of the *Ying Yai Shêng Lan*.' *JRAS*, 1895, 529; 1896, 341.

PI, H. T. (1). 'The History of Spectacles in China.' *CMJ*, 1928, **42**, 742.

PIGNATARO, D. (1). Earthquake intensity scale. In G. Vivenzio's *Istoria di Tremuoti avvenuti nella Provincia della Calabria ulteriore e nelle Città di Messina nell'anno 1783*. Naples, 1788.

PINOT, V. (1). *La Chine et la Formation de l'Esprit Philosophique en France (1640–1740)*. Geuthner, Paris, 1932.

PINOT, V. (2). *Documents inédits relatifs à la Connaissance de la Chine en France de 1685 à 1740*. Geuthner, Paris, 1932.

PLANCHET, J. M. (1). 'La Mission de Pékin.' *BCP*, 1914, **1** (no. 6), 211.

PLANCHON, M. (1). *L'Horloge; son Histoire rétrospective, pittoresque et artistique*. Laurens, Paris, 1899; 2nd ed. 1912.

PLEDGE, H. T. (1). *Science since 1500*. HMSO, London, 1939.

PLUMMER, H. C. (1). 'Halley's Comet and its Importance.' *N*, 1942, **150**, 249.

POGO, A. (1). 'Egyptian Water-Clocks.' *ISIS*, 1936, **25**, 403.

POLIAK, A. N. (1). *Khazaria* (in Hebrew). Tel Aviv, 1944.

POLIAK, A. N. (2). 'The Jewish Khazar Kingdom in Mediaeval Geographical Science.' In *Actes du VIIᵉ Congrès Internat. d'Histoire des Sciences*, p. 488. Jerusalem, 1953.

POLLARD, A. W. (1). *Early Illustrated Books; a History of the Decoration and Illustration of Books in the 15th and 16th Centuries*. Kegan Paul, London, 1917.

PONDER, E. (1). 'The Reputed Medicinal Properties of Precious Stones.' *PJ*, 1925, **61**, 686, 750.

POPE, A. U. (1). *A Survey of Persian Art*. 6 vols. Oxford, 1939.

POPE-HENNESSEY, U. (1). *Early Chinese Jades*. London, 1923.

POPE-HENNESSEY, U. (2). *Jade Miscellany*. London, 1946.

POSEPNY, F. (1). 'The Genesis of Ore Deposits.' *TAIME*, 1893, **23**, 197.

POTTS, R. (1). *Euclid's Elements of Geometry, chiefly from the text of Dr Simson, with explanatory Notes; together with a Selection of Geometrical Exercises from the Senate-House and College Examination Papers; to which is prefixed, An Introduction, containing a Brief Outline of the History of Geometry*. Cambridge, 1845.

POWELL, J. U. (1). 'The Simile of the Clepsydra in Empedocles.' *CQ*, 1923, **17**, 172.

PRATT, J. H. (1). 'On Chinese Astronomical Epochs.' *PMG*, 1862 (4th ser.), **23**, 1.

PRICE, D. J. (1). 'Clockwork before the Clock.' *HORJ*, 1955, **97**, 810; 1956, **98**, 31.

PRICE, D. J. (2) (ed.). *The Equatorie of the Planetis* (probably written by Geoffrey Chaucer), with a linguistic analysis by R. M. Wilson. C.U.P., Cambridge, 1955.

PRICE, D. J. (3). 'A Collection of Armillary Spheres and other Antique Scientific Instruments.' *ANS*, 1954, **10**, 172.

PRICE, D. J. (4). 'The Prehistory of the Clock.' *D*, 1956, **17**, 153.

PRICE, D. J. (7). 'Medieval Land Surveying and Topographical Maps.' *GJ*, 1955, **121**, 1.

PROSTOV, E. V. (1). 'Early Mentions of Fossil Fishes.' *ISIS*, 1942, **34**, 24.

PRUETT, J. H. (1). 'Motion of Circumpolar Stars.' *SKY*, 1951, **10**, 98.

PRZYŁUSKI, J. (6). 'L'Or, son Origine et ses Pouvoirs Magiques.' *BEFEO*, 1914, **14**, 1.

PUINI, C. (1). 'I Muraglione della Cina.' *RGI*, 1915, **22**, 481.

PUINI, C. (2). 'Idee Cosmologiche della Cina Antica.' *RGI*, 1894, **1**, 618; 1895, **2**, 1.

PUINI, C. (3). 'Qualche appunto circa l'Opera Geografico del Padre Matteo Ricci.' *RGI*, 1912, **19**, 679.

PULLEYBLANK, E. G. (3). 'A Sogdian Colony in Inner Mongolia.' *TP*, 1952, **41**, 317.

PULLEYBLANK, E. G. (4). *Chinese History and World History.* Inaugural Lecture at the University of Cambridge. C.U.P. 1955.

PURCHAS, S. (1). *Hakluytus Posthumus, or Purchas his Pilgrimes, contayning a History of the World in Sea Voyages and Lande Travells.* 4 vols. London, 1625. 2nd ed. *Purchas his pilgrimage, Or Relations of the world and the religions observed in all ages and places discovered.* London, 1626.

RAEDER, H., STRÖMGREN, E. & STRÖMGREN, B. (1) (tr.). *Tycho Brahe's Description of his Instruments and Scientific Work, as given in his 'Astronomiae Instauratae Mechanica'* (Wandesburgi, 1598). Munksgaard, Copenhagen, 1946. (Pub. of K. Danske Videnskab. Selskab.)

RAMMING, M. (1). 'The Evolution of Cartography in Japan.' *IM*, 1937, **2**, 17.

RANDALL, J. H. (1). 'The Development of Scientific Method in the School of Padua.' *JHI*, 1940, **1**, 177.

RANDALL, J. H. (2). 'The Place of Leonardo da Vinci in the Emergence of Modern Science.' *JHI*, 1953, **14**, 191.

RANGABÉ, A. R. (1). 'Lettre de Mons. Rangabé à Mons. Letronne sur une Inscription Grecque du Parthénon, etc. etc.' (including description of the Salamis abacus), with an appended 'Note sur l'Echelle Numérique d'un Abacus Athénien, etc.' by Letronne. *RA*, 1846, **3**, 295.

RANKAMA, K. (1). 'Some Recent Trends in Prospecting; Chemical, Biogeochemical and Geobotanical Methods.' *MM*, 1947, **28**, 282.

RANKAMA, K. (2). 'On the Use of Trace Elements in some Problems of Practical Geology.' *BCGF*, 1941, **22**, no. 126, 90.

RANKAMA, K. & SAHAMA, T. G. (1). *Geochemistry.* Univ. Chicago Press, Chicago, 1950.

RASHĪD AL-DĪN AL-HAMDĀNĪ. *Jāmi' al-Tawārīkh* (Collection of Histories). See Quatremère.

RAVEN, C. E. (1). *Natural Religion and Christian Theology.* (1st series of the Gifford Lectures, *Science and Religion*, for 1952.) Cambridge, 1953.

RAVENSTEIN, E. G. (1). *Martin Behaim; his Life and his [terrestrial] Globe.* London, 1908.

RAY, J. (1). *Miscellaneous Discourses concerning the Dissolution and Changes of the World, wherein the Primitive Chaos and Creation, the General Deluge, Fountains, Formed Stones, Sea-shells found in the Earth, Subterranean Trees, Mountains, Earthquakes, Volcanoes . . . are largely examined.* London, 1692.

RĀY, P. C. (1) (tr.). *The Mahābhārata.* 22 vols. Bhārata Press, Calcutta, 1889.

RĀY, P. C. (1). *A History of Hindu Chemistry, from the Earliest Times to the middle of the 16th cent. A.D., with Sanskrit Texts, Variants, Translation and Illustrations.* 2 vols. Chuckervarty & Chatterjee, Calcutta, 1904, 1925. New and revised ed. in one volume, ed. P. Ray, Indian Chemical Society, Calcutta, 1956. Re-titled *History of Chemistry in Ancient and Medieval India.*

READ, BERNARD E. (with LIU JU-CHHIANG) (1). *Chinese Medicinal Plants from the 'Pên Tsh'ao Kang Mu' A.D. 1596 . . . a Botanical Chemical and Pharmacological Reference List.* (Publication of the Peking Nat. Hist. Bull.). French Bookstore, Peiping, 1936 (chs. 12–37 of *Pên Tshao Kang Mu*) (rev. W. T. Swingle, *ARLC/DO*, 1937, 191).

READ, BERNARD E. (2) [with LI YÜ-THIEN]. *Chinese Materia Medica; Animal Drugs.*

			Serial nos.	Corresp. with chaps. of *Pên Tshao Kang Mu*
Pt. I	Domestic Animals		322–349	50
II	Wild Animals		350–387	51 *A* and *B*
III	Rodentia		388–399	51 *B*
IV	Monkeys and Supernatural Beings		400–407	51 *B*
V	Man as a Medicine		408–444	52

PNHB, 1931, **5** (no. 4), 37–80; **6** (no. 1), 1–102. (Sep. issued, French Bookstore, Peiping, 1931.)

READ, BERNARD E. (3) [with LI YÜ-THIEN]. *Chinese Materia Medica; Avian Drugs.*

		Serial nos.	Corresp. with chaps. of *Pên Tshao Kang Mu*
Pt. VI	Birds	245–321	47, 48, 49

PNHB, 1932, **6** (no. 4), 1–101. (Sep. issued, French Bookstore, Peiping, 1932.)

READ, BERNARD E. (4) [with LI YÜ-THIEN]. *Chinese Materia Medica; Dragon and Snake Drugs.*

		Serial nos.	Corresp. with chaps. of *Pên Tshao Kang Mu*
Pt. VII	Reptiles	102–127	43

PNHB, 1934, **8** (no. 4), 297–357. (Sep. issued, French Bookstore, Peiping, 1934.)

READ, BERNARD E. (5) [with YU CHING-MEI]. *Chinese Materia Medica; Turtle and Shellfish Drugs.*

	Serial nos.	Corresp. with chaps. of *Pên Tshao Kang Mu*
Pt. VIII Reptiles and Invertebrates	199–244	45, 46

PNHB (Suppl.), 1939, 1–136. (Sep. issued, French Bookstore, Peiping, 1937.)

READ, BERNARD E. (6) [with YU CHING-MEI]. *Chinese Materia Medica; Fish Drugs.*

Pt. IX Fishes (incl. some amphibia, octopoda and crustacea)	128–198	44

PNHB (Suppl.), 1939. (Sep. issued, French Bookstore, Peiping, n.d. prob. 1939.)

READ, BERNARD E. (7) [with YU CHING-MEI]. *Chinese Materia Medica; Insect Drugs.*

Pt. X Insects (incl. arachnidae etc.)	1–101	39, 40, 41, 42

PNHB (Suppl.), 1941. (Sep. issued, Lynn, Peiping, 1941.)

READ, BERNARD E. (8). *Famine Foods listed in the 'Chiu Huang Pên Tshao'.* Lester Institute, Shanghai, 1946.

READ, BERNARD E. & PAK, C. (PHU CHU-PING) (1). *A Compendium of Minerals and Stones used in Chinese Medicine, from the 'Pên Tshao Kang Mu'.* PNHB, 1928, **3** (no. 2), i–vii, 1–120. (Revised and enlarged, issued separately, French Bookstore, Peiping, 1936 (2nd ed.).) Serial nos. 1–135, corresp. with chs. of *Pên Tshao Kang Mu*, 8, 9, 10, 11.

RECORDE, ROBERT (1). *Whetstone of Witte.* London, 1557.

REDGRAVE, S. R. (1). *Erhard Ratdolt and his Work at Venice* (printer of astronomical books with colour-blocks). Bibliographical Soc. London, 1899.

REDIADIS, P. (1). Account of the Anti-Kythera machine (+2nd century). In J. Svoronos, *Das Athener Nationalmuseum*, Textband 1.

REEVES, J. (1). *Chinese Names of Stars and Constellations, collected at the request of Dr Morrison for his Chinese Dictionary.* Canton, 1819. (Morrison's dictionary appeared at Macao in 1815.) Not seen.

REGIOMONTANUS (JOHANNES MÜLLER of Königsberg) (1). 'De Torqueto, Astrolabio, Regula, Baculo', etc. In *Scripta.* Nürnburg, 1543.

REHM, A. (1). 'Parapegmastudien.' *ABAW/PH*, 1941 (n.F.), **19**, 22.

REICH, S. & WIET, G. (1). 'Un Astrolabe Syrien du 14ᵉ Siècle' (+1366). Portable equatorial sundial oriented by observation of Sun's altitude and used to determine Qiblah direction. *BIFAO*, 1939, **38**, 195.

REINACH, T. (1). *Mithridate Eupator, Roi de Pont.* Paris, 1890.

REINAUD, J. T. (1) (tr.). *Relation des Voyages faits par les Arabes et les Persans dans l'Inde et la Chine dans le 9ᵉ siècle de l'ère Chrétienne.* 2 vols. Paris, 1845. Re-translation of, and commentary on, the MSS. translated more than a century earlier by E. Renaudot, q.v.

REINAUD, J. T. & FAVÉ, I. (1). *Du Feu Grégeois, des Feux de Guerre, et des Origines de la Poudre à Canon, d'après des Textes Nouveaux.* Dumaine, Paris, 1845. (Crit. rev. by D[efrémer]y, *JA*, 1846 (4ᵉ sér.), **7**, 572; E. Chevreul, *JS*, 1847, 87, 140, 209.)

REISCHAUER, E. O. (2) (tr.). *Ennin's Diary; the Record of a Pilgrimage to China in Search of the Law* (the *Nittō-Guhō Junrei Gyōki*). Ronald Press, New York, 1955.

RÉMUSAT, J. P. A. (1) (tr.). *Fa Hian, 'Foe Koue Ki', traduit par Rémusat, etc.* Paris, 1836. Eng. tr. *The Pilgrimage of Fa Hian; from the French edition of the 'Foe Koue Ki' of Rémusat, Klaproth and Landresse, with additional notes and illustrations.* Calcutta, 1848. (Fa-Hsien's *Fo Kuo Chi*.)

RÉMUSAT, J. P. A. (3). 'Antoine Gaubil.' *BU*, 1856, **16**, 1.

RÉMUSAT, J. P. A. (4). 'Catalogue des Bolides et des Aérolithes observées à la Chine et dans les Pays Voisins, tiré des Ouvrages Chinois.' *JPH*, 1819, **88**, 348.

RÉMUSAT, J. P. A. (5). 'Observations Chinoises sur la Chute des Corps Météoriques.' In *Mélanges Asiatiques.* Dondey, Paris, 1825.

RÉMUSAT, J. P. A. (6). Translation of the *Chen La Fêng Thu Chi. Nouvelles Mélanges Asiatiques*, vol. 1, p. 134.

RÉMUSAT, J. P. A. (7) (tr.). *Histoire de la Ville de Khotan, tirée des Annales de la Chine et traduite du Chinois; suivie de Recherches sur la Substance Minérale appelée par les Chinois Pierre de Iu [Jade] et sur le Jaspe des Anciens.* (Tr. of *TSCC, Pien i tien*, ch. 55.) Paris, 1820.

[RENAUDOT, EUSEBIUS] (1) (tr.). *Anciennes Relations des Indes et de la Chine de deux Voyageurs Mahometans, qui y allèrent dans le Neuvième Siècle, traduites d'Arabe, avec des Remarques sur les principaux Endroits de ces Relations.* (With four Appendices, as follows: (i) Eclaircissement touchant la Prédication de la Religion Chrestienne à la Chine; (ii) Eclaircissement touchant l 'Entrée des Mahometans dans la Chine; (iii) Eclaircissement touchant les Juifs qui ont esté trouvez à la Chine; (iv) Eclaircissement sur les Sciences des Chinois.) Coignard, Paris, 1718. Eng. tr. London, 1733. The title of Renaudot's book, which was presented partly to counter the claims of the pro-Chinese party in religious and learned circles (the Jesuits, Golius, Vossius etc., see Pinot (1), pp. 109, 160, 229, 237), was misleading. The two documents translated were: (a) The account of Sulaimān al-Tājir (Sulaiman the Merchant), written by an anonymous author in +851. (b) The completion Silsilat al-Tawārīkh of +920 by Abū Zayd al-Ḥasan al-Shīrāfī, based on the account of Ibn Wahb al-Baṣrī, who was in China in +876 (see Mieli (1), pp. 13, 79, 81, 115, 302; al-Jalīl (1), p. 138; Hitti (1), pp. 343, 383; Yule (2), vol. 1, pp. 125–33). Cf. Reinaud (1); Sauvaget (2).

RENOU, L. & FILLIOZAT, J. (1). L'Inde Classique; Manuel des Etudes Indiennes, Vol. 1, with the collaboration of P. Meile, A. M. Esnoul and L. Silburn, Payot, Paris, 1947. Vol. 2, with the collaboration of P. Demiéville, O. Lacombe, & P. Meile, Ecole Française d'Extrême Orient, Hanoi; Impr. Nationale, Paris, 1953.

DE REPARAZ-RUIZ, G. (1). 'Historia de la Geografía de España.' In España, la Tierra, el Hombre, el Arte, vol. 1. Martin, Barcelona, 1937.

DE REPARAZ-RUIZ, G. (2). 'Les Précurseurs de la Cartographie Terrestre.' A/AIHS, 1951, 4, 73.

REPSOLD, J. A. (1). Zur Geschichte d. astronomischer Messwerkzeuge, 2 vols. Leipzig. 1908–1914.

RESCHER, O. (1). Eš-Šaqā'iq en-No'mānijje von Tašköprüzade, enthaltened die Biographien der türkischen und im osmanischen Reiche wirkenden Gelehrten.... Phoenix, Constantinople-Galata, 1927.

REY, ABEL (1). La Science dans l'Antiquité. Vol. 1: La Science Orientale avant les Grecs, 1930, 2nd ed. 1942; Vol. 2: La Jeunesse de la Science Grecque, 1933; Vol. 3: La Maturité de la Pensée Scientifique en Grèce, 1939; Vol. 4: L'Apogée de la Science Technique Grecque (Les Sciences de la Nature et de l'Homme, les Mathématiques, d'Hippocrate à Platon), 1946. Albin Michel, Paris. (Evol. de l'Hum. sér. complémentaire.)

RICCI, FRANCESCO (1). Nuova Pratica Mercantile, nella quale con modo facile s'esprimento tutti sorte di conti, che possono occorrere nella mercantila, con la radice quadrata e cuba...e sue approssimationi. Macerata, 1659.

RICCI, MATTEO (1). I Commentarj della Cina, 1610. MS. unpub. till 1911 when it was edited by Venturi (1); since then it has been edited and commented on more fully by d'Elia (2).

RICCI, MATTEO (2). World Map of +1602. Photographically reproduced. Chinese Soc. Histor. Geography, Peiping, 1936.

RICHARDSON, L. J. 'Digital Reckoning among the Ancients.' AMM, 23, 7.

RICO Y SINOBAS, M. (1). 'Libros del Saber de Astronomia' del Rey D. Alfonso X de Castilla. Aguado, Madrid, 1864.

RIGGE, W. F. (1). 'A Chinese Star-Map Two Centuries Old.' POPA, 1915, 23, 29.

RIPA, MATTEO (1). Memoirs of Father [Matteo] Ripa during thirteen years' Residence at the Court of Peking in the service of the Emperor of China; with an account of the foundation of the College for the Education of Young Chinese at Naples. Selected and transl. from Italian by F. Prandi, Murray, London, 1844.

RITTER, C. (1). Die Erdkunde im Verhältnis z. Natur und z. Gesch. d. Menschen. Reimer, Berlin, 1837.

RITTER, C. (2). Die Erdkunde von Asien. 5 vols. Berlin, 1837.

ROBIN, P. A. (1). Animal Lore in English Literature. Murray, London, 1932.

ROBINSON, F. B. (1). 'The Astronomical Observatory in Peking.' AAR, 1930, 37.

ROBINSON, W. O., LAKIN, H. W. & REICHEN, L. E. (1). 'The Zinc Content of Plants on the Friedensville Zinc slime ponds in relation to Biogeochemical Prospecting.' EG, 1947, 42, 572.

ROCKHILL, W. W. (1). 'Notes on the Relations and Trade of China with the Eastern Archipelago and the Coast of the Indian Ocean during the 15th Century.' TP, 1914, 15, 419; 1915, 16, 61.

RODET, L. (1). 'Le Souan-Pan et la Banque des Argentiers.' BSMF, 1880, 8, 158. (Contains a translation by A. Vissière of part of the section of the Suan Fa Thung Tsung dealing with abacus computations.)

ROHDE, A. (1). Die Geschichte d. wissenschaftlichen Instrumente vom Beginn der Renaissance bis zum Ausgang des 18. Jahrh. Klinkhardt & Biermann, Leipzig, 1923. (Monographien d. Kunstgewerbes, no. 16.)

VON ROHR, M. (1). Joseph Fraunhofers Leben, Leistungen und Wirksamkeit. Akad. Verlagsgesellsch. Leipzig, 1929.

ROHRBERG, A. (1). 'Das Rechnen auf dem chinesischen Rechenbrett.' UMN, 1936, 42, 34.

ROME, A. (1). 'Les Observations d'Equinoxes et de Solstices dans le ch. 1 du livre 3 du Commentaire sur l'Almagest par Théon d'Alexandrie.' ASSB, 1937, 57, 213; 1938, 58, 6.

ROSEN, F. (1) (tr.). The Algebra of Mohammed ben Musa, edited and translated [from the Arabic] (with preface and notes). Royal Asiatic Society, London, 1831. (Oriental Translation Fund.)

ROSENFELD, B. & YUSHKEVITCH, A. P. (1) (tr. and ed.). 'The Mathematical Tractates of Jamshīd Ghiyāth al-Dīn al-Kāshī (d. +1436)' (in Russian). The Miftāḥ al-Ḥisāb (Key of Computation) and the Risālat al-Moḥīṭīje (Treatise on the Circumference). JHM, 1954, 7, 11–449. Notes by Yushkevitch & Rosenfeld from pp. 380 ff.

DE ROSNY, L. (1) (tr.). Chan-Hai-King (Shan Hai Ching); Antique Géographie Chinoise. Maisonneuve, Paris, 1891.

DE ROSNY, L. (4). Tchoung-Hoa Kou-Kin Tsaï; Textes Chinois Anciens et Modernes, traduits pour la première fois dans une langue européenne (a chrestomathy). Maisonneuve, Paris, 1874. Contains excerpts of texts and translations from Chuang Tzu, Chu Fan Chih, San Tshai Thu Hui, etc.

ROSS, W. D. (1). Aristotle. Methuen, London, 1930.

ROTHMAN, R. W. (1). 'On an Ancient Solar Eclipse observed in China.' RAS/M, 1840, 11, 47.

DES ROTOURS, R. (1). Traité des Fonctionnaires et Traité de l'Armée, traduits de la Nouvelle Histoire des Thang (chs. 46–50). 2 vols. Brill, Leiden, 1948 (Bibl. de l'Inst. des Hautes Etudes Chinoises, no. 6) (rev. P. Demiéville, JA, 1950, 238, 395).

DES ROTOURS, R. (2) (tr.). Traité des Examens (Hsin Thang Shu, chs. 44, 45). Leroux, Paris, 1932. (Bib. de l'Inst. des Hautes Etudes Chinoises, no. 2.)

ROXBY, P. M. (2). 'The Major Regions of China.' G, 1938, 23, 9.

ROXBY, P. M. (3). 'China as an Entity; the Comparison with Europe.' G, 1934, 1.

ROXBY, P. M. (4). The Far Eastern Question in its Geographical Setting. Geogr. Assoc. Aberystwyth, 1920.

RUDOLPH, R. C. (1). 'Han Tomb Reliefs from Szechuan.' ACASA, 1950, 4, 29.

RUDOLPH, R. C. (2). 'Early Chinese References to Fossil Fish.' ISIS, 1946, 36, 155.

RUFUS, W. C. (1). 'The Celestial Planisphere of King Yi Tai-Jo' [of Korea]. JRAS/KB, 1913, 4, 23; POPA, 1915, 23, 6.

RUFUS, W. C. (2). 'Astronomy in Korea.' JRAS/KB, 1936, 26, 1.

RUFUS, W. C. (3). 'A Political Star Chart of the Twelfth Century.' RASC/J, 1945, 39, 33. Correspondence with H. Chatley, 280; comment H. Chatley, O, 1947, 67, 33.

RUFUS, W. C. & CHAO, CELIA (1). 'A Korean Star-Map.' ISIS, 1944, 35, 316.

RUFUS, W. C. & LEE WON-CHUL (1). 'Marking Time in Korea.' POPA, 1936, 44, 252.

RUFUS, W. C. & TIEN HSING-CHIH (1). The Soochow Astronomical Chart. Univ. of Michigan Press, Ann Arbor, 1945 (rev. H. Chatley, O, 1947, 67, 33).

RUSKA, J. (1). 'Die Mineralogie in d. arabischen Litteratur.' ISIS, 1913, 1, 341.

RUSSELL, S. M. (1). 'Discussion of Astronomical Records in Ancient Chinese Books.' JPOS, 1888, 2, 187.

RYLE, M. & RATCLIFFE, J. A. (1). 'Radio-Astronomy.' END, 1952, 11, 117.

SACHAU, E. (1) (tr.). Alberuni's India. 2 vols. London, 1888; reprint, 1910.

SAGUI, C. L. (1). 'Economic Geology and Allied Sciences in Ancient Times.' EG, 1930, 25, 65.

SAID, RUSHDI (1). 'Geology in Tenth Century Arabic Literature.' AJSC, 1950, 248, 63.

SAINT-DENYS, D'HERVEY, M. J. L. (1) (tr.). Ethnographie des Peuples Etrangers à la Chine; ouvrage composé au 13e siècle de notre ère par Ma Touan-Lin...avec un commentaire perpétuel. Georg & Mueller, Geneva, 1876–83. 4 vols. (Translation of chs. 324–48 of the Wên Hsien Thung Khao of Ma Tuan-Lin.) Vol. 1. Eastern Peoples; Korea, Japan, Kamchatka, Thaiwan, Pacific Islands (chs. 324–7). Vol. 2. Southern Peoples; Hainan, Tongking, Siam, Cambodia, Burma, Sumatra, Borneo, Philippines, Moluccas, New Guinea (chs. 328–32). Vol. 3. Western Peoples (chs. 333–9). Vol. 4. Northern Peoples (chs. 340–8).

SALMON, M. (1). L'Art du Potier d'Etain. (Descriptions des Arts et Métiers, vol. 27, Acad. Roy. des Sciences.) Montard, Paris, 1788.

SALMONY, A. (1). Carved Jade of Ancient China. Berkeley, Calif., 1938.

SALUSBURY, T. (1) (ed.). Mathematical Collections and Translations of Galileo. London, 1661.

SAMBURSKY, S. (1). The Physical World of the Greeks, tr. from the Hebrew edition by M. Dagut; Routledge & Kegan Paul, London, 1956.

SAMMADAR, J. N. (1). 'Rain Measurement in Ancient India.' QJRMS, 1912, 38, 65.

SANTAREM, M. VICOMTE (1). Essai sur l'Histoire de la Cosmographie et de la Cartographie pendant le Moyen Age, et sur les Progrès de la Géographie après les Grandes Découvertes du XVᵉ siècle; pour servir d'introduction et explication à l'Atlas composé de Mappemondes et de Portulans et d'autres Monuments Géographiques depuis le VIᵉ siècle de notre Ere jusqu'au XVIIᵉ. 3 vols. Maulde & Renou, Paris, 1849–52.

SANTAREM, M. VICOMTE (2). Atlas composé de Mappemondes et de Cartes Hydrographiques et Historiques. Maulde & Renou, Paris, 1845.

DE SANTILLANA, G. (1). The Crime of Galileo. Univ. of Chicago Press, Chicago, 1955; rev. P. Labérenne, LP, 1956 (no. 69), 133.

SARGENT, C. B. (2). 'Index to the Monograph on Geography in the History of the Former Han Dynasty.' *JWCBRS*, 1940, A, **12**, 173.

SARTON, G. (1). *Introduction to the History of Science*. Vol. 1, 1927; Vol. 2, 1931 (2 parts); Vol. 3, 1947 (2 parts). Williams & Wilkins, Baltimore (Carnegie Institution Pub. no. 376).

SARTON, G. (2). 'Simon Stevin of Bruges; the first explanation of Decimal Fractions and Measures (+1585); together with a history of the decimal idea, and a facsimile of Stevin's *Disme*.' *ISIS*, 1934, **21**, 241; 1935, **23**, 153.

SARTON, G. (3). 'Early Observations of Sun-Spots.' *ISIS*, 1947, **37**, 69.

SARTON, G. (4). 'The Earliest Reference to Fossil Fishes.' *ISIS*, 1941, **33**, 56.

SARTON, G. (5). 'Decimal Systems Early and Late.' *OSIS*, 1950, **9**, 581.

DE SAUSSURE, L. (1). *Les Origines de l'Astronomie Chinoise*. Maissoneuve, Paris, 1930. Commentaries by E. Zinner, *VAG*, 1931, **66**, 21; A. Pogo, *ISIS*, 1932, **17**, 267. This book (posthumously issued) contains eleven of the most important original papers of de Saussure on Chinese astronomy (3, 6, 7, 8, 9, 10, 11, 12, 13, 14). It omits, however, the important addendum to (3), 3*a*, as well as the valuable series (16). Unfortunately the editing was slovenly. Although the reprinted papers were re-paged, the cross-references in the footnotes were unaltered; Pogo, however (*loc. cit.*), has provided a table of corrections by the use of which de Saussure's cross-references can be readily utilised.

DE SAUSSURE, L. (2). 'Prolégomènes d'Astronomie Primitive Comparée.' *ASPN*, 1907 (4ᵉ sér. **23**), **112**, 537.

DE SAUSSURE, L. (2*a*). 'Notes sur les Étoiles Fondamentales des Chinois.' *ASPN*, 1907 (4ᵉ sér. **24**), **112**, 19, 96.

DE SAUSSURE, L. (3). 'Le Texte Astronomique du Yao Tien.' *TP*, 1907, **8**, 301. (Reprinted as introduction to (1).)

DE SAUSSURE, L. (3*a*). 'Le Texte Astronomique du Yao Tien; Note Rectificative et Complémentaire.' *TP*, 1907, **8**, 559.

DE SAUSSURE, L. (4). 'L'Astronomie Chinoise dans l'Antiquité.' *RGS*, 1907, **18**, 135. (Commentary on de Saussure's work up to this time by P. Puiseux, *JS*, 1908, 512; reprinted *TP*, 1908, **9**, 708.)

DE SAUSSURE, L. (5). 'Le Cycle de Jupiter.' *TP*, 1908, **9**, 455. (This paper contains many mistakes, in the opinion of the author, who desired that it should be considered as cancelled and replaced by (12). See (1), p. 421 fn.)

DE SAUSSURE, L. (6). 'Les Origines de l'Astronomie Chinoise: l'Origine des *Sieou* [*hsiu*].' *TP*, 1909, **10**, 121. (Reprinted as [A] in (1).)

DE SAUSSURE, L. (7). 'Les Origines de l'Astronomie Chinoise; les Cinq Palais Célestes.' *TP*, 1909, **10**, 255. (Reprinted as [B] in (1).)

DE SAUSSURE, L. (8). 'Les Origines de l'Astronomie Chinoise; La Série Quinaire et ses Dérivés.' *TP*, 1910, **11**, 221. (Reprinted as [C] in (1).)

DE SAUSSURE, L. (9). 'Les Origines de l'Astronomie Chinoise: La Série des douze *tche*.' *TP*, 1910, **11**, 457. (Reprinted as [D] in (1).)

DE SAUSSURE, L. (10). 'Les Origines de l'Astronomie Chinoise; Le Cycle des Douze Animaux.' *TP*, 1910, **11**, 583. (Reprinted as [E] in (1).)

DE SAUSSURE, L. (11). 'Les Origines de l'Astronomie Chinoise: La Règle des *cho-ti* [*shê-thi*].' *TP*, 1911, **12**, 347. (Reprinted as [F] in (1).)

DE SAUSSURE, L. (12). 'Les Origines de l'Astronomie Chinoise: Le Cycle de Jupiter.' *TP*, 1913, **14**, 387; 1914, **15**, 645. (Reprinted as [G] and [G*bis*] in (1).)

DE SAUSSURE, L. (13). 'Les Origines de l'Astronomie Chinoise; Les Anciennes Etoiles Polaires.' *TP*, 1921, **20**, 86. (Reprinted as [H] in (1).)

DE SAUSSURE, L. (14). 'Les Origines de l'Astronomie Chinoise; Le Zodiaque Lunaire.' *TP*, 1922, **21**, 251. (Reprinted as [I] in (1).)

DE SAUSSURE, L. (15). 'Le Zodiaque Lunaire Asiatique.' *ASPN*, 1919 (5ᵉ sér. **1**), **124**, 105.

DE SAUSSURE, L. (16*a, b, c, d*). 'Le Système Astronomique des Chinois.' *ASPN*, 1919 (5ᵉ sér. **1**), **124**, 186, 561; 1920 (5ᵉ sér. 2), **125**, 214, 325. (*a*) Introduction: (i) Description du Système, (ii) Preuves de l'Antiquité du Système; (*b*) (iii) Rôle Fondamental de l'Étoile Polaire, (iv) La Théorie des Cinq Eléments; (v) Changements Dynastiques et Réformes de la Doctrine; (*c*) (vi) Le Symbolisme Zoaire, (vii) Les Anciens Mois Turcs; (*d*) (viii) Le Calendrier, (ix) Le Cycle Sexagésimal et la Chronologie, (x) Les Erreurs de la Critique. Conclusion.

DE SAUSSURE, L. (16*e*). 'Le Système Cosmologique des Chinois.' *RGS*, 1921, **32**, 729.

DE SAUSSURE, L. (17). 'Origine babylonienne de l'Astronomie Chinoise.' *ASPN*, 1923 (5ᵉ sér. **5**), **128**, 5.

DE SAUSSURE, L. (18). 'Origine Chinoise du Dualisme Iranien.' *JA*, 1922 (11ᵉ sér. **20**), **201**, 302. (Abstract only, refers to (19).)

DE SAUSSURE, L. (19). 'Le Système Cosmologique Sino-Iranien.' *JA*, 1923 (12ᵉ sér. **1**), **202**, 235.

DE SAUSSURE, L. (20). 'La Cosmologie Religieuse en Chine, etc.' Congrès Internat. de l'Hist. des Religions, 1923, p. 79.

DE SAUSSURE, L. (21). 'La Série Septénaire, Cosmologique et Planétaire.' *JA*, 1923 (12ᵉ sér. **3**), **204**, 333; *NCR*, 1922, **4**, 461.

DE SAUSSURE, L. (22). 'Une Interpolation du *Che Ki* (*Shih Chi*); Le Tableau Calendarique de 76 Années.' *JA*, 1922 (11ᵉ sér. **20**), **201**, 105.

DE SAUSSURE, L. (22*a*). 'Une Interpolation du *Che Ki*; Note complémentaire.' *JA*, 1924 (12ᵉ sér. **5**), **206**, 265.

DE SAUSSURE, L. (23). 'Sur l'Inanité de la Chronologie Chinoise officielle.' *JA*, 1923 (12ᵉ sér. **2**), **203**, 360.

DE SAUSSURE, L. (24). 'Note sur l'Origine Iranienne des Mansions Lunaires Arabes.' *JA*, 1925 (12ᵉ sér. **6**), **207**, 166.

DE SAUSSURE, L. (25). 'La Chronologie Chinoise et l'Avènement des Tcheou.' *TP*, 1924, **23**, 287; 1932, **29**, 276 (posthumous). (Crit. H. Chatley, *JRAS/NCB*, 1934, **65**, 187.)

DE SAUSSURE, L. (26). (*a*) 'La Relation des Voyages du Roi Mou.' *JA*, 1921 (11ᵉ sér. **16**), **197**, 151; (11ᵉ sér. **17**), **198**, 247. (*b*) 'The Calendar of the *Muh T'ien Tsz Chuen*.' *NCR*, 1920, **2**, 513. (Comments by P. Pelliot, *TP*, 1922, **21**, 98.)

DE SAUSSURE, L. (26*a*). 'Le Voyage de Mou Wang et l'Hypothèse d'Ed. Chavannes.' *TP*, 1921, **20**, 19.

DE SAUSSURE, L. (27). 'Le Cycle des Douze Animaux et le Symbolisme Cosmologique des Chinois.' *JA*, 1920 (11ᵉ sér. **15**), **196**, 55. (Fig. 9 of this paper needs correction according to the note on p. 278 of (26).)

DE SAUSSURE, L. (28). 'La Symétrie du Zodiaque Lunaire Asiatique.' *JA*, 1919 (11ᵉ sér. **14**), **195**, 141.

DE SAUSSURE, L. (28*a*). 'The Lunar Zodiac.' *NCR*, 1921, **3**, 453.

DE SAUSSURE, L. (29). 'L'Horométrie et le Système Cosmologique des Chinois.' Introduction to A. Chapuis' *Relations de l'Horlogerie Suisse avec la Chine; la Montre 'Chinoise'*. Attinger, Neuchâtel, 1919.

DE SAUSSURE, L. (30). 'Astronomie et Mythologie dans le *Chou King* [*Shu Ching*].' *TP*, 1932, **29**, 359. (Appendix to (25); the last statement of de Saussure's views on Chinese Astronomy.)

DE SAUSSURE, L. (31). 'L'Etymologie du nom des monts K'ouen-Louen.' *TP*, 1921, **20**, 370.

DE SAUSSURE, L. (32). 'On the Antiquity of the Yin-Yang Theory.' *NCR*, 1922, **4**, 457.

DE SAUSSURE, L. (33). 'Note on a difficulty of Pelliot's concerning a calendar of −63 found among the Tunhuang documents.' *TP*, 1914, **15**, 463. (The inequality of the seasons not recognised till about +550.)

DE SAUSSURE, L. (34). 'La Tortue et le Serpent' (an amulet showing the Great Bear, and the Black Tortoise of the Northern Palace, with one of its constellations). *TP*, 1920, **19**, 247.

DE SAUSSURE, R. (1). 'Léopold de Saussure (1866–1925).' *ISIS*, 1937, **27**, 286.

SAUVAIRE, M. H. (1). 'On a Treatise on Weights and Measures by Eliya' (Elias bar Shinaya, +975 to +1049; Syriac). *JRAS*, 1877, **9**, 291.

SAYCE, A. H. (1). 'Astronomy and Astrology of the Babylonians.' *TSBA*, 1879, **3**, 145.

SAYCE, A. H. (2). *Babylonian Literature.* Bagster, London, n.d. (1877).

SAYILI, AYDIN (1). 'The "Observation Well".' In *Actes du VIIᵉ Congrès Internat. d'Histoire des Sciences.* Jerusalem, 1953, p. 542.

SCHAFER, E. H. (1). 'Ritual Exposure [Nudity, etc.] in Ancient China.' *HJAS*, 1951, **14**, 130.

SCHAFER, E. H. (4). *The History of the Empire of Southern Han according to chapter 65 of the 'Wu Tai Shih' of Ouyang Hsiu.* Art. in Silver Jubilee Volume of the Zinbun Kagaku Kenkyusyo, Kyoto University, Kyoto, 1954, p. 339.

SCHAFER, E. H. (5). 'Notes on Mica in Medieval China.' *TP*, 1955, **43**, 265.

SCHAFER, E. H. (6). 'Orpiment and Realgar in Chinese Technology and Tradition.' *JAOS*, 1955, **75**, 73.

SCHEFER, C. (2). 'Notice sur les Relations des Peuples Mussulmans avec les Chinois depuis l'Extension de l'Islamisme jusqu'à la fin du 15e Siècle.' In *Volume Centénaire de l'Ecole des Langues Orientales Vivantes, 1795–1895.* Leroux, Paris, 1895, pp. 1–43.

SCHEINER, CHRISTOPHER (1). *Rosa Ursina sive Sol, ex admirando Facularum et Macularum suarum Phenomeno Varius....* Phaeus, Bracciani, 1630.

SCHIAPARELLI, G. (1). *Scritti sulla Storia della Astronomia Antica.* Zanichelli, Bologna, 1925.

SCHJELLERUP, H. C. F. C. (1). 'Recherches sur l'Astronomie des Anciens; II, On the Total Solar Eclipses Observed in China in the Years B.C. 708, 600 and 548.' *C*, 1881, **1**, 41.

SCHJÖTH, F. (1). *The Currency of the Far East; the Schjöth Collection at the Numismatic Cabinet of the University of Oslo, Norway.* Aschehong, Oslo, 1929; Luzac, London, 1929. (Pubs. of the Numismatic Cabinet of the University of Oslo, no. 1.)

SCHLACHTER, A. & GISINGER, F. (1). *Der Globus, seine Entstehung und Verwendung in der Antike.* Teubner, Leipzig & Berlin, 1927. (*ΣΤΟΙΧΕΙΑ*, Stud. z. Gesch. d. antik. Weltbildes u. d. griechischen Wiss., no. 8.)

SCHLEGEL, G. (5). *Uranographie Chinoise, etc.* 2 vols. with star-maps in separate folder. Brill, Leyden, 1875. (Crit. J. Bertrand, *JS*, 1875, 557; S. Günther, *VAG*, 1877, **12**, 28. Reply by G. Schlegel, *BNI*, 1880 (4* volg.), **4**, 350.)

SCHLEGEL, G. (7). *Problèmes Géographiques; les Peuples Etrangers chez les Historiens Chinois.*
  (a) Fu-Sang Kuo (ident. Sakhalin and the Ainu). *TP*, 1892, **3**, 101.
  (b) Wên-Shen Kuo (ident. Kuriles). *Ibid.* p. 490.
  (c) Nü Kuo (ident. Kuriles). *Ibid.* p. 495.
  (d) Hsiao-Jen Kuo (ident. Kuriles and the Ainu). *TP*, 1893, **4**, 323.
  (e) Ta-Han Kuo (ident. Kamchatka and the Chukchi) and Liu-Kuei Kuo. *Ibid.* p. 334.
  (f) Ta-Jen Kuo (ident. islands between Korea and Japan) and Chhang-Jen Kuo. *Ibid.* p. 343.
  (g) Chün-Tzu Kuo (ident. Korea, Silla). *Ibid.* p. 348.
  (h) Pai-Min Kuo (ident. Korean Ainu). *Ibid.* p. 355.
  (i) Chhing-Chhiu Kuo (ident. Korea). *Ibid.* p. 402.
  (j) Hei-Chih Kuo (ident. Amur Tungus). *Ibid.* p. 405.
  (k) Hsüan-Ku Kuo (ident. Siberian Giliak). *Ibid.* p. 410.
  (l) Lo-Min Kuo and Chiao-Min Kuo (ident. Okhotsk coast peoples). *Ibid.* p. 413.
  (m) Ni-Li Kuo (ident. Kamchatka and the Chukchi). *TP*, 1894, **5**, 179.
  (n) Pei-Ming Kuo (ident. Behring straits islands). *Ibid.* p. 201.
  (o) Yu-I Kuo (ident. Kamchatka tribes). *Ibid.* p. 213.
  (p) Han-Ming Kuo (ident. Kuriles). *Ibid.* p. 218.
  (q) Wu-Ming Kuo (ident. Okhotsk coast peoples). *Ibid.* p. 224.
  (r) San Hsien Shan (the magical islands in the Eastern Sea, perhaps partly Japan). *TP*, 1895, **6**, 1.
  (s) Liu-Chu Kuo (the Liu-Chu islands, partly confused with Thaiwan, Formosa). *Ibid.* p. 165.
  (t) Nü-Jen Kuo (legendary, also in Japanese fable). *Ibid.* p. 247.
    A volume of these reprints, collected, but lacking the original pagination, is in the Library of the Royal Geographical Society. Chinese transl. under name Hsi Lo-Ko. (rev. F. de Mély, *JS*, 1904.)

SCHLEGEL, G. & KÜHNERT, F. (1). 'Die *Schu-King* [*Shu Ching*] Finsterniss.' *VKAWA/L*, 1890, **19** (no. 3).

SCHLOSSER, M. (1). 'Die fossilen Säugethiere Chinas.' *ABAW/MN*, 1903, **22** (incl. trade in fossils).

VON SCHLÖZER, K. (1). *Abu Dolef Misaris ben Mohalhel de Itinere Asiatico Commentarius.* Berlin, 1845.

SCHMELLER, H. (1). *Beiträge z. Geschichte d. Technik in der Antike und bei den Arabern.* Mencke, Erlangen, 1922. (Abhdl. z. Gesch. d. Naturwiss. u. d. Med. no. 6.)

SCHMIDT, M. C. P. (1). *Kulturhistorische Beiträge. II. Die Antike Wasseruhr.* Leipzig, 1912.

SCHNABEL, P. (1). *Berossos und die babylonisch-hellenistische Literatur.* Teubner, Leipzig, 1923.

SCHNABEL, P. (2). 'Recognition of Babylonian planetary ephemerides material in later Indian texts.' *ZASS*, 1924, **35**, 112; 1927, **37**, 60.

SCHOFF, W. H. (3). '*The Periplus of the Erythraean Sea*'; *Travel and Trade in the Indian Ocean by a Merchant of the First Century, translated from the Greek and annotated, etc.* Longmans Green, New York, 1912.

SCHÖPFER, W. H. (1). (a) 'Les Répercussions hors de France de l'Oeuvre de Jules Raulin (1836–1896) relative au Zinc, Oligo-Elément.' *AUL* (Fascicule Spécial: 'L'Université de Lyon en 1948 et 1949'), 1950. (b) 'La Culture des Plantes en Milieu Synthétique: Les Précurseurs. *A/AIHS*, 1951, **4**, 681.

SCHOTT, A. (1). 'Das Werden der babylonisch-assyrischen Positions-astronomie und einige seiner Bedingungen.' *ZDMG*, 1934, **88**, 302.

SCHOTT, W. (2). 'Ueber ein chinesisches Mengwerk, nebst einem Anhang linguistischer Verbesserungen zu zwei Bänden der Erdkunde Ritters' [the *Yeh Huo Pien* of Shen Tê-Fu (Ming)]. *APAW/PH*, 1880, no. 3.

SCHOVE, D. J. (1). 'Sun-spots and Aurorae.' *JBASA*, 1948, **58**, 178.

SCHOVE, D. J. (2). 'The Sun-spot Cycle before +1750.' *TM*, 1947, **52**, 233.

SCHOVE, D. J. (3). 'Sun-spot Epochs, −188 to +1610.' *POPA*, 1948, **56**, 247. Table superseded by that in Schove (7).

SCHOVE, D. J. (4). 'Chinese Raininess through the Centuries.' *MEM*, 1949, **78**, 11.

SCHOVE, D. J. (5). 'The Earliest Dated Sun-spot.' *JBASA*, 1950, **61**, 22, 126.

SCHOVE, D. J. (6). 'Sun-spots, Aurorae and Blood Rain: the Spectrum of Time.' *ISIS*, 1951, **42**, 133.

SCHOVE, D. J. (7). 'Sun-spot Maxima since −649.' *JBASA*, 1956, **66**, 59.

SCHOVE, D. J. (8). 'Halley's Comet; I, −1930 to +1986.' *JBASA*, 1955, **65**, 285.

SCHOVE, D. J. (9). 'The Comet of David and Halley's Comet.' *JBASA*, 1955, **65**, 289.

SCHOVE, D. J. (10). 'Halley's Comet and Kamienski's Formula.' *JBASA*, 1956, **66**, 131.

SCHOVE, D. J. (11). 'The Sun-spot Cycle, −649 to +2000.' *JGPR*, 1955, **60**, 127.

SCHOY, K. (1). 'Gnomonik d. Araber.' In E. v. Bassermann-Jordan's *Die Geschichte d. Zeitmessung u. d. Uhren*, vol. 1. de Gruyter, Berlin, 1923.

SCHRAMEIER, D. (1). 'On Martin Martini' [and his *Novus Atlas Sinensis* of 1655]. *JPOS*, 1888, **2**, 99.

SCHRÖDINGER, E. (1). *Science and Humanism*. Cambridge, 1951.

SÉBILLOT, P. (1). *Les Travaux Publics et les Mines dans les Traditions et les Superstitions de tous les Peuples*. Paris, 1894.

SÉDILLOT, J. J. E. (1). *Traité des Instruments Astronomiques des Arabes composé au 13ᵉ siècle par Aboul Hassan Ali de Maroc* (Abū 'Alī al-Ḥasan ibn 'Alī ibn 'Umar al-Marrākushī). Pub. with introduction by L. P. E. A. Sédillot. 2 vols. Imp. Royale, Paris, 1834–5.

SÉDILLOT, L. P. E. A. (1). 'Mémoire sur les Instruments Astronomiques des Arabes, pour servir de complément au Traité d'Aboul Hassan.' *MRAI/DS*, 1844, **1**, 1. (Also sep. Imp. Royale, Paris, 1841–5.)

SÉDILLOT, L. P. E. A. (2). *Matériaux pour servir à l'Histoire comparée des Sciences Mathématiques chez les Grecs et chez les Orientaux*. 2 vols. Didot, Paris, 1845–9.

SÉDILLOT, L. P. E. A. (3). *Prolégomènes des Tables Astronomiques d'Oloug Beg* [Ulūgh Beg ibn Shahrukh]. (a) Notes, Variantes et Introduction. Didot, Paris, 1847 (first printed Ducrocq, Paris, 1839). (b) Traduction et Commentaire. Didot, Paris, 1853.

SÉDILLOT, L. P. E. A. (4). 'De l'Astronomie et des Mathématiques chez les Chinois.' *BBSSMF*, 1868, **1**, 161.

SÉDILLOT, L. P. E. A. (5). *Courtes Observations sur quelques points de l'Histoire de l'Astronomie et des Mathématiques chez les Orientaux*. Lainé & Havard, Paris, 1863.

SÉDILLOT, L. P. E. A. (6). *Lettre sur quelques points de l'Astronomie Orientale*. Paris, 1834. (Probably = 'Lettre au Bureau des Longitudes.' *Moniteur*, 28 July 1834.)

SÉDILLOT, L. P. E. A. (7). 'Nouvelles Recherches pour servir à l'Histoire de l'Astronomie chez les Arabes; Découverte de la Variation [third inequality in lunar motion] par Aboul-Wefā, astronome du 10ᵉ siècle' [Abū'l Wafā al-Buzjānī, +940 to +997]. *JA*, 1835 (2ᵉ sér.), **16**, 420. (Also pub. sep. Impr. Roy. 1836.)

SÉDILLOT, L. P. E. A. (8). *Recherches Nouvelles pour servir à l'Histoire des Sciences Mathématiques chez les Orientaux*. Paris, 1837. Repr. from 'Notices de plusieurs Opuscules Mathématiques qui composent le MS. Arabe no. 1104 de la Bibliothèque Royale.' *MAI/NEM*, 1838, **13** (no. 1), 126.

SEEMANN, H. J. (1). 'Die Instrumente der Sternwarte zu Marāghah nach den Mitteilungen von al-'Urdī.' *SPMSE*, 1928, **60**, 15.

SEEMANN, H. J. (2). *Das Kugelförmige Astrolab*. Mencke, Erlangen, 1925. (Abhdl. z. Gesch. d. Naturwiss. u. d. Med. no. 8.)

SELIGMANN, K. (1). *The History of Magic*. Pantheon, New York, 1948.

SENGUPTA, P. C. (1). 'History of the Infinitesimal Calculus in Ancient and Medieval India.' *JDMV*, 1931, **41**, 223.

SENGUPTA, P. C. (2). 'The Age of the Brahmanas.' *IHQ*, 1934, **10**.

SENGUPTA, P. C. (3). 'Hindu Astronomy.' Art. in *Cultural Heritage of India*, vol. 3, pp. 341–78, Calcutta, 1940.

SERGESCU, P. (1). *Les Recherches sur l'Infini Mathématique jusqu'à l'Etablissement de l'Analyse Infinitésimale*. Herrmann, Paris, 1949. (*ASI*, no. 1083.)

SHAKESHAFT, J. R. (1). 'Radio-Astronomy.' *ADVS*, 1953, 294.

SHAMASASTRY, R. (1) (tr.). *Kautilya's 'Arthaśāstra'*. With introd. by J. F. Fleet. Wesleyan Mission Press, Mysore, 1929.

SHAW, H. (1). *Applied Geophysics*. HMSO (Science Museum), London, 1938.

SHAW, W. NAPIER (1). *The Drama of Weather*. Cambridge, 1933.

SHAW, W. NAPIER & AUSTIN, E. (1). *Manual of Meteorology*. 4 vols. Cambridge, 1926; 2nd ed. 1932.

SHINJŌ, S. (1). 'On the Development of the Astronomical Sciences in the Ancient Orient.' In *Scientific Japan, Past and Present*. 3rd Pan-Pacific Science Congress Volume, Tokyo, 1926. (Chinese translation by Chhen Hsiao-Hsien in *CST/HLJ*, 1929, nos. 94–6; see Eberhard, 10.)

SHIROKOGOROV, S. M. (2). 'Lunar Calendars and Matriarchy.' *AN*, 1931, **26**, 217.

SHKLOVSKY, I. S. (1). 'Novae and Radio Stars' (in Russian). *ANSSR/AC*, 1953 (no. 143), 1; *CRAS/USSR*, 1954, **94**, 417.

SHKLOVSKY, I. S. & PARENAGO, P. P. (1). 'Identification of the Supernova of +369 with a powerful Radio Star in Cassiopeia' (in Russian). *ANSSR/AC*, 1952 (no. 131), 1. (Partial Eng. tr. *HANL*, 1953 (no. 70), 6.)

SHORT, JAMES (1). 'Description and Uses of an Equatorial Telescope.' *PTRS*, 1749, **46**, 241.

SIEBERG, A. (1). *Handbuch d. Erdbebenkunde*. Wieweg, Braunschweig, 1904.

SILCOCK, A. (1). *Introduction to Chinese Art*. London, 1935.

SIMON, E. (1). 'Über Knotenschriften und ähnliche Knotenschnüre d. Riukiuinseln.' *AM*, 1924, **1**, 657.

SIMONELLI, J. P., KÖGLER, I. & DELLA BRIGA, M. (1). *Scientiae Eclipsium ex Imperio et Commercio Sinarum Illustratae*. Pt. I (J. P. Simonelli). Rubeis, Rome, 1744. Pt. II (I. Kögler). Marescandoli, Lucca, 1745. Pts. III, IV (M. della Briga). Marescandoli, Lucca, 1747.

SINGER, C. (2). *A Short History of Science, to the Nineteenth Century.* Oxford, 1941.

SINGER, C. (8). *The Earliest Chemical Industry; an Essay in the Historical Relations of Economics and Technology, illustrated from the Alum Trade.* Folio Society, London, 1948.

SINGER, C. & SINGER, D. W. (1). 'The Jewish Factor in Mediaeval Thought.' In *Legacy of Israel*, ed. E. R. Bevan and C. Singer. Oxford, 1928.

SINGER, D. W. (1). *Giordano Bruno; His Life and Thought, with an annotated Translation of his Work 'On the Infinite Universe and Worlds'.* Schuman, New York, 1950.

SINGH, A. N. (1). 'A Review of Hindu Mathematics up to the +12th Century.' *A*, 1936, **18**, 43.

SINGH, A. N. (2). 'On the Use of Series in Hindu Mathematics.' *OSIS*, 1936, **1**, 606.

SINOR, D. (1). 'Autour d'une Migration de Peuples au 5ᵉ siècle.' *JA*, 1947, **235**, 1.

SINYAKOVA, A. (1). 'Lead Accumulation in Plants.' *CRAS/USSR*, 1945, **48**, 414; *CA*, 1946, **40**, 4113.

SION, J. (1). *Asie des Moussons.* Vol. 9 of *Géographie Universelle.* Colin, Paris, 1928.

SIREN, O. (1). (*a*) *Histoire des Arts Anciens de la Chine.* 3 vols. van Oest, Brussels, 1930. (*b*) *A History of Early Chinese Art.* 4 vols. Benn, London, 1929. Vol. 1, Prehistoric and Pre-Han; Vol. 2, Han; Vol. 3, Sculpture; Vol. 4, Architecture.

SISCO, A. G. & SMITH, C. S. (1) (tr.). '*Bergwerk und Probierbüchlein*', a translation from the German of the '*Bergbüchlein*', a sixteenth century book on mining geology...and of the '*Probierbüchlein*', a sixteenth century work on assaying...with technical annotations and historical notes. Amer. Inst. Mining & Metall. Engineers, New York, 1949.

SISCO, A. G. & SMITH, C. S. (2) (tr.). *Lazarus Ercker's Treatise on Ores and Assaying (Prague, 1574),* translated from the German edition of 1580. Univ. Chicago Press, Chicago, 1951.

DE SITTER, W. (1). 'On the System of Astronomical Constants.' *BAN*, 1938, **8** (no. 307), 216, 230.

DE SLANE, BARON McGUCKIN (1). *Description de l'Afrique Septentrionale.* Algiers, 1857, 1858; new ed. Paris, 1910, 1913. (Tr. of al-Bakrī's *Kitāb al-masālik w'al-mamālik.*)

SLOLEY, R. W. (1). (*a*) 'Primitive Methods of Measuring Time, with special reference to Egypt.' *JEA*, 1931, **17**, 166. (*b*) 'Ancient Clepsydrae.' *AE*, 1924, 43.

SLOUKA, HUBERT *et al.* (1) (ed.). *Astronomie v Československu od dob Nejstarších do Dneška.* State Publishing House, Prague, 1952.

SMART, W. M. (1). *A Textbook on Spherical Astronomy.* Cambridge, 1936.

SMETHURST, GAMALIEL (1). 'An Account of a new invented arithmetical Instrument called a *Shwan-pan*, or Chinese Accompt-Table.' *PTRS*, 1749, **46**, 22. (With note by C. M[ortimer], Sec. R.S.)

SMITH, C. A. MIDDLETON (1). 'Chinese Creative Genius.' *CTE*, 1946, **1**, 920, 1007.

SMITH, D. E. (1). *History of Mathematics.* Vol. 1. *General Survey of the History of Elementary Mathematics*, 1923. Vol. 2. *Special Topics of Elementary Mathematics*, 1925. Ginn, New York.

SMITH, D. E. (2). 'Chinese Mathematics.' *SM*, 1912, **80**, 597.

SMITH, D. E. (3). 'Unsettled Questions concerning the Mathematics of China.' *SM*, 1931, **33**, 244.

SMITH, D. E. (4). 'The History and Transcendence of π.' In J. W. A. Young (ed.), *Monographs on Topics of Modern Mathematics relevant to the elementary field*, p. 396. Longmans Green, New York, 1911.

SMITH, D. E. & KARPINSKI, L. C. (1). *The Hindu-Arabic Numerals.* Ginn, Boston, 1911.

SMITH, D. E. & MIKAMI, Y. (1). *A History of Japanese Mathematics.* Open Court, Chicago, 1914. (rev. H. Bosmans, *RQS*, 1914, **76**, 251.)

SMITH, R. A. (1). 'On sinking water-pot clepsydras in Britain.' *PSA*, 1907, **21**, 319; 1915, **27**, 76.

SNELLEN, J. B. (1). '*Shoku Nihongi*; Chronicles of Japan.' *TAS/J*, 1934 (2ᵉ ser.), **11**, 151.

SOLGER, F. (1). 'Astronomische Anmerkungen zu chinesischen Märchen.' *MDGNVO*, 1922, **17**, 133.

SOLOMON, B. S. (1). '"One is No Number" in China and the West.' *HJAS*, 1954, **17**, 253.

SOONAWALA, M. F. (1). *Maharaja Sawai Jai Singh II of Jaipur and his Observatories.* Jaipur Astronomical Society, Jaipur, n.d. (1953) (rev. H. Spencer Jones, *N*, 1953, **172**, 645).

SOOTHILL, W. E. (4). 'The Two Oldest Maps of China Extant.' *GJ*, 1927, **69**, 532. (Incorporates an otherwise unpublished contribution of A. Hosie, 1924. Followed by discussion including E. Heawood.)

SOOTHILL, W. E. (5) (posthumous). *The Hall of Light; a Study of Early Chinese Kingship.* Lutterworth, London, 1951. (On the Ming Thang; also contains discussion of the *Pu Thien Ko* and transl. of *Hsia Hsiao Chêng*.)

SOPER, A. C. (1). 'Hsiang Kuo Ssu, an Imperial Temple of the Northern Sung.' *JAOS*, 1948, **68**, 19.

SOUCIET, E. See Gaubil, A.

SOUSTELLE, J. (1). *La Pensée Cosmologique des anciens Mexicains; Représentation du Monde et de l'Espace.* Hermann, Paris, 1940.

SOYMIÉ, M. (1). 'L'Entrevue de Confucius et de Hiang T'o [Hsiang Tho].' *JA*, 1954, **242**, 311.

SPASSKY, I. G. (1). 'The Origin and History of the Russian "schioty" (abacus).' Art. in *Historical-Mathematical Researches*, 4th ed. Moscow, 1952.

SPENCER, L. J. (1). *A Key to Precious Stones.* London & Glasgow, 1936.

SPENCER-JONES, SIR HAROLD (1). *General Astronomy.* Arnold, London, 1946 (2nd ed. reprinted).

SPENCER-JONES, SIR HAROLD (2). 'The Royal Greenwich Observatory.' *PRSB*, 1949, **136**, 349.

SPEYER, W. (1). 'Beitrag z. Wirkung von Arsenverbindungen auf Lepidopteren.' *ZAE*, 1925, **11**, 395.

SPINDEN, H. J. (1). *Ancient Civilisations of Mexico and Central America.* Amer. Mus. Nat. Hist., New York, 1946.

SPIZEL, G. (1). *De Re Litteraria Sinensium Commentarius.* Leiden, 1660.

SPRAT, THOMAS (1). *The History of the Royal Society of London, for the Improving of Natural Knowledge.* 3rd ed. Knapton *et al.* London, 1722.

VAN DER SPRENKEL, O. (1). *Chronology, Dynastic Legitimacy, and Chinese Historiography.* Contribution to the Far East Seminar in the Conference on Asian History, London School of Oriental Studies, July, 1956.

STANLEY, C. A. (1). '[Glossary of Chinese] Geographical Terms.' In Doolittle, J. (1), vol. 2, p. 268.

STAPLETON, H. E. (1). 'Sal-Ammoniac; a Study in Primitive Chemistry.' *MRAS/B*, 1905, **1**, 25.

STAUNTON, SIR GEORGE T. (1) (tr.). '*Ta Tsing Leu Lee*' [*Ta Chhing Lü Li*]; *being the fundamental Laws, and a selection from the supplementary Statutes, of the Penal Code of China.* Davies, London, 1810.

STAUNTON, SIR GEORGE T. (2). *An Authentic Account of an Embassy from the King of Great Britain to the Emperor of China. . . .* Nicol, London, 1797. 2nd ed. 2 vols. 1798.

STEERS, J. A. (1). *An Introduction to the Study of Map-Projections.* Univ. Press, London, 1946.

STEIN, R. A. (1). 'Le Lin-Yi; sa localisation, sa contribution à la formation du Champa, et ses liens avec la Chine.' *HH*, 1947, **2** (nos. 1-3), 1-300.

STEIN, SIR AUREL (6). 'Notes on Ancient Chinese Documents, discovered along the Han Frontier Wall in the Desert of Tunhuang.' *NCR*, 1921, **3**, 243. (Reprinted with Stein (7), Chavannes 12), and Wright, H. K. (1) in brochure form, Peiping, 1940.)

STEIN, SIR AUREL (7). 'A Chinese Expedition across the Pamirs and Hindukush, A.D. 747.' *NCR*, 1922, **4**, 161. (Reprinted, with Stein (6), Chavannes (12) and Wright, H. K., in brochure form, Peiping, 1940.)

STEINSCHNEIDER, M. (1). 'Die Europäischen Übersetzungen aus dem Arabischen bis mitte d. 17. Jahrhunderts.' *SWAW/PH*, 1904, **149**, 1; 1905, **151**, 1; *ZDMG*, 1871, **25**, 384.

STEINSCHNEIDER, M. (2). (*a*) Über die Mondstationen (Naxatra) und das Buch Arcandam.' *ZDMG*, 1864, **18**, 118. (*b*) 'Zur Geschichte d. Übersetzungen aus dem Indischen in Arabische und ihres Einflusses auf die Arabische Literatur, insbesondere über die Mondstationen (Naxatra) und daraufbezügliche Loosbücher.' *ZDMG*, 1870, **24**, 325; 1871, **25**, 378. (The last of the three papers has an index for all three.)

STEINSCHNEIDER, M. (3). 'Euklid bei den Arabern.' *ZMP*, 1886, **31** (Hist.-Lit. Abt.), 82.

STEINSCHNEIDER, M. (4). *Gesammelte Schriften,* ed. H. Malter & A. Marx. Poppelauer, Berlin, 1925.

STENSEN, NICHOLAS (1). *The Prodromus to a Dissertation concerning Solids naturally contained within Solids, laying a Foundation for the Rendering of a Rational Accompt both of the Frame and the several Changes of the Masse of the Earth, as also of the various Productions in the same.* Tr. H[enry] O[ldenburg]. Winter, London, 1671.

STEVENSON, E. L. (1). *Terrestrial and Celestial Globes; their History and Construction. . . .* 2 vols. Hispanic Soc. Amer. (Yale Univ. Press), New Haven, 1921.

STEVENSON, E. L. (2). *Portolan Charts; their Origin and Characteristics. . . .* Hispanic Soc. Amer., New York, 1911.

STILES, W. (1). *Trace Elements in Plants and Animals.* Cambridge, 1948.

STOLICZKA, F. (1). 'Note regarding the Occurrence of Jade in the Upper Karakash Valley on the Southern Borders of Turkistan.' In Forsyth, T. D., *Report of a Mission to Yarkand in 1873 under command of Sir T.D.F.* Calcutta, 1875.

STØRMER, C. (1). *The Polar Aurora.* O.U.P., Oxford, 1955.

STRATTON, F. J. M. (1). 'Novae.' Art. in *Handbuch d. Astrophysik,* vol. 6, p. 251. Springer, Berlin, 1928.

STRONG, E. W. (1). *Procedures and Metaphysics.* Univ. Calif. Press, Berkeley, 1936.

STRUIK, D. J. (1). 'Outline of a History of Differential Geometry.' *ISIS*, 1933, **19**, 92.

STRUIK, D. J. (2). *A Concise History of Mathematics.* 2 vols. (pagination continuous). Dover, New York, 1948.

STUHLMANN, C. C. (1). 'Chinese Soda.' *JPOS*, 1895, **3**, 566.

STÜHR, P. F. (1). *Untersuchungen ü. d. Ursprünglichkeit u. Altertümlichkeit d. Sternkunde unter den Chinesen u. Indern u. ü. d. Einfluss d. Griechen auf den Gang ihrer Ausbildung.* Berlin, 1831.

SÜHEYL ÜNVER A. (3). *Türk Pozitif Ilimler tarihinden bir bahis Ali Kuşci Hayati ve eserleri.* (New Material on Natural Science during the Reign of Muḥammad the Conqueror especially concerning the coming of 'Ali Ibn Muḥammad al-Qūshchī from Samarqand to Constantinople.) In Turkish, illustr. Istanbul, 1948. (İstanbul Universitesi Fen Fakultesi Monografileri (Ilim Tarihi Kismi), no. 1.)

SULAIMĀN AL-TĀJIR (1) (attrib.). *Akhbār al-Ṣīn wa'l-Hind* (Information on China and India), +851. See Renaudot (1), Reinaud (1), Ferrand (2), Sauvaget (2).

SUTER, H. (1). *Die Mathematiker und Astronomen der Araber und ihre Werke.* Teubner, Leipzig, 1900. (Abhdl. z. Gesch. d. Math. Wiss. mit Einschluss ihrer Anwendungen, no. 10; supplement to *ZMP*, **45**.) Additions and corrections in *AGMW*, 1902, no. 14.

SUTER, H. (2). 'Das Buch der Seltenheiten der Rechenkunst von Abū Kamil al-Misrī.' *BM*, 1910 (3° sér.), **11**, 100.

SWALLOW, R. W. (1). *Ancient Chinese Bronze Mirrors.* Vetch, Peking, 1937.

SWANN, NANCY L. (1) (tr.). *Food and Money in Ancient China; the Earliest Economic History of China to +25* (with tr. of [*Chhien*] *Han Shu*, ch. 24 and related texts, [*Chhien*] *Han Shu*, ch. 91 and *Shih Chi*, ch. 129). Princeton Univ. Press, Princeton, N.J., 1950. (rev. J. J. L. Duyvendak, *TP*, 1951, **40**, 210; C. M. Wilbur, *FEQ*, 1951, **10**, 320; Yang Lien-Shêng, *HJAS*, 1950, **13**, 524.)

SYKES, SIR PERCY (1). *The Quest for Cathay.* Black, London, 1936.

SYLVESTER, J. J. (1). *Collected Mathematical Papers.* Cambridge, 1904.

SZCZESNIAK, B. (1). 'The Penetration of the Copernican Theory into Feudal Japan.' *JRAS*, 1944, 52.

SZCZESNIAK, B. (2). 'Notes on the Penetration of the Copernican Theory into China from the 17th to the 19th Centuries.' *JRAS*, 1945, 30.

SZCZESNIAK, B. (3). 'Notes on Kepler's *Tabulae Rudolphinae* in the Library of the Pei Thang in Peking.' *ISIS*, 1949, **40**, 344.

SZCZESNIAK, B. (4). 'Athanasius Kircher's *China Illustrata*.' *OSIS*, 1952, **10**, 385. (This paper contains many misprints, and all transcriptions of titles, etc., should be checked.)

SZCZESNIAK, B. (6). 'The Writings of Michael Boym.' *MS*, 1955, **14**.

SZCZESNIAK, B. (7). 'Matteo Ricci's Maps of China.' *IM*, 1955, **11**.

AL-TĀJIR, SULAIMĀN. See Sulaimān al-Tājir.

TAKI, SEI-ICHI (1). *Three Essays on Oriental Painting.* Quaritch, London, 1910.

TALBOYS, D. A. (1) (ed.). *The Novels and Miscellaneous Works of Daniel Defoe.* 20 vols. Oxford, 1840–1.

TANNERY, P. (2) (tr.). 'The Παράδοσις εἰς τὴν εὕρεσιν τῶν τετραγώνων ἀριθμῶν of Manuel Moschopoulos' (on magic squares). *AAEEG*, 1886, 88. (Reprinted in Tannery (3), 1920, vol. 4, p. 27.)

TANNERY, P. (3). *Mémoires Scientifiques.* 17 vols. Paris, 1912–46.

TAQIZADEH, S. H. (1). On the horoscope of the coronation of Khosrov Anosharvan (+531) in an astrological work of Qasram (+889). *BLSOAS*, 1938, **9**, 128.

TARDIN, J. (1). *Histoire naturelle de la Fontaine qui brusle près de Grenoble; Avec la recherche de ses Causes et principes, et ample Traicté des feux sousterrains.* Linocier, Tournon, 1618.

TARN, W. W. (1). *The Greeks in Bactria and India.* Cambridge, 1951.

TATON, R. (1). *Le Calcul Mécanique.* Presses Univ. de Fr., Paris, 1949.

TAYLOR, E. G. R. (1). (*a*) 'Ideas on the Shape and Habitability of the Earth prior to the Great Age of Discovery.' *H*, 1937, **22**, 54. (*b*) *Ideas on the Shape, Size and Movements of the Earth.* Historical Association, London, 1943. (Hist. Ass. Pamphlets, no. 126.)

TAYLOR, E. G. R. (2). 'Some Notes on Early Ideas of the Form and Shape of the Earth.' *GJ*, 1935, **85**, 65.

TAYLOR, E. G. R. (3). *Tudor Geography, +1485 to +1583.* Methuen, London, 1930.

TAYLOR, E. G. R. (4). *Late Tudor and Early Stuart Geography, +1583 to +1650.* Methuen, London, 1934.

TAYLOR, E. G. R. (5). 'Position Fixing in Relation to Early Maps and Charts.' *BBSHS*, 1949, **1**, 25.

TAYLOR, E. G. R. (7). *The Mathematical Practitioners of Tudor and Stuart England.* C.U.P., Cambridge, 1954; rev. D. J. Price, *JIN*, 1955, **8**, 12.

TAYLOR, F. SHERWOOD (2). 'A Survey of Greek Alchemy.' *JHS*, 1930, **50**, 109.

TAYLOR, F. SHERWOOD (3). *The Alchemists.* Heinemann, London, 1951.

TAYLOR, JOHN, M.D., H.E.I. Co's Bombay Medical Establishment. (1) (tr.). *Lilawati, or a Treatise on Arithmetic and Geometry, by Bhascara Acharya, translated from the Original Sanskrit.* Rans, Bombay, 1816.

THIBAUT, G. (1). 'On the Hypothesis of the Babylonian Origin of the so-called Lunar Zodiac.' *JRAS/B*, 1894, **63**, 144.

THIBAUT, G. (2). *Astronomie, Astrologie und Mathematik* [*der Inder*] in *Grundriss der Indo-Arischen Philologie und Altertumskunde* (Encyclopaedia of Indo-Aryan Research), ed. G. Bühler & F. Kielhorn, Bd. 3, Heft 9.

THIEL, R. (1). *Und es ward Licht; Roman der Weltallforschung.* Rowohlt, Hamburg, 1956.

THIELE, G. (1). *Antike Himmelsbilder.* Weidmann, Berlin, 1898.

THOM, A. (1). 'The Solar Observatories of Megalithic Man.' *JBASA*, 1954, **64**, 396.

THOM, A. (2). 'A Statistical Examination of the Megalithic Sites in Britain.' *JRSS*, 1955, **118**, 275.

THOMAS, F. W. (1). 'Notes on the "Scythian Period" [Śaka Era].' *JRAS*, 1952, 108.

THOMAS, O. (1). *Astronomie; Tatsachen und Probleme*. Bergland-Buch, Graz, Vienna, Leipzig & Berlin, 1934. 7th ed. Bergland-Buch, Salzburg, 1956 (rev. A. Beer, *O*, 1957, **77**, 161).

THOMPSON, D'ARCY W. (1). 'Excess and Defect; or the Little More and the Little Less.' *M*, 1929, **38**, 43.

THOMPSON, C. J. S. (1). *The Mystery and Lore of Monsters; with accounts of some Giants, Dwarfs and Prodigies*. Williams & Norgate, London, 1930.

THOMPSON, J. E. S. (1). *Maya Hieroglyphic Writing; an Introduction*. Carnegie Institute Pubs. no. 589. Washington, D.C., 1950; rev. D. H. Kelley, *AJA*, 1952, **56**, 240.

THOMPSON, R. C. (1). *Reports of the Magicians and Astrologers of Nineveh and Babylon* [in the British Museum on cuneiform tablets]. 2 vols. Luzac, London, 1900.

THOMSON, JOHN (1). *Illustrations of China and its People; a Series of 200 Photographs with letterpress descriptive of the Places and the People represented*. 4 vols. Sampson Low, London, 1873-4. French tr. by A. Talandier & H. Vattemare, 1 vol. Hachette, Paris, 1877.

THOMSON, J. O. (1). *History of Ancient Geography*. Cambridge, 1948.

THORNDIKE, L. (1). *A History of Magic and Experimental Science*. 6 vols. Columbia Univ. Press, New York: vols. 1 and 2, 1923; 3 and 4, 1934; 5 and 6, 1941.

THORNDIKE, L. (2). *The Sphere of Sacrobosco and its Commentators* (Text, Commentaries and Translation). Chicago, 1949.

THORNDIKE, L. (3). 'Franco de Polonia and the Turquet.' *ISIS*, 1945, **36**, 6.

THORNDIKE, L. (4). 'Thomas Werkworth on the Motion of the Eighth Sphere.' *ISIS*, 1948, **39**, 212.

THORNDIKE, L. (5). 'A Weather Record for +1399 to +1406.' *ISIS*, **32**, 304.

THORNDIKE, L. (6). 'The Cursus Philosophicus before Descartes.' *A/AIHS*, 1951, **4**, 16.

THORNDIKE, L. & SARTON, G. (1). 'Tacuinum and Taqwim.' *ISIS*, 1928, **10**, 489.

THUREAU-DANGIN, F. (1). (*a*) 'Sketch of a History of the Sexagesimal System.' *OSIS*, 1939, **7**, 95. (*b*) *Esquisse d'une Histoire du Système sexagésimal*. Geuthner, Paris, 1932.

THUREAU-DANGIN, F. (2). 'L'Origine de l'Algèbre.' *CRAIBL*, 1940, 292.

THUROT, C. (1). 'Recherches historiques sur le Principe d'Archimède.' *RA*, 1868.

TING, V. K. See Ting Wên-Chiang.

TING WÊN-CHIANG (2). 'Notes on Records of Droughts and Floods in Shensi, and the supposed Desiccation of Northwest China.' Hyllningskrift tillägnad Sven Hedin (Hedin Festschrift). *GA*, special no. 1925, p. 453.

TING WÊN-CHIANG (3). 'On Hsü Hsia-Kho (+1586 to +1641), Explorer and Geographer.' *NCR*, 1921, **3**, 325.

TOOLEY, R. V. (1). *Maps and Map-Makers*. Batsford, London, 1949.

TORGASHEV, B. P. (1). *The Mineral Industry of the Far East*. Chali, Shanghai, 1930.

TRIGAULT, NICHOLAS (1). *De Christiana Expeditione apud Sinas*. Vienna, 1615; Augsburg, 1615. Fr. tr.: *Histoire de l'Expédition Chrétienne au Royaume de la Chine, entrepris par les PP. de la Compagnie de Jésus, comprise en cinq livres...tirée des Commentaires du Matthieu Riccius*, etc. Lyon, 1616; Lille, 1617; Paris, 1618. Eng. tr. (partial): *A Discourse of the Kingdome of China, taken out of Ricius and Trigautius*. In *Purchas his Pilgrimes*. London, 1625, vol. 3, p. 380. Trigault's book was based on Ricci's *I Commentarj della Cina* which it follows very closely, even verbally, by chapter and paragraph, introducing some changes and amplifications, however. Ricci's book remained unprinted until 1911, when it was edited by Venturi (1) with Ricci's letters; it has since been more elaborately and sumptuously edited alone by d'Elia (2). Eng. tr. (full), see Gallagher (1).

TROLLOPE, M. N., BP.(1). 'Korean Books and their Authors' with 'A Catalogue of Some Korean Books in the Chosen Christian College Library.' *JRAS/KB*, 1932, **21**, 1 and 59.

TROPFKE, J. (1). *Geschichte d. Elementar-Mathematik in systematischer Darstellung mit besonderer Berücksichtigung d. Fachwörter*. de Gruyter, Berlin & Leipzig, 1921-4.

    Vol. 1 (3rd ed.).   1930.   Rechnen.

    Vol. 2 (3rd ed.).   1933.   Allgemeine Arithmetik.

    Vol. 3 (3rd ed.).   1937.   Proportionen, Gleichungen.

    Vol. 4 (3rd ed.).   1940.   Ebene Geometrie.

    Vol. 5 (2nd ed.).   1923.   Ebene Trigonometrie, Sphärik und sphärische Trigonometrie.

    Vol. 6 (2nd ed.).   1924.   Analyse, analytische Geometrie.

    Vol. 7 (2nd ed.).   1924.   Stereometrie. Verzeichnisse.

TSU WÊN-HSIEN. See Wên Hsien-Tzu.

TSUCHIHASHI, P. & CHEVALIER, S. (1). 'Catalogue d'Etoiles observées à Pékin sous l'Empereur Kien-Long [Chhien-Lung], XVIIIe siècle.' *Annales de l'Observatoire Astronomique de Zô-sè* [Zikkawei], 1914(1911), **7**, no. 4. (Translation of part of the Star Catalogue prepared by the Astronomical Bureau under the directorship of Fr. I. Kögler (Tai Chin-Hsien) between +1744 and +1757—*Chhin-Ting I Hsiang Khao Chhêng*.) Comments on the planispheres by W. F. Rigge, *POPA*, 1915, **23**, 29.

TSUDA, S. (1). 'On the Dates when the *Li Chi* and the *Ta Tai Li Chi* were edited.' *MRDTB*, 1932, **6**, 77.

TYTLER, J. (1). 'Essays on the Binomial Theorem as known to the Arabs.' *TAS/B* (Asiatick Researches), 1820, **13**, 456.

UCCELLI, A. (1) [with the collaboration of G. SOMIGLI, G. STROBINO, E. CLAUSETTI, G. ALBENGA, I. GISMONDI, G. CANESTRINI, E. GIANNI & R. GIACOMELLI]. *Storia della Tecnica dal Medio Evo ai nostri Giorni*. Hoeppli, Milan, 1945.

UCCELLI, A. (3). *Enciclopedia Storica delle Scienze e delle loro Applicazioni*. Hoeppli, Milan, n.d. (1941). Vol. 1, *Le Scienze Fisiche e Matematiche*.

VON UEBERWEG, F. & HEINZE, M. (1). *Grundriss d. Geschichte d. Philosophie*. 4 vols. Mittler, Berlin, 1898 (but many editions).

UETA, J. (1)=(1). *Shih Shen's Catalogue of Stars, the oldest Star Catalogue in the Orient*. Publications of the Kwasan Observatory (of Kyoto Imperial University), 1930, **1** (no. 2), 17. (A portrait of Dr and Mrs Ueta will be found in *POPA*, 1936, **44**, 121.)

UHDEN, R. (1). 'Die antiken Grundlagen d. mittelälterlichen Seekarten.' *IM*, 1935, **1**, 1.

UNGER, E. (1). 'Early Babylonian Wheel-maps.' *AQ*, 1935, **9**, 311.

UNGER, E. (2). 'From the Cosmos Picture to the World Map.' *IM*, 1937, **2**, 1.

UNGERER, A. *Les Horloges Astronomiques et Monumentales les plus remarquables de l'Antiquité jusqu'à nos Jours* (preface by A. Esclangon). Ungerer, Strasbourg, 1931.

AL-'URDĪ. See al-Dimashqī.

USHER, A. P. (1). *A History of Mechanical Inventions*. McGraw-Hill, New York, 1929. 2nd ed. revised, Harvard Univ. Press, Cambridge, Mass., 1954 (rev. Lynn White, *ISIS*, 1955, **46**, 290).

VACCA, G. (1). 'Note Cinesi.' *RSO*, 1915, **6**, 131. [(*a*) A silkworm legend from the *Sou Shen Chi*. (*b*) The fall of a meteorite described in *Mêng Chhi Pi Than*. (*c*) Invention of movable type printing (*Mêng Chhi Pi Than*). (*d*) A problem of the mathematician I-Hsing (chess permutations and combinations) in *Mêng Chhi Pi Than*. (*e*) An alchemist of the +11th century (*Mêng Chhi Pi Than*).]

VACCA, G. (3). 'Sulla Matematica degli antichi Cinesi. *BBSSMF*, 1905, **8**, 1.

VACCA, G. (4) (tr.). Translation of *Chou Pei Suan Ching*. *BBSSMF*, 1904, **7**.

VACCA, G. (5). 'Due Astronomi Cinesi del IV Sec. AC e i loro cataloghi stellari.' Zanichelli, Bologna, 1934. (Offprint from *Calendario del r. Osservatorio Astronomico di Roma*, n.s., 1934, **10**.) A review of Maspero (3).

VACCA, G. (6). 'Note sulla Storia d. Cartografia Cinese' *RGI*, 1911, **18**, 113.

VACCA, G. (7). 'Della Piegatura della Carta applicata alla Geometria.' *PDM*, 1930 (ser. 4), **10**, 43.

VACCA, G. (10). 'Sull'Opera geografica del P. Matteo Ricci.' *RGI*, 1941, **48**, 1.

DE LA VALLÉE POUSSIN, L. (7) (tr.). *Troisième Chapitre de 'l'Abhidharmakośa', Kārikā, bhāṣya et vyā-khyā...Versions et textes établis* (*Bouddhisme; Etudes et Matériaux; Cosmologie; Le Monde des Etres et le Monde-Réceptacle*). Kegan Paul, London, 1918.

VANHÉE, P. L. See van Hée, L.

VÄTH, A. (1) (with the collaboration of L. van Hée). *Johann Adam Schall von Bell, S.J., Missionär in China, Kaiserlicher Astronom und Ratgeber am Hofe von Peking; ein Lebens- und Zeitbild*. Bachem, Köln, 1933. (Veröffentlichungen des Rheinischen Museums in Köln, no. 2.) Crit. P. Pelliot, *TP*, 1934, 178.

VENTURI, P. T. (1) (ed.). *Opere Storiche del P. Matteo Ricci*. 2 vols. Giorgetti, Macerata, 1911.

VERBIEST, F. (1). *Astronomia Europaea sub Imperatore Tartaro-Sinico Cam-Hy [Khang-Hsi] appellato, ex Umbra in Lucem Revocata....* Bencard, Dillingen, 1687. This is a quarto volume of 126 pp., edited by P. Couplet. A folio volume with approximately the same title (Verbiest, 2) had appeared in 1668, consisting of 18 pp. Latin text and 250 plates of apparatus on Chinese paper, only one of which, the general view of the Peking Observatory, was re-engraved in small format for the 1687 edition. The large version is rare and I have only seen some loose plates from it. Cf. Houzeau, p. 44; Bosmans.

VERBIEST, F. (2). *Liber Organicus Astronomiae Europaeae apud Sinas Restitutae, sub Imperatore Sino-Tartarico Cam-Hy [Khang-Hsi] appellato....* Peking, 1668.

VERNET, J. (1). 'Influencias Musulmanas en el Origen de la Cartografía Nautica.' *PRSG*, 1953, Ser. B, no. 289.

VERNET, J. (2). 'Los Conocimientos Náuticos de los Habitantes del Occidente Islámico.' *RGM*, 1953, 3.

DES VIGNOLES, A. (1). 'De Cyclis Sinensium Sexagenariis.' *MBIS*, 1734, **4**, 24, 245; 1737, **5**, 1.

DES VIGNOLES, A. (2). 'De Conjunctione Planetarum in China Observata' [−2448]. *MBIS*, 1737, **5**, 193.

DA VINCI, LEONARDO. See McCurdy, E.

VIOLLE, B. (1). *Traité Complet des Carrés Magiques*. 3 vols. Paris, 1837.

DE VISSER, M. W. (2). *The Dragon in China and Japan*. Müller, Amsterdam, 1913. Orig. in *VKAWA/L*, 1912, **13** (no. 2).

VISSIÈRE, A. (1). 'Recherches sur l'Origine de l'Abaque Chinois et sur sa dérivation des anciennes Fiches à Calcul.' *BG*, 1892, 28.

VAN VLOTEN, G. (1) (ed.). *Arabic text of 'Mufātiḥ al-'Ulūm' (The Keys of the Sciences) by Muḥammad ibn-Aḥmad al-Khwārizmī* (+976). Leiden, 1895.

VOGT, H. (1). 'Versuch einer Wiederherstellung von Hipparchs Fixsternverzeichnis.' *ASTNR*, 1925, **224**, cols. 17 ff.

VOGT, T. & BERGH, H. (1). 'Geochemical and Geobotanical Methods for Ore Prospecting.' *KNVSF/T*, 1946, **19** (no. 21), 76.

VOLPICELLI, Z. (1). 'Chinese Chess' [*wei chhi*]. *JRAS/NCB*, 1894, **26**, 80.

VOSS, ISAAC (1). *Variarum Observationum Liber*. Scott, London, 1685.

WADA, S. (1). 'The Philippine Islands as known to the Chinese before the Ming Dynasty.' *MRDTB*, 1929, **4**, 121.

WADA, T. (1). 'Schmuck und Edelsteine bei den Chinesen.' *MDGNVO*, 1904, **10**, 1.

WADA, Y. (1). 'A Korean Rain-Gauge of the +15th Century.' *QJRMS*, 1911, **37**, 83 (translation of Wada, *1*); *KMO/SM*, 1910, **1**; *MZ*, 1911, 232. Figure reproduced in Feldhaus (1), col. 865.

VAN DER WAERDEN, B. L. (1). *Ontwakende Wetenschap; Egyptische, Babylonische en Griekse Wiskunde*. Noordhoff, Groningen, 1950. (Histor. Bibl. voor de exacte Wet. no. 7.)

VAN DER WAERDEN, B. L. (2). 'Babylonian Astronomy. II. The Thirty-six Stars.' *JNES*, 1949, **8**, 6. (I, in *EOL*, 1948, **10**, 424, deals with the Old Babylonian Venus computation tablets; and III, in *JNES*, 1951, **10**, 20, with other astronomical computations. The 36 stars are the month-stars of the Three Roads of Anu, Ea, and Enlil.)

VAN DER WAERDEN, B. L. (3). *Science Awakening*. Engl. tr. of (1) by A. Dresden with additions of the author. Noordhoff, Groningen, 1954.

WAGNER, A. (1). 'Über ein altes Manuscript der Pulkowaer Sternwarte' (with additional note by J. L. E. Dreyer). Chinese and Persian MS. believed to be from the time of Kuo Shou-Ching and Jamāl al-Dīn. *C*, 1882, **2**, 123.

WALES, H. G. QUARITCH (1). *The Making of Greater India; a Study in Southeast Asian Culture Change*. Quaritch, London, 1951.

WALES, H. G. QUARITCH (2). 'The Sacred Mountain in Old Asiatic Religion.' *JRAS*, 1953, 23.

WALEY, A. (1) (tr.). *The Book of Songs*. Allen & Unwin, London, 1937.

WALEY, A. (4) (tr.). *The Way and its Power; a study of the 'Tao Tê Ching' and its Place in Chinese Thought*. Allen & Unwin, London, 1934. (Crit. Wu Ching-Hsiung, *TH*, 1935, **1**, 225.)

WALEY, A. (5) (tr.). *The Analects of Confucius*. Allen & Unwin, London, 1938.

WALEY, A. (10). *The Travels of an Alchemist* [Chhiu Chhang-Chhun's journey to the court of Chingiz Khan]. Routledge, London, 1931. (Broadway Travellers Series.)

WALEY, A. (11). *The Temple, and other Poems*. Allen & Unwin, London, 1923.

WALEY, A. (13). *The Poetry and Career of Li Po* (+701 *to* +762). Allen & Unwin, London, 1950.

WALEY, A. (17) (tr.). *Monkey, by Wu Chhêng-Ên*. Allen & Unwin, London, 1942.

WALEY, A. (21). 'The Eclipse Poem [in the *Shih Ching*] and its Group.' *TH*, 1936, **3**, 245.

WALEY, A. (23). *The Nine Songs; a study of Shamanism in Ancient China* [the '*Chiu Ko*' attributed traditionally to Chhü Yuan]. Allen & Unwin, London, 1955.

WALLACE, T. (1). *The Diagnosis of Mineral Deficiencies in Plants*. HMSO, London, 1943. (ARC Monograph.)

WALLIS, JOHN (1). *De Algebra Tractatus*. 1685. In *Opera*. Oxford, 1693.

WALTERS, R. C. S. (1). 'Greek and Roman Engineering Instruments.' *TNS*, 1922, **2**, 45.

WANG KUO-WEI (2). 'Chinese Foot-Measures of the Past Nineteen Centuries.' *JRAS/NCB*, 1928, **59**, 112. (Tr. A. W. Hummel & Fêng Yu-Lan.)

WANG LING (2). *The 'Chiu Chang Suan Shu' and the History of Chinese Mathematics during the Han Dynasty*. Inaug. Diss. Cambridge, 1956.

WANG LING (3). 'The Development of Decimal Fractions in China.' *Proc. VIIIth Internat. Congress of the History of Science, Florence, 1956*, p. 13.

WANG LING (4). 'The Decimal Place-Value System in the Notation of Numbers in China.' Communication to the XXIIIrd International Congress of Orientalists, Cambridge, 1954.

WANG LING (5). On the Indeterminate Analysis of I-Hsing and Chhin Chiu-Shao (in the press).

WANG LING & NEEDHAM, JOSEPH (1). 'Horner's Method in Chinese Mathematics; its Origins in the Root-Extraction Procedures of the Han Dynasty.' *TP*, 1955, **43**, 345.

WANG, W. E. (1). *The Mineral Wealth of China*. Com. Press, Shanghai, 1927.

WANG YÜ-CHHÜAN (1). *Early Chinese Coinage*. Amer. Numismatic Soc., New York, 1951. (Numismatic Notes and Monographs, no. 122.)

WARD, F. A. B. (1). *Time Measurement*. Pt. I. *Historical Review*. (Handbook of the Collections at the Science Museum, South Kensington.) HMSO, London, 1937.

WARREN, SIR CHARLES (1). *The Ancient Cubit*. London, 1903.

WARREN, H. V. & DELAVAULT, R. E. (1). (*a*) 'Biogeochemical Investigations in British Columbia.' *GP*, 1948, **13**, 609. (*b*) 'Further Studies in Biogeochemistry.' *BGSA*, 1949, **60**, 531.

WARREN, H. V. & HOWATSON, C. H. (1). 'Biogeochemical Prospecting for Copper and Zinc.' *BGSA*, 1947, **58**, 803.

WATTENBERG, D. (1). 'Die Supernovae des Milchstrassensystems.' *ZNF*, 1949, A, **4**, 228.

WEBER, A. (1). 'Die Vedische Nachrichten von den Naxatra (Mondstationen).' *APAW*, 1860, 283; 1861, 349.

WEBSTER, E. W. (1) (tr.). *Aristotle's 'Meteorologica'*. Oxford, 1923.

WEIDNER, E. F. (1). *Handbuch d. babylonischen Astronomie*. *I. Der babylonische Fixsternhimmel*. Leipzig, 1915. (Assyriologische Bibliothek, no. 23.)

WEIDNER, E. F. (2). 'Enuma-Anu-Enlil.' *AOF*, 1942, **14**, 172, 308.

WEIDNER, E. F. (3). 'Ein babylonisches Kompendium der Himmelskunde.' *AJSLL*, 1924, **40**, 186.

WEINBERGER, W. M. (1). 'An Early Chinese Bronze Foot Measure.' *ORA*, 1949, **2**, 35.

WEINSTOCK, S. (1). 'Lunar Mansions and Early Calendars.' *JHS*, 1949, **69**, 48. (Lunar mansions in a +4th-century Greek papyrus and a +15th-century Byzantine MS.)

WELLMANN, M. (1). 'Die Stein- u. Gemmen-Bücher d. Antike.' *QSGNM*, 1935, **4**, 86.

WÊN HSIEN-TZU (1). 'Observations of Halley's Comet in Chinese History.' *POPA*, 1934, **42**, 191.

WÊN HSIEN-TZU (2). 'A Statistical Survey of Eclipses in Chinese History.' *POPA*, 1934, **42**, 136.

WÊN SHION TSU. See Wên Hsien-Tzu.

WENLEY, A. G. (1). 'The Question of the Po Hsiang Shan Lu.' *ACASA*, 1948, **3**, 5.

WERNER, E. T. C. (1). *Myths and Legends of China*. Harrap, London, 1922.

WESTPHAL, A. (1). (*a*) Über die chinesisch-japanische Rechenmaschine.' *MDGNVO*, 1873, **8**, 27. (*b*) 'Über das Wahrsagen auf der Rechenmaschine.' *MDGNVO*, 1873, **8**, 48. (*c*) 'Über die chinesische Swan-Pan.' *MDGNVO*, 1876, **9**, 43.

WEYL, HERMANN (1). *Symmetry*. Princeton Univ. Press, Princeton, N.J., 1952.

WHEELER, R. E. M. (4). *Rome beyond the Imperial Frontiers*. Bell, London, 1954.

WHEWELL, WILLIAM (1). *History of the Inductive Sciences*. Parker, London, 1847. 3 vols. (Crit. G. Sarton, *A/AIHS*, 1950, **3**, 11.)

WHITE, LYNN (2). 'Natural Science and Naturalistic Art in the Middle Ages.' *AHR*, 1946, **52**, 421.

WHITE, W. C. & MILLMAN, P. M. (1). 'An Ancient Chinese Sun-Dial.' *RASC/J*, 1938, **32**, 417.

WHITE, W. C. & WILLIAMS, R. J. (1). *Chinese Jews; a Compilation of Matters relating to Khaifêng-fu*. Univ. Press, Toronto, 1942. 3 vols. Vol. 1, Historical. Vol. 2, Inscriptional. Vol. 3 (with R. J. Williams), Genealogical.

WHITEHEAD, A. N. (1). *Science and the Modern World*. Cambridge, 1926.

WHITEHEAD, A. N. (7). *Essays in Science and Philosophy*. Rider, London, 1948.

WHITNEY, W. D. (1). *On the Lunar Zodiac of India, Arabia and China*. Art. no. 13 in *Oriental and Linguistic Studies*, 2nd series, p. 341. Scribner, New York, 1874. 2nd ed. 1893. Sep. pub. Riverside, Cambridge (Mass.), 1874.

WHITNEY, W. D. (2). 'On the Views of [J. B.] Biot and [A.] Weber respecting the Relations of the Hindu and Chinese systems of Asterisms—with an addition on [Max] Müller's views respecting the same subject.' *JAOS*, 1864, **8**, 1–94.

WHITNEY, W. D. & LANMAN, C. R. (1) (tr.). *Atharvaveda Saṃhitā*. 2 vols. Harvard Univ. Press, Cambridge (Mass.), 1905. (Harvard Oriental Series, nos. 7, 8.)

WIEDEMANN, E. (1). 'Zur Mineralogie bei den Muslimen.' *AGNT*, 1909, **1**, 208.

WIEDEMANN, E. (2). 'Arabische Studien ü. d. Regenbogen.' *AGNT*, 1913, **4**, 453.

WIEDEMANN, E. (9). 'Über eine astronomische Schrift von al-Kindī' [on an instrument similar to Ptolemy's triquetrum]. *SPMSE*, 1910, **42**, 294. (Beiträge z. Gesch. d. Naturwiss. no. 21 A.)

WIEDEMANN, E. (10). 'Über das Schachspiel und dabei vorkommende Zahlenprobleme.' *SPMSE*, 1908, **40**, 41. (Beiträge z. Gesch. d. Naturwiss. no. 14 (4).)

WIEDEMANN, E. & HAUSER, F. (4). 'Über die Uhren im Bereich der Islamischen Kultur.' *NALC*, 1915, **100**, no. 5. Incl. transls. of the *Kitāb fī Ma'rifat al-Ḥiyal al-Handasīya* (Treatise on the Knowledge of Geometrical (i.e. Mechanical) Contrivances) by Ibn al-Razzāz al-Jazarī (*fl.* +1180 to +1206) written in +1206; and of the *Book on the Construction and Use of (Striking Water-) Clocks* by Riḍwān al-Khurāsānī al-Sa'ātī (*fl. c.* +1160 to +1230) written in +1203.

WIEGER, L. (1). *Textes Historiques*. 2 vols. (Ch. and Fr.). Mission Press, Hsienhsien, 1929.

WIEGER, L. (2). *Textes Philosophiques* (Ch. and Fr.). Mission Press, Hsienhsien, 1930.

WIEGER, L. (3). *La Chine à travers les Ages; Précis, Index Biographique et Index Bibliographique.* Mission Press, Hsienhsien, 1924. Eng. tr. E. T. C. Werner.

WIEGER, L. (4). *Histoire des Croyances Religieuses et des Opinions Philosophiques en Chine depuis l'origine jusqu'à nos jours.* Mission Press, Hsienhsien, 1917.

WIEGER, L. (6). *Taoisme.* Vol. 1. *Bibliographie Générale*: (1) Le Canon (Patrologie); (2) Les Index Officiels et Privés. Mission Press, Hsienhsien, 1911. (Crit. P. Pelliot, *JA*, 1912 (10ᵉ sér.), **20**, 141.)

WIEGER, L. (7). *Taoisme.* Vol. 2. *Les Pères du Système Taoiste* (tr. selections of Lao Tzu, Chuang Tzu, Lieh Tzu). Mission Press, Hsienhsien, 1913.

WIENER, P. P. (2). 'The Tradition behind Galileo's Methodology.' *OSIS*, 1936, **1**, 733.

WILHELM, HELLMUT (1). *Chinas Geschichte; zehn einführende Vorträge.* Vetch, Peiping, 1942.

WILHELM, HELLMUT (7). 'Der Thien Wên Frage.' *MS*, 1945, **10**, 427.

WILHELM, RICHARD (2) (tr.). *'I Ging'* [*I Ching*]; *Das Buch der Wandlungen.* 2 vols. (3 books, pagination of 1 and 2 continuous in first volume). Diederichs, Jena, 1924. Eng. tr. C. F. Baynes (2 vols.). Bollingen-Pantheon, New York, 1950.

WILHELM, RICHARD (3) (tr.). *Frühling u. Herbst d. Lü Bu-We* (the *Lü Shih Chhun Chhiu*). Diederichs, Jena, 1928.

WILHELM, RICHARD (4) (tr.). *'Liä Dsi'; Das Wahre Buch vom Quellenden Urgrund;* [*Lieh Tzu*] *'Tschung Hü Dschen Ging'; Die Lehren der Philosophen Liä Yü-Kou und Yang Dschu.* Diederichs, Jena, 1921.

WILHELM, RICHARD (6) (tr.). *'Li Gi', das Buch der Sitte des älteren und jüngeren Dai* [i.e. both *Li Chi* and *Ta Tai Li Chi*]. Diederichs, Jena, 1930.

WILHELM, RICHARD (7). *Chinesische Volksmärchen.* Diederichs, Jena, 1914.

WILKINS, JOHN, BP. (1). *Discovery of a World in the Moon, tending to prove that 'tis probable that there may be another habitable World in that Planet.* London, 1638.

WILLEY, B. (1). *The Seventeenth Century Background.* Chatto & Windus, London, 1934.

WILLIAMS, J. (1). 'Notes on Chinese Astronomy' [presentation of planispheres]. *RAS/MN*, 1855, **15**, 19.

WILLIAMS, J. (2). 'On an Eclipse of the Sun recorded in the Chinese Annals as having occurred at a very early period of their History' [the *Shu Ching* eclipse]. *RAS/MN*, 1863, **23**, 238.

WILLIAMS, J. (3). 'On the Eclipses recorded in *Chun Tsew*' [*Chhun Chhiu*]. *JRAS/MN*, 1864, **24**, 39.

WILLIAMS, J. (4). 'Solar Eclipses observed in China from −481 to the Christian Era.' *RAS/MN*, 1864, **24**, 185.

WILLIAMS, J. (5). 'Chinese Observations of Solar Spots.' *JRAS/MN*, 1873, **33**, 370.

WILLIAMS, J. (6). *Observations of Comets from −611 to +1640, extracted from the Chinese Annals, . . . with an appendix comprising the tables necessary for reducing Chinese time to European reckoning; and a Chinese Celestial Atlas.* Strangeways & Walden, London, 1871.

WILLIAMS, S. WELLS (1). *The Middle Kingdom; A Survey of the Geography, Government, Education, Social Life, Arts, Religion, etc. of the Chinese Empire and its Inhabitants.* 2 vols. Wiley, New York, 1848; later eds. 1861, 1900; London, 1883.

WILSON, MILES (1). *The History of Israel Jobson, the Wandering Jew. Giving a Description of his Pedigree, Travels in this Lower World, and his Assumption thro' the Starry Regions, conducted by a Guardian Angel, exhibiting in a curious Manner the Shapes, Lives, and Customs of the Inhabitants of the Moon and Planets; touching upon the great and memorable Comet in 1758, and interwoven all along with the Solution of the Phaenomena of the true Solar System, and Principles of Natural Philosophy, concording with the latest Discoveries of the most able Astronomers. Translated from the Original Chinese by M.W.* London, 1757. (Cf. G. K. Anderson, *PQ*, 1946, **25**, 303.)

WINTER, H. J. J. (4). 'The Optical Researches of Ibn al-Haitham.' *CEN*, 1954, **3**, 190.

WINTER, H. J. J. (5). 'Muslim Mechanics and mechanical Appliances.' *END*, 1956, **15** (no. 57), 25.

WINTER, H. J. J. & ARAFAT, W. (1). 'The Algebra of 'Umar Khayyāmī.' *JRAS/B*, 1950, **16**, 27.

WITTFOGEL, K. A. (2). 'Die Theorie der orientalischen Gesellschaft.' *ZSF*, 1938, **7**, 90.

WITTFOGEL, K. A. (3). 'Meteorological Records from the Shang [dynasty] Divination Inscriptions.' *GR*, 1940, **30**, 110. (Crit. Tung Tso-Pin, *SSE*, 1942, 3.)

WITTFOGEL, K. A. (4). *Wirtschaft und Gesellschaft Chinas; Versuch der wissenschaftlichen Analyse einer grossen asiatischen Agrargesellschaft—Erster Teil, Produktivkräfte, Produktions- und Zirkulationsprozess.* Hirchfeld, Leipzig, 1931. (Schriften d. Instit. f. Sozialforschung a. d. Univ. Frankfurt a. M. III, 1.)

WITTFOGEL, K. A., FÊNG CHIA-SHÊNG et al. (1). *History of Chinese Society (Liao), +907 to +1125.* *TAPS*, 1948, **36**, 1–650 (rev. P. Demiéville, *TP*, 1950, **39**, 347; E. Balazs, *PA*, 1950, **23**, 318).

WITTKOWER, R. (1). 'Marvels of the East; a Study in the History of Monsters.' *JWCI*, 1942, **5**, 159.

WOEPCKE, F. (1) (tr.). *L'Algèbre d'Omar Alkhayyāmi.* Duprat, Paris, 1851.

WOEPCKE, F. (2). 'Recherches sur l'Histoire des Sciences Mathématiques chez les Orientaux d'après des Traités inédits Arabes et Persans.' *JA*, 1855 (5ᵉ sér.), **5**, 218.

WOEPCKE, F. (3) (tr.). *Extrait du Fakhri* [*of Abū Bakr al-Ḥasan al-Ḥāsib al-Karajī,* = *al-Karkhī, c.* + 1025], *précedé d'un Mémoire sur l'Algèbre indéterminée chez les Arabes.* Paris, 1853.

WOEPCKE, L. (1). *Disquisitiones Archaeologico-Mathematicae circa Solaria Veterum.* Inaug. Diss. Berlin, 1847.

WOHLWILL, E. (1). 'Zur Geschichte d. Entdeckung der Sonnenflecken.' *AGNT,* 1909, **1**, 443.

WOLF, A. (1). *A History of Science, Technology and Philosophy in the 16th and 17th Centuries.* Allen & Unwin, London, 1935.

WOLF, A. (2). *A History of Science, Technology and Philosophy in the 18th Century.* Allen & Unwin, London, 1938.

WOLF, R. (1). *Handbuch d. Astronomie, ihrer Geschichte und Litteratur.* 2 vols. Schulthess, Zürich, 1890.

WOLF, R. (2). *Geschichte d. Astronomie.* Oldenbourg, München, 1877.

WOLF, R. (3). *Handbuch d. Mathematik, Physik, Geodäsie und Astronomie.* 2 vols. Schulthess, Zürich, 1869 to 1872.

WOOD, R. W. (1). *Physical Optics.* Macmillan, New York, 2nd ed. 1911, 3rd ed. 1934.

WOOLARD, E. W. (1). 'The Historical Development of Celestial Coordinate Systems.' *PASP,* 1942, **54**, 77.

WOOTTON, A. C. (1). *Chronicles of Pharmacy.* 2 vols. Macmillan, London, 1910.

WORCESTER, G. R. G. (1). *Junks and Sampans of the Upper Yangtze.* Inspectorate-General of Customs, Shanghai, 1940. (China Maritime Customs Pub., Ser. III. Miscellaneous, no. 51.)

WRIGHT, J. K. (1). *Geographical Lore of the Time of the Crusades.* New York, 1925. (Amer. Geogr. Soc. Res. Series, no. 15.)

WU KHANG (1). *Les Trois Politiques du 'Tchounn Tsieou'* [*Chhun Chhiu*] *interprétées par Tong Tchong· Chou* [*Tung Chung-Shu*] *d'après les principes de l'école de Kong-Yang* [*Kungyang*]. Leroux, Paris, 1932. (Includes tr. of ch. 121 of *Shih Chi,* the biography of Tung Chung-Shu.)

WU LU-CHHIANG & DAVIS, T. L. (2) (tr.). 'An Ancient Chinese Alchemical Classic; Ko Hung on the Gold Medicine, and on the Yellow and the White; being the 4th and 16th chapters of Pao Phu Tzu', etc. *PAAAS,* 1935, **70**, 221.

WYLIE, A. (1). *Notes on Chinese Literature.* 1st ed. Shanghai, 1867. Ed. here used, Vetch, Peiping, 1939 (photographed from the Shanghai 1922 ed.).

WYLIE, A. (2). 'History of the Hsiung-Nu' (tr. of the chapter on the Huns in the *Chhien Han Shu,* ch. 94). *JRAI,* 1874, **3**, 401; 1875, **5**, 41.

WYLIE, A. (3). 'The History of the South-western Barbarians and Chao Sëen' [Chao-Hsien, Korea] (tr. of ch. 95 of the *Chhien Han Shu*). *JRAI,* 1880, **9**, 53.

WYLIE, A. (4). 'Jottings on the Science of the Chinese; Arithmetic.' *North China Herald,* 1852 (Aug.–Nov.), nos. 108, 111, 112, 113, 116, 117, 119, 120, 121. Repr. *Shanghai Almanac and Miscellany,* 1853. Repr. *Chinese and Japanese Repository,* 1864, **1**, 411, 448, 494; **2**, 22, 69. Repr. *Copernicus,* 1882, **2**, 169, 183. Incorporated in Wylie (5), Sci. Sect., p. 159. Germ. tr. K. L. Biernatzki, q.v., 1856. Review and brief abridgement, J. Bertrand, *JS,* 1869, 317, 464; French tr. O. Terquem, *Nouv. Ann. Math.* 1862 (2ᵉ sér.), **1** (pt. 2), 35, 1863 (2ᵉ sér.), **2**, 529, *Bull. Bibl. Hist.* 1863, **2**, 529.

WYLIE, A. (5). *Chinese Researches.* Shanghai, 1897. (Photographically reproduced, Wêntienko, Peiping, 1936.)

WYLIE, A. (6). *List of Fixed Stars.* Incorporated in Wylie (5), p. 346 (Sci. Sect. p. 110). Also reprinted in Doolittle (1), p. 617.

WYLIE, A. (7). *The Mongol Astronomical Instruments in Peking.* In *Travaux de la 3ᵉ Session, Congrès Internat. des Orientalistes,* 1876. Incorporated in Wylie (5), p. 237 (Sci. Sect. p. 1).

WYLIE, A. (8). *Eclipses Recorded in Chinese Works.* Reprinted in Wylie (5) (Sci. Sect. p. 29).

WYLIE, A. (9). *Asbestos in China.* Reprinted in Wylie (5) (Sci. Sect. p. 141).

WYLIE, A. (10) (tr.). 'Notes on the Western Regions, translated from the *Ts'een Han Shoo* [*Chhien Han Shu*], Bk. 96A.' *JRAI,* 1881, **10**, 20; 1882, **11**, 83. (Chs. 96A and B, as also the biography of Chang Chhien in ch. 61, pp. 1–6, and the biography of Chhen Thang in ch. 70.)

WYLIE, A. (11). 'The Magnetic Compass in China.' *NCH,* 1859, 15 March. Reprinted in Wylie (5) (Sci. Sect. p. 155).

WYLIE, A. (13). [*Glossary of Chinese*] *Mathematical and Astronomical Terms.* In Doolittle, J. (1), vol. 2, p. 354.

WYLIE, A. (14). 'Notes of the Opinions of the Chinese with regard to Eclipses.' *JRAS/NCB,* 1866, **3**, 71.

WYLIE, A. (15). 'On the Knowledge of a Weekly Sabbath in China.' *CRR,* 1871, **4**, 4, 40. Reprinted in Wylie (5) (Hist. Sect. p. 86.)

YABUUCHI, KIYOSHI (1). 'Indian and Arabian Astronomy in China.' Art. in Silver Jubilee Volume of the Zinbun Kagaku Kenkyusyo, Kyoto University, Kyoto, 1954, p. 585.

YAJIMA, S. (1). 'Bibliographie du Dr Mikami Yoshio; Notice Biographique.' In *Actes du VIIe Congrès Internat. d'Histoire des Sciences*, Jerusalem, 1953, p. 646.

YAMPOLSKY, P. (1). 'The Origin of the Twenty-Eight Lunar Mansions.' *OSIS*, 1950, **9**, 62. Mainly a translation from the Japanese of the essential views of Iijima Tadao and Shinjō Shinzō.

YANG HSIEN-YI & YANG, GLADYS (1) (tr.). *The 'Li Sao' and other Poems of Chu [Chhü] Yuan.* Foreign Languages Press, Peking, 1953.

YANG LIEN-SHÊNG (1). 'A Note on the so-called TLV-Mirrors and the Game *Liu-Po.*' *HJAS*, 1945, **9**, 202.

YANG LIEN-SHÊNG (2). 'An Additional Note on the Ancient Game *Liu-Po.*' *HJAS*, 1952, **15**, 124.

YANG LIEN-SHÊNG (4). *Topics in Chinese History.* Harvard Univ. Press, Cambridge, Mass. 1950. (Harvard-Yenching Institute Studies, no. 4.)

YANG LIEN-SHÊNG (5). 'Notes on the Economic History of the Chin Dynasty.' *HJAS*, 1945, **9**, 107. [With tr. of *Chin Shu*, ch. 26.]

YANG LIEN-SHÊNG (6). Review of Yabuuchi Kiyoshi's edition of the *Thien Kung Khai Wu* (*Tenkō Kaibutsu no Kenkyū*). Tokyo, 1953. *HJAS*, 1954, **17**, 307.

YAO SHAN-YU (1). 'The Chronological and Seasonal Distribution of Floods and Droughts in Chinese History (−206 to +1911).' *HJAS*, 1942, **6**, 273.

YAO SHAN-YU (2). 'The Geographical Distribution of Floods and Droughts in Chinese History (−206 to +1911).' *FEQ*, 1943, **2**, 357.

YAO SHAN-YU (3). 'Flood and Drought Data in the *Thu Shu Chi Chhêng* and the *Chhing Shih Kao.*' *HJAS*, 1944, **8**, 214.

AL-YA'QŪBĪ, i.e. AḤMAD IBN ABĪ YA'QŪB AL-'ABBĀSĪ. *Kitāb al-Buldān* (Book of the Countries). See Houtsma.

YETTS, W. P. (5). *The Cull Chinese Bronzes.* Courtauld Institute, London, 1939.

YETTS, W. P. (7). 'Glass in Ancient China.' *ILN*, 1934, 732.

YETTS, W. P. (16). *Catalogue of the Collection of Ancient Chinese Bronzes from the collection of Mr A. E. K. Cull lent to the School of Oriental Studies of the University of Durham to mark the Coronation of H.M. Queen Elizabeth II.* School of Oriental Studies, Durham, 1953.

YI IK-SEUP (1). 'A Map of the World.' *KR*, 1892, **1**, 336.

YODER, H. S. (1). 'The Problem of Jadeite.' *AJSC*, 1950, **248**, 227, 312.

YOSHINO, Y. (1). *The Japanese Abacus Explained.* Tokyo, 1938.

YULE, SIR HENRY (1) (ed.). *The Book of Ser Marco Polo the Venetian, concerning the Kingdoms and Marvels of the East, translated and edited, with Notes, by H.Y.*. . ., ed. H. Cordier. Murray, London, 1903 (reprinted 1921). 3rd ed. also issued, Scribners, New York, 1929. With a third volume, *Notes and Addenda to Sir Henry Yule's Edition of Ser Marco Polo*, by H. Cordier. Murray, London, 1920.

YULE, SIR HENRY (2). *Cathay and the Way Thither; being a Collection of Mediaeval Notices of China.* Hakluyt Society Pubs. (2nd ser.), London, 1913–15 (1st ed. 1866). Revised by H. Cordier. 4 vols. Vol. 1 (no. 38), *Introduction; Preliminary Essay on the Intercourse between China and the Western Nations previous to the Discovery of the Cape Route.* Vol. 2 (no. 33), *Odoric of Pordenone.* Vol. 3 (no. 37), *John of Monte Corvino and others.* Vol. 4 (no. 41), *Ibn Baṭṭuṭah and Benedict of Goes.* (Photographically reproduced, Peiping, 1942.)

YULE & CORDIER. See Yule (1).

YUSHKEVITCH, A. P. (1). *On the Achievements of Chinese Scholars in the field of Mathematics* (in Russian), in *Iz Istorii Nauki i Tekhniki Kitaya* (Essays in the History of Science and Technology in China), p. 130. Acad. Sci. Moscow, 1955.

VON ZACH, F. X. (1). 'Über ältere Chinesische Beobachtungen.' *ZA*, 1816, **2**, 299 (302).

ZEUTHEN, H. G. (1). 'Sur l'Origine de l'Algèbre.' *KDVS/MFM*, 1919, **2**, no. 4.

ZEUTHEN, H. G. (2). *Die Geschichte der Mathematik im XVI. und XVII. Jahrhundert.* Leipzig, 1903.

ZEUTHEN, H. G. (3). *Die Geschichte der Mathematik im Altertum und Mittelalter.* Copenhagen, 1896. (French tr. Paris, 1902.)

ZILSEL, E. (2). 'The Sociological Roots of Science.' *AJS*, 1942, **47**, 544.

ZILSEL, E. (3). 'The Origin of William Gilbert's Scientific Method.' *JHI*, 1941, **2**, 1.

ZILSEL, E. (4). 'The Genesis of the Concept of Scientific Progress.' *JHI*, 1945, **6**, 325.

ZILSEL, E. (5). 'Copernicus and Mechanics.' *JHI*, 1940, **1**, 113.

ZINNER, E. (1). *Geschichte d. Sternkunde, von den ersten Anfängen bis zur Gegenwart.* Springer, Berlin, 1931.

ZINNER, E. (2). 'Entstehung und Ausbreitung d. Copernikanischen Lehre.' *SPMSE*, 1943, **74**, 1.

ZINNER, E. (3). *SIR*, 1919, **52** (nos. 2–8).

ZINNER, E. (6). 'Gerbert und das See-rohr.' *BNGBB*, 1952, **33**, 39; *KVRS*, 1952, no. 7.

ZINNER, E. (7). 'Die ältesten Rädeuhren und modernen Sonnenuhren; Forschungen über den Ursprung der modernen Wissenschaft.' *BNGBB*, 1939, **28**, 1–148.

ZINNER, E. (8). *Deutsche und Niederländische astronomische Instrumente des 11–18 Jahrhunderts*. Beck, München, 1956.

VON ZITTEL, K. A. (1). *Geschichte d. Geologie u. Paläontologie bis Ende des 19. Jahrhunderts*. München & Leipzig, 1899. (Gesch. d. Wissenschaft in Deutschland, no. 23.) Eng. tr. M. M. Ogilvie-Gordon, *History of Geology and Palaeontology to the End of the 19th Century*. London, 1901.

西方书籍与论文补遗

BEREZKINA, E. I. (1) (tr.). 'Drevnekitaïskii Traktat *Matematika v deviati Knigach*.' (The ancient Chinese Work *Chiu Chang Suan Shu*, 'Nine Chapters on the Mathematical Art'). *JHM*, 1957, **10**, 423–584.

BERNARD-MAÎTRE, H. (14). 'Note complémentaire sur l'Atlas de Khang-Hsi.' *MS*, 1946, **11**, 191.

BERNARD-MAÎTRE, H. (15). 'Les Sources Mongoles et Chinoises de l'Atlas Martini (1655).' *MS*, 1947, **12**, 127.

BERNARD-MAÎTRE, H. (16). 'La Science Européene au Tribunal Astronomique de Pékin (17e–19e siècles).' Palais de la Découverte, Paris, 1952 (*Conférences*, Sér. D, no. 9).

DEMIÉVILLE, P. (2). Review of Chang Hung-Chao (1), *Lapidarium Sinicum*. *BEFEO*, 1924, **24**, 276.

DINGLE, H. (2). 'Astronomy in the +16th and +17th centuries.' art. in *Science, Medicine and History*, Singer Presentation Volume, ed. E. A. Underwood, vol. 1, p. 455. Oxford, 1953.

FÊNG YU-LAN (1). *A History of Chinese Philosophy*, vol. 1, *The period of the Philosophers* (*from the beginnings to c. B.C. 100*), tr. D. Bodde; Vetch, Peiping, 1937; Allen & Unwin, London, 1937. Vol. 2, *The Period of Classical Learning* (*from the 2nd. century B.C. to the 20th century A.D.*), tr. D. Bodde; Princeton Univ. Press, Princeton, N.J., 1953. At the same time, Vol. 1 was re-issued in uniform style by this publisher. Translations by Bodde of parts of Vol. 2 had appeared earlier in *HJAS*. (See Fêng Yu-Lan, 1).

GROUSSET, R. (1). *Histoire de l'Extrême-Orient*. 2 vols. Geuthner, Paris, 1929. (Also appeared in *BE/AMG*, nos. 39, 40).

KEPLER, JOHANNES (1). *Tabulae Rudolphinae, quibus Astronomicae Scientiae, Temporum longinquitate collapsae Restauratio continetur a Tychone Brahe...concepta et destinata anno 1564...post mortem auctoris...Johannes Keplerus in lucem extulit.* (With large world-map). Ulm and Prague, 1627–30.

KLEINSCHNITZOVÁ, FLORA (1). 'Ex Bibliotheca Tychoniana Collegii Soc. Jesu Pragae ad S. Clementem.' *NTBB*, 1933, **20**, 73.

KOJIMA TAKASHI (1). *The Japanese Abacus, its Use and Theory*. Tuttle, Tokyo, 1954.

KOYRÉ, A. (5). *From the Closed World to the Infinite Universe*. (Noguchi Lectures). Johns Hopkins Univ. Press, Baltimore, 1957.

MOULE, A. C. (14). 'A Note on the Chinese Atlas of the Magliabecchian Library (at Florence).' *JRAS*, 1919, 393. (The copy of the *Kuang Yü Khao* brought back in 1598 by Carletti and translated with a Chinese collaborator in 1701).

MOULE, A. C. (15). *Quinsai, with other Notes on Marco Polo*. Cambridge, 1957.

NEEDHAM, JOSEPH, BEER, ARTHUR & HO PING-YÜ (1). '"Spiked" Comets in Ancient China.' *O*, 1957, **77**, 137.

NEEDHAM, JOSEPH, WANG LING & PRICE, DEREK J. (1). *Heavenly Clockwork; the Great Astronomical Clocks of Medieval China*, Cambridge (in the press). (Antiquarian Horological Society Monographs, no. 1).

SZCZESNIAK, B. (8). 'The 17th-Century Maps of China; an Inquiry into the compilations of European Cartographers'. *IM*, 1956, **13**, 116.

TOKAREV, V. A. (1). 'The most Ancient Chinese Book on Minerals and Mining' (identifications of seventeen minerals mentioned in the *Shan Hai Ching*) (in Russian). *MSRM*, 1956, **85**, 393.

WINTER, H. J. J. (6). 'Notes on *al-Kitāb Suwar al-Kawakib* (Book of the Fixed Stars) *al-Thamaniya al-Arba'in* of Abū'l-Husain 'abd al-Rāhman ibn 'Umar al-Sufī al-Rāzī (commonly known as al-Sufī), +903 to +986'. *A/AIHS*, 1955, **8**, 126.

YANG LIEN-SHÊNG (7). 'Notes on N. L. Swann's "Food and Money in Ancient China".' *HJAS*, 1950, **13**, 524.

索　引

"Ku-Tan"（瞿昙悉达） 175

TLV 板 303，305

TLV 纹 303-305，307-308

TLV 纹镜　见"镜"

"T-O 地图"　529，530，561，562

π 的值　29，35，89，99 ff.，141，143，385[*]

A

阿波罗尼奥斯，帕加马城的（Apollonius of Per-gamon；数学家，鼎盛于公元前 220 年）78[*]，91，102，107，199[*]，307[*]

阿布鲁，哈菲兹（Abrū，Ḥāfiẓ-i；制图学家，卒于 1430 年） 564

阿布·瓦法（Abū'l-Wafā'al-Būzjānī；公元 940—998 年） 108，137[*]，177[*]，296，379[*]，395[*]

阿丹　见"亚丁"

阿德勒（Adler，E. N.） 681

阿尔比，8 世纪的地图　531

"阿尔热巴拉"（代数学） 53

阿方索十世，智者（Alfonso the Wise；卡斯蒂利亚国王） 328，329，340，353，354，647

阿富汗 522

阿格里科拉（Agricola，Georgius；1490—1555年） 154，604，649，650，672，679

阿格里帕，内特斯海姆的（Agrippa of Nettesheim；16 世纪） 61

阿合马（元朝穆斯林官员） 661

阿基米德（Archimedes；约公元前 225 年）34[*]，87[*]，88[*]，101，141，145，158，161[*]，339[*]

阿加托代蒙，亚历山大里亚的（Agathodaemon of Alexandria） 528

阿奎那，托马斯（Aquinas，St Thomas） 166

阿拉伯半岛 457，559，560，653，654，656

阿拉伯的间隔室鼓轮装置 328

阿拉伯地理学 513，521，533，549，551，555，556，561 ff.，574，587，589，682

阿拉伯炼金术 654，671

阿拉伯人 49-50，53，89，90，162，299，381，469，525，655，656，659

阿拉伯商人 512

阿拉伯数字 55，61，64，65，68，60，80，82，107，108，109，113，118，125，137，147，148，150，155

阿拉伯天文学 171，176，184，208，252，257，267，288，296，309，311，312，340，353，357，370，372，375，377，378，379，382，389，428，458

阿拉伯学者，姓名混乱 89[*]

阿老瓦丁（穆斯林火炮手） 49

阿勒纽斯（Ahlenius） 585

阿雷曼亦阿（德国） 555

阿里斯塔戈拉斯，米利都的（Aristagorasof Mile-tus；约公元前 500 年） 503[*]

阿里斯塔克斯，萨摩斯的（Aristarchus of Samos；约公元前 260 年） 108，225

阿里斯提鲁斯（Aristyllus） 270，340

阿林 563[*]

阿曼 681

阿弥达（探险家，1782 年） 585

阿摩尼乌斯（Ammonius；拜占庭天文学家，约公元 500 年） 376

阿目佉跋折罗（Amoghavajra；印度天文学家）见"不空"

阿那克萨戈拉（Anaxagoras；生于公元前 500 年）410，625

阿那克西曼德，米利都的（Anaximander, of Mil-etus；公元前 6 世纪） 469，503

阿那克西米尼（Anaximenes） 625

阿尼玛卿山 523

阿皮亚努斯，彼得（Apianus，Peter；16 世纪）47，134，372，431，432

《阿毗达磨俱舍论》 568

阿索斯山手抄本（约 1250 年） 533

《阿闼婆吠陀》 254

阿图瓦 681

阿威罗伊学派 161

阿维（Haüy，R. J.） 591

阿维森纳（Avicenna）见"伊本·西那"

阿耶波多（Āryabhaṭa；印度数学家，生于公元

476 年） 34*，88，102，，108，122，147，149

阿伊罗斯，伊萨克（Argyros, Isaac；拜占庭僧人，14 世纪） 147

阿育王（Aśoka；印度王） 10

阿兹特克人（美洲印第安人） 见"文化"

埃尔德雷德，约翰（Eldred, John；鼎盛于 1583年） 608*

埃及 13，15，79，81，83，95，99，106，114，119，137，146，150，229，256，273，313，321，322，404，502，569，582，653，666，681

希腊化时代的 571

埃及不均匀时影钟 309

埃克曼流速计 633

埃拉托色尼（Eratosthenes；公元前 276—前 197年） 54，89，106，200，225，520，526，527

埃利亚德（Eliade, Mircea） （4），641；（5），159

埃皮法尼乌斯（Epiphanius；塞浦路斯主教；公元 4 世纪） 671

埃塞俄比亚 313

埃斯科里亚尔藏写本地图 547*

埃特纳火山 610

"埃天" 640

矮人和鹤的交战 505

艾奥尼迪斯夫妇（Ionides, S. A. &Ionides, M. L.） 436

艾伯华（Eberhard, W.） （1），404，407，421；（2），200，393；（6），417；（10，11），182，186；（12），396

艾德（Eitel, E. J.）（1）， 507

艾哈迈德（'Aḥmad；伊斯法罕星盘家易卜拉欣的儿子） 376

艾蒿 678

艾科尔兹（Eichholz, D. E.） 636

艾黎（Alley, R.） 517*

艾里（Airy, G. B.） 417

艾儒略（Aleni, Giulio；耶稣会士，制图学者） 583*，584

艾斯勒（Eisler, Robert） （2），332-333；（3），

620

艾田（犹太学者，1573—1605 年） 682

艾因哈德（Einhard） 435

艾约瑟（Edkins, J.；新教传教士） 18，273，447

《爱尔兰地志》 494，520

爱薛（'Īsa Tarjaman；即译员伊萨，叙利亚医生、数学家和天文学家，鼎盛于 1227—1308年） 49，381*

"碍"（天文学和物理学术语） 415

安岛直圆（日本数学家，1739—1798 年） 145

安德雷德（Andrade, E. N. da C.） 611

安德鲁斯（Andrews, M. C.） 529

安德罗尼科，库拉的（Andronicus of Cyrrha；约公元前 150 年） 478

安蒂基西拉机 339*，366

安东尼（Marcus Aurelius Antoninus） 174*

安东尼松（Anthoniszoon, Adriaan；16 世纪） 101，102

安敦的使节 174

安丰王 见"元延明"

安国麟（朝鲜人） 302

安釐王 见"魏襄王"

安南 552

安全规则与天文官员 193

安特生（Andersson, J. G.） 666

安提丰（Antiphon；公元前 5 世纪） 141

安提戈诺斯，卡里斯托斯的（Antigonus, of Carystos；约公元前 200 年） 493

《安天论》 200-201，206，220

安条克城的秤漏 318*

安文思（Magalhaens, Gabriel；耶稣会士） 330

安息 536

安阳

发掘出玉制品 665

甲骨（卜辞） 95，242，409，467，473

"闇虚"（月食） 141

铵明矾 653

岸堤 99，120

暗码字 5*

"暗星" 228

奥波尔策交食图表 420

奥尔登贝格（Oldenberg, H.）（2），254

奥古斯丁（St Augustine）507*，531*，659

奥劳斯·芒努斯，瑞典人（Olaus Magnus the Swede；1490—1558 年）520

奥雷姆，尼古拉（d'Oresme, Nicholas；14 世纪）107

奥利维尔（Olivier, C. P.）430，431-432

奥罗修斯（Orosius；鼎盛于公元 410 年）529，587

奥佩尔（Oppert, M.）（1），507

奥特弗耶（de la Hautefeuille）634

奥特雷德（Oughtred, W.）73，134

奥特利乌斯（Ortelius；1570 年）533，583，5ˆ6

奥扎南（Ozanam, M.）111

澳门 444，644，671

B

八股文考试制度 153*

"八卦算" 140

巴比伦 409

巴比伦的刻漏 313，315，322

巴比伦的轮形地图 568

巴比伦和巴比伦人 550，569，582，589，590，602，637

　　楔形文字文书 16，113，149，254，256，313，430，620

巴比伦窥管 332

巴比伦数学 13，15，16，64，69，81，82，96，99，107，113，114，115，123，150，151，205

巴比伦天文学 149，171，173，176，177，186，205，212，228，246，254 ff.，259，309，329，382，394，395，396，397，399，407，408，410，411，420

　　对印度天文学的影响 395*

巴比伦占星学 273

巴达赫尚 672

巴德（Baade, W.）426

巴德利（Baddeley, J. F.）583

巴格达 544，682

巴赫沙利手稿 11*，64*，119*

《巴郡图经》 517

巴克基利得斯（Bacchylides）672

巴肯寺 568

巴拉诺夫斯卡娅（Baranovskaia, L. S.）（1），110

巴勒斯坦 564

巴黎 340，579

巴黎法国国家图书馆藏写本（1478 年） 645

巴黎天文台 见"天文台"

巴黎自然历史博物馆 644

巴罗（Barrow, I.）142

巴门尼德（Parmenides of Elea；约鼎盛于公元前475 年）227，410

巴纳德星 270

巴戎寺 11

巴斯–贝金（Baas-Becking, L. G. M.）642

巴斯德（Pasteur, Louis）183*，677

巴斯蒂安（Bastian, A.）473

巴塔尼（al-Battānī, Ibn Jābir ibn Sinān；公元858—929 年）108

把头算 140

《白芙堂算学丛书》 48

白虎殿 219

白虎（西宫）242

白晋（Bouvet, Joachim；耶稣会士，地图绘制者）585

白居易 596

白羊座 273

　　春分点 179，181，270

白云母 648

白昼见金星 232*

百分法和比例 25-26，34，35

"百鸡问题" 121-122，147

"百物" 504

《百中经》 396

柏拉图（Plato）92，158，167，216，672

柏树 613

摆 628 ff.，634，635

摆钟　见"时钟"

拜占庭　296，526，682

拜占庭帝国　61，309，376，561，575，587

稗子　678

班固（史学家）　106，535

班威廉夫妇（Band & Band）　607

班昭（班固之妹）　106

斑马　513

"版"（"板"）　582

半径　94

半人半兽　504

半圆穴仪　301

"伴金石"　674

溙河　607

邦伯里（Bunbury，E. H.）　532

蚌　600

"傍验"（制图学术语）　576

雹　472

宝丹（Daudin，P.）　82，85

《宝利沙历数书》　108，149

宝瓶座　271*，273

宝瓶座流星群　433

宝石　591，669 ff.
　　开采　669，670
　　术语　669

《宝石与石类的历史》　646

宝塔石　618

保护海岸　517，558

保宁　597

保其寿（19 世纪的学者）　60

保萨尼阿斯（Pausanias）　519*，622

保章氏（王室占星家）　190

报时机构　350，363

《抱朴子》　489，567，606，647，660

鲍尔，劳斯（Ball，Rouse）　（2），111

鲍瀚之（宋代数学家）　20

鲍友管（Gogeisl，Anton）　453，454

暴风雨的预报　441*，464

北斗　见"大熊座"

《北方种族史》　520

北宫　200

北回归线　180，292

北极　261

北极光　190*，200，436，482−483

北极距（北极出地）　179，343，356，357

北极圈　180

北极（天球的）　179，213，217，256，259 ff.，
　274，278
　　真天极的位置　262，332，336，337

北极星　见"极星"

北京　50，52，100，182，184，194，257，297，
　302，307，326，349，365，367，369，378，
　387，389，416，427，431，438，443，444，
　556，562，586，668

北京观象台　见"天文台"

北京国家图书馆　549

北京人　621

北俱卢洲　568

北凉　204

北美　196，472

北齐（朝代）　78，358，632

《北齐书》　632

《北史》　543，633

《北使记》　522

北宋（朝代）　191，352，365，
　　灭亡　422*

北魏（朝代）　27，33，149，326，327，473*，
　519

北周（朝代）　33，35，208，264，608

贝采利乌斯（Berzelius，J. J.）　591

贝措尔德（Bezold，C.）　（1），254. 273

贝蒂尼（Bettini，Mario）　311*，379

贝尔拉赫（Berlage，H. P.）　626

贝尔纳（Bernard，Claud）　158

贝尔提乌斯（Petrus Bertius；1628 年）　530

贝格尔（Berger，H.）　592

贝海姆，马丁（Behaim，Martin；1492 年）　374

贝加尔湖　293

贝壳类　620

贝克曼（Beckmann，J.）　329

贝勒（Bretschneider，E.）　（1），643；（2），
　522，523，669；（4），524

贝里（Berry，A.）　184

贝琳（天文学家，1482 年）　50

贝罗索斯（Berossos；公元前 3 世纪） 301, 309, 395*, 408

贝尼耶，弗朗索瓦（Bernier, François） 228

贝特朗和莫克拉格纳茨（Bertrand, G. & Mokragnatz, H.） 678

贝特洛（Berthelot, M.） 637, 639, 645

贝特，约翰（Bate, John；17 世纪） 328

贝托庭荠（Alyssum bertolonii） 678

贝亚图斯，列瓦纳的（Beatus Libaniensis；西班牙牧师，卒于公元 798 年） 529, 587

备有漫流壶的刻漏 324

倍立方体 103

悖论
　道家的 47
　名家的 92, 94, 143

被除数（"实"） 65

本·埃兹拉，亚伯拉罕（ben Ezra, Abraham；约 1150 年） 89, 141

本·巴尔齐莱（ben Barzillai, Judah；12 世纪） 142

《本草别说》 648

《本草纲目》 434, 605, 615, 616, 617, 621, 637, 639, 644, 647, 676

《本草和名》 645*

《本草拾遗》 674

《本草图经》 617, 647, 648, 649-650, 654, 660

本草学著作 592, 605, 606, 617, 621, 643, 644, 648

《本草衍义》 618, 674

本·格尔森，列维（ben Gerson, Levi；普罗旺斯的犹太学者，1288—1344 年） 573, 575

本轮说 198*, 437*

比德，尊者（Bede the Venerable） 68, 69, 493-494

比尔芬格（Bilfinger, M.） 314

比尔吉（Bürgi, J.） 43

比尔纳茨基（Biernatzki, K. L.） 1, 121

比例 26, 35
　复比例 45

比林古乔（Biringuccio；卒于 1538 年） 154

比鲁尼（al-Bīrūnī, Abū al-Raiḥān） 140*, 252,

612, 620, 622

比率 26

比色法，化学和生物化学中使用的 672

彼得·阿方萨斯，韦斯卡的（Petrus Alphonsus of Huesca） 530

彼得斯（Peters, C. H. F.） 268
　刀币 16*
　纸币 40

毕奥（Biot, J. B.） 1, 173, 183, 242；（1）, 246；（4）, 229, 234, 239, 247, 253；（5）, 52, 55；（6）, 52, 252；（15）, 593

毕达哥拉斯式的乘法表 64-65

毕达哥拉斯学派 54, 55, 90, 158, 161*, 167, 198*, 228

毕方济（Sanbiasi, Francesco；耶稣会士，地图绘制者） 584

毕汉思（Bielenstein, H.） 418

毕宏（8 世纪画家） 612

毕瓯（Biot, E.） 1, 20, 21, 184, 300, 425, 430, 432, 433, 463, 482, 644

毕（宿） 238, 245, 468, 469

毕宿五 270

毕晓普（Bishop, H. R.） 748

《碧奈山房集》 60

碧玄岩 672

碧玉 672

避邪物 567

编訢（历算家，公元 85 年） 247, 320

编织 35, 137-138

蝙蝠石 619

卞重和（朝鲜人） 302

汴渠 577

变法运动，宋代 40, 281

标有详细罗盘方位的地图 577

标准尺量度 82

"标准"二至测影 297

"骠骑兵"（hussar）的词源 681

表（圭表、日晷） 19, 21, 104, 108, 182, 213, 217, 224, 225, 231, 274, 284 ff., 302, 303, 307, 327, 359, 368, 369, 370, 381, 478, 523, 526, 542, 560, 571
　便携式日晷 310

郭守敬的巨型表　296

尖顶表　299

婆罗洲的圭表　300*

倾斜表　302，303

使用上端有孔的表　300

指向天极的表　303，307，309，311

《表志》　20

《别宝经》　648，669*

冰川谷　593

冰岛　583，584

拨爪　314*，318，359

波兰　162，681

波浪形状，陆地和水面的　598 ff.

波利亚克（Poliak，A. N.）　682

波普-亨尼西（Pope-Hennessy，U.）　664

波塞多尼奥斯，阿帕梅亚的（Poseidonius of Apameia；约公元前90年）　493

波斯　105，109，134，147，196，204，257，596，372，376，423，474，522，634，653，669，671，681

"波斯"　653-654

波斯人　49-50，68，60，110，147，204，205，208，381，551，555

波斯萨珊王朝　205

波斯湾　493，559，560

波斯语　见"语言"

波形记录　609

波伊尔巴赫（Peurbach，George）　341

波伊廷格，康拉德（Peutinger，Conrad）　528

玻璃　658

玻璃制造　653

玻洛斯，门德斯的（Bolos of Mendes；公元前2世纪）　639*

玻意耳（Boyle，Robert）　378*，391*，439*

剥蚀作用　602

伯德（Byrd，Admiral）　365*

伯高（传说中的黄帝之臣）　674

伯努利（Bernoulli，J.）　141

伯特（Burtt，E. A.）　158

伯希和（Pelliot，P.）　198，204，544，549，558，561，664

伯阳甫（周朝政治家）　624

《驳异教徒的历史七书》　529

铂制米原器　287

博布罗夫尼科夫（Bobrovnikov，N. T.）　429

博尔（Boll，F.）　（4），405

博山香炉　580-581

博士星　423*，426*

《博物记》　608

博物学　164*

《博物学家》（公元2世纪末）　659

《博物志》　608*，611*

卜爱玲（Bulling，A.）　（1），398

卜德（Bodde，D.）　535

卜弥格（Boym，Michael；波兰耶稣会士）　444，445

卜士礼（Bushell，S. W.）　663

捕海豹　657

捕鲸　657

哺乳类动物化石　612，619，621

不等长的五更　319*，398*

不定方程　见"方程"

不定分析　33，35，37，38，40，42，45，110 ff.，147

　　　与古代占卜方法的关联　119*

　　　计算问题的最早例子　33，34*

不尽根　90

不均匀，四季的　见"季节"

不可分量法　见"无穷小法"

不空（Amoghavajra；印度天文学家）　202

不列颠　313，527

不列颠博物馆　517，567

不列颠群岛　584

《不列颠志》　520

不怕火的鸟　659*

不死鸟　659

布达佩斯　555

布莱格登（Blagden，C. O.）　560

布兰迪斯（Brandis，Lucas）　549，550

布朗（Brown，B.）　281

布朗，劳埃德（Brown，Lloyd A.）　579

布雷德沃丁，托马斯（Bradwardine，Thomas；1290—1349年）　162

布雷利希（Brelich，H.）　649

布隆尼亚尔（Brongniart, A.） 644

布鲁尔（Brewer, H. C.） 677

布鲁内莱斯基（Brunelleschi；1377—1446 年） 154

布鲁诺（Bruno, Giordano） 222*，440

布伦丁（Brundin, N.） 678

"布罗肯幻象" 477*，596

布罗姆黑德（Bromehead, C. E. N.） 592，652

布尼，阿布-阿巴斯（al-Būnī, Abū-l-'Abbas） 61

步达生（Black, J. Davidson） 621

步数 536

《步天歌》 201，281

部族 508，510，517；参见"文化"

    阿伊努人 505

    鞑靼 369

    菲律宾人 215*

    回纥 444，612，681

嘉戎族 510

金 352，365，522，683

辽（契丹） 473

毛利人 663

苗 69，510

婆罗洲 284*

铁勒部，突厥游牧民族 293

突厥 405，681

土尔扈特 405，681

鸟夷 501

西戎 656

匈奴 204，511，536

嚈哒匈奴 205，681

彝 60，510

嶲 188

月氏 665

"蔀"（谐调周期） 406，407

簿记 166

C

《猜度术》 141

采矿及矿工 167，534，592，636，639，641，652，676，678，679

    宝石 669-670，672

    勘探的方法 673 ff.

    玉的 663，665

彩虹 162，467，473-474，477

彩色印刷品 341*

彩晕弧 475

蔡京（宋朝丞相） 40

蔡君谟 613

蔡尚质（Chevalier, S.） 454

蔡絛（12 世纪） 660

蔡邕（天文学家，公元178 年） 20，200，210，247，248，288，334，355，527，537

蔡元定（理学家） 40，598*

参（宿） 238，240，244，248，249，250，251，272

    与商（大火）的神话 282

《参同契》 654

残丘 592

蚕 501，651

蚕的病毒 651*

苍龙（东宫） 242

曹士蒍（天文学家，约公元660 年） 205

曹元理（东汉学者） 4

"侧匿"（月亮运动速度较慢之时） 392

测杆 31

    罗马的 286

测绘车 579

测绘制图 518

《测量法义》 110

测量方法

    高和远 21，23，27，31

    面积和体积 26，33，34，42，52，85，97，142，144

    天体的距离 225

    长度 82，83-84，85

    重量 85

测量（勘测） 25，35，37，39，52，95，97，104，105，153，332，373，437，540，542，569 ff.，586

《测量异同》　110

《测天约说》　447

测微螺旋　438

《测圆海镜》　40，44，45，120，130，132，133

《测圆海镜分类释术》　51

《策算》　72

查得利（Chatley，H.）（1），224，261，436；
（5），227；（8），184；（9），182；（10），
194；（10a），246；（11），212；（12），252；
（14），314；（15，20），408；（22），484

《查理大帝传》　435

蟾脂　668

长安（今西安）　33，385，478

　　历史地图　517

《长安志图》　547

长白山地区　585

长春殿会议（约公元525年）　221

《长春真人西游记》　522

长度　92，142

　　测量　82，83-84，85

长度单位　83-85

　　小长度的单位　85

长耳人　506

长江　483，484，485，486，487，488，500，
515，523，525，582，609，624

长颈鹿　558*

长乐，福建　557

"长明灯"　331

长蛇座　271

长生不老（不朽）　566，582，606*，641，642

长石　643，664

常德（外交家，1259年）　523

常璩（公元4世纪的地理学家）　517

"常"（天的正常的规律性）　216

常州　433，514

场概念，物理学　158*

超距作用　223，384*，415，634，675

超新星　171，244*，423 ff.

晁崇（天文学家，鼎盛于公元402年）　350

朝圣者　511，513，522

朝鲜　46，301，493，511，544，549，552，
554-555，565，682

制造演示用浑仪　389-390

朝鲜的彗星图　431，682

朝鲜的交食记录　417*

朝鲜的星图　279

朝鲜的雨量筒（15世纪）　471

朝鲜的瞻星台　297，682

"潮候时差"　492，494

潮汐　224，390*，415，462，483-494，514，
606，675

　　潮汛的预报　441*

　　对海底和河口海底形状的作用　488*

　　呼吸理论　487，490，491，493，494

　　日月的联合作用　493

　　术语　484-485

　　太阳的作用　490，491，492，493

　　依赖月亮　485，491，493

　　引力解释　494

　　由于银河"溢出"　489

　　涨潮时间逐日变化　490

潮汐表　490，492，494

　　欧洲最早的潮汐表　492

车轴　95，608，609

车轴藻类　614

"辰"（天文学术语）　249-250

沉积　603，604，605

沉积岩　597，612

沉香　681

陈（朝代）　264，328，385

陈承（本草学家，鼎盛于1090年）　648

陈达（Chhen Ta）（1），472

陈鼎（17世纪的学者）　510

陈高佣　（1），472

陈观胜（Chhen Kuan-Shêng）（1），584

陈淏子（园艺家，鼎盛于1688年）　154

陈杰（清代数学家）　24

陈坤臣（地理学家，12世纪）　521

陈伦炯（地理学家，18世纪）　517

陈懋龄（18世纪的天文学家）　185

陈懋仁（明代著作家）　661

陈苗（吴国太史令）　384，387

陈檠　57，610

陈平（丞相，卒于公元前178年）　71

陈士骧 264*

陈舜俞（11 世纪的地理学家）519

陈汤（甘延寿的助手）536

陈霆（14 世纪）223，479，601

陈抟（道士）59

陈文涛 436

陈秀公（扬州通判）549

陈玄景（历算家，公元 8 世纪）203

陈寅恪 （2），106

陈垣 （3），551

陈在新 47

陈卓（天文学家，约公元 310 年）198，200，
207，262，263，264，281，383，387

陈子（半传说中的天文学家）21

陈组绶（17 世纪的制图学家）556

陈遵妫 185；（3），234，282；（4），431；（5，
6），186

谶纬书 57，58，199，225，468

成都 515，614

成皋 604

成公兴（隐士）27

成化年间 430

成吉思汗 293，380，416，522

"诚"（整合）165

城防工事 48，99

城市 519，521

　　平面图 547

乘法 15，33，34，35，62，63-64，75，149，
　　乘法表 9，22，25，36，64，542

　　乘号 114

　　代数乘法 46

　　分数乘法 21，81

　　格子乘法 64，72，148

乘积之和 36

程伯纯（晋城县令）618

程大位（明代数学家）51，52，60，75，78，
79

程明道（1032—1085 年）165，166

程伊川（1033—1108 年）163，164，165

秤 332

秤漏 317，319，323，326，327

"蚩尤旗" 426

《池北偶谈》 619

尺 84，286

齿轮 314，339*，366*，577，668*

赤道面放置的晷盘 307，308-309，311

赤道日晷 301

赤道式日晷 311

赤道（天球）178，179，180，231-232，240，
248，250

　　（地球）180，181

赤道装置 377，382，458

赤道坐标系 185*，270，372，379，381，438，
458

赤基黄道仪 301，370，371，372，375，378，
458

《赤水遗珍》 53

赤铁矿 643，650，652，674，676

赤土 286

赤纬 179，180，239，250-251，287，338，
343，357

赤纬，恒星的 179，180，181，249

赤纬平行圈 179

赤纬圈 179，213，368*

《敕修两浙海塘通志》 517

冲日法（用于在恒星中确定太阳的位置）229-
230，240

虫害 652

重庆 276，592

《崇祯历书》447，449

抽象 156

仇视外族人 507

《畴人传》3，37，152

《筹海图编》516-517

筹码 80

筹算板 4，9，12，13，42，45，46，62-63，
66，60，72，80，88，112，116，117，126，
127，128，130，133，137，146，148，152

《筹算学，或算筹计算两书》72

《初学记》326，611

《初学者入门》549，550

初月谷 603

除法 33，34，35，62，65，86，133

　　除法表 46，65

法则 35，86

帆船法 65

分数除法 21，81

符号 114

除数（"法"） 65，86

最大公约数 82，86

储光羲（诗人，公元8世纪） 601

储泳（约1230年） 324，323

《楚辞》 71

楚国 195

王子 503

处州 613

传教士 172，182，445，447

传说 95

献给大禹的图 56

船舶 197，331，441*

船尾舵 559*

窗格 95，112，308

"垂虹桥" 516

垂线架（罗马测量员所用的仪器） 286，370，571

春分点 见"白羊座"

《春秋》 250，411，420，421，468

春申君 195

纯一僧院 661

《淳祐临安志》 492

《辍耕录》 492，669，672

词典编纂传统，中国的 xliii

《词源学》 529，530

瓷器 651，681

磁暴 435

磁极性 303，532，590

磁罗盘（指南针） 30，310，311，312，362，493，533，541，559*，576，587，600*，639*

磁石 639，643，652，674

磁铁矿 675

磁学 140*，154，155，159，162，312，652

地磁学 339，435

磁针 279，312，576，639*

雌黄 638，643，651

雌雄异株女娄菜（Melandrium dioedum） 678

刺激扩散 149

《从波尔多到耶路撒冷旅行记》 513

葱（Allium fistulosum） 675，676

醋 616，622

醋酸 617

窜改书籍 177*

窜改中文书籍来证明发明创造早于其真实年代是不太可能的 177*

崔灵恩（约公元520年） 221

崔寔 196

崔峡 510

崔攸之（17世纪朝鲜的时钟制造家） 390

崔致远（朝鲜天文学家，公元858—910年） 683

崔子玉 359

催吐 653

村松茂清（日本数学家，卒于1683年） 144

"皴"（风景绘画的术语） 597

"刹那" 601

D

达蒂，莱奥纳尔多（Dati，Leonardo） 530

达·芬奇（Leonard da Vinci） 161，494，599，602，611，622

他在理论上的落后 154，160

达丰塔纳，乔瓦尼（de'Fontana，Giovanni；鼎盛于1410—1420年） 162

达雷斯特（Dareste，C.） 507

达雷佐，里斯托罗（d'Arezzo，Ristoro；约1250

年） 603

达维杰瓦诺（da Vigevano，Guido；1380—1345年以后） 162

鞑靼 见"部族"

打字机 441*

大阿尔伯特（Albertus Magnus；约1260年） 647

《大宝积经》 88

《大藏经》 204，566

大辰（天上的标记点） 250

《大戴礼记》 58，59，61，194，498

大地的散发物（anathumiasis） 469

大都（北京） 297

大火（星） 见"心宿二"

大角（星） 251，252，270，411

大理石 643

大梁（十二岁次之一，与春分点相当） 243，489

大龙湫 603

"大陆"（平原土地） 501

大马士革 681

大麦 678

《大明混一图》 555

《大明历》（公元463年） 294，392

大慕阇（波斯天文学家的称号，公元719年） 204

大秦（罗马帝国的叙利亚） 174，321，587，656

《大清会典》 325

《大清一统志》 593

大鹊山 655

大森房吉（Omori, F.） 624

大石 见"西辽国"

《大术》 90

大数 87，139

大司空 537，538

大司徒 534

大同 667

《大统历》（1364年） 49，79

大吴哥 568

大西洋 583

"大星" 242

大熊座（北斗） 210，215，219，223，230，232，234，240，250，251，272，278，334，336，338，385，430，

　　关于北斗七星不见的传说 283

《大学》 163

《大衍历》（公元728年） 37，203，294

《大衍历术》 119-120，203

大衍求一 42

大衍术 119，121，122

《大衍详说》 40

大业年间 327，385

大宇宙－小宇宙类比 215，230，240，259，487，488，494，651

大运河 516，552

大章（传说中的大禹的助手） 570

代数 3，9，16，23-24，26，27，31，37，38，41，43，46，47，51，53，66，90，91，94，96，106，107-108，122 ff.，147，150，151-152，156，205，329，382，394，395，399，438，447，458

　　词源 113

代数符号，在欧洲发展缓慢 114-115

代数学的古名 129*

岱舆山 610

带钩 668

带刻漏的车 327*

戴进贤（Kögler, Ignatius；耶稣会士，天文学家） 352，448，452，454

戴谦和（Dye, D. S.） 308

戴维森（Davidson, T.） 614

戴维斯，约翰（Davis, John；16世纪） 574

戴闻达（Duyvendak, J. J. L.） 444，536，537，559，561

戴震（18世纪的学者和数学家） 18，29，66，72，519

丹蒂（Danti, Egnatio；1570年） 479

《丹方鉴源》 671

"丹"（炼丹术和矿物学术语） 642

《丹铅总录》 661

丹徒 485，486

丹（燕国太子，公元前240—前226年） 见"燕丹子"

丹元子 见"王希明"

单位符号 42

但丁（Dante Alighieri） 603

但泽 475

弹道学 166*，167

刀 667

　　圆盘刀 669

刀币 5*，16*

刀剑　681

道安（僧人，公元4世纪）　566

《道藏》　198

《道德经》　69，70，464

道家悖论　47

道家的"虚"　12，221，222

道家和道教　12，29，30，35，133*，140，144，145，152，153，159，171，196，201，221，222，226，276，293，326，327，414，416，457，464，477*，507，519，522，541，544，545，546，557，566，567，581－582，589，596，599，600，602，606，612，613，639，642，657，659

　　术语　599，612

　　与地理学　551*，556 ff.

　　与天文学　171*

道教三清　566*

道教隐士　152*，605

《道里邦国志》　681

"道里"（步测直角三角形的边长）　539－540

道路图　544

　　罗马帝国道路图　528

道世（僧人，公元668年）　610

稻米歉收　436

德巴罗斯，若昂（de Barros, João; 鼎盛于1563年）　585

德博特（de Boodt; 1550—1632年）　646

德东布（Destombes, M.）（1），292

德丰特内勒（de Fontenelle, B.）　441

德国　331，434，555

德黑兰　681

德拉布里加（della Briga, Melchior）　434

德·拉库佩里，特里恩（de Lacouperie, Terrien）80；（2），70

德拉伊尔（de la Hire, P.）　300，450

德兰达，迭戈（de Landa, Diego）　514

德朗布尔（Delambre, M.）　175，184

德雷尔（Dreyer, J. L. E.）　377，379

德礼贤（d'Elia, Pasquale）（1，3），444；（4），106

德里　300

德梅利（de Mély, F.）　639；（1），592，644，

645，651；（2），505

德谟克利特（Democritus）　92，625

德帕拉韦（de Paravey, C. H.）　273

德日进（de Chardin）　464

德索绪尔（de Saussure, L.）　173，177，182，184，209，229，242，246，247，251，257，259，287，324，391，396，397. 404，406，460－461，507

德唐迪（de Dondi, G.; 1318—1389年）　154

德西特（de Sitter, W.）　288，290*

德效骞（Dubs, H. H.）　174，408，417，418，420，436，536，537，640，641

德星　422

德贞（Dudgeon, J.）　204

德宗（唐朝皇帝）　543

灯芯　656，657

登贝尔和乌伊贝（Dember, H. & Uibe, M.）226

"等"　9

等高线地图　见"地图"

等号　114－115，152，166

邓艾（魏国的将领）　571

邓洛普（Dunlop, D. M.）　555*，562*，682

邓平（历法家）　247

邓衍林　18

邓禹（光武帝的将领）　537

邓玉函（Terrentius, Johannes; Johann Schreck）182，444，445，447

堤坝　26，42，43，99，163，472，488，537，578

堤堰　577

狄奥尼西奥斯，游历者（Dionysius Periegetes; 约公元436年）　623

狄凯阿科斯，墨西拿的（Dicaearchos of Messina）493

狄考文（Mateer）　18

迪昂（Duhem, P.）　160

迪奥斯科里德斯（Dioscorides; 公元60年）647，652，656，660，661，669，671

迪尔斯（Diels, H.）　313，314

迪特里赫（Dittrich, A.）（1），286

迪亚斯·德尔·卡斯蒂略（Diaz del Castillo,

Bernal) 514

笛福（Defoe, Daniel） 441

笛卡儿（Descartes, René） 108，115，124，155，158，474

笛卡儿学派 77，107，125

笛卡儿以后的科学 49

氐（宿） 247，248

"砥砺"（用来切割或研磨的石块） 666

地磁 339，435

"地带"（纬线之间的地区） 527，530

地的模型，演示用浑仪中的 343，350，383，385，386，387，389

地的中心 见"地球"

《地动铜仪经》 633

地方官 472

"地方志" 517

《地镜图》 676

地壳 591，598*，624，637，640

"地理" 500

地理符号 497-498，552*，555

《地理书》 520

地理学 89，106，497 ff.

    阿拉伯地理学 512-513

    东西方两种不同的传统 500

    经济地理学 500，644

    人类地理学 508

    自然地理学 462，501

地理志 508

《地理志》 520

地名 508

地名，中国地图上的 549，551，554，555，560，564，565，580

地平经纬仪 301，369，381

地平经仪 301

地平线 178，179，180，229，240

地球

    表面 507，603

    地的中心 286，291*，292，297

    地面曲率 225，292*，293，498，526，564，590

    地属阴 227

    公转 181

    轨道偏心率 313，329

    形状 211，212，213，218，220，225，438，498，499，501，526

    运动 224

    周长 526

地球大气层 226-227，462，468，470

    温度 471

地球反照（德星） 422

地球轨道偏心率 313，329

地球物理 673，680

地球仪 374，381，389，450，556，583

地上乐园 550，562

"地图" 534，535

地图 88-89，498，503，517，518，520，683

    等高线地图 546

    地理图和人口统计之间的关系 582

    浮雕地图 569，579 ff.

    卷轴地图 517

    军事地图 534，535，536，538，544，577，582，590

    刊印地图 549

    木质地图 580，582

    欧洲地图集中的第一幅中国地图 585

    全景地图 514，516

    石刻地图 543，547，550-551

    丝绢地图 534，541

    铜版版本 586

    战略价值 549-550

    中国第一次提到地图的历史记载 534

地下水 649-651

地下溪流 606

地形 503，504，521，524

    地方志 517 ff.，544

    南部地区的 510 ff.

    术语 524

    外国的 510 ff.

地形图 538

地震 200，412，483，603，624 ff.

    水下 484*

地震学 537，624 ff.

地震仪 359，451，626 ff.

    水银 634-635

地植物学找矿　见"找矿"

《地志图》　545

地质年代　601

地质学　521，524

　　　很大程度上是近代学科　591

　　　与炼丹术　598*

　　　与政治环境　591*

　　　中国画中的　592 ff.

地质找矿　见"找矿"

地质知识　673

地中海　483，493，526，529，530，531，532，
　　　555，576，622，625

"地中之水"　219

第二次世界大战　668

第谷（Brahe，Tycho）　172，220，266，268，
　　　270，296，301，341，342，350，352，366，
　　　372，376，377，378，379，426，427，428，
　　　438，445，446，454，457

第谷的太阳系学说　454-455，456，457

第谷观测的"新恒星"（1572 年）　426-427

第一次世界大战　590

蒂勒（Thiele，G.）　（1），281

《蒂迈欧篇》　216

《典论》　659

《典术》　638

点的动态运动　142

电　181，480

电离层　435

雕刻师　683

雕镂　664

吊桥　682

滕州　549

丁福保　3*，186

丁格尔（Dingle，H.）　157

丁缓（汉代工匠）　581

丁巨（14 世纪的数学家）　46，50，148

《丁巨算法》　50

丁取忠（19 世纪的数学家）　48，131

丁文江　404，524

定（飞马座）　244

"定"（"固定"差）　49

定南车　579

定日镜　366*

定时仪　370

丢番图，亚历山大里亚的（Diophantus of Alexan-
　　　dria；鼎盛于公元 250—275 年）　34*，54，
　　　90，91，113，114，115，122，147，395

东北（满洲）　311，585

东方朔（汉武帝的谋士）　282，602

东宫　198，200，250，251

《东宫故事》　581

《东国舆地胜览》　521*

东海渔翁　490

东汉（朝代）　4，20，23，25，37，58，76，
　　　196，200，219，240，247，268，504，517，
　　　537，539，582，609，630，657，673

　　　墓祠　536

东京　75

东京（今河内）　544

东京大学地震观测台　630

东君　218

东胜身洲　568

《东西洋考》　470，512

东咸（星官）　266

《东洋思潮》　2

《东域纪程录丛》　174

"冬夏至晷"　374

董浩　452

董祐诚（数学家，1819 年）　145

董作宾　242，244，284，293，296，297，299，
　　　391，407，410，423，424，460，464，467

动力传动装置　360，362，363

动物　504，510，

　　　化石　614 ff.

　　　奇兽　56

　　　日、月中的动物　413*

　　　象征性动物　240*

动物化石　614 ff.

动物学　513，636，675

动物志　591，636

《峒溪纤志》　510

《洞冥记》　660

《洞天清录集》　613，645

《都城纪胜》　510

《都利聿斯经》 204*

都灵手抄本 529

都穆（1516 年） 604

都实（曾率领考察队去探索黄河源头） 524

都印（约 1470 年） 668

斗（宿） 247，249

豆腐 651

窦叔蒙（公元 770 年） 489，493，494

窦俨（天文学家，约公元 955 年） 408

督亢 534

独孤滔（11 世纪的炼丹术士） 663，671

《独醒杂志》 308

杜伯 487

杜布瓦-雷蒙（Dubois-Reymond, C.） 301

杜德美（Jartoux, Pierre；耶稣会士，地图绘制者） 145，585

杜尔切尔托，安杰利诺（Dulcerto, Angelino；鼎盛于 1339 年） 532

杜甫（诗人） 112，621

杜光庭（公元 9 世纪）

杜环（塔拉斯河战役中被阿拉伯人俘虏的官员） 682

杜鹃 464

杜绾（13 世纪） 604，615，617，645，647，648，649，665

杜预（大臣，地理学家、天文学家，能工巧匠的支持者，公元 222—284 年） 601

杜忠（西汉数学家） 28

杜子盛（铜匠） 324

度的十进制分法 374*

度量衡 33，81，85

　　标准 84

度量衡制 82 ff.，286，287，454

《度量论》 96

渡口 523

"蠹鱼"（*Lepisma*） 621

端方（清朝宗室） 305

《端溪砚谱》 646

段成式（约公元 800 年） 675，676

断层 591

"堆积"理论 145

"对地" 228，402*

对黄道的忧虑 188*

对数 52，155，455

　　表 52，53

　　计算尺 73

对跖（点） 218，438，529，531*

敦煌 607

敦煌地区 670

《敦煌录》 518

敦煌石窟 9，343*，380*，551

　　壁画 581

　　写本 36，198，542，567

　　星图 264*，276

顿河 529，681

多边形 100，101，102，143

多恩，约翰（Donne, John） 157

多尔顿（Dalton, O. M.） 376

多级壶 323，324

多克斯，保罗（Dox, Paul；鼎盛于 1510 年） 579

多伦多博物馆 305

多面体 103

垛积数 54，55，71*，138

舵工（领航员） 532，560

E

俄耳甫斯教哲学 159

俄国人 80

峨眉山 477，515，593

《蛾术编》 457

额济纳旗 64

《厄立特里亚海航行记》 669

鄂本笃（Goës, Benedict；17 世纪） 665*

鄂尔多斯沙漠 515

鄂尔泰（满族官员） 673

鄂陵湖 523

鳄 464

恩努马（或伊亚）、安努、恩利勒"组 255

儿童初级读物，最古老带插图的 75*

《尔雅》 248，619

二倍法 62

二次方程 见"方程"

二叠纪玄武岩悬崖 593

二分点 181，188，224，246，270，274，278，
　　281，284，302，329，356，368，387，393，
　　467

　　　岁差 172，176，177，181，200，211，220，
　　　246，247，250，252，259，270，278，
　　　356，387，438

　　　岁差估计 356*

二分式日晷 311，374

二进制算术 见"算术"

二十八宿 21，184，190，195，200，202，204，
　　217，231，232 ff.，271，273，278，279，
　　302，336，343，357，438，454，538，545

　　　赤道特征 184

　　　倒置 251

古老性 242 ff.

黄道宿度表 357*

起源 252 ff.

数目二十八的原因 239

《二十八宿二百八十三官图》 206

二十八宿距星 238-239，248，249，251，253
　　ff.，279，287

二项式定理 47，133 ff.，147

二项式系数 133 ff.，137*

二至的影长测量 293，523，526

二至点 181，188，190，211，212，215，224，
　　246，247，257，284，286 ff.，302，337-
　　338，357，368，393，467，471

　　　"标准"二至测影 297

　　　冬至 465

　　　夏至 526

二至点变化 见"至点"

《二至晷影考》 299

二至晷影长度 526

F

"发机"（弩机扳机） 627*

伐（星） 250

伐阇罗（佛教用语） 670

伐罗诃密希罗（Varāha-Mihira；印度数学家，约
　　公元510年） 108，149，395*

法布里丘斯（Fabricius） 429*，434

"法"（除数） 65

法尔内塞大理石雕刻（天球仪） 382

法国 472，555*，584，644

法国大革命 90，397*

法里西，卡迈勒丁（al-Fārisī，Kamāl al-Dīn）
　　474*

法里西那（法国） 555

法林顿（Farrington，O. C.） 671

法律 65

法罗群岛 583*

法穆 27

法韦（Favé，I.） 380

法显（僧人和旅行家，公元5世纪） 511.512，

522

《法象志》 544

《法言》 216，354

法医学 162*

《法苑珠林》 610

珐琅制作 651

钒 664

樊绰（地理学家，公元9世纪） 544

樊尚，博韦的（Vincent de Beauvais；约1246
　　年） 639

樊于期 535

"礬"（矾） 642，653

反复实验 160，634

反射发光（月和行星的） 227

反向高度仪 574

饭岛忠夫 186

范贝克（van Beek，A.） 310

范成大（学者，1177年） 477，510，518，
　　520，613，619

范德蒙德（Vandermonde, J. F.） 644

范河 607

范科伊伦（van Ceulen；17 世纪） 102

范林斯霍滕（van Linschoten, J. H.；1596 年） 586

范舜臣（14 世纪的名医兼天文学家） 331

范文（太守，公元 349 年） 292

范文涛 561

范晔（历史学家） 630

范致明 606

梵文 见"语言"

方程 26, 27, 36, 37, 41, 42, 43, 44, 47, 49, 51, 65, 90, 107, 108, 112, 394, 395

    不定 26, 36, 50, 119 ff., 122, 147

    二次 35, 47, 123 ff.

    联立 35, 47, 130

    联立一次 26, 43, 45, 115 ff.

    三次 113, 125 ff., 147

    数字方程 45, 65, 126 ff., 147

    四次 48, 113, 125

    用于考试小官吏 116

方格，埃及象形文字中的 106

方观承（18 世纪） 517

方解石晶体 593*, 612*, 648

方平 600

方山 592

方位角（平经） 159, 180, 267, 301, 305, 353, 375, 398

方位天文学 见"天文学"

"方邪"（测量直角和锐角） 540, 576

《方舆汇编》（《图书集成》中的第二编） 见 "《图书集成》"

《方舆胜览》 521

方（正方形） 21, 22, 23, 55, 65, 90, 98, 129

方志 517, 519, 534

方中通（17 世纪的数学家） 60

方诸 227*

防腐性 663

防火布 656 ff.

房（宿） 242, 245, 247, 248-249, 425

房玄龄（历史学家，公元 7 世纪） 359

纺织品 501, 541, 652, 658

纺织品生产 35, 137

飞机 441

    导航 378, 590

《飞鸟历》 538

《飞鸟图》 538, 576

飞蝇 658

非恒定的或长度可变的钟点 313

非均匀时 309, 313, 374, 381

非洲 530, 555, 562, 563, 564

    三角形状 552, 555

菲利奥扎（Filliozat, J.）（7, 8）, 353

菲利普斯（Phillips, G.）（1）, 560

菲律宾 215*

菲洛波努斯，约翰（Philoponus, Joannes；拜占庭物理学家，约 525 年） 376

菲洛劳斯，塔兰托的（Philolaus of Tarentum；公元前 5 世纪晚期） 228, 402*

菲内（Finé, Oronce） 573

菲舍尔（Fischer, J.） 533, 537

腓特烈二世，西西里的（Frederick II of Sicily） 382

斐波那契（Fibonacci；鼎盛于 1200—1230 年） 55, 108, 118, 122, 128, 147

斐兰岛（虚构的岛） 583, 584

翡翠石 673*

翡翠（硬玉） 665

费尔德豪斯（Feldhaus, F. M.） 579

费马（de Fermat, P.） 55, 108, 142

费马定理 54*

费内尔，让（Fernel, Jean；法国医生，16 世纪） 579

费奇洛（Ficino, M.） 158

费希尔爵士（Fisher, Sir Ronald） 87*, 123*, 406*

费信（郑和的随员） 558

"分解"（resolutio） 161, 163

分类体系（矿物的） 636, 641 ff., 647

分率 539-540, 576

分娩 652

分母 65, 81, 86, 146

    最小公分母 82

分数　21，25，33，34，35，36，66，81 ff.，128，146，385*

"分析"（analysis）　161

分野　545

分至点　249

分子　65，81，146

纷子石　674

粉末　642

粉碎法（kuṭṭaka；印度数学方法）　122

丰产巫术　17*

风　467，477-479
　　侵蚀作用　603
　　"天的气"　467
　　预测　470
　　纸鸢测风实验　477

风标　451，477-479

《风角书》　433

风沙　436

《风俗通义》　85，510

风俗习惯　508，510，518

风速计（表）　478-479

风塔，雅典　309，315，478

风土记　510

风箱　222

《枫窗小牍》　422

封演（公元800年）　490

冯承钧　561

冯桂芬（19世纪的天文学家）　456

冯嫽（汉代女学者、女外交官）　537*

冯梅德勒（von Mädler, J. H.）　184

冯·齐特尔（von Zittel, K. A.）　592，611

冯相氏（王室天文学家）　189

冯友兰　92

凤凰　419，479

佛尔克（Forke, A.）　(6)，218，498

《佛国记》　511

《佛国历象编》　457

佛教朝圣者　511

佛教徒和佛教　27，30，33，35，37，87，88，144，149，153，166，175，202，203，204，221，228，257-258，282-283，308，323，324，350，457，477*，482，489，513，519，544，545，565-568，581，589，602，610，670
　　天文学著作　202，258*，283*
　　一滴水内有无限个世界的偏见　145*

佛朗哥，列日的（Franco of Liège）　102

佛寺　596，661

《佛祖统纪》　565-566

夫差（吴王）　485，486，487

夫琅和费（Fraunhofer, Joseph；1824年）　362，366

砆玉（假玉）　664

鄜（陕西的地方）　607，609

弗拉卡斯托罗（Fracastoro, Girolamo；1517年）　611

弗拉克（van Vlacq, A.）　53

弗拉姆斯蒂德（Flamsteed, J.）　300，446，448

弗雷列（Fréret, N.）　182

弗里修斯，海马（Frisius, Gemma）　379

伏尔加河　585，681

伏羲（神化了的统治者）　22，23，95，213*

扶桑使者　436

扶桑树　567

服虔（后汉或晋）　673

茯苓　675

浮雕（汉代）　303

浮阀　314

浮沙　607

浮子（受水型刻漏的）　314，315，320

浮子，与虹吸管相连　315*

符号，地理的　552*

符号文字　11

福华德（Fuchs, W.）　373，552，552*，555*，556，585

福建　204，419，557，559

福建气象局　282

福开森（Ferguson, J. C.）　(3)，82，100

福瑟林厄姆（Fotheringham, J. K.）　(1)，390；(2)，409

斧　见"新石器时代的石斧"

府志　517

负版者（执户籍图者）　582

负比例问题　45

负数 26，43，45，90-91，130，146，151

妇女，汉代的 537

　　仙女 600

复式簿记 166

傅安（天文学家，公元84年） 343

傅泛济（Furtado, Francis） 449

傅海波（Franke, H.） 419

傅恒（清朝学者） 510

傅兰雅（Fryer, John；新教传教士） 447

傅圣泽（Foucquet, Jean-François；耶稣会士）
　450

傅斯年 151

傅玄（公元3世纪） 657

傅寅（12世纪的地理学家） 514，515

傅泽洪 514，516

《傅子》 657

傅作霖（da Rocha, Felix；耶稣会士，地图绘制
　者） 454，586

富路德（Goodrich, L. C.） （4），102；（5），
　75；（6），620；（8），583

腹足类 617，618

G

改历 200，247，259，443-444，447*

钙 617

　　醋酸钙 617

　　钙镁硅酸盐 655，664

　　硫酸钙（石膏） 651

　　乳酸钙 617

盖尔班派 406*

盖基（Geikie, Sir A.） 592，622

盖伦（Galen） 161

盖群英（Cable, M.） 607

盖塔尔迪，马里诺（Ghetaldi, Marino；1630年）
　108

盖天说 20，210 ff.，218，221，222，224，
　354，438*，568

概率 139

干宝（公元4世纪） 659

"干"（六十干支循环法中包含十个字的一组字）
　396，397

甘德（天文学家，公元前4世纪） 197，247，
　248，263，268，287，340，343，355，382，
　401，411

甘肃 204，473，537，543，547，608，609，
　620，627，632，653，655

甘延寿（西域都护骑都尉，公元前36年） 536

甘英（旅行家） 522

甘州　见"张掖"

杆杆 161*，630

"感"和"应" 492*

感应的哲学概念 384*，468，471

《感应类从志》 471

冈瑟（Gunther R. T.） （1），379；（2），375

冈特（Gunter, Edmund） 73，155

"刚气"（"刚风"） 222，223，224，477*

刚玉 667，668

钢 350

　　钢制成的工具 667

港口 532

高本汉（Karlgren, B.） 5，234，334，396，
　641

高表 369

高第（Cordier, H.） （1），175；（3），565；（4），
　507

高度，恒星的 179

《高厚蒙求》 456

高加索 681

高句丽　见"朝鲜"

《高丽日历》 207

高岭土 651，652

高鲁 417

高罗佩（van Gulik, R. H.） （3），646

高明匠师 154 ff.，159，161，162，166

高奴县 609

高平子 296

《高僧传》 149，602

高山威石竹（Viscaria alpina） 678

高慎思（d'Espinha, Joseph；耶稣会士，地图绘

制者） 586

高斯的公式 121

高斯公式 121

高似孙（12 世纪） 467

高堂隆（鼎盛于公元 213-235 年）

"高下"（测量高和低） 540，576

高兆（1668 年） 645

告成镇（古阳城） 296

戈壁沙漠 436，553，555

戈德温，弗朗西斯（Godwin, Francis） 440，441

戈尔德施密特（Goldschmidt, V. M.） 677

戈尔德施密特富集原理 677

哥白尼（Copernicus）及哥白尼学说 166，220，427，438，443，445，446，447，450，455

哥伦布（Columbus, Christopher） 559*

哥特式雕刻 160

割会之术 142

《割圆连比例图解》 145

《割圆密率捷法》 145

革米努斯，罗得岛的（Geminus of Rhodes；鼎盛于公元前 70 年） 395

《革象新书》 102，208

《格古要论》 646，672

格兰特（Grant, R.） 184

格里菲思（Griffith, W.） 665

格里历 447*

格罗（Gros, L.） 111

格罗斯泰斯特，罗伯特（Grosseteste, Robert；1168—1253 年） 162，166

《格致草》 499

《格致古微》 457

格子乘法 64，72，148

葛德石（Cressey, G. B.） （1），463

葛衡（天文学家，鼎盛于约公元 250 年） 385，386，389

葛洪（炼丹家） 152，218，219，221，222，226，359，489，493，519，546，566，567，600，606，608，647，652，654，658，671

葛兰言（Granet, M.） （5），58

葛利普（Grabau, A. W.） 598

葛式（Gauchet, L.） （6），123；（7），39，48，

109，110，125

隔墙算（不定分析） 122

铬的化合物 664

"根"（中国现代数学用语） 65*

"更数" 559

更新世的蟹 619

《庚辛玉册》 678

耿寿昌（数学家，鼎盛于公元前 75—前 40 年） 24，216，276*，343，354，355

耿询（工匠兼仪器制造家） 318，327，329，633

工程技术 37，39，314，365，366，576，579，

机械 318，354

军事 162

时钟制造 360

水利 23，48，71，158，325，500，577

工匠 153，155，158，160，161，634 另见 "高明匠师"

工业 167，651，653

工业生产 166

弓箭 505

弓弩 575

弓形面积 39*，145，147

公分母 21

公共财政 166

公羊高（注释家） 250，468

"宫"，二十八宿的 234，240，242

与"宫"相配的象征性动物 240*

巩珍（郑和的随员，15 世纪） 558

拱极星 见"恒星"

共工（传说中的反叛者） 214

贡物 501，503，508，509，644，657

勾股定理（毕达哥拉斯定理） 21，22，24，95，96，103，147，212

狗面人 505

狗面人身 507

姑娘法则 122

《古代商法》 167*

《古代天文学史》 175

古法七乘方图 47，134

古恒（Courant, M.） 565

《古今律历考》 48，109，391

《古今算法记》 144

《古今算学丛书》 18

《古今通占》 197

《古经天象考》 185

《古兰经》 252

古人类化石 621

古生物学 598–599，611 ff.

古丝绸之路 524，543，665

古斯塔·伊本·卢加（Quṣṭ āibn Lūqa al-Ba
'albakī；卒于公元 922 年） 118

古四分历 293，356*

《古算筹考释》 73

《古算考源》 3

《古算器考》 70

《古微书》 109，401

古植物学 612

谷仓 99，120，153

钴，植物积蓄的 678

鼓轮钟 328

《固体内天然包含固体刍论》（1668 年） 591

故宫博物院，北京 326，556

顾保鹄（Ku Pao-Ku）（1）， 92

顾恺之（画家，公元 4 世纪） 615

顾赛芬（Couvreur, F. S.） 642

顾炎武（17 世纪的地理学家） 586

顾野王（公元 6 世纪的地理学家） 520

顾应祥（云南巡抚） 51，52

瓜廖尔 10

《怪石赞》 645

怪物 505–507

怪异动物 504，505，508

关朗（堪舆家） 59

关戻（关棁、关捩） 314*

关孝和（17 世纪的日本数学家） 117，145

关野贞 665

《关于多世界的对话》（1686 年） 441

关子阳 226

观测（天文） 见"天文观测"

《观石录》 645

观象台，北京 见"天文台"

观象台（天文台） 见"天文台"

官僚机构（政治） 153，167，168，186，192，
193，230，273，286，518，534

  对中国科学发展的影响 167

  儒家官僚 191，418

《官术刻漏图》 326

官衔译法上的困难 xlv ff.

管仲 674

管状钻 669

《管子》 64，464，535，674

"贯"或"贯通" 163，164

贯休（唐代僧人） 603

灌溉和水利工程 23，42，48，189，577，578，
621

灌邃（军事指挥官，公元 349 年） 292

灌园耐得翁 490*，519*

光谱分析 674

光武帝（汉朝皇帝） 537

光学 162，181，652

广东 297，524，583

广陵 485，488

《广闻博识的人》（公元 6 世纪的《奇妙事物大
全》修订本） 505

广西 524，583，593，597，617，619

《广雅》 673

《广舆图》 470，552，553，555，556，586

《广韵》 673

广州 183，292，312，519

  阿拉伯聚居地 565，587

  铜壶滴漏 324

归纳（逻辑方法） 161，163，165，168

龟 56

龟算 149

硅藻土 651

鬼谷算（不定分析） 122

鬼谷子（传说中的哲学家） 122

《癸辛杂识》 654

晷表（日晷） 302

《晷影图》 309

贵榴石 668

贵州 524，649

《桂海虞衡志》 510，520，613，619

桂林 593，597

郭宝钧 665

郭伯玉（历算家，14 世纪） 79

郭沫若 242

郭璞（炼丹家，约公元 300 年左右） 479，600，608，619，658

郭守敬（13 世纪的数学家和天文学家） 39，48，49，50，79，109-110，125，148，162*，209，251，291，294，296，299，349，350，367，370，371，372，374，375，377，378，379，380，381，382，387，389，395，422，442，551

　　制作的天体仪 367-368，452*

郭天锡（日记作者，1308—1310 年） 465

郭宪（汉代著作家） 660

郭元（朝鲜使节，1016 年） 683

郭缘生 478

国际天文学联合会 435

"国库" 见"算板"

国清寺的天文台 38

《国史志》 318*，327

国子监 192

"过"（天文学术语） 414

H

哈策尔（Harzer，P.） 3

哈达德，萨米（Haddad，Sami） 562

哈基姆天文表 396*

哈拉和林 110

哈雷（Halley，Edmond） 270，371

哈雷彗星 171，193*，431-432，433

哈里奥特（Harriot，T.） 43，434

哈隆（Haloun，G.） 665

哈特纳（Hartner，W.） （3），234；（3），372，373，375，378；（4），391；（5），409；（8），288

哈维，加布里埃尔（Harvey，Gabriel） 155

哈维，威廉（Harvey，William） 158

哈泽（Harzer，P.） 3

海岸，中国的 516，517

《海潮赋》 490

《海潮辑说》 493

《海潮论》 490

《海潮图论》 491

《海潮图序》 491

海达儿（14 世纪的回回科主持者） 49

海胆化石 604

《海岛算经》 30-32，35，39-40，104，108，571

海德（Heyd，W.） 681

海堤 488

海尔茨（Geerts，A. J. C.） 592，644

海尔蒙特（van Helmont，J. B.） 158

《海国闻见录》 517

《海涵万象录》 221

海螺 598，617，618

海南岛 292，310，547，619

《海内华夷图》 543

《海内十洲记》 657，667

海平面的变化 598 ff.，602

海鳝 489

海市蜃楼 479

海兽脂 657

《海涛志》 489

《海图集》 532

海啸（潮） 484*，488

"海眼" 606

海洋无脊椎动物 见"无脊椎动物"

《海药本草》 653

海员（水手、船员） 265，470，493，517，522*，533，557，559，587

海藻 622

海洲 574

含矿物的水 606*，643

含水石 614

函数的概念 158

《函宇通》 454*

韩博能（Harland，Brian） 593*

韩公廉（时钟制造工程师） 104，155*，192

韩世龄（Henseling，R.） 407，421

韩斯福（Hansford，S. H.） 663，665，667，668

韩显符（天文学家） 207

韩延（公元 780—804 年） 34，86

韩延寿（公元前 140—前 70 年） 579

韩翊（鼎盛于公元 223 年） 29，294

汉（朝代） 5，8，9，19，20，25，26，27，
　29，36，40，57，64，65，66，68，71，81，
　82，85，88，95，99，103，104，115，116，
　123，126，137，146，147，148，149，153，
　174，182，198，199，210，218，219，226，
　227，248，251，252，261，262，264，276，
　281，282，286，290，291，294，297，300，
　303，307，308，313，315，319，321，326，
　332，334，354，361，379，383，393，397，
　407，408，409，410，411，417，418，420，
　421，425，431，433，436，464，465，467，
　468，476，478，479，480，481，499，507，
　511，521，525，534，535，538，539，542，
　545，557，568，569，570，571，572，574，
　575，579，580，581，582，603，607，610，
　612，621，622，625，626，643，657，659，
　665，670，674，677

汉代的法典 322

汉代的纬书 57，58，225

汉代历书 287

汉高祖 418

汉墓石刻 276

汉水 500，515

汉武帝 282，322，536，582，602

《汉武帝内传》 546，566

汉学的准则，与西方哲学的准则相比较 622*，
　657*

汉学，与数学和科学的关系 1*，2*，429*

旱灾 472，473

旱针 312

焊接 662

行列式 48，117 ff.

杭州 516，518，519，661
　　迁都 422*，682
　　涌潮 483–484

航海 265*

航海技术 274*，279，378，560，561，590

航海天文钟 543，545

航海图 559

航空史前史 477*

航位推算 526，532，543，579

"合成"（compositio） 161，164

合金 122
　　鉴定 672–673

合朔（会合）周期 200，399，401

何丙郁（Ho Ping-Yü） （1），475

何承天（天文学家，约公元 450 年） 287，292，
　384，392

何观洲 （1），504

何国栋（18 世纪的制图学家） 585

何国宗（18 世纪的数学家） 448

何可思（Erkes，E.） （1），507，640

何琇（18 世纪的学者） 634

和（传说中的天文官） 186，187，188，245

和田雄治 471

和阗（于阗）河 523，665，666

河北 604

河鼓二 252，253，276
　　织女一 282

"河" 见 "黄河"

河流 498，500，507，514，517，521
　　像人身上脉动的血管 487
　　绘制江河地图 514，518

河流回春 593

《河流与山岳》（约公元 220 年） 647

河南 624

河内 292

《河渠书》（《史记》中的一卷） 见 "《史记》"

河朔访古记

河图 56，57 ff.

《河图纬括地象》 468，568

《河源记》 524

荷兰 434

荷兰使节前往北京（1656 年） 442*
　　商人 330，447

荷马（Homer） 230

赫顿（Hutton，James） 591，604

赫尔伯特（Hulbert，H. B.） 565

赫尔曼（Herrmann，A.） 497，540，543，544，
　565，585

赫尔曼，跛子（Hermann the Lame） 80

赫尔墨斯神秘主义著作 647

赫里福德寰宇图 529*

赫师慎（van Hée, L.） 1；（1），123；（2），96；（3），122；（4），45；（7，8），31；（10），3；（11），34；（12），47，130；（14），106

赫特曼（Huttmann, W.） 526

赫维留（Hevelius） 475

褐煤 602

《鹤顶新书》 638 ff.

《鹤林玉露》 580

黑的儿 见"海达儿"

"黑灰" 602

黑云母 648

痕量元素 677

亨克尔（Henckel, J. F.） 679

亨利，美因茨的（Henryof Mainz） 529

亨利王子，航海家（Henry the Navigator, Prince） 533

恒河 501

恒慕义（Hummel, A. W.） （6），499；（8），512；（9），519；（11），584

恒星 278，338，603

    变星 413*，423 ff.，429

    赤纬 179，180，181，249

    高度 179

    拱极星 176，179，180，184，230，232 ff.，249，250，251，252，253，255，262，279，431

    怀孕时星辰的位置 362

    看见和看不见的 217

    流星 413，433

    民间传说 282 ff.

    命名 232，271 ff.

    南天球拱极星 274，278

    上中天 21，231，279

    形状 413

    颜色 209，263*，425，427

    中天时刻 184

    自行 270 ff.

《恒星赤道经纬度图》 185

《恒星赤道全图》 185

恒星年 181，247，284，356

恒星年岁余 294，391

恒星日 181–182，398，428

恒星时 181，322

恒星月 239

恒星证认 261，282

恒星中天 见"恒星"

恒星周期 401，402

横点线分度法 296*

"横"式数字 8

衡河 501

虹吸管 315，320，323，326，328

《洪范五行传》 392

洪亮吉（18世纪的地理学家） 586

洪水 471，472，473

    控制 99

    侵蚀作用 603

洪水 见"挪亚洪水传说"

洪震煊 194

鸿胪寺 508，509

《鸿雪因缘图记》 484

侯君集（将领，公元7世纪） 523

《侯鲭录》 470

《后汉书》 35，71，100，287，288，292，401，626，632，656

后魏（朝代） 283

候风地动仪 627，633

候极望远镜 262

候极仪 370

候鸟 215*

忽必烈汗（元朝皇帝） 48，49，372，380，381，524

忽鲁谟斯（霍尔木兹） 558，559，560

滹沱河 604

弧 25，39，51，97，109

"弧矢割圆之法" 39

《弧矢论》 51

胡佛夫妇（Hoover, H. C. & Hoover, L. H.） 604，649

胡厚宣 464

胡克，罗伯特（Hooke, Robert） 80，145，262，362，366，378*，391*，479，611

胡适 92，514*

胡斯战争 162

胡渭（17 世纪的地理学家） 59，540

胡宗宪（福建巡抚） 559

壶口 501

壶山 613

湖 460，514

湖南 525

湖州 514

琥珀 652

"互融"（制图学术语） 576

护符 567，621，663

戽斗轮 318

花岗岩 597

花拉子米（al-Khwārizmī, Muhammad ibn Mūsa；
波斯带数学家，公元 9 世纪） 107，113，
118，147，682

华嘉（Vacca, G.） 20，139，586

华侨聚居地 472

华信（杭州的地方官，鼎盛于公元 84—87 年）
488

《华阳国志》 517

《华夷列国入贡图》 510

《华夷图》 547，548

滑石 643-660，664

滑石粉 651

化合 480

化身 282

化石 602，603，604，611 ff.

化学 158，159，323，639，643，654，663，672

化学肥料 652

化学分析 674，678

化学工业 651

化学工艺 642

化学物质 605，645

化妆品 651

画 561

传统与技巧 596-598

术语 597-598

画家 593 ff.，683

绘画手册 596

怀履光（White, W. C.） 305，307，682

怀特海（Whitehead, A. N.） 151，158

怀疑论的理性主义 413*，436，482，485，659-
660

怀孕时星辰的位置 362

淮河 577

淮口 577

《淮南子》 56，199，214，224，234，248，250，
286，332，392，401，432，469，470，477，
478，480，507，565，603，607，640，666

淮南子学派 224 ff.

《还原与对消的科学》 113

环 25，98

环球航行 499

桓谭（汉代学者，公元前 40—公元 30 年）
219，226，321，358，481

桓温（约公元 360 年） 601

《寰天图说》 457

"寰宇图" 528-529

幻方 30，52，55 ff.

幻日现象 474-477

荒川秀俊 436

《皇朝礼器图式》 388，452

《皇朝一统地舆全图》 586

皇甫洪泽 328

皇甫嵩（东汉学者） 4

皇甫仲和（天文学家，鼎盛于 1437 年） 162

《皇极历》（公元 604 年） 123，294

皇家天文台（太史院） 见"天文台"

皇家天文学会 282

皇家天文学家 xlv，189 ff.，191 ff.，204，384

《皇明职方地图》 556

《皇清职贡图》 510

皇祐年间 192

《皇舆全览图》 585

黄秉维 497

黄伯禄 417，420，435，624

黄赤交角易变性 291

《黄初历》（公元 220 年） 294

黄道 179，180，181，200，217，229，256

黄赤交角 173，180，181，200，287 ff.，
313，320，357

经验性分度 356-357

黄道带　256，438

黄道十二宫　247，258，404

黄道仪　301，372

《黄道总星图》　454

黄道坐标　375，381

　　传教士们把黄道坐标强加于中国天文学　438

　　放弃使用　366，372，379，450

黄帝（传说中的帝王）　61，177，478，674

黄海　640

黄河　56，405，463，464，485，500，501，511，514，515，544，552，582，604，607，625

　　堤　537

　　源头　523-524，536，585

黄金　637，638，639，640，641，670，671，674，675，676，677，678

　　鉴定　672-673

黄芪　678

黄泉　640

黄润玉（明代天文学家）　221

黄裳（宋代天文学家）　549，580

黄省曾（16世纪）　559

黄石公　282

黄土方解石　668

黄土峡谷　604

黄兴宗　610＊

黄子发　470

灰毛紫穗槐（Amorpha canescens）　678

回纥　见"部族"

回归年　181，182，247，284，293，356，390，397，398，402，404

回归年岁余　294，391

回回科　49，449

绘画手册　596

彗星　171，193＊，200，207，367，377，425，426，427，430 ff.，458，462，682

　　彗尾　431

　　理论　432-443

　　术语　431

　　太阳系成员　432

　　有"芒"的　图184＊

惠更斯（Huygens，Christian；物理学家）　158，440

惠普尔博物馆，剑桥　311

惠施（名家）　92，94，143

惠特尼（Whitney，W. D.）　242；（1，2），184

浑沌　210＊

浑环（浑天仪）　218，238，268，301，339，358，383，571

"浑天"　384，385

浑天（说）　20，210，216 ff.，221，224，232，355，438＊，498，499

浑天寺　283

《浑天图记》　206

"浑天象"　369

浑天象　383-384

《浑天象说》　200，218，358，386

"浑天仪"　373

"浑象"　382，383，384，385，386

浑象（天球仪）　192，208，264，277，318，327，358，360，362，363，365，367，374，382 ff.，450，452

　　术语　383

浑仪　191，193-194，208，216＊，217，218，268，270，298，301，318，327，333，334，339 ff.，368，370，373，379，381，415，450，451，458，478，574，633，634

　　计算用　359，360，361，365

　　演示用　343，349，350，360，365，383，384，386，389

　　黄道浑仪　379，438，451

　　赤道浑仪　379，450，452

　　最原始的　343

　　观测用　343，349，350，361，362，365，383，384，386

　　三重制　343

"浑仪"　339，383，384，385

《浑仪》　355，360

《浑仪法要》　207

《浑仪图注》　360

浑仪在夜间观测时的调整　364，365

《浑仪注》　217

混合法计算问题　45，122

混合仪 300

《混一疆理历代国都之图》 554–556

《混一疆理图》 554

活沙 607

火成说 591

火成岩 597

火的法力以及拜火 188*

火（恒星） 244，245

"火候" 323，469*

火井 610

火山 469，602，603，610–611，624，654，655，658，675

火山侵入 591

火兽的传说 658 ff.

火鼠 658

火星（星官） 242，246

火星（行星） 283，398，401，408

火焰投射器 682

火药 162，167，352*，441*，652

货币改革 166

霍尔（Hall，A. R.） 166*，311*

霍夫（Hough，W.） 331

霍利伍德，哈利法克斯的（Holywoodof Halifax，John；卒于 1256 年） 340

霍洛伦肖，威廉（Holorenshaw，William） 573*

霍梅尔（Hommel，F.） 254

霍梅尔，约翰（Hommel，Johann；1518—1562 年） 296*

霍姆斯（Holmes，U. T.） 262

霍姆亚德和曼德维尔（Holmyard，E. J. & Mandeville，D. C.） 602

霍纳法 43，66，68，126，127

霍诺里乌斯，欧坦的（Honorius of Autun） 529

霍融（天文学家，公元 102 年） 306，322，328，

霍维茨（Horwitz，H. T.） (8)，472–473

J

机械 162

机械的世界观 157，158

机械论 167*，414

机械时钟 见"时钟"

机械玩具 321*

鸡蛋用作比喻 217，218，498

鸡鸣寺 367*

积分 141，142，143

"积矩" 23

积聚 见"聚散"

"积气" 221

"积微" 601

基督教 172，449，531，564

《基督世界地形》 513，530

基费尔（Kirfel，W.） 568

基思（Keith，A. Berriedale） (4)，254

《缉古算经》 36，37

箕（宿） 245，249，273

吉尔伯特（Gilbert，William） 154，155，159，439

吉勒（Gille，B.） (3)，154

吉利和不祥的数字 55

吉日、凶日 457*

级数 137 ff.

　　几何级数 26，35，139

　　算术级数 22，26，35，36，43，45，138

　　调和级数 137

级数求和 39，141

极区（天球）

　　北极区 259 ff.

　　南极区 274

极限法 141

极限理论 151

极星 21，189，217，219，230，240，250，262，281，333，356，385

"极星" 262

极星，与天极 259 ff.

极针（指向天极的表） 303*，307，309，311

极轴

　　极轴的倾斜 213–214，215

　　极轴轴承 215

极轴装置 见"望远镜赤道装置"

"急"（浑仪观测的）　361

《集成机车——月球世界各种事务纪要》（1705
年）　441

集贤书院　191*

几何点　91–92，142，437*

几何点的"原子"定义（微点）　91–92，143

几何级数　见"级数"

几何模型　68，97

几何学　23–24，38，47，52，53，55，65，66，
74，90，91 ff.，110，111–112，147，148，
156，162，212，381，382，394，395，399，
437，442，447，458，460，571–572

　　解析几何学　108，155

　　立体几何学　97 ff.

　　平面几何学　39

　　球面几何学　181，223

　　演绎几何学　97，105，156，220，223

　　与时钟装置　155*

　　坐标几何学　77，106 ff.，155

《几何学》　96

《几何学方法》（1598 年）　579

《几何学与应用》　573

《几何原本》　106

脊椎动物　619，621

计都（想象出来的看不见的行星）　175，228，
252*，416

计里（鼓）车　543*，577，579，630

《计倪子》　218，402，436，467，605，643，647，
653

计然（自然哲学家，约公元前 350 年）　647，
656

计时　190，318

计时灯　331

计算尺　73–74，155，438

计算器　见"加法器"

《计子算》　141

记法，代数学的　44，45，112 ff.，137，155，

　　仅用 9 个数字的记数法　13，15，146

　　十进制记数法　83，89

　　天元术　66，129 ff.，151–152

记录

　　精确性　417 ff.，426，427*，519*

气象　462，465，467；水旱灾　472

天文　417 ff.，426，427*

"纪纲"（大自然中各种联系的纽带）　216

纪理安（Stumpf, Bernard Kilian；耶稣会士）
380*，452

"纪"（太岁纪年的术语）　402，406，625*

《纪元历经》　207

技术　294，449，457，651，663，668

技术培训　359

技术人员（工匠）　155，158，159，166，222，
360，365，643，667

季风　462–463，477

季节　213，217，224，229，240，245，246–
247，252，253，282，390，489

　　四季的不均匀　287，329，393 ff.

祭祀　195，232*，397，504

　　祭祀天和日、月、星辰　336

　　人作为牺牲　188*

　　在矿坑入口用动物祭祀　671

寄生植物　675

稷下学宫　195*

冀州　501

《冀州风土记》　510

加法　62，149

　　代数加法　46

　　分数加法　81

加法器　73–74，155

"加"号　13，114

加泰罗尼亚人的地图（绘于公元前 1375 年）
556

加兹维尼，阿布·叶海亚（al-Qazwīnī, Abū
Yaḥyā；阿拉伯百科全书编纂者，约 1270 年）
469

加兹维尼，哈姆达拉·伊本·阿布·巴克尔·穆
斯陶菲（al-Qazwīnī, Hamdallāh ibn abū Bakr
al-Mustaufī；1281—1349 年）　564，589

加兹维尼，扎卡里亚·伊本·穆罕默德（al-
Qazwīnī, Zakarīyā'ibn Muḥammad；1203—1283
年）　562

伽利略（Galileo, G.）　154，156，157，159，
160，161，162，193，220，366*，427，434，
438，444，445，449，466，471，494

　　坚持哥白尼观点而获罪　444，445

伽利略方法　156 ff.

伽莫夫（Gamow, G.）　426

迦太基　526

迦叶济（印度天文学家，约公元788年）　202，203

迦叶孝威　37，202

迦叶志忠（印度天文学家，约公元708年）　202

家燕　464

嘉量斛　100

嘉门（Cammann, S.）　(2)，308

嘉泰年间　422

嘉兴（城市）　479

嘉峪关　524

郏鄌　503

《戛黠斯朝贡图传》　510

甲骨文（殷墟卜辞）　5，8，13，83，95，177，242，244，246，249，254，284，293，294，391，392，396，407，409，410，423，424，429，460，464，467，473，504，582，621，641，642

甲壳　598，599，600，614，622，623

甲壳类　612

甲子系统（以60天为周期）　82

贾比尔·伊本·阿弗拉（Jābir ibn Aflaḥ；约生于1130年）　372，378

贾耽（制图家，公元8世纪）　88，520，525*，541，543-544，547，579

贾公彦　286

贾亨（14世纪的数学家）　32

贾逵（天文学家，鼎盛于公元85年）　200，287，343

贾宪（数学家，约1100年）　41，68，125，136，137，146

贾伊明慧仪　301，369

贾伊·辛格，斋浦尔的（Jai Singh of Jaipur；王公）　300

贾谊（诗人）　84，603

假说的形成和检验　156，159，160，161，166

尖顶的表　299

间隔室鼓轮装置　328

"间"（天文学术语）　256

柬埔寨　11，12，511，610*，658

剪管术（不定分析）　122

减半法　62

减法　10，15，62，63，149
　　分数减法　81-82

减号　114，132

简陋版寻星盘与认星器　377

《简平仪说》　446

简仪　369，370，372，375，377，378

《见闻记》　490

建部贤弘（日本数学家，1664—1739年）　145

建平王（刘宋朝王子，鼎盛于公元444年）　638

建筑　160*，332

建筑技术　158

建筑师　37

剑桥大学图书馆　31-32，50，513

江（河）　见"长江"

江僧宝（约公元550年）　508

江绍原　504

江苏　548

江西　653

《江阴县志》　518

江永（18世纪的学者）　59，456

姜　675

姜岌（天文学家，约公元400年）　227，421，479

姜石　606

疆域（界限）　292，501，534，542

桨轮　479

蒋防（制图学家，公元9世纪）　582

蒋友仁（Benoist, Michel；耶稣会士，地图绘制者）　451，586

降水（气象学的）　467 ff.

交点月　252*

"交食周"　421

交州（今越南河内）　292，293

焦玉（炮手，鼎盛于1412年）　154

角（宿）　232，233，239，251

角宿一　230，233，239

脚踏的车床 669

接骨师（algebrista） 113*

节肢动物 612，619

劫数 见"周期性的世界灾变"

"劫"（印度的时间周期） 30

杰公 660-661

杰拉尔德，威尔士的（Giraldus Cambrensis） 494，520

结晶学（家） 145，591，636，648-649

结绳记事（quipu） 69，95

桀（夏朝最后一个王） 503

《解伏题之法》 117

解酸剂 651

解析几何学 见"几何学"

《戒庵漫笔》 74

《芥子园画传》 596

界衡 368

今村明恒 626，628，630

"金"（表示各种金属和合金的偏旁） 641

金布尔（Kimble，G. H. T.） 525，564

金策尔（Ginzel，F. K.） 184

金（朝代） 42

金成泽（朝鲜学者，11 世纪） 683

金刚石（宝石） 652，664，667，668，669-671

金刚钻 669

金国 41

金华山 614

金 见"部族"

金俱吒（公元 9 世纪） 396

《金匮经》 396

金尼阁（Trigault，Nicholas） 442，682

金沙江 525

金山寺，润州 434

《金史》 667

金士衡（朝鲜使节，1399 年） 554

金星 232*，282，398，401，408，419，426，427，435，444

金行成（朝鲜学者，公元 980 年） 683

金云母 648

金璋（Hopkins，L. C.） （18），249；（19），339；（26），473

金州 222

金属
  比重 33
  成因（"蒸发物"说） 469
  从某种植物可得到某种金属的主张 678
  分类 641
  矿 534

金属的密度 33

金属工匠 294

金属盐 663

金属氧化物 663

金属在地下的生长和发育 637 ff.

金字塔 296

堇菜 678

锦缎 680

进位法 63

"劲风" 223

晋安帝（公元 397—419 年在位） 71

晋（朝代） 33，71，221，226，322，504，514，520，538，539，543，566，602，603，615，621，657，670，673

晋城 618

《晋起居注》 670

《晋书》 29，193，197，198，201，292，359，390，400，431，475，476，538，601

晋文帝 539

晋阳学馆 78

京城 527

京房（占卜者、预言家，公元前 1 世纪） 227，411，414，433，470，483，626

经度（地球的） 106，107，527，528，542，545，564，589

经度（天球的） 106，107，180，357，545

"经"和"纬"（纺织术语，后用于表示天、地坐标，即经度和纬度） 216，541

经济地理学 见"地理学"

《经书算学天文考》 185

"经纬"（滤器） 324

经验主义 96，97，103-104，151，155，159，172，421，491，596，630，674，677，678

经院哲学 161，162，163，164，165，166，428，440

《荆楚岁时记》 282

荆轲（试图诛杀暴君者） 534-535

《荆州占》 201*

晶状沉积物 605（图265）

精诚兄弟会（半秘密组织） 602，603

《精诚兄弟会书简》 602

鲸（鲵） 489，584

鲸鱼座（变星） 429

井 614

    猜想井与海之间的联系 606

    用于观测恒星 229*，333

井田 106，541

颈圈挽具 681

《景初历》（公元237年） 392

景符 369，370

景教徒 204，423*，608*

景净 见"亚当"

景星 410，422-423

净化金属 662-663

《敬斋古今黈》 133，478

镜 257*

    TLV 纹镜或宇宙镜 303 ff.，308，335，541
-542

    阳燧 227*，661

    用于观测日偏食 420

九表悬 370

九大洲（"域"） 216，507*

九鼎（"夏鼎"） 503-505

《九歌》 218

《九宫行碁立成》 107，542

九室（明堂的） 58

"九数" 25

九"位" 216

"九行"（月的九条运行道路） 392-393

《九章算术》 19，20，24 ff.，34，35，36，40，
55，63，66，68，81，82，85，86，87，89，
96，97，99，100，114，115，118，122，
123，126，127，133，137，146，147，149，
150，153

九执历 12，175，203

"九重"说 198，222

九重天 198

九州 500，503

酒泉 见"肃州"

酒徒法则 122

《旧唐书》 124，274，434，544，545

《救荒本草》 682

居延出土的竹简 64

居延（额济纳旗被沙土掩埋的城市） 64

菊石 612

沮河 501

矩 22，23，93，95

矩尺 22，23，567，570

矩形（长方形） 22，25，93，98，104-105，
142

矩形网格 见"网格制图法"

矩阵 9，117，129 ff.，139

巨港（三佛齐） 558

巨石文化纪念物 291*

巨型石造天文仪器 291*，294 ff.

具体事物，中国人对其的热情 151*

距星 见"二十八宿距星"

飓风 464，477，558

聚集 468

《聚米为山赋》 582

聚散 23*，222*，498*

卷轴地图 见"地图"

"砄"（一种无从考证的矿物，可能是雄黄）
640

军事 426

《军事堡垒》 162

军事地图 见"地图"

军事工程 见"工程技术"

军事技术 559，651，652

军事远征 见"远征和远航"

均等的十二时辰 见"时辰"

菌 675

K

卡丹平衡环 314*，386*，576*

卡尔达诺（Cardan, Jerome；16世纪） 90，111，

125

卡尔平斯基（Karpinski, L. C.）（1），15；（2），1

卡拉奇 493

卡拉伊姆人（波兰的） 见"文化"

卡利普斯，库基库斯的（Callippus of Cyzicos；鼎盛于公元前 370—前 330 年） 186，406，407

卡利斯忒涅斯（Callisthenes） 409

卡鲁斯（Carus, P.） 310

卡迈勒，优素福（Kamal, Yussuf） 561，562

卡姆登，威廉（Camden, William；1551—1623 年） 520

卡佩拉（Capella, Martianus；鼎盛于公元 470 年） 529

卡普兰（Kaplan, S. M.） 305

卡恰托雷（Cacciatore） 635

卡乔里（Cajori, F.）（2），1，15；（3），151；（5），471

卡什加里，马哈茂德·伊本·侯赛因·伊本·穆罕默德（al-Kāshgharī, Maḥmūd ibn al-Ḥusain ibn Muḥammad） 562

卡斯泰利（Castelli, Benedetto） 471

卡瓦利（Cavalli, Atanasio；1785 年） 635*

卡西（al-Kāshī, Ghiyāth al-Dīn Jamshīd） 66，68，89，102，146

卡西勒（Cassirer, E.）（1），167

卡西尼（Cassini, J. D.；1678 年） 182，366，446，448，544

喀拉喀什河 665，666

《开宝本草》 619

开成年间 193

《开方法》 123

开封 331，362，363，387，427，537，596

犹太人侨民社区 682

开皇年间 385

开平方 46，47，62，65 ff.，74，85，87，89，127，133，134，137，146，147

开普勒（Kepler, Johannes） 141，142，172，182，329，400，423，426，428，431，444，445，460，494，583

开阳（星） 233

开元年间 120，274，283，545

《开元占经》 12，37，100，124，148，175，198，201，203，207，208，264，266，268，398，401，426，482

凯（Kaye, G. R.）（1），11；（5），301

凯·阿勒尔·苏克拉达纳（Keay Arear Sukradana） 662

凯拉吉，阿布·贝克尔（al-Karajī, Abū Bakr；11 世纪，阿拉伯代数学家） 34*，137*

凯利（Cayley, H.） 665

刊印地图 见"地图"

堪舆（地理） 159，500，524，598*，651

阚骃（地理学家，公元 4 世纪） 520

康干河 612

康戬（朝鲜学者，鼎盛于 1021 年）

康居 见"粟特"

康拉散公路 681

康南兹（Konantz, E. L.）（1），47

康泰（外交官，约公元 260 年） 511，512，610，658

康托尔（Cantor, M.） 151；（1），1，121

《康熙朝的欧洲天文学》（1687 年） 454

康熙年间 53，102，473，585

康熙（清朝皇帝） 450

《考工记》（《周礼》中的一篇） 见"《周礼》"

考试 36，40，153*，192

柯蒂斯（Curtis, H. D.） 333

柯恒儒（Klaproth, J.） 681

柯克伍德（Kirkwood, D.） 435

柯瓦雷（Koyré, A.）（1），155，158，167

柯枝 见"科钦"

科顿所藏地图 532

科尔布鲁克（Colebrooke, H. T.） 252

科普特语 见"语言"

科钦 558

科斯洛，阿诺德（Koslow, Arnold） 23*

科斯马斯，航行过印度的（Cosmas Indicopleustes；约公元 540 年） 515，530-531，587

所画的山 531

科学

16、17 世纪欧洲科学的发展 154 ff.，166-167，439，448

近代科学的普遍性 448-449

欧洲人对中国科学的态度 360，441-443，

449，456

耶稣会士对新科学的态度　449，450，456

中国人对新科学的态度　449，450-451，
456

科学方法　154 ff.，156，159，161，448 ff.

未被中古时期的学者充分重视　161，165

科学和技术　152 ff.，154，158 ff.，162，167，
294 ff.，673 ff.

"科学"幻想小说，谈论星际旅行的　440

科学理论的类型　158，159，163 ff.，448

科学研究　155

科学与数学　150 ff.

科学"预言"　156*

可萨人　见"文化"

可萨（突厥的分支）　见"部族""可萨人"

可萨王国　107*，147，681 ff.

克代斯（Coedès, G.）　(2)，11

克拉苏（Crassus）　536

克拉特斯，马卢斯的（Cratesof Mallos）　374

克拉维乌斯（Clavius, Christopher；耶稣会士）
444，447*

克莱奥迈季斯，斯多葛派的（Cleomedesthe Sto-
ic；约公元 175 年）　399

克雷奇默（Kretschmer, K.）　602

克里米亚　681

克卢菲尔（Cluverius, Philip；1580—1623 年）
679

克鲁伦河　293，417

克罗伯（Kroeber, A. L.）　15

克罗宁（Cronin, V.）　439*

克泰夏斯（Ctesias；公元前 4 世纪）　507

刻度杆　569，570，577

刻箭（漏箭）　314，317，320，322，324，326，
327

《刻漏经》　328

刻漏（漏壶；水钟）　35，190，191，207，246，
297，302，306，309，313 ff.，329，331，
359，360，374，377，461，465，633

秤漏　317-318，323，326，327

花盆形漏壶　325*

轮漏　318，319

秒表式刻漏　318，326，327

首次在中国出现　320

受水型漏壶　313，315，320

术语　325

田漏　320

泄水型漏壶　313，315-317，322

最古老的印刷图　326

"刻"（四分之一小时）　322，329

"刻烛拍卖"　330*

客星　见"新星"

肯迪（al-Kindī, Abū Yūsuf Yáqūb ibn-Ishāq；卒
于公元 873 年）　162，373，573*

空间　93

无限的　157，218，219 ff.，430

空气唧筒　451

《空气、水与地区》　464

"空虚"（śūnya；零）　10*，12，148

孔秉（被委派去搜集并研究与采邑问题有关的
地图的官员）　536

"孔公蘖"（石钟乳）　605

孔雀石　640，649

孔述睿（地理学家）　520

孔挺（天文学家，鼎盛于公元 323 年）　343，
349，358

孔颖达（注释家，公元 574—648 年）　315

孔兹（Conze, E.）　167*

孔兹（Kunz, G. F.）　663，664

孔子　225-226，227，230，290，582

恐龙　621

口授留声机　441*

寇恩慈（Konantz, E. L.）　(1)，47

寇宗奭（12 世纪的药物学家）　618，622，675

库车　655

《库拉尼德斯》（公元 300 年）　647

库特卜丁·设拉子（Qutb al-Dīn al-Shīrāzī；
1236—1311 年）　474

跨水准器　298*

卝人　534

矿　534，591，643

成因　626，639，642

矿床　649

矿床是由于地下水的循环而形成的　649
650

矿工的知识　637*，674

矿物　504，592

地下水在成矿通道中的蒸发所引起的成矿作用　649-651

分类　591，641，647

谱录　591

实际用途　651-652

形成　469，611，636

矿物变质的理论　641

矿物和金属生成的化学理论　639

矿物上的劈理　649

矿物性药物　643

矿物学　521，591，606

会稽　485，486

"会计体"（中文大写数目字）　5

会计（学）　75，166 ff.

窥管　21，261，262，270，299，300，332 ff.，339，340，350，362，363，364，365，369，383，384，458，571，574，577

"枪管式"　352，377

窥管（dioptra）　332，368，370*，571，573*

窥几　370

奎（宿）　248，278

魁（星）　232

夔（雷神音乐家）　505*

《坤舆万国全图》　583

昆仑山　468，523，536，563，565，567，568，580，607，659，665

昆明湖　602

锟铻剑、昆吾刀　656，667，668

鲧（帝禹之父）　604

《括地志》　520

L

拉比诺维茨（Rabinowitz）　681

拉布达斯，尼古拉斯（Rhabdas, Nicholas）　61

拉丁文献　79，622

拉丁学者　89，564

拉克伯里（de Lacouperie, Terrien）　80；（2），70

拉普拉斯（Laplace, Pierre Simon）　183，288，290，291，299

拉萨　523

拉绍尔克斯（v. Lasaulx, E.）　622

拉绳者（harpedonaptae）　3*，95*

拉氏大眼蟹（Macrophthalmus latreilli）　619

拉锡（探险家，1704 年）　585

拉赞人（犹太商团）　681 ff.

喇嘛　473

莱昂斯（Lyons, H. G.）　471，569*，571

莱昂提乌斯，机械师（Leontius Mechanicus；公元 7 世纪）　383

莱奥纳尔迪（Leonardus, Camillus；1502 年）　647

莱布尼茨（Leibniz, Gottfried Wilhelm）　12*，108，117，140，141，142，145，155，157

兰德格伦（Landergren, S.）　678

兰卡马（Rankama, K.）　678

兰开斯特（Lancaster）　175

兰州　523，524

蓝铜矿　640，643

澜沧江　525

《懒真子》　222，281

狼鳍鱼（Lycoptera）　621

朗伯（Lambert）　590

朗格卢瓦（Langlois, V.）　533

劳弗（Laufer, B.）　（1），653，654，658，659；（3），580；（7），303；（8），334，336，337，664；（9），505；（11），656；（12），667，669，671；（13），671，672

劳乃宣（19 世纪的数学家）　72-73

老君庙（甘肃的）　608

老人星　274

《老学庵笔记》　614

老子　70，221，226

乐史（地理学家，10 世纪）　521，548*

勒穆瓦纳（Lemoine, J. G.）　68，69

勒诺尔芒（Lenormant, F.）　507

勒文施泰因（Loewenstein, P. J.）　308，423

雷　480-482，625，637，640

雷雨 615, 616

　　霹雳 637

雷斧 482*

雷公 649

《雷公药对》 649

雷科德 (Recorde, Robert) 115, 155, 166

雷慕沙 (Rémusat, J. P. A.) 184, 433

雷诺 (Reinaud, J. T.) 380

雷乔蒙塔努斯 (Regiomontanus) 见"米勒, 柯尼斯堡的约翰内斯"

雷文 (Raven, C. E.) 611

雷文思 (Leavens, D. H.) 75

雷夏 (地区) 501

雷孝思 (Régis, Jean-Baptiste; 耶稣会士, 地图绘制者) 585

雷学淇 185

雷伊, 让 (Rey, Jean) 439*

雷, 约翰 (Ray, John; 1627—1705 年) 611, 653

"累积"之法 39, 93, 142-143

棱柱 26, 68, 99

棱锥 26, 39, 98, 99, 109, 143

离心泵 160

离心的宇宙生成论 见"宇宙生成论"

《梨俱吠陀》 254

犁 332

"犁星"组 (星表) 256, 291*

黎巴嫩 562

《蠡海集》 477, 493

李白 (诗人) 599

李播 (道士, 李淳风之父) 201, 544

李翀 (天文学家, 公元 14 世纪) 228

李淳风 (唐代数学家和注释家) 20, 27, 31, 38, 42, 49, 102, 104, 121, 123, 124, 125, 197, 201, 202, 207, 221, 292, 329, 349, 350, 359, 383, 389, 394, 544, 545

李德刍 (地理学家, 11 世纪) 521

李德裕 (四川的官员) 544

李东阳 75

李度南 (Leslie, Donald) 631*

李梵 (历法家, 公元 85 年) 247, 320, 401

李该 (地理学家, 公元 9 世纪) 545

李公麟 (画家, 约鼎盛于 1100 年) 593

李贺 (约公元 800 年) 611

李潢 27*

李荟 (地理学家, 15 世纪) 554

李吉甫 (地理学家, 公元 9 世纪) 499, 520, 544

李籍 (宋代数学家) 19, 20

李季章 (朱熹的朋友) 580

李诫 (建筑师, 卒于 1110 年) 154

李靖 72

李兰 (道士, 约公元 450 年) 326, 327

李笠翁 (1679 年) 596

李陵 (将军, 公元前 99 年) 536

李明 (Lecomte, Louis) 443

李明彻 (道士、天文学家, 19 世纪) 457

李荃 (道士、军事技术家, 公元 759 年) 426

李锐 (18 世纪的数学家) 96, 123, 391

李善邦 626, 628

李善兰 (19 世纪的数学家) 106

李石泉 663, 668

李时珍 (本草学家, 1518—1593 年) 154, 434, 436, 605, 616, 617, 619, 621, 622, 638, 639, 644, 647, 648, 663, 667, 676

《李氏药录》 621

《李氏遗书》 96

李舜举 482

李斯 (丞相) 4

李太祖 (朝鲜最后一个王朝的建立者) 279

李天经 447

李珣 (约公元 775 年) 654

李俨 2, 3, 9, 18, 20, 36, 38, 60; (1), 40, 98, 99; (2), 40, 79; (4), 50, 70, 71, 95, 110, 119, 127; (7), 542; (8), 64, 69; (9), 69; (10), 86

李冶 (数学家, 1178—1265 年) 41-41, 44, 45, 87, 114, 129, 130, 132, 133, 152, 498

李业兴 (历法家, 公元 548 年) 107, 542

李益习 (Yi Ik-Seup) (1), 565

李泽民 (地理学家, 约 1330 年) 551, 554

李兆洛 (19 世纪的地理学家) 185, 586

李之藻 52, 447, 450

李志常 (邱长春的文书) 417, 522-523

里夫斯（Reeves, J.） 183

里奇，弗朗切斯科（Ricci, Francesco） 167

里斯本 585

理查森（Richardson, L. J.） 68

理论和实践 158-159

"理"（模式、组织原理） 163, 165, 362, 500

理想领结 112*

理学家 10, 41, 43, 129*, 144, 163 ff., 222, 224, 278, 408*, 492, 547, 549, 580, 598, 602, 619

理雅各（Legge, J.） 184, 334

锂云母 648

力学 167, 441

　　作为近代科学的起点 158*

《历测》 456

《历代论天》 185

《历代通鉴辑览》 556

历法 19, 20, 35, 37, 49, 123, 125, 175, 186, 194 - 196, 202, 203, 204, 209, 247, 287, 293, 294, 310, 356, 381, 391, 392, 421, 446, 447*, 449, 542

　　与政权 193

历法改革 见"改历"

历法学 3, 4, 29, 35, 37, 42, 48, 51, 69, 97, 101, 107, 109, 120, 124, 125, 148, 152, 167, 168, 171, 172, 176, 185, 189, 191, 192, 193, 202, 203, 207, 253, 293, 339, 361, 362, 382, 390 ff., 400, 404, 406, 410, 456, 457, 683

　　不需要在托勒密和哥白尼的体系之间作选择 446

　　对于农业经济的重要性 189

　　日本的 391*

　　与性学 390*

历科 449

历年（haab） 397

历史编纂法 157*

历书 378*

历算家会议（公元前 104 年） 302, 320

《历算全书》 48, 455

《历元》 456

历周 408

"立成释锁" 137

《立成算经》 9, 36*

立方 65, 98, 129

　　倍立方体 103

　　立方根 26, 33, 35, 65, 75, 125, 126, 137, 146

《立世阿毗昙论》 228

立体几何学 见"几何学"

立体图形 26, 97 ff

立运仪 369

立轴横杆式擒纵机构 319, 366

《励智石》 115, 166

利伯恩（Leybourn, W.；1667 年） 72

利胆剂 654

利兰，约翰（Lcland, John；1506—1552 年） 520

利罗婆底（Līlāvatī） 150*, 152*

利玛窦（Ricci, Matteo） 52, 106, 110, 172, 173, 194, 220, 367, 369, 370, 437, 438, 439, 442, 444, 450, 583-584, 589, 682

　　对地理学的贡献 583

利斯特，马丁（Lister, Martin） 611

利益 见"私人利益"

沥青 602

郦道元（公元 6 世纪的地理学家） 514, 600, 615, 620

栗 463, 649, 678

"连环圈"（智力玩具） 111

"莲花漏" 324-325

联立一次方程 见"方程"

炼丹术和矿物学相结合的金属地下生成学说 641

炼丹术和炼丹家 152, 171, 323, 511, 519, 522, 641-642, 643, 645, 651

　　炼丹术与地理学 598*

　　炼丹术与阴阳家 641

《炼金术词典》（1612 年） 645

炼金术和炼金术士 159, 637-638, 641, 654, 671

梁（朝代） 85, 196, 197, 201, 205, 221, 263, 264, 317, 384, 385, 386, 508, 514, 520, 543, 676

梁冀（将军，卒于公元 159 年） 657, 661
梁令瓒（时钟制造工程师，约公元 720 年）
　270, 319, 350, 360, 383, 386
《梁四公记》 660, 671
梁武帝 221, 322*, 367*
梁（峡谷） 501
梁元帝 603
"两地之说" 215
两极地区 475
《两山墨谈》 223, 601
两头蛇（双头动物） 473*
"两仪"（珠算方法） 78
量角器 301, 370
"量天尺" 297
辽（朝代） 208, 427, 457
蓼 676
列表计算 26
　表格系统 106, 107
《列星图》 281
《列子》 92, 221, 222, 225, 565, 656, 667
猎户座 230, 233, 240, 244, 249, 250, 251,
　272
林鹤一 2
林奈（Linnaeus） 591, 611
林邑（林邑国的首府） 292, 293
林语堂（Lin Yü-Thang） (5), 331
临孝恭（天文学家和数学家，鼎盛于公元 581—
　604 年） 633, 634
磷酸盐 617
《麟德历》（公元 665 年） 123, 202
麟庆（水利工程专家，19 世纪） 484
《灵台秘要》 207
《灵台秘苑》 208
《灵宪》 20, 104, 199, 216, 226, 265, 414
《灵宪图记》 206
灵芝 606
玲珑仪 369
"陵迟"或"陵夷" 603
陵江 486
陵墓 682
"零" 16, 17
零 9 ff., 43, 63, 86, 130, 132, 146, 148, 149,
　152, 203
零陵（永州） 615
《岭外代答》 512, 617
领先发展的不利之处 9*, 90*
刘安（淮南王） 199, 225, 507, 527
刘冰弦 (1), 45
刘昌祚（11 世纪的地理学家） 577
刘焯（历算家，鼎盛于公元 604 年） 123, 124,
　205, 292, 294, 394, 421
刘朝阳 (1), 242, 423；(3), 20, 186
刘宠（陈王） 574, 575
刘敦桢 296
刘复 (1), 305, 307
刘洪（公元 2 世纪的历算家和注释家） 20,
　25, 29, 54, 200, 247, 288, 356, 395, 421
刘涣（西藏地区的官吏） 547
刘徽（公元 3 世纪的数学家） 24, 25, 27, 29,
　30, 46, 54, 66, 85, 91, 95–96, 99, 100,
　101, 102, 103, 104, 113, 116, 118, 127,
　143, 147, 571
刘会稽（徐岳的老师） 77
刘基（14 世纪的自然主义者） 493
刘家港（今上海附近） 557
刘景阳（宋代制图学家） 547
刘铭恕 (2), 560
刘牧（10 世纪的学者） 59
刘汝锴（数学家，约 1100 年） 41, 42, 137
刘师颜（宋代气象专家） 470
刘松龄（von Hallerstein, Augustin） 452, 454
刘宋（朝代） 33, 42, 101, 204, 264, 384,
　582, 638
刘向（约公元前 25 年，文献学家和炼丹家）
　287, 392, 414, 435, 508
刘歆（公元前 1 世纪，天文学家、历算家和文献
　学家） 20, 24, 85, 100, 153, 294, 401,
　404, 414, 421
刘益（代数学家，1075 年） 41, 46, 104
刘因（诗人，1279 年） 79
刘元鼎（赴西藏的使节，公元 822 年） 523
刘智（天文学家，约公元 274 年） 386, 414
《流浪的犹太人伊斯雷尔·乔布森的一生》
　（1757 年） 441

"流沙"　607

流沙　667

流数法　141，142

流体静力学　167，327*

流星　200，207，209，244*，367，433，442，443，462

　　术语　433-434

流星雨　433

"流珠"　326

琉球群岛　69

琉善，萨莫萨塔的（Lucian of Samosata；生于公元120年）　440*

硫化汞　639，641，642，651

硫黄　611，639，641，643，651，655，675

硫酸亚铁　651

柳（宿）　247，271

柳宗元（唐代诗人）　206

六博（游戏）　304 ff.，308

六分仪　296，301，452，574

六合仪　343，450

《六经天文编》　208

《六经图》　325，326，549

六量律　108

六十度仪　301

六十干支周期　82，396 ff.，406

六十进位值　见"位值制"

六十进制计数法　15，16

六十进制算术　见"算术"

六十日作计算单位　见"六十干支周期"

六严　185

龙　219，252*，479，480，618，621

"龙齿"　621

"龙骨"　621

龙华民（Longobardi, Nicholas）　447

"龙火"　482

龙角　见"角"

龙卷风　479

龙马　56

龙门峡　515

龙眠山　593

《龙泉县志》　616

龙神　489

龙首渠　621

龙戏珠　252

泷精一　596

"胧"（月出）　252

陇西　见"甘肃"

娄（宿）　273

娄元善（宋代占卜家）　470

耧管　332

漏壶　见"刻漏"

《漏刻法》（李兰撰，约公元450年）　326

《漏刻法》（殷夔撰，约公元540年）　324

《漏刻经》　328

《漏水转浑天仪制》　320，360

卢辩（公元6世纪的注释家）　59

卢多逊（宋朝官员）　518

卢芹斋古玉器目录　664

卢生（秦代方士）　56

卢伊德，爱德华（Lhwyd, Edward）　611

卢肇（潮汐理论家，公元850年）　490，492

卢植（约公元150年）　510

芦根化石　614

芦苇问题　27

《庐山记》　519

"卤"（用于盐类的偏旁）　642

"硇盐"（硇砂？）　654

鲁道夫（Rudolph, R. C.）　620

鲁菲尼（Ruffini, Paolo）　126

鲁弗斯等（Rufus, W. C. & Tien）　（1），278，279，281

鲁兰（Ruhland）　645

鲁南山　525

鲁僖公　284

鲁谢利（Ruscelli）　528

鲁应龙（宋代著作家）　606

陆澄（地理学家，公元5世纪）　520

陆法言（公元7世纪的哲学家）　107，673

陆龟蒙（道教诗人，10世纪）　613

陆鸿（隐士）　38

陆浑的蛮人　503

陆绩（天文学家，公元3世纪）　219，359，386

陆九韶（陆九渊之弟）　549

陆九渊（唯心主义哲学家）　549

陆游（宋代著作家）614

陆子刚（著名的玉作匠人）667

录图 56

《录异记》612

路易九世（LouisIX；法国国王）619

《麓堂诗话》75

露 468

闾丘崇 206

吕不韦（商人和自然主义者）19，21，195-196，526

吕才（制图学家兼怀疑论的自然主义者，卒于公元665年）323，544，545

吕昌明（潮汐表的编制者，1056年）492

吕大临（理学家）547，668

《吕氏春秋》19，195-196，248，467，498，507，607，625，675

吕述（人种地理学家，约公元844年）510

吕温（官员，公元9世纪）545

旅行和探险 128，511，513，522 ff.，556 ff.，575，585，587，610

旅行路线指南 524

铝

　硫化物 653

　氧化物 668

　植物积聚 678

《律历算法》27-28

《律历渊源》53

《律历志》200

《律吕新论》59

绿矾 637

绿色的旗帜（丰产巫术）17

绿松石 671-672

氯化铵 见"硇砂"

栾大（汉代术士）414

伦茨（Lenz，H. O.）593

伦德马克（Lundmark，K.）（1），425，426

轮漏 318

轮形地图 529，546，561，562，563，566，568，587

轮子 94

《论不可分割的线》142

《论磁性》439

《论二十八宿度数》206

《论各种三角形》109

《论衡》20，214，321，402，436，468，468，477，480，485，625

《论计时法》494

《论均匀与非均匀强度》107

《论矿石的凝结与粘合》602

《论矿物》（约1260年）647

《论山岳起源》603

《论石》（约公元前300年）647

《论算术三角形》47，134

《论天》414

《论完全四边形》109

《论无限宇宙》440

《论形态的幅度》107

《论语》56

《论指算手势语言》68

《论坐标》110

罗贝瓦尔（Roberval）142

罗布泊 523

罗茨，让（Rotz，Jan；1542年）532

罗大经 580

《罗浮山志》519

罗含（晋朝官员）615

罗洪先（地理学家，1504年—1564年）

罗睺（想象出来的看不见的行星）175，228，252*，416

罗杰二世（Roger II；西西里的诺曼王）563

罗经点（方位）140，398

罗经盘 478*，560*

罗兰，朱尔（Raulin，Jules）677

罗马 315，389，475，502，526，571

罗马帝国的叙利亚 见"大秦"

罗马军队 536-537

罗马人 13，15，61，65，68，69，81，215，313，653

罗马小纪 407

罗摩仪 301

罗默（Roemer）377*

罗讷河 681

罗尼奥斯·狄斯科鲁斯（Apollonius Dyscolus；语法学家，公元2世纪）656

罗塞蒂（Rosetti）（1），565

罗士琳（19 世纪的数学家）16，123

罗士培（Roxby, P. M.）462*

罗雅谷（Rho, James；耶稣会传教士）447

罗曰褧（16 世纪，地理学家）512

逻辑 161

　　中国人倾向于辩证逻辑 151（*）

螺蚌壳 598，600，604，611，617

螺蚌（软体动物）615

螺旋柱白鼓钉（Polycarpaea spirostylis）678

洛恩斯（Lones, T. E.）625

洛克（Locke, L. L.）69

洛里亚（Loria, G.）（1），1，92

洛书 56，57 ff.

《洛书纬甄曜度》401

洛水 577，621，625

洛维茨（Lowitz, Tobias；1794 年）475

洛维萨托（Lovisato）435

洛阳 33，287，296，327，520

　　观象殿 385

《洛阳伽蓝记》519

骆三畏（Russell, S. M.）184

骆腾风（1），122

骆驼 607

落下闳（公元前 1 世纪的天文学家）153，199，
　　216，218，247，271，343，354，355，358，
　　414，493

漯河 501

M

妈祖 557

麻姑 600—601

《麻姑山仙坛记》599—600

麻实吉 559，560

马 617，621

马伯乐（Maspero, H.）（2），505；（3），182，
　　198，224，234，259，261，263，398，401，
　　411；（4），182，268，294，299，300，305，
　　317，342，349，354 – 355，392；（8），188；
　　（15），176，182，242，246，259，460

马德赉（de Moidrey, J.）435

马蒂森（Matthiessen, L.）（1），121

马端临（13 世纪的史学家）174，175，209，
　　425，430，433，682

马尔博杜斯（Marbodus；约 1070 年）647

马尔德（Mulder, W. Z.）560

马尔法蒂问题 145

马尔智（March, B.）596

马国翰 467，676

马国贤（Ripa, Matheo；在俗牧师）585

马哈茂德（Mahmūd；伊斯法罕星盘家易卜拉欣
　　的儿子）376

马衡（Ma Hêng）（1），82

马怀德（数学家，鼎盛于 1064 年前后）74

马欢（中国穆斯林地理学家，随郑和舰队出航）
　　162*，558

马具 681

马可·波罗（Marco Polo）80，378*，519*，
　　522，551，556，660

马克罗比乌斯（Macrobius, Ambrosius Theodos-
　　ius；公元 395—423 年）529，530，587

马克思主义 166

马克西穆斯，教皇（Pontifex Maximus）189*

马克西穆斯·普拉努得斯（Maximus Planudes；
　　约 1340 年）66

马拉尔迪（Maraldi）182

马拉盖天文台　见"天文台"

马拉库什，阿布·阿里·哈桑（al-Marrākushī,
　　Abū ‘Alī al-Ḥasan ibn ‘Alī；13 世纪）378，
　　564

马拉库耶夫（Marakuev, A. V.）（1），82

马来群岛 472

马来亚 274，560，654

马勒（Mahler, K.）121*

马里努斯，提尔的（Marinusof Tyre）527，533，
　　587

马利纳（Malynes, G.）167*

马蒙（al-Ma’mūn；哈里发，公元 813—833 年）

561

马尼利乌斯（Manilius；约公元 20 年） 201

马融（汉代学者） 71，334

马苏第（al-Ma'sūdī；地理学家，约公元 950 年） 512，564，600*

马续（天文学家，鼎盛于公元 100 年前后） 200，263

马永卿（宋代哲学家） 222，281

马援（将军，公元 32 年） 582

"马扎洛特"（mazzaloth；月站） 252

玛雅人（美洲印第安人） 见"文化"

码子 5*

迈厄斯·提提阿努斯（Maës Titianus；一位同中国人进行丝绸贸易叙的利亚人） 527

麦都思（Medhurst，W. H.） 334，393

麦加 563

麦加斯梯尼（Megasthenes；公元前 3 世纪） 507，608*

麦卡特尼（McCartney，E. S.） 622

麦克马尼格尔日晷 365*

麦哲伦星云 276

《蛮书》 544

满族（满文） 106，145，448，449，655，673

曼苏尔（al-Manṣūr，Abū Ja'far；哈里发） 61

蔓菁（Brassica rapa-depressa） 678

毛亨（注疏家） 87，88

毛里塔尼亚 313

毛利人 见"部族"

茅坤（福建巡抚胡宗宪的合作者） 559

茅以升 （1），99

茅元仪 559

卯西圈 179，211

昴（宿） 238，244，245，246，248，249，274

昴星团 244，253，274，276

冒光（大气现象） 637*

枚乘（诗人，卒于公元前 140 年） 71，485，493

梅奥（Mayow，John） 439*

梅彪（公元 9 世纪的矿物学家和炼丹家） 644，647，654

梅茨（Mez，A.） 681

梅毅成（数学家，1681—1763 年） 51，53，168，448，457

梅拉（Pomponius Mela；地理学家，鼎盛于公元 43 年） 494

梅内克缪斯（Menaechmus；约公元前 350 年） 107，307*

梅内劳斯，亚历山大里亚的（Menelaus of Alexandria；约公元 100 年） 108，357

梅文鼎（历算家，1633—1721 年） 48，53，70，75，79，185，455，457

梅文鼎（1723 年） 185

梅尧臣（诗人，卒于 1060 年） 320

煤 602，609，652

美索不达米亚 82，146，149，395*，396，469，608*

美索不达米亚神话 505

美洲 583*

美洲印第安人 69，215*，397

镁
 硅酸镁 677
 硫化物 653

昧谷 188

门兴 - 黑尔芬（Maenchen-Helfen，O.） 504，507，670

猛火油（石油） 608

蒙蒂克拉（Montucla，J. E.） 111

蒙哥汗 523

蒙古 293，523，551，552

蒙古北部 417

蒙古人 41，49，100，110，197，381，406，416，511，522，551，556，564，565，585

蒙古人统治下的波斯 196

"蒙古式画法"，制图学上的 554，564

蒙特纳（Muntner，S.） 681

蒙文通 （1），464

锰
 二硫化锰 653
 二氧化锰 613
 化合物 664

孟尝君 195

孟轲（孟子；儒学家） 196，197

孟买 559，560

孟诜（公元 670 年左右，食疗本草学家） 644

《孟子》 408

孟子 见"孟轲"

《梦粱录》 519

《梦溪笔谈》 36，38，39，139，142，208，
422，433，492，576，580，603，607

弥勒佛 610

米尔恩（Milne, J.） 626，628

米尔曼（Millman, P. M.）（1），305，307

米尔斯（Mills, J. V.） 586*；（1），559，560；
（2），584；（7），517；（8），517

米芾（11 世纪的官员） 645

米莱特纳（Mieleitner, K.） 592

米勒（Miller, K.）（4），561

米勒（Müller, R.）（1），404，407；（2），200，
393

米勒，柯尼斯堡的约翰内斯（Müller, Johannes,
of Königsberg；即雷乔蒙塔努斯） 109，341，
372，430

米森布鲁克（van Musschenbroek, P.） 329

米特拉达梯（Mithridates Eupator；本都国王）
425*

米歇尔（Michel, H.） 74，184，281，334，
336，338，375

米耶利（Mieli, A.） 681

秘鲁 69

密陀僧 651

幂级数求和 48

缅甸 507，510，665

面积测量 33，34，42，52，97，142，144

"面"（晶面） 648

苗昌言（公元 3 世纪） 478

苗族 见"部族"

民俗学 510

　　金刚石的民间传说 671

　　星辰的神话 282 ff.

名家 92

《名医别录》 621，648，652

明安图（满族数学家） 145

明（朝代） 3，16，20，38，49，50，51，72，
85，114，139，153，173，199，206，208，
209，221，223，224，251，262，281，300，
307，310，331，357，422，430，433，437
ff.，442，443，451，455，456，457，465，
469，477，493，499，511，512，519，520，
521，524，552，556，557，611，617，618，
645，646，654，661，682

明称—海尔芬 504，507，670

明矾 611，637，642，643，651，652，653 ff.，
675，678

明矾石 653

明古齐和韦尔尼亚诺（Minguzzi, C. & Vergnano,
O.） 678

《明皇杂录》 38，282

《明史》 48，125

明算（算学科） 192

明堂 58，189，308

《明译天文书》 49

鸣沙 607

铭文（碑文） 5，10，11，12，13，24，83，
85，100，149，176，204，244，246，278，
279，293，301，312，321，322，324，359，
424，547，551，557，558

命名

　　恒星 232，271 ff.

　　矿物质 592，641 ff.

摩诃毗罗（Mahāvīra；印度数学家，鼎盛于公元
830 年前后） 35，88，91，119*，147

摩加迪沙（非洲） 558

摩洛哥 378

摩尼教徒 204

摩斯科普洛斯（Moschopoulos, Manuel） 61

磨石 640

"磨石"比喻天 214-215

魔鬼，耶稣会士对其深信不疑 457

莫利（Morley, S. G.） 397

莫罗，拉扎罗（Moro, Lazzaro；1687—1740 年）
603

莫企逊（Murchison, Roderick） 614

墨 609，654

　　朱墨 651

墨家 84, 91, 92, 94-95, 96, 143, 165, 437*

《墨经》 83, 88, 91, 94, 149, 224

墨卡托 (Mercator, Gerard; 1512—1594 年) 533

　　墨卡托投影 208, 278, 533, 545, 563

《墨客挥犀》 606, 613

墨翟 (墨子; 哲学家) 214-215

《墨子》 56

默冬 (Meton of Athens; 鼎盛于公元前 432 年) 186, 406, 407

默尔 (Merle, William; 鼎盛于 1337-1344 年) 465*

母系社会 390*

木材, 防止其腐烂 652

木槿 649

《木经》 153

木偶 329, 363, 389

木星 401, 402-404, 408

　　周期 189, 190, 251, 398, 402, 406, 436, 625*

　　卫星 444, 445

　　岁次 402

木星周期 (Bṛhaspati-cakra) 251

木贼属问荆 (Equisetum arvense) 678

牧夫座 250, 251, 252, 272

幕府时代 682

慕阿德 (Moule, A. C.) (3), 484, 493; (6), 523

慕稼谷 (Moule, G. E.) (1), 106

穆尼阁 (Smogułecki, Nicholas) 52, 445, 454

穆斯林 (伊斯兰教徒) 49, 50, 105, 208, 372, 380, 381, 551, 558, 563, 564

《穆天子传》 404, 507, 565

N

那波里曼尼 (Naburiannu; 巴比伦天文学家) 394*, 399, 407*

那波那萨尔 (Nabonassar) 409

那不勒斯 382, 585*

那罗延 (Nārāyana; 印度数学家, 鼎盛于 1356 年) 88

纳贾里, 贾迈勒丁·伊本·穆罕默德 (al-Najjārī, Jamāl al-Dīn ibn Muḥammad) 372-373

纳杰拉尼 (al-Najrānī; 基督教修士、旅行家) 589

纳皮尔 (Napier, John) 43, 72, 155

纳萨维, 艾哈迈德 (al-Nasawī, Aḥmad; 波斯数学家, 鼎盛于 1030 年) 89

纳沙特拉" (月站) 252 ff., 258*

纳西尔丁·图西 (Nasīr al-Dīn al-Ṭūsī) 105, 109, 370, 382, 562, 563

南北方位, 中国地图上的 549, 554, 559-560

南秉哲 (朝鲜天文学作家, 19 世纪初) 683

南部各省的地形 510

南斗 232, 233

南方熊楠 (Minakata, K.) (1), 272

南非 472

南宫 200

南宫说 (天文学家, 公元 8 世纪) 203, 274*, 292, 297

南海 556, 658

南海 (广东) 297

南怀仁 (Verbiest, Ferdinand; 耶稣会士, 天文学家) 102, 173, 352, 379, 388, 450, 451, 452, 466, 470, 584-585, 662

南回归线 180

南极圈 180

南极 (天球的) 179, 208, 217

南极星座 281

南交 188

南京 310, 349, 367, 368, 443, 445, 454, 514, 624

南京 (省) 662

南门 (星官) 425

《南齐书》 102

南赡部洲 565, 568

《南史》 101-102

南宋（朝代） 352，367

南天球拱极星 见"恒星"

《南裔异物志》 510

《南州异物志》 510

硇砂 651，654 ff.

"硇砂" 654，655

闹饮者法则 122

"淖沙"（流沙） 607

内容的阐述离不开翻译 xlv

能田忠亮（Nōda Churyō） 20，247；（2，2），195，234，238；（3），186，238；（4），408，409

尼泊尔 610

尼古拉，库萨的（Nicholas of Cusa） 224[*]，372[*]，471

尼癸狄乌斯·菲古卢斯（Nigidius Figulus） 215

尼科尔（Nicole，François；1717 年） 125

尼科尔森（Nicolson，M. H.） （1），440

尼科马科斯，杰拉什的（Nicomachus of Gerasa；约鼎盛于公元 90 年，数学家） 34[*]，54

尼罗河 220，529

尼乌霍夫（Nieuwhoff，J.；1765 年） 442

"逆"（向后的视运动） 398，400

逆行（行星运动的） 200，399，400

《年代历》 683

年代学 173，173，184，404，455

　　分段年表 157[*]

黏土 642，643，646

黏滞阻力 223

碾子 214

念诵罄（japa-mala；念珠） 79[*]

念珠，可能与算盘有关 79[*]

鸟

　　不怕火的鸟 659[*]

　　化石 621

鸟瞰图 538，576

鸟卵用作比喻 218

鸟星 242，244，245，246

鸟夷族 见"部族"

镍的指示植物

宁波 492

宁献王（王子，矿物学家和炼丹家） 512，513

宁远 525

宁宗（宋朝皇帝，1195—1224 年） 278

牛顿（Newton，Isaac） 123，128，141，142，145，155，157，159，432，438[*]，494

牛顿-笛卡儿科学 155

牛津 161

牛（宿） 238，247，251，287

纽结理论 112[*]

纽康（Newcomb，S.） 288

纽约大都会博物馆 663

农事 362

农谚 464

农业 189，282，284[*]，362[*]，402，451

农业官僚政治 见"官僚机构"

奴隶 681

"努沙杜尔"（nūshādur；"硇砂"的阿拉伯语用词） 654，655

弩 574–575，681

弩机扳机（"发机"） 627[*]，630

弩样的器械 574–575

怒江 525

女（宿） 247，251

女娲（伏羲的配偶） 23，95

女制图学家 538，541

挪威 550

挪亚洪水传说 602，623

诺贝尔（Knobel，E. B.） 268，279，282

诺尔特（Nolte，F.） 339

诺矩罗（僧人） 603

诺曼，罗伯特（Norman，Robert；1590 年） 154，166

诺斯替教哲学 159

诺特（Knott，C. G.） 80；（1），75

诺瓦拉（Novara） 158

诺伊格鲍尔（Neugebauer，O.） 113；（1），394；（5），329；（9），96

O

欧多克索斯, 尼多斯的 (Eudoxus of Cnidus; 约公元前 409—前 356 年) 198*, 216, 382, 401

欧几里得 (Euclid) 21, 52, 54, 66, 91 ff., 103-106, 112, 148, 151, 157, 437
　　《几何原本》可能在 13 世纪译成了中文 105

欧几里得的方法 22*

欧几里得《几何原本》 54, 106

欧拉 (Euler, L.) 291

欧玛尔·海亚姆 ('Umar al-Khayyāmī) 134, 137

欧阳忞 (12 世纪的地理学家) 521

欧洲 15, 18, 27, 35, 43, 47, 51, 53, 61, 63, 66, 68, 79, 80, 82, 90, 91, 97, 102, 107, 108, 109, 111, 114, 117, 118, 121, 122, 125, 128, 134, 139, 141, 145, 146, 147, 150, 154, 155, 159, 160, 162, 164, 166, 167, 168, 172, 176, 180, 220, 223, 224, 246, 257, 262, 266, 270, 271 ff., 282, 300, 301, 302, 311, 313, 319, 328, 329, 340, 360, 362, 366, 370, 372, 375, 379, 381, 389, 391, 423, 428, 430, 434, 438, 439, 442 ff., 457, 464, 469, 471, 472, 475, 476, 478, 492, 493, 503, 512, 516, 520, 521, 522, 525, 530, 532, 555, 556, 560, 564, 567, 568, 573, 575, 577, 586, 587, 589, 590, 591, 592, 602, 603, 612, 623, 624, 626, 645, 651, 652, 657, 659, 660, 662, 663, 665, 673, 678, 679, 681

"偶然集合" 167*

P

爬行类动物化石 612, 619, 621

帕多瓦大学 161, 166

帕雷 (Paré, Ambroise; 1510—1590 年) 154

帕利西 (Palissy; 1580 年) 611

帕姆奎斯特 (Palmqvist, S.) 678

帕尼亚尼 (Pagnani) 118

帕乔利 (Pacioli, L.; 1494 年) 66, 68, 118, 141, 166

帕斯卡 (Pascal, Blaise) 47, 74, 134, 155

帕斯卡三角 47, 52, 134, 135, 136, 147

《帕特里克·斯彭斯爵士歌谣集》 422

帕提亚人 (安息人) 205

帕廷顿 (Partington, J. R.) 666

排列 61
　　和组合 4, 40, 139 ff.

潘昂霄 (地理学家, 13 世纪) 524

抛物线 102, 107, 141

庖牺氏 见 "伏羲"

炮击雹暴云 472-473

胚胎学 (发生学) 477*, 507

培根, 弗朗西斯 (Bacon, Francis) 155

培根, 罗杰 (Bacon, Roger; 1214—1292 年) 162

裴化行 (Bernard-Maître, H.) 443, 584, 585

裴矩 (隋朝商务官员) 543, 654

裴文中 464, 621*

裴秀 (制图学家, 公元 3 世纪) 88, 106, 535, 538 ff., 551, 559, 566, 571, 575, 579, 587

裴骃 (公元 5 世纪的注释家) 471

佩初兹 (Petrucci, R.) (1), 97

佩雷格里努斯, 彼得 (Peregrinus, Petrus; 1260—1270 年) 162

佩洛斯 (Pellos; 1492 年) 89

佩皮斯, 塞缪尔 (Pepys, Samuel) 378*, 391*

彭乘 (11 世纪的皇家天文学家) 191, 192

彭越 486

蓬莱 (仙岛) 567, 581-582, 600

硼 677

硼砂 662 ff.

硼砂（būrak）　662*

澎湖列岛　472

砒霜　652

皮革加工　651，653

皮革　见"皮革加工"

皮毛　681

皮斯（Pease, A. S.）　620

皮忒阿斯，马萨利亚的（Pytheasof Marseilles）　493

皮亚诺—施瓦兹曲面　112*

《骈字类编》　602

漂白土　643，652

拼板地图"　582-583

品达（Pindar）　672

平壁象限仪　301

平差计算　124*

平方根　21-23，26，33，35，50，65，75，85，123，126，127，146

　　负数的　91

　　平方根表　89

平衡环　386*

平衡轮　315

平面几何学　见"几何学"

平面天球图　183，185，208，255-256，260，263，273，278-279，281，550

　　希腊的　282

平面图，城市的　547

平壤　555

平山清次　409

平行联动装置　319

平行六面体（长方体）　98，99

平行四边形　104

平行（线，纬线）　93，526，527，532，587

平阳（今临汾）的天文所　368*

平原君　195

瓶　666

"萍"（"浮动"差）　49

婆罗门　568，587

婆罗门著作　88，148，202，207

婆罗摩笈多（Brahmagupta；印度数学家，约公元630年）　34*，90，102，119*，146，147

婆罗洲　284*

婆什迦罗（Bhāskara；12世纪的印度数学家）　64，88，91，96，141，147

《珀切斯游记》（1625年）　553，586

珀塞尔（Purcell, V.）　446*

菩提婆的碑文　10

葡萄牙人　148，311，330，671

蒲立本（Pulleyblank, E.）　203*

普尔科沃天文台　见"天文台"

普菲茨迈尔（Pfizmaier, A.）　646，669

普芬钦，保罗（Pfintzing, Paul；1598年）　579

《普济方》　682

普寂（僧人）　38

"普拉那"（prāṇa；气）　469，477*，637

普拉特（Pratt, J. H.）　246

普拉托，卡洛（Platus, Carolus；16世纪）　389

普莱奇（Pledge, H. T.）　（1），154

普赖斯（Price, D. J.）　315*，343*，366，383

普里斯特利（Priestley）　193

普里西安（Priscian）　623

普林尼（Pliny）　425，505，623，654，656，660，671，672

普卢塔克（Plutarch）　423，440*，660

普罗科匹厄斯（Procopius）　188*

普罗克洛（Proclus；公元410—485年）　90，637

普罗斯托夫（Prostov, E. V.）　620

普罗旺斯　681 ff.

"普纽玛"（pneuma；气）　469，625-626，634，637

瀑布　477

Q

《七发》　485

七衡图　19，21，256-257

《七略》　24，28

七巧图　111

七曲山　597

七十一老人（满族地理学家）　655

《七曜历》（公元 755 年） 204

《七曜历数算经》 205

《七曜攘灾诀》 396

七曜日 204，397

七曜（日、月和五星） 204，219，359

"七曜"为名的著作 204 ff.

《七曜星辰别行法》 204

《七政推步》 50

欹器 327，329，633

《欹器图》 633

漆 122，501

漆料 651

齐（朝代） 101，264，520

《齐东野语》 611，633，671

齐尔塞尔（Zilsel, E.）（2），154

齐国 195，197，358，609，619

齐桓公 674

齐召南（18 世纪） 516

祁维材（Kirwitzer, Wenceslaus；耶稣会传教士）
445

岐（峡谷） 501

奇伯（Chhibber, H. L.） 665

《奇妙事物大全》 505

《奇妙特性》 61

奇数与偶数 54-55，57

耆那教 568

耆那教经典 590

棋 139，541，542

棋盘 107

棋盘问题 139

棋盘法（scacchero）乘法 63

棋子 305，542

綦毋怀文（冶金家，鼎盛于公元 550—570 年）
78

旗帜 276，532

气候脉动 465

与政治动乱 472*

气候图 530，531，562

气候

中国的 462 ff.

想象的对人类的影响 464

气 见"天然气"

"气"（节气） 310，311，322，357，359，404，
405

"气"（精细的物质，物质-能量） 217，222，
223，411 – 413，415，467，468，469，471，
480，481，490，624，626，634，636 ff.，650

气体的蒸发物 469，636

气温计 466

气象观测 465-466，471

气象图表 466

气象学 190，435，436，636，640，675，
含义的变化 462
与预报 467

《气象学》 462，469，483，625

气象学计量 462

气旋 463

"汽"和"气体" 642*

《启示录注释》 529

契丹，或中国（Cathay） 118*

契丹 见"部族"

《器准图》 358，633

千岛群岛 505

牵牛（星） 245，251

铅 639，640，671，674，676，678

醋酸铅 651

四氧化铅 643

碳酸铅 643，651

氧化物 651

铅箔 671

铅垂线 95，286，298，370，569，570-571

《前汉书》 19，28，58，71，106，138，186，
200，302，401，418，420，425，467，508，
535，536，602，621，665

《前汉书·艺文志》 24

前苏格拉底哲学家 216，500，622，641

钱宝琮 2，3；（1），20，36，100，123；（2），
119；（3），118；（4），393

钱币 335，382

铸造 582

钱乐之（刘宋朝的太史令，公元 435 年） 201，
263，264，383，384，385，387，389

钱塞勒，理查德（Chancellor, Richard；约 1552
年） 296*

钱塘（18 世纪的数学家） 102

钱塘江 483，484，485，486，487，488，489，490，492

钱维樾 183，185

钱钟书 441

《乾隆府厅州县志》 586

乾隆皇帝 451，510

乾隆时期的中国地图集 586

《乾象历》 20，421

《乾象历术》 247

歉收 436

"枪管"式窥管 352.377

枪炮（射击） 158，162，589

墙 26，99

敲鸣装置，朝鲜制作的演示用浑仪上的 389

乔治，卢多维科（Georgio，Ludovico；葡萄牙耶稣会士） 585

桥 516

桥本增吉 （1，4），177，246

《樵香小记》 634

切利尼（Cellini，Benvenuto） 154，472

切玉刀 656*，667

《切韵》 107

《切韵指掌图》 107

怯赤山 661

挈壶氏 190，319

《钦定河源记略》 585

侵蚀 593，597，603，604，605（图264）

河谷遭受侵蚀 603

侵蚀方式 591

亲和数 54，55

秦（朝代） 5，8，25，95，148，199，242，248，382，476，507，534，535，539，541，625

秦国 195

秦九韶（13 世纪的数学家） 10，40-41，42，43-44，45，55，86，87，120，121，122，127，133，141，162*，472，577，578

秦岭山脉 515，597

秦始皇 56，71，72，84，314，432，535

墓 582

"秦王暗点兵"（不定分析） 122

秦舞阳（荆轲的助手） 535

擒纵机构 362，389

发明 350，360，362

间隔室鼓轮 328

立轴横杆式 319，366

联动擒纵机构 363

青城山 566

青海 640

青海湖 662

青海省 662

青琅轩（孔雀石） 643

青龙 252

青纳（Zinner，E.） 175，184，282，341，373，374

青泉 640

青山定雄 547，555

青塔寺 331

青铜标准量器 24

青铜器铸造者 159，365

青铜时代 667

倾斜地层 592，593

清（朝代） 18，24，27，44，82，122，123，173，187，191，194，281，307，393，442，455，457，466，509，514，525，549，580，619，624，634，643，645，682

清濬（僧人、地理学家，1328—1392 年） 551，554

清天 640

《请雨止雨书》 467

庆元年间 422

庆州瞻星台 297，682

穷竭法 92，141，142，144，145

穹顶星图 389*

《穹天论》 201，211

邱长春（道士，鼎盛于公元1221 年） 293，416-417，522-523

邱光庭（约公元900 年） 490

秋分点 179，180

萩原尊礼 630

鳅鲫 620

球阀 317

球极平面投影 309，312，375，381

《球面几何学》 108
球面几何学 见"几何学"
球面三角 357
球面三角学 见"三角学"
球面天文学 见"天文学"
《球体》（15 世纪的诗） 530
球体 99
    体积 144
球形大地 218，225，438，498，499，526，
    545
"球状星盘" 375*
曲柄 630
曲江 485，488
曲线图 77-78，107，108，124
驱魔 457
屈埃泽尔，康拉德（Kyeser, Konrad；1366—
    1405 年以后） 1162
屈纳特（Kühnert, F.）（1），184；（5），422

屈原（诗人，公元前 4 世纪） 198，206，218，
    222，230，485-486
瞿昙家族 202-203
瞿昙罗（印度历法家，公元 7 世纪） 202-203
瞿昙悉达（天文学家，鼎盛于公元 718 年）
    12，37，88，148，175，203，263-264，266
瞿昙晏（印度天文学家，公元 8 世纪）
瞿昙譔（公元 8 世纪） 203
祛痰剂 654
《祛疑说纂》 323
权近（朝鲜地理学家，公元 15 世纪） 279*，
    554，556
泉 410，606
    温泉 610-611
    有石化作用的泉水 606-607
《劝农赋》 17
"群牛问题" 34*

<h1 style="text-align:center">R</h1>

染料 642，678
染色 651，653
热胀冷缩 616
人口统计 534，582
人类地理学 见"地理学"
人类学 513
人类中心论 224
人文学者的不利条件 xlii
人种学 510，520
仁和（杭州附近） 661
仁宗 见"朱高炽"
认识论 163-164，165
日本 204，313，391*，417*，427，429，436，
    457，555，596，624，635
    日本第一座近代天文台 447
日本数学 2，3，46，60，62，72，75，103，
    117，141，142，144，145
日"薄" 411
日地相关现象 435
日高图 21
日晷 232*，301，302 ff.，309，329，331，

338，381，682
    按赤道面安放 307，308-309，311
    半球式 301，309，369，
    便携式 310 ff.
    赤道式 311
    原始 308
日晷测时 309，375，378，437
日晷和罗盘制作家 312
《日晷书》 302
《日华本草》 617，649，662
日冕 423
"日时计" 302*
日食 见"食"
日影长度 21，257，284 ff.，356，542，583*
    北回归线以南的 292
    影长最大和最小的时刻 293
日月食仪 370
《日月宿历》 19
日中有乌 411*，436，505*
荣方（传说中的天文学家） 21
荣振华（Dehergue, J.）（2），183

容成 390*
容积的度量 85
"容题"和"容术" 145*
柔克义（Rockhill, W. W.） 512
肉桂 681
《如积释锁》 41，137
茹安维尔（Joinville；编年史家，1309 年） 620
儒家 152，153，171，191，258，413，418，
468，482，589，657，659
对科学问题不感兴趣 225-226
儒莲（Julien, Stanislas） 184，247
儒略周期 406-407

乳齿象（Mastodon） 621
乳制品 617
阮元（精密科学史家） 3，39
软体动物 612，615
瓣鳃类 617
双壳类 614
软玉 663，664，665
瑞士苏黎世州 579
闰月 390，397，420
润州 434
弱水 607，608

S

杓 232，233
撒哈拉沙漠 555
撒马尔罕 205，293，416-417
撒马尔罕天文台 见"天文台"
萨拜因（Sabine） 435
萨布素（满族官员，1677 年） 585
《萨蒂里孔》 529
萨顿（Sarton, George） 41，80，88，90，281，
428，435，512，579，619
萨圭（Sagui, C. L.） 592
萨金特（Sargent, C. B.） 508
萨克罗博斯科（Sacrobosco, Johannes） 见"霍
利伍德，哈利法克斯的"
萨拉米斯算盘 79
萨里斯，约翰（Saris, John；英国船长） 586
萨满教 159
萨努托，马里诺（Sanuto, Marino；制图学家，
1306—1321 年） 563，564，565，587
萨耶勒，艾登（Sayili, Aydín） 333
塞波克特，塞维鲁斯（Sebokht, Severus；叙利
亚主教，公元 7 世纪） 15，150，376
塞迪约（Sédillot, L. P.） 1；（1），379，395；
（2），184，460*；（3），296；（5），184
塞迦纪元 11
塞琉科斯，星占家（Seleucos the Chaldean；天文
学家，约公元前 140 年） 493
塞琉西王朝的巴比伦 205，394*，395

塞涅卡（Seneca） 626
塞斯（Sayce, A. H.） 411
塞翁，士麦那的（Theon of Smyrna；公元 130
年） 54，55，61
塞翁，亚力山大里亚的（Theon of Alexandria；约
公元 390 年） 66，375
《三才图会》 617，644
"三才"（珠算）法 78，140
三辰仪 343，450
"三道" 256，257，273
三等分角 103
三佛齐 见"巨港"
《三辅黄图》 478，602
三国（时期） 19，30-31，33，85，100，116，
137，200，264，326，385，478，508，514，
538，621，657，668
《三国志》 657
"三角测量点" 577
三角形 25，108，134，141
等腰 98
直角 19，21，22，23，27，31，35，37，
47，95，96，67，100，104，105，108，109，
213，217，225，286，572，574，575
相似 31，104，105
三角学 31，37，108 ff.，148，202*，203
球面 39，48，375
三率法 26，35，146

术语 129*, 146

三上义夫 (MikamiYoshio) 2, 3, 27, (1),
  31, 52, 75, 99, 103, 126, 145; (1), 26,
  77, 151; (2), 95; (4), 3; (5), 3, 52;
  (11), 127; (12), 457; (19), 99

三天太上道君 566

《三统历》 20, 294, 407*, 421

三要素 (炼金术士的) 159

三叶虫类 612, 619

三叶酸 (Oxalis corniculata) 678

《三余赘笔》 668

三趾马 (Hippotherium) 621

伞花硬骨草 (Holosteum umbellatum) 678

散发物, 或蒸发物 (Anathumiasis) 469, 636

桑戴克 (Thorndike, L.) 372

桑弘羊 (丞相, 公元前 152 年—前 80 年) 71

桑乾河 604

桑钦 (公元前 1 世纪的地理学家) 514

桑树 463, 464, 501

    桑田 599, 600, 601, 612

桑塔朗 (Santarem, M. Vicomte) 526

"桑田" (道教的地质术语) 599, 600–601

丧礼 319

色诺芬尼 (Xenophanes) 620, 622

森林资源的告罄 609

僧人 (和尚) 149, 203, 281, 323, 602, 603,
  645

杀菌剂 652

沙丁鱼化石 622

"沙粒计数" (arenarius) 87*, 88*

沙漏 330

沙罗周期 186, 410, 420, 421

沙漠 507

沙丘 607

沙晼 (Chavannes, E.) 420, 544; (1), 204,
  274, 404; (7), 405; (8), 278, 551; (9),
  303, 304; (10), 497, 526, 538, 547

沙伊纳 (Scheiner, Christopher; 耶稣会士, 1625
  年) 366, 434, 442, 475

《沙洲图记》 518

莎士比亚 (Shakespeare, William) 230, 625*

山 498, 501, 507, 518, 521, 536, 566–567,

612

  成因 598 ff., 615

  圣山 519*, 542, 546

  香炉和陶壶上山的浮雕 580, 581

  原生山岳和次生山岳 603

  在山上对晕的观察 477

山隘 523

山崩 412, 614

《山川典》 见 "《图书集成》"

山东 95, 420, 500, 522, 547, 551

山洞 605, 606, 614

《山海经》 434, 488, 494, 503, 504, 505,
  508, 512, 565, 570, 607, 608, 653, 658,
  674, 675, 676

山景 593

《山居新语》 311, 331, 419, 479

山脉 501, 508, 546

  对降水的作用 468–469

山西 311, 312, 500, 604, 624

山阴江 486, 487

珊瑚 613, 671

闪长岩制的瓶 666

闪电 480–482, 640

陕西 419, 500, 604, 609, 624

单谔 (地理学家, 1059 年) 514

单居离 (自然学家) 498

膳食 617, 651

商代的记数法 13

商高 (传说中的天文学家) 21 ff

商路 517, 682

商贸和商人 512, 513, 557, 587, 610, 656,
  665, 669*

商人 205, 265*, 525, 673

  阿拉伯商人 512, 513

  希伯来商人 575, 681

商数 65

商王朝 12, 13, 15, 83, 88, 96, 146, 148,
  149, 159, 213, 242, 248, 249, 254, 256,
  284, 293, 313, 334, 337, 391, 396, 404,
  407, 409, 410, 411, 464, 473, 503, 504,
  539, 569, 625, 641, 642, 665

  气候 464

商颜　621

商业　166

商业资本主义　见"资本主义与近代科学的发展"

鹬（星）　242

上党　660

上都　297，310，311

上皇清虚（想象出来的年号）　566

上善门　577

上水石　614

上田穰　248，266，268

上虞江　486，487

上元　120

尚克斯（Shanks，William）　102

《尚书释天》　456

《尚书纬考灵曜》　199，224，361

尚献甫（浑仪监，公元7世纪）　545

少室山　606

"少"（天文学家表示度数的分数的标准术语之一）　385*

邵谔（天文学家，12世纪）　262

邵昂霄　455

邵雍（哲学家，11世纪）　140，222，228

蛇　618，621

蛇纹石　655，664

舍普菲尔（Schöpfer，W. H.）　677

社会地位

　　技术人员的　155

　　数学家的　42，153

　　天文学家的　171

社会经济说，后文艺复兴时期科学发展动因的　166-167

射场保昭（Iba Yasuaki）　427，429*

射电天文学　428

射电星　228*，428 ff.

"摄动"　394

摄提　251，252

摄提格　251，404

麝香　681

申徒狄　485-486

砷华（"礜"）　637，640，643，651

砷

硫化物　638，641，651

砒霜　652

深钻　681

《神道大编历宗算会》　143

神怪故事　505

神话　214，220，228，282，436，505-507，512

神秘主义　见"数学"

《神农本草经》　605，621，643，644，647

神田茂　435

《神仙传》　600

《神异经》　658

神谕　119*，503

沈德符（1398年）　655

沈括（11世纪的天文学家、工程师和高官）　4，36，38-39，42，48，72，79，97，102，109，110，139，142，143，145，153，191，192，208，228，262，278，281，310，325，332，415，421，433，473，479，482，492，493，541，549，574-577，580，603，604，605，607，609，611，612，614，618

沈仕（10世纪）　646

沈文侯　282

沈阳　311

沈作喆（约12世纪）　88

肾病　663

生理学　158

生态学，植物的　674，677，678

生物地球化学找矿　见"找矿"

生物化学　672

生物科学　206

生物学　181，510，634，677

　　希腊的　119

　　生物学史　507

《声教广被图》　554

声学　161*

圣埃尔莫火球现象　558*

圣彼得堡　475

圣地　513*

《圣惠方》　683

圣加尔抄本　333

圣马可图书馆藏写本（11世纪）　645

圣山甲 526

圣山 见"山"

盛百二（18 世纪） 456，457

盛度（宋代地理学家） 547

《诗经》 16，87，244－245，251，254，315，409，
 410，416，463，468

《诗疏》 315

狮子座流星群 433

施蒂费尔（Stifel, M.） 35，134

施谔 492

施古德（Schlegel, G.） 184，185，273，504；
 （5），183，234，282

施纳贝尔（Schnabel, P.） 394*，395*，408

施皮策尔（Spizel, G.） 80

施泰因施奈德（Steinschneider, M.）（1，2），
 257

施瓦贝（Schwabe） 435

湿度计 169，470 ff.

"醽"（古代水利工程术语） 325

十二生肖 405－406

"十煇" 475，476

十进度量衡制 82 ff.，286

《十进算术》 89，167

十进位值 10*，12，13，16，17，46，83，
 149，152

十进小数 36，46，69，82 ff.，155
 术语 86

十进制记数法 83，84，86，88，89

《十精历》 683

十九年闰周 21

《十六国疆域志》 586

《十三州记》 520

十杀一，罗马军队的惯常做法 61

《十字架忠诚信徒秘籍》 564

十字军东征 366

十字丝网格照准器 574，575

十字仪（baculun） 见"雅各布标尺"

什切希尼亚克（Szczesniak, B.）（1），447；
 （2），444

石 645，646，647
 宝石 669 ff.
 分类 641

"妊娠生子"的石头 652

石柏 613

石碑
 福建长乐的 557
 苏州文庙的 278，550
 阳城周公祠前的 297

"石"（表示各种石类和岩石的偏旁） 641

石蚕 619

石斧 见"新石器时代的石斧"

石蛤 617

石蚶 615，617

"石化"流出物或液汁 611

石化泉水 606－607

"石化液汁" 619

石化作用 603，637，642

石灰华 614

石灰石 305，646
 奥陶纪石灰岩 618
 石钟乳 652

石灰岩岩溶尖顶 593

石灰质 622，643

石坑 622

石蜡 608

石榴石 668

石麻（石棉） 660

石梅 613

石门山 593

石棉 613，652，655 ff.，667，669
 矿物性质 660，662
 关于其来源和性质的理论 658 ff.

石棉布 656－657

石脑油 608，609，610

石脑（禹余粮） 652

"石涅" 653

石脾 606

《石品》 645

石谱 591，636，645，646，647，648，665，
 669

石漆（石油） 608，609

石绒（石棉） 661

石蛇 617，618

石申（天文学家，鼎盛于公元前 370—前 340

年）　197，200，216，247，248，261，263，
　268，271，287，340，343，355，382，392，
　401，406，411
石松属　678
石笋　605-606，614，643
"石塔"　527
石蟹　618，619
石蟹及石虾（蟹化石）　613，619
《石雅》　592
石燕　614-617，619
石燕山　615
石燕属　614，616
石杨柳　678
《石药尔雅》　644，647
石英　643，664，672
　　晶体　648
　　石英砂（黄砂）　668
石油　608-609
　　石油烟　609
石鱼　620
石鱼山　620
石璋如　（1，2），665
"石钟乳"（钟乳石）　605
时差　182，329-331
时辰　313，322，398
时计　见"日晷"
时间连续统，历史的　157*
时间
　　时差　182
　　计量　191，318
"时"　见"时辰"
时圈　179，231，234
《时务论》　86
时钟　329
　　摆钟　329，389
　　鼓轮钟　328
　　机械时钟　202*，313，319，329，331，350，
　　　360，366
　　水力驱动机械时钟　318，319，328，366，
　　　387
　　水钟　见"刻漏"
　　天文钟　155*，360，362，363，387，389-

390，682
　　重锤驱动金属时钟　366
时钟机构　208*，318，339，360，362，364，
　　365，366，383，387，389，422*
时钟驱动（转仪钟）　349，359 ff.，458
时钟制造技术　见"工程技术"
实践和经验的禀性，中国人重视　88，151*，
　　152，153，172
实践与理论　158-159
实验　155 ff.，168，456，634
　　古希腊的　161*
实验数学的方法　156 ff.
实在法　见"法律"
《拾遗记》　538，610，657
食（交食）　52，176，185，188-189，190，200，
　　209，244*，278，318，370，406，407，409 ff.，
　　436，454，455，458
　　朝鲜的记录　417*
　　成因说　411 ff.
　　环食　413，421
　　脉动说　412 ff.
　　偏食　416，420，421，422
　　企图预报地面上可看见日食的地带　421
　　日本的记录　417*
　　日食　203，409，417，418，420，421，422，
　　　437，439，523
　　术语　420，421
　　研究日食阴影在地面的轨迹　417
　　与政治　418-419
　　预测（预报）　168，172，200，394*，410，
　　　411，420 ff.，437，443，449
　　月食　228，417，421，527，564*
　　中国的纪录及其可靠性　417 ff.
　　最早的记录　409-410
《食疗本草》　644
蚀原作用　602
史弼（元初旅行家）　561
《史记》　56，71，185，195，199，232，399，
　　401，420，425，471，537*，582，608，624
史密斯（Smith，D. E.）　（1），1，2，3，15，
　　27，35，75，89，98，103.107，117，122，
　　128，141，145

史前怪异动物　622

使节　511，525

　　对介绍外国情况所作的贡献　511

《世界宝鉴》　529

《世界舆图志异》　530

《世说新语》　600，601

式盘（"式"；占卜盘）　23*，303，304，305，
　335，541，542

"式"（器具）　见"式盘"

《事林广记》　323

《事物纪原》　276

试金石　672 ff.

《试金手册》　672

试位法　26，35，114，117 ff.，147

"试位法"（ḥisāb al-khaṭā'ain）　118

视差尺　375

视错觉　219，226-227

室女座　233，239，273

眠裎（王室气象学家）　190，476

《释锁算书》　136

收获　17，200，397，402，436，621

收敛　653

收缩和膨胀　491，616

手指计算　68-69

守夜人　319*

首尔　301

《授时历》（1281 年）　49，125，294，380*，
　381*

《授受五岳圆法》　567

书画的传统与技巧　593

《书经》　56，174，177，184，186，189，231，
　245，247，249，333，336，409，461，468，
　487，500，501，502，503，504，538，539，
　541，548，565，574，575，610，627

《书肆说铃》　477

"舒"（浑仪观测的）　361

舒兰（探险家，1704 年）　585

舒易简（天文学家，1050 年）　350

蜀　见"四川"

术士　507-508

术语　xlii ff

　宝石　669

潮汐　484-485

道教词汇　599，612

地形地貌　524

分数　81 ff.

行星运动　398-399

彗星　431

浑象　383

刻漏　325

空气唧筒　451

流星和陨星　433-434

日、月运动　395

日晕系　475-476

十进制　86

食（日、月）　420，421

数学　46，47，49，62 ff.，72，114，120，
　124，127-128，133，138，146

算盘　74 ff.

岁星纪年　402

太阳黑子　435-436

谐调周期　406-407

新星　425

一度的各种等分　268

云　470

"束箭法"　55

束晳（天文学家，公元 3 世纪或 4 世纪）　17，
　226

《述异志》　607

《述征记》　478

树皮衣　658，661

竖亥（传说中的大禹助手）　570

《庶物异名疏》　661

《庶征典》　见"《图书集成》"

《数度衍》　60

《数理精蕴》　53

数论　54

《数书九章》　10，40，42，43，120，141，472，
　577，578

《数书九章札记》　44，578

《数术记遗》　29，58，76，78，87，88，140，
　600

数学　182，192，358，375，395，442，447，
　448，450，457，577，600，632，633

巴比伦的　205

术语　46，47，49，62 ff.，72，114，120，124，127-128，133，138，146

印度的　见"印度数学"

与安全规则　193

与官僚机构　42，153，192

与化学　122

与技术　155*

与科学　150 ff.

与历法　152

与神秘主义　88

与实验科学　154-155

与算命　34*

与天文学　177

《数学》　456

数学化，假说的　156 ff.，158 ff.，448

《数学汇编》　见"《天文学大成》"

数学家，彼此交流的困难和成就　38，448

《数学、天文学、地理学、年代学及物理学的观测——采自中国古籍或由耶稣会士新近在印度和中国所作》　183

数字方程　见"方程"

数字

商代的中国人最先仅用 9 个数字来表示任何数字　15

数字神秘主义　见"象数学"

双曲线　102

双设法　见"试位法"

双头动物（两头蛇）　473*

双重浑圈（双环）　352，368*

双重穹窿世界说　212

霜　468，679

水泵　167

水车　318，389，489

水成说　591

水道（路）　500，514，516

《水道提纲》　514

水的循环，气象学上　467 ff.

水的黏滞性　321-322

水碓　609

《水经》　514

《水经注》　514，615，620

水晶　438*，652，667

水晶制的瓶　666

用于观察太阳　420*，436

水晶球宇宙论　198 ff.，220，223，438 ff.

中国人不受欧洲人正统学说的束缚　223

中国人所持的怀疑立场对欧洲思想的影响　440，442

水力驱动（浑天仪的）　194，339，343，350，362，390，458

水力驱动机械时钟　见"时钟"

水利工程　见"灌溉和水利工程"和"工程技术"

水簾　603

水流　632

水龙卷　479

水轮　319，359，363，365，479，489

水磨　71，425*

水泡水准器　353*

水平　161*，

水平圈，测地平经度的　452

水星　398，399，400，401，435

水银地震仪　见"地震仪"

水银（汞）　317，319，326-327，329，349，350，582，637，639，640，641，643

矿　649

提取　678，679*

土壤中的　678

植物中的　679*

水准器　21，286，297，302，332，491，560，570，577

术语　571

水泡　353*

税安礼（宋代历史地理学家）　549

税收　25*，26，48，153，518

顺帝（东汉皇帝）　359，419，632

舜（传说中的帝王）　487

《舜典》（《书经》中的一篇）　见"《书经》"

《说日篇》（《论衡》中的一篇）　见"《论衡》"

《说文解字》　469，666

朔实　392

朔望月　239，390，392，397，398，402，407，410，

司马彪（哲学注疏家） 92

司马光（史学家） 107

司马迁（史学家和天文学家） 56，71，185，
199，232，247，252，254，274，302，399，
401，411，422，476，504，535，537

司天监 191，421

《司天监须知》 207

丝 501，541

　　贸易 527

"丝国" 505*

私人利益 167

《思玄赋》 440*

斯蒂文（Stevin, Simon） 46，89，155，158，
166，167

斯卡利杰尔（Scaliger） 407

斯梅瑟斯特（Smethurst, Gamaliel） 80

斯普伦克尔（van der Sprenkel, O.） 157*

斯泰尔斯（Stiles, W.） 677

斯泰诺（Stensen, Nicholas; 1668 年） 591

斯坦因（Stein, Aurel） 287，420，519*

斯坦因敦煌藏品 252

斯特拉波（Strabo; 公元前 63 年—公元 19 年）
494，505，512，520，622，656，660

斯特拉图，兰萨库斯的（Straton of Lampsacus）
161*

斯特朗（Strong, E. W.） 158

斯特勒伊克（Struik, D. J.） （2），31*，92

斯特普尔顿（Stapleton, H. E.） 654

斯托利奇卡（Stoliczka, F.） 665

《四擘算法段数》 105

四川 477，515，517，524，539，543，544，
597，608，610，613，655，672，681

"四端" 164

四方 240

《四分历》 20，247

《四海百川水源记》 566

《四海华夷总图》 565

《四历剥蚀考》 207

《四门经》 204

四面体 26

四面楔形体 99

《四民月令》 196

四硼酸钠 662

"四游" 224

四游仪 343，450

"四元术"（数学中的） 47

四元素说 439

《四元玉鉴》 41，46，125，131，134，135，
138

寺观 519

寺庙 198

　　纯一僧院，仁和 661

　　道观 276

　　敦煌石窟 9

　　浑天寺，长安 297

　　鸡鸣寺，南京 367*

　　金山寺，润州 434

　　祈年殿，北京 257

　　青塔寺，开封 331

　　文庙，苏州 278

　　周公祠，阳城 397

泗州 577

松果化石 614

松林石 613

松石 613

松树 609

　　石化 612，613

嵩山 38

宋（朝代） 3，9，10，16，17，18，20，31，
33，36，38 ff.，46，51，56，59，64，65，
66，85，86，90，97，116，117，122，123，
125，126，127，128，129，130，133，137，
144，147，152，153，154，159，171，174，
193，201，204，206 ff.，224，228，281，
312，315，317，318，321，323，324，326，
327，328，331，334，352，365，397，415，
416，420，421，427，430，433，464，469，
470，472，473，493，510，511，512，514，
518，519，520，521，541，543，546，547，
549，550，551，568，574，580，603，606，
609，611，613，614，617，619，624，625，
645，654，660

宋慈（鼎盛于 1240—1250 年，法医学的创律
者） 162

宋国　413

宋荦（1665 年）　645

宋景昌　44，578

宋景（陈太史令）　328

宋均（卒于公元 76 年）　199

宋君荣（Gaubil, Antoine）　173，174，175，182 ff.，209，229，234，242，246，288，290，291，293，299，355，380，381，395，430，447，452

宋懔　282

《宋史》　518

宋应星（鼎盛于 1600 年—1650 年）　154，665，666，670，675

宋玉（公元前 3 世纪的诗人）　305

宋元战争　105

宋准（鼎盛于 10 世纪）　518

"诵训"　534

《搜采异闻录》　64，568

《搜神记》　659

薮内清（Yabuuchi, K.）　（2），186；（3），2；（5），372；（9），396；（10），208

苏丹省　662

苏东坡（诗人）　331，482

苏恭（公元 7 世纪）　649

苏莱曼，商人（Sulaimān al-Tājir）　203，565，587，681

《苏利耶般若底》　590

《苏利耶历数书》　394＊，395＊

苏美尔　82

苏门答腊　11，274

苏颂（天文学家，1020—1101 年）　155，192，193 - 194，208，278，279，281，349，350，352，353，361，362，363，364，365，366，370，386，387，389，617，618，647，648，654，660，661，663，675

苏西耶（Souciet, E.）　174，183

苏洵（11 世纪早期）　482

苏伊士　493

苏易简（10 世纪）　646

苏州　74，514，557，661
　城市地图　551
　天文图　278，281，550

文庙　278

肃州　608

速古苔刺　559，560

粟特　204，205，206，395＊，396

粟特人　见"文化"

粟特语　见"语言"

塑料　658

算板　80

算筹　4，5，8，9，17，19，30，38，45，47，69 ff.，78，115，116，126，138，140，570
　对文字学的影响　72

算筹数字　8，9，17，33，62-63，65，70，72，91，130，132，137

《算法大成》　24

《算法通变本末》　104

《算法统宗》　16，51-52，55，60，64，69，75，76，122，569

《算法圆理括囊》　103

算馆　192

《算经十书》　18

算命　4，34＊，141

算盘　74 ff.

《算盘集》　78，80

《算盘书》　122

算盘（珠算盘）　4，30，46，51，65，69，72，74 ff.，107，111，140，152，541
　词源　79
　术语　74 ff.

《算术》　113

算术　54，442
　二进制　12＊，111，141
　六十进制　82，146
　苏美尔人和巴比伦人的　82

算术级数　见"级数"

《算术、几何、比及比例全书》　68＊，166

《算术之钥》　68

"算"（"筭"、"祘"）　3，4，8

《算罔论》　100，538

《算学比例汇通》　16

《算学启蒙》　41，46，90

隋（朝代）　37，148，192，197，198，201，202，257，264，315，327，328，385，472，

520，543，633，673，677

隋高祖　264，632-633

《隋书》　36，86，101，124，201，202，205，264，303，327，383，386，518，654

《隋西域图》　543

隋炀帝　327

随葬陶瓷　581，582

岁差　见"二分点"

岁余　294，391

《遂初堂书目》　40，207

孙绰（公元4世纪）　322

孙权（吴国第一个皇帝）　538，541

孙僧化　264

孙文青　（4），538

孙武（公元前6世纪的将军和著作家）　33

孙彦光　474

孙璋（de la Charme）　452

孙子（公元3世纪）　36，65，85，110，120，146，147，152

《孙子算经》　8，9，12，33，66，83，119，137，147

笋化石　614

索利努斯（Solinus, Gaius Julius；公元3世纪）　505，512

T

调和级数　见"级数"

"调"（浑仪观测的）　361

"塔巴"（树皮衣）　658

塔尔丹（Tardin, J.；1618年）　608*

塔尔塔利亚（Tartaglia, Nicolò；1500—1557年）　118，125，154，158，166

塔拉斯河　536，682

塔拉斯河战役　536，682

塔里木盆地　523，665

塔内斯河　见"顿河"

塔特尔彗星　433

台秤　319

台风　463，477

"台风之母"（飓风）　470

台湾　472，517，547

《太白阴经》　426，570

《太仓州志》　667

《太初历》　20，247

太初年间　478

太湖（江苏）　516

"太极上元"　408

太极石　619

《太甲》（《书经》中的一篇）　见"《书经》"

太监（宦官、阉人）　79*，556，557，681

《太平寰宇记》　521

太平洋　463，658，663

《太平御览》　57，199，303，315，470，546，

638，646，669

太史局　271，386，421

太史令　xlv，191，191*，632

"太岁"　228，402

"太"（太极）　44，45

《太象玄机歌》　206

《太象玄文》　207

太行山　604，609

"太阳"　227

太阳赤纬　19，287

太阳

　　赤纬　19

　　公转　182，435

　　行程和止息　220，239

　　角运动　124，394

　　每日移动1度　218，219

　　平均轨道　179

　　确定其在恒星间的位置　229，232，246

　　视大小接近地平线时增大　226

　　视运动的不均匀　313，320

　　视运动与恒星的相反　214

　　太阳运动的偏心圆理论　393

　　形状　413，415

　　颜色，在日出和日落时的　227，467

　　阳（雄）性　227，411-412，414

　　影响潮汐　490，491，492，493

　　照亮地面　211

直径　300，332，573*

周年运动　21，220，257

太阳黑子　172，209，366*，411，434 ff.，444*，447，458，483

　　术语　435，436

　　最早的记载　436

太阳黑子周期　420，435，465，

　　可能同农作物收获丰歉有关　436

太阳年　390

太阳日　182

太阳神　204

太阳时　313

太阳系的日心说　181，438，443-446

太阳系仪　339，389

　　带有机械装置的　360

《太一式经》　633

"太一"（珠算）算法　77，140

太乙（星）　260

太阴　227

太原　311，501

太子（星）　261

钛　664

泰奥弗拉斯托斯（Theophrastus；公元前370—前287年）　623，647，652，656，672

泰勒，布鲁克（Taylor，Brook；1718年）　125

泰勒斯，米利都的（Thales of Miletus）　95，225，333*，410

泰森，爱德华（Tyson，Edward）　661

泰山　468

　　泰山图　546

泰晤士河　484

泰壹（汉代气象学家）　467

昙影（僧人）　27，149

覃怀　501

谭其骧　519

谭正（漏壶制作者）　321

潭州　620

《坦斋通编》　59

炭黑　609，651

炭（木炭）　609，610，651

　　吸湿特性　470-471

探险　见"旅行和探险"

碳化硅　668

碳酸盐　617

汤金铸　305，307

汤普森，C. J. S.（Thompson，C. J. S.）　507

汤普森，R. C.（Thompson，R. C.）　507

汤若望（Schall von Bell，John Adam；耶稣会士，1640年）　52，102，173，312，444，445，447，448，449，456

《唐本草》　615，617，654

《唐本草注》　649

唐（朝代）　4，9，17，27，31，34，36，37，42，48，49，59，72，85，86，102，106，128，139，147，148，159，175，192，201，206，234，270-271，278，282，286，294，297，315，318，323，328，360，394，396，420，421，426，458，472，489，493，508，511，512，520，521，523，541，543，544，545，546，547，551，557，582，585，599，601，603，606，610，612，614，615，633，635，644，654，655，660，668，672，681

唐积（1066年）　646

《唐六典》　607

唐蒙（约公元190年）　608

《唐阙史》　116

"唐人图"（智力玩具）　111

唐荣祚　663

唐慎微（唐代本草学家，约1115年）　644，647

唐顺之（16世纪的数学家和军事工程师）　51，105

唐维尔（d'Anville，J. B. B；地理学家）　586

《唐语林》　192，477

桃核化石　614

桃树　464

陶瓷　159，651，652

陶工的转轮　215

陶弘景（公元5世纪的医生和炼丹家）　668，675

陶敬益（公元18世纪的地理学家）　519

陶器，周代的　95

陶宗仪（1366年）　669

套色版画　596

特奥多里克，弗赖堡的（Theodoric of Freiburg；

卒于 1311 年） 162, 474*

特雷维索版算术书 63

特征原理 679

滕佩尔彗星 433

藤原通宪（日本封建领主和数学家，鼎盛于 1157 年） 61, 141

梯形 25, 34, 98

提摩卡里斯（Timocharis） 197*, 270, 340

提摩斯忒涅斯，罗得岛的（Timosthenes of Rhodes） 532

提西比乌斯（Ctesibius；公元前 3 世纪） 314, 315

体积 94
　　标准容器 33, 85
　　测量 26, 33, 42, 97, 99, 142, 147

《天步真原》 52, 455

天
　　大圆 217
　　形状 211, 212, 213, 220, 498
　　周日视运动 232, 361
　　转动 213, 215, 217, 218

天的转动 见"天"

天地相接处的裂缝 215*

天顶距 179, 375

《天东象纬考》 683

《天对》 206

天方 见"阿拉伯"

《天工开物》 665, 666, 670

《天官书》（《史记》中的一卷） 见"《史记》"

天皇大帝 261, 278, 281

天玑（星） 232, 233

天极升高和降低的学说 215, 224

天戒（罚） 465, 480

天狼星 220, 270, 272

天龙座 234, 336

天目先生（道士） 30, 77

天平（秤） 317, 326, 332, 575

天气 462, 463-464
　　与政治 472
　　预测 464, 467, 469-470, 471

天气知识 464
　　歌诀 470

天球大圆 176, 178

《天球论》 340

天球视周日运动 179

天球，希腊和中国的 198 ff.

天球学说（浑天说） 200, 212, 216, 223, 234, 383

天权（星） 232, 233

天犬（陨星） 434

天然气 610, 652, 658

天上十日（神话故事） 476-477

天枢（星） 232, 233, 278, 281

天坛，北京 257

天堂 507

天体的外层空间不存在大气 222

天体的完美无缺 172*, 427-428, 434

天体距离 225*

天体力学 172, 394

天体运动 123-124, 214

《天文》 197

《天文大成管窥辑要》 208, 431

《天文大象赋》 201

天文阁 206

天文观测 177, 181, 182, 190, 192, 225, 229, 231, 245 - 246, 247, 248, 251, 262, 264, 268, 270, 288 ff., 427, 432, 443

天文机构（司天监、太史局、天文院） 49, 191, 192, 202, 325, 384, 386, 419, 421. 431, 456, 632

天文计算表 247*

天文记录，中国的 409 ff.
　　耶稣会士未能利用中国的天文记录 447

《天文录》 201, 210

天文罗盘 378

天文台
　　巴黎天文台 182, 183, 430, 544
　　观象殿，洛阳 385
　　观象台，北京 300, 378, 379, 382, 388, 451-454
　　皇家天文台 191, 193, 369
　　马拉盖天文台，波斯 50, 105, 296, 370, 372, 373, 375, 377, 378, 382, 634
　　明堂 189

普尔科沃天文台 372*

日本天文台 447

撒马尔罕天文台 50，68*，296

印度天文台 296，600

瞻星台，朝鲜庆州 297

周公测景台，阳城 291*，296，300

紫金山天文台，南京 367，451*

天文图绘制法 276 ff.，456

天文象征手法 252*

《天文星占》 197

天文学 12，19，21，29，35，37，48，50，107，108，109，110，120，148，157，158，160，167，168，499，537，544，564，569，633，682

方位天文学 179，181，183，197*，270，458

欧洲天文学 172，443

球面天文学 178，181

物理天文学 458

中国天文学 古老程度176；"官方"特征 171，186 ff.，410，476；记录的可靠 417 ff.，426，427*；缺少理论 220，223；耶稣会士起的作用 172-173，257，306，338，375，377，438，458；与安全 规则 193-194；与国家宗教 189；与欧 洲的对比 172-173，229，257，340，341，366；与日本的对比 447

《天文学大成》（托勒密） 174，268，269，340，417

天文学家 3，15，48，100，105，167，175，186，189，191，193，197，522，523

波斯 110，204，

古巴比伦 149

穆斯林 208

塞琉西王朝的巴比伦 205

印度 148，175，202，228，267*，270

天文学上使用的照相方法 364

《天文训》 见 "《淮南子》"

天文仪器 48，176，177，192，193，199，200，218，231，264，268，270，284 ff.，310，360，443，447，450-451，458

天文院 191

天文院，翰林院的 191

《天文知识丛书》（1277 年） 328，340

天文钟 见 "时钟"

天文坐标体系，制图学上的 545

《天问》 198，206，230

《天问略》 444

《天下郡国利病书》 586

《天下》（《庄子》中的一篇） 见 "《庄子》"

天，像车盖 214

天蝎座 240，250，272，425

天璇（星） 232，233

《天学会通》 455

天乙（星） 260

天余山 607

天狱（星） 252

《天元历理全书》 455

天元术 见 "记法"

"天元术"（系数的阵列） 45

"天元一" 42

《天元玉历祥异赋》 475

田坂兴道 372

田国柱（Gauthier，H.） 464

田漏 320

"朓"（月亮运动速度较快之时） 392

铁 71，349，350，481，639，640，643，667，668，674，675

硅酸盐 668

化合物 664

矿石 620，650

硫化物 653

氧化物 643，668，672

铁钴矿石 651

铁勒部（突厥游牧民族） 见 "部族"

《铁围山丛谈》 660

帖木儿使团，从撒马尔罕派往北京的 68*

《通机集》 78

《通俗文》 673

《通微集》 78

《通原算法》 50

《通占大象历星经》 198

"通志" 517

《通志略》 206，328，467

同时圈星 173，179，229

同文馆，北京 184

《同文算指》 52

同心的赤纬圈 19，212

同心方地图 501-502，541

同心方制 501-502，541

同心球体系 198*，438 ff.

铜 638，639，640，674，676，678

    醋酸铜 652

    炼铜 652

    硫酸铜 643，649，651-652

    碳酸铜 638*，640，643，649

    铜炉 658

铜焊 662

铜盆状平面天球图 279

统计学方法 634

头足类动物 612，618，619

骰子 149，305

《透簾细草》 50

透闪石 655

突厥 见"部族"

突厥人 205，405，608，681

    历法知识 406*

图解航海手册海图 89，532-533，560，561，
564，576-577，587

《图经衍义本草》 617*，648*，649-650，660*，
676

图理琛（18 世纪的旅行家） 585

图，奇兽献给大禹的 56

"图书" 536

《图书编》 565

《图书集成》 59，201，209，295，400，425，
435，445，446，448，452，465，466，470，
482，521，572，585，593，624，662，664

"圖" 498，538

土地利用中所使用的坐标概念 106，541

土尔扈特 见"部族"

土耳其 671

土耳其人 555

土耳其世界地图 562

土圭 284 ff.，542

《土圭法》 207

土桥八千太和蔡尚质（Tsuchihasbi，P. & Cheval-
ier，S.） 454

土壤学 500-501，674，676，677-678

《土宿本草》 638

土宿真君 639，663

土星 282，398，401，408，444

土训 534

吐鲁番 655

菟丝（寄生植物） 675

《推步法解》 456

"推类" 165

"推理" 164

"推"（术语） 165*

豚脊 592

托达树 662

托勒密（Ptolemy；天文学家，约公元 150 年）
89，101，106，108，171，172，174，176，
268，269，270，271，288，290，300，333，
340，341，349，373，382，409，417，421，
444，525，527，528，529，533，540，561，
563，564，587，589

托勒密的坐标体系 533

托勒密行星理论 395

托勒密–亚里士多德宇宙观 172，198，220，
438，442，445，446，456，

椭圆 102，142

拓扑学 111，112

W

瓦赫纳尔（Waghenaer；1584 年） 533

瓦勒里乌斯·法文提厄斯（Valerius Faventies）
603

瓦内弗里德，保罗（Warnefrid，Paul；地理学

家，卒于公元 797 年） 494

外国 510-514，521，551

完全数 55

碗杯状日晷 301，309

碗状日晷　301

万历年间　450

《万年历》　49，381*

《万青楼图编》　455

《万用正宗不求人全编》　512*

万震（博物学家，公元 4 世纪）　510

卐字　58，308

腕足类动物　612，614，615，616，617

王安石（变法的宰相）　40，281

王伯秋　557

王琛　107，542

王充（公元 1 世纪的怀疑论哲学家）　20，165，
　214，215，218，226，321，402，411，413 –
　414，423，432，436，468 – 469，477，480，
　485 ff.，494，504*，621

王船山（17 世纪的哲学家和历史学家）　165

王蕃（公元 3 世纪的数学家和天文学家）　100，
　200，218，225，350，358，383，386，389

王黼（宋代考古学家）　541–542

王概（1679 年）　596

王国维（Wang Kuo-Wei）　(2)，82；(2)，504

王亥（神）　504

《王会图》　510

王嘉（公元 3 世纪晚期）　538，657

王荩臣（11 世纪）　618

王景（天文学家、地理学家和水利工程师）
　537

王景弘（郑和的副使）　557

王径村　516

王可大（明代天文学家）　209，224

王逵（明代生物学家）　469，477，493

王姥（一行的邻居）　283

王铃　66，89，383

王陵（公元前 202 年）　71

王莽（新朝皇帝）　100，536

王椠（1201 年）　302

王名远（地理学家，公元 7 世纪）　543

王鸣盛（1722—1798 年）　457

王泮（16 世纪的学者）　583

王普（约 1135 年）　326

王圻（1609 年）　644

王仁俊（晚清学者）　457

王戎（晋朝大臣和水磨工程师的资助者）　71

王士禛（17 世纪）　619

王室占星家（保章氏）　190

王水　672

王孙满　503

王希明（丹元子）　201

王锡阐（17 世纪）　454

王熙元（司天少监，1006 年）　207

王象之（地理学家，13 世纪）　521

王孝通（公元 7 世纪早期的数学家）　36，37，
　38，42，125，128，147

王玄策（公元 648 年出使摩揭陀的使臣）　511，
　610

王恂（太史令，约 1255—1282 年）　380

王祎（明代天文学家）　208，209

王义中（1）　505

王逸（公元 2 世纪）　198

王应麟（宋代学者）　208

王庸（1）　497，504，544，549，559，582

王元启（18 世纪的数学家）　102

王恽（13 世纪）　625

王祯（鼎盛于 1280 年，农业和技术百科全书编
　纂者）　320

王振铎　(1)，628，630；(5)，312，330

王志坚（明代作家）　611

王致远（制图学家，13 世纪）　551

王忠嗣（地理学家，公元 8 世纪）　543

王洙（地理学家，11 世纪）　521

网格制图法　498，502，527，532，537，539，
　540，541，545，556，564，565，569，575，
　586，587，589–590

望远镜　262，339，340，341，355*，362，
　365，366，372，377*，378，427，429，434，
　438，443，444，445，458

　最早的汉文资料　444

望远镜赤道装置　340，355*，366，372，378

望远镜观测　444，445，447

威尔金斯（Wilkins, John）　440，441

《威尔士纪行》　520

威尔逊，迈尔斯（Wilson, Miles）　441

威尔逊山 100 英寸反射望远镜　377

威利（Willey, B.）　(1)，427

威利茨（Willetts, W.）　335[*]

威廉，孔什的（Williamof Conches；卒于 1154 年）　529

威廉斯（Williams, J.）　（1），282；（5），435；（6），425，430

威廉，征服者（William the Conqueror）　354

威尼斯　154

威特科尔（Wittkower, R.）　507

微积分　103，141 ff.，155

微量元素　677

微席叶（Vissière, A.）　70，78

韦伯（Weber, A.）　242

韦达（Viète, François；16 世纪的数学家）　101，114，128，155，438

韦尔曼（Wellmann, M.）　592

韦利（Waley, A.）　332[*]；（10），523

韦尼埃刻度及其前身　296[*]

韦特，尼古拉斯（Waite, Nicholas；1684 年）　661

违背自然　196

围棋　139[*]

唯名论　167[*]

唯物主义　165

唯心论（形而上学的）　151[*]，165

维德曼（Wiedemann, E.）　373，573[*]

维尔纳（Werner, A. G.）　591

维萨里（Vesalius）　449

维泰洛，波兰人（Witeloof Poland；约 1230—1280 年）　162

维特鲁威（Vitruvius）　214，301，314，315

卫德明（Wilhelm, H.）　（1），189

卫方济（Noel, Francis；耶稣会士）　454

卫国　486

卫河　501

卫聚贤　（2），68；（3），505

卫匡国（Martini, Martin；耶稣会士，地图绘制者）　80，586

卫朴（11 世纪的天文学家）　72，422

卫三畏（Williams, Wells）　442

未知数（代数中的）　129[*]

伟烈亚力（Wylie, A.）　18，106，447，661；（1），31，220，517，519，644；（4），1，2，

10，110，120，121，183，185，234，299，417，656，184

"伪黄经"和"伪黄纬"　267[*]

伪托卡利斯忒涅斯（Pseudo-Callisthenes）　656

位值　8 ff.，62-63，66，146，148，149

　　可能妨碍代数符号体系的发展　9[*]

　　六十进位值　10[*]，149

　　十进位值　10[*]，12，13，16，17，46，83，149，152

　　写出位值名称的做法　12[*]

位值成分（本身并不是数字）　15，148

尾（宿）　238，247，249

纬度（地球的）　106，107，180，292，368，527，528，542，564，589

纬度（天球的）　106，107，180，266，350

《纬略》　467，470，

"纬"（制图学术语）　541

胃石　606

渭水　500，515

蔚州（今山西北部灵丘附近的古城）　293

魏伯阳（公元 2 世纪的炼丹家）　654

魏（朝代）　见"北魏"

魏（国）　100，571，659

魏国　195，197

魏汉津　504[*]

《魏略》　505，656

魏明帝　659

魏丕（公元 332 年）　322

魏收（公元 6 世纪）　654

《魏书》　654

魏特夫（Wittfogel, K. A.）　（2），189；（3），464

魏王李泰（地理学家，公元 7 世纪）　520

魏文帝　659

魏文魁（17 世纪的天文学家）　456

魏武帝　661

魏襄王（魏王，卒于公元前 245 年）　507

魏象乾（17 世纪的天文学家）　456

魏因施托克（Weinstock, S.）　253

温度　465-466

温度控制　159，319，321

温泉　610-611

温特（Winter，H. J. J.）　589

温州　603，605

瘟疫　419

文帝（刘宋朝皇帝）　384

文化

　　阿兹特克（美洲印第安人）文化　188*，215*，397，663

　　高棉（柬埔寨）文化　11，511，568

　　卡拉伊姆人（犹太人）文化　681

　　可萨人（突厥犹太人）文化　107*，681 ff.

　　玛雅（美洲印第安人）文化　16，397，407

　　粟特（中亚）文化　204 ff.，536

　　占婆（印度支那）文化　11，292，558

文身　505

文王课（占卜法）　140*

《文献通考》　174，209，425，430，433，435，482，682

文艺复兴　90，91，150，152，154，156，158，164，166，172，266，282，296，340，341，377*，379，400，420，437，449，458，464，466，479，494，514，520，528，533，560，579，585，587，590，603，611，623，642，646，662

文艺复兴早期的矿物学术语　642

《文子》　218，677

"闻"（天文学术语）　410

闻一多　198

倭寇　517，559

沃德（Ward，F. A. B.）　309

沃尔夫（Wolf，R.）　181，339

沃利斯（Wallis，John）　111，142

沃伦和德拉沃（Warren，H. V. & Delavault，R. E.）　678

沃伦和豪厄特森（Warren，H. V. & Howatson，C. H.）　678

乌登（Uhden，R.）　532

乌尔比诺手抄本（约1200年）　533

乌尔迪，穆罕默德·伊本·穆艾亚德（al-'Urḍī，Muhammad ibn Mu'ayyad）　375，382

乌古孙仲端（金国使臣）　522

"乌"（太阳黑子）　435，436

乌衣国人　513

乌佐（Houzeau，J. C.）　173，271

巫师（方士）　188，189，304，414，470

巫术（方术）　303，501，504，677

巫咸（天文学家）　197，263

无定河　607

无机酸　511，672

无机物　605，606，636，641 ff.，642，643，644，646

无脊椎动物　612，614

　　海洋无脊椎动物　675

无穷小　92，142

无穷小法　141，142

无限的宇宙的概念　157，218，219 ff.，439，458

无限个世界的观念，佛教的　145*

吴伯善（历算家，公元755年）　204

吴承洛（2）　82，83

吴哥窟　568

吴（国）　100，200，264，384，385，387，538，539

吴江（城）　516

《吴郡志》　518

《吴录》　658

吴普（公元225年，本草学家）　653

吴其昌　（2），519

《吴时外国传》　511

吴世昌　5*，13*

吴素萱　610*

吴通　486

吴信民（数学家，约1450年）　79

《吴中水利书》　514

吴（诸侯国）　485 ff.

五步（五星）　399

《五曹算经》　8，33，34，36

《五大历数全书汇编》　108，149，175*，395*

五代时期　408

五更制　398*

《五经算术》　35，185

《五经通义》　414

五纬（五星）　399

五星会合　408

《五星行藏历》　396

《五星行度解》　454

五星运行　198，200，392 ff.

　　几何分析　437

　　术语　398-399

五行　30，43，58，159，397，398，439，607，641

《五岳真形图》　546，566

伍麦叶王朝阿姆拉堡废宫　389

伍子胥（吴国的大臣）　485 ff.，493

《武备志》　559-561，577

《武帝纪》（《前汉书》中的一卷）　见"《前汉书》"

武丁（商王，公元前 1339—前 1281 年）　242，

244

《武经总要》　570，571

武梁祠　23，95，240，303，304，535

武密（公元 6 世纪）　197，201

武默讷（满族官员，1677 年）　585

武田楠雄　(1)，52

《武英殿聚珍版丛书》　18

"兀忽列的"（欧几里得）　105

兀鲁伯（Ulūgh Beg）　68*，269，296，300

《物理论》　200，218，469，489

《物理小识》　678

物理学　155，157，162，299，303，314，541，652，680

婺州　612，614

雾　411，468

X

西安碑林　547-548

西安

　　城市地图　551

　　地震　632

　　围攻西安　624

西班牙　526，532，584

西班牙人征服美洲大陆　559*，663

西北鄙地理图　552

西贝格（Sieberg, A.）　626

《西庇阿之梦》　440*

《〈西庇阿之梦〉评注》　529

西伯利亚　663

西伯利亚沿岸　505

《西步天歌》　201

西藏　523-524，562，565，585，655，662，671

西藏地区　547

西丹努斯（Kidinnu；巴比伦天文学家）　399，407*

《西德拉》（1250 年）　262

西尔曼斯（Ciermans, Johann）　73

西尔维斯特（Sylvester, J. J.）　47

西方天文学的黄道性质对仪器机械化的影响

366

西宫　200

西汉（朝代）　24，25，28，90，97，173，189，199，200，248，305，321，396，414，504，534，581，602，605，651

西汉的漏壶　321

西江　524

《西京杂记》　4，581

西科　449

西辽国　118*，457*

西蒙（Simon, E.）　69

西蒙·巴尔·科赫巴（Simon bar Kochba；"星辰之子"）　426*

西蒙·西米奥尼斯（Symon Simeonis）　513*

西米奥尼斯，西蒙（Simeonis, Symon；爱尔兰僧侣，14 世纪）　513*

西宁　523

西牛贺洲　568

西诺尔（Sinor, D.）　507

《西清古鉴》　580-581

西戎　见"部族"

西塞罗（Cicero；公元前 106—前 43 年）　440*

西山隐者　490

《西使记》　523

西斯科（Sisco, A. G.）　672

西王母 507，566

西翁（Sion, J.）（1），462

西西里岛 526，563

西西里海峡 526

《西溪丛语》 618

西夏 549

《西夏纪事本末》 549

《西洋朝贡典录》 559

《西洋番国志》 558

《西洋新法历书》 448，449

《西游记》（16 世纪） 17

《西游录》 522

《西域水道记》 525

《西域图记》 654

《西域闻见录》 655

"西域仪象" 372

《西域诸国风物图》 510

"西"字，17 世纪的中国人不喜欢用 449

吸湿性的石墨 471*

希波克拉底（Hippocrates） 464

希伯来人 见"犹太人"

希尔普雷希特泥版 257

希金斯（Higgins, K.） 252

希腊 161*，409，462，500，526，637，672

希腊的用算盘计算者 11*

希腊的"蒸发物" 636-637

希腊化学 639

"希腊火" 482*

希腊几何学 91，96，309

希腊炼金术 159

希腊逻辑学 151*

希腊人 153，158，160，468，493，519，530，533，542，543，545，561，564，568，575，612，623，646，653，662

　与实验方法 161*

希腊人的水晶球说 198*，439*

希腊神话 504，505

希腊生物学 119

希腊数学 1，16，35，53，54，55，61，68，82，83，90，92，96，101，103，107，108，112-113，115，125，128，141，156，162，167

抽象和系统的特点 150-151

希腊数字 11，13

希腊天文学 171，172，173，175，179，180，181，186，189，203，212，216，220，223，225，227，228，229，230，253，258，266，270，288，292，309，314，326，329，350，366，376，382，395，399，402*，404，408，411，450，458，460

　对印度天文学的影响 176*，267*

希腊文献 622

希腊原子论者 92

希腊制图学 526，533，538，587

希勒（Hiller, J. E.） 592

希罗多德（Herodotus；公元前 5 世纪） 79，493，505，512

希罗，亚历山大里亚的（Heron of Alexandria；鼎盛于公元 62 年） 96，161*，315，571，630

希坡律图（Hippolytus；公元 3 世纪） 622

希思（Heath, Sir Thomas）（1），92，93

希伍德（Heawood, E.） 583

析木（十二岁次之一，与秋分点相当） 243，489

析配消元法 47

蒂蓂（Thlaspi spp.） 678

硒 678

犀牛（Rhinocer） 621

锡 639，643，674，676，678

熙宁年间 262，549，577

《歙州砚谱》 646

羲（传说中的天文官） 186，187，188，245，285

"羲和"（神话人物，有时指太阳的母亲，有时指太阳之车的驭者） 188

席泽宗 268*；（1），425

洗运行（铜匠） 324

喜帕恰斯（Hipparchus；约公元前 140 年） 106，108，171，172，197，268*，269，270，340，375，382，393，395，425，527

《系辞传》 56

细井淙 3

郄萌（东汉时期的宇宙论者） 219

"隙积" 142

峡谷 546，604

《峡江图考》 592

夏翱（10 世纪的测量家） 104

夏（朝代） 409，503，539，625

夏德（Hirth, F.） 512，682

夏侯阳（北魏数学家） 33，36，65，86，88

《夏侯阳算经》 33，34

夏威夷 472

夏无且（秦王的侍医） 535

《夏小正》 194，245，247

《夏小正疏义》 194

《夏殷周鲁历》 19

夏至日 527，542

仙后座 428

仙后座 β（变星） 429

仙 见"仙人"

《仙经》 648

仙人（神仙） 303，305，320，323，566－567，
 600

暹罗 558

《闲窗括异志》 606

弦图 95，147

《咸宾录》 512

《咸丰元年中星表》 456

咸阳（秦国都城） 196，535，539

显微镜 668

《显微图集》 145

县志 517，593

现象的分离 156，160

现象论 465，480

线锯（"拉丝子"） 669

宪宗（唐朝皇帝） 544

霰 467

"相感"（水对月亮影响的"感应"） 492

相互联系的思维 见"象征的相互联系"

《相雨书》 470

香炉 580 ff.

香山 596

香篆钟 330

湘（江） 485

湘乡（潭州辖下） 620

《湘中记》 615

襄邑 577

《详解九章算法纂类》 28，41，50，66，134，
 136

《详明算法》 32

向达 （1），511

项橐 226

象 464，621

象数学 54

《象纬新篇》 209

象限地平经纬仪 452

象限仪 296，300，301，311，452，571

"象形石" 611

象形文字（符号） 5，15*

象征的相互联系 11*，58*，84，151*，240，
 257*，398，402，405，640，679

象征手法，希伯来人的 257

象征性动物 240*

象州（广西） 617

消石 643，651，652，663

《消闲录》 679

消元法和置换法 47，117

萧道存（约 11 世纪） 144，152

萧何（将领，鼎盛于公元前 207 年） 535，539

萧邱（火山） 658

萧叔（道士） 657

萧绎（梁朝皇帝） 508

硝酸钾 见"消石"

小仓伸吉 409

小川琢治 （1），546，555，566

《小戴礼记》 195，480

小德金（de Guignes, C. L. J.） 174，175，183，
 430

小龙湫 603

小麦 678

小球下落用来记录 630－632

小数 45，46，82 ff.

小数点 45，46，89，127

小亚细亚 653

小阳（恒星） 227

小野兰山 644

小阴（行星） 227

"小余" 392

小宇宙　见"大宇宙-小宇宙类比"

《晓庵新法》　454

孝堂山祠　303

《孝纬雌雄图》　683

孝宗，朝鲜国王　390

肖夫（Schove, D. J.）　436

肖，内皮尔（Shaw, W. Napier）　435

肖特，詹姆斯（Short, James；1732—1768 年）　366

楔形体　26，98，99

协作问题　26

偕日法（在众星中确定太阳的位置）　229

偕日升和偕日落　220，230，240，251-252

斜坡　592

斜驶线　532，587

谐调周期　406 ff.

谢察微（数学家）　79

谢家荣　（1），433

谢立山（Hosie, A.）　435，472

谢诺（Chesneaux, Jean）　450*

谢清高（学者，18 世纪）　522*

谢庄（制图学家，公元 421—466 年）

解兰（天文学家，鼎盛于公元 415 年）　350，352

薤　675

蟹　618，619

　　更新统世的蟹　619

　　石蟹（化石）　613，614，616

蟹状星云　426-427，428，445*

心（宿）　240，242，245，248，249，250

心宿二（大火）　242，250，411，424，429

　　参与商（大火）的神话　282

《心斋杂俎》　60

辛格（Singer, C.）　653，675

辛普利丘（Simplicius）　401

《昕天论》　200，206，215

欣德（Hind, J. R.）　408，432

锌　678

《新编对相四言》　75

新城新藏　186，397

"新大星"　244*，424

《新法算书》　52，450

新疆　510，525，655，665

《新论》　226

新罗善德女王（朝鲜女王，公元 632—647 年）　297

新莽时期　303

《新奇的吸引力》　154

新石器时代的石斧　434，482*

新石器时代的玉制工具　665，666

《新书》　84

《新唐书》　483，544，612，682

《新天文学仪器》（1598 年）　341，342，376

新西兰　663

新星　171，209，244*，423 ff.，431，442，458

　　术语　425

《新仪象法要》　208，278，352，363，386*，387

"新哲学"或"实验哲学"　156

信都芳（公元 6 世纪的数学家和观测者）　20，104，221，358，632-633，634

信陵君　195

星变部　425

星表　183，197，216，263 ff.，454，458

《星辰考原》　183

"星辰之子"　426*

《星搓胜览》　558

星暑　370

星际旅行　440

《星际使者》（1610 年）　444

《星经》　197，198，248，259，264，268，273，383，387

星历表　50，205，206，395，396

　　楔形文字的星历表　394*

《星命总括》　208

星盘　179，268，301，339*，368，370，374，375-346，377，381，437

　　装有齿轮的星盘　339*

《星述》　207

星（宿）　242，245，248-249，271

星图　183，185，201，208，250，276 ff.，338，364，376，383，387

　　埃及的星图　282

敦煌写本　264＊，276
绘于穹顶凹面上的星图　389＊
着色星图　263–264
星图的绘制　176
星图集　282
星位尺（organon parallacticon）　373
星位仪　373，573＊，574
星云　276
邢凯（13 世纪的学者）　59
邢云路（历算家，1573—1620 年）　48，100
《行水金鉴》　514，516
行星名作为日名　397＊
《行星新论》（1472 年）　341
行星
　　行星的颜色　200
　　平均轨道　170
　　行星公转周期　391
行星周期　176，398 ff.
"行易知难"　165
行政管理　166
形而上学唯心主义　见"唯心论"
形方氏　534
形态的形成　623
形天　505＊，506
幸福群岛　528
性学与历法学　390＊
匈奴　见"部族"
胸带型挽具　681
熊明遇（鼎盛于 1648 年）　499
熊三拔（de Ursis, Sabbathin）　437，446
休厄尔（Whewell, W.）　209＊
《修真太极混元图》　144
宿倒置　见"二十八宿"
《宿曜经》　202，204
须弥山　531＊，563，568，589
胥徒（刻漏上的塑像）　320，323
"虚"，道家神秘主义的　12，221，222
虚（宿）　245，246，247
"虚无"　221
徐朝俊（19 世纪的天文学家）　456
徐大盛（Simonelli, Jacques-Philippe）　454
徐发（17 世纪的学者）　455

徐光启（农学家、官员和早期耶稣会士翻译工
　　作的合作者）　52，106，110，447
徐坚（唐代学者）　611
徐兢（1124 年）　492–493
徐居正（15 世纪的朝鲜地理学家）　521＊
徐锴（地理学家）　521
徐懋德（Pereira, Andrew；英国耶稣会士）　448
徐乾学（17 世纪的地理学家）　521
徐松（湖南学政）　525
徐霞客（旅行家，1586—1641 年）　524–525，
　　585
徐岳（东汉数学家）　29，30，35，58，59，76，
　　79，87，152，541，600
徐中舒　464
徐子仪（落第书生）　264
许莼舫（1—4），3
许德（Hudde；1658 年）　125
许衡（理学家，1209 年—1281 年）　163，380
许将（翰林）　365
许敬宗（地理学家，公元 7 世纪）　543
许鲁斋　见"许衡"
许商（西汉数学家）　28
许慎（词典编纂者）　4
旭烈兀汗　105，372，523
叙利亚　175
叙利亚人　15，49，150，376，610
《续古摘奇算法》　59，60，104
《宣和奉使高丽图经》　492，511
《宣和石谱》　645，647
宣夜说　210，219 ff.，224，438，439
宣昭　492
《玄林石谱》　606，615，620，645，647
玄石　620
玄台　567
玄武（北宫）　242
玄武岩柱　593
玄奘（公元 7 世纪的僧人和旅行家）　511，522
《玄中记》　671
悬锤传动　319
悬崖与台地的主题　593
旋转式切割工具　671
璇玑（窥管仪器）　21＊，261，334 ff.

薛凤祚（17 世纪的数学家） 52，454

薛季宣（宋代学者） 330

薛珝 657

《学历小辩》 456

学校 683

学院

    翰林院 49，191，365

    稷下学宫 195*

学者 195，196

    流放 525

《学者报》 183

雪 121，464，467，468

雪花石膏 314

雪量筒 472，632

血钙过少 617

旬（十日） 397，477

旬星 256，273，314

荀卿（荀子；哲学家） 195

《荀子》 603

Y

牙病 617

芽庄 292

雅典 309，315，478

雅各布，埃德萨的（JacobofEdessa；叙利亚主
    教，公元 633—708 年） 512

雅各布标尺 373，573 ff.

雅库比（al-Ya'qūbī；地理学家，公元 950 年）
    140*，512

雅维利耶（Javillier, M.） 677

亚伯拉罕，梅明根的（Abraham of Memmingen；
    鼎盛于 1422 年） 162

亚当（景净；景教徒） 204

亚当斯（Adams, F. D.） 591，602，611，622

亚丁 558，559，560

亚拉图（Aratus；公元前 315—前 245 年） 201，
    382

亚里士多德（Aristotle） 93，161，172，227，
    401，409，427，440，444，462，483，493，
    602，625，626，636-637，641，652，658

亚里士多德的元素说 159，439*

亚里士多德的"蒸发物"说 460，636-637，
    640

亚里士多德-托勒密宇宙观 见"托勒密-亚里
    士多德宇宙观"

亚里士多德学派 142

亚历山大大帝（Alexander the Great） 205，409，
    493

《亚历山大故事》 656

亚历山大里亚 225，377，526，555

亚历山大里亚的法罗斯岛灯塔 555

亚历山大里亚学派化学家 654

亚历山德里（degli Alessandri, Alessandro；鼎盛
    于 1520 年） 611

亚麻布 660

亚马逊河 483

"亚美尼亚硼酸" 662

亚眠 579

亚平宁山脉 599

亚砷酸 637，641

    晶体 648

亚述 314，423

亚述巴尼拔王（Assurbanipal；巴比伦国王）
    254，314

亚速尔群岛 555

亚洲 527，530，544，556，564

《亚洲旬年史之三》 585

延川石液 609

延寿县（今延安） 609

延（在甘肃） 607，609

延州 614

严敦杰 3；（1），46；（2），64；（3），79；
    （7），105；（9），40

严恭（14 世纪的数学家） 50

严光大 523

严畯（公元 3 世纪） 489

岩石 645，649

    成因 626，637

    分类 641

岩盐 639

研磨料 666-668

研磨料仓库，大同 667

盐 71，639，642，643，652

　　采盐 652

　　海盐 622

　　岩盐 637，639

　　盐井 610

　　盐业 610

盐池 642

盐铁国有化 71

《盐铁论》 71

阎立本（公元 7 世纪的画家） 510

颜慈（Yetts，W. P.） 240*，273*，303，304，305，541

颜复礼（Jäger，F.） 543

颜料 651

颜色在矿物分类上 642

颜真卿（公元 8 世纪） 599，600，601，612，615

颜子（孔子的得意门生） 164

兖州 501

掩星 408，414

眼科 663

演绎 161，164，165

演绎几何学 见"几何学"

演绎科学 151，156

砚 619，645-646

《砚谱》 646

《砚史》 646

《晏子春秋》 401

雁荡山 603，604，605

焰火制造 651

《燕丹子》 534*

燕丹子（燕国太子） 534，577

燕国 534

燕简公 487

燕肃（学者、画家、技术专家和工程师） 324-325，327，328，491，492，493

燕昭王 657

燕子 615，616

扬波尔斯基（Yampolsky，P.） 186

扬雄（灾变论者和词典编纂者，公元前 53—公元 18 年） 216，219，354，355，358

扬州 549

扬子鳄 464*

羊角螺 618

羊皮纸 653

阳城（今告成镇） 287，291*，292，297，310，369，381*

　　周公祠 297

阳嘉年间 627

阳玛诺（Diaz，Emanuel） 444

阳起石 643，655

阳泉（引起石化作用的泉水） 607

阳燧 227*，661

杨超格（约 1790 年） 185

杨孚（博物学家，公元 2 世纪） 510

杨恭懿（天文学家，约鼎盛于 1255—1318 年） 380

杨光先（17 世纪的学者、业余天文学家，反耶稣会士的争论者） 449

杨桓（天文学家，卒于 1299 年） 299

杨辉（13 世纪的数学家） 28，41，45，46，50，59 - 60，61，66，86，103，104，105，116，134，136，162*

《杨辉算法》 41，45

杨甲 549

杨景风（天文学家，公元 8 世纪） 202

杨联陞（Yang Lien-Shêng）（1，2），303

杨泉（天文学家，公元 3 世纪） 200，218，469，489

杨慎（明代作家） 661

杨损（唐朝官员） 116

杨惟德（1054 年的首席历算官，蟹状星云的观测者） 427

杨伟（天文学家，公元 3 世纪） 392，421

杨炫之（约公元 500 年） 519

杨瑀（1360 年） 311，331，419，423，479，482

旸谷 188

"易" 339

"洋晷" 310

仰釜日晷 301，369

仰仪 301，302*，369

《妖占》 482

尧（传说中的帝王） 186，187，188，476，487，604

《尧典》（《书经》中的一篇） 见"《书经》"

姚宝猷（1） 464

姚乔林（日晷和罗盘制作家） 312

姚信（天文学家，约公元260年） 200，206，215，224

姚元之（17世纪） 614，655

摇光（星） 233

药物 504，605

　　不死药 642

　　植物药 643

《药物论》（公元60年） 647

药物学 648

药用植物 681

药用植物学 682

"要素硫" 448

耶赫尔（Jehl, P. A.） 408*，451*

《耶路撒冷城志》 520

《耶路撒冷的神殿》 520*

耶路撒冷

　　画在圆形地图的中心位置 529，563，567

耶律楚材（政治家，1190—1244年） 368*，380，522，523

耶律纯（11世纪的天文学家） 208

耶律希亮（旅行家，1260—1263年） 523

耶稣会士 16，18，50，51，52，53，65，102，114，125，139，142，152，154，172，173，182，185，229，258，274，300，310，311，367，379，380，387，389，392，399，404，422，437 ff.，512，533，574，583，586

耶稣会士的传播

　　传播欧洲非常新的内容（发达的代数、望远镜天文学）而不是过时的内容（演绎几何学） 114

　　经常传播欧洲就要放弃的一些知识 379，437*，439*

　　提供的主要是"西方的"而不是"新的"科学 447 ff.

　　有时传播的是中国已经知道但忘记了的东西 437*

　　阻挡哥白尼日心说的传播 443 ff.，445

耶稣会士的历法改革 259*，446 ff.

耶稣会士的著述在书名上的相继改变 447-450

耶稣会士对中国天文学的看法 297*，369，442 ff.，458*

《耶稣会士中国书简集》 183

冶金术 222，647，652

《野获编》 655

《野客丛书》 602

野兽 504

"野"（术语） 542

野泽定长（约1664年） 144

叶秉敬 477

叶尔羌（在新疆） 665

叶蜡石 664

叶梦得 469

叶企孙 472*

叶棠 185

夜间辨时器 338，370

液体擒纵机构水银鼓轮钟 328

嚈哒匈奴 见"部族"

一次同余式（线性同余式） 33，36，42

"一"能够变成"十"，"五"也可以缩减成"二" 17

"一"，是否应视为一个数字？ 12*

一行的子午线测量（公元724年） 292 ff.

一行（公元8世纪的僧人、数学家和天文学家） 4，37-38，48，119，120，139，202，203，207，234，270-271，274*，282-283，292，293，294，319，350，360，383，409，421，422，544，545

伊本·巴图塔（ibn Baṭṭūtah, Abū ʿAbdallāh al-Luwā ṭī al-Ṭanghī；1304—1377年） 579

伊本·法基（Ibn al-Faqīh；地理学家，鼎盛于公元950年） 512

伊本·海赛姆（Ibn al-Haitham） 379

伊本·豪加勒（ibn Ḥauqal, Abū al-Qāsim Muḥammad；约公元950年） 513，562，609*

伊本·胡尔达兹比（ibn Khurdādhbih, Abū al-Qāsim；地理学家，约公元950年） 512，564，681

伊本·里德万，阿里（ibn Riḍwān, ' Alī; 公元
998—1061 年） 162

伊本·路西德（Ibn Rushd） 435

伊本·穆哈勒希勒，阿布·杜拉夫（ibn al-Mu-
halhil, Abū Dulaf; 旅行家） 587

伊本·穆克塔菲，阿布·法德勒·贾法尔（ibn
al-Muqtafī, Abū al-Faḍl Ja ' far） 435

伊本·纳迪姆（Ibn al-Nadīm; 卒于公元995 年）
589, 682

伊本·瓦哈卜，巴士拉的（Ibn Wahb al-Basrī）
565, 587

伊本·西那（Ibn Sīnā; 11 世纪） 40, 603,
611, 622, 637, 647

伊本·尤努斯（Ibn Yūnus; 1007 年） 396*

伊博恩（Read, B. E.） 592, 621, 644

伊德勒（Ideler, L.） 183

伊德里西（al-Idrīsī, Abū ' Abdallāh al-Sharīf;
1099—1166 年） 513, 554, 562, 563 – 564,
583*, 587

伊夫林，约翰（Evelyn, John） 579

伊河 625

伊朗 113, 204, 240, 253, 257, 396, 564

伊朗神话 505

伊斯兰 15, 68*, 160, 564, 602, 603, 612,
659, 660

伊斯兰国家 443

伊斯塔赫里，阿布·伊斯哈克·法里西（al-
Iṣṭakhrī, Abū Isḥāq al-Fārisī） 513, 561, 562

伊斯坦布尔 524

伊斯特莱克（Eastlake, F. W.） （1）, 68

伊西多尔，塞维利亚的（Isidore of Seville; 西班
牙主教, 鼎盛于公元 600—636 年） 529,
530, 623

医生 49*, 331, 682, 683

医学理论 477*

医学（药） 161, 181, 616, 619, 621, 636,
642, 643, 644, 645, 648, 651, 652, 653,
654, 663, 682

法医学 162*

仪器制作 358, 379, 438

仪式 195, 220, 334, 398

《仪象考成》 454

《仪象图》 452

《仪象图（康熙朝中国重建的欧洲天文学仪器）》
454*

移液管 314*

彝族 见“部族”

以地为中心的宇宙观 446, 447

“以管窥天” 332

以色列 13

在文化交流中的作用 681–682

义理寿（Gillis, I. V.） 484

亦思马因（穆斯林火炮手） 49

“异教徒”（ketzer）的词源 681

异物志 510

《异物志》 657

《异域图志》 512, 513

译文，枯燥无味 xlv

易卜拉欣（Ibrāhīm; 伊斯法罕的星盘家） 376

《易传》 59

《易经》 40, 56, 57, 69, 119, 140, 464, 625

《易经》的六十四卦，可能与算筹有关 140*

《易龙图》 59

《易数钩隐图》 59

《易纬通卦验》 199, 287, 291

《易章句》 470

《益部耆老传》 199

《益古演段》 40, 45, 133

《逸周书》 392, 410, 657

意大利 125, 126, 147

翼手龙 621

翼（宿） 248, Fig. 184

阴和阳 57, 58, 159, 165, 218 – 219, 223,
224, 227, 334 – 335, 339, 359, 397, 411,
412, 414 – 415, 432, 448, 478, 480, 481,
483, 490, 491, 567, 625, 633, 634, 638,
639, 640

音乐 59

殷夔（刻漏专家，约公元540 年） 324

《殷历谱》 242

殷孽（石钟乳） 605

殷绍（数学家，鼎盛于公元430—460 年）

银 638, 639, 649, 672, 674, 675, 676, 678

银河 276, 462, 489

《银河局秘诀》 207

银行财务主管 80

银朱 见"朱砂"

银桌（平面天球图） 282

尹咸（日晷专家，鼎盛于公元前32年） 302

引力定律 见"引力"

引力（重力） 157，490，492，494，673

饮酒管 314*

隐居哲学家 159，605

印度 15，30，37，49，79，139，458，463，
　511，531，544，559，560，565，587，591，
　602，622，653，656，662，669，670，671

　　半岛属性 556，563

"印度-阿拉伯数字" 10，15，146

印度河 493

印度人 11，300

印度神话 34*，505，507

印度数学 10，11，27，34，35，53，64，83，
　87，88，89，90，91，108，113，119，122，
　128，137，141，146，147，148，150，151，
　155，156

印度数字 10，11

印度斯坦 681

印度天文台 296，300 ff.

印度天文学家和天文学 175，184，202*，221，
　252 ff.，267*，350，369，372，395，404，
　416

印度洋 556，560

印度宇宙学 568，589

印度哲学 12，149

印度支那 10，11，292，565，610

印刷 39，153，193，441*，582

　　彩色印刷 341*

　　套色版画 596

《胤征》（《书经》中的一篇） 见"《书经》"

应劭（人种学者，约公元175年） 510，512

英格兰 434，520

英国皇家学会 183，391*，450

英吉利海峡 493

英仙座流星群 433

鹦鹉螺 612，619

　　直壳鹦鹉螺 618

鹰 671

"鹰石" 见"禹余粮"

盈不足 见"《九章算术》"

盈余和不足 26，118-119

《营造法式》 332

《瀛涯胜览》 558

影符 299，369

硬玉 663，664，665

庸 539

雍丘 577

雍州 501

潍河 501

永动机 328

永福营造修缮司 331

永亨（宋代学者） 64，568

永康（婺州附近） 612，613

《永乐大典》 18，31-32，50，66，136

永乐年间 557，558

永宁关（延州附近） 614

永州 615

涌潮 483-485，493 见"潮汐"

　　与朔望的关系 491

《尤卡坦纪事》 514

尤袤（书目提要编撰者，1127年—1194年）
　40，207

尤什克维奇（Yushkevitch，A. P.） 2

犹太教 681

犹太教会堂 682

犹太人 11，252，257，611，575，681

犹太学者 89

油 122，608，609，657，661

游戏与占卜相结合 303-305

"有翅的太阳"图形 423

有机的世界观 157，163 ff.，362，412*，
　469*，494，651，675

有机论哲学 151*，171

有机自然主义 163 ff.，414，415，469*

有限差分法 35，49，123，292，394

有翼人 505

《酉阳杂俎》 606，675

"右枢" 260

釉料 651

"迁直"（制图学术语；测量曲线和直线） 540，576

于埃收藏部藏品 337

于贝（Huber, E.）（2），257

于阗 见"和阗"

余靖（1025 年） 491

余（数） 63，65，85

　　问题 122

鱼化石 612，614，619，620，621，622

鱼豢（公元 3 世纪） 505，656

鱼胶 505

鱼龙 620—621

鱼卵 623

俞簴（1142 年的镇江府学教授） 548

俞思谦（1781 年） 493

《渔阳公石谱》 645

嵎 见"部族"

虞邝（公元 544 年） 286

虞耸（天文学家，约公元 265 年） 201，211，222，498

虞喜（天文学家，鼎盛于公元 307—338 年） 200，206，210，211，220，247，270，356，498

《舆地纪胜》 521

舆地图（地理学术语） 536

《舆地志》 520

《舆图》 551

宇文恺（工匠，隋代） 327

宇宙 217

宇宙大小以里数计 220*，225*，489*

宇宙的"均匀化" 157

宇宙镜 见"镜"

宇宙论 20，152，157，171，176，181，193，198，199，209，210 ff.，257，279，293，423，427，428，438*，440，442，501，542

宇宙生成论，离心的 278*，598*

宇宙象征意义 303，308

宇宙学 500，502，528—529，547，561，563，565 ff.，587，589

宇宙之风 223

宇宙之卵 218

羽毛的吸湿特性 470—471

羽山 604

雨 121，211，463，467 ff.，472，481，636，640

　　出自于山 468

　　"地气" 46

　　红雨 470

　　预报 470，471

雨量筒 121*，471—472，632

　　朝鲜雨量筒 471

雨龙 473

禹（半传说中的帝王，伟大的工程师） 23，56，196，500—501，503，570

《禹贡地域图》 538

《禹贡》（《书经》中的一篇） 见"《书经》"

《禹贡说断》 514，515

《禹贡锥指》 540

《禹迹图》 547

禹余粮 652 ff.

禹州 501

语言

　　阿拉伯语 681

　　波斯语 204，655，680

　　法兰克语 681

　　梵文 146，251，258，283，637

　　科普特语 252，257，662

　　斯拉夫语 681

　　粟特语 204，205，655

　　西班牙语 681

　　希腊语 681

　　藏文 672

庾季才（天文学家，约公元 580 年） 208，264

庾家，天文占星世家 205*

庾曼倩（梁朝官员） 205

玉尔（Yule, Sir Henry） 174，175，556

《玉海》 327

玉衡（星） 233

玉龙喀什河 665，666

玉树 523

《玉堂嘉话》 625

玉（真玉） 305，317，325，326，334，335，581，610，637，641，648，656，663 ff.，670，671，673，674

半透明的玉用于观察太阳　420*，436

产地　665

存在的指示植物　676，677

加工　666-669

颜色　664

硬度　664

玉制兵器和玉制工具　665

玉制的拱极星座样板　307，383*

郁浚（1617年）　645

预测　4，172，190，284，378*，426，427，467，476，482，625，633

对预测的合理解释　362

预测太阳每日运动　123 ff.，292，392 ff.

预防木材起火　653

预言　见"占卜"

预兆　255，283，419，464，475

喻浩（建筑师）　153

《御定历象考成》　448

《御定仪象考成》　452

豫章　309

元（朝代）　31，38 ff.，41，48，49，51，122，139，197，206，208，209，234，251，281，286，294，296，297，307，324，357，367，369，372，377，380，392，419，430，433，451，493，511，526，551，552，556，557，561，583，585，633，661，668，672

元好问（金朝官员）　41

《元和郡县图志》　490，520，544，608

《元嘉历》（公元443年）　392

元嘉年间　264，384，385

《元经世大典》　552，554，564

《元秘书监志》　105

元谋谷地　524

"元气"　211，222

《元史》　48，49，234，297，298，299，369，371，372，373，524，574，667

元统（历算家，14世纪）　79

元延明（安丰王）　358，633

元稹（制图家，公元9世纪）　544

袁充（公元597年）　287，306

袁燮（官府谷仓总管，卒于1220年）　518

原硼砂　662

原始计时装置　314*

原始科学　159，477*，639

原子和原子论　92，141-142，143，151*，157，601*

欧洲（文艺复兴）思想中的167*

圆　21，22，23，24，94，97，98，99，102

测算　51，144

弓形　48，51，98

内接直角三角形　44，47，129

欧洲天文学家关于圆的顽固想法　460

圆周划分为360°　82，381

圆周划分为365¼°　82，203

圆点零号（bindu）　10*，11，12，149

圆规　23，94，95，567，570

圆锯　668*

"圆理"　145

圆盘刀　669

圆通（僧人）　457

圆柱　26，99，144

"圆柱型"　302*

圆锥　26，99，147

远航　见"远征和远航"

《远镜说》　445

远藤利贞　3

远征（考察）和远航

成吉思汗远征波斯　522

从山东到阿富汗　522-523

对伏尔加下游土尔扈特的考察

赴朝鲜（1124年）　492-493，511

赴黄河发源地考察　523-524

甘延寿率部向西远征至塔拉斯河　536

《交黎剿平事略》　512

南宫说和僧一行率队考察（公元721—725年）　292-293

邱长春率队去撒马尔罕进谒成吉思汗（1221年）　293，417

去柬埔寨　511，658

去旭烈兀汗处　523

远征队到南海（公元724年）　274

远征林邑地方的占婆人（公元349年）　292

在满洲考察（1677年）　585

在西藏勘查　585

在中亚旅行（1260—1263 年）　523

郑和率队远航　556 ff.

"约分"法，计算中的　81

约翰，塞维利亚的（John of Seville；约 1140 年）
　89

约翰逊（Johnson, M. C.）　377

约瑟夫问题　61–62

"月道带"　173

月的"精"　492

月晕　311

月亮（球）　26, 118, 175, 190, 200

　对潮汐的影响　484, 485, 488, 489, 493

　对生物的影响　390*, 675

　反方向的视运动，相对于恒星　214

　反射发光　227, 410, 414, 415

　轨道　410, 421

　幻想的月中生物　228, 411*, 436

　每天向东退行 13 度　219, 413

　朔　411–412

　望月　232, 240, 390, 410

　形状　413, 415

　阴（雌）性　227, 411–412, 414

　盈亏　302

　月亮的休息站　239

　月球旅行　440–441

　运动　239, 257, 278, 392 ff.

《月令》　194, 195, 245, 247, 254

《月面景观》　440*

月面山脉　444*

月婆首那（Upaśūnya）　88

月球轨道交点　175, 228, 252*, 416, 421

《月球世界的发现，有助于证明月球上很可能会
　有另一个可居住的世界》　440

月雅泉庙和月雅泉湖　607

月站　252 ff.

月站（宿）的符号　239*

月氏　见"部族"

《月中人——神行使者多明戈·冈萨雷斯的月球
　旅行谭》　440

月中兔　228*, 411*, 436

岳阳　501

《岳阳风土记》　606

越（国）　486, 607

越过极地的飞行　590

《越绝书》　517

云　190, 200, 284, 419, 464, 467, 468, 469,
　481, 636

　分类　470

　术语　470

《云林石谱》　604, 606, 615, 620, 645, 647

云母　420*, 620, 643, 647–648, 649, 669

　片岩　524

云南　524, 557, 593, 665, 670

《云南通志》　673

《允征》（《书经》中的一篇）　见"《书经》"

陨星　433–434, 462

运动　155, 156–157, 158

运河（水渠）　26, 99, 153, 167, 189, 325,
　514, 515, 578

晕　464, 474–476,

　月晕　470

　日晕　470, 475–476

Z

长孙无忌　101, 201

（后）至元年间　419

杂技演员　321*

枣树　463, 649

　萦母怀文和枣树的故事　78

皂石　642, 660

造船　158

"造化"方面的著作　598*

"造化"概念，中国的　598*

"造微之术"　142

"噪声"，无线电接收机的　428

藏族　406

"则"（用于整体中各部分中的规则）　163*

泽口一之（日本数学家，约 1670 年）　144, 145

泽潞山 660

泽州 618

仄（傍晚日将落时） 284

曾公亮（11 世纪的军事百科全书编纂者） 570，571

曾国藩（清朝官员） 106

曾敏行（12 世纪） 308，615

曾南仲（12 世纪的天文学家） 308，309

曾参（孔子的学生） 498

曾珠森（Tsêng Chu-Sên）（1），57

扎尔莫尼（Salmony, A.） 664

扎陵湖 523

札马鲁丁（Jamāl al-Dīn；波斯天文学家） 49，148，372，374，375，378，381*，389，551，556，574，583

翟林奈（Giles, L.）（8），484，518；（9），518；（10），583

瞻星台，朝鲜庆州 297，682

占卜 4，24，29，30，57，59，119*，140，141，302，303，308，467，481*，503，542，607

　　抛硬币 140*

占城（占婆） 11，557，558

占婆 见"占城"和"文化"

占星术和占星家 12，24，50，124，190，191，193，198，200，202，203，207，208，263，264，274，276，278，283，333，362，378*，397，398，402，404，410，426，436，442，443，465，475，494，545，625，639*

　　巴比伦的 254，256，273

　　波斯的 204，257

　　罗马的 215

　　欧洲的 172

　　印度的 239*

《战国策》 535

战国时期 5，8，20，25，62，70，95，146，210，268，319，399，414，464，507，607

战争 609

战争，对中国和日本数学史可能产生的影响 41*

战争画 536-537

战争机械 162

湛约翰（Chalmers, J.） 184，251

张勃（公元 3 世纪） 658

张苍（数学家和丞相，鼎盛于公元前 165—前 142 年） 24，25

张敞（卒于公元前 48 年） 581

张潮（17 世纪的数学家） 60

张诚（Gerbillon, Jean François；耶稣会士，地图绘制者） 585

张衡（约公元 100 年，天文学家和数学家） 20，100，104，106，199，200，206，216 ff.，226，264 ff.，269，318，320，321，343，350，355，356-357，359，360，361，363，366，384，386，387，389，414，423，440*，478，498，527，533，537 ff.，541，542，551，579，587，626 ff.

张华（公元 232—300 年） 471，612，657，676

张君房 491*

张孟宾（天文学家，约公元 570 年） 394

张宁（1430 年） 661

张其昀 524

张骞（公元前 2 世纪的旅行家和探险家） 321，511，522，523，535，549

张邱建（数学家，鼎盛于公元 468 年） 33，36，40，122，138，146

《张邱建算经》 33，35，123，138，147

张守节（唐代注释家） 608

张说（历法家，公元 8 世纪） 203，660

张思训（时钟制造者，公元 979 年） 350，386

张嗣古 422

张（宿） 248，271

张廷义 661

张燮（17 世纪的地理学家） 512

张掖（甘州） 543

张揖（约公元 5 世纪） 673

张荫麟（3），24，118

张永立（1），99

张钰哲 185

张载（理学家） 222-223，224，492

张湛（公元 320—400 年） 92

张胄元（天文学家，公元 7 世纪） 421

张镃（诗人，13 世纪） 601，638

张子信（天文学家，约公元 570 年） 394

章鸿钊 434，592，608，614，619，620，645，

653，654，664，668，673，675

章潢（明代学者） 224，565

"章"（谐调周期） 406，407

漳水 501，604

樟脑 681

"招差法" 48，123，125

《招魂》（公元前 3 世纪的楚辞） 305

招摇 250

昭文馆 415

找矿

　　地植物学找矿 675 ff.

　　地质找矿 673-675

　　生物地球化学找矿 675 ff.

沼泽 469，501

赵俺诚（开封的犹太侨民，约 1415 年） 682

赵𣘻（北凉太史令，公元 437 年） 204

赵大猷 422

赵德麟 470

赵国 195

赵季仁 580

赵君卿（东汉注释家） 19，20，24，95-96，103，147

赵汝适（13 世纪的地理学家） 512

赵师恕　见"赵季仁"

赵氏（赵达的妹妹） 538*

赵佗（丞相，约公元前 215 年） 71

赵希鹄（13 世纪） 613

赵映乘（医生，清初） 682

赵友钦（天文学家，约 1300 年） 102，208

照板 570

照相暗箱 299

照准器 352，368，368*

照准仪 238，268，339，340，377，574

肇庆（广东和广西两省的首府） 583

"折线函数" 394*，395

折纸术 112

折竹问题 27，28，147

锗 677

褶皱地层 591

浙江 311，549，605

浙江亭 492

贞观年间 544

"针位"（航向） 559

《真腊风土记》 511

真玄菟（东汉学者） 4

真玉 664

甄鸾（数学家，鼎盛于公元 570 年） 20，29，30，33，35，58，59，76，121，185，205*，310，600

镇江 548

阵位（罗盘方位） 559，576

"镇"（堪舆和宇宙学术语） 542

《征服新西班牙信史》 514

征兆（凶兆） 193，232*，283，418-419，426，475

蒸发 168-469，636

蒸发率 322

"蒸发物"　见"亚里士多德的'蒸发物'说"

蒸馏 468，606*

"蒸"（蒸馏） 468*

"整个有人居住的世界"（oikoumene） 211，526，527，529，543，565

正方案 370

正负标记法则 90

正六边形 100

正切 108，109

正数 26，43，90-91，151

正弦 48，108，110，375

正形投影 590

正仪 370

《证类本草》 613，618，644，647

证理仪 369

证明的理念，中国数学思想中缺少 151

"证实"（verificatio） 161，165

"证伪"（falsificatio） 161

郑处诲（公元 9 世纪） 38

郑德坤（Chêng Tê-Khun） 504，596*；（2），507；（4），464

郑和（15 世纪的航海家） 511，513，522，556 ff.，577

郑樵（12 世纪的天文学家） 206，207，281

郑若曾（16 世纪的地理学家） 516，559

郑思肖（卒于 1332 年） 493，650-651

郑玄（注释家，公元 127—200 年） 25，87，

94，219，224，334，571

郑众（注释家，鼎盛于公元89年，卒于公元114年） 25

《政事论》 669

政治上的专制主义 441

支汗那 204

"支"（六十干支循环法中包含十二个字的一组字） 396，398

芝诺，埃利亚的（Zeno of Elea；鼎盛于公元前450年） 92

知识

阿奎那论知识 166

理学家关于知识的认识 163

王船山论知识 165

亚里士多德论知识 161

织女（星） 245，251，276

织女一 252，253

与河鼓二（神话） 282

脂肪用作研磨料的介质 668

直布罗陀 579

"直除法"（解联立一次方程） 116

直角三角形 见"三角形"

"直角石" 619

直角石类 618

直径 94

墨家的定义 94

职方氏 534

《职方外纪》 583*，584

职贡图 508

植物 504，510，643

药用植物 681

植物化石 612-614

植物生态学 674

作为矿藏的指示器 675 ff.，679

作为生物浓缩器和指示器 677

可在紧急情况下食用的植物 162*

土壤中的金属元素影响植物外观 676

植物病害 677

植物化石 612-614

植物生物化学 679

植物学 636，643，675

药用植物学 682

植物药 643

植物园 162*，681

植物志 591，636

止血 653

纸币 40

纸鸢测风实验 477

纸张 651，653

指甲花 654

《指掌图》 549

至点 179，246，249，270，329，387

二至点的变化 173

至和年间 427

至元年间 331

至尊立法者不存在 153

至尊仪 300，301

志盘（13世纪的僧人） 566

郅支（匈奴单于） 536

制革 651

制图学 88-89，90，106，438*，497 ff.，508，512，514，521

绘制地方地图 517-518

制药 606，615，616，617，621，622，643，663，683

治河 516*

《治疗论》 603，647

治平年间 433，618

致病机理 651

秩序概念 153

智力玩具 111

中村拓（Nakamura, H.） （1），565

中根元圭（日本第一座近代天文台的指导者，1725年） 447

中宫（拱极区） 198，200，208，240

中国地质调查所 591*

中国海岸线 586

中国和阿拉伯的知识交流 53，105

中国和美索不达米亚的知识交流 82，146

中国和欧洲的知识交流 128，522

《中国和日本的数学发展》 2

中国和伊斯兰的知识交流 68*

中国和印度的知识交流 146-149，254

《中国纪年方法》 183

中国科学院　367

中国人移民海外　472

《中国数学大纲》　2

《中国数学小史》　2

《中国算学史》　2，3

《中国算学之特色》　2

中国天文学家

　　在马拉盖　375*

　　在撒马尔罕　417*

《中国新地图集》（1655年）　586

中国在元代对欧洲的影响　128*

中国，中世纪欧洲人对其的了解　525

中华直角石（Orthoceras sinensis）　619

中美洲古代文明　663

中平年间　425

中山平次郎　（1），303

《中算史论丛》　2

《中天竺国图》　511

《中西经星同异考》　185

中亚　205

中央集权制　632

中央研究院　282

钟面　377

钟乳石　605-606，643，652

《仲尼》（《列子》中的一篇）　见"《列子》"

仲子路　486

"重"（层），天的　198 ff.

重差法　31，104，109

重差　见"《九章算术》"

重锤驱动金属时钟　见"时钟"

重力驱动　329，366

重量的计量　85

州志　517

"周髀算尺"　74

《周髀算经》　19 ff.，81，95，96，99，104，
　108，137，147，199，211，212，227，250，
　257，261，284，290，291，300，307，332，
　337，406

《周髀算经音义》　19

周（朝代）　5，8，19，25，82，83，87，159，
　196 ff.，207，286，291，313，322，332，
　334，397，404，411，433，436，464，503-

　504，507，539，569，570，624，625，656，
　665，668

周琮（天文学家，1050年）　350

周达观（赴柬埔寨的中国使臣，1297年）　511

周定王　503

周定王（明王子）　682

周坟（天文学家）　264

周公　121 ff.，174，177，213，247，290

周公测景台　296-297，300

周（国）　213，501，503

周暕　305

《周礼》　25，94，99，189，190，231，286，
　290，291，292，319，321，336，467，476，
　534，542，570，571

周密（学者，约1290年）　633-634，654，671

周穆王　656

周期性的世界灾变　598，602，622

周去非（12世纪的地理学家）　512，617

周日严（天文学家，约1080年）　349

周述学（16世纪的数学家）　51，105，143

周宣王　487

周幽王　624，625

《周月》（《逸周书》中的一篇）　见"《逸周书》"

周云青　186

"周"（"诸天运行的圆道"）　19

纣（商朝最后一个君王）　503

昼夜　213，215

　　划分　398*

朱赣　508，510

朱高炽（明朝皇帝、气象学家，1425年）　475

朱孟余　661

朱钦则　422

朱权　见"宁献王"

朱雀（南宫）　242

朱砂（辰砂）　637，638*，639，640，642，
　643，649，651，674

　　晶形　648-649

朱史（约公元563年）　328

朱士嘉　（1），518；（3，4），519

朱世杰（13世纪的代数学家）　3，41，46-47，
　52，86，87，125，127，129，131，134，135，
　138

朱思本（制图学家，1273—1337 年）　162[*]，524，551 ff.，563

朱櫹（明朝亲王，鼎盛于 1382—1425 年）　162[*]

朱文鑫　185；（1）；391；（2），420；（4），417，433，435；（5），233，276

朱西厄（Jussieu）　644

朱熹（理学家）　194，221，222，224，228，262，416，549，580，598，601，603，611，612，615，620，622

朱载堉（明代王子）　20

《朱子全书》　400，598

"珠算"　76–78，140

"珠之走盘"（算盘）　76

《诸蕃志》　512

诸葛亮（公元前 3 世纪的军事家和发明家）　508

《诸郡土俗物产记》　518

诸《历数书》　254

竹　464

竹管　333[*]，352[*]

竹蜻蜓　160

竹书年代学　455

竹鼠　464

《竹叶亭杂记》　614，655

竹钻　668

竺可桢（Chu Kho-Chen）　（1），234，242，249，253，259，404；（2），464，470，478；（3），465，472；（4），463，465；（5），463；（5），185（7），184

煮沸　654

驻波　484

祝穆（地理学家，13 世纪）　521

蛀书虫　621

《铸币论》　166

铸铁　349，481[*]

爪哇　11，274[*]，558，561

砖　95

颛顼（传说中的帝王）　214

"转轮"（exeligmos）　421

转盘刀（铡铊）　667–668

转盘水钟　366，376 ff.

《庄子》　56，69，92

庄子　612

庄子义　487

追逐与混合法计算问题　26

《缀术》　35，101，123，153

准平原　592

"准望"（矩形网格）　539，541，576

卓尔金年（tzolkin；玛雅人的宗教年）　397，407

涿水　604

浊度测定法　672

资本主义与近代科学的发展　166，168，189[*]，437

觜（宿）　251

子午圈　230，231

　定义　179

　中天观测　297，377[*]

子午线　106，526–527，532，587

紫金山天文台　见"天文台"

紫石英　643

"紫阳"（炼丹术术语，可能指丹砂）　638

自动机械　314[*]

《自读尺计算术；俗称的纳皮尔骨筹》　72

自流井盐场　642，662

自然地理学　见"地理学"

自然法则　152–153，155，198，217

自然规律和美好习俗，中国人对其的信奉　441

"自然火洲"　658

自然神秘主义　612

自然之"道"　159，402，458，467，468

自然主义学派　198，226，402，414，480，488，641

自然主义运动，欧洲 12、13 世纪的　160

"自行"，恒星的　270

字母表可能是从二十八宿符号演变而来的　239[*]

字母，用于记数　11，13，149

"纵"式数字　8

"宗教宇宙学"　500，502，528–531，547，561，563，565 ff.，587，589

"综合"（synthesis）　161

"磙礭"　673

邹衍（自然主义哲学家，公元前 4 世纪晚期）
211*，216*，414，436，493，504，507*，
568，610，641

《走盘集》 78

组合分析 55 ff.

组合黄道日晷 300

祖冲之（数学家，鼎盛于公元 430—510 年）
25，35－36，42，101，102，123，153，292，
294，324，358，392，394，457

祖考（僧人，鼎盛于 1119—1125 年） 645，647

祖暅之（公元 5 世纪的天文学家和数学家）
101，102，210，214，262，264，287，324，
358

祖颐 47

钻 668，669

最大公约数 54*

《左传》 8，284，404，413*，417，418，422，
423，467，503

"左枢" 260

左吴（淮南王刘安的同党） 508

佐尔格（Solger, F.）（1），282

坐标 106 ff.，176，179，232，266 ff.，528，
533，538

　　地理坐标和天文坐标 542，544－545

坐标几何学 见"几何学"

座正仪 370

译 后 记

李约瑟《中国科学技术史》第三卷曾由中国科学院自然科学史研究所梅荣照、王奎克和曹婉如三位先生翻译，于1975—1978年由科学出版社分为3卷（5册）译本出版：数学（1978年；梅荣照译）、天学（1975年，2册；王奎克译）、地学（1976年，2册；其中曹婉如译"地理学和制图学"，王奎克译"地质学""地震学""矿物学"）。

现在的这部李约瑟《中国科学技术史》第三卷中译本，是在上述译本的基础上，按照新的翻译要求和体例，由原译者修改，并经校订、审定后形成的。具体的情况如下。

数学部分由梅荣照翻译、修改，张大卫校订，经杜石然审定和何绍庚细致审校。

天学部分由王奎克翻译，其中，"天文学"一章由薄树人校审，华同旭、石云里和孙小淳参加了校订工作；"气象学"一章中（a）-（h）节由洪世年校订，（i）节"潮汐"由薄树人校订，全章经薄树人审定。

地学部分中的"地理学和制图学"一章由曹婉如翻译、修改，林超审定；"地质学""地震学""矿物学"三章由王奎克翻译、修改，王根元校订，夏湘蓉审定。

附录中的"关于以色列人和可萨王国"由王奎克翻译，王根元、夏湘蓉校订；"关于朝鲜"由王奎克翻译，薄树人校订。

全书译稿由胡维佳复校并审读定稿。

译稿的校改整理、统稿加工、译名和古籍原文查核的工作，以及参考文献A、B和索引的译编，由姚立澄完成；译名审定由胡维佳负责。

本译本的翻译工作，在查核资料、整理译稿等方面得到了李天生、胡晓菁、杨怡、陈建平、连绅、张红、王社强等的支持和帮助，谨此一并致谢！

李约瑟《中国科学技术史》

翻译出版委员会办公室

2018 年 1 月 25 日